Schmidt | Hecker – Die wildwachsenden und kultivierten Laub- und Nadelgehölze Mitteleuropas

Peter A. Schmidt
Ulrich Hecker

Die wildwachsenden und kultivierten Laub- und Nadelgehölze Mitteleuropas

Beschreibung – Herkunft – Verwendung

Quelle & Meyer Verlag Wiebelsheim

Prof. Dr. Peter A. Schmidt
Am Wasserwerk 24
01640 Coswig bei Dresden

Dr. Ulrich Hecker
Alexander-Fleming-Str. 1
55130 Mainz

Bibliografische Information der Deutschen Nationalbibliothek
Die Deutsche Nationalbibliothek verzeichnet diese Publikation in der Deutschen Nationalbibliografie; detaillierte bibliografische Angaben sind im Internet über http://dnb.d-nb.de abrufbar.

www.quelle-meyer.de

Umschlagfotos: Peter A. Schmidt
Druck und Verarbeitung: Belvédère Print & Packaging b.v.
Printed in the EU/Imprimé en UE

ISBN 978-3-494-01800-3

Inhalt

Kurzbiographie und Vita

Ulrich Hecker

Geboren am 16.8.1936 in Halle/Saale. Nach dem Abitur Gärtnerlehre in Halle und Naumburg.

1957–1964 Studium an der Universität Mainz mit den Fächern Biologie, Chemie, Geographie und Paläontologie. 1964 Promotion über ein zoologisches Thema.

1964–1999 Wissenschaftlicher Leiter des Botanischen Gartens der Universität Mainz, zuletzt als Akademischer Direktor. Tätig in der Lehre (Praktika und Exkursionen). Zahlreiche Auslandsreisen ins Mittelmeergebiet sowie nach Nordamerika, Kleinasien, Nordwest- und Südafrika, Kanaren und auf die Azoren. Tätig im Naturschutz und in der Landespflege.

1990–1999 Präsident der Deutschen Dendrologischen Gesellschaft (DDG e. V.), jetzt Ehrenpräsident der DDG.

Autor dendrologischer Bücher und von 1977 bis 2017 Mitarbeiter an „Fitschen – Gehölzflora“.

Peter A. Schmidt

Geboren am 15.05.1946 in Wainsdorf (Brandenburg). Nach dem Abitur Studium (Abschluss Diplom-Biologe) und Forschungsstudium (Abschluss Dr. rer. nat.) an der Martin-Luther-Universität Halle-Wittenberg. 1971–1976 Leiter des Museums für Naturkunde und Botanischen Gartens der Stadt Gera. 1976–1987 Kustos des Forstbotanischen Gartens Tharandt der TU Dresden, 1987 Habilitation, 1987–1989 Dozent, 1989–2011 Professor für Landeskultur und Naturschutz an Fachrichtung Forstwissenschaften der TU Dresden in Tharandt. Lehre in Dendrologie, Geobotanik, Naturschutz, Biodiversity/Nature Conservation u. a. Auslandsaktivitäten (Projekte, Betreuung akademischer Abschlussarbeiten, Berater, Tagungen, Führung von Studienreisen) in West- und Osteuropa, Kaukasien, Mittelasien, Sibirien und russischer Ferner Osten, Japan, Indonesien, Nordwest- und Ostafrika, Kanada, Lateinamerika.

2006 Ehrendoktor der Agraruniversität Tbilissi (Georgien).

2008–2017 Präsident der Deutschen Dendrologischen Gesellschaft (DDG e. V.), jetzt Ehrenpräsident der DDG. Mitglied der Global Tree Specialist Group der Species Survival Commission der IUCN.

Autor von über 380 botanischen, dendrologischen, naturschutzfachlichen und forstlichen Publikationen. Mit Bernd Schulz Herausgeber und einer der Hauptbearbeiter der 13. Auflage von „Fitschen – Gehölzflora“ (2017), einer der Bearbeiter von „Schmeil-Fitschen – Die Flora Deutschlands und angrenzender Länder“ (97. Auflage 2019).

Vorwort

Noch ein Gehölzbuch? Diese Frage war unser Einstieg im Vorwort des „Taschenlexikons der Gehölze“, Vorgänger des vorliegenden Buches. Ein potenzieller Leser könnte sich dies auch heute fragen. Was ist also das Besondere an dem Buch „Wildwachsende und kultivierte Laub- und Nadelgehölze Mitteleuropas“?

Das Buch ist kein Bestimmungsbuch, wenn auch die unter den Gattungen und Arten beschriebenen Merkmale zur Identifikation herangezogen werden können und über die Bilder eine Möglichkeit des Vergleichs mit der fraglichen Pflanze gegeben ist. Das Buch will und kann aber keine Bestimmungsschlüssel ersetzen. Bestimmungsbücher dienen dazu, eine unbekannte Pflanze einer Art zuzuordnen und ihren Namen zu erfahren. In diesen Büchern sind in der Regel die über die Beschreibung von Merkmalen für die Erkennung eines Gehölzes hinausgehenden Angaben, beispielsweise zur Biologie, Ökologie, Verbreitung oder Verwendung einer Art recht knapp gehalten oder fehlen. Dies betrifft auch die im Quelle & Meyer Verlag 2017 in 13. Auflage erschienene „Gehölzflora“ („Fitschen“), an der die beiden Autoren des vorliegenden Buches als zwei der drei Hauptbearbeiter mitwirkten. Mit dem Buch „Wildwachsende und kultivierte Laub- und Nadelgehölze Mitteleuropas“, das in Systematik und Benennung der Gehölze der „Gehölzflora“ folgt, wird den Leserinnen und Lesern viel Wissenswertes zur Herkunft des Namens einer Gattung und Art, zu Wuchsform, biologisch-ökologischen Eigenschaften, Verbreitungsgebiet, Lebensräumen und Nutzung der Arten oder auch ihrer eventuellen Gefährdung im natürlichen Lebensraum geboten. Dies erleichtert es ihnen, eine vertiefte Vorstellung von der jeweiligen Art zu erhalten und sich deren Namen und Eigenschaften besser einzuprägen. Es können natürlich nicht alle Arten der „Gehölzflora“ berücksichtigt werden, da dies den Rahmen des Buches gesprengt hätte. Aber die Zahl der aufgenommenen Arten wurde im Vergleich zum „Taschenlexikon der Gehölze“ deutlich erhöht, auch 16 neue Gattungen fanden Aufnahme. Um den Umfang des Buches nicht zu sehr anschwellen zu lassen, wurde im Text auf die Angabe der Autoren der wissenschaftlichen Artnamen verzichtet. Die Autorennamen erscheinen im Register, ebenso die Betonungszeichen.

Behandelt werden Bäume, Sträucher, Zwerg- und Halbsträucher sowie Lianen, sowohl einheimische als auch aus anderen Gebieten eingeführte, bei uns kultivierte oder inzwischen auch wildwachsend auftretende Arten. Die Zahl der in Mitteleuropa einheimischen Arten ist aus erdgeschichtlichen Gründen (vor allem infolge von Auswirkungen der Eiszeiten) und wegen abweichender ökologischer (insbesondere klimatischer) Bedingungen im Vergleich zu anderen Regionen gemäßigter Breiten der Nordhalbkugel deutlich geringer. Die indigene Dendroflora Mitteleuropas ist auffällig artenärmer als die der nemoralen Zone Nordamerikas und Ostasiens oder auch der Kaukasus-Region. So beträgt zum Beispiel die Zahl in Deutschland natürlich vorkommender Gehölzarten etwa 200 (196 Arten, mit Einbeziehung von Klein- und Unterarten ohne solche der Brombeeren etwa 280 Sippen). Die Zahl der nichteinheimischen, meist als Zier- oder Nutzgehölze in Kultur genommenen Arten übersteigt 4000, wobei allerdings ein Teil kaum über Botanische Gärten oder Arboreten hinaus Verbreitung fand. Die Arten- und Formenvielfalt der in Gärten und Parks gepflanzten Gehölze wurde durch die Einführung amerikanischer und asiatischer Arten enorm bereichert. Deshalb widmet sich ein Kapitel des Buches den Personen, die sich Verdienste um die Erforschung der Flora anderer Kontinente erwarben und durch die Einführung von Gehölzen nach Europa zur Bereicherung unserer Dendroflora beitrugen. Diese historischen Betrachtungen sind nicht nur kulturgeschichtlich interessant. Namen solcher Forschungsreisender oder Sammler, Botaniker oder Dendrologen, Baumschulinhaber oder Gärtner finden sich oft in Gattungsnamen oder Artbeinamen von ihnen entdeckter oder nach ihnen benannter Gehölze wieder.

Im vorliegenden Buch werden die Nadelgehölze sowie weiteren nacktsamigen Gehölze (Ginkgo-, Meerträubelgewächse) und die Laubgehölze getrennt behandelt. Dabei werden die Gattungen jeweils alphabetisch angeordnet. Bei Gattungen mit einer größeren Anzahl berücksichtigter Arten werden zuerst die Gattungen charakterisiert, dann die Arten behandelt. Wurden nur wenige Arten oder lediglich eine Art einer Gattung aufgenommen (zu manchen Gattungen gehört ohnehin nur

eine Art), dann erfolgt eine kurze Gattungsbeschreibung unter der (jeweils zuerst genannten) Art. Den ausführlich behandelten „Hauptarten" mit Namenserklärung, Angaben zu Merkmalen, Verbreitung, Lebensraum, Biologie/Ökologie und Verwendung werden gegebenenfalls ihnen ähnliche Sippen („Ähnliche Arten oder Hybriden") angeschlossen, die nicht so umfassend dargestellt werden. Am Ende einer Gattung können „Weitere Arten" mit jeweils kurzer Charakterisierung in alphabetischer Reihenfolge angegeben sein. Bei Arten mit auffällig abweichenden oder häufig gepflanzten Sorten werden einige Beispiele aufgeführt. Bei der Beschreibung der Arten wird Wert gelegt auf die Eignung für bestimmte Standorte oder Eigenschaften wie Frosthärte oder Toleranz gegenüber städtischen Umweltfaktoren. Mitteleuropa besitzt kein einheitliches Klima, da sich Temperaturen und Niederschläge vom Tiefland bis in das Hochgebirge, vom ozeanisch geprägten Westen zum mehr kontinental beeinflussten Osten ändern. Daraus ergeben sich regionale Unterschiede in Winterhärte oder Dürretoleranz. Den Sommerwärme liebenden und Trockenheit ertragenden Arten kommt unter den Bedingungen des Klimawandels erhöhte Bedeutung zu. Weiterhin wird u. a. auf Pflanzen mit Heilwirkung, Wildobstgehölze oder auch die Eignung für Bonsaigestaltung hingewiesen.
Bei der Darstellung der Arten wird außerdem Wert auf die Gefährdungssituation der Vorkommen in ihrem natürlichen Verbreitungsgebiet gelegt, weshalb auf die Arten, die Aufnahme in „Rote Listen" fanden oder besonders geschützt sind, aufmerksam gemacht wird. Diese Informationen werden zusätzlich in Übersichten am Ende des Buches dargestellt. Da für den Leser die Bedeutung der Arten als Wildobst und Heilpflanzen sowie ihre Giftigkeit von besonderem Interesse sind, wird nicht nur im Text darauf eingegangen, sondern diese Arten werden am Ende des Buches ebenfalls aufgelistet. Auf Giftpflanzen wird bei jeder Gattung bzw. Art durch ein **G!** aufmerksam gemacht.
Herzlich danken möchten wir dem Quelle & Meyer Verlag, besonders Herrn Verlagsleiter Gerhard Stahl, der uns zu diesem Buch anregte, und Herrn Michael Klink für die vertrauensvolle Zusammenarbeit sowie der Lektorin, Frau Claudia Huber, für die äußerst gewissenhafte Betreuung und so manche hilfreiche Anregung.
Wie stets haften einem Buch gewisse Unzulänglichkeiten an. Konstruktive Kritik ist deshalb immer willkommen. Sie bietet Verlag und Autoren die Möglichkeit zur Verbesserung der Qualität bei zukünftigen Auflagen des Buches.

Peter A. Schmidt, Ulrich Hecker

Übersicht der im Buch behandelten Familien und Gattungen und deren Bearbeiter

Gymnospermae – Nacktsamige Gehölze: Nadelgehölze, Ginkgo- und Meerträubelgewächse

Araucariaceae (Araukariengewächse), P. A. SCHMIDT
Araucaria
Wollemia

Cephalotaxaceae (Kopfeibengewächse), P. A. SCHMIDT
Cephalotaxus

Cupressaceae (Zypressengewächse), P. A. SCHMIDT
Calocedrus
Chamaecyparis
Cryptomeria
Cunninghamia
Cupressus (inkl. *Xanthocyparis*; *Cuprocyparis*)
Juniperus
Metasequoia
Microbiota
Platycladus
Sequoia
Sequoiadendron
Taiwania
Taxodium
Thuja
Thujopsis

Ephedraceae (Meerträubelgewächse), P. A. SCHMIDT
Ephedra

Ginkgoaceae (Ginkgogewächse), P. A. SCHMIDT
Ginkgo

Pinaceae (Kieferngewächse), P. A. SCHMIDT
Abies
Cedrus
Larix
Picea
Pinus
Pseudolarix
Pseudotsuga
Tsuga (inkl. *Hesperopeuce*)

Sciadopityaceae (Schirmtannengewächse), P. A. SCHMIDT
Sciadopitys

Taxaceae (Eibengewächse), P. A. SCHMIDT
Taxus
Torreya

Angiospermae – Bedecktsamige Gehölze: Laubgehölze

Actinidiaceae (Strahlengriffelgewächse), U. HECKER
Actinidia

Altingiaceae (Amberbaumgewächse), U. HECKER
Liquidambar

Anacardiaceae (Sumachgewächse), U. HECKER
Cotinus
Rhus
Toxicodendron

Annonaceae (Flaschenbaumgewächse), U. HECKER, P. A. SCHMIDT
Asimina

Apocynaceae (Hundsgiftgewächse)
Periploca, U. HECKER
Vinca, P. A. SCHMIDT

Aquifoliaceae (Stechpalmengewächse), U. HECKER
Ilex

Araliaceae (Araliengewächse), U. HECKER
Aralia
Eleutherococcus
Fatsia
Hedera
Kalopanax

Arecaceae (Palmengewächse), U. HECKER
Trachycarpus

Aristolochiaceae (Osterluzeigewächse), U. HECKER
Aristolochia

Asparagaceae (Spargelgewächse)
Danaë, P. A. SCHMIDT
Ruscus, P. A. SCHMIDT
Yucca, U. HECKER

Berberidaceae (Berberitzengewächse)
Berberis, U. HECKER
Mahonia, U. HECKER
Nandina, P. A. SCHMIDT

Betulaceae (Birkengewächse), P. A. SCHMIDT
Alnus
Betula
Carpinus
Corylus
Ostrya

Bignoniaceae (Klettertrompetengewächse), U. HECKER
Campsis
Catalpa
×***Chitalpa***

Brassicaceae (Kreuzblütler), U. HECKER
Aëthionema
Alyssum
Aurinia
Iberis

Buxaceae (Buchsbaumgewächse), U. HECKER
Buxus
Pachysandra

Calycanthaceae (Gewürzstrauchgewächse), U. HECKER
Calycanthus
Chimonanthus

Cannabaceae (Hanfgewächse), P A. SCHMIDT
Celtis

Caprifoliaceae (Geißblattgewächse), U. HECKER
Abelia
Diervilla
Dipelta
Heptacodium
Kolkwitzia
Leycesteria
Lonicera
Symphoricarpos
Weigela
Zabelia

Celastraceae (Spindelstrauchgewächse), U. HECKER
Celastrus
Euonymus

Cercidiphyllaceae (Kuchenbaumgewächse), U. HECKER
Cercidiphyllum

Cistaceae (Zistrosengewächse), U. HECKER
Cistus
Fumana
Helianthemum

Clethraceae (Zimterlengewächse), U. HECKER
Clethra

Cornaceae (Hartriegelgewächse), U. HECKER
Alangium
Cornus

Ebenaceae (Ebenholzgewächse), P. A. SCHMIDT
Diospyros

Elaeagnaceae (Ölweidengewächse), U. HECKER
Elaeagnus
Hippophaë
Shepherdia

Ericaceae (Heide[kraut]gewächse), P. A. SCHMIDT
Andromeda
Arctostaphylos
Calluna
Chamaedaphne
Daboecia
Empetrum
Enkianthus
Erica (inkl. *Bruckenthalia*)
Eubotrys
Gaultheria
Kalmia (inkl. *Loiseleuria*)
Leucothoë
Oxydendrum
Phyllodoce
Pieris
Rhododendron (inkl. *Ledum*)
Rhodothamnus
Vaccinium
Zenobia

Escalloniaceae (Eskalloniengewächse), P. A. Schmidt
Escallonia

Eucommiaceae (Eucommiengewächse), U. Hecker
Eucommia

Fabaceae s. l. (Schmetterlingsblütler i. w. S. oder Hülsenfrüchtler), U. Hecker
Albizia
Amorpha
Caragana
Cercis
Chamaecytisus
Cladrastis
Colutea
Cytisus
Genista
Gleditsia
Gymnocladus
Hippocrepis
Indigofera
Laburnum
Lespedeza
Maackia
Robinia
Spartium
Styphnolobium
Ulex
Wisteria

Fagaceae (Buchengewächse), P. A. Schmidt
Castanea
Fagus
Quercus

Garryaceae (Becherkätzchengewächse), U. Hecker
Aucuba
Garrya

Grossulariaceae (Stachelbeergewächse), P. A. Schmidt
Ribes

Hamamelidaceae (Zaubernussgewächse), U. Hecker
Corylopsis
Fothergilla
Hamamelis
Parrotia

Hydrangeaceae (Hortensiengewächse), U. Hecker
Deutzia
Hydrangea
Philadelphus

Hypericaceae (Hartheu- oder Johanniskrautgewächse), U. Hecker
Hypericum

Juglandaceae (Walnussgewächse), P. A. Schmidt
Carya
Juglans
Pterocarya

Lamiaceae (Lippenblütler)
Callicarpa, U. Hecker
Caryopteris, U. Hecker
Clerodendrum, U. Hecker
Elsholtzia, P. A. Schmidt
Hyssopus, P. A. Schmidt
Lavandula, P. A. Schmidt
Perovskia, P. A. Schmidt
Rosmarinus, P. A. Schmidt
Salvia, P. A. Schmidt
Satureja, P. A. Schmidt
Teucrium, P. A. Schmidt
Thymus, P. A. Schmidt

Lardizabalaceae (Fingerfruchtgewächse), U. Hecker
Akebia
Decaisnea

Lauraceae (Lorbeergewächse), P. A. Schmidt
Laurus

Loranthaceae (Riemenblumengewächse), P. A. Schmidt
Loranthus

Lythraceae (Weiderichgewächse, inkl. *Punicaceae*), P. A. Schmidt
Lagerstroemia
Punica

Magnoliaceae (Magnoliengewächse), U. Hecker
Liriodendron
Magnolia

Malvaceae (Malvengewächse)
Hibiscus, U. HECKER
Lavatera, U. HECKER
Tilia, P. A. SCHMIDT

Meliaceae (Zederachgewächse), P. A. SCHMIDT
Melia

Menispermaceae (Mondsamengewächse), U. HECKER
Menispermum

Moraceae (Maulbeergewächse), U. HECKER
Broussonetia
Ficus
Maclura (inkl. *Cudrania*)
Morus

Myricaceae (Gagelgewächse), U. HECKER
Morella
Myrica

Nothofagaceae (Südbuchengewächse), P. A. SCHMIDT
Nothofagus

Nyssaceae (Tupelobaumgewächse), U. HECKER
Davidia
Nyssa

Oleaceae (Ölbaumgewächse)
Abeliophyllum, U. HECKER
Chionanthus, U. HECKER
Forsythia, U. HECKER
Fraxinus, P. A. SCHMIDT
Jasminum, U. HECKER
Ligustrum, U. HECKER
Osmanthus, U. HECKER
Syringa, U. HECKER

Onagraceae (Nachtkerzengewächse), U. HECKER
Fuchsia

Paeoniaceae (Pfingstrosengewächse), U. HECKER
Paeonia

Passifloraceae (Passionsblumengewächse), P. A. SCHMIDT
Passiflora

Paulowniaceae (Blauglockenbaumgewächse), U. HECKER
Paulownia

Phyllanthaceae (Blattblütengewächse), P. A. SCHMIDT
Flueggea (inkl. *Securinega*)
Leptopus (inkl. *Andrachne*)

Pittosporaceae (Klebsamengewächse), U. HECKER
Pittosporum

Plantaginaceae (Wegerichgewächse), P. A. SCHMIDT
Hebe

Platanaceae (Platanengewächse), U. HECKER
Platanus

Plumbaginaceae (Grasnelkengewächse), U. HECKER
Ceratostigma

Poaceae (*Gramineae*; Süßgräser), U. HECKER
Fargesia
Indocalamus
Phyllostachys
Pseudosasa

Polygalaceae (Kreuzblumengewächse), U. HECKER
Polygala

Polygonaceae (Knöterichgewächse), U. HECKER
Fallopia

Ranunculaceae (Hahnenfußgewächse), U. HECKER
Clematis

Rhamnaceae (Kreuzdorngewächse), P. A. SCHMIDT
Ceanothus
Frangula
Hovenia
Paliurus
Rhamnus

Rosaceae (Rosengewächse)
Amelanchier, U. HECKER
Aronia, P. A. SCHMIDT
Chaenomeles, U. HECKER
Cormus, P. A. SCHMIDT
Cotoneaster, P. A. SCHMIDT
Crataegus, P. A. SCHMIDT
×***Crataemespilus***, P. A. SCHMIDT
Cydonia, U. HECKER
Dasiphora, U. HECKER
Dryas, U. HECKER
Exochorda, U. HECKER
Holodiscus, U. HECKER
Kerria, U. HECKER
Malus, U. HECKER
Mespilus, U. HECKER
Neillia (inkl. *Stephanandra*), U. HECKER
Oemleria, U. HECKER
Photinia, U. HECKER
Physocarpus, U. HECKER
Pourthiaea, U. HECKER
Prinsepia, U. HECKER
Prunus, U. HECKER
Pyracantha, U. HECKER
Pyrus, U. HECKER
Rhodotypos, U. HECKER
Rosa, U. HECKER
Rubus, P. A. SCHMIDT
Sibiraea, U. HECKER
Sorbaria, U. HECKER
Sorbus (exkl. *Cormus*), P. A. SCHMIDT
Spiraea, P. A. SCHMIDT

Rubiaceae (Rötegewächse), U. HECKER
Cephalanthus

Rutaceae (Rautengewächse), U. HECKER
Choisya
Citrus (inkl. *Poncirus*)
Phellodendron
Ptelea
Ruta
Skimmia
Tetradium

Salicaceae (Weidengewächse), P. A. SCHMIDT
Idesia
Populus
Salix

Santalaceae (Sandelbaumgewächse), P. A. SCHMIDT
Viscum

Sapindaceae (Seifenbaumgewächse)
Acer, P. A. SCHMIDT
Aesculus, P. A. SCHMIDT
Koelreuteria, U. HECKER

Schisandraceae (Spaltkölbchengewächse), U. HECKER
Schisandra

Scrophulariaceae (Braunwurzgewächse), U. HECKER
Buddleja

Simaroubaceae (Bitterholzgewächse), U. HECKER
Ailanthus

Smilacaceae (Stechwindengewächse), U. HECKER
Smilax

Solanaceae (Nachtschattengewächse), P. A. SCHMIDT
Lycium
Solanum

Stachyuraceae (Perlschweifgewächse), U. HECKER
Stachyurus

Staphyleaceae (Pimpernussgewächse), U. HECKER
Staphylea

Styracaceae (Storaxbaumgewächse), U. HECKER
Halesia
Pterostyrax
Styrax

Tamaricaceae (Tamariskengewächse), U. HECKER
Tamarix

Theaceae (Teestrauchgewächse)
Camellia, U. HECKER
Franklinia, U. HECKER, P. A. SCHMIDT
Stewartia, U. HECKER

Thymelaeaceae (Seidelbastgewächse), U. HECKER
Daphne
Edgeworthia

Ulmaceae (Ulmengewächse), P. A. SCHMIDT
Ulmus
Zelkova

Viburnaceae (Schneeballgewächse), U. HECKER
Sambucus
Viburnum

Vitaceae (Weinrebengewächse), U. HECKER
Ampelopsis
Parthenocissus
Vitis

Nadelgehölze
und andere nacktsamige Gehölze
(*Ginkgo* und *Ephedra*)

Abies – Tanne

Pinaceae – Kieferngewächse

Immergrüne Nadelbäume von meist 30–65 m Höhe, seltener kleiner bleibend (10–25 m: *A. balsamea, A. koreana*) oder sogar 80–100 m (*A. grandis*) erreichend. Stämme mit Durchmesser bis zu 3 m; Rinde meist mit Harzblasen. **Nadeln** an Langtrieben spiralig angeordnet, aber unterschiedlich ausgerichtet, entweder ± gescheitelt (2-reihig in einer Ebene stehend oder auf Zweigoberseite eine V-förmige Rinne freilassend), allseits vom Zweig abstehend oder dicht gedrängt auf dessen Oberseite. Nadel zur Basis stielartig verschmälert und mit scheibenförmig verbreitertem Grund dem Zweig aufsitzend, bei Ablösung runde Narben am meist glatten Zweig hinterlassend; Nadeln in der Regel flach, an Unterseite mit 2 weißen bis graublauen Bändern aus Stomatalinien (reihenweise angeordnete Spaltöffnungen, erkennbar an punktförmigen Wachsausscheidungen), selten solche Linien auch an der Spitze oder auf der ganzen Fläche der Oberseite. **Zapfen** aufrecht, im 1. Jahr reifend, bei der Reife zerfallend, nur Zapfenachse (Spindel) verbleibt am Zweig (am Boden liegende Zapfen können also niemals Tannenzapfen sein!). **Samen** geflügelt (Schraubenflieger). Windausbreitung, teils Versteckausbreitung durch Tiere, die abgebissene Zapfen als Nahrungsvorrat anlegen.

Name: *Abies* lat. Name für Tanne, fand aber für Fichte (siehe *Picea* abies!) ebenfalls Anwendung, in der antiken Literatur wurde – wie bis zur Gegenwart im Volksmund – nicht immer zwischen Tanne und Fichte unterschieden. „Tanne" german. Wort für Nadelbaum. Bis heute werden die verschiedensten Nadelbäume als „Tanne" bzw. ...-tanne bezeichnet, obwohl sie keine Tannen im botanischen Sinne, also keine *Abies*-Arten, sind, sondern anderen Gattungen zugehören, entweder der gleichen Familie (*Pinaceae*) wie die Hemlocktanne (*Tsuga*) oder anderen Familien wie Schirmtanne (*Sciadopitys*), Sicheltanne (*Cryptomeria*), Chile- oder Andentanne (*Araucaria araucana*).
Systematik: Die Gattung kann in etwa 10 Sektionen untergliedert werden, überwiegend auf der Basis von Zapfenmerkmalen. Zwischen mehreren der 47 (nach einigen Autoren bis 67) Arten treten Bastarde auf, sowohl bei gemeinsamen Vorkommen im natürlichen Areal oder in Kultur als auch im Ergebnis künstlicher Kreuzungen.
Verbreitung: In der Holarktis von den borealen Wäldern über die nemorale Zone bis in die Gebirge der warmen und subtropischen Zonen, nach Süden bis Mittelamerika (Honduras) und in Asien bis N-Vietnam.
Lebensraum: Nadelwälder und Nadel-/Laubmischwälder, im Gegensatz zu den meisten Nadelbäumen bevorzugt auf nährstoffreichen Böden, einige Arten besiedeln im Gebirge noch Extremstandorte an der Baumgrenze. In Kultur gedeihen Tannen optimal auf tiefgründigen, frischen Böden, bei hoher Luftfeuchte und sauberer Luft.
Verwendung: Vielseitige Nutzung des Holzes, z. B. als Bau- und Möbelholz. Etwa 30 Arten werden außerhalb ihres natürlichen Areals als Park- und Gartenbäume, einige als Forstbäume gepflanzt.

Abies alba – Weiß-Tanne, Europäische Edel-Tanne

Bis 50(–65) m hoher Baum mit regelmäßiger kegelförmiger, im Alter mehr walzenförmiger und an der Spitze meist abgeflachter, nestartiger („Storchennest") Krone. Stämme mit bis 3–4(–6) m Umfang, anfangs mit glatter grauweißer Rinde, im Alter mit schuppiger Borke. Junge Zweige behaart. Knospen nicht von Harz bedeckt. **Nadeln** 1,2–3 cm lang, oberseits glänzend grün, unterseits mit zwei weißen Bändern, an Seitenzweigen mit stumpfer oder ausgerandeter Spitze, beidseitig des Zweiges in einer Ebene (kammförmig gescheitelt) oder etwas schräg nach oben (V-förmig gescheitelt) ausgerichtet. **Zapfen** 10–16 cm lang, 3–5 cm Durchmesser, vor der Reife gelblich grün, oft braunrot bis violett überlaufen; aus dem Zapfen ragen die zurückgeschlagenen Spitzen der Deckschuppen heraus.
Name: *alba* lat. = weiß, wegen der grauweißen Stammrinde (im Gegensatz zur Rottanne, einer Fichte, siehe *Picea abies*).

Zweig der Weiß-Tanne mit deutlich gescheitelt stehenden Nadeln.

Verbreitung: Süd- und mitteleuropäische Gebirge (in den Alpen und Pyrenäen bis fast 2000 m ü. M.), im Norden bis Mittelrheingebiet, Thüringen und Sachsen, östlich der Elbe bis in das Tiefland S-Brandenburgs (isolierte Vorkommen in Niederlausitz), weiter nördlich nur gepflanzt. Seit dem 18.–19. Jahrhundert starker Rückgang („Tannensterben"), vor allem wegen veränderter Waldbewirtschaftung (Kahlschlagsysteme mit Bevorzugung der Fichte), Immissionen, Schäden durch Pilze und Insekten sowie geringer Naturverjüngung infolge hoher Schalenwilddichten. Die Situation hat sich etwas verbessert, so dass die in den letzten Jahrzehnten als gefährdet (in Brandenburg und Sachsen vom Aussterben bedroht) eingestufte Weiß-Tanne in Deutschland nach der aktuellen Roten Liste (2018) nicht mehr zu den gefährdeten Baumarten gezählt wird.

Zapfen der Weiß-Tanne mit herausragenden Spitzen der Deckschuppen.

Lebensraum: Bergmischwälder, Tannen-Buchen- und Tannen-Fichtenwälder, meist auf frischen, sauren wie auch basischen Böden in niederschlagsreicher und luftfeuchter Lage.

Biologie: Langlebige, 200–300(–600) Jahre alt werdende Schattenbaumart, die unter den einheimischen Baumarten neben Eibe und Buche die höchste Schattentoleranz besitzt. Weniger frosthart als die Europäische Fichte, empfindlich gegenüber Spätfrost und Sommerdürre. Durch ihre anfangs tief reichende Pfahlwurzel (später Herzwurzelsystem) ist sie besser an Stürme angepasst als die Fichte. Die „Storchennest-Krone“, verursacht durch gestauchte Jahrestriebe infolge verminderten Höhenwachstums, tritt verstärkt bei geschwächten Bäumen auf.

Verwendung: Einst forstlich bedeutsame Baumart, deren verstärkter Anbau als Waldbaum nicht nur aus Naturschutzgründen, sondern ebenso wegen des wertvollen Holzes (geschätztes Bau- und Konstruktionshoz, Musikinstrumentenbau) zu fördern ist. Früher für Meilerei genutzt, hatte auch Bedeutung als Heilpflanze („Straßburger Terpentin“ aus dem Harz, Tannenöl aus unreifen Zapfen) und als Lieferant eines speziellen Waldhonigs, des Tannenhonigs. Als Zierbaum ist die Art für den Siedlungsbereich kaum geeignet. Unter den wenigen Sorten, die bekannt sind, sei 'Pyramidalis' mit säulenförmiger Krone genannt. Der weihnachtliche „Tannenbaum“ war meist eine Fichte (im Tiefland auch Kiefer), heute ist es oft eine Tanne, aber die kaukasische Nordmanns Tanne (siehe *A. nordmanniana*!) oder eine sogenannte Tanne, denn die „Silbertanne“ ist eine Blau-Fichte (siehe *Picea pungens*!).

Ähnliche Arten:

***Abies balsamea*, Balsam-Tanne:** Im Vergleich zur Weiß-Tanne kleinere Nadeln, nur bis 2,5 cm lang und 2 mm breit, und kleinere Zapfen, 4–7 cm lang, 2–3 cm Durchmesser. Die Zapfen sind vor der Reife blaugrau, die Deckschuppen ragen nicht oder nur wenig heraus. Beim Zerreiben Nadeln stark balsamisch duftend. Knospen auffällig glasig verharzt. Die Art ist im nördlichen Nordamerika, wo sie bis an die subarktische Waldgrenze reicht, verbreitet. Sie gehört zu den Pflanzen, aus denen Kanada-Balsam (für mikroskopische Präparate und pharmazeutische Zwecke) gewonnen wird und die in Nordamerika als Weihnachtsbaum dienen. In Europa (1696 nach England eingeführt) als Ziergehölze auch diverse in der Wuchsform abweichende Sorten mit nur bis 1 cm langen Nadeln, z. B. Zwergform 'Nana'.

Seitenzweige der Balsam-Tanne.

Abies cephalonica*, Griechische Tanne:** Von der Weiß-Tanne durch meist allseitig vom Zweig abstehende, steife Nadeln mit stechender Spitze, kahle Zweige und harzige Knospen abweichend. Diese nur in Griechenland vorkommende Tanne wurde bereits in der Antike für den Schiffsbau verwendet. Die bis 35 m hohe Art ist an Sommertrockenheit recht gut angepasst und erlangte als Zierbaum (seit mindestens 1824 in Kultur) Bedeutung. Unter den Gartenformen ist eine kurznadelige Zwergsorte ('Meyers Dwarf') erwähnenswert. Gelegentlich treten Bäume auf, bei denen die Benadelung weniger typisch für die Griechische Tanne ist, sondern sich der der Weiß-Tanne nähert. Im Norden Griechenlands und angrenzenden Bulgarien existieren Tannen, die in ihren Merkmalen zwischen *A. cephalonica* und *A. alba* vermitteln. Sie wurden von Mattfeld 1925 zu Ehren des sich auch als Botaniker betätigenden bulgarischen Königs Boris III. als ***Abies borisii-regis beschrieben. Die **König-Boris-Tanne**, eine vermutlich hybridogene Sippe, wurde bereits vor ihrer Beschreibung im 19. Jahrhundert in Kultur genommen, z. B. in Deutschland vor 1883 in einem Wildpark bei Potsdam gepflanzt.

***Abies cilicica*, Zilizische** oder **Kilikische Tanne:** Nadeln am Grund stärker gedreht, kaum oder nur an älteren Zweigen gescheitelt (V-förmig), gelegentlich auch oberseits mit einigen Spaltöffnungslinien an der Nadelspitze. Zapfen bis 28 cm lang, Deckschuppen im Zapfen verborgen. Als Ziergehölz (aus Kultur bekannt seit 1855, Frankreich) aus dem östlichen Kleinasien (Taurus, bis Libanon und NW-Syrien) verträgt diese Tanne warme und relativ trockene Sommer. Die natürlichen Bestände sind beträchtlich zurückgegangen, die Art gilt zwar noch nicht als gefährdet, kommt aber diesem Status schon nahe (IUCN Red List, Kategorie Near Threatened).

Zilizische Tanne mit V-förmiger Scheitelung der Nadeln auf Zweigoberseite.

***Abies grandis*, Küsten-** oder **Riesen-Tanne:** Benadelung an *A. alba* erinnernd, Nadeln der Seitentriebe ebenso deutlich gescheitelt, fast waagerecht abstehend, oberseits glänzend grün, unterseits mit 2 weißen Bändern, wegen unterschiedlicher Nadellänge (2–6 cm) einem Kamm mit ungleichen Zähnen ähnlich. Größere Nadeln stets länger als bei der Weiß-Tanne, bis 5,5–6 cm lang, beim Zerreiben stark aromatisch duftend (orangenartig). Die Zapfen sind im Gegensatz zu denen von *A. alba* nur bis 10 cm lang und ihre Deckschuppen im Zapfen verborgen. In Europa (seit 1830 in Kultur) ist

Küsten-Tanne mit ähnlicher Nadelstellung und -färbung wie bei der Weiß-Tanne, aber Nadeln länger. Gut sichtbar die weißen Bänder auf der Nadelunterseite (siehe Beschreibung Gattung Abies).

die aus dem westlichen Nordamerika (Kanada bis Kalifornien, hier bis 80–100 m hoch und Stamm 1,5–3 m Durchmesser) stammende Tanne als Park- und Forstbaum einer der raschwüchsigsten Nadelbäume. Sie wird verschiedentlich forstlich angebaut, vor allem in wintermilden und küstennahen Gebieten, ist jedoch flexibel bezüglich ökologischer Ansprüche (im natürlichen Areal Niederschläge zwischen 350 und 2800 mm im Jahr) und anpassungsfähig.

***Abies nordmanniana*, Nordmanns Tanne, Kaukasus-Tanne**: Zapfen wie bei *A. alba*, aber Nadeln auf der Oberseite des Zweiges oft dicht gedrängt stehend, nicht oder wenn an älteren Bäumen etwas gescheitelt, dann V-förmig, zerrieben fruchtig duftend. Bis 50(–70) m hohe, 1,5–2 m Stammdurchmesser und ein Alter von 400–500(–900) Jahren erreichende Tanne der Gebirgswälder vom westlichen Großen und Kleinen Kaukasus bis in das nordanatolische Pontische Gebirge. Der oft gepflanzte Zierbaum (in Kultur seit 1840, England) wurde früher gelegentlich auch forstlich angebaut. Heute wird die Art in Weihnachtsbaumplantagen kultiviert, da sie in den letzten Jahrzehnten immer beliebter als „Tannenbaum“ wurde, unter anderem wegen langer Haltbarkeit der glänzend grünen Nadeln am Zweig.

Kronenausschnitt der Nordmanns Tanne mit Zapfen, deren Deckschuppen herausragen.

Abies concolor – Kolorado-Tanne, Grau-Tanne

25–55(–70) m (in Kultur meist nur 20–25 m) hoher Baum mit Stammdurchmesser von 1–1,7(–2,7) m und schmal kegelförmiger, im Alter oft abgeflachter Krone. **Nadeln** (2–)4–6(–8) cm lang, oft von unterschiedlicher Länge an einem Jahrestrieb, aber ein Teil stets > 4 cm lang, Nadelspitze abgerundet. Nadeln entweder locker in unregelmäßigen Reihen stehend, an der Zweigoberseite oft sichelförmig aufwärts gebogen, kaum oder undeutlich gescheitelt, ober- wie unterseits Stomatalinien und stumpf blau- bis graugrün (**var. *concolor***) oder Nadeln fast 2-reihig angeordnet und V-förmig gescheitelt, Oberseite mattgrün, nur mit wenigen Stomatalinien, farblich von graugrüner Unterseite mit den beiden Stomatabändern abgesetzt (**Sierra-Tanne, var. *lowiana***). **Zapfen** 8–13 cm lang, vor der Reife blassgrün, manchmal purpurn überlaufen, Deckschuppen nicht sichtbar.

Bei der Kolorado-Tanne sind die graugrünen bis silbrig weißen Nadeln meist aufwärts gebogen oder sichelförmig.

Bei der Sierra-Tanne stehen die Nadeln fast V-förmig gescheitelt.

Name: *concolor* lat. = einfarbig, wegen der ober- und unterseits (fast) gleichfarbigen Nadeln.

Systematik: Die beiden Varietäten lassen sich in Nadelstellung und -farbe sowie ihrer Verbreitung unterscheiden, sie werden von einigen Autoren nicht akzeptiert, von anderen sogar als 2 Arten geführt. Die Sierra-Tanne vermittelt, insbesondere im Norden ihres Verbreitungsgebiets, in ihren Merkmalen zur Küsten-Tanne (*A. grandis*, siehe unter *A. alba!*), mit der sie im Überlappungsbereich der Areale auch hybridisiert.

Verbreitung: Westliches Nordamerika (W- und SW-USA) bis N-Mexiko, var. *concolor* mehr im Inland (z. B. Rocky Mountains), var. *lowiana* in Gebirgen nahe der Pazifikküste.

Lebensraum: Gebirgswälder (600–3350 m ü. M.), meist Nadelmischwälder, teils auch in Reinbeständen, sowohl auf frischen bis feuchten, nährstoffreichen Böden als auch trockenen und flachgründigen Standorten, meist an Hängen der Nord- und Ostseiten der Gebirge.

Biologie: Relativ raschwüchsig, Alter bis 300(–500) Jahre; Hitze und sommerliche Trockenheit sowie städtische Umweltbedingungen gut ertragend.

Verwendung: Zierbaum (eingeführt 1851 nach Europa) von stattlicher Gestalt und mit für eine Tanne ungewöhnlich langen, ± gebogenen und beiderseits graugrünen Nadeln. Die Art ist für städtische Räume eine der am besten geeigneten Tannen. In Kultur befinden sich neben mehreren Sorten mit auffällig blau- bis silberweißen Nadeln (Violacea-Gruppe) auch Zwergformen, z. B. 'Compacta' mit unregelmäßigem oder 'Globosa' mit kugeligem Wuchs.

Abies homolepis – Nikko-Tanne

20–40 m hoher, regelmäßig aufgebauter Baum mit Stammdurchmesser bis 1–1,5 m. Junge Zweige mit für eine Tanne ungewöhnlichen Längsfurchen zwischen den Nadelbasen, an Fichtenzweige erinnernd, aber Furchen nicht wie bei Fichten durch erhabene Nadelkissen entstehend. **Nadeln** 1,5–3 cm lang, steif, oberseits glänzend grün, unterseits mit 2 kreideweißen Bändern, sehr dicht stehend, an den Zweigen schräg aufwärts gerichtet, meist auf der Zweigoberseite eine V-förmige Rinne zwischen sich freilassend. **Zapfen** 7–10(–14) cm lang, vor der Reife meist purpurviolett, selten grün, Deckschuppen im Zapfen verborgen.

Die Nikko-Tanne zeichnet sich im Unterschied zu den meisten Tannen durch gefurchte Zweige aus.

Name: Basierend auf griech. „homos" = gleich und „lepis" = Schuppe, wegen der Deckschuppen, die nicht aus den Zapfen herausragen, also höchstens gleich lang wie die Samenschuppen sind.
Verbreitung: Japan (Honshu, Shikoku). Die Art ist in ihrem Bestand stark zurückgegangen, sie gilt zwar noch nicht als gefährdet, kommt aber diesem Status schon nahe (nach IUCN Red List Kategorie Near Threatened).
Lebensraum: Gebirgswälder (700–2000 m ü. M.), in unteren Berglagen Mischwälder, in oberen Lagen Nadelwälder auf frischen, mäßig nährstoffhaltigen Böden in kühlen und luftfeuchten Lagen.
Biologie: Gegen Boden- und Lufttrockenheit etwas empfindlich, aber anpassungsfähig, sogar an städtische Umweltbedingungen, auch recht widerstandsfähig gegenüber Immissionen.
Verwendung: Zierbaum (1860 von SIEBOLD nach Europa eingeführt) für Parks und größere Gärten, früher gelegentlich forstlich angepflanzt, vor allem in stärker durch Immissionen belasteten Waldgebieten.

Abies koreana – Korea-Tanne

Langsamwüchsiger, bis 10–15(–18) m hoher Baum mit regelmäßiger kegelförmiger Krone. **Nadeln** dicht auf der Zweigoberseite stehend, schräg nach oben gerichtet, 1–2 cm lang, 2–2,5 mm breit, zur abgerundeten bis ausgerandeten Spitze hin etwas breiter werdend, oberseits glänzend grün, an der Basis gelbgrün, unterseits mit 2 breiten weißen Bändern. **Zapfen** in großer Zahl und oft dicht gedrängt erscheinend, 4–7 cm lang, 2,5 cm Durchmesser, anfangs purpurn bis blauviolett, selten grünlich, reif dunkel- oder purpurbraun, Deckschuppen nur wenig herausragend.
Name: *koreana* wegen des Vorkommen in Korea.
Verbreitung: Ein eng begrenztes Areal im südlichsten Korea, neben kleinem Festlandareal (Gebirge Chiri-san) ein Vorkommen auf der Insel Cheju (Quelpart). Diese Bestände nach IUCN Red List stark gefährdet.

Zapfen der Korea-Tanne.

Lebensraum: Lichte Gebirgswälder auf flachgründigen Standorten (1000–1900 m ü. M.), meist Nadelwald, teils auch im Reinbestand oder in Mischung mit Laubbäumen.
Verwendung: Als Ziergehölz (seit 1905 in Europa) beliebt und häufig gepflanzt, da früh und reichlich Zapfen tragend, an veredelten Pflanzen schon bei 0,5 m Höhe. Wegen des langsamen Wachstums (geringer Höhenzuwachs pro Jahr) kann diese Tanne auch in kleinen Gärten gepflanzt werden, wobei zu beachten ist, das sie im Alter durchaus > 10 m Höhe erreichen kann. Im Handel sind diverse zwergwüchsige Sorten, darunter eine mit lockig verdrehten, nach oben gebogenen Nadeln ('Horstmanns Silberlocke'), wodurch die auffällig silberweiße Unterseite sichtbar wird.

Ähnliche Art:
***Abies veitchii*, Veitchs Tanne:** Nadeln 1–3 cm lang, an der Spitze gestutzt, oft wie abgeschnitten erscheinend, oder seicht ausgerandet, dicht auf Zweigoberseite stehend, nach vorn gerichtet, oft bürstenförmig aufwärts, so dass kreideweiße Unterseite schon aus einiger Entfernung sichtbar, zerrieben harzig duftend. Zapfen 4,5–8 cm lang, 2–3 cm Durchmesser, vor der Reife purpurviolett, selten grün, reif braun bis schwarzbraun, die Deckschuppen ragen kaum heraus. Die japanische Art treibt als letzte unter den Tannenarten aus, der Höhenzuwachs in den ersten Jahren ist größer als bei den meisten anderen Tannen. Als Zierbaum (1879 in Kultur eingeführt, Maries) ist die Art weniger verbreitet als die langsamer wachsende und zeitig reich Zapfen tragende Korea-Tanne, früher wurde sie gelegentlich forstlich angebaut.

Die aufwärts gebogenen Nadeln der Veitchs Tanne lassen die kreideweiße Unterseite erkennen.

Weitere Arten:
***Abies amabilis*, Purpur-Tanne:** Nadeln auf der Oberseite der ± dicht behaarten Zweige gedrängt stehend, nach vorn gerichtet, seitliche abstehend, zerrieben nach Orangen duftend. Zapfen 8–10 (–15) cm lang, 3,5–5(–7) cm Durchmesser, vor der Reife purpurgrau bis -rot, reif braun, die Deckschuppen bleiben im Zapfen verborgen. Der Zierbaum aus dem pazifischen Küstengebiet Nordamerikas (von S-Alaska bis Kalifornien) ist in Europa seit 1830 in Kultur.

Zweig der Grannen-Tanne mit starren und stechend zugespitzten Nadeln.

Zapfen der Frasers Tanne.

***Abies bracteata*, Grannen-Tanne, Santa-Lucia-Tanne:** Eine seltene, nur im Santa-Lucia-Gebirge S-Kaliforniens vorkommende, sich durch höchst eigentümliche Merkmale von den anderen *Abies*-Arten abhebende Tanne. Die spindelförmigen, nicht harzigen Knospen sind bis 2,5 cm lang, die 3–6 cm langen Nadeln sind starr und stechend, aus den 8–10 cm langen Zapfen ragen die Deckschuppen mit langen grannenartigen Fortsätzen weit heraus, den Zapfen teilweise umhüllend. Die interessante, etwas frostempfindliche Art wurde 1852 nach Europa (England, W. LOBB) eingeführt. In ihrem natürlichen Areal ist die Art in ihrem Bestand zurückgegangen, sie wird zwar noch nicht als gefährdet eingestuft, kommt aber diesem Status schon nahe (IUCN Red List, Kategorie Near Threatened).

***Abies fraseri*, Frasers Tanne:** Eine Tanne der höheren Lagen der S-Appalachen, die einzige *Abies*-Art im Südosten der USA, gekennzeichnet durch kleine (bis 4 mm Länge), breit eiförmige, stark harzige Knospen, kurze (1–2,5 cm), auf der Trieboberseite dicht stehende, beim Zerreiben aromatisch duftende Nadeln und nur 3–6 cm lange Zapfen mit weit herausragenden Deckschuppen, deren Spitzen zurückgebogen sind. Ein begrenztes und – u. a. durch Waldschäden – schrumpfendes Areal führten zu einer Aufnahme als stark gefährdete Art in die IUCN Red List. Die Tanne wurde vor etwa 200 Jahren nach Europa eingeführt (1811, J. FRASER), blieb aber als Zierbaum eine seltene Erscheinung.

Abies lasiocarpa*, Felsengebirgs-Tanne, Rocky-Mountains-Tanne:** Nadeln 2–3(–4) cm lang, dicht gedrängt stehend, an Zweigoberseite nach vorn und spitzwinklig aufwärts gerichtet, Unterseite mit 2 silbergrauen Bändern, auch Oberseite mit Stomatalinien, blass blaugrün, zerrieben balsamisch duftend. Zapfen 5–12 cm lang, vor der Reife blaugrau bis purpurviolett, reif (purpur)braun, Deckschuppen im Zapfen verborgen. Zierbaum (1863 nach England eingeführt) aus dem westlichen Nordamerika (vom Yukon im Norden bis Neu-Mexiko und N-Kalifornien). Häufiger in Kultur (seit 1901, Deutschland) ist eine Varietät mit auffällig blauweißen Nadeln, die **Arizona-Tanne** (**var. *arizonica), die wegen dickerer, gelbgrauer korkiger Borke auch Kork-Tanne genannt wird.

Dicht benadelte Zweige der Felsengebirgs-Tanne. Hier mit beiderseits blauweißen Nadeln die Varietät Arizona-Tanne.

Zapfen der Spanischen Tanne.

Abies pinsapo*, Spanische Tanne:** Nadeln nur bis 2 cm lang, starr, am Grund verbreitert, allseits rechtwinklig vom Zweig abstehend, Spitze stumpf oder spitz, zuweilen auch stechend, grauweiß, beiderseits mit blauweißen Bändern aus Stomatalinien. Zapfen 9–15 cm lang, Deckschuppen im Zapfen verborgen. Die Bestände des Gebirgsbaumes im westlichen Mittelmeerraum (S-Spanien, N-Marokko) sind so im Rückgang, dass die Art nach der IUCN Red List als stark gefährdet gilt. Als Ziergehölze (kultiviert mindestens seit 1837) erlangten neben diversen, teils frosthärteren Sorten mit auffällig blaugrauen bis -weißen Nadeln (z. B. 'Glauca') und Zwergformen die unter Kulturbedingungen in Frankreich entstandenen Bastarde mit der **Nordmanns Tanne** (Abies* × *insignis***, um 1850) und der **Griechischen Tanne** (***Abies* × *vilmorinii***, 1867 aufgefunden) Bedeutung.

Zweig der Edel-Tanne mit verblühten männlichen Blüten („Pollenzapfen").

***Abies procera*, Edel-Tanne:** Nadeln im untersten Teil dem Zweig anliegend und dann nach oben abgeknickt, Basis kaum verbreitert, dicht stehend und Zweigoberseite bedeckend, beiderseits dunkel blaugrün (bis blau- oder silberweiß: Sortengruppe Glauca). Die Zapfen sind auffällig groß (bis 25 cm lang, 7–9 cm Durchmesser), die weit herausragenden Deckschuppen sind an der Spitze umgeschlagen und bedecken den Zapfen fast völlig. An schwächeren Zweigen hängen die Zapfen wegen ihres Gewichtes oft schief zur Seite. Die im westlichen Nordamerika (USA bis N-Mexiko) vorkommende Art wird in Europa (um 1830 nach England eingeführt) als attraktiver Zierbaum gern gepflanzt.

***Abies sibirica*, Sibirische Tanne:** Ein weites Areal vom russischen NO-Europa über das sibirische Tiefland bis in die Gebirge S-Sibiriens und der Mongolei einnehmende Baumart der Dunklen Taiga. Die 1–3 cm langen, dünnen und schmalen (1–1,6 mm Breite) Nadeln mit unterseits im Gegensatz zu den meisten Tannen weniger auffälligen grauweißen Bändern erinnern eher an Douglasien-Nadeln, sie stehen aber gehäuft auf der Trieboberseite. Die Deckschuppen sind in den 5–8 cm langen, vor der Reife bläulichen Zapfen eingeschlossen. Die Art leidet als Ziergehölz (in Kultur seit 1820) wie viele sibirische Arten, die in Mitteleuropa zeitig austreiben, unter Spätfrost.

Die Nadeln der Sibirischen Tanne sind auffällig dünn und schmal.

Araucaria araucana – Anden- oder Chiletanne, Chilenische Araukarie oder Schmucktanne

Araucariaceae – Araukariengewächse

Bis 50 hoher, aber in Kultur selten 25 m erreichender immergrüner Nadelbaum mit 5–7-quirlig angeordneten, fast waagerechten bis durchhängenden und am Ende bogig aufsteigenden Hauptästen und anfangs kegelförmiger, im Alter schirmförmiger Krone. **Blätter** dreieckig bis eilanzettlich, starr mit steifer stechender Spitze, glänzend dunkelgrün, schraubig angeordnet, die Zweige dicht dachziegelartig bedeckend, langlebig (10–15 Jahre). **Blüten** meist zweihäusig verteilt, männliche Blütenzapfen zylindrisch, 8–12 cm lang, weibliche kugelig, walnussgroß. Blütezeit Juni–Juli. **Zapfen** anfangs grün, reif braun, kugelig, 14–20 cm Durchmesser, im 3. Jahr reifend und zerfallend. **Samen** 3–5 cm lang, essbar (Piñones).

Name: Gattungs- und Artname basieren auf spanisch „araucano" nach dem Herkunftsgebiet Arauco in den chilenischen Anden bzw. dort lebenden Indianerstämmen der Araukaner.

Systematik: Unter den 15–20 im südwestpazifischen Raum (vor allem Neu-Kaledonien) und in Südamerika (hier nur 2) verbreiteten Arten der südhemisphärischen Gattung *Araucaria* ist *A. araucana* die einzige Araukarie, die in Mitteleuropa im Freiland kultiviert werden kann. Allbekannt als Zimmerpflanze ist eine Araukarie von den Norfolk-Inseln, die **Zimmertanne, *Araucaria heterophylla*.**

Zapfen der Andentanne.

Verbreitung: Anden in Chile und S-Argentinien; im natürlichen Areal stark im Rückgang und gefährdet (IUCN Red List), u. a. wegen mangelnder Naturverjüngung über Samen, die gesammelt und auf Märkten angeboten werden. Die Art ist nach dem Washingtoner Artenschutzabkommen (CITES) besonders geschützt, Samen oder Pflanzen von natürlichen Standorten dürfen nicht aus- oder eingeführt werden.

Lebensraum: Lichte Gebirgswälder (600–1800 m ü. M.).

Biologie: In wintermilden Gebieten ausreichend frosthart, wächst optimal unter luftfeuchten Bedingungen, erträgt aber auch Dürre und Stadtklima.

Verwendung: Durch bizarren Wuchs mit eigenwilligem, an „Urzeitbäume" erinnernden Habitus ein interessanter und beliebter Zierbaum. Die Art gelangte erstmalig 1795 durch A. Menzies, der bereits auf dem Schiff erste Pflanzen aus den als Proviant mitgeführten Samen anzog, nach Europa,

Bestand der Andentanne am natürlichen Standort (Patagonien).

später nochmals durch W. Lobb 1844. Jungpflanzen sollten gegen Wintersonne und Durchfrieren des Wurzelbereichs geschützt werden.

Calocedrus decurrens – Kalifornische Fluss- oder Weihrauchzeder, Rauchzypresse

Cupressaceae – Zypressengewächse

Bis 45(–70) m hoher immergrüner Nadelbaum mit säulenförmiger bis schmal eiförmiger Krone und meist auffällig verbreiteter Stammbasis. **Blätter** schuppenförmig, an stark abgeflachten, in einer Ebene verzweigten Trieben, beiderseits glänzend grün, Kanten- und Flächenblätter deutlich verschieden, aber im Gegensatz zu Scheinzypressen und Lebensbäumen gleich lang, 2–3 mm. **Zapfen** holzig, länglich, 2–3,5 cm lang, aus 3 Schuppenpaaren, aber inneres verwachsen, so dass nur 5 Schuppen erkennbar, zur Reife weit aufklaffend. **Samen** ungleichmäßig geflügelt.

Name: *Calocedrus* von griech. „kalos“ = schön und „kedros“ = Zeder. Wie so mancher Nadelbaum, dessen Holz geschätzt wird und von intensivem Geruch ist, Zeder genannt, obwohl keinerlei Beziehungen zur Gattung der Zedern (*Cedrus*) bestehen; auch Blätter zerrieben riechend (nach Terpentin); *decurrens* lat. = herablaufend, wegen der an den jungen Zweigen herablaufenden und diese bedeckenden kanten- und flächenständigen Schuppenblätter.

Systematik: Von den 3 Arten der zu beiden Seiten des Pazifik (SO-Asien und westliches Nordamerika) vorkommenden Gattung *Calocedrus* nur diese in Kultur.

Verbreitung: Pazifisches Nordamerika von SW-USA (Oregon, Kalifornien) bis angrenzendes Mexiko in Höhenlagen von 700 bis 2300 m ü. M.

Zweig der Flusszeder mit geöffneten Zapfen.

Habitus der Kalifornischen Flusszeder.

Lebensraum: Nadelwälder frischer bis feuchter, nährstoffreicher Hänge, auf Terrassen und an Ufern von Fließgewässern sommertrockener Gebiete, aber stagnierende Nässe meidend.
Biologie: Bis 600(–1000) Jahre alt werdender Halbschattenbaum, tolerant gegen Frost und Dürre.
Verwendung: Geschätztes Holz in der Heimat, aber für Nutzung schlechte Astreinigung und Anfälligkeit gegenüber Rotfäule ungünstig. Als Zierbaum (in Europa in Kultur seit 1853) wird die besonders schmalkronige Sorte 'Columnaris' bevorzugt, die unter den immergrünen, bei uns 20–30 m Höhe erreichenden Säulenbäumen zu den schönsten gehört. Gern gepflanzt wird außerdem 'Aureovariegata', eine Sorte mit einzelnen gelben oder teilweise gelben Triebpartien, die unregelmäßig über die Krone verteilt sind.

Cedrus atlantica – Atlas-Zeder

Pinaceae – Kieferngewächse

Bis 50 m (in Kultur 15–25, selten 40 m) hoher immergrüner Nadelbaum, in der Jugend mit steil aufgerichteten Hauptästen und breit kegelförmiger Krone mit aufrechtem Wipfelspross, im Alter Krone mit weit ausladenden und waagerecht abstehenden Ästen. **Nadeln** an Langtrieben einzeln stehend, an Kurztrieben rosettig genähert, dadurch gebüschelt zu 20–50, (1–)1,5–2,5 (–3) cm lang, grün bis bläulich grün, oft graublau, stechend zugespitzt. Blüten im Herbst (September–Oktober), männliche Blütenzapfen kätzchenartig, 3–4 cm lang, weibliche eiförmig, sich zu aufrecht stehenden ei- bis fass- oder tonnenförmigen Zapfen entwickelnd. **Zapfen** reif 5–8 cm lang, 3–5 cm Durchmesser, oben abgeflacht und etwas eingedellt, im 2. oder 3. Jahr zerfallend, nur die Spindel am Zweig verbleibend. Samen dreieckig, 0,8–1,3 cm lang, mit 1,8–2,5 cm langem Samenflügel.

Name: *Cedrus* auf griech. „kedros" = Baumwacholder, zurückgehend, und zwar solche mit wertvollem, wohlriechendem, ölhaltigem Holz; später auf Zedern, eine Gattung einer anderen Familie der Nadelgehölze mit angenehm riechendem und begehrtem Holz übertragen. Bis heute werden in vielen Sprachen derartiges Holz liefernde Bäume aus ganz unterschiedlichen Familien Zedern genannt, z. B. *Calocedrus* = Fluss- oder Weihrauchzeder; Japanzeder = Sicheltanne, Red Cedar = Lebensbaum- und Wacholder-Arten in den USA; Kedr sibirskij (russisch) = Sibirische Zirbel-Kiefer („Zedernüsse" der Russen sind Zirbelnüsse). Der wissenschaftliche und deutsche Artname beziehen sich auf das Vorkommen im Atlasgebirge (NW-Afrika).
Systematik: Zur Gattung der eigentlichen Zedern (*Cedrus*) gehören 3 nah verwandte Arten (oder eine Art mit 3 Unterarten) im Mittelmeerraum (von Marokko bis Libanon) und eine Art im Himalaja. Sie zeichnen sich durch eine ähnliche Art der Benadelung (an Langtrieben einzeln, an Kurztrieben in Büscheln) wie die Lärchen aus, sind aber im Gegensatz zu diesen immergrün und nicht mit ihnen verwandt.

◀ *Altbaum der Atlas-Zeder am natürlichen Standort (Marokko).*

Zapfen der Atlas-Zeder.

Zapfen der Zypern-Zeder.

Verbreitung: *C. atlantica* in NW-Afrika (Marokko, Algerien) in den Atlasgebirgen, 1200–2200 m ü. M.

Lebensraum: Gebirgswälder in sommertrockenen, aber schneereichen Lagen.

Biologie: Relativ raschwüchsige, langlebige (bis 900 Jahre) Lichtbaumart, wächst optimal bei Sommerwärme und Winterniederschlägen, toleriert Dürre im Sommer, gedeiht auch unter Stadtbedingungen.

Verwendung: Dekorativer Garten- und Parkbaum (in Europa in Kultur seit 1839). Es werden meist ausgelesene Sorten mit grau- bis silberblauen Nadeln (Glauca-Gruppe) gepflanzt, die auch frosthärter sind. Von dieser auffälligen Blauen Atlas-Zeder gibt es eindrucksvolle Trauerformen mit bogig überhängenden Ästen und mähnenartig herabhängenden Zweigen ('Glauca Pendula').

Ähnliche Arten:

***Cedrus brevifolia*, Zypern-** oder **Kurznadel-Zeder:** Von den anderen Zedernarten sich durch die kurzen, nur 0,5–1,6 cm (lediglich an Jungpflanzen bis 2 cm) langen Nadeln und schmaleren Zapfen (nur bis 4 cm Durchmesser) unterscheidend, sonst in den Merkmalen zwischen Atlas- und Libanon-Zeder stehend. Gebirgsbaum Zyperns, der in Kultur trägwüchsig, krummstämmig und breitkronig ist und nur bis 12 m hoch wird.

◀ Altbaum der Libanon-Zeder in Weinheim. Mit 5,64 cm Stammumfang gehört er zu den Exemplaren der Art in Deutschland mit dem stärksten Stamm.

***Cedrus libani*, Libanon-Zeder:** Sich durch schräge, weniger steile Stellung der Äste (untere oft bogenförmig aufwärts gerichtet, obere waagerecht abstehend) und im Alter eine schirmförmig abgeflachte Krone auszeichnend. Aber die Unterschiede zur Atlas-Zeder sind nicht nur im Habitus unscharf, ebenso bei den Nadeln (meist grün, im Mittel etwas länger, 2,5–3,5 cm) und Zapfen (etwas größer, 6,5–12,5 cm lang, 3–6 cm Durchmesser). Die Libanon-Zeder ist das Staatswappen Libanons, symbolisiert durch einen Baum in der Staatsflagge. Bereits im Altertum wurden die Zedernwälder wegen des wertvollen Holzes (Schiffsbau, Tempelbau) stark dezimiert, weitere Vorkommen existieren in Gebirgen der SO-Türkei (Taurus, Antitaurus). In Kultur (in Europa seit 1638) sind vor allem frei stehende Einzelbäume von eindrucksvoller Gestalt.

Weitere Art:
***Cedrus deodara*, Himalaja-Zeder:** Im westlichen Himalaja waldbildender Baum bis 60 m Höhe und 3 m Stammdurchmesser, Krone mit waagerecht abstehenden Ästen, überhängenden Gipfeltrieben und Zweigspitzen. Die grünen bis blaugrünen Nadeln länger (2–6 cm, an Kurztrieben bis 4,5 cm) und weniger derb als bei den anderen Zedern, die Zapfen größer (7–13 cm lang, 5–9 cm Durchmesser) und oben abgerundet. Malerisches Ziergehölz (1822 nach Europa eingeführt), aber in Deutschland gebietsweise und in Abhängigkeit von der Herkunft des Saat- bzw. Pflanzguts Frostschäden möglich, wegen des frühen Austriebs auch unter Spätfrost leidend. Sorten mit graublauen bis silbergrauen Nadeln sind frosthärter, für Pflanzungen empfehlen sich gegen Wintersonne geschützte Lagen.

Zapfen der Himalaja-Zeder.

Cephalotaxus harringtonii – Japanische oder Harringtons Kopfeibe, Pflaumeneibe

Cephalotaxaceae – Kopfeibengewächse

Zweihäusiger immergrüner Strauch oder bis 10 m hoher, meist mehrstämmiger Baum mit quirlig angeordneten, waagerecht abstehenden Ästen. **Nadeln** linealisch lanzettlich, 2,5–4 cm lang, 2,5–4 mm breit, lederig, recht starr, allmählich oder oft plötzlich und scharf zugespitzt, 2-zeilig angeordnet, aber meist schräg aufwärts gerichtet und ein V bildend, gerade oder oft sichelförmig aufwärts gebogen, unterseits 2 blasse Bänder mit weißlichen Stomatalinien. **Samen** paarweise oder in Gruppen, einer Steinfrucht ähnlich, mit Samenhülle verkehrt eiförmig, reif orangerot bis purpurn, glatt, oft gestreift. **G!**

Name: *Cephalotaxus* beruht auf „kephale" griech. = Kopf und *Taxus* wegen der Ähnlichkeit mit der Eibe; *harringtonii* oder *harringtonia* (beide Schreibweisen zu finden) nach dem Earl of Harrington, einem Förderer der Wissenschaften im 19. Jahrhundert. Pflaumeneibe wegen der Ähnlichkeit reifer Samen mit Pflaumen.
Systematik: Die 8 recht ähnliche Arten umfassende, heute auch den Eibengewächsen (*Taxaceae*) zugeordnete Gattung *Cephalotaxus* reicht vom Himalaja bis Ostasien (bis Japan und Korea) und SO-Asien (südlich bis Malaysia). Die Nadeln erinnern an Eibennadeln, ihr Grund läuft ebenfalls als grüner Streifen am Zweig herab, sie weisen aber an der Nadelunterseite 2 auffällige blau- bis grauweiße Bänder aus Stomatalinien auf und können deutlich länger (bis > 10 cm) sein. Die aufrechten,

Seitensprosse der Kopfeibe mit männlichen Blüten („Pollenzapfen"). An der Nadelunterseite weißliche Stomatabänder erkennbar.

1,5–4 cm langen harzigen Samen besitzen eine harte Steinschale und sind von einer fleischigen, anfangs grünen, zur Reife purpurnen bis bräunlichen Hülle umschlossen.

Verbreitung: Ostasien (Korea, Japan, China).

Lebensraum: Bergmischwälder, meist im Unterwuchs.

Biologie: Schattentolerant, langsam wachsend. Giftig.

Verwendung: Eibenähnliches Ziergehölz, wobei in Kultur (1829/30 von SIEBOLD aus Japan in die Niederlande und nach Belgien eingeführt) weniger Pflanzen mit typischer Wuchsform und Benadelung anzutreffen sind. Häufiger gepflanzt wird die an Säuleneiben erinnernde Sorte 'Fastigiata', ein säulen- bis trichter- oder tonnenförmiger Strauch mit straff aufrechten, wenig verzweigten Ästen und größeren, in dichten Spiralen um den Zweig stehenden Nadeln. Die bisher als var. *nana* eingestufte Sippe, die sich durch breitstrauchigen Wuchs mit niederliegenden, sich bewurzelnden und aufsteigenden Ästen, kleinere und waagerecht vom Zweig abstehende Nadeln auszeichnet, wird heute auch als eigene Art **Zwerg-Kopfeibe** (***Cephalotaxus nana***) aufgefasst und gilt im Gegensatz zu *C. harringtonii* als in ihrem Bestand bereits einer Gefährdung nahe.

In Gruppen stehende, noch unreife Samen der Kopfeibe.

Chamaecyparis – Scheinzypresse

Cupressaceae – Zypressengewächse

Langlebige, 20–65 m hohe immergrüne Nadelbäume mit überhängender Spitze des Gipfeltriebs, die Krone ist meist schmal kegelförmig, aber der Habitus variiert in Abhängigkeit vom Standort, auch wurden zahlreiche, im Wuchs abweichende Typen als Sorten (Säulen- und Hängeformen, niedrige Kegel- und Kugelformen) ausgelesen. **Blätter** gegenständig, nur an Jungpflanzen nadel- bis pfriemförmig, sonst schuppenförmig, an stark abgeflachten, in einer Ebene fächerförmig ausgebreiteten Trieben, wobei die Schuppenblätter nach der Stellung am Zweig in ihrer Gestalt abweichen, so dass Kanten- und Flächenblätter zu unterscheiden sind. **Blüten** eingeschlechtig, männliche Blütenzapfen meist sehr zahlreich, gelb oder karminrot, weibliche unscheinbar, meist stahlblau. Blütezeit: April. **Zapfen** reif holzig, kugelig bis ellipsoidisch oder eiförmig, mit 6–12 schildförmigen Zapfenschuppen, deren Ränder sich anfangs berühren, zur Reife aber auseinander klaffen. **Samen** 2-flügelig, im 1. Jahr reifend.

Name: Abgeleitet von lat. *chamaecyparissos*, was „Erdzypresse" bedeutet, wobei die Beziehung des damit bezeichneten mediterranen Zypressen- oder Heiligenkrauts (*Santolina*-Art) zu der im Mittelmeerraum gar nicht vorkommenden Koniferengattung unklar ist. Lediglich der würzige Duft des Halbstrauchs könnte mit dem aromatischen Holz in Verbindung gebracht werden. Der Name Scheinzypresse drückt die Ähnlichkeit mit Zypressen (*Cupressus*) aus, aber auch, dass es keine solchen sind.
Systematik: Nach Ausgliederung der Nutka-Scheinzypresse (*Ch. nootkatensis*), die heute anderen Gattungen (*Xanthocyparis* bzw. *Cupressus*) zugeordnet wird (siehe *Cupressus nootkatensis*!) gehören zur Gattung *Chamaecyparis* 5 Arten.
Verbreitung: Nadelwälder und Nadel-/Laub-Mischwälder gemäßigter Zonen im westlichen Nordamerika und in Ostasien.
Standort: Frische bis feuchte, nicht zu nährstoffarme Böden.
Verwendung: Einige Arten mit wertvollem dauerhaftem Kernholz in ihren Heimatgebieten von forstlicher Bedeutung. In Mitteleuropa sind Scheinzypressen meist bekannter als „Friedhofsbäume", werden aber auch sonst als Ziergehölze oft gepflanzt, wobei sich unter den zahlreichen Sorten Zwerg- und Säulenformen oder blaugraue und goldgelbe Farbformen besonderer Beliebtheit erfreuen.

Chamaecyparis lawsoniana – Lawsons Scheinzypresse, Lawsonzypresse

20–50(–67) m hoher Baum mit anfangs säulenförmiger, später schmal kegelförmiger Krone und mit einem Stammdurchmesser bis 2 m. **Schuppenblätter** an den Kanten der Triebe deutlich größer als flächenständige, ihre Spitzen frei, an der Triebunterseite mit verwaschenen, wenig auffälligen weißen Linien, die eine X-förmige Zeich-

Unreife, noch geschlossene Zapfen von Lawsons Scheinzypresse. ▶

nung ergeben, Flächenblätter meist mit Öldrüse, Triebe zerrieben nach Petersilie riechend. **Zapfen** 7–11 mm Durchmesser, mit 8–10 Schuppen, deren Schild mit zusammengedrücktem Höcker.
Name: Benannt nach C. Lawson, einem schottischen Gärtner und Baumschulinhaber.
Verbreitung: Pazifisches Nordamerika (Oregon bis Kalifornien).
Lebensraum: Nadelwälder küstennaher Gebirge (bis 1700 m ü. M.).
Biologie: Schattentolerant, langlebig (bis 600 Jahre). Im natürlichen Areal führte der Befall durch einen eingeschleppten Erreger einer Wurzelkrankheit (Pilz *Phytophtora lateralis*) zu einem Rückgang der Bestände, so dass diese nach der IUCN Red List als einer Gefährdung nahe eingestuft werden.
Verwendung: In Nordamerika spielt die Art eine bedeutende Rolle im kulturellen und religiösen Leben der Indianer und ist wegen des Holzes geschätzt (z. B. für Boots- und Möbelbau). Ausgewählte Stämme von Altbäumen wurden sogar nach Japan als Ersatz für die dort gefragte, aber übernutzte Art *Ch. obtusa* exportiert. Die Verwendung der Art als beliebtes Ziergehölz ist durch die genannte Krankheit bisher nicht beeinträchtigt. Die Ausbreitung in Kultur setzte durch die Baumschule Lawson ein, nachdem 1854 Samen vom Erstbeschreiber der Art (A. Murray) nach Schottland gesandt wurden. Sie wird auch in Mitteleuropa in zahlreichen Sorten mit säulen-, kegel- und kugelförmigem Habitus (z. B. 'Globus') oder grüner bis blaugrauer und gelber Beblätterung gepflanzt. Verschiedentlich wurden forstliche Anbauversuche unternommen, einige Bestände weisen eine natürliche Verjüngung auf (z. B. Sächsische Schweiz).

Chamaecyparis obtusa – Hinoki- oder Feuer-Scheinzypresse

Im natürlichen Areal bis 40(–50) m hoher Baum mit breit kegelförmiger Krone und meist feder- bis muschelförmiger Bezweigung. **Schuppenblätter** dicht dem Zweig anliegend, Spitze der Kantenblätter leicht einwärts gekrümmt, Blätter an Triebunterseite mit deutlichen feinen weißen Linien, oft eine Y-förmige Zeichnung ergebend. **Zapfen** 9–12 mm Durchmesser, mit 8–10 Schuppen, in der Mitte des Schuppenschildes kurze, aufwärts gebogene Spitze.
Name: *obtusa* lat. = stumpf, wegen der im Gegensatz zu anderen Scheinzypressen stumpfen, nicht zugespitzten Kantenblätter.
Verbreitung: Japan, Taiwan.
Lebensraum: Gebirgswälder (bis 1300 m ü. M., **subsp. *formosana*** auf Taiwan 2000–3000 m), teils auch in Reinbeständen, auf feuchten, gut durchlässigen Böden in kühler und luftfeuchter Lage.
Biologie: Anspruchsvoll an Nährstoffe, Boden- und Luftfeuchte, empfindlich gegenüber Sommertrockenheit.
Verwendung: In Japan der Sonnengöttin gewidmeter Baum und „Ruhm der Wälder", das wertvolle, weiße, feine und dichte Holz ist das bevorzugte Holz für Tempel und Schreine. Wegen Übernutzung gilt die Art nach IUCN Red List als beinahe gefährdet (subsp. *formosana* auf Taiwan als gefährdet). Obwohl bereits seit dem 18. Jahrhundert auch für die Holznutzung angebaut, ist der Bedarf so hoch (z. B. wurden für einen seit seiner Gründung das 60. Mal neu errichteten Schrein 1973 13600 Bäume gefällt, teils 600–800 Jahre alt), dass als Ersatz Holz der nordamerikanischen Art *Ch. lawsoniana* importiert wurde. Als Ziergehölz ist die Art verbreitet, nach Europa wurde sie um 1860 mehrfach (zuerst Siebold und Veitch) eingeführt, auch bereits Sorten wie 'Nana' oder 'Filicoides'. Gern gepflanzt werden diverse Wuchs- und Farbformen, teilweise mit bizarrer Verzweigung.

◀ *Gefächertes Sprosssystem der Hinoki-Scheinzypresse.*

Besonders beliebt ist 'Nana Gracilis', nur bis 2 m hoch, von kugeligem bis breit kegelförmigem Habitus mit muschelförmig angeordneten bis tütenförmig gedrehten Trieben, glänzend dunkelgrün. Die Art wird auch für Bonsai verwendet.

Chamaecyparis pisifera – Sawara- oder Erbsenfrüchtige Scheinzypresse

20–50 m hoher Baum mit kegelförmiger, locker aufgebauter Krone und rotbrauner, dünner, sich in schmalen Streifen lösender Borke. **Schuppenblätter** scharf zugespitzt, Spitze der Kantenblätter abstehend, daher Trieb beim Rückwärtsstreichen sich rau anfühlend, Blätter an Triebunterseite mit auffälligen länglichen weißen Flecken, Flächenblätter mit deutlicher Drüse, Triebe zerrieben scharf nach Harz riechend; mehrere Sorten weisen bis ins Alter nadel- bis pfriemförmige Blätter auf, wie sie sonst nur bei Jungpflanzen auftreten. **Zapfen** kleiner als bei den anderen Arten, 5–7 mm Durchmesser, mit (6–)8(–10) Schuppen, Schild runzlig, oft mit dreieckigem Höcker.

Seitensprosse der Sawara-Scheinzypresse mit Zapfen.

Name: *pisifera* lat. = Erbsen tragend, wegen der etwa erbsengroßen Zapfen.
Verbreitung: Japan (Honshu).
Lebensraum: Gebirgswälder auf mittel- bis tiefgründigen, nährstoffreichen Böden in sommerfeuchten und schneereichen Lagen.
Biologie: Langlebig (etwa 400 Jahre), bei Trockenheit eher buschig wachsend, aber mehrere Sorten relativ anspruchslos, anpassungsfähig und Stadtbedingungen gut ertragend.
Verwendung: Ziergehölz, nach Europa 1859/61 (Leiden, Siebold) eingeführt, auch bereits mehrere Gartenformen (1861, Veitch, Fortune). Einigen Sorten dieser Scheinzypresse ist die Zugehörigkeit zur Art nicht anzusehen, da sie in Habitus, Verzweigung und/oder Blattform sehr stark abweichen. Beispielhaft seien genannt 'Filifera' mit hängenden, fadenförmig verlängerten und pfriemförmig beblätterten Zweigen, 'Plumosa' mit federartig verzweigten Trieben und pfriemförmigen, abstehenden Blättern (2–4 mm lang) oder 'Squarrosa' mit dichter, unregelmäßiger, krauser Verzweigung und relativ weichen Nadeln (mindestens 6 mm lang, oberseits blaugrün, unterseits silbriggrau). Die beiden letztgenannten Sorten werden gern zur Gewinnung von Binde- und Schnittgrün genutzt.

Cryptomeria japonica – Sicheltanne, Japanzeder oder Sugi

Cupressaceae – Zypressengewächse

Bis 50–60 (in Kultur selten bis 25) m Höhe und einen Stammdurchmesser bis 4–6 m erreichender immergrüner Nadelbaum (Sorten auch strauchförmig). Stamm mit braunroter, dünner, sich in Längsstreifen ablösender Borke. **Blätter** pfriemlich bis nadelförmig, 0,6–2,5 cm lang, dem Zweig zu gebogen, Nadelgrund an ihm herablaufend, in 5 spiraligen Längsreihen angeordnet. **Zapfen** kugelig, 1–3 cm Durchmesser, mit 25–40 verholzten, sparrigen Schuppen.

Name: *Cryptomeria* von griech. „kryptos" = verborgen und „mereia" = Teil, wegen der als getrennte Teile kaum sichtbaren, da weitgehend verwachsenen Samen- und Deckschuppen der Zapfen. Die deutschen Namen bringen durch „-tanne" oder „-zeder" eine Wertschätzung zum Ausdruck, obwohl es sich weder um eine Tanne (*Abies*) noch um eine Zeder (*Cedrus*) handelt. „Sichel-" wegen der sichelförmig gebogenen Nadeln.
Systematik: Einzige Art der Gattung *Cryptomeria*, früher zur Familie der Sumpfzypressengewächse (*Taxodiaceae*) gestellt, bevor diese in die Zypressengewächse eingegliedert wurde.
Verbreitung: Seit langer Zeit in Ostasien genutzt und gepflanzt, so dass das natürliche Areal schwierig zu rekonstruieren ist. Es war selbst lange umstritten, ob sich die ursprüngliche Verbreitung auf Japan beschränkt oder das natürliche Areal bis SO-China reicht. Die Sicheltanne war bereits vor 1700 in China in Kultur und hat sich so etabliert, dass ein natürlicher Eindruck entsteht. Einige Autoren trennten sogar chinesische Vorkommen als eigene Sippe ab.
Lebensraum: Bergmischwälder frischer und nährstoffreicher Standorte in wintermilden und luftfeuchten Lagen.
Biologie: Langlebig (bis 700 Jahre), empfindlich gegenüber Nassschnee (Kronenbrüche). Auf sehr gut nährstoff- und wasserversorgten Böden gefährdet durch Windwurf. Da an solchen Standorten spät ausreifend, in ungünstigen Lagen Frostschäden möglich, besonders bei Jungpflanzen. Vegetativ gut regenerationsfähig, deshalb auch schnittverträglich.
Verwendung: Bedeutender Forstbaum in Ostasien, besonders in Japan und China häufig gepflanzt, auch an Tempeln, Grabstätten, als Alleen (z. B. schon früher an den japanischen Handels- und Poststraßen) oder in Dorfnähe. In Europa als Park- und Gartenbaum Mitte 19. Jahrhunderts eingeführt, zuerst nach England (1842, HUME) und Russland (St. Petersburg). Als Ziergehölze fanden auch zahlreiche in Habitus und Nadeln abweichende Formen Eingang in die Gärten, darunter Zwergformen (z. B. 'Vilmoriniana'), Sorten mit besonders kurzen (z. B. 'Jindai-sugi') oder langen und blaugrünen (z. B. 'Elegans') Nadeln oder mit Zweigen, die teils monströs verformt sind oder hahnenkammartige Verbänderungen (z. B. 'Cristata') aufweisen. Die Art wird auch für Bonsai verwendet.

Zapfen der Sicheltanne.

Cunninghamia lanceolata – Chinesische Spießtanne

Cupressaceae – Zypressengewächse

Bis 25(–50) m, in Kultur meist mehrstämmiger und nur 4–8 m hoher immergrüner Nadelbaum. Stamm mit hellbrauner, sich in dünnen Streifen ablösender Borke. **Nadeln** linealisch bis lanzettlich, derb lederig, 3–7 cm lang, stechend zugespitzt, unterseits mit 2 breiten blauweißen Bändern aus Stomatareihen, an Seitenzweigen 2-zeilig, in einer Ebene stehend. **Zapfen** meist zu 3 an der Zweigspitze, eilänglich bis kugelig, 2,5–4 cm Durchmesser, Schuppen locker dachziegelig angeordnet, lederig, nur wenig verholzt. **Samen** schmal geflügelt.

Zapfen der Spießtanne.

Name: *Cunninghamia* nach dem Entdecker J. CUNNINGHAM, einem englischen Arzt und Pflanzensammler, benannt; *lanceolata* lat. = lanzettlich, wegen der Blattform.
Systematik: Gattung *Cunninghamia* früher zur Familie der Sumpfzypressengewächse (*Taxodiaceae*) gestellt, bevor diese in die Zypressengewächse eingegliedert wurde. Zu der in der meridionalen bis subtropischen Zone O- bis SO-Asiens verbreiteten Gattung gehören 2–3 ähnliche Arten, die verschiedentlich auch zu einer Art zusammengefasst werden.
Verbreitung: S-China (Sichuan bis zur Pazifikküste), Vietnam und Laos, aber außerhalb des natürlichen Areals in O-Asien oft gepflanzt und eingebürgert.
Lebensraum: Nadelwälder und Nadel-/Laubmischwälder frischer und nährstoffreicher Standorte luftfeuchter Gebirgslagen.
Biologie: Etwas frostempfindlich, aber nach Frostschäden, selbst einem Zurückfrieren bis zum Boden, sich wieder regenerierend.
Verwendung: In wintermilden, vor Wintersonne geschützten Lagen interessanter, durch seine langen und dicht stehenden Nadeln auffallender Zierbaum (1804 nach England eingeführt, KERR). Bei Pflanzungen in Gebieten mit tieferen Wintertemperaturen sollte die Sorte mit graublauen Nadeln ('Glauca') wegen höherer Frosthärte bevorzugt werden.

Cupressus – Zypresse

Cupressaceae – Zypressengewächse

Immergrüne Nadelbäume mit kegel- bis säulenförmiger oder abgerundeter Krone, selten Sträucher. **Blätter** nur an jungen Sämlingen nadelförmig, sonst (ausgenommen einige Sorten) stets schuppenförmig, gegenständig, meist dicht den Zweigen angepresst und von einheitlicher Gestalt, junge Triebe im Querschnitt rund oder 4-kantig, selten flächen- und kantenständige Schuppenblätter in Form und Größe abweichend und Triebe abgeflacht. **Zapfen** kugelig bis breit oder länglich eiförmig, mit 6–14 schildförmigen Schuppen, die sich anfangs mit den Rändern berühren, aber bei der Reife weit auseinander klaffen, im 2. Jahr reifend.

Name: *Cupressus* von griech. „kyparissos" abgeleiteter Name für die Gattung der „echten" Zypressen (vgl. auch Mythos von CYPARISSUS, der in eine Zypresse verwandelt wurde). Keine Zypressen, wenn auch zur Familie Zypressengewächse gehörend, sind dagegen Scheinzypresse (*Chamaecyparis*), Rauchzypresse (*Calocedrus*) oder Sumpfzypresse (*Taxodium*).
Systematik: Zur Abgrenzung der Gattung *Cupressus* weichen die Auffassungen derzeit beträchtlich ab. Traditionell umfasst die Gattung sowohl alt- als auch neuweltliche Arten (je nach Autor 17–33). Nach molekulargenetischen Studien werden heute unter Einbeziehung der Nutka-Zypresse (ehemals zu Scheinzypressen, Gattung *Chamaecyparis*) 2–3 Gattungen unterschieden. Danach würden zu den „echten" Zypressen (*Cupressus* s. str.) nur Arten der „Alten Welt" (Eurasien und Afrika) gehören (8–12 Arten). Wegen der noch ungeklärten Situation soll hier die weite Fassung der Gattung (*Cupressus* s. l.) unter Einbeziehung der neuweltlichen Arten und der zwischenzeitlich neu geschaffenen Gattung *Xanthocyparis* (mit *X. nootkatensis*) beibehalten werden.
Verbreitung: Warmgemäßigte bis subtropische Zonen in Eurasien (Mittelmeerraum über Vorderasien, Himalaja, W-China bis Vietnam), N-Afrika (mit isoliertem Reliktvorkommen in der Sahara) und SW-Nordamerika bis Mittelamerika (eine Art südlich bis Honduras). Die Verbreitung reicht von der Küste bis in Wüstengebiete, einige Arten wachsen auch im Gebirge.
Lebensraum: Meist lichte Wälder trockener Standorte, Felshänge, aber auch bodenfrische Mischwälder und Nadelwälder der Gebirge.
Biologie: Unterschiedliche Ansprüche an den Standort, oft Wärme liebend, Sommertrockenheit ertragend, meist frostempfindlich.
Verwendung: Als Ziergehölze bedeutungsvoll, häufig vor allem *C. nootkatensis*, aber auch unter den als weniger frosthart geltenden, aber Trockenheit und Hitze gut ertragenden Arten einige an Bedeutung zunehmend.

Cupressus nootkatensis – Nutka-Zypresse

15–30 m hoher, unter optimalen Bedingungen im natürlichen Areal fast 60 m Höhe erreichender, Baum, aber an extremen Standorten wie subalpiner Waldgrenze auch strauchförmig wachsend. **Schuppenblätter** an den Kanten und auf der Fläche der Triebe ähnlich, stachelspitzig, ihre Spitzen abstehend, an Unterseite ohne weiße Zeichnung, zerrieben unangenehm riechend (ähnlich Sadebaum, *Juniperus sabina*). **Blüten:** Männliche Blütenzapfen gelb, weibliche unscheinbar, schieferblau. **Zapfen** 8–10 mm Durchmesser, nur mit 4–6 Schuppen, an deren Oberfläche unterhalb der Mitte ein spitzer Höcker sitzt.
Name: Nach der Nootka-Insel an der Pazifikküste Kanadas benannt.
Systematik: Nachdem die Art bis Ende des 20. Jahrhunderts als Nutka-Scheinzypresse (*Chamaecyparis nootkatensis*) jedermann geläufig war (und es vielen noch heute ist), wurde sie aus der Gattung *Chamaecyparis* ausgegliedert und der neu beschriebenen Gattung Goldzypresse zugeordnet: *Xanthocyparis nootkatensis*. Molekulargenetische Studien führten zu einem Umbruch in der Systematik der Gattung *Cupressus* unter Einbeziehung von *Xanthocyparis*, wobei die Auffassungen hierzu bis heute voneinander abweichen (siehe Systematik der Gattung!).
Verbreitung: Pazifisches Nordamerika von Alaska im Norden bis Oregon im Süden.

Seitenast der Nutka-Zypresse mit hängenden Seitentrieben.

Lebensraum: Nadelwälder küstennaher Gebirge, bis an die Waldgrenze (2500 m ü. M.) reichend.
Biologie: Abgesehen von dem Bedarf an ausreichender Boden- und Luftfeuchte relativ anspruchslos, langlebig (soll mehrere Tausend Jahre alt werden können).
Verwendung: In Nordamerika Nutzung des dauerhaften Holzes z. B. für Bootsbau und Masten. In Europa ein beliebtes Ziergehölz, das erst um 1853 (Russland) in Kultur gelangte, obwohl MENZIES die Art bereits 1793 entdeckte. Häufig kultiviert wird vor allem die Hängeform **'Pendula'** mit abstehenden Ästen und vorhangartig herabhängenden Zweigen.

Ähnlicher Bastard:
***Cupressus × leylandii*, Leyland-Zypresse** oder **-Bastard-Zypresse:** Entstand in Kultur (England) durch spontane Kreuzungen zwischen der Monterey-Zypresse (*Cupressus macrocarpa*) und der Nutka-Zypresse und wurde bisher einem Gattungsbastard zugeordnet, entweder ×*Cupressocyparis* (*Cupressus* × *Chamaecyparis nootkatensis*) oder ×*Cuprocyparis* (*Cupressus* × *Xanthocyparis nootkatensis*). Wenn aber die Nutka-Zypresse als *Cupressus*-Art geführt wird, dann gehören die Sippen des bisherigen Gattungsbastards ebenfalls in die Gattung *Cupressus*. In Kultur sind vor allem raschwüchsige und kompakte Säulenformen der Leyland-Zypresse mit grau- oder gelbgrünen bis goldgelben Trieben, die im Gegensatz zur Monterey-Zypresse ausreichend frosthart sind und auch in Mitteleuropa gepflanzt werden, vor allem als Hecke beliebt.

Cupressus sempervirens – Mittelmeer-Zypresse

Bis 30(–40) m hoher, in Kultur in Mitteleuropa nur kleiner Baum mit schmal kegelförmiger bis säulenförmiger Krone. **Schuppenblätter** 1–1,8 mm lang, dem im Querschnitt rundlichen, relativ dünnen (0,7–1,5 mm Durchmesser) Jungtrieb dicht angepresst, stumpf oder spitz, Spitzen anliegend oder frei, (dunkel)grün, mit Drüse, aber zerrieben fast ohne Geruch. **Zapfen** meist 2–3,5 cm lang und 2–2,5 cm Durchmesser, jung grün, reif hell- oder rotbraun, zuletzt gelbgrau, mit (8–)10–14 Schuppen, deren Schild flach oder in der Mitte mit kleinem Dorn.
Name: *sempervirens* lat. = immer grünend, bereits in der Antike auf die im Mittelmeerraum vorkommende Zypressenart bezogen, nicht nur wegen der immergrünen Belaubung, auch wegen des als unzerstörbar geltenden Holzes.
Verbreitung: Östliches Mittelmeergebiet bis Iran, nach Westen ist die Arealgrenze schwer

Zapfen der Mittelmeer-Zypresse.

zu ziehen, da die Art heute im gesamten Mittelmeergebiet eingebürgert ist.
Lebensraum: Lichte Wälder trockener Standorte, Felshänge.
Biologie: Sommertrockenheit und Hitze ertragend, aber frostempfindlich.
Verwendung: Wuchsformen mit straff aufrechten Ästen und streng säulenförmiger Krone (Sorten der Stricta-Gruppe) wurden zum typischen Mittelmeerbaum, bereits seit dem Altertum gepflanzt und von den Römern verbreitet. Wird seit etwa 1500 auch in Mitteleuropa gepflanzt, erlangte aber als Ziergehölz nur in wintermilden Gebieten oder frostgeschützten Lagen eine Bedeutung.

Ähnliche Arten:

***Cupressus arizonica*, Arizona-Zypresse:** Die im südwestlichen Nordamerika (bis Mexiko) beheimatete Art ist frosthärter als *C. sempervirens* und besser für Pflanzungen unter mitteleuropäischen Bedingungen geeignet. Die blau- oder graugrünen bis silbergrauen, 1,4–2 mm langen, stumpfen bis zugespitzten Schuppenblätter liegen den 4-kantigen Jungtrieben von

Von der Mittelmeer-Zypresse trifft man meist die säulenförmigen Pflanzen an.

▲ Noch geschlossene, unreife Zapfen der Arizona-Zypresse.

◀ Junger Baum der Arizona-Zypresse.

1,3–1,6(–2) mm Durchmesser eng an, nur an älteren Zweigen Spitzen abstehend. Zapfen anfangs graublau, reif dunkel rotbraun und blau bereift, 2–3 cm Durchmesser, mit (6–)8–10 Schuppen, deren Schild in der Mitte mit gebogenem Dorn. Zapfen stehen meist in größerer Zahl gedrängt und verbleiben oft lange und geschlossen am Baum. Unter den bei dieser Art unterschiedenen Varietäten wird die **Glattrindige Arizona-Zypresse, var. *glabra***, gern gepflanzt. Sie zeichnet sich durch eine purpurne, lange Zeit glatt bleibende Stammrinde, die sich später in dünnen Lagen abrollt und rotbraune oder gelbe Flecken am Stamm hinterlässt, sowie auffällige, oft mit weißem Harz bedeckte Drüsen an den Blättern aus.

Seitenspross der Monterey-Zypresse.

***Cupressus macrocarpa*, Monterey-Zypresse:** Die nordamerikanische Art weicht von der Mittelmeer-Zypresse durch etwas stärkere, teils schwach 4-kantige Jungtriebe (bis 2 mm Durchmesser), etwas größere Schuppenblätter (bis 2 mm lang) und Zapfen (bis 4 cm lang und 3 cm Durchmesser), die zur Reife grau-, kastanien- oder dunkelbraun sind, ab. Die natürliche Verbreitung ist auf wenige Vorkommen auf der Halbinsel Monterey (Kalifornien) begrenzt, die meist in Schutzgebieten liegen, aber durch intensiven Tourismus und Waldbrand gefährdet sind. Die Art wird in der IUCN Red List als gefährdet eingestuft. Andererseits ist es eine der beiden Koniferenarten (neben *Pinus radiata*), die zwar ein sehr kleines Areal (nur Monterey) haben, aber weltweit zu den am meisten gepflanzten Nadelbäumen gehören. Die Art wird sowohl in Plantagen (selbst auf der Südhalbkugel in Südafrika und auf Neuseeland) für die Holzproduktion (Holz für Tischlerei und Möbelproduktion) als auch für Windschutzstreifen, als Parkbaum und Heckenpflanze (z. B. Großbritannien und Irland) gepflanzt. In Deutschland, wo die Art frostempfindlich ist, werden als Ziergehölze eher Sorten mit goldgelben Blättern bevorzugt. Größere Bedeutung erlangte die Art auch als eine der Elternarten häufig gepflanzter Sorten der Leyland-Zypresse, *C.* × *leylandii*, deren zweiter Elter die Nutka-Zypresse (siehe unter *C. nootkatensis*!) ist.

Ephedra distachya – Gewöhnliches oder Ähriges Meerträubel

Ephedraceae – Meerträubelgewächse

Bis 0,5 m hoher Rutenstrauch mit niederliegenden Hauptsprossen, denen steif aufrechte grau- oder blaugrüne, fein gestreifte Zweige entspringen. **Blätter** schuppenförmig, gegenständig, 2–3 mm lang, in der Mitte grün, ringsum trockenhäutig, bräunlich bis weißlich, bis zu zwei Dritteln verwachsen. **Blüten** endständig an Kurztrieben, männliche zu 8–16 in länglich eiförmigen Blütenständen, gelb, weibliche Blütenstände grünlich, 2-blütig, von schuppenartigen Hochblattpaaren umhüllt, zu 1 oder 2. **Samenstand** beerenartig, kugelig, 6–7 mm Durchmesser, leuchtend rot.

Name: *Ephedra* wird unterschiedlich gedeutet, aber griech. „ephedros“ bedeutet „darauf sitzend“, was ein Hinweis auf das schachtelhalmartige Aussehen sein könnte; *distachya* lat. = zweiährig.
Systematik: Zur Gattung 35–68 meist zweihäusige Arten, reich verzweigte aufrechte, niederliegende oder sogar kletternde immergrüne Rutensträucher mit grünen Zweigen, gegen- oder quirlständigen, sehr kleinen schuppenförmigen, meist scheidenartig miteinander verwachsenen Blättern und

Aufrechte, den niederliegenden Hauptsprossen entspringende Triebe des Gewöhnlichen Meerträubels.

Samen(ständen), die von verholzenden oder fleischig werdenden Hochblättern umgeben sind. Die Arten kommen in Trockengebieten der Nordhalbkugel (USA bis Mittelamerika, Eurasien, N- und O-Afrika) und Südamerikas vor, darunter bedeutende, teils seit alter Zeit (z.B. in China seit fünf Jahrtausenden) genutzte Heilpflanzen. Verwendung finden oberirdische („Ephedrakraut") und unterirdische („Ephedrawurzel") Pflanzenteile, wobei unter den Inhaltsstoffen dem Alkaloid Ephedrin entscheidende Bedeutung zukommt.

Verbreitung: *E. distachya* nimmt ein ausgedehntes Areal vom südlichen Europa (nördlich bis S-Alpen) über Kleinasien und Kaukasien bis in südsibirische Steppen- und mittelasiatische Halbwüstengebiete ein.
Lebensraum: Trockenwarme Stein-, Schotter- und Felshänge, Steppen.
Biologie: Anspruchslos an den Boden; Frost, Hitze und Trockenheit ertragend.
Verwendung: Durch Wuchs und auffälligen Samenschmuck interessantes Zwerggehölz (bereits seit 1570 in Kultur), geeignet für Steingärten und alle trockenen, sonnigen Standorte in Gärten und Grünanlagen, auch als Bodendecker oder für die Bepflanzung von Kübeln, Trögen oder Mauern.

Aufrechter Rutenstrauch des Mongolischen Meerträubels.

Weitere Arten:
***Ephedra equisetina*, Mongolisches Meerträubel:** 1–2 m hoher, aufrechter oder aufsteigender Rutenstrauch mit grau- oder blaugrünen steifen Zweigen von 1–1,5 mm Durchmesser. Schuppenblätter 1,5–3 mm lang, bräunlich, zur Hälfte bis zu Dreiviertel verwachsen. Samenstände eiförmig, rot, mit 1 Samen. Die Art nimmt ein ausgedehntes Areal von Mittelasien bis N-China und zur Mongolei ein, in Kultur wurde sie 1909 eingeführt.

Beerenartige Samenstände des Großen Meerträubels.

Ephedra major*, Großes Meerträubel:** 1–2 m hoher, aufrechter Rutenstrauch mit etwas dünneren (etwa 1 mm Durchmesser), dunkelgrünen Zweigen. Schuppenblätter gegenständig oder quirlig, 1–3 mm lang, trockenhäutig, zuletzt dunkelbraun. Die Verbreitung reicht von W-Europa und NW-Afrika über das Mittelmeergebiet, Kleinasien und Kaukasien bis zum W-Himalaja. Die Populationen im östlichen Teil des Areals, die sich durch glatte, nicht raue Zweige auszeichnen, werden auch als Unterart **subsp. *procera abgetrennt.

Ginkgo biloba – Ginkgo, Ginkgobaum

Ginkgoaceae – Ginkgogewächse

Sommergrüner zweihäusiger Baum, der in China 30–50 m Höhe und einen Stammdurchmesser von 2,8 m erreicht, in Kultur meist nur 15–25(–35) m hoch. **Blätter** wechselständig, an Kurztrieben rosettig genähert, an Langtrieben schraubig, derb lederig, 7–10 cm lang, 5–8 cm breit, fächerförmig, meist vorn ausgerandet bis 2-lappig oder -spaltig, ohne Mittelrippe, fast parallele, gabelig verzweigte Nerven. **Blüten** eingeschlechtig, männliche in Kätzchen, weibliche einzeln, lang gestielt, mit 2 Samenanlagen. **Samen** steinfrucht- bzw. pflaumenähnlich, mit orangegelber, fleischiger, zur Reife übelriechender äußerer und gelblich weißer, holziger innerer Samenschale; der ölhaltige Kern essbar („Ginkgonuss“).

Name: *Ginkgo* ist auf „yinxing-guo“ (chinesisch), was Silberaprikosenfrucht bedeutet, und „gin-kyo“ (japanisch) Silberfrucht zurückzuführen, deshalb gelegentlich Silberaprikose genannt; *biloba* ist aus „bi-“ lat. = zweifach und „-lobos” griech. = Lappen gebildet, wegen der oft 2-lappigen Blattspreite.

Systematik: Einzige, noch lebende Art der Gattung *Ginkgo* und Familie *Ginkgoaceae* sowie der Gabelblättrigen Nacktsamer (Ginkgoidae) überhaupt.

Verbreitung: Als „lebendes Fossil“ wahrscheinliche natürliche Vorkommen nur noch in SO-China (z. B. Tian-mu-shan-Gebirge), nach IUCN Red List stark gefährdet. Bei einigen der heute wildwachsenden Bestände ist nicht auszuschließen, dass es sich um Verwilderungen aus Anpflanzungen handelt (z. B. von Bäumen der Tempelgärten).

Lebensraum: Bergwälder auf nährstoffreichen, sauren bis basischen Böden, entlang von Fließgewässern und an deren Hängen (300–1200 m ü. M.). In diesen Wäldern wächst *Ginkgo* gemeinsam mit anderen Tertiärrelikten wie *Cunninghamia*-(Spießtannen-) und *Torreya*-(Nusseiben-)Arten.

Biologie: Soll ein Alter von 1000 (Angaben reichen bis 3300) Jahren erreichen. Wärme liebend, gegenüber Spätfrost etwas empfindlich, aber sonst an den Standort recht anspruchslos, selbst städtische Umweltbedingungen gut ertragend.

Verwendung: Hoch verehrter Baum in Japan und China, wovon uralte, an Tempeln gepflanzte Bäume zeugen. Die Art wurde vor 1730 aus Japan, wohin sie im 13. Jahrhundert eingeführt wurde, in die Niederlande gebracht

Reife Samen des Ginkgobaums.

(KAEMPFER). In China als Fruchtbaum (ein 1000-jähriger Baum liefert bis 500 kg Samen) und Heilpflanze in großem Umfang kultiviert. Inhaltsstoffe und Heilkräfte werden heute weltweit zunehmend genutzt. Das Ginkgoblatt ist ein beliebtes Motiv im Kunsthandwerk, übt Einfluss auf Dichtung und bildende Kunst seit dem 19. Jahrhundert aus. Dazu trug wesentlich das Ginkgo-Gedicht von J. W. VON GOETHE bei, den der Symbolgehalt des Blattes, das sowohl „gespalten" als auch „vollkommen" sein kann, anregte. Das Blatt ist das Symbol der Deutschen Dendrologischen Gesellschaft. Von dem beliebten Park-, Garten- und Straßenbaum mit goldgelbem Herbstlaub stehen für beengte Räume schmalkronige Sorten wie 'Fastigiata', 'Princeton Senty' oder 'Tremonia' zur Verfügung, locker aufstrebende bis straff aufrechte Säulenformen. Ginkgo wird auch für Bonsai verwendet.

Juniperus – Wacholder und Sadebaum

Cupressaceae – Zypressengewächse

Immergrüne, ein- oder zweihäusige Bäume und Sträucher mannigfaltigster Wuchsform, auf dem Boden flach ausgebreitete Spaliersträucher, niederliegend-aufsteigende bis aufrechte Sträucher, mehrstämmige Kleinbäume bis einstämmige große Bäume; 0,2–25(–40) m hoch, Stammdurchmesser bis 1(–3) m. **Blätter** gegenständig oder quirlig zu 3, entweder zeitlebens nadelförmig oder pfriemlich oder nur an Jungpflanze nadelförmig, später zusätzlich oder nur Schuppenblätter. **Blütenzapfen** eingeschlechtig, männliche kätzchenförmig, weibliche aus 1–2 Quirlen oder 1–4 Paaren von Zapfenschuppen (Komplex aus Deck- und Samenschuppen). **Zapfen** durch das Verwachsen der teils mehr holzigen, teils mehr fleischig weichen Zapfenschuppen ± beerenartig („Beerenzapfen"), nur bei einer Art steinfruchtartig; Beerenzapfen zur Reife (je nach Art im 1., 2. oder 3. Jahr) blau bis schwarz, orange- bis braunrot, bereift oder glänzend, mit 1–12 flügellosen Samen. **G!**

Name: „iuniperus" lat. für diverse Wacholder, wohl zurückgehend auf „iuveni-paros", was (zu) früh gebärend oder abortierend bedeutet, da einige Arten früher zu Abtreibungen verwendet wurden.
Systematik: Zur Gattung *Juniperus* gehören 54–67 Arten, sie können in 3 Sektionen gegliedert werden, die sich u. a. in Blatt- und Zapfenmerkmalen unterscheiden:

- **Echte Wacholder** (Sektion *Juniperus*): Beerenzapfen; Nadelblätter vom Zweig abgegliedert, ihr Grund nicht am Zweig herablaufend.
- **Sadebäume** (Sektion *Sabina*): Beerenzapfen; Schuppenblätter oder nadelförmige (bis pfriemlich lanzettliche) Blätter mit am Zweig herablaufendem Blattgrund; entweder nur Schuppenblätter oder Schuppen- und Nadelblätter an einer Pflanze (Gruppe *Sabina*, Echte Sadebäume) oder nur nadelförmige (bis pfriemlich-lanzettliche) Blätter (Gruppe *Squamatae*, Schuppenrindige Sadebäume).
- **Steinwacholder** (Sektion *Caryocedrus*): Zapfen steinfruchtartig; Nadelblätter, deren Grund am Zweig herabläuft; nur 1 sehr frostempfindliche Art: Syrischer oder Stein-Wacholder, *J. drupacea*.

Verbreitung: Neben der Gattung *Pinus* die am weitesten verbreitete Koniferengattung der Erde. Riesiges Areal auf der Nordhalbkugel, von der subarktischen Tundra bis in Halbwüsten und Hochgebirge der meridionalen Zone, in Mittelamerika bis in subtropische Gebiete und in O-Afrika sogar bis in die Tropen südlich des Äquators; in allen Höhenlagen vorkommend, von der Meeresküste bis 5200 m ü. M.
Lebensraum: Lichte Nadelwälder und Gebüsche, Heiden, Steppen, subalpines und subarktisches Krummholz u. a., oft auf Sand-, Fels- und Schotterböden.
Biologie: Ausbreitung vor allem durch Vögel (Verdauungsausbreitung, unter anderem durch Wacholderdrossel). Als „Überlebenskünstler" anspruchslos und anpassungsfähig, aber keine Beschattung ertragend; zahlreiche Arten an Trockenheit, Hitze und extreme Kälte, teils sogar salzhaltige Böden angepasst. Einige Arten stellen höhere Ansprüche an Luft- und Bodenfeuchtigkeit

(z. B. Küstenarten). Ätherische Öle in den Blättern (Nadelöle) und im Holz (Holzöle als Besonderheit unter den Nadelgehölzen mit aromatischen Terpenen). Alter bis 500(–2000) Jahre.
Verwendung: Ätherische Öle von vielfältiger Wirkung (antiseptisch, blutreinigend, verdauungsfördernd, abortiv) und ehemaliger wie heutiger Anwendung, sowohl in der Volksmedizin als auch als offizinelle Droge. Allerdings mehrere Arten schon in geringen Dosen giftig. Von einigen Arten auch Nutzung der insektiziden Wirkung des Öls bzw. von Zweigen. Zahlreiche Wacholder, darunter viele Sorten, werden häufig als Ziergehölze gepflanzt, mehrere werden auch für Bonsai verwendet, nicht nur asiatische Arten wie *J. chinensis* oder *J. rigida*, auch *J. communis*. Stehen Wacholder in Nachbarschaft kernobstartiger Rosengewächse, ist mit Befall von Rostpilzen zu rechnen, je nach Wirtspflanze z. B. Weißdorn-, Birnen- oder Ebereschenrost. Einige Arten liefern wertvolles Holz, u. a. zur Bleistiftherstellung.

Juniperus chinensis – Chinesischer Wacholder

Gehölz von vielgestaltiger Wuchsform in Natur und Kultur, bis 25 m hoher Baum oder niedrig mit niederliegenden Ästen und aufsteigenden Zweigen, teils sogar polsterförmig und nur 0,2 m hoch.
Blätter entweder alle schuppenförmig oder sowohl Schuppen- als auch Nadelblätter an einer Pflanze; dem Zweig dicht anliegende gegenständige Schuppenblätter durch einwärts gebogene Spitze stumpf, 1,5–3 mm lang, Nadelblätter meist zu 3 in Quirlen, aber an derselben Pflanze auch gegenständig, (3–)6–12(–15) mm lang, in der Regel abstehend und scharf zugespitzt, oberseits mit 2 weißlichen Stomatabändern. **Beerenzapfen** anfangs blauweiß, reif braun bis braunviolett, meist bereift, 4–9 (bei Sorten bis 15) mm Durchmesser, mit 2–5 Samen, im 2. Jahr reifend.

Die hier noch blauweißen Beerenzapfen des Chinesischen Wacholders sind zur Reife braun.

Name: Nach dem Vorkommen in China.
Systematik: Nach Wuchsform, Nadel- und Zapfenmerkmalen wurden und werden aus dem Formenkreis von *J. chinensis* diverse Sippen als Varietäten oder Arten unterschieden. Neben dem Echten Chinesischen Wacholder, **var. *chinensis***, ein Baum (der Wacholderbaum Ostasiens!) oder aufrechter und locker verzweigter hoher Strauch mit meist 8–12 mm langen Nadeln, sei Sargents Wacholder, **var. *sargentii***, erwähnt, ein breitwüchsiger bis niederliegender, dicht verzweigter Strauch mit kürzeren Nadeln (3–6 mm lang) und kleineren Zapfen (nur bis 7 mm Durchmesser).
Verbreitung: Ausgedehntes Areal in Ostasien, von Burma über China bis Japan, im Norden bis zum Fernen Osten Russlands.
Lebensraum: Meeresküste bis Bergwälder und niedrige Gebüsche oberhalb der Waldgrenze.

Sargents Wacholder ist eine niedrige, breitwüchsige Varietät des Chinesischen Wacholders.

Beispiel für eine der farblich abweichenden Sorten des Chinesischen Wacholders, hier mit Partien gelblich weißer Triebe

Biologie: Lichtpflanze, relativ anspruchslos an den Boden, städtische Umweltbedingungen tolerierend; giftig.

Verwendung: Oft gepflanztes Ziergehölz, das nach Europa bereits vor 1687 in Kultur gelangt sein muss, da zu dieser Zeit bereits in einem Garten (P. HERMANN) in Leiden, später noch mehrfach (vor 1767, KERR 1804, ab 1860 japanische Sorten) eingeführt. Die natürliche Vielfalt in Wuchs und Blattmerkmalen wurde durch Auslese diverser Sorten in Kultur noch erhöht, ergänzt durch Farbformen (z. B. **'Plumosa Albovariegata'**). Zahlreiche der breit strauchig wachsenden Sorten mit schräg aufsteigenden Ästen, die früher zu *J. chinensis* gestellt wurden, gehören jedoch zu Pfitzers Wacholder, dem Bastard mit *J. sabina* (siehe *Juniperus × pfitzeriana*!).

Ähnliche Arten und Hybride (ebenfalls Echte Sadebäume der Sektion *Sabina*):

***Juniperus horizontalis*, Nordamerikanischer Kriech-Wacholder:** Flach dem Boden anliegender, weit kriechender, dichte Matten bildender Spalierstrauch mit weiter Standortamplitude im nördlichen Nordamerika (Sanddünen, Felshänge, Moore). Die Zapfen stehen endständig an zurückgekrümmten Zweiglein, die gegenständigen (manchmal quirlig zu 3) nadelförmigen bis pfriemlichen Blätter sind 2–6 mm lang (an Spitzentrieben bis 13 mm), etwas abstehend, grün oder blaugrün, die etwa 2 mm langen Schuppenblätter enden in einer dem Zweig nicht anliegenden Grannenspitze. Hierzu gehören als Bodendecker unübertreffliche Sorten der 1830 in Kultur eingeführten Art, darunter überwiegend nadel- oder schuppenblättrige Pflanzen mit dem Boden dicht angepressten oder eher schräg aufgerichteten Zweigen, deren Blattfärbung von grün bis intensiv silbrig graublau reicht, im Winter sich meist bronzepurpurn verfärbend.

Breitwüchsiger Strauch der sortenreichen Hybride Pfitzers Wacholder.

***Juniperus × pfitzeriana*, Pfitzers Wacholder:** Entstanden aus Kreuzungen *J. chinensis* × *J. sabina*, breit ausladende, 2–4 m hohe und 2–6 m breite Sträucher mit schräg aufsteigenden Ästen und mit überhängenden Zweigspitzen. Die Blätter sind meist schuppenförmig, im Innern der Pflanze aber oft auch nadelförmig, bis 6 mm lang und oberseits graugrün. Die jungen Triebe riechen beim Zerreiben charakteristisch, nicht so unangenehm wie bei der Elternart *J. sabina*. Die als Ziergehölz wohl bekannteste und am häufigsten gepflanzte, seit Ende des 19. Jahrhunderts von der Berliner Baumschule SPÄTH verbreitete Wacholdersorte ist 'Wilhelm Pfitzer', der die Ausgangssippe vieler „Pfitzeriana-Sorten" darstellt, auch schon „Großvater der *Juniperus*-Formen" genannt. Es wurden zahlreiche Farbvarianten mit gelbgrüner, goldgelber, grau- oder blaugrüner bis silbrig blauer Beblätterung ausgelesen.

***Juniperus sabina*, Stink-Wacholder** oder **Echter Sadebaum:** 0,2–2 m hoher, meist breit ausladender Strauch mit niederliegenden oder schräg aufsteigenden Ästen, dicht buschig verzweigt, selten mehr aufrecht oder gar baumförmig und 6(–12) m hoch. Der in allen Teilen giftigen Art ist ein spezifischer, beim Zerreiben der Triebe aufdringlicher und unangenehmer Geruch eigen. Die unregelmäßig kugeligen, purpurbraunen bis blauschwarzen und bereiften Zapfen sitzen endständig an beschuppten, hakenförmig gebogenen, stielartigen Seitenzweigen. Schuppenblätter an älteren Pflanzen überwiegend, 1–3 mm lang, dem Zweig angepresst, zugespitzt bis ± stumpf, nadelförmige Blätter nur zuweilen vorherrschend (besonders bei Sorten), 4–10 mm lang, scharf zugespitzt, oberseits mit 1–2 weißlichen Stomatabändern. Die Verbreitung reicht von den Gebirgen Mittel- und S-Europas bis S-Sibirien, Mittelasien und N-China. Aus dem seit alter Zeit gepflanzten Sadebaum wurde im Mittelalter ein Abtreibungsmittel gewonnen, beblätterte Triebe dienten als Heilmittel, aber wegen der Giftigkeit wird die Art heute in der Medizin nicht mehr angewandt. Von der alten Bauerngarten- und Friedhofspflanze befinden sich Sorten mit niederliegenden oder aufsteigenden Zweigen, nadel- oder schuppenförmigen, hell-, dunkel- oder blaugrünen bis graublauen Blättern in Kultur. Häufig gepflanzt wird der Bastard mit dem Chinesischen Wacholder (siehe *J. × pfitzeriana*!).

Stink-Wacholder am Naturstandort (Südural).

Die dunkelblauen Beerenzapfen des Virginischen Wacholders sind stark bereift.

Die früher dem Virginischen Wacholder zugeordnete Sorte 'Grey Owl' erwies sich als Hybride mit Pfitzers Wacholder.

***Juniperus scopulorum*, Felsengebirgs-Wacholder** oder **Westliche Rotzeder:** Strauch oder 10–15 m hoher, oft mehrstämmiger Baum mit stets schuppenförmigen, dem Zweig angepressten, bis 2 mm langen, dunkel- oder gelbgrünen (bei Sorten auch graublauen oder silbrigen) Blättern. Zapfen ± kugelig, oft breiter als lang, 6–8 mm Durchmesser, purpurorange oder rotbraun, blau bereift, im 2. Jahr reifend. Von diesem Wacholder des westlichen Nordamerika (von Kanada nach Süden bis Neu Mexiko) sind meist Sorten mit Säulenwuchs und blau- bis silbergrauer Belaubung in Kultur, darunter eine der schmalsten Säulenformen unter den Koniferen, 'Skyrocket', als Sämling in der Natur aufgefunden und 1949 in Kultur genommen.

***Juniperus virginiana*, Virginischer Wacholder** oder **Virginische Rotzeder:** Baumförmiger Strauch oder bis 20(–30) m hoher Baum mit meist schuppenförmigen, bis 3 mm langen, hell- bis dunkel- oder blaugrünen (bei Sorten auch graublauen), spitzen oder zugespitzten Blättern, deren Spitze vom Zweig absteht. Die 5–6 mm langen, stechend zugespitzten Nadelblätter sind meist gegenständig, an stärkeren Trieben auch quirlständig zu 3. Die eiförmigen bis ± kugeligen, bis 6,5 mm langen und 5,5 mm breiten, dunkelblauen und bereiften Zapfen werden im 1. Jahr reif. Die im östlichen Nordamerika verbreitete und hier wegen des dauerhaften, leicht zu bearbeitenden und wohlriechenden Holzes geschätzte Baumart wird bis 300 Jahre alt. Im natürlichen Areal ist die Krone breit kegelförmig bis schmal kegelförmig, unter den zahlreichen, in Wuchs und Farbtönung abweichenden Sorten des häufig gepflanzten Ziergehölzes (seit 1664 in Kultur) gibt es sowohl baumförmige mit Säulenwuchs als auch strauchige mit unregelmäßig aufrecht stehenden, schräg aufsteigenden oder niederliegenden Ästen. Die häufig gepflanzte, früher *J. virginiana* zugeordnete breitstrauchige Sorte **'Grey Owl'** mit schräg ansteigenden Ästen, überhängenden Zweigspitzen und silbergrauer Beblätterung ist hybridogenen Ursprungs (*J.* × *pfitzeriana* × *J. virginiana*).

Juniperus communis – Gewöhnlicher Wacholder

0,2–0,5 m hoher Strauch mit niederliegenden Ästen bis säulenförmiger mehrstämmiger Strauch oder 5–8(–15) m hoher Baum. **Blätter** stets nadelförmig, Nadeln zu 3, an der Basis abgegliedert, (4–)7–20(–25) mm lang, (0,7–)1–2(–2,5) mm breit, oberseits schwach eingesenkt, weißes Spaltöffnungsband mindestens so breit wie grüne Randstreifen, Spitze stumpf bis zugespitzt oder stechend. **Zapfen** kugelig, 0,4–1,3 cm Durchmesser, schwarzblau, bereift, meist 3 Samen enthaltend.

Heide-Wacholder mit noch unreifen Beerenzapfen.

Zwerg-Wacholder am Naturstandort (N-Norwegen).

Name: *communis* lat. = gemein, gewöhnlich, wegen des häufigen Vorkommens, es handelt sich um die am weitesten verbreitete Nadelgehölzart der Erde.

Systematik: in Wuchs und Nadeln variabel, so dass mehrere Sippen (Unterarten oder Varietäten) unterschieden werden:

- Aufrecht wachsende, meist säulenförmige Sträucher (teils baumförmig) mit entfernt stehenden Nadelquirlen, 1–2,5 cm langen, starren und stechenden Nadeln: **Heide-Wacholder** (**subsp. *communis***, Nadeln abstehend, Stomataband auf Oberseite deutlich, weiß) und **Kaukasus-Wacholder** (**subsp. *oblonga***, Zweige mit übergeneigten Spitzen oder hängend, Nadeln oft zurückgebogen, Stomataband undeutlich).
- Niedrige breitflächig wachsende Kleinsträucher mit aufsteigenden Ästen oder Spaliersträucher mit niederliegenden Ästen, Nadelquirle dicht stehend, Nadeln 0,5–1,5 cm lang, im spitzen Winkel zum Zweig oder diesem zugebogen, spitz oder zugespitzt, wenig oder nicht stechend: **Sibirischer Zwerg-Wacholder** oder **Alpen-Wacholder** (**subsp. *nana***, auffällig weißes Stomataband auf Nadeloberseite mindestens doppelt so breit wie grüner Rand) und **Kanadischer Zwerg-Wacholder** (**subsp. *depressa***, Stomataband auf Nadeloberseite wenig auffällig, etwa so breit wie grüner Rand).

Verbreitung: Zirkumpolar, von nemoraler bis subarktischer Zone und in Hochgebirgen Eurasiens und Nordamerikas, subsp. *communis* von Tief- bis in mittlere Berglagen Eurasiens, subsp. *nana* im subarktischen Tundren- und Waldtundrengebiet sowie in der subalpinen Stufe der Hochgebirge Eurasiens bis Grönland und westliches Nordamerika, subsp. *depressa* in Nordamerika. Nur in W-Asien (Kaukasien bis NW-Iran und Anatolien) kommt subsp. *oblonga* vor.

Lebensraum: Lichte Wälder und Gebüsche, Zwergstrauchheiden, Krummholz, Magerrasen, Felsfluren.

Biologie: Weite Standortsamplitude, toleriert nährstoffarme, saure wie basenreiche, trockene wie feuchte Böden, aber nur bei ausreichend Licht gedeihend, ausgesprochenes Pioniergehölz, soll ein Alter bis zu 2000 Jahren erreichen.

Verwendung: Die Bekanntheit der diverse Volksnamen wie Ma(c)handel oder Kranewitt besitzenden Art belegen „Wacholderbeeren" als Gewürz in Sauerkraut und Wildgerichten oder „Wacholderschnäpse" wie Steinhäger, Gin oder Genever. Natürlich kennt auch jeder Heidelandschaften mit Wacholder, sei es aus dem Urlaub, von Bildern, Märchen oder Sagen. Als Ziergehölze wurden diverse Formen als Sorten in Kultur genommen oder ausgelesen, vor allem Säulenformen und niedrig bleibende oder flach ausgebreitete Zwergformen. Das sehr zähe, dauerhafte und elastische Holz war früher begehrt für Drechsler- und Schnitzarbeiten.

Ähnliche Arten (ebenfalls Echte Wacholder, Sektion *Juniperus*):
***Juniperus rigida*, Nadel-, Mähnen-** oder **Tempel-Wacholder:** Aufrechter Strauch oder Kleinbaum mit horizontal ausgebreiteten, an der Spitze überhängenden Ästen und dünnen, mähnenartig herabhängenden Zweigen, 1,2–2,5 cm langen und etwa 1 mm breiten, scharf zugespitzten, stechenden Nadeln, an deren Oberseite das weiße Spaltöffnungsband schmaler als die grünen Randstreifen ist. Zapfen 6–8(–10) mm Durchmesser, anfangs rötlich, reif bläulich schwarz. Die Art ist im Bergland Ostasiens weit verbreitet (N- und NO-China bis Ferner Osten Russlands und Japan, bis etwa 2000 m ü. M.). Im Bereich der ostasiatischen Meeresküsten kommt der verwandte, im Habitus aber stark abweichende, auf dem Boden ausgebreitete **Strand-** oder **Ufer-Wacholder, *Juniperus conferta*,** mit niederliegenden Sprossen und etwas größeren Beerenzapfen vor. Beide auch als Unterarten einer Art aufgefasste Wacholder sind beliebte Ziergehölze, *J. rigida* (1861 nach Europa eingeführt, Veitch) mit malerischer Krone, *J. conferta* (durch Wilson 1915 in Kultur gelangt) als Bodendecker.

Das Bild zeigt, warum der Nadel- oder Tempel-Wacholder auch Mähnen-Wacholder genannt wird.

Juniperus procumbens – Japanischer Kriech-Wacholder

Niederliegender, bis 0,6 m hoher und über 2 m flach ausgebreiteter Spalierstrauch. **Blätter** stets zu 3 im Quirl, nadelförmig bis pfriemlich, teils fast schuppenförmig, 4–10 mm lang, etwa 1 mm breit, in spitzem Winkel vom Zweig abgehend oder diesem fast anliegend, grau- oder blaugrün, ihr Grund am Zweig herablaufend, unterseits mit 2 kleinen weißen Flecken, die sich am herablaufenden Blattkissen als 2 bläulich weiße Linien fortsetzen, oberseits mit 2 blaugrünen Stomatabändern. Die fast kugeligen **Zapfen** von 7–9 mm Durchmesser sind purpur- bis schwarzblau und enthalten 2–4 Samen. Die auf südjapanischen Inseln natürlich vorkommende Art verfügt über eine recht abenteuerliche Geschichte. Obwohl schon 1843 in die Niederlande eingeführt (Siebold) und 1850 auf einer Ausstellung präsentiert, wurde sie, nachdem lange Zeit als Varietät anderer Arten mit unbekannter Heimat eingestuft, erst 150 Jahre später als Art allgemein akzeptiert.

Japanischer Kriech-Wacholder, einer der sich flach am Boden ausbreitenden Wacholder.

Heute sind vor allem einige niedrige, nur etwa 30 cm hohe, mattenförmig wachsende Sorten wie 'Nana' beliebte Bodendecker.

Ähnliche Art (ebenfalls Schuppenrindige Sadebäume der Sektion *Sabina*)
***Juniperus squamata*, Schuppenrindiger Wacholder:** In der Wuchsform sehr variabel, oft am Boden ausgebreiteter Strauch oder auch kleiner, meist mehrstämmiger Baum. Überhängende Triebspitzen, dicht stehende, kahnförmig gewölbte, 4–10 mm lange, oberseits graugrüne bis weiße, nadelförmige bis pfriemliche Blätter sowie rotbraune bis purpurschwarze Zapfen mit nur einem Samen sind charakteristisch. Ältere Blätter werden oft (rötlich) braun und haften lange an der Pflanze. Das ausgedehnte Verbreitungsgebiet erstreckt sich vom Hindukusch über den Himalaja und Tibet bis S-China und Taiwan. Von der 1824 nach Europa (England) eingeführten Art wurden zahlreiche Sorten ausgelesen. Beliebt als Ziergehölze sind vor allem stahlblau bis silbrig benadelte Pflanzen, entweder niedrige, bis 0,5 m hohe, flach ausgebreitete (**'Blue Carpet'**) oder bis 1 m hohe, abgeflacht halbkugelige Sorten ('Blue Star') oder mehrere Meter hohe aufrechte Sträucher mit trichterförmigem Habitus und oberseits schneeweißen Nadeln ('Meyeri').

Der Schuppenrindige Wacholder weist mannigfache Wuchsformen auf, hier als dem Boden anliegender Spalierstrauch die Sorte 'Blue Carpet'.

Larix – Lärche
Pinaceae – Kieferngewächse

Bis 60(–80) m hohe, sommergrüne Nadelbäume mit Stammumfang bis 5(–8) m. **Nadeln** weich und dünn, einjährig, an Langtrieben einzeln, spiralig, an Kurztrieben zu 15–50 in Büscheln, hell- bis dunkel- oder grau- bis blaugrün, im Herbst leuchtend gelb. **Blüten** eingeschlechtig, männliche Blütenzapfen endständig an unbeblätterten Kurztrieben, eiförmig bis kugelig, rosa oder gelb; weibliche endständig an beblätterten Kurztrieben, rötlich bis purpurn oder grün. Windbestäubung. **Zapfen** eiförmig bis kugelig oder fast zylindrisch, im 1. Jahr reifend, meist lange am Zweig haftend und erst mit diesem abfallend. Deckschuppen meist kürzer als Samenschuppen, bei einigen Arten länger und dann aus dem Zapfen herausragend. Samen 2–5 mm lang, mit 6–10 mm langem Flügel. Windausbreitung (Drehflieger), Bearbeitungsausbreitung (Vögel) und Wasserhaftausbreitung.

Name: *Larix* lat. Name, auf den ebenfalls der deutsche Name Lärche zurückzuführen ist, möglicherweise auf indogerman. Wurzel „deru" = Baum (gallisch „darix") beruhend, wohl auch im Zusammenhang stehend mit „lacrima" lat. = Träne, wegen tränenartiger Tropfen des Harzes, das schon von den Römern genutzt wurde (Venezianisches Terpentin).
Systematik: Die Gattung umfasst 11–14 Arten, wobei die Sippenstruktur der sibirisch-ostasiatisch verbreiteten Art(engruppe) Dahurische Lärche (siehe unter *L. gmelinii*!) noch der Klärung bedarf.
Verbreitung: Weit verbreitet in der borealen Zone Asiens und Nordamerikas, aber die meisten Arten kommen in Gebirgen südlicher gelegener gemäßigter und warmer Zonen (nemoral bis meridional) vor. In Ostsibirien bilden Lärchen die subarktische Waldgrenze, sie wachsen bis 73° nördlicher Breite, damit sind sie die am weitesten nach Norden reichenden Nadelbäume der Erde. In Nordamerika stoßen Nadelbäume (Schimmel-Fichte, *Picea glauca*) nur bis zum 69. Breitengrad vor.

Lebensraum: Boreale Nadelwälder (lichte Taiga) und Gebirgs-Nadelwälder frischer bis feuchter, nährstoffarmer bis -reicher Böden.
Biologie: Ein Alter bis 900(–1000) Jahre erreichend; hoher Lichtbedarf, meiste Arten bevorzugt in luftfeuchter Lage, einige Dauerfrostboden, Flachgründigkeit oder Trockenheit tolerierend.
Verwendung: Mehrere Arten wirtschaftlich bedeutende Forstbäume, die wegen des wertvollen, oft dauerhaften Holzes im natürlichen Areal genutzt oder auch außerhalb dessen forstlich angebaut werden, weiterhin Nutzung von Terpentin und Gerbstoffen. Wertvolle Parkbäume, für Hausgärten eher Zwergformen geeignet. Nicht nur die Japan-Lärche, auch *L. decidua* oder *L.* × *eurolepis* eignen sich für die Herstellung von Bonsai.

Larix decidua – Europäische Lärche

Bis 35–40(–55) m Höhe und 3–5(–8) m Stammumfang erreichender Baum mit kegelförmiger Krone, waagerecht ausgebreiteten oder ansteigenden Ästen und meist schlaff herabhängenden Zweigen. Junge Zweige gelblich, kahl, unbereift. **Nadeln** 1,5–3 cm lang, etwa 1 mm breit, beiderseits hellgrün, im Herbst goldgelb. **Zapfen** eiförmig, 2,5–4 cm lang, mit 25–40(–50) Samenschuppen, diese nicht oder kaum gewölbt, gerade nach vorn gestreckt, anliegend, vorn abgerundet oder ausgerandet.

Zapfen der Europäischen Lärche.

Namen: *decidua* lat. = abfallend, wegen der im Herbst abfallenden Nadeln.
Verbreitung: Isolierte Teilareale in den Alpen, Sudeten und Karpaten, außerhalb des natürlichen Areals als Forstbaum in Europa verbreitet.
Lebensraum: Gebirgsnadelwälder, bestandsbildend oder mit Fichte und Arve in der hochmontanen und subalpinen Stufe (800–2400 m ü. M.).
Biologie: In der Jugend raschwüchsige, langlebige (300–500, selten über 800 Jahre) Lichtbaumart.
Verwendung: Wichtiger Forstbaum, schon in der Römerzeit in N-Italien gepflanzt, seit dem 16. Jahrhundert in Mitteleuropa auch außerhalb der Alpen als Nutzbaum in Kultur und nach Großbritannien (1548) eingeführt. Für den forstlichen Anbau wird unter den verschiedenen Herkünften die Sudeten-Lärche bevorzugt. Holz hart und dauerhaft, auch unter Wasser; es ist als Säge-, Furnier- und Grubenholz, für Erd- und Wasserbauten geeignet. Die Rinde liefert Gerbstoffe, das aus verletzten Stämmen fließende Harz wurde früher als „Venezianisches Terpentin" (10–25 % Terpentin) gehandelt, vor allem für Heilsalben (durchblutungsfördernd, desinfizierend, schmerzlindernd) verwendet, in

◀ Zapfen der Dahurischen Lärche, deren Samenschuppen zuweilen am Rand etwas umgebogen sind.

der Volksmedizin aber auch innerlich angewandt. Als Parkbaum im Frühjahr durch das frische zarte Grün der Nadeln und rote Blütenzapfen sowie im Herbst durch die leuchtend gelben Nadeln besonders wirkungsvoll, aber für eine volle Entfaltung ist genügend Standraum erforderlich. In Gebirgen findet man Lärchen als Hofbäume, ein alter Brauch, denn sie sollten vor bösen Geistern schützen. Als Ziergehölze sind auch Zwergformen, z. B. 'Repens' (bekannt seit 1825) mit überhängenden und niederliegenden Ästen, und Hängeformen in Kultur.
Forstliche Bedeutung durch Wüchsigkeit, Immissionstoleranz und geringere Krankheitsanfälligkeit erlangte der Bastard mit der Japan-Lärche, die **Hybrid-Lärche** (***Larix × eurolepis***), um 1904 in Schottland erstmals entstanden.

Weitere Arten:
***Larix gmelinii*, Dahurische Lärche:** Ausgedehntes Areal von Mittel- und O-Sibirien (hier auf Dauerfrostböden subpolare Waldgrenze bildend) bis zum Pazifik, zur Mongolei, NO-China und Korea einnehmende, wirtschaftlich bedeutsame Art, deren Variabilität Anlass zur Unterscheidung diverser, als Arten, Unterarten oder Varietäten eingestufter Sippen wie Kurilen-, Olgabucht- und Prinz-Rupprecht-Lärche ist. Gemeinsam sind ihnen die 0,8–3 cm langen, eiförmigen bis ellipsoidischen oder kugeligen Zapfen mit 10–30(–45), fast flachen, vorn gestutzten oder ausgerandeten Samenschuppen, die bei der Reife weit auseinander klaffen. Die jungen Zweige sind gelblich, rötlich oder orange- bis purpurbraun, dicht behaart bis kahl. Die hellgrünen Blätter sind unterseits mehr graugrün. In Kultur (eingeführt 1827) ist sie nur gelegentlich anzutreffen.

Zapfen der Japan-Lärche.

***Larix kaempferi*, Japan-Lärche:** In Zentralhondo in höheren Lagen (1100–2700 m ü. M.) vulkanischer Gebirge vorkommende Art mit kräftigen, waagerecht weit abstehenden Ästen und dadurch breiter Krone. Die jungen Zweige sind rötlich, meist blauweiß bereift, die Nadeln bläulich grün bis graugrün. Die 1,5–3,5 cm langen, fast kugeligen Zapfen besitzen 30–40 Samenschuppen, deren vorderer Rand nach außen umgebogen ist, dadurch Zapfen rosettig erscheinend. Der Forst- und Parkbaum (1861 nach Europa eingeführt, VEITCH) benötigt hohe Luftfeuchtigkeit, ist aber tolerant gegenüber Immissionen. Interessant als Ziergehölze sind auch Zwergsorten (z. B. 'Blue Dwarf'), Hängelärchen (z. B. 'Pendula') oder eigenwillige Kleinbäume mit korkenzieherartig gedrehten Zweigen ('Diana').

Besonders klein sind die Zapfen der Amerikanischen Lärche.

***Larix laricina*, Amerikanische Lärche** oder **Tamarack:** Der am weitesten verbreitete Nadelbaum Nordamerikas, in einem breiten Gürtel von Alaska durch Kanada bis zum Atlantik, südlich bis Pennsylvania (USA) und im Norden bis zur Waldtundra vorkommend, eine

Niederschlags- und Temperaturextreme ertragende Pionierbaumart. Der schmalkronige Baum mit kurzen, waagerecht abstehenden Ästen besitzt die kleinsten Zapfen (1–2 cm lang) unter den Lärchen, mit nur 10–20(–30) Samenschuppen, deren Rand etwas einwärts gekrümmt und fein gezähnelt ist. Die Nadeln, zu 12–25 im Büschel, sind frischgrün bis bläulich grün, nur bis 0,5 mm breit. Als Zierbaum (mindestens seit 1760 in Europa) ist die Art für nasse Standorte wie Gewässerufer gut geeignet. Von den Indianern wurden früher die Wurzelfasern zur Herstellung von Bindfäden und Stricken genutzt.

***Larix occidentalis*, Westamerikanische Lärche:** Eine besonders langlebige (bis > 900 Jahre) und enorme Höhen (60, teils sogar 80 m) erreichende Art mit im Vergleich zu den anderen Lärchen recht schlanker, schmal kegelförmiger bis fast säulenförmiger Krone. Sie kommt in sommertrockenen Lagen der Gebirge (700–2800 m ü. M.) im nordwestlichen Nordamerika vor, wo sie durch eine besonders dicke (bis 15 cm) Borke an Waldbrände gut angepasst ist, auch als Pioniergehölz Brandflächen schnell besiedelt. Es ist also eine Lärche, die auch an sommerlich trockenen Standorten gepflanzt werden kann. Aus den eiförmigen, 2,5–3 cm langen Zapfen ragen die lang ausgezogenen, zugespitzten Deckschuppen weit heraus. Die hell- bis graugrünen Nadeln (zu 15–30 im Büschel) sind unterseits gekielt. Die Art wurde 1826 am Columbia-Fluss von DOUGLAS, der die dort ebenfalls vorkommende Douglasie (siehe *Pseudotsuga*!) 1827 nach England einführte, entdeckt, die Lärche gelangte aber erst 1880 nach Europa.

Zapfen der Westamerikanischen Lärche mit lang herausragenden Deckschuppen.

Metasequoia glyptostroboides – Metasequoie, Urweltmammutbaum oder Chinesisches Rotholz

Cupressaceae – Zypressengewächse

Sommergrüner, eine Höhe bis 25(–35) m erreichender Nadelbaum mit gleichmäßig kegelförmiger Krone, verdickter Stammbasis und grubenartigen Längsfurchen am Stamm. Stammrinde fuchsrot bis graubraun, faserig, sich in Streifen lösend. **Nadeln** (±) gegenständig, dünn und weich, 0,8–2,5(–3,5) cm lang, an Kurztrieben gescheitelt, mit den 5–10 cm langen Kurztrieben im Herbst als Ganzes abfallend, an Langtrieben einzeln abfallend. **Zapfen** 1,5–2,5 cm lang, eiförmig bis kugelig, an langen Stielen hängend, im 1. Jahr reifend, Samen geflügelt.

Name: *Metasequoia* beruht auf „meta“ griech. = hinter, womit ausgedrückt werden soll, dass die neue Gattung „hinter“ den bereits bekannt gewesenen Sequoien bzw. Mammutbäumen (*Sequoia*, *Sequoiadendron*) einzuordnen ist, d. h., sie ist entwicklungsgeschichtlich noch älter als diese; *glyptostroboides* verweist auf die Ähnlichkeit der Art mit *Glyptostrobus*, einer anderen chinesischen sommergrünen Gattung der gleichen Familie.

Zapfen des Urweltmammutbaums.

Systematik: Einzige Art der Gattung *Metasequioa*, 1941 als Fossil (existiert seit Jura, im Tertiär weltweit verbreitet) in Japan entdeckt (MIKI), 1943 noch lebend in China (KAN) aufgefunden, ein wahrhaft „lebendes Fossil“. Wie *Sequoia*, *Sequoiadendron* oder *Glyptostrobus* der Familie Sumpfzypressengewächse (*Taxodiaceae*) zugeordnet, bevor diese mit den Zypressengewächsen zusammengeführt wurde.

Verbreitung: China: Hubei, Hunan, Chongqing (ehem. O-Sichuan). Ab 1947 gelangten Samen in die USA und nach Europa, heute in Kultur verbreitet, aus etwa 50 Ländern bekannt, aber natürliche Restbestände nach IUCN Red List stark gefährdet.

Lebensraum: Mischwälder in Auen und an Gewässerufern, am Grund von Bergschluchten (700–1350 m ü.M.), auf frischen bis feuchten, gut nährstoffversorgten, sauren und basischen Böden in Gebieten mit heißen Sommern und kalten Wintern.

Biologie: In der Jugend raschwüchsig; anpassungsfähig, Überflutung wie auch mäßig trockene Standorte sowie städtische Umweltbedingungen ertragend.

Verwendung: Durch auffälligen Stamm (Struktur, Rinde), hellgrünes, im Herbst sich gelbbraun bis kupferrot verfärbendes Nadelkleid interessanter und auf frischen bis feuchten Böden stattlicher Parkbaum. Die Art gedeiht aber ebenso auf weniger günstigen Standorten und wird heute gern als Stadt- und Straßenbaum gepflanzt. Forstliche Anbauversuche in Deutschland schlugen fehl.

Stamm des Urweltmammutbaums.

Microbiota decussata – Zwerglebensbaum

Cupressaceae – Zypressengewächse

Einhäusiger, 0,2–0,7(–1,5) m hoher, dicht verzweigter immergrüner Spalierstrauch mit niederliegenden Ästen (am Naturstandort bis 15 cm Durchmesser und 5,5 m lang) und schräg aufsteigenden Zweigen mit überhängenden Spitzen. **Blätter** gegenständig, an Jungpflanzen und im Innern der Pflanze nadelförmig, sonst meist schuppenförmig, 1,5–5 mm lang, dicht und dachziegelig die etwas abgeflachten Triebe bedeckend, zugespitzt, frischgrün bis gelblich grün, im Winter sich bronzerot bis kupferbraun verfärbend. **Zapfen** endständig an kurzen Trieben, reif 3–6 mm lang und 3–4 mm Durchmesser, mit 2–3 Paar holziger, zur Reife auseinander klaffender Zapfenschuppen, im 1. Jahr reifend, nur 1 Samen, 2–4 mm lang, ungeflügelt.

Name: *Microbiota*, da an den damals als *Biota* (heute *Platycladus*) bezeichneten Orientlebensbaum erinnernd, aber im Gegensatz zu diesem sehr niedrig („mikros“ griech. = klein); *decussata* lat. = in Gestalt eines X („decussis“ = Zahl zehn bzw. X), also kreuzweise gegenständig, wegen der Anordnung der Schuppenblätter.

Systematik: Einzige Art der Gattung, niedrigen Wacholdern ähnlich, aber im Gegensatz zu *Juniperus* keine Beerenzapfen. Die 1921 im russischen Fernen Osten entdeckte (I. K. Schischkin) und 1923 (V. L. Komarov) als bisher unbekannte Gattung identifizierte und neu beschriebene Pflanze blieb lange Zeit außerhalb der Sowjetunion unbeachtet und wurde selbst von namhaften Dendrologen verkannt. Erst nachdem 1968 Pflanzen der leicht über Stecklinge vermehrbaren Art über das tschechische Arboretum Novy Dvur (um 1957 aus Botanischem Garten Taschkent eingeführt) nach Westeuropa gelangten, fand *Microbiota* nicht nur Anerkennung, sondern startete eine unglaubliche Karriere, bereits 1974 und 1976 wurde sie auf Gartenbauausstellungen in Holland und England mit höchsten Preisen geehrt.

Verbreitung: Fernöstliches Russland im Gebirge Sichote-Alin (500–1550 m ü. M.), hauptsächlich in Provinz Primorje.

Lebensraum: Steinige und felsige Hänge, Geröll- und Blockhalden, vor allem von hochmontaner Nadelwaldstufe bis oberhalb der Waldgrenze, im Krummholz mit Zwerg-Zirbe (*Pinus pumila*) auftretend; in Schluchten enger Flusstäler bis in tiefere Lagen, so auf Felsen und Blockhalden im Bereich der Korea-Zirben-Laubmischwälder.

Biologie: Ab 10. Jahr blühend, wobei männliche Blüten (Pollenzapfen) unregelmäßig auftreten können und ihr gelegentliches Fehlen Zweihäusigkeit vortäuschen kann. Erreicht ein Alter bis zu 80–100 Jahren. Licht- bis Halbschattenpflanze, anspruchslos an den Boden, gedeiht zwar optimal auf frischen Standorten, erträgt aber auch Trockenheit.

Charakteristischer Wuchs des Zwerglebensbaums.

Verwendung: Unter den Nadelgehölzen für Gärten und Grünanlagen eine der bedeutendsten Bereicherungen der letzten Jahrzehnte, hervorragend geeignet für Gebirgs- und Steingärten, Bepflanzung von Felsen, Mauern oder

Dachgärten, aber auch von Gräbern und Trögen, selbst ideal als trittfester und schnittverträglicher Bodendecker. Leicht über Samen und Stecklinge vermehrbar. Bisher keine Krankheiten oder Schädlinge bekannt, ein Vorzug gegenüber im Wuchs ähnlichen Wacholdern.

Picea – Fichte

Pinaceae – Kieferngewächse

Immergrüne, 20–60(–90) m hohe Nadelbäume mit kegel- bis walzenförmiger Krone und Stammdurchmesser bis 1–2,5 m, an subarktischer und subalpiner Waldgrenze auch krummholzartig wachsend. **Nadeln** spiralig angeordnet, ringsum vom Zweig abstehend oder an Zweigunterseite gescheitelt, einem rindenfarbigen, am Zweig herablaufenden „Nadelstielchen" aufsitzend, dieses nach Nadelabfall zurückbleibend und dem gefurchten Zweig ein raspelartiges Aussehen verleihend. Nadeln 6–35 mm lang, entweder ± 4-kantig und ringsum fast gleichfarbig oder dorsiventral abgeflacht und durch 2 weiße Bänder auffällig 2-farbig, wobei die Seite mit den weißen, die Lage der Spaltöffnungen markierenden Bändern die eigentliche Oberseite ist, aber an den waagerechten Seitenzweigen durch Drehung des Nadelstiels um 180° nach unten zeigt. **Blütenzapfen** eingeschlechtig, männliche länglich eiförmig, anfangs purpur- bis rosarot, zur Reife gelb, weibliche anfangs aufwärts gerichtet, nach Befruchtung sich abwärts krümmend, grün oder rot bis dunkelblau und schwarzviolett. **Zapfen** hängend, 2–20 cm lang, eiförmig bis zylindrisch, reif braun, nach Samenausfall als Ganzes abfallend. Samen mit häutigem, löffelartig eine Samenhälfte bedeckendem Flügel. Ausbreitung durch Wind (Dreh- oder Schraubenflieger), auch durch Tiere (Bearbeitungs- und Versteckausbreitung).

Name: *Picea* lat. = harzhaltiges Nadelholz wie Fichte und Kiefer, zurückgehend auf „piceus" = pech-, harzhaltig, aber auch indogerm. Wurzeln: „pik" = Pech, Harz bzw. „pit" = Fichten und andere Nadelbäume.
Systematik: Zur Gattung *Picea* 35–40 Arten, weit verbreitet in der borealen Nadelwaldzone und in Gebirgen der nemoralen bis meridionalen Zonen der Nordhalbkugel (südlich bis Mexiko, Himalaja und Taiwan), größte Artenvielfalt in China und Japan.
Lebensräume: Taiga- und Gebirgs-Nadelwälder auf frischen bis feuchten, nährstoffarmen bis mäßig nährstoffversorgten, meist bodensauren Böden. Einige Arten fordern luftfeuchte und gut durchlüftete Standorte, andere tolerieren Trockenheit oder gedeihen noch auf Torfböden.
Verwendung: Vielseitig, auf der Nordhalbkugel zu den forst- und holzwirtschaftlich wichtigsten Baumarten gehörend. Das Holz wird z. B. zur Zellstoff- und Papierproduktion, als Bau-, Schnitt- und Grubenholz, zur Herstellung von Möbeln und Musikinstrumenten genutzt. Zahlreiche Arten und Sorten fanden als Ziergehölze Eingang in Garten- und Parkanlagen, mehrere Arten als Weihnachtsbäume beliebt. Einige finden auch Verwendung für Bonsai, nicht nur die ostasiatische Art *P. jezoensis*, auch die europäische *P. abies*.

Picea abies – Europäische oder Gewöhnliche Fichte, Rottanne

20–56(–63) m hoher Baum mit bis 1,6 m Stammdurchmesser, unter extremen Standortsbedingungen auch strauchig wachsend und Absenker bildend. Habitus in Abhängigkeit von der Orientierung der von den Hauptästen abgehenden Zweige stark abweichend, von ± waagerechter Ausrichtung der Zweige (Plattenfichte) bis lang und vorhangartig herabhängend (Kammfichte). **Nadeln** an Zweigunterseite gescheitelt, kammförmig nach beiden Seiten abstehend; 1–2,5 cm lang, 4-kantig, allseits gleichfarbig, dunkelgrün, meist glänzend. **Zapfen** 8–15 cm lang, vor der Reife grün oder purpurrot, reif braun, Samenschuppen rhombisch, vorn meist verschmälert, Spitze gezähnelt oder ausgerandet.
Name: *abies* = lat. Name für Fichte und Tanne (siehe unter *Abies*!); Rottanne wegen der im Vergleich zur Weiß-Tanne (*Abies alba*) rotbraunen Stammrinde.

Zapfen der Europäischen oder Gewöhnlichen Fichte.

Systematik: In Wuchsform, Verzweigung, Nadel- und Zapfenmerkmalen sehr variable Art („jede Fichte hat ein anderes Gesichte"). In NO- bis O-Europa hat sich eine Übergangszone mit hybridogenen Populationen zwischen Europäischer und Sibirischer Fichte (*P. obovata*) herausgebildet, die **Finnische Fichte, *Picea × fennica*.**

Verbreitung: Von süd- und mitteleuropäischen Gebirgen bis zur subarktischen Waldgrenze Europas, aber weit über ihr natürliches Areal hinaus als Forstbaum gepflanzt (in Deutschland seit 15. Jahrhundert) und gebietsweise eingebürgert.

Lebensraum: Nadelwälder der Mittel- und Hochgebirge und der Taigazone, Moorwälder; Bergmischwälder (Tannen-Fichten- und Fichten-Buchenwälder).

Biologie: Ein Alter bis 600 Jahre erreichende, an den Boden relativ anspruchslose Halbschattenbaumart.

Verwendung: Forst- und holzwirtschaftlich zu den wichtigsten Nadelbäumen Europas gehörend, Holz zur Zellstoff- und Papierherstellung, als Bau- und Konstruktionsholz, für Musikinstrumente als Resonanz- oder Klangholz. Rinde ist Rohstoff für die Gewinnung von Gerbstoffen, aus Harz („Nadelholzteer") und frischen Triebspitzen (Fichtennadelöl) gewonnene Heilmittel sind von vielfältiger Wirkung (beruhigend, krampflösend, desinfizierend, durchblutungsfördernd). Nutzung als Weihnachtsbaum. Oft gepflanzt als Park- und Gartenbäume, gebietsweise auch als Hecke (schnittverträglich) oder für Schutzpflanzungen (z. B. an Verkehrswegen). Die Vielzahl gärtnerischer Sorten ist kaum überschaubar (> 200), besonders verbreitet sind in Wuchsform und Verzei-

Verzweigungstyp Kammfichte der Europäischen Fichte. ▶

gung abweichende Typen, z. B. Pyramiden-, Hänge- oder Schlangenfichten, strauchige Kegel- und Kugelfichten, Zwerg- oder Kriechformen.

Ähnliche Art:
***Picea obovata*, Sibirische Fichte:** Die ein weites Areal vom nördlichsten Europa über den Ural bis O-Sibirien einnehmende Art der Dunklen Taiga ist in der Benadelung der Europäischen Fichte ähnlich, hat jedoch stets deutlich kleinere Zapfen (nur 4,5–8 cm lang) mit vorn abgerundeten und ganzrandigen Samenschuppen. Sie wurde bereits von PALLAS 1788 entdeckt und später von LEDEBOUR (1833), der sie auch erstmals in Kultur einführte (etwa 1838, Berlin), als Art beschrieben. Interessant sind mehrfach in Sibirien aufgefundene silbrig-blau benadelte Formen, die in Russland als Sorten Aufnahme in Kultur fanden (*P. obovata* Coerulea-Gruppe), sonst selten anzutreffen sind.

Zweig der blaunadeligen Form der Sibirischen Fichte mit Zapfen.

Picea engelmannii – Engelmanns Fichte

20–45(–54) m hoher Baum mit variabler Kronenform, im natürlichen Areal mit zunehmender Höhenlage schmaler werdende, dicht und regelmäßig beastete Krone, an alpiner Baumgrenze zwergig in Polster- oder Kriechformen. **Nadeln** 1,5–3 cm lang, 4-kantig, allseits gleichfarbig, grau- bis blaugrün, relativ weich und biegsam, am stets behaarten Jungtrieb ringsum stehend und nach vorn gerichtet; beim Zerreiben mit charakteristischem Geruch (nach schwarzen Johannisbeeren, Menthol oder Kampfer). **Zapfen** 4–7 cm lang, mit dünnen, am Rand gezähnelten Samenschuppen.

Name: *engelmannii* nach G. ENGELMANN (1809–1884), einem in Deutschland geborenen, in St. Louis (USA) wirkenden Arzt und Botaniker.

Verbreitung: Hochgebirge im kontinentalen Westen Nordamerikas, in der in der IUCN Red List als stark gefährdet eingestuften Unterart **subsp. *mexicana*** bis Mexiko reichend.

Lebensraum: Gebirgs-Nadelwälder und Krummholz an der Waldgrenze.

Biologie: In der Jugend langsamwüchsig, später raschwachsend, bis über 500 Jahre alt werdend, Schatten ertragend. Kann sich über

Zweig der Engelmann-Fichte mit nach vorn gerichteten Nadeln.

Absenker vegetativ vermehren. Wegen der dünnen und harzreichen Rinde Bäume gefährdet durch Waldbrand.
Verwendung: Als Zierbaum nicht weniger attraktiv als die zur gleichen Zeit entdeckte (1862, PARRY) und kurz danach (1862/64, USA und England) in Kultur genommene Blau-Fichte (siehe *P. pungens!*), aber viel seltener gepflanzt.

Ähnliche Arten (Nadeln 4-kantig, ringsum durch Wachsauflagen grau- bis blaugrün oder silberblau):
***Picea glauca*, Schimmel-** oder **Weiß-Fichte, Kanadische Fichte:** Im natürlichen Areal 20–30 (–50) m, in Kultur 15–25 m hoher Baum mit 0,8–2 cm langen, ringsum vom kahlen und oft bereiften Zweig abstehenden, graugrünen bis silberblauen, beim Zerreiben ähnlich wie *P. engelmannii* riechenden Nadeln. Zapfen 3,5–7 cm lang, ihre Samenschuppen dünn und biegsam. Die Art nimmt ein breites Gürtelareal quer durch das nördliche Nordamerika ein und hat eine weite ökologische Amplitude, in Nadelwäldern vom Tiefland bis in die Gebirge, im Norden bis in die Waldtundra vorkommend. Eine der forstlich wichtigsten Baumarten Kanadas. Als Park- und Gartengehölz (in Kultur seit 1700, in Deutschland 1760–70) ist sie interessant durch frühen und reichen Zapfenbehang. Sie erträgt Frost, Hitze und Trockenheit. Unter den Sorten wurde die Zuckerhut-Fichte, **'Conica'** (Ursprungspflanze als Sämlingsmutante in kanadischen Wäldern 1904 entdeckt), zu einem der beliebtesten, auch für den kleineren Garten geeigneten Nadelgehölze, ein sehr dicht und regelmäßig gewachsener Kegel bis 3–4 m Höhe mit radial stehenden, weichen und hellgrünen Nadeln. Dieser Sorte sieht man es nicht an, dass es sich um eine Schimmel-Fichte handelt, jedoch treten ab und an im Ergebnis von „Rückschlägen" (Knospen mit Rückmutation) Zweige mit typischer Benadelung von *P. glauca* an Pflanzen der Zuckerhut-Fichte auf.

Zweige der Schimmel-Fichte mit Zapfen.

Kegelförmiger Habitus der Zuckerhut-Fichte, einer Sorte der Schimmel-Fichte.

Picea mariana, Schwarz-Fichte: Ein ähnlich breites Gürtelareal im nördlichen Nordamerika wie die Schimmel-Fichte einnehmend, aber kleinerer, 5–25 m hoher Baum mit mehrere Jahre am Baum verbleibenden, nur 1,5–3 cm langen Zapfen (kleinste Zapfen unter den Fichtenarten), nur 6–15 mm langen Nadeln an behaarten Zweigen. Schwarz-Fichte und Schimmel-Fichte sind die zuerst von anderen Kontinenten nach Europa eingeführten Fichtenarten (1700). Gartenwürdig sind vor allem „Zwergformen“, die im Alter aber 2–5 m Höhe erreichen können.

Die Zapfen der Schwarz-Fichte sind die kleinsten unter den Fichtenzapfen.

Picea pungens, Stech-Fichte, Blau-Fichte: Nadeln allseits vom kahlen Zweig abstehend, 1,5–2,5 cm lang, starr und stechend, mattgrün, grau- bis blaugrün, bei Sorten (Blau-Fichte) bis silbergrau oder blauweiß, Zapfen 6–10 cm lang, Samenschuppen dünn, strohartig, längsfaltig, am Rand gewellt und unregelmäßig gezähnt. Die aus dem Westen Nordamerikas (Rocky Mountains) stammende, recht trägwüchsige, anspruchslose, mehr Trockenheit, Hitze und Immissionen als die meisten anderen Fichten vertragende Art wurde nach ihrer Einführung nach Europa (1863) zu einer der am häufigsten gepflanzten Nadelbäume in Parks und Gärten, besonders die als Blau-Fichte oder „Silbertanne“ bekannten Sorten. Selbst in Russland, wo sie nicht minder beliebt ist, säumte diese amerikanische Fichte in Zeiten des „Kalten Kriegs“ die Kremlmauer am Roten Platz in Moskau. In Mitteleuropa wurde sie zeitweise in stärker immissionsbelasteten Waldgebieten gepflanzt, aber forstlich ist sie ohne Bedeutung.

Allseits abstehende und stechende Nadeln der Blau-Fichte. Gut erkennbar die für Fichten typischen rindenfarbigen „Nadelstielchen“ und gefurchten Zweige.

Picea jezoensis – Ajan- oder Yedo-Fichte

30–50(–60) m hoher Baum, aber in Kultur Höhen von 30 m nicht überschreitend. **Nadeln** 1–2 cm lang, 1,5–2,2 mm breit, zugespitzt, aber kaum stechend, dorsiventral abgeflacht, an waagerechten Seitenzweigen oberseits glänzend grün, unterseits mit 2 deutlich weißen Bändern aus Stomatareihen. **Zapfen** 4–8 cm lang, zylindrisch, reif hellgelb bis rötlich braun, Samenschuppen dünn, Vorderrand gewellt und gezähnelt.

Zapfen der Ajan-Fichte.

Name: *jezoensis* von „Ezo", dem japanischen Namen für die Insel Hokkaido.

Verbreitung: O- und NO-Asien, von Japan und Mandschurei bis Ferner Osten Russlands, das Gegenstück zur Sitka-Fichte, der Gebirgsart der nordamerikanischen Pazifikküste (siehe *P. sitchensis*!), in den Gebirgen der borealen und nemoralen Zone des pazifischen O-Asiens darstellend.

Lebensraum: Gebirgs- und Küstenwälder.

Biologie: Anspruchsvoll hinsichtlich Luftfeuchte, aber sonst anpassungsfähig, selbst an Küsten mit extrem starkem Windeinfluss noch in niedrigen Legformen vorkommend. Wegen frühen Austriebs durch Spätfrost gefährdet.

Verwendung: In Japan war die Art bereits vor ihrer Entdeckung durch Europäer (1823–30, Siebold) in Kultur. In Europa (1861 eingeführt, Veitch) wird meist die später austreibende und deshalb von Spätfrostschäden verschonte Unterart von Zentralhonshu gepflanzt, die **Hondo-Fichte, subsp. *hondoensis***.

Ähnliche Art (Nadeln abgeflacht, an Seitenzweigen unterseits mit 2 weißlichen Bändern aus Stomatareihen und Zapfen mit dünnen, am Rand gewellten und gezähnelten Samenschuppen):

***Picea sitchensis*, Sitka-Fichte:** Nadeln nur ± 1 mm breit, steif, lang und scharf zugespitzt, dorsiventral abgeflacht, aber oberseits deutlich gekielt, unterseits mit 2 blauweißen Bändern. Zapfen zur Reife mit blass gelbbraunen, papierartig dünnen, am Rand gewellten oder ausgefransten Samenschuppen. Die wüchsigste und höchste aller Fichtenarten, Höhen bis 60(–90, in Kultur 20–40) m, Stammdurchmesser bis 5,4 m und ein Alter bis 700–800 Jahre erreichend. Die an der Pazifikküste Nordamerikas von Alaska bis Kalifornien vorkommende Art hat hohe Ansprüche an Luft- und Bodenfeuchte. Bereits 1792 entdeckt (Menzies), aber erst 1831 nach Europa (Douglas) eingeführt. Ein zu den ersten in Mitteleuropa gepflanzten Exemplaren gehörender Baum, der 1984 im Jägerhof bei Greifswald abstarb, erreichte mit 146 Jahren 37,5 m Höhe und einen Stammdurchmesser von 70 cm. Die Art erlangte als Forstbaum und Windschutzgehölz im atlantischen W-Europa und NW-Mitteleuropa Bedeutung, vor allem in Küstengebieten.

Seitentriebe der Sitka-Fichte.

Picea omorika – Serbische oder Omorika-Fichte

In der Natur 30–40 m, in Kultur 20–30 m hoher Baum mit schmal kegelförmiger Krone und Ästen, die vom Stamm schräg nach unten abgehen, überhängend und im Spitzenbereich wieder aufgerichtet sind. **Nadeln** auf der Zweigoberseite dicht stehend und nach vorn gerichtet, 0,8–2,5 cm lang, dorsiventral abgeflacht, Oberseite glänzend dunkelgrün, Unterseite mit 2 weißen Bändern. **Zapfen** 3–6,5 cm lang, jung purpurviolett, reif glänzend dunkelbraun, Samenschuppen vorn abgerundet.

Name: „omorika" = serbischer Name für Fichte.

Verbreitung: Tertiärrelikt mit einem sehr kleinen natürlichen Restareal in Serbien (Endemit des Tara-Gebirges), gehört laut IUCN Red List zu den weltweit in ihrem natürlichen Bestand stark gefährdeten Baumarten.

Lebensraum: Gebirgs- und Schluchtwälder an der Drina und Nebenflüssen (800–1500 m ü. M.) auf nährstoffreichen Kalkverwitterungsböden.

Biologie: Frost und Trockenheit ertragend, tolerant gegenüber unterschiedlichsten, darunter auch städtischen Standortsbedingungen.

Verwendung: Nach ihrer für eine europäische Baumart späten Entdeckung (1875) wurde die Art gleich in Kultur genommen (1875–80, Deutschland 1885–90) und ist heute in Park- und Grünanlagen eine der am häufigsten gepflanzten Fichten. Durch ihre ausgesprochen schlanke Krone ist sie ein besonders eleganter und attraktiver Zier-Nadelbaum. Forstliche Anbauten schienen anfangs Erfolg versprechend, aber nach mehreren Jahrzehnten waren die Bestände meist ausgefallen, besonders durch Hallimaschbefall.

Typischer schmalkroniger Habitus der Serbischen Fichte.

Weitere Arten:

***Picea asperata*, Raue** oder **Borsten-Fichte:**
Durch allseitig abstehende, grau- bis blaugrüne Nadeln an *P. pungens* erinnernd, jedoch sind die jungen Zweige meist behaart und die Zapfen haben derbe, vorn abgerundete und ganzrandige Samenschuppen. Die am weitesten verbreitete chinesische Fichtenart, die waldbildend in Gebirgen (700–3600 m ü. M.) vorkommt, aber als wichtiger Holzlieferant so übernutzt und auf weniger zugängliche Berghänge und -täler zurückgedrängt wurde, dass die Art als in ihrem natürlichen Bestand gefährdet in die IUCN Red List Aufnahme fand. Unter den chinesischen Fichten mit 4-kantigen und ringsum gleichfarbigen Nadeln ist diese Art die in Mitteleuropa am häufigsten gepflanzte (in Kultur eingeführt 1910, WILSON). Sie ist an kalte Winter und trockene Sommer angepasst.

Zapfen der Rauen Fichte.

***Picea breweriana*, Siskiyou-** oder **Mähnen-Fichte:** Durch ihre Verzweigung besonders auffällige Fichte, die bis zu 2,5 m langen Seitentriebe 2. und höherer Ordnung hängen vorhangartig von den horizontalen Ästen, Zweige dünn und behaart, Nadeln ringsum und fast rechtwinklig vom Zweig abstehend, 2–3 cm lang, abgeflacht, mit stumpfer Spitze, unterseits 2 weißlich graue Bänder. Natürliche Verbreitung auf kleines Areal in SW-USA begrenzt, nur im Siskiyou-Gebirge (1000–2400 m ü. M.), die Art gehört zu den weltweit in ihrem natürlichen Bestand gefährdeten Arten (IUCN Red List). Als Zierbaum sehr beliebt (seit 1884 in USA in Kultur, 1892 in Deutschland), oft als schönste aller Fichten bezeichnet. Meist werden Veredlungen gepflanzt.

Ast der Siskiyou-Fichte mit den lang hängenden Seitenzweigen.

Habitus der Siskiyou-Fichte, wegen der herabhängenden Zweige auch Mähnen-Fichte genannt.

Picea likiangensis* agg., Artengruppe Likiang-Fichte:** In ihren Merkmalen variable chinesische Artengruppe mit 2 Gebirgsarten, oft auch als Varietäten aufgefasst. Dabei ist die **Likiang-Fichte, *P. likiangensis, eher selten anzutreffen. In Kultur (seit Anfang 20. Jahrhundert) häufiger ist die **Purpur-Fichte**, ***P. purpurea***. Ihre etwas abgeflachten, nur 7–15 mm langen Nadeln sind auf der Zweigoberseite nach vorn gerichtet und liegen mit ihrer weißen Unterseite dem Zweig an. Die anfangs violettpurpurnen Zapfen sind reif purpurbraun bis braun, die dünnen Samenschuppen länglich rautenförmig, längsfaltig und an der Spitze am Rand gewellt.

Zweig der Orient-Fichte mit Zapfen.

***Picea orientalis*, Orient-** oder **Kaukasus-Fichte:** Kaukasisch-kleinasiatische Art, unverkennbar an ihren nur 6–8 mm langen Nadeln (kürzeste Nadeln unter den Fichtenarten, ausgenommen einige Sorten), die sehr dicht stehen, glänzend grün und an der Spitze stumpf sind. Die Samenschuppen der 5–10 cm langen Zapfen sind lederartig, fast rund und ganzrandig. In Kultur (seit

1770, Deutschland) auch Sorten mit im Austrieb gelben Nadeln, überhängenden Zweigen und Zwergformen.

***Picea smithiana*, Himalaja-** oder **Morinda-Fichte:** Vom Hindukusch durch den Himalaja bis Nepal (2000–3600 m ü. M.) verbreitete Art mit zierlichen, schlaff und lang herabhängenden Seitentrieben, kahlen Zweigen, 3–4 cm langen Nadeln und 12–18 cm langen Zapfen. Damit besitzt diese Art die längsten Nadeln und Zapfen unter den Fichten. Interessant als Zierbaum (in Kultur seit 1818, Schottland) ist sie besonders durch den Habitus, aber nur in wintermilden Gebieten und bei Freistand kann sie ihre Schönheit entfalten.

Zapfen der Himalaja-Fichte.

***Picea torano*, Tigerschwanz-** oder **Nadel-Fichte:** Unverkennbar dank ihrer starren Verzweigung und den fast rechtwinklig vom Zweig abstehenden, oft etwas gebogenen und stets glänzend grünen, dicken und sehr derben, dolchartig spitzen Nadeln. Die Zapfen sind 7–13 cm lang und im Vergleich zu anderen Fichten mit langen Zapfen auffällig breit (reif bis 5 cm Durchmesser) und gedrungen. Mit derartig stechenden Nadeln, wie sie diese 1861 nach Europa (England, Veitch) eingeführte Art aufweist, kann selbst die Stech-Fichte (*P. pungens*) – trotz ihres Namens – nicht konkurrieren. *P. torano* gehört zu den endemischen Fichtenarten Japans und ist laut IUCN Red List in ihrem Bestand gefährdet.

Zweig der Tigerschwanz-Fichte mit abstehenden, dolchartig spitzen Nadeln.

Pinus – Kiefer

Pinaceae – Kieferngewächse

Immergrüne Nadelbäume von mächtiger Gestalt mit markanter kegel- oder schirmförmiger Krone bis zu niedrigem, nur 1 m hohem Krummholz. Äste und Zweige scheinquirlig stehend, im Alter oft unregelmäßig. An den Langtrieben zwischen den Scheinquirlen nur Kurztriebe (Jahrestrieb eingliedrig) oder selten zusätzlich einzelne seitliche Langtriebe oder Zapfen (Jahrestrieb mehrgliedrig). **Nadeln** zu (1–)2–5(–8) an Kurztrieben („Nadelbündel"), nur in den ersten Lebensjahren einzeln an Langtrieben, später an Langtrieben spiralig trockenhäutige schuppenförmige Tragblätter, deren Achseln die Kurztriebe entspringen; an der Basis der Nadelbündel eine bleibende oder hinfällige Scheide aus häutigen Schuppenblättern. Nadeln im Querschnitt halbkreisförmig (wenn 2 Nadeln im Bündel) oder dreieckig (wenn > 2 Nadeln im Bündel), ausnahmsweise kreisrund (Kurztrieb nur mit 1 Nadel); Nadelrand sehr fein gesägt (nur mit Lupe sichtbar oder beim Streichen mit dem Finger von der Nadelspitze zur -basis fühlbar rau), seltener glatt. **Blütenzapfen** eingeschlechtig, männliche kätzchenartig, dicht gedrängt im unteren Bereich diesjähriger Langtriebe, gelb, orange oder rot, Pollen mit Luftsäcken; weibliche aufrecht, einzeln oder zu mehreren an der Spitze diesjähriger Langtriebe, rot oder violett. Windbestäubung. **Zapfen** ei-, kugel- oder walzenförmig, von < 5 bis zu etwa 50 cm lang, im 2. oder 3. Jahr reifend und sich öffnend, seltener jahrelang geschlossen bleibend, abfallend oder lange (bis 35 Jahre) am Baum verbleibend. Samenschuppen holzig, ihr freiliegender Teil bildet ein „Schuppenschild“ mit einem deutlich abgesetzten endständigen oder zentralen Nabel, der oft gekielt oder mit einem warzen- oder dornartigen Fortsatz versehen ist. **Samen** meist geflügelt, selten Flügel reduziert oder fehlend. Ausbreitung durch Wind (Drehflieger), teilweise durch Tiere (Bearbeitungs- und Versteckausbreitung), besonders bei Arten mit flügellosen Samen wie der Pinie („Piniennüsse“) und den Zirben („Zirbelnüsse“).

Name: *Pinus* lat. für verschiedene harzreiche Nadelbäume, erst später auf Kiefern eingeengt. Kiefern werden regional auch **Föhren** genannt. Bestimmte Arten tragen spezielle Namen wie **Strobe, Zirbe, Pinie** oder **Spirke.**
Systematik: Mit etwa 110 Arten die größte und eine der variabelsten und am weitesten verbreiteten Nadelgehölz-Gattungen. Die Kiefern können in 2 Untergattungen gegliedert werden:
- Untergattung *Pinus*, Hartholzkiefern: Nadelscheiden bleibend, nicht zurückgerollt; in der Nadel 2 Leitbündel; Langtrieb-Zweig durch an ihm herablaufende schuppenförmige Tragblätter der Kurztriebe leicht gefurcht; Samen stets mit Flügel, dieser meist leicht abtrennbar; Holz meist recht hart und harzreich; hierzu die Mehrzahl der Arten mit je 2 oder 3 Nadeln im Bündel.
- Untergattung *Strobus*, Weichholzkiefern: Nadelscheiden im 1. oder 2. Jahr abfallend, wenn länger bleibend, dann zurückgerollt; in der Nadel 1 Leitbündel; Langtrieb-Zweig glatt, schuppenförmige Tragblätter nicht herablaufend; Samen völlig oder fast flügellos oder mit fest angewachsenem Flügel; Holz meist recht weich und wenig harzhaltig. Hierzu u. a. mit stets 5-nadeligen Kurztrieben und hinfälligen Nadelscheiden die Zirben, Stroben und die Verwandtschaft der Grannen-Kiefer.

Verbreitung: Neben den Wacholdern (Gattung *Juniperus*) die am weitesten verbreitete Koniferengattung. *Pinus*-Arten kommen fast ausschließlich auf der Nordhalbkugel vor, von der subarktischen Waldgrenze Eurasiens bis N-Afrika und in die Tropenwälder SO-Asiens (hier sogar den Äquator überschreitend), von den borealen Wäldern und der Pazifikküste Nordamerikas bis zur Karibik und in die subtropischen Savannen Nikaraguas. Die höchste Artenvielfalt weisen Mexiko und die USA auf.
Lebensraum: Kiefern-Reinbestände (Kiefernwälder, Kiefern-Krummholz), Nadelwälder, Nadel-/Laubmischwälder im Tief- und Hügelland wie auch in Gebirgen (bis subalpine Stufe), lichte Gehölzbestände auf Mooren, Dünen, Felsen.
Biologie: Meist lichtbedürftige Pionierbaumarten, selten im Schlusswald, auf nährstoffarmen, sauren oder basischen Böden, teils extreme Standortbedingungen tolerierend. Einige Arten relativ kurzlebig, andere zu den langlebigsten Lebewesen der Erde gehörend (*P. longaeva* bis etwa 5000 Jahre). Die Lebensdauer der Nadeln ist ebenfalls sehr unterschiedlich, einige Arten besitzen nur 2–3, andere bis 30 Nadeljahrgänge, wobei Stress durch Trockenheit oder Immissionen die Lebensdauer verkürzen können. Einige Arten sind an Feuersukzession angepasst, bei ihnen öffnen sich die Zapfen erst nach Waldbrand.
Verwendung: Weltweit zu den forst- und holzwirtschaftlich bedeutendsten Baumarten gehörend mit vielseitiger Verwendung des Holzes, Harzes und Nadelöls. Dazu auch umfangreiche forstliche Anbauten über das natürliche Areal hinaus oder weit entfernt von diesem, so z. B. ausgedehnte Plantagen der Monterey-Kiefer (*Pinus radiata*), einer ein sehr begrenztes natürliches Areal (Monterey-Halbinsel in Kalifornien, hier stark gefährdet nach IUCN Red List) aufweisenden Art, auf der Südhalbkugel. Viele Arten sind beliebte Park- und Gartenbäume, auch einige strauchige Arten werden oft als Ziergehölze gepflanzt. Mehrere Arten werden für Bonsai verwendet, nicht nur japanische wie *P. densiflora* oder *P. parviflora*, auch *P. cembra*, *P. mugo* agg. oder *P. sylvestris*.

Pinus cembra – Zirbel-Kiefer, Echte Zirbe oder Arve

Langsamwüchsiger, 10–25(–35) m hoher Baum mit anfangs dichter, regelmäßig pyramidal wachsender, im Alter lockerer und unregelmäßiger Krone mit anfangs rostgelb bis -rot, später grauschwarz filzig behaarten Zweigen. **Nadeln** zu 5, dunkelgrün, 5–10 cm lang, ziemlich steif, dem Zweig fast anliegend oder im spitzen Winkel abstehend. **Zapfen** aufrecht, 5–13 cm lang, ei- bis tonnenförmig, anfangs violett überlaufen, dann zimtbraun, im 3. Jahr reifend, sich aber nicht am Baum öffnend, geschlossen abfallend, erst am Boden oder vorher durch Tierbearbeitung Samen freigebend. **Samen** 8–12 mm lang, nussartig, hartschalig, flügellos, essbar (Zirbelnüsse). Ausbreitung durch Vögel (z. B. Tannenhäher, Spechte, Fichtenkreuzschnabel) und Nagetiere.

Name: *cembra* basiert auf Volksnamen im europäischen Verbreitungsgebiet der Arve, z. B. ital. „cembro" oder rumän. „zimbru".

Systematik und Verbreitung: Disjunktes Verbreitungsgebiet mit Teilarealen in europäischen Hochgebirgen und der asiatischen Taiga. Die in den Alpen und Karpaten vorkommende **Europäische Zirbel-Kiefer (subsp. *cembra*)** ist durch Rückdrängung des Waldes in der subalpinen Stufe und durch Holznutzung stark zurückgegangen. Das Areal der **Sibirischen Zirbel-Kiefer** (**subsp. *sibirica***) reicht von Sibirien über den Ural bis in das russische NO-Europa und über die südsibirischen Gebirge bis in die Mongolei und N-China.

Lebensraum: Boreale Nadelwälder (Dunkle Taiga) und Gebirgs-Nadelwälder bis zur Waldgrenze (1200–2850 m ü. M.).

Biologie: Langlebiger, bis 700(–1000) Jahre alter, in der Jugend Schatten ertragender, später lichtbedürftiger Baum; kalte und feuchte Lagen tolerierend, sturmfest. Erst mit 40–50 Jahren Zapfen tragend. Die Koevolution mit Tierarten durch Versteckausbreitung ist bei dieser Art besonders gut erforscht. Vom Tannenhäher, für den die Zirbelnüsse eine wesentliche Nahrungsgrundlage darstellen, werden Vorräte angelegt (in „Mastjahren" bis über

Europäische Zirbel-Kiefer am Naturstandort (Hohe Tatra).

Jungtrieb der Sibirischen Zirbel-Kiefer.

100 000 Samen in 6 000 Verstecken), die er nur zu etwa 80 % wieder auffindet. Dadurch wird die Ausbreitung (bis 15 km weit) und Naturverjüngung der Zirbe gefördert.

Verwendung: Holz weich, aber dauerhaft, genutzt als Säge- und Furnierholz, wegen schöner Maserung für Möbel- und Innenausbau, gut geeignet für Schnitzerei. Aus Samen und Jungtrieben gewonnenes „Karpatisches oder ungarisches Terpentin" wurde früher arzneilich verwendet. Die Arve ist durch ihre eindrucksvolle Baumgestalt mit hohem Alter und malerischer Krone nicht nur „Königin der Alpen", sondern auch ein attraktiver Park- und Gartenbaum, besonders im Freistand. In Russland werden Zirbelnüsse („Zedernüsse") für Speisezwecke genutzt, Honig und Konfekt zugesetzt.

Ähnliche Arten (Nadeln zu 5, Samen Zirbelnüsse, ganz oder fast flügellos, zumindest nach Ablösung von der Samenschuppe):

Jungtrieb der Biegsamen Kiefer.

***Pinus flexilis*, Biegsame Kiefer** oder **Nevada-Zirbe:** Hochgebirgskiefer im westlichen Nordamerika (SW-USA bis Mexiko; 1000–3700 m ü. M.) mit ganzrandigen Nadeln und sehr biegsamen, nur schwach behaarten bis kahlen Zweigen, aus denen ein loser Knoten gebunden werden kann, ohne dass sie brechen. Die 8–18 cm langen Zapfen öffnen sich bei der Reife und entlassen fast flügellose Samen. In Kultur (seit 1861) ist die Art eine durch Habitus und Zapfen attraktive Kiefer, meist gepflanzt in mehr blaugrau benadelten Sorten (z. B. 'Firmament'). Leider ist sie wie die Weymouth-Kiefer (siehe unter *P. strobus*!) anfällig gegenüber dem Blasenrost.

***Pinus koraiensis*, Korea-Kiefer** oder **-Zirbe:** Ostasiatische (NO-China und Japan über Korea bis Ferner Osten Russlands) Art mit im Vergleich zu *P. cembra* helleren, weicheren, mehr vom rotbraun filzigen Zweig abstehenden Nadeln und größeren, 9–14(–17) cm langen, ei- bis kegelförmigen Zapfen. Die einige Jahre am Baum verbleibenden Zapfen öffnen sich zwar allmählich, aber zu wenig, um den Samen freizulassen. Die nach Ablösung von der Samenschuppe flügellosen Samen werden ebenfalls als Zirbelnüsse gehandelt. Das wertvolle Holz hat zur Übernutzung und zum Rückgang der Art geführt. Als Zierbaum, der etwa zur gleichen Zeit nach Holland (1860, Siebold) und England (1861, Veitch) eingeführt wurde, ist sie von ähnlicher Bedeutung wie *P. cembra*.

Zapfen der Korea-Kiefer oder -Zirbe.

***Pinus pumila*, Zwerg-Zirbe** oder **Zirbenkrummholz-Kiefer, Ostasiatische Zwerg-Kiefer:** Eine strauchförmige, selten mehrstämmig baumförmig wachsende, 1–3(–6) m hohe Kiefer, Krummholz bildend oder mit Spalierwuchs. In allen Teilen kleiner als die Zirbel-Kiefer, Nadeln 4–8 cm lang und mehr blaugrün, Zapfen 3–6 cm lang, Samen 5–8 mm lang. Die Art nimmt ein sich östlich an das Areal der Sibirischen Zirbe anschließendes Verbreitungsgebiet ein, das von O-Sibirien, dem russischen Fernen Osten und der Mongolei über Korea und die Mandschurei bis Japan reicht. Die Zwerg-Zirbe ist ein wertvolles Ziergehölz (etwa 1807 in Europa in Kultur genommen) für Heide- und Steingärten oder Rabatten, selbst für Trog- und Grabbepflanzung geeignet.

Zwerg-Zirbel-Kiefer am Naturstandort (Japanische Alpen). ▶

Pinus contorta – Dreh-Kiefer, Murray-Kiefer

Nur 3–10 m hohe, grobastige und krummstämmige oder buschige Kleinbäume (Küstensippe) oder bis 20–30(–50) m hohe Bäume mit geraden Stämmen und kegelförmiger bis zylindrischer Krone (Inlandsippen). Jahrestriebe zumindest teilweise mehrgliedrig, mit seitlichen Langtrieben oder Zapfen. Junge Zweige erst grün, später orange bis rotbraun, zuletzt dunkelbraun. **Nadeln** zu 2 mit 3–6 (–9) mm langer Nadelscheide, gelb-, hell- oder dunkelgrün, 2–8 cm lang, 0,7–2(–3) mm breit, um ihre Längsachse gedreht, steif, aber kaum stechend, dichter oder locker am Zweig stehend. **Zapfen** ei- bis kegelförmig, geöffnet ± kugelig, orange- bis rotbraun, abstehend oder zurückgebogen, Schuppenschilde basaler Samenschuppen an der Außenseite des Zapfens meist aufgewölbt, dadurch Zapfen unsymmetrisch, entweder sich zur Reife öffnend und abfallend oder lange am Baum bleibend (bis 10 Jahre), teils bald, teils erst nach Jahren oder nach Waldbrand sich öffnend. Nabel des Schuppenschilds mit dünnem, leicht abbrechendem Dorn.

Zapfen der Sierra-Dreh-Kiefer, die sich im Gegensatz zu denen der anderen Unterarten der Dreh-Kiefer bald öffnen, nicht erst nach Jahren.

Name: *contorta* lat. = gedreht, verschlungen, wegen der oft hin und her gebogenen Zweige und um ihre Längsachse gedrehten Nadeln.

Systematik und Verbreitung: Eine variable Art des westlichen Nordamerika (von Alaska bis N-Mexiko), die in mehrere, geografisch differenzierte Unterarten gegliedert werden kann. Nach Wuchsform, Nadel- und Zapfenmerkmalen sowie der Verbreitung lassen sich unterscheiden:

- eine Küstensippe: **Gewöhnliche Dreh-Kiefer** oder **Küsten-Kiefer** (**subsp. *contorta***) mit nur bis 5 cm langen und etwa 1 mm breiten Nadeln, an der Basis unsymmetrischen und lange am Baum bleibenden Zapfen,
- zwei Inlandsippen (Nadeln bis 8 cm lang und 2 mm breit), die weit verbreitete **Felsengebirgs-Dreh-Kiefer** (**subsp. *latifolia***) mit stark unsymmetrischen, lange am Baum verbleibenden Zapfen, und die südliche **Sierra-Dreh-Kiefer** (**subsp. *murrayana***) mit symmetrischen Zapfen, die sich zur Reife öffnen und bald abfallen.

Lebensraum: Küsten- und Moorwälder, montane bis subalpine Gebirgswälder (1800–3600 m ü. M.) auf unterschiedlichsten Standorten. Reinbestände auch als Pionierwälder nach Waldbrand.
Biologie: Raschwüchsige Lichtbaumart, an Feuersukzession angepasst (Zapfen sich teils erst nach Waldbrand öffnend), in frühen Suzessionsstadien je nach Herkunft von unterschiedlicher Vitalität und mehr oder weniger Nährstoffarmut, Trockenheit oder feuchte bis moorige Standorte ertragend, sturmfest, tolerant gegenüber Immissionen.
Verwendung: Im natürlichen Areal Inlandsippen von Bedeutung für Holzproduktion. Es erfolgten auch forstliche Anbauten in einigen europäischen Staaten, in Mitteleuropa wurde die Art vorübergehend als „Ersatzbaumart" in stärker von Immissionen betroffenen Waldgebieten gepflanzt. Als Ziergehölz (von DOUGLAS 1831 nach Europa eingeführt) ist sie nicht spektakulär, aber vielseitig einsetzbar, geeignet für Küstengebiete oder Bergland ebenso wie für städtische Grünanlagen.

Lange geschlossen bleibende Zapfen der Banks-Kiefer.

Ähnliche Art:
***Pinus banksiana*, Banks Kiefer:** Jahrestriebe wie bei *P. contorta* zumindest teilweise mehrgliedrig, die meist gebogenen Zapfen verbleiben lange Zeit geschlossen am Baum und öffnen sich wie bei dieser Art oft erst nach Waldbrand. Nadeln zu 2, nur 2–5 cm lang, stark um ihre Achse gedreht, hin und her gekrümmt oder spreizend. In Kanada und NO-USA ist die Banks-Kiefer die am weitesten nach Norden reichende Kiefernart mit einer weiten ökologischen Amplitude, teils unter extremen Standortsbedingungen wachsend. Die Art kann zwar bis 25–32 m Höhe erreichen, meist sind die Pflanzen deutlich kleiner, krummwüchsig oder strauchig. Als Zierbaum (in Europa seit 1783) ist sie keine Schönheit, aber anspruchslos, noch auf armen Sand- oder Moorböden gedeihend.

Pinus jeffreyi – Jeffreys Kiefer

Bis 35(–65) m hoher Baum mit kegel- bis säulenförmiger Krone, Stamm meist gerade und bis 2,5 m Durchmesser erreichend. Junge Zweige dick und steif, purpurbraun, blauweiß bereift, beim Zerschneiden duftend (nach Orangen, Ananas oder Vanille). Knospen nicht harzig. **Nadeln** zu 3, steif, gelb- oder grau bis blaugrün, nicht glänzend, 10–25 cm lang. **Zapfen** (8–)15–25(–35) cm lang, breit eiförmig bis ellipsoidisch, Nabel der Schuppenschilde mit rückwärts gebogenem Dorn, ein unterschiedlich großer Teil der Zapfenbasis bleibt am Zweig sitzen, wenn der Zapfen abfällt.
Name: Nach J. JEFFREY, der die Art auffand und in Kultur einführte (1852 Samen nach England gesandt).
Verbreitung: Gebirge des südwestlichen Nordamerika (Oregon und Kalifornien).
Lebensraum: Gebirgswälder, meist oberhalb 1600 m.

Biologie: Trockenheit und Frost, auch Immissionen ertragend, selbst auf Lava und Serpentinit wachsend; ein Alter von etwa 600 Jahren erreichend. Frisch geschlagenes Holz süßlich oder nach Zitrone riechend.
Verwendung: Als Parkbaum im Freistand seine Wirkung durch tief herabreichende Krone mit abstehenden Ästen und dicken Zweigen entfaltend, interessant durch lange Nadeln und große Zapfen.

Ähnliche Art (Nadeln im Bündel zu 3, bis über 20 cm lang):
Pinus ponderosa*, Gelb-** oder **Gold-Kiefer:** Nadeln meist zu 3 (teils auch zu 2) und 7–25 cm lang, aber im Gegensatz zu *P. jeffreyi* meist glänzend dunkelgrün. Außerdem junge Zweige glänzend, nicht blauweiß bereift, Knospen harzig und Zapfen kürzer (5–15 cm lang) mit stark bedornten Schuppenschilden, frisch geschlagenes Holz nach Terpentin riechend. Die an Waldbrände geringerer Intensität angepasste Art ist von wesentlich weiterer Verbreitung im westlichen Nordamerika als *P. jeffreyi* und recht variabel. So unterscheidet sich die **Felsengebirgs-Gelb-Kiefer, subsp. *scopulorum, durch höheren Anteil 2-nadeliger Kurztriebe und kleinere Zapfen (nur bis 10 cm lang). Im natürlichen Areal ist die Gelb-Kiefer ein wichtiger Wirtschaftsbaum. Als Zierbaum (nach Europa eingeführt 1826, DOUGLAS) ist sie von ähnlicher Bedeutung wie *P. jeffreyi*.

Dies- und vorjährige Zapfen der Jeffreys Kiefer, auch blauweiß bereifte Rinde der Jungtriebe erkennbar.

Zweig der Gelb-Kiefer mit Schuppenblättern und Nadelbündeln.

Pinus mugo agg. – Artengruppe der Berg-Kiefer

Artengruppe mit 3 als Arten oder Unterarten aufgefassten Sippen unterschiedlicher Morphologie (Wuchsform, Zapfen), Verbreitung und Ökologie, aber durch Übergänge miteinander verbunden. Davon sind 2 morphologisch und geografisch klar differenziert:

- **Krummholz-** oder **Latschen-Kiefer, Leg-Föhre, *Pinus mugo* s. str.**
- **Haken-Kiefer** oder **Bergspirke, *Pinus uncinata*.**

Bei der 3., vermutlich hybridogen entstandenen Sippe, die fast ausschließlich Moore besiedelt, weisen die Pflanzen Übergänge auf, die Wuchsform und Zapfenmerkmale sind nicht korreliert:

- **Moor-Kiefer, *Pinus rotundata***, mit **Moorlatsche** und **Moorspirke.**

Mehrstämmige niedrige Gehölze mit niederliegenden bis aufsteigenden oder aufrechten Stämmen (Krumm- oder Knieholz bzw. Latsche, stets bei *P. mugo* s. str. und meist bei *P. rotundata*) oder aufrechte, einstämmige, bis 10–15(–25) m hohe Bäume (Spirke, stets bei *P. uncinata*, teils bei *P. rotundata*). **Nadeln** zu 2, dunkel- oder hellgrün, 2–8 cm lang, gerade oder dem Zweig zu gebogen, kaum gedreht. **Zapfen** 1,5–7 cm lang, dunkelbraun, seltener schwarz-, rot- oder gelbbraun, glänzend, von symmetrisch mit gleichmäßig gestalteter Zapfenbasis und flachen Schuppenschilden (*P. mugo* s. str.) bis stark asymmetrisch mit hakenförmig zurückgebogenen Schuppenschilden (*P. uncinata*) oder zwischen den Extremen liegenden Ausprägungen (*P. rotundata*).

Name: *mugo* auf „mugus", die vorrömische Benennung des Nadelgehölzes im Alpenraum zurückzuführen, wahrscheinlich rätischer Herkunft; *rotundata* lat. = abgerundet, wegen der Form der Zapfen oder abgerundeten Spitze des Schuppenschildes; *uncinata* lat. = hakenförmig, wegen der hakig gebogenen Schuppenschilde des Zapfens.

Krummholz- oder Latschen-Kiefer am Naturstandort (Hohe Tatra).

Verbreitung: Süd- und mitteleuropäische Gebirge: *P. mugo* s. str. in subalpiner Stufe von O-Alpen bis Karpaten und Balkanhalbinsel, *P. uncinata* Pyrenäen bis W-Alpen, *P. rotundata* in Mooren im nördlichen Teil des Areals, von den Alpen bis in Mittelgebirge (nördlich bis Erzgebirge und S-Polen).

Lebensraum: *P. mugo* s. str. subalpines Krummholz, *P. uncinata* Bergwälder, *P. rotundata* Moorwälder und -gebüsche.

Biologie: Anspruchslos, aber als lichtbedürftiges Pioniergehölz der Hochgebirge und Moore offene Standorte und hohe Luftfeuchtigkeit bevorzugend.

Verwendung: Wichtiges Gehölz für Schutzpflanzungen im Hochgebirge, da wegen elastischer Äste gut winterlichem Schneedruck angepasst. Pflanzungen erfolgten auch zum Küsten- und Böschungsschutz. Harz und ätherisches Öl der Jungtriebe und Nadeln haben als „Latschenkiefernöl" arzneiliche Bedeutung, auch Verwendung als Badezusatz. Die Latschen- bzw. Krummholzsippen sind wertvolle Ziergehölze mit vielfältiger Anwendung in Park-, Grün- und Gartenanlagen, auch für Stadtgebiete geeignet.

Pinus nigra – Schwarz-Kiefer

20–35(–50) m hoher Baum mit anfangs kegelförmiger, aber im Alter weit ausladender und oft abgeflachter Krone. Junge Zweige kahl, Knospen harzig. **Nadeln** zu 2, dunkelgrün, 4–18 cm lang, steif oder biegsam, meist gebogen, selten etwas gedreht, hell- oder dunkelgrün. **Zapfen** 4–10(–12) cm

Bestand der Österreichischen Schwarz-Kiefer.

Pyramidenform der Taurischen Schwarz-Kiefer.

lang, eiförmig, hell-, gelb- oder graubraun, glänzend; Schuppenschilde ± gekielt, Nabel dunkelbraun, meist mit kleinem Dorn.
Name: *nigra* lat. = schwarz, dunkelfarbig, wegen der graubraunen bis -schwarzen Stammborke.
Systematik und Verbreitung: Mittelmeerraum bis NW-Afrika, östlich über Kleinasien, Krim bis russische Schwarzmeerküste. Es haben sich mehrere Unterarten wie Taurische, Korsische und Pyrenäische Schwarz-Kiefer in den isolierten Teilarealen herausgebildet. Die am weitesten verbreitete und in Mitteleuropa am häufigsten kultivierte ist die Österreichische Schwarz-Kiefer (**subsp. *nigra***), die von der Balkanhalbinsel bis an den Ostrand der Alpen reicht.
Lebensraum: Kiefernwälder auf bodensauren und kalkreichen Standorten, auch auf flachgründigen Trockenhängen.
Biologie: Anspruchslos an den Standort, Trockenheit ertragend, sturmfest, immissionstolerant.
Verwendung: Ähnlich wie *P. sylvestris*. Die Schwarz-Kiefer ist ein wichtiger Forstbaum für trockenwarme Lagen, aber auch als Parkbaum attraktiv, oft mit malerischer Krone. In Kultur sind auch Zwerg- und andere Wuchsformen, unter denen in letzter Zeit die von der **Taurischen Schwarz-Kiefer** (**subsp. *pallasiana***) in der Türkei aufgefundenen Pyramiden- und Säulenformen (**var. *fastigiata***) sowie kurzstämmige Kugel- und Schirmbäume besonderes Interesse fanden.

Pinus peuce – Rumelische Strobe, Mazedonische Kiefer

15–25(–30) m hoher Baum mit dichter kegelförmiger Krone, aufsteigenden bis ausgebreiteten, an der Spitze aufgebogenen Ästen. Junge Zweige relativ dick, stets kahl. **Nadeln** zu 5 im Nadelbündel, 7–10 cm lang, ziemlich steif, an den Zweigenden pinselförmig nach vorn gerichtet. **Zapfen** 8–15 cm lang, 4–6 cm Durchmesser, hell- oder gelbbraun, zylindrisch, kaum gebogen.

Zapfen der Rumelischen Strobe.

Name: *peuce* lat. = harzreicher Nadelbaum. Wird auch Balkan-Strobe oder Molika-Kiefer genannt.
Verbreitung: Gebirge der südlichen Balkanhalbinsel (SO-Europa), hier die Zirbe der mitteleuropäischen Hochgebirge ersetzende und auch habituell an sie erinnernde Art.
Lebensraum: Nadelwälder (800–2200 m ü. M.).
Biologie: An den Standort relativ anspruchslose Halbschattenbaumart; gegen den Weymouthkiefer-Blasenrost (siehe unter *P. strobus*!) weniger anfällig als die nordamerikanischen Stroben.
Verwendung: Im Vergleich zu *P. strobus* seltener gepflanzte Art, aber vor allem für Siedlungsgebiete wertvoll, wo Stachel- und Johannisbeeren als Wirtspflanzen des Blasenrosts häufiger vorkommen. Aber ebenso wegen seiner Zierwirkung ein für Gärten und Parkanlagen attraktiver Baum (kultiviert in Deutschland seit 1863).

Ähnliche Arten (5-nadelige Kurztriebe, reife Zapfen sich öffnend):
Pinus strobus*, Weymouths Kiefer, Ostamerikanische Strobe:** Im Gegensatz zu *P. peuce* sind die jungen Zweige dünner, biegsam und anfangs schwach behaart, wobei zumindest unter der Ansatzstelle der Nadelbündel einige Härchen erhalten bleiben. Die 6–12 cm langen Nadeln sind ebenfalls dünner und biegsam. Die 8–20 cm langen, matt hell- oder graubraunen zylindrischen Zapfen sind meist etwas gebogen und harzreich. Die raschwüchsige, bis 40(–65) m hohe, Stammdurchmesser bis 4 m und ein Alter von etwa 450 Jahren erreichende Halbschattenbaumart kommt bevorzugt auf frischen und tiefgründigen Böden vor, ist aber selbst auf armen und trockenen Sandböden noch gut wüchsig. Die nach Lord WEYMOUTH, der um 1705 umfangreiche Pflanzungen vornahm, benannte Art wurde bereits im 16. Jahrhundert nach Europa (Frankreich) eingeführt. Als Park- und Gartenbaum häufig gepflanzte Art, auch sind verschiedene Zwerg- und Säulenformen in Kultur. Im östlichen Nordamerika ist die Art ein wichtiger Forstbaum. Mehrfach seit dem 19. Jahrhundert unternommene forstliche Anbauten in Mitteleuropa führten nicht zum Erfolg, vor allem wegen der Anfälligkeit gegenüber dem Blasenrost (*Cronartium ribicola*). Lokal etablierte sich die Art allerdings und breitet sich sogar aus (z. B. Elbsandsteingebirge). Noch anfälliger gegenüber dem Strobenblasenrost, sowohl im natürlichen Areal als auch in Kultur (seit 1831 in Europa), ist ***Pinus monticola, die **Westliche Weymouth-Kiefer** oder **Westamerikanische Strobe**. Deshalb lohnen Pflanzungen dieser Schwesternart von *P. strobus* aus Nordamerika (Britisch Kolumbien bis Kalifornien) kaum, zumal als Ziergehölze andere Arten wie *P. cembra* oder *P. peuce* gleiche Wirkungen erzielen.

***Pinus wallichiana*, Tränen-** oder **Himalaja-Kiefer**: Eine durch (6–)12–20 cm lange, von den kahlen und anfangs bereiften Zweigen schlaff, oft mit Knick im unteren Drittel, herabhängende Nadeln sowie (10–)15–30 cm lange, zylindrische, aber meist etwas gebogene, und reichlich mit Harztropfen besetzte Zapfen auffallende Art von besonderem Reiz. Der Gebirgsbaum ist vom Hindukusch über den Himalaja bis Bhutan und Yunnan (1800–3400 m ü. M.) verbreitet. Als eleganter Zierbaum wird die Art seit 1823 (eingeführt von LAMBERT) in Europa gepflanzt. Ein spontan entstandener, um 1905 im Park des Grafen F. VON SCHWERIN (Wendisch-Wilmersdorf bei Berlin) aufgefundener Bastard

▲ *Zweig der Tränen-Kiefer mit den typisch herabhängenden Nadeln.*
▶ *Zweig mit Zapfen der aus Weymouth- und Tränen-Kiefer entstandenen Hybride Schwerins Kiefer.*

mit der Weymouth-Kiefer, die **Schwerin-Kiefer** (***Pinus × schwerinii***), steht in der Wirkung der Tränen-Kiefer kaum nach.

Pinus sylvestris – Gewöhnliche Kiefer oder Föhre, Wald-Kiefer

20–35(–50) m Höhe und bis 1(–1,5) m Stammdurchmesser erreichender Baum mit in der Jugend regelmäßig quirlständigen Ästen und kegelförmiger Krone, aber mit sehr vielgestaltiger Kronenform im Alter, von kegelförmig und spitzkronig (z. B. Ökotypen Herzynische Höhen-Kiefer und Lappland-Kiefer) bis breitkronig und schirmförmig (z. B. Norddeutsche Tiefland-Kiefer). Stammrinde anfangs und im Kronenbereich bleibend fuchsrot bis rötlich gelb, dünn abblätternd, später dicke, grauschwarze bis dunkelbraune Schuppenborke. **Nadeln** zu 2, blau- bis graugrün, 3–7(–12) cm lang, um ihre Längsachse gedreht, oft hin und her gekrümmt. **Zapfen** eiförmig, 2–8 cm lang, bis zur Reife im 2. Jahr grün, reif matt graubraun, Schuppenschilde meist flach, selten aufgewölbt.

Name: *sylvestris* lat. = wild, wohl im Unterschied zu einer anderen Kiefer, der schon von den Römern kultivierten Pinie (*P. pinea*).

Systematik: In dem ausgedehnten Verbreitungsgebiet bildeten sich zahlreiche, geografisch differenzierte Sippen und an unterschiedliche Standortbedingungen angepasste Ökotypen heraus, die aber morphologisch nicht klar abgrenzbar sind.

Habitus der Höhen-Kiefer, eines Ökotyps der Gewöhnlichen Kiefer. ▶

Verbreitung: Eine der am weitesten verbreiteten Koniferen und unter den Kiefern die Art mit dem größten Areal. Sie kommt im außertropischen Eurasien von West (Spanien und Schottland) bis Ost (O-Sibirien), Nord (Lappland) bis Süd (Türkei), von der Ebene bis in die Gebirge (Großer Kaukasus bis 2600 m ü. M.) vor.
Lebensraum: Kiefernwälder auf nährstoffarmen Sanden, auf Sandstein- und Kalkfelsen, Mooren; Kiefern-Eichenwälder, Waldsteppenwälder. In der borealen Zone in lichter Taiga bestandsbildend, nach Waldbrand Pionierwälder aufbauend. Über den natürlichen Standort- und/oder Arealbereich hinaus wurden in Europa großflächig forstliche Reinbestände der Kiefer begründet.
Biologie: An den Standort anspruchslose, aber sehr lichtbedürftige, langlebige, bis 300(–600) Jahre alt werdende Pionierbaumart, ihre Pfahlwurzel kann bis 5 m Tiefe reichen. Das Nadelalter beträgt meist 3–4 Jahre, unter Immissionsbelastung sinkt es auf 1–2 Jahre.
Verwendung: Eine der wichtigsten Wirtschaftsbaumarten Europas mit wertvollem, vielseitig einsetzbarem Holz als Bau- und Konstruktionsholz (z. B. im Möbel- und Innenausbau, Grubenholz) oder für Zellstoff- und Plattenherstellung. Aus Harz („Kiefernrohbalsam“) gewonnenes Terpentin und Kolophonium ist technisch vielseitig nutzbar, Kiefernnadelöl und Holzteer sind von medizinischer (z. B. bei Erkrankung der Atemwege) und kosmetischer Bedeutung. Früher dienten harzreiche Kienspäne zur Beleuchtung. Als Parkbaum ist die Kiefer im Alter dekorativ durch die Krone und die unterschiedliche Struktur und Farbe der Rinde im unteren und oberen Bereich der Stämme. In Kultur außerdem zahlreiche Sorten, darunter Zwerg- und Säulenformen.

Weitere Arten:
Pinus aristata*, Grannen-Kiefer**: Nur ein kleines Areal in SW-USA (Arizona, Colorado, Neu Mexiko) einnehmende, in trockenen Hochgebirgslagen nur 3–12 m Höhe erreichende Kiefer mit dicht stehenden, 5-nadeligen Kurztrieben. Die dem Zweig zu gebogenen 2–5 cm langen, steifen, dunkelgrünen Nadeln sind mit auffälligen weißen Harzflocken besetzt (an Wollläuse erinnernd) und überdauern bis 17 Jahre am Baum. Den Schuppenschilden der 6–11 cm langen Zapfen sitzt ein 4–11 mm langer, grannenförmiger Dorn auf. Ähnlich ist die erst 1971, nachdem mehrere uralte Bäume entdeckt wurden, als neue Art beschriebene **Langlebige (Grannen-) Kiefer**, ***Pinus longaeva. Von dieser seltenen, im Westen der USA (Kalifornien, Utah, Nevada) vorkommenden Gebirgsart (2200–3700 m ü. M.) wurden aus den White Mountains > 4000 Jahre alte Individuen bekannt, die als abenteuerliche Baumgestalten auf flachgründigen, trockenen, stark windexponierten Standorten die Baumgrenze bilden. Die Art unterscheidet sich durch (fast) fehlende Harzflocken auf den Nadeln und deren noch höhere Lebensdauer (bis 30 Nadeljahrgänge).

Nadeln der Grannen-Kiefer mit den typischen Harzflocken.

***Pinus armandii*, Chinesische Weiß-Kiefer** oder **China-Zirbe:** Habituell an die Tränen-Kiefer (*P. wallichiana*) erinnernd, denn die meisten der 7–13(–20) cm langen, anfangs aufrechten Nadeln der 5-nadeligen Nadelbündel hängen im 2. Jahr am Zweig, teils auch mit einem Knick überhängend, aber sie sind mehr gelb- oder frischgrün als blaugrün. Die meist 10–18 cm langen Zapfen sind fassförmig bis länglich kegelförmig, nicht gebogen, die Samen sind flügellos wie bei den Zirben, teils besitzen sie aber einen kurzen Flügelansatz. Das Areal reicht vom Osthimalaja und Tibet über S-China bis

Taiwan und S-Japan Die nach dem Entdecker Abbé ARMAND DAVID benannte Art wurde von einem anderen französischen Missionar (FARGES, 1895) in Kultur eingeführt,.

***Pinus bungeana*, Bunges** oder **Tempel-Kiefer:** Eine weniger durch ihre locker am Zweig verteilten Nadelbündel mit je 3 steifen, geraden, 5–10 cm langen Nadeln und die 5–7 cm langen Zapfen mit stark verdickten Schuppenschilden mit starrem gebogenem Dorn als durch eine für eine Kiefer ungewöhnliche Stammrinde charakterisierte Art. Der Stamm ist buntfleckig, da sich die Rinde ähnlich wie bei der Platane in unregelmäßigen Schuppen löst und unterschiedlich gefärbte Flecken hinterlässt, im Alter nimmt der Stamm eine fast kreideweiße Farbe an. Die in ihrem natürlichen Areal in China stark zurückgegangene Kiefer wird selten angepflanzt (seit 1846 in Europa, eingeführt durch FORTUNE), ist aber wegen ihrer für eine Kiefer so gar nicht typischen Stämme ein sehr interessanter Zierbaum, allerdings in der Jugend etwas frostempfindlich.

Stamm der Bunges oder Tempel-Kiefer.

***Pinus densiflora*, Japanische Rot-Kiefer:** Ostasiatische (NO-China und Japan über Korea bis Ferner Osten Russlands) Kiefernart mit 2-nadeligen Kurztrieben, die in Habitus und Stammrinde an *P. sylvestris* erinnert. Im oberen Stammbereich rotbraune, dünn abblätternde Rinde, im unteren tief gefurchte rot- bis graubraune Schuppenborke. Die 6–12 cm langen, tiefgrünen bis bläulich grünen Nadeln sind gerade, nur etwas gedreht, die Zweige anfangs gelblich grün und meist deutlich bereift, später orangegelb bis graubraun. In Kultur (in Europa seit 1852 durch SIEBOLD) sind typische Bäume der Art kaum bekannt, jedoch ist manche abweichende Sorte als Ziergehölz beliebt. Erwähnt sei nur 'Umbraculifera', die **Tanyosho-Kiefer**, eine langsam wachsende, dicht verzweigte, reich Zapfen tragende, ± kugelige Zwergform, die sich im Alter zu einem schirmförmigen, 2–4 m hohen Bäumchen entwickelt.

Tanyosho-Kiefer, eine Sorte der Japanischen Rot-Kiefer, anfangs kugelige Zwergform, im Alter schirmförmiger kleiner Baum.

***Pinus heldreichii*, Panzer-** oder **Schlangenhaut-Kiefer:** Gebirgsart der Balkan-Halbinsel (700–2500 m ü. M.) mit isoliertem Teilareal in S-Italien. Die Nadeln stehen zu 2 im Bündel, sind 6–11 cm lang, glänzend (dunkel)grün, steif und meist zum Zweig hin gebogen. Die früher und teils noch heute *Pinus leucodermis* (griech. „leukódermos" = weißhäutig) genannte Art ist durch die weiß- bis aschgraue Rinde 2- bis 3-jähriger Zweige, die ab dem 3. Jahr regelmäßig rautenförmig gefeldert ist („schlangenhautartig"), und die von kleinschuppiger Borke bedeckten („gepanzerten") älteren Stämme ausgezeichnet. Als Park- und Gartenbaum (zuerst gepflanzt 1865, Wien) ist sie besonders gefragt, wenn ein der Schwarz-Kiefer ähnlicher malerischer Habitus erwünscht ist, aber wenig Raum zur Verfügung steht. Besonderer Beliebtheit erfreut sich die dicht benadelte und geschlossen wach-

Dicht benadelter Jungtrieb der Panzer-Kiefer.

Zapfen der Mädchen-Kiefer.

Stamm der Pech-Kiefer.

sende, anfangs ei- bis kugelförmige, später kuppelförmige Zwergform **'Smidtii'** (früher 'Schmidtii'), aufgefunden am natürlichen Standort und 1952 in Kultur genommen.

***Pinus parviflora*, Mädchen-Kiefer:** Durch die an den Zweigenden pinselartig gehäuft stehenden Nadelbündel mit je 5 blaugrünen bis -weißen, 3–7 cm langen Nadeln und die bereits nach 10 Jahren sich entwickelnden, oft in Quirlen zu 3–8 stehenden und bis zu 7 Jahre am Baum verbleibenden Zapfen äußerst attraktiv. Die in Gebirgen Japans und S-Koreas beheimatete Art wird nicht nur in Japan häufig in den Garten gepflanzt oder als Bonsai gezogen, sie ist auch in Europa (eingeführt 1846, Frankreich) sehr beliebt.

***Pinus rigida*, Pech-Kiefer:** Eine an den Standort sehr anspruchslose, auch nährstoffarme Sande und Moore besiedelnde, nordamerikanische (SO-Kanada, O-USA) Art mit meist 3-nadeligen Kurztrieben und oft quirlig gehäuften, viele Jahre am Baum verbleibenden Zapfen. Die weder forstwirtschaftlich bedeutsame noch zierende Kiefer hat aber einige Eigenarten, die sie auch als Parkbaum (etwa seit 1750 in Kultur, Frankreich) interessant machen. So treiben aus ruhenden Knospen des Stammes Kurz- und Langtriebe aus, wodurch am Stamm büschelartig Nadelbündel und Zweige entspringen, die besonders nach Freistellung und Verletzung den Stamm bedecken können. Außerdem werden, was für eine Kiefer auch ungewöhnlich ist, Stockausschläge gebildet.

Platycladus orientalis – Orientlebensbaum, Fächer- oder Chinalebensbaum

Cupressaceae – Zypressengewächse

Strauch oder bis 15–20 m, in Kultur meist mehrstämmiger und nur bis 10 m hoher Baum, auffällig durch aufrechte Äste mit fächerförmig in senkrechten, parallelen Ebenen verzweigte Triebe (vertikale Zweigfächer). **Blätter** (mit Ausnahme junger Sämlingspflanzen) stets schuppenförmig, dicht die abgeflachten, beiderseits gleichfarbigen Triebe bedeckend, in Kanten- und Flächenblätter differenziert, blass- bis gelb- oder graugrün. **Zapfen** eiförmig bis fast kugelig, 1–2,5 cm lang, anfangs fleischig, bläulich oder purpurn und bereift, zur Reife holzig und braun, mit 6–8 Schuppen, auf deren Rücken zurückgekrümmter, hornartiger Fortsatz. **Samen** ohne Flügel.

Name: *Platycladus* von griech. „platys“ = flach und „klados“ = Zweig, bezieht sich auf die abgeflachten Triebe, die fächerartig an vertikal ausgerichteten Zweigen angeordnet sind, deshalb auch „Fächerlebensbaum“; *orientalis* lat. = östlich bzw. in der Richtung vorkommend, wo die Sonne aufgeht, als Gegensatz zu *Thuja occidentalis*, dem Abendländischen Lebensbaum, zu sehen (früher beide Arten zur Gattung *Thuja*).

Systematik: Einzige Art der Gattung *Platycladus* (Synonym *Biota*), von den ähnlichen Lebensbäumen (*Thuja*) vor allem durch Zapfengestalt abweichend.

Verbreitung: China und Korea, aber seit alter Zeit in Asien in Kultur, auch verwildert und in ganz China bis Mittel- und Vorderasien eingebürgert, deshalb ursprüngliche Verbreitung schwierig zu rekonstruieren.

Lebensraum: Bergmischwälder.

Biologie: Langsamwüchsig, weniger frosthart und kalte Winde ertragend als sein nordamerikanisches Pendant, der Abendländische Lebensbaum (*Thuja occidentalis*); leicht über Stecklinge zu vermehren.

Verwendung: Im Altertum nicht nur in China, auch in anderen Gebieten Asiens „heiliger Baum“, dessen Pflanzung langes Leben nach dem Tod versprach. Nach Europa gelangte die Art mehrfach, zuerst nach Holland (um 1690,

Typische vertikale Ausrichtung der Triebe beim Orientlebensbaum (hier Sorte 'Magnifica').

Kaempfer) und Frankreich (etwa 1752, d'Incarville). Häufig als Park- und Gartengehölz sowie auf Friedhöfen gepflanzt. Durch Wuchs und reichen Zapfenbesatz eine auffällige Erscheinung. Beliebt sind vor allem Säulenformen und Sorten mit im Frühjahr oder beständig goldgelber Beblätterung (z. B. **'Magnifica'**).

Pseudolarix amabilis – Gold- oder Scheinlärche

Pinaceae – Kieferngewächse

Trägwüchsiger, bis 40 m, in Kultur nur bis 20 m hoher sommergrüner Nadelbaum mit ± horizontal abstehenden Ästen und Stammdurchmesser bis 3 m. **Nadeln** weich, 3–7 cm lang und bis 3 mm breit, an Langtrieben einzeln und spiralig stehend, an den dicken Kurztrieben zu 10–30 in Büscheln, meist rosettig angeordnet. **Zapfen** aufrecht, 5–7 cm lang und 4–5 cm breit, anfangs grün und bereift, wie eine kleine Artischocke aussehend, dann gelb oder rotbraun, Samenschuppen lederig, ganzrandig, zur Reife abfallend. **Samen** geflügelt.

Name: *Pseudolarix* bedeutet falsche oder scheinbare Lärche, wegen der an Lärchen erinnernden Benadelung; *amabilis* lat. = angenehm, lieblich. „Gold-" wegen der im Herbst sich goldgelb färbenden Nadeln.
Systematik: Einzige Art der Gattung, im Tertiär in Eurasien und Nordamerika verbreitet, heute nur noch Reliktvorkommen in China. Trotz des Namens und äußerer Ähnlichkeit nicht näher mit den Lärchen verwandt.
Verbreitung: China, aber natürliches Areal nicht sicher bekannt, da hier seit langer Zeit in Kultur.
Lebensraum: Mischwälder mit immer- und sommergrünen Arten (100–1500 m ü. M.).
Biologie: Lichtbedürftig, anspruchsvoll hinsichtlich Sommerfeuchte und Nährstoffversorgung.

Lang- und Kurztriebe der Goldlärche.

Verwendung: In China Holz für Möbel-, Boots- und Brückenbau genutzt. In Europa (1852 eingeführt, Fortune) als Zierbaum leider selten, obwohl im Freistand eine außergewöhnlich eindrucksvolle Baumgestalt, besonders im Herbst, wenn sich die großen oberseits hellgrünen, unterseits bläulich grünen Nadeln verfärben, beginnend leuchtend goldgelb, dann von der Spitze her orangebraun bis fuchsrot. Bei der Draufsicht auf die Kurztrieb-Nadelrosetten werden dann alle Farben in ringförmiger Anordnung („Drachenauge") sichtbar.

Pseudotsuga menziesii – Gewöhnliche Douglasie
Pinaceae – Kieferngewächse

30–60(–100) m Höhe und Stammdurchmesser von 1–3(–4,9) m erreichender immergrüner Nadelbaum mit in der Jugend regelmäßiger kegelförmiger Kronenform, im Alter Krone breit ausladend mit starken waagerechten Ästen. **Nadeln** linealisch, flach und weich, in ein grünes Stielchen verschmälert, das – im Gegensatz zu den Hemlocktannen (*Tsuga*) mit dem Zweig anliegenden Nadelstielen – schräg vom Zweig absteht, 2–3,5 cm lang, beim Zerreiben angenehm fruchtig, meist nach Orangen, duftend, unterseits mit 2 schmalen weißlichen Bändern aus Stomatareihen. **Zapfen** 4–11 cm lang, reif hängend, Deckschuppen länger als Samenschuppen, vorderer Teil 2-spaltig, durch die grannig verlängerte Mittelrippe 3-spitzig, aus dem Zapfen weit herausragend, im 1. Jahr reif, als Ganzes abfallend. **Samen** geflügelt. Windausbreitung.

Name: *Pseudotsuga* bedeutet falsche oder scheinbare *Tsuga*, da die Douglasie zunächst dieser Gattung (Hemlock) zugeordnet wurde; *menziesii* nach A. Menzies, der die Baumart entdeckte (1792), die später (1827) durch D. Douglas in Kultur eingeführt wurde. Als deutsche Namen waren früher Douglasfichte oder Douglastanne in Gebrauch.

Systematik: Zur Gattung *Pseudotsuga* 4 Arten, verbreitet in Ostasien und im Westen Nordamerikas (bis Mexiko). Innerhalb der Art *P. menziesii* haben sich geographisch, morphologisch, ökologisch wie in ihren Wuchseigenschaften unterschiedliche Sippen herausgebildet, deren Berücksichtigung für den Anbau von Douglasien wichtig ist. Es können 3 Sippen als Varietäten unterschieden werden, davon repräsentiert eine die **Küsten-Douglasie (subsp. *menziesii*)**, 2 die im Inland vorkommenden Populationen der **Gebirgs-Douglasie (subsp. *glaucescens*)**:

- **var. *menziesii*, Grüne** oder **Küsten-Douglasie:** Nadeln an Seitenzweigen ± gescheitelt stehend, 2,5–3,5 cm lang, grün, Zapfen 4–11 cm lang, der aus dem Zapfen ragende Teil der Deckschuppen dem Zapfen anliegend. Raschwüchsig, bis 60–85(–100) m Höhe (ein 1895 in British Columbia gefällter Baum maß sogar 133 m) und 1,5–3 (–4,4) m Stammdurchmesser erreichend. Die am häufigsten kultivierte und forstlich bedeutendste Sippe.
- **var. *glauca*, Blaue Gebirgs-Douglasie** oder **Colorado-Douglasie:** Nadeln nicht gescheitelt, auch an Seitenzweigen stärker aufwärts gerichtet bis fast ringsum vom Zweig abstehend, grau- bis blaugrün, 1,5–2,5 cm lang, Zapfen 4–7 cm lang, die Spitzen der herausragenden Deckschuppen abspreizend bis zurückgebogen. Langsamer wachsend, aber frosthärter und dürretoleranter als var. *menziesii*. Bis 30–35(–48) m Höhe und Stammdurchmesser von 1(–2,3) m.
- **var. *caesia*, Graue Gebirgs-Douglasie:** In den Merkmalen und Eigenschaften zwischen var. *menziesii* und var. *glauca*, Nadeln an Seitenzweigen leicht gescheitelt, matt graugrün, aus dem Zapfen ragender Teil der Deckschuppen auswärts gebogen. Raschwüchsiger als var. *glauca*, aber so frosthart wie diese.

Zweig der Grünen oder Küsten-Douglasie mit fast gescheitelt stehenden Nadeln.

Verbreitung: Westliches Nordamerika von Britisch Kolumbien südlich bis Mexiko; die Küsten-Douglasie in den pazifischen Küstengebirgen, die Gebirgs-Douglasie in den Gebirgen im Inneren des Kontinents von den Rocky Mountains bis Zentralmexiko. Die Art wird seit 2. Hälfte des 19. Jahrhunderts in gemäßigten Zonen der Erde kultiviert, gebietsweise hat sie sich durch Naturverjüngung eingebürgert, so sich auch in Mitteleuropa etablierend.

▶ *Zapfen der Blauen Gebirgs-Douglasie mit herausragenden, vom Zapfen abstehenden Spitzen der Deckschuppen.*

Lebensraum: Küsten- und Gebirgsnadelwälder, in der Zone der Feucht- und Halbfeucht-Nadelwälder mit breiter Standortamplitude von trockenen bis feuchten, nährstoffarmen bis gut nährstoffversorgten, flach- bis tiefgründigen Böden.
Biologie: In der Jugend relativ schattentolerante Licht- bis Halbschattenbaumart, langlebig (500–750, ausnahmsweise bis 1300 Jahre), hohes vegetatives Regenerationsvermögen. Die im Alter sehr dicke, korkreiche, längsgefurchte Schuppenborke bietet Schutz gegenüber Waldbränden. Die Douglasien-Sippen und -Herkünfte unterscheiden sich in Wüchsigkeit, Frosthärte und der Toleranz gegenüber Trockenheit und Schädlingen.
Verwendung: Eine der wichtigsten Baumarten für die Holzwirtschaft in Nordamerika. Als leistungsfähiger Forstbaum ist die Douglasie in Mitteleuropa die am häufigsten in Wäldern angebaute fremdländische Art, sie wird auch gegenwärtig für den forstlichen Anbau unter den sich durch den Klimawandel ändernden Standortbedingungen propagiert. Dabei sind nicht nur unterschiedliche Sippen und Herkünfte, sondern ebenso Anbaurisiken durch zunehmend die Douglasie besiedelnde und schädigende Insekten und Pilze sowie Naturschutzaspekte zu beachten. Der stattliche, auch in Deutschland vereinzelt über 60 m Höhe erreichende Baum (z. B. im Spessart ein Baum von 63,33 m Höhe mit Stammdurchmesser von 98,5 cm) ist ein eindrucksvoller Parkbaum. Wird auch für Wind- und Sichtschutzpflanzungen oder zur Gewinnung von Schmuckreisig genutzt. In Nordamerika Verwendung des Terpentins (Oregonbalsam) und des ätherischen Öls aus den Stämmen für medizinische Zwecke, der Rinde für Gerberei oder zur Gewinnung von Wachsen.

Sciadopitys verticillata – Schirmtanne

Sciadopityaceae – Schirmtannengewächse

Immergrüner, in Japan 20–35(–50) m, in Kultur in Mitteleuropa meist nur bis 10 m hoher Nadelbaum mit schmal kegelförmiger Krone. **Blätter** sehr verschiedenartig erscheinend; 2–5 mm lange, gelbbraune Schuppenblätter stehen entlang des Zweigs spiralig, aber am Triebende dicht gedrängt, aus den Achseln dieser scheinquirlig angeordneten Schuppenblätter entspringen 8–10 cm lange und 2–4 mm breite Nadeln, wodurch sich Scheinquirle aus je (8–)10–25(–40)

Nadeln ergeben, Nadeln lederig, glänzend dunkelgrün, unterseits mit 2 weißen Bändern aus Stomatareihen. **Zapfen** länglich eiförmig, 6–12 cm lang, holzig, anfangs grün, im 2. Jahr reifend, braun. **Samen** etwa 1 cm lang, ringsum geflügelt.

Name: *Sciadopitys* basiert auf griech. „skias" = Schattendach, Sonnenschirm und „pitys" = harzreicher Nadelbaum und nimmt wie der deutsche Name Bezug auf die Nadel-Scheinquirle, die an quirlig angeordnete Streben eines Schirmes erinnern.

Systematik: Einzige überlebende Art („lebendes Fossil", Tertiärrelikt) der Gattung, heute Endemit Japans, aber nach Fossilfunden einst weltweit verbreitet. Im Gegensatz zu den anderen Gattungen der ehemaligen Familie Sumpfzypressengewächse (*Taxodiaceae*) nicht in die Zypressengewächse (*Cupressaceae*) überführt, sondern in eine eigene Familie gestellt, zu der lediglich *Sciadopitys* gehört. Die auffälligen Nadeln der Scheinquirle sollen aus der Verwachsung von 2 Nadeln hervorgegangen sein („Doppelnadeln"), wurden aber auch als nadelartige Kurztriebe (Scheinnadeln) gedeutet.

Verbreitung: Japan (S-Honshu, Kyushu, Shikoku).

Lebensraum: Laub-/Nadelmischwälder mittlerer Gebirgslagen, meist an Steilhängen und Riffen, auf exponierten und nährstoffarmen Standorten.

Biologie: Langsamwüchsig, kalkmeidend.

Verwendung: Durch seine auffällige Erscheinung mit den Nadelquirlen und seinen Reliktcharakter ein eigenartiger, höchst interessanter Zierbaum. Die Art blieb außerhalb Japans bis 1776 unbekannt, erst Mitte des 19. Jahrhunderts gelangten Pflanzen nach Europa (1853, T. Lobb). In Japan oft an Tempeln und Schreinen oder auf Friedhöfen gepflanzt und Zweige vielfach genutzt. Die natürlichen Vorkommen sind stark zurückgegangen, so dass die Art heute in ihrem Bestand als schon fast gefährdet eingestuft wird und in die Vorwarnliste der IUCN Red List Aufnahme fand.

Spross der Schirmtanne mit winzigen Schuppenblättern am Zweig und auffälligen Nadelquirlen.

Zapfen der Schirmtanne.

Sequoia sempervirens – Küstenmammutbaum, Redwood

Cupressaceae – Zypressengewächse

Immergrüner, bis 50–95(–120) m Höhe und 2,8–3,5(–4,5) m Stammdurchmesser erreichender Nadelbaum mit kurzen, meist waagerecht abstehenden Ästen und damit recht schmaler Krone. Stammborke dick, schwammig weich, grau- bis dunkel- oder rotbraun. **Blätter** nadel- oder schuppenförmig, ihr Grund am Zweig herablaufend, an stärkeren Trieben und in der Oberkrone meist spiralig angeordnete, 0,6–1 cm lange Schuppenblätter, allseits mit Stomata, in der Unterkrone, besonders an beschatteten Seitenzweigen, gescheitelt stehende, 0,6–2,5 cm lange linealische Nadeln, unterseits zwei weißliche Bänder mit Stomatareihen. **Zapfen** ei- bis kugelförmig oder ellipsoidisch, 1,5–3,5 cm lang, mit 18–25 Zapfenschuppen, anfangs grün, im 1. Jahr reifend, dann holzig, rötlich braun. **Samen** geflügelt.

Name: Gattung benannt nach SEQUOYAH (etwa 1765–1843), einem Häuptling des Indianerstamms der Cherokee (Carolina), der für dessen Sprache ein Schriftsystem entwickelte; *sempervirens* lat. = immergrün.

Systematik: Einzige Art der Gattung *Sequoia*. Wie *Metasequoia*, *Sequoiadendron* oder *Taxodium* der Familie Sumpfzypressengewächse (*Taxodiaceae*) zugeordnet, bevor diese mit den Zypressengewächsen zusammengeführt wurde.

Verbreitung: SW-USA, entlang der Pazifikküste und Küstengebirge Kaliforniens und Oregons, nur bis zu 30 km Entfernung von der Küste.

Lebensraum: Nadelwälder niederschlagsreicher, vom Küstennebel profitierender Standorte, (1–)30–750(–920) m ü. M.

Biologie: Nicht nur ein Gigant unter den Bäumen, sondern auch sehr langlebig, im Mittel 500–700, im Einzelfall über 2000 (ein 1934 gefällter Baum 2200) Jahre alt. Voraussetzung für optimales Wachstum ist hohe Luftfeuchte. Die hohe vegetative Regenerationsfähigkeit ist im natürlichen Areal nach Waldbrand oder in Mitteleuropa nach Frostschäden vorteilhaft. Die bis 30 cm dicke Stammborke schützt den Baum bei Waldbränden. Die Art ist also, obwohl die Bäume nicht ganz feuerfest sind, an Brände angepasst, auch die Zapfen öffnen sich erst bei Hitze.

Verwendung: Im natürlichen Areal früher wegen des leichten und weichen, sehr dauerhaften und unter Wasser haltbaren Holzes intensiv genutzt, dadurch Bestände stark reduziert. Der Küstenmammutbaum gehört zu den weltweit stark gefährdeten Arten (IUCN Red List), die noch erhaltenen Vorkommen sind in Reservaten geschützt. Eindrucksvoller und majestätischer Parkbaum, aber nur in wintermilden Lagen oder an vor Frost geschützten Standorten. Von Europäern wurde die Art 1794 (MENZIES) entdeckt, gelangte aber erst ein halbes Jahrhundert später nach Europa (1840 St. Petersburg, 1843 England).

Seitenzweige des Küstenmammutbaums mit gescheitelt stehenden Nadeln.

Sequoiadendron giganteum – Riesen- oder Bergmammutbaum

Cupressaceae – Zypressengewächse

Immergrüner, 50–80(–105) m hoher Baum mit stark verbreiteter Stammbasis, 4–6(–12) m Stammdurchmesser und sehr dicker (30–60 cm), schwammiger rotbrauner Borke. **Blätter** in 3 Reihen spiralig angeordnete, pfriemliche bis lanzettliche, scharf zugespitzte Nadeln, 3–8 mm lang, an Haupttrieben bis 1,5 cm, dem Zweig anliegend, Spitze abstehend, Blattgrund am Zweig herablaufend. **Zapfen** eiförmig, 3–8 cm lang, 2,5–5 cm Durchmesser, anfangs grün, im 2. Jahr reif, dann rot- bis dunkelbraun, mit 25–45 dicken holzigen Zapfenschuppen. **Samen** geflügelt.

Name: *Sequoiadendron* geht zurück auf *Sequoia* (siehe dort!) und „dendron" griech. = Baum, der riesige (= *giganteum*) Ausmaße erreichen kann; wenn auch *Seqouia* in der Baumhöhe nicht ebenbürtig, so doch durch enorme Stammdimensionen gewaltiger wirkend.
Systematik: Einzige Art der Gattung *Sequoiadendron*. Wie *Metasequoia*, *Sequoia* oder *Taxodium* der Familie Sumpfzypressengewächse (*Taxodiaceae*) zugeordnet, bevor diese mit den Zypressengewächsen zusammengeführt wurde.
Verbreitung: W-Hänge der Sierra Nevada in Kalifornien (USA); durch Übernutzung stark zurückgegangen (als weltweit gefährdete Art in der IUCN Red List) und auf wenige, heute unter Naturschutz stehende Vorkommen zurückgedrängt.
Lebensraum: Nadelwälder frischer, schwach saurer Böden in windgeschützten Gebirgslagen (830–2700 m, meist 1400–2150 m ü. M.) mit hohen Niederschlägen (1200–1500 mm, meist als Schnee, im Herbst Regen) und Sommertrockenheit.
Biologie: Mit bis 2000–3000 Jahren (3200 Jahre bei einem gefällten Baum) zu den Baumarten der Erde mit höchstem Alter und größter Holzmasse (Stammvolumen eines einzelnen Baums bis 1400 m³) gehörend. Trotz des hohen Alters eine Pionierbaumart, ihre Reproduktion ist an Feuer (Waldbrände) und Trockenheit angepasst. Die Altbäume überdauern die anderen Baumarten, können sich aber erst in Lücken, die nach nächster Störung im Bestand entstehen, verjüngen.

▲ *Zapfen des Riesenmammutbaums.*
◀ *Habitus des Riesenmammutbaums.*

Verwendung: Von Europäern im Gegensatz zum Küstenmammutbaum erst spät (1841) entdeckt und 1853 nach England eingeführt. Höchst imposanter, durch Habitus und Stamm beeindruckender Parkbaum, der in Europa Höhen von über 50 m in einem Jahrhundert erreicht. Obwohl mit seinen Dimensionen und Eigenarten bereits ausreichend wirkungsvoll, wurden im 19. Jahrhundert Gartenformen ausgelesen, so Sorten mit blaugrauer Benadelung ('Glaucum'), schmaler Krone und lang herabhängenden Zweigen ('Pendulum') oder von niedrig bleibendem, kegelförmigem Wuchs ('Pygmaeum').

Taiwania cryptomerioides – Taiwanie oder Taiwanzeder

Cupressaceae – Zypressengewächse

Immergrüner, bis 60(–70) m hoher Nadelbaum mit geradem Stamm bis 3–4 m Durchmesser (erreichbare Dimensionen in Kultur noch nicht bekannt, da erst vor etwa 100 Jahren nach Europa eingeführt). Äste waagerecht abstehend oder aufwärts gebogen, Zweige ± hängend. **Blätter** wechselständig, spiralig angeordnet, von wechselnder Form und Größe, bis 30 Jahre pfriemlich bis sichelförmig, 1–2,4 cm lang, 1,5–3,5 mm breit, abgeflacht, aber beiderseits gekielt, stechend zugespitzt, bläulich grün, an älteren Bäumen kleiner, nur bis 6 mm lang und 3 mm breit, mehr lanzettlich bis schuppenförmig, mit spitzer bis stumpfer, umgebogener Spitze, glänzend dunkelgrün. Blattgrund kurz am Zweig herablaufend. **Zapfen** ellipsoidisch bis zylindrisch, 0,9–2,5 cm lang, 0,6–1,1 cm Durchmesser, im 1. Jahr reifend, braun, mit 12–25 stechend zugespitzten Zapfenschuppen. **Samen** geflügelt.

Name: *Taiwania* wurde nach Taiwan (Formosa), von wo Gattung und Art 1906 beschrieben wurden, benannt; *cryptomerioides* weist auf gewisse Ähnlichkeiten mit der japanischen Sicheltanne (*Cryptomeria*) hin.

Systematik: Einzige Art der Gattung *Taiwania*, denn weitere als Arten beschriebene Sippen liegen im Variationsbereich von *T. cryptomerioides*. Wie *Metasequoia*, *Sequoia* oder *Taxodium* der Familie Sumpfzypressengewächse (*Taxodiaceae*) zugeordnet, bevor diese mit den Zypressengewächsen zusammengeführt wurde.

Verbreitung: Taiwan und S-China bis Tibet, N-Myanmar und N-Vietnam, wobei natürliches Areal schwierig abgrenzbar, da einerseits durch Übernutzung stark zurückgegangen (als weltweit gefährdete Art in der IUCN Red List) und andererseits für China offen, welche Bestände indigen sind und welche auf Pflanzungen zurückgehen, da die Art schon vor ihrer wissenschaftlichen Beschreibung außerhalb des natürlichen Areals gepflanzt wurde.

Lebensraum: Überwiegend von Nadelbäumen dominierte Bergwälder meist frischer, schwach saurer Böden (z. B. über Granit oder metamorphem Gestein) in niederschlagsreichen Gebirgslagen (1400–2950 m ü. M.), oft unter Einfluss des Monsunklimas, dann bis zu 3000–4000 mm Jahresniederschlag.

Seitensprosse eines jungen Baums der Taiwanie.

Biologie: Abgesehen von raschem Jugendwachstum recht langsam wachsend, ein Alter bis 1600 (–2000) Jahre erreichend, wobei Altbäume die anderen Baumarten überdauern, sich aber erst in Lücken, die nach Störungen im Bestand entstehen, verjüngen können.
Verwendung: In O- und SO-Asien wegen des sehr haltbaren Holzes geschätzt, z. B. verwendet für die Sargherstellung (engl. Name der Art coffin tree, Sargbaum) oder für Bauwerke (früher sogar starke Stämme für den Bau von Tori bis Japan transportiert). Interessanter, noch wenig verbreiteter Zierbaum, am besten in wintermildem, luftfeuchtem Klima mit warmen humiden Sommern, geschützt vor Wind, Frost (erträgt bis –10 °C) und Wintersonne, gedeihend.

Taxodium distichum – Zweizeilige Sumpfzypresse

Cupressaceae – Zypressengewächse

Bis 35(–46) m hoher sommer- bis halbimmergrüner Nadelbaum mit geradem, an der Basis verbreitertem Stamm, der Durchmesser von 3–4 m erreichen kann und dessen anfangs hellbraune, später graue Rinde sich in faserigen Streifen ablöst. Im Wurzelbereich oft mit oberflächennahen Wurzeln entspringenden knieartigen Aufwölbungen („Wurzelknie“), die aufrecht über den Boden oder das Wasser ragen. Sprosssystem in verholzte Langtriebe und kaum verholzende, einjährige Kurztriebe gegliedert. **Blätter** nadelförmig oder pfriemlich, ihr Grund am Zweig herablaufend, wechselständig, krautig-weich, 0,3–1,7 cm lang, an Langtrieben entfernt und spiralig stehend, an den 8–10 cm langen Kurztrieben dicht und in 2 (dann gescheitelt) oder mehreren Reihen stehend, mit den Kurztrieben im Herbst oder Winter abfallend, zuvor verfärben sich die hellgrünen Nadeln orange bis rotbraun. **Zapfen** eiförmig bis kugelig, 2–3,5 cm Durchmesser, anfangs grün, reif holzig und braun, zur Reife im 1. Jahr zerfallend. **Samen** schmal geflügelt.

Sumpfzypresse mit den typischen „Wurzelknien“.

Name: *Taxodium* beruht auf *Taxus* = Eibe und „-odes“ griech. = ähnlich, womit eine Ähnlichkeit der Nadeln mit Eibennadeln zum Ausdruck gebracht wird, was aber nur Form und Anordnung betrifft; auf letztere verweist ebenfalls *distichum* lat. = 2-zeilig.
Systematik: Die Gattung *Taxodium* war wie *Metasequoia, Sequoia* oder *Sequoiadendron* den Sumpfzypressengewächsen (Familie *Taxodiaceae*) zugeordnet, bevor diese mit den Zypressengewächsen zusammengeführt wurde. In der Gattung werden entweder 2 (früher auch 3) Arten (davon 1 mit 2 Varietäten) oder nur 1 Art mit 3 Varietäten unterschieden. Hierzu gehört u.a. der Nationalbaum Mexikos, die Mexikanische Sumpfzypresse, die entweder als Art (*Taxodium mucronatum*) aufgefasst oder als Varietät der Zweizeiligen Sumpfzypresse zugeordnet wird (*T. distichum* var. *mexicanum*). Ihre Verbreitung reicht von S-Texas über Mexiko bis Guatemala, wo sie an oder in der Nähe von Flüssen (20–2700 m ü.M.) wächst. Die stärksten und nicht entlang von Flüssen vorkommenden Bäume wurden meist schon vor der spanischen Kolonisation gepflanzt. Hierzu gehört der berühmte, etwa 35 m hohe, (1100–)1400(–2100) Jahre alte El Tule (bei Oaxaca), der mit einem Stammumfang von etwa 36 m als „dickster Baum“ der Erde gilt. Die mexikanische Sippe ist bei uns nicht frosthart, dagegen werden die beiden anderen Sumpfzypressen oft gepflanzt:
- **var. *distichum*, Echte Zweizeilige Sumpfzypresse,** mit horizontal abstehenden bis hängenden Kurztrieben, bei denen die nadelförmigen, 1–1,7 cm langen Blätter in 2 Reihen gescheitelt stehen;
- **var. *imbricatum*, Aufsteigende Sumpfzypresse** oder **Teichzypresse,** mit aufsteigenden bis vertikal aufrecht stehenden Kurztrieben, deren pfriemliche, nur 0,3–1 cm lange Blätter in 5–8 Reihen stehen, selten Wurzelknie bildend.

Verbreitung: SO-USA bis O-Zentral-USA. Küstenebenen am Atlantischen Ozean und Golf von Mexiko und aufwärts entlang der großen Flüsse (Unter- und Mittelauf, meist unterhalb 30 m ü. M, aber auch bis 530 m ü.M. auftretend). Bestände wegen früher intensiver Nutzung des Holzes und in der Folge von Wasserstandsregulierungen zurückgegangen.
Lebensraum: See- und Flussufer, Auen, Überschwemmungssümpfe; Charakterbaum der Everglades von Florida.
Biologie: Bis 700 Jahre alt, in Kultur mit über 200 Jahren noch sehr vital; kann Stockausschläge ausbilden. Blühreife mit 25 Jahren, jährlich Zapfen bildend, aber für Samenkeimung oberflächlich abgetrockneter Boden erforderlich. Die Funktion der im Wasser oder in dessen Nähe auftretenden „Wurzelknie“, die im natürlichen Areal bis 2 m hoch werden können, wird verschieden gedeutet, entweder als Atemwurzeln auf dem schlecht durchlüfteten Boden, als Wasserspeicher für den Winter oder zur Verankerung im weichen Boden und Erhöhung der Standfestigkeit.
Verwendung: Das leichte und weiche Holz in feuchter Luft und im Boden sehr lange haltbar, deshalb im Verbreitungsgebiet der Art vielfältig genutzt, wo Holz von hoher Dauerhaftigkeit benötigt wird, z.B. für Bau von Häusern, Gewächshäusern, Booten, Zäunen oder Fässern. Ein 200-jähriger Baum kann mit seinem Wurzelsystem Uferstrecken bis zu 60 m befestigen. Durch stattlichen Habitus und – für einen Nadelbaum ungewöhnlich – farbenreiche Herbstfärbung interessanter Parkbaum, der auch auf trockenen Standorten gedeihen kann, dann aber keine Wurzelknie ausbildet. Nach England 1640 eingeführt (Tradescant), in Deutschland seit 1726, möglicherweise Samen von den aus den nordamerikanischen Kriegen heimkehrenden hessischen Offizieren mitgebracht.

Taxus baccata – Europäische oder Gewöhnliche Eibe

Taxaceae – Eibengewächse

Immergrüner, bis 18(–25) m hoher, 1- oder mehrstämmiger Nadelbaum mit Stammumfang bis 4(–10) m oder Strauch. Stämme oft von unregelmäßiger Struktur (krumm, mit Wülsten und Kehlen), auffälliger Rindenausbildung mit unterschiedlich großen roten und braunen Schuppen und erhabenen Wurzelanläufen. **Nadeln** abgeflacht, 1–4 cm lang, 2–2,5 (bei Sorten bis 4) mm breit, an Seitenzweigen deutlich gescheitelt (bei Sorten auch radial abstehend), allmählich zugespitzt, oberseits glänzend dunkel-, unterseits blass- oder graugrün, 3–8 Jahre alt werdend. **Blüten** zeitig im Frühjahr (Februar–April), männliche ährenartig zu vielen an der Unterseite einjähriger Triebe, weibliche endständig, mit nur einer Samenanlage. **Samen** mit becherförmigem Samenmantel, im 1. Jahr reifend, dann Samenmantel fleischig, rot (bei Sorte 'Lutea' gelb), 9–12 mm hoch, 7–9 mm Durchmesser. Mund- und Verdauungs- sowie Versteckausbreitung (Vögel, Säugetiere). **G!**

Name: *Taxus* lat. Name der Eibe, auf „toxon" griech. = Bogen beruhend, ebenso bedeutet „Eibe" („iwa" german.) Bogen, sich auf die Verwendung des Holzes für die Herstellung von Bögen und Armbrüsten beziehend; *baccata* ist von lat. „bacca" = Beere, Steinfrucht abgeleitet, wegen des von einer fleischigen Hülle umgebenen beerenartigen Samens.

Systematik: Zur Gattung *Taxus* etwa 10 Arten, zweihäusige Nadelbäume ohne Harzkanäle und keine Zapfen als Samenstände ausbildend, sondern einzeln stehende Samen, die von einem saftigen, oben offenen Samenmantel (Arillus) umhüllt sind. Die Eiben sind überwiegend in den gemäßigten bis warmen Zonen der Nordhalbkugel verbreitet, das Areal reicht von Nordamerika südlich bis Mexiko, in SO-Asien sogar bis in die Tropen südlich des Äquators. Mehrere Arten in Asien und Nordamerika sind laut IUCN Red List in ihrem Bestand gefährdet.

Verbreitung: Ozeanisch beeinflusstes Europa, aber in luftfeuchten Gebirgslagen im Süden bis NW-Afrika, im Osten bis Kaukasien, Klein- und Vorderasien. Übernutzung der Bestände im Mittelalter, später auf Eibe verzichtende und sie benachteiligende Waldbewirtschaftung (Kahlschlagbetrieb mit Fichten- und Kiefern-Reinbeständen) und Wildverbiss bei hohen Wilddichten waren Faktoren, die zum Rückgang führten, meist nur noch isolierte Restbestände existierend. Die Art steht in vielen Ländern unter Schutz und/oder gilt als in ihrem Bestand gefährdet. Seit einiger Zeit zunehmende, von Anpflanzungen ausgehende Ausbreitung von Eiben (meist über Vögel).

Lebensraum: Buchenwälder, Hang-Laubmischwälder auf frischen bis mäßig trockenen, luftfeuchten Standorten, Felshänge, oft auf Kalk.

Biologie: Oft mehrstämmig, dem Stamm anliegende, stammbürtige Triebe können auch zu Stämmen erstarken und mit dem Hauptstamm verwachsen, enorme Stammdurchmesser erreichend. Die Verwachsung mehrerer Stämme kann ein höheres Alter vortäuschen, die meisten „1000-jährigen Eiben" sind wohl 400–600 Jahre alt, jedoch existieren durchaus Exemplare im Alter von 500–1000, vereinzelt bis zu 2000 Jahren. Ausgesprochene Schattenbaumart, die auch bei höherem Lichtgenuss nicht schneller wächst. Widerstandsfähig gegenüber Wurzeldruck anderer Bäume, starke Ausschlagfähigkeit. Ganze Pflanze – mit Ausnahme des Samenmantels – das giftige Alkaloid Taxin enthaltend, das bei Menschen und bestimmten Tierarten (besonders Pferde) zu tödlichen Vergif-

Bei den Eiben umhüllt der fleischige Samenmantel den Samen nicht vollständig, sondern ist oben offen, hier bei der Europäischen Eibe. ▶

tungen führt, während Wiederkäuer wie Reh- und Rotwild bevorzugt an Eiben äsen, ohne Schaden zu nehmen.

Verwendung: Im antiken Griechenland galt die Eibe als Baum der Trauer und des Todes, bei den Kelten als heiliger Baum, bei den Germanen als Sinnbild der Ewigkeit; bis heute wird sie in vielen Ländern oft auf Friedhöfen gepflanzt. Das sehr harte Holz war über Jahrtausende bis Anfang des 17. Jahrhunderts begehrt für die Herstellung von Waffen (Armbrüste, Bögen, Speere), weshalb im Mittelalter ein regelrechter Eibenholzhandel bestand und Eiben von einigen Landesherren unter Schutz gestellt wurden. Die Eibe ist als Ziergehölz unverzichtbar für immergrüne Bepflanzungen, neben der Wildform werden über 200 Sorten kultiviert, darunter solche mit abweichender Wuchsform, Nadelform oder -farbe. Einige Sorten schon fast 250 Jahre bekannt, so die Westfelton- oder Adlerschwingen-Eibe ('Dovastoniana', 1777 entdeckt), ein kleiner Baum mit weit abstehenden Ästen und hängenden Zweigen (auch flach gezogen oder mit gelber Benadelung), und die Irische oder Säulen-Eibe ('Fastigiata', 1780 aufgefunden). Hohes vegetatives Regenerationsvermögen wird für langlebige Hecken und Formschnitt genutzt, ist aber auch günstig für die Bonsai-Kultur, wofür *T. baccata* wie *T. cuspidata* geeignet sind. In den letzten Jahrzehnten erlangte die Eibe Bedeutung für die Krebstherapie (aus Extrakten halbsynthetisch hergestelltes Taxol).

Japanische Eibe mit stachelig zugespitzten Nadeln.

Zwergform der Japanischen Eibe, hier am Naturstandort (Honshu).

Ähnliche Art und Hybride: ***Taxus cuspidata*, Japanische Eibe:** Von Japan über Korea und NO-China bis zum Fernen Osten Russlands verbreitete, 1855 nach Europa eingeführte (FORTUNE) und heute in mehreren Sorten (auch Auslesen der niedrig bleibenden **var. *nana***) kultivierte Art. Unterscheidet sich von *T. baccata* durch gelblichen Nadelstiel und stachelspitzige, unterseits gelbgrüne Nadeln, die an den Seitenzweigen nicht so regelmäßig gescheitelt stehen, eher in Form eines V ausgerichtet oder auch radial abstehend; außerdem sind die Knospenschuppen deutlich gekielt. Ähnlich ist die aus Kreuzungen mit der Europäischen Eibe (zuerst um 1900 in den USA) entstandene **Hybrid-Eibe, *Taxus × media***, von der einige Sorten weite Verbreitung in Kultur erlangten, z. B. die mit anfangs straff aufrechten Ästen ± säulenförmig wachsende, nur wenige 2–3(–5) m hoch werdende weibliche Sorte 'Hicksii', die schon als junge Pflanze durch reichliche Samenbildung auffällt.

Thuja – Lebensbaum

Cupressaceae – Zypressengewächse

Immergrüne, einhäusige Nadelbäume, selten Sträucher, mit meist dicht kegelförmiger Krone und im Gegensatz zu den habituell ähnlichen Scheinzypressen (*Chamaecyparis*) aufrechten Wipfeltrieben. **Blätter** nur an jungen Sämlingspflanzen nadelförmig, sonst schuppenförmig; Triebe mit den gegenständigen, dem Zweig dicht angedrückten kanten- und flächenständigen Schuppenblättern stark abgeflacht, zerrieben mit auffälligem, meist aromatischem Geruch, auf dem Blattrücken oft mit Harzdrüse, Blätter an Seitenzweigen 1–4 mm lang, bis 2 mm breit. **Blütenzapfen** im Herbst bereits angelegt, im Frühjahr blühend, männliche zahlreich, gelb, weibliche unscheinbar, aber zur Blütezeit rötlich. Windbestäubung. **Zapfen** länglich eiförmig bis kugelig eiförmig oder ellipsoidisch, Zapfenschuppen 6–12, sich dachziegelig deckend, dünn und lederig, nur schwach verholzt. **Samen** geflügelt.

Name: *Thuja* lässt sich auf griech. und lat. Worte zurückführen, die wohlriechendes Harz oder Weihrauch bezeichneten; der deutsche Name Lebensbaum soll auf „Arbor vitae" zurückgehen, womit ein Baum in Kanada (*T. occidentalis*) benannt wurde, der das Leben an Skorbut erkrankter Seeleute rettete, nachdem sie nach indianischem Rezept einen Sud aus dessen Blättern einnahmen.
Systematik: Zur Gattung 5 Arten in warm- bis kühlgemäßigten Zonen Nordamerikas und O-Asiens, davon galt die chinesische Art *Thuja sutchuenensis* am Naturstandort bereits als erloschen und einziger bekannter Fall eines im 20. Jahrhunderts vermutlich ausgestorbenen Nadelgehölzes, wurde jedoch wiederentdeckt, da wenige Bäume die Abholzungen in den 1970er bis 1990er Jahren an einem schwer zugänglichen Ort überlebten.
Lebensraum: Nadel- oder Nadel-/Laub-Mischwälder meist frischer bis feuchter Böden kühlfeuchter Lagen von der Küste bis in untere Berglagen.
Verwendung: In den Heimatländern vielseitige Nutzung des meist aromatischen Holzes, sonst beliebte Ziergehölze, hohes Ausschlagvermögen, gut schnittverträglich; wenig anspruchsvoll an den Boden, städtische Bedingungen ertragend.

Säulenform des Abendländischen Lebensbaums (Sorte 'Malonyana').

Thuja occidentalis – Abendländischer Lebensbaum

14–20(–30) m hoher Baum mit einem Stammdurchmesser bis 0,6–1 m, in Kultur auch strauchige Wuchsformen. **Schuppenblätter** oberseits matt dunkelgrün, unterseits blassgrün bis gelblich grün, ohne weißliche Flecken, im Winter oft olivbraun bis bronzefarben, zerrieben nach Apfel oder Apfelmus mit Gewürznelken riechend. **Zapfen** 7–12 mm lang, anfangs gelbgrün und aufrecht, reif braun und hängend, mit 6–10, an der Spitze abgerundeten Zapfenschuppen. **G!**

Name: *occidentalis* lat. = westlich, wo die Sonne untergeht, bezogen auf das Vorkommen in Nordamerika und als Gegensatz zu der Art im Osten, dem Orientlebensbaum, *Thuja orientalis* (heute zu Gattung *Platycladus*!).
Verbreitung: NO-Nordamerika (Atlantikküste Kanadas bis Manitoba im Westen und Nordkarolina und Tennessee im Süden).
Lebensraum: Reinbestände bildend oder Nadelmischwälder (im Süden des Areals auch Laubwälder) auf frischen bis feuchten und anmoorigen Böden, aber auch trockenen felsigen Standorten, optimal sind Kalkverwitterungsböden und luftfeuchte Lagen.
Biologie: Langsamwüchsig, ein Alter von 400 Jahren erreichend; sehr frosthart, hohes Regenerationsvermögen, sich vegetativ über Absenker ausbreitend, leicht durch Stecklinge vermehrbar. Blätter giftig.
Verwendung: Im natürlichen Areal Holz vielseitig genutzt (für Schindeln, Masten oder im Bootsbau). Der Lebensbaum, als eine der ersten nordamerikanischen Baumarten nach Europa (1534/36 Frankreich) eingeführt, wird häufig als Ziergehölz gepflanzt, auch als Sicht- und Windschutz oder beliebter Friedhofsbaum. Es wurden zahlreiche Sorten, darunter regelmäßige Säulenformen (z. B. 'Columna', **'Malonyana'**), gelbblättrige schmale ('Europe Gold') oder niedrige ('Rheingold') Kegelformen, halbkugelige Zwergformen ('Danica') etc. ausgelesen.

Thuja plicata – Riesen-Lebensbaum

Bis 40–70 m hoher kegelförmiger Baum mit Stammdurchmesser von 1–3(–6,4) m. **Schuppenblätter** glänzend grün, unterseits mit grauweißen Flecken, meist schon ohne Zerreiben duftend, aber zerrieben stark aromatisch, nach Ananas, Apfel oder Kiefer duftend. **Zapfen** 1–1,4 cm lang, anfangs grün, später braun, mit 8–14 Zapfenschuppen, diese direkt unter der Spitze mit einem dornartigen Fortsatz.
Name: *plicata* lat. = gefaltet, sich wohl auf die Schuppenblätter beziehend, aber deutscher Name aussagekräftiger, denn die mächtigen Bäume können bis zu 70 m Höhe erreichen.
Verbreitung: Pazifikküste von Nordamerika, Zone der west-nordamerikanischen Koniferen-Feuchtwälder.
Lebensraum: Nadelmischwälder frischer bis feuchter, basischer bis saurer, nährstoffreicher Standorte in regen- und nebelreichen, luftfeuchten Lagen.
Biologie: In der Jugend langsamwüchsig, erreicht ein Alter von 500–1000 Jahren. Schatten ertragend, gegen Sommertrockenheit empfindlich.
Verwendung: Wichtiger Forstbaum in Nordamerika (Western Red Cedar) mit leichtem, dauerhaftem und wasserbeständigem Holz (z. B. für Gewächshausbau, Boote, Totempfähle). Nach Europa als Zier- und Forstbaum 1853 eingeführt (W. Lobb), also über 3 Jahrhunderte später als der Abendländische Lebensbaum aus dem atlantischen Nordamerika. Der Riesen-Lebensbaum ist ein majestätischer Baum für Parkanlagen, wird aber auch für Sicht-, Wind- und Lärmschutzpflanzungen oder wegen seiner Schnittverträglichkeit für Hecken genutzt. Die aromatisch duftenden Zweige werden in der Floristik verwendet.

Seitensprosse des Riesenlebensbaums mit Zapfen.

Thujopsis dolabrata – Hiba oder Hibalebensbaum

Cupressaceae – Zypressengewächse

Immergrüner Strauch oder bis 20 m hoher, meist mehrstämmiger Nadelbaum mit kegelförmiger Krone und flach fächerförmig ausgebreiteten, stark abgeflachten Trieben, bedeckt mit auffällig breiten Schuppenblättern, 4–8 mm breit. **Schuppenblätter** gegenständig, lederig, an Seitenzweigen sich dachziegelig deckend, Oberseite glänzend grün, Unterseite mit schneeweißen Flecken, diese an aufrechten Trieben beiderseits, Kantenblätter kahnförmig, abstehend, ihre Spitze nach innen gebogen. **Zapfen** breit eiförmig bis kugelig, 0,8–1,5 cm Durchmesser, mit 6–10 holzigen Zapfenschuppen, jung grün bis blaugrau, reif braun bis grau.

Name: *Thujopsis*, da *Thuja*, also den Lebensbäumen, im Aussehen ähnlich („...opsis“, griech.); *dolabrata* lat. = beilförmig, wegen der Form der kantenständigen Schuppenblätter.
Systematik: Einzige Art der endemischen Gattung Japans.
Lebensraum: Gebirgswälder kühlfeuchter Lagen (bis 3000 m ü. M.).
Biologie: Langsamwüchsig, Schatten und Frost ertragend, anspruchsvoll hinsichtlich Luftfeuchte.
Verwendung: Holz dauerhaft, in Japan als Konstruktions- und Möbelholz genutzt. Die nach Europa 1852 (Siebold, Leiden) eingeführte Art ist ein dekoratives Ziergehölz für Parks, Gärten und Friedhöfe, die Zweige sind als Schmuckgrün geeignet. In Kultur befindet sich auch eine niedrig bleibende, dichtbuschige Sorte mit zierlicher Bezweigung ('Nana').

Sprosse des Hibalebensbaums mit weißen Flecken an der Blattunterseite.

Torreya nucifera – Japanische Nuss- oder Stinkeibe

Taxaceae – Eibengewächse

Bis 20–25 m, in Kultur kaum über 10 m hoher, immergrüner Nadelbaum mit breit kegelförmiger Krone und quirlig angeordneten, abstehenden Ästen. **Nadeln** an Seitenzweigen 2-zeilig stehend, lederig, ziemlich starr, 2–3 cm lang, 2–3,5 mm breit, gerade oder mehr oder weniger nach unten gebogen, mit langer, stechender Grannenspitze, oberseits dunkelgrün, unterseits mit 2 vertieft liegenden, schmalen, aber deutlich sichtbaren grauweißen bis gelblichen Bändern aus Stomatareihen, zerrieben unangenehm riechend. **Samen** ellipsoidisch, 2–3 cm lang, von fleischiger Hülle, dem Samenmantel, umschlossen, dieser dunkelgrün mit rotbraunem Anflug oder zumindest rot- oder purpurbraunen Streifen unterhalb der Spitze, bei der Reife im 2. Jahr aufplatzend.

Name: Gattung benannt nach J. Torrey (1796–1873), dem Mitverfasser einer Flora von Nordamerika; *nucifera* lat. = nusstragend, wegen der nussartigen Samen, die etwas an Muskatnüsse erinnern (siehe auch engl. Gattungsname „nutmeg“!). Deutsche Namen beziehen sich auf die Ähnlichkeit

Seitenzweige der Japanischen Nusseibe mit oberseits glänzend grünen Nadeln.

der Nadeln mit denen der Eibe, auch grüner Nadelgrund am Zweig herablaufend.

Systematik: Zur Gattung *Torreya* 8–9 Arten in O-Asien und Nordamerika (S-USA), meist selten und zerstreut in Nadel- oder Laub-/Nadel-Mischwäldern vom Tief- bis in das Bergland in kühl- bis warmgemäßigtem, feuchtem Klima vorkommend. Einige Arten so stark im Rückgang, dass ihr Bestand nach der IUCN Red List gefährdet ist, die Florida-Stinkeibe, *Torreya taxifolia*, mit nur noch 500–600 sich nicht mehr reproduzierenden Bäumen sogar vom Aussterben bedroht. Pilzbefall führt vor Blühreife bzw. Samenbildung zum Absterben.

Verbreitung: Japan (S-Honshu, Kyushu, Shikoku), S-Korea.

Lebensraum: Nadel-/Laub-Mischwälder frischer bis feuchter, nährstoffreicher, mäßig saurer bis basischer Standorte bis 1400 m ü. M.

Biologie: Langsamwüchsig, Schatten ertragend, ein Alter bis 500–800 Jahre erreichend.

Verwendung: Samen essbar (Kayanüsse). In Japan wird das aus Samen gewonnene Öl zum Kochen verwendet, das dauerhafte Holz zum Schnitzen (z. B. von Schachfiguren). Bereits 1712 lernte E. Kaempfer die Art in Japan kennen, Pflanzen gelangten aber durch ihn noch nicht nach Europa, erst 1764 durch den englischen Schiffskapitän Cornwall. Die als Zierbaum in Mitteleuropa meist strauchig wachsende Art gedeiht am besten an absonnigen bis halbschattigen, vor Frost geschützten Standorten. In Ostasien auch geschnittene Formen beliebt.

Weitere Art:

***Torreya californica*, Kalifornische Nusseibe:** Nordamerikanische Art mit größeren Nadeln (4–6 cm lang, bis 4,5 mm breit), deren grauweiße Stomatabänder auf der Unterseite noch schmaler sind (schmaler als grüne Mittelrippe), die pflaumenähnlichen Samen sind ebenfalls etwas länger (2,5–4 cm), ihr hell- bis bläulich grüner oder gelblicher Samenmantel mit länglichen dunkelgrünen oder purpurroten Flecken bedeckt. Die Nadeln riechen beim Zerreiben nicht unangenehm, sondern scharf aromatisch (ähnlich Salbei). Der in Kalifornien bis 20 m hohe Baum bleibt in Kultur (eingeführt 1851 nach England) meist strauchig. Die Art ist frostempfindlicher als die Japanische Nusseibe.

Deutllich sichtbare blauweiße Stomatabänder an der Nadelunterseite der Kalifornischen Nusseibe.

Tsuga – Hemlock, Hemlock- oder Schierlingstanne
Pinaceae – Kieferngewächse

15–50(–70) m Höhe erreichende immergrüne Nadelbäume mit oft überhängenden Wipfeltrieben und Astspitzen. **Nadeln** deutlich gestielt, Stielchen dem dünnen Zweig anliegend oder zu diesem parallel verlaufend, schraubig, aber an Seitenzweigen meist gescheitelt stehend, Nadeln meist stark abgeflacht und nur unterseits mit Stomatareihen (Ausnahme siehe *T. mertensiana*), erkennbar an 2 weißen bis grauen Bändern, die deutlich vom grünen Nadelrand abgesetzt sind, Rand glatt oder sehr fein gezähnt. **Zapfen** einzeln an den Zweigenden, meist zahlreich, reif kugelig bis länglich eiförmig, meist hängend oder nickend. **Samen** mit Harzbläschen, geflügelt.

Name: *Tsuga* japan. Name für eine Hemlocktanne.
Systematik: Etwa 10 Arten, wobei die nordamerikanische, sich in Nadel- und Zapfenmerkmalen deutlich unterscheidende Berg-Hemlock (siehe *T. mertensiana*!) auch einer eigenen Gattung *Hesperopeuce* zugeordnet wird.
Verbreitung: Nemorales bis meridionales Asien (von Japan über China bis zum Himalaja) und in Nordamerika von nemoraler Zone bis in Übergangszone zu borealen Nadelwäldern.
Lebensraum: Nadelwälder, auch Hemlock-Reinbestände, oder Mischwälder von der Küste bis in die Gebirge (Himalaja bis 3000 m ü. M.) vorkommend.
Biologie: Schattentolerante Arten, darunter solche, die ein Alter bis über 1200 Jahre, eine Höhe bis 75 m und einen Stammdurchmesser von 2,75 m erreichen können.
Verwendung: Wichtige Forst- und Zierbäume, bei einigen Arten ätherische Öle von Rinde und Zweigspitzen mit Nadeln von arzneilicher Bedeutung.

Tsuga canadensis – Kanada-Hemlock oder Kanadische Hemlocktanne

Bis 30–35(–53) m hoher Baum mit breit kegelförmiger, im Alter oft abgeflachter Krone, obere Seitenäste in Stammnähe schräg ansteigend, in der Natur meist mit geradem Stamm, in Kultur Stamm jedoch oft unregelmäßig geformt oder gekrümmt. **Nadeln** 5–16 mm lang, 1,5–2,2 mm breit, zur Spitze schmaler werdend, Rand fein gezähnt, oberseits dunkelgrün, unterseits mit 2 grauweißen Bändern und deutlich abgesetztem breiten grünen Rand. **Zapfen** reif eiförmig, 1,3–2,5 cm lang.
Name: *canadensis* wegen des Vorkommens der Art in Kanada.
Verbreitung: NO-Nordamerika von Nova Scotia bis N-Georgia und Minnesota (im südlichen Arealbereich bis 1500 m ü. M.). Rückgang und Gefährdung der Art durch Massenvermehrung der Hemlock-Wolllaus (*Adelges tsugae*), die sich bereits über ein Viertel des natürlichen Areals ausgebreitet hat.
Lebensraum: Mischwälder frischer bis feuchter Standorte, besonders in der Übergangszone borealer Nadelwälder zu nemoralen Laubwäldern, oft luftfeuchte Hangwälder, schattige Schluchtwälder und Niederungswälder.
Biologie: Im Alter flaches, oberflächennahes Wurzelsystem, dadurch empfindlich gegenüber Windwurf und Feuer. In den letzten Jahrzehnten starke Ausbreitung der aus Ostasien eingeschleppten Hemlock-Wolllaus, deren Befall zu Nadel- und Triebschäden, nach einigen Jahren zum Absterben der Bäume führt.

Zweige der Kanada-Hemlock(tanne) mit endständigem, jungem, noch aufrechtem weiblichem Zapfen („Samenzapfen") und achselständigen männlichen Blüten („Pollenzapfen").

Eine der Zwergformen unter den Sorten der Kanada-Hemlock: 'Jeddeloh'.

Verwendung: Holz leicht und weich, aber von geringer Dauerhaftigkeit, im natürlichen Areal war die Rinde früher wichtige Grundlage für Gerberlohe. In Europa (eingeführt 1736) beliebter Park- und Gartenbaum mit graziler Bezweigung und Benadelung, auch als Heckenpflanze geeignet, da schnittverträglich. Recht anspruchslos, selbst auf flachgründigen und moorigen Böden gedeihend, aber weniger für warm-trockene Standorte geeignet. In Kultur befinden sich zahlreiche Sorten mit abweichender Wuchsform, Nadelgröße und -farbe, unter denen nur die dekorativen, 2–4 m hohen Hängeformen ('Pendula') und abgeflacht halbkugeligen Zwergformen (z. B. beliebte Sorte **'Jeddeloh'**) erwähnt seien.

Ähnliche Art:
***Tsuga heterophylla*, Westamerikanische Hemlock(tanne):** Die Art nimmt ein ausgedehntes Areal im pazifischen Küstengebiet Nordamerikas (Alaska bis Kalifornien) ein, besonders in den Koniferen-Feuchtwäldern, reicht aber auch landeinwärts bis in die Rocky Mountains (bis 2130 m ü. M.). Von DOUGLAS bereits 1828 aufgefunden, gelangte sie aber erst 1851 (JEFFREY) nach Europa. Die Bäume werden 50–75 m hoch und 400–700 (–1238) Jahre alt. Im Gegensatz zu *T. canadensis* sind die Stämme (0,9–1,2 m Durchmesser) – auch bei ihrem Anbau – gerade und ebenmäßig, die Nadeln parallelrandig und die breiteren weißlichen Bänder auf ihrer Unterseite weniger klar vom schmalen Rand abgesetzt. Die Art ist raschwüchsig und schattentolerant, aber anspruchsvoller und weniger für freie und frostgefährdete Lagen oder trocknere Standorte geeignet als *T. canadensis*. Wichtiger Forstbaum in Nordamerika, in Mitteleuropa wurden einige forstliche Anbauversuche unternommen.

◀ Seitentriebe der Westamerikanischen Hemlock(tanne) mit hängenden Zapfen.

Tsuga mertensiana – Berg-Hemlock oder -Hemlocktanne

Bis 30–40 (in Kultur 8–15) m hoher Baum mit Stammdurchmesser bis 1–1,5 m, aber an Waldgrenze auch Krummholz bildend und niederliegend. **Nadeln** im Gegensatz zu anderen *Tsuga*-Arten nicht gescheitelt, sondern ringsum vom Trieb abstehend, und dicker, weniger abgeflacht, da ober- oder beiderseits gewölbt, blaugrün (bei ausgelesenen Sorten grau bis silberweiß), nicht nur unterseits mit weißen Bändern aus Stomatareihen, diese auch oberseits, aber nur im vorderen Teil der Nadel. **Zapfen** länglich bis zylindrisch, 3–8 cm lang.

Name: *mertensiana* benannt nach F. K. Mertens, einem deutschen Botaniker (1764–1831). Der Gattungsname *Hesperopeuce* bei Abtrennung der Art in eigene Gattung geht auf lat. „hesperius" = westlich und „peuce" = harzreicher Nadelbaum zurück, verweisend auf das Vorkommen des Nadelbaums im westlichen Nordamerika.

Seitentriebe der Berg-Hemlock(tanne) mit ringsum vom Zweig abstehenden Nadeln.

Verbreitung: Pazifisches Nordamerika von Alaska (hier nahe Meeresküste) entlang der Küstengebirge südlich bis Kalifornien, im Kaskadengebirge 1200–2100 m, in der Sierra Nevada an Nordhängen bis 3350 m ü. M.

Lebensraum: Gebirgsnadelwälder, teils in Reinbeständen, teils mit Felsengebirgs-Tanne (*Abies lasiocarpa*) und anderen Koniferen.

Biologie: Schattentolerant, an hohe Niederschläge, lange schneereiche Winter und kurze kühle Sommer angepasst, aber Herkünfte aus südlichen Gebirgen auch trockneres Klima ertragend.

Verwendung: Schöner Park- und Gartenbaum (1850 nach Europa eingeführt, Jeffrey), besonders im Freistand durch zedernartigen Habitus eine eindrucksvolle Erscheinung.

Weitere Arten:

***Tsuga caroliniana*, Carolina-Hemlock(tanne):** Langsamwüchsiger, nur 12–20 m hoher Baum der Appalachen (Alleghany-Gebirge, SO-USA) mit glattrandigen, vorn abgerundeten Nadeln, die an den glänzend orangefarbenen bis hell rotbraunen Zweigen nach allen Seiten abstehen, und 2–4 cm langen Zapfen. Als Forstbaum ohne Bedeutung, ist die Art aber beliebt als Zierbaum und Heckengehölz. In Kultur (nach Europa 1881 eingeführt) ist sie meist ein vielstämmiges Bäumchen oder bleibt strauchig. Da die Art wie *T. canaden-*

Zapfen der Carolina-Hemlock(tanne) mit zur Reife weit auseinanderklaffenden Samenschuppen.

Zweig der Nordjapanischen Hemlock(tanne) mit männlichen Blüten.

Zweige der Südjapanischen Hemlock(tanne) mit Zapfen.

sis durch die sich ausbreitende Hemlock-Wolllaus geschädigt wird und ihr Verbreitungsgebiet eng begrenzt ist, ist sie noch stärker gefährdet. Mit ihrem Rückgang ist die Existenz eines weiteren Gehölzes bedroht, des auf sie angewiesenen, auf ihren Wurzeln lebenden Halbparasiten *Buckleya distichophylla*, eines sommergrünen Strauchs aus der Familie der Sandelholzgewächse (*Santalaceae*).

***Tsuga diversifolia*, Nordjapanische Hemlock(tanne):** Die auf den Inseln Honshu und Kyushu in kühl-gemäßigtem Klima mit schneereichen Wintern (700–2000 m ü. M.) vorkommende, 1861 nach Europa (Veitch) eingeführte Art erinnert im Habitus eher an einen Laubbaum. Der 15–25 m, in Kultur meist nur 5–12 m hohe Baum hat behaarte, hellorange bis rotbraune junge Zweige und 0,5–1,5 cm lange, an der Spitze ausgerandete, am Rand glatte Nadeln, an deren Unterseite die kreideweißen Bänder auffallen. Attraktives frosthartes und windfestes, langsam wachsendes und anspruchsloses Ziergehölz. Findet auch für Bonsai-Kultur Verwendung.

***Tsuga sieboldii*, Südjapanische** oder **Araragi-Hemlock(tanne):** Die auf S-Honshu und den südlichen Inseln Japans in feucht-gemäßigtem Klima mit recht milden Wintern in 500–1500 m ü. M. vorkommende Art wird 25–30 m hoch, bleibt aber in Kultur ein Kleinbaum oder mehrstämmig-strauchig. Die kahlen jungen Zweige sind weißlich oder grau- bis gelbbraun, die 1–2 cm langen Nadeln wie bei *T. diversifolia* vorn ausgerandet und am Rand glatt, aber sie stehen weniger regelmäßig und die beiden Spältöffnungsbänder auf der Unterseite sind weniger auffällig, mattweiß. Wie die nordjapanische Schwesternart *T. diversifolia* ein langsam wachsendes Ziergehölz (nach Europa 1850, Siebold), aber eher anspruchsvoll an den Standort, besonders an Wärme und Luftfeuchte.

Wollemia nobilis – Wollemie

Araucariaceae – Araukariengewächse

Immergrüner Nadelbaum mit schlanker, meist walzenförmiger Krone, im natürlichen Verbreitungsgebiet bis 40 m hoch und mit Stammdurchmesser bis 1,2 m, unter Kulturbedingungen erreichbare Höhe und Stammstärke noch unbekannt. Knospen terminaler Triebe mit auffälligem Wachsüberzug. **Blätter** verschieden, neben 3 mm langen Schuppenblättern an der Basis der Jahrestriebe 1–10 cm lange und 2–8 mm breite, lederige, oberseits dunkel-, unterseits blaugrüne Blätter, wechsel- oder fast gegenständig, an aufrechten Sprossen schraubig, schmal dreieckig, an waagerechten oder überhängenden Seitenzweigen 2- oder 4-zeilig angeordnet, linealisch bis schmal dreieckig, Blattgrund an den Zweigen herablaufend. **Zapfen** kugelig bis breit ellipsoidisch, bis 12,5 cm lang und 10 cm Durchmesser, Zapfenschuppen mit auffällig umgebogener Spitze, anfangs grün, zur Reife braun. **Samen** 7–11 mm lang, schmal geflügelt.

Name: *Wollemia* nach „wollemi", dem Namen der Aborigines für eine Schlucht in dem danach benannten Wollemi-Nationalpark in Australien; *nobilis* lat. = edel, vornehm.
Systematik: Einzige rezente Art der Gattung *Wollemia*, erst 1994 entdecktes und 1995 beschriebenes „lebendes Fossil".
Verbreitung: Lokalendemit mit eng begrenzter Verbreitung in einem Canyon-System des Wollemi-Nationalparks in New South Wales (SO-Australien), 3 Bestände mit etwa 100 Altbäumen und 200–300 Jungpflanzen erhalten. Wegen der extremen Seltenheit und diverser Gefährdungsfaktoren in der IUCN Red List als vom Aussterben bedroht eingestuft.
Lebensraum: Warm-temperierter Regenwald in Sandsteinschluchten.
Biologie: Bis 1000 Jahre alte Schattenbaumart; am Naturstandort sich generativ und vegetativ vermehrend. Schutz- und Entwicklungsstrategien für die Art beinhalten auch ihre Vermehrung in Kultur (ex situ). Die erfolgreiche Anzucht über Stecklinge und Gewebekultur ermöglichte den Aufbau von Erhaltungskulturen.
Verwendung: Seit 2005 sind in Australien mit Lizenz angezogene Pflanzen weltweit im Handel. Leider ist die spektakuläre Art sehr frostempfindlich, wenn sie auch bis –12 °C ertragen kann. In Deutschland sterben im Freiland gepflanzte Exemplare, wenn sie sich auch unter günstigen Bedingungen mehrere Jahre halten können, in strengen Wintern meist ab. Die Chancen, sich länger an den Pflanzen zu erfreuen, sind in wintermildem und luftfeuchtem Klima mit warmen humiden Sommern, auf sauren, bodenfeuchten und durchlässigen Standorten, geschützt vor Wind, Frost und Wintersonne, am größten.

Hauptspross einer Wollemie mit Terminalknospe und oberen Seitensprossen.

Laubgehölze

Abelia chinensis – Chinesische Abelie

Caprifoliaceae – Geißblattgewächse

Etwa 1,5 m hoher sommergrüner Strauch. Junge Zweige fein rötlich flaumig behaart. Winterknospen frei sichtbar. **Blätter** gegenständig, eiförmig, 2–4 cm lang, lang zugespitzt, oberseits dunkelgrün, schwach behaart, unterseits heller. **Blüten** duftend, weiß, rosa getönt, 12–15 mm lang, zu wenigen in achselständigen Zymen, zuweilen am Triebende in rispenartigen Blütenständen. Krone trichterförmig, mit 5 Zipfeln, Kelchblätter 8–10 mm lang, Kelchzipfel 2–5, zur Fruchtzeit bleibend. Blütezeit: Juni–Juli. **Frucht** eine 3-fächerige, lederige Schließfrucht mit eingetrocknet-bleibendem, 4–5-zähligen Kelch, Kelchzipfel linealisch, radförmig ausgebreitet, 8–12 mm lang. Fruchtreife: September–Oktober.

Name: Die Gattung *Abelia* wurde 1818 von ROBERT BROWN nach CLARKE ABEL benannt, der *Abelia chinensis* 1816/17 in China entdeckt hat.
Systematik: Zur Gattung *Abelia* werden 3–4 Arten gezählt. Das Verbreitungsgebiet erstreckt sich vom Himalaja bis nach Ostasien. Fossil ist die Gattung seit dem Tertiär nachgewiesen.
Verbreitung: S- und M-China.
Lebensraum: Lichte Gebüsche, Waldränder, in Höhenlagen von 200 bis 1500 m ü. M.
Biologie: Die Blüten werden von zahlreichen Insekten aufgesucht.
Verwendung: Seit 1844 in Kultur. Frosthart bis –10 °C.

Weitere Art und Hybride:

Blühender Spross der Großblütigen Abelie.

***Abelia × grandiflora*, Großblütige Abelie** (*A. chinensis* × *A. uniflora*): Halbimmergrüner bis immergrüner, aufrechter, reich verzweigter, 1–2,5 m hoher Strauch. Junge Triebe zierlich, bogig überhängend. Zweige oft waagerecht stehend, braun bis rotbraun, feinst samtig behaart. Knospen eiförmig, 1 mm lang. Blätter gegenständig, 2–3 mm lang gestielt. Spreite glänzend grün, dunkelgrün, unterseits etwas heller, eiförmig, lang zugespitzt, 1,5–4,5 cm lang, oberhalb der Mitte kerbig gesägt, oberseits kahl, unterseits am Grund etwas behaart. Krone etwas gebogen. Blüten schwach duftend, trichterförmig, weiß, rosa getönt, innen behaart, am Ende junger Zweige, achselständig zu 1 bis mehreren, ca. 2 cm lang. Kelch mit 2–5, etwa 2 cm langen, bleibenden, weinrot gefärbten Zipfeln. Blütezeit: Juli–Oktober. Die Hybride wurde vor 1880 von der Baumschule ROVELLI in Pallanza/Italien gezogen und 1886 von ANDRÉ beschrieben. Sie zeichnet sich durch das glänzende Laub und die bis zum Frost reichende, enorme Blütenfülle aus. Die Großblütige Abelie stellt keine besonderen Bodenansprüche und gedeiht sowohl im Halbschatten als auch an einem voll besonnten Standort. Frosthart bis –15 °C.

***Abelia uniflora*, Einblütige Abelie:** Sommmergrüner, 1–4 m hoher Strauch. Zweige braun, anfangs schwach behaart, später verkahlend und glänzend. Blätter elliptisch eiförmig bis elliptisch lanzettlich, 2–3,5 cm lang, lang zugespitzt, oberseits grün, unterseits heller, an der Mittelrippe mehr oder weniger stark behaart. Blüten duftend, 1,5–2 cm lang. Kelchblätter stets 2, 8–10 mm lang. Krone glockig, zum Grund hin trichterartig und röhrig verengt, außen rosa, fein behaart, Oberlippe kahl, Unterlippe lang behaart, innen mit orangegelben, gefleckten Malen. Blütezeit: Mai–Juli. Fruchtreife: September–Oktober. Verbreitung: S- und M-China. 1888 von Augustine Henry entdeckt. Um 1904 von Wilson nach Europa gebracht. Frosthart bis –15 °C. Früher oft unter dem Namen *Abelia engleriana* in Kultur.

Abeliophyllum distichum – Schneeforsythie

Oleaceae – Ölbaumgewächse

Sommergrüner, sehr sparrig verzweigter, bis 1,5 m hoher Strauch mit überhängenden oder dem Boden aufliegenden Zweigen. Junge Triebe kahl, grünlich bis rötlich, anfangs mit gefächertem Mark. Zweige 4-kantig, hell graubraun, hohl. Rinde später längsrissig, sich in kleinfeldrigen Streifen lösend. Knospen eiförmig, zugespitzt, 1–2 mm lang, kahl, bisweilen mit Beiknospen. Die Einzelblüten überwintern als rotbraune Knospen in den bereits ausgebildeten Blütenständen. **Blätter** gegenständig, 2–5 mm lang gestielt. Spreite lanzettlich bis länglich eiförmig, 6–10 cm lang, 3–4,5 cm breit, ganzrandig, zugespitzt. **Blüten** stark duftend, lange vor dem Blattaustrieb erscheinend, in 2–5 cm langen achselständigen Trauben, schon im Herbst angelegt und die dunkelpurpurnen Blütenknospen, nur vom Kelch geschützt, frei überwinternd, 4–5 mm lang gestielt, Röhre 3–5, die vier Zipfel 8–10 mm lang, 12 mm Durchmesser, die beiden Staubblätter viel kürzer als die Krone. Blütezeit: Februar–April. **Früchte** denen der Ulme ähnlich, scheibenförmig, ringsum geflügelt, 2–2,5 cm breit, 2-samig, nur selten ausgebildet. Fruchtreife: Juli–August.

Name: „*Abelia*" Gattung der Geißblattgewächse (siehe S. 94). „phyllon" griech. = Blatt. Aufgrund der Blattähnlichkeit mit *Abelia*. *distichus* lat. = 2-zeilig, Blattwirtel und Blütenstände in 2 Zeilen angeordnet.
Systematik: Die Gattung *Abeliophyllum* ist monotypisch, d. h., es gibt nur eine einzige Art.
Verbreitung: Zentrales Süd-Korea. Nur noch 5 kleine, individuenarme Populationen in den Provinzen Koesan-gun, Yongdong-up und Puan-gun, auf insgesamt nur etwa 5,4 ha. Aufgeführt in der IUCN Red List als stark gefährdet.
Lebensraum: Im Verbreitungsgebiet herrschen kalte Winter und sehr warme Sommer. Als Unterwuchs in sommergrünen Mischwäldern, die vor allem aus Japanischer Rot-Kiefer (*Pinus densiflora*), Bambusblättriger Eiche (*Quercus myrsinifolia*) und Seidenraupen-Eiche (*Quercus acutissima*) gebildet werden.
Verwendung: Die Gattung *Abeliophyllum* wurde 1919 von Nakai beschrieben, der die Pflanzen auch am Standort fand. 1924 gelangten Pflanzen ins Arnold Arboretum bei Boston/USA. Von dort gelangte die Schneeforsythie 1930 nach Bodnant/Nord-Wales und 1932 nach Kew Gardens/England. Schöner, doch leider viel zu selten angepflanzter Spätwinterblüher für sonnige oder halbschattige Standorte. Gut gedeihend bei einer Anpflanzung an einer Mauer oder an Gestellen. Vermehrung leicht durch Ableger, krautige Stecklinge oder Steckhölzer. Die Pflanzen sind meist frei von Krankheiten oder Schädlingen. Winterhart bis –15 °C. Durch einen Schnitt im Frühjahr nach der Blüte wird die Neubildung blütentragender Triebe gefördert. In Kultur sind Blütenfarben von rein weiß bis zartrosa.

Blühender Spross der Schneeforsythie. ▶

Acer – Ahorn

Sapindaceae – Seifenbaumgewächse

Sommer- oder selten immergrüne Laubbäume und Sträucher, 3–30 m hoch, auch unter 3 m (z. B. Sorten von *Acer palmatum*) bleibend oder Höhen bis > 40 m (z. B. *Acer pseudoplatanus, Acer rubrum, Acer saccharum*) erreichend mit Stammdurchmesser bis 2,2 m und einem Alter bis 500 Jahre. **Blätter** gegenständig, von äußerst verschiedener Gestalt, in dieser Vielfalt im Vergleich zu anderen Baumgattungen einzigartig. Spreite kann einfach und nur am Rand gesägt oder handförmig gelappt bis geteilt und fast gefingert sein, aber auch 3-zählig oder gefiedert; die Blätter können klein und zierlich sein (z. B. *Acer palmatum*), aber auch Dimensionen bis 30 cm Breite (z. B. *Acer macrophyllum*) erreichen; ihre Herbstfärbung ist in Farbskala und Intensität ebenfalls einmalig. **Blüten** in Rispen (oft Schirmrispen), Büscheln oder Trauben, erscheinen vor, mit oder nach dem Blattaustrieb, oft recht unscheinbar, 4- oder 5-zählig, zwittrig oder eingeschlechtig; Staubblätter teilweise reduziert, wenn sie nicht nur einzelnen Blüten, sondern der ganzen Pflanze fehlen, dann tritt Zweihäusigkeit auf. Insekten- und Windbestäubung. **Früchte** Spaltfrüchte, bei der Reife in 2 einsamige, einseitig geflügelte Teilfrüchte zerfallend (Schraubenflieger), Windausbreitung (bis > 120 m Entfernung).

Name: *Acer* lat. Name für Ahorn, von „acer" = spitz, wegen spitzer Blattlappen (z. B. Spitz-Ahorn, *Acer platanoides*), auch deutscher Name Ahorn auf indogerman. Wurzel „ak-" = spitz zurückzuführen.

Systematik: Die früher nach den Ahornen benannte Familie *Aceraceae* wird heute in die Familie *Sapindaceae* eingegliedert. Zur Gattung *Acer* gehören, je nach Autor, 110–200 Arten, deren Areal von der Holarktis (nemorale bis meridionale Zone) bis in die Gebirge der Tropen reicht, nach Süden in Mittelamerika bis Guatemala, in Asien bis Java. Die ungewöhnliche Mannigfaltigkeit von Blattformen und Rindenstrukturen lässt manchen Ahorn als solchen kaum erkennen, wogegen die Frucht ein unzweifelhaftes Identifikationsmerkmal der Gattung ist.

Lebensraum: Laubwälder und Gebüsche. Neben Arten, die tiefgründige und frische Böden sowie feuchtes Klima bevorzugen, gibt es anspruchslose Arten, trockene Standorte oder Überflutung tolerierende Arten.

Biologie: Zwischen dem Zeitpunkt des Blühens, dem Blütenaufbau und der Art der Bestäubung lassen sich gewisse Zusammenhänge erkennen. Arten mit Insektenbestäubung blühen in der Regel später, erst mit oder nach der Laubentfaltung, sie haben zwittrige Blüten oder an einer Pflanze treten neben zwittrigen eingeschlechtige auf (polygam), sie besitzen Kelch, Krone und einen deutlichen Diskus. Windbestäubte Arten blühen vor der Laubentfaltung, die Blüten sind meist eingeschlechtig und können zweihäusig verteilt sein, auch kann die Blütenkrone fehlen. Einige Arten enthalten im Frühjahr im Blutungssaft hohe Zuckeranteile, andere Arten in junger Zweigrinde und Blättern Milchsaft (feststellbar durch austretende weißliche Tröpfchen nach Durchtrennung eines Blattstiels). Samen und Keimlinge einiger Arten (z. B. *A. negundo, A. pseudoplatanus*) enthalten eine Aminosäure (Hypoglycin A), die toxisch für Pferde ist (Verursacher der Atypischen Weidemyopathie).

Verwendung: Vielseitig, mehrere Arten liefern wertvolles Nutzholz; bei einigen, besonders nordamerikanischen, Arten wird der zuckerhaltige Blutungssaft im Frühjahr genutzt (Ahornsirup). Die meisten Ahorne dienen als Bienenweide (Nektar- und Pollenquelle). Zahlreiche Arten werden als Park- und Alleebäume oder dekorative Gartengehölze gepflanzt, sowohl nordamerikanische Arten mit spektakulärer Herbstfärbung (in Europa diese Brillanz aber nicht erreichend) als auch zierliche ostasiatische, schon im Sommer attraktiv belaubte Arten oder robuste und wüchsige europäische Arten. Nicht nur ostasiatische Arten (z. B. *A. ginnala, A. palmatum*) eignen sich für Bonsai, auch europäische Arten wie *A. campestre, A. monspessulanum* oder *A. pseudoplatanus*.

Acer campestre – Feld-Ahorn, Maßholder

Strauch oder 5–15(–25) m hoher Baum mit eiförmiger, im Alter mehr kugeliger Krone. Zweigrinde schnell verkorkend, längsrissig, zuweilen mit Korkleisten. **Blätter** 3–5-lappig, bis 8 cm breit, Blattlappen an der Spitze stumpf, mittlerer wieder stumpf 3-lappig, seitliche ganzrandig oder mit 1(–2) stumpfen Zähnen, Blattstiel mit Milchsaft. Herbstfärbung warmes Gelb, aber auch rot bis braun. **Blüten** mit oder nach der Blattentfaltung erscheinend (Mai), grünlich, in aufrechten bis überhängenden Schirmrispen. **Frucht** mit waagerecht abstehenden Flügeln.

Blätter und Früchte des Feld-Ahorns.

Name: *campestre* lat. = Feld, wohl wegen des Vorkommens in der Feldflur. Der deutsche Name Maßholder geht auf „maz" althochdeutsch = Speise und Holder (= Holunder) zurück, denn die Blätter der wie ein Holder strauchförmig wachsenden Art dienten nicht nur als Viehfutter (in SO-Europa und W-Asien heute noch Schneitelei zur Laubheugewinnung), sondern nach einem Gärvorgang auch Speisezwecken.

Blütenstände des Feld-Ahorns.

Verbreitung: Süd- und mitteleuropäische Laubwaldgebiete, vom Mittelmeergebiet nach Osten bis Kaukasien, überwiegend im Tief- und Hügelland, nach Süden zu ins Bergland steigend.

Lebensraum: Laubwälder mäßig trockener und frischer, meist nährstoff- und basenreicher Standorte wie Eichenmischwälder, aber auch Auenwälder. In der Kulturlandschaft oft an Waldrändern, in Feldgehölzen und Hecken, früher typisch für Mittel- und Niederwälder.

Biologie: Bis 150–200 Jahre alte Halbschatten-Baumart; etwas wärmeliebend, sich vegetativ gut regenerierend (Stockausschlagvermögen, schnittfest).

Verwendung: Holz wertvoll, aber geringe Stammdimension schränkt Nutzbarkeit ein, geeignet für Werkzeugstiele und wegen schöner Maserung gesuchtes Drechsler- und Schnittholz. Vielseitig verwendbar in Landschaftsgestaltung und Gartenbau, für Hecken (frei wachsende wie geschnittene), Windschutzpflanzungen oder als kleinkroniger Straßenbaum (besonders Sorte 'Elsrijk' mit locker aufstrebender Säulenkrone). Sehr attraktiv sind Sorten mit farbigem Laubaustrieb, so mit im Austrieb goldgelben ('Postelense') oder blutroten ('Schwerinii') Blättern. In dieser Hinsicht und bei Einzelstellung in Park und Garten besonders auffallend, ist die Sorte 'Annae' des aus einer Kreuzung mit dem **Kalabrischen Spitz-Ahorn** (***Acer lobelii***) hervorgegangenen **Zöschener Ahorn**

(***Acer* × *zoeschense***). Dieser 1908 in Deutschland aufgefundene Ahorn fällt durch seine im Austrieb leuchtend dunkelroten, dann glänzend grünen und im Herbst gelben Blätter auf. Aber nicht nur der Austrieb ist rot, die Zweige sowie Stiele und Mittelrippe der grünen Blätter sind ebenfalls rot überlaufen.

Ähnliche Arten:

Acer monspessulanum*, Französischer Ahorn, Montpellier-, Burgen-, Felsen-** oder **Dreilappen-Ahorn:** Strauch oder Kleinbaum mit locker aufgebauter Krone, kleinen (meist 3–6 cm breit), etwas lederigen, 3-lappigen Blättern, gelblichen Blüten in überhängenden Schirmrispen und zusammengeneigten, meist parallelen Fruchtflügeln. Die Art trockenwarmer Felshänge und lichter Wälder ist vom Mittelmeerraum bis in das südliche Mitteleuropa (nördlich bis Mittelrhein- und Maingebiet) und im Osten bis Turkmenistan verbreitet. Das an den Boden recht anspruchslose, Trockenheit und Frost ertragende, aber Licht und Wärme liebende Ziergehölz (mindestens seit 1605 in Kultur, Clusius) mit schöner gelber Herbstfärbung ist gut geeignet als Stadt- und Straßenbaum. Fünf deutsche Namen, die für diesen Ahorn in Gebrauch sind, erscheinen schon bemerkenswert, aber rekordverdächtiger ist die mit folgender Art (*A. opalus*) im natürlichen Areal auftretende, 1790 in Kultur genommene Hybride ***Acer* × *coriaceum, für die sich 16 verschiedene wissenschaftliche Namen finden lassen.

Blätter des Französischen Ahorns, wegen der Blattform auch Dreilappen-Ahorn genannt.

***Acer opalus*, Schneeball-Ahorn, Stumpfblättriger** oder **Italienischer Ahorn:** Bis 10(–20) m hoher Baum mit meist 5-lappigen Blättern, deren vorn abgerundete bis stumpfe Lappen kurz und breit (so lang wie oder kürzer als breit) sind, wobei die unteren beiden Lappen deutlich kleiner als die anderen sind. Die gelben Blüten erscheinen vor oder mit den Blättern (April–Mai), die Fruchtflügel stehen im spitzen bis rechten Winkel zueinander. Das Areal des trockenwarme Felshänge und lichte Wälder besiedelnden Ahorns reicht vom Mittelmeergebiet nach Norden bis in den Schweizer Jura und gerade noch bis Baden-Württemberg (Grenzach), wo nur eine geringe Anzahl von Bäumen vorkommt, so dass die Art in

Blatt des Schneeball-Ahorns.

der Roten Liste Deutschlands als extrem selten geführt wird. Dieser Ahorn verdient weitere Verbreitung in Kultur, nicht nur wegen der zierenden Wirkung von Blüten und Herbstlaub (orange bis rot), er ist anspruchslos, Stadtklima ertragend, Trockenheit und Hitze tolerierend, allerdings etwas spätfrostempfindlich.

Acer capillipes – Rotstieliger Schlangenhaut-Ahorn oder Roter Streifen-Ahorn

Großstrauch oder bis 12–15 m hoher Baum mit glatter, anfangs roter, später rötlich grüner bis olivgrüner und längs weißgestreifter Stamm- und Astrinde. **Blätter** breit eiförmig, 6–12 cm lang, kahl, 3–5-lappig, Lappen dreieckig, seitliche deutlich kürzere und abstehende Lappen oft nur unterhalb der Blattmitte, Hauptnerven meist wie Blattstiel und junge Zweige rot, Spreite im Austrieb rötlich, im Herbst (gelb)orange bis karminrot. **Blüten** gelblich, in hängenden Trauben. Blütezeit: Mai. **Frucht** mit fast waagerecht abstehenden Flügeln.
Name: *capillipes* von lat. „capillus" = Haar und „pes" = Fuß, d. h. mit behaarten Blattstielen. „Schlangenhaut"-Ahorn wegen der anfangs glatten Rinde der jungen Zweige, die dann aufreißt, so dass auffällig weiß(grau)e Längsstreifen an der Rinde entstehen, was sich im Namen „Streifen"-Ahorn ausdrückt.
Verbreitung und Lebensraum: Bergwälder Japans.
Biologie: Nährstoffanspruchsvoll, gegenüber städtischen Umweltbedingungen tolerant.
Verwendung: Durch attraktive Rinde und auffällige Laubfärbung im Herbst wertvoller Park- und Gartenbaum (1892 in USA und nach Europa eingeführt, Sargent).

Ähnliche Arten (Schlangenhaut- oder Streifen-Ahorne mit weißgrauen Längsstreifen an der Rinde): ***Acer davidii*, Davids Schlangenhaut-** oder **Streifen-Ahorn:** Abweichend durch (länglich) eiförmige, meist ungelappte, anfangs unterseits an den Nerven rotbraun behaarte, erst später kahle Blätter und Fruchtflügel, die einen stumpfen Winkel bilden, aber auch fast horizontal ausgerichtet sein können. Aus Zentralchina 1869 in Kultur eingeführte, nach Abbé David benannte Art. Die nach Kreuzung mit *A. pensylvanicum* ausgelesenen Hybridsorten des **Ansehnlichen Ahorns** (***Acer × conspicuum***) übertreffen in der Attraktivität der Rindenausbildung noch die Elternarten, denn von ihrer purpurnen, feuerroten oder blaugrünen Rinde heben sich besonders kontrastreich die weißen Streifen ab.

▲ *Blätter des Rotstieligen Schlangenhaut- oder Streifen-Ahorns.*

Blätter und Fruchtstand von Davids Schlangenhaut- oder Streifen-Ahorn. ▶

***Acer pensylvanicum*, Amerikanischer Schlangenhaut-** oder **Streifen-Ahorn:** Meist mehrstämmiger, bis 10 m hoher Baum mit lichter Krone. Die unterseits anfangs rostrot behaarten, gelappten Blätter sind verkehrt eiförmig, die 3 kurzen, nach vorn gerichteten Lappen befinden sich weit oberhalb der Spreitenmitte. Die Fruchtflügel stehen recht- bis stumpfwinklig zueinander. Die im östlichen Nordamerika beheimatete, wegen der bei Elchen beliebten Rinde auch „Elchbaum" (moosewood) genannte Art wurde bereits 1755 nach Europa (England) eingeführt; durch die auffallende hellgrüne, weiß gestreifte Rinde und schöne gelbe Herbstfärbung attraktives Ziergehölz, schattenverträglich.

Die grün und weiß gestreifte Rinde ist typisch für die Schlangenhaut- oder Streifen-Ahorne, hier Amerikanischer Streifen-Ahorn.

***Acer rufinerve*, Rostbart-Ahorn, Rosthaariger Schlangenhaut-** oder **Streifen-Ahorn:** Großstrauch oder Kleinbaum, dessen junge Zweige im Gegensatz zu denen der anderen Streifen-Ahorne weißlich bereift sind und dessen Blütentrauben mit den gelbgrünen Blüten aufrecht stehen. Die anfangs rostbraune Behaarung an der Unterseite der 3(–5)-lappigen Blätter bleibt zumindest in Nervenwinkeln erhalten; die beiden abstehenden Seitenlappen (bei 5-lappigen Blättern die vorderen Seitenlappen) befinden sich in oder etwas oberhalb der Mitte der Spreite. Durch die weiß gestreifte Rinde und das im Herbst gelbe bis rosa gefärbte Laub zierendes Gehölz für Park und Garten. Die japanische Art wurde nach Europa 1860 eingeführt, sowohl in die Niederlande (Leiden, SIEBOLD) als auch nach Russland (St. Petersburg, MAXIMOWICZ); nur knapp 10 Jahre später wurde bereits eine Sorte mit weißrandigen und -fleckigen Blättern ('Albolimbatum') beschrieben.

Acer circinatum – Wein-Ahorn oder Weinblättriger Fächer-Ahorn

Weit ausladender Großstrauch oder Kleinbaum mit grünlichen bis graubraunen, oft bereiften und sonnseitig geröteten Zweigen. **Blätter** 7–9-lappig, Einschnitte bis etwa ein Drittel der Spreitenlänge, Lappen spitz, unregelmäßig doppelt gesägt, Blattstiel schon zur Blütezeit (fast) kahl. Herbstfärbung intensiv gelb, orange oder rot. **Blüten** mit purpurrotem Kelch und weißer Krone. Blütezeit: April–Mai. **Frucht** mit kahlem Fruchtknoten und fast waagerecht abstehenden, anfangs auffällig roten Fruchtflügeln.

Blätter des Wein-Ahorns oder Weinblättrigen Fächer-Ahorns.

Name: *circinatus* lat. = kreisrund, wegen der im Umriss rundlichen Blätter.
Verbreitung: Westliches Nordamerika („Westküsten-Strauchahorn").
Lebensraum: Gebüsche entlang von Fließgewässern, Nadel-/Laubmischwälder feuchter, nährstoffreicher Standorte, im Kaskadengebirge bis 2000 m ü. M.
Biologie: Schattentolerant, bevorzugt auf frischen bis feuchten Böden wachsend, aber auch trockene Standorte ertragend.
Verwendung: Durch die Blüten im Frühjahr und die prächtige Laubfärbung im Herbst ein dekoratives Park- und Gartengehölz, 1826 durch DOUGLAS nach Europa (England) eingeführt.

Ähnliche Arten (Fächerahorne):
Acer japonicum*, Thunbergs** oder **Japanischer Fächer-Ahorn, Japan-Ahorn:** Blätter (7–)9(–11)-lappig oder -spaltig mit tieferen, bis zur Blattmitte reichenden Einschnitten (bei Kulturformen noch tiefer), Blattstiel im Gegensatz zu den anderen Fächerahornen zur Blütezeit dicht weißlich behaart und meist ± behaart bleibend. Blüten mit dunkelrotem Kelch, rosa Krone und behaartem Fruchtknoten. Die Fruchtflügel stehen stumpf- bis rechtwinklig zueinander. Von der 1844 (SIEBOLD) aus Japan in die Niederlande eingeführten Art erlangten langsam- und breitwüchsige Sorten mit großen, handförmig geteilten bis eingeschnittenen Blättern, deren Abschnitte wieder fiederteilig sind (z. B. **'Aconitifolium'**), und mit spektakulärer Herbstfärbung in verschiedenen Rottönen besondere Beliebtheit. Nicht weniger attraktiv ist die früher ebenfalls zu *A. japonicum*, heute aber zu einer anderen japanischen Art, dem **Shirasawa-Fächer-Ahorn *(Acer shirasawanum), gestellte Sorte 'Luteum' mit im Austrieb gelben, rot gestielten und genervten Blättern, deren leuchtend gelbe Farbe erhalten bleibt, erst im Herbst sich auch in Orange bis Rot wandeln kann.

Thunbergs oder Japanischer Fächer-Ahorn in Herbstfärbung.

Sorte von Thunbergs Fächer-Ahorn mit bis zur Basis eingeschnittenen Blättern und fiederteiligen Blattabschnitten: 'Aconitifolium'.

***Acer palmatum*, Echter Fächer-Ahorn:** Bei dieser Art sind die Blätter tiefer eingeschnitten, 5–7(–9)-spaltig oder -teilig (bei Sorten teils fast gefingert), die Einschnitte reichen bis über die Mitte oder fast bis zur Basis, die Abschnitte sind lang schwanzartig zugespitzt, fein und scharf gesägt, der

Echter Fächer-Ahorn in einer der „Blutformen": 'Bloodgood".

Echter Fächer-Ahorn mit fast linealischen Blattabschnitten: Sorte 'Linearilobum'.

Blattstiel ist kahl. Die Herbstfärbung ist meist rot (bei Sorten auch leuchtend gelb bis orange). Die Blüten stehen in überhängenden Trugdolden, der Kelch ist purpurrot, die Krone cremeweiß. Die Frucht ist kahl, die Flügel stehen im stumpfen Winkel zueinander bis waagerecht. Der aus Bergwäldern Ostasiens stammende, nach Europa 1820 eingeführte Ahorn ist „der japanische Ahorn". Er zählt neben Blütenkirschen und Kiefern zu den wichtigsten Gehölzen der Gartenkultur Japans. Die Fülle an Wuchs-, Blatt- und Farbformen, entstanden und ausgelesen in den Heimatländern und in Europa, ist derartig hoch, dass ihre Gliederung aussichtslos erscheint. Aus den verschiedenen Sortengruppen seien nur einige Beispiele genannt:

- Blätter 5(–7)-spaltig, 5–8 cm breit, Abschnitte länglich eiförmig, ihr Rand ungleichmäßig grob gesägt (**Palmatum-Gruppe**), Spreite grün (z. B. 'Sangokaku') oder dunkel- bis granatrot (z. B. 'Atropurpureum'),
- Blätter (5–)7(–9)-spaltig, bis 10(–12) cm breit, Abschnitte länglich eiförmig, ihr Rand gleichmäßig fein gesägt (**Amoenum-Gruppe**), Spreite grün (z. B. 'Ozakazuki') oder dunkel weinrot (z. B. 'Bloodgood'),
- Blätter 5–7-teilig, (fast) bis zur Basis eingeschnitten, bis 10 cm breit, Abschnitte im Umriss länglich eiförmig, aber tief fiederteilig (**Dissectum-Gruppe**), Spreite grün (z. B. 'Dissectum') oder purpur- bis schwarzrot (z. B. 'Garnet'),
- Blätter 5–7-teilig, (fast) bis zur Basis eingeschnitten, Abschnitte linealisch, fast ganzrandig (**Linearilobum-Gruppe**).

Acer negundo – Eschen-Ahorn

Raschwüchsiger, zweihäusiger Strauch oder kleiner bis mittelgroßer, kurzlebiger Baum mit kahlen, meist bereiften Zweigen (var. *negundo*), selten sind junge Zweige samtig behaart (var. *californicum*). **Blätter** gefiedert mit 5(–7) Blättchen oder 3-zählig mit größerem, oft 3-lappigem mittlerem Blättchen, Rand der Blättchen unregelmäßig grob, teils doppelt gesägt. Herbstfärbung blassgelb. **Blüten** in hängenden Trauben vor der Laubentfaltung (März–April), Kelch gelblich, Krone fehlend, männliche Blüten mit roten Staubbeuteln, weibliche mit gelblichen Fruchtblättern. Windbestäubung. **Frucht** mit spitz- bis stumpfwinkligen Flügeln.

Name: Für „*negundo*" gibt es keine schlüssige Erklärung, „Eschen-" bezieht sich auf die wie bei der Esche unpaarig gefiederten Blätter.

Verbreitung: NO- über SO- bis SW-USA, in anderen Gebieten Nordamerikas und in Europa (eingeführt 1688) aus Kultur verwildert, sich ausbreitend und einbürgernd, oft bereits invasiv.

Lebensraum: Gewässerufer und Auenwälder im natürlichen Verbreitungsgebiet, in Mitteleuropa als Neophyt Brachen, Wegränder, Bahndämme und ähnliche Orte besiedelnd, sich aber auch zunehmend in Flussauen ausbreitend.

▲ Männliche Blüten des Eschen-Ahorns.

Eschen-Ahorn mit bereifter Zweigrinde und Früchten. ▶

Biologie: Kurzlebiges (bis 100 Jahre), an Überflutung und hohen Grundwasserstand angepasstes, aber ebenso Trockenheit ertragendes, anspruchsloses Pioniergehölz, gegenüber Immissionen wenig empfindlich, an Stadtbedingungen angepasst. Im Alter gegenüber Windbruch anfällig.
Verwendung: Häufig in Landschaftsgestaltung, zur Begrünung von Kippen und Halden, in Stadt- und Industriegebieten gepflanzt, da leicht zu vermehren und genügsam. Krone und Laub sind von geringem Zierwert, aber in Kultur wurden einige auffällige Sorten mit weiß-, rosa-, gelbrandigen oder -fleckigen bzw. ganz gelben Blättern ausgelesen. Werden Bäume beiderlei Geschlechts gemeinsam gepflanzt, dann ist das expansive Ausbreitungspotenzial zu beachten, sowohl in gartenkünstlerisch gestalteten Anlagen als auch in naturnahen Ökosystemen wie Auenwäldern.

Ähnliche Art:
***Acer cissifolium*, Jungfernrebenblatt-** oder **Jungfern-Ahorn:** Kleinbaum mit stets 3-zähligen Blättern, ±gleich großen, scharf grob gesägten Blättchen. Herbstlaub gelb, seltener rot. Die Art ist ebenfalls zweihäusig, die Blüten mit gelbgrünen Kelch- und Kronblättern in aufrechten Trauben erscheinen erst zur Laubentfaltung (Mai). Die Fruchtflügel spitzwinklig zueinander stehend. Ursprünglich (1854) als Eschen-Ahorn aus Japan beschrieben, aber bald als besondere Art erkannt und 1860 (Holland, Siebold) in Kultur eingeführt.

Acer platanoides – (Europäischer) Spitz-Ahorn

Bis 25–30 m hoher, Stammumfänge bis 4–5 m erreichender Baum. Knospen weinrot. **Blätter** 10–18 cm breit, 5–7-lappig, Lappen in lange haarfeine Spitze ausgezogen, mittlerer und vordere seitliche Lappen mit mehreren zugespitzten Zähnen und stumpfen Buchten, Blattstiel mit Milchsaft; Herbstfärbung meist intensiv gelb, auch rot getönt bis rot. **Blüten** in endständigen Trugdolden, gelbgrün, aber auffallend, da vor der Laubentfaltung erscheinend. Blütezeit: April–Mai. **Frucht** kahl, Flügel stumpfwinklig zueinander bis fast waagerecht abstehend.
Name: *platanoides* bedeutet platanenartig und bezieht sich auf das Blatt, das dem der Platane (*Platanus*) ähnlich ist; „Spitz-" verweist auf die feinen Spitzen der Blattlappen und ihrer Zähne.

Blüten des Spitz-Ahorns.

Verbreitung: Europäisches Laubwaldgebiet, im Osten bis zum Ural und Kaukasus; wegen häufiger Verwilderung aus Kultur und Einbürgerung außerhalb des natürlichen Areals ist die ursprüngliche Verbreitung nicht mehr sicher festzustellen.
Lebensraum: Frische bis mäßig feuchte Laubwälder vom Tiefland bis in mittlere Berglagen, besonders Eichenmischwälder, Schlucht- und Hangschuttwälder, sich auf städtischen und stadtnahen Brachen, in Vorwäldern und nicht mehr überfluteten Auenwäldern ausbreitend.
Biologie: In der Jugend raschwüchsig („Schnellstarter") und Beschattung ertragend; ein Alter bis 200–250 (maximal 450) Jahre erreichend; an Nährstoffe, Bodenfeuchte und Sommerwärme mäßig anspruchsvoll, reichlich fruchtend, hohe Keimrate der Samen.
Verwendung: Holz in Eigenschaften dem von *Acer pseudoplatanus* ähnlich, jedoch nicht so geschätzt. Häufig verwendet für Landschaftsgestaltung außer- und innerhalb von Siedlungen, hervorragend als Straßen- und Stadtbaum geeignet, vor allem verschiedene Cultivare, so 'Cleveland' mit kompakter ovaler Krone, 'Columnare' mit schmaler säulenförmiger Krone oder der Kugel-Ahorn 'Globosum', ein Kleinbaum, dessen dichte Krone ohne Schnitt kugelförmig bleibt. Gern gepflanzt werden auch „Blutahorn" (z. B. 'Royal Red') oder Sorten mit Blättern, deren Spreitenrand breite weiße bis gelbliche Streifen aufweist (z. B. **'Drummondii'**). Der Spitz-Ahorn dürfte zu den Laubbäumen gehören, von denen die meisten Sorten ausgelesen wurden, selbst eine ohne spitze, sondern mit abgerundeten Blattlappen bzw. fast runden Spreiten ('Tharandt').

Eine der vielen Sorten des Spitz-Ahorns, hier mit gelblich weißen Streifen am Spreitenrand: 'Drummondii'.

Ähnliche Arten:
Acer cappadocicum*, Kolchischer Ahorn** oder **Kappadozischer Spitz-Ahorn:** Blatt 8–14 cm breit, meist 7-lappig mit dreieckigen, meist ganzrandigen Lappen, die lang in eine feine, oft schwanzartige oder auch gedrehte Spitze ausgezogen sind, unterste beide Lappen sehr klein oder auch fehlend. Zweige bis zum 2. Jahr grünlich oder rötlich, glänzend und meist bereift. Die von Kleinasien und Kaukasien bis zum W-Himalaja und W-China verbreitete Art wurde 1838 in Kultur (Deutschland) eingeführt, oft tritt sie in der Sorte 'Rubrum' mit leuchtend rot austreibenden, später vergrünenden und im Herbst goldgelben Blättern auf. Der ähnliche, in S-Italien beheimatete **Kalabrische Spitz-Ahorn, *Acer lobelii, wird heute auch als Unterart *A. cappadocicum* zugeordnet. Der Baum ist schmalkroniger, die Blattlappen sind nicht in lange Spitzen ausgezogen, sondern kurz zugespitzt.

Blätter des Kolchischen Ahorns.

Blatt des Zucker-Ahorns.

***Acer saccharum*, (Echter) Zucker-Ahorn:** Blatt mit 5 zugespitzten Lappen, die wenige große zugespitzte oder spitze Zähne aufweisen. Im Gegensatz zu *A. platanoides* sind die Blattlappen nicht haarförmig ausgezogen und der Blattstiel ist ohne Milchsaft. Die Fruchtflügel stehen spitzwinklig bis rechtwinklig zueinander. Dieser nordamerikanische Ahorn ist in Kultur (in Europa seit 1735) eher wenig verbreitet, aber allgemein bekannt, sei es durch die Blätter in der Staatsflagge Kanadas oder den aus dem zuckerhaltigen Blutungssaft (3–8 % Zuckergehalt) gewonnenen Ahornsirup. Das leuchtend gelbe, orange und rote Herbstlaub trägt wesentlich zum „Indian Summer" in seiner Heimat bei, wo die Art von den „Seen-Staaten" und „Neuengland-Staaten" bis in die südlichen Appalachen zu den größten (bis über 40 m hoch, 400 Jahre alt) und wirtschaftlich bedeutenden Laubbäumen gehört. Der **Schwarze Zucker-Ahorn,** heute meist als Unterart, ***A. saccharum* subsp. *nigrum*,** eingestuft, hat derbere, weniger gezähnte, oft nur 3-lappige Blätter und eine im Gegensatz zum Echten Zucker-Ahorn im Alter fast schwarze und tief gefurchte Borke.

Acer pseudoplatanus – Berg-Ahorn

Bis 40(–60) m hoch werdender Baum mit einem Stammumfang bis > 4 m, maximal 7–9 m. Stämme älterer Bäume auffällig mehrfarbig, denn nach Ablösung der dunklen Schuppen der Schuppenborke kommt die helle Rinde als gelbe oder grüne Flecken zum Vorschein. Knospenschuppen grün mit schmalem braunem Rand. **Blätter** derb, 5-lappig, Lappen breit eiförmig, ungleich grob gesägt, Herbstfärbung goldgelb bis rot. **Blüten** gelblich grün, in hängenden walzlichen Rispen mit oder nach der Blattentfaltung. Blütezeit: Mai. **Frucht** meist mit etwa im rechten Winkel zueinander stehenden Flügeln.

Name: *pseudoplatanus* bedeutet falsche Platane, die Blätter sind zwar gelappt, aber dem Platanenblatt (im Gegensatz zu *A. platanoides*) nicht ähnlich, auch die im Alter schuppig abblätternde Borke hält keinen Vergleich mit der Platanenborke stand; „Berg-" bezieht sich auf das bevorzugte Vorkommen im Bergland.

Verbreitung: Europäisches Laubwaldgebiet, im Südosten über Kleinasien bis Kaukasien;

Blütenstände des Berg-Ahorns.

darüber hinaus häufig gepflanzt und sich auch spontan ausbreitend (z. B. nach Einführung im 15. Jahrhundert eingebürgert in Großbritannien).
Lebensraum: Laubmischwälder frischer bis feuchter, nährstoff- und basenreicher Standorte kühler und luftfeuchter Lagen, in den Gebirgen bis an die Waldgrenze, z. B. Alpen bis 2000 m ü. M. In Auenwäldern bei ausbleibender Überflutung sich ausbreitend.
Biologie: In der Jugend raschwüchsig; bis 300, im Gebirge bis 500 Jahre alt werdend; Schatten ertragend, hinsichtlich Nährstoffversorgung, Boden- und Luftfeuchte anspruchsvoll. Empfindlich gegenüber Streusalz und Bodenverdichtung.
Verwendung: Bedeutsamer Forst-, Schutzwald-, Park- und Straßenbaum (als Straßenbaum aber nicht in der Stadt geeignet). Das Holz zählt zu den wertvollsten Edellaubhölzern, verwendet vor allem für Möbel- und Innenausbau, als Furnier, für Schnitzerei und Drechslerei sowie im Musikinstrumentenbau. In Kultur ist der Berg-Ahorn eine eindrucksvolle Baumgestalt, „der Riese unter den Ahornen". Als Zierformen wurden u. a. rotlaubige (z. B. 'Atropurpureum' mit purpurroter Blattunterseite) und gelblaubige ('Brilliantissimum', meist hochstämmig veredelter Kleinbaum) sowie schmalkronige (z. B. 'Erectum') Sorten ausgelesen.

Blätter und Blütenstand des Kaukasus-Ahorns.

Ähnliche Arten:
***Acer trautvetteri*, Kaukasus-Ahorn,** eine Hochgebirgsart Westkaukasiens (obere Waldstufe und Waldgrenze) mit auffällig roten Fruchtflügeln, und ***Acer heldreichii*, Griechischer Ahorn,** beheimatet in Gebirgen der Balkanhalbinsel, werden heute auch als Unterarten einer Art aufgefasst (*A. heldreichii* subsp *trautvetteri* und *A. heldreichii* subsp. *heldreichii*). Sie haben tiefer eingeschnittene, handförmig gespaltene bis geteilte Blätter und aufrechte Blütenstände. Beide Arten gelangten in der 2. Hälfte des 19. Jahrhunderts in Kultur, sie blieben aber in Parks und Gärten eher eine seltene Erscheinung.

Acer velutinum*, Samt-Ahorn** oder **Persischer Ahorn:** Blätter größer, 15–20 cm breit, unterseits oft weichhaarig, Blütenstände aufrecht und Fruchtflügel im stumpfen Winkel zueinander. Waldbaum unterer und mittlerer Lagen ostkaukasisch-südkaspischer Gebirge. Häufiger in Kultur (seit 1873, Belgien) ist die Varietät ***var. vanvolxemii mit riesigen, bis 30 cm breiten, weniger behaarten Blättern und fast waagerecht abstehenden Fruchtflügeln, benannt nach G. van Volxem, der sie im östlichen Großen Kaukasus entdeckte.

◄ Samt-Ahorn am natürlichen Standort (Talysch-Gebirge am Kaspischen Meer).

Acer saccharinum – Silber-Ahorn

Raschwüchsiger, bis 35 m hoher, meist zweihäusiger Baum mit lockerer, hoch gewölbter Krone mit weit ausladenden Ästen und überhängenden Zweigen. **Blätter** 7–14 cm breit und etwa so lang, unterseits silbergrau bis -weiß, 5-spaltig, bis unter die Mitte eingeschnitten, Blattabschnitte lang zugespitzt und mit großen, entfernt scharf gesägten Sekundärlappen. Herbstfärbung meist gelb. **Blüten** in getrenntgeschlechtigen Büscheln, lange vor den Blättern (Februar–März) erscheinend, Kelch grünlich gelb bis rötlich, Krone fehlend. Windbestäubung. **Frucht** mit recht- bis stumpfwinklig zueinander stehenden Flügeln.

Blätter des Silber-Ahorns.

Name: *saccharinum* (lat.) weist auf einen zuckerhaltigen Blutungssaft hin, aber im Gegensatz zum ergiebigeren Zucker-Ahorn (siehe *Acer saccharum*!) wegen geringer Erträge praktisch ohne Bedeutung; „Silber-" wegen der unterseits silbrig weißen Blattspreite.
Verbreitung: Östliches Nordamerika.
Lebensraum: Laubmischwälder des Tieflandes, meist Auenwälder (Ulmen-Silberahornwald), Gewässerufer, auch als Pioniergehölz auf Schwemmland und in Mooren.
Biologie: Bis 150 Jahre alter, Nässe wie zeitweilige Trockenheit, auch städtische Umweltbedingungen, ertragender Baum.
Verwendung: Holz weniger wertvoll als das anderer Ahorne, aber vielseitig verwendeter Baum für Landschafts-, Park- und Gartengestaltung. Unter den großen nordamerikanischen Ahornen in Europa (seit 1751 in Kultur) die am besten gedeihende Art, recht schnell zu eindrucksvoller Baumgestalt mit überhängenden Zweigen und hellgrünem, silbrig schimmerndem Laub heranwachsend, jedoch anfällig gegenüber Windbruch, deshalb als Straßenbaum nicht geeignet. Häufig gepflanzt wird die Sorte 'Laciniatum Wieri' mit tief eingeschnittenen Blättern mit sehr schmalen, teils fast fadenförmigen Abschnitten.

Ähnliche Art:

***Acer rubrum*, Rot-Ahorn:** Blatt nur bis 8 cm breit und länger als breit (bis 10 cm lang), unterseits blaugrün, nicht silbrig, 3–5-lappig, nicht bis zur Mitte eingeschnitten, mittlerer Lappen lang zugespitzt, seitliche schmal dreieckig, unregelmäßig fein gesägt. Der im Osten Nordamerikas am weitesten verbreitete Laubbaum wird seinem Namen Rot-Ahorn gerecht, beginnend im zeitigen Frühjahr (vor der Blattentfaltung) mit leuchtend roten Blütenbüscheln über rote Knospen und Blattstiele,

Beginnende Herbstfärbung beim Rot-Ahorn.

glänzend rote Früchte mit spitzwinklig zueinander stehenden Flügeln bis hin zum intensiv roten Herbstlaub. Raschwüchsigkeit in der Jugend, Vorkommen auf Feuchtstandorten und Überflutungstoleranz sowie geringwertiges Holz sind Eigenschaften, die Rot- und Silber-Ahorn gemeinsam sind. Ein Merkmal, das für die Verwendung als Ziergehölz (1656 nach Europa eingeführt) bedeutsam ist, zeichnet *A. rubrum* aus, die auffällige, attraktiv rote Herbstfärbung. Die Selektion besonders schöner und sicherer „Herbstfärber" erbrachte Sorten wie 'October Glory' oder 'Franksred'. Ausgelesen wurden aber auch schmalkronige, als Straßenbaum geeignete Sorten wie 'Scanlon' mit dichter, straff aufrecht wachsender oder 'Armstrong' mit locker aufstrebender Säule. Als Straßenbaum ebenfalls geeignet ist die Hybride mit dem Silber-Ahorn, ***Acer × freemanii***, 1933 in den USA künstlich erzeugt, später wildwachsend im natürlichen Verbreitungsgebiet beider Arten gefunden.

Acer tataricum agg. – Artengruppe Tataren-Ahorn

Blätter und Blütenstand des Tataren-Ahorns.

Große Sträucher oder 5–7 (–10) m hohe Bäume. **Blätter** eiförmig, ungelappt bis seicht gelappt oder deutlich 3-lappig, Lappen teils wieder gelappt, Rand unregelmäßig doppelt gesägt. **Blüten** mit grünlich weißer oder gelblich weißer Krone, erscheinen in vielblütigen aufrechten Schirmrispen nach der Blattentfaltung (Mai). **Frucht** mit Flügeln, die einen sehr spitzen Winkel bilden.

Name: *tataricum* bezieht sich auf tatarisch, wegen des Vorkommens in osteuropäischen und sibirischen Gebieten, die von Tataren besiedelt waren.

Systematik: Zur Artengruppe gehören zwei, heute oft als Unterarten einer Art aufgefasste Ahorne:
- ***Acer tataricum***, der eigentliche **Tataren-Ahorn** oder **Tatarische Steppen-Ahorn:** Blätter ungelappt bis seicht gelappt mit 1–2 stumpfen Seitenlappen, unregelmäßig doppelt gesägt, und
- ***Acer ginnala***, der **Feuer-** oder **Amur-Ahorn:** Blätter deutlich 3-lappig mit zugespitzten Lappen, die wieder gelappt sein können.

Blatt und Früchte des Feuer-Ahorns.

Verbreitung: Osteuropäisch bis ostasiatisch, *A. tataricum* von SO-Mitteleuropa bis O-Europa und W-Asien, *A. ginnala* von NO-China bis Ferner Osten Russlands, Korea und Japan.

Lebensraum: *A. tataricum* lichte Laubwälder, besonders Eichenmischwälder und Auenwälder, vom Tiefland bis in untere Berglagen; *A. ginnala* Waldränder und -lichtungen, meist in Tälern, an See- und Bachufern.

Biologie: Trockenheit, Hitze und städtische Umweltbedingungen ertragend, an den Boden recht anspruchslos, Lichtpflanzen, auch Halbschatten ertragend.

Verwendung: Als Einzelstrauch oder Heckengehölz (Schnitt vertragend) für Grünanlagen im Siedlungsbereich gut geeignet, auch für windexponierte Lagen, im Herbst durch gelbes bis orangerotes Laub zierend, bei *A. ginnala* Wirkung der Herbstfärbung spektakulärer, leuchtend orange- bis karminrot. Der Tataren-Ahorn ist mindestens seit Mitte des 18. Jahrhunderts in Kultur, der Feuer-Ahorn erst ein Jahrhundert später (Russland 1860, MAXIMOWICZ).

Herbstlaub des Feuer-Ahorns.

Weitere Arten:

***Acer argutum*, Fein- oder Spitzzähniger Ahorn:** Blätter meist 5-lappig, oberseits durch vertieftes Nervennetz etwas runzelig, die Blattlappen sind lang zugespitzt, fein und scharf gesägt. Die gelbgrünen Blüten erscheinen in hängenden Trauben vor der Laubentfaltung (April–Mai). Japanischer Gebirgsbaum, dessen Blattgestalt und gelbe Herbstfärbung interessant sind, aber als Ziergehölz (eingeführt nach Europa 1881, MARIES) fand die Art keine weite Verbreitung.

Blätter und Blütenstände des Hainbuchen-Ahorns.

***Acer carpinifolium*, Hainbuchen-Ahorn:** Zieht weder durch besondere Wuchsform noch spektakuläre Herbstfärbung (gelbbraun) oder Blütenpracht (gelblich grün, oft ohne Krone) die Aufmerksamkeit auf sich, sondern durch unverwechselbare, für einen Ahorn höchst ungewöhnliche, ungelappte und scharf doppelt gesägte, an Hainbuchenblätter (*Carpinus*) erinnernde Blätter, die aber im Gegensatz zur Hainbuche gegenständig sind. Japanische Art, die 1879 (MARIES) nach Europa in Kultur eingeführt wurde.

***Acer griseum*, Zimt-Ahorn:** Eine der Arten mit 3-zähligen Blättern, wobei nur das Endblättchen deutlich gestielt ist. Der langsamwüchsige Strauch oder bis 15 m hoch werdende Baum fällt durch seine an Birken erinnernde Stammrinde auf. Die Rinde ist zimtbraun, anfangs glatt, an älteren Ästen und am Stamm rollt sie sich in papierdünnen Streifen ab, was der chinesischen Art (1901 durch WILSON in Kultur eingeführt) einen besonderen Reiz verleiht, der vor allem im Winter zur Geltung kommt.

Stamm des Zimt-Ahorns.

***Acer macrophyllum*, Oregon-Ahorn:** Der im natürlichen Areal bis 30 m Höhe erreichende Baum hat 5-lappige Blätter von ungewöhnlicher Dimension, die Spreite ist 20–30 cm breit und deren Stiel 20–30 cm lang. Auch die hängenden walzenförmigen Blütenrispen mit duftenden gelbgrünen Blüten können bis 20 cm Länge erreichen. Die schattentolerante Art ist im Westen Nordamerikas

beheimatet (SO-Alaska bis Kalifornien), wo sie in den von Koniferen dominierten Wäldern der Pazifikküste mit ihren Riesenblättern auffällt. Die Ersteinführung in Kultur durch den Autor der Art (PURSH 1812) misslang, erfolgreich war sie 1826 (DOUGLAS).

◀ *Blätter des ausgesprochen großblättrigen Oregon-Ahorns.*

Actinidia deliciosa – Chinesischer Strahlengriffel
Actinidiaceae – Strahlengriffelgewächse

Sommergrüne, robuste, über 10 m hoch linkswindende Liane. Junge Triebe rotbraun filzig, Mark gekammert. Zweige später graubraun, durch Blattpolster knotig. Borke dick, längsrissig, grau, nur wenig abblätternd. Knospen zunächst vom bleibenden Blattgrund eingeschlossen, braun filzig. **Blätter** wechselständig, 7–15 cm lang gestielt, Stiele rötlich braun filzig. Spreite derb, herz-eiförmig oder rundlich, kurz zugespitzt, 8–20 cm lang, an den Blütentrieben nur 5–10 cm lang, am Rand bewimpert gesägt, oberseits dunkelgrün und kahl, unterseits weißlich filzig, auf den Rippen rötlich behaart. **Blüten** schwach duftend, an kurzen Trieben des Vorjahres, am Grund von Jungtrieben, eingeschlechtig, zweihäusig verteilt, gelblich weiß, nach unten gerichtet, 3–4 cm breit, im Verblühen gelb. Männliche Blüten zu mehreren, mit vielen Staubblättern und einem sterilen Fruchtknoten, weibliche einzeln, Fruchtknoten oberständig, aus 20–38 Fruchtblättern gebildet, mit zahlreichen weißen, spreizenden Narben und sterilen Staubblättern. Blütezeit: Juni. Die **Früchte** sind eiförmige oder ellipsoidische, 3–5 cm lange, vielsamige, radiär gefelderte, saftreiche Beeren, dicht abstehend behaart. Fruchtreife: September–Oktober.

Name: *Actinidia* hergeleitet aus griech. „aktis“ = Strahl und „eidos“ = Gestalt, Form, das bedeutet: Die Narben des Fruchtknotens sind spreizend, wie die Speichen eines Rades, angeordnet. *deliciosus* lat. = wohlschmeckend.

Systematik: Zur Familie *Actinidiaceae* werden 3 Gattungen gezählt. Die Gattung *Actinidia* umfasst 75 Arten vom Himalaja bis nach Ostasien und Java. Fossil ist sie seit dem Eozän nachgewiesen.

Verbreitung: China (Hubei, Yunnan, Shaanxi).

Lebensraum: In bewaldeten Schluchten mit hohen Niederschlägen in Höhenlagen von 200 bis 2700 m ü. M.

Biologie: Die Blüten werden von Insekten, vor allem Hautflüglern aufgesucht und bestäubt.

Verwendung: FORTUNE entdeckte die Art 1847 in China. Nach Europa gelangte der Chinesische Strahlen-

◀ *Blüten des Chinesischen Strahlengriffels („Kiwi“).*

griffel erst 1900 durch Saatgut, das WILSON aus Hubei schickte. Heute ist *A. deliciosa* eine wichtige, weltweit geschätzte Kulturpflanze. 1906 gelangte Saatgut aus China nach Neuseeland. Dort begann die Züchtung und Kultur als Obstgehölz. Für etwa 8 weibliche Pflanzen wird eine männliche zur Bestäubung benötigt. Heute wird ein Großteil der Früchte für Mitteleuropa im Mittelmeergebiet, vor allem in Italien und Griechenland, produziert. Kultiviert wird die Kiwipflanze in Japan, China und den USA. Die Früchte werden als „Chinese gooseberries“ oder „Kiwifrüchte“ gehandelt. Sie enthalten neben 84 % Wasser 9 % Zucker und 1 % Eiweiß sowie 45–90 mg Vitamin C. Im Geschmack erinnern sie an eine Stachelbeere. *A. deliciosa* wird auch gern in Mitteleuropa kultiviert. Sie verlangt als Liane eine Stütze, einen vollsonnigen Standort auf einem lockeren, humosen, nährstoffreichen und feuchten Boden. Während einer Trockenperiode muss gewässert werden. Infolge des enormen Wachstums ist ein jährlicher starker Rückschnitt im Winter erforderlich. Wegen des schönen Laubs und der ansehnlichen Blüten ziert sie manche Pergola. Frosthart bis –15 °C.

Weitere Arten:

***Actinidia arguta*, Scharfzähniger Strahlengriffel:** Starkwüchsige Liane. Junge Zweige mit braunem, gekammerten Mark, fast kahl. Borke in mehreren Lagen dünnschuppig, flach abblätternd. Blätter wechselständig, 4–8 cm lang gestielt, Stiele gerötet. Spreite derb, elliptisch bis breit elliptisch, oberseits dunkelgrün, kahl, unterseits grün, auf den Rippen borstig und in den Achseln büschelig behaart, breit eiförmig, 8–12 cm lang und 4–7 cm breit, abrupt zugespitzt, am Grund gerundet bis leicht herzförmig, borstig und scharf gezähnt. Blüten duftend, zu (1–)3(–10) in den Blattachseln, Kronblätter weiß, 1–2 cm breit, mit bräunlichem Grundfleck, löffelförmig, kugelförmig zusammenneigend, Staubbeutel dunkel purpurn. Blütezeit: Juni. Früchte ellipsoidisch, gelbgrün, kahl, 2–2,5 cm lang. Fruchtreife: September bis Oktober. Verbreitung: Mandschurei, Ussuri-Gebiet, Sachalin, Kurilen, Korea, Japan (Hokkaido bis Kyushu). *argutus* lat. = scharf gezähnt, spitzzähnig. In Kultur seit 1874. Gelegentlich in Pergolen oder an Bäumen angepflanzt. Frosthart bis –15 °C. Spätfrostempfindlich. Herbstfärbung rein gelb. Früchte sehr wohlschmeckend, süß.

Früchte des Scharfzähnigen Strahlengriffels.

Die Blätter sind beim Kolomikta-Strahlengriffel bis zum Sommer häufig oberseits in unterschiedlichem Ausmaß weiß.

***Actinidia kolomikta*, Kolomikta-Strahlengriffel:** 6–10 m hoch windende Liane, in Kultur viel niedriger als die anderen Arten. Junge Triebe fein bräunlich behaart. Zweige kahl, später dunkelbraun, mit gekammertem Mark. Borke längs klein- und flachschuppig. Blätter 4–7 cm lang gestielt, Sprei-

Die anfangs weißen Blattpartien des Kolomikta-Strahlengriffels gehen später meist in Rosa über.

Blühender Seitenspross des Kolomikta-Strahlengriffels.

te dünn, breit eilänglich oder elliptisch, basal meist herzförmig, 7–15 cm lang und 4–8 cm breit, am Ende zugespitzt, unterseits entlang der Nerven und Achseln behaart, Blattrand gesägt. Obere Blatthälfte oberseits häufig weiß oder rosa gefärbt. Blüten duftend, zu 1–3 in den Blattachseln am Grund junger Triebe hängend, 10–15 mm breit, weiß, Staubbeutel gelb. Blütezeit: Mai–Juni. Früchte ellipsoidisch, kahl, gelbgrün, 15–20 mm lang. Fruchtreife: September. Verbreitung: Ostsibirien, Amur-Gebiet, Mandschurei, China, Sachalin, Kurilen, Japan (Hokkaido, Honshu), in Nadelwälern. Frosthart bis –25 °C. Kolomikta ist der mandschurische Name für eine *Actinidia*-Art. MAXIMOWICZ verwendete ihn als Artepitheton. In Kultur seit 1855. Der besondere Reiz dieser Art liegt in den gefärbten Blättern, vor allem der männlichen Pflanzen. Die Bildung gefärbter Blätter beginnt zur Zeit der Anlegung der Blütenknospen und endet mit der Blüte. Die Blattfärbung steht wohl im Dienste der Bestäubungsbiologie. Die weiße Farbe geht später in ein Rosa über und bleibt bis zum Sommer erhalten. Später angelegte Blätter sind rein grün. Die Früchte schmecken angenehm nach Stachelbeeren.

Aesculus – Rosskastanie und Pavie

Sapindaceae – Seifenbaumgewächse

Sommergrüne Laubbäume und Sträucher, 3–30 m hoch, mit grauer bis dunkelbrauner, glatter oder schuppig abblätternder Stammrinde. Knospen meist groß, > 1 cm lang, zuweilen stark klebrig. **Blätter** gegenständig, 5–9-zählig gefingert, Blättchen am Rand einfach bis doppelt gesägt. **Blüten** in auffälligen, aufrechten endständigen Rispen („Blütenkerzen"), zwittrig (im unteren Teil der Rispe) oder eingeschlechtig (männlich), Kelch glockig oder röhrig verwachsen, Krone 4–5-zählig, weiß, gelblich oder rot, oft mit Saftmalen, zunächst gelben, dann in Rot umschlagenden Flecken; Insektenbestäubung (Nektar- und Pollenquelle). **Früchte** kugelige, 3-klappig aufspringende oder zerfallende, bräunliche oder grüne Kapseln mit einem oder mehreren großen, glänzend braunen Samen. Schwerkraftausbreitung („Plumpsfrüchte"), nach Aufschlag glatte Samen weiterrollend („Rollsamen"), weitere Ausbreitung durch Tiere („Versteckfrucht").

Name: *Aesculus* lat. Name für eine dem Jupiter heilige Eichenart, erst später auf Rosskastanie übertragen. „Rosskastanie" wegen der den Früchten der eigentlichen Kastanie oder Edelkastanie (siehe *Castanea!*) ähnlichen, im Gegensatz zu diesen aber minderwertigen, da für Menschen ungenießbaren Samen, außerdem waren sie früher als Heilmittel für Pferde bei Husten und Blähungen in Anwendung. „Pavie" nach PAVIUS, dem latinisierten Namen eines niederländischen Arztes und Botanikers.

Systematik: Die früher nach der Rosskastanie bzw. *Ae. hippocastanum* benannte Familie Rosskastaniengewächse (*Hippocastanaceae*) wird heute in die Familie *Sapindaceae* eingegliedert. Zur Gattung *Aesculus* gehören 15 Arten. Rosskastanien, im Volksmund meist verkürzt „Kastanien" (siehe aber *Castanea*!) genannt, sind so eindeutig wie kaum eine andere Laubbaumgattung durch Blatt, Blüte wie Frucht gekennzeichnet. Als Pavien werden nordamerikanische Arten mit röhrigem (nicht glockigem) Kelch und drüsigen Wimpern an den Kronblättern bezeichnet, teils werden weitere, ebenfalls gelb- oder rotblütige Arten mit nicht klebrigen Knospen und Früchten, die nicht bestachelt sind, ebenfalls Pavien genannt. Zwischen einigen nordamerikanischen Arten treten im natürlichen Areal Bastarde auf, ebenso entstanden solche in Kultur, hier auch mit der auf der Balkan-Halbinsel beheimateten *Ae. hippocastanum*. Durch Pfropfung einer nordamerikanischen Art (*Ae. flava*) auf die europäische entstand sogar (Kent, vor 1956) ein wüchsiger Pfropfbastard (*Ae. +dallimorei*).
Verbreitung: Laubwaldgebiete Nordamerikas, O- bis S-Asiens (südlich bis Indien) und SO-Europas.
Lebensraum: Laubmischwälder, meist Bergwälder, überwiegend auf tiefgründigen und frischen Böden in feuchten Klimalagen.
Verwendung: Attraktive Park- und Alleebäume, die Blüten stehen in ihrer Schönheit Orchideen kaum nach. Einige Arten liefern Nutzholz. Trotz ihres appetitlich-verlockenden Aussehens sind die stärkereichen und saponinhaltigen Samen meist bitter und giftig, die Samen einiger Arten dienen als Wild- und Viehfutter, früher nach entsprechender Vorbehandlung auch Nahrungszwecken, außerdem als Heilmittel für Mensch und Pferde.

Aesculus flava – Appalachen-Rosskastanie oder Gelbe Pavie

Bis 30 m, in Kultur nur 15–20 m, hoher, durch aufsteigende Äste meist schmalkroniger Baum. **Blätter** 5–7-zählig, Blättchen 10–22 cm lang, mit bis 7 mm langem Stiel. **Blüte** mit 4 sehr ungleichen, am Rand zottig behaarten, aber nicht drüsigen, gelben Kronblättern, von denen zumindest die längeren (2–3 cm lang) nicht kürzer als die Staubblätter sind. Blütezeit: Mai. **Frucht** kugelig bis länglich, 5–7 cm lang, ohne Stacheln. **G!**
Name: *flavus* lat. = gelb, wegen der Farbe der Blütenkrone; „Appalachen-" wegen des Vorkommens im Appalachen-Gebirge.
Verbreitung: Östliches Nordamerika (vor allem SO-USA).
Lebensraum: Laubmischwälder nährstoffreicher, feuchter Standorte.
Biologie: Relativ tolerant gegenüber Immissionen und anderen städtischen Umweltbedingungen. Samen giftig, auch Triebe giftig für das Vieh.
Verwendung: In Nordamerika forst- und holzwirtschaftlich wichtigste Rosskastanie. Samen von Indianern früher nach Wässern und Rösten gegessen. Als Park- und Straßenbaum (1764 nach Europa eingeführt) ist die Art durch die gelben „Blütenkerzen" und das orange Herbstlaub wertvoll. In Kultur sind auch Kleinbäume mit rot getönten oder roten Blüten, offensichtlich auf Bastardierung mit anderen Arten, wie sie im natürlichen Verbreitungsgebiet und unter Kulturbedingungen auftritt, zurückgehend, so die **Allegheny-Rosskastanie, *Aesculus* × *hybrida*** (*Ae. flava* × *Ae. pavia*) oder die **Carolina-Rosskastanie, *Aesculus* × *neglecta*** (*Ae. flava* × *Ae. sylvatica*).

Blütenstände der Appalachen-Rosskastanie, auch Gelbe Pavie genannt.

Letzterer Hybride wird die von SPÄTH in den 1930er Jahren verbreitete Sorte 'Erythroblastos' mit spektakulärer Laubfärbung zugeordnet. Die Blätter treiben lachsrosa bis rot aus, färben sich dann orangegelb, vergrünen im Sommer und nehmen im Herbst eine gelbe bis hellorange Farbe an.

Ähnliche Art:

***Aesculus glabra*, Ohio-Rosskastanie:** Ebenfalls gelb blühende Art, aber die weniger auffälligen grünlich gelben Kronblätter sind fast gleich gestaltet und alle kürzer als die Staubblätter, die deutlich aus der Blütenkrone herausragen. Die verkehrt eiförmigen bis kugeligen Früchte sind kleiner (3–5 cm lang) und mit kurzen Stacheln besetzt, sie sind für den Menschen giftig. Triebe und Blätter riechen beim Zerreiben unangenehm. Neben *Ae. flava* ist es die einzige nordamerikanische Art, die im natürlichen Areal (Mittel- bis O-USA) forstwirtschaftliche Bedeutung hat, als Zierbaum kam sie 1808 nach Europa (Deutschland). **G!**

Blütenstand der Ohio-Rosskastanie.

Aesculus hippocastanum – Gewöhnliche oder Balkan-Rosskastanie

Bis 25(–30) m hoher Baum mit Stämmen bis > 1 m Durchmesser. Knospen groß (> 1,5 cm lang) und stark klebrig. **Blätter** 5–7-zählig, Blättchen ungestielt, 10–25 cm lang, im oberen Drittel am breitesten, plötzlich kurz zugespitzt, Herbstfärbung gelb bis braun. **Blüten** in 20–30 cm langen Blütenrispen, Kelch glockenförmig, Krone mit 4–5 weißen, ziemlich gleich großen, gelb und rot gefleckten Kronblättern, die von den Staubblättern überragt werden. Blütezeit: Mai. **Früchte** kugelig, bis 6 cm Durchmesser, dicht mit Stacheln besetzt. **G!**

Name: Griech. „hippos“ = Pferd und „kastanon“ = Kastanie ergeben Rosskastanie (siehe oben unter Gattung *Aesculus*!).

Verbreitung: Balkanhalbinsel, in Gebirgsschluchten als Tertiärrelikt erhalten; heute als Zierbaum in Europa und Nordamerika weit verbreitet, gebietsweise nach Verwilderung sich einbürgernd.

Lebensraum: Gebirgswälder frischer bis feuchter, nährstoffreicher Standorte, meist Schlucht- und Schatthangwälder.

Biologie: In der Jugend Beschattung ertragender und raschwüchsiger (bis zu 1 m Höhenzuwachs pro Jahr) Baum, ein Alter bis 200(–350) Jahre erreichend. Empfindlich

Blütenstand der Gewöhnlichen oder Balkan-Rosskastanie.

Früchte der Gewöhnlichen Rosskastanie.

gegenüber Hitze und Trockenheit, Immissionen und Streusalzen sowie Bodenverdichtung. Die Saftmale der Blütenkrone wechseln die Farbe von gelb über orange zu karminrot, gleichzeitig ändert sich der Duft. Der bis 70 % Zucker enthaltende Nektar wird in der gelben Phase produziert, in der die Bestäubung erfolgt (überwiegend durch Hummeln). Samen ungenießbar, bitter, schwach giftig. Vor etwa 25 Jahren breitete sich über Mazedonien die Rosskastanien-Miniermotte (*Cameraria ohridella*) nach Mitteleuropa aus, deren im Blattinneren fressende Larven auffällige Schädigungen des Laubs hervorrufen, die Blätter verbräunen und fallen bereits im Sommer ab. Inzwischen breitet sich eine weitere Erkrankung aus, die sogenannte Pseudomonas-Rindenkrankheit, verursacht durch Bakterien. Der Befall von Rinde und Kambium führt zu Vitalitätseinbußen und zum Absterben einzelner Kronenbereiche, bei jungen Bäumen auch zum Tod.

Verwendung: Unter den Laubbäumen einer der beliebtesten Bäume für Grünanlagen im Siedlungsbereich; attraktiv blühender Park- und Straßenbaum, Schatten spendender Dorfplatz-, Hof- und Biergartenbaum. Leider beeinträchtigen die genannten, in den letzten Jahrzehnten sich ausbreitenden Krankheiten das Erscheinungsbild und damit die weitere Verwendung des wertvollen Zierbaums. In Mitteleuropa wird die Art seit Ende 16. Jahrhundert (1581 Wien, 1608 Leiden) gepflanzt, eingeführt aus Istanbul, wo sie bereits vorher in Kultur war und die Samen von den Türken als Pferdefutter und -heilmittel genutzt wurden. Als Ziergehölz-Sorten seien Kleinbäume mit dichten Kugelkronen ('Globosum', 'Umbraculifera') oder die schwachwüchsige, nicht jedermanns Geschmack findende Form mit verbänderten Zweigen ('Monstrosa') genannt. Außerdem muss die weiß blühende Sorte 'Baumannii' mit meist gefüllten Blüten hervorgehoben werden, da der weitgehend fehlende Fruchtansatz für die Verwendung als Straßenbaum von Vorteil ist. Das Holz ist weniger wertvoll, kann aber für Schnitz- und Drechslerarbeiten genutzt werden. Die Samen dienten in „Notzeiten" Nahrungszwecken („Kastanienmehl") oder als Seifenersatz. Bis heute nutzen Kinder gern die „Kastanien" für Bastelarbeiten. Als Heilmittel wurde die Rinde schon 1760 in die Württemberger Pharmakopöe aufgenommen, die Bedeutung der Inhaltsstoffe der Samen (z. B. bei Erkrankungen der Venen oder Durchblutungsstörungen) führte erst zwei Jahrhunderte später zur Aufnahme in das DAB.

Ahnliche Hybride:

***Aesculus × carnea*, Rote** oder **Rotblühende Rosskastanie:** Aus Kreuzungen der Gewöhnlichen Rosskastanie mit der Echten Pavie (*Ae. pavia*) hervorgegangene, langsamer wachsende und kleiner bleibende Hybride mit 12–20 cm langen Blütenrispen, fleischrosa bis roten Kronblättern, geringem Fruchtansatz und wenig oder nicht bestachelten Früchten. Pflanzungen dieser um 1800 in Frankreich entstandenen, städtische Umweltbedingungen und auch vorübergehende Trockenheit ertragenden

Blütenstände der Roten Rosskastanie.

Rosskastanie nahmen im letzten Jahrzehnt zu, da sie nicht oder kaum von der Rosskastanien-Miniermotte befallen wird. Beliebt ist die langsamer wachsende Sorte ‘Briotii’ mit kompakter Krone, größeren (> 20 cm lang) Blütenrispen und leuchtend blutroten Kronblättern.

Aesculus parviflora – Strauch- oder Schwärmer-Rosskastanie

Bis 4(–6) m hoher, sich durch unterirdische Ausläufer ausbreitender und im Alter an Breite die Höhe übertreffender Strauch, bis > 10 m breit. Knospen nicht klebrig. **Blätter** 5–7-zählig, Blättchen fast ungestielt, 8–20 cm lang, im Austrieb bronzefarben, im Herbst gelb. **Blüten** zu > 100 in schlanken, 20–30 cm langen Rispen über dem Laub stehend, Kronblätter etwa 1 cm lang, weiß, ohne Saftmal, werden überragt von den viel längeren Staubblättern mit ihren roten Staubbeuteln. Blütezeit: Juli–August. **Früchte** verkehrt eiförmig, 1–3 cm lang, warzig, aber ohne Stacheln.

Sich durch Ausläufer ausbreitend, kann die Strauch-Rosskastanie größere Flächen einnehmen.

Blick in das Innere der oben abgebildeten Pflanze der Strauch-Rosskastanie.

Name: Von lat. „parvus“ = klein und „florus“ = -blütig, wegen der im Vergleich zu anderen Rosskastanien kleinen Blüten. „Strauch-“ wegen des strauchförmigen Wuchses (Vorsicht vor Verwechslung, denn *Ae. sylvatica* wird ebenfalls Strauch-Rosskastanie genannt!). „Schwärmer-“ wegen der Bestäubung durch Nachtfalter, die in der Dämmerung aktiv sind und von den dann duftenden Blüten angelockt werden.

Verbreitung: SO-USA, südlich bis Florida.

Lebensraum: Lichte Laubwälder, Waldränder.

Biologie: Anpassungsfähig, Stadtklima ertragend, etwas wärmeliebend.

Verwendung: Die späte Blütezeit und die das Laub überragenden „Blütenkerzen“ kennzeichnen dieses attraktive Ziergehölz (1785 nach Europa eingeführt), dessen Schönheit besonders zum Ausdruck kommt, wenn der Strauch ausreichend Freiraum zur Entfaltung hat.

Aesculus pavia – Echte oder Rote Pavie

Strauch oder bis 4(–12) m hoher Baum. Knospen nicht klebrig. **Blätter** 5-zählig, Blättchen 8–14 cm lang, kurz gestielt. **Blüten** in 10–15 cm langen Rispen; Kelch röhrenförmig, rot; Krone etwa so lang wie der Kelch, Kronblätter 4, sehr ungleich, orangegelb bis rot, am Rand drüsig bewimpert. **Frucht** ohne Stacheln, ei- bis birnförmig.

Name: Zu *pavia* und Pavie siehe unter *Aesculus*!
Verbreitung: Süden des östlichen Nordamerika (SO-USA, südlich bis Florida und Texas).
Lebensraum: Steilhänge und Ufer entlang von Gewässern, im Unterwuchs von Laubmischwäldern feuchter Standorte.
Biologie: Bevorzugt auf feuchten, aber durchlässigen, und gut nährstoffversorgten Böden gedeihend, jedoch weniger günstige Standortbedingungen tolerierend.
Verwendung: Rote Blüten und orange bis rotes Herbstlaub begründen den Ruf der Art als Ziergehölz (bereits 1711 nach Europa eingeführt). Bei diversen natürlichen Hybriden oder künstlichen Kreuzungen brachte diese Pavie die rote Blütenfarbe ein (siehe *Ae.* × *carnea* und unter *Ae. flava*!). Im natürlichen Areal dienten früher den Indianern zerriebene Samen und Rinde als Betäubungsmittel für den Fischfang und den europäischen Siedlern Wurzeln als Seifenersatz.

Blütenstände der Echten oder Roten Pavie.

Früchte der Echten Pavie.

Aëthionema grandiflorum – Großblütiges Steintäschel

Brassicaceae – Kreuzblütler

Immergrüner, 15–20 cm hoher, nur am Grund verzweigter, bogig aufsteigender, völlig kahler Halbstrauch. **Blätter** wechselständig, sitzend, ungeteilt, länglich linealisch bis lanzettlich, 2–3 cm lang, blaugrün, bereift. **Blüten** schwach duftend, 4-zählig, in dichten Doldentrauben, 10–18 mm breit, rosa. Kronblätter deutlich länger als der Kelch. 6 Staubblätter, 4 längere und 2 kürzere, die längeren geflügelt. Blütezeit: Juni–Juli. Fruchtstand gestreckt, **Früchte** fast kreisförmige bis verkehrt eiförmige Schoten, 8–10 mm groß, abgeflacht, breit geflügelt. **Samen** länglich eiförmig, zu 1–4 je Fruchtfach. Fruchtreife: Juli–August.

Name: *Aëthionema* zusammengesetzt aus griech. „aethes" = ungewöhnlich und „nema" = Faden; wegen der besonderen Form der geflügelten oder gezähnten Staubfäden. *grandiflorus* lat. = großblütig.

Blütenstände des Großblütigen Steintäschels.

Systematik: Zur Gattung *Aëthionema* werden 56 Arten gezählt. Die meisten sind im Mittelmeergebiet verbreitet.
Verbreitung: Westasien: N-Anatolien, N-Irak, N-Iran, Kaukasien.
Lebensraum: Licht- und wärmebedürftige Pflanze, auf Felshängen, Felsschutt- und Geröllböden und Kies, meist oberhalb 1000 m ü.M. Trockenheit ertragend.
Biologie: Die Blüten werden durch Insekten, vor allem Fliegen und Käfer, bestäubt. Nektarien am Grund zu beiden Seiten der kürzeren Staubblätter produzieren Nektar. Die Schale der Samen verschleimt bei Benetzung mit Wasser. Die Keimung erfolgt epigäisch.
Verwendung: Das Großblütige Steintäschel ist eine geschätzte, jedoch nicht weit verbreitete Zierpflanze, vor allem für Steingärten. Kultur auf lockeren, gut durchlässigen Böden. Die Vermehrung erfolgt durch Aussaat oder Stecklinge.

Ailanthus altissima – Götterbaum, Tree of Heaven

Simaroubaceae – Bitterholzgewächse

Sommergrüner, nur mäßig verzweigter, 20–25 m hoher Baum mit breiter Krone und kräftigen Ästen. Junge Triebe dick, fein behaart. Zweige abgerundet gerieft, kahl, braun bis rötlich braun, matt glänzend, mit großen Blattnarben. Die Stämme können über 60 cm dick werden. Borke graubraun bis grau, feinrissig längsstreifig, fast glatt. Knospen flach bis halbkugelig, 1–2 mm hoch, fein behaart mit 2 Schuppen. **Blätter** wechselständig, 10–15 cm lang gestielt. Spreite unpaarig gefiedert, 45–75 cm lang, an Schösslingen bis 1,3 m, mit 13–25 Fiedern. Blättchen 6–20 mm lang gestielt, länglich eiförmig bis schief lanzettlich, zugespitzt, 7–12 cm lang, am

◀ *Blütenstand des Götterbaums.*

Grund keilförmig oder gestutzt, ganzrandig, nur am Grund mit 1–2(–3) kleinen Zähnen und unterseits je einer Drüse, kahl, oberseits dunkel-, unterseits bläulich grün. **Blüten** unangenehm duftend, in endständigen, 10–20 cm großen, reich verzweigten Rispen, 5–10 mm lang gestielt, unscheinbar, zwittrig oder eingeschlechtig, meist 2-häusig verteilt, 7–8 mm groß. Fruchtblätter frei, nicht miteinander verwachsen. Blütezeit: Juni–Juli. **Frucht** aus (1–)5–6 sitzenden Früchtchen bestehend. Diese schmal länglich, 3,5–5 cm lang, 1,2–1,5 cm breit, 1-samig, ringsum dünn pergamentartig geflügelt, am Samen einseitig eingekerbt. am Oberende gedreht, Samen im Zentrum. Fruchtreife: Oktober.

Name: „Ailanto" bedeutet auf den Molukken bzw. im Malaiischen Baum des Himmels. Lat. *altissimus* ist der Superlativ von „altus" = hoch. Der Botaniker PHILIP MILLER nannte den Götterbaum zunächst *Toxicodendron altissimum*, einen Essigbaum, heute in die Gattung *Rhus* einbezogen(s. S. 480).
Systematik: Zur Gattung *Ailanthus* werden 7 Arten gezählt. Das Verbreitungsgebiet erstreckt sich von Ostasien bis nach Australien.
Verbreitung: N- und Mittelchina. In S-Europa und Teilen Nordamerikas vielerorts eingebürgert.
Lebensraum: In den Gebirgen bis 1000 m ü. M. ansteigend.
Biologie: Der Götterbaum ist ein sehr raschwüchsiges Gehölz. Schösslinge können pro Tag mehr als 5 cm wachsen und sind damit, neben dem Blauglockenbaum (*Paulownia*, siehe S. 401) die am schnellsten wachsenden sommergrünen Gehölze in Europa. Mit etwa 10 Jahren werden sie blühfähig, erreichen aber oft nur ein Alter von 50–70 Jahren. Die Blüten produzieren reichlich Nektar und Pollen und werden in Mitteleuropa vor allem von Bienen aufgesucht. Die Früchte bleiben nach der Reife oft noch lange am Baum hängen (Wintersteher). In den Samen werden die Nährstoffe in den Keimblättern gespeichert. Die Samen benötigen eine hohe Keimungstemperatur und keimen unter Ausnutzung des Kachelofeneffekts häufig zwischen Pflastersteinen, an Mauern, Hauswänden oder auf Schutt. Der Götterbaum verbreitet sich auch vegetativ durch Wurzelschösslinge. Von tierischen und pflanzlichen Schädlingen ist er meist ganz frei. Die Blätter haben, zerrieben, einen unangenehmen Duft. Die Früchte und die Rinde sind giftig (Quassin, Quercetin). Vergiftungserscheinungen äußern sich durch Übelkeit, kalten Schweiß, heftigen Kopfschmerz und Rückenschmerzen.
Verwendung: D´INCARVILLE führte den Götterbaum 1751 aus Nordchina nach England ein. In Parks ist er häufig angepflanzt. Die Bäume sind anspruchslos, aber sehr lichtbedürftig und windbruchgefährdet. Sie nehmen mit fast allen Böden vorlieb, meiden jedoch Staunässe. Das Stadtklima mit Lufttrockenheit und Abgasen vertragen sie gut. Die Frosthärte älterer Bäume liegt bei −20 °C, jüngere Pflanzen sind hingegen spätfrostempfindlich. Der Götterbaum besticht als Solitärgehölz durch sein schönes dunkelgrünes Laub, vor allem aber durch seinen reichen Fruchtbehang. Die Früchte sind zunächst gelbgrün und färben sich dann grün, gelb und lachsrot, bis sie zur Reife hell braungelb werden. Eine Herbstfärbung fehlt meist. Der Honig duftet anfangs unangenehm nach Katze. Nach einer längeren Lagerung schwindet dieser Geruch. *A. altissima* wurde im Juli 2019 in die EU-Liste invasiver Arten von unionsweiter Bedeutung aufgenommen.

Fruchtstand des Götterbaums.

Akebia quinata – Fingerblättrige Akebie

Lardizabalaceae – Fingerfruchtgewächse

Sommer-, bisweilen auch halbwintergrüne, 6–10 m hoch linkswindende Liane. Junge Triebe gerundet, kahl, schwach glänzend. Zweige graubraun, mit kleinen markanten Korkwarzen. Knospen kurz kegelförmig, mit mehreren Schuppen, hell rotbraun. **Blätter** wechselständig, 4,5–10 cm lang gestielt, Spreite 5-fingerig. Blättchen 1–2 cm lang gestielt, verkehrt eielliptisch, oberseits dunkelgrün, unterseits blaugrün, ganzrandig, am Grund gerundet oder breit keilförmig, oben ausgerandet, 3–6 cm lang, 1,5–2,5 cm breit, die Endfieder bis 5 cm lang. Blütenstände als Trauben an seitlichen Kurztrieben 1,5–5 cm lang gestielt, hängend oder spreizend, 6–12 cm lang. **Blüten** aromatisch duftend, eingeschlechtig, einhäusig, ohne Kronblätter, Kelch 3-blättrig, kapuzenförmig. Männliche Blüten am Ende des Standes, 7–10 mm lang gestielt, 12–15 mm Durchmesser, zu 4–8, Kelch hell purpurn, 6–8 mm groß, mit 6 Staubblättern und 3–9 sterilen Fruchtblättern. Weibliche Blüten unterhalb der männlichen stehend, 2–4 cm lang gestielt, 2,5–3 cm Durchmesser, dunkelpurpurn, Kelchblätter breit elliptisch, 1–2 cm lang, 8–15 mm breit, mit 3–9 Fruchtblättern und 6–9 Staminodien. Blütezeit: April–Mai. **Früchtchen** wurstförmig, hell- bis purpurviolett, bereift, 5–10 cm lang, 3–4 cm breit, gerade oder schwach gebogen, sich zur Reife mit einem breiten Längsspalt öffnend. **Samen** in mehreren Längsreihen, eingebettet in eine weiße Pulpa, schwarz und glänzend. Fruchtreife: September–Oktober.

Name: Der Gattungsname *Akebia* leitet sich vom japanischen Namen „Akebi“ ab. *quinata* lat. = fünfzählig (gefingerte Blätter).
Systematik: Die Gattung *Akebia* zählt 3–4 Arten im temperaten Ostasien.
Verbreitung: SO- und Mittelchina, Korea, Japan (Honshu bis Kyushu).
Lebensraum: An Waldrändern, Gebirgshängen, Gewässern; in Höhenlagen von 300–1500 m ü. M.
Biologie: Die Blüten werden von Insekten bestäubt. Die Samenverbreitung erfolgt im natürlichen Verbreitungsgebiet u. a. durch Schneeaffen.
Verwendung: Die Fingerblättrige Akebie wurde 1845 von FORTUNE auf der Insel Zhoushan entdeckt und nach England eingeführt. Sie wird wegen der schönen Belaubung und der eigenartigen, mit den Blättern erscheinenden Blüten gern als Pergola-Gehölz angepflanzt. Die Kultur bereitet keine Schwierigkeiten. Die Akebien gedeihen sowohl an voll besonnten als auch an halbschattigen Standorten auf einem feuchten, gut drainierten, humosen und nährstoffreichen Lehmboden. Die Vermehrung kann durch Samen, Ableger oder Steckhölzer erfolgen. Als Klettergehölz können Akebien durch einen Schnitt im Winter in gewünschter Höhe gehalten werden. Sie sind bis –15 °C winterhart. Früchte sind in Kultur oft nur selten zu sehen, da häufig nur Pflanzen eines Klons kultiviert werden und eine Fremdbestäubung erforderlich ist.

Blütenstand der Fingerblättrigen Akebie

Alangium platanifolium – Platanenblättrige Alangie

Cornaceae – Hartriegelgewächse

Sommergrüner, nur mäßig verzweigter, 5–15 m hoher Baum. Zweige dünn, schwarzbraun, markerfüllt, anfangs etwas behaart. Knospen bis zum Laubfall vom Blattgrund der Laubblätter geborgen. Endknospe fehlend. **Blätter** wechselständig, 3–7 cm lang gestielt. Spreite sehr unterschiedlich, 10–25 cm lang, breit eiförmig, länglich eiförmig bis dreieckig, Spreitengrund gestutzt bis leicht herzförmig, Spreite meist gelappt, Lappen bis zur Hälfte der Spreitenlänge, geschwänzt zugespitzt, anfangs behaart, später oberseits verkahlend, unterseits mit kleinen Achselbärten, handförmig geadert. **Blüten** duftend, in achselständigen, 1–5-blütigen gestielten Ständen, 3–4 cm lang, mit 6–8 Kron- und Staubblättern, Fruchtknoten unterständig. Kronblätter weiß, bandförmig, nur basal miteinander verbunden, zwei Drittel ihrer Länge umgerollt; Staubblätter gelb, zu den Kronblättern auffällig kontrastierend. Blütezeit: Juni–Juli. **Frucht** eine 6–8 mm lange, tonnenförmige, blauschwarze, glänzende, kahle Steinfrucht mit einem einfächerigen Steinkern. Fruchtreife: September–Oktober.

Name: Wohl nach dem malabarischen bzw. tamilischen Namen „Alangi“; *platanifolium* aufgrund der Blattähnlichkeit mit der Platane.

Systematik: Zur Gattung *Alangium* werden 21 Arten gezählt. Das Gattungsareal erstreckt sich von Afrika über Ostasien bis Australien und die Fiji-Inseln. *Alangium* war früher die einzige Gattung der Alangiaceen.

Verbreitung: Ostchina, Japan, Korea.

Lebensraum: In feuchten Bergwäldern.

Biologie: Die Blüten produzieren reichlich Nektar und Pollen und werden in Mitteleuropa vor allem von Bienen aufgesucht.

Verwendung: Leider nur viel zu selten angepflanzt. Bei ausreichender Feuchtigkeit und humosen Boden anspruchsloses Gehölz.

Blätter der Platanenblättrigen Anlangie.

Blütenstände der Platanenblättrigen Alangie.

Albizia julibrissin – Seidenakazie

Fabaceae – Hülsenfrüchtler

Raschwüchsiger Strauch oder bis 18 m, in Kultur meist nur 6 m hoher Baum mit flach gewölbter, schirmförmiger Krone. **Blätter** 20–30 cm lang, doppelt gefiedert, 10–25 Fiedern mit je 40–60 Blättchen. **Blüten** in achselständigen Köpfchen, denen die Staubfadenbüschel eine quastenartige Form verleihen. Blütezeit: Juli–August. **Frucht** bis 15 cm lange, flache, hellgelbe, mehrsamige Hülse. Fruchtreife: Oktober–November.

Name: *Albizia* nach Albizzi, einem Florentiner Naturforscher (18. Jahrhundert), benannt; „julibrissin" hat türkische Wurzeln (Art wurde über Istanbul nach Europa eingeführt), zurückgehend auf „gül" = Rose und „ibrisim" = Seidenfaden, womit Bezug auf die auffälligen, bis 4 cm langen, seidigen, am Grund weißen, dann in rosenrote Farbe übergehenden Staubfäden genommen wird. Dies findet sich auch im deutschen Namen wieder, der außerdem auf die Ähnlichkeit mit den verwandten Akazien hinweist.
Systematik: Zu der in warmgemäßigten bis tropischen Zonen der Alten Welt und Südamerikas verbreiteten Gattung *Albizia* gehören laubwerfende Bäume, Sträucher und Lianen. Von den etwa 120 Arten ist *A. julibrissin* die einzige für eine Kultur in Mitteleuropa ausreichend frostharte Art. Sie wurde früher zu den *Mimosaceae* gezählt.
Verbreitung: Von den südkaspischen Wäldern Aserbaidschans und Irans über den Himalaja bis Ostasien, aber heute als beliebtes Ziergehölz in mild-humidem Klima weltweit gepflanzt, in einigen Gebieten (z. B. SO-USA) verwildernd und eingebürgert.
Lebensraum: Laubwälder warm-humider Klimagebiete vom Tiefland bis in untere Berglagen, hier auch auf flachgründigen Trockenhängen. Waldlücken rasch besiedelnd, aber der Konkurrenz aufkommender Schattenbaumarten weichend.
Biologie: Anspruchsvoll an Wärme und Licht, nur bedingt frosthart. Fiederblättchen falten sich mit Einbruch der Dunkelheit zusammen, befinden sich also nachts in Schlafstellung.
Verwendung: An „echte" Akazien (Mimosen = *Acacia*-Arten) erinnerndes, aber rosa blühendes Ziergehölz mit filigranem Laub und prächtigem sowie durch die späte Blütezeit wertvollem Blütenschmuck. Nur für wintermilde, warme und sonnige Lagen geeignet, wobei die als frosthärter geltenden Selektionen (z. B. 'Ernest Wilson', koreanische Herkunft) zu empfehlen sind. Attraktives Gehölz.

Blüten der Seidenakazie mit auffälligen Staubfäden.

Alnus – Erle

Betulaceae – Birkengewächse

Sommergrüne Bäume oder Sträucher, (0,5–)3–30 m hoch. Stämme bei Baumarten oft schlank, gerade, bis zum Wipfel durchgehend mit regelmäßig angeordneten Ästen, Habitus mit dominierender Kronenspitze eher an Koniferen wie Fichten erinnernd; Sträucher aufrecht oder Legstämme ausbildend und dann aufsteigend (Spalierwuchs). **Blätter** wechselständig, einfach, zuweilen schwach gelappt, Rand gezähnt oder gesägt, im Herbst meist grün abfallend. **Blüten** eingeschlechtig, männliche in hängenden Kätzchen, weibliche Blütenstände wie deren Achse und Tragblatt zur Reife verholzend und zapfenartigen Fruchtstand bildend. Windbestäubung. **Früchte** kleine 1-samige, teils nur schwach, teils breit geflügelte Nüsse. Ausbreitung durch Wind (Segelflieger), Wasser (Schwimm- und Wasserhaftausbreitung) oder Bearbeitung der Fruchtzapfen durch Tiere (z. B. Erlenzeisig).

Name: *Alnus* lat. Name für die Erle, urverwandt der deutsche Name Erle (althochdeutsch „erila"), wird auf ein indogerman. Wort, das rot oder braun bedeutet, zurückgeführt. Dies bezieht sich auf das sich an der Luft rot färbende Holz von *A. glutinosa* (auch Rot-Erle genannt). Nichts mit Erlen hat der „Erlkönig" in der dänischen Ballade „Erlkönigs Tochter" zu tun, ein Übersetzungsfehler von „ellerkonge" durch Herder, denn gemeint ist eigentlich der Elfenkönig.
Systematik: Die Gattung der Erlen (29–35 Arten) kann in zwei Untergattungen gegliedert werden:
- Untergattung *Alnus* (hierzu unter den nachfolgend behandelten Arten *A. glutinosa, A. incana* s. l., *A. cordata, A. japonica*): Meist Bäume; die oft stumpfen Knospen sind gestielt, die Blütenkätzchen erscheinen bereits im Herbst, sind also im Winter sichtbar (überwintern „nackt"), die männlichen stäuben vor der Laubentfaltung; Nüsse kaum geflügelt oder mit schmalem, undurchsichtigem Flügel.
- Untergattung *Alnobetula* (Syn. *Duschekia*), Grün- oder Straucherlen (hierzu *A. alnobetula* s. l., *A. firma*): Meist Sträucher; die spitzen Knospen sind ungestielt, die weiblichen Blüten überwintern in Knospen und erscheinen erst mit der Laubentfaltung im Frühjahr, dann entfalten sich auch die männlichen Blütenkätzchen und stäuben; Nüsse breit geflügelt.

Verbreitung: Von der kalt- bis in die warmgemäßigte Zone der Nordhemisphäre, in SO-Asien südlich bis in die subtropische Zone, von Nordamerika entlang der Anden bis in die australe Zone Südamerikas (Argentinien).
Biologie: Bodennässe und Überflutung, auch zeitweise Trockenheit, tolerierend. Meist relativ anspruchslos, auf nährstoffarmen Standorten bodenverbessernd, da durch Wurzelknöllchen bildende Bakterien (*Frankia*-Arten, Strahlenpilze) im Wurzelbereich Luftstickstoff gebunden wird. Für Insekten zeitige Pollenquelle, Pollen für Menschen bedeutender Heuschnupfenerreger.
Verwendung: Vielseitig, forstlich und landschaftsgestalterisch bedeutsam, einige Arten liefern wertvolles Nutzholz (unter Wasser dauerhaftes Konstruktionsholz, Möbelholz, Modellbau). Als Park- und Straßenbäume sind nur wenige Arten und Hybriden bedeutungsvoll, aber für Schutzpflanzungen und Rekultivierungen sind die Arten wegen ihrer biologischen Eigenschaften und breiter Standortsamplitude besonders geeignet, auch zur Besiedlung von Rohböden (Bindung von Luftstickstoff).

Alnus alnobetula s. l. – Grün-Erle (im weiten Sinne)

1–3(–6) m hoher, teils kompakter aufrechter Strauch, teils niederliegend und aufsteigend, weit ausladend, bis 5–10 m lange Legstämme ausbildend. Jungtriebe meist drüsig-klebrig, ihre Zweige nur anfangs behaart, später verkahlend. **Blätter** elliptisch bis breit eiförmig, spitz oder zugespitzt, 5–8 cm lang, 3–6 cm breit, beiderseits grün, unterseits kahl oder auf den Nerven behaart. Weitere Merkmale siehe Untergattung *Alnobetula* (unter Systematik der Gattung)!
Name: *alnobetula* lat., zusammengesetzt aus *Alnus* (Erle) und *Betula* (Birke), also „Erlenbirke" wegen der Blätter, die eher an ein Birken- als ein Erlenblatt erinnern, ursprünglich wurde die Art sogar zu

den Birken gestellt. Der früher (teils noch heute) verwendete Name *Alnus viridis* (*viridis* lat. = grün) bezog sich wie der deutsche Artname Grün-Erle auf die grünen Blätter, die im Unterschied zu denen der Grau-Erle auch unterseits grün sind.

Systematik: Die Grün-Erle wird unterschiedlich weit gefasst:

- entweder als **Artengruppe *A. alnobetula* agg.** mit mehreren Arten, dann ist ***A. alnobetula* s. str.** eine europäische Art und die aus Nordasien und Nordamerika beschriebenen Sippen Sibirische Grün-Erle, ***Alnus fruticosa***, Amerikanische Grün-Erle, ***Alnus crispa***, und Sitka-Grün-Erle, ***Alnus sinuata***, sind eigene Arten,
- oder, wie heute meist üblich, als weit gefasste Grün-Erle ***A. alnobetula* s. l.**, dann werden die genannten Sippen als Unterarten eingestuft und die Europäische Grün-Erle heißt ***A. alnobetula* subsp. *alnobetula*.**

Männliche (hängend) und weibliche Blütenkätzchen der Grün-Erle.

Verbreitung: *A. alnobetula* s. str. in europäischen Hochgebirgen und ihrem Vorland, von der subalpinen Waldgrenze bis in montane Stufe herab (deshalb auch Alpen-Erle genannt). Werden die Sibirsche, Amerikanische und Sitka-Grün-Erle einbezogen (*A. alnobetula* s. l.), dann ist die Grün-Erle (i. w. S.) holarktisch verbreitet, da auch in der subarktischen und borealen Zone sowie in südlicher gelegenen Hochgebirgen Asiens und Nordamerikas.

Lebensraum der Europäischen Grün-Erle: Subalpines Krummholz („Laublatsche"), Lawinenbahnen, bachnahe Gebüsche und Rutschhänge auf schwach sauren bis neutralen Böden in kühlen und luftfeuchten Lagen.

Biologie: Pioniergehölz mit intensivem Wurzelsystem und elastischen Stämmen und Ästen, die mechanische Beanspruchung durch nachrutschenden Schnee oder Steinschotter ertragen.

Verwendung: Im Hochgebirge wichtiges Pioniergehölz für Hang- und Böschungssicherung oder Lawinenschutz, Begrünung von Geröllfeldern, kann aber auf Almen auch zu unerwünschter Verbuschung führen. In Grünanlagen ist die Art zur Hangbepflanzung oder als Deckstrauch geeignet.

Alnus glutinosa – Schwarz-Erle, Europäische Rot-Erle

10–20(–40) m hoher Baum mit anfangs glatter Stammrinde, im Alter schwarzbrauner Schuppenborke. Jungtriebe anfangs drüsig-klebrig, Zweige sonst kahl. **Blätter** mit rundlicher bis breit verkehrt eiförmiger, vorn stumpfer bis abgerundeter oder ausgerandeter Spreite, 4–10 cm lang, 3–7 cm breit, grob ungleich gesägt, beiderseits grün, unterseits Bärtchen in den Nervenwinkeln, sonst kahl. **Fruchtstände** deutlich gestielt.

Name: *glutinosa* lat. = klebrig, bezogen auf drüsige und klebrige Jungtriebe und Knospen. „Schwarz-" wegen der im Alter fast schwarzen, früher zum Schwarzfärben verwendeten Rinde; „Rot-" wegen des Holzes, das sich nach Schnitt orange-, später braunrot färbt.

Verbreitung: Europäische Laub- und Nadelwaldgebiete (bis W-Asien), vom Tiefland bis in mittlere Berglagen; im östlichen Nordamerika eingebürgert. Gebietsweise Rückgang durch Veränderung der Lebensräume (vor allem Entwässerungen der Standorte), seit den 1990er Jahren auch Absterben

Blätter und noch unreife Fruchtstände der Schwarz-Erle.

infolge Wurzelhalsfäule, ausgelöst durch Mikropilze (*Phytophtora alni*), deren begeißelte Sporen sich im fließenden Wasser ausbreiten.
Lebensraum: Ufer von Fließ- und Standgewässern, Auen- und Niederungswälder, Bruchwälder mäßig bis reich nährstoffversorgter Moorstandorte.
Biologie: Relativ kurzlebiger (80–100 Jahre) Pionierbaum von geringer Schattentoleranz, Überflutung und Staunässe ertragend, deshalb auf Auen- und Moorstandorten Bestände bildend; sehr tief reichendes Herzwurzelsystem, stockausschlagfähig (ermöglicht Bewirtschaftung im Niederwaldbetrieb).
Verwendung: Holz vielseitig verwendbar (Kunst- und Möbeltischlerei, Furnier, Spanplatten), wenig witterungsbeständig, aber unter Wasser sehr dauerhaft (genutzt für Wasser- und Mühlenbau), früher für Herstellung von Holzschuhen. Weitere Nutzung siehe unter *Alnus*! Als Straßenbaum ist die Art nicht, als Stadtbaum nur in Grünanlagen bei entsprechender Wasserversorgung geeignet, jedoch wegen der Phytophtora-Krankheit nicht an Fließgewässern oder periodisch überfluteten Standorten. Von den diversen gelegentlich spontan auftretenden Abweichungen in Blattfarbe, Blatt- oder Wuchsform haben nur wenige Bedeutung als Sorten erlangt, vor allem die schlitzblättrigen wie **'Imperialis'**, ein Kleinbaum mit lockerer, elegant überhängender Bezweigung.

Eine der schlitzblättrigen Sorten der Schwarz-Erle: 'Imperialis'.

Alnus incana s. l. – Grau- oder Weiß-Erle (im weiten Sinne)

Strauch oder 10–15(–25) m hoher Baum mit glatter, hell- bis dunkelgrauer Stammrinde. Jungtriebe mit behaarten Zweigen. **Blätter** mit (breit) eiförmiger bis elliptischer, spitzer oder zugespitzter Spreite, 4–10 cm lang, 3–7 cm breit, schwach bis deutlich gelappt, doppelt gesägt, unterseits graugrün, meist behaart. **Fruchtstände** (fast) sitzend.
Name: *incana* lat. bedeutet „ins Graue übergehend", wie der deutsche Name sich auf die graue Stammrinde beziehend.
Systematik: Die Grau-Erle wird unterschiedlich weit gefasst:
- teils als **Artengruppe *A. incana* agg.** mit mehreren Arten, dann ist ***A. incana* s. str.** eine europäische Art und die aus Nord- und Ostasien beschriebene Sibirische Grau-Erle oder Färber-Erle, ***Alnus hirsuta***, und die nordamerikanischen Sippen Runzelblättrige Grau-Erle, ***Alnus rugosa***, und Dünnblättrige Grau-Erle, ***Alnus tenuifolia***, sind eigene Arten;
- oder, wie heute meist üblich, als weit gefasste Grau-Erle, ***A. incana* s. l.,** dann meist unter Einbeziehung der europäischen und nordamerikanischen Sippen als Unterarten, in diesem Fall heißt die Europäische Grau-Erle ***A. incana* subsp. *incana*.**

Blätter und noch unreife Fruchtstände der Grau-Erle.

Verbreitung: Die Europäische Grau-Erle kommt in Gebirgen Europas bis W-Asiens, in N- und O-Europa bis Sibirien auch im Tiefland vor, außerhalb des natürlichen Areals oft gepflanzt und eingebürgert. Bei Einbeziehung der nordamerikanischen Runzelblättrigen und Dünnblättrigen Grau-Erle als Unterarten (*A. incana* s.l.) ist die Verbreitung euroamerikanisch, wird die nah verwandte Färber-Erle als Sibirische Grau-Erle ebenfalls einbezogen, dann sogar holarktisch.

Lebensraum der Europäischen Grau-Erle: Bach- und Flussauen, Uferhänge, auch Rohböden nach Hangrutschungen und Auengebüsche auf Kalkschotter.

Biologie: Meist kurzlebiger, bis 50 Jahre alter Pionierbaum, der Extremstandorte zu besiedeln vermag, kurzzeitige Überflutung ebenso wie Trockenheit ertragend.

Verwendung: Anspruchslosigkeit, Stockausschlagvermögen und Wurzelbrut sind günstige Voraussetzungen für Schutzpflanzungen (Ufer-, Hang- und Böschungssicherung) und die Aufforstung von Kippen und Halden, als salz-, immissions- und kalktolerante Art aber auch für bestimmte städtische Standorte geeignet, jedoch nur mit Einschränkung als Straßenbaum. Unter den diversen in gärtnerische Kultur genommenen Formen seien die Sorten 'Aurea' (Blätter gelbgrün, junge Zweige gelb, im Winter wie männliche Kätzchen orange) und 'Laciniata' (schlitzblättrig) erwähnt.

Weitere Arten:

***Alnus cordata*, Herzblatt-Erle, Neapolitanische** oder **Italienische Erle:** In Süditalien und auf Korsika beheimateter, bis 15(–27) m hoher, schlanker Baum mit leuchtend dunkelgrünen Blättern mit herzförmigem Spreitengrund und auffallend großen, gestielten Fruchtzapfen. Das Blatt erinnert an ein Lindenblatt, der Baum mit der glänzenden Belaubung an einen kräftigen Birnbaum. Die Art wird im nördlichen Mittelmeerraum forstlich angebaut. Als Parkbaum (in Kultur mindestens seit 1815, Frankreich) ist sie anspruchslos, weniger Bodenfeuchte verlangend als andere Erlen, windfest, für Stadtklima und als Straßenbaum geeignet.

Blätter und unreife Fruchtstände der Herzblatt-Erle.

Blätter und unreife Fruchtstände der Japanischen Grün-Erle.

Blätter und reife, verholzte Fruchtstände („Zapfen") von Späths Erle.

***Alnus firma*, Japanische Grün-Erle:** Eine dicht verzweigte Straucherle (selten kleiner Baum) der Insel Kyushu mit interessantem Laub. Die eiförmigen, 5–12 cm langen, scharf gesägten Blätter mit 12–18 Seitennerven jederseits der Mittelrippe (bei anderen Arten der Untergattung *Alnobetula* nur 4–12) erinnern an Hainbuchenblätter. Trotz ihrer markanten Erscheinung kaum als Ziergehölz (1862 nach Europa eingeführt) gepflanzt.

***Alnus japonica*, Japan-Erle:** Blätter für eine Erle ungewöhnlich schmal und mit lang ausgezogener Spitze, die derb-lederige Spreite ist oberseits glänzend grün. Aus einer Kreuzung dieser ostasiatischen, in Japan als Forstbaum genutzten, in Europa vor 1880 eingeführten, aber selten gepflanzten Art mit der in den hyrkanischen Gebirgen beheimateten Ostkaukasischen Erle, *Alnus subcordata*, entstand im Arboretum Späth (Berlin, 1908 aufgefunden) ein interessanter Bastard, die **Späth- oder Purpur-Erle, *Alnus × spaethii*.** Diese vereint Raschwüchsigkeit der west- mit Blattmerkmalen der ostasiatischen Elternart, zierend sind sowohl die im Austrieb braunpurpurnen bis violetten, im Herbst lange am Baum verbleibenden Blätter als auch die großen, schon im Spätwinter stäubenden männlichen Kätzchen. Diese Erle wurde in Deutschland ab 1995 als Straßenbaum getestet und fand als „gut geeignet" Aufnahme in die GALK-Straßenbaumliste.

Alyssum murale – Mauer-Steinkraut

Brassicaceae – Kreuzblütler

Sommergrüner, 25–70 cm hoher, aufrechter Halbstrauch. **Blätter** lanzettlich bis spatelförmig, 1–2 cm lang, oberseits graugrün, unterseits weißfilzig. **Blüten** 4-zählig, gelb, dünn gestielt in dicht beieinanderstehenden, doldenartig angeordneten Trauben. Kronblätter 2–3,5 mm lang, ganzrandig, allmählich in einen Nagel verschmälert. Staubblätter mit einem breiten Anhängsel. Die 4 Nektarien sind am Grund zu je 2 an den Seiten der kürzeren Staubblätter angeordnet. Blütezeit: Mai–Juni. **Frucht** behaarte, kreisförmige, abgeflachte Schote, 2–2,5 mm lang, mit persistierendem, 0,5–2 mm langem Griffel. Je Fruchtfach 1 Samen. Fruchtreife: Juli–August.

Name: Griech. „lyssa" = Tollwut; griech. u. lat. „alysson" ist eine Pflanze, die gegen Hundebisse bzw. Tollwut helfen soll. Der Name wurde schon von Plinius d. Ä. verwendet. *muralis* lat. = an Mauern wachsend, abgeleitet von „murus" Mauer.
Systematik: Die Gattung *Alyssum* umfasst 207 Arten. Das Verbreitungsgebiet erstreckt sich von Europa und dem Mittelmeergebiet bis nach Mittelasien. Das Mannigfaltigkeitszentrum liegt in Kleinasien.

Bühendes Mauer-Steinkraut.

Verbreitung: Balkan-Halbinsel, bis Anatolien, Syrien, Libanon, Kaukasien, Iran. In Deutschland mancherorts eingebürgert.
Lebensraum: Trockene, steinige Fluren, Felshänge und Felsspalten, lückige Trockenrasen.
Biologie: Die Blüten werden von Insekten bestäubt, die Samen aus den geöffneten Schoten vom Wind ausgeschüttelt. Die Keimung erfolgt epigäisch.
Verwendung: Beliebte und robuste, reich blühende Gartenpflanze, die sich leicht selbst aussät und zum Verwildern neigt. Sie ist anspruchslos, benötigt jedoch einen voll besonnten Standort.

Amelanchier ovalis – Echte oder Gewöhnliche Felsenbirne

Rosaceae – Rosengewächse

Sommergrüner, oft kugelförmiger, 1–3 m hoher, reich verzweigter Strauch. Junge Triebe weißwollig behaart, später olivgrün, kahl und zuletzt schwarzgrau. Knospen eiförmig, 5–7 mm lang. **Blätter** wechselständig, deutlich gestielt, mit ovaler bis elliptischer Spreite, 2,5–4 cm lang und bis 3 cm breit. **Blüten** duftlos, zu 3–7 in aufrechten Trauben am Ende von Neutrieben, weiß, Blütenhülle 5-zählig. Kronblätter länglich, bis 2 cm lang, außen zottig behaart. Blütezeit: April–Mai. **Frucht** apfelähnlich, 8–10 mm groß, blauschwarz, bereift, mit persistierendem Kelch. Fruchtreife: August–September.

Name: Der Gattungsname geht auf das französische, 1733 erstmals belegte „la mélanche“, Felsenbirne, zurück. Durch falsche Trennung des Artikels entstand l‘ amélanche, das MEDIKUS zum wissenschaftlichen Gattungsnamen machte. *ovalis* lat. = eiförmig, die Blattform betreffend.
Systematik: Zur Gattung *Amelanchier* werden rund 20 Arten gerechnet, die in der nemoralen Zone sowohl in Nordamerika als auch Asien beheimatet sind. In der neueren botanischen Literatur wird *A. ovalis* nunmehr als *A. embergeri* geführt.
Verbreitung: Mittel- und Südeuropa bis Anatolien; Nordwestafrika.
Lebensraum: Sehr Licht und Sommerwärme liebendes Gehölz. Exponierte Felshänge, lichte Gebüsche und Wälder auf flachgründigen, sommertrockenen, kalkarmen Böden. Vom Flachland bis zu 1800 m ü. M. im Gebirge.

Blüten der Echten oder Gewöhnlichen Felsenbirne.

Biologie: Die Echte Felsenbirne ist ein charakteristischer Felsbewohner und häufig mit der Gemeinen Zwergmispel (*Cotoneaster integerrimus*) vergesellschaftet. Sommerliche Hitze und Trockenheit

verträgt die Pflanze gut, obwohl es bisweilen zu einem vorzeitigen Laubfall kommen kann. Die Blüten werden von zahlreichen Insekten bestäubt. Vögel verzehren die Früchte und verbreiten die Samen. Die Keimung erfolgt epigäisch, oft erst im zweiten Frühling nach der Fruchtreife. In den Keimblättern werden Reservestoffe gespeichert. Das Gehölz ist in Mitteleuropa frosthart.
Verwendung: Als Ziergehölz ist die Gewöhnliche Felsenbirne ohne Bedeutung.

Weitere Arten:
***Amelanchier laevis*, Kahle Felsenbirne:** 3–5 m hoher, breit buschiger Strauch oder bis 10 m hoher, breitkroniger Baum. Austrieb bronzefarben. Blätter zur Blütezeit meist schon vollständig entfaltet, am Grund meist herzförmig, 4–6 cm lang. Blüten 1,5–3 cm lang gestielt, in bis 12 cm langen, 5–9-blütigen, überhängenden Trauben. Kronblätter 1–2 cm lang. Blütezeit: April. Fruchtreife: September. Intensive Herbstfärbung, die von gelborange über scharlachrot bis kirschrot reicht. *laevis* lat. = glatt, eben. Die Art stammt aus dem östlichen Nordamerika und ist seit 1870 in Kultur und in Mitteleuropa völlig frosthart. Die Früchte sind essbar. Häufig angepflanzter Zierstrauch in Gärten und Parks.

***Amelanchier lamarckii*, Kupfer-Felsenbirne:** Sommergrüner, breiter, bis 10 m hoher, aufrechter Strauch oder Baum. Blätter elliptisch bis länglich elliptisch, 4,5–8,5 cm lang, anfangs seidig behaart. Blüten zu 8–10 in verlängerten, überhängenden Trauben, weiß. Kronblätter 9–14 mm lang. Blütezeit: April–Mai. Früchte ca. 1 cm groß, purpurrot bis blauschwarz. Fruchtreife: August–September. Verbreitung: Östliches Nordamerika. Genaue Verbreitung nicht bekannt. Im nordwestlichen Mitteleuropa (Holland, Belgien, Nordwestdeutschland, England) häufig eingebürgert. Die Art wurde von SCHROEDER zu Ehren des französischen Naturphilosophen und Biologen JEAN-BAPTISTE (DE MORET, CHEVALIER DE) LAMARCK benannt. Der deutsche Name nimmt auf den kupferroten Neuaustrieb Bezug. Die Blüten entfalten sich meist vor den Blättern. Die Früchte sind wohlschmeckend und werden in Norddeutschland manchem Gebäck anstelle von Korinthen zugefügt. Die Kupfer-Felsenbirne ist die bei weitem am häufigsten angepflanzte Art, oft jedoch unter falschem Namen, nämlich als *Amelanchier cana-*

Blühender Seitenspross der Kupfer-Felsenbirne.

Herbstfärbung der Kupfer-Felsenbirne.

densis, geführt. Als Ziergehölz ist sie wegen ihres Austriebs, der Blütenfülle und der eindrucksvollen Herbstfärbung, die von gelb über orangerot bis purpurrot reicht, beliebt. Sie gedeiht problemlos auf tiefgründigen, kalkarmen bis sauren, nährstoffreichen, nicht zu trockenen Böden und ist in Mitteleuropa frosthart.

***Amelanchier spicata*, Ährige Felsenbirne:** Sommergrüner, bis 2 m hoher, aufrechter Strauch mit kurzen Ausläufern. Blätter rundlich eiförmig, 3–6 cm lang, unterseits anfangs dicht behaart, später verkahlend. Kronblätter 6–10 mm lang in dichten, aufrechten, 7–12-blütigen Trauben. Blütezeit: April–Mai. Früchte bis 1 cm groß. Fruchtreife: September–Oktober. Häufig angepflanztes, kalkmeidendes, aus dem atlantischen Nordamerika stammendes Ziergehölz. *spicatus* lat. = ährenförmig. In Deutschland stellenweise verwildert und seit 1800 in Norddeutschland eingebürgert. In Mitteleuropa frosthart.

Amorpha fruticosa – Gewöhnlicher Bastardindigo, Bleibusch

Fabaceae – Hülsenfrüchtler

Sommergrüner, aufrechter, locker verzweigter, 1,5–4 m hoher Strauch. Zweige kahl bis dicht behaart. Rinde hellgrau bis graubraun, mit erhabenen Lentizellen, später dunkelgrau. Knospen 1–3 mm lang, anliegend, etwas in die Zweige eingesenkt. **Blätter** wechselständig, 1–2,5 cm lang gestielt, einfach unpaarig gefiedert, 10–30 cm lang. pfriemförmig, hinfällig. Blättchen 11–25(–33), eiförmig bis elliptisch, stachelspitzig, 1,5–4 cm lang, kahl bis fein borstig behaart. **Blüten** ohne Duft, in 7–15 cm langen, schmalen einfachen oder Doppeltrauben, endständig oder in den obersten Blattachseln neuer Triebe. Blüten 1–2 mm lang gestielt, purpurblau bis braunrot, 10 mm groß. Kelch glockenförmig, bleibend, mit 0,5–1 mm langen Zipfeln. Krone ohne Flügel und Schiffchen, d. h. nur mit 1 Blütenblatt (Fahne). Staubblätter daher gut sichtbar, 9 der 10 Staubblätter am Grund miteinander verwachsen. Staubbeutel lebhaft gelb. Blütezeit: Juni–August. **Frucht** eine geschlossen bleibende, leicht gekrümmte, 7–9 mm lange, 2–3 mm breite, warzige, punktartig drüsige, sonst kahle Hülse mit 1–2 Samen. **Samen** länglich nierenförmig bis walzlich, 2–5 mm lang. Fruchtreife: August–Oktober.

Name: „amorphos“ griech. = formlos; *fruticosus* lat. = strauchig, buschig.
Systematik: Die Gattung *Amorpha* umfasst 15 Arten in Nordamerika.
Verbreitung: Nordamerika (von Connecticut und Minnesota südlich bis Louisiana und Florida).
Lebensraum: Pioniergehölz in Flussauen, auf Kiesbänken und in lichten Wäldern. 1724 nach Europa gebracht. In Mitteleuropa Neophyt seit dem 18. Jahrhundert. Eingebürgert in der südlichen Oberrheinebene und im Elsass. Pioniergehölz im Tagebau.
Biologie: Die Bestäubung erfolgt durch verschiedene Insekten, vor allem durch Honigbienen.
Verwendung: Von den europäischen Siedlern in Nordamerika wurden Blätter und junge Triebe des Bastardindigos anstelle des Indigostrauchs, *Indigofera tinctoria*,

◀ *Blütenstände des Gewöhnlichen Bastardindigo.*

zum Blaufärben verwendet. Die Art ist frosthart und wird gelegentlich als Ziergehölz, Bienenweide und als Erosionsschutz an Böschungen angepflanzt. *Amorpha* bevorzugt sonnige Standorte. Vermehrung durch Samen und Steckhölzer.

Ampelopsis aconitifolia – Sturmhutblättrige Zaunrebe oder Scheinrebe

Vitaceae – Weinrebengewächse

Sommergrüne, bis 8 m hoch mit Ranken kletternde Liane. Junge Triebe schwach kantig, kahl. Zweige etwas hin und her gebogen, an den Knoten verdickt, grau oder graugrün, mit an den Knoten durchgehendem Mark. Knospen klein in den Blattnarben verborgen. **Blätter** wechselständig, 1,5–5 cm lang gestielt, in Form und Größe selbst an einer Pflanze sehr ungleich, 3–5-teilig gefingert, 5–12 cm breit, mit mehr oder weniger fiederteiligem Mittellappen. Blättchen ungestielt, oft bis zur Mittelrippe zerschlitzt, 4–7 cm lang, lanzettlich oder rhombisch lanzettlich, grob gezähnt, anfangs rötlich zottig behaart, später beidseitig kahl, oberseits frischgrün, unterseits heller, mit braunen Achselbärten. Blütenstände den Blättern gegenüberstehend, 2–5 cm lang gestielt, gegabelt, locker, sehr klein. **Blüten** unscheinbar, zwittrig, mit doppelter Blütenhülle, Kronblätter ausgebreitet, Fruchtknoten oberständig, 2-fächerig. Blütezeit: Juli–August. **Frucht** kugelförmige oder breit kreiselförmige Beere, 6 mm groß, am Grund mit kleiner Kelchscheibe, 1–2(–4)-samig, vor der Reife oft bläulich, reif gelb bis orangefarben und glänzend. **Samen** kugelförmig oder breit verkehrt eiförmig. Fruchtreife: September–Oktober.

Name: Von griech. „ampelos" = Weinstock, Rebe und „opsis" = Aussehen. Aufgrund der Ähnlichkeit mit der Weinrebe. *aconitifolius* lat. = eisenhutblättrig, nach *Aconitum* (Eisenhut), einer staudigen Ranunculacee.

Systematik: Zur Gattung *Ampelopsis* werden 24 Arten gezählt. Das Verbreitungsgebiet umfasst Nordamerika und Ostasien. Die Gattung ist fossil seit dem Alttertiär (Eozän) nachgewiesen.

Verbreitung: Mittel- und Nordchina, Mongolei.

Lebensraum: Gebüsche, Waldränder, Täler. 200–2200 m ü. M.

Blühender Seitenspross der Sturmhutblättrigen Zaunrebe.

Biologie: Die Früchte werden von Vögeln gefressen und verbreitet.

Verwendung: Mitunter angepflanzes Gehölz zur Begrünung von Pergolen oder Zäunen. In Kultur seit 1868. Frosthart bis −20 °C. Außer gleichmäßiger Feuchtigkeit keine besonderen Bodenansprüche. Der Standort sollte voll besonnt bis halbschattig sein. Die Vermehrung erfolgt aus Samen, die eine Stratifikation benötigen. Die Pflanzen sind meist frei von Krankheiten und Schädlingen.

Weitere Art:

***Ampelopsis glandulosa* var. *brevipedunculata*, Ussuri-Zaunrebe:** Triebe gerundet, anfangs rau behaart. Alle Blätter 8–12 cm lang gestielt, Stiele anfangs stark behaart. Spreite breit dreieckig eiförmig, seicht 3(–5)-lappig, 5–12 cm lang und 4–10 cm breit, am Grund leicht herzförmig, mit lang zugespitztem Mittellappen und mehr oder weniger breit abstehenden, grob gezähnten Seitenlappen, unterseits borstig behaart. Blütenstände vielblütig, 1–3,5 cm lang und 3–6 cm breit, behaart. Blüten 3 mm groß. Blütezeit: Juli–August. Beeren 6–8 mm groß, vor der Reife amethystblau oder türkisfarbig, vollreif violettblau, selten weiß, mit (1–)2(–3), 4 mm langen Samen. Fruchtreife: September–Oktober. Verbreitung: NO-Asien: China, Ussuri-Gebiet, Korea, Japan (Hokkaido bis Kyushu).

Fruchtender Seitenspross der Ussuri-Zaunrebe.

In Kultur ist meist die **var. *heterophylla***, deren Blätter tief 3–5-lappig oder gefingert, aber auch fast ungelappt sind. Junge Zweige gleich den Blättern kahl oder verkahlend. In Kultur seit 1868.

Die schwächer wüchsige Form **'Elegans'** hat weiß und rosa gesprenkelte Blätter. Sie gelangte vor 1847 durch von Siebold aus Japan nach Europa.

Alle Pflanzen benötigen einen möglichst voll besonnten Standort, da sonst nur wenige von den äußerst attraktiven Früchten ausgebildet werden. „brevis" lat. = kurz, „pedunculus" lat. = Blütenstandsstiel. Das Artepitheton bezieht sich auf den kurzen Blüten- bzw. Fruchtstand.

Andromeda polifolia – Kahle Rosmarinheide, Sumpfrosmarin, Poleigränke

Ericaceae – Heide(kraut)gewächse

Immergrüner, 20–30 cm hoher Zwergstrauch mit Kriechsprossen, unterirdischen Ausläufern und aufsteigenden Zweigen. **Blätter** wechselständig, einfach, 1,5–3,5 cm lang, 2,5–5 mm breit, ganzrandig, Spreite durch nach unten umgerollte Ränder schmal, lanzettlich bis linealisch, lederig, kahl, oberseits dunkelgrün, unterseits weißlich. **Blüten** zu 2–5(–8) in kurzen Schirmtrauben, nickend, 5-zählig, Krone kugelig, 4,5–6 mm Durchmesser, hellrosa. Blütezeit: Mai–Juli. **Früchte** vielsamige Kapseln. **G!**

Name: Gattung benannt nach Andromeda, in der griechischen Mythologie eine Königstochter, die nach dem Tod wie ihre Mutter Kassiopeia als Gestirn an den Nordhimmel versetzt wurde, ein Hinweis auf die zirkumpolare Verbreitung; *polifolia* bezieht sich auf die ähnlich wie beim Polei-Gamander (siehe *Teucrium polium*!) weißlichen Blätter bzw. Blattunterseiten („polios" griech. = weißlich grau). Dies erklärt auch den Namen Poleigränke (im Gegensatz zur Torfgränke, *Chamaedaphne*); die anderen deutschen Namen bringen ebenfalls gewisse Ähnlichkeiten mit verschiedenen Pflanzenarten zum Ausdruck. Auf den auch üblichen Namen Lavendelheide sollte besser verzichtet werden, um Verwechslungen mit den *Pieris*-Arten zu vermeiden.

Systematik: In Deutschland einheimische Art der nur aus zwei Arten bestehenden Gattung mit Verbreitungsschwerpunkt in der borealen Nadelwald- und subarktischen Tundrenzone. Die 2., nur in Nordamerika beheimate Art, die **Behaarte Rosmarinheide** (***Andromeda glaucophylla***), hat längere, unterseits behaarte Blätter:

Blühende Kriechsprosse der Kahlen Rosmarinheide.

Blütentriebe der Behaarten Rosmarinheide.

Verbreitung: Vor allem in der Tundren- und Taigazone der Nordhalbkugel, auf Mooren bis in gemäßigte Breiten, hier besonders in Gebirgen. In Deutschland im Rückgang und als eine in ihrem Bestand gefährdete Art in der Roten Liste.
Lebensraum: Hochmoorbulte, Kiefern- und Birken-Moorwälder.
Biologie: Insektenbestäubung (besonders Bienen), auch Selbstbestäubung. Giftige Inhaltsstoffe (Andromedotoxin bzw. Acetylandromedol) in Blättern und Blüten, selbst im Nektar auftretend, damit auch Honig für Menschen giftig.
Verwendung: Zierpflanze für Moorbeetkulturen und Heidegärten, dafür wurden auch gedrungen wachsende und reichblütige Sorten (z. B. 'Compacta') ausgelesen.

Aralia elata – Japanischer Angelicabaum

Araliaceae – Araliengewächse

Sommergrüner, aufrechter, nur schwach verzweigter, stark bewehrter, 2–5 m hoher, Ausläufer bildender Großstrauch. Zweige hellgrau bis braun, stark bestachelt. Knospen zugespitzt, von einem Ring aufgerichter Stacheln umgeben. **Blätter** wechselständig an den Zweigenden, 50 cm lang gestielt, bis 1 m lang, meist doppelt gefiedert, kahl oder behaart. Jede Fieder mit 5–9, 10–12 cm langen und 2–7 cm breiten, elliptischen, deutlich zugespitzten Blättchen, entfernt gesägt mit groben Zähnen, unterseits bläulich, beidseitig locker, vor allem auf den Nerven unterseits mehr oder weniger dicht behaart. **Blüten** 5-zählig, in endständigen, rispenartigen, vielfach verzweigten, 30–45 cm breiten Ständen, die aus 1–2 cm großen Dolden zusammengesetzt sind, cremefarben. Dolden 6–15-blütig, 1–10 mm lang gestielt, Stiele dicht gelbbraun oder grau behaart. Blütezeit: Juli–September. **Früchte** kugelförmig, 3–4 mm groß, 5-fächerig mit heruntergebogenen, persistierenden Griffeln. Es sind schwarze, beerenartige Steinfrüchte mit 2–5 Steinkernen bzw. Samen. Fruchtreife: September–Oktober.

Name: Der französische Arzt Sarrazin schickte die Pflanzen 1804 unter dem kanadischen Namen „Aralia", der vermutlich einer Indianersprache entlehnt ist, nach Paris. *elatus* lat. = hoch (aufgerichtet).
Systematik: Die Gattung *Aralia* umfasst 72 Arten in Ost- und Südasien, Malaysien und Nordamerika. Fossil sind Arten seit der Oberkreide nachgewiesen.
Verbreitung: China, Mandschurei, Ostsibirien, Sachalin, Korea, Japan (Hokkaido bis Kyushu).
Lebensraum: Lichte Wälder, Waldränder. Vom Meeresniveau bis in Gebirgslagen, in China 2700 m ü. M. erreichend.

Blütenstand des Japanischen Angelicabaums (Sorte 'Aureovariegata').

Fruchtstand des Japanischen Angelicabaums.

Biologie: Die polygamen Blüten werden von zahlreichen, unterschiedlichen Insekten aufgesucht und bestäubt. Die Samen besitzen ein großes fleischiges Nährgewebe. Die Keimung erfolgt epigäisch.

Verwendung: In Gärten und Parks wegen der ins Auge fallenden Blüten- und Fruchtstände gelegentlich angepflanzt. Bisweilen haben die Pflanzen eine intensive, lachsrote Herbstfärbung. Sie stellen keine besonderen Bodenansprüche, entwickeln sich zu voller Schönheit jedoch nur im Freistand. In Kultur seit etwa 1830. Die Vermehrung erfolgt durch Samen oder Wurzelschnittlinge. Frosthart bis –15 C.

Ähnliche Art:
***Aralia chinensis*, Chinesischer Angelicabaum:** 1,5–7 m hoher Großstrauch mit nur wenig bestachelten Zweigen. Blätter 25–40 cm lang gestielt, doppelt gefiedert, bis 80 cm lang, nicht oder nur wenig bestachelt. Blättchen länglich eiförmig, 6–10 cm lang. Blütenstände 25–40 cm hoch. Einzeldolden 20–50-blütig. Blütezeit: August–September. Früchte 2–3 mm groß. Fruchtreife: September–Oktober. Verbreitung: SO-China. In Wäldern, Gebüschhängen und auf Flussbänken. Seit etwa 1830 in Europa kultiviert, jedoch seltener als der Japanische Angelicabaum.

Arctostaphylos uva-ursi – Echte, Immergrüne oder Rotfrüchtige Bärentraube
Ericaceae – Heide(kraut)gewächse

Immergrüner, 20–60 cm hoher, sich mit bis zu 1 m langen Kriechsprossen flächig ausbreitender Spalierstrauch. **Blätter** verkehrt eiförmig, 1–3 cm lang, ganzrandig, lederig, glänzend, unterseits netzadrig, im Gegensatz zum ähnlichen Blatt der Preiselbeere (*Vaccinium vitis-idaea*) nicht punktiert. **Blüten** zu 4–8 in kurzen endständigen Trauben; Krone urnenförmig, weiß mit rosa Saum. Blütezeit: April–Juni. **Früchte** beerenartige Steinfrüchte, etwa 1 cm Durchmesser, glänzend rot, mehlig.

Name: *uva-ursi* lat. = Traube des Bären, war bereits der Name für die Art, als sie noch der Gattung *Arbutus* zugeordnet war. Als die Bärentrauben als eigene Gattung abgetrennt wurden, wurde der Name dieser Art (deshalb „Echte" Bärentraube) auf die neue Gattung übertragen, allerdings in grie-

Kriechsprosse der Echten Bärentraube mit Frucht.

chischer Übersetzung („arktos“ = Bär, „staphylos“ = Traube), so dass sich der heutige Gattungs- und Artname darauf gründen, dass die Früchte Bären als Nahrung dienen.
Systematik: Zur Gattung *Arctostaphylos* gehören etwa 70 weit überwiegend immergrüne und vor allem in Nordamerika (südlich bis Mexiko) beheimatete Arten, sowohl aufrechte Sträucher bis kleine Bäume als auch niederliegende oder kriechende Spaliersträucher. Nur *A. uva-ursi* und *A. alpina*, die beiden auch in Mitteleuropa einheimischen Arten, nehmen ein ausgedehntes zirkumpolares Areal ein.
Verbreitung: Boreale Zone und Gebirge gemäßigter Zonen der Nordhalbkugel. Natürliche Vorkommen in Deutschland im Rückgang, nach Roter Liste stark gefährdete Art.
Lebensraum: Lichte und mäßig trockene Nadelwälder, Zwergstrauchheiden, Felsfluren.
Biologie: Bis 1 m tief wurzelnd, langlebig (bis 100 Jahre alte Pflanzen bekannt). Insektenbestäubung (meist Hummeln), auch Selbstbestäubung.
Verwendung: Blätter Bestandteil von Blasen- und Nierentee, früher auch zum Gerben von Leder und zum Färben (gelb bis ocker) von Juchtenleder und Wolle genutzt. Als Ziergehölz besonders in Heidegärten gepflanzt, auch gut verwendbar als Bodendecker. In Deutschland besonders geschützte Art (Bundesartenschutzverordnung), eine Entnahme von Pflanzen vom Naturstandort ist verboten.

Weitere Art:
***Arctostaphylos alpina*, Alpen-Bärentraube:** Zu den wenigen sommergrünen Arten der Gattung gehörend, die auch als eigene Gattung *Arctous* abgetrennt werden. Die zur Herbstzeit leuchtend rot gefärbten Blätter bleiben bis zum Frühjahr an den dem Boden anliegenden Sprossen, die anfangs roten Früchte sind reif (blau)schwarz und saftig. Ein äußerst attraktiver Spalierstrauch, der in Tundren und der (sub)alpinen Stufe der Hochgebirge vorkommt.

Aristolochia macrophylla – Amerikanische Pfeifenwinde, Dutchman‘s Pipe

Aristolochiaceae – Osterluzeigewächse

Sommergrüne, 5–20 m hoch linkswindende Liane. Junge Triebe kahl. Knospen wollig behaart, oft mit absteigenden serialen Beiknospen. **Blätter** wechselständig, 2,5–7,5 cm lang gestielt. Spreite nierenförmig oder herzförmig, zugespitzt oder stumpf, oberseits dunkelgrün, kahl, unterseits anfangs flaumig behaart, verkahlend, hellgrün, 10–30 cm lang. **Blüten** einzeln oder paarweise blattachselständig an Kurztrieben, 3–5 cm lang gestielt, Stiel in der unteren Hälfte mit einem kleinen rundlich ovalen Hochblatt. Kronblätter fehlend, Kelch eine U-förmige Röhre bildend, 25–30 mm lang, am Grund aufgeblasen, außen gelbgrün, kahl, an der Mündung kontrahiert mit 3 rotbraunen, punktiert gestreiften, spreizenden Lappen, 12–20 mm Durchmesser.

Blütezeit: Mai. **Frucht** eine 6-kantige, walzenförmige, 6–8 cm lange Kapsel, die sich fachspaltig öffnet. **Samen** herzförmig, 1 cm groß, mit 2 transparenten, flügelartigen Anhängseln. Fruchtreife: September.

Blüten der Amerikanischen Pfeifenwinde.

Name: *Aristolochia* ist der griechische bzw. lateinische Name für die Osterluzei, ein die Geburt förderndes Kraut, und wurde bereits von DIOSKURIDES, HIPPOKRATES und THEOPHRAST sowie von CICERO und PLINIUS d. Ä. verwandt. *macrophyllus* lat. = großblättrig.

Systematik: Zur Gattung *Aristolochia* werden rund 400 Arten gerechnet. Das Hauptverbreitungsgebiet liegt in den Tropen.

Verbreitung: Östliches Nordamerika von Pennsylvania bis Georgia, westlich bis Minnesota und Kansas.

Lebensraum: Auenwälder, Waldränder, Flussbänke in Höhenlagen von 50 bis 1300 m ü. M.

Biologie: Sehr schnell wachsende Liane, die pro Jahr mehrere Meter lange Sprosse bilden kann. Die Blüten sind sogenannte Kesselfallenblumen. Insekten, kleine, nur wenige Millimeter große Fliegen, werden durch Duft angelockt. Ein Reusenmechanismus aus Haaren an der verengten Stelle der Kelchröhre verhindert ein Entkommen so lange, bis die Pollen reifen und bei Berührung an der Körperoberfläche haften. Zu diesem Zeitpunkt ist die Röhrenöffnung wieder passierbar und die Fliegen können eine weitere Blüte aufsuchen und dort den Pollen an den Narben abladen. Die Verbreitung der Samen erfolgt durch den Wind. Rinde und Wurzeln haben einen aromatischen Duft.

Verwendung: Häufig angepflanzte Schlingpflanze an Bäumen, Pergolen und Säulen. Besonders attraktiv sind die eigenartig geformten Blüten. In Kultur ist die Amerikanische Pfeifenwinde in Europa seit 1783 durch BARTRAM. Sie stellt keine besonderen Bodenansprüche, bevorzugt jedoch einen feuchten, nicht nassen Standort in halbschattiger Lage. Vermehrung durch Teilung und Absenker. Ein Rückschnitt ist infolge des robusten Wachstums während des Winters nötig.

Ähnliche Art:

***Aristolochia tomentosa*, Filzige Pfeifenwinde:** Sommergrüne, 5–25 m hohe Liane, die sich durch die filzige Behaarung der Sprosse, Blätter und Blüten deutlich von voriger Art unterscheidet. Blätter 10–16 cm lang und fast ebenso breit, breit eiförmig bis gerundet, hellgrün, am Grund herzförmig. Blüten einzeln, 4 cm lang, grüngelb, die Röhrenöffnung weinrot bis braun und die 3 Lappen gelblich, oberseits kahl und glänzend, 2 cm Durchmesser. Blütezeit: Juni. Früchte zylindrisch, 6-kantig, 5 cm lang. Meist gut fruchtend. Fruchtreife: September. Verbreitet im südöstlichen Nordamerika von North Carolina bis Florida, westlich bis Illinois und Missouri, an Flüssen und Gewässern bis 500 m ü. M. In Europa in Kultur seit 1799. Weniger häufig angepflanzt. Kulturansprüche wie *A. macrophylla*. Vermehrung durch Ableger. *tomentosus* lat. = filzig.

Blätter der Filzigen Pfeifenwinde.

Aronia prunifolia – Pflaumenblättrige oder Purpur-Apfelbeere oder -Aronie

Rosaceae – Rosengewächse

1,5–2,5 m, selten bis 4 m hoher, sommergrüner, kurze Ausläufer bildender Strauch. Junge Zweige ± filzig behaart. Knospen kahl, glänzend weinrot. **Blätter** wechselständig, einfach, verkehrt eiförmig bis elliptisch, 2,5–8(–18) cm lang, kurz zugespitzt, fein kerbig gesägt, oberseits glänzend grün, bis auf dickliche schwarzrote Haare auf der Mittelrippe kahl, unterseits bis zur Blütezeit filzig, zur Fruchtzeit nur noch schwach behaart. **Blüten** zwittrig, 5-zählig, in 6–14-blütigen Schirmrispen, Krone weiß oder blassrosa, 1–2 cm Durchmesser. Insektenbestäubung. Blütezeit: Mai–Juni. **Früchte** beerenartige Kernäpfel, 0,8–1,2 cm Durchmesser, dunkelrot bis schwarzpurpurn oder (violett)schwarz, kaum oder schwach glänzend, Fruchtreife August bis Oktober, oft lange am Strauch haftend, essbar, Geschmack herb-süßlich, aber roh adstringierend.

Name: *Aronia* war bei DIOSKURIDES eine Art Mispel, wohl auch Beziehung zu „aria“ griech. = Mehlbeere; *prunifolia* lat. = pflaumenblättrig.

Systematik: Zur Gattung *Aronia* gehören zwei diploide nordamerikanische Arten: *A. melanocarpa* und *A. arbutifolia* (siehe unter weitere Arten!). *A. prunifolia*, früher letzterer Art als Varietät **var. *atropurpurea*** zugeordnet, ist eine vermutlich aus den beiden Arten entstandene tetraploide Hybride. Da sie sich über Samen vermehrt und die Nachkommen konstante Merkmale aufweisen können, handelt es sich offenbar zumindest teilweise um stabilisierte Hybriden, die sich agamosperm vermehren können. *A. prunifolia* werden heute die meisten der als Fruchtgehölze kultivierten *Aronia*-Sorten zugeordnet. Allerdings wurden im Rahmen der Züchtung ertragreicher und selbst unter extremen Bedingungen winterharter Fruchtsorten in der ehemaligen Sowjetunion bei Kreuzungen auch Arten der Gattung *Sorbus*, vor allem die Vogelbeere (*S. aucuparia*), einbezogen. Neuerdings stellen sogar auf der Basis molekulargenetischer Untersuchungen einige Autoren bekannte *Aronia*-Sorten, obwohl äußerlich völlig einer Apfelbeere gleichend, zum Bastard beider Gattungen: ×*Sorbaronia mitschurinii*. I. W. MITSCHURIN, einer der bekanntesten russischen Obstzüchter in der 1. Hälfte des 20. Jahrhunderts, erkannte als erster die Bedeutung der Aronien als Wildobst.

Verbreitung: Gattung *Aronia* in nemoraler bis borealer Zone des östlichen Nordamerika, dabei *A. prunifolia* auch außerhalb des Areals, in dem *A. melanocarpa* und *A. arbutifolia* gemeinsam vorkommen. Nach Europa wurden Aronien um 1700 eingeführt und verwilderten inzwischen in einigen Ländern aus Kultur, so *A. prunifolia* in Mitteleuropa seit 1892, heute als Neophyt auch in Deutschland (z. B. in norddeutschen Mooren).

Fruchtstand der Pflaumenblättrigen Apfelbeere.

Lebensraum: Lichte Wälder und Gebüsche feuchter Standorte, aber auch sandige und steinige Standorte und Trockenheit ertragend.

Biologie: Die saftreichen Früchte enthalten neben Zucker und Fruchtsäuren mehrere Vitamine, Anthocyane, Flavonoide, Gerbstoffe und an Mineralstoffen Eisen und Jod; Saft stark färbend. Verdauungsausbreitung (Vögel, kleinere Säuger).

Verwendung: Zier- und Fruchtgehölz, in Nordamerika seit 1800 in Kultur. Seit 1900 Züchtung von Fruchtsorten in Russland, nach 1945 Export von Sorten nach Mittel- und Nordeuropa, hier

Züchtung weiterer für die Gesundheit und als Lebensmittel bedeutender Sorten, auch plantagenmäßiger Anbau (z. B. seit 1970er Jahren in der DDR, überwiegend Sorte **'Nero'**). Die Gesundheit fördernde Wirkungen, ernährungsphysiologischer Wert und die Bedeutung als Farbstoff führten zur Erweiterung der Anbauflächen. Als Ziergehölz sind die ansehnlichen Blüten und Früchte, vor allem aber die prächtige orange- bis weinrote Herbstfärbung hervorzuheben. Die Vermehrung kann über Samen, Stecklinge oder Abnehmen von Ausläufern erfolgen, Verjüngung durch Rückschnitt (bis auf 30 cm).

Weitere Arten (vermutliche Elternarten von *A. prunifolia)*:
***Aronia arbutifolia*, Filzige** oder **Rote Apfelbeere, Red Chokeberry:** Blätter unterseits wie die jungen Zweige bis zur Blütezeit dicht filzig und auch noch zur Fruchtreife mehr oder weniger stark behaart. Früchte 4–7 mm Durchmesser, leuchtend rot, kaum glänzend, oft lange, bis in den Winter, am Strauch haftend. Ziergehölz, vor allem aufgrund der roten Früchte und intensiven roten Herbstfärbung interessant.

Blütenstand der Kahlen Apfelbeere.

***Aronia melanocarpa*, Kahle** oder **Schwarze Apfelbeere, Black Chokeberry:** Blattunterseiten wie die jungen Zweige nur anfangs behaart, bereits zur Blütezeit kahl. Früchte meist nur 6–8(–10) mm Durchmesser, anfangs purpurschwarz, zur Reife glänzend schwarz (*melanocarpus* griech. = schwarzfrüchtig), bald nach der Reife abfallend oder von Vögeln gefressen. Hierzu nur wenige Fruchtsorten, denn die meisten früher wegen der oft ebenfalls purpurschwarzen oder fast schwarzen, wenn auch weniger glänzenden, Früchte *A. melanocarpa* zugeordnete Sorten werden heute unter *A. prunifolia* geführt.

Asimina triloba – Dreilappige Papau, Indianerbanane, Pa(w)paw

Annonaceae – Flaschenbaumgewächse

Sommergrüner Großstrauch oder bis 14 m, bei uns in Kultur nur bis 5 m, hoher Baum mit im Alter schwach gefurchter, graubrauner Borke. Zweige anfangs rostbraun behaart. Knospen nackt, aber durch rostbraune Behaarung geschützt. **Blätter** wechselständig, hängend, einfach, Spreite länglich verkehrt eiförmig bis lanzettlich, ganzrandig, 15–30 cm lang, 8–14 cm breit, vorn zugespitzt, zur Basis keilförmig in den 0,5–1 cm langen Stiel verschmälert, fein durchscheinend punktiert, unterseits anfangs rostfarben behaart, zumindest auf den Nerven. **Blüten** einzeln, achselständig an vorjährigen Zweigen vor oder mit den Blättern erscheinend, zwittrig, radiär, glockig, nickend, Durchmesser 2–5 cm, unangenehm riechend. Kelchblätter 3, grün, 8–12 mm lang, hinfällig. Kronblätter 6, rötlich braun, am Ende umgebogen, mit markanter, eingedrückter Nervatur, die 3 äußeren 1,5–2,5 cm lang und breit, die inneren etwa halb so groß. Staubblätter zahlreich, Fruchtblätter 3–7, nicht miteinander verwachsen. Blützeit: April–Mai. **Früchte** Sammelfrucht mit 1–7, jeweils 5–9 (bei Sorten bis 15) cm langen, 3–5 (bei Sorten bis 10 cm) breiten, ei- bis wurstförmigen oder länglich ellipsoidischen, gelbgrünen, reif bräunlichen fleischigen Teilfrüchten (Beerchen) mit 10–12 braunen, 1,5–2,5 cm langen, abgeflachten Samen. Fruchtreife: September–Oktober.

Name: Gattungsname *Asimina* möglicherweise gebildet aus *Annona* (Papau früher *Annona triloba*) und „similis" lat. = ähnlich, also der Gattung *Annona* ähnlich. Das Artepitheton *triloba* scheint irreführend, da die Blätter ungeteilt sind, allerdings besteht die Blütenhülle aus 3 Kelchblättern und 6 Kronblättern, die in 2 dreizähligen Kreisen angeordnet sind. „Indianerbanane" weist einerseits auf die Nutzung als Obst durch die amerikanischen Ureinwohner hin, andererseits auf das Fruchtfleisch, das in der Konsistenz und im Geschmack an das reifer Bananen erinnert. Bei dem englischen Namen papaw oder pawpaw ist darauf zu achten, dass Melonenbaum oder Papaya (*Carica papaya*) ebenso bezeichnet werden, obwohl zu einer anderen Pflanzenfamilie gehörend.

Hängende Blätter der Dreilappigen Papau.

Sammelfrucht der Dreilappigen Papau, auch Indianerbanane genannt.

Systematik: Zur Gattung *Asimina* 8 immer- und sommergrüne Baum- und Straucharten, die im östlichen Nordamerika von der warmgemäßigten bis subtropischen Zone verbreitet sind, wobei *A. triloba* das weitaus größte Areal aufweist. Diese Art ist auch die einzige in Mitteleuropa winterharte Art.

Verbreitung: *A. triloba* kommt im östlichen Nordamerika von Kanada (Ontario), westlich bis Iowa, Kansas, Nebraska und Texas reichend, bis Georgia und Alabama im Süden der USA vor. Vermutlich ist sie wegen der essbaren Früchte von den Indianern, die schon früher die Art kultivierten, aus dem östlichen Areal weiter in den Westen ausgebreitet worden.

Lebensraum: Auenwälder, feuchte Laubwälder und Waldränder entlang von Flussläufen, vom Tief- bis ins Bergland (10–790 m ü. M.), bevorzugt auf nährstoffreichen, tiefgründigen, neutralen bis

schwach sauren Böden. Vergesellschaftet u. a. mit Tulpenbaum (*Liriodendron tulipifera*), Pecannuss (*Carya illinoinensis*), Zürgelbaum (*Celtis occidentalis*) und Judasbaum (*Cercis canadensis*).
Biologie: Wärmeliebende und lichtbedürftige Art. Pfahlwurzel bildend, vereinzelt Wurzelsprosse. Die Blüten werden von Insekten, vor allem Fliegen und Käfern, die von dem spezifischen Geruch angelockt werden, bestäubt. Selbst- und Windbestäubung ist auch möglich, aber Fremdbestäubung für den Fruchtansatz förderlich. Die Früchte (bis 470 g) sind die größten unter den Früchten der in Nordamerika heimischen Laubbäume. Die Art wird nur von wenigen Insekten, die Schäden an Blättern und Blüten hervorrufen, befallen. Zweige und Blätter enthalten insektizide Wirkstoffe. Andererseits nehmen die Raupen eines Ritterfalters (Zebraschwalbenschwanz, *Protographium marcellus*) solche Inhaltsstoffe der Pflanze (Acetogenine bzw. Annonine) auf und bleiben dadurch von Prädatoren wie Vögeln verschont. Vermutlich besitzen diese Substanzen auch eine krebshemmende Wirkung.
Verwendung: Wegen des aromatischen, süßen, zur Vollreife weichen, weißlich bis gelblich gefärbten Fruchtfleisches als Obst für Rohverzehr und verarbeitet (Desserts, Speiseeis, Fruchtcocktail etc.) geschätzt. Wird vor allem in Nordamerika in großfrüchtigen und reich tragenden Sorten angebaut, ist in den USA sehr populär (Orte, Flüsse und Schulen tragen den Namen der Art, in Ohio ein Paw-Paw-Festival). Inzwischen aber auch in wintermilden und sommerwarmen Regionen Mitteleuropas gern angepflanzt. Wegen der langen und hängenden Blätter mit schöner gelber Herbstfärbung und der bei Gehölzen nur selten anzutreffenden Blütenfarbe als Ziergehölz ebenfalls interessant, dazu weitgehend schädlingsfrei. Vermehrung durch Samen.

Aucuba japonica – Aukube

Garryaceae – Becherkätzchengewächse

Immergrüner, 1–3 m hoher, gabelig verzweigter Strauch. Zweige grün, kahl. Knospen eiförmig, zugespitzt, kahl oder anliegend behaart, 8–15 mm lang, mit 4 sichtbaren Knospenschuppen. **Blätter** gegenständig, 1–5 cm lang gestielt. Spreite eiförmig elliptisch, lederig, 8–20 cm lang, 5–12 cm breit. **Blüten** duftlos, unscheinbar, rotbraun, 4-zählig, eingeschlechtig, zweihäusig verteilt am Ende junger Triebe. Männliche Stände 5–10 cm, weibliche 1–2 cm lang. Blütezeit: März–April. **Früchte** ellipsoidisch bis eiförmig, rot, glänzend, kahl, 15–18 mm lang. Fruchtfleischmantel sehr dünn, Steinkern ellipsoidisch, glatt, 12–14 mm lang, 1-samig. Fruchtreife: März–April. **G!**

Name: „*Aucuba*" ist die latinisierte Form des japanischen Namens „Ao-ki", „Aokiba" oder „Aukubi" für die Pflanze.
Systematik: Die Gattung *Aucuba*, die 10 Arten im Himalaja und Ostasien umfasst, wurde lange der Familie *Cornaceae* zugeordnet. Augenscheinliches Merkmal ist der unterständige Fruchtknoten.
Verbreitung: Himalaja bis China, Korea, Japan (Honshu bis Kyushu).
Lebensraum: Vom Tiefland bis in Gebirgslagen, auf humosen, nährstoffreichen, feuchten Böden, an Gewässern und in dichteren Wäldern.
Biologie: Abgestorbene Blätter färben sich schwarz.

◀ *Blühende Aukube.*

Verantwortlich dafür ist das Glycosid Aucubin, das sich in Glucose und das Aglucon Aucubigenin spaltet. Eine Ausbreitung der Früchte, die erst im folgenden Jahr reifen, erfolgt in Mitteleuropa nur selten. Naturverjüngung findet meist nur in unmittelbarer Nähe der Mutterpflanzen statt. Die Aukube ist in allen Teilen giftig. Hauptwirkstoff ist das bereits erwähnte Aucubin, das zu 1,4 % in den Blättern und zu 3 % in den Samen enthalten ist. Aucubin kann Entzündungen im Magen- und Darmtrakt, Diarrhö und Koliken hervorrufen.

Fruchtende Aukube mit gelblich gefleckten Blättern (Sorte 'Variegata').

Verwendung: Die Aukube ist ein beliebtes Gartengehölz und im Weinbauklima bis etwa –12 °C winterhart. Die Pflanzen stellen keine besonderen Bodenansprüche. Sie ertragen auch viel Luftverschmutzung und gelegentliche Trockenheit. Die Pflanzen treiben nach einem stärkeren Rückschnitt wieder gut aus. Aukuben sind praktisch frei von pflanzlichen oder tierischen Schädlingen. Bemerkenswert ist die hohe Schattenverträglichkeit. Neben dem glänzenden Laub ist bei den weiblichen Pflanzen der oft reiche, bis in den Frühsommer währende Fruchtschmuck von hohem Zierwert. Die Vermehrung kann leicht durch Stecklinge erfolgen. In Japan wird das feste, schwarze Holz zu Drechslerarbeiten genutzt.
Weit häufiger als die Art angepflanzt ist **'Variegata'**, deren Blätter zahlreiche, ungleich große gelbliche Flecken aufweisen. Diese Sorte weiblichen Geschlechts wurde 1783 von John Graeffer eingeführt. Die normale, grünblättrige Form gelangte erst zwischen 1856 und 1866 nach Europa. Darunter befanden sich auch männliche Individuen, so dass es bald auch in Mitteleuropa zur Fruchtbildung kam. Bei der Blattfleckung handelt es sich um keine Panaschierung, sondern sie wird durch das *Aucuba*-Ringspot-Virus verursacht. Diese Infektion hat keine sichtbare, krankhafte Beeinträchtigung der Pflanze zur Folge. Das Virus wird durch die infizierten Samen weitergegeben.

Aurinia saxatilis – Felsen-Steinkresse

Brassicaceae – Kreuzblütler

Halbimmergrüner, 15–35 cm hoher Halbstrauch mit bogig aufsteigenden Sprossen, am Grund dicht mit abgestorbenen Blattresten bekleidet. Untere **Blätter** in Rosetten, dicht mit Sternhaaren bekleidet und daher graugrün, lanzettlich bis spatelförmig 4–10 cm lang und 8–10 mm breit, ganzrandig bis entfernt buchtig gezähnt. **Blüten** duftend, in dichten, verzweigten Trauben, gelb, 4-zählig, 3–5 mm lang gestielt, 4–6 mm breit. Kronblätter gleichlang, wenig länger bis doppelt so lang wie der 2–2,5 mm lange Kelch, ausgerandet, 3–6 mm lang, kahl. Staubfäden geflügelt, am Grund mit sehr kleinen Anhängseln. Blütezeit: April–Mai. **Früchte** in verlängerter Traube. Schoten kreisförmig, abgeflacht, kahl, 4–9 mm lang, mit 1 mm langem persistierendem Griffel. **Samen** ca. 2 mm lang, braun, schmal geflügelt. Fruchtreife: Juni–Juli.

Name: Im Gattungsnamen ist „aurum" lat. = Gold, „aureum" = golden enthalten, wegen der goldgelben Blüten. *saxatilis* lat. = felsbewohnend abgeleitet von „saxum" = Stein, Fels.

Systematik: Die Gattung *Aurinia*, sehr nah verwandt mit *Alyssum*, umfasst 10 von Europa bis Westasien verbreitete Arten.
Verbreitung: Mittel-, Südost- und Osteuropa, Balkan-Halbinsel bis Anatolien. In Deutschland vor allem im sächsischen Elbtal und Fränkischem Jura. Vielerorts verwildert und eingebürgert. Die Art ist in Deutschland in der Roten Liste als gefährdet aufgeführt und besonders streng geschützt.
Lebensraum: Licht- und wärmebedürftige Pflanze. In Fels- und Gesteinsspalten, in Felsfluren und flachgründigen Trockenrasen.
Biologie: Die Blüten werden meist durch kleine Insekten, namentlich Fliegen und kleine Hautflügler, bestäubt. Blütenbesucher sind auch Sandbienen (*Andrena*) und Furchenbienen (*Lasioglossum nitidulum*). Die Samenverbreitung geschieht mit Hilfe des Windes, der die Samen aus den geöffneten Schoten ausschüttelt. Die Samenschale quillt bei Benetzung mit Wasser. Damit wird der Samen dauerhaft am Substrat befestigt.
Verwendung: Beliebte Gartenpflanze, vor allem für Steingärten und Pflanztröge. In Kultur sind mehrere Sorten, die sich durch ihre Blütenfarbe und Wuchsform unterscheiden. Vermehrung durch Samen oder durch Stecklinge im Frühsommer oder Spätherbst.

Blühende Felsen-Steinkresse an einer Trockenmauer.

Berberis – Berberitze, Sauerdorn

Berberidaceae – Berberitzengewächse

Sommer- oder immergrüne, dornig bewehrte Sträucher. Sprosssystem deutlich in Lang- und Kurztriebe gegliedert. **Blätter** wechselständig, einfach, ganzrandig, gezähnt oder grannenartig gezähnt, fiedernervig. Blätter der Langtriebe in 1–3-teilige Dornen umgewandelt. Blätter der Kurztriebe rosettig dicht stehend. **Blüten** nur an den Kurztrieben, in Trauben, Doldentrauben, Rispen oder einzeln. Blütenhülle 6-blättrig, in 3-zähligen Kreisen. Kronblätter am Grund mit 2 Nektarien. Staubblätter 6. Fruchtknoten oberständig. Griffel kurz oder fehlend. Innere Blütenhüllblätter am Grund mit je 2 unterschiedlich gestalteten Nektarien. **Früchte** als Beeren, 1- oder wenigsamig, rot bis schwarz. **G!**

Name: *Berberis* spätgriech. und mittellat. = Sauerdorn.
Systematik: Gattung mit rund 580 strauchigen Arten. Innerhalb der Familie *Berberidaceae*, die 19 Gattungen mit 755 Arten umfasst, ist sie bei weitem die artenreichste. Charakteristisch sind der Sprossdimorphismus sowie die Bewehrung. Verbreitet ist die Gattung in Mittel- und Ostasien, vor allem in China (200 Arten) sowie in den Anden Südamerikas; wenige Arten im nördlichen und tropischen Afrika (Hochgebirge); 4 Arten in Europa. Fossil seit dem Oligozän nachgewiesen.
Biologie: Die Staubblätter sind reizbar. Bei Berührung bewegen sie sich nach oben, d. h. zum Fruchtknoten hin. Der verborgene Nektar kann nur von Insekten mit längerem Rüssel (Honigbienen, Sandbienen *Andrena* und Hummeln) ausgebeutet werden, die damit die Bestäubung herbeiführen. Einige Arten sind Zwischenwirte des Getreide-Schwarzrostes (*Puccinia graminis*). *Berberis*-Arten sind giftig. Sie führen vor allem in den Wurzeln und der Rinde Alkaloide wie Berberin. Das Holz und die Wurzeln sind gelb gefärbt. Von einigen Arten können jedoch die Früchte verzehrt werden.
Verwendung: Viele Arten sind als Zier- oder Heckengehölze in Kultur. Vermehrung durch Aussaat oder mittels ausgereifter, krautiger Stecklinge.

Berberis vulgaris – Gewöhnliche Berberitze

Sommergrüner, aufrechter bis 3 m hoher Strauch. Junge Zweige kantig gerieft, zunächst behaart, bald verkahlend, graubraun. Knospen breit eiförmig, 3–5 mm lang. Blattdornen meist 3-teilig, 1–2 cm lang. **Blätter** 2–15 mm lang gestielt, Spreite verkehrt eiförmig bis länglich elliptisch, 2–5 cm lang, am Rand grannenartig gezähnt, oberseits dunkelgrün, unterseits etwas heller, beidseitig kahl, schwach netznervig. **Blüten** stark duftend, in 4–6 cm langen Trauben, gelb, 6–9 mm Durchmesser, Kronblätter 5–7 mm lang, an der Spitze gerundet. Blütezeit: Mai. **Früchte** länglich ellipsoidisch, 8–12 mm lang, rot. **Samen** 1–3, etwa 5–6 mm lang. Fruchtreife: August–September.
Name: *vulgaris* lat. = gemein, gewöhnlich.
Verbreitung: Europa bis zur Krim und dem Kaukasus. In Nordamerika gebietsweise eingebürgert.
Lebensraum: In lichten Laubmischwäldern, Wald- und Gebüschsäumen. Auf wechselfeuchten, sommertrockenen, tiefgründigen, basenreichen Böden. Licht- bis Halbschat-

Blühende Gewöhnliche Berberitze.

Fruchtende Gewöhnliche Berberitze.

tengehölz. In Mitteleuropa von der Ebene bis in Gebirgslagen. In den Alpen 2000 m ü. M. erreichend.

Biologie: Die Blüten werden von verschiedenen, langrüsseligen Insekten bestäubt, die Früchte von Vögeln verbreitet. Die Gewöhnliche Berberitze ist Wirtspflanze der Hain-Sommerwurz (*Orobanche lucorum*), eines Wurzelparasiten, von dem nur die Blütenstände oberirdisch zu sehen sind.

Verwendung: Die Früchte sind reich an Vitamin C. Das Berberin in der Rinde und Wurzel, hier bis 1–3 %, ist für die gelbe Farbe verantwortlich. Die Wurzelrinde (Cortex Berberidis radici) nutzte man früher zum Gelbfärben von Leder, Wolle und Seide sowie als Droge bei Leber- und Gallenleiden, auch gegen Hämorrhoiden. Die Früchte enthalten 5 % Zucker, Glucose und Fructose, sowie Fruchtsäuren, Pectin und Vitamin C. Sie sollen gegen Appetitlosigkeit und Verstopfung helfen und werden Erfrischungsgetränken beigefügt. Die Blätter schließlich liefern die Droge Folia Berberidis, die als Abführmittel verwendet wird.

'Atropurpurea': Blätter tief rotweinfarben.

Weitere sommergrüne Arten und Hybride:

***Berberis aggregata*, Knäuelfrüchtige Berberitze:** Bis 1,5 m hoher, dicht buschiger Strauch. Zweige stark kantig, behaart. Blattdornen dünn, 3-teilig, 1–2 cm lang. Blätter verkehrt eiförmig, 1–2,5 cm lang, am Rand meist stachelzähnig, oberseits dunkel gelbgrün, unterseits bläulich grün. Blüten zu mehreren in 1–4 cm langen, sitzenden Rispen, 6 mm Durchmesser, hellgelb. Früchte rundlich, 6–7 mm groß, rot, bereift. Blütezeit: Mai. Fruchtreife: September. Verbreitung: W-China. *aggregatus* lat. = rispig, gesellig. Eingeführt von Wilson 1908. Bisweilen angepflanzt.

***Berberis amurensis*, Amur-Berberitze:** Bis 3,5 m hoher Strauch mit gerieften, gelbbraunen Zweigen. Blattdornen 1-3-teilig, 1–2 cm lang. Blätter elliptisch bis länglich verkehrt eiförmig, am Ende gerundet, 3–8 cm lang, Rand grannenartig gesägt, oberseits hellgrün, unterseits bläulich, netzartig genervt. Blüten 10 mm lang gestielt, in bis 10 cm langen Trauben, 7–8 mm Durchmesser. Kronblätter gelb, an der Spitze ausgerandet. Früchte länglich ellipsoidisch, bis 10 mm lang, rot, oft bereift. Blütezeit: Mai. Fruchtreife: September. Verbreitung: Nordostasien. *amurensis* lat. = vom Amur stammend. Nach Europa vor 1860 eingeführt. Häufig angepflanzt.

***Berberis koreana*, Koreanische Berberitze:** Bis 1,5 m hoher Strauch. 2-jährige Zweige gefurcht, dunkelbraun. Blattdornen 1-3-teilig, abgeflacht, oft mehrspitzig, 5–10 mm lang. Blätter verkehrt eiförmig bis elliptisch, 2,5–7 cm lang, am Grund keilförmig, dicht gesägt mit grannenartigen, kurzen Zähnen, unterseits blaugrün. Blüten in 2–3,5 cm langen Trauben, gelb, 10 mm Durchmesser. Blütezeit: Mai. Früchte rundlich, 7–8 mm Durchmesser,

Fruchtender Spross der Koreanischen Berberitze mit beginnender Herbstfärbung der Blätter. ▶

leuchtend rot. Fruchtreife: September. Verbreitung: Korea. In Kultur seit 1905. Häufig angepflanzt wegen der tiefroten Herbstfärbung und des reichen Fruchtschmucks. In Mitteleuropa ausreichend frosthart.

Berberis × ottawensis (*B. thunbergii* × *B. vulgaris*): Bis 2,5 m hoher Strauch. Wuchs und Blätter *B. thunbergii* sehr ähnlich, aber kräftiger. Zweige gelbbraun, Blattdornen bis 1,5 cm lang. Spreite verkehrt eiförmig, 1,5–3 cm lang, ganzrandig bis gezähnt. Blüten meist in 5- bis vielblütigen Dolden oder Doldentrauben. Blütezeit: Mai. Fruchtstände hängend. Fruchtreife: September. Frosthart bis –25 °C. Der Bastard entstand bei Dr. SAUNDERS um 1893 in Ottawa. Die Früchte bleiben lange an den Zweigen haften. Angepflanzt in mehreren Sorten, geeignet für besonnte und halbschattige Standorte.

***Berberis thunbergii*, Thunbergs Berberitze:** Dicht verzweigter, über 2 m hoher Strauch. Einjährige Zweige kahl, kantig und gerieft, braunrot. Dornen meist einfach, 5–15 mm lang. Blätter sehr ungleich groß, verkehrt eiförmig bis länglich spatelförmig, 1–3 cm lang, oberseits hellgrün, unterseits bläulich grün. Blüten einzeln oder zu 2–4 beieinander, gelb, außen mehr oder weniger gerötet, 8–10 mm Durchmesser. Blütezeit: Mai. Früchte ellipsoidisch, 10 mm lang, scharlachrot. Fruchtreife: September. Verbreitung: Japan (Honshu bis Shikoku). In Kultur seit 1864. Benannt nach CARL PETER THUNBERG. In Mitteleuropa völlig frosthart. In vielen Sorten häufig angepflanzt, auch als Heckengehölz. Herbstfärbung gelb bis tiefrot. Früchte lange haftend.

Blühende Thunbergs Berberitze.

'Atropurpurea': Blätter tiefrot. Seit 1913 angepflanzt an besonnten und halbschattigen Standorten.
'Atropurpurea Nana': Wächst breitbuschig und wird nur 50 cm hoch. Blätter tiefrot. In Holland 1942 entstanden.

Weitere immergrüne Arten und Hybride:

***Berberis buxifolia*, Buchsblättrige Berberitze:** 1–3 m hoher Strauch mit stielrunden, dunkelbraunen, behaarten Zweigen. Blätter elliptisch bis verkehrt eiförmig, 1–2,5 cm lang, sitzend oder kurz gestielt. Dornen einfach oder 3-teilig, bis 1,5 cm lang. Blüten zu 1–2, nickend, 2–2,5 cm lang gestielt, orangegelb, 1–1,5 cm Durchmesser. Frucht rundlich, 6 mm lang, dunkelpurpurn. Blütezeit: Mai; Fruchtreife: September. Verbreitung: Chile. *buxifolia* lat. = buchsbaumblättrig. Seit 1826 in Kultur. Häufig angepflanzt. Frosthart bis –15 °C.
'Nana' ist eine nur 30–50 cm hohe, unbewehrte, buschig wachsende Form. Blätter teils sitzend, teils bis 2,5 cm lang gestielt, sehr ungleich groß, oft mit 1–2 Zähnen im oberen Blattdrittel. Bildet keine Blüten. Seit 1867 in Kultur und häufig angepflanzt.

***Berberis candidula*, Schneeige Berberitze:** 0,5–1 m hoher, reich und dicht verzweigter Strauch. Zweige mit schwärzlichen Warzen besetzt. Blattdornen 3-teilig, 1,5–2 cm lang, hellbraun. Blätter flach, 1,5–3 cm lang, die Ränder etwas nach unten umgebogen, oberseits glänzend dunkelgrün, unterseits fast schneeweiß. Blüten einzeln, 5–10 mm lang gestielt, 1,5 cm Durchmesser, hellgelb. Früchte ellipsoidisch, 8–9 mm lang, blauschwarz, bereift. Blütezeit: Mai; Fruchtreife: September. Verbreitung: Mittelchina (W-Hubei). *candidulus* lat. = hübsch weiß. 1895 von FARGES eingeführt. In Mitteleuropa völlig frosthart, häufig angepflanzt, geeignet auch für Pflanzkübel oder Tröge.

Berberis darwinii, Darwins Berberitze: 1–2 m hoher, reich und dicht verzweigter Strauch mit braun behaarten, rundlichen Zweigen. Blattdornen 3–7-teilig, bis 7 mm lang. Blätter verkehrt eiförmig, 1–3 cm lang, am Ende mit 3 Zähnen, oberseits glänzend dunkelgrün, unterseits heller. Blüten orangegelb, außen rötlich getönt, in 1–6 cm langen, hängenden Trauben. Früchte rundlich, blau bereift, 6–7 mm Durchmesser. Blütezeit: März–Mai; Fruchtreife: August–September. Verbreitung: Chile, Argentinien. Benannt nach CHARLES DARWIN, der die Art 1835 entdeckte. 1849 von LOBB eingeführt. Frosthart bis –12 °C. Häufig angepflanzt, auch der Bastard mit *B. linearifolia*, die Lolog-Berberitze, ***Berberis* × *lologensis***, mit nur 3-teiligen Dornen und bis 4,5 cm langen Blättern.

Blütenstände von Darwins Berberitze (▲) und blühender Spross der Lolog-Berberitze (▶).

Berberis empetrifolia, Krähenbeerblättrige Berberitze: Bis 60 cm hoher Strauch mit braunen, gefurchten Zweigen. Blattdornen einfach oder 3-teilig, 5–15 mm lang. Blätter linealisch, 5–20 mm lang, lebhaft grün, Blattränder nach unten eingerollt und sich berührend. Blüten 5–10 mm lang gestielt, einzeln oder in Paaren, hellgelb, 12 mm Durchmesser. Frucht rundlich, 6–7 mm groß, blauschwarz. Blütezeit: Mai; Fruchtreife: September. Verbreitung: Chile. In Kultur seit 1827. Frosthart bis –15 °C. *empetrifolius* lat. = krähenbeerblättrig. Nicht häufig angepflanzt.

Blühende Krähenbeerblättrige Berberitze.

***Berberis gagnepainii*, Gagnepains Berberitze:** 1,5–2 m hoher Strauch mit stielrunden, gelblichen Zweigen. Blattdornen dünn, 3-teilig, 1–2 cm lang, bräunlich. Blätter schmal lanzettlich, 3–10 cm lang und 8–20 mm breit, je cm Blattrand mit 2–5 vorwärts gerichteten Stachelzähnen, oberseits stumpfgrün, unterseits mehr oder weniger glänzend grün. Blüten zu 3–10 in stark verkürzten Doldentrauben, lebhaft gelb, 10 mm Durchmesser. Blütezeit: Mai–Juni. Früchte eiförmig, 8–10 mm lang, blauschwarz, bereift. Fruchtreife: September. Verbreitung: W-China (Hubei, Sichuan). Benannt nach FRANÇOIS GAGNEPAIN. Um 1904 von WILSON eingeführt.
Von dieser formenreichen Art ist nur **var. *lanceifolia*** in Kultur. Sie ist sehr oft angepflanzt, ausreichend frosthart und wächst sowohl an vollbesonnten als auch an beschatteten Standorten.

***Berberis hookeri*, Hookers Berberitze:** Meist 1 m hoher Strauch mit braunen, kantigen Zweigen. Dornen 3-teilig, 1,2–3 cm lang. Blätter elliptisch lanzettlich, 3–7 cm lang und 1–3 cm breit, unterseits mehr oder weniger blauweiß, undeutlich netznervig, Blattrand je cm mit 2–3 vorwärts gerichteten Zähnen, oberseits dunkelgrün. Blüten zu 2–6 in stark verkürzten Doldentrauben, gelbgrün bis schwefelgelb, 1,5–1,8 cm Durchmesser. Blütezeit: Mai–Juni. Früchte länglich, 1,2–1,5 cm lang, schwarzpurpurn. Fruchtreife: September. Verbreitung: Himalaja: Nepal, Bhutan, Sikkim bis China. Benannt nach JOSEPH DALTON HOOKER, der die Art 1848 entdeckte und nach Europa einführte. Ausreichend frosthart und sehr viel angepflanzt.

Berberis* × *hybrido-gagnepainii (*B. gagnepainii* × *B. verruculosa*): 1–1,5(–3) m hoher Strauch. Blattdornen 3-teilig, bis 3 cm lang. Blätter schmal elliptisch lanzettlich, 2–6 cm lang und 1–1,5 cm breit mit 3–6(–10) abstehenden Stachelzähnen, oberseits dunkelgrün, unterseits weißlich bereift. Blüten einzeln, intensiv gelb, 1,5 cm Durchmesser. Früchte ellipsoidisch, 7 mm lang, blau bereift. Blütezeit: Mai. Fruchtreife: September. Mit vielen Sorten in Kultur und häufig angepflanzt. In Mitteleuropa ausreichend winterhart.
'Chenault': Zweige etwas warzig, Blätter schmal eiförmig, 3–5 cm lang und 7–10 mm breit, mit jederseits 3–12 Stachelzähnen, unterseits blauweiß. Entstanden 1926.

***Berberis julianae*, Julianes Berberitze:** 2–3 m hoher, dicht verzweigter, aufrechter Strauch, im Freistand oft breiter als hoch, mit kantigen, gerieften, hellbraunen Zweigen. Blattdornen 3-teilig, 1–4 cm lang. Blätter länglich verkehrt eiförmig bis linealisch, 6–8 cm lang und 8–20 mm breit, am Ende stumpf, meist mit Stachelspitze, Blattrand je cm mit 3–4 etwas abstehenden Sägezähnen, oberseits glänzend dunkelgrün, unterseits heller und deutlich netznervig. Blüten zu 8–15 in stark verkürzten Doldentrauben, 6–7 mm Durchmesser, reingelb. Blütezeit: Mai–Juni. Früchte ellipsoidisch, bis 8 mm lang, blauschwarz, bereift. Fruchtreife: September. Verbreitung: Westchina (Hubei). Benannt vom Autor der Art, CAMILLO SCHNEIDER, nach seiner Frau JULIANE geb. KERBER. Durch WILSON seit 1900 in Kultur. Häufig angepflanzt und frosthart.

***Berberis verruculosa*, Warzige Berberitze:** Reich verzweigter, dichtbuschiger, 1–1,5 m hoher Strauch. Einjährige Zweige dicht mit braunen, später schwärzlichen Warzen besetzt. Blattdornen 3-teilig, 1–2 cm lang, braun. Blätter mehr oder weniger stark gewellt, 1,5–3 cm lang, oberseits glänzend dunkelgrün, unterseits weißlich, Blattränder etwas nach unten umgebogen. Blüten 5–10 mm lang gestielt, einzeln oder zu zweit, hellgelb, bis 1,5 cm Durchmesser. Blütezeit: Mai. Früchte blauschwarz, bereift. Fruchtreife: September. Verbreitung: Westchina (Gansu, W-Sichuan). *verruculosus* lat. = kleinwarzig. 1904 durch WILSON eingeführt. Sehr häufig angepflanzt, schattenverträglich, robust, verträgt Stadtklima und ist bis –20 °C frosthart.

Betula – Birke

Betulaceae – Birkengewächse

Sommergrüne einhäusige Bäume oder Sträucher, auch Zwerg- und Spaliersträucher, (0,2–)0,5–30(–40) m hoch, oft mit charakteristischer Farbe und Struktur der Stammrinde, von kalkweiß, grau bis dunkelbraun oder rosa bis blutrot, was besonders im Winter zur Geltung kommt. Junge Zweige dicht behaart bis kahl, mit oder ohne Drüsenwarzen. **Blätter** wechselständig, einfach, meist gesägt oder gekerbt, selten schwach gelappt; die einzelnen Arten unterscheiden sich in Spreitenform, -farbe, -textur, -größe und -behaarung; vielfach kräftige Herbstfärbung. **Blüten** eingeschlechtig, männliche in meist hängenden Kätzchen an vorjährigen Zweigen, weibliche Kätzchen aufrecht an diesjährigen Trieben. **Fruchtkätzchen** bei Reife zerfallend, kleine 1-samige Nüsse 2-flügelig; Ausbreitung überwiegend durch Wind (Segelflieger).

Name: *Betula* = lat. Name für Birke; der germanische Name Birke bedeutet hell, wegen der weißen Rinde. Der alte Name Mai(e) für die Birke (vgl. Maibaum, Maiengrün) steht mit Maibräuchen im Zusammenhang und versinnbildlicht beginnendes Grünen, Wachsen und Lebenskraft (von „Maia", lat. Göttin des Wachstums).

Systematik: Angaben zur Artenzahl der Gattung schwanken: (35–)45(–60). Polyploidie und Bastardierung sowie Introgression sind verbreitet und erschweren die Abgrenzung von Arten und ihre Identifikation. Es gibt gut abgrenzbare Gruppen bzw. Arten mit Alleinstellungsmerkmalen wie

- besonders große, an ein Lindenblatt erinnernde Blätter und büschelig zu 2–4 angeordneten Fruchtkätzchen (**Sektion *Acuminatae***): siehe *Betula maximowicziana*!,
- beim Ankratzen der Zweige wegen des Gehalts an Wintergrün-Öl aromatisch duftende Rinde (**Sektion *Lentae***): siehe *Betula alleghaniensis* und *B. lenta*!, oder
- Strauchbirken mit kleinen, meist stumpfen oder abgerundeten Blattspreiten mit geringer Seitennervenzahl (**Sektion *Apterocaryon***): siehe *Betula nana* und ähnliche Arten!

Daneben gibt es Gruppen sich nahestehender, schwierig unterscheidbarer Arten wie die Weißbirken (**Sektion *Betula***, siehe z. B. *Betula pendula* und ähnliche Arten!).

Verbreitung: Nur auf der Nordhalbkugel (holarktisch), zirkumpolar, weit verbreitet in der subarktischen und borealen Zone, von hier über die nemorale bis in die meridionale Zone, dabei im Süden überwiegend in den Gebirgen. Zentrum der Mannigfaltigkeit reicht von Ostasien bis zum Himalaja.

Lebensraum: Vorwaldgehölze und Pionierwälder, lichte Laub- und Nadelwälder, Moore, Heiden, Felsen. Nur wenige Arten als schattentolerante Mischbaumarten in Schlusswaldstadien von Laub- und Mischwäldern.

Biologie: Windbestäubung, vor der Laubentfaltung stäubend, eine der ersten Pollenquellen im Jahr für Bienen. Breite ökologische Amplitude, aber meist wegen hohem Lichtbedarf bzw. geringer Schattenverträglichkeit und fehlender Konkurrenzkraft auf extreme Standortbedingungen verdrängt; meist anspruchslose, zu den winterhärtesten Laubbäumen gehörende Pioniergehölze.

Verwendung: Vielseitig, einige Arten liefern wertvolles Nutzholz; früher breite Palette der Anwendung der widerstandsfähigen Rinde, so zum Entfachen von Feuer, zum Bootsbau oder zur Dachabdeckung. Viele Arten sind Heilpflanzen oder als Ziergehölze durch Habitus oder Rindenfarbe von besonderem Wert.

Betula alleghaniensis – Gelb-Birke

Bis 30 m Höhe und 80 cm Stammdurchmesser erreichender Baum mit gelbgrauer bis graubrauner, metallisch glänzender, sich in kräuselnden Streifen abrollender Stammrinde, nur Stammbasis älterer Bäume mit schwarzer Schuppenborke. Junge Zweige behaart, beim Zerreiben oder Ankratzen stark aromatisch duftend, ihre Rinde durch Gehalt an „Wintergrün-Öl" (Salicylsäure-Methylester) mit einem an Kaugummi erinnernden Geruch und etwas bitterem Geschmack. **Blätter** mit länglich eiförmiger, am Grund abgerundeter oder gestutzter Spreite, beiderseits matt grün, mit 9–12 Paar

Blätter der Gelb-Birke.

Seitennerven, diese ober- und unterseits behaart. **Fruchtkätzchen** aufrecht, 1,5–3,5 (–6,5) cm lang, walzlich eiförmig.
Name: Der übliche deutsche Name Gelb-Birke bezieht sich in Anlehnung an den ehemaligen wissenschaftlichen Artnamen *B. lutea* (*luteus* lat. = gelb) auf die im Gegensatz zur ähnlichen Zucker-Birke (*B. lenta*) gelbgraue Rinde, wenngleich das Herbstlaub ebenfalls lebhaft gelb ist; *alleghaniensis* verweist auf das Vorkommen im Allegheny-Gebirge (Appalachen).
Verbreitung: Östliches Nordamerika, von der Zone sommergrüner Breitlaubwälder bis in die Übergangszone zu den borealen Nadelwäldern O-Kanadas.
Lebensraum: Laubwälder und Laub-/Nadelmischwälder frischer sandiger Lehmböden.
Biologie: Im Gegensatz zu den meisten Birken kein Pioniergehölz, sondern charakteristischer Mischbaum in Schlusswaldstadien, bis 300 Jahre alt.
Verwendung: In Nordamerika forstlich wichtigste, wertvolles Nutzholz liefernde Birkenart, als Zierbaum (in Europa seit vor 1767 in Kultur) interessant durch Stammrinde und Herbstlaub.

Ähnliche Art (aromatische duftende Zweigrinde):
***Betula lenta*, Zucker-Birke:** Unterscheidet sich klar in der Stammrinde, die dunkelrotbraune bis schwärzliche Rinde rollt sich nicht in Streifen ab, sondern bildet im Alter eine rissige Borke. Die Rinde der nur anfangs behaarten Zweige ist ebenfalls stark aromatisch, aber süßlich schmeckend, die Blätter mit meist herzförmigem Spreitengrund sind oberseits glänzend grün und kahl. Wie *B. alleghaniensis* ein forstlich wichtiger Waldbaum des östlichen Nordamerika. Das aus Rinde und dem Holz junger Birken gewonnene „Birkenöl“ wurde früher für Parfüms verwendet, aus dem Blutungssaft kann „Birkenbier“ hergestellt werden. Als Zierbaum (nach Europa eingeführt 1759, England) interessant mit der für eine Birke eher ungewöhnlichen Borkenbildung und dem Herbstlaub.

Stamm eines jungen Baumes der Zucker-Birke. ▶

Betula nana – Zwerg-Birke

Dicht verzweigter Zwerg- bis Kleinstrauch oder niederliegend als Spalierstrauch wachsend. Junge Zweige dicht und fein behaart, nicht oder kaum warzig. **Blätter** rundlich, etwa so lang wie breit oder breiter als lang, dicklich, kahl oder höchstens anfangs etwas behaart, mit 2–4 Seitennerven jederseits der Mittelrippe, unterseits deutlich netznervig, Rand stumpf gekerbt; Herbstlaub gelb, auch orange bis leuchtend rot. **Blütenkätzchen** beiderlei Geschlechts aufrecht. **Fruchtkätzchen** 7–10 mm lang, Nuss < 2 mm lang.
Name: *nana* lat. = Zwerg, bezieht sich auf die geringe Höhe der strauchigen Pflanze.

Zwerg-Birke am Naturstandort (Waldtundra N-Europa).

Verbreitung: In Europa (bis Grönland) und W-Sibirien von der arktischen Tundren- bis in die boreale Nadelwaldzone, südlicher davon isolierte Vorkommen in Gebirgsmooren. In Mitteleuropa selten und durch Verlust der Lebensräume so im Rückgang, dass die Art in ihrem natürlichen Bestand stark gefährdet ist.

Lebensraum: Saure und nährstoffarme Hochmoore, Kiefern- und Birkenmoorgehölze, Zwergstrauchtundra.

Biologie: Wuchshöhe standortabhängig, von kaum 0,1 m (Tundra) bis 1 m, in Kultur sogar bis 2 m hoch werdend.

Verwendung: Ziergehölz für Moorbeete, Heide- und Steingärten, gedeiht auch auf „normaler" Gartenerde. Die Entnahme von natürlichen Standorten ist nicht erlaubt, die Art gehört zu den besonders geschützten Pflanzen!

Ähnliche Arten (Strauchbirken):

***Betula humilis*, Niedrige Birke, Europäische Strauch-Birke:** 0,5–2,5 m hohe Sträucher mit Blättern, die länger als breit sind, elliptisch, eiförmig oder verkehrt eiförmig, 1–4 cm lang, am Rand ungleich grob gesägt, jederseits der Mittelrippe mit 4–5 Seitennerven. Die höchstens anfangs etwas behaarten Zweige sind dicht mit Drüsenwarzen besetzt; die Fruchtkätzchen 0,5–1,8 cm lang. Mittel- und nordeuropäisch bis sibirisch verbreitete Art der Zwischenmoore und Birken-Moorgebüsche. Wie die Zwerg-Birke zu den stark gefährdeten und besonders geschützten Pflanzenarten gehörend.

Niedrige Birke mit hängenden männlichen Kätzchen (verblüht) und aufrechten weiblichen Kätzchen.

In Wuchs und Blattform ähnlich, aber mit steiferen Zweigen und längeren Fruchtkätzchen (1,5–3 cm), sind selten kultivierte nordamerikanische und nord- bis ostasiatische Arten wie die **Amerikanische Strauch-Birke** oder **Kleine Birke, *Betula pumila*** (junge Zweige meist dicht filzig behaart und ohne Drüsenwarzen) und die **Ostsibirische Strauch-Birke, *Betula fruticosa*** (junge Zweige nur fein behaart, dicht mit Drüsenwarzen besetzt).

Betula pendula – Gewöhnliche Birke, Hänge-, Sand- oder Warzen-Birke

18–25(–30) m hoher Baum mit lockerer hochgewölbter Krone aus steil ansteigenden Ästen und überhängenden kahlen, aber mit weißlichen Drüsenwarzen besetzten Zweigen sowie schlankem Stamm, dessen Rinde anfangs hellbraun ist, dann leuchtend weiß und abrollend (Ringelkork), nur am Grund alter Stämme schwarze, raue und rissige Borke. **Blätter** dreieckig bis deltoid oder rautenförmig, lang zugespitzt, Rand doppelt gesägt, Seitenecken kaum abgerundet, kahl; Herbstfärbung gelb. **Fruchtkätzchen** hängend, 2–3 cm lang.
Name: *pendula* lat. = hängend, wegen der überhängenden Zweige, die bei der in Mitteleuropa „gewöhnlichen“, oft auf Sand vorkommenden, Birke mit Drüsenwarzen besetzt sind.

▲ *Noch stärker hängender Habitus bei Kleinbäumen der Sorte 'Youngii' der Gewöhnlichen Birke.*

◀ *Habitus der Gewöhnlichen Birke, der einen der weiteren deutschen Namen verständlich erscheinen lässt: Hänge-Birke.*

Stamm der Gewöhnlichen Birke mit weißer Glattrinde und beginnender Borkenbildung.

Oft gepflanzte schlitzblättrige Sorte 'Dalecarlica' der Gewöhnlichen Birke.

Verbreitung: Europa bis W-Sibirien von warm- bis kaltgemäßigter Zone, vom Tiefland bis in die Hochgebirge. Bei weiter Fassung der Art durch Einbeziehung ähnlicher asiatischer Arten (siehe *B. platyphylla*!) als Unterarten bis Ostsibirien, China und Japan.
Lebensraum: Vorwaldgehölze und Pionierwälder, lichte Laub- und Nadelwälder auf trockenen wie feuchten Standorten, Heiden und Magerrasen, auch auf flachgründigen Felsstandorten, Rohböden, Mauern.
Biologie: In der Jugend raschwüchsiger, kurzlebiger (60–80, selten bis 120 Jahre), lichtbedürftiger Pionierbaum mit hoher Vermehrungs- und Ausbreitungspotenz, Waldbodenbereiter auf Brandflächen und Brachen.
Verwendung: Zeitiger Austrieb („Maiengrün", siehe unter *Betula*!), auffällig weiße Stammrinde (verursacht durch Farbstoff Betulin) und malerischer Habitus sind Gründe für die Beliebtheit der Art, verbunden mit Mythen, Sagen und Märchen. Sie gilt wegen ihres eleganten Wuchses als „Dame des Waldes", andererseits wurde sie früher durch die Forstwirtschaft als „Unkraut" auf Kulturflächen bekämpft. Das Holz ist vielseitig verwendbar (Möbelbau, Sperrholz, Spanplatten, Zellstoff, für Furniere usw.), aus Rinde wird Birkenteer (angewandt gegen Hautkrankheiten) und „Birkenöl" (Juchtenöl zur Lederkonservierung, völlig anderer Natur und Verwendung als Birkenöl von *B. lenta*) gewonnen, aus dem Blutungssaft durch Anbohren stehender Stämme im Frühjahr Birkenwasser für kosmetische Zwecke (Haarwasser, Badezusatz), früher auch zur Herstellung von Limonade und Birkenwein. Birkenblätter sind Bestandteil von Blasen-, Nieren- und Stoffwechseltee; die Zweige liefern Material für Rutenbesen. Als Straßen-, Park- oder Gartenbäume sind auch Sorten wie die kleinkronige Hängeform **'Youngii'**, die schmalkronige, locker aufstrebende Säulenform 'Fastigiata', die Blutform 'Purpurea', alle seit etwa 1870 in Kultur, oder die schon 1767 in Schweden aufgefundene schlitzblättrige **'Dalecarlica'** von Interesse.

Ähnliche Arten (Weißbirken):
***Betula papyrifera*, Papier-Birke:** Zweige warzig und wie die breit eiförmigen, am Grund abgerundeten Blattspreiten anfangs behaart, die Stammrinde blendend weiß, manchmal gelb, orange oder purpurn getönt, lange glatt bleibend, später in feinen papierartigen (siehe Name!) Querstreifen abblätternd, nur am Stammfuß alter Bäume dunkle rissige Borke. Die in Nordamerika durch den ganzen Kontinent verbreitete, im Norden fast bis an die Baumgrenze reichende, recht variable Art ist sehr anspruchslos. Sie ist eine der höchsten (bis 30–40 m) und stärksten Birken. Das Holz ist vielseitig verwendbar (von Bau- und Papierholz bis Besenstiel und Zahnstocher). Als Ziergehölz (in Europa seit 1750) ist die Papier-Birke einer der schönsten weißrindigen Bäume, mit Einschränkungen auch als Straßenbaum geeignet.

Betula platyphylla*, Mandschurische Birke:** Die heute auch der Gewöhnlichen Birke als Unterart (*B. pendula* subsp. *mandshurica*) zugeordnete Birke fällt durch ihren frühen Austrieb (2–3 Wochen vor *B. pendula*) auf. Sie hat wie *B. pendula* warzige (Drüsenwarzen aber nicht weiß werdend), meist kahle, aber dickere, kaum biegsame Zweige und die Blattunterseite ist nicht kahl, zumindest in den Nervenwinkeln befinden sich Achselbärtchen. Ostsibirisch bis ostasiatisch verbreitete Birke, die bereits durch Siebold unter dem älteren, aber ungültigen Namen *B. japonica* 1830 in Europa bekannt wurde und auch in Kultur eher unter dem Varietätsnamen *B. pendula* **var. *japonica zu finden.

Baum der Mandschurischen Birke.

Betula populifolia, Grau- oder **Pappelblatt-Birke:** Blätter mit langem Stiel (bis 3 cm) und auffällig lang ausgezogener Spreitenspitze, die grauweiße Stammrinde weder abrollend noch abblätternd. Das oft mehrstämmige Pioniergehölz ist im östlichen Nordamerika beheimatet. In Kultur (seit 1750) ist diese Birke ein eleganter, 10–20 m hoher Baum mit schöner gelber Herbstfärbung.

Blätter und Fruchtkätzchen der Grau-Birke.

Betula pubescens, Moor-Birke: Stärker variable Art, die sich durch eiförmige bis deltoide, weich behaarte (zumindest unterseits bleibend), kurz zugespitzte Blattspreiten mit abgerundeten Seitenecken unterscheidet. Die Zweige sind nicht überhängend, sie sind zumindest anfangs weich behaart und weisen keine Drüsenwarzen auf. Die Stammrinde ist grauweiß bis gelblich weiß, auch im Alter entwickelt sich nur an der Stammbasis eine grauschwarze und rissige Borke. Wie *B. pendula* europäisch-westsibirisch verbreitet, aber vor allem in Moor- und Bruchwäldern. Zwei als Varietäten oder Unterarten der Moor-Birke zugeordnete Sippen sind wahrscheinlich durch Introgression anderer Arten entstanden, so bei der **Karpaten-Birke, subsp. *carpatica*** (mitteleuropäische Gebirge, Stammrinde gelblich- bis rötlich- oder schwarzbraun), durch *B. pendula* und bei der **Nordischen Moor-Birke, subsp. *czerepanovii*** (nordeuropäische Waldtundra, gebogene Stämmchen u. oft gewundene Äste), durch *B. nana*. Die Moor-Birke ist nicht so elegant im Wuchs wie die Hänge-Birke, aber ähnlich in der Verwendung, auf Nassstandorten dieser vorzuziehen.

Stamm der Moor-Birke.

Weitere Arten:

***Betula albosinensis*, Chinesische** oder **Kupfer-Birke, Rote China-Birke:** Mit ihrer auffälligen, in ganz dünnen, teils großen Fahnen abrollenden, rosa bis rotorange, meist weiß bereiften Rinde und dem darunter hell kupferfarbenen seidig glänzenden Stamm eine der schönsten Birken. Chinesische Art, die heute auch *B. utilis* als Unterart zugeordnet wird. In Kultur (seit Anfang 20. Jahrhundert) ein bis 10 m (in lichten Gebirgswäldern Chinas bis 30 m) hoher, anspruchsloser, langsamwüchsiger, früh austreibender Baum.

◀ *Stamm eines jungen Baums der Chinesischen Birke.*

Stamm der Dahurischen Birke.

Blatt und Fruchtkätzchen von Ermans Birke.

***Betula costata*, Gerippte** oder **Korea-Birke:** Zeichnet sich durch eine meist graugelbe, papierdünn sich abrollende Stammrinde aus, erst im Alter eine in großen Schuppen sich ablösende grauschwarze Borke. An den lederigen Blättern treten die Nerven rippenartig hervor. Eine dekorative Birke mit prächtiger goldgelber Herbstfärbung des Laubs. Herbstlaub und gelbliche Rinde waren wohl Anlass, die Art auch Gelb-Birke zu nennen, dann aber besser Ostasiatische Gelb-Birke, um Verwechslungen mit *B. alleghaniensis* zu vermeiden. In Kultur (etwa seit 1868, Niederlande) befindet sich unter *B. costata* nicht immer diese vom Amurgebiet (Ferner Osten Russlands) bis Korea und in die Mandschurei verbreitete Birke, sondern oft *B. ermanii* mit deutlich längeren Blattstielen (nicht etwa 1 cm, sondern 1–2,5 cm lang) und Fruchtkätzchen (nicht etwa 1,5 cm, sondern 1,5–3,5 cm lang).

***Betula dahurica*, Dahurische Birke** oder **Ostasiatische Schwarz-Birke:** Durch ihre grauweiße bis graubraune, sich in kräuselnden Fetzen ablösende Stammrinde interessante Art (in Kultur seit 1882), erst im Alter wird eine braunschwarze Schuppenborke ausgebildet. Die Zweige der Jungtriebe sind stark warzig und zerstreut behaart, die Blätter haben im Gegensatz zu anderen ostasiatischen Birken wie *B. costata* und *B. ermanii*, die 8–15 Seitennerven jederseits der Mittelrippe besitzen, nur 6–8 Seitennerven.

***Betula ermanii*, Erman-, Gold-** oder **Stein-Birke:** Sehr variabel, sowohl in Wuchsform und -größe als auch in der Farbe der sich abrollenden Rinde, an Stämmen weiß, grauweiß oder gelblich weiß bis rötlich, an Ästen auch orangebraun. Im pazifischen Ostasien von Japan bis Kamtschatka verbreitet, von Küstenfelsen bis zur Waldgrenze als Pioniergehölz oder in Wäldern vorkommend. In Kultur (eingeführt etwa 1880, Russland) beliebt sind mehrstämmige, sich durch auffallend runde und glatte Stämme mit rosa- bis cremeweißer, dünn abrollender Rinde auszeichnende Herkünfte bzw. Auslesen.

***Betula maximowicziana*, Lindenblättrige Birke:** Eine durch ihre Blätter auffallende japanische Art. Sie hat die größten Blätter (bis 16 cm lang und 11 cm breit) aller Birken, durch die herzförmige Spreitenbasis an ein Lindenblatt erinnernd. Die Stämme der raschwüchsigen, bis 20–30 m hohen Bäume mit Stammdurchmesser bis zu 1 m lassen sie sofort als Birke erkennen: dünn abrollende, anfangs orangebraune, später graue bis weißliche, rosa schimmernde Rinde. Die eindrucksvolle Baumgestalt (engl. Monarch birch) mit buttergelbem Herbstlaub kommt in Kultur (seit 1888 in Europa) besonders als Solitärgehölz zur Geltung.

Stamm der Lindenblättrigen Birke.

***Betula nigra*, (Amerikanische) Schwarz-Birke:** Unverkennbar an der Stammrinde, an jungen Bäumen weißliche bis gelb- oder rotbraune, dicht und kraus sich aufrollende, aber nicht ablösende Rinde, die mit zunehmendem Alter in eine grobe, rissige, dunkelbraune bis schwarze Borke übergeht. Die Blätter sind meist rautenförmig, die Spreitenbasis keilförmig oder gestutzt, wie die Zweige bleibend behaart, zumindest Blattunterseite. Die in den östlichen USA Nassstandorte besiedelnde Art ist die am weitesten nach Süden (bis Florida) reichende Birke Nordamerikas. Es ist die erste nordamerikanische Birkenart, die nach Europa eingeführt wurde (1736, P. COLLINSON). Dekorativ als Ziergehölz ist sie vor allem durch die Stammrinde. Junge Stämme mit den krausen Fetzen sind attraktiver, weshalb die Stämme oft auf den Stock gesetzt werden, um „verjüngte" mehrstämmige Bäume zu erzielen. Die für nasse Böden besonders geeignete, aber ebenso auf mäßig trockenen Standorten gedeihende Art besitzt aber auch eine malerisch ausladende Krone mit überhängenden Zweigen.

Stamm eines Altbaums der Schwarz-Birke.

Stamm eines jungen Baums der Schwarz-Birke.

***Betula utilis*, Himalaja-Birke:** Aus verschiedenen Bereichen des Himalaja in Kultur (zuerst 1849, HOOKER) genommene Sippen und Herkünfte der Art lassen eine große Variabilität erkennen, so auch hinsichtlich der in horizontalen Streifen sich abrollenden Rinde, deren Farbe von rotbraun bis kupferfarben, blassorange und rosa bis grau und weiß reicht. Die glänzenden, etwas lederigen Blätter wirken, zumindest wenn sie jung sind, faltig, da die Seitennerven (8–13 jederseits der Mittelrippe) eingesenkt sind. Mehrere Sorten in Kultur, zumeist Auslesen oder Hybriden der **Weißen Himalaja-Birke, subsp. *jacquemontii*.** Zu den Sorten dieser Unterart mit oft auffallend schimmernd weißer, aber auch grauer, creme- oder honigfarbener Stammrinde gehört **'Doorenbos'**, bei der nach Abrollen der strahlend weißen Rinde die Stämme eine blassorange Farbe zeigen, schon die Rinde an zweijährigen Zweigen ist weiß.

Stamm der Sorte 'Doorenbos' der Weißen Himalaja-Birke. ▶

Broussonetia papyrifera – Echter Papiermaulbeerbaum

Moraceae – Maulbeergewächse

Zweihäusiger, bis 15 m hoher Laubbaum, in Kultur oft nur Strauch oder 3–6 m hoher Baum. **Blätter** in Größe und Form sehr variabel, an Maulbeer- oder Feigenblätter erinnernd, Spreite 7–20 cm lang, eiförmig oder 2–3-lappig, am Rand gesägt, Oberseite rau, Unterseite dicht weichhaarig. **Blüten** eingeschlechtig, zweihäusig verteilt, männliche in hängenden Ähren, weibliche in krugförmigen Blütenständen. Blütezeit: Mai. **Frucht:** Fleischig gewordener Blütenstandsboden und von einer fleischigen Hülle umgebende Nussfrüchte bilden eine kugelförmige Scheinfrucht, diese ist bis 2 cm dick, reif orange bis rot. Fruchtreife: Juli–September.

Name: Gattungsname nach Pierre-Marie-Auguste Broussonet (1761–1807), einem französischen Arzt und Naturforscher; *papyrifera* lat. = Papier liefernd (eigentlich Papyrusstaude bzw. Papier tragend), wegen der zur Papierherstellung geeigneten und in China um 105 n. Chr. bereits dazu verwendeten Fasern dieser Art.

Systematik: Zu der ostasiatisch bis polynesisch verbreiteten Gattung *Broussonetia* gehören 11 Arten, sommergrüne, zwei- oder einhäusige, Milchsaft führende Bäume, Sträucher und Lianen mit wechselständigen einfachen, oft gelappten Blättern, walzenförmigen männlichen Blütenkätzchen und krugförmigen weiblichen Blütenständen, aus denen sich kugelige fleischige Fruchtverbände (Scheinfrüchte) entwickeln.

Verbreitung: Ostasien (China, Korea, Japan), wohl bis SO-Asien reichend, aber ursprüngliche Verbreitung kaum noch zu rekonstruieren, da seit Jahrhunderten wegen vielseitiger Verwendung (vor allem Papierherstellung) gepflanzt; auch in Südeuropa, wo die Art häufig als Zierbaum kultiviert wird, gebietsweise nach Verwilderung eingebürgert.

Lebensraum: Gebüsche, Waldränder, lichte Laubwälder auf unterschiedlichen Böden, aber nicht in schattigen Beständen.

Seitensprosse eines weiblichen Echten Papiermaulbeerbaums mit aus den Blüten herausragenden fadenförmigen Narben.

Biologie: Wärme liebend, Trockenheit, Hitze und städtische Umweltbedingungen, aber nur mäßig Frost ertragend; Stockausschläge bildend; Scheinfrucht essbar, aber eher unangenehm süßlich schmeckend.

Verwendung: Wegen großer Blätter, hängender männlicher Kätzchen und eigenartiger Fruchtstände interessantes Ziergehölz, in Mitteleuropa nur für wintermilde Lagen geeignet, sich aber in warmer und geschützter Lage zu kleinen Bäumen entwickelnd.

Buddleja davidii – Sommerflieder, Schmetterlingsbusch

Scrophulariaceae – Braunwurzgewächse

Sommergrüner, 1–5 m hoher, reich verzweigter Strauch mit überhängenden Zweigen. Junge Triebe, Blattstiele, Blattunterseiten und Blütenstände mit Sternhaaren bekleidet. Zweige 4-kantig. Knospen nackt, nicht fest geschlossen, sehr zeitig austreibend. **Blätter** gegenständig, 1–5 mm lang gestielt. Spreite lanzettlich bis schmal elliptisch, 4–20 cm lang und 0,3–7,5 cm breit. **Blüten** duftend, in 15–30 cm langen, endständigen, fast horizontal geneigten, schmalen Rispen, rosa bis violettpurpurn oder weiß gefärbt. Kronröhre 6–12 mm lang, Zipfelsaum 8–12 mm breit. Blütezeit: Juni–Oktober. **Früchte** aufrecht, kurz gestielt, eiförmig bis länglich ellipsoidisch, 3–10 mm lang, sich 2-klappig öffnend. **Samen** zahlreich, feilspanartig, an beiden Enden lang geflügelt, 1,5–5 mm lang. Fruchtreife: September–Oktober.

Name: Die Gattung wurde nach dem englischen Vikar in Farnbridge/Essex und Liebhaber der Botanik ADAM BUDDLE (1660–1715) benannt. DAVID entdeckte die Art 1869.

Systematik: Die Gattung *Buddleja* umfasst etwa 90, meist strauchige Arten, vorwiegend in Ostasien sowie in Südamerika und Südafrika. Zur Familie der *Scrophulariaceae* werden etwa 75 Gattungen mit insgesamt etwa 1500 Arten gerechnet.

Verbreitung: Mittel- und West-China. In Europa, im östlichen Nordamerika und in Kalifornien eingebürgert.

Lebensraum: Auf Kies an Bächen und Flüssen, auf Kiesbänken, felsigen Hängen, Straßen- und Bahnböschungen. In Höhenlagen von 800 bis 3000 m ü. M.

Biologie: Häufig sich auf Trümmergelände, in Steinbrüchen und Bahnanlagen ausbreitend. Die Blüten werden vor allem von Tagfaltern aufgesucht und bestäubt. Die feinen Samen verbreitet der Wind.

Verwendung: *B. davidii* wurde von HENRY gesammelt. FRANCHET beschrieb sie 1886/87 als *B. davidii*, WILLIAM HEMSLEY 1889 unter dem Namen

Blühende Pflanze des Sommerflieders.

Blütenstand des Sommerflieders.

B. variabilis. Die Pflanzen kamen aus Russland, das Saatgut wurde von einem russischen Forscher gesammelt. Es handelte sich um einen niedrig bleibenden Typ mit blassen Blüten. 1893 wurde die Art erneut nach Frankreich (Jardin des Plantes und Baumschule VILMORIN) eingeführt. Diese Herkunft hatte einen mehr aufrechten Wuchs und dichtere, längere Blütenstände. Der Sommerflieder ist ein häufig angepflanztes, sehr lichtbedürftiges Blütengehölz, das keine besonderen Ansprüche stellt und auf kalkhaltigen, durchlässigen Untergrund besonders gut gedeiht. Er wird in zahlreichen Sorten und Farbvariationen angepflanzt. Auch Hybriden mit anderen *Buddleja*-Arten sind in Kultur. Die Vermehrung kann durch krautige Stecklinge oder Samen erfolgen. Ein starker Rückschnitt der Sträucher im Frühjahr ist unbedingt erforderlich, da sich sonst an den dünnen Verzweigungen nur kleine Blütenstände bilden. Frosthart bis –15 °C.

Weitere Art:
***Buddleja alternifolia*, Schmalblättriger Sommerflieder:** Sommergrüner, 1–5 m hoher, breitbuschiger Strauch oder kleiner Baum mit überhängenden, 4-kantigen, anfangs behaarten Zweigen. Blätter wechselständig, schmal lanzettlich bis linealisch, 3–7 cm lang und 7–12 mm breit, oberseits dunkelgrün, unterseits durch Sternhaare weißfilzig. Blüten duftend, in dichten, 2,5 cm breiten Büscheln, blattachselständig an vorjährigen Zweigen, 8–10 mm lang. Blütezeit: Mai–Juni. Fruchtreife: September. Verbreitung: Mittel-China auf Flussbänken, in trockenen Flussbetten und auf besonnten Hängen in Höhen von 1500 bis 4000 m ü. M. Der Schmalblättrige Sommerflieder sollte, wenn nötig, direkt nach der Blüte geschnitten werden, da die Blütenzweige bei einem Schnitt im Frühjahr vernichtet würden. Die Art stellt keine besonderen Bodenansprüche, bevorzugt jedoch Kalk und benötigt unbedingt einen vollsonnigen Standort. Sie ist bis –20 °C winterhart. *B. alternifolia* wurde 1880 beschrieben, gelangte aber erst 1915 durch PURDOM und FARRER nach Europa.

◀*Blühender Schmalblättriger Sommerflieder.*

Buxus sempervirens – Gewöhnlicher Buchsbaum

Buxaceae – Buchsbaumgewächse

Immergrüner, dicht verzweigter Strauch oder bis 8 m hoher Baum. Stämme bis 50 cm dick. Junge Triebe grün, 4-kantig, behaart. Zweige verkahlend, gerundet, graubraun. Borke graubraun, kleinschuppig. **Blätter** 1–2 mm lang gestielt, Stiele lang behaart. Spreite elliptisch, eiförmig oder länglich, 1,2–2,5 cm lang und 7–12 mm breit, an der Spitze eingekerbt, beidseitig glänzend, oberseits dunkelgrün, unterseits heller. **Blüten** duftlos, unscheinbar, blassgrün, in achsel- oder endständigen, mehrblütigen Knäueln, bereits im Vorjahr angelegt. Gipfelblüte stets weiblich, die anderen männlich. Krone fehlend, Kelch grünlich gelb. Männliche Blüten mit 4-zähligem Kelch und 4 den Kelch überragenden Staubblättern. Weibliche Blüten mit 4–8-zähligem Kelch und einem 3-fächerigen Fruchtknoten, die Griffel frei. Blütezeit: März–April. **Frucht** lederig runzelige Kapsel, 7–8 mm lang, zur Reife in 3 zweihörnige Teile zerfallend, nachdem die Samen herausgeschleudert wurden. **Samen** länglich, 3-kantig, schwarz, 5–6 mm lang. Fruchtreife: August–September. **G!**

Name: THEOPHRAST bezeichnete mit „pyxos" den Buchsbaum. VERGIL, OVID und PLINIUS d.Ä. gebrauchten schon die Bezeichnung „buxus". *sempervirens* lat. = immergrün.

Systematik: Zur Gattung *Buxus* werden etwa 100 Arten gezählt. Das Verbreitungsgebiet umfasst Teile Europas, das Mittelmeergebiet, Afrika, Ostasien und Westindien, vor allem Kuba. Die Familie *Buxaceae* umfasst nur 5 Gattungen mit etwa 120 meist immergrünen, strauchigen Arten.

Verbreitung: Europa bis Kaukasus. Von Nordspanien, Mittel- und Südfrankreich, dem Schweizer Jura, das südliche Alpengebiet, die Balkan-Halbinsel bis Nordanatolien. In Deutschland nur an der Mosel zwischen Trier und Koblenz und im Buchswald bei Grenzach/Südbaden. Der Buchsbaum ist in Deutschland besonders geschützt und in der Roten Liste als gefährdet aufgeführt.

Lebensraum: In Buchen- und Flaumeichen-Wäldern, vergesellschaftet auch mit Trauben-Eiche (*Quercus petraea*), Elsbeere (*Sorbus torminalis*) und Stechhülse (*Ilex*), vom Flachland bis in Gebirgslagen. In den Pyrenäen bis 1650 m ü.M., am Olymp bis 2000 m aufsteigend. Auf lockeren, durchlässigen, meist kalkhaltigen Steinschuttböden. Im Halbschatten und auf vollsonnigen Standorten gedeihend. Der Buchsbaum wächst häufig auf Serpentin, einem kristallinen Schiefer, der vor allem aus Magnesiumsilikat besteht. Das Laubwerk ist dann oft gelborange getönt.

Blühender Seitenspross des Gewöhnlichen Buchsbaums.

Biologie: Die unscheinbaren Blüten produzieren reichlich Nektar und Pollen. Sie werden von Honigbienen, Solitärbienen (z.B. *Andrena fulva*) und Fliegen aufgesucht. Die Samen werden von Ameisen verbreitet, sind also myrmekochor. Der Buchsbaum ist durch den Gehalt am Alkaloid Cyclobuxin in allen Teilen giftig. Vergiftungserscheinungen äußern sich durch Übelkeit, Erbrechen, Schwindel, Durchfall und Krämpfe.

Verwendung: *B. sempervirens* ist ein recht langsam wachsendes Gehölz, das mehrere Hundert Jahre alt werden kann. Sein gelbes Holz ist dicht, sehr hart, elastisch und eignet sich vorzüglich als Drechslerholz, zumal es gut polierfähig ist. Aus Buchsholz werden Schachfiguren, Kämme, Druckstöcke für Holzschnitte gefertigt, aber auch Holzblasinstrumente wie Klarinetten und Flöten. Auch für Intarsien ist es geschätzt. Das beste Holz kommt aus dem Kaukasus, wo die Bäume 16 m hoch werden können und die größten Stammdicken erreichen. In Mitteleuropa werden Buchszweige als Ersatz für Palmwedel an Palmsonntag verwendet. Buchs ist ein altes Ziergehölz für Gärten und Parks. Er verträgt einen starken und regelmäßigen Schnitt und eignet sich daher vorzüglich für Beeteinfassungen in Barockgärten. Seit einigen Jahren stellt in Mitteleuropa ein Kleinschmetterling, der Buchsbaumzünsler (*Cydalima perspectalis*), eingeschleppt aus China, eine große Bedrohung der Buchsbestände dar. Häufig kommt es zu einem Massenbefall mit Kahlfraß und sogar Absterben der Gehölze, wenn die Raupen nicht rechtzeitig bekämpft werden.

Weitere Art:
***Buxus microphylla* var. *japonica*, Japanischer Buchsbaum:** Immergrüner, 1–3 m hoher Strauch mit 1–2 cm langen und 7–15 mm breiten Blättern. Blütezeit: März–April. Verbreitung: Japan (Honshu, Kyushu). In Europa seit 1800 gelegentlich angepflanzter Strauch, der sich vom heimischen Buchsbaum durch einen lockeren zierlicheren Wuchs und die meist spreizenden Zweige unterscheidet. Schatten vertragendes Gehölz, das besonders im Einzelstand anspricht. Winterhart bis –15 °C.

***Buxus microphylla* var. *microphylla*, Kleinblättriger Buchsbaum:** Aufrechter, vom Grund an verzweigter, immergrüner Strauch. Zweige scharf 4-kantig, Blätter schmal verkehrt eiförmig, 18–25 mm lang und 3–8 mm breit. Blütezeit: März–April. Fruchtreife: September. In Japan nur aus Kultur bekannt. „microphyllos" griech. = kleinblättrig. Seit 1860 in Europa angepflanzt und als kleines Rabattengehölz sehr geschätzt. Winterhart bis –15 °C.

Callicarpa japonica – Japanische Schönfrucht, Liebesperlenstrauch

Lamiaceae – Lippenblütler

Sommergrüner, bis 2 m hoher, aufrechter Strauch. Zweige dünn, graubraun, zerstreut mit Sternhaaren bekleidet, bald verkahlend. Knospen spindelförmig, nackt, fein filzig behaart. Endknospe 10 mm groß, Seitenknospen deutlich gestielt, kleiner. **Blätter** gegenständig, 2–10 mm lang gestielt. Spreite ungeteilt, elliptisch bis eilanzettlich, 6–12 cm lang und 4–8 cm breit, lang zugespitzt, unterseits drüsig, nur spärlich behaart. **Blüten** in 2–3 cm breiten, achselständigen, kurz gestielten Schirmrispen, sehr schwach duftend, rosa bis lila, 3–5 mm lang. Staubblätter kürzer als oder so lang wie die kahle Krone. Blütezeit: August. **Früchte** kugelförmige, beerenartige Steinfrüchte mit persistierendem, teller- bis scheibenförmigen Kelch, hellviolett bis lila, 3–4 mm groß. Steinkerne 2–4, schwach sichelförmig gebogen, 2,5 mm lang, cremefarben. Fruchtreife: Oktober.

Name: Abgeleitet von griech. „kallos" = schön, Schönheit und „karpos" = Frucht.
Systematik: Die Gattung *Callicarpa*, früher der Familie *Verbenaceae* zugeordnet, umfasst über 100 Arten im tropischen und subtropischen Asien, Amerika und Australien.

Blühende Japanische Schönfrucht.

Verbreitung: China, Taiwan, Korea, Japan (Hokkaido bis Kyushu).
Lebensraum: In sommergrünen Mischwäldern. In China von 200 bis 900 m ü. M.
Biologie: Insekten bestäuben die Blüten. Die Früchte werden, wohl aufgrund ihrer merkwürdigen Farbe, von Vögeln meist verschmäht. Mancherorts jedoch werden sie schon bald nach der Reife von Vögeln, die sie probiert und gelernt haben, verzehrt. So kann es vorkommen, dass es an nur wenig entfernt gelegenen Standorten zu lange

sichtbarem Fruchtschmuck bzw. kahlgefressenen Sträuchern kommt. Reservestoffe werden in den Keimblättern gespeichert.

Verwendung: Die Japanische Schönfrucht ist seit 1845 in Kultur. *Callicarpa*-Arten werden gern wegen ihres Blüten- und Fruchtschmucks angepflanzt, aber auch aufgrund der schönen, violetten Herbstfärbung. Gelb ist die Farbe des Herbstlaubs bei der **Purpur-Schönfrucht, *Callicarpa dichotoma***, die sich durch eine besondere Fülle an purpurvioletten Blüten auszeichnet. Sie stellen keine besonderen Bodenansprüche. Der Standort kann vollsonnig oder halbschattig sein. Winterhart bis –15 °C. Die Vermehrung erfolgt durch Saatgut oder Stecklinge im Sommer.

Ähnliche Art:

***Callicarpa bodinieri* var. *giraldii*, Chinesische Schönfrucht:** Bis 3 m hoher Strauch. Blätter 0,5–2 cm lang gestielt, elliptisch bis breit eiförmig, unterseits büschelhaarig, drüsig bis verkahlend, 5–15 cm lang und 2–10 cm breit. Blüten lila, gelbdrüsig, 7 mm lang, in dichten, bis 1 cm lang gestielten, achselständigen, bis 3 cm breiten, sternhaarigen Schirmrispen. Staubblätter doppelt so lang wie die Krone. Blütezeit: Juli–September. Früchte 2,5–4 mm groß. Fruchtreife: Oktober–November. Verbreitung: China. Die Varietät ist nach GUISEPPE GIRALDI, einem italienischen Missionar, benannt, der in China (Shaanxi) Pflanzen sammelte. Von der Art ist nur diese Varietät seit 1900 in Kultur. Sie ist die am häufigsten angepflanzte Sippe in mehreren Sorten.

▲ *Reich fruchtende Purpur-Schönfrucht.*

Fruchtender Seitenspross der Chinesischen Schönfrucht. ▶

Calluna vulgaris – Heidekraut oder Besenheide

Ericaceae – Heide(kraut)gewächse

0,2–1 m hoher immergrüner Zwerg- oder Kleinstrauch. **Blätter** im Gegensatz zu *Erica* schuppenförmig, lineal-lanzettlich, 1–3 mm lang, gegenständig, 4-zeilig angeordnet, sich dachziegelig überdeckend. **Blüten** in einseitswendigen Trauben, Schauwirkung durch den violettrosa, bei Sorten auch weiß, hellrosa bis dunkelpurpurrot gefärbten Kelch, der die gleichfarbige Krone überragt und lange erhalten bleibt. Blütezeit: Juli–September.

Name: *Calluna* wahrscheinlich basierend auf „kallynein" griech. = schön machen, reinigen bzw. ausfegen, da die Zweige für die Herstellung von Besen verwendet wurden; *vulgaris* lat. = häufig, da es sich um eine vor allem auf „unbebautem" und „waldlosem, wildgrünendem Land" (Heide) weit verbreitete Pflanze handelte. Im Volksmund wird die Art oft Heide oder durch Eindeutschung (19. Jahrhundert) Erika genannt, da nicht zwischen *Calluna* und *Erica* unterschieden wird.
Systematik: Einzige Art der Gattung *Calluna*.
Verbreitung: Europa bis W-Sibirien, N-Kleinasien und NW-Afrika, Charakterpflanze der Heide- und Moorlandschaften, wurde früher durch Plaggenwirtschaft und Beweidung gefördert, aber durch Aufgabe dieser Nutzungen und Standortänderungen (besonders Nährstoffeinträge) im Rückgang. In Nordamerika eingebürgert.
Lebensraum: Zwergstrauchheiden, Magerrasen, Felsen, Moore, lichte Kiefern- und Eichenwälder; auf nährstoffarmen, sauren Sand-, Stein- und Torfböden.
Biologie: Langsamwüchsig, meist nur bis 15 Jahre alt, aber ausschlagfähig und nach Verbiss oder Rückschnitt älter werdend. Lichtbedüftige Pionierpflanze, Keimung wird nach nicht zu starken Bränden gefördert. Insektenbestäubung, bei deren Ausbleiben Windbestäubung.

Heidekraut am natürlichen Standort.

Verwendung: Früher vielseitig, zur Einstreu in Ställe oder Herstellung von Besen, in Volksmedizin harntreibendes, blutreinigendes Mittel. Heidekraut liefert als ergiebige Bienenweide den Heidehonig. Als Zierpflanze wird es in zahlreichen, in Blüten- und Blattfarbe, durch gefüllte Blüten (z. B. 'Dark Star' rubinrot und gefüllt) oder sich nicht öffnende Blüten („Knospenblüher") und Zwergwuchs abweichenden Sorten kultiviert. Als Rohbodenbesiedler ist die Art zur Begrünung sandiger Böschungen oder steiniger Hänge gut geeignet.

Calycanthus floridus – Karolina-Nelkenpfeffer, Echter Gewürzstrauch, Sweet-Shrub, Carolina Allspice

Calycanthaceae – Gewürzstrauchgewächse

Sommergrüner, etwas sparrig verzweigter, breitbuschiger, 1,5–3 m hoher Strauch. Zweige kantig, olivbraun, fein behaart. Rinde sehr lange glatt bleibend, schwarzgrau. Knospen anfangs an den Zweigen vom Blattgrund verdeckt, nach dem Blattfall deutlich sichtbar. **Blätter** gegenständig, 3–10 mm gestielt. Spreite eiförmig bis elliptisch, 7–12(–18) cm lang und 2–8 cm breit, beidendig verschmälert, am Grund keilförmig bis gerundet, oberseits rau, unterseits graugrün und dicht behaart. **Blüten** stark duftend, einzeln am Ende seitlicher Kurztriebe mit 2 Blättern, zwittrig, 4–5 cm Ø, dunkel rotbraun, Blütenhülle einfach, Tepalen riemenförmig, 2–5 mm breit, zahlreich, gleich den Staub- und Fruchtblättern spiralig angeordnet. Fruchtblätter zahlreich, nicht miteinander verwachsen, im Inneren einer krug- oder becherförmigen Blütenachse stehend, Staubblätter bis 30. Blütezeit Mai–Juni. **Frucht** aus mehreren, länglichen, braunen 10 mm langen, 5 mm breiten Nüsschen bestehend, im Inneren eines verholzten, 5–7 cm langen, oval verkehrt eiförmigen, an der Spitze deutlich verschmälerten Bechers. Fruchtreife: September–Oktober.

Name: Griech. „calyx“ und lat. „calix“ = Kelch, Becher; „anthos“ griech. = Blüte: der Kelch ist blumenblattartig. *floridus* lat. = (reich) blühend.
Systematik: Die Gattung *Calycanthus* umfasst die beiden aufgeführten Arten in Nordamerika und eine Art in China, die Familie *Calycanthaceae* nur 3 Gattungen mit insgesamt 10 Arten in Nordamerika, O-Asien und Australien.
Verbreitung: SO-Nordamerika (Virginia bis Florida, Alabama, Missouri und Tennessee).
Lebensraum: In sommergrünen Laubwäldern, Gebüschen, Lichtungen, oft Gewässer begleitend.
Biologie: Blätter, Holz und Wurzeln mit kampferartigem Geruch. Die getrocknete Rinde duftet nach Gewürznelken. Die Blüten duften eigenartig nach Apfelsaft oder leicht vergorenem Apfelsaft. Sie werden durch kleine Käfer bestäubt.

Blühender Echter Gewürzstrauch oder Karolina-Nelkenpfeffer.

Verwendung: 1726 von Catesby nach England eingeführt. Der Strauch ist gelegentlich in Gärten und Parks wegen des schönen Laubs und der eigenartig gefärbten, duftenden Blüten angepflanzt. Er benötigt einen feuchten, gut drainierten, nährstoffreichen Lehmboden und ist lichtbedürftig aber Halbschatten verträglich. Vermehren lässt er sich leicht durch Ableger und Absenker. Früchte werden relativ selten ausgebildet. Winterhart bis –20 °C.
C. floridus var. *glaucus* wurde früher als eigene Art, *Calycanthus fertilis*, bezeichnet. Sie unterscheidet sich durch fast kahle Zweige, eielliptische, 6–15 cm lange, am Ende zugespitzte, basal abgerundete Spreiten, die oberseits dunkelgrün, unterseits bläulich gefärbt und nahezu kahl (bisweilen zerstreut behaart) sind. Blüten nur schwach duftend, 3–5 cm breit. Meist reich fruchtend. Herbstfärbung gelb. Das Holz duftet nur schwach. Verbreitet im südöstlichen Nordamerika. Die Cherokees nutzten die Pflanze bei Harnproblemen. 1806 nach England eingeführt.

Calycanthus chinensis – Chinesischer Gewürzstrauch

Sommergrüner, breitbuschiger Strauch von 2–3 m Höhe. Junge Triebe kahl, abgeflacht. Zweige oft gabelig stehend, anfangs braun, später graubraun. Knospen eiförmig, dunkelbraun, dicht behaart, mit 2 äußeren Schuppen. **Blätter** 5–10 mm lang gestielt. Spreite im Austrieb leicht bronzefarben, weich, breit elliptisch, 10–20 cm lang, 5–10 cm breit, frischgrün, beidseitig mehr oder weniger glänzend, oberseits kahl, unterseits auf der Mittelrippe und den Nerven zerstreut behaart. **Blüten** einzeln am Ende von Neutrieben, nach unten gebogen, 1–2 cm lang gestielt, duftlos, weiß, im Verblühen schwach rosa getönt, 7–8 cm breit, Blütenhülle einfach, schraubig angeordnet, die 10–12 Tepalen dicklich, 2,5–3 cm lang, bis 3 cm breit, Oberrand etwas zurückgebogen. Fruchtblätter frei, Staubblätter etwa 20, Staminodien 5–9, wachsartig dicklich, 15 mm lang, hellgelb bis cremefarben, am Grund weinrot. Blütezeit: Mai–Juni. **Früchte** länglich birnenförmig, am Ende kontrahiert, 4,5 cm lang, mit mehreren Nüsschen. Fruchtbecher außen mit deutlichen Narben der Tepalen. Nüsschen länglich, 10–12 mm lang und 4–5 mm breit, zimtfarben. Fruchtreife: Oktober.

Blüte des Chinesischen Gewürzstrauchs.

Name: *chinensis* wegen der Herkunft aus China.

Verbreitung: O-China (Zhejiang).

Lebensraum: Selten in niederschlagsreichen Gebirgswäldern um 600–1000 m ü. M. Die Art ist in der Roten Liste der IUCN als gefährdet eingestuft.

Biologie: Wie bei den amerikanischen *Calycanthus*-Arten werden die Blüten von Käfern aufgesucht und bestäubt. Früchte werden in Mitteleuropa reich gebildet. Getrocknete Blätter und Zweige verströmen einen aromatischen Duft.

Verwendung: *C. chinensis* ist seit 1981 in Deutschland als *Sinocalycanthus chinensis* durch Saatgut aus dem Botanischen Garten Shanghai, das nach Berlin kam, in Kultur und bis –20 °C winterhart. Junge Pflanzen sind raschwüchsig und blühen schon mit etwa 5 Jahren. Die Belaubung, im Herbst mit gelber Färbung, besonders aber die Blüten sind sehr attraktiv. Die Pflanzen benötigen einen geschützten, halbschattigen Standort und einen humosen, nährstoffreichen, feuchten, gut drainierten Boden. Die Art lässt sich leicht durch Samen oder krautige Stecklinge vermehren.

Blüte des Westlichen Gewürzstrauchs.

Blüte der Hybride zwischen Chinesischem und Echtem Gewürzstrauch.

Weitere Arten und Hybriden:

***Calycanthus occidentalis*, Westlicher Gewürzstrauch, Californian Allspice:** Sommergrüner, breit ausladender, 2–5 m hoher Strauch mit übergebogenen Zweigen. Knospen deutlich sichtbar, nackt, schwärzlich. Blätter sehr kurz gestielt, eiförmig bis länglich lanzettlich, 8–20 cm lang und 2–8 cm breit, am Ende zugespitzt, basal gerundet, beidseitig gleichfarbig grün, oberseits rau, unterseits kahl oder schwach behaart. Blüten einzeln endständig an Jungtrieben, deutlich duftend, 5–7 cm breit, braunrot, aufrecht, die Spitzen der Tepalen sich bald gelbbraun färbend. Blütezeit: Juni–Juli.

Fruchtbecher 3–4 cm lang, am Rand nicht verengt. Nüsschen 8–12 mm lang, braun, behaart. Fruchtreife: September–Oktober. Verbreitung: Kalifornien, an Flussufern und Gewässern, in Kiefernwäldern, bis 1300 m ü. M. *occidentalis* lat. = westlich, abendländisch. Frosthart bis −15 °C. 1831 durch Douglas eingeführt, jedoch nur selten angepflanzt, aber sehr ornamental und durch die auffälligen großen Blüten mit ihrem Duft nach Apfelsaft sehr empfehlenswert. Gut gedeihend im Freistand in vollsonniger Lage. Geriebene Blätter und das Holz verströmen einen stark aromatisch-würzigen Duft.

Calycanthus* × *raulstonii (*C. chinensis* × *C. floridus*): Äußere Perigonblätter bräunlich weinrot, innere mit weißen Spitzen.
'Hartlage Wine': Typ der Hybride.
***Calycanthus* 'Venus':** Hybride aller drei *Calycanthus*-Arten. Äußere Perigonblätter weißlich, innere auf der Innenseite mit rötlichem Grund.

Camellia japonica – Japanische Kamelie

Theaceae – Teestrauchgewächse

Immergrüner, aufrechter, reich verzweigter, bis 8 m hoher Strauch oder Baum. Junge Triebe und Zweige kahl. Rinde graubraun, sehr lange glatt bleibend. **Blätter** wechselständig, 1 cm lang gestielt. Spreite elliptisch bis eiförmig, derb lederig, kahl, 5–12 cm lang und 2,5–6 cm breit, am Ende mehr oder weniger abrupt zugespitzt, am Grund gerundet oder breit keilförmig, am Rand schwach gesägt, oberseits glänzend dunkelgrün, unterseits heller. **Blüten** ansehnlich, duftlos, einzeln, mitunter zu zweit blattachselständig, 1–2 mm lang gestielt, am Grund von zahlreichen, sich deckenden, gerundeten Brakteen umgeben, ansehnlich, zwittrig, becher- bis schalenförmig, bei Wildformen 3–4 cm, bei Kultursorten bis 12 cm groß. Kelchblätter 5 bis viele, Kronblätter 5–7, bei Kulturformen wesentlich mehr, 3–5 cm lang, am Grund etwas miteinander verwachsen. Staubblätter zahlreich, am Grund mit den Kronblättern und die äußeren Staubfäden bis zur Hälfte miteinander zu einer Röhre verwachsen, Filamente weiß, Staubbeutel gelb. Fruchtknoten oberständig, kahl. Blütezeit: Februar–Mai. **Frucht** eine kugelförmige bis leicht abgeflachte, stark verholzte, 3–4 cm große Kapsel, die sich fachspaltig 3-klappig öffnet. **Samen** 1–3, fast kugelförmig oder unregelmäßig kantig, 2–2,5 cm groß, glatt, dunkelbraun. Fruchtreife: September–Oktober.

Name: Von Linné nach Camellus benannt, der die Pflanze auf Luzon/Philippinen angepflanzt sah. Die Japaner nennen die Kamelie „Tsuba-ki!", was soviel wie ein Baum mit dicken, glänzenden Blättern bedeutet.
Systematik: Die Gattung *Camellia* umfasst rund 250 in Ost- und Südostasien verbreitete Arten. Die Familie der *Theaceae* enthält 15 Gattungen mit rund 370 Arten, von denen nur sehr wenige in Mitteleuropa winterhart sind.
Verbreitung: Korea, Taiwan, Japan (Honshu bis Kyushu), Okinawa und Ryukyu-Inseln.
Lebensraum: In feuchten Bergwäldern.
Verwendung: Die Kamelie gelangte um 1739 nach Europa. Sie ist ein äußerst beliebter Strauch, der in über 2000 verschiedenen Sorten kultiviert wird. In Mitteleuropa ist sie nur im Weinbauklima bedingt winterhart. Sie benötigt einen feuchten, sauren, kalkfreien Boden und einen hellen, geschützten Standort, damit die Triebe gut ausreifen, sowie hohe Luftfeuchtigkeit. Im Som-

Blüte einer Japanischen Kamelie.

mer im Freien stehend, muss sie in weiten Teilen Mitteleuropas im Kalthaus oder Wintergarten überwintert werden. Auch sonst empfiehlt sich ein Bodenschutz für die Wurzeln sowie eine Abdeckung der Blätter, um Frosttrocknis zu vermeiden. Im südlichen England findet die Kamelie ideale Lebensbedingungen und erreicht imponierende Ausmaße. Eine der berühmtesten Kamelien steht in Schlosspark von Pillnitz bei Dresden. Sie ist um 1775 nach Europa gelangt und vom Gärtner ADOLF TERSCHECK 1801 „eigenmächtig“ ausgepflanzt worden. Ein transportables Gewächshaus bietet ihr im Winter den nötigen Schutz, so dass sie jährlich Tausende von Blüten hervorbringt.

Campsis radicans – Amerikanische Klettertrompete, Trumpet Vine

Bignoniaceae – Klettertrompetengewächse

Mit Haftwurzeln bis 10 m hoch kletternde, sommergrüne Liane. Junge Triebe kahl, mit durchgehendem Mark, im Knotenbereich mit kurzen Haftwurzeln. Zweige hellbraun bis rötlich braun. Knospen wenig erhaben, gerundet. **Blätter** gegenständig, unpaarig gefiedert, 5–10 cm lang gestielt. Spreite bis 25 cm lang, aus 9–11 kurz gestielten Blättchen zusammengesetzt, lanzettlich elliptisch, 3–10 cm lang und bis 5 cm breit, grob gesägt, lang zugespitzt, oberseits dunkelgrün, kahl, unterseits auf den Nerven behaart. **Blüten** duftlos, ansehnlich, zwittrig, zygomorph, trompetenförmig, endständig zu 4–12 an jungen Trieben. Blütenhülle 5-zählig. Kelch röhrigglockig, 5-zipfelig, mit dreieckigen Zähnen, viel kürzer als die Kronröhre, 1,5 cm lang, bis auf etwa einem Drittel der Länge eingeschnitten. Krone orange bis hellorange, innen gelb, 6–9 cm lang, oberhalb des Kelchtrichters allmählich erweitert, Kronsaum umgebogen, 5-lappig, 3,5 cm breit, scharlachrot. Staubblätter 4, im oberen Teil zur Mitte der Kronröhre gebogen. Fruchtknoten oberständig, 2-fächerig. Blütezeit: Juli–September. **Frucht** eine 2-fächerige, hängende Kapsel, zylindrisch, leicht sichelförmig gebogen, 8–15 cm lang, 2 cm breit, geschnäbelt oder stumpfendig, beiderseits längs scharf gekielt, sich 2-klappig fachspaltig öffnend. Plazenten groß, mit zahlreichen Samen je Fach. **Samen** rundlich, stark abgeplattet, dünn, 12–15 mm lang und 5–6 mm breit, mit 2 seitlichen, dünnhäutigen Flügeln. Fruchtreife: September–Oktober.

Name: Abgeleitet von griech. „kamptin“ = biegen und „kampsis“ = Bogen, Krümmung (wegen der Staubblätter, die sich an der Spitze zueinander biegen). *radicans* lat. = Wurzeln schlagend (von „radix“ = Wurzel).

Systematik: Zur Gattung *Campsis* werden nur die beiden aufgeführten Arten gezählt. Die Familie *Bignoniaceae* umfasst 120 Gattungen mit 850 Arten, die vor allem in den Tropen und Subtropen verbreitet sind. Die Blüten sind meist groß und auffällig gefärbt.

◄ *Blühende Amerikanische Klettertrompete.*

Verbreitung: SO-Nordamerika (Pennsylvania bis Missouri, Florida und Texas).
Lebensraum: Feuchte Waldränder, an Flüssen und Gewässern.
Biologie: Flach wurzelndes Gehölz. Blütenbesucher sind vielerlei Insekten. Die Keimung erfolgt epigäisch.
Verwendung: In Europa seit 1640 Kultur. Beliebter Kletterstrauch für Hauswände und Pergolen an voll sonnigen Standorten. Er benötigt einen humosen, feuchten und nährstoffreichen Boden. Vermehrung durch krautige oder verholzte Stecklinge, die sich leicht bewurzeln. Als starkwüchsige Liane ist ein regelmäßiger Rückschnitt im Winter zur Förderung kräftiger Blühtriebe erforderlich.
'Flava': Blüten gelb bis orangegelb.

Ähnliche Art und Hybride:
***Campsis grandiflora*, Chinesische Klettertrompete:** Bis 6 m hoch kletternd. Triebe mit nur wenigen oder ganz ohne Haftwurzeln. Blättchen 7–9, 4–8 cm lang, beiderseits kahl. Kelch 3 cm lang, bis zur Mitte 5-spaltig. Röhre der Krone kürzer als bei *C. radicans*, bis 6,5 cm lang, breit trichterförmig erweitert, Saum der Krone bis 8 cm breit, Krone außen orangerot, innen anfangs gelb. Kapsel stumpf endend. Blütezeit: August–September. Verbreitung: China. *grandiflora* lat. = großblütig. In Kultur seit 1800. Sehr wärmebedürftige Pflanze. Im Weinbauklima gut gedeihend.

***Campsis × tagliabuana*, Hybrid-Klettertrompete** (*C. grandiflora* × *C. radicans*): Zwischen den Eltern stehend. Bis etwa 8 m hoch mit Haftwurzeln kletternd. Blättchen 7–11, bis 8 cm lang, unterseits behaart. Blüten in lockeren Rispen. Krone außen orange, innen scharlachrot, etwa 8 cm lang, Saum bis 6,5 cm breit. Kelch orange, 2,5 cm lang, viel kürzer als die Kronröhre, zu etwa ein Drittel eingeschnitten. Blütezeit: Juli–September. Die Hybride entstand in der Gärtnerei der Gebrüder Tagliabue bei Mailand. In Kultur seit dem frühen 19. Jahrhundert. Seit 1889 ist vor allem die Sorte 'Madame Galen' angepflanzt.

Blüten der Hybrid-Klettertrompete.

Caragana arborescens – Gewöhnlicher Erbsenstrauch

Fabaceae – Hülsenfrüchtler

Sommergrüner, nur wenig verzweigter, straff aufrechter, 3–6 m hoher Strauch. Junge Triebe gerieft, olivgrün, fein behaart, später verkahlend und graubraun. Zweigsystem augenfällig in Lang- und Kurztriebe gegliedert. Kurztriebe auch im Alter kaum an Länge zunehmend, von alten abgestorbenen Knospenschuppen, Nebenblattzipfeln, Blattstielen und Blattspindeln umgeben. Knospen länglich eiförmig, bis 10 mm lang, mit mehreren, weiß bewimperten Knospenschuppen. Endknospe vorhanden. **Blätter** paarig gefiedert, 5–18 mm lang gestielt, 7–10 cm lang, an den Langtrieben entfernt wechselständig stehend, an den Kurztrieben rosettig dicht angeordnet. Fiederpaare 4–5, Blättchen sehr kurz gestielt, länglich elliptisch, mit Stachelspitzchen, 2–3 cm lang und 1–2 cm breit, oberseits dunkelgrün, kahl, unterseits heller und entlang der Mittelrippe behaart. Nebenblätter pfriemlich, 2–3 mm lang. **Blüten** duftlos, nur an den Kurztrieben, gelb, schmetterlingsartig, zwittrig, einzeln oder zu wenigen in 1,5–3 cm lang gestielten Dolden. Kelch kurzröhrig, bis zur Fruchtreife bleibend. Kronblätter lang genagelt, 1,5–2 cm lang. 9 der 10 Staubblätter zu einer oben offenen Röhre miteinander verwachsen, nur

1 Fruchtblatt. Blütezeit: Mai–Juni. **Frucht** eine 3–5 cm lange und 4 mm dicke, meist gerade Hülse mit mehreren hellbraunen, 4 mm langen Samen. Fruchtreife: August–September. **G!**

Fruchtender Gewöhnlicher Erbsenstrauch.

Name: Mit „caragan" wird in der Mongolei bzw. „qaraqan" in Turkestan der Erbsenstrauch in der jeweiligen Landessprache bezeichnet. *arborescens* lat. = zum Baume werdend bzw. baumförmig.
Systematik: Die Gattung *Caragana* umfasst etwa 80 Arten. Das Verbreitungsgebiet erstreckt sich von Osteuropa bis nach Ostasien. Die Gattung ist fossil seit dem Oligozän nachgewiesen.
Verbreitung: Südliches Mittel- und Westsibirien bis zur Mandschurei.
Lebensraum: Waldränder und lichte Gebüsche, auf mittel- bis tiefgründigen Böden. Licht- bis Halbschattengehölz.
Biologie: Die Blüten werden von Insekten bestäubt. Die eingetrockneten Hülsen öffnen sich infolge hoher Gewebespannung explosionsartig, die Fruchthälften tordieren und schleudern dabei die Samen aus. Die Embryonen haben Speicherkeimblätter. Der Erbsenstrauch ist in allen Teilen giftig!
Verwendung: Der Gewöhnliche Erbsenstrauch ist seit 1752 in Kultur. Er stellt keine besonderen Bodenansprüche, ist salztolerant und verträgt Sommertrockenheit und Luftverschmutzung. Er ist überall in Europa frosthart. Die Vermehrung erfolgt durch Samen.

Carpinus betulus – Europäische oder Gewöhnliche Hainbuche, Weißbuche

Betulaceae – Birkengewächse

10–20(–25) m hoher sommergrüner Baum mit einem spannrückigen, d. h. Längsfurchen und -wülste aufweisenden, teils zu Drehwuchs tendierenden Stamm, dessen Rinde grau und glatt ist. **Blätter** wechselständig, 2-zeilig, elliptisch bis eiförmig, meist doppelt gesägt, 4–10 cm lang, jederseits der Mittelrippe 10–15 Seitennerven, diese auf Oberseite tief eingesenkt, dadurch Blatt faltig, Blattstiel 0,6–1,3 cm lang. **Blüten** eingeschlechtig, männliche in hängenden Kätzchen, weibliche zu 2, in lockeren Ähren. **Frucht** 1-samige, abgeflachte Nuss, mit 3-teiliger Fruchthülle, die im Spätherbst als Ausbreitungsorgan der reifen Nüsse dient (Drehflieger). Wind- und Versteckausbreitung.

Name: *Carpinus* lat. Name für die Hainbuche, möglicherweise indogerman. Wurzel „(s)kerep", was schneiden bedeutet, entweder wegen der scharf gesägten Blätter oder dem Schneiden der Zweige für Laubheugewinnung (Schneitelei); *betulus* verweist auf Ähnlichkeiten mit den Birken (*Betula*). Hainbuche früher auch Hagebuche genannt. „Hain-" oder „Hage-" wegen des Vorkommens in Hainen bzw. Hagen (umfriedete Grundstücke), umgeben von Hecken, für die sich Hainbuchen besonders eignen. Das Grundwort „-buche" bezieht sich auf gewisse Gemeinsamkeiten mit der Rotbuche (*Fagus* *sylvatica*) wie ähnliche glatte Stammrinde oder ehemalige Nutzung für Buchdruck, „Weiß-" auf das im Gegensatz zu dieser Art hellere Holz.

Fruchtstände der Europäischen Hainbuche.

Systematik: Zur Gattung *Carpinus*, die mit Hasel (*Corylus*) und Hopfenbuche (*Ostrya*) zur Unterfamilie *Coryloideae* (früher eigene Familie Haselgewächse, *Corylaceae*) gehört, 30–40 Baum- und Straucharten, verbreitet von nemoraler bis meridionaler Zone der Holarktis mit Schwerpunkt in Ostasien, nur 2 Arten in Europa und je 1 in Nord- und Mittelamerika.
Verbreitung: Europäisches Laubwaldgebiet, im Südosten über Kleinasien bis Kaukasien.
Lebensraum: Laubmischwälder feuchter und mäßig trockener, nährstoffreicher Standorte vom Tiefland bis in mittlere Berglagen.
Biologie: Langsamwüchsige, nur ein Alter von 120 bis 150 Jahren erreichende Halbschatten- bis Schattenbaumart, aber mit hoher Vermehrungs- und Ausbreitungspotenz, sehr ausschlagfreudig.
Verwendung: Holz unter den einheimischen Baumarten das härteste und schwerste, früher für stark beanspruchte Maschinen- und Fahrzeugteile (Zahnräder, Achsen, Speichen), Butterfässer und Klavierhämmer genutzt. Wegen ihrer guten Ausschlagfähigkeit ein typischer Baum für Nieder- und Mittelwaldbetrieb und ein ausgezeichnetes Heckengehölz, nicht nur als „grüne Mauer", sondern vielfältig formbar. Wichtige Art für Pflanzungen in der Agrarlandschaft (Windschutz- und andere Feldgehölze) und im Siedlungsbereich. Als schmalkronige Kleinbäume, die auch als Straßenbäume in der Stadt geeignet sind, stehen dicht und straff aufrechte ('Fastigiata', seit vor 1883 in Kultur) oder locker aufstrebende ('Columnaris', 1891 von SPÄTH in den Handel gebracht) Säulenformen zur Verfügung. Bereits seit 1789 sind schlitz- bis eichenblättrige Sorten (Incisa-Gruppe) bekannt, deren Blattspreiten gesägt, gelappt bis geteilt sind, wobei die Blattlappen abgerundet oder spitz sein können. Als „Trauerbaum", der im Gegensatz zu Trauerweide, -ulme oder -esche auch auf weniger feuchten Standorten mit Erfolg gepflanzt werden kann, bietet sich eine, oft hochstämmig veredelte Hängeform ('Pendula') an, deren in flachem Bogen abstehende Äste und abwärts wachsende Zweige eine kuppelförmige Krone aufbauen. Kann auch wie *C. japonica* oder *C. orientalis* für Bonsai verwendet werden

Weitere Arten:
***Carpinus caroliniana*, Amerikanische Hainbuche:** Der europäischen Art ähnlicher, nur 8(–15) m hoher Baum oder Strauch im östlichen Nordamerika, wo die Art in Feuchtwäldern, meist entlang von Fließgewässern (auch Water beech = Wasserbuche genannt), vorkommt. Als Ziergehölz (1812 nach Europa eingeführt, PURSH) ist der Kleinbaum durch glänzend grünes, im Herbst auffallend goldgelbes oder orange- bis scharlachrotes Laub interessant.

***Carpinus cordata*, Herzblättrige Hainbuche:** Blatt im Vergleich zu *C. betulus* größer (6–14 cm lang) und länger gestielt (1,3–2 cm), Spreite breit eiförmig, am Grund herzförmig und mit höherer Zahl Seitennerven (jederseits der Mittelrippe 15–20). Auffällige, an Hopfenbuche (*Ostrya*) erinnernde Fruchtkätzchen mit ungelappten, am Rand gesägten Fruchthüllen, deren Basis eingerollt ist und die Nuss umschließt. Stamm nicht mit Glattrinde, sondern rauer Borke. Ostasiatische Art, die in Europa seit 1879 in Kultur ist.

Blätter und Fruchtstand der Herzblättrigen Hainbuche.

Blätter und Fruchtstand der Japanischen Hainbuche.

***Carpinus japonica*, Japanische Hainbuche:** Japanische Art mit länglich eiförmiger Blattspreite und noch höherer Zahl (jederseits 18–24) Seitennerven als bei *C. cordata*. Wie bei dieser sind die Fruchthüllen nicht geteilt oder gelappt, sondern grob gesägt, wobei die Basis einseitig umgeschlagen ist. Die nach Europa etwas später (1895) eingeführte Art unterscheidet sich ebenfalls von *C. betulus* durch die Stammrinde, sie bildet eine gefurchte, sich in Schuppen lösende Borke aus.

***Carpinus orientalis*, Orientalische Hainbuche:** Die kleinste der Hainbuchen, ein Strauch oder mehrstämmiger, bis 5 m hoher Baum. Blätter nur bis 5 cm lang und 2,5 cm breit. Die Fruchthülle ist eiförmig, grob und unregelmäßig gesägt. Die Wärme liebende, Trockenheit ertragende, auch auf flachgründigen Böden gedeihende Art ist von SO-Europa über Kleinasien bis Kaukasien verbreitet, aus Kultur ist sie mindestens seit 1735 bekannt.

Carya tomentosa – Filzige Hickory oder Hickorynuss, Spottnuss

Juglandaceae – Walnussgewächse

15–25(–30) m hoher sommergrüner Baum mit einer dunkelgrauen, anfangs glatten Stammrinde, später längsgefurchte flache Borke, deren Schuppen dem Stamm anliegen. **Blätter** wechselständig, unpaarig gefiedert, 20–30(–50) cm lang, mit 7–9 am Rand gesägten Blättchen, unterseits gelblich filzig und drüsig, beim Zerreiben auffällig aromatisch riechend. **Blüten** eingeschlechtig, männliche in hängenden Kätzchen, weibliche in endständigen Ähren. **Früchte** steinfruchtähnlich, 3–5 cm lang, mit dicker, zur Reife 4-teilig aufspaltender Außenschale, Nuss abgerundet oder leicht kantig, Samen essbar, süß, aber sehr klein.

Name: *Carya* beruht auf „karya“ griech. = Nussbaum. Der in der Antike auf diverse Arten mit Nussfrüchten wie Wal- und Haselnuss, Eichen und Kastanie bezogene Begriff wurde erst später auf die Hickorynüsse übertragen. „Hickory“ geht zurück auf „pawco-hiccora“, eine indianische Bezeichnung für eine durch Zerstoßen aufgekochter Samen hergestellte ölige Speise; *tomentosa* lat. = filzig, wegen filziger Behaarung junger Zweige und der Unterseite

◀ Seitenspross mit Blättern und Blütenkätzchen der Filzigen Hickory.

der Blättchen. Der Name Spottnuss bezieht sich auf die Samen, die sehr klein sind, so dass die Früchte fast leer erscheinen.
Systematik: Zur Gattung *Carya* gehören 18 Arten in Nord- bis Mittelamerika und O-Asien, einhäusige Bäume mit aromatisch duftenden, unpaarig gefiederten Blättern. Unterschiedlich dicke, zur Reife aufspringende Fruchtschalen der meist kugeligen bis breit oder verkehrt eiförmigen Früchte umschließen glatte oder 2- bis 4-kantige Nüsse. Nordamerikanische Arten typische und vitale Bäume der nemoralen Laubwälder mit vielseitig verwendetem Holz (z. B. für Möbel oder Sportgeräte), auch sehr gute Holzkohle ergebend, beliebt zum Räuchern von Wurst und Fleisch oder zum Grillen.
Verbreitung: *C. tomentosa* im östlichen Nordamerika von SO USA bis Ontario (Kanada).
Lebensraum: Laubmischwälder feuchter nährstoffreicher Böden, aber auch auf trockeneren Standorten in Eichen- und Kiefernmischwäldern.
Biologie: Licht- bis Halbschattenbaumart mit breiter Standortamplitude.
Verwendung: *C. tomentosa* liefert das wertvollste Holz unter den Hickory-Arten. Die 1766 nach Europa (England) in Kultur eingeführte Spottnuss weicht von ähnlichen, bei uns als Zierbäume gepflanzten Arten (siehe *C. ovata*!) durch die Stammborke ab, die nicht durch an den Enden abspreizende längliche Schuppen struppig ist. Die süßlich duftenden Blätter nehmen im Herbst eine leuchtend gelbe Farbe an.

Weitere Arten:
***Carya cordiformis*, Bittere Hickory** oder **Bitternuss:** Blätter 15–25 cm lang mit 7–9 Blättchen, Fruchtschale dünn, Nüsse grau und dünnschalig, plötzlich zugespitzt, Samen ungenießbar. Eindeutiges Erkennungsmerkmal sind die auffallend gelben Knospen, die Stammborke ist grau bis hellbraun, gefurcht. Die bis 30 m hohe nordamerikanische Art ist in ihrer Heimat ein Nutzholzbaum, sich auch über Stockausschlag regenerierend. In Kultur (nach Europa eingeführt 1689) kommt bei dem Parkbaum das goldgelbe Herbstlaub besonders bei Einzelstellung zur Geltung.

***Carya illinoinensis*, Pekannuss:** Blätter 30–55 cm lang mit 9–15, meist sichelförmigen und asymmetrischen Blättchen, Früchte zu 3–10, länglich und spitz, Nuss mit dünner und glatter Schale, sehr schmackhaft. Der wichtigste Nussbaum Nordamerikas kommt natürlich in den S-USA (vor allem Mississippi-Becken) vor und ist auf tiefgründigen und feuchten Böden schnell- und hochwüchsig (bis 32, max. 55 m). Neben der Beerntung wild wachsender Bäume erfolgt ein plantagenmäßiger Anbau von großfrüchtigen Sorten. Auch als Zierbaum (um 1760 nach Europa eingeführt) für Einzelstellung in Parks und größeren Gärten interessant, aber vor allem in der Jugend frostempfindlich.

***Carya ovata*, Schindelborkige Hickory:** Blätter 20–35 cm lang mit meist nur 5 Blättchen, Früchte mit bis zu 6 mm dicker Außenschale, bis 2,5 cm lange Nuss weißlich, mit 4 Längskanten, Samen süß. Den Stamm des über 40 m hohen Baums bedeckt eine auffällige struppige Borke. Die anfangs glatte Rinde reißt auf und löst sich in schindelartigen Streifen ab, dabei die Enden der „Schindeln“ vom Stamm abspreizend, was als möglicher Schutz gegen Nüsse sammelnde Tiere gedeutet wird,

Stamm der Bitteren Hickory.

Stamm der Schindelborkigen Hickory.

da das Klettern am Stamm erschwert ist (z. B. für Eichhörnchen). Die in Laubwäldern im östlichen Nordamerika vorkommende Art gehört zu den forstwirtschaftlich wichtigen Hickoryarten und wird auch als Nussbaum genutzt. Früher wurden einige forstliche Anbauversuche in Mitteleuropa durchgeführt. Als Zierbaum (1629 in Kultur eingeführt, England) attraktiv durch die Borke und goldgelbes Herbstlaub. Eine vergleichbare Borke weist die **Großfrüchtige Hickory** oder **Königsnuss, *Carya laciniosa*** auf, deren Blätter meist 7-zählig sind, die Außenschale der Frucht ist noch dicker (bis 10 mm) und die gelbliche Nuss bis 4 cm lang.

Caryopteris incana – Graufilzige Bartblume

Lamiaceae – Lippenblütler

Sommergrüner, 0,5–1 m hoher, reich verzweigter, buschiger Strauch. Zweige wie die Blätter und Blütenstände grau behaart. Knospen nackt, am Grund mit kleinen Blättchen, länglich eiförmig, 1–2 mm lang, mit silbrigen, spreizenden Haaren bedeckt. **Blätter** 5–20 mm lang gestielt, gegenständig, eiförmig bis länglich eiförmig, 2–7 cm lang und bis 3,5 cm breit, mit kleinen gelben Drüsen besetzt, oberseits dunkelgrün, unterseits graufilzig, jederseits mit 3–8 groben Zähnen. **Blüten** zwittrig, in dichten, blattachselständigen Scheindolden, violettblau. Kelch glockenförmig, tief 5-spaltig, Zipfel zugespitzt, sich postfloral vergrößernd. Krone kurzröhrig, 7–10 mm lang, mit 5 Zipfeln, ein Zipfel breiter und bartartig gefranst (Name!). Staubblätter 4, weit hervorragend. Blütezeit: September–Oktober. **Frucht** 2–4 mm lang gestielt, in 4 einsamige Teilfrüchte (Klausen) zerfallend. Kelch trichterförmig glockig, 5–7 cm lang. Klausen pergamentartig häutig, spatelförmig, schwach sichelförmig gebogen, 3-kantig, längs schmal geflügelt, 3–4 mm lang, 2,5–3 mm breit. Samen 2 mm lang. Fruchtreife: Oktober–November.

Name: Abgeleitet von griech. „karyon" = Nuss und „pteron" = Flügel: Klausen am Rand häutig geflügelt. *incanus* lat. = grau, weißlich grau.

Systematik: Die Gattung *Caryopteris*, früher zur Familie *Verbenaceae* gezählt, umfasst etwa 10 in Ostasien verbreitete Arten

Verbreitung: China, Korea, Taiwan, Japan (Kyushu).

Lebensraum: Lichte Gebüsche auf Felshängen und an Straßen. In China in Höhenlagen von 100 bis 800 m ü. M.

Biologie: Die Blüten werden in großer Zahl von Honigbienen und Hummeln aufgesucht. Die Samen verbreitet der Wind.

Verwendung: Bartblumen werden sehr häufig wegen der stets sehr üppigen Blütenfülle und der leuchtenden Farben angepflanzt. Sie stellen keine besonderen Bodenansprüche, vertragen gut Trockenheit, benötigen jedoch einen voll besonnten Standort. Nach der Blüte sollte zur Förderung kräftiger Neutriebe ein starker Rückschnitt erfolgen.

Blühender Spross der Graufilzigen Bartblume.

Hybride:

Caryopteris × clandonensis (*C. incana × C. mongolica*), **Clandon-Bartblume:** Häufiger in Kultur als *C. incana*. Blätter 8–10 mm lang gestielt. Spreite eilanzettlich bis lanzettlich, bis 8 cm lang und 2,5 cm breit, ganzrandig oder in der oberen Hälfte jederseits mit 1–4 groben Zähnen; oberseits dunkelgrün, matt glänzend, unterseits graugrün, kurz filzig. Blüten leuchtend blau. Blütezeit: September–Oktober. Um 1933 in England entstanden Es gibt mehrere, sehr farbintensive und reich blühende Sorten wie 'Heavenly Blue'.

Castanea sativa – Ess-Kastanie oder Europäische Edelkastanie

Fagaceae – Buchengewächse

15–30(–35) m hoher sommergrüner Baum mit starkem, bis über 6 m Umfang erreichendem, oft drehwüchsigem Stamm, weit ausladender Krone und eichenähnlicher Borke. **Blätter** wechselständig, länglich lanzettlich bis schmal elliptisch, 12–25 cm lang, derb, grob und grannenspitzig gezähnt, oberseits glänzend dunkelgrün, unterseits matt hellgrün, nur anfangs behaart. **Blüten:** Männliche zu mehreren knäuelig in 15–20 cm langen kätzchenförmigen Thyrsen, von starkem, etwas unangenehmem Geruch, weibliche bis zu 3 an der Basis der nach der Blüte absterbenden männlichen Blütenstände. Bestäubung durch Insekten (Käfer, Fliegen, Bienen) und Wind. **Früchte:** Stacheliger Fruchtbecher gelblich grün, 6–8 cm Durchmesser, mit 1–3(–5) Nüssen, diese glänzend braun (Maronen, „maron“ ital. = braun), Versteckausbreitung (Nagetiere, Eichelhäher).

Name: *Castanea* wird oft auf den Ort Kastana in Thessalien zurückgeführt, soll aber eine aus Kleinasien stammende antike Bezeichnung für die essbaren Früchte (griech. „kastaneion“, lat. „castaneae nuces“) sein; *sativa* lat. = gesät bzw. angepflanzt, bezieht sich auf die Bedeutung als Fruchtbaum, der im gesamten Mittelmeerraum kultiviert wird. Dies kommt auch in den deutschen Namen zum Ausdruck, sowohl bei Verwendung des Namens Edelkastanie als Gattungsname oder, wenn ich die Gattung *Castanea* Kastanie nenne, dann beim Artnamen Ess-Kastanie. Dies bringt den Gegensatz zu den nur Tieren Nahrung bietenden Rosskastanien, die nicht zur Gattung *Castanea* gehören (siehe *Aesculus*!), zum Ausdruck.

Systematik: Zur Gattung *Castanea* gehören 10 Arten in den Laubwaldgebieten nemoraler bis meridionaler Zonen der Nordhemisphäre, Bäume oder Großsträucher mit charakteristischen Früchten. Die

Stamm eines Altbaums der Ess-Kastanie. ▶

Blühender Seitenspross der Ess-Kastanie.

mit 1–2 cm langen Stacheln besetzten kugeligen Fruchtbecher umschließen 1–3(–7) einseitig abgeflachte, glatte Nüsse.

Verbreitung: Mittelmeerraum von S-Europa über Kleinasien bis W-Kaukasien, vor zwei Jahrtausenden von Römern auch nördlich der Alpen eingeführt, in der Folgezeit vor allem in Weinbaugebieten ganz Deutschlands angebaut. Ehemals als Niederwald bewirtschaftete, inzwischen zu Hochwald durchgewachsene Bestände sind kulturhistorische Zeugen dieser Ausbreitung durch den Menschen.

Lebensraum: Laubwälder mäßig trockener bis frischer, kalkarmer bis saurer Standorte in wintermilden Lagen.

Biologie: Einer der ausdauerndsten Laubbäume des Mittelmeerraums (bis 2000 Jahre alt), Wärme liebend, Sommertrockenheit ertragend, hohe Standfestigkeit (sturmfest), Halbschatten- bis Lichtbaumart.

Verwendung: Immer eng mit der Weinkultur verbunden, heute noch in S-Europa Gewinnung von Rebpfählen für den Weinbau im Niederwaldbetrieb (alle 7–8 Jahre auf den Stock gesetzt). Die Maronen dienen als Nahrungsmittel, wofür auch spezielle Fruchtsorten angebaut werden. Früher war die Nutzung vielfältiger, so Früchte ebenso für die Schweinemast, Blätter als Laubstreu, Holz für die Herstellung von Fässern und Rinde zur Gerbstoffgewinnung. Erhalten blieb die Bedeutung als Obstbaum und beliebter Zierbaum. In Parks stehen eindrucksvolle breitkronige Solitäre mit dicken Stämmen. Gebietsweise, so z. B. in den Südalpen, sind die Bäume sogar landschaftsprägend („Kastanienlandschaften", z. B. Tessin oder Südtirol).

Weitere Art:

***Castanea dentata*, Amerikanische Kastanie** oder **Edelkastanie:** Die Blätter der ähnlichen Art besitzen meist eine keilförmige (selten abgerundete und nie herzförmige) Spreitenbasis, einen kürzeren Stiel (1–3 cm lang, nicht 3 cm und länger) und sind oberseits matt- oder gelbgrün. Der früher nicht nur als Fruchtbaum, sondern auch als Holz- und Gerbstofflieferant bedeutsame Nutzbaum Nordamerikas ist seit der Ausbreitung eines aus Ostasien 1904 eingeschleppten, Rindenkrebs auslösenden Pilzes (*Cryphonectria parasitica*) in seinem Vorkommen so dramatisch zurückgegangen (Kastaniensterben), dass von dem ehemals in Laubmischwäldern mitherrschenden Waldbaum keine Altbäume mehr existieren. Die natürlichen Bestände der Art gelten nach IUCN Red List als vom Aussterben bedroht. Als Zierbaum (seit 1800 in Kultur, Deutschland)

Früchte der Pennsylvanischen Kastanie an der Basis der verblühten männlichen Blütenkätzchen.

ist die Art selten, da sie sich weder im Aussehen noch in der Wirkung von der europäischen Art abhebt. Weniger betroffen vom Kastaniensterben ist die ebenfalls im östlichen Nordamerika (USA) vorkommende **Pennsylvanische Kastanie, *Castanea pumila*.** Die auch Chinquapin genannte Art ist in allen Teilen kleiner, im Gegensatz zu den vorigen Arten sind die Blätter unterseits filzig behaart.

Catalpa bignonioides – Gewöhnlicher Trompetenbaum, Southern Catalpa, Indian Bean Tree

Bignoniaceae – Klettertrompetengewächse

Sommergrüner, 15–18 m hoher, oft mehrstämmiger Baum mit breiter, gerundeter, reich verzweigter, oft überhängender Krone. Stämme meist nur kurz, bis 1 m dick. Borke grau, graubraun bis rötlich braun, lange glatt bleibend, längsrissig, später dünn großschuppig, bis 9 cm dick. Junge Triebe grün bis rötlich, behaart. Zweige braun und glatt, mit großen, ovalen Blattnarben. Knospen oberhalb der Blattnarben stehend, kugelförmig, 2–5 mm groß, rotbraun, mit mehreren, zugespitzten, fein drüsig bewimperten Schuppen. **Blätter** breit eiförmig, gegenständig, meist aber an den Wirteln zu dritt stehend, 10–15 cm lang gestielt. Spreite bis 20 cm lang und 15 cm breit, ganzrandig oder schwach gelappt, abrupt zugespitzt, oberseits frischgrün und kahl, unterseits heller und behaart, am Grund gestutzt oder fast herzförmig. **Blüten** duftlos, in 15–20 cm langen, aufrechten, vielblütigen Rispen, ansehnlich, zwittrig, 2-lippig, glocken- bis trompetenförmig, 4–5 cm Durchmesser, weiß, mit purpurfarbenen Schlundflecken und 2 gelben Streifen, Staubblätter 2. Blütezeit: Juni–Juli. **Frucht** eine 20–40 cm lange, 6–8 mm dicke, zylindrische Kapsel. **Samen** stark abgeplattet, bis 25 mm lang, beidendig mit hellem Fransensaum. Fruchtreife: Oktober.

Name: Abgeleitet vom indianischen „kutuhlpa". Im Deutschen wird *Catalpa* mitunter auch „Beamtenbaum" genannt: Sein Austrieb erfolgt spät, die Blätter werden relativ zeitig abgeworfen. Das Epitheton *bignonioides* nimmt auf die Ähnlichkeit der Blüten mit der Gattung *Bignonia* Bezug.

Systematik: Zur Gattung *Catalpa* werden etwa 13 Arten in Nordamerika und Ostasien gezählt. Fossil ist die Gattung seit dem Paläozoikum nachgewiesen.

Verbreitung: SO-Nordamerika von Louisiana und Mississippi bis Florida.

Lebensraum: Waldränder, entlang von Flüssen.

Blütenstand und vorjährige Früchte des Gewöhnlichen Trompetenbaums.

Biologie: Die Blüten werden in Mitteleuropa durch Bienen und Hummeln bestäubt. Die Früchte bleiben ungeöffnet den Winter über am Baum hängen. Sie öffnen sich erst im Frühjahr. Die Blätter haben meist keine Herbstfärbung. Bis auf die Samen enthalten alle Pflanzenteile Catalpin und sind schwach giftig. Zerriebene Blätter haben einen unangenehmen Duft.
Verwendung: CATESBY entdeckte die Art 1726 in Carolina. Der Trompetenbaum ist ein sehr beliebtes Gehölz für größere Gärten oder Parks. Der Standort sollte vollsonnig bis leicht halbschattig, der Boden tiefgründig, feucht, locker und nährstoffreich sein. Die Samen keimen epigäisch. Die Aussaat erfolgt im Frühjahr. Eine Stratifikation ist nicht notwendig. Junge Bäume sind raschwüchsig und schon mit 6–8 Jahren blühfähig. Das Holz wird für Pfosten und kleinere Möbel verwendet.
'Nana': Kleinkronige Form, die 1850 in Frankreich entstand. Häufig angepflanzt in Vorgärten.
'Aurea': Blätter im Austrieb goldgelb, später hell gelbgrün. Seit 1877 im Handel.

Weitere Arten und Hybride:
Catalpa* × *erubescens (*C. bignonioides* × *C. ovata*): Steht zwischen den Eltern. Blätter im Austrieb purpurn. Blüten ähnlich *C. bignonioides*, aber kleiner, bis 3 cm lang. Vor 1869 in den USA entstanden. *erubescens* lat. = rot werdend, errötend.

***Catalpa ovata*, Kleinblütiger Trompetenbaum:** Sommergrüner, 10–15 m hoher Baum. Zweige meist kahl. Blätter breit eiförmig, etwas 3-lappig, am Grund herzförmig, 5–14 cm lang gestielt, Spreite 10–25 cm lang. Blüten in 10–20 cm langen, schmal pyramidalen Rispen, 2,5 cm groß, gelblich weiß mit 2 gelben Streifen und purpurnen Flecken. Blütezeit: Juli–August. Frucht 20–30 cm lang und nur 3–4 mm dick. Fruchtreife: Oktober. Verbreitung: China, wird aber seit Langem in Japan kultiviert. 1849 wurde die Art durch VON SIEBOLD aus Japan nach Europa eingeführt. *ovatus* lat. = eiförmig.

Blüten und junge Früchte des Kleinblütigen Trompetenbaums.

***Catalpa speciosa*, Prächtiger Trompetenbaum, Western Catalpa**: 12–18(30) m hoher Baum mit breiter Krone und dickschuppiger Borke. Blätter eiförmig, am Ende lang zugespitzt, am Grund gerundet bis herzförmig, unterseits dicht behaart, 10–15 cm lang gestielt, Spreite 15–25 m lang und 8–18 cm breit. Blätter gerieben nicht duftend. Rispen 10–20 cm lang, wenigblütig. Blüten 5–7 cm breit. Blütezeit: Juni–Juli. Kapseln meist nur wenige ausgebildet, bis 45(–60) cm lang und 8–12 (–20) mm dick. Fruchtreife: Oktober. Der Prächtige Trompetenbaum ist in Mitteleuropa frosthart, die Triebe sind jedoch spätfrostgefährdet. Verbreitet im südöstlichen Nordamerika von SW-Indiana, S-Illinois bis W-Tennessee, N-Arkansas und Alabama. In Europa seit 1880 in Kultur und ein beliebter, prächtiger, im Juni blühender Parkbaum. *speciosus* lat. = ansehnlich, wohlgestaltet.

Ceanothus americanus – Amerikanische Säckelblume

Rhamnaceae – Kreuzdorngewächse

Sommergrüner, bis 1,5 m hoher Strauch. **Blätter** eiförmig bis länglich eiförmig, 3–8 cm lang, von der Spreitenbasis an 3-nervig, dunkelgrün, Rand fein gesägt. **Blüten** in Dolden, die zu großen Doldenrispen vereinigt sind, endständig und achselständig an diesjährigen Zweigen, Krone weiß. Blütezeit Juni–Juli. **Frucht** kapselartige, trockene Steinfrucht.

Name: *Ceanothus* basiert auf griech. „keanothos" und bedeutet distelförmige Pflanze. Möglicherweise auf diese Gattung übertragen, da zu ihr einige manchmal dornige Arten gehören. Säckelblume wegen der vom bleibenden Blütenbecher umhüllten Frucht.

Systematik: Zur Gattung *Ceanothus* 62 Arten sommer- und immergrüner Gehölze mit wechsel-, teils auch gegenständigen, ganzrandigen oder gesägten Blättern sowie sitzenden kleinen Blütendolden, die erst durch die oft gefärbten Kelchblätter und die Vereinigung zu großen Ähren oder Rispen auffällig werden („Kalifornischer Flieder").

Verbreitung: Während die meisten *Ceanothus*-Arten überwiegend im Westen Nordamerikas (nach Süden über Mexiko bis Guatemala), vor allem in Kalifornien im Chapparal, einer Strauchformation im Hartlaubwaldgebiet, verbreitet sind, kommt *C. americanus* im östlichen und zentralen Nordamerika vor.

Biologie: In den Wurzeln Luftstickstoff bindende Bakterien (Strahlenpilze) lebend; sommerliche Hitze und Trockenheit ertragend, etwas frostempfindlich.

Verwendung: Der amerikanische Name der Art, New Jersey tea, verweist auf die ehemalige Verwendung der Blätter als Tee-Ersatz. Als Zierstrauch 1712 nach Europa eingeführt. Neben dieser eher selten gepflanzten weiß blühenden Art sind neben der blau blühenden, immergrünen **Blauen Säckelblume** (***C. thyrsiflorus***) vor allem zahlreiche, durch Kreuzungen entstandene attraktive Sorten in Kultur. Dabei werden die blau bis violett blühenden, sommer- und immergrünen Pflanzen der **Französischen Hybrid-Säckelblume, *C. × delilianus***, dem Bastard der Amerikanischen Säckelblume mit einer mexikanischen Art (***C. coeruleus***), zugeordnet. Die aus Kreuzungen dieses Bastards mit

Blütenstand der Französischen Hybrid-Säckelblume.

Blütenstand der Bleichen Hybrid-Säckelblume.

einer weiteren nordamerikanischen Art (***C. ovatus***) hervorgegangenen rosa (teils nur Knospen rosa) bis purpurrosa blühenden Sorten werden zur **Bleichen Hybrid-Säckelblume, *C. × pallidus***, zusammengefasst. Es sind auffällige Sommerblüher, deren Blütenpracht durch jährlichen Rückschnitt der Sprosse gefördert werden kann. Sie kommen an sonnigen Standorten besonders zur Geltung, auch als Kübelpflanzen gut geeignet.

Celastrus orbiculatus – Rundblättriger Baumwürger

Celastraceae – Spindelstrauchgewächse

Sommergrüne, bis 12 m hoch linkswindende Liane. Zweige mit durchgehendem, weißen Mark, gerundet, graubraun bis grau, kahl. Knospen kugel- bis eiförmig, 2–3 mm groß, mit mehreren Schuppen. **Blätter** wechselständig, 1–2,5 cm lang gestielt. Spreite rundlich bis breit eiförmig, abrupt kurz zugespitzt, 5–10 cm lang und 3–8 cm breit, am Rand kerbig gesägt. **Blüten** duftlos, in der Regel eingeschlechtig, zweihäusig verteilt, in blattachselständigen, mehrblütigen Trugdolden, so lang wie die Blattstiele. Blüten 3–5 mm lang gestielt, Krone klein, hellgrün, unscheinbar, Blütenhülle 5-zählig, Kronblätter 4 mm lang. Fruchtknoten oberständig, Staubblätter kürzer als die Krone. Blütezeit: Juni. **Früchte** als Kapseln mit persistierendem Griffel ausgebildet, orangegelb, kugelförmig, 8 mm groß, sich zur Reife 3-klappig öffnend. Je Fruchtfach 1–2 Samen, diese von einem karminroten Samenmantel (Arillus) umgeben. Der große Embryo ist in ein Nährgewebe eingebettet. Fruchtreife: Oktober.

Name: „kelastros", „kelastron" (griech.) ist bei THEOPHRAST ein immergrüner Baum. *orbiculatus* lat. = kreisrund, bezogen auf die Zweige.

Systematik: Zur Gattung *Celastrus* werden rund 35 Arten gezählt. Fossil ist sie seit dem Tertiär belegt. Das Gattungsareal erstreckt sich von Nordamerika, Ost- und Südasien bis Australien. Die Familie *Celastraceae* umfasst 94 Gattungen mit etwa 1400 Arten.

Verbreitung: Ostasien: China, Sachalin, Korea, Japan (Hokkaido bis Kyushu).

Lebensraum: Dickichte, Wälder, grasige Hänge; vom Tiefland bis in Gebirgslagen.

Biologie: Die Bestäubung erfolgt durch kleine Insekten, die den offen angebotenen Nektar aufnehmen. Die Verbreitung der Samen, angelockt vom intensiv gefärbten Arillus, der im farblichen Kontrast zur Fruchtwand steht, übernehmen Vögel. Die Samen bleiben an den geöffneten Früchten haften. Sie keimen epigäisch. Mitunter gibt es in Kultur auch Pflanzen mit polygamen Blüten.

Fruchtender Rundblättriger Baumwürger.

Verwendung: *C. orbiculatus* ist seit 1860 in Europa in Kultur und absolut frosthart. An Pergolen hat die Art durch die leuchtendgelbe Herbstfärbung und die lange haftenden Früchte großen Zierwert. Um Fruchtreichtum zu erzielen, ist die Anpflanzung beider

Geschlechter notwendig. Die Kulturansprüche sind gering, der Boden sollte jedoch tiefgründig und nährstoffreich sein. Das Gehölz kann durch Samen oder Wurzelschnittlinge vermehrt werden. Schnittlinge haben den Vorteil, dass man um das Geschlecht weiß.

Weitere Art:
***Celastrus angulatus*, Kantiger Baumwürger:** Bis 7 m hoch windend. Zweige 5-kantig, mit gekammertem Mark. Blätter 1–2,5 cm lang gestielt, Spreite breit eiförmig bis rundlich herzförmig, 10–18 cm lang und 8–14 cm breit, abrupt geschwänzt zugespitzt, kahl, Spreitenrand kerbig gesägt. Blüten eingeschlechtig, zweihäusig verteilt, in endständigen, 10–15 cm langen Rispen. Früchte kugelförmig, 1 cm groß, gelb. Samen von einem roten Arillus umgeben. Blütezeit: Juni. Fruchtreife: Oktober–November. Verbreitung: China (Hubei). In Kultur seit 1900 und völlig frosthart. *angulatus* lat. = kantig, eckig, bezogen auf die Zweige.

Celtis australis – Südlicher Zürgelbaum

Cannabaceae – Hanfgewächse

Sommergrüner, 10–25 m hoher Baum mit ausladender Krone und grauem, glattem, an einen Buchenstamm (*Fagus*) erinnernden Stamm, der erst im Alter eine etwas schuppige Borke ausbildet. **Blätter** wechselständig, einfach, Spreite unsymmetrisch mit 3 vom Spreitengrund ausgehenden starken Nerven, elliptisch länglich, derb, lang zugespitzt, oberseits dunkelgrün und kurz rauhaarig, unterseits graugrün und weich behaart. **Früchte** kugelige Steinfrüchte von 1–1,2 cm Durchmesser, anfangs gelblich bis rötlich, reif braunviolett, essbar, süßlich schmeckend.

Name: *Celtis* lat. Name für ein in Afrika vorkommendes Gehölz, womit der Südliche Zürgelbaum (*australis* lat. = südlich) gemeint sein dürfte, denn das Areal dieser Art reicht im Mittelmeerraum südlich bis Libyen und NW-Afrika. Die Früchte werden in Südtirol Zürgeln genannt.
Systematik: Die Gattung *Celtis* wurde früher den Ulmengewächsen (*Ulmaceae*), später einer nach ihr benannten Familie *Celtidaceae*, die heute mit den Hanfgewächsen (*Cannabaceae*) vereinigt ist, zugeordnet. Zur Gattung gehören (60–)70(–100) in den gemäßigten bis tropischen Zonen verbreitete Arten. Es sind sommer- oder regengrüne und immergrüne Bäume und Sträucher mit unsymmetrischen Blattspreiten und kugeligen bis eiförmigen, 1-samigen Steinfrüchten mit einem fleischigen Mesokarp, das bei einigen Arten essbar ist.
Verbreitung: Mittelmeergebiet, nach Norden bis in die Südalpen, nach Osten über Kleinasien bis Kaukasien.

Blätter des Südlichen Zürgelbaums.

Blätter des Amerikanischen Zürgelbaums.

Lebensraum: Trockenwälder und -gebüsche, felsige Hänge.
Biologie: Wärme liebend, Trockenheit ertragend, stockausschlagfähig; in Deutschland gebietsweise frostempfindlich, besonders in der Jugend.

Stamm eines Amerikanischen Zürgelbaums in Meißen, nach bisheriger Kenntnis das Exemplar mit dem größten Stammumfang in Deutschland.

Verwendung: Holz („Triester Holz") hart und elastisch, vielseitig verwendbar (Stellmacherei, Peitschenstiele, Haushaltgeräte, Musikinstrumente), Nutzung im Niederwaldbetrieb. In wintermilden Gebieten ist die Art als Park- und Straßenbaum (in England bereits im 16. Jahrhundert in Kultur) geeignet, im Mittelmeergebiet häufig als Schatten spendender Stadt- und Straßenbaum gepflanzt. Wird, wenn auch nicht so häufig wie die ostasiatische Art *C. sinensis*, der Chinesische Zürgelbaum, für Bonsai verwendet, dabei oft mit dem Ulmengewächs *Zelkova serrata* verwechselt, einer traditionellen Art für die Bonsai-Gestaltung in Japan.

Weitere Art:
***Celtis occidentalis*, Amerikanischer Zürgelbaum:** Im Gegensatz zu *C. australis* ist die Blattspreite nicht derb, ihre Oberseite glatt und kahl, die blassgrüne Unterseite nur auf den Nerven behaart bis kahl. Die reif orangeroten bis dunkelpurpurnen Früchte schmecken fade. Die Stämme weisen eine graue, tief gefurchte Borke auf. Der forstlich wichtigste der Zürgelbäume Nordamerikas wurde schon 1656 nach Europa eingeführt, wo die Art in Deutschland als Parkbaum eine weitere Verbreitung als die südeuropäische Art erlangte, sie ist frosthart und verträgt ebenfalls Trockenheit und Stadtklima, ist aber als Straßenbaum nicht geeignet.

Cephalanthus occidentalis – Kopfblume, Kopfbusch, Buttonbush

Rubiaceae – Rötegewächse

Sommergrüner, sparrig verzweigter, 1,5–2(–5) m hoher Strauch. Junge Triebe kahl, olivgrün. Zweige starr aufrecht, bräunlich bis grau. Knospen kaum erhaben, kleiner als 1 mm. **Blätter** gegenständig oder in 3–4-zähligen Wirteln, 0,5–2 cm lang gestielt. Spreite einfach, ganzrandig, eiförmig bis länglich elliptisch, 6–15 cm lang und bis 5 cm breit, zugespitzt, am Grund keilförmig. Blattrand feinborstig gewimpert, oberseits glänzend grün, unterseits heller, kahl oder auf der Mittelrippe schwach behaart. Nebenblätter 3 mm lang. **Blüten** sitzend in kugeligen, 3–6 cm lang gestielten, bis 3 cm breiten Köpfchen, einzeln am Ende von Jungtrieben oder zu mehreren in den oberen Blattachseln, zwittrig, radiär, mit doppelter, 4-zähliger Blütenhülle, cremefarben, 2,5–3 cm lang. Kelch mit kurzen Zähnen. Griffel die verwachsenblättrige Krone weit überragend. Fruchtknoten unterständig. Blütezeit: Juli–September. **Früchte** sitzend, 4–5 mm lang, vom persistierenden Kelch gekrönt, in 2 Teilfrüchte aufspaltend, je eine Teilfrucht mit und eine ohne Kelchkrone. Fruchtreife: September–Oktober.

Name: Von griech. „kephale" = Kopf und „anthos" = Blüte; *occidentalis* lat. = westlich.
Systematik: Die Gattung *Cephalanthus* umfasst 6 Arten in Nordamerika und ist fossil seit dem Paläozän nachgewiesen.
Verbreitung: Nordamerika (New Brunswick und Ontario über die Präriestaaten bis Florida, Texas und Kalifornien), Mexiko und Westindien.
Lebensraum: Feuchte bis nasse, vollsonnige Standorte.
Biologie: Die Blüten werden von zahlreichen Insekten, insbesondere Schmetterlingen, Bienen und Hummeln, aufgesucht und bestäubt. Die Pflanzen enthalten Bitterstoffe, ähnlich denen von *Cinchona*, der Chinin-Pflanze, mit abführender Wirkung.

Kugelige Blütenstände der Kopfblume.

Verwendung: In Kultur seit 1735. Außerhalb botanischer Sammlungen nur wenig zu sehen. Keine besonderen Bodenansprüche, aber voll besonnter, feuchter Standort optimal. Attraktiv durch die Anlockung von Schmetterlingen. Vermehrung durch Saatgut. Samen in Mitteleuropa jedoch nicht immer ausreifend. Frosthart bis –25 °C.

Ceratostigma plumbaginoides – Kriechende Hornnarbe

Plumbaginaceae – Grasnelkengewächse

Durch unterirdische Ausläufer sich ausbreitender, bis 30 cm hoher Halbstrauch. Oberirdische Pflanzenteile meist bis zum Grund absterbend. **Blätter** wechselständig, ungeteilt, ganzrandig, am Rand gewimpert, Spreite verkehrt eiförmig, am Grund lang keilförmig, fast sitzend, 3–7 cm lang und 2–3 cm breit, oberseits sattgrün, unterseits graugrün. Im Spätsommer sich leuchtend rotbraun verfärbend. **Blüten** tiefblau, in achselständigen oder endständigen, dichten Büscheln, zwittrig, 5-zählig, 2 cm breit. Kelch 5-zipfelig, oft trockenhäutig, gefärbt und bleibend. Kelchröhre längs gefaltet. Krone tellerförmig mit langer Röhre. Griffel mit 5 hornartig gebogenen Narbenästen. Blütezeit: September–Oktober. **Frucht** eine vom Kelch umhüllte Kapsel, 6 mm lang, sich 5-klappig öffnend. **Samen** rotbraun.

Name: Von griech. „keratos" = Horn und „stigma" = Narbe, bezugnehmend auf die Narbenform. Das Artepitheton bezieht sich auf die nah verwandte Gattung *Plumbago*, den Bleibusch aus Südafrika.
Systematik: Zur Gattung *Ceratostigma* werden etwa 8 Arten in Afrika und Asien gerechnet.
Verbreitung: Nordostchina (Beijing Shi, Henan, Jiangsu, Shanxi, Zhejiang).
Lebensraum: Felsige Orte, Berghänge.

Blühende Kriechende Hornnarbe.

Biologie: Die Blüten sind heterostyl, d. h., entweder ist der Griffel kürzer als die Staubblätter oder länger und in diesem Falle aus der Kronröhre herausragend. Die Blüten werden vor allem von Schmetterlingen bestäubt.

Verwendung: Häufig angepflanzte, anspruchslose, stets reich blühende, bodendeckende Pflanze für voll besonnte Standorte. Kalkverträglich. In Kultur seit 1846 in Sir G. LARPENTS Garten in Roehampton. Vermehrung durch Teilung im Frühjahr oder Stecklinge im späten Sommer. Frosthart bis –20 °C.

Weitere Art:

***Ceratostigma willmottianum*, Willmotts Hornnarbe:** Sommergrüner, 0,5–1,5 m hoher Strauch. Junge Triebe kantig, oft purpurn, mit nach vorn gerichteten Borsten bekleidet, am Grund schuppig, Zweige gefurcht, feinborstig. Blätter fast sitzend, Spreite rhombisch oder rhombisch verkehrt eiförmig bis lanzettlich, 3–5 cm lang und 7–20 mm breit, zugespitzt, am Grund allmählich verschmälert, gewimpert, oberseits feinborstig, unterseits dichter und drüsig schuppig. Blüten in endständigen Köpfen, sich 3–4 Monate lang nacheinander öffnend, von steifen, zugespitzten, gewimperten, 8–14 mm langen und bis 20 mm breiten Brakteen umgeben, die am Rand starre Borsten tragen. Blüten stieltellerförmig, Röhre 20 mm lang, rosenrot, Zipfel leuchtend blau, 1,5–2 cm breit, Staubbeutel purpurn, Griffel herausragend. Blütezeit: Juli–Oktober. Fruchtreife: Oktober–November. Verbreitung: Westchina (S- und W-Sichuan, Gansu, W-Guizhou, SO-Xizang, O- u. N-Yunnan), in Höhenlagen von 700 bis 3500 m ü. M. auf trockenen Hängen. In Kultur seit 1908. Eingeführt durch ERNEST WILSON. Benannt nach Miss ELLEN ANN WILLMOTT (1860–1934), die aus Samen 2 Jungpflanzen zog, deren Nachkommen über ganz Großbritannien verbreitet wurden. Zwar frosthart bis –15 °C, friert aber im Winter meist bis zum Grund zurück.

Cercidiphyllum japonicum – Katsura, Kuchenbaum

Cercidiphyllaceae – Kuchenbaumgewächse

Sommergrüner, meist mehrstämmiger, am natürlichen Standort bis 30 m hoher, reich verzweigter, schmalkroniger Baum mit aufrechten Ästen und graubrauner, flach längsrissiger Borke. Zweige kahl. Zweigsystem deutlich in Lang- und Kurztriebe gegliedert. Langtriebe sonnenseitig gerötet, glänzend, mit zwei kahlen, 4–5 mm langen Subterminalknospen. Kurztriebe sehr gestaucht bleibend, sehr lange lebensfähig, die älteren mit deutlicher Ringelung und einer endständigen Knospe. Knospen länglich eiförmig, zugespitzt, mit 1–2 Knospenschuppen. **Blätter** ungeteilt, am Rand fein stumpfkerbig gesägt, an den Langtrieben gegenständig, Stiele rötlich, 1,5–2 cm lang, Spreite eiförmig elliptisch, 3–4,5 cm lang und 2–3 cm breit. Kurztriebsblätter stets einzeln, 1,5–4,5 cm lang gestielt, Spreite rundlich herzförmig, 3,5–9 cm lang und 5–8 cm breit. **Blüten** nur an den Kurztrieben, eingeschlechtig, zweihäusig verteilt, vor den Blättern erscheinend, unscheinbar, ohne Blütenhülle, nektarlos. Männliche Blüten in köpfchenartigen Ständen mit insgesamt etwa 35 Staubblättern, je Blüte 1–13 Staubblätter, Staubbeutel 3–4 mm lang, rot, an den dünnen Filamenten hängend. Weibliche Blüten in 5 mm lang gestielten Köpfchen, zu 2–6 beieinander, nur aus einem Fruchtblatt bestehend, zur Blütezeit mit langen, purpurroten Narbensäumen, insgesamt 10–18 mm lang. Blütezeit: März–April. **Früchte** längliche, schwach sichelförmig gebogene Balgfrüchte mit kurzem persistierendem Griffel, 1,5–2,5 cm lang und 2–3 mm breit. **Samen** zahlreich, einseitig geflügelt, 4–6,5 mm lang. Embryo groß, Nährgewebe nur schwach entwickelt. Fruchtreife: Oktober–November.

Name: „Cercis“ = Judasbaum, abgeleitet von griech. „kerkis“ (siehe S. 184); „phyllon“ griech. = Blatt. Bezugnehmend auf die ähnliche Blattgestalt beim Judasbaum, der jedoch nicht mit Katsura verwandt ist.

Weibliche Blüten des Katsura- oder Kuchenbaums.

Systematik: Die Gattung *Cercidiphyllum* ist die einzige in der Familie der *Cercidiphyllaceae* und weist 2 Arten auf. Die zweite Art ist auf Japan beschränkt. Die Familie der *Cercidiphyllaceae* nimmt innerhalb der Steinbrechartigen (*Saxifragales*) eine isolierte Stellung ein. Fossil ist *Cercidiphyllum* seit der Oberkreide nachgewiesen. Im Tertiär auf der Nordhemisphäre, auch in Europa, weit verbreitet.

Verbreitung: China, Japan (Hokkaido bis Kyushu). Die Art ist in der IUCN Red List als der Gefährdung nahe aufgeführt.

Lebensraum: In Laubmischwäldern und an Waldrändern und Flüssen, in China zwischen 600 und 2700 m ü. M.

Biologie: Einblättrige Kurztriebe sind im Pflanzenreich selten. Bemerkenswert ist die Langlebigkeit der Kurztriebe, die sich über Jahrzehnte erstrecken kann. An dickeren Ästen und Stämmen sind sie kaum zu erkennen, da sie beim Dickenwachstum überwachsen werden. So erklärt es sich, dass an älteren Stämmen und Zweigen einzelne Blätter stehen. Die Blüten werden vom Wind bestäubt. Die Früchte bleiben den Winter über an den Zweigen und öffnen sich erst später beim Austrocknen. Zu Beginn des Blattaustriebs im Frühjahr fallen sie alle fast gleichzeitig ab. Im Herbst, vor allem an Tagen mit Tau oder Feuchtigkeit, duften die am Boden liegenden Blätter mehr oder weniger intensiv nach Lebkuchen.

Verwendung: In Japan ist der Katsura der höchste Laubbaum. Das Holz ist wertvoll und wird für den Innenausbau von Gebäuden und als Möbelholz verwendet. In Europa ist der Kuchenbaum seit 1881 in Kultur. Er gedeiht gut auf tiefgründigen, nährstoffreichen Böden, möglichst windgeschützt. Bei zu großer Lufttrockenheit fallen die Blätter vorzeitig ab. Die Herbstfärbung ist gelb bis angedeutet orange, kann aber auch prächtig intensiv lachsrot sein. Die Nachzucht erfolgt durch Samen, auch Vermehrung mittels krautiger Stecklinge ist möglich. Das Wurzelsystem ist flach streichend. Junge Bäume blühen schon frühzeitig.

Fruchtender Seitenspross des Katsura- oder Kuchenbaums.

Cercis siliquastrum – Gewöhnlicher Judasbaum
Fabaceae – Hülsenfrüchtler

Strauch oder bis 12 m, in Kultur selten über 6 m hoher Baum, anfangs straff aufrecht wachsend, im Alter mit breit ausladender, fast schirmförmiger Krone. **Blätter** mit herzförmiger Spreitenbasis, vorn abgerundet, kahl. **Blüten** duftlos, zu 4–10, fast büschelig in kurzen Trauben, Krone etwa 2 cm lang, purpurrosa, bei Sorten auch weiß oder dunkelpurpurn. Blütezeit: April–Mai. **Frucht** längliche, stark abgeflachte, an der Bauchseite schwach geflügelte Hülse. Fruchtreife: September–Oktober.

Blütenstände des Gewöhnlichen Judasbaums.

Fruchtstände des Gewöhnlichen Judasbaums.

Name: *Cercis* abgeleitet von „kerkis" griech. = Weberschiffchen, an deren Form sollen die Hülsenfrüchte erinnern, zumal der Gattungsname zuerst für die mediterran verbreitete, seit dem Altertum kultivierte Art *C. siliquastrum* geschaffen wurde, und „siliqua" (lat.) ist die Hülse der Leguminosen. Der Name Judasbaum (Arbor Judae) begründet sich ebenfalls auf diese Art, weil sich Judas an einem solchen Baum erhängt haben soll, aber möglicherweise ist es eine Verwechslung mit „Arbor Judaeae" (Baum von Judaea), womit ein häufig in/um Jerusalem vorkommender bzw. gepflanzter Baum gemeint ist.
Systematik: Zur Gattung *Cercis* gehören neben *C. siliquastrum* 6 Arten in Nordamerika und Ostasien, sommergrüne Sträucher und Bäume mit wechselständigen Blättern, deren rundliche, nieren- bis herzförmige, ganzrandige Spreite unverkennbar ist. Die vor der Laubentfaltung erscheinenden Schmetterlingsblüten entspringen 2-jährigen und älteren Zweigen, Ästen und dem Stamm („stammblütig"); die lederigen braunen Hülsen bleiben lange geschlossen und über Winter am Baum (Wintersteher). Die Gattung gehörte früher zu den *Caesalpiniaceae* (Johannisbrotbaumgewächse).
Verbreitung: Mittelmeerraum, vermutlich natürlich verbreitet von S-Frankreich bis Syrien und Palästina, aber seit dem Altertum gepflanzt, so dass an vielen Orten aus Kultur verwildert und eingebürgert, auch in Spanien oder auf der Krim.

Blühender Kanadischer Judasbaum.

Blätter des Chinesischen Judasbaums.

Lebensraum: Wälder mittel- bis flachgründiger, mäßig nährstoffreicher, meist kalkhaltiger Böden, meist an felsigen Hängen, aber auch an Flussufern.
Biologie: Wärmebedürftig, Hitze und Trockenheit ertragend, in der Jugend etwas frostempfindlich. Bestäubung der Blüten durch Insekten. Verbreitung der Früchte durch den Wind. Die Samen werden in Mitteleuropa gern durch Meisen verzehrt.
Verwendung: Attraktives Blütengehölz für sonnige, warme und geschützte Standorte, zierend durch die Fülle der im März bis Mai an Ästen und Stämmen erscheinenden Blüten, aber auch interessant durch die im Winter an der Pflanze verbleibenden Hülsen.

Weitere Arten:
***Cercis canadensis*, Kanadischer** oder **Amerikanischer Judasbaum:** Die vor allem im Osten und Süden der USA verbreitete Art ist die frosthärteste der Gattung, sie ist trotz der kleineren Blüten (1–1,2 cm lang) nicht weniger dekorativ, im Alter durch ihre Kronenform sogar noch eindrucksvoller. Die Blätter sind dünner und weichen durch eine am Grund eher abgestutzte oder höchstens seicht herzförmige und vorn zugespitzte, unterseits etwas behaarte Spreite ab. Blütezeit: April–Mai. Fruchtreife: September–Oktober. Die Art wurde bereits 1641 nach Europa (England) eingeführt.

***Cercis chinensis*, Chinesischer Judasbaum:** Sich von den anderen beiden Arten durch einen knorpeligen, anfangs roten, später hellen durchscheinenden Blattrand unterscheidend. Die Blattspreite ist an der Basis herzförmig und vorn zugespitzt, die Kronblätter der 1,5–2 cm langen Blüten sind rosa bis violettrot. Blütezeit: April–Mai. Fruchtreife: Oktober. China. Obwohl nicht so verbreitet in Kultur (eingeführt 1843 nach Holland, Siebold), ist die Art der am schönsten blühende Judasbaum.

Chaenomeles japonica – Japanische Zierquitte

Rosaceae – Rosengewächse

Sommergrüner, reich verzweigter, dornig bewehrter, bis 1 m hoher Strauch. Dornen am Grund mit kleinen Knospen. Zweige grau- bis rotbraun, zottig, rau, im 2. Jahr warzig. Knospen nahe der Dornen, rundlich eiförmig bis kugelförmig, 1–2 mm groß. **Blätter** wechselständig, 3–10 mm lang gestielt, Spreite ungeteilt, breit eiförmig, kerbig gesägt, 3–5 cm lang und 1–3,5 cm breit, spitz bis stumpflich. Nebenblätter groß, den Zweig umfassend. **Blüten** an seitlichen Kurztrieben, dicht beieinander, kurz gestielt, 2–3 cm breit, orange bis ziegelrot, Kelch bewimpert. Blütezeit: März–Mai. **Früchte** apfelartig, fast kugelförmig, ohne Kelch, 4–5 cm breit, gefurcht, gelb, intensiv aromatisch duftend, je Fruchtfach viele Samen. Fruchtreife: Oktober.

Blühende Japanische Zierquitte.

Name: Abgeleitet aus griech. „chainein" = spalten, klaffen und „melis" = Apfelbaum. Der Botaniker THUNBERG dachte, dass die Früchte später auseinanderklaffen.

Systematik: Zur Gattung *Chaenomeles* werden 2 Arten in Ostasien gezählt. Innerhalb der *Rosaceae* zählt sie zur Unterfamilie der Apfelartigen (*Maloideae*).

Verbreitung: Japan (Honshu, Kyushu)

Lebensraum: Gebüsche in niederen Gebirgslagen.

Biologie: Die Blüten werden von Insekten bestäubt. Die duftenden Früchte locken Säugetiere an, die sie verzehren und die Samen verbreiten.

Verwendung: *C. japonica* gelangte um 1869 nach Europa. Sie wird als wertvolles Ziergehölz häufig angepflanzt und erfreut sich wegen der zeitigen Blüte und der ansehnlichen Früchte großer Beliebtheit. Die Pflanzen gedeihen an vollsonnigen und halbschattigen Standorten. Sie stellen an den Boden keine besonderen Ansprüche. Die Vermehrung kann durch Samen, Wurzelschnittlinge oder krautige Stecklinge erfolgen. Fosthart bis –20 °C. In Kultur sind mehrere Sorten. Die Früchte sind gekocht gut essbar. Aus ihnen lassen sich auch Marmelade und Likör bereiten.

Ähnliche Art und Hybride:

***Chaenomeles speciosa*, China-Zierquitte:** Bis 2 m hoher, dornig bewehrter, sommergrüner Strauch. Zweige dunkel- bis rotbraun, glatt, kahl, ohne Warzen. Epidermis sich silbrig ablösend. Blätter länglich eiförmig mit großen Nebenblättern, bis 8 cm lang und 1,5–5 cm breit. Blüten kurz gestielt, 3–5 cm breit, weiß, rosa bis dunkelrot, nicht orangefarben. Blütezeit: April–Mai. Früchte gelbgrün bis olivbraun, häufig leicht gerötet, bis 8 cm lang. Fruchtreife: Oktober. Verbreitung: O- und M-China. Von Sir JOSEPH BANKS, einem Begleiter von JAMES COOK, 1796 nach Europa, Kew Gardens, gebracht. Frosthart bis –20 °C. Häufig angepflanzt. *speciosus* lat. = ansehnlich, schön. Die ebenfalls in China beheimatete **Dornige Zierquitte, *Chaenomeles cathayensis*,** hat größere Blätter (bis 12 cm lang) und Früchte (10–15 cm lang). Sie wird manchmal als Varietät *Ch. speciosa* zugeordnet.

Früchte der Dornigen Zierquitte.

***Chaenomeles × superba*, Bastard-Zierquitte** (*Ch. japonica × Ch. speciosa*): Je nach Sorte bis zu 2 m hoch. Die Blätter sind größer und relativ schmaler als bei *Ch. japonica* und stärker

◀ Blüten der Bastard-Zierquitte.

gesägt. Von der Bastard-Zierquitte gibt es eine Fülle sehr unterschiedlicher Sorten, die sich durch ihre Wuchsform und Größe sowie das breite Farbspektrum unterscheiden. Sie ist heute als häufigste Zierquitte in den Gärten anzutreffen. *superbus* lat. = prächtig.

Chamaecytisus – Zwergginster

Fabaceae – Hülsenfrüchtler

Sommer- oder immergrüne, meist unbewehrte Sträucher mit stielrunden Zweigen. **Blätter** wechselständig, Spreite 3-zählig. Nebenblätter klein oder fehlend. **Blüten** in seitlichen oder endständigen Trauben oder Köpfchen, als typische Schmetterlingsblüten ausgebildet, gelb oder weiß, selten rötlich. Blütenhülle doppelt, Kelch röhrenförmig, mehr als doppelt so lang wie breit, 2-lippig. Oberlippe mit 2, Unterlippe mit 3 Kelchzähnen. Alle 10 Staubblätter miteinander verwachsen. **Frucht** aus einem Fruchtblatt gebildete Hülse, abgeflacht, 2- bis mehrsamig, sich zur Reife ausgetrocknet explosionsartig öffnend und die Samen ausschleudernd. **Samen** mit Nabelwulst. **G!**

Name: Der Name leitet sich von griech. „chamae“ = niedrig und „kytisos“ ab und wurde von ARISTOTELES, HIPPOKRATES UND DIOSKURIDES für eine strauchige Schneckenkleeart (*Medicago arborea*) verwendet.
Systematik: Die Gattung *Chamaecytisus* umfasst rund 30 Arten. Sie ist nah mit den Gattungen *Cytisus* (Geißklee) und *Genista* (Ginster) verwandt. Das Verbreitungsgebiet erstreckt sich von den Kanarischen Inseln bis nach Europa und Kaukasien.
Biologie: Alle Pflanzenteile sind giftig.
Verwendung: Vermehrung durch Aussaat, Stecklinge mit vorjährigen Zweigen im März/April und krautige Stecklinge im Juli/August.

Chamaecytisus hirsutus – Zottiger Zwergginster

25–100 cm hoher Strauch mit niederliegenden bis aufsteigenden Zweigen. Fast alle Pflanzenteile flaumig-zottig abstehend behaart. **Blättchen** verkehrt eiförmig bis elliptisch, 6–30 mm lang und 4–15 mm breit. **Blüten** duftlos, zu 2–4 in gestauchten Kurztrieben, die der Blattachsel vorjähriger Zweige entspringen, gelb, 2–3 cm lang. Blütezeit: Mai–Juni. **Früchte** Hülsen, 2,5–4 cm lang und 5–8 mm hoch. Fruchtreife: August–September.
Name: *hirsutus* lat. = haarig, behaart.
Verbreitung: Europa, von Frankreich bis zur Balkan-Halbinsel und Anatolien. In Österreich im Burgenland, Kärnten, der Steiermark und Oberösterreich.

Blühender Zottiger Zwergginster.

Lebensraum: Licht- und sommerwärmebedürftiges Gehölz. In Trockenrasen und lichten Wäldern.
Verwendung: Häufig angepflanzt und für Stein- und Heidegärten gut geeignet. Frosthart bis –20 °C.

Ähnliche Art:
***Chamaecytisus supinus*, Kopf-Zwergginster:** 20–50(–75) cm hoher Strauch mit niederliegend-aufsteigenden Zweigen. Junge Zweige und Blütenstände abstehend zottig behaart. Blättchen

1,5–3 cm lang und bis 1,5 cm breit. Blüten am Ende junger Triebe einander kopfig genähert, lebhaft gelb. Fahne meist kahl, 2–2,5 cm lang, sehr oft mit braunen Fleck. Flügel und Schiffchen kahl. Blütezeit: April–Mai und Juli–August. Hülse 2–3,5 cm lang, abstehend zottig behaart. Fruchtreife: Juli–September. Verbreitung: Mittel-, Süd- und Südost-Europa bis Anatolien. In Deutschland nur im Alpenvorland, Bayrischen Wald, Fränkischen Jura und im Donaugebiet bei Regensburg. Licht- und sommerwärmebedürftiges Gehölz. Auf trockenen Felshängen und in lichten Kiefern- und Mischwäldern. Die Art ist in der Roten Liste Deutschlands als gefährdet aufgeführt. *supinus* lat. = rücklings, rückwärts gebogen, hingelehnt. Häufig angepflanztes, anspruchsloses Ziergehölz für Stein- und Heidegärten.

Blühender Kopf-Zwergginster am natürlichen Standort (Slowakei).

Weitere Arten:

***Chamaecytisus purpureus*, Roter** oder **Purpur-Zwergginster:** 30–75 cm hoher, kahler Halbstrauch. Zweige aus dem Boden bogig aufsteigend und später oft etwas überhängend, kantig gerieft, höchstens beim Austrieb etwas behaart. Blätter 10–15 mm lang gestielt, ohne Nebenblätter, Blättchen verkehrt eiförmig bis länglich elliptisch, bis 8 mm breit, beidseitig stumpfgrün. Blüten zu 1–4 an gestauchten Kurztrieben, die der Blattachsel vorjähriger Rutensprosse entspringen, 2–2,5 cm lang, rosarot, seltener fleischfarben oder weiß, meist kahl. Blütezeit: Mai–Juni. Hülsen kahl, 1,5–2,5 cm lang, 4–6 mm hoch, seitlich stark abgeflacht, mit mehreren hellbraunen bis schwarzen, 3 mm großen Samen. Fruchtreife: August–September. Verbreitung: Süd- und Ostalpen von Österreich und Italien sowie Slowenien, Kroatien und Albanien. Auf Felshängen, in Halbtrockenrasen und im Flaum-Eichen-Gebüsch, vorwiegend auf Kalk und Dolomit. Bis 1500 m hoch ansteigend. *purpureus* lat. = purpurrot. Als lichtbedürftige,s aber sonst anspruchsloses, jedes Jahr reich blühendes Ziergehölz für Steingärten, auch für Kübel und Tröge geeignet. Häufig angepflanzt. Frosthart bis –20 °C.

***Chamaecytisus ratisbonensis*, Regensburger Zwergginster:** Bis 50 cm hoher Strauch mit niederliegend-aufsteigenden Zweigen, die anfangs dicht seidig anliegend behaart sind, später jedoch verkahlen. Blättchen 1–1,5 cm lang und 4–6 mm breit, oberseits dunkelgrün, unterseits graugrün, anliegend behaart. Blüten in stark gestauchten, beblätterten Trauben zu 1–4, seitlich an vorjährigen Zweigen stehend. Kelch angedrückt behaart, Krone gelb, Fahne 1,5–2 cm lang, außen kahl, rotbraun gefleckt. Blütezeit: Mai–Juni. Hülsen 2–3 cm lang und 6–8 mm hoch, anliegend weiß behaart. Fruchtreife: Juli–September. Verbreitung: Mittel-, Südost- und Osteuropa. In Deutschland in Bayern, in Österreich im Burgenland sowie Ober- und Niederösterreich. In trockenen Magerrasen und lichten Kiefernwäldern. Lichtbedürftige und Sommerwärme liebende Pflanze. „ratisbonensis“ = aus

Blühender Regensburger Zwergginster.

Regensburg stammend; „ratisbona" keltisch = Regensburg. Gut geeignet für Steingärten. In Mitteleuropa frosthart. Die Art ist in der Roten Liste Deutschlands als gefährdet aufgeführt.

Chamaedaphne calyculata – Torfgränke oder Lederkraut

Ericaceae – Heide(kraut)gewächse

Bis 0,6 m hoher, dicht verzweigter, immer- oder halbimmergrüner Strauch mit bogig abstehenden Zweigen. **Blätter** wechselständig, 1–5 cm lang, schmal eiförmig bis elliptisch, Rand schwach kerbig gezähnt, Unterseite wie die jungen Zweige dicht mit braunen Schuppen besetzt. **Blüten** in 4–15 cm langen, beblätterten einseitswendigen Trauben an den Zweigenden. Krone urnenförmig, weiß, ihre Zipfel anfangs rosa. Blütezeit: April–Mai. **Früchte** Kapseln, **Samen** ungeflügelt. **G!**

Blühender Trieb der Torfgränke.

Name: *Chamaedaphne* geht zurück auf griech. „chamai" = am Boden, niedrig und „daphne" = Lorbeer, d.h. ein niedriger Strauch mit lorbeerähnlichen Blättern; *calyculata* auf lat. „calyculus" = kleiner Kelch, denn die Kelchblätter sind nur 2–3 mm lang.
Systematik: Einzige Art der Gattung, sich von den habituell ähnlichen Traubenmyrten (*Leucothoë*) durch rostrote Schuppen an Blättern und Zweigen unterscheidend, die verwandte Sommertraubenmyrte (*Eubotrys*) ist sommergrün. Bei diesen beiden Gattungen werden wie bei *Chamaedaphne* die Blütenstände im Vorjahr angelegt, die in Trauben angeordneten Blütenknospen sind also schon sichtbar.
Verbreitung: Boreale und subarktische Zonen Eurasiens und Nordamerikas.
Lebensraum: Nährstoffarm-saure Moore in Nadelwäldern (Taiga) und Tundra.
Biologie: Licht- bis Halbschattenpflanze, kalkmeidend; giftig.
Verwendung: Interessanter Kleinstrauch für den Garten (Moorbeete, feuchte Bereiche im Heidegarten). Früher wurde die Pflanze von den Indianern zur Teezubereitung genutzt.

Chimonanthus praecox – Chinesische Winterblüte

Calycanthaceae – Gewürzstrauchgewächse

Sommergrüner, 2–3 m hoher, aufrechter Strauch. Junge Triebe schwach kantig, glatt oder rau, kahl. Zweige graubraun. Knospen kaum von den Blattnarben umgeben, eiförmig, rotbraun, 3–4 mm lang, mit mehreren, am Rand weiß behaarten Knospenschuppen. Blütenknospen kugelförmig. **Blätter** gegenständig, elliptisch eiförmig bis lanzettlich, 7–15 cm lang, lang zugespitzt, kahl, oberseits rau, glänzend grün, unterseits auf den Nerven behaart. **Blüten** einzeln blattachselständig an vorjährigen Zweigen, glockenförmig bis spreizend, stark duftend, abwärts geneigt, bis 2,5 cm breit, der kurze Blütenstiel mit kleinen braunen Schuppenblättern umhüllt. Blütenhülle einfach. Äußere Tepalen transparent, hellgelb, innere kleiner, unregelmäßig braunrot gestreift bis gefleckt. Staubblätter 5–6, Staubbeutel zusammenneigend. Fruchtblätter frei, in den Blütenbecher eingesenkt. Blütezeit: (Januar–)Februar–März. **Früchte** urnen- bis gurkenförmig, 5–7 cm lang, Nüsschen 1,5–2 cm lang, länglich, rotbraun, 1-samig. Fruchtbecher an der Spitze stark eingeschnürt. Fruchtreife: September–Oktober.

Blüten der Chinesischen Winterblüte.

Name: Von griech. „cheimon" = Winter und „anthos" = Blüte; *praecox* = lat. frühzeitig, frühreif, im Sinne von frühblühend.
Systematik: Linné ordnete die Winterblüte der Gattung *Calycanthus* zu. Link schuf eine eigene Gattung *Chimonanthus*, zu der heute 6 Arten in China gerechnet werden.
Verbreitung: Ostchina: Sichuan, Hubei, Zhejiang.
Lebensraum: Gebüsche und Waldränder. Bis 300 m ü. M.
Biologie: *Chimonanthus* gehört zu den ersten blühenden Gehölzen im Jahr. Die Blütenknospen werden bereits im Spätsommer gebildet und überdauern den Winter ungeschützt. Bei milder Witterung öffnen sie sich bereits im Januar. Bei einem Kälteeinbruch erfrieren sie. In manchen Jahren fallen alle Blüten dem Frost zum Opfer. Bestäuber sind Insekten, vor allem kleine Käfer, aber auch Fliegen, Honigbienen und solitär lebende Mauerbienen (*Osmia*). Staubblätter und Staminodien haben eine drüsige, fleischige Spitze, die den Käfern zur Beköstigung dargeboten wird. Früchte werden meist reich gebildet.
Verwendung: Die Winterblüte gelangte 1766 nach Europa. Sie lässt sich leicht auf einem nährstoffreichen, feuchten, gut drainierten Boden in geschützter Lage an einem voll besonnten bis halbschattigen Standort kultivieren. Falls ein Schnitt erforderlich ist, muss dieser gleich nach der Blüte erfolgen, da sonst keine Blütentriebe ausgebidet werden. Der Duft der Blüten nach Vanille ist so intensiv, dass man die Art häufig riecht, bevor man sie erblickt. Die Vermehrung kann durch Ableger oder Samen erfolgen. Stecklingsvermehrung ist schwierig. *Chimonanthus* ist bis –25 °C frosthart.
'Grandiflorus': Starkwüchsiger, Blätter über 20 cm lang und 10 cm breit, Blüten hellgelb, 4,5 cm groß.

Chionanthus virginicus – Virginischer Schneeflockenstrauch, Fringe-Tree

Oleaceae – Ölbaumgewächse

Sommergrüner großer Strauch oder bis 10 m hoher Baum. Zweige anfangs behaart, später kahl. Knospen bis 3 mm groß. Endknospe an einer deutlich verdickten Zweigspitze. **Blätter** gegenständig, 1–2,5 cm lang gestielt. Spreite schmal elliptisch bis eilänglich, 8–20 cm lang, ganzrandig, zugespitzt, oberseits glänzend dunkelgrün, unterseits heller, bis auf die Nerven verkahlend. **Blüten** weiß, schwach duftend, eingeschlechtig, zweihäusig verteilt, in 10–20 cm langen, endständigen Rispen. Blütenhülle 4-zählig, Kronblätter 1,5–3 cm lang, nur 2 mm breit und nur am Grund miteinander verwachsen. Staubblätter 2. Blütezeit: Mai–Juni. **Früchte** 7–15 mm lang gestielt. Steinfrüchte ellipsoidisch, 1,5–2 cm lang, dunkelblau, bereift, mit einem 1-samigen, 8–15 mm langen, länglich ellipsoidischen, stark verholzten Steinkern. Fruchtreife: September.

Blütenrispen des Virginischen Schneeflockenstrauchs.

Name: Von griech. „chion“ = Schnee und „anthos“ = Blüte; *virginicus* lat. = aus Virginia stammend.
Systematik: Zur Gattung werden 147 Arten weltweit in den Tropen und Subtropen oder nur 2 in Ostasien und Nordamerika gezählt.
Verbreitung: Östliches Nordamerika (New York bis Florida und Texas).
Lebensraum: Trockene Wälder, Savannen, immergrüne Gebüsche und Felshänge. Jedoch auch in Wäldern vergesellschaftet mit Rot-Eichen (*Quercus rubra*), Tulpenbäumen (*Liriodendron tulipifera*), Tupelos (*Nyssa*) und Weißdorn-(*Crataegus*-)Arten.
Biologie: Die Blüten werden von Insekten bestäubt. Den Früchten stellen Vögel und Säugetiere nach.
Verwendung: In Europa seit 1736 in Kultur und bis –25 °C frosthart. Der zur Blütezeit sehr ansehnliche Strauch wird leider nur selten angepflanzt. Männliche Exemplare haben größere Blütenstände als die weiblichen. Die Herbstfärbung ist gelb. *Chionanthus* benötigt einen besonnten Standort und einen tiefgründigen, nährstoffreichen Boden. Das hellbraune Holz ist ohne besondere Bedeutung.

× *Chitalpa tashkentensis* – Baumoleander

Bignoniaceae – Klettertrompetengewächse

Sommergrüner, meist 1-stämmiger, 3–8 m hoher Baum mit schmaler, dichter Krone. Zweige kahl, graubraun mit deutlich erhabenen Blattnarben. Knospen 1–2 mm groß, Endknospe fehlend. **Blätter** 1–2,5 cm lang gestielt, in 3-zähligen Wirteln, gegenständig oder wechselständig, länglich lanzettlich, am Grund schmal keilförmig, geschwänzt zugespitzt, 10–16 cm lang und 2–4,5 cm breit, ganzrandig, oberseits matt dunkelgrün, kahl, unterseits heller, schwach behaart. **Blüten** ansehnlich, duftlos, zu 10–40 in endständigen Trauben oder Rispen an jungen Trieben, breit glockenförmig, zwittrig, zygomorph. Kelch 2-lappig, Kronröhre hell, mit feinem Saftmal-Streifenmuster, die 5 Kronzipfel etwa 2,5 cm lang, hellrosa bis rosa, die unteren 3 am Grund ebenso gestreift, am Rand gefranst; 4 ausgebildete Staubblätter, 2 kürzere und zwei längere, sowie ein Rudiment, alle in der Kronröhre geborgen, Griffel etwas länger. Blütezeit: Juni–September. **Früchte** nicht ausgebildet.

Name: Der Name *Chitalpa* wurde aus Silben der Gattungsnamen der Eltern *Chilopsis* und *Catalpa* gebildet.
Systematik: Gattungsbastard zwischen den Bignoniaceen *Catalpa bignonioides* aus dem SO-Nordamerika (siehe S. 175) und *Chilopsis linearis*, Desert-Willow, aus SW-Nordamerika. Kreuzung von Nikoov 1964 im Botanischen Garten Taschkent/Usbekistan herbeigeführt.
Biologie: Die Blüten werden von Bienen und Hummeln aufgesucht.
Verwendung: Im Mittelmeergebiet sowie im Weinbauklima Europas an vollsonnigen Standorten gut gedeihender, aber leider viel zu selten angepflanzter Großstrauch oder Baum, der keine

besonderen Bodenansprüche hat und auch sommerliche Trockenheit gut verträgt. Erregt durch seine alljährliche Blütenfülle im Sommer stets große Aufmerksamkeit.
'Pink Dawn': Blüten dunkelrosa.
'Morning Cloud': Blüten blassrosa.

◀ *Blütenstand des Baumoleanders.*

Choisya ternata – Orangenblume

Rutaceae – Rautengewächse

Immergrüner, 1–3 m hoher, rundkroniger Strauch. Junge Triebe gerundet, kurz behaart und drüsig. Zweige auch im 2. Jahr noch grün, kahl. **Blätter** gegenständig, 2–4 cm lang gestielt. Spreite 3-zählig, Blättchen sitzend, länglich verkehrt eiförmig bis elliptisch, 3–7 cm lang und 2 cm breit, lederartig, ganzrandig, kahl, oberseits glänzend grün, unterseits heller, am Ende gestutzt oder leicht eingekerbt, am Grund keilförmig. **Blüten** ansehnlich, intensiv duftend, rein weiß in end- oder seitenständigen, 3–6-blütigen Ständen am Sprossende, 5-zählig, freiblättrig, 2,5–3 cm groß, Fruchtblätter am Grund verwachsen, die 10 Staubblätter viel kürzer als Kronblätter. Blütezeit: April–Mai, Nachblüte September–Oktober. Die 5 **Früchtchen** öffnen sich zur Reife 2-klappig. Fruchtreife: September–Oktober.

Name: Die Gattung wurde nach Jacques-Denis Choisy (1799–1859), einem Schweizer Philosophen und Botaniker, Professor in Genf, benannt. *ternatus* lat. = dreizählig, von „terni" lat. = je 3.
Systematik: Die Gattung *Choisya* enthält 5 Arten im südlichen Nordamerika und Mexiko.
Verbreitung: SW-Mexiko.
Biologie: Die Blätter zeigen im Gegenlicht helle Punkte. Es handelt sich, wie bei vielen Rautengewächsen, um ätherische Öle. Durch Lichtbrechung erscheinen sie hell. Gerieben haben die Blätter einen intensiven, etwas strengen Duft.

Blütenstände der Orangenblume.

Verwendung: Bisweilen angepflanzter Blüten-Zierstrauch, besonders im Weinbauklima. Winterhart bis –12 °C. Die Blätter erfrieren manchmal, die Sträucher treiben jedoch wieder aus. Die Orangenblume ist ein lichtbedürftiges Gehölz, das gut auf einem lockeren, humosen, durchlässigen Lehmboden gedeiht. Sie lässt sich leicht aus halbreifen Stecklingen oder Samen vermehren. Einen Schnitt vertragen die Pflanzen gut. Sie sind frei von Schädlingen. In Kultur seit 1866.

Hybride:
Choisya × dewitteana (*C. ternata* × *C. arizonica*): Bis 2,5 m hoher Strauch. Blättchen 5, lanzettlich, 5–10 cm lang, oberseits dunkelgrün, glänzend. Blüten in den Blattachseln an den Triebenden zu 3–5, weiß, im Knospenstadium rosa getönt. Blütezeit: April–Mai.
'Aztec Pearl': Kultur- bzw. Handelsname der Hybride.
'Sundance': Blätter im Austrieb goldgelb, später hellgrün.

Blütenstände der Orangenblumen-Hybridsorte 'Aztec Pearl'.

Cistus laurifolius – Lorbeerblättrige Zistrose

Cistaceae – Zistrosengewächse

Immergrüner, aufrechter, bis 1,5 m hoher Strauch mit starren Zweigen. Junge Triebe klebrig, behaart, grün. Zweige und Borke dunkel- bis rotbraun, sich längsfaserig in dünnen Streifen ablösend. **Blätter** gegenständig, einfach, 12–20 mm lang gestielt. Spreite eilanzettlich, lederig, 3,5–10 cm lang, 1–3 cm breit, am Ende zugespitzt, am Grund gerundet, unterseits drüsig, oberseits kurz behaart, dunkelgrün, unterseits deutlich 3-nervig, graufilzig, drüsig klebrig. **Blüten** zu 3–8 in endständigen, lang gestielten, aufrechten Wickeln, duftlos, 5–7 cm breit, weiß, am Grund der 5 Kronblätter je ein gelber Fleck. Blütezeit: Juni–August. **Frucht** eine 2–3 cm lang gestielte, vielsamige, braune Kapsel, am Grund mit den 3 persistierenden, geschwänzt zugespitzten Kelchblättern, die die Kapsel überragen. Kapsel 8–10 mm lang, dicht filzig behaart, sich 5-klappig öffnend. **Samen** eiförmig, 2 mm lang, braun. Fruchtreife: September.

Name: „kisthos" griech. bzw. „cisthos" lat., bei PLINIUS ein Strauch mit rosenfarbiger Blüte, der Gummi liefert; *laurifolius* lat. = lorbeerblättrig (von „laurus" lat. = Lorbeer).
Systematik: Die Gattung *Cistus* umfasst ca. 25 Arten. Das Gattungsareal erstreckt sich von den Kanarischen Inseln bis zum Mittelmeergebiet.
Verbreitung: Südwesteuropa von Portugal, Spanien, Frankreich bis Italien und Korsika. Außerdem Marokko und Kleinasien.
Lebensraum: Sonnige Hänge, Gebüsche, Macchien.
Biologie: Die Lorbeerblättrige Zistrose hat Pollenblumen, d. h., es wird viel Pollen, aber kein Nektar produziert. Blütenbesucher sind neben Honigbienen zahlreiche andere Insekten. Die Blüten öffnen sich am Morgen. Bereits am frühen Nachmittag fallen die Kronblätter ab. Da sehr viele Blüten gebildet werden, erstreckt sich die Blütezeit dennoch über einen längeren Zeitraum. Wie bei Zistrosengewächsen üblich, sind die Blütenblätter nicht glatt, sondern mehr oder weniger stark geknittert.
Verwendung: In Kultur seit 1752. Im Weinbauklima gern angepflanztes Gehölz für vollsonnige Standorte. Stellt keine besonderen Bodenansprüche, verträgt Hitze und Trockenheit und ist frei

Blüten der Lorbeerblättrigen Zistrose.

Blüte der Lack-Zistrose.

Blühende Französische oder Montpellier-Zistrose.

von Schädlingen und Krankheiten. Vermehrt werden Zistrosen durch Samen. Sie erlangen bereits nach 3–4 Jahren Blühreife. Die Frosthärte liegt bei –15 °C. Von den im Mittelmeergebiet verbreiteten Vertretern der Gattung ist *C. laurifolius* die mit Abstand härteste Art.
Zu den ebenfalls weißblütigen, aber frostempfindlichen Arten gehören die attraktive **Lack-Zistrose, *C. ladanifer*,** mit noch größeren Blüten (7–10 cm breit), deren Kronblätter am Grund einen dunkel- bis braunroten Fleck aufweisen können, sowie die **Französische** oder **Montpellier-Zistrose, *C. monspeliensis*,** mit kleineren und schmaleren Blättern (bis 5 cm lang und 8 mm breit) und kleineren Blüten (bis 3 cm breit).

Citrus trifoliata – Bitterorange

Rutaceae – Rautengewächse

Sommergrüner, reich- und sparrig verzweigter, stark dornig bewehrter Strauch von 1,5–3(–5) m Höhe. Junge Triebe schwach gerieft, kahl. Zweige stark abgeflacht, viele Jahre glänzend grün bleibend. Dornen abgeflacht, 1–5 cm lang und sehr stechend. Knospen kugelförmig, 2–3 mm groß, grünlich rötlich. **Blätter** wechselständig, 8–25 mm lang gestielt. Blattstiel geflügelt. Spreite lederig, dunkelgrün, 3–6 cm lang, 3-zählig aufgegliedert. Rand der Blättchen schwach gekerbt. **Blüten** stark duftend, rein weiß, einzeln blattachselständig an vorjährigen Zweigabschnitten, lange vor dem Blattaustrieb erscheinend freiblättrig (4–)5-zählig, zwittrig, 3,5–5 cm Durchmesser. Fruchtknoten 6–8-fächerig. Blütezeit: April–Mai. **Früchte** zitronenähnlich, kugelrund, goldgelb, fein filzig behaart, 5 cm Durchmesser. **Samen** zahlreich, 6–12 mm groß, weiß. Fruchtreife: September–Oktober.

Name: *citrus* lat. = Zitronenbaum, *trifoliatus* lat. = dreiblättrig.
Systematik: Der Gattung *Citrus* werden 33 Arten zugerechnet. Lange wurde *Citrus trifoliata* als *Poncirus trifoliata* einer eigenen Gattung, *Poncirus*, zugeordnet, die von Constantine Samuel Rafinesque 1838 aufgestellt wurde.
Verbreitung: Nordchina, Korea.

Lebensraum: Waldränder, Gebüsche.
Biologie: Die Blüten werden von Insekten bestäubt.
Verwendung: Die Bitterorange ist wegen ihrer ansehnlichen Blüten und der gelb gefärbten Früchte ein gern angepflanzter Zierstrauch. Sie ist seit 1850 in Europa in Kultur. Wegen der starken Bedornung eignet sie sich auch als undurchdringliches Heckengehölz, das einen Schnitt gut verträgt. Winterhart ist die Bitterorange bis –25 °C. Die Vermehrung erfolgt durch Samen. Die Art stellt keine besonderen Bodenansprüche und gedeiht gut auf durchlässigen, nährstoffreichen Böden in vollsonniger bis halbschattiger Lage. Sämlinge wachsen zunächst sehr langsam. Die Bitterorange ist eine gute Veredlungsunterlage für andere *Citrus*-Arten. Die aufgeschnittenen Früchte duften sehr aromatisch, sind aber roh nicht zum Verzehr geeignet. Geschält, entkernt und mit Zucker gekocht sollen sie gut schmecken.

Blühende Bitterorange.

Früchte der Bitterorange.

Cladrastis kentukea – Amerikanisches Gelbholz, Yellow-Wood

Fabaceae – Hülsenfrüchtler

Sommergrüner, breitkroniger, 10–15(–20) m hoher, meist kurzstämmiger Baum mit glatter, grauer Borke und gelbem Holz. Junge Triebe kahl. Knospen nackt, anfangs von den Blattstielbasen verdeckt und in einem rotbraunen Haarbüschel verborgen, Endknospe fehlend. **Blätter** wechselständig, 2–3 cm lang gestielt, unpaarig gefiedert. Blättchen 7–11, kurz gestielt, wechselständig, breit eiförmig bis elliptisch, ganzrandig, abrupt kurz zugespitzt, 7–10 cm lang, oberseits frischgrün, fast kahl, unterseits graugrün, besonders an den Nerven behaart. Endfieder lang gestielt und breiter als die seitlichen. **Blüten** schwach duftend, reinweiß, in bis 40 cm langen, endständigen, überhängenden Doppeltrauben, 2,5–3 cm lang. Staubblätter frei oder fast frei. Blütezeit: Juni. **Früchte** als 7–8 cm lange und 10–12 mm hohe, dünnwandige Hülsen ausgebildet, stark abgeflacht, hellbraun. Samen 3–6. Fruchtreife: September–Oktober.

Blütenstände des Amerikanischen Gelbholzes.

Herbstlaub des Amerikanischen Gelbholzes.

Name: Abgeleitet von griech. „klados" = Zweig, Spross und „thraustos" = zerbrechlich, wegen der leicht abbrechenden Zweige. *kentukeus* lat. = aus dem US-Staat Kentucky stammend.

Systematik: Die Gattung enthält insgesamt 6 Arten in Nordamerika und Ostasien.

Verbreitung: SO-Nordamerika (North Carolina bis Kentucky und Tennessee).

Lebensraum: Gewässer begleitend, in Flusstälern, an Waldhängen, auf gut drainierten, meist kalkreichen Böden. Vergesellschaftet mit Gelb-Birken (*Betula alleghaniensis*), Buchen (*Fagus*), Linden (*Tilia*), Später Traubenkirsche (*Prunus serotina*).

Biologie: Die Blüten erscheinen nicht jedes Jahr in großer Fülle. Sie werden vor allem von größeren Hautflüglern, Bienen und Hummeln bestäubt. Die Keimung erfolgt epigäisch. Die Bäume sind nicht sehr langlebig.

Verwendung: Das gelbe Holz lässt sich gut bearbeiten und polieren. Es eignet sich vorzüglich zur Herstellung von Gewehrkolben. In Europa ist das Amerikanische Gelbholz seit 1812 in Kultur, wird aber trotz der Blütenpracht und der gelben Herbstfärbung nur selten angepflanzt. Der Boden sollte lehmig, nährstoffreich, tiefgründig, der Standort sonnig sein. Die Vermehrung erfolgt durch Samen oder Wurzelschnittlinge. Nur im Freistand entfaltet die Art ihre ganze Schönheit. Frosthart bis –20°C.

Clematis – Waldrebe

Ranunculaceae – Hahnenfußgewächse

Mit Blattstielen, Blattspindeln und Fiederstielen rankende Lianen, Halbsträucher oder Stauden. **Blätter** gegenständig, 3-zählig, unpaarig gefiedert, unregelmäßig zusammengesetzt oder, seltener, ungeteilt. Nebenblätter fehlend. **Blüten** einzeln, in Scheindolden (Zymen) oder end- bzw. seitenständigen Rispen. Blüten zwittrig, eingeschlechtig und zweihäusig verteilt. Blütenhülle aus gleichgestalteten Blättern (Tepalen) bestehend, die das sogenannte Perigon bilden. Tepalen meist 4. Sterile Staubblätter (Staminodien) bisweilen kronblattartig. Nektarien an den Staubblättern, Staminodien oder fehlend. Staminodien zwischen der Blütenhülle und den Staubblättern stehend. Staubblätter und Fruchtblätter zahlreich. **Fruchtblätter** frei, d.h.

nicht miteinander verwachsen, zu Nüsschen mit persistierenden und häufig federig behaarten Griffeln auswachsend. **G!**

Name: *Clematis* leitet sich von „klema" griech. = Ranke ab.
Systematik: Die Gattung *Clematis* enthält etwa 370 Arten, vorwiegend auf der Nordhemisphäre (nemorale und meridionale Zone), einige Arten in den Hochgebirgen Afrikas und in Australien. In Mitteleuropa sind 6 Arten heimisch. Die Gattung ist fossil seit dem Oligozän nachgewiesen.
Biologie: Bei den sommergrünen Arten fallen im Herbst nicht die gesamten Blätter, sondern nur die Fiedern ab. Die anderen Blattteile dienen als bleibende Ranken und verholzen. Waldreben sind in allen Pflanzenteilen giftig. Sie enthalten Protoanemonin.
Verwendung: Viele Arten und Hybriden sind in Kultur. Angepflanzt sind vor allem die zahlreichen, großblütigen Sorten, die aus Kreuzungen verschiedener Arten oder Sorten hervorgegangen sind. Beispielhaft sind die Sorten **'Asao'** und **'Mrs. Cholmondeley'** abgebildet.

Hybridsorten Clematis 'Asao' (links) und 'Mrs. Cholmondely' (rechts) als Beispiele für die Vielfalt gezüchteter Waldreben-Sorten.

Clematis alpina subsp. *alpina* – Alpen-Waldrebe

Sommergrüne, bis 3 m hoch kletternde Liane. Zweige 6-kantig, locker behaart, dunkelbraun bis braunrot. Die Rinde sich später in Längsstreifen lösend. **Knospen** eiförmig 4–7 mm lang, behaart, an den Spitzen weißlockig. **Blätter** unpaarig gefiedert, 3–5 cm lang gestielt. Spreite doppelt 3-teilig gegliedert, 8–10 cm lang. Blättchen länglich eiförmig bis eilanzettlich, 2–5 cm lang, tief grob gesägt, lang zugespitzt, oberseits dunkelgrün, unterseits heller, beidseitig behaart. **Blüten** 4–12 cm lang gestielt, einzeln in der Achsel von Kurztrieben

Blühende Alpen-Waldrebe.

oder endständig, breitglockig, nickend. Tepalen 4, hellblau bis violett, 3–4 cm lang, außen schwach behaart. Staminodien 10–12, halb so lang wie die Tepalen. Griffel zur Reife 3 cm lang, behaart. Blütezeit: Mai–Juli. Fruchtreife: August–Oktober.
Verbreitung: Europa: Alpen bis Apenninen und Karpaten.
Lebensraum: In montanen bis subalpinen, lichten Nadelwäldern, im Legföhrengebüsch und in Hochstaudenfluren, von 300 bis 2400 m ü. M. Bevorzugt auf basenreichen, oft kalkhaltigen steinigen Rohhumus- und Humusböden. In Deutschland streng geschützt!
Biologie: Die Alpen-Waldrebe bildet Nektar und wird von Bienen und Hummeln aufgesucht und bestäubt. Der Nektar wird auf der Oberseite der Staminodien in einer Rinne gebildet. Die Früchtchen werden vom Wind verbreitet.
Verwendung: Die Alpen-Waldrebe ist ein schönes Ziergehölz, das in mehreren Sorten kultiviert wird. Auch im Tiefland wächst sie gut. Die Blüten öffnen sich dort oft schon Anfang April. Die Art stellt keine besonderen Bodenansprüche und ist völlig frosthart. Der Standort kann voll besonnt oder halbschattig sein. Anders als bei vielen anderen rankenden Arten sollte ein Schnitt unterbleiben, da die Blüten meist an vorjährigen Zweigen entspringen. Die Vermehrung erfolgt durch Samen, Steckhölzer oder krautige Stecklinge.
Die Sippe **subsp. *sibirica*** aus NO-Europa und Sibirien hat weiße bis cremefarbene, mitunter auch purpurne, violette oder gelb getuschte Blüten, sie ist seit 1753 in Kultur und häufig angepflanzt.

Ähnliche Art:
***Clematis macropetala*, Großblütige Alpen-Waldrebe:** Blättchen mehr oder weniger eingeschnitten, gelappt und gesägt. Blüten einzeln nickend, etwa 7 cm Durchmesser. Tepalen 4–5 cm lang, blauviolett. Staminodien länger als die Staubblätter, zugespitzt, fast so lang wie die Tepalen, aber deutlich heller. Blütezeit: Mai–Juni. Fruchtreife: August–September. Verbreitung: Sibirien, N-China, Mandschurei. Von PURDOM 1910 nach Europa gebracht und in mehreren Sorten in Kultur. Völlig frosthart. „macros“ griech. = lang, groß, „petalon“ = Blatt, Kronblatt.

Blühende Großblütige Alpen-Waldrebe.

Clematis vitalba – Gewöhnliche Waldrebe

Sommergrüne, bis 30 m hoch kletternde Liane mit längsgestreifter, graubrauner Borke. Zweige kantig gerieft, anfangs locker behaart, bis auf die Knoten hohl. **Blätter** 4–6 cm lang gestielt, Spreite mit meist 5 Fiedern. Diese lang gestielt, eiförmig bis lanzettlich, ganzrandig bis grob gesägt, die unteren Blättchenpaare oft 3-blättrig oder tief eingeschnitten, 3–10 cm lang, 2–5 cm breit. Blüten in end- oder seitenständigen Rispen an jungen Trieben. **Blüten** lang gestielt, mit 4 schmalen 7–8 mm langen, beidseitig filzigen Tepalen, 2 cm Durchmesser, gelblich weiß. Staubblätter mit breiten Staubfäden, zahlreich, kürzer als die Tepalen. Staminodien fehlend. Blütezeit: Juni–September. Griffel der zahlreichen Fruchtblätter sich nach der Blüte streckend und lang flaumig behaart. Fruchtreife: Oktober.
Name: „vitalba“ ist abgeleitet von „vitis alba“ lat. = „Weiße Weinrebe“.

Verbreitung: West- und Mitteleuropa, Italien, Balkan-Halbinsel bis zum Schwarzen Meer und Kaukasus.
Lebensraum: In Auenwäldern, wechselfeuchten Laubmischwäldern, Waldrändern; auf nährstoffreichen, tiefgründigen Lehm- und Auenböden, häufig auf Kalk. In Mitteleuropa vom Flachland bis zu 1500 m ü.M. in den Alpen. Infolge Stickstoffanreicherung in den Böden stark in Ausbreitung begriffen. Durch üppiges Wachstum kann sie andere Gehölze überwuchern und zum Absterben bringen.
Biologie: Die Blüten sind nektarlos, also reine Pollenblumen. Bestäuber der unangenehm duftenden Blüten sind Honigbienen, solitäre Bienen (z.B. Furchenbienen, *Lasioglossum*-Arten) und Fliegen. Die Früchte verbleiben den Winter an den Zweigen, die einzelnen Früchtchen werden erst im Frühjahr vom Wind verweht.
Verwendung: Kaum angepflanzt, aber durch natürliche Ausbreitung (Wind) oft in den Gärten zu finden.

Blühende Gewöhnliche Waldrebe.

Weitere Arten und Hybriden:
Clematis heracleifolia*, Großblättrige Waldrebe:** Aufrechter, bis 1 m hoher Halbstrauch. Blätter 3-zählig, sehr groß. Blättchen breit eiförmig, Endblättchen bis 15 cm lang und 10 cm breit, am Grund abgerundet, seitliche Blättchen etwas kleiner, oft etwas gelappt, am Grund breit keilförmig, schwach behaart. Blüten in reichblütigen Scheindolden, röhrig, 2–2,5 cm lang, blassblau, außen behaart. Blütezeit: August–September. Verbreitung: M- und N-China. In Kultur seit 1837. *heracleifolia* lat. = bärenklaublättrig nach *Heracleum* = Bärenklau, Herkulesstaude. Viel häufiger als die Art werden jedoch Hybriden, vor allem mit *C. vitalba*, angepflanzt. Diese sind als ***Clematis × jouiniana im Handel. Entstanden vor 1900 in der Baumschule SIMON LOUIS in Plantières bei Metz. Dazu zählen:
'Campanile': Blüten 2 cm Durchmesser, blau.
'Cote d´Azur': Blüten hyazinthenblau.
'Mrs Robert Brydon': 1935 in Amerika entstanden, Blüten cremefarben, blau getönt.
'Oiseau Bleu': Blüten lilarosa.
'Praecox': Blüten röhrig, hellblau.

Blütenstand einer der unter Clematis ×jouiniana zusammengefassten Hybriden der Großblättrigen Waldrebe.

***Clematis × jackmanii*, Jackmans Waldrebe** (*C. lanuginosa × C. viticella*): 3–4 m hoch kletternde Liane. Blätter gefiedert, die oberen oft einfach, Blättchen eiförmig, unterseits schwach behaart. Blüten an jungen Zweigen, lang gestielt, meist zu 3, violettpurpurn, 10–14 cm Durchmesser, Tepalen 4, selten 6, verkehrt eiförmig, flach ausgebreitet. Blütezeit: Juli–September. Die Hybride entstand 1858 in der Baumschule JACKMAN in Woking/England.
'Prince Charles': Blüten hellblau mit violettem Mittelstreifen; in Neuseeland entstanden, seit 1986 in Europa in Kultur.

Jackmanns Waldrebe mit Blüten.

***Clematis lanuginosa*, Wollige Waldrebe:** Blätter 3-teilig oder einfach, eilanzettlich, 6–12 cm lang, unterseits wollig. Blütenstiele meist kürzer als die Tepalen, gleich den Knospen wollig behaart. Blüten 10–20 cm Durchmesser, weiß bis helllila. Tepalen eiförmig oder elliptisch, außen wollig, sich mehr oder weniger überdeckend. Blütezeit: Juli–September. Verbreitung: O-China (Zhejiang). In Höhenlagen bis 400 m ü.M., 1850 von FORTUNE entdeckt. *lanuginosus* lat. = wollig.

Blüten der Wolligen Waldrebe.

Zu *C. lanuginosa* werden eine Vielzahl älterer und neuer großblütiger Sorten und Hybriden gezählt, die häufig gepflanzt werden. Dazu gehören:

'Elsa Späth': Blüten blauviolett, 12–18 cm Durchmesser, Blütezeit: Juni–Juli. In der Baumschule SPÄTH 1891 entstanden.

'General Sikorski': Blüten violettbraun, Blütezeit: Juni–Juli. 1980 bei FISK in England entstanden.

'Mme Le Coultre': Blüten rein weiß, Blütezeit: Juni–Juli. 1890 bei GROOTENDORST in Holland entstanden.

'Nelly Moser': Blüten hellrosa mit rotem Mittelband, Blütezeit: Mai–Juni. 1897 bei MOSER in Frankreich entstanden.

'The President': Blüten blauviolett, Blütezeit: Mai–Juni. Vor 1877 bei NOBLE in England entstanden.

***Clematis montana*, Berg-Waldrebe:** 5–10 m hoch kletternde, sehr robuste und starkwüchsige Liane. Blättchen stets 3-zählig, an den Kurztrieben rosettig stehend, eiförmig, 3–10 cm lang, eingeschnitten gezähnt, selten ganzrandig, meist kahl. Blüten zu 1–5, lang gestielt, 2–5 cm Durchmesser, weiß, zum Teil rosa überlaufen, Staubfäden gelb. Blütezeit: Mai. Fruchtreife: August–September. Verbreitung: Himalaja (NW-Pakistan bis China). *montanus* lat. = Berg-. 1831 durch Lady AMHERST nach Europa gebracht. Sehr häufig und darüber hinaus in vielen Sorten angepflanzt. Jedes Jahr an den vorjährigen Zweigen reich blühend, überall frosthart. Zum Verwildern und Überwachsen von Mauern, Gebäuden und Gehölzen geeignet. Falls ein Rückschnitt erforderlich ist, sollte dieser sogleich nach der Blüte erfolgen.

Blühende Berg-Waldrebe.

'Grandiflora': Blüten weiß, 5–8 cm Durchmesser.

'Rubens': Blüten rosarot, 5–6 cm Durchmesser. Blätter anfangs purpurn.

'Superba': Blüten weiß, 6 m Durchmesser.

Blüten der Orientalischen Waldrebe.

***Clematis orientalis*, Orientalische Waldrebe:** 5 m hoch kletternde Liane mit behaarten Trieben. Blätter bläulich getönt, gefiedert, mit 3 Paaren von gezähnten oder eingeschnittenen Blättchen. Blättchen eiförmig bis lanzettlich, 1,5–5 cm lang. Blüten nickend, lang gestielt, Tepalen spreizend und schließlich zurückgebogen, oberseits flaumig filzig, Staubfäden

purpurrot. Blütezeit: August–September. Fruchtreife: September–Oktober. Verbreitung: Von SO-Europa (Griechenland: Kos u. Tinos) bis China (W-Xinjiang). *orientalis* lat. = östlich, morgenländisch. In Mitteleuropa frosthart. Gern angepflanzt wegen der zahlreichen gelben Blüten und der anfangs silbrigen Früchte.
'Orange Peel' hat gelbe Blüten, dickfleischige mehr oder weniger spreizende Tepalen und braune Staubblätter. Ihre Zugehörigkeit zu *C. orientalis* ist nicht sicher. 1947 aus Tibet nach Europa eingeführt.

***Clematis tangutica*, Mongolische Waldrebe:** Bis 5 m hoch kletternde Liane. Blätter gefiedert oder doppelt gefiedert. Blättchen länglich lanzettlich, 3–8 cm lang. Blattzähne abstehend, oft tief 2–3-lappig. Blüten 8–15 cm lang gestielt. Tepalen 3–5 cm lang, leuchtend gelb, beidseitig kahl, lang zugespitzt. Blüten nickend, anfangs breit glockig, Tepalen später mehr oder weniger spreizend. Blütezeit: Juni–Juli und September–Oktober. Früchte durch die langen, federartigen Griffel silbrig schimmernd. Verbreitung: Von O-Kasachstan bis zur Mongolei und NW-China. Meist in Höhenlagen von 1300–5400 m ü. M. *tanguticus* lat. = tangusisch. Die Tangusen sind ein Volksstamm in Sibirien und China. In Kultur seit 1890. Nah verwandt mit *C. orientalis*. Häufig angepflanzt aufgrund ihrer gelben Blüten und des besonders auffallenden, reichen silbrigen Fruchtschmucks.

Mongolische Waldrebe mit Blüten und Frucht.

***Clematis viticella*, Italienische Waldrebe:** Bis etwa 4 m hoch kletternde Liane. Blätter gefiedert, meist mit 5–7 Blättchen, 1,5–4 cm lang, eiförmig, ganzrandig oder 3-lappig, kahl, die unteren Blättchen 3-blättrig. Blüten nickend, Tepalen stets 4, breitglockig flach ausgebreitet, 3–5 cm Durchmesser, violett bis purpurrosa und weinrot. Früchtchen kahl. Blütezeit: Juni–September. Verbreitung: SO-Europa bis Anatolien, Kaukasus, NW-Iran. „viticella" lat. = eine Waldrebe, abgeleitet von „viticula" = kleiner Weinstock. Schon seit 1569 in Kultur. In Mitteleuropa frosthart. In vielen Sorten und Hybriden, die sich vor allem farblich unterscheiden, angepflanzt.

Italienische Waldrebe mit Blüten.

'Kermesina': Blüten rubinrot, Tepalen flach ausgebreitet. Entstanden bei Victor Lemoine/Nancy 1883.
'Ernest Markham': Blüten purpurweinrot, Blütezeit: Juli–September. Durch Ernest Markham erzielt und 1937 von Rowland Jackman benannt.
'Mme Julia Correvon': Blüten rubinrot, bis 10 cm breit, Blütezeit: Juli–September. Bei Francisque Morel/Lyon 1900 entstanden.
'Ville de Lyon': Blüten rubinrot, Blütezeit: Juli–September. Entstanden bei Francisque Morel/Lyon 1899.

Clerodendrum trichotomum var. *fargesii* – Japanischer Losbaum

Lamiaceae – Lippenblütler

Sommergrüner 1,5–2 m hoher Strauch, am natürlichen Standort 8–10 m hoher Baum. Zweige anfangs fein flaumig behaart, mit auffälligen Korkwarzen. Knospen eiförmig, rotbraun behaart, nur 1,5–2 mm groß, oft mit absteigenden Beiknospen. **Blätter** gegenständig, 3–10 cm lang gestielt. Spreite im Austrieb rötlich, eiförmig elliptisch, zugespitzt, ganzrandig oder spärlich gezähnt, 8–15 cm lang und 5–10 cm breit, grau behaart, verkahlend, gerieben unangenehm duftend. **Blüten** in end- oder achselständigen, 3–6 cm lang gestielten, 10–25 cm breiten Rispen an Jungtrieben, duftend, weiß, 3 cm breit. Kelchblätter 5, zur Blütezeit zusammenneigend. Staubblätter länger als die Griffel, wie diese grünlich, weit aus der Blüte herausragend. Blütezeit: August–September. Früchte 1–2 cm lang gestielt, Kelch persistierend, etwas fleischig, die 5 länglich dreieckigen Zipfel spreizend, purpurrot. **Frucht** eine beerenartige, kugelförmige Steinfrucht, 6–8 mm groß, stahlblau, saftig fleischig. Steinkern stark verholzt, 5–6 mm lang. **Samen** länglich, 4 mm lang. Fruchtreife: September–Oktober.

Name: Von griech. „kleros“ = Los, Schicksal und „dendron“ = Baum. Nach den heilsamen oder nachteiligen Wirkungen der verschiedenen Losbaum-Arten. „trichotomein“ griech. = dreiteilen, hier dreigabelig, aufgrund der Verzweigung.
Systematik: Die Gattung *Clerodendrum* umfasst etwa 150 vorwiegend in den Tropen der Alten Welt beheimatete Arten, deren Kelch nach der Blüte erhalten bleibt und sich oft vergrößert und färbt.
Verbreitung: China, Taiwan, Korea, Japan (Hokkaido bis Kyushu), SO-Asien.
Lebensraum: Gebirgshänge, in China bis 2400 m ü. M.
Biologie: Die Blüten werden durch Insekten bestäubt. Ein Gattungsmerkmal ist der persistierende Kelch, der in schönem Farbkontrast zum Fruchtkörper steht. Auf diese Weise werden Vögel angelockt, die für eine Verbreitung sorgen.
Verwendung: Beliebtes Ziergehölz, das durch die späte Blütezeit, die angenehm und intensiv duftenden Blüten und ansehnlichen Früchte besonders attraktiv ist. Die Varietät *C. trichotomum* var. *fargesii* gelangte 1898 durch Farges nach Europa. Der Losbaum benötigt einen sonnigen und warmen, windgeschützten Standort, stellt aber keine besonderen Bodenansprüche. Er ist frosthart bis –15 °C. Bei strengen Frösten friert er zurück, treibt aber meist wieder aus und blüht noch im gleichen Jahr. Die Vermehrung erfolgt durch Samen, krautige Stecklinge im Sommer oder Wurzelschnittlinge.

Blütenrispe des Japanischen Losbaums.

Früchte des Japanischen Losbaums.

Clethra alnifolia – Erlenblättrige Zimterle, White-Alder

Clethraceae – Zimterlengewächse

Sommergrüner, 2–3 m hoher, reich verzweigter Strauch. Zweige stumpfkantig, graubraun, anfangs fein sternhaarig. Rinde sich später schuppig ablösend. Knospen nackt, 4–7 mm lang, fein behaart, graubraun, äußere Knospenblätter abstehend, mit erkennbarer Nervatur. **Blätter** wechselständig, ungeteilt, 5–10 mm lang gestielt. Spreite verkehrt eiförmig bis länglich verkehrt eiförmig, kahl oder fast kahl, 4–11 cm lang und 2,5–5 cm breit, zugespitzt, scharf gesägt. **Blüten** duftend, 1–6 mm lang gestielt, in endständigen, aufrechten, 5–15 cm langen Trauben, zwittrig, weiß, 8 mm breit. Blütenhülle 5-zählig. Kelchblätter frei, persistierend, Staubblätter 10. Blütezeit: Juli–September. **Frucht** eine aufrechte, eiförmige, sich 3-klappig öffnende, 3 mm lange Kapsel. Der persistierende Griffel ist starr und länger als die Kapsel, die vom persistierenden Kelch umhüllt wird. **Samen** zahlreich, 1 mm lang. Die Samenschale ist durchscheinend und viel größer als der Embryo.

Name: Mit „klethra" bezeichnete Theophrast die Erle. Die Namensgebung erfolgte aufgrund der erlenähnlichen Blätter. *alnifolius* lat. = erlenblättrig, abgeleitet von *alnus* = Erle.
Systematik: Die Familie der *Clethraceae* enthält 2 Gattungen mit rund 90 Arten. Zur Gattung *Clethra* werden etwa 80 Arten gezählt. Das Gattungsareal reicht von SO-Nordamerika bis zum tropischen Südamerika und von O- und SO-Asien bis zum Malaiischen Archipel sowie Madeira.
Verbreitung: Östliches Nordamerika (Maine bis Florida).
Lebensraum: In küstennahen Wäldern, immergrünen Gebüschen, feuchten lichten Kiefernwäldern und Sümpfen.
Biologie: Die Blüten werden von zahlreichen verschiedenen Insekten aufgesucht, Fliegen, Bienen, Hummeln und Schmetterlingen. Die Früchte bleiben den Winter über an der Pflanze.
Verwendung: In Europa seit 1731 in Kultur. Die Zimterle ist ein gern angepflanzer Strauch, dessen lange Blütezeit und reger Insektenbesuch ihn besonders attraktiv machen. Der Standort sollte sonnig bis halbschattig, der Boden lehmig-sandig, feucht, humos und sauer sein. Die Vermehrung kann durch Samen oder krautige Stecklinge erfolgen.

Endständige aufrechte Blütentrauben der Erlenblättrigen Zimterle.

Colutea arborescens – Gewöhnlicher Blasenstrauch

Fabaceae – Hülsenfrüchtler

Sommergrüner, aufrechter, 2–5 m hoher, reich verzweigter Strauch. Junge Triebe leicht kantig. Zweige hellbraun, anliegend behaart. Rinde später graubraun. Knospen eiförmig, 3–4 mm groß, silbrig behaart. Endknospe fehlend. **Blätter** wechselständig, unpaarig gefiedert, 1–2,5 cm lang gestielt. Spreite mit 4–6 Paar verkehrt eiförmigen bis elliptischen, 1,5–3 cm langen und 8–15 mm breiten, oberseits grünen, anliegend behaarten, unterseits blaugrauen Fiedern. Nebenblätter unauffällig. **Blüten** ohne Duft, in achselständigen, 3–8-blütigen Trauben in den

Blattachseln an Jungtrieben. Schmetterlingsblüte 15–20 mm lang, gelb. 9 der 10 Staubblätter zu einer oben offenen Röhre miteinander verwachsen. Blütezeit: Mai–August. **Früchte** (Hülsen) aufgeblasen, dünnwandig pergamentartig, 6–7 cm lang und 2–3 cm dick. **Samen** zahlreich, 4 mm lang, nierenförmig, schwarzbraun. Fruchtreife: Juli–Oktober. **G!**

Name: Mit „koloutea" bzw. „kolytea" bezeichnete THEOPHRAST einen hülsentragenden Strauch oder Baum. *arborescens* lat. = zum Baume werdend, baumartig.
Systematik: Die Gattung *Colutea* enthält ca. 25 Arten. Wichtiges Gattungsmerkmal ist die postfloral stark aufgeblasene, dünnwandige Hülse. Das Gattungsareal erstreckt sich von Südeuropa bis zum Himalaja. Fossil ist die Gattung seit dem Oligozän belegt.
Verbreitung: S- und SO-Europa, nach Osten bis zur Ukraine, Kleinasien und Transkaukasien; Nordwestafrika. In Deutschland nur im oberen Rheintal, vom Kaiserstuhl bis Müllheim. Vielerorts jedoch verwildert und eingebürgert.
Lebensraum: Licht und Wärme liebendes Gehölz; in lichten Eichen- und Kiefernwäldern, Waldsäumen, Steppenwäldern und Hopfenbuchen-Orient-Hainbuchenwäldern, an südexponierten Hängen. Auch auf nur flachgründigen, oft kalkhaltigen Böden. In den Südalpen bis 1600 m ü. M.
Biologie: Der Blasenstrauch ist giftig. Gift- und Bitterstoffe sind in Blättern und Samen enthalten. Die Bestäubung erfolgt, wie bei einigen anderen Schmetterlingsblüten, nach dem Bürstentyp: Die Griffel sind oberseits mit Bürstenhaaren besetzt, die den Pollen schon vor der Entfaltung der Blüten aufnehmen. Landet ein Insekt auf den seitlichen Blütenblättern (Flügeln), erfolgt ein Druck auf die beiden das Schiffchen bildenden Blütenblätter, die das Fruchtblatt und die Staubblätter bergen. Der Pollen wird nun portionsweise auf die Schiffchenspitze gefegt und vom Insekt aufgenommen. Verlässt das Insekt die Blüte, schnellen die Blütenblätter in ihre ursprungliche Lage zurück. Der Vorgang kann sich mehrere Male wiederholen. Nur große Hautflügler, wie etwa die heimische Holzbiene (*Xylocopa violacea*), vermögen den Bestäubungsvorgang auszulösen. Honigbienen, die dazu nicht befähigt sind, plündern den Nektar, indem sie seitlich in die Blüten eindringen, ohne sie zu bestäuben. Die silbrig glänzenden Früchte bleiben lange am Strauch hängen.
Verwendung: Der Blasenstrauch wird gern und häufig wegen der Blüten und Früchte angepflanzt. Er verlangt einen sonnigen Standort und stellt keine besonderen Bodenansprüche. Er ist bis –20 °C frosthart. Die Vermehrung erfolgt durch Samen.

Blüten des Gewöhnlichen Blasenstrauchs.

Früchte des Gewöhnlichen Blasenstrauchs.

Cormus domestica – Speierling
Rosaceae – Rosengewächse

8–20 m hoher, bis zu 150 Jahre alter sommergrüner Baum mit Stammdurchmesser über 0,5 m, teils bis 1,5 m, Wurzelsprosse bildend. Stamm mit graubrauner Schuppenborke. Knospen länglich eiförmig, zugespitzt, etwas klebrig, glänzend, ihre Schuppen grün mit rotbraunem Rand, Endknospe 1–1,5 cm lang. **Blätter** bis 20 cm lang, unpaarig gefiedert, mit meist 15–17 Fiedern. Blättchen länglich, 3–8 cm lang, bis 2 cm breit, unteres Drittel ganzrandig, darüber Rand einfach gesägt, Spitzen der Zähne mit brauner, im Frühsommer abfallender Drüse. **Blüten** 1,5–1,8 cm Durchmesser, zu 30–60(–80) in breit kegelförmigen Schirmrispen. Blütezeit: Mai. **Früchte** apfel- oder birnenförmiger Kernapfel, 2–3,5(–5) cm lang , 1,5–3 cm Durchmesser, grünlich gelb bis gelb, rotbackig, herbsauer, duftend, vollreif braun und teigig, milder, essbar.

Früchte des Speierlings.

Name: *Cormus* von „kormós" griech. = Stamm, der Speierling kann im Vergleich zu den Ebereschen, also anderen Arten mit gefiederten Blättern der Gattung *Sorbus* s. l., von der die Gattung *Cormus* abgetrennt wurde, deutlich stärkere Stämme ausbilden. So weist in Deutschland der stärkste Speierling einen Stammumfang von 4,5 m auf, die stärkste Vogelbeere 2,43 m. Epitheon *domestica* (lat.) bedeutet zum Haus gehörig, einheimisch, auf die Verwendung als Nutzbaum hinweisend, wobei früher besonders an Burgen und in Weinbaulagen gepflanzt, wohl auch wegen der adstringierenden Wirkung der Früchte als Hausmittel (siehe Name Speierling).

Systematik: Wegen seiner Eigenständigkeit, u. a. im Gegensatz zu den Arten der anderen Untergattungen von *Sorbus* s. l. (siehe unter *Sorbus*!) keine Bastarde mit irgendeiner *Sorbus*-Art (Eberesche, Mehlbeere oder Elsbeere) bildend, wird die Untergattung *Cormus* als eigene Gattung geführt, zu der nur der Speierling gehört.

Verbreitung: Mittelmeergebiet bis Kleinasien und Krim, nach Norden bis in sommerwarme Lagen Süd- und Mitteldeutschlands, wo möglicherweise lokale Vorkommen Wärmezeitrelikte darstellen, aber durch die Römer über ihr natürliches Areal hinaus ausgebreitet, so auch in die Weinbaugebiete und Wälder trockenwarmer Gebiete Mitteleuropas gelangt, aus Kultur verwildert und eingebürgert.

Lebensraum: Eichen-Trockenwälder, lichte Laubmischwälder trockener bis mäßig frischer, oft kalkhaltiger Böden.

Biologie: Wärme liebend, lichtbedürftig, Trockenheit ertragend. Früchte mit hohem Gerbstoffgehalt, roh stark adstringierend. Das Holz ist hart und schwer (eines der schwersten unter den europäischen Laubhölzern), aber elastisch.

Verwendung: Wildobst, besonders in Weinbauregionen angepflanzt, schon die Griechen und Römer schätzten den Speierling (THEOPHRAST unterschied bereits mehrere Sorten). Früchte werden für die Klärung von Wein und zur Geschmacksverbesserung und besseren Haltbarmachung von Apfelwein und -most genutzt. Sie können zu Marmelade und Konfitüre oder Speierlingsbrot verarbeitet werden, aus ihnen wird ein kostbarer Obstschnaps gebrannt (Speierlingsbrand). In der Volksheilkunde wurden die Früchte bei Magen- und Darmerkrankungen verwendet. Das Holz ist sehr geschätzt und teuer, vielfach nutzbar, u. a. zur Herstellung von Furnieren oder Fruchtpressen, in der Tischlerei, Drechslerei und Bildhauerei.

Cornus – Kornelkirsche, Hartriegel

Cornaceae – Hartriegelgewächse

Sommer-, mitunter immergrüne Sträucher oder Bäume, seltener Stauden. **Blätter** meist gegenständig, seltener wechselständig, ungeteilt, ganzrandig, Nebenblätter meist fehlend. **Blüten** endständig an Kurztrieben, klein, radiär, zwittrig, in Schirmrispen, Dolden oder Köpfchen. Bei einigen Arten sind die Blüten mit auffälligen, großen Hochblättern umgeben (sogenannte Blumenhartriegel). Blütenhülle 4-zählig, Fruchtknoten unterständig. **Früchte** als Steinfrüchte ausgebildet. Fruchtfleisch saftig, Steinkerne meist 2-samig.

Name: Der Name *Cornus* wurde bereits von VERGIL und PLINIUS gebraucht und später als Gattungsname von CARL VON LINNÉ übernommen. „Cornus" bezieht sich auf das hornartig harte Holz bei *Cornus mas*. Der Name „Hartriegel" leitet sich vom althochdeutschen „hartrugil" ab und rührt vom harten Holz her.
Systematik: Die Gattung *Cornus* zählt 65 Arten vorwiegend in der nemoralen oder meridionalen Zone. Die Familie der *Cornaceae* ist mit den Tupelobaumgewächsen (*Nyssaceae*) nahe verwandt. Die Gattung ist fossil seit dem Tertiär nachgewiesen. Der Familie der *Cornaceae* gehören nur noch 2 Gattungen mit insgesamt 85 Arten an.
Biologie: Die Blüten der *Cornus*-Arten werden von Insekten bestäubt, die Früchte von Vögeln verzehrt und dadurch die Samen verbreitet.
Verwendung: Viele Arten sind beliebte Ziergehölze. Ihre Kultur bereitet keine Schwierigkeiten. Die Vermehrung erfolgt durch Aussaat.

Cornus mas – Kornelkirsche, Herlitze, Dirndlstrauch

Sommergrüner, 3–6 m hoher Großstrauch oder kurz- und mehrstämmiger, breitkroniger Baum. Zweige überhängend, sparrig, anliegend fein behaart. Schuppenborke graubraun. Knospen abspreizend, spindelförmig bis länglich eiförmig, 5–6 mm lang, behaart. Blütenstandsknospen zugespitzt kugelförmig, mit 2 sichtbaren Knospenschuppen. **Blätter** gegenständig, 5–10 mm lang gestielt, Spreite eiförmig bis elliptisch, bis 10 cm lang mit 4–5 Paar Seitennerven. **Blüten** duftlos, zu 15–20 in kleinen, bis 2 cm großen, kugelförmigen Dolden, 4-zählig, gelb. Blütezeit: (Februar–)März–April. **Früchte** ellipsoidisch, 2 cm lang, rot, Steinfrucht mit einem 10 mm langen, 2-samigen Steinkern und saftigen Fruchtfleisch. Fruchtreife: August–September.
Name: Das Epitheton *mas* bedeutet männlich und bezieht sich auf das harte Holz. Demgegenüber bezeichnete PLINIUS den Blutroten Hartriegel, mit weniger festem Holz, als *Cornus femina*.
Verbreitung: Mittel- und Süd-Europa bis Kleinasien.
Lebensraum: In lichten Laubmischwäldern, an Wald- und Gebüschsäumen und auf besonnten Hängen, auf basen-, kalk und nährstoffreichen, humosen Lehmböden. Licht und Wärme liebende Gehölzart.
Biologie: Die Kornelkirsche ist in Mitteleuropa eines der am frühesten blühenden Gehölze. Die bereits im August angelegten Blütenstandsknospen öffnen sich und die 4 innen gelblich gefärbten, sich etwas streckenden Knospenschuppen verstärken die Färbung des Blütenstands. Blütenbesucher sind verschiedene Insekten, namentlich Bienen und Fliegen, die Nektar und Pollen sammeln. Die Früchte werden durch Vögel verbreitet. Bis unmittelbar vor der Vollreife sind sie reich an Gerbstoffen.

Blütendolden (▲) und Früchte (▶) der Kornelkirsche.

Verwendung: Die Kornelkirsche ist aufgrund der zeitigen und reichen Blütenfülle ein beliebtes Ziergehölz. Durch regelmäßigen Schnitt eignet sie sich auch als Heckengehölz, das dann freilich weniger reich blüht. Die nur vollreif wohlschmeckenden Früchte können roh verzehrt oder zu Säften und Marmelade verarbeitet werden. In Österreich bereitet man aus ihnen den Dirndlschnaps. Das sehr feste und schwere Holz wird vielfältig genutzt und eignet sich vorzüglich als Drechslerholz.

Ähnliche Art:
***Cornus officinalis*, Japanische Kornelkirsche:** Strauch oder Baum von 4–10 m Höhe, *C. mas* sehr ähnlich. Die Blätter unterscheiden sich jedoch markant durch 6–7 Paar Seitennerven, die dunkelrostbraunen Achselbärte (vor allem im Gegenlicht) und die meist intensiv rötliche Herbstfärbung. Ein weiterer Unterschied ist die sich in Platten ablösende Borke. Die Blütezeit und Fruchtreife unterscheiden sich kaum von der heimischen Kornelkirsche. Die deutsche Bezeichnung Japanische Kornelkirsche ist irreführend, da die Art nur in China und Korea heimisch ist, in Japan lediglich kultiviert wird. In China wächst die Art in Wäldern, an Waldrändern und auf Gebirgshängen von 400 bis 1500 m ü. M. *offinalis* lat. = als Arzneimittel verwendet, abgeleitet von „officina" = Werkstätte, Apotheke. Nach Europa gelangte *C. officinalis* jedoch aus Japan um 1870.

Cornus sanguinea – Blutroter Hartriegel

Sommergrüner, 2–5 m hoher, reich verzweigter Strauch oder kleiner Baum. Junge Zweige gerundet, kahl oder fein anliegend behaart, grün, sonnenseitig gerötet, im Winter ist die Rotfärbung intensiver. Knospen nackt, anliegend, ellipsoidisch, 5–8 mm lang, behaart, mit 2 sichtbaren Blättchen. **Blätter** gegenständig, 10–15 mm lang gestielt, Spreite bis 10 cm lang, mit 3–4 Paar Seitennerven; lang währende, intensive weinrote Herbstfärbung. **Blüten** in ansehnlichen Doldenrispen, weiß. Blütezeit: Mai–Juni. **Früchte** kugelförmig, schwarz, 5–8 mm groß. Steinfrucht mit einem 2-samigen, kugelförmigen, 4–5 mm großem Steinkern und wässrigem Fruchtfleisch, roh ungenießbar, aber ungiftig. Fruchtreife: September.
Name: *sanguineus* lat. = blutrot, bezugnehmend auf die Rotfärbung der Zweige.
Verbreitung: Europa bis Kaukasus.
Lebensraum: Häufig in Auen- und Laubmischwäldern, aber auch auf wechselfeuchten bis sommertrockenen Standorten, in Gebüsch- und Waldsäumen auf humosen, kalk-, basen- und nährstoffreichen Lehmböden. Häufiges Pioniergehölz auf aufgelassenen Kulturflächen.

Blütenstände des Blutroten Hartriegels.

Fruchtstände des Blutroten Hartriegels

Biologie: Die Blüten weisen einen typischen Trimethylamin-Geruch auf. Da der Nektar offen dargeboten wird, besuchen verschiedene Insekten – Fliegen, Hautflügler, u. a. solitäre Bienen der Gattungen *Andrena* (Sandbienen), *Lasioglossum* (Furchenbienen) und *Osmia* (Mauerbienen), und Käfer – die Blüten und können eine Bestäubung herbeiführen. Die Früchte werden durch Vögel verbreitet. Eine vegetative Ausbreitung erfolgt durch Wurzelsprosse und dem Boden aufliegende, sich bewurzelnde Zweige. Der Blutrote Hartriegel lässt sich problemlos durch Stecklinge, Absenker oder Samen vermehren.
Verwendung: *C. sanguinea* ist ein Zier- und Heckengehölz. Die Blätter gelten als schwach giftig und können durch ihre Haare bei Berührung Hautreizungen auslösen. Die an Vitamin C reichen Früchte wurden früher bisweilen zu Säften und Marmelade verarbeitet, das feste Holz zu Drechslerarbeiten genutzt. Winterhart bis –25 °C.

Ähnliche Arten:
***Cornus alba*, Tatarischer Hartriegel:** Sommergrüner, bis 3 m hoher Strauch. Zweige aufrecht, bereift, blut- oder korallenrot, besonders im Winter bei der häufig kultivierten Form **'Sibirica'**. Blüten cremefarben. Blütezeit: Mai–Juni. Frucht weiß oder bläulich. Fruchtreife: August–September. Verbreitet von Sibirien bis Nordkorea und der Mandschurei. *albus* lat. = weiß. Winterhart bis –35 °C. Die Art ist seit 1741 in Kultur.

Fruchtender Seitenspross des Tatarischen Hartriegels.

***Cornus alternifolia*, Wechselblättriger Hartriegel:** Sommergrüner, bis 8 m hoher Strauch. Blätter wechselständig (!). Blüten cremefarben. Blütezeit: Mai–Juni. Früchte blauschwarz. Fruchtreife: August–September. Verbreitet im Atlantischen Nordamerika. Winterhart bis etwa –25 °C. In Kultur seit 1760.

***Cornus controversa*, Pagoden-Hartriegel:** Sommergrüner, 10–15 m hoher Baum mit grauer Borke, bereiften, horizontal, etagiert ausgebreiteten Zweigen und wechselständigen Blättern. Blüten duftlos, weiß, in ansehnlichen Doldenrispen. Blütezeit: Mai-Juni. Früchte blauschwarz. Fruchtreife: August–September. Verbreitung: Japan, China, Korea. Lebensraum: In sommergrünen Laubwäldern und in Nadelwäldern. In China in Höhenlagen von 200 bis 2600 m ü. M. *controversus* lat. = entgegengesetzt, umstritten. Verwendung: Aufgrund seiner charakteristischen Wuchsform und Blütenfülle häufig angepflanztes Ziergehölz, das seine volle Schönheit jedoch nur im Freistand zeigt. Frosthart bis –20 °C. Vor 1880 in Kultur genommen.

Cornus florida – Blüten-Hartriegel, Dogwood

Sommergrüner, 3–10 m hoher Großstrauch oder Baum. Junge Zweige gerundet, grün bis rötlich, bereift. Borke graubraun, sich in kleinen Platten ablösend. Vegetative Knospen 2–5 mm lang und 1–2 mm breit. Blütenstandsknospen aufrecht, 5–6 mm lang gestielt, 5–6 mm lang und 6–8 mm breit, fein anliegend behaart. **Blätter** gegenständig, 5–15 mm lang gestielt, Spreite eiförmig elliptisch, 6–14 cm lang. **Blüten** duftlos, klein, zu 20–30 einander kopfig genähert, cremefarben, von 4 weißen, 3–5 cm langen Hochblättern umgeben. Blütezeit: Mai. **Früchte** ellipsoidisch, 1 cm lang, rot. Steinkern ellipsoidisch, fast so lang wie die Steinfrucht. Fruchtreife: September–Oktober.

Name: Das lat. Epitheton *floridus* heißt blühend und bezieht sich auf die auffälligen Blütenstände.

Verbreitung: Östliches und Mittleres Nordamerika.

Lebensraum: In lichten nährstoffreichen Laubwäldern und an Gewässern. Im Gebirge bis 1500 m ü. M.

Biologie: Die Blütenstandsknospen werden bereits im Herbst angelegt und sind während der Wintermonate durch ihre Form und Größe deutlich von den vegetativen Knospen unterschieden. Die Blüten öffnen sich lange vor der Laubentfaltung. Die 4 äußeren Knospenschuppen strecken sich beträchtlich, färben sich weiß und bilden so einen die Insekten anlockenden Schauapparat.

Habitus des Pagoden-Hartriegels.

Blütenstand des Blüten-Hartriegels mit 4 Hochblättern.

Fruchtstand des Blüten-Hartriegels.

Verwendung: Der Blüten-Hartriegel ist ein häufig angepflanztes Blüten-Ziergehölz, das auch durch die intensiv weinrote Herbstfärbung sehr attraktiv ist. Der Boden sollte nährstoffreich und möglichst kalkarm sein. Vermehrung durch Samen. Auch Stecklingsvermehrung ist möglich. Winterhart ist die Art bis etwa −25 °C. Eingeführt im frühen 18. Jahrhundert, wohl 1730.
fo. *rubra* zeichnet sich durch die mit Anthocyan rot gefärbten Hochblätter aus.

Ähnliche Art:
***Cornus nuttallii*, Nuttalls Blüten-Hartriegel, Pacific Dogwood:** Sommergrüner Großstrauch oder bis 20 m hoher Baum. Blütenstandsknospen aufrecht, 10–12 mm breit, bereits im Spätwinter geöffnet, so dass durch die 4–5(–6) spreizenden Knospenschuppen die einzelnen Blütenknospen sichtbar sind. Wie bei *C. florida* vergrößern sich die Knospenschuppen durch Streckungswachstum sehr stark und färben sich weiß. Blüten duftlos, Früchte dicht beieinander stehend, aber getrennt. Verbreitet im westlichen Nordamerika (British Columbia bis Kalifornien), in Nadelwäldern, bis 1800 m ü. M. im Gebirge. Im westlichen Nordamerika ein beliebter Straßenbaum. In Europa geschätztes, aber nicht häufig angepflanztes, meist nur strauchförmiges Ziergehölz. Blütezeit: April–Mai. Fruchtreife: September–Oktober. Frosthart bis −15 °C. In Kultur seit 1875. Benannt nach dem englischen Botaniker THOMAS NUTTALL (1786–1839).

Blütenstände von Nuttalls Blüten-Hartriegel mit 4–6 Hochblättern

Cornus kousa – Japanischer Blüten-Hartriegel

Sommergrüner, 3–8 m hoher Großstrauch oder kleiner Baum. Stämme aufrecht, Zweige meist waagerecht neigend ausgebreitet. Borke sich schuppenförmig lösend. Blütenstandsknospen 7–8 mm lang und 3 mm dick. Vegetative Knospen schmaler. **Blätter** 5–8 mm lang gestielt, Spreite elliptisch, kurz zugespitzt, 5–10 cm lang. **Blüten** klein, hell gelbgrün gefärbt, zu 20–30 in dichten, 5–10 cm lang gestielten, aufrechten Köpfchen, von 4 lang zugespitzten, 3–5 cm langen Hochblättern umgeben. Blütezeit: Juni(–Juli). **Früchte** miteinander zu fleischig-saftigen, kugelförmigen, 1–2,5 cm großen Ständen verwachsen. Steinkerne ellipsoidisch, 6 mm lang. Fruchtreife: September–Oktober.
Name: „kousa" stammt aus einer ostasiatischen Sprache. Die Art wird in Japan als Yamaboshi bezeichnet.
Verbreitung: Japan (Honshu bis Kyushu), Korea.
Biologie: Der Schauapparat wird wie bei *C. florida* von 4 Hochblättern gebildet, die in der Regel bis zur Fruchtreife, meist eingetrocknet, erhalten bleiben. Die Blütenstandsknospen sind jedoch im Winter nicht deutlich hervorgehoben.

Blütenstände der chinesischen Unterart des Japanischen Blüten-Hartriegels mit 4 Hochblättern.

Fruchtender Japanischer Blüten-Hartriegel.

Verwendung: Sehr attraktives und häufig angepflanztes Ziergehölz, das durch die alljährliche Blütenfülle ausgezeichnet ist und oft auch im Oktober eine scharlach- bis weinrote Herbstfärbung aufweist. Die erdbeerähnlichen, roten Fruchtstände sind essbar. Anpflanzung an sonnigen bis halbschattigen Standorten, auf gut durchlässigen, möglichst kalkfreien Böden. Winterhart bis −20 °C. Vermehrung durch Samen, Veredlung auf *C. florida* oder Stecklinge. In Europa seit 1875 in Kultur.

subsp. *chinensis*: Aus Mittel-China stammende Unterart, die sich durch 5–6 cm lange, rein weiße Hochblätter auszeichnet. Am heimatlichen Standort an Waldrändern und in Gebüschen in 1200–3400 m ü. M. 1907 von WILSON aus Hubei eingeführt.

Corylopsis pauciflora – Armblütige Scheinhasel

Hamamelidaceae – Zaubernussgewächse

Sommergrüner, bis 2 m hoher, reich verzweigter Strauch. Zweige zierlich, kahl. Knospen mit 2 sichtbaren Knospenschuppen, spindelförmig, Blütenstandsknospen kugelförmig, 5–10 mm lang. **Blätter** wechselständig, 5–15 mm lang gestielt. Spreite eiförmig, 3–7 cm lang, borstig gezähnt. **Blüten** duftend, in kurzen Ähren, zu 2–3, hellgelb mit gelben Staubbeuteln. Blütezeit: März–April. **Früchte** verholzt, 2-samig. Fruchtreife: Juli–September.

Name: *Corylus* = Gattungsname der Hasel, „opsis" griech. = Aussehen, d. h. haselähnlich aussehend; *pauciflorus* lat. = wenigblütig.
Systematik: Die Gattung *Corylopsis* umfasst rund 7(–10) Arten. Das Gattungsareal erstreckt sich vom Himalaja bis Ostasien. Fossil ist *Corylopsis* seit dem Paläozän nachgewiesen.
Verbreitung: Japan (Honshu), Taiwan, hier in Höhenlagen von 200 bis 300 m ü. M.
Lebensraum: In Wäldern und Gebüschen, vor allem im Gebirge. In der IUCN Red List unter DD (Data Deficient) aufgeführt.
Biologie: Die verholzten Springfrüchte öffnen sich bei der Reife explosionsartig und schleudern die braunen, glänzenden Samen aus.

Blühende Armblütige Scheinhasel.

Blühende Ährige Scheinhasel.

Verwendung: Aufgrund seiner zierlichen Blüten beliebtes, schattenverträgliches Ziergehölz, das bis etwa –15 °C winterhart ist. Die Art hat meist eine prächtige gelbe Herbstfärbung. Vermehrung durch Samen. 1860 eingeführt nach Europa durch FORTUNE, 1862 auch nach Amerika.

Weitere Art:
***Corylopsis spicata*, Ährige Scheinhasel:** Sommergrüner, bis 2 m hoher Strauch. Junge Zweige behaart. Knospen spindelförmig, mit 2 sichtbaren Knospenschuppen. Blütenstandsknospen eiförmig bis kugelförmig, 7–9 mm lang. Blätter wechselständig, 1–2,5 cm lang gestielt. Spreite herzeiförmig, 7,5–10 cm lang. Blüten ansehnlich, zwittrig, hellgelb mit roten Staubbeuteln, zu 7–10 in 2–4 cm langen, hängenden Ähren. Blütezeit: März–April. Früchte verholzt, behaart, 2-samig, sich 2-klappig öffnend. Fruchtreife: September. Verbreitung: Japan (Shikoku), in Gebirgslagen. *spicatus* lat. = Ähren tragend. Bestäubung der Blüten durch Insekten, vor allem Bienen. Samenverbreitung durch Herausschleudern der sich explosionsartig öffnenden Früchte infolge hoher Gewebespannung. Aufgrund der Blütenfülle beliebtes Ziergehölz, das bis –20 °C winterhart ist. 1863 durch FORTUNE nach Europa eingeführt.

Corylus – Hasel oder Haselnuss

Betulaceae – Birkengewächse

Sommergrüne einhäusige Sträucher, selten Bäume. **Blätter** wechselständig, einfach, Spreite mit herzförmiger Basis, oft schwach gelappt, Rand meist doppelt gesägt. **Blüten** erscheinen im Februar/März vor der Laubentfaltung, männliche in hängenden, Kätzchen, bereits im Vorjahr gebildet und sichtbar („nackt") überwinternd, weibliche Blüten in Winterknospen verborgen, nur rote Narben herausragend. Windbestäubung. **Früchte** 1-samige Nüsse, umgeben von einer becher- oder röhrenförmigen Fruchthülle. Ausbreitung durch Tiere (Versteckausbreitung; z. B. Eichhörnchen oder Haselmäuse).

Name: *Corylus* lat. Name für Hasel(nuss).
Systematik: Der sich aus Trag- und Vorblättern der weiblichen Blüten entwickelnde, die hartschalige Nuss umhüllende, aber oben offen bleibende, krautige grüne Fruchtbecher charakterisiert die Gattung *Corylus*, zu der etwa 17 Arten gehören. Die früher eigene Familie Haselgewächse (*Corylaceae*, mit *Corylus*, *Carpinus*, *Ostrya*) wird heute als Unterfamilie den Birkengewächsen zugeordnet.
Verbreitung: Holarktisch, in Laubmischwäldern und Gebüschen von der warm- bis in die kaltgemäßigte Zone (meridional bis boreal) der Nordhalbkugel.
Lebensraum: Laubwälder, Waldränder und Gebüsche, bevorzugt auf tiefgründigen, nährstoffreichen, schwach sauren bis basischen, frischen Böden, einige Arten auch anspruchsloser hinsichtlich Nährstoffen, Basengehalt und Bodenfeuchte.
Verwendung: Vielseitig, Frucht- und Ziergehölze, Öl der Samen als Speiseöl. Das Holz wird als Brennholz, zur Herstellung von Holzkohle, bei baumförmigen Arten auch für den Möbelbau genutzt.

Corylus avellana – Gewöhnliche oder Europäische Hasel(nuss)

Breit aufrecht wachsender, bis 5(–9) m hoher Strauch. **Blätter** rundlich bis breit eiförmig, meist leicht gelappt, beiderseits weich behaart. **Frucht** mit becherförmiger Hülle, die etwa so lang ist wie die Nuss.
Name: „abellana" lat. Name für Haselnuss. Die italienische Stadt Avella (Kampanien) war bekannt wegen der guten Nüsse, die hier kultiviert wurden.
Verbreitung: Europa, besonders im Laubwaldgebiet der gemäßigten Zonen, in S-Europa mehr in den Gebirgen, nach Norden bis in die Laub-/Nadel-Mischwaldzone.
Lebensraum: Lichte Laubmischwälder und Gebüsche, Waldränder, Hecken auf meist nährstoffreicheren Böden.

Blätter der Gewöhnlichen oder Europäischen Hasel.

Biologie: Ausschlagfähiges Pioniergehölz, Licht- bis Halbschattenart; als ausgeprägter Frühblüher (im phänologischen Kalender Vorfrühling anzeigend) wichtiger Pollenlieferant für Honigbienen, bekannter Heuschnupfenerreger.

Verwendung: Vielseitig, Nüsse für Speisezwecke und zur Ölgewinnung (Speiseöl, Kosmetika), hierzu diverse Fruchtsorten im Anbau, wobei es sich oft um Hybriden mit der Lambertnuss handelt, erkennbar an der die Nuss überragenden Fruchthülle (siehe *C. maxima*!). Nüsse reich an Vitaminen und Mineralstoffen, dienen als Nervennahrung und Stärkungsmittel. Schon HILDEGARD VON BINGEN verwies darauf, dass sie Kraft spenden und Sinnlichkeit wecken sollen. Früher war die Hasel wegen ihres reichen Stockausschlags eine wichtige Art im Nieder- und Mittelwald, das Holz diente Brennzwecken und für die Stellmacherei, es ist geeignet für die Herstellung von Holz- und Zeichenkohle. Die Haselgerten wurden und werden teils noch für Fassreifen, Korbbügel, Spazierstöcke oder als Wünschelruten verwendet. In der Volksmedizin finden nicht nur die Nüsse, sondern auch Blätter, Rinde und Kätzchen vielseitige Anwendung. Wertvolles Gehölz für die Landschaftsgestaltung (Waldränder, Hecken, Böschungsbepflanzung), für Parkanlagen (Deckstrauch, Unterholz) oder den Hausgarten. Als Ziergehölze wurden Sorten mit gelben (Gold-Hasel), purpur- bis braunroten (Blut-Hasel), tief eingeschnittenen (Schlitzblatt-Hasel) Blättern und abnormem Wuchs ausgelesen. Zu letzteren gehört die im Winter besonders auffällige Korkenzieher-Hasel (**'Contorta'**) mit gedrehten und gewundenen, im Alter überhängenden Zweigen.

Korkenzieher-Hasel, eine Sorte der Gewöhnlichen Hasel.

Ähnliche Arten:

***Corylus maxima*, Lambert-Hasel, Lambertnuss, Große** oder **Weiße Hasel:** Die in allen Teilen etwas größere Art kam ursprünglich nur in SO-Europa und Kleinasien vor, ist aber darüber hinaus in wintermilden Gebieten von Kaukasien bis England eingebürgert, da sie seit langer Zeit kultiviert wird, so auch in der Lom-

Sorte 'Purpurea', eine Blutform der Lambert-Hasel.

bardei, nach der sie benannt wurde. Sie unterscheidet sich durch die röhrenförmige Fruchthülle, die doppelt so lang wie die Nuss ist. Die meisten Haselnüsse im Handel stammen von dieser Art oder frosthärteren Sorten der Hybride mit *C. avellana* ab, wobei es verschiedene Typen gibt, die mehr zur Lambertnuss oder mehr zur Gewöhnlichen Haselnuss tendieren. Die beliebte Blutform **'Purpurea'**, bei der neben den Blättern auch die männlichen Kätzchen und die Nüsse rot gefärbt sind, behält ihre schwarzrote Laubfärbung im Sommer, vergrünt also nicht wie die entsprechende Sorte von *C. avellana*. Sie gehört zu den schönsten rotlaubigen Sträuchern.

Früchte der Mandschurischen Hasel, einer Varietät der Japanischen Schnabelnuss.

Corylus sieboldiana*, Japanische Schnabelnuss:** Zu dieser ostasiatischen Art gehören mehrere Varietäten, von denen die **Mandschurische Hasel** (**var. *mandshurica), sowohl in der Natur (russischer Ferner Osten über NO-China und Korea bis Japan) als auch in Kultur (eingeführt 1882), die am weitesten verbreitete ist. Bei *C. sieboldiana* ist wie bei ihrem nordamerikanischen Gegenstück, der Amerikanischen Schnabelnuss (*Corylus cornuta*), die borstig behaarte Fruchthülle oberhalb der Nuss zu einer engen Röhre zusammengezogen.

Corylus colurna – Baum-Hasel oder Türkische Hasel

Bis 25–30 (in Kultur meist nur 12–18) m hoher Baum mit regelmäßiger kegelförmiger Krone und auffällig geradem Stamm mit grauweißer, längsrissig-schuppiger, korkiger Borke, auch Astrinde borkig. **Blätter** länger gestielt als bei den Strauchhaseln, Stiel 1,5–4 cm lang. **Früchte** in kugeligen Büscheln mit 8–10 Nüssen, Fruchthülle tief zerteilt, klebrig, drüsig-borstig, mindestens 2-mal so lang wie die sehr dickschalige Nuss.

Noch unreife Früchte der Baum-Hasel.

Name: *colurna* (lat.) bedeutet „aus Haselholz". Die deutschen Namen verweisen auf Wuchsform und Herkunft, denn die Baumart gelangte bereits 1582, etwa zur gleichen Zeit wie die Rosskastanie (*Aesculus hippocastanum*), aus der Türkei nach Europa (Wien) in Kultur.

Verbreitung: Von SO-Europa über Kleinasien, Südkaukasien und Persien bis in den westlichen Himalaja; außerhalb des natürlichen Areals ab und an verwildert auftretend (Neophyt).

Lebensraum: Mischbaumart in Laubwäldern der Eichen- und Buchenwaldstufe.

Biologie: Recht langsamwüchsige, bis 200 Jahre alt werdende, Wärme liebende Halbschattenbaumart, Hitze und Trockenheit ertragend, gegenüber städtischen Umweltbedingungen tolerant.

Verwendung: Holz zur Möbelherstellung, für Holzkohle und Schnitzerei verwendbar. Nüsse essbar, aber entscheidend sind andere Vorzüge der Art. Die Baum-Hasel ist ein sehr wertvoller und pflegearmer Baum für Park- und Grünanlagen, auch gut geeignet als Straßenbaum in der Stadt, bedarf aber in den ersten Jahren nach der Pflanzung ausreichender Wasserversorgung. Zu einer Hybride dieser Art mit der Gewöhnlichen Hasel, der **Hybrid-Baum-Hasel, *Corylus* × *colurnoides*,** gehört auch die Blutform **'Te-Terra-Red'**, ein vitaler Großstrauch oder Kleinbaum mit dunkelpurpurroten, später vergrünenden Blättern und auffälligen purpurroten Fruchthüllen.

Sorte' Te Terra Red', eine Blutform der Hybrid-Baum-Hasel. ▶

Cotinus coggygria – Perückenstrauch

Anacardiaceae – Sumachgewächse

Sommergrüner, 3–5 m hoher, reich verzweigter, breit ausladender Strauch mit bis zu 10 cm dicken Stämmen. Junge Triebe kahl, grün oder rötlich, bereift. Zweige rundlich, gerieft, hellbraun bis rötlich braun, mit vielen kleinen Korkporen. Borke klein gefeldert. Knospen eiförmig, zugespitzt, bis 5 mm groß. **Blätter** wechselständig, 2–5 cm lang gestielt, Stiel meist gerötet. Spreite ungegliedert, verkehrt eiförmig bis elliptisch oder fast kreisrund, 3–8 cm lang und 3–5 cm breit, beidseitig kahl, mehr oder weniger bereift. **Blüten** duftlos bis schwach duftend, klein, unscheinbar, gelblich grün, in 15–20 cm langen, endständigen Rispen an jungen Trieben, zwittrig oder eingeschlechtig. Blütenhülle doppelt, 5-zählig, der Kelch kürzer als die 1,5–3 mm langen Kronblätter. Staubblätter so lang wie die Krone, Fruchtknoten oberständig. Blütezeit: Juni–Juli. **Frucht** eine 1-samige, asymmetrische, 5 mm lange, abgeflachte Steinfrucht mit genetzter Oberfläche. Fruchtreife: August–September.

Name: *Cotinus* war bei PLINIUS ein Gehölz aus dem Apennin, aus dem eine Purpurfarbe gewonnen wurde. Das Epitheton *coggygria* leitet sich vom griech. „kokkygea" ab, das bei THEOPHRAST einen Strauch bezeichnete, den man zum Rotfärben von Wolle benutzte. Auch bei PLINIUS war „coccygia" die Bezeichnung des Perückenstrauchs.

Systematik: Zur Gattung *Cotinus* werden 3(–5) Arten gerechnet. Sie sind in Nordamerika sowie von SO-Europa bis O-Asien heimisch. Fossil seit dem Oligozän belegt.

Verbreitung: Östliches Mittelmeergebiet, von der Balkan-Halbinsel bis Mittelasien, dem NW-Himalaja und Westchina. Das Areal ist sehr aufgegliedert. In Mitteleuropa nördlich bis Südtirol und dem Tessin. Gelegentlich eingebürgert, so bei Jena.

Lebensraum: Trockene, voll besonnte Hänge, häufig auf Karbonatgestein, vom Tiefland

Blütenrispen des Perückenstrauchs.

bis in Gebirgslagen. Vorwiegend auf steinig-felsigem Untergrund. Der Perückenstrauch ist sehr lichtbedürftig. Er wächst vergesellschaftet mit Manna-Esche (*Fraxinus ornus*), Blasenstrauch (*Colutea*), Hopfenbuche (*Ostrya*) und Orient-Hainbuche (*Carpinus orientalis*).
Biologie: Die Blütenstiele strecken sich zur Fruchtreife. Eigenartigerweise bleiben auch die Blütenstiele der abgefallenen Blüten erhalten. Sie sind mit spreizenden Haaren versehen und verleihen so dem gesamten Fruchtstand das Aussehen einer Perücke. Zur Fruchtreife lösen sich die Fruchtstände und fallen zu Boden. Dort können sie sich mit anderen Ständen verklumpen und vom Wind verweht werden. Abgeschnittene Zweige duften aromatisch. Im Kernholz ist der Farbstoff Fisetin enthalten.
Verwendung: Der orangefarbene bis scharlachrote Farbstoff Fisetin wurde früher häufig zum Färben von Wolle verwendet und *Cotinus* daher auch angebaut. Das sogenannte Fisettholz wurde gehandelt. Seide wurde braun, Wolle orange bis scharlachrot gefärbt. In den Blättern und der Rinde sind adstringierende Stoffe, Tannine enthalten, die zur Blutstillung genutzt wurden. Das Holz wurde als Drechslerholz verwendet. Der Perückenstrauch wird als ornamentales Gehölz seit der Mitte des 17. Jahrhunderts gern in Parks und Gärten angepflanzt. Im Herbst färben sich die Blätter gelborange bis scharlachrot. Die Sippe **var. *purpureus*** ist im Austrieb purpurrot, später jedoch etwas verblassend. Besonders die Sorte **'Royal Purple'**, bei der die Blätter schwarzrot und metallisch glänzend sind, erfreut sich großer Beliebtheit, auch wegen der leuchtend rot gefärbten Fruchtstände. Auf nährstoffreichem Gartenboden werden die Sträucher oft bedeutend größer als am Naturstandort. Gelegentlich tritt ein Pilzbefall auf, durch den einzelne Äste plötzlich absterben. Der Perückenstrauch lässt sich durch Stecklinge und aus Samen, der vor der Aussaat stratifiziert werden sollte, vermehren.

Cotoneaster – Zwergmispel

Rosaceae – Rosengewächse

Sommer- oder immergrüne Sträucher, Zwerg- oder Spaliersträucher, seltener kleine Bäume. Sprosssystem in Lang- und Kurztriebe gegliedert. Zweige zumindest anfangs behaart, locker oder dicht filzig oder mit kurzen borstigen Haaren (striegelhaarig). Knospen nackt, dicht behaart. **Blätter** wechselständig, manchmal 2-zeilig ausgerichtet, 0,5–12 cm lang, nur kurz gestielt, einfach, lanzettlich bis rundlich, eiförmig oder rautenförmig, ganzrandig, unterseits oft wie die Zweige behaart, filzig oder striegelhaarig. **Blüten** zu wenigen bis vielen in Schirmrispen oder -trauben, selten einzeln, am Ende seitlicher, beblätterter Kurztriebe, zwittrig, Blütenhülle 5-zählig, Blüten entweder recht auffallend, 6–12 mm Durchmesser mit ausgebreiteten weißen Kronblättern, oder eher unscheinbar, nur 3–6 mm Durchmesser mit aufgerichteten bis zusammenneigenden, rosa oder weißen und rosa getönten, selten roten Kronblättern. Staubblätter etwa 20. Bestäubung durch Insekten, vor allem Bienen. Blütezeit: meist Mai–Juni. **Früchte** rote bis schwarze, vom bleibenden Kelch gekrönte Steinäpfel, meist < 1 cm Durchmesser, mit 2–3(–5) Steinkernen, deren Rückseite mit dem Fruchtbecher verwachsen ist, oben frei.

Name: Basiert auf lat. „cotoneum malus" = Quitte und Suffix „aster", was eine mindernde oder vergröbernde Aussage beinhaltet.
Systematik: Je nach Auffassung werden 50–80 Arten oder bei Anerkennung oder Annahme apomiktischer Kleinarten bis über 400 Arten unterschieden. Zwergmispeln sind von der meridionalen bis in die nemorale (vereinzelt bis boreale) Zone Eurasiens verbreitet, vom Mittelmeergebiet auch bis N-Afrika reichend. Verbreitungsschwerpunkt sind der Himalaja und die Gebirgsregionen Chinas.
Verwendung: Beliebte Ziergehölze, darunter mehrere niedrig bleibende oder als Spaliersträucher wachsende Arten und Sorten sehr (teils zu) häufig als Bodendecker gepflanzt, aufrechte Straucharten als Heckenpflanzen, für Gruppenpflanzungen oder als Solitäre geeignet. Die meisten Arten stellen keine besonderen Ansprüche an den Boden und vertragen städtische Umweltbedingungen recht gut. Diverse Arten verwildern in Europa und Nordamerika aus Kultur, entweder über Vogelausbreitung (manche Arten scheinen aber bei Vögeln weniger beliebt) oder vegetativ über Gartenabfäl-

le, und treten dann wildwachsend auf. Manchmal handelt es sich nur um aufgelassene Pflanzungen („Kulturrelikte"). Nach Verwilderung sich einbürgernde Arten besiedeln nicht nur Brachen, Begleiträume von Verkehrswegen, Mauern etc., sondern etablieren sich auch außerhalb von Siedlungen, z. B. in Wäldern, an Waldrändern oder Felsen, zuweilen kleine Bestände aufbauend und mit invasivem Potenzial. Wie andere Rosengewächse mit Apfelfrüchten (Kern- oder Steinäpfel) sind die Zwergmispeln Wirtspflanzen des Feuerbrands, einer Bakterienkrankheit (*Erwinia amylovora*), und können dadurch geschädigt werden (Auftreten welker und absterbender Pflanzenteile, Bakterienschleim).

Cotoneaster acutifolius – Peking- oder Glanz-Zwergmispel

Sommergrüner, aufrechter, bis > 2 m hoher Strauch. Zweige anfangs gelblich striegelhaarig, verkahlend. **Blätter** eiförmig bis lanzettlich oder rautenförmig, 2–5(–7) cm lang, 1,4–4 cm breit, spitz oder zugespitzt, oberseits glatt, Nerven nicht eingesenkt, matt glänzend, unterseits anfangs striegelhaarig, verkahlend. **Blüten** meist zu 1–5, wenig auffällig, 3–6 mm Durchmesser, mit aufrecht stehenden, rosa Kronblättern. Blütezeit: Mai–Juni. **Früchte** kugelig bis birnförmig, dunkel braunviolett bis schwarz, mit 2–3 Steinkernen.

Fruchtender Zweig der Peking- oder Glanz-Zwergmispel.

Name: *acutifolius* lat. = spitzblättrig. Die deutschen Namen gehen auf ehemals angewandte Artnamen bzw. heutige Synonyme (*C. lucidus*, *C. pekinensis*) zurück, die auf die oberseits ± glänzenden Blätter und die Verbreitung hinweisen.

Verbreitung: Ausgedehntes Areal vom südlichen Sibirien bis Ostasien.

Verwendung: Als 2–3 m Höhe erreichender Strauch früher oft in Hecken (z. B. an Verkehrswegen) oder zu Abgrenzungen von Plätzen oder Grundstücken gepflanzt. Inzwischen verwildert an Waldrändern oder in stadtnahen Wäldern auftretend.

Ähnliche Arten (> 1 m hohe sommergrüne Sträucher, Blüten 3–6 mm Durchmesser, mit aufgerichteten bis zusammenneigenden, rosa Kronblättern), aber mit roten Früchten:

***Cotoneaster dielsianus*, Diels' Zwergmispel:** Bis 2,5 m hoher, breitwüchsiger Strauch mit bogig überhängenden Ästen und teils 2-zeilig angeordneten Trieben. Zweige dichter und bleibend gelblich striegelhaarig. Blätter kleiner, eiförmig bis elliptisch, 1–2,5(–3) cm lang, an den Kurztrieben spitz, an den Langtrieben zugespitzt, unterseits gelb- bis graufilzig, oberseits Nerven leicht eingesenkt. Blüten zu 3–7, Früchte kugelig, 6 mm Durchmesser, scharlachrot, mit 3–5 Steinkernen. Chinesische, nach F. L. E. Diels (1874–1945), Direktor des Botanischen Gartens und Museums

Überhängende fruchtende Zweige von Diels' Zwergmispel. ▶

Berlin-Dahlem, benannte und von WILSON 1900 nach Europa eingeführte Art. Häufig angepflanzter, reich fruchtender Strauch, in siedlungsnahen Wäldern verwildert auftretend, zuweilen bereits eingebürgert.

***Cotoneaster divaricatus*, Sparrige** oder **Spreizende Zwergmispel:** Breitwüchsiger, bis 2–3 m hoher Strauch mit schräg aufsteigenden oder bogenförmig überhängenden Ästen, zur Spitze zu Seitentriebe oft in einer Ebene (fischgrätenartig) spreizend (*divaricatus* lat. = sperrig, gespreizt). Junge Zweige bleibend striegelhaarig, aber ihre rötliche Rinde meist sichtbar. Blätter in Form und Größe wie bei *C. dielsianus*, spitz oder auch ± weniger stumpf, an Langtrieben nicht zugespitzt, oberseits deutlich glänzend, unterseits mit Ausnahme der Mittelrippe und des Randes kahl. Blüten zu 2–4, Früchte ellipsoidisch bis walzenförmig, 8–12 mm lang und 6–7 mm Durchmesser, glänzend dunkelrot. Chinesische Art, die verbreitet in Kultur ist (seit 1904 in Europa, WILSON), auch wegen der dunkelroten Herbstfärbung beliebt. Gehört zu den in Mitteleuropa am häufigsten gepflanzten und verwilderten, gebietsweise eingebürgerten Zwergmispeln.

Triebe mit noch unreifen Früchten der Sparrigen Zwergmispel.

***Cotoneaster zabelii*, Zabels Zwergmispel:** Ein *C. dielsianus* ähnlicher Strauch mit ausladenden Ästen, aber die Blätter an der Spitze stumpf bis abgerundet, selten spitz, höchstens mit winzigem Spitzchen, aber nie zugespitzt, 2–3 cm lang, oberseits dunkelgrün, schütter behaart, Nerven nicht eingesenkt, unterseits graugelb filzig. Früchte verkehrt eiförmig, 6–8 mm lang, leuchtend rot, meist nur mit 2 Steinkernen. Die chinesische, nach dem deutschen Dendrologen H. ZABEL (1832–1912) benannte Art wurde 1907 (Europa, WILSON) in Kultur eingeführt. Seltener als vorige Arten gepflanzt und bisher kaum verwildert.

Cotoneaster adpressus – Spalier-Zwergmispel

Sommergrüner, < 0,7 m hoher Strauch mit niederliegenden, kriechenden oder bogig aufsteigenden Ästen und unregelmäßiger, sparriger Verzweigung. **Blätter** eiförmig bis verkehrt eiförmig oder rundlich, 8–15 mm lang, Blattrand meist deutlich gewellt. **Blüten** zu 1–3. Krone rot, Kron-

◀ Habitus der sommergrünen Spalier-Zwergmispel mit niederliegenden und bogig aufsteigenden Sprossen.

blätter aufrecht stehend. Blütezeit Mai–Juli. **Früchte** ± kugelig, 6–7 mm Durchmesser, orange bis rot.

Name: *adpressus* lat. = (dem Boden) angedrückt.

Systematik: Variable Art, es wurden mehrere Sippen, beschrieben, teils als Arten, von denen die bekannteste die **Nanshan-Zwergmispel, var. *praecox*** (*C. praecox, C. nanshan*), ist, ein höherer (bis 1,2 m) und kräftigerer Strauch mit wirr bogig aufsteigenden und übergeneigten Zweigen und größeren (7–12 mm Durchmesser) Früchten.

Verbreitung: Himalaja bis S-China.

Verwendung: In Kultur seit 1896 (var. *praecox* seit 1905). Häufig gepflanzt als anspruchsloser Bodendecker für sonnige und halbschattige Standorte, aber auch wegen seiner scharlach- bis weinroten Herbstfärbung.

Ähnliche Art:

***Cotoneaster horizontalis*, Fächer-Zwergmispel:** Sommergrüner, mitunter halbimmergrüner, bis 1 m hoher Strauch mit horizontal ausgebreiteten oder aufsteigenden, an Hauswänden, Mauern oder Felsen auch senkrecht stehenden, fächerförmig verzweigten Ästen, deren 2-zeilig angeordneten Zweige auffällig in einer Ebene stehen (fischgrätenartig). Blätter rundlich bis breit elliptisch, 5–15 mm lang, spitz, ausgewachsene Blätter lederig, oberseits meist kahl und ± glänzend. Blüten zu 1–2(–3), Kronblätter rosa, aufrecht bis zusammenneigend. Früchte kugelig bis ellipsoidisch, 5–6 mm Durchmesser, leuchtend rot. Die von Tibet bis S-China verbreitete Art gelangte um 1870 nach Europa (David) und gehört nicht nur zu den am häufigsten gepflanzten, sondern auch zu den oft verwildert (z. B. an Mauern und Felsen) auftretenden Zwergmispeln. Zur Ausbreitung als Ziergehölz trugen ornamentale Verzweigung, rötliche Herbstfärbung und meist bis in den Winter haften bleibende Früchte bei.

Blühende Fächer-Zwergmispel mit typischer fischgrätenartiger Verzweigung.

Cotoneaster bullatus – Runzel- oder Runzelblättrige Zwergmispel

Sommergrüner, bis 3(–5) m hoher, aufrechter, locker und breit ausladend wachsender Strauch, dessen äußere Zweige oft weit nach außen übergebogen. **Blätter** 3,5–8 cm lang, eiförmig bis breit elliptisch, etwas lederig, oberseits dun-

Zweig der reich fruchtenden Runzel-Zwergmispel mit vertieften Nerven auf der Blattoberseite. ▶

kelgrün, matt oder schwach glänzend, durch tief eingesenktes Nervennetz stark runzelig, unterseits graugrün, locker, aber meist bleibend behaart. **Blüten** zu (3–)7–20(–50) in Schirmrispen, Kronblätter aufrecht bis zusammenneigend, rosa bis rötlich, auch grünlich rosa und weißlich gesäumt. **Früchte** ± kugelig, 7–8 mm Durchmesser, rot, mit (4–)5 Steinkernen.
Name: *bullatus* lat. = blasenartig, wegen der wie blasig aufgetrieben erscheinenden, runzeligen Blätter.
Verbreitung: O-Tibet bis S-China und Taiwan.
Verwendung: In Kultur (eingeführt 1898) häufig, bevorzugt frische, nicht zu nährstoffarme Böden, aber auch auf anderen Standorten gedeihend. Unter den Großsträuchern in Konkurrenz zu der weniger anspruchsvollen und noch besser für städtische Bedingungen geeigneten, immergrünen Weidenblättrigen Zwergmispel stehend, aber interessant durch die runzeligen Blätter und deren orange bis scharlachrote Herbstfärbung.

Ähnliche Arten (sommergrüne Großsträucher mit großen, 3,5–12 cm langen Blättern):
Cotoneaster ambiguus (Syn. *C. villosulus*), **Zweifelhafte** oder **Feinzottige Zwergmispel:** Im Vergleich zu *C. bullatus* Blätter noch größer, bis 12(–15) cm lang und 3–7 cm breit, aber oberseits Nerven wenig eingesenkt, deshalb nur schwach runzelig, unterseits gelblich filzig, sich vor allem durch die blauvioletten bis schwarzen Früchte mit nur 2–3 Steinkernen und wenigblütige Schirmrispen unterscheidend. Unter den Großsträuchern eine nur selten kultivierte chinesische Art, aber vereinzelt bereits verwildert auftretend.

Wie die Runzel-Zwergmispel hat der ebenfalls sommergrüne Großstrauch Moupin-Zwergmispel auf der Blattoberseits eingetiefte Nerven, aber die Früchte sind schwarz.

Cotoneaster moupinensis (Syn. *C. cornifolius*), **Moupin-** oder **Hartriegelblättrige Zwergmispel:** Von *C. bullatus* vor allem durch die schwarzen Früchte mit meist nur 3–4 Steinkernen unterschieden, Blätter oberseits ebenfalls runzelig, wenn auch nicht so stark, dunkelgrün, schwach glänzend, unterseits meist nur an Nerven bleibend behaart. Die chinesische Art (*moupinensis* bedeutet aus M(o)upin/Sichuan stammend) wird als Ziergehölz (in Kultur seit 1907) gepflanzt, wenn auch wegen der nicht so attraktiven schwarzen und in geringerer Zahl auftretenden Früchte weniger häufig als *C. bullatus*, tritt aber auch verwildert in siedlungsnahen Wäldern auf.

Cotoneaster dammeri – Teppich- oder Kriech-Zwergmispel

Immergrüner, < 1 m hoher Spalierstrauch mit langen, sich bewurzelnden Kriechsprossen. **Blätter** elliptisch bis länglich oder verkehrt eiförmig, 1–3(–4) cm lang, am Ende stumpf oder ausgerandet, mit feiner Stachelspitze, oberseits (matt) glänzend dunkelgrün, feinrunzelig, unterseits graugrün, verkahlend. **Blüten** meist einzeln, etwa 1 cm Durchmesser, Krone weiß, durch seitlich abstehende Kronblätter ausgebreitet. **Früchte** kugelig, 6–7 mm Durchmesser, leuchtend korallenrot, mit 5 Steinkernen.
Name: *dammeri* nach C. L. U. Dammer (1860–1920), deutscher Botaniker am Botanischen Museum Berlin-Dahlem.
Systematik: In Blattform und -größe variable Art, auch **var. *radicans*** mit 1–1,5 cm langen, an der Spitze ausgerandeten Blättern gehört in den Variationsbereich. Hybride mit *C. integrifolius* siehe unter *C. × suecicus*!

Fruchtendes Sprosssystem des immergrünen Spalierstrauchs Teppich- oder Kriech-Zwergmispel, hier var. radicans.

Verbreitung: China.
Verwendung: In Kultur seit 1900 (Europa, WILSON). Häufig angepflanzt als anspruchsloser, teils große Flächen einnehmender Bodendecker. Ein besonders dicht schließender, nur bis 15 cm hoher Bodendecker ist die Sorte 'Eichholz'. Häufig verwildernd, sei es ausgehend von ehemaligen Pflanzorten („Kulturrelikte") oder über Vogelausbreitung, z. B. auf Siedlungsbrachen, an Verkehrswegen, auf Mauern, an Felsen oder Waldrändern.

Ähnliche Arten und Hybride (Krone 6–12 mm Durchmesser, weiß, Kronblätter seitlich abstehend, entweder flach ausgebreitete, niederliegende Sträucher mit kriechenden oder aufsteigenden Ästen oder < 1 m hohe Zwerg- oder Kleinsträucher, die breiter als hoch sind):
***Cotoneaster integrifolius*, Ganzrandige** oder **Bogen-Zwergmispel:** Immergrüner Zwerg- oder bis 1 m hoher Kleinstrauch mit sparrig verzweigten, ± aufrechten oder bogig aufsteigenden Ästen mit übergeneigten Zweigen, die sich oft an den Spitzen bewurzeln und erneut bogig überhängen. Blätter schmal elliptisch bis länglich oder eiförmig, 0,6–1,5 cm lang, 2–5 mm breit, meist spitz, ihr Rand ± umgebogen, unterseits dicht und meist bleibend flaumig behaart. Blüten zu 1–3, 1 cm Durchmesser, Kronblätter ausgebreitet, weiß, außen rosa getönt. Früchte ellipsoidisch, bis 9 mm lang, mit 2 Steinkernen, leuchtend rot, oft bis zum nächsten Jahr haften bleibend. Aus dem Formenkreis dieser in den Hochgebirgstälern des Himalajas bis SO-Tibet, Sichuan und Yunnan verbreiteten Art und der in höheren Lagen des Himalaja vorkommenden Art *C. microphyllus* wurden zahlreiche Kleinarten beschrieben. Einbezogen sind die in gärtnerischer Kultur unter den Namen *C. congestus* (in Europa seit 1868) und *C. conspicuus* (eingeführt 1925, KINGDON-WARD) bekannten Zwergmispeln. Häufig gepflanzt wird die Hybride mit *C. dammeri* (siehe unter *C.* × *suecicus*!).

***Cotoneaster microphyllus*, Kleinblättrige Zwergmispel:** Immergrüner Spalierstrauch mit dem Boden anliegenden, sich aber kaum bewurzelnden, dick und knorrig werdenden Ästen und spreizenden, oft auch der Unterlage angepressten Zweigen. Blätter verkehrt eiförmig bis elliptisch, 5–8 (–10) mm lang, an der Spitze stumpf bis ausgerandet, am Rand nicht umgebogen, unterseits blaugrün und dünn striegelhaarig. Blüten meist einzeln, 1 cm Durchmesser,

Aufsicht auf den immergrünen Spalierstrauch Kleinblättrige Zwergmispel. ▶

Kronblätter weiß, ausgebreitet. Früchte etwa 6 mm Durchmesser, scharlachrot, mit 2 Steinkernen. Die vom Himalaja bis in die Hochgebirge von Sichuan und Yunnan in der alpinen Stufe verbreitete Art ist sehr variabel und schwierig von *C. integrifolius* abgrenzbar, so dass viele Arten und Varietäten beschrieben wurden, deren Einstufung und Zuordnung noch der Klärung bedarf. In Kultur seit 1824, gut geeignet als Bodendecker, wobei oft reich fruchtende und nur 10–50 cm hoch wachsende und frosthärtere Sorten (z. B. 'Cochleatus') bevorzugt gepflanzt werden.

***Cotoneaster × suecicus*, Schwedische Zwergmispel:** In Kultur entstandener Bastard *C. dammeri* × *C. integrifolius*. In den Merkmalen, die beide Eltern unterscheiden, entweder zwischen den Eltern oder einem der Elter näher. Bis 0,6(–1) m hoher Strauch mit teils niederliegenden, teils aufrechten bis bogig so weit übergeneigten Ästen, dass die Zweigspitzen den Boden erreichen und sich bewurzeln. Blätter 1–2,5 cm lang, ± elliptisch, Früchte mit 2–4 Steinkernen. Hierzu mehrere Sorten, die früher (im Handel teils bis heute) *C. dammeri* zugeordnet wurden, z. B. **'Coral Beauty'**, ein wegen des dichten Wuchses, stark glänzender, auffallend dunkelgrüner Blätter und lange haftender Früchte beliebter und häufig gepflanzter Bodendecker (seit 1967 in Kultur). Etwas abweichend und vielleicht unter Beteiligung einer anderen Elternart entstanden ist die Sorte **'Skogsholm'** (1941 in Schweden von O. Göranson selektiert), ebenfalls sehr dicht wachsend, aber bis > 1 m hoch (jedoch stets wesentlich breiter als hoch) und Blütenstände mit 2–6 Blüten. Die nicht sehr reich fruchtende Sorte ist einer der robustesten und am häufigsten als Bodendecker gepflanzten Zwergmispeln.

Blühende Kriechsprosse der Schwedischen Zwergmispel.

Cotoneaster integerrimus – Gewöhnliche Zwergmispel

Fruchtende Zweige der einheimischen Gewöhnlichen Zwergmispel.

Sommergrüner, reich verzweigter, 0,5–2 m hoher Strauch. Zweige braunrot, anliegend bis filzig behaart. **Blätter** (länglich bis breit) eiförmig, 3–5,5 cm lang und 2 cm breit, oberseits durch eingesenkte Nerven etwas runzelig, nur anfangs etwas behaart, unterseits filzig behaart. **Blüten** in meist hängenden 2–4-blütigen Schirmrispen, selten einzeln, recht unscheinbar, Kronblätter aufrecht bis zusammenneigend, blassrosa; Blütenbecher und Kelchblätter kahl oder nur am Rand schwach behaart. Blütezeit: April–Mai. **Früchte** ± kugelig, 6–8 mm Durchmesser, rot, mit meist 2–3 Steinkernen.

Name: *integerrimus* lat. = ganzrandig, den Blattrand betreffend, abgeleitet von „integer" = unversehrt.

Verbreitung: Europa bis zur Krim und über Kleinasien bis Kaukasien. Natürliche Vorkommen in Mitteleuropa im Rückgang, in Deutschland nach Roter Liste als beinahe gefährdet eingestuft (Vorwarnliste).
Lebensraum: Sommerwarme trockene Felshänge, lichte Trockenwälder auf steinigen, feinerdearmen Standorten.
Verwendung: Die Gewöhnliche Zwergmispel wird kaum als Ziergehölz gepflanzt.

Ähnliche Art:
***Cotoneaster tomentosus*, Filz-Zwergmispel:** Unterscheidet sich von *C. integerrimus* vor allem durch dicht filzig behaarte Blütenbecher und Kelchblätter, höhere Zahl von Blüten (3–12) in den Schirmrispen und von Steinkernen in den Früchten (3–5). Die 3–6 cm langen, elliptischen Blätter sind unterseits dicht weiß- bis graufilzig behaart. Die Verbreitung reicht von Südeuropa bis ins südliche Mitteleuropa (Alpen bis 1700 m ü. M.) und bis zur Balkan-Halbinsel. Sie wächst in Mitteleuropa in und am Rand von Trockengebüschen und -wäldern, meist auf Kalk. In Deutschland befindet sich die Art im Rückgang und wurde in die Vorwarnliste der Roten Liste aufgenommen. Als Ziergehölz (in Kultur seit 1759) wird sie wenig gepflanzt.

Fruchtender Zweig der einheimischen Filzigen Zwergmispel.

Cotoneaster salicifolius – Weidenblättrige Zwergmispel

Immergrüner, bis 5 m hoher Strauch oder kleiner Baum mit breit ausladenden und elegant bogig übergeneigten Ästen, Sorten auch niedrig bleibend oder als Spalierstrauch wachsend. Zweige zumindest anfangs flockig bis filzig behaart. **Blätter** lanzettlich bis schmal elliptisch, 3–12 cm lang, 1–2,5 cm breit, lederig, spitz oder lang zugespitzt, oberseits dunkelgrün, kahl, durch eingesenkte Seitennerven runzelig, unterseits blaugrün, variabel behaart, bleibend dichtfilzig bis ± kahl. **Blüten** zu 8–50 in lockeren Schirmrispen, 6–8 mm Durchmesser, Kronblätter weiß, ausgebreitet. **Früchte** meist kugelig, 4–7 mm Durchmesser, rot, mit 2–3 Steinkernen.

Name: *salicifolius* lat. = weidenblättrig.
Systematik: Variable Art, es wurden mehrere Sippen, beschrieben, teils als eigene Arten, teils als Varietäten, so die bekannte **Flockige Zwergmispel, var. *floccosus*** (*C. floccosus*), mit bleibend flockig filzig behaarten Zweigen und Blattunterseiten. Unter den Sorten mehrere in Wuchsform (z. B. Spalier- oder Kleinsträucher < 1 m Höhe), Blattmerkmalen (z. B. Blatt < 3 cm lang) sehr stark abweichend, so dass deren Zugehörigkeit zu *C. salicifolius* kaum zu erkennen.
Verbreitung: S-China.

Fruchtender Zweig des immergrünen Großstrauchs Weidenblättrige Zwergmispel.

Verwendung: Häufig gepflanzter Zierstrauch (in Kultur seit 1908), als Solitärgehölz durch immergrüne Belaubung und reichen Fruchtschmuck wirkungsvoll. Unter den Sorten seien **'Parkteppich'**, höchstens 0,5 m Höhe erreichend mit bogig überhängenden bis flach aufliegenden Ästen und kleineren Blättern (nur bis 3 cm lang und 1 cm breit), und **'Herbstfeuer'**, ein < 0,5 m hoher Spalierstrauch mit 4–8 cm langen Blättern, erwähnt. Die Sorte **'Pendulus'** wird auch *C. × watereri* zugeordnet, da sie eher halbimmergrün ist und ihre Blätter breiter (elliptisch) und oberseits nicht runzelig sind. Die normalerweise dem Boden locker aufliegende, etwa 0,5 m hohe und bis 2 m breite Pflanze wird auch als Hängeform gezogen, entweder durch Aufbinden oder durch hochstämmige Veredlung.

Ähnliche Hybride:
***Cotoneaster × watereri*, Waterers Zwergmispel:** In Kultur entstandene Hybride zwischen *C. salicifolius* und der im Himalaja beheimateten, in Mitteleuropa kaum gepflanzten, frostempfindlichen Art *C. frigidus*. Ähnlich wie *C. salicifolius*, aber halbimmergrün bis sommergrün, Blätter breiter, elliptisch eiförmig, kaum lederig, an der Spitze stumpf oder kurz zugespitzt, oberseits nicht oder kaum runzelig, unterseits verkahlend, im Herbst zumindest ein Teil der Blätter gelb oder rot. Üppig wachsende, robuste Großsträucher oder kleine Bäume mit sehr lange, oft bis in den Winter hinein haftenden kugeligen, orangeroten Früchten von 7–9 mm Durchmesser. Entstanden in der Baumschule John Waterer & Sons in Bagshot. Gutes Solitärgehölz für sonnige bis halbschattige, windgeschützte, nährstoffreiche und feuchte Standorte. Kultiviert in mehreren Sorten, häufiger gepflanzt **'Cornubia'**, halbimmergrün bis immergrün, vorübergehende Trockenheit und Nässe ertragend, aber etwas frostempfindlich.

Weitere Arten:
***Cotoneaster franchetii*, Franchets Zwergmispel:** Ein *C. dielsianus* ähnlicher, bis 2 m hoher und breiter Strauch, aber halbimmergrün mit etwas lederigen, auch an Blütentrieben zugespitzten, 2–3 cm langen Blättern, oberseits glänzend dunkelgrün, im deutlichen Kontrast zu der dicht gelb bis silbrig filzig behaarten Unterseite. Blüten zu 5–11, Kronblätter aufrecht, weiß bis rosa. Früchte eiförmig, 6–7 mm lang, orangerot, lange hängen bleibend. Die von China (vor allem Sichuan und Yunnan) bis N-Thailand verbreitete, nach dem Pariser Botaniker A. R. Franchet (1834–1900) benannte Art ist seit 1895 (Europa, Soulié) in Kultur. Sie ist durch die auch noch im Winter (wenn Frost nicht unter –15 °C) grünen Blätter mit ihrer auffällig filzig behaarten Unterseite und die noch haftenden Früchte als Ziergehölz interessant.

***Cotoneaster multiflorus*, Vielblütige Zwergmispel:** 2–3 m hoher, sommergrüner aufrechter Strauch mit bogig überhängenden Zweigen. Blätter 2–5 cm lang, breit eiförmig bis eiförmig, an der Spitze stumpf bis abgerundet, unterseits rasch verkahlend. Blüten zu 10–20 (*multiflorus* lat. = vielblütig) in lockeren Schirmrispen, unangenehm riechend (fischartig), Krone ausgebreitet, 10–12 mm Durchmes-

Fruchtende Zweige von Franchets Zwergmispel.

Die Vielblütige Zwergmispel, ein reich blühender sommergrüner Großstrauch.

ser, Kronblätter weiß, selten etwas rosa getönt. Früchte eiförmig bis kugelig, 8–9 mm Durchmesser, leuchtend rot. Die Art weist ein ausgedehntes Areal von Kaukasien über Mittelasien bis W-Sibirien und N-China auf. Als Ziergehölz (in Europa bereits seit 1837 in Kultur) ist sie durch ihren reichen Blüten- und Fruchtschmuck attraktiv, ihre volle Wirkung besonders im Freistand entfaltend.

Crataegus – Weißdorn

Rosaceae – Rosengewächse

Sommergrüne, selten halbimmergrüne Großsträucher oder Kleinbäume mit locker aufgebauter Krone, meist mit Kurztriebdornen. **Blätter** wechselständig, einfach, ungeteilt oder gelappt bis tief geteilt, Rand gesägt, frischgrün, bei einigen Arten auffällige orange bis rote Herbstfärbung, meist mit bleibenden Nebenblättern. **Blüten** meist in Schirmtrauben oder -rispen, Krone 1–2,5 cm Durchmesser, weiß, selten im Verblühen oder bei Sorten rosa oder rot, mit auffälligem, durch Amine verursachtem Duft, der aus gewisser Entfernung als angenehm, in der Nähe eher als unangenehm empfunden wird (Fischgeruch). Blütezeit: April–Juni. Insektenbestäubung (Fliegen, Käfer, Bienen). **Früchte** meist rote, aber auch gelbe oder braune bis schwarze Apfelfrüchte mit 1–5 Steinkernen („Steinapfel"), Fruchtfleisch mehlig („Mehlfässchen", „Müllerbrot"), seltener hartfleischig oder saftig, meist essbar. Ausbreitung durch Vögel und Säuger (Verdauungs- und Versteckausbreitung).

Name: „krataigos" griech. und „crataegus" lat. waren für verschiedene Weißdorn-Arten, aber auch für Speierling und Elsbeere in Gebrauch, wohl auf „kratys" griech. = hart zurückgehend, Bezug auf das harte Holz des Weißdorns nehmend.

Systematik: Hohe Kreuzungsbereitschaft, Rückkreuzungen und Hybridschwärme sowie gebietsweise agamosperme Vermehrung der Bastarde (Apomixis) erschweren die Abgrenzung von Arten, deshalb schwanken die Angaben zu Artenzahlen der Gattung von 150–340 bis 1200, davon 50–100 Arten in Eurasien, überwiegende Zahl in Nordamerika. Da die Blätter der Langtriebe stark variieren und in Größe und Form von denen der Kurztriebe abweichen, beziehen sich die unter den Arten aufgeführten Blattmerkmale stets auf Kurztriebe.

Verbreitung: Holarktis, gemäßigte, vor allem nemorale bis warmgemäßigte Zonen, aber auch bis in meridionale Zone und semiaride Gebiete reichend, von Nordamerika südlich bis Mexiko und Guatemala, in Eurasien südlich bis zum Himalaja, Vorderasien und das Mittelmeergebiet, von hier bis NW-Afrika.

Lebensraum: Lichte Laubwälder, Waldränder, Gebüsche, meist auf nährstoff- und basenreichen, frischen bis trockenen Böden.

Verwendung: Meiste Arten liefern sehr festes und hartes Holz, mehrere Arten sind vorzügliche Hecken- und Heilpflanzen. Viele Arten dienen als Volksheilmittel und sind bis heute von pharmazeutischer Bedeutung, bei anderen werden die Früchte genutzt, teils für den Frischverzehr, aber meist verarbeitet (z. B. für Marmelade, Gelee, Kompott). Die einheimischen Arten sind wertvolle Gehölze für die Landschaftsgestaltung (Wald- und Wegränder, Hecken). Als Ziergehölze sind Weißdorne attraktiv durch überreichen Blütenansatz bzw. Fruchtbehang (teils bis in den Winter, „Wintersteher"). Wie andere Rosengewächse mit Apfelfrüchten (Kern- oder Steinäpfel) ist Weißdorn Wirtspflanze des Feuerbrands, einer Bakterienkrankheit (*Erwinia amylovora*), und kann dadurch geschädigt werden (Auftreten von welken und absterbenden Pflanzenteilen und Bakterienschleim, Triebsterben, Rindenbrand).

Crataegus coccinea – Scharlach-Weißdorn oder Scharlachdorn

Großstrauch oder bis 7 m hoher Baum mit 2–5 cm langen Dornen. **Blätter** 4–12 cm lang, seicht gelappt, 4–5 Paar spitze Lappen, Rand doppelt gesägt, beiderseits anfangs schwach behaart, später oberseits ± kahl und rau, unterseits Nerven behaart, Blattstiel meist mit Drüsenhöckern. **Blüten** 1,5–2 cm Durchmesser, mit 5–10 Staubblättern, Staubbeutel rosa. **Frucht** leuchtend orange- oder scharlachrot, meist ± kugelig, 0,8–1,8 cm Durchmesser, mit 3–5 Steinkernen, Fruchtfleisch mehlig.

Blick in reich fruchtende Krone des Scharlach-Weißdorns.

Name: *coccinea* lat. = scharlachrot, wegen der Fruchtfarbe.
Systematik: Die Zuordnung der in Europa (1683 eingeführt) unter *C. coccinea* kultivierten Pflanzen zu einer der nordamerikanischen Arten war lange Zeit umstritten, sie wurden zwischenzeitlich *C. pedicellata* benannt. Letzterer Name erwies sich aber als Synonym von *C. coccinea*.
Verbreitung: Nordöstliches Nordamerika (O-Kanada, NO-USA).
Biologie: Anpassungsfähig an unterschiedliche Standorte, sowohl Trockenheit als auch zeitweilige Nässe tolerierend.
Verwendung: Wegen der relativ großen weißen Blüten mit anfangs purpurrosa Staubbeuteln, auffälligen Früchte und im Herbst leuchtend gelben bis orangen Blätter als Ziergehölz gern gepflanzt.

Ähnliche Arten:

***Crataegus chrysocarpa*, Rundblättriger Weißdorn:** Bei dieser nordamerikanischen (O-Kanada, Zentral- und O-USA) Art sind die Blätter kürzer, meist nur bis 5 cm lang und die größte Breite liegt in oder oberhalb der Spreitenmitte, ihr mit einigen Drüsen besetzter Stiel ist so lang wie die halbe Spreite. Die roten Früchte von 0,8–1,3 cm Durchmesser besitzen gelbes Fruchtfleisch. Bei den in Kultur befindlichen Pflanzen (Art 1906 nach Europa eingeführt) handelt es sich um Sträucher mit meist kahlen Blättern und zahlreichen, bis 9 cm langen, dünnen Dornen.

***Crataegus mollis*, Weichhaariger Weißdorn,** und ***Crataegus submollis*:** Zwei verwandte und nicht selten verwechselte nordamerikanische Arten, deren Blattunterseiten und Blütenstandsachsen im Gegensatz zu *C. coccinea* und *C. chrysocarpa* dicht und bei *C. mollis* auch bleibend weichhaarig bis filzig sind. *C. submollis* weist wie *C. coccinea* an den Blattstielen meist einige Drüsenhöcker und Blüten mit 5–10

◀ Fruchtstände mit noch unreifen Früchten des Weichhaarigen Weißdorns.

Staubblättern auf, deren Staubbeutel allerdings weiß oder gelb sind. *C. mollis*, ein bis >10 m hoher Baum, besitzt keine Drüsen am Blattstiel, die Blüten haben 20 Staubblätter, deren Staubbeutel von verschiedener Farbe (weiß, gelb oder rosa) sein können.

***Crataegus succulenta*, Saft-Weißdorn:** Ein im östlichen bis zentralen Nordamerika weit verbreiteter Weißdorn mit glänzend roten, kugeligen Früchten mit saftigem, orangefarbenem Fruchtfleisch. Die lederigen Blätter sind nur oberhalb der Mitte schwach gelappt, der Blattstiel schmal geflügelt. Blüten (bis 1,8 cm Durchmesser) mit 15–20 Staubblättern, die Staubbeutel sind rosa bis rot. Die 3–6 cm langen Dornen treten in größerer Zahl auf. Der ebenfalls in Kultur befindliche und heute manchmal *C. succulenta* (s. l.) als Varietät zugeordnete **Großdornige Weißdorn, *Crataegus macracantha*,** hat bis 10 cm lange Dornen, nur 5–10 Staubblätter mit meist weißen Staubbeuteln und kleinere Früchte.

Blütenstände des Saft-Weißdorns.

Crataegus crus-galli – Hahnensporn-Weißdorn, Hahnendorn

Großstrauch oder 5–8(–12) m hoher Baum mit kahlen Zweigen und kräftigen, 3–10 cm langen Dornen. **Blätter** 2–8 cm lang, schmal verkehrt-eiförmig, verkehrt eilanzettlich bis spatelförmig, vorn abgerundet, zumindest in oberer Hälfte am Rand fein gesägt, kahl, fast lederig, oberseits glänzend dunkelgrün. **Blüten** 1–1,5 cm Durchmesser, mit 10 Staubblättern. **Frucht** dunkelrot, ± kugelig, 0,8–1,5 cm Durchmesser.

Name: *crus-galli* lat. = Hahnenschenkel.

Verbreitung: Nordamerika von O-Kanada bis Zentral- und O-USA.

Biologie: Anpassungsfähig an unterschiedliche Standorte, sowohl Trockenheit als auch zeitweilige Nässe tolerierend.

Verwendung: Wegen der im Herbst gelb bis orange und weinrot gefärbten Blätter und der großen Fülle an Früchten, die bis zum Winter an dem Strauch oder Kleinbaum verbleiben, wurde der „Hahnendorn“ zu einem interessanten Ziergehölz (nach Europa 1691 eingeführt), wobei er eine der Elternarten für die beiden folgenden, noch häufiger gepflanzten Weißdorn-Hybriden sein soll.

Fruchtender Hahnensporn-Weißdorn.

Vermutliche Hybriden von *C. crus-galli*:

***Crataegus × lavallei*, Lederblättriger Weißdorn** oder **Apfeldorn**: Die in Frankreich um 1870 wahrscheinlich aus einer Kreuzung von *C. crus-galli* mit einem anderen amerikanischen Weißdorn (wohl *Crataegus mexicana*) hervorgegangene Sorte **'Carrierei'** übertrifft den Hahnensporn-Weißdorn an Attraktivität. Die etwas längeren (5–12 cm) und breiteren, mehr elliptischen bis länglichen Blätter, deren Unterseite behaart ist, erwecken durch ihre lederige Konsistenz und glänzend dunkelgrüne Oberseite den Anschein einer immergrünen Art, sie bleiben auch lange haften, oft bis Dezember. Die 1,5–2 cm langen ellipsoidischen Früchte sind ziegel- oder orangerot bis -gelb und punktiert, sie bleiben ebenfalls lange haften, teils sogar bis zum Frühjahr. Dornen können fehlen, wenn aber vorhanden, dann kräftig und bis 5 cm lang.

Fruchtstände des Lederblättrigen Weißdorns, auch Apfeldorn genannt.

Fruchtender Kleinbaum des Lederblättrigen Weißdorns (Sorte' Carrieri').

Crataegus × persimilis: Diesem spontan im Osten der USA auftretenden Bastard (neben *C. crus-galli* als Elternart vermutlich *C. succulenta* s. l. bzw. *C. macracantha*) soll der häufig gepflanzte, schon seit 1783 in Deutschland kultivierte **Pflaumenblättrige Weißdorn** (***Crataegus prunifolia***) als Sorte **'Prunifolia'** (ähnlich 'Prunifolia Splendens' bzw. 'Mac Leod') zuzuordnen sein. Dieser wie der Apfeldorn ebenfalls lederige, oberseits glänzend dunkelgrüne Blätter aufweisende **Pflaumendorn** wird nicht selten mit dem Hahnensporn-Weißdorn verwechselt, unterscheidet sich jedoch deutlich durch breitere, verkehrt eiförmige bis fast rundliche Blätter, die unterseits auf den Nerven bleibend behaart sind. Kräftige Dornen treten zwar ebenfalls zahlreich auf, sind aber nur bis 5 cm lang.

Zweijähriger Seitenspross des Pflaumenblättrigen Weißdorns mit blühenden Kurztrieben und Dornen.

Crataegus laevigata – Zweigriffliger Weißdorn

2–8 m hoher Strauch, selten kleiner Baum. **Blätter** schwach gelappt mit stumpfen oder abgerundeten Lappen oder ungelappt, Spreitenrand stumpf gesägt bis gekerbt. Nebenblätter gesägt. **Blüten** mit 2(–3) Griffeln, Kelchblätter breit dreieckig, der Frucht anliegend. **Frucht** ellipsoidisch bis kugelig, dunkelrot, mit 2(–3) Steinkernen.

Namen: *laevigata* lat. = glatt, geglättet, wohl wegen der kaum gelappten Blätter oder im Gegensatz zu *C. monogyna* nicht spitzen, sondern stumpfen Blattlappen.

Systematik: Es ist auf Bastarde, die sowohl in der Natur verbreitet auftreten als auch unter den kultivierten Pflanzen häufig zu finden sind, zu achten. Wenn an einer Pflanze Blüten mit 1 und 2 Griffeln bzw. Früchte mit 1 und 2 Steinkernen vorkommen, dann ist davon auszugehen, dass es sich um einen Bastard handelt und *C. laevigata* eine der Elternarten ist. Es kann sich dann um den **Bastard-Weißdorn, *Crataegus* × *media*** (*C. laevigata* × *C. monogyna*), oder den **Großfrüchtigen Weißdorn, *Crataegus* × *macrocarpa* agg.** (*C. laevigata* × *C. rhipidophylla* agg.), handeln. Bei letzterem Bastard ist eine Sippe mit der Frucht ± anliegenden Kelchblättern (*Crataegus* × *macrocarpa*) von einer selteneren, mit aufrecht stehenden Kelchblättern (*Crataegus* × *calycina*) zu unterscheiden.

▲ *Baum der Rotdorn-Sorte 'Paul's Scarlet', zum Bastard-Weißdorn gehörend.*

◀ *Der berühmte „Tausendjährige Weißdorn" von Wohnsgehaig (Franken) gehört zur Hybride Großfrüchtiger Weißdorn.*

Blühende Zweige des Großfrüchtigen Weißdorns.

Blütenstände der Rotdorn-Sorte 'Paul's Scarlet'.

Verbreitung: Europäisches Laubwaldgebiet. In der Wald- und Offenlandschaft, an Waldrändern und in Hecken sind Hybridsippen oft weiter verbreitet als die Elternarten, so ist in Deutschland ***C. × macrocarpa*** einer der häufigsten Weißdorne.
Lebensraum: Laubwälder, Waldränder und Gebüsche frischer, nährstoffreicher Standorte.
Biologie: Tiefgehendes und weitstreichendes Wurzelsystem, Halbschatten- bis Lichtpflanze, hohes Ausschlagvermögen.
Verwendung: Blüten, Blätter und Früchte haben arzneiliche Bedeutung (Herz- und Kreislaufmittel oder gegen Schlafstörungen), angewendet als Tee, Weißdornperlen oder Bestandteil von Pflanzensäften. Früchte sind wegen des hohen Pektingehalts für Gelee verwendbar, früher wurden sie in Notzeiten getrocknet und dem Mehl zugesetzt. Das Holz ist geeignet für Drechslerei und Instrumentenbau, die Äste für Faschinen. Wie alle einheimischen Weißdorne ist die Art ein wichtiges Gehölz für die Landschaftsgestaltung (Wind- und Vogelschutzgehölze) und Grünanlagen. Die beliebten, früher zu *C. laevigata* gestellten, meist baumförmig gezogenen Rotdorne mit gefüllten Blüten wie die Sorten **'Paul's Scarlet'** (karminrot blühend) und 'Rubra Plena' (rosa Blüten) gehören zu ***C. × media***, dem Bastard mit dem Eingriffligen Weißdorn.

Crataegus monogyna – Eingriffliger Weißdorn

2–8 m hoher Strauch, seltener bis 10(–12) m hoher Baum. **Blätter** gelappt bis geteilt, Blattlappen ± spitz, nur an der Spitze der Blattlappen mit groben Sägezähnen, Nebenblätter ganzrandig. **Blüten** mit 1 Griffel, Kelchblätter breit dreieckig, an der Frucht schräg abstehend bis anliegend. **Frucht** eiförmig-ellipsoidisch bis kugelig, dunkel weinrot, mit nur 1 Steinkern.
Namen: *monogyna* lat. = eingriffelig.
Systematik: Es ist zu beachten, dass es ähnliche einheimische Sippen mit eingriffligen Blüten gibt, sowohl Arten (*Crataegus rhipidophylla* agg.) als auch Bastarde (*C.* × *subsphaerica* agg., siehe unter ähnliche Arten!). Zum Bastard mit dem Zweigriffligen Weißdorn (*C.* × *media*) siehe unter *C. laevigata*.
Verbreitung: Weiteste Verbreitung der einheimischen Arten, vom europäischen Laubwaldgebiet über das Mittelmeergebiet bis NW-Afrika und W-Asien (Kleinasien, Kaukasien). In Mitteleuropa natürliche Verbreitung nicht zu rekonstruieren, da seit Jahrhunderten als Heckenpflanze dienend und bis heute der am häufigsten gepflanzte Weißdorn.
Lebensraum: Weitere Standortamplitude als *C. laevigata*, erträgt Hitze und Trockenheit besser.
Biologie: Die Blüten erscheinen zwei Wochen später als beim Zweigriffligen Weißdorn, weiteres siehe *C. laevigata*!

Fruchtender Eingriffliger Weißdorn.

Verwendung: Ausgezeichnete Heckenpflanze, frei wachsend oder beschnitten, früher Flurgrenzen markierend, spontan auf Steinrücken wachsend oder gepflanzt auf Wallhecken und in Intervallen auf den Stock gesetzt. Verwendung sonst wie *C. laevigata*. Als Ziergehölze gibt es Sorten mit kugel- und säulenförmiger Krone, hängenden oder korkenzieherartig gedrehten Zweigen. Die teils unter *C. monogyna* geführten Rotdorne gehören meist zum Bastard *C.* × *media* (siehe unter *C. laevigata*).

Ähnliche Arten:
Crataegus rhipidophylla* agg., Artengruppe Großkelch-Weißdorn:** Blätter gelappt bis gespalten, mit spitzen, ringsum fein gesägten Lappen, Blüten wie bei *C. monogyna* mit 1 Griffel und Früchte mit 1 Steinkern, aber Kelchblätter schmal dreieckig und Nebenblätter drüsig gesägt. Zur Artengruppe gehört eine Sippe mit der Frucht ± anliegenden Kelchblättern, der **Krummkelch-Weißdorn** (Crataegus rhipidophylla***), und eine seltenere, mit aufrecht stehenden Kelchblättern, der **Langkelch-Weißdorn** (***Crataegus lindmanii***). Die beiden europäischen Arten sind schattenverträglicher als *C. monogyna* und deshalb häufiger in der Strauchschicht von Laubwäldern zu finden. Im Vergleich zum Ein- und Zweigriffligen Weißdorn sind sie seltener, aber häufig treten Bastarde mit diesen Arten auf. Zu den Bastarden mit *C. laevigata* siehe unter dieser Art. Teils *C. rhipidophylla* ähnlich, teils eher *C. monogyna* und dann oft mit dieser Art verwechselt, ist der Bastard dieser beiden eingriffligen Arten, der **Verschiedenzähnige Weißdorn** (***Crataegus × subsphaerica***). Nicht selten wird dieser Bastard unter Eingriffliger Weißdorn gehandelt und gepflanzt. Bei ihm sind jedoch die unteren Blattlappen nicht nur an der Spitze, sondern auch am unteren Rand gesägt und ein Teil der Kelchblätter schmaler, länger als breit. Verwendung wie *C. laevigata*.

Oft verwechselt mit dem Eingriffligen Weißdorn wird dessen Hybride mit dem Krummkelch-Weißdorn, der Verschiedenzähnige Weißdorn, hier mit Blütenständen.

Weitere Arten:
***Crataegus douglasii*, Oregon-Weißdorn:** Im westlichen Nordamerika (Alaska über Kanada bis W-USA) vorkommende, nach Europa 1828 eingeführte, meist baumförmig wachsende Art mit nur wenigen kurzen (1,5–3,5 cm lang) oder auch fehlenden Dornen. In den Blattmerkmalen anderen Arten, deren Spreite nur im vorderen Teil seicht gelappt ist, ähnlich, ist die Art fruchtend von diesen leicht zu unterscheiden, denn die ellipsoidischen Früchte sind schwarz.

Fruchtender Oregon-Weißdorn.

***Crataegus orientalis*, Orient-** oder **Balkan-Weißdorn:** Sehr anspruchsloser, besonders dekorativer Weißdorn, der vom Mittelmeergebiet über Kleinasien bis Kaukasien verbreitet ist. Die Blätter sind tief eingeschnitten, die unteren Buchten fast bis zur Mittelrippe reichend, sie sind wie die jungen Zweige dicht und auffällig behaart, zottig bis filzig. Die ziegel- oder orangeroten Früchte von 0,8–1,5 cm Durchmesser sind (abgeflacht) kugelig. Dornen sind spärlich vorhanden und nur bis 1,3 cm lang.

Fruchtender Orient-Weißdorn.

***Crataegus sanguinea*, Blut-Weißdorn:** Dieser vom europäischen Russland bis Sibirien und Mittelasien verbreitete, 1822 in Kultur eingeführte Weißdorn

Fruchtender Blut-Weißdorn.

fällt durch seine leuchtend blutroten, kugeligen Früchte (etwa 1 cm Durchmesser) mit saftigem Fruchtfleisch auf. Die Blüten mit nur 1,2–1,5 cm Durchmesser haben 20 Staubblätter mit purpurnen Staubbeuteln. Die Blätter sind gelappt. Wenn Dornen vorhanden, dann nur wenige, aber kräftige von 3–4 cm Länge.

× *Crataemespilus grandiflora* – Großblütige Weißdornmispel

Rosaceae – Rosengewächse

Der Gattungsbastard × *Crataemespilus* entstand und entsteht durch spontane Kreuzungen im gemeinsamen Verbreitungsgebiet von Weißdorn-Arten (*Crataegus*) und der Echten Mispel (*Mespilus germanica*). Diese Weißdornmispeln dürfen nicht mit der künstlich durch Pfropfung von Mispel auf Weißdorn erzeugten Pfropfhybride (Periklinalchimäre) **Bronvauxmispel, +*Crataegomespilus***, verwechselt werden. Bei der gelegentlich aufzufindenden Großblütigen Weißdornmispel, × *Crataemespilus grandiflora*, ist der Weißdorn-Elter der Zweigrifflige Weißdorn, *Crataegus laevigata*. Die ersten Pflanzen wurden um 1800 in Frankreich aufgefunden und in Kultur genommen. Obwohl selten gepflanzt, ist der meist reichblühende Strauch oder bis 6 m hohe breitkronige Baum mit 3–7 cm langen, eiförmigen bis verkehrt eiförmigen, teils im vorderen Teil seicht gelappten, am Rand ungleich gesägten Blättern und recht großen Blüten (bis 2,5 cm Durchmesser, Krone weiß) ein interessantes Ziergehölz. Die Früchte erinnern meist an kleine Mispeln.

Seitenspross der Großblütigen Weißdornmispel mit Blüte.

Cydonia oblonga – Echte Quitte

Rosaceae – Rosengewächse

Sommergrüner, breitkroniger, bis 6 m hoher Baum mit abblätternder, brauner Schuppenborke. Zweige rot- bis violettbraun, fein filzig behaart. Knospen eiförmig, zugespitzt, 3–5 mm lang, rotbraun behaart, ohne Endknospe. **Blätter** 1–2 cm lang gestielt. Spreite eiförmig, ganzrandig, 5–15 cm lang, oberseits stumpfgrün, unterseits, gleich den Blütenstielen und Kelchblättern, bleibend dicht filzig behaart. Nebenblätter groß, laubig. **Blüten** einzeln endständig an jungen Trieben, fast sitzend, 4–5 cm breit, rosa bis weiß. Blütenhülle 5-zählig, Kelchblätter ganzrandig, bis zur Fruchtreife bleibend, 1 cm lang, drüsig gefranst. Griffel bis zum Grund frei. Blütezeit: Mai. **Frucht** apfelartig, 4–12 cm lang, länglich oder rundlich, gelb, mehr oder weniger filzig, mit 5 Bälgen, die jeweils 8–16 Samen in 2 Reihen enthalten. **Samen** 7–8 mm lang, ungleichartig abgeflacht, hellbraun. Fruchtreife: Oktober.

Blüten der Echten Quitte.

Früchte der Echten Quitte.

Name: Benannt nach der Stadt Kydon auf Kreta. „kydonion melon“ griech. und „mala cydonia“ lat. = Quitte; *oblongus* lat. = länglich.
Systematik: Die Gattung *Cydonia* umfasst nur 2 Arten in Mittel- und O-Asien.
Verbreitung: West- bis Mittelasien (Anatolien, Syrien, N-Iran, Afghanistan, Turkestan, Pakistan).
Biologie: Die zur Reife leuchtend gelbe, wohlriechende Frucht ist eine typische Apfelfrucht. Sie ist für den Menschen roh nicht genießbar. Das harte Fruchtfleisch enthält, vor allem um das Kerngehäuse, zahlreiche hartkörnige Einschlüsse, sogenannt Steinzellennester. Gekocht ist sie hingegen wohlschmeckend. Quitten enthalten je 100 g Fruchtfleisch rund 83 g Wasser, 7 g Kohlenhydrate und 13 mg Vitamin C. Die Hauptanbaugebiete liegen in China, den USA und der ehemaligen Sowjetunion. Es gibt zwei nach der Fruchtform benannte Varietäten: **var. *maliformis***, die **Apfel-Quitte,** und **var. *oblonga***, die **Birnen-Quitte.** Die Samen werden von fruchtfressenden Säugetieren verbreitet.
Verwendung: Quitten sind ein uraltes Obstgehölz. Sie werden zu Marmelade und aufgrund des pectinreichen Safts zu Gelee verarbeitet. Die Kultursorten werden veredelt. Unterlagen sind Quitten oder Vogelbeeren (*Sorbus aucuparia*).

Cytisus – Geißklee
Fabaceae – Hülsenfrüchtler

Sommer- oder immergrüne, unbewehrte Sträucher. Zweige oft kantig und gerieft. **Blätter** wechselständig. Spreite 3-zählig, seltener einfach. Nebenblätter klein oder fehlend. **Blüten** in seitlichen oder endständigen Trauben gelb oder weiß. Kelch glockenförmig, Oberlippe mit 2, Unterlippe mit 3 Zähnen, Kelchröhre nicht länger als die Zähne. Staubblätter alle miteinander verwachsen. **Frucht** aus einem Fruchtblatt gebildete Hülse, abgeflacht, 2- bis mehrsamig. **Samen** mit Nabelwulst. **G!**

Name: *Cytisus* leitet sich vom griech. „kytisos“, von Aristoteles, Hippokrates und Dioskurides für eine strauchige Schneckenkleeart (*Medicago arborea*) verwendet, ab.
Systematik: Die Gattung *Cytisus*, nah verwandt mit *Chamaecytisus* (Zwergginster) und *Genista* (Ginster), weist 33 Arten in Europa, dem Mittelmeergebiet, Westasien und den Kanarischen Inseln auf. Die Gattung ist fossil seit dem Tertiär belegt.
Biologie: Alle Pflanzenteile sind giftig! Die Keimung erfolgt epigäisch.
Verwendung: Viele Arten sind beliebte Ziersträucher und häufig angepflanzt. Vermehrung durch Aussaat, Stecklinge mit vorjährigen Zweigen im März/April und krautige Stecklinge im Juli/August.

Cytisus scoparius – Besenginster, Bram

Sommergrüner, aufrechter, reich verzweigter, 1–3 m hoher Rutenstrauch. Zweige grün, sehr biegsam, 5-kantig gerieft, fein behaart, Rinde sich erst spät graubraun und schließlich schwarz verfärbend. Knospen sehr klein, in den bleibenden Blattbasen geborgen. **Blätter** hinfällig, an den Langtrieben wechselständig, mit ungeteilter, lanzettlicher 6–7 mm langer Spreite, nur am Grund von Langtrieben mit 3-teiliger Spreite, Kurztriebsblätter rosettig stehend, bis 5 mm lang gestielt, 3-teilig, Blättchen 5–20 mm lang, beidseitig behaart. **Blüten** duftlos, nur an den seitlichen Kurztrieben zu 1–2, 10 mm lang gestielt. Kelch gelippt, 5 mm lang. Krone leuchtend gelb, bis 2,5 cm lang. Staubblätter nur am Grund miteinander verbunden. Fruchtblatt weißzottig behaart. Blütezeit: Mai–Juni. **Frucht** Hülse, 3,5–5 cm lang und 7–9 mm hoch, seitlich stark abgeflacht, an den Kanten lang behaart, schwarz. Samen zahlreich, 4 mm lang. Fruchtreife: August–September.

Blühender Besenginster.

Blüten und junge Hülsen des Besenginsters.

Name: „scopa" lat. = dünner Zweig, „scoparius" = Auskehrer: nach der Verwendung der Zweige zu Besen; besenartig.

Verbreitung: West- und Mitteleuropa, bevorzugt im atlantisch geprägten, wintermilden Teil. In den Gebirgen bis 1100 m ü. M. ansteigend.

Lebensraum: Pioniergehölz an Hängen, Böschungen, in Heiden, an Waldsäumen, in lichten Kiefern- und Mischwäldern, auf Waldlichtungen und Grasland. Sehr lichtbedürftig. Bevorzugt auf sauren, mittel- bis tiefgründigen, ausreichend feuchten Böden unterschiedlicher Art, kalkmeidend.

Biologie: Die Blüten werden von größeren Hautflüglern, Hummeln, Honigbienen und Solitärbienen der Gattungen *Andrena* (Sandbienen) und *Osmia* (Mauerbienen) mittels des sogenannten Explosionsmechanismus bestäubt: Der Pollen wird schon vor der Blütenentfaltung in das Schiffchen, das von den beiden inneren Blütenblättern gebildet wird, entleert. Landet ein Insekt auf den seitlichen Flügeln, bewirkt ein Hebelmechanismus, dass das Schiffchen nach unten gedrückt wird. Durch eine im Inneren des Schiffchens vom Griffel und den Staubblättern verursachte Spannung wird das Schiffchen bei Druck oben aufgeschlitzt, der Griffel schnellt hoch, berührt das Insekt und belädt die Narbe mit Pollen einer zuvor aufgesuchten Blüte. Gleichzeitig wird Pollen aus dem Schiffchen nach oben geschleudert und bepudert das Insekt. Dieser Explosionsmechanismus kann sich nicht wiederholen, da das Schiffchen nicht wieder in seine Ausgangsstellung zurückkehrt. Bestäubte Blüten sind so leicht von außen zu erkennen. Die Samen verfügen über einen Wulst, der Inhaltsstoffe wie Öl enthält und als Ölkörper (Elaiosom) bezeichnet wird. Ameisen werden vom Duft des Ölkörpers angelockt und verschleppen die Samen und tragen so zur Verbreitung bei.

Verwendung: Zweige wurden und werden zu Besen verarbeitet. Die Blütenfarbstoffe dienten früher zum Gelbfärben von Tuch. Im 1. Weltkrieg war der Besenginster als Fasern liefernde Pflanze von

Bedeutung. Es gibt mehrere Sorten, die sich vor allem durch unterschiedliche Blütenfarbe auszeichnen.
'Andreanus': 1884 bei E. ANDRÉ in der Normandie aufgetaucht. Mit goldgelber Fahne und Schiffchen und rotbraun gefärbten Flügeln. Die Sorte wird häufiger als die Normalform angepflanzt. Wie diese in strengen Wintern zurückfrierend, aber wieder austreibend.

Weitere Arten und Hybride:
***Cytisus decumbens*, Niederliegender Geißklee:** Sommergrüner, bis 20 cm hoher, aber viel breiter werdender Kleinstrauch. Zweige niederliegend-aufsteigend, 5-kantig, behaart, oft wurzelnd. Blätter einfach, länglich, 8–20 mm lang, unterseits weichhaarig. Blüten zu 1–3 achselständig entlang vorjähriger Zweige, 1–1,5 cm lang, leuchtend gelb Blütezeit: Mai–Juni. Früchte 2 cm lang. Fruchtreife: August–September. Verbreitung: von Frankreich bis Südosteuropa. *decumbens* lat. = niederliegend. Vielfach angepflanzt und in Mitteleuropa winterhart.

***Cytisus × kewensis*, Kew-Geißklee** (*C. ardoinii × C. multiflorus*): Meist nur 30 cm hoher, aber viel breiter werdender, sommergrüner Kleinstrauch mit rutenartigen Zweigen. Blattspreite 3-teilig, Blättchen linealisch, behaart, zuweilen einfach. Blüten zu 2–3 seitlich an vorjährigen Zweigen, rahmweiß bis schwefelgelb. Blütezeit: Mai. Die Hybride entstand 1891 in Kew Gardens/England. Häufig angepflanzt. Die Pflanzen vertragen Stadtklima und Trockenheit.

Blüten des Kew-Geißklees.

***Cytisus multiflorus*, Vielblütiger Geißklee:** Sommergrüner, 2–4 m hoher, aufrechter, reich verzweigter Strauch. Zweige dünn, 8-furchig, anfangs behaart. Blätter unten 3-zählig, an den oberen Sprossabschnitten einfach, kurz gestielt bis sitzend, hinfällig. Blättchen linealisch lanzettlich, silbrig behaart, bis 10 mm lang. Blüten zu 1–3, 1 cm lang gestielt, reinweiß, Kelch 5 mm lang, seidig behaart. Fahne 10–12 mm lang. Blütezeit: Mai–Juni. Hülsen 1,5–2,5 cm lang, angedrückt behaart, mehrsamig. Fruchtreife: August–September. Verbreitung: Iberische Halbinsel. *multiflorus* lat. = vielblütig. Frosthart bis −15 °C.

***Cytisus nigricans*, Schwarzer Geißklee:** 0,3–2 m hoher, sommergrüner Strauch. Blätter deutlich gestielt, 3-teilig. Blättchen 1–3 cm lang, bis 1 cm breit, unterseits, wie die Blütenstiele, der Kelch und die Früchte, angedrückt behaart. Blüten in endständigen, verlängerten, vielblütigen Trauben an Jungtrieben, deutlich gestielt, Blütenstiele länger als der Kelch. Blüten schwach duftend, goldgelb, 1 cm lang. Blütezeit: Juni–August. Hülsen 3 cm lang. Fruchtreife: August–September. Verbreitung: Mittel- und S-Europa. In Deutschland zerstreut im mittleren und südlichen Teil. Die Art ist in der Roten Liste Deutschlands als gefährdet aufgeführt. *nigricans* lat. = schwärzlich, dunkel. Die Blätter werden beim Eintrocknen schwarz.

Blütentrauben des Schwarzen Geißklees

***Cytisus* × *praecox*, Elfenbeinginster** (*C. multiflorus* × *purgans*): Sommergrüner, 75–150 cm hoher Strauch mit rutenförmigen Zweigen. Zweige dünn, graugrün, etwas übergeneigt. Blätter hinfällig, meist einfach, lanzettlich, 8–20 mm lang, seidig behaart. Blüten unangenehm duftend, schwefelgelb, zu 1–2 achselständig an vorjährigen Zweigen, 10 mm lang. Blütezeit: April–Mai. Die Hybride entstand um 1867 in der Baumschule WHEELER in Warminster/England. *praecox* lat. = frühzeitig, hier bezogen auf die Blütezeit. Von der Hybride sind mehrere Sorten im Handel, die sich vor allem durch unterschiedliche Blütenfarben auszeichnen. Die lichtbedürftigen Pflanzen sind frosthart, industriefest, meiden aber Kalk.

Blüten des Elfenbeinginsters.

***Cytisus sessilifolius*, Italienischer Geißklee:** Sommergrüner, aufrechter, reich verzweigter, bis 2 m hoher Strauch mit stielrunden Zweigen. Pflanze in allen Teilen kahl. Blätter mit 3-teiliger Spreite. Obere Blätter sitzend, untere bis 5 mm lang gestielt. Blättchen rundlich bis dreieckig, zugespitzt, 8–20 mm lang. Blüten duftlos, in endständigen, 4–8-blütigen Trauben, 12 mm lang, leuchtend gelb. Blütezeit: Mai–Juni. Hülsen 3–4 cm lang. Fruchtreife: September. Verbreitung: Südeuropa (Spanien bis Italien). *sessilifolius* von lat. „sedere“ = sitzen und „folium“ = Blatt; die Blätter sind ungestielt, d. h. sitzend. Frosthart bis −18 °C. Leider viel zu selten angepflanzt.

Daboecia cantabrica – Glanzheide, Irischheide

Ericaceae – Heide(kraut)gewächse

Immergrüner Zwergstrauch mit niederliegenden und aufsteigenden Zweigen. **Blätter** wechselständig, 6–12 mm lang, elliptisch, dicht stehend, drüsig behaart, oberseits glänzend grün, unterseits weißfilzig. **Blüten** in aufrechten Trauben, nickend; Krone krugförmig, purpurrosa, bei Sorten auch weiß, rot bis purpurn oder violett. Blütezeit: Juni–September. **Frucht** drüsig behaarte 4-fächerige Kapsel.

Name: Gattung wahrscheinlich nach einem irischen Heiligen (ST. DABOEK) benannt; *cantabrica* nach dem Vorkommen in Kantabrien (Spanien). Glanzheide, da ein Heidegewächs mit oberseits glänzend dunkelgrünen Blättern.

Systematik: Zur Gattung *Daboecia* gehören nur zwei Arten, die auch als Unterarten einer Art aufgefasst werden: neben *D. cantabrica* die **Azoren-Glanzheide, *Daboecia azorica*,** und ihr in Kultur entstandener Bastard, die **Schottische Glanzheide, *Daboecia* × *scotica*.**

Irische Glanzheide mit aufrechten Blütentrauben. ▶

Verbreitung: Küstengebiete von W-Europa (Iberische Halbinsel, Frankreich, Irland).
Lebensraum: Zwergstrauchheiden (besonders bodensaure Küstenheiden), Felsfluren, lichte Wälder.
Biologie: Hoher Bedarf an Luftfeuchtigkeit, keine Austrocknung vertragend, in Mitteleuropa ohne Winterschutz Frostschäden möglich, aber sich nach Rückschnitt vegetativ regenerierend.
Verwendung: Wertvolles, reich und in verschiedenen Farben blühendes Zwerggehölz für Moorbeete, Heide- und Rhododendrongärten, für die Bepflanzung von Kübeln und Trögen. Bei der Pflanzenwahl können auch Sorten von *D.* × *scotica*, des erstmalig um 1953 in einem Garten in Glasgow aufgefundenen Bastards der Irischen mit der in Mitteleuropa nicht ausreichend frostharten Azoren-Glanzheide berücksichtigt werden. Diese sind etwas niedriger im Wuchs, die Blätter und Blüten etwas kleiner, teils (z. B. 'William Buchanan') übertreffen sie sogar *D. cantabrica* an Frosthärte.

Danaë racemosa – Alexandrienlorbeer, Traubendorn

Asparagaceae – Spargelgewächse

0,5–1,2 m hoher immergrüner Strauch mit biegsamen grünen Zweigen, Laubblätter vortäuschenden Kurztrieben (Flachsprosse) und kurzen Rhizomen. **Blätter** schuppenförmig, hinfällig, aus ihren Achseln entspringen stark glänzende grüne blattartige Kurztriebe, diese „Scheinblätter" sind eilanzettlich bis sichelförmig, 5–7 cm lang, 1–1,5 cm breit, zugespitzt. **Blüten** zwittrig, trotz weißlicher Blütenhülle wenig auffällig. **Frucht** rote Beere mit 1–2 Samen.

Name: *Danaë* nach einer Geliebten des Zeus, der sie in Gestalt eines goldenen Regens besuchte, an den die in kurzen Trauben (lat. *racemosa*) angeordneten weißen Blüten erinnern sollen.
Systematik: Einzige Art der Gattung, die wie die ebenfalls immergrünen Mäusedorn-Arten (*Ruscus*) blattartige Kurztriebe besitzt, sich aber durch zwittrige Blüten und endständige Blütentrauben unterscheidet. *Danaë* bildete nach der Ausgliederung aus der früher weit gefassten Familie der Liliengewächse (*Liliaceae* s. l.) mit anderen immergrünen, Flachsprosse aufweisenden Gattungen die Familie Mäusedorngewächse (*Ruscaceae*), die dann den Maiglöckchengewächsen (*Convallariaceae*) zugeordnet wurde, bevor diese schließlich mit anderen Familien zu den *Asparagaceae* vereinigt wurden.
Verbreitung: SW-Asien (N-Syrien und Iran bis Südkaukasien), im Mittelmeergebiet bereits seit alter Zeit in Kultur.
Lebensraum: Schattige Laubwälder, Schluchten und feuchte Felshänge.
Biologie: Frostempfindlich; vegetativ gut regenerationsfähig, schnittverträglich.
Verwendung: Attraktiv als Ziergehölz (in W-Europa mindestens seit 1713 in Kultur) wegen der auffällig glänzenden immergrünen Zweige und Flachsprosse, interessant für Gruppenpflanzung oder als Bodendecker, aber nur für wintermilde Gebiete oder frostgeschützte Lagen geeignet. Im natürlichen Areal Zweige beliebt als Schmuckreisig, für Girlanden und Kränze, werden aber auch in Mitteleuropa als Schnittgrün verwendet, meist importiert.

Alexandrienlorbeer mit Laubblätter vortäuschenden Kurztrieben (Flachsprosse).

Daphne – Seidelbast
Thymelaeaceae – Seidelbastgewächse

Sommer- oder immergrüne Sträucher und Zwergsträucher mit überwiegend wechselständigen Blättern. **Blätter** ungeteilt, ohne Nebenblätter. **Blüten** zwittrig, Blütenhülle 4-zählig, einfach, da die Krone fehlt. Kelchblätter zu einer Röhre verwachsen, kronblattartig ausgebildet und gefärbt. Staubblätter 8, in zwei Kreisen, ungleich lang, der Kelchröhre entspringend. Fruchtknoten oberständig, aus 2 Fruchtblättern gebildet. **Frucht** eine 1-samige, beerenartige Steinfrucht. **Samen** mit fleischigem Embryo und schwachem Nährgewebe. **G!**

Name: *Daphne* war der griechische und lateinische Name für den Lorbeer. DAPHNE ist auch der Name der Tochter des Flussgottes PENEIOS, die, von APOLLON verfolgt, auf ein Gebet hin in einen Lorbeerbaum verwandelt wurde.
Systematik: 92 Arten in Eurasien und Nordafrika, 17 Arten in Europa. Fossil ist die Gattung seit dem Oligozän nachgewiesen. Ein Gattungsmerkmal sind die 4-zähligen Blüten mit einfacher Blütenhülle.
Biologie: Bestäubung der Blüten durch Insekten, Hautflügler und Schmetterlinge. Alle Arten sind giftig. Sie enthalten, vor allem in der Rinde und den Früchten, Daphnin, Daphnetoxin und Mezerein. Die in Deutschland natürlich vorkommenden Arten sind geschützt!
Verwendung: Viele Arten sind beliebte Ziersträucher. Vermehrung durch Samen, Stecklinge im Spätsommer unter Glas oder, bei niedrigen Arten, auch durch Ableger.

Daphne mezereum – Gewöhnlicher Seidelbast, Kellerhals

Sommergrüner, aufrechter, nur wenig verzweigter, 40–120 cm hoher Strauch. Zweige anfangs anliegend silbrig behaart, später verkahlend, graubraun. Knospen eiförmig, 5–10 mm lang. **Blätter** nur an den Zweigenden, kurz gestielt, kahl, länglich lanzettlich, 3–8 cm lang und bis 2 cm breit, oberseits frischgrün, unterseits bläulich grün. **Blüten** intensiv duftend, lange vor den Blättern erscheinend, fast sitzend, meist zu 2–3 achselständig an vorjährigen Zweigen, purpurrosa bis purpurlila. Kelchröhre 6 mm lang, außen anliegend seidig behaart, Kelchzipfel 5 mm lang, spreizend, 1,2 cm Durchmesser. Blütezeit: Februar–April. **Frucht** fast kugelförmig, 10 mm groß, scharlachrot, fleischig saftig. Unterhalb der Blätter bisweilen dicht die Zweige umgebend. Steinkern 5–6 mm lang. Fruchtreife: Juli–Septembrer.

Die Blüten des Gewöhnlichen Seidelbasts erscheinen lange vor den Blättern.

Name: Das lat. Epitheton leitet sich vom mittellateinischen „mezereon“ = Seidelbast ab, das vom arabischen und persischen „mazaryun“ abgeleitet ist.
Verbreitung: Von den Pyrenäen über Mitteleuropa bis nach Nordrussland und dem Altai-Gebirge.
Lebensraum: In Buchenwäldern, Laub- und Nadelmischwäldern, an Waldrändern und in Gebüschen. Kalkhold. Von der Hügelland- und Bergwaldstufe bis in die subalpinen Hochstaudenfluren. In den Alpen 2000 m Höhe erreichend. *D. mezereum* ist in Deutschland streng geschützt.

Biologie: Die Blüten bilden reichlich Nektar und werden durch langrüsselige Insekten, auch Schmetterlinge, bestäubt. Die Samenverbreitung erfolgt durch Vögel wie Drosseln und Rotkehlchen, die die Früchte fressen. Die Keimung erfolgt epigäisch. Beeren können beim Menschen Hautreizungen und Blasenbildungen hervorrufen. Die Pflanzen duften – bis auf die Blüten – unangenehm.
Verwendung: Häufig angepflanzt wegen der zeitigen Blüten und des schönen Fruchtschmucks. Bettler rieben sich früher die Handrücken mit Fruchtsaft ein, um durch die Hautentzündungen besonders Mitleid zu erregen.
fo. *'alba'*: Form mit weißen Blüten.

Weitere Arten und Hybride:
***Daphne alpina*, Alpen-Seidelbast:** Sommergrüner, 15–50 cm hoher Strauch mit behaarten Zweigen. Blätter an den Zweigenden gehäuft, länglich bis verkehrt eiförmig oder spatelförmig, graugrün, 1–4 cm lang, beidseitig behaart. Blüten duftend, weiß, zu 6–15 in endständigen, köpfchenartigen Dolden, ca. 1,5 cm Durchmesser. Kelchröhre 8–10 mm lang. Blütezeit: Mai–Juni. Frucht rötlich. Fruchtreife: August–September. Verbreitung: Gebirge Süd- und Mitteleuropas. Anspruchsloses, aber schönes Gehölz für Steingärten.

Blüten des Alpen-Seidelbasts.

Daphne × burkwoodii (*D. caucasica* × *D. cneorum*): Sommergrüner, bis 1 m hoher, aufrechter Strauch. Blätter bis 4 cm lang und 1,2 cm breit, an den Kurztrieben fast rosettig stehend; in milden Wintern oft bleibend. Blüten stark duftend, im Spitzenbereich der Zweige, in zahlreichen end- und seitenständigen Dolden, hell- bis purpurrosa in der Knospe, entfaltet weißlich, außen dicht und fein behaart. Blütezeit: Mai–Juni und September. Nicht fruchtend. Benannt nach den Baumschulbesitzern ALBERT und ARTHUR BURKWOOD in Kingston upon Thames, wo sie 1931 entstand. Frosthart bis –20 °C. Gut zu kultivieren an sonnigen bis halbschattigen Standorten und reich blühend.

***Daphne cneorum*, Rosmarin-Seidelbast, Heideröschen:** Immergrüner, 10–40 cm hoher, breitwüchsiger Strauch mit niederliegend-aufsteigenden, dunkelbraunen, anliegend behaarten Zweigen, die sich am Boden liegend bewurzeln können. Blätter an den Zweigenden gleichmäßig verteilt, länglich lanzettlich bis spatelförmig, 12–15 mm lang und 2–4 mm breit, lederig, kahl. Blüten in endständigen 6–10-blütigen Dolden, nach Nelken duftend, leuchtend rosa. Kelchröhre 6–10 mm lang, außen anliegend behaart, Kelchzipfel 4–6 mm lang. Blütezeit: April–Mai. Früchte gelbbraun bis rötlich braun. Fruchtreife: August–September. Verbreitung: Pyrenäen bis SO-Europa und Ukraine. In Deutschland vor allem in den Alpen, dem Alpenvorland und dem Schwäbi-

Rosmarin-Seidelbast am Naturstandort.

schen Jura. In lichten Kiefernwäldern, Legföhrenbeständen, auf Bergmatten und an sonnigen Felshängen. Kalkhold. In den Nordalpen bis 1280 m, in den Südalpen bis 2000 m ü. M. Die Art ist in Deutschland streng geschützt und in der Roten Liste als stark gefährdet aufgeführt. „cneoron" lat. = eine *Daphne*-Art des Mittelmeergebiets (*D. gnidium*). Der Rosmarin-Seidelbast ist in mehreren Sorten erhältlich. Als Steingartenpflanze ist er jedoch nicht leicht zu kultivieren.

***Daphne laureola*, Lorbeer-Seidelbast:** Immergrüner, wenig verzweigter, aufrechter, 40–120 cm hoher Strauch. Zweige anfangs grün, später olivgrün, kahl. Blätter 2–5 mm lang gestielt, an den Zweigenden schopfig gehäuft. Spreite verkehrt eiförmig bis lanzettlich, lederig, dunkelgrün, matt glänzend, bis 12 cm lang und 3 cm breit, am Grund keilförmig verschmälert. Blüten in 2–3 mm lang gestielten, blattachselständigen, meist 5-blütigen, nickenden Trauben, grünlich gelb. Kelchzipfel zugespitzt, ein Drittel bis halb so lang wie die kahle, 6–8 mm lange Röhre. Blütezeit: Februar–Mai. Früchte ellipsoidisch, 10 mm lang, blauschwarz bis schwarz. Fruchtreife: Juli–August. Verbreitung: Azoren, Spanien, über Mittel- bis SO-Europa; Nordwestafrika. In wintermilden Lagen in lichten Laubwäldern und Gebüschen auf lockeren, nährstoffreichen Böden bis 1000 m ü. M. Kalkhold. Frosthart bis –20 °C. Liebt schattige bis halbschattige Standorte und einen frischen, nährstoffreichen, nicht zu trockenen Boden. Vögel sorgen im Garten für eine Verbreitung. Die Sämlinge blühen bereits nach 3–5 Jahren. Die Art ist in Deutschland streng geschützt und in der Roten Liste als extrem selten aufgeführt. *laureola* lat. = kleiner Lorbeerzweig oder Lorbeerkranz, abgeleitet von *laurus* = Lorbeer.

Blüten des immergrünen Lorbeer-Seidelbasts.

Dasiphora fruticosa – Nordischer Fingerstrauch

Rosaceae – Rosengewächse

Sommergrüner, bis 1 m hoher, reich verzweigter, breitbuschiger Strauch mit rotbraunen Zweigen. Rinde sich in braunen Fetzen ablösend. Knospen von den bleibenden, abgestorbenen Blattbasen und den Nebenblättern geborgen. **Blätter** wechselständig, ca. 1 cm gestielt. Nebenblätter im unteren Teil mit dem Blattstiel verwachsen. Spreite 5-zählig gefiedert. Blättchen elliptisch bis linealisch, 1–2,5 cm lang, ganzrandig, Rand nach unten umgebogen. **Blüten** ansehnlich, zwittrig, in 1- bis wenigblütigen Trugdolden, 2–3 cm Durchmesser. Blütenhülle 5-zählig. Kelchblätter 7–10 mm lang, mit 5-zähligem, schmalblättrigen Außenkelch von fast gleicher Länge. Staub- und Fruchtblätter zahlreich, einer flachen, behaarten Blütenachse ansitzend. Blütezeit: Mai–August. **Früchtchen** als 1-samige, eiförmige bis länglich eiförmige, 2 mm lange, braune Nüsschen ausgebildet. Griffel persistierend, keulenförmig, basal den Nüsschen ansitzend. Fruchtreife: August–September.

Name: Von griech. „dasy" = rauhaarig, zottig, wollig und „phorein" = tragen; hier bezogen auf den Blütenboden. Lat. *fruticosus* = buschig, strauchig.
Systematik: Die Gattung *Dasiphora* enthält 3 Arten. Früher war *Dasiphora fruticosa* in die Gattung *Potentilla* einbezogen.
Verbreitung: N- und O-Europa bis Kaukasus, Himalaja und Ostasien; Nordamerika.

Lebensraum: In feuchten Wiesen, an Küsten und Felshängen. Häufig auf kalkhaltigem Untergrund. In China zwischen 400 und 5000 m ü. M. In Deutschland stellenweise verwildert.
Biologie: Wichtige Bestäuber sind Käfer, Fliegen und Hautflügler, vor allem Honigbienen, die vorwiegend Pollen sammeln. Auch solitäre Bienen der Gattungen *Andrena* (Sandbienen) und *Lasioglossum* (Furchenbienen) wurden beobachtet.
Verwendung: Aufgrund der Anspruchslosigkeit, der Verträglichkeit von Lufttrockenkeit und Schadstoffen auch gern im innerstädtischen Bereich an voll besonnten Standorten angepflanzt. Völlig frosthart. Ein starker Rückschnitt im Frühjahr fördert die Bildung kräftiger Blütentriebe. Kultiviert werden neben der Wildform zahlreiche Züchtungen und Hybriden mit großen gelben, weißen und lachsroten Blüten.
'Goldstar': Blüten leuchtend gelb, 4–5 cm groß.
'Princess': Pflanzen 80 cm hoch mit hellrosa Blüten.
'Red Ace': Bis 50 cm hoher Strauch mit rotorange bis orangegelben Blüten.
var. *mandshurica*: Blüten 2–3 cm rein weiß. Blütezeit: Juni–Oktober. Beheimatet in Japan (Honshu, Shikoku), Ostsibirien und der Mandschurei.

Blüten des in Deutschland stellenweise verwilderten Nordischen Fingerstrauchs.

Diese Varietät des Nordischen Fingerstrauchs hat weiße Blüten.

Davidia involucrata – Taschentuchbaum, Taubenbaum

Nyssaceae – Tupelobaumgewächse

Sommergrüner, nur mäßig verzweigter, bis 20 m hoher Baum mit anfangs kegelförmiger, später ausladender Krone. Junge Triebe kahl, bereift, hin und her gebogen. Zweige augenfällig in Lang- und Kurztriebe gegliedert, olivbraun bis braun. Borke rotbraun, sich in kleinen, flachen Schuppen ablösend. Knospen eiförmig, 7–10 mm lang, dunkelrotbraun, glänzend. **Blätter** wechselständig, schraubig oder 2-zeilig angeordnet, 4–5 cm lang gestielt. Spreite breit eiförmig, 8–15 cm lang und bis 8 cm breit, lang bis geschwänzt zugespitzt, am Grund herzförmig, oberseits frischgrün, unterseits seidig behaart, mit deutlicher Nervatur. Blattrand gleichmäßig gesägt gezähnt, die Zähne grannenartig verlängert. Blütenstände einzeln in den Achseln von Kurztriebsblättern an vorjährigen Zweigabschnitten, 4–6 cm lang gestielt. **Blüten** unangenehm duftend, von 2 fast gegenständigen, ungleich großen, lang zugespitzten, bis 16 cm langen und bis 8 cm breiten Hochblättern umgeben, diese anfangs hellgelb, später rein weiß. Männliche Blüten ohne Blütenhülle, mit zahlreichen pinselförmig angeordneten Staubblättern, mit weißen Staubfäden und roten Staubbeuteln. Eine weibliche Blüte mit einem dicken, eiförmigen, unterständigen Fruchtknoten. Blütezeit: Mai–Juni. **Frucht** eine tonnenförmige, 3–3,5 cm lange und 2,5–3 cm breite Steinfrucht, olivgrün, sonnenseitig gerötet, später gelblich rotbraun, durch winzige Korkwarzen etwas rau. Fruchtfleisch lederig fleischig, eintrocknend, 4–6 mm dick, sich nicht vom Steinkern lösend. Steinkern 2,5–3 cm lang, deutlich unregelmäßig längs gefurcht, mit 3–5 Samen. Fruchtreife: Oktober

Die unangenehm duftenden Blüten des Taschentuchbaums sind von 2 fast gegenständigen und ungleich langen Hochblättern umgeben.

Name: Der Taschentuchbaum wurde vom Botaniker BAILLON nach dem Entdecker DAVID benannt. Er entdeckte die Art bei Mupin 1869. *involucratus* lat. = eingehüllt (von „involucrum" = Hülle), bezugnehmend auf die von einer Hochblatthülle umgebenen Blüten.

Systematik: Die Gattung *Davidia* ist monotypisch, d. h., es gibt nur eine Art. Die Familienzugehörigkeit war lange umstritten. Teils wurde *Davidia* einer eigenen Familie (*Davidiaceae*) zugeordnet, teils wurde sie zu den Cornaceen gestellt.

Verbreitung: M- und W-China (Sichuan, Guizhou, W-Hubei, W-Hunan, N-Yunnan).

Lebensraum: Montane Mischwälder in Höhenlagen von 1100 bis 2600 m ü. M. Aufgeführt in der Roten Liste Chinas.

Biologie: Nur selten begegnen uns im Pflanzenreich so vielsamige Steinfrüchte. Am Boden liegend bzw. von Substrat überlagert keimen die Samen gleichzeitig oft erst nach 2–3 Jahren, und man findet dann mehrere, dicht beieinander stehende Sämlinge. Mit etwa 15–20 Jahren werden die Bäume blühfähig. Sie blühen dann jedes Jahr reich. Die beiden Hochblätter fallen nach dem Verblühen ab. Blütenbesucher sind Insekten, vor allem Hautflügler. Die Früchte bleiben den Winter über am Baum.

Verwendung: Der Taschentuchbaum ist zweifelsfrei eines der spektakulärsten Gehölze. Zur Vollblüte scheint es, als seien auf den Zweigen Taschentücher aufgehängt. Die Kultur bereitet keine Schwierigkeiten. An einem sonnigen bis halbschattigen, windgeschützten Standort auf nährstoffreichem, gut durchlässigem Boden gedeiht der Baum gut. Gefährdet ist er jedoch durch Spätfröste. Durch FARGES gelangte der Taschentuchbaum 1897 nach Europa. Von den 37 Samen keimte nur ein einziger 1899. Dieses Gehölz blühte 1906. Etwa zur gleichen Zeit wie WILSON sandte Père FARGES weiteres Saatgut nach Frankreich zu VILMORIN. Hier entstanden gute Nachzuchten. Saatgut der Normalform gelangte erst 1904 durch WILSON, der es für die Baumschule VEITCH sammelte, nach England.

In Kultur ist fast nur die Sippe **var. *vilmoriniana*** mit kahlen Blättern.

Frucht des Taschentuchbaums.

Decaisnea insignis – Blaugurke, Blauschotenstrauch

Lardizabalaceae – Fingerfruchtgewächse

Sommergrüner, mehrstämmiger, sehr wenig verzweigter, aufrechter 2–3(–5) m hoher Strauch. Junge Triebe dick, kahl, bereift. Zweige olivgrün bis olivbraun, später gelblich, im Alter überneigend, mit großen Blattnarben und deutlichen Korkporen. Knospen länglich eiförmig, zugespitzt, 8–15 mm lang, mit 2 äußeren, kahlen, warzigen Schuppen. **Blätter** wechselständig, 30–80 cm lang, unpaarig gefiedert, 10–20 cm lang rotbraun gestielt. Spreite mit 13–25 Blättchen, diese kurz gestielt, eiförmig bis eilänglich, lang zugespitzt, am Grund gerundet, 6–14 cm lang, 3–7 cm breit, ganzrandig, oberseits hellgrün, unterseits bläulich grün, kahl. **Blüten** ohne Duft, 5–20 mm lang gestielt, in lockeren 25–30 cm langen, endständigen Doppeltrauben an Jungtrieben, eingeschlechtig, einhäusig, glockig, grünlich gelb. Kronblätter fehlend. Kelchblätter in 2 Kreisen, lanzettlich, lang zugespitzt, 1,5–2(3) cm lang. Männliche Blüten mit 6 Staubblättern, weibliche Blüten mit 3 freien, 5–7 mm langen Fruchtblättern. Blütezeit: April–Juni. **Früchte** bohnenähnlich, rund, bis 10 cm lang und 2 cm dick, warzig, kobaltblau, bereift. **Samen** zahlreich, in 2 Längsreihen in ein gallertiges, durchscheinendes Fruchtfleisch eingebettet, schwarz glänzend, abgeflacht, 1 cm groß. Fruchtreife: August–September.

Name: Die Gattung wurde nach dem belgischen Botaniker JOSEPH DECAISNE (1807–1882) benannt, der Direktor des Jardin des Plantes in Paris war. *insignis* lat. = ausgezeichnet, hervorstechend, wohl aufgrund der merkwürdigen Früchte.

Systematik: Die Gattung *Decaisnea* enthält nur 1 Art in Ostasien.

Verbreitung: M- und W-China, Nepal, Sikkim, Bhutan.

Lebensraum: In Bergmischwäldern und in feuchten Schluchten von 900 bis 3600 m ü. M.

Biologie: Die Blüten werden durch Insekten bestäubt. Blütenbesucher sind in Mitteleuropa Fliegen und Hautflügler. Die Früchte öffnen sich zur Reife durch einen Längsspalt und werden in China u. a. durch Affen verbreitet. Die Rinde ist giftig.

Verwendung: Die Blaugurke ist der einzige aufrecht wachsende Strauch innerhalb der Familie. Alle anderen Vertreter sind Lianen. Die Blaugurke wird vor allem wegen ihrer auffallenden Früchte – eine vergleichbare Farbe und Form gibt es bei kultivierten Gehölzen nicht – gern angepflanzt. Auch das Laub und die gelbe Herbstfärbung fallen ins Auge. Blaugurken benötigen einen sonnigen bis leicht schattigen Standort und bevorzugen einen feuchten, aber gut drainierten, nährstoffreichen Boden. Trotz ihrer Winterhärte bis –12 °C sind sie recht spätfrostgefährdet und zeigen, selbst im milden Weinbauklima, häufig Spuren von Kälteeinbrüchen. Sie lassen sich leicht durch Samen vermehren. Entdeckt wurde *Decaisnea* 1895 von FARGES, der Material nach Frankreich und Saatgut zur Baumschule von VILMORIN sandte. Die Früchte sind essbar und werden in China verzehrt.

Den auffälligen Früchten verdankt der Blauschotenstrauch seinen deutschen Namen.

Deutzia – Deutzie

Hydrangeaceae – Hortensiengewächse

Sommergrüne Sträucher mit stielrunden, hohlen Zweigen. Knospen eiförmig, 3–6 mm lang. **Blätter** gegenständig, gestielt, ohne Nebenblätter, mit ungeteilter, am Rand gesägter oder kerbig gesägter Spreite, meist mit kleinen angedrückten Sternhaaren besetzt. **Blüten** in Rispen oder Schirmrispen am Ende beblätterter junger Triebe, zwittrig, 5-zählig, Blütenhülle doppelt, Staubblätter 10, kürzer als die Krone, am Grund oft breit geflügelt, Flügel meist in einem Zahn endend. Fruchtknoten unterständig, Griffel 3–5, frei. **Frucht** eine kugelförmige oder abgeflacht kugelförmige, 3–7 mm große, 3–5-fächerige Kapsel mit persistierenden, fädigen Griffeln. Kapsel von unten her 3–5-klappig aufplatzend. **Samen** zahlreich, länglich ellipsoidisch bis feilspanförmig, 1–1,5 mm lang. Fruchtreife: September–Oktober.

Namen: Die Gattung wurde nach dem holländischen Ratsherrn Johan van der Deutz (1743–1788) in Amsterdam benannt, der ein Förderer der Naturwissenschaften war.
Systematik: 50 Arten, meist in der nemoralen Zone Ostasiens, 2 Arten in Mexiko. Fossil ist die Gattung seit dem Tertiär nachgewiesen.
Verwendung: Häufiger als die Arten sind Hybriden angepflanzt, deren Zuordnung nicht immer leicht ist. Deutzien sind anspruchslose Sträucher für sonnige bis halbschattige Standorte und blühen stets reich. Vermehrung durch Samen, im Winter geschnittene Steckhölzer und krautige Stecklinge im Juli/August.

Deutzia gracilis – Zierliche Deutzie

50–80 cm hoher, reich verzweigter, dicht buschiger Strauch. Zweige kahl oder verkahlend. **Blätter** 3–8 mm lang gestielt. Spreite eiförmig bis länglich lanzettlich, 3–7 cm lang, 2–4 cm breit, lang zugespitzt. **Blüten** in 4–9 cm langen, aufrechten Rispen, duftlos, reinweiß, glockig, 1–1,5 cm Durchmesser. Blütezeit: Mai–Juni.
Name: *gracilis* lat. = schlank.
Verbreitung: Japan (Honshu bis Kyushu).
Lebensraum: Im Gebirge.
Verwendung: In Europa seit etwa 1840 in Kultur. Häufig angepflanzt, benötigt einen sonnigen Standort. Frosthart bis –20 °C

Weitere Arten und Hybriden:
***Deutzia crenata*, Gekerbte oder Falsche Raue Deutzie:** 3 m hoher, aufrechter Strauch. Blätter eiförmig lanzettlich, 3–10 cm lang, oberseits dunkelgrün, unterseits grün, beidseitig auffällig rau, mit Sternhaaren besetzt. Blüten duftlos, in 6–12 cm langen Rispen. Blütenknospen rosa überlaufen, geöffnete Blüten reinweiß, 1–2 cm Durchmesser. Blütezeit: Mai–Juni. Verbreitung: Japan (Honshu bis Kyushu). In Europa seit 1822 in Kultur, meist unter dem Namen *D. scabra*. Frosthart bis –20 °C.

◄ *Gekerbte oder Falsche Raue Deutzie, hier die Sorte 'Plena'.*

Angepflanzt in mehreren Sorten, darunter
'Plena': Blüten dicht gefüllt, außen bleibend rosa. 1861 durch FORTUNE nach Europa gelangt. Häufig angepflanzt.

***Deutzia × magnifica*, Prächtige Deutzie** (*D. crenata* × *D. discolor*): 3–4 m hoher, straff aufrechter Strauch. Blätter länglich eiförmig, 4–6 cm lang, an Schösslingen viel länger, unterseits graugrün. Blüten in dichten, 4–8 cm langen Doldenrispen, weiß, gefüllt. 2,5–3 cm Durchmesser. Blütezeit: Juni. *magnificus* lat. = prächtig, großartig. Die Hybride entstand 1909 bei VICTOR LEMOINE/Nancy. In mehreren Sorten häufig angepflanzt.

***Deutzia purpurascens*, Purpur-Deutzie:** Bis 1,5 m hoher Strauch mit etwas überhängenden Zweigen. Blätter länglich eiförmig bis länglich lanzettlich, 3–6 cm lang, zugespitzt, mit Sternhaaren besetzt. Blüten duftlos, in 4–10-blütigen Rispen, innen weiß, außen lebhaft rot getönt, 2 cm Durchmesser. Blütezeit: Mai–Juni. Verbreitung: W-China. *purpurascens* lat. = purpurrot. Durch DELAVAY 1888 nach Europa eingeführt.

Deutzia × rosea (*D. gracilis* × *D. purpurascens*): Bis 1,5 m hoher reich verzweigter, buschiger Strauch. Blätter länglich eiförmig bis eiförmig lanzettlich, 5–10 cm lang. Blüten in breiten Rispen, außen rosa getönt, innen weiß, 2 cm Durchmesser. Blütezeit: Juni. *roseus* lat. = rosenrot. 1898 bei VICTOR LEMOINE/Nancy entstanden. In mehreren Sorten häufig angepflanzt.

Die Blüten der Purpur-Deutzie sind innen weiß und außen rot.

Die Blüten von Deutzia × rosea sind außen rosa getönt und innen weiß.

Diervilla sessilifolia – Stielloses Buschgeißblatt, Bush Honeysuckle

Caprifoliaceae – Geißblattgewächse

Sommergrüner, Ausläufer bildender, bis 1,5 m hoher, reich verzweigter, buschiger Strauch. Zweige schwach 4-kantig, an den Kanten in 2 Zeilen behaart. Knospen den Zweigen anliegend, länglich eiförmig, zugespitzt, 5–6 mm lang. **Blätter** gegenständig, fast sitzend oder bis 3 mm lang gestielt. Spreite eiförmig lanzettlich, 6–15 cm lang und 3–6 cm breit, lang zugespitzt, deutlich gesägt. **Blüten** duftlos in 3–7-blütigen Zymen, die oft zu dichten, endständigen Thyrsen zusammengefasst sind, zwittrig, schwefelgelb, Blütenhülle 5-zählig, Kelch mit langen Zipfeln, Krone verwachsenblättrig, mit trichterförmiger Röhre, 2-lippig, die Zipfel kürzer als die Röhre. Blütezeit: Juni–August. **Frucht** eine dünnwandige, lang geschnäbelte, 2-fächerige Kapsel, vom bleibenden Kelch gekrönt, 9–12 mm lang. Samen zahlreich, Samenschale genetzt. Fruchtreife: September–Oktober.

Blühender Seitenzweig des Stiellosen Buschgeißblatts.

Name: Die Gattung wurde nach M. Dierville benannt. Er schickte *Diervilla lonicera* 1708 an den französischen Theologen, Arzt und Botaniker Joseph Pitton de Tournefort. *sessilifolius* lat. = Blätter sitzend, ungestielt, abgeleitet von „sessilis“ = zum Sitzen geeignet.
Systematik: Zur Gattung *Diervilla* werden 3 Arten im nemoralen östlichen Nordamerika gerechnet.
Verbreitung: SO-Nordamerika (N-Carolina und Tennessee bis Alabama).
Lebensraum: In Wäldern und auf Felshängen.
Biologie: *Diervilla* wird von langrüsseligen Insekten, Bienen und vor allem Hummeln, bestäubt. Die kleinen Samen werden vom Wind verbreitet.
Verwendung: *D. sessilifolia* ist seit 1844 in Europa in Kultur. Es ist ein anspruchsloses Gehölz für sonnige und halbschattige Standorte ohne besondere Bodenansprüche. Die Vermehrung kann durch Aussaat oder krautige Stecklinge im Juni/Juli erfolgen.

Diospyros lotus – Lotuspflaume

Ebenaceae – Ebenholzgewächse

Sommergrüner, 8–15(–25) m hoher, zweihäusiger Baum. **Blätter** wechselständig, elliptisch bis länglich eiförmig, 5–13 cm lang, lederig, ganzrandig, oberseits glänzend dunkelgrün, unterseits blaugrün, anfangs behaart, später (fast) kahl. **Blüten** eingeschlechtig, 4–6 mm lang, Krone blassgrün oder -gelb, rötlich getönt. Blütezeit: Juni. **Früchte** saftige Beeren mit auffällig vergrößertem, bis zur Reife grünem, 4-zipfligem Kelch, kugelig bis ellipsoidisch, 1–2,5 cm Durchmesser, anfangs blassgelb, dann rotbraun, reif purpurschwarz, bläulich bereift, essbar, aber fade schmeckend.

Lotuspflaume mit Blüten.

Name: Gattungsname wird zurückgeführt auf griech. „diospyros", eine der Weichselkirsche ähnliche Frucht, war vor der Anwendung auf Lotuspflaume und Persimone für andere Arten wie Mehlbeere oder Zürgelbaum in Gebrauch; „lotus" war ein für verschiedene Pflanzen mit essbaren Früchten verwendeter Name, in der Römischen Kaiserzeit für die Lotuspflaume, die als Zier- und Fruchtpflanze in Italien bereits kultiviert wurde.
Systematik: Zur Gattung *Diospyros* gehören mehrere Hundert, vor allem in (sub)tropischen Gebieten verbreitete, immer- und sommergrüne, ein- und zweihäusige Arten mit radiären, meist 4-zähligen Blüten und mit Beerenfrüchten, die einen auffälligen Fruchtkelch aufweisen. Nur wenige sommergrüne Laubbaumarten reichen bis in die warme Zone der Holarktis. Hierzu gehören neben der Lotuspflaume die nachfolgend als ähnliche und weitere Art vorgestellte Persimone und Kakipflaume.
Verbreitung: *D. lotus* besitzt mehrere Teilareale in W-Asien (von Kleinasien und Kaukasien bis NW-Himalaja) und O-Asien (China, Korea). Die ursprüngliche Verbreitung ist nicht sicher bekannt, da die seit alter Zeit als Obst- und Ziergehölz kultivierte und als Unterlage für die Kakipflaume verwendete Art sich nach Verwilderung auch außerhalb des natürlichen Areals einbürgerte, so im Mittelmeergebiet und auf der Balkan-Halbinsel.
Lebensraum: Bachauen- und Schluchtwälder, Waldränder warmhumider Lagen von Küstenniederungen bis in die Gebirge.
Biologie: Anspruchsvoll hinsichtlich Nährstoffversorgung, Wärme und Feuchte.
Verwendung: In Mitteleuropa die frosthärteste der *Diospyros*-Arten, als Fruchtbaum im Gegensatz zu Kakipflaume und Persimone ohne Bedeutung, jedoch in sommerwarmen und wintermilden Lagen interessanter Zierbaum.

Ähnliche Art:
***Diospyros virginiana*, Persimone:** Bei dieser nordamerikanischen (SO-USA) Art sind die Blüten größer (1–2 cm lang), die Krone cremeweiß oder grüngelb, die Frucht größer (2–5 cm Durchmesser, bei Sorten bis 7,5 cm), reif meist gelb bis orange, während des Reifens noch ungenießbar, aber vollreif oder nach Frosteinwirkung essbar, süß. Sowohl Zierbaum mit schöner Laubfärbung im Herbst als auch interessantes winterhartes Fruchtgehölz, von dem mehrere Sorten im Anbau sind.

Persimone mit Früchten. ▶

Kaki(pflaume) mit Früchten.

Herbstfärbung der Kaki(pflaume).

Weitere Art:
***Diospyros kaki*, Kaki(pflaume):** Als Obstgehölz bekannte, ostasiatische Art, die in Asien, S-Europa und USA wegen der schmackhaften Früchte kultiviert wird. In Mitteleuropa mit Ausnahme weniger Sorten (darunter auch Hybriden mit *D. virginiana*) zu frostempfindlich. Die Blätter (8–20 cm lang) und Früchte (3,5–8,5 cm Durchmesser) sind größer als bei den beiden anderen Arten, die Früchte reif gelb bis orange oder orangerot, süß und schmackhaft.

Dipelta floribunda – Vielblütiges Doppelschild

Caprifoliaceae – Geißblattgewächse

Sommergrüner, aufrechter, reich verzweigter, im Alter breitbuschiger Strauch mit hellbrauner, sich papierartig in langen Steifen ablösender Rinde. Junge Zweige drüsig behaart. **Blätter** gegenständig, 5–8 mm lang gestielt. Spreite elliptisch lanzettlich, 5–12 cm lang und 2–4 cm breit, lang zugespitzt, meist ganzrandig, mattgrün, verkahlend. **Blüten** duftend, in 1–4-blütigen, zymösen Teilblütenständen, die eine Scheindolde (Thyrsus) ergeben, an seitenständigen Jungtrieben, die vorjährigen Zweigen ansitzen. Blüten zwittrig, nickend, 3 cm groß, Blütenhülle 5-zählig. Kelchblätter länglich, 5–6 mm lang. Krone verwachsenblättrig, 2-lippig, röhrenförmig glockig, im unteren Teil verschmälert, hellrosa. Schlund mit orangegelbem Mal, Staubblätter 4. Fruchtknoten 4-fächerig. Blütezeit: Mai–Juni. **Frucht** 2-samige Kapsel. Blüten und Früchte von 2 schildförmigen, 2,5–3 cm langen und 2 cm breiten, erst grünen, später papierartigen, braunen Hochblättern umgeben. Fruchtreife: September–Oktober.

Name: Von griech. „di“ = zwei, „pelte“ = Schild, also Doppelschild; *floribundus* lat. = reich blühend.
Systematik: Zur Gattung *Dipelta* werden 3 Arten gezählt. Sie sind in der nemoralen Zone Chinas beheimatet.
Verbreitung: Mittel- und Westchina.
Lebensraum: Gebüsche an Berghängen, Waldränder.

◀ *Blüten des Vielblütigen Doppelschilds.*

Verwendung: 1902 von WILSON nach Europa eingeführt. Reichblütiger, anspruchsloser, auch im Halbschatten wachsender Zierstrauch, der leider viel zu wenig in Kultur ist. Sehr auffallend durch die abblätternde Borke. Ein Schnitt ist nicht erforderlich, aber möglich. Frosthart bis –20 °C.

Dryas octopetala – Silberwurz

Rosaceae – Rosengewächse

Immergrüner, reich verzweigter, Polster bildender, 2–10 cm hoher Spalierstrauch. **Blätter** wechselständig, oft 2-zeilig ausgerichtet, 3–10 mm lang gestielt. Spreite einfach, elliptisch bis eiförmig, 1–2(–4) cm lang und bis 1(–2) cm breit, oberseits dunkelgrün, glänzend, unterseits weißfilzig, am Rand grob gekerbt. Nebenblätter linealisch lanzettlich, zu zwei Dritteln mit dem Blattgrund verwachsen. **Blüten** duftlos, einzeln, zwittrig, mit doppelter Blütenhülle, 3–6 cm lang gestielt, weiß, 2–4 cm breit, mit 7–10, schmal verkehrt eiförmigen bis elliptischen Kronblättern. Kelchblätter 7–10 mm lang. Staubblätter zahlreich. Blütezeit: Mai–Juli. **Fruchtblätter** zahlreich, frei, zu Nüsschen mit einem langen Federschweif auswachsend. Fruchtreife: Juli–Oktober.

Name: „drys" griech. = Eiche; das Blatt erinnert an ein Eichenblatt; „dryas" lat. und griech. = eine Baumnymphe. *octopetala* lat. = mit 8 Kronblättern, abgeleitet vom griech. „okto" = 8 und „petalon" = Blatt, Blütenblatt.

Systematik: Die Gattung *Dryas* enthält 3 Arten in der Arktis sowie im alpinen Bereich der Hochgebirge der Nordhemisphäre. Fossil ist die Gattung seit dem Pleistozän bekannt.

Verbreitung: N-Eurasien, europäische Hochgebirge (Pyrenäen, Alpen, Karpaten, Tatra, Apennin, Balkan), N-Nordamerika (südlich bis Utah und Colorado).

Lebensraum: Flachgründige Schuttfluren auf Felsen. Hier auch als Pionierpflanze auf Geröll und Felsen. Meist auf Kalk und Dolomit. In der alpinen Höhenstufe, in den Alpen bis 2570 m ü. M.

Biologie: Die Pflanzen bilden Wurzelknöllchen und leben symbiontisch mit Pilzen (Ascomyceten). Die Blüten werden von Insekten bestäubt. Auch Selbstbestäubung ist möglich. Die Früchtchen sind mit einem flaumig behaarten Fortsatz, der vom persistierenden, sich postfloral stark verlängerten Griffel gebildet wird, versehen. Der Wind löst sie einzeln ab und verbreitet sie.

Blüten der Silberwurz.

Früchte der Silberwurz.

Verwendung: Häufig angepflanzt wegen des schönen glänzenden Laubs und der ansehnlichen Blüten und Früchte in Steingärten. Die Pflanzen gedeihen auch im Tiefland sehr gut.

Edgeworthia tomentosa – Papierstrauch

Thymelaeaceae – Seidelbastgewächse

Sommergrüner, bis 1 m hoher, breitkroniger Busch mit elastischen, dicken Zweigen, sich in 3er-Quirlen verzweigend. Junge Zweige anfangs behaart, später mit papierartig abblätternder Rinde. **Blätter** bis 1 cm lang gestielt. Spreite hellgrün, dünn, lanzettlich bis länglich, einfach, ganzrandig, 10–15 cm lang und 2–4 cm breit, oberseits anfangs, unterseits bleibend, vor allem auf den Nerven, behaart. **Blüten** intensiv duftend, an vorjährigen Zweigenden, in dichten gestielten ballförmigen Knäueln zu 30–50, sich vor der Laubentfaltung öffnend, weiß bis cremefarben (bei der Sorte 'Red Dragon' orangefarben). Blütenhülle einfach, ohne Kronblätter, Kelchblätter kronblattartig, zu einer Röhre verwachsen, 12–14 mm lang, die 4 Zipfel 5 mm lang, Staubblätter 8 in 2 Reihen. Blütezeit: März–April. **Frucht** ellipsoide Steinfrucht, 8 mm lang, vom persistierenden Kelch eingeschlossen, eintrocknend. Fruchtreife: Juni–August.

Blütenstände des Papierstrauchs.

Name: Die Gattung wurde nach Michael Pakenham Edgeworth (1812–1881), einem englischen Botaniker im Dienste der East Indian Company in Bengalen, benannt. *tomentosus* lat. = filzig. Der japanische Name ist Mitsumata.

Systematik: Die Gattung *Edgeworthia* umfasst 4 Arten in Japan und China. Die Art wird auch unter den Namen *Edgeworthia papyrifera* und *E. chrysantha* geführt.

Verbreitung: M- und S-China. Eingebürgert in Japan.

Lebensraum: Wälder und bebuschte Hänge.

Biologie: Die Blüten werden durch Insekten bestäubt.

Verwendung: In den wintermilden Bereichen Mitteleuropas ist *Edgeworthia* ein attraktiver Strauch, der durch seine frühe Blüte vor dem Laubaustrieb, die Blütenfarbe und den intensiven Duft hervorsticht. Der Boden sollte gut drainiert sein und, wegen der dünnen Blätter, nicht austrocknen. In Japan häufig an Schreinen und Tempeln angepflanzt. 1845 nach Europa eingeführt. Der Bast dient in Japan zur Herstellung des geschätzten Mitsumata-Papiers. Die Bastzellen sind 3–4,5 mm lang.

Elaeagnus angustifolia – Schmalblättrige Ölweide

Elaeagnaceae – Ölweidengewächse

Sommergrüner, meist dornig bewehrter Großstrauch oder bis 7 m hoher, breitkroniger Baum mit lang bogig überhängenden Ästen und Zweigen. Stamm meist nur kurz, häufig drehwüchsig, sich in kräftige Äste aufgliedernd. Borke dünn, graubraun, längs netzartig aufreißend und abfasernd. Junge Triebe gerundet, durch Schildhaare silbrig. Zweige olivgrün, später dunkel- bis violettbraun, kahl und mit schwachem Glanz. Viele Zweige enden in 1–3 cm langen Dornen. Die 10–15 cm langen Kurztriebe nach dem Laubfall absterbend, aber an den Zweigen haften bleibend. Knospen rundlich bis eiförmig, mit mehreren silbrigweißen Knospenschuppen, 2–6 mm groß. **Blätter** wechselständig, 5–8 mm lang gestielt. Spreite schmal lanzettlich, 4–8 cm lang und 1–2,5 cm breit, am Ende verschmälert und mehr oder weniger zugespitzt, am Grund keilförmig, oberseits mattgrün, unterseits dicht silbrig behaart. **Blüten** intensiv duftend, kurz gestielt, zu 2–3 in den Blattachseln junger Kurztriebe, zwittrig oder männlich, Blütenhülle einfach, 4-zählig, Krone fehlend. Kelchröhre glockig, 8–10 mm lang, Kelchzipfel so lang wie die Röhre, dreieckig, spreizend, außen silbrig, innen gelb. Staubblätter in der Kelchröhre entspringend, aus ihr nicht heraus ragend. Fruchtknoten oberständig. Blütezeit: Mai–Juni. **Frucht** steinfruchtartig, ellipsoidisch, 7–14 mm lang und 5–10 mm breit, gelblich bis rötlich braun, der feste Kern von einer mehlig-fleischigen Wand umgeben. Fruchtreife: September–Oktober.

Blühender Seitenspross der Schmalblättrigen Ölweide.

Name: Abgeleitet von griech. „elaia" = Ölbaum; „agnos" = Keuschbaum. THEOPHRAST bezeichnete mit „elaiagnos" eine in Böotien wachsende Sumpfplanze. Die Früchte ähneln der Olive, die Blätter in der Färbung dem Keuschbaum. Das lat. Artepitheton *angustifolius* bedeutet schmalblättrig. Der deutsche Name nimmt sowohl auf die Ölbaumfrucht als auch auf die Ähnlichkeit mit Weidenblättern Bezug.
Systematik: Die Gattung *Elaeagnus* umfasst rund 98 Arten in Eurasien und Nordamerika. Die Familie *Elaeagnaceae* besteht aus 4 Gattungen mit insgesamt 108 Arten. Wichtiges Familienmerkmal sind die Schild- oder Schülferhaare.
Verbreitung: Von Anatolien und Westasien bis Mittelasien und der Wüste Gobi. Im Mittelmeergebiet mit Ausnahme Italiens, Südosteuropa und Südrussland. Vielfach angepflanzt und verwildert oder eingebürgert.
Lebensraum: Gewässer begleitend an Küsten, Fluss- und Seeufern, in Auenwäldern und in Steppen. Vergesellschaftet mit Sanddorn (*Hippophaë*) und Tamarisken (*Tamarix*). Vom Tiefland bis zu Höhen von 700 m ü. M. im Gebirge.
Biologie: Die Bestäubung erfolgt meist durch Bienen. Nach der Blüte stirbt der obere Teil der Kelchröhre ab, der untere Teil umgibt den heranwachsenden Fruchtknoten. Die inneren Teile der Kronröhre werden steinhart, die äußeren mehlig-fleischig, so dass die Frucht einer Steinfrucht ähnelt.
Verwendung: Die Schmalblättrige Ölweide ist seit dem 16. Jahrhundert ein sehr beliebtes Ziergehölz. Vor allem an einem vollbesonnten Standort im Freistand, in Parks oder an Böschungen entwickelt sie ihre charakteristische Wuchsform. Das silbrige Laub und der sehr intensive, weithin wahrnehmbare Blütenduft, auch nachts, machen sie zu einem sehr attraktiven Gehölz. Frosthart bis –35 °C. Die Vermehrung erfolgt durch Samen. Die Früchte sind im Orient sehr beliebt. Bei Kultursorten können sie 2 cm lang und 1 cm dick werden. Sie schmecken angenehm süßlich. Früchte enthalten 10–55 % Eiweiß und sind reich an Glucose, Fructose, Kalium und Phosphor. Im Orient werden sie roh gegessen oder geschmort sowie manchem Gebäck beigefügt. Die Duftstoffe der Blüten werden in der Parfümindustrie genutzt. Der bernsteinfarbene Honig ist sehr aromatisch.

Weitere Arten:
***Elaeagnus commutata*, Silber-Ölweide:** Ausläufer bildender, 3–4 m hoher sommergrüner Strauch. Jungtriebe mit rötlichen Schuppenhaaren. Blätter derb, oval bis schmal oval, 4–10 cm lang und 2–4 cm breit, beidseitig silbrig. Blüten stark duftend, oft zu dritt in den Blattachseln an Jungtrieben, 3 mm lang gestielt, hängend, außen silbern, innen gelb, 12 mm lang. Frucht eiförmig, silbrig, 1 cm lang. Verbreitung: Nordamerika (Hudson Bay, British Columbia bis in die mittleren Staaten der USA). Blütezeit: Mai. Fruchtreife: September–Oktober. In Kultur seit 1813. Bisweilen angepflanzt und ohne besondere Bodenansprüche. Frosthart bis –15 °C. *commutatus* lat. = verändert, verwandelt.

***Elaeagnus multiflora*, Reichblütige Ölweide:** Breitbuschiger, sommergrüner, 3–4 m hoher Strauch. Junge Triebe durch Schuppenhaare rotbraun. Blätter weich, eiförmig oder elliptisch, 4–6(–10) cm lang und 2–4 cm breit, oberseits verkahlend und grün, unterseits silbrig. Blüten schwach duftend, in den Blattachseln an Jungtrieben, oft einzeln, außen weiß und etwas braun beschuppt. Blütezeit: April–Mai. Früchte 1,5–5 cm lang gestielt, hängend, rot, 12 mm lang, dunkelorange, sehr sauer, aber essbar. Fruchtreife: Juni–Juli. Verbreitung: China, Japan (Hokkaido bis Kyushu). In Kultur seit 1862. Gelegentlich angepflanzt. Frosthart bis –20 °C. *multiflorus* lat. = vielblütig.

Blühende Reichblütige Ölweide.

Blühender Seitenspross der Dornigen Ölweide.

Elaeagnus pungens*, Dornige Ölweide:** Immergrüner, breitbuschiger, bis 5 m hoher, oft dorniger Strauch. Junge Zweige braun beschuppt. Blätter 10–12 mm lang gestielt, derb lederig, eiförmig bis elliptisch, 4–10 cm lang und bis 4 cm breit, Rand gewellt, oberseits grün und glänzend, unterseits durch Schuppenhaare weiß und braun. Blüten stark duftend, oft zu dritt, hängend, 12 mm lang. Blütezeit: September–Oktober. Früchte 12–20 mm lang, rot. Fruchtreife: Mai. Verbreitung: Japan (Honshu bis Kyushu). *pungens* lat. = stechend. In Kultur seit 1830 und häufig angepflanzt. Frosthart bis –15 °C. Besonders beliebt ist die Sorte **'Maculata'**. Ihre Blätter haben in der Mitte einen unregelmäßig geformten, goldgelben Fleck. Gern gepflanzt wird auch die Hybride mit der Großblättrigen Ölweide, die **Wintergrüne Ölweide, *E.* × *ebbingei. Sie ist ähnlich, aber dornenlos und die Blüten stehen meist zu 3–6.

Wintergrüne Ölweide: Blühender Seitenspross (links), Pflanze mit Blütenständen (rechts).

Früchte der Doldigen Ölweide.

***Elaeagnus umbellata*, Doldige Ölweide:** Sommergrüner, 7–9 m hoher, breitbuschiger, raschwüchsiger, oft dorniger Strauch. Zweige gelbbraun bis braun, anfangs silbrig weiß beschuppt. Blätter weich, 5–10 mm lang gestielt, schmal oval, 5–10 cm lang und 1–2,5 cm breit, oberseits grün, unterseits silbrig. Blüten duftend, zu 1–7 in den Blattachseln junger Triebe, 3–6 mm lang gestielt, 12 mm lang, außen silbern, innen cremefarben. Blütezeit: Mai–Juni. Früchte 12 mm lang gestielt, kugelförmig, 6–8 mm groß, hellrot, durch Schuppenhaare weiß gesprenkelt. Fruchtreife: September–Oktober. Verbreitung: China, Korea, Japan (Hokkaido bis Kyushu). *umbellatus* lat. = doldenblütig. In Kultur seit 1830. Gelegentlich angepflanzt. Vermehrung durch Samen. Frosthart bis –18 °C.

Eleutherococcus sieboldianus – Siebolds Fingeraralie

Araliaceae – Araliengewächse

Sommergrüner, 2–3 m hoher aufrechter, locker verzweigter Strauch. Zweigsystem in Lang- und Kurztriebe gegliedert. Zweige weißgrau, später überneigend, Langtriebe unterhalb der Blätter mit je einem 5–10 mm langen Stachel. Knospen eiförmig, bis 3 mm lang. **Blätter** wechselständig, an den Kurztrieben rosettig stehend, 3–8 cm lang gestielt, kahl. Nebenblätter nur schwach ausgebildet. Spreite gegliedert, mit 5–7 länglich eiförmigen bis lanzettlichen, 2–7 cm langen und 1–2,5 cm breiten, zugespitzten, am Grund keilförmig verschmälerten, kerbig gesägten, kahlen, fast sitzenden, glänzend grünen Blättchen. **Blüten** in 5–20 cm lang gestielten, 2–2,5 cm großen Dolden an Kurztrieben, die vorjährigen Zweigen ansitzen, 5 mm Durchmesser, meist zwittrig, 5-zählig, gelblich grün. Kelchzähne sehr klein. Fruchtknoten 5-fächerig, Griffel 5, fast ganz verwachsen, persistierend. Blütezeit: Juni–Juli. **Früchte** rundliche, schwarze Steinfrüchte, 6–8 mm groß, mit 5 einsamigen Steinkernen. Fruchtreife: September–Oktober.

Name: Von griech. „eleutheros“ = frei und „kokkos“ = Kern; *sieboldianus* = zu Ehren von Philipp Franz von Siebold.

Systematik: Die Gattung *Eleutherococcus* lief früher unter dem Namen *Acanthopanax*. Die Gattung umfasst 37 Arten. Das Gattungsareal erstreckt sich vom Himalaja bis nach S- und O-Asien. Die Gattung ist fossil seit der Oberen Kreide nachgewiesen.

Verbreitung: China.

Lebensraum: Gebirgswälder und Gebüsche; 1200–1700 m ü. M.

Biologie: Die Blüten werden von Fliegen, Hautflüglern und anderen Insekten aufgesucht, die vor allem den von einer Nektarscheibe (Diskus) gebildeten und frei zugänglichen Nektar aufnehmen. Die Früchte werden von Vögeln verbreitet.

Seitenspross von Siebolds Fingeraralie mit noch nicht reifen Früchten.

Verwendung: In Europa in Kultur seit 1874. Häufig angepflanzt. Blätter bis zum Laubfall grün bleibend. Anspruchsloses, ornamentales Gehölz für halbschattige Lagen ohne besondere Bodenansprüche. Frosthart bis –15 °C. Vermehrung durch Samen oder Wurzelschnittlinge.
'Variegata': Kulturform mit unterschiedlich großen cremefarbenen Flecken am Blattrand.

Weitere Art:
***Eleutherococcus sessiliflorus*, Amur-Fingeraralie:** Sommergrüner, 4–5 m hoher, wenig verzweigter Strauch. Zweigsystem in Lang- und Kurztriebe gegliedert. Zweige nicht oder nur wenig bestachelt. Knospen eiförmig, 3–4 mm lang. Blätter 3–5(–12) cm lang gestielt. Spreite fingerförmig gegliedert. Blättchen meist 3, 2–10 mm lang gestielt, bisweilen sitzend, länglich eiförmig bis länglich verkehrt lanzettlich, 6–16 cm lang und 3–6 cm breit, unregelmäßig gesägt, kurz zugespitzt. Blüten fast sitzend, dunkel purpurn, in dichten, kurz gestielten, fast sitzenden, dichten, behaarten Dolden von 3–4 cm Durchmesser, am Zweigende zu 3–6 in Trauben an beblätterten Kurztrieben. Fruchtknoten aus 2 Fruchtblättern gebildet. Griffel 2, unten verwachsen, persistierend. Blütezeit: Juli–August. Steinfrucht breit ellipsoidisch, 10–15 mm lang, schwarz, 2-samig. Fruchtreife: September–Oktober. Verbreitung: NO-China, Korea. In Wäldern auf Gebirgshängen und in Gebüschen in Höhenlagen von 200 bis 1000 m ü. M. *sessiliflorus* lat. = ungestielte, sitzende Blüten, abgeleitet von „sedere" = sitzen und „-florus" = -blütig. Um 1860 nach St. Petersburg gelangt und in Kultur genommen. Sehr frosthart. Gelegentlich angepflanzt. In China wird die Pflanze medizinisch genutzt.

Fruchtstand der Amur-Fingeraralie.

Elsholtzia stauntonii – Chinesische Kammminze, Elsholtzie

Lamiaceae – Lippenblütengewächse

0,8–1,7 m hoher Halbstrauch. **Blätter** gegenständig, länglich lanzettlich, 6–12 cm lang, grob gesägt, oberseits glänzend grün, unterseits heller und dicht mit Drüsen besetzt. **Blüten** in 10–20 cm langen, dichten, einseitswendigen Scheinähren mit kurzen büschelförmigen Teilblütenständen. Krone purpurrosa, nur schwach 2-lippig, Staubblätter und Griffel lang herausragend. Kelch röhrig, 5-zähnig. Blütezeit: September–Oktober.

Name: Gattung nach J. S. Elsholtz, einem deutschen Arzt und Botaniker (Leibarzt des „Großen Kurfürsten" von Brandenburg, 17. Jahrhundert), und Art nach G. L. Staunton, einem britischen Arzt und Reisenden (18. Jahrhundert), benannt.
Systematik: Zur altweltlichen, vorwiegend in China und Indien verbreiteten Gattung gehören 30–40 Arten, aromatische Kräuter, Halb- und Kleinsträucher.
Verbreitung: N-China.
Lebensraum: Flusstäler, Uferhänge; 700–1600 m ü. M.

Biologie: Wärmebedürftig, in Mitteleuropa frostempfindlich.
Verwendung: Als Zierpflanze (nach Europa 1909 eingeführt) interessant wegen ihrer späten Blütezeit, auch als Gewürz („Chinesischer Gewürzstrauch") und Tee genutzt. Benötigt sommerwarme und sonnige Standorte, in frostgefährdeten Lagen ist Winterschutz erforderlich. Nach Frostschäden an den Sprossen treibt die Pflanze von der Basis wieder aus, ebenso nach Rückschnitt.

Chinesische Kammminze oder Elsholtzie

Empetrum nigrum – Schwarze oder Gewöhnliche Krähenbeere, Rauschbeere

Ericaceae – Heide(kraut)gewächse

Immergrüner, bis 0,5 m hoher Spalierstrauch mit bis > 1 m langen niederliegenden Sprossen. **Blätter** wechselständig, oft scheinquirlig, nadelartig, 4–6 mm lang, Ränder nach unten umgerollt und miteinander verfilzt, als weiße Längsfurche erscheinend, im Querschnitt hohl. **Blüten** einzeln an Kurztrieben, unscheinbar; nektarreich. Blütezeit: Mai–Juni. **Früchte** beerenartige Steinfrüchte, glänzend schwarz. **G!**

Name: *Empetrum* wird verschieden gedeutet, entweder griech. „émpetros" = auf Steinen wachsend oder lat. „empetros" für Pflanzen, deren Wirkstoffe Blasensteine auflösen können, was sich auf die frühere Verwendung der Früchte als Heilmittel beziehen könnte; *nigrum* lat. = schwarz, wegen der schwarzen Früchte. Den Namen Krähenbeere erhielt die Pflanze, da die Früchte Krähen als Nahrung dienen.
Systematik: Die Gattung *Empetrum*, die früher zu einer nach ihr benannten, heute in die Heidegewächse (*Ericaceae*) eingegliederten Familie (*Empetraceae*), gehörte, umfasst heideähnliche Zwergsträucher. Sie kommen überwiegend in der Tundrenzone und borealen Nadelwaldzone bzw. in entsprechenden Höhenstufen der Gebirge der gemäßigten Zonen der Nordhalbkugel vor, dazu eine südamerikanische Art (*Empetrum rubrum*, S-Anden und Falkland-Inseln). Die Gewöhnliche Krähenbeere wird hier im weiteren Sinne beschrieben (*E. nigrum* s. l.), sie umfasst zwei sehr ähnliche, als Unterarten oder Arten aufgefasste, Sippen, neben ***E. nigrum* s. str.** mit meist eingeschlechtigen, zweihäusig verteilten Blüten ***Empetrum hermaphroditum*** mit meist zwittrigen Blüten.

Pflanzen der Schwarzen oder Gewöhnlichen Krähenbeere mit Früchten.

Verbreitung: Zirkumpolar, von arktischer bis gemäßigter Zone Eurasiens und Nordamerikas. *E. nigrum* s. str. ist vor allem in der borealen Nadelwaldzone verbreitet, südlich davon in Kiefernwäldern und Mooren oder an Felsen bis in Gebirge der gemäßigten Zone. *E. hermaphroditum* kommt meist nördlicher (besonders Tundrenzone) und in höheren Lagen (subalpine bis alpine Stufe der Hochgebirge) vor.
Lebensraum: Zwergstrauchheiden (Moor-, Küsten-, Windheiden) und lichte Nadelwälder frischer bis feuchter, nährstoffarmer und saurer Standorte.
Biologie: Insektenbestäubung (Bienen, Schwebfliegen), auch Windbestäubung. Über 80 Jahre alt werdende Licht- bis Halbschattenpflanze, Rohhumusbildner, Symbiose mit Wurzelpilz (endotrophe Mykorrhiza). Die ganze Pflanze gilt als giftig. Obwohl die Früchte wegen des süßsauer-bitteren Geschmacks eher ungenießbar sind, werden sie im natürlichen Areal selbst roh verzehrt. Ausbreitung durch Tiere (Verdauungsausbreitung).
Verwendung: In N- und O-Europa werden die Früchte gesammelt, besonders nach Frosteinwirkung, und roh oder gekocht genutzt (z. B. Herstellung von Gelee). Als Ziergehölz ist die Krähenbeere ein anspruchsloser, sehr frostharter, trotz Bevorzugung feuchter Standorte auch Trockenheit ertragender Bodendecker, besonders geeignet für Sandböden, Moorbeete, Heide- und Steingärten. Die nektarreichen Blüten werden von Bienen genutzt, wobei der Genuss des Honigs eventuell zu Magen- und Darmbeschwerden führen kann.

Enkianthus campanulatus – Glockige Prachtglocke

Ericaceae – Heide(kraut)gewächse

Straff aufrechter, 2–3(–5) m hoher, sommergrüner Strauch. **Blätter** wechselständig, an Triebenden oft scheinquirlig gehäuft, elliptisch, 3–7 cm lang, grannig gezähnt, beiderseits mit borstiger Behaarung, im Herbst gelb bis scharlachrot. **Blüten** in nickenden, reichblütigen Schirmtrauben, Krone glockig, gelblich bis hellorange oder -rosa, mit rötlichen oder pfirsichfarben Nerven, gelegentlich fast weiß. Blütezeit: Mai. **Früchte** sich aufrichtende, bis zum Grund öffnende Kapseln.

Name: *Enkianthus* basiert auf griech. „egkyos" = schwanger, trächtig und „anthos" = Blüte, offensichtlich ein Hinweis auf die Blütenfülle; *campanulatus* auf lat. „campana" = Glocke, wegen der Form der Blütenkrone.
Systematik: Die Gattung *Enkianthus* umfasst 10–13 vom Himalaja bis Japan verbreitete Straucharten, durch scheinquirlständig angeordnete Zweigetagen und an den Triebenden quirlig genäherte Blätter von „pagodenartigem" Wuchs.

Nickende Blüten der Glockigen Prachtglocke

Verbreitung: Bergwälder in Japan (Hokkaido, Honshu).
Biologie: Frostharte Halbschatten- bis Schattenpflanze, bei ausreichender Bodenfeuchte auch offene, sonnige Standorte tolerierend.
Verwendung: Attraktives Ziergehölz (1859 nach Europa in Kultur gelangt durch MAXIMOWICZ, St. Petersburg), wird dem Namen Prachtglocke gerecht, denn es ist ein prachtvoller Blütenstrauch für Parks und Gärten, dessen Herbstlaub ebenfalls dekorativ ist.

Erica – Heide oder Erika
Ericaceae – Heide(kraut)gewächse

Immergrüne Zwergsträucher, Sträucher oder kleine Bäume. **Blätter** meist nadelförmig, quirlständig zu 3–4(–6), selten auch wechsel- oder gegenständig. **Blüten** einzeln oder in vielblütigen Blütenständen, Kelch fast bis zum Grund 4-teilig, selten verwachsen, kürzer als die krugförmige bis zylindrische Krone, die lange erhalten bleibt, so dass die fruchtende Pflanze noch blühend erscheint. **Früchte** Kapseln, die in der Krone verborgen sind. Samen zahlreich und staubfein, Ausbreitung durch den Wind.

Name: Von griech. „ereike" und lat. „erice" für verschiedene Heide-Arten, wobei ursprünglich besonders die Baum-Heide (*Erica arborea*) gemeint war. Als „Erika" wird im Volksmund auch das einer anderen Gattung zugehörige Heidekraut (auch Besenheide, siehe *Calluna*!) bezeichnet, wie auch Pflanzen weiterer Gattungen der Familie *Ericaceae* „-heide" genannt werden, z. B. Gäms- oder Alpenheide (*Kalmia procumbens*), Rosmarin- oder Lavendelheide (*Andromeda*).
Systematik: Nach *Rhododendron* die artenreichste Gattung der *Ericaceae*, wobei die Angaben zu Artenzahlen von 500–600 bis 820 schwanken, auch abhängig von der taxonomischen Abgrenzung der Gattung *Erica*. Ein europäisches Beispiel für Einbeziehung oder Ausgliederung von Arten als eigene Gattungen ist die Ähren-Heide *Erica spiculifolia*, die auch einer eigenen Gattung Ährenheide, *Bruckenthalia*, zugeordnet wird.
Verbreitung: Verbreitungsschwerpunkt ist S-Afrika (etwa 650 Arten), weiterhin vorkommend in Hochgebirgen des tropischen Afrika, vom Mittelmeergebiet bis N-Afrika, Makaronesien, West- und Mitteleuropa und kaukasische Schwarzmeerküste.
Lebensraum: Moore, Zwergstrauchheiden, lichte Nadelwälder, Trockenwälder, Fels- und Schotterhänge. Überwiegend saure, nährstoffarme, feuchte bis trockene, sandige und steinige Standorte, meist kalkmeidend, nur wenige Arten auf kalkhaltigen Unterlagen.
Biologie: Symbiose mit Wurzelpilz (endotrophe Mykorrhiza). Bestäubung meist durch Insekten (Bienen, Hummeln, Tagfalter), in Südafrika auch durch Nektarvögel, bei „Schneeblühern" (siehe *Erica carnea*!) sogar Windbestäubung.
Verwendung: Überwiegend im Gartenbau, als Ziergehölze im Kalthaus und Freiland, unentbehrlich besonders für Heide-, Stein- und Naturgärten, auch für Schalen-, Trog- und Balkonbepflanzung geeignet. Obwohl viele Arten Halbschatten tolerieren, entwickeln sie sich am besten an offenen, sonnigen Orten. Durch die verschiedenen Blütezeiten der einzelnen Arten stehen fast das ganze Jahr blühende Pflanzen zur Verfügung, wobei zahlreiche Sorten in kaum noch überschaubarer Fülle ausgelesen wurden. Einige Arten (siehe *E. arborea*!) liefern auch wertvolles Holz.

Straff aufrechte Sprosse der Baum-Heide mit Blüten.

Erica arborea – Baum-Heide

Straff aufrechter, bis 2–4 m hoher Strauch oder kleiner Baum. **Blätter** 3–6 mm lang, dunkelgrün, kahl, Blattrand umgerollt. **Blüten** in Trauben, die zu rispenartigen, bis 40 cm langen Blütenständen vereint sind; Krone grauweiß, duftend.
Name: *arborea* lat. = Baum, baumähnlich, da auch baumförmig wachsend.

Verbreitung: Die *Erica*-Art mit dem am weitesten ausgedehnten und in Teilareale zerfallenden Verbreitungsgebiet, von Madeira und den Kanaren über das Mittelmeergebiet und ostafrikanische Hochgebirge bis zur kaukasischen Schwarzmeerküste.
Lebensraum: Trockengebüsche und lichte Wälder, steinige Hänge; typische Art der mediterranen Macchie.
Biologie: Frostempfindlich, Sommertrockenheit ertragend.
Verwendung: Bekannt als Lieferant von Bruyère, des rotbraunen, schwer brennbaren Maserholzes von Wurzelstöcken für die Herstellung von Tabakspfeifen, auch für Furniere genutzt. Als Ziergehölz wird in Mitteleuropa meist **var. *alpina***, eine weniger frostempfindliche Herkunft aus spanischen Gebirgen, gepflanzt. Im Habitus der Baum-Heide sehr ähnlich und frosthart sind Sorten der in Kultur entstandenen Hybride mit der Schnee-Heide, der **Oldenburger Heide** (***Erica × oldenburgensis***), von März bis Mai blühend.

Erica carnea – Schnee-Heide

10–30(–60) cm hoher Zwergstrauch mit niederliegenden und aufsteigenden Sprossen. **Blätter** 4–8 mm lang, kahl, in dichten 3–4-blättrigen Wirteln, Blattränder umgerollt, an Unterseite weiß behaarten Mittelstreifen freilassend. **Blüten** nickend in einseitswendigen Trauben, Krone röhrig-krugförmig, rosarot bis fleischfarben (bei Sorten auch weiß oder dunkelrot bis purpurn), Staubbeutel aus der Krone herausragend. Blütezeit: Januar–April.

Blütentriebe der Schnee-Heide.

Blütentriebe einer Sorte der Englischen oder Darley-Heide mit weißen Blüten ('Silberschmelze').

Name: *carnea* lat. = fleischfarben, wegen der Farbe der Blütenkrone.
Verbreitung: Kalkalpen, Alpenvorland, nördlich vereinzelt bis Elstergebirge (Vogtland). Am Arealrand Bestände im Rückgang, so dass in Deutschland die Art in die Vorwarnliste der aktuellen Roten Liste aufgenommen wurde.
Lebensraum: Schneeheide-Kiefernwälder und andere Gebirgs-Kiefernwälder, Latschenkiefern-Krummholz, Felsfluren, Schotter der Alpen- und Voralpenflüsse.
Biologie: Bis 30 Jahre alt werdend. Blütenknospen schon im Vorjahr fertig ausgebildet und sich bereits im Winter öffnend (Schnee- und Frühblüher), eine der ersten Nektarquellen für Insekten. Im Gegensatz zu den anderen europäischen Heide-Arten ist die Schnee-Heide kalkhold, sie wächst im natürlichen Areal auf kalkhaltigen Unterlagen, ist aber in Kultur bodenvag und gedeiht auch auf sauren Standorten.
Verwendung: Durch frühe Blütezeit, breite Palette an Blütenfarben und Grüntönen der Blätter (hell- bis tiefdunkelgrün, grau- und bronzegrün) eine der beliebtesten Heide-Arten und

unentbehrliche Gartenpflanze für den Jahresbeginn und Vorfrühling. Durch Kreuzung mit der südwesteuropäischen Purpur-Heide (*Erica erigena*) entstand eine Hybride, die **Englische** oder **Darley-Heide** (***Erica* × *darleyensis***, zuerst aufgefunden um 1890 in Baumschule Darley Dale, Derbyshire), deren Sorten (z. B. **'Silberschmelze'**) die Blütezeit noch verlängern, denn sie blühen ab November bis Mai in verschiedenen Farben, sind außerdem stärker wüchsig (bis 90 cm hoch), aber nicht ganz frosthart.

Erica spiculifolia – Ähren- oder Siebenbürger Heide

10–25 cm hoher, dicht verzweigter Zwergstrauch mit niederliegend-aufgerichteten Sprossen und dünnen aufrechten Trieben. **Blätter** an derselben Pflanze quirlig, gegen- oder wechselständig, sehr dicht stehend, 3–5 mm lang, am Rand umgerollt, schwach drüsig behaart, glänzend dunkelgrün. **Blüten** in ährenähnlichen Trauben, Kelch bis über die Mitte röhrenförmig verwachsen, wie die glockenförmige Krone rosa (bei Sorten auch dunkler oder weiß). Blütezeit: Juni–August.

Blühende Ähren- oder Siebenbürger Heide.

Name: *spiculifolia* lat. = spitzblättrig, da Blätter lang zugespitzt.
Systematik: Früher *Bruckenthalia spiculifolia*; die monotypische Gattung *Bruckenthalia*, benannt zu Ehren von Bru(c)kenthal, Begründer des später nach ihm benannten naturwissenschaftlichen Museums von Hermannstadt (Sibiu) in Siebenbürgen (Rumänien), wird heute meist *Erica* zugeordnet.
Verbreitung: Südkarpaten, Gebirge der Balkan-Halbinsel bis angrenzende Türkei.
Lebensraum: Zwergstrauchheiden, Grasfluren, lichte Wälder in 900–2500 m ü. M.
Biologie: Licht- bis Halbschattenpflanze, kalkmeidend.
Verwendung: Als Ziergehölz wertvoll für Heide- und Steingarten, im Heidegarten durch die vor dem Heidekraut (*Calluna*) einsetzende Blütezeit (ab Juni) das sommerliche Blühen einleitend.

Erica tetralix – Glocken-Heide

20–50 cm hoher, aufrecht wachsender bis niederliegender Zwergstrauch. **Blätter** zu (3–)4 quirlig, 4–5 mm lang, linealisch bis lanzettlich, am Rand nach unten umgerollt, steifhaarig bewimpert. **Blüten** zu 4–12 in kopfigen Schirmtrauben. Krone rosa (bei Sorten auch weiß), bauchig-röhrenförmig, 6–7 mm lang, Kelch lang bewimpert. Blütezeit: Juni–September.
Name: „tetra" griech. = vier, bezieht sich auf die meist vierzähligen Blattquirle.
Verbreitung: W-Europa und atlantisch beeinflusstes Mitteleuropa. Durch Entwässerung, Torfabbau, land- und forst-

Blühende Glocken-Heide, oben und links Heidekraut.

wirtschaftliche Nutzung der Moore seit dem 19. Jahrhundert im Rückgang, so dass die Art in vielen Gebieten, in denen sie natürlich vorkommt, heute in ihrem Bestand gefährdet ist, so wird sie in Deutschland in der Vorwarnliste der Roten Liste geführt.
Lebensraum: Moore, Feuchtheiden, lichte Moorwälder und -gebüsche.
Biologie: Konkurrenzschwach, lichtbedürftig, bevorzugt auf feuchten, nährstoffarmen und sauren Torf- oder Sandböden wachsend, kalkmeidend.
Verwendung: Wertvolles Ziergehölz für Moorbeetpflanzungen oder feuchte Stellen im Heidegarten. Neben der Wildform sind Sorten mit weißen oder dunkel- bis lilarosa Blüten und graugrüner bis silbergrauer Beblätterung in Kultur.

Weitere Arten:
***Erica ciliaris*, Dorset-** oder **Wimper-Heide:** Bis 30 cm hoher Zwergstrauch, dessen Blätter und Kelche wie bei der Glocken-Heide lang bewimpert sind, aber die Pflanzen sehen durch die 5–12 cm langen Blütentrauben ganz anders aus. Außerdem Blätter meist quirlig zu 3, nur 2–4 mm lang, eilanzettlich, mit nur schwach umgebogenem Rand. Die rosarote Blütenkrone ist krugförmig und größer, 8–10 mm lang. Zur zierenden Wirkung dieser vom Sommer bis zum Herbst blühenden Art tragen die für eine *Erica*-Art sehr großen Blüten bei. Leider ist die atlantisch (W- bis SW-Europa) verbreitete Art recht empfindlich gegenüber Frost bzw. Frosttrocknis, so dass sich im Winter eine Abdeckung mit Reisig empfiehlt.

Blütentraube der Dorset- oder Wimper-Heide.

***Erica cinerea*, Grau-Heide:** Bis 60 cm hoher Zwergstrauch, dessen nadelförmige, kahle, 4–7 mm lange Blätter in Quirlen zu 3 stehen, ihre Ränder sind so stark umgerollt, dass die Blattunterseite völlig verdeckt ist. Die Blüten mit der hell- bis purpurvioletten Krone stehen quirligzu 4–8 in dichten Schirmtrauben. Blütezeit: Juni–September. Westeuropäische Art atlantischer Zwergstrauchheiden, die nach Osten bis Westfalen reicht, aber die natürlichen Vorkommen in Deutschland sind nach der Roten Liste stark gefährdet. Trotz eingeschränkter Frosthärte ist die Grau-Heide eine wertvolle Zierpflanze für den Heide- und Steingarten. Die Farbpalette reichblütiger Sorten mit intensiver Blütenfarbe wird von keiner anderen Heide-Art übertroffen, sie reicht von weiß und rosa über hell-, dunkel-, wein-, purpur- und rubinrot bis blau- und purpurviolett.

Blühende Grau-Heide.

Cornwall-Heide mit Blütentrauben.

Erica vagans*, Cornwall-Heide:** Die 4–10 mm langen Blätter des bis 50 cm hohen Zwergstrauchs stehen in Quirlen zu 4–5, die Blüten meist zu 2 achselständig, eine 8–16 cm lange, zylindrische Scheintraube bildend. Aus der purpurrosa, kugel- bis urnenförmigen Krone ragen die Staubbeutel heraus. Art küstennaher Felshänge W-Europas. Ein wertvoller, im Spätsommer und Herbst reich blühender Bodendecker, der in verschiedenen Sorten mit unterschiedlichen und leuchtenden Blütenfarben im Handel ist, leider ist die Art nicht ganz frosthart. In Cornwall wurde 1910 eine wildwachsende Hybride mit der Glocken-Heide entdeckt und in Kultur genommen (Erica × williamsii***), von den variablen Pflanzen fanden Klone mit goldgelben, im Winter bronzefarbenen Triebspitzen besonderes Interesse.

Escallonia rubra – Roter Andenstrauch, Rote Eskallonie

Escalloniaceae – Eskalloniengewächse

Immergrüner, 1–2,5(–4) m hoher Strauch mit teilweise überhängenden Zweigen. **Blätter** meist wechselständig, verkehrt eiförmig bis lanzettlich, 2,5–7 cm lang, oberseits kahl und glänzend, unterseits mit aromatisch duftenden dickstieligen Harzdrüsen, die ebenso die Zweige, Blütenstandsachsen und Kelche bekleiden. **Blüten** in lockeren Rispen, Krone rosa bis dunkelrot, 1–1,5 cm lang, unterer schmaler Teil der Kronblätter (Nagel) mit den Rändern verklebt und eine etwa 1 cm lange scheinbare Kronröhre bildend. Blütezeit: Juni–September. **Früchte** vielsamige Kapseln, 8–10 mm lang.

Name: Gattung nach ESCALLON, einem spanischen Reisenden und Pflanzensammler in Kolumbien, benannt; *rubra* lat. = rot, wegen der Farbe der Blütenkrone.
Systematik: Zur Gattung, die früher den Stachelbeergewächsen (*Grossulariaceae*) zugeordnet wurde, gehören 40–50 Arten in der australen Zone Südamerikas, von hier in den Anden nördlich bis Mittelamerika. Immer-, selten sommergrüne Sträucher oder Kleinbäume mit wechsel-, selten fast gegenständigen oder quirligen, einfachen, meist grob und drüsig gesägten Blättern sowie 5-zähligen Blüten mit schüssel- bis röhrenförmigem Blütenbecher.
Verbreitung: *E. rubra* kommt an steinigen und felsigen Hängen luftfeuchter Lagen an der Küste und in den Anden von Chile und S-Argentinien vor.
Biologie: In Mitteleuropa frostempfindlich, aber nach dem Zurückfrieren bzw. Rückschnitt wieder austreibend.

Blütenrispen des Roten Andenstrauchs.

Seitenspross des Weißen Andenstrauchs mit Blütenrispen.

Verwendung: In Irland und England (1827 in Kultur eingeführt) beliebte Heckenpflanze, zumal als ein Laubgehölz mit langer Blütezeit im Sommer, das immergrüne Hecken bildet. In Mitteleuropa ist die Art nur für wintermilde, warme und windgeschützte Lagen geeignet.

Weitere Art und Hybride:
Escallonia virgata*, Weißer Andenstrauch, Ruten-Eskallonie:** Aus den höheren Lagen der Anden stammender Strauch mit kleineren Blüten, deren weiße Krone keine Röhre bildet, und mit nur 1–1,5 cm langen, drüsenlosen Blättern. Etwas frosthärter als der Rote und der Weiße Andenstrauch sind die Sorten des sowohl in der Natur (Anden) auftretenden als auch in Kultur entstandenen ('Langleyensis', 1893 VEITCH, England) **Steifen Andenstrauchs, *Escallonia × rigida, einer rosarot blühenden Hybride beider Arten.

Eubotrys racemosa – Sommertraubenmyrte

Ericaceae – Heide(kraut)gewächse

Sommergrüner, 1–2(–4) m hoher, aufrechter Strauch. **Blätter** wechselständig, länglich elliptisch, 2–7 cm lang, kaum und nur fein gesägt, anfangs beiderseits behaart, mit Ausnahme der Nerven verkahlend. **Blüten** in end- und achselständigen, aufrechten oder abspreizenden, 3–8 cm langen Trauben, Blütenknospen bereits im Vorjahr angelegt, Krone zylindrisch, 8–9 mm lang, weiß oder schwach rosa. Blütezeit: Mai–Juni. **Frucht** kugelige Kapsel, 4 mm Durchmesser.

Name: *Eubotrys* basierend auf griech. „eû" = schön und „bótrys" = Traube, wegen der attraktiven Blütentrauben. Deutscher Name Sommertraubenmyrte, da im Unterschied zur Gattung der immergrünen Traubenmyrten (*Leucothoë*), zu der die Art früher gestellt wurde, sommergrün.
Systematik: Die früher (und teils immer noch) *Leucothoë racemosa* genannte Art wird heute wie eine weitere sommergrüne nordamerikanische Art von *Leucothoë* (siehe auch dort) abgetrennt und zur Gattung *Eubotrys* gestellt.
Verbreitung: Östliches Nordamerika (NO- bis SO-USA).
Lebensraum: Bodensaure Feuchtwälder und Gebüsche an Gewässerufern, Moore, feuchte Sandböden.
Ökologie: Bevorzugt wintermildes, sommerfeuchtes und -warmes Klima, Lichtpflanze, aber bei entsprechender Luft- und Bodenfeuchte Halbschatten ertragend, kalkmeidend.
Verwendung: Attraktiver Zierstrauch mit weißer Blütenfülle und gelber, oranger oder roter Herbstfärbung, vor allem für Rhododendron- und feuchte Heidegärten, Moorbeete, auch zur Unterpflanzung, geeignet.

Blütentrauben der Sommertraubenmyrte.

Eucommia ulmoides – Guttaperchabaum

Eucommiaceae – Eucommiengewächse

Sommergrüner, bis 20 m hoher, meist schmalkroniger Baum. Borke grau. Junge Triebe grün, gelbbraun behaart. Zweige mit gekammertem Mark, verkahlend, grau bis graubraun. Knospen eiförmig, zugespitzt, 3–5 mm lang, glänzend rotbraun, mit 6–8 fein bewimperten Knospenschuppen. **Blätter** wechselständig, 1–2,5 cm lang gestielt. Spreite ungeteilt, elliptisch bis länglich eiförmig, zugespitzt, 5–10 cm lang und 2,5–7 cm breit, am Grund gerundet oder breit keilförmig, am Rand dicht gesägt, oberseits glänzend dunkelgrün, Nervennetz eingesenkt, unterseits Nervennetz deutlich erhaben, behaart. **Blüten** duftlos, in den Achseln der Knospenschuppen an der Basis der Neutriebe, ohne Blütenhülle, eingeschlechtig, zweihäusig verteilt. Männliche Blüten mit 5–12 Staubblättern, deren Fäden nur 1 mm lang, deren Staubbeutel aber 1 cm lang sind. Weibliche Blüten 1 cm lang, ihr Fruchtknoten mit 2 Samenanlagen. Blütezeit: März–Mai. **Frucht** eine lederartige, schwarzbraune, länglich ellipsoidische Nuss, 1–3 mm lang gestielt, 2,5–3,5 cm lang und 12 mm breit, längs 2-seitig geflügelt, 1-samig, Samen zentral. Fruchtstiele oft persistierend. Fruchtreife: Oktober.

Name: Von griech. „eu“ = schön, „kommi“ = Gummi; *ulmoides* = ulmenähnlich (Früchte).
Systematik: *Eucommia* ist die einzige und monotypische Gattung der *Eucommiaceae*, einer isoliert stehenden Pflanzenfamilie.
Verbreitung: Mittel-China (Tsinling-Gebirge). In China häufig in den Provinzen Guizhou Hubei, Shaanxi und Sichuan angepflanzt. Am Naturstandort wohl verschollen. Die Art ist in der IUCN Red List als gefährdet aufgeführt. Fossil ist *Eucommia* seit dem Paläozoikum nachgewiesen.
Lebensraum: In lichten Gebirgs-Mischwäldern in 100–2000 m ü. M.
Biologie: *Eucommia* ist windblütig. Früchte werden, wenn beide Geschlechter beieinander stehen, reich gebildet. Sie werden durch den Wind verbreitet und keimen im Frühjahr, so dass eine Naturverjüngung nicht selten ist. *Eucommia* ist der einzige winterharte Baum, der Gummi bildet. Guttapercha ist in den Blättern und den Früchten, vor allem aber in der Rinde enthalten. Bricht man Blätter vorsichtig auseinander und zieht an beiden Hälften, so werden feine, helle Fäden sichtbar.
Verwendung: Westliche Botaniker hatten erst 1886 Gelegenheit, Material von *Eucommia* zu betrachten. Henry sammelte Herbarmaterial und schickte es nach Kew. Saatgut sammelte Farges und sandte es 1892 an die Baumschule von Vilmorin. Anfangs dachte man, aus *Eucommia* im Süden Englands Latex gewinnen zu können. In China wird Latex zum Auskleiden von Röhren (Pipelines) und zur Isolierung elektrischer Kabel verwendet. Die Droge

Seitenspross des Guttaperchabaums mit Früchten. ▶

„duzhong", aus *Eucommia*-Rinde gewonnen, soll zur Revitalisierung der inneren Organe, zur Kräftigung der Knochen, Muskeln und Sehnen, der Förderung der Potenz dienen und, bei regelmäßiger Einnahme, den Alterungsprozess verzögern. Tinkturen aus getrockneten Blättern und Rinde werden in China gegen Arthritis, hohen Blutdruck und als Gerinnungsmittel verwandt, Latex wird sogar zu Zahnfüllungen genutzt. Das Holz ist als Tischlerholz geschätzt. Eucommien werden in Mitteleuropa leider nur selten angepflanzt, obwohl sie völlig winterhart, frei von Schädlingen sind und wegen der hellen Stämme und des dunklen, glänzenden Laubs ansehnliche Laubgehölze darstellen. Die Blätter weisen keine Herbstfärbung auf.

Euonymus – Spindelstrauch, Pfaffenhütchen

Celastraceae – Spindelstrauchgewächse

Sommer- oder immergrüne aufrechte Sträucher oder kleine Bäume, seltener kriechende oder mit Haftwurzeln kletternde Gehölze. Zweige oft 4-kantig, mitunter mit Korkleisten. Knospen mit Knospenschuppen, ei- bis spindelförmig. **Blätter** meist gegenständig und kahl, mit ungeteilter Spreite, ohne Nebenblätter. **Blüten** in blattachselständigen Trugdolden (Zymen), meist zwittrig, mit doppelter Blütenhülle, 4- oder 5-zählig. Die kurzen Staubblätter und der oberständige Fruchtknoten einer großen Nektarscheibe (Diskus) aufsitzend. **Frucht** eine 3–5-fächerige, oft gerippte oder geflügelte, sich noch turgeszent fachspaltig öffnende Kapsel. Je Fruchtfach meist 1–2 Samen. **Samen** weiß bis rosa, selten in Teilen schwarz, ganz oder teilweise von einem orangeroten bis roten Samenmantel (Arillus) umhüllt, zur Reife an den geöffneten Früchten exponiert und für eine Vogelausbreitung lange haften bleibend. **G!**

Name: Der Name „evonymos" wurde bereits von THEOPHRAST für den Spindelstrauch gebraucht. Er leitet sich von „eu" = wohl-, gut und „onoma" = Namen, d. h. guter Name, ab. Die Pflanze galt damals aufgrund ihres unangenehmen Dufts und der giftigen Früchte als unheilbringend und wurde daher verhüllend bezeichnet. Der deutsche Name „Pfaffenhütchen" nimmt auf die Ähnlichkeit der geschlossenen Früchte mit einem Barett Bezug.
Systematik: Zur Gattung *Euonymus* werden rund 175 Arten gerechnet. In Europa sind 4 Arten beheimatet.
Verbreitung: Das Verbreitungsgebiet erstreckt sich auf Nord- und Mittelamerika, Eurasien, Madagaskar und Australien. Das Mannigfaltigkeitszentrum liegt im Himalaja und O-Asien. Fossil ist die Gattung seit dem Tertiär bekannt.
Biologie: Die meisten Arten sind in allen Teilen stark giftig, insbesondere die Früchte und Samen, die Glykoside enthalten. Die wichtigsten Gifte sind Evonosid, Evobiosid, Evomonosid. Die Blüten werden auch von kurzrüsseligen Insekten wie Fliegen bestäubt, die Nektar aufnehmen.
Verwendung: Viele Arten sind, vor allem wegen ihres Fruchtschmucks, angepflanzt. Die Vermehrung erfolgt durch Samen oder krautige Stecklinge.

Euonymus europaeus – Gewöhnlicher Spindelstrauch

Sommergrüner, 1,5–3(–7) m hoher, reich verzweigter, aufrechter Strauch. Zweige rundlich bis 4-kantig, zuweilen schwach geflügelt, anfangs grün, später graubraun. Knospen eiförmig, zugespitzt, 3–6 mm lang, kahl. **Blätter** gegenständig, 5–10 mm lang gestielt, Spreite eielliptisch bis länglich, 3–8 cm lang, 1,5–3,5 cm breit, gesägt, oberseits kahl, unterseits entlang der Nerven behaart. **Blüten** in 2–9-blütigen Trugdolden, 4-zählig, 10 mm Durchmesser, grünlich, Staubbeutel gelblich. Blütezeit: Mai–Juni. **Früchte** hängend, stumpf 4-kantig, rosen- bis karminrot, 10–15 mm Durchmesser. **Samen** eiförmig, 5–7 mm lang, weiß, völlig vom orangefarbenen Samenmantel bedeckt. Fruchtreife: August–Oktober.
Name: *europaeus* lat. = europäisch.

Verbreitung: Europa von Spanien bis zur Wolga, Kleinasien bis Kaukasus.
Lebensraum: In Auen- und Laubwäldern, Gebüschen und Hecken. Auf feuchten bis wechselfeuchten, nährstoffreichen Böden. Sonnige bis schattige Standorte. Vom Flachland bis zu 1200 m ü. M. in den Alpen.
Biologie: Die Blüten werden vor allem von Fliegen aufgesucht. Vögel wie Rotkehlchen, Drosseln oder Amseln fressen und verbreiten die Samen. Das Pfaffenhütchen wird sehr oft von einer Gespinstmotte, *Yponomeuta cognatellus*, befallen, die die Sträucher einspinnt und kahl frisst. Durch einen erneuten Blattaustrieb nehmen die Pflanzen keinen Schaden.
Verwendung: Aus dem Holz wurden früher Spindeln für die Weberei gedrechselt, daher Spindelstrauch. Das Holz diente auch zur Herstellung von Zahnstochern, Spießen und Geigenbögen. Schließlich spielte es auch eine Rolle zur Herstellung von Holzkohle. Der Samenmantel diente früher zum Färben der Butter. Häufig angepflanzt in Parks, an Böschungen und Straßenrändern. Attraktiv vor allem durch die Früchte.

Blühender Gewöhnlicher Spindelstrauch.

Gewöhnlicher Spindelstrauch mit Herbstfärbung der Blätter und Früchten.

Ähnliche Art:
***Euonymus hamiltonianus* var. *maackii*, Maacks Spindelstrauch:** Bis 5 m hoher Strauch. Blätter 5–8 mm lang gestielt. Spreite elliptisch, 5–8 cm lang und 1,5–3 cm breit. Blüten gelblich, 10 mm Durchmesser. Blütezeit: Juni. Früchte rosa, 4-lappig, 10–12 mm Durchmesser. Samen rot, Samenmantel orangefarben. Fruchtreife: Oktober. Die Art ist nach dem Botaniker Francis Buchanan-Hamilton, die Varietät nach Richard Maack benannt. Verbreitung: Ostasien (Ussuri- und Amurgebiet, Mandschurei, Japan). Frosthart bis –15 °C. Häufig angepflanzt. Schöne Herbstfärbung von gelb bis hellrot.

Weitere Arten:
***Euonymus alatus*, Flügel-Spindelstrauch:** Sommergrüner, breit ausladender, dicht verzweigter, bis 4 m hoher Strauch. Zweige grün, mit 2 oder 4 flügelartigen Korkleisten, im Alter zum Teil waagerecht stehend. Knospen 3–7 mm groß. Blätter gegenständig, 1–2 mm lang gestielt. Spreite elliptisch,

Zweig mit Korkleisten und Herbstfärbung der Blätter des Flügel-Spindelstrauchs.

lang oder geschwänzt zugespitzt, am Grund keilförmig, 3–6 cm lang und 10–30 mm breit, fein und scharf gesägt, dunkelgrün, kahl. Blüten duftlos, in 2 cm lang gestielten, 1–3-blütigen Trugdolden, grünlich gelb, 8–9 mm Durchmesser. Blütezeit: Mai–Juni. Früchte aus 4 eiförmigen, nur am Grund miteinander verbundenen Fruchtblättern gebildet, meist entwickeln sich nur 1–2, befruchtete, purpurne, Samen tragende Fruchtblätter. Samen 4–6 mm lang, weiß bis hellrosa, völlig vom orangeroten Samenmantel umhüllt. Fruchtreife: September–Oktober. Verbreitung: O-Sibirien, China, Korea, Sachalin, Kurilen, Japan (Hokkaido bis Kyushu). In Wäldern vom Flachland bis in Gebirgslagen. In Europa seit 1860. Sehr oft angepflanzt wegen seines ornamentalen Wuchses und der prächtigen rosa bis purpurroten Herbstfärbung. Anspruchsloses Gehölz für sonnige bis halbschattige Standorte. Frosthart bis –25 °C. *alatus* lat. = geflügelt, abgeleitet von „ala“ = Flügel.

***Euonymus fortunei*, Kletter-Spindelstrauch:** Pflanze immergrün, niederliegend-aufsteigend oder mit kurzen Haftwurzeln an Bäumen und Mauern kletternd und dann mit wurzellosen, ± waagerecht abstehenden Zweigen. Blätter gegenständig, lederig, 5–10 mm gestielt, elliptisch bis eiförmig elliptisch, 2–6 cm lang, zugespitzt oder abgerundet, am Grund breit keilförmig bis rundlich, fein bis kerbig gesägt, dunkelgrün, kahl. Blüten grünlich weiß, Trugdolden 2–5 cm lang gestielt, mit 15–20 Blüten. Blütezeit: Juni–Juli. Früchte rundlich, 5–8 mm Durchmesser, grünlich weiß. Samenmantel orangefarben, den weißen Samen ganz umhüllend. Fruchtreife: Oktober. Verbreitung: China, Korea, Japan (Hokkaido bis Kyushu). In Europa seit 1907 in Kultur. Vom Kletter-Spindelstrauch werden viele Formen angepflanzt, deren Zuordnung oft sehr schwierig ist, da sich Jugend- und Altersformen mitunter recht unähnlich sind. Benannt nach ROBERT FORTUNE.

Seitenspross des Kletter-Spindelstrauchs mit Früchten.

'Coloratus': Am Boden kriechend 40–50 cm hoch. An Bäumen und Mauern bis 5 m hoch kletternd. Blätter sich im Herbst nach dunkelpurpurn verfärbend.

'Minimus': Blätter nur 6–15 mm lang. In Kultur seit 1893.

'Vegetus': 40–50 cm hoher Bodendecker oder bis 5 m hoch kletternd und Stämme von über 10 cm Durchmesser bildend. Blätter hell grünlich, bis 4 cm lang und 3,5 cm breit. An den abspreizenden, wurzellosen Ästen reich blühend und fruchtend. Japan. In Kultur seit 1876.

var. *radicans*: Blätter bis 3,5 cm lang, sehr lederig. Kriechend oder bis 3 m hoch kletternd. Japan. Um 1865 nach Europa gelangt.

Kleinblättrige Varietät (var. radicans) des Kletter-Spindelstrauchs am Fuß einer Japan-Lärche im natürlichen Lebensraum (Honshu). ▶

***Euonymus japonicus*, Japanischer Spindelstrauch:** Immergrüner, 2–4 m hoher, aufrechter, kahler Strauch mit stielrunden, grünen Zweigen. In seiner Heimat bis 7 m hoher Baum. Blätter gegenständig, derb lederig, eiförmig bis schmal elliptisch, 3–8 cm lang und 2–4 cm breit, glänzend dunkelgrün. Blütenstände 4–7 cm lang, reichblütig. Blüten 4-zählig, hellgrün, 5 mm Durchmesser. Kapseln 7 mm Durchmesser, rosa, Samen weiß, Samenmantel orangerot. Blütezeit: Juni–Juli; Fruchtreife: Oktober. Verbreitung: China, Korea, Japan (Hokkaido bis Honshu). In Japan in Wäldern und an Hängen nahe dem Meer. Frosthart bis –10 °C. Kultiviert in sehr vielen, vor allem buntblättrigen Sorten (z. B. **'Variegatus'**), die jedoch teils weniger frosthart als die Art sind und dann im Haus bzw. unter Glas überwintert werden müssen.

***Euonymus latifolius*, Breitblättriger Spindelstrauch:** Sommergrüner, 3–5 m hoher, mäßig stark verzweigter Strauch mit bogig überhängenden Zweigen. Knospen bis 2 cm lang, braunrot, Seitenknospen gebogen. Blätter 4–6 mm lang gestielt, Stiel oberseits mit Rinne. Spreite länglich eiförmig bis verkehrt eiförmig elliptisch, 6–12 cm lang und bis 5,5 cm breit, regelmäßig fein gesägt, Zähne einwärts gebogen, am Grund breit keilförmig bis gerundet. Blüten zu 7–15 in lang gestielten Trugdolden, grünlich, 10 mm Durchmesser. Blütezeit: Mai–Juni. Früchte in 5–7,5 cm lang gestielten Ständen, hängend, 5-, selten 4-flügelig, karminrot, 2 cm Durchmesser. Samen weiß, Samenmantel orangefarben. Fruchtreife: September. Verbreitung: Südeuropa bis Westasien. In Deutschland im Alpenvorland, den Alpen und in SO-Baden-Württemberg. Lebensraum: Laub- und Nadelmischwälder, vor allem Hang- und Schluchtwälder. Kalkhold. Häufig angepflanzt. Oft verwechselt mit *E. planipes*, der aber scharfkantige Fruchtflügel hat. *latifolius* lat. = breitblättrig.

Japanischer Spindelstrauch mit Früchten.

Durch Blattfleckung auffällige Sorte ('Variegatus') des Japanischen Spindelstrauchs.

Früchte des Breitblättrigen Spindelstrauchs.

Blühender Zwerg-Spindelstrauch.

***Euonymus nanus*, Zwerg-Spindelstrauch:** Niederliegend-aufsteigender, bis 80 cm hoher sommergrüner, kahler Strauch. Knospen 1–2,5 mm lang. Blätter wechselständig, zuweilen quirlig, linealisch, 2–3,5 cm lang, 4–5 mm breit, ganzrandig oder entfernt gezähnt, am Rand eingerollt. Blüten braunpurpurn, 4-zählig, 4 mm Durchmesser. Blütezeit: Mai–Juni. Früchte 12 mm lang, rosenrot, sich 4-klappig öffnend. Je Fruchtfach 2 Samen. Samen und Samenmantel orangerot. Fruchtreife: August. Verbreitung: Kaukasus bis W-China. In Europa seit 1830 in Kultur. *nanus* lat. = Zwerg.

***Euonymus planipes*, Flachstieliger Spindelstrauch:** Sommergrüner, 2–3(–5) m hoher Strauch mit stielrunden Zweigen. Knospen bis 2 cm lang, purpurrot. Blätter gegenständig, 5–10 mm lang gestielt, oben flach und nicht gefurcht. Spreite eiförmig bis eilanzettlich, 5–12 cm lang und 4–6 cm breit, am Rand gesägt, lang zugespitzt, am Grund keilförmig. Blüten in 7–15 cm langen, lockeren, reich verzweigten, 10–30-blütigen Trugdolden, grünlich gelb. Früchte 4–5-kantig, kaum geflügelt, karminrot, 10–15 mm Durchmesser. Samen weiß, Samenmantel orangefarben. Blütezeit: Mai. Fruchtreife: September. Verbreitung: NO-China, Korea, O-Sibirien, Japan (Hokkaido bis Honshu). In Kultur seit 1893. Häufig angepflanzt. Sehr schöne Herbstfärbung, gelb bis orangerot. Abgeleitet von lat. „planus" = flach, eben und „pes" = Fuß, hier auf den Blattstiel bezogen. Frosthart bis –25 °C.

◀ Früchte des Flachstieligen Spindelstrauchs.

Exochorda racemosa – Chinesische Radspiere

Rosaceae – Rosengewächse

Sommergrüner, 3 m hoher breitbuschiger Strauch. Zweige stielrund, kahl. Rinde später braun, sich in langen Streifen lösend. Knospen eiförmig, zugespitzt, kahl, 3–5 mm lang. **Blätter** wechselständig, einfach, gestielt, schmal verkehrt eiförmig, 4–7,5 cm lang und 1–2 cm breit. **Blüten** schwach duftend (Trimethylamin), in bis 10 cm langen und 2,5–5 cm breiten, endständigen, aufrechten Trauben, seitlich an vorjährigen Zweigen. Untere Blüten bis 5 mm lang gestielt, obere sitzend. Blüten zwittrig mit doppelter, 5-zähliger Blütenhülle, 3–4 cm Durchmesser. Blütenbecher breit schüsselförmig. Kelchblätter sehr klein, kurz und breit. Blütenblätter frei, abrupt in einen kurzen Nagel verschmälert. Staubblätter kürzer als die Krone, 15, zu je 3 über der Ansatzstelle eines Kronblatts. Fruchtblätter 5, frei, durch einen Achsenfortsatz verbunden, sich in 2 Klappen öffnend, 1–2-samig. Blütezeit: Mai. **Frucht** aufrecht, 8–10 mm hoch, verholzt. **Samen** geflügelt. Fruchtreife: Oktober–November.

Blütentrauben der Chinesischen Radspiere.

Name: Von griech. „exo“ = außen und „chorde“ = Saite; *racemosus* lat. = traubenartig.
Systematik: Die Gattung *Exochorda* weist 4–5 Arten in Mittel- und Ostasien auf. Sie ist leicht an den stark verholzten, geflügelten Früchten zu erkennen.
Verbreitung: Nordchina (Henan, Jiangsu, Jiangxi, Zhejiang).
Lebensraum: Schattige Hänge von 200 bis 500 m ü. M.
Biologie: Die weißen, ansehnlichen Blüten werden von Insekten, vor allem Hautflüglern, aufgesucht und bestäubt.
Verwendung: *E. racemosa* wurde 1849 von FORTUNE nach Europa eingeführt. Sie ist heute ein in Gärten und Anlagen weit verbreiteter Zierstrauch, der durch seine Blütenpracht und die ornamentalen Früchte, die den Winter über am Strauch bleiben, sehr beliebt ist. Die Pflanzen sind absolut winterhart und hinsichtlich des Bodens anspruchslos. Die Vermehrung erfolgt durch Samen oder im Mai/Juni geschnittene Stecklinge.

Ähnliche Arten:
***Exochorda giraldii*, Dahurische Radspiere:** Sommergrüner 3 m hoher Strauch, der vorigen Art in der Tracht und Beblätterung sehr ähnlich. Alle Blätter ohne Nebenblätter, 1,5–2,5 cm lang gestielt, Stiele oft rötlich. Blüten zu 6–8 in aufrechten Trauben, die oberen fast sitzend. Kronblätter verkehrt eiförmig, 2,5 cm lang und 1,2 cm breit. Staubblätter 20–30. Blütezeit: Mai. Früchte 1–1,3 cm hoch. Fruchtreife: Oktober–November. Verbreitung: NW-China. An Hängen und in felsigen Tälern von 600 bis 2000 m ü. M. Benannt nach GIUSEPPE GIRALDI, der die Art in Shaanxi sammelte und nach Europa brachte. Frosthart und häufig angepflanzt.

Blütentrauben der Dahurischen Radspiere.

***Exochorda korolkowii*, Turkestanische Radspiere:** Sommergrüner, 4 m hoher Strauch mit kahlen, aufrechten Zweigen. Blätter kurz gestielt, verkehrt eiförmig, kahl, am Ende gezähnt und spitz, die der Langtriebe wenigstens zum Teil mit Nebenblättern. Blüten 5–15 mm lang gestielt, 4 cm Durchmesser, in 7,5–10 cm langen Trauben. Staubblätter etwa 25. Blütezeit: April–Mai. Früchte etwa 1,5 cm hoch. Fruchtreife: September–Oktober. Verbreitung: Turkestan. Von ALBERT REGEL in Buchara in Höhenlagen von 1200 bis 1800 m ü. M. gefunden. Seit 1881 in Kultur. Sehr frosthart. Kalkhold. Häufig angepflanzt. Benannt nach dem Moskauer Colonel KOROLKOW.

Blütenfülle der Sorte 'The Bride' einer Hybride von Turkestanischer und Chinesischer Radspiere.

Neben den Arten sind noch zahlreiche Hybriden und Gartenformen in Kultur, z. B. die überreich blühende Sorte **'The Bride'** von *Exochorda × macrantha* (*E. korolkowii × E. racemosa*). Alle stellen keine besonderen Bodenansprüche. Am besten gedeihen sie in vollsonniger bis halbschattiger Lage.

Fagus sylvatica – Europäische Buche, Gewöhnliche Rotbuche

Fagaceae – Buchengewächse

25–30(–45) m hoher sommergrüner Baum, im Freistand mit breit gewölbter Krone und starken, fast bis zum Boden herabhängenden Ästen, innerhalb des Bestands gerade Stämme mit hoch ansetzender Krone. **Blätter** wechselständig, eiförmig bis elliptisch, 4–10 cm lang, 4–7 cm breit, ganzrandig oder Blattrand wellig gebuchtet (bei verschiedenen Sorten auch gezähnt bis geteilt), jederseits der Mittelrippe mit 5–9 Seitennerven. **Blüten** eingeschlechtig, männliche in hängenden köpfchenförmigen Blütenständen, weibliche zu 2, aufrecht an der Spitze von Langtrieben. Windbestäubung. Blütezeit: April–Mai. **Früchte** glatte, glänzend braune, 3-kantige Nüsse, meist zu 2 in einem verholzten Fruchtbecher.

Name: *Fagus* lat. Name für die Buche, verwandt mit „bhugos" (indogerman.) bzw. davon abzuleitenden Namen wie „buohha" (althochdeutsch), „buk" (slawisch), „bükk" (ungarisch) oder beech (englisch). Dagegen war, obwohl ähnlich, griech. „phegos" (vgl. *Phegopteris*, Buchenfarn) ursprünglich „ein Baum mit essbaren, eichelähnlichen Früchten". Von Buche sind Buchstabe (früher Schriftzeichen in Tafeln oder Stäben aus Buchenholz; ebenso russisches „bukwa" Buchstabe zurückgehend auf „buk", Buche) und das Buch abzuleiten, was die Bedeutung dieser Baumart für die Entwicklung von Literatur und Kultur unterstreicht. Artbeiwort *sylvatica* lat. = Wald-, wild wachsend bezieht sich auf die natürlich (wild) im Wald vorkommende Art, „Rot-" auf das im Vergleich zum weißen Holz der Weißbuche (= Hainbuche, keine Buche, siehe *Carpinus*!) rötliche Holz.

Systematik: Zur Gattung *Fagus* gehören 8–10 Arten der Laubwaldgebiete der gemäßigten (bis meridionalen) Zonen der Nordhalbkugel (in Nordamerika südlich bis Mexiko). Es sind sommergrüne, bis 40–50 m hohe und bis 300–500 Jahre alt werdende Bäume mit grauer glatter Stammrinde und 3-kantigen Nüssen (Bucheckern), die zu (1–)2(–3) von einem (3–)4-klappig aufspringenden, verholzten, außen weichborstigen Fruchtbecher (Cupula) umgeben sind.

Verbreitung: *F. sylvatica* ist die charakteristische Art des nemoralen Laubwaldgebiets Europas (außer O-Europa), in der meridionalen Zone (S-Europa) nur in den Gebirgen.
Lebensraum: Laubwälder und Bergmischwälder frischer, mäßig bis reich nährstoffversorgter, saurer bis basischer Böden vom Tiefland bis in das Bergland, in Gebirgen SW-Mitteleuropas bis zur Waldgrenze.
Biologie: Außerhalb von Nassstandorten, von kontinental beeinflussten Trockengebieten und Spätfrostlagen die konkurrenzstärkste Baumart Mitteleuropas, hohes Durchsetzungsvermögen dank tiefer Beschattung des besiedelten Standorts, hoher Schattentoleranz und intensiver Oberbodendurchwurzelung. Ausbreitung durch Schwerkraft („Plumpsfrüchte“, Aufschlag) und Tiere (Versteckausbreitung durch Anlage von Vorräten, z.B. Eichhörnchen, Eichelhäher).
Verwendung: Forstlich wichtigster Laubbaum Mitteleuropas. Das schwere, harte, zähe, gut spaltbare, aber wenig elastische Holz ist vielseitig einsetzbar, so in Bau- und Möbeltischlerei, als Bau-, Konstruktions- und Schwellenholz, zur Zellstoff- und Plattenherstellung, wobei bei der Verarbeitung zu beachten ist, dass Buchenholzstaub krebserregend ist. Das Holz ist aber ebenso ein hervorragendes Brennholz, das früher als Meilerholz für die Gewinnung von Holzkohle bevorzugt wurde. Holzkohle und Buchenholzteer dienen als Heilmittel (bei Hauterkrankungen und Verdauungsstörungen, als Hustensaft). Die Bucheckern hatten Bedeutung für die Schweinemast im Wald, sollen aber giftig für Pferde und Kälber sein. Die Samen enthalten wertvolle Öle (15–25 % fettes Öl, früher zu Speiseöl verwertet) und um 50 % mehr Eiweiße als Hasel- und Walnüsse, aber der Verzehr größerer Mengen (ab etwa 50 Samen) kann Beschwerden verursachen, da sie durch Saponine und hohen Oxalsäuregehalt schwach giftig sind, was aber nicht das ausgepresste Öl betrifft. Die Art (einschließlich zahlreicher Sorten) fand Eingang in Landschaftsgestaltung, Park- und Grünanlagen. Buchen sind überaus prächtige Parkbäume, wenn genügend Raum zur Verfügung steht. Im Gegensatz zu den robusten und knorrigen Eichen („König des Waldes“) gehören sie mit ihrer anmutigen Verzweigung und glatten Textur zu den „elegantesten“ unter den großen Baumarten („Königin des Waldes“). Unter den in Kultur genommenen oder entstandenen Formen seien nur einige Sorten(gruppen) genannt, so

Zweig der Europäischen Buche mit hängenden männlichen Blütenköpfchen.

Stamm eines Altbaums der Europäischen Buche.

- unter den Hänge-Buchen z.B. ‘Pendula’ mit im Freistand weit ausladenden Seitenästen und malerisch bis zum Boden herabhängenden Zweigen,

Vielgestaltige Blattform bei der Sorte 'Asplenifolia', der bekanntesten der „schlitzblättrigen" Buchen (Heterophylla-Gruppe).

Kleine und fast runde Blätter bei der Sorte 'Rotundifolia'.

- unter den Blut-Buchen (Atropurpurea-Gruppe) z. B. 'Atropunicea', die wohl größte unter den rotlaubigen Bäumen,
- unter den „schlitzblättrigen" Buchen (Heterophylla-Gruppe) die bekannte Sorte **'Asplenifolia'** mit schmalen, unterschiedlich tief fiederlappigen bis -teiligen, teils linealischen Blättern und
- unter den Säulen-Buchen z. B. 'Dawyck', ein dicht und straff aufrecht wachsender Baum bis 20 m Höhe bei 3 m Kronenbreite.

Es treten auch Kombinationen der Merkmale auf, z. B. Hänge- oder Säulen-Blut-Buche mit fiederlappigen Blättern. Die Blätter können auch deutlich größer ('Latifolia', bis 15 cm lang und 10 cm breit) oder ausgesprochen klein und rundlich (**'Rotundifolia'**) sein. Besonders kurios ist die in der Wuchsform stark abweichende, in der Natur verschiedentlich sogar in kleinen Beständen (z. B. nordwestdeutsche Mittelgebirge Süntel, Deister, Teutoburger Wald) aufgetretene **Süntel-Buche** (**var. *suentelensis***), bei der die Äste knie- und zickzackartig gebogen, schlangenartig gewunden, verdreht und verwoben sind, im äußeren Kronenbereich herabhängend. Die natürlichen Vorkommen sind als „Gespensterbuchen" oder „Deuwelsholt" weitgehend vernichtet, so dass heute fast nur noch ausgelesene, vegetativ vermehrte Exemplare (Tortuosa-Gruppe) existieren. Wenn auch die japanische Kerb-Buche (siehe *Fagus crenata*) die in Japan für Bonsai beliebte Buche ist, so eignet sich auch *F. sylvatica* nebst der Blut-Buche dafür.

Bizarre Wuchsform der Süntel-Buche.

Ähnliche Art:

Fagus orientalis*, Orient-Buche, Kaukasische Rotbuche:** In Kultur raschwüchsiger als *F. sylvatica*, treibt eher aus, die leuchtend goldgelbe Herbstfärbung setzt etwa 2 Wochen früher ein. Die Blätter sind größer, 8–12 cm lang, bis 8 cm breit, elliptisch bis verkehrt eiförmig, jederseits der Mittelrippe mit (8–)10–12, unterseits stärker seidig behaarten Seitennerven. Die unteren Borstenschuppen der Fruchtbecher sind spatelig verbreitert. Die Orient-Buche ist ein charakteristischer Waldbaum der Gebirge der Kaukasus-Region (bis N-Türkei und N-Iran), anfangs trägwüchsig, aber dann rasch an Höhe gewinnend. In Mitteleuropa ist sie ein eindrucksvoller Parkbaum, die gelegentlichen Vorkommen in Wäldern sind auf frühere Saatgutimporte aus Kaukasien zurückzuführen. Mit der Europäischen Buche in SO-Europa (bis zur Krim) durch hybridogene Übergänge verbunden, die als **Krim-Buche** oder **Moesische Rotbuche, *Fagus × taurica, bezeichnet werden.

Fruchtbecher der Orient-Buche.

Weitere Arten:

***Fagus crenata*, Kerb-Buche oder Siebolds Buche:** Japanische Buche mit eiförmigen bis elliptisch eiförmigen, am Rand deutlich, wenn auch seicht, gekerbten Blättern von 5–11 cm Länge und 7–12 Seitennerven jederseits der Mittelrippe. Die borstenförmigen Anhängsel der Fruchtbecher sind > 2 mm lang und stehen meist ab. In Japan gern für Bonsai verwendet, bei uns ab und zu als Parkbaum.

Blätter der Kerb-Buche.

***Fagus grandifolia*, Amerikanische Buche:** Einzige nordamerikanische Buchenart, ein ausgedehntes Areal im Osten Kanadas und der USA einnehmend. Sie zeichnet sich durch größere, 5–14 cm lange, deutlich gezähnte Blätter mit 8–15 Seitennerven jederseits der Mittelrippe aus. Interessantes Alleinstellungsmerkmal unter den Buchen ist die Wurzelbrut. Während andere Arten unter optimalen Standortbedingungen ebenfalls Stockausschlag bilden können (z. B. Nutzung für Hecken), weist die Amerikanische Buche außerdem Wurzelsprosse auf, die manchmal ein Dickicht um einen Baum entstehen lassen.

◀ Blätter und Fruchtbecher der Amerikanischen Buche.

Fallopia aubertii – Chinesischer Knöterich

Polygonaceae – Knöterichgewächse

Sommergrüne, bis 10 m hoch rechtswindende, stark wachsende Liane. Junge Triebe rötlich, kahl. Zweige graubraun, Epidermis aufreißend, grau. Knospen durch eine Ochrea geschützt, kegelförmig, zugespitzt. **Blätter** wechselständig, im Austrieb rötlich, 1,5–2,5(–5) cm lang gestielt. Spreite länglich eiförmig bis eiförmig, 2,5–5(–9) cm lang und 1,5–3 cm breit, am Grund spießförmig, am Ende zugespitzt, beidseitig kahl. Blattrand meist gewellt. **Blüten** duftlos, in großen, verzweigten, fein warzigen Rispen, 3–4 mm lang dünn gestielt, weiß, im Verblühen rosa getönt, zwittrig, Staubblätter 8. Blütezeit: Juli–Oktober. **Frucht** eine eiförmige, 3-kantige, 3,5–5 mm lange geflügelte, schwarz glänzende, fein gekörnelte Nuss. Blütenhülle persistierend, dünnhäutig, allmählich in den Fruchtstiel verschmälert. Die 3 äußeren Blütenhüllblätter die Nuss deutlich überragend, geflügelt, viel größer als die 2 ungeflügelten inneren. Fruchtreife: September–Oktober.

Blühender Chinesischer Knöterich.

Name: Benannt nach dem italienischen Professor für Anatomie in Pisa und Padua Gabriele Fallopi (1523–1562). Aubert entdeckte die Pflanze bei Kangding in West-Sichuan und sandte im Frühjahr 1899 Saatgut nach Frankreich. Louis Henry beschrieb den Chinesischen Knöterich nach einer am Pariser Museum wachsenden Pflanze, die aus Auberts Saatgut stammte. Der Chinesische Knöterich hat in den letzten Jahren seinen wissenschaftlichen Namen öfter gewechselt. Er hieß *Polygonum aubertii* und *Bilderdykia aubertii*.

Systematik: Die Gattung *Fallopia* enthält etwa 16 Arten, die in der temperaten Zone der Nordhemisphäre beheimatet sind.

Verbreitung: Mittel- und Westchina (Gansu, Henan, Hubei, Shaanxi, Shanxi, Sichuan, Yunnan).

Lebensraum: An Hängen, in Dickichten, in Tälern von 900 in 3200 m ü. M.

Biologie: Die Blüten werden von verschiedenen Insekten aufgesucht.

Verwendung: Der Chinesische Knöterich ist eine häufig angepflanzte Liane. Dank seiner Robustheit eignet er sich sehr gut zur Anpflanzung an Pergolen oder an Bäumen, aber auch zur Begrünung an Lärmschutzwänden. Vermehrt wird er durch Ableger oder Stecklinge. Er sät sich nicht selbst aus und verwildert höchstens auf vegetative Weise.

Fargesia nitida – Fontänen-Schirmbambus
Poaceae – Süßgräser

Dichte Horste bildender, immergrüner Bambus mit sehr kurzen Rhizomen und 2–3(–4) m hohen und runden, 9–12(–20) mm dicken Halmen. Halme anfangs graugrün, dicht bereift, bald purpurn, kahl, sich erst im 2. Jahr verzweigend, im oberen Teil überhängend. Halmscheiden kürzer als die 20 cm langen Internodien, spät abfallend, anfangs purpurgrün, purpurn behaart. **Blätter** linealisch, 4–7(–10) cm lang und 5–10 mm breit, dunkelgrün, kahl, ihre Scheiden mit sehr kurzen Borsten. Seitenhalme 3 bis mehrere, aus einer Knospe entspringend. Blütenstand endständig an Seitenhalmen, einseitig von einem kahnförmigen Hochblatt umgeben. Ährchen mehrblütig, **Blüten** mit 3 Staubblättern und 3 Narben. **Frucht** spindelförmig, 6–8 mm lang.

Name: Die Gattung *Fargesia* wurde nach Paul Guillaume Farges benannt. *nitidus* lat. = glänzend, hübsch, nett.
Systematik: Der Gattung *Fargesia* werden über 80 Arten in China und Vietnam zugeordnet. Sie ist oft auch als *Thamnocalamus* aufgeführt. Die stielrunden Halme bilden dichte Horste und verzweigen sich erst im 2. Jahr.
Verbreitung: M-China (Sichuan, Yunnan, Hubei, Jiangxi, Gansu, Shaanxi und Hunan).
Verwendung: In Europa seit 1889 in Kultur. Blühte in Mitteleuropa erstmals 1993. Anspruchsloser Bambus für halbschattige Standorte auf feuchten, nährstoffreichen Böden. Frosthart bis –20 °C. Vermehrbar durch Teilung.

Ähnliche Art:
Fargesia murielae (syn. *F. spathacea, Thamnocalamus murielae*), **Muriels Schirmbambus:** Bambus mit sehr kurzen Rhizomen, dessen Halme dichte Horste bilden, 2–3(–4) m hoch, 5–15 mm Durchmesser, Halmscheiden anfangs hellgrün und weiß bereift, später gelbgrün. Nach der Verzweigung meist erst im 2. Jahr, oberer Teil überhängend. Halmscheiden lange haften bleibend, bis auf die bewimperten Ränder kahl. Blätter 6–10(–15) cm lang und 8–15 mm breit, die Spitze lang ausgezogen, unterseits blaugrün, mit feiner, schachbrettartiger Nervatur. Verbreitung: N- und M-China. Nach Europa 1913 durch Wilson gelangt. Leicht zu kultivierende, Halbschatten vertragende Bambus-Art, die nur kurze Ausläufer bildet. Häufig angepflanzt. Frosthart bis –25 °C. Die Art begann 1976 in ganz Europa zu blühen. 1996 starben in Deutschland nach der Hauptblüte fast alle Exemplare ab. Die Pflanzen fruchteten jedoch reich und das Saatgut erwies sich als keimfähig, die Jungpflanzen als wüchsig. Von *F. nitida* durch die mehrere Jahre weißlich bereift bleibenden Halme und etwas breitere Blätter unterschieden. Ursprünglich war die Art unter dem Namen *Arundinaria murielae* bekannt. Der Artname bezieht sich auf Wilsons Tochter Muriel.

Blühender Fontänen-Schirmbambus.

Blühender Muriels Schirmbambus.

Fatsia japonica – Zimmeraralie

Araliaceae –Araliengewächse

Immergrüne, unbewehrte Sträucher oder kleine, nur wenig verzweigte Bäume. Zweige dick, mit großen Blattnarben. **Blätter** schopfartig am Zweigende, derb lederig, 10–30 cm lang gestielt, Spreite in 7–9 Abschnitte geteilt, die Buchten am Grund gerundet, oberseits dunkelgrün, glänzend, unterseits heller, 15–30 cm groß, die Abschnitte zugespitzt, gesägt. **Blüten** in 3–4 cm großen Dolden, diese große endständige Rispen bildend, weiß, 1–1,5 cm lang gestielt, mit breitem Diskus und 5 fädigen Griffeln. Blütezeit: Oktober–Dezember. **Frucht** fast kugelförmig, fleischig, schwarz, 8 mm groß. Fruchtreife: April–Mai.

Zimmeraralie mit Blütenstand.

Name: Die Herleitung des Gattungsnamens ist ungewiss, wohl eine inkorrekte Ableitung eines japanischen Namens.
Systematik: Zur Familie *Araliaceae* werden 40 Gattungen mit ca. 1500 Arten gezählt. Die Gattung *Fatsia* enthält 3 Arten in Japan und auf Taiwan.
Verbreitung: Japan (Honshu, Shikoku, Kyushu, Ryukyu-Inseln), Südkorea.
Lebensraum: In küstennahen Wäldern.
Biologie: Die Blüten werden von zahlreichen Insekten (Hautflügler, Fliegen) aufgesucht, die hier den offen dargebotenen Nektar aufnehmen.
Verwendung: 1838 nach Europa eingeführt. Beliebte ornamentale Kalthaus- und Wintergartenpflanze. In Mitteleuropa nur in wintermilden Lagen frosthart.

Ficus carica – Echter Feigenbaum

Moraceae – Maulbeergewächse

Sommergrüner Strauch oder kleiner, im natürlichen Areal bis 12 m hoher Baum. Zweige und Blätter Milchsaft führend. **Blätter** 2,5–10 cm lang gestielt, 10–20 cm lang und breit, 3–5-lappig bis -teilig mit stumpfen, meist verkehrt eiförmigen Blattlappen, selten ungeteilt; Spreite beiderseits rau. **Frucht**verband (Scheinfrucht) 4–8 cm lang. Bei unseren Kulturformen in 2 Generationen. Frühsommerfeigen an vorjährigen Zweigabschnitten, ab Juni reifend. Spätsommerfeigen an Jungtrieben in den Blattachseln im Spätsommer und Herbst reifend; je nach Sorte grün, braun oder violett bis schwarz, wohlschmeckend.

Name: *ficus* lat. = Feigenbaum, *carica* von „karike“ = in Karien vorkommend, einer antiken Landschaft an der SW-Küste Kleinasiens.
Systematik: Zur Gattung *Ficus*, den Feigen und Gummibäumen, gehören etwa 840 Arten, ein- und zweihäusige, sommer- und immergrüne Bäume und Sträucher, Lianen und Epiphyten, überwiegend in den tropischen Zonen verbreitet, darunter zahlreiche Nutzpflanzen (Holz, Kautschuk, Früchte liefernd) und Zierpflanzen (beliebte Zimmerpflanzen). Die sehr kleinen, eingeschlechtigen Blüten befinden sich in großer Zahl innerhalb eines krug- oder urnenförmigen Blütenstands, aus dem eine Scheinfrucht hervorgeht, die kleinen Steinfrüchte einschließend.
Verbreitung: Mittelmeergebiet über Klein- und Vorderasien bis Mittelasien, wobei seit alter Zeit als Fruchtgehölz gepflanzt, aus Kultur verwildernd und eingebürgert, so dass die ursprüngliche Ver-

Fruchtender Seitenspross der Echten Feige.

breitung kaum mehr zu rekonstruieren ist. Heute wird die Art auf allen Kontinenten in Gebieten mit vergleichbarem Klima angebaut.
Lebensraum: Schluchtwälder, steinige und felsige Hänge, Mauern.
Biologie: Die Feige weist 3 Blütengenerationen im Jahr auf, deren Entwicklung und Bestäubung unter Mitwirkung der Feigengallwespe erfolgt, wobei heute Kulturfeigen existieren, deren Fruchtbildung nicht mehr von den komplizierten Bestäubungsverhältnissen abhängig ist.
Verwendung: Die Feige gehört neben Ölbaum, Maulbeere und Weinrebe zu den ältesten kultivierten Gehölzen der Erde, die Hauptanbaugebiete liegen im Mittelmeerraum. In Mitteleuropa bieten sommerwarme und wintermilde Gebiete oder in weniger günstigen Lagen zumindest warme, sonnige Standorte vor Mauern oder Hauswänden und entsprechender Winterschutz die besten Voraussetzungen für eine erfolgreiche Kultur als Frucht- oder auch Ziergehölz, dessen Blätter sehr dekorativ sind.

Flueggea suffruticosa – Beilholz

Phyllanthaceae – Blattblütengewächse

1–3 m hoher, sparriger, reich verzweigter sommergrüner Strauch. **Blätter** 2–8 cm lang, elliptisch bis länglich eiförmig, oberseits dunkel-, unterseits hell- bis blaugrün, ganzrandig, aber Rand oft fein gewellt. **Blüten** eingeschlechtig, zweihäusig verteilt, klein und grünlich, ohne Kronblätter, männliche zu 3–18, weibliche einzeln. **Frucht** kugelige Kapsel.

Blühende Triebe des Beilholzes.

Name: *Flueggea* nach Johannes Flüggé (1775–1816), einem deutschen Arzt und Botaniker. „Beilholz“ geht auf frühere Zuordnung der Art zur Gattung *Securinega* zurück, basierend auf lat. „securis“ = Beil, Axt und „negare“ = verneinen, ablehnen, wohl ein Hinweis auf das harte Holz, das dem Beil widersteht; *suffruticosa* lat. = halbstrauchig, da der feinzweigige Strauch eher an einen Halbstrauch erinnert.
Systematik: Die früher weit gefasste und den Wolfsmilchgewächsen (*Euphorbiaceae*)

zugeordnete Gattung *Securinega* umfasste etwa 25 ein- oder zweihäusige Arten von der warmgemäßigten bis zur subtropischen Zone. Nach Abtrennung von Gattungen wie *Flueggea*, zu der die besprochene Art gehört, ist *Securinega* weitgehend auf Madagaskar beschränkt.
Verbreitung: China bis Japan und russischer Ferner Osten.
Lebensraum: Gebüsche oder aufgelichtete Wälder an trockenen Hängen und Felsen, auf Sand oder Geröll entlang von Flüssen.
Biologie: Licht liebend; Jungtriebe können in Frostlagen zurückfrieren.
Verwendung: Als Ziergehölz (1783 in Kultur eingeführt) unauffälliger Sommerblüher, anspruchslos hinsichtlich Standortbedingungen. Art enthält Alkaloide (z. B. Securinin) von medizinischer Bedeutung, gehört zu den 50 „fundamentalen Pflanzen" der chinesischen Pflanzenheilkunde.

Forsythia – Forsythie, Goldglöckchen

Oleaceae – Ölbaumgewächse

Sommergrüne Sträucher mit hohlen Zweigen oder gekammertem Mark. Zweigoberfläche gelbbraun, markant mit Korkwarzen besetzt. Knospen häufig mit Beiknospen, spindelförmig, beidendig verschmälert, mit mehreren Schuppenpaaren. **Blätter** gegenständig, gestielt, Spreite ungeteilt, bei *F. suspensa* und einigen Hybriden, wie *F.* × *intermedia*, auch 3-teilig. **Blüten** zwittrig, ansehnlich, zu 1 bis mehreren in den Blattachseln vorjähriger Zweige, sich lange vor dem Laubaustrieb entfaltend. Blütenhülle doppelt, 4-zählig. Krone verwachsenblättrig mit Röhre und deutlich längeren Kronzipfeln. Staubblätter 2, am Grund der Krone entspringend. Fruchtknoten oberständig, aus 2 Fruchtblättern gebildet. **Frucht** verholzte Kapsel, sich fachspaltig 2-klappig öffnend, je Fruchtfach mehrere Samen. **Samen** geflügelt, ohne Nährgewebe.

Name: Die Gattung wurde nach dem schottischen, königlichen Gartendirektor William A. Forsyth (1737–1804) benannt.
Systematik: Gattung mit 5–6 Arten. Eine Art als Eiszeitrelikt in Europa, die anderen Arten in Ostasien, vor allem China. Je eine Art in Korea und Japan. Blüten auffällig. Bestäubung durch Insekten. In Mitteleuropa kaum Besuch von solitären oder Honigbienen.
Verwendung: Viele Arten, Hybriden und Gartenformen sind äußerst beliebte und häufig angepflanzte, weitgehend schädlingsfreie Ziersträucher. Ohne auffällige Herbstfärbung. Die unscheinbaren Früchte spielen keinerlei Rolle. Alle Arten sind bei uns ausreichend frosthart und sehr leicht zu kultivieren, da sie keine besonderen Ansprüche an den Standort und Boden stellen. Die Vermehrung erfolgt durch im Juli bis August geschnittene Stecklinge oder einjährige Steckhölzer.

Forsythia europaea – Balkan-Forsythie

Bis 2 m hoher, aufrechter Strauch. Zweige anfangs grün, später hellbraun. **Blätter** 4–6 mm lang gestielt. Spreite eiförmig bis eilanzettlich, 4–7 cm lang und 2–3 cm breit, am Grund gerundet bis breit keilförmig, meist ganzrandig oder mit wenigen Zähnen. **Blüten** hellgelb, meist einzeln. Kelch persistierend, Kelchröhre kurz. Kronröhre glockenförmig, Kronzipfel länger, ca. 2 cm lang. Blütezeit: März. Fruchtreife: September.
Verbreitung: N-Albanien.
Lebensraum: An Berghängen, Waldrändern und in Gebüschen.
Biologie: Wie alle Forsythien ist auch die Balkan-Forsythie heterostyl. Die Griffel der Arten sind bei den Individuen unterschiedlich lang. Bei uns herrschen kurzgriffelige Individuen vor.
Verwendung: Die Art wurde vom Botaniker Antonio Baldacci 1897 entdeckt und ist seit 1899 in Mitteleuropa in Kultur, jedoch außer in botanischen Sammlungen kaum angepflanzt.

Blüten der Balkan-Forsythie.

Verholzte Fruchtkapseln der Balkan-Forsythie.

Weitere Arten:
***Forsythia × intermedia*, Hybrid-Forsythie** (*F. suspensa × F. viridissima*): Bis 3 m hoher, breitbuschiger Strauch. Zweige straff aufrecht, später überhängend. Mark bis auf die Knoten gefächert, selten hohl. Blätter eilänglich bis lanzettlich, an kräftigen Zweigen mitunter 3-teilig, 8 cm lang. Blütezeit: April–Mai. *intermedius* lat. = dazwischen, hier: zwischen den Eltern stehend. Bereits vor 1880 in Kultur. Angepflanzt in mehreren, groß- und reichblütigen Sorten wie z. B.:
'Lynwood': 2–3 m hoch und fast ebenso breit. Blüten leuchtend gelb.
'Spectabilis': Sehr raschwüchsige, robuste und reichblütige Form mit intensiv gefärbten Blüten. Von der Baumschule SPÄTH seit 1906 gehandelt.

***Forsythia ovata*, Korea-Forsythie:** 1–1,5 m hoher Strauch mit anfangs graugelben, gerundeten Zweigen. Blätter 8–12 mm lang gestielt. Spreite eiförmig bis breit eiförmig, 5–7 cm lang, abrupt zugespitzt, am Grund gerundet bis schwach herzförmig. Fein gesägt bis fast ganzrandig. Blüten einzeln oder bis 3 beisammen, meist kurzgriffelig. Kronzipfel breit länglich, 1,5 cm lang, hellgelb.

Blüten der Korea-Forsythie.

Blütenknospen der Hänge-Forsythie

Blütezeit: März–April. Fruchtreife: September. Verbreitung: Korea. In Europa durch WILSON seit 1918 in Kultur. In einigen reichblütigen Sorten mit intensiv gefärbten Blüten häufig angepflanzt. Die Art ist in der IUCN Red List als stark gefährdet aufgeführt. *ovatus* lat. = eiförmig.

***Forsythia suspensa*, Hänge-Forsythie:** Bis 3 m hoher Strauch mit dünnen, ± schlaff hängenden Zweigen. Zweige kahl, hohl, nur an den Knoten massiv, schwach 4-kantig, gelbbraun. Blätter 10–15 mm lang gestielt. Spreite eiförmig bis länglich eiförmig, 6–10 cm lang und 3–5 cm breit, gesägt, dunkelgrün, spitz, am Grund keilförmig, oft 3-teilig, kahl, unterseits auch behaart. Blüten goldgelb, 5–6 mm lang gestielt, zu 1–3 in den Blattachseln. Kelch 6–7 mm lang, so lang wie die Kronröhre, bewimpert. Krone 2,5 cm breit, die Kronzipfel bis 15 mm lang und 8–10 mm breit. Blütezeit: März–April. Frucht 7–20 mm lang gestielt, eiförmig bis ellipsoidisch, 12–25 mm lang. Fruchtreife: August–September. Verbreitung: O-China. In Dickichten, auf grasigen Gebirgshängen, Tälern und in Schluchten, 300–2200 m ü. M. In Europa seit 1833. Häufig in Sorten angepflanzt. In China werden die Früchte als fiebersenkendes Mittel (Antipyretikum) medizinisch genutzt. *suspensus* lat. = hängend.

***Forsythia viridissima*, Grüne Forsythie:** 2,5–3 m hoher Strauch mit kahlen, olivgrünen, deutlich 4-kantigen Zweigen mit gekammertem Mark. Blätter 6–12 mm lang gestielt. Spreite elliptisch länglich bis lanzettlich, kahl, 5–14 cm lang und 1–4 cm breit, meist nur oberhalb der Mitte gesägt oder ganzrandig, kahl, dunkelgrün, spitz, am Grund keilförmig. Blüten 3–7 mm lang gestielt, zu 1–3, etwa 2,5 cm lang, sattgelb mit grünem Anflug. Kelch 2,5–3,5 mm lang, bewimpert. Kronröhre 5–6 mm lang, Kronzipfel schmal länglich 6–18 mm lang und 7 mm breit, etwas eingerollt. Blütezeit: April. Früchte breit eiförmig, 3–7 mm lang gestielt, 15 mm lang. Fruchtreife: August–November. Verbreitung: SO-China, an Waldrändern, in Flusstälern und an Gewässern. Von FORTUNE 1844 nach Europa gebracht. Häufig angepflanzt. *viridissimus* lat. = lebhaft grün.

Fothergilla major – Großer Federbuschstrauch

Hamamelidaceae – Zaubernussgewächse

Sommergrüner, bis 3 m hoher, mäßig verzweigter Strauch mit aufrechten Zweigen. Junge Triebe mit weißen Sternhaaren bekleidet. Zweige braun, mit Sternhaaren besetzt. Knospen dunkelbraun bis graubraun behaart, Endknospe 5–8 mm lang, Seitenknospen kleiner, äußere Knospenblätter etwas nach außen gebogen. **Blätter** wechselständig, 5–10 mm lang gestielt. Spreite breit eiförmig, 5–10 cm lang, oberseits verkahlend, leuchtend grün, unterseits blaugrün. **Blüten** schwach duftend, zwittrig, zahlreich in aufrechten, endständigen, 3–6 cm langen Ähren, mit den Blättern erscheinend. Kronblätter fehlend. Staubblätter 16–27, häufig 24, Staubfäden weiß, oberwärts deutlich verdickt, Staubbeutel gelb. Blütezeit: Mai. **Frucht** eine sich 2-klappig öffnende, verholzte, 12–15 mm lange Kapsel, die Klappen lang zugespitzt. Fruchtreife: Oktober.

Name: Benannt nach dem englischen Arzt und Gärtner JOHN FOTHERGILL (1712–1780), der sich vorwiegend mit Pflanzen amerikanischer Herkunft befasste. „maior" lat. = größer.

Systematik: Zur Gattung *Fothergilla* werden 2 Arten im südöstlichen Nordamerika gezählt. Wichtiges Gattungsmerkmal sind die fehlende Blumenkrone und die zahlreichen weißen Staubblätter.

◀ *Blühender Großer Federbuschstrauch.*

Verbreitung: Südöstliches Nordamerika (Alleghany Mountains von Virginia bis S-Carolina).
Lebensraum: Felshänge, Trockengebüsche, Flusssandbänke. In Höhenlagen von 150 bis 1300 m ü. M. Der Federbuschstrauch benötigt einen sonnigen bis halbschattigen Standort und einen sauren bis neutralen, feuchten, nährstoffreichen, sandig-humosen Lehmboden.

Großer Federbuschstrauch mit Herbstlaub.

Frangula alnus – Gewöhnlicher Faulbaum, Pulverholz

Rhamnaceae – Kreuzdorngewächse

Sommergrüner, aufrechter, 2–4 m hoher Strauch oder bis 7 m hoher Baum. **Blätter** wechselständig, meist breit eiförmig oder elliptisch, 3–7 cm lang, 3–4 cm breit, ganzrandig, jederseits der Mittelrippe mit 7–9 bogig zur Blattspitze verlaufenden Seitennerven. **Blüten** grünlich weiß, recht unscheinbar, trotz Nektarproduktion nur geringer Insektenbesuch. Insekten- und Windbestäubung. Blütezeit: Mai–August. **Früchte** saftige Steinfrüchte, kugelig, anfangs grün, dann rot und zur Reife schwarzviolett, im Hochsommer Früchte aller Farben nebst Blüten zur gleichen Zeit am Strauch. **G!**

Name: Von „frangere“ lat. = brechen, wegen des brüchigen Holzes. Faulbaum wegen des unangenehm fauligen, Brechreiz hervorrufenden Geruchs der Rinde, besonders wirkend, wenn sie frisch abgeschabt ist; Pulverholz, da früher aus dieser Art hergestellte Holzkohle der Zubereitung von Schießpulver diente.

Systematik: Zur Gattung *Frangula* ca. 50 überwiegend in den gemäßigten Zonen der Nordhalbkugel verbreitete Arten. Die Faulbaum-Arten werden oft der Gattung *Rhamnus* zugeordnet, sie unterscheiden sich von dieser durch nackte, nicht von Knospenschuppen bedeckte Winterknospen, stets 5-zählige Blüten und hypogäische Keimung.
Verbreitung: Von der meridionalen bis in die boreale Zone Europas, im Osten bis Sibirien und über Kleinasien bis Kaukasien, im Südwesten bis NW-Afrika.

Unterschiedlicher Reifezustand der Früchte des Gewöhnlichen Faulbaums.

Lebensraum: Wälder und Gebüsche, Waldmäntel und Hecken vor allem feuchter bis nasser, bodensaurer Standorte, jedoch zuweilen auch an trockenen Kalkhängen.
Biologie: Wurzelsprosse und Ausläufer bildend; wechsel- und staunasse Standorte ertragend. Ausbreitung der Früchte durch Tiere (meist Vögel). Alle Teile der Pflanze sind giftig (Anthrachinon-Glykoside), Genuss unreifer Früchte führt zu Brechdurchfall.
Verwendung: Arzneiliche Bedeutung, so Faulbaumrinde altbekanntes, auch heute noch genutztes Abführmittel. Der Strauch ist gut geeignet für die Landschaftsgestaltung, besonders als Unterwuchs oder für feuchte bis anmoorige Standorte.

Franklinia alatamaha – Franklinie, Franklinbaum

Theaceae – Teestrauchgewächse

Sommergrüner Großstrauch oder 3–7 m hoher, oft mehrstämmiger Baum mit glatter grau- oder rötlich brauner Rinde. **Blätter** wechselständig, einfach, länglich verkehrt eiförmig, 6–15(–20) cm lang, 4–5 cm breit, zugespitzt, am Grund schmal keilförmig, entfernt schwach gesägt, oberseits glänzend dunkelgrün, unterseits blasser, behaart. **Blüten** duftend, einzeln achselständig, zwittrig, radiär, becherförmig, 7–10 cm im Durchmesser. Blütenhülle 5-zählig, Kronblätter rundlich eiförmig, weiß, Staubblätter zahlreich (75–150), Staubbeutel leuchtend gelb bis schwach orangefarben. Blütezeit: Juli–Oktober. **Frucht** kugelförmige, 1,5–2 cm große, verholzte, 5-fächerige, mehrsamige Kapsel. Fruchtreife: Oktober–August des folgenden Jahres.

Blüte der Franklinie.

Name: Gattung benannt nach Benjamin Franklin (1706–1790), amerikanischer Staatsmann, Philosoph und Wissenschaftler, Artepitheton *alatamaha* nach dem Fluss Altamaha, an dem die Art entdeckt wurde.
Systematik: Zur Gattung *Franklinia* nur diese Art.
Verbreitung: Bekannt von einem einzigen Vorkommen am Altamaha River bei Savannah, Georgia (O-USA). Vom Naturwissenschaftler John Bartram und seinem Sohn William 1765 erstmalig aufgefunden, aber seit 1803 am natürlichen Standort trotz wiederholter Nachsuche nicht mehr gesehen. Da keine wildwachsende Pflanzen mehr bekannt sind, ist die Art im natürlichen Areal ausgestorben (IUCN Red List: extinct in the wild), lebend nur noch in Kultur erhalten. Warum die Vorkommen erloschen sind, ist nicht sicher bekannt. Als Ursachen werden mehrere genannt, sowohl Rodung und Brand sowie nachfolgende Überschwemmungen bei der Landnahme in der Siedlungstätigkeit des 18. Jahrhunderts, Erkrankung durch einen eingeführten, mit infizierter Baumwolle sich ausbreitenden Pilz, aber auch Sammeltätigkeit für die gärtnerische Kultur der attraktiven Pflanze in Europa.
Lebensraum: Sandhügel und Moore auf sauren Feuchtstandorten, aber nicht bei Staunässe, 0–10 m ü. M.
Biologie: Lichtbedürftiges, wärmeliebendes Gehölz. Die Blüten werden von Insekten aufgesucht und bestäubt.

Verwendung: Reizvolles Ziergehölz wegen seiner auffälligen weißen Blüten mit den zahlreichen leuchtend gelben Staubblättern und seiner prächtigen scharlachroten Herbstfärbung. Die heute bekannten Exemplare, weltweit einige Tausende, entstammen alle den von W. BARTRAM, der 1773 und 1777 reifes Saatgut sammelte, in Kultur genommenen Pflanzen. In Mitteleuropa winterhart, aber recht selten gepflanzt, geeignet für saure, humose, nährstoffreiche, feuchte, aber gut drainierte Böden. Vermehrung durch Samen.

Fraxinus – Esche

Oleaceae– Ölbaumgewächse

Sommergrüne, nur ausnahmsweise immergrüne Bäume, selten Sträucher. **Blätter** gegenständig, zuweilen fast wechselständig bzw. spiralig, gelegentlich quirlig zu 3, unpaarig gefiedert, nur ausnahmsweise einfach. **Blüten** in end- oder seitenständigen Rispen vor, mit oder nach dem Blattaustrieb erscheinend, zwittrig oder eingeschlechtig, ein- oder (unvollständig) zweihäusig verteilt, auch polygam. Krone und Kelch vorhanden oder Krone fehlend oder auch Kelch fehlend. Wind- oder Insektenbestäubung. **Früchte** 1-samige Nüsse mit einseitig lang ausgezogenem Flügel, der von der Spitze der Nuss unterschiedlich weit an dieser herabläuft; bleiben oft den Winter über am Baum (Wintersteher).

Name: *Fraxinus* lat., Name der Pflanze bei den Römern (z. B. VERGIL und PLINIUS d. Ä.), aber mehrere Deutungen zum Ursprung, so eventuell zurückgehend auf griech. „phrasso" = umzäunen (Verwendung für Zaunpfähle oder Hecken), oder „phorkós" = grau werdend bzw. indogerm. Wurzeln, die glänzen oder schimmern bedeuten, sich auf die anfangs hellgraue bis silbrig schimmernde Stammrinde beziehend.

Systematik: Zur Gattung *Fraxinus* gehören

- Arten mit endständigen Blütenrispen, die sich mit den Blättern an den aus einer Endknospe hervorgehenden Trieben entwickeln: Sektion *Ornus*, hierzu die auffällig weiß blühende *F. ornus*, und
- Arten mit seitenständigen unbeblätterten Blütenrispen oder -trauben, die sich aus Seitenknospen vorjähriger Triebe entwickeln; hierzu die anderen Sektionen, u. a. mit *F. excelsior* und *F. pennsylvanica* nebst den nachfolgend als ähnlich behandelten Arten.

Je nach Autor werden 48–65 *Fraxinus*-Arten unterschieden.

Verbreitung: Vorwiegend in der nördlichen Hemisphäre, meist Holarktis (Eurasien, N-Afrika, Nordamerika), nur wenige Arten die Tropen erreichend.

Lebenraum: Laubmischwälder, meist frischer bis feuchter oder zeitweilig überfluteter, nährstoffreicher Standorte, aber auch Trockenwälder.

Biologie: Samen überliegend, im nächsten Frühjahr oder erst nach zwei Wintern keimend. Windausbreitung (Schraubendrehflieger), an Gewässern auch Wasserausbreitung.

Verwendung: Vielseitig, von Forst- und Parkbaum bis zu Stadt- und Straßenbaum; Nutzung bei einigen Arten in letzten Jahren von Krankheiten und Schädlingen beeinträchtigt.

Fraxinus excelsior – Gewöhnliche oder Europäische Esche

25–40 m hoher, meist langschäftiger Baum mit sparriger kugelförmiger Krone und Stammumfang bis zu 5(–7) m. Stammrinde anfangs glatt und silbrig, später netzartige graue Borke. Knospen schwarz, Endknospe breiter als hoch. Zweige etwas abgeflacht, gerieft, dunkel olivgrün, später grau. **Blätter** 20–35 cm lang, mit 7–13 Fiedern, diese sitzend, nur Endfieder gestielt, 4–10 cm lang, 1,5–3,5 cm breit, oberseits kahl, unterseits behaart, dunkelgrün, im Herbst sich nicht verfärbend, grün abfallend, selten gelblich grünes Herbstlaub. **Blüten** in seitenständigen Rispen an den Enden vorjähriger Zweige, zwittrig oder eingeschlechtig, unscheinbar, Krone fehlend, Kelch kaum entwickelt. Blütezeit: April–Mai. **Frucht** ohne Kelch, mit Flügel 2,5–5 cm lang, 7–11 mm breit.

Name: *excelsior* zurückgehend auf „excelsus" lat. = hoch, *excelsior* ist der Komparativ.
Systematik: Zur Sektion *Fraxinus*, zu der zweihäusige oder polygame Arten gehören, deren Blüten Krone und Kelch fehlen oder nur einen unscheinbaren oder hinfälligen Kelch aufweisen und deren Früchte abgeflacht sind.
Verbreitung: Nemorales Laubwaldgebiet Europas (von W-Europa bis zur Wolga) und SW-Asiens (über N-Anatolien bis Kaukasien und N-Iran).
Lebensraum: Laubmischwälder frischer bis feuchter, auch zeitweise überfluteter, nährstoffreicher Standorte, z. B. Erlen-Eschen-Bachauenwälder, Eschen-Ulmen-Auenwälder der Hartholzauen, Ahorn-Eschen-Schlucht- und Steilhangwälder, aber auch Pionierstadien lichter Gehölze auf kalkreichen Trockenhängen; vom Tiefland bis in Gebirgslagen, in den Mittelgebirgen bis etwa 900 m, in den Alpen bis 1400 m ü. M.
Biologie: In der Jugend raschwüchsig („Schnellstarter") und schattentolerant, später zunehmender Lichtbedarf. Erreicht ein Alter von 250(–300) Jahren. Blüten werden zwar vom Wind bestäubt, aber Honigbienen (nicht jedoch Solitärbienen) sammeln den Pollen. Die Blütenstände werden oft von der Eschen-Gallmilbe (*Eriophyes fraxinivorus*), die braune, verholzende Gallen („Eschenklunker") verursacht, befallen, sodass eine Fruchtbildung unterbleibt. Seit etwa 1990 breitet sich das Eschentriebsterben, eine durch den Schlauchpilz Falsches Weißes Stängelbecherchen (*Hymenoscyphus fraxineus*, Nebenfruchtform *Chalara fraxinea*) verursachte Krankheit, dramatisch aus und hat zum Absterben zahlreicher Eschen jeglichen Alters geführt, sei es im Wald, in Grünanlagen oder an Straßen. Es wird inzwischen weitgehend auf Pflanzungen verzichtet, obwohl es auch weniger anfällige Herkünfte oder Ökotypen und Sorten gibt. Der Rückgang durch das Eschentriebsterben war Anlass, die Art in der IUCN Red List als einer Gefährdung nahe einzustufen.
Verwendung: Wichtiger Forstbaum, wegen des wertvollen Holzes auch zu den „Edellaubhölzern" gezählt, u. a. als Möbel- und Furnierholz geschätzt, der Herstellung von Sportgeräten (z. B. Tennis- und Cricket-Schläger), Werkzeugstielen oder Gewehrkolben dienend. Früher Bedeutung als Viehfutter für den Winter (Gewinnung von Laubheu durch Schneiteln), auch in der Volksheilkunde (Tee aus Blättern und Rinde). Die Esche spielte in der nordischen Mythologie eine große Rolle. In der Edda des 13. Jahrhunderts wird die Weltenesche Yggdrasil als Beschützerin der Menschheit genannt. Häufig gepflanzter Park- und Alleebaum, auch mehrere Sorten, von denen die Trauer-Esche **'Pendula'**, ein bis 12 m hoher Baum mit hängenden Zweigen, häufig in Parks und auf Friedhöfen gepflanzt wird, seltener Gold-Esche (Sorten **'Aurea'**, **'Jaspidea'**) mit gelb(grün)en Zweigen und Blättern oder die kuriose Einblatt-Esche **'Diversifolia'**, bei der das Fiederblatt auf das Endblättchen reduziert ist. Trotz des Eschentriebsterbens sollte nicht auf Pflanzungen verzichtet werden, mehrere Sorten sind als Straßenbäume, auch in der Stadt, geeignet. Die Laubentfernung nach Blattfall mindert den Befallsdruck bei Eschentriebsterben.

Früchte der Gewöhnlichen oder Europäischen Esche.

Ähnliche Art:
Fraxinus angustifolia*, Schmalblatt-Esche:** Wie *F. excelsior* zur Sektion *Fraxinus* mit seitenständigen Blütenrispen und unscheinbaren, eingeschlechtigen und meist 2-häusig verteilten Blüten, die im April vor der Laubentfaltung erscheinen. Bis 20 m hoher Baum mit im Alter grob und tief gefurchter Stammborke. Junge Zweige meist kahl. Knospen braun, Endknospe höher als breit. Blätter wie die Knospen oft oder zumindest teilweise quirlig zu 3, Blätter 8–20 cm lang, mit 5–13 Fiedern, diese (fast) sitzend, länglich elliptisch bis schmal lanzettlich, 4–10 cm lang und 1–3 cm breit, unterseits kahl oder entlang der Mittelrippe behaart. Von der im Mittelmeergebiet (bis SO-Europa und SW-Asien) verbreiteten Art werden mehrere Unterarten unterschieden, teils auch die **Behaarte** oder **Balkan-Esche, *Fraxinus pallisae, mit behaarten Jungtrieben und Blättchen einbezogen. Wegen ihrer Trockenheits- und Immissionstoleranz als Stadtbaum, mit Einschränkungen als Straßenbaum (hierfür auch Sorte **'Raywood'** mit kompakterer, kegel- bis eiförmiger Krone), geeignet. Im Herbst im Gegensatz zu *F. excelsior* mit auffälliger Laubfärbung (bräunlich rot bis violett). Leider ist die Art, wenn auch nicht so stark wie *F. excelsior*, ebenfalls vom Eschentriebsterben betroffen.

Herbstfärbung des Laubs bei der Schmalblatt-Esche.

Fraxinus pennsylvanica – Grün- oder Rot-Esche, Pennsylvanische Esche

12–25 m hohe Bäume mit abgerundeter Krone und Stämmen mit > 4 m Umfang. An älteren Bäumen graubraune Netzborke, zuweilen rötlich getönt. Junge Zweige behaart oder kahl, grau- oder rotbraun. Knospen braun, Endknospe spitz, höher als breit. **Blätter** 20–30 cm lang mit (5–)7(–9) Fiedern, diese 1–8 mm lang gestielt, 7–10 cm lang, 3–5 cm breit, lang zugespitzt, unter-

Herbstfärbung des Laubs bei der Pennsylvanischen Esche, auch Grün- und Rot-Esche genannt. ▶

seits behaart oder bis auf Mittelrippe verkahlend; im Herbst auffällig gelbe Laubfärbung (bei Sorte 'Summit' besonders leuchtend goldgelb). **Blüten** eingeschlechtig, unscheinbar, ohne Krone, aber mit Kelch. **Früchte** mit Kelch, spindelförmig, mit Flügel 2,5–6 cm lang, 5–8 mm breit, Flügel bis zur Mitte der Nuss herablaufend.

Systematik: Zur Sektion *Melioides* mit stets zweihäusigen Arten, deren Blüten die Krone fehlt, gehörend; der Kelch bleibt an den im Querschnitt rundlichen Früchten erhalten.

Verbreitung: Die nordamerikanische Esche mit dem größten Areal, von den Rocky Mountains bis zum Atlantik, vom südlichen Kanada (Nova Scotia und Alberta) bis Texas und Florida. Trotz der weiten Verbreitung wird die Art in der IUCN Red List als vom Aussterben bedroht eingestuft, denn sie ist in weiten Teilen des Areals in den letzten beiden Jahrzehnten in sehr starkem Rückgang. Der eingeschleppte, sich schnell ausbreitende Asiatische Eschenprachtkäfer (*Agrilus planipennis*) befällt vorgeschädigte wie vitale Bäume und bringt sie zum Absterben.

Lebensraum: Laubmischwälder, vor allem entlang von Gewässern (Auenwälder, Ufergehölze) und in feuchten Niederungen.

Biologe: Gilt als anpassungsfähigste Eschenart, toleriert breites Spektrum an Temperatur- und Niederschlagsverhältnissen.

Verwendung: In den USA und Kanada wichtiger Forstbaum. In Europa seit 1783 in Kultur, häufig gepflanzter Park- und Straßenbaum, gebietsweise auch in Wäldern, hier meist auf feuchten und überfluteten Standorten. Aus Kultur sich ausbreitend und verschiedentlich invasiv auftretend, vor allem in Auen, wo die Art der Gewöhnlichen Esche in Überflutungstoleranz und Ausbreitungspotenzial überlegen ist. Bisher nicht oder kaum vom Eschentriebsterben betroffen.

Ähnliche Art:

***Fraxinus americana*, Weiß-Esche:** Zur Sektion *Melioides* wie *F. pennsylvanica* (siehe dort!), mit der die Art oft verwechselt wird. 15–30 m hoher Baum mit grauer Stammborke. Junge Zweige kahl, olivgrün bis grau. Knospen braun, Endknospe stumpf bis abgerundet, meist breiter als hoch. Blätter 12–35 cm lang, mit 5–9 Fiedern, diese 5–15 mm lang gestielt, 5–18 cm lang und 3–7 cm breit, unterseits weißlich grün, mit weißlichen Wachsausscheidungen, dadurch marmoriert erscheinend; im Herbst mit roter bis braunvioletter oder gelber Laubfärbung. Fruchtflügel nur an der Spitze die Nuss umfassend. Verbreitet im östlichen Nordamerika (Nova Scotia und Ontario bis Florida und O-Texas) in feuchten Laubmischwäldern des Tief- und Berglandes (bis 1500 m ü. M.). Die forstlich wichtigste amerikanische Esche, in Europa seit 1720–1730 in Kultur. Als Parkbaum besonders die Herkünfte mit purpurvioletter Herbstfärbung von Bedeutung. Hat sich bisher wie *F. pennsylvanica* nicht oder kaum anfällig gegenüber dem Eschentriebsterben gezeigt, ist aber wie diese Art im natürlichen Areal durch den Asiatischen Eschenprachtkäfer stark betroffen, so dass sie nach IUCN Red List ebenfalls als vom Aussterben bedroht gilt.

Blütenrispe der Europäischen Blumen-Esche.

Weitere Art:

***Fraxinus ornus*, Europäische Blumen-Esche, Manna-Esche:** Strauch oder 5–15 m hoher, oft mehrstämmiger Baum mit grauer, lange glatt bleibender, im Alter warziger Stammrinde. Knospen silbrig- bis braungrau. Blätter 10–25 cm lang, mit 5–9 gestielten Fiedern, diese 4,5–10 cm lang und 2–5 cm breit, oberseits dunkelgrün, kahl und glänzend; an Unterseite unterer Teil der Mittelrippe braunfilzig. Blüten stark duftend, in 10–20 cm langen, endständigen Rispen, mit oder nach den Blättern erscheinend (Mai–Juni); mit Kelch und 4 weißen, 7–15 mm langen, sehr schmalen Kronblättern, Bestäubung durch Insekten (Bienen, Hummeln). Früchte mit im Querschnitt elliptischer Nuss. Mediterran-submediterran verbreitete Art, nach Norden bis in die Südalpen (Südtirol bis 1500 m ü. M.), nach Osten bis Anatolien und Syrien; meist in Trockenwäldern (Mannaeschen-Kermeseichen-Wälder, Orienthainbuchen-Wälder), bevorzugt auf Kalkgestein. Wärme und Licht bedürftiges Gehölz, das wegen seiner reichen Blütenpracht (Blumen-Esche) gern als Zierbaum gepflanzt wird, auch für den innerstädtischen Bereich geeignet. Unter den als Stadt- und Straßenbäume gepflanzten Sorten Kleinbäume mit kompakter kugeliger (**'Meczek'**) oder säulen- bis schmal kegelförmiger (**'Obelisk'**) Krone. Seit dem 17. Jahrhundert wurde die Manna-Esche – die nichts mit dem biblischen Manna zu tun hat – in Italien (besonders Kalabrien und Sizilien) zur Mannitgewinnung kultiviert. Durch Einritzen der Rinde bis zum Kambium tritt ein Blutungssaft aus, der an der Luft zu einer gelblich weißen Masse erhärtet, enthält 75 % Mannit. Verwendung als gelindes Abführ- und Hustenmittel.

Fuchsia magellanica – Scharlach-Fuchsie

Onagraceae – Nachtkerzengewächse

Bis 3–5 (in Kultur nur 1–2) m hoher Strauch. **Blätter** 6–10 mm lang gestielt, gegenständig oder in 3-zähligen Wirteln, länglich eiförmig, 3–5,5 cm lang, gezähnt. **Blüten** duftlos, hängend, einzeln blattachselständig, lang gestielt, Blütenröhre und Kelchblätter leuchtend karminrot, Krone blauviolett oder purpurn, Staubblätter und Griffel weit aus der Krone herausragend. Blütezeit: Juni–Oktober. **Frucht** eine saftreiche Beere.

Name: *Fuchsia* nach LEONHART FUCHS, einem deutschen Arzt und Botaniker (16. Jahrhundert); *magellanica* nach dem Vorkommen an der Magellan-Straße an der Südspitze Südamerikas.

Systematik: Zur Gattung gehören 113 Arten, die mit wenigen Ausnahmen (Tahiti, Neuseeland) in Mittel- und Südamerika vorkommen. Es sind Zwergsträucher, Sträucher und Bäume mit gegen- oder quirlständigen Blättern, auffällig gefärbter Blütenhülle und meist von Vögeln bestäubten Blüten sowie Beerenfrüchten.

Verbreitung: S-Anden in Chile und Argentinien.

Lebensraum: Steinige und felsige, feuchte oder sickernasse Berg- und Küstenhänge (bis 750 m ü. M.), Gewässerufer, lichte Wälder und Gebüsche, Waldränder.

Biologie: Licht- bis Halbschattenpflanze, hoher Bedarf an Luftfeuchte. Fuchsien sind bisweilen Wirtspflanzen (Raupennahrung) des Mittleren Weinschwärmers (*Deilephila elpenor*).

Verwendung: Prächtiger Spätsommer- und Herbstblüher (1788 nach Europa eingeführt), gut geeignet für Rabatten oder als Solitärpflanzen, in Großbritannien und Irland beliebte Heckenpflanze.

var. *gracilis*: Blätter überwiegend gegenständig, Blütenröhre und Kelch karminrot.

'Riccartonii': Blätter meist in 3-zähligen Quirlen; Blütenröhre etwas bauchig, nur ca. 8 mm lang, Blütenbecher dunkelrot, Kelchblätter spreizend,

Blüten der Scharlach-Fuchsie.

ca. 2 cm lang, Kronblätter breiter, purpurviolett. Bereits seit 1830 bekannt. In W-Europa wurden zahlreiche, auch unter Beteiligung anderer Arten entstandene *Fuchsia*-Hybriden, Sorten mit einfachen, halbgefüllten und gefüllten Blüten verschiedener Farbtöne ausgelesen. Sie sind in Mitteleuropa meist frostempfindlich, frieren im Freiland, außer in ausreichend wintermilden Lagen, bis zum Boden zurück, treiben aber wieder aus. Rückschnitt und Winterschutz sind zu empfehlen.

Fumana procumbens – Heideröschen, Gewöhnliches Nadelröschen, Zwergsonnenröschen

Cistaceae – Zistrosengewächse

Immergrüner, dem Erdboden flach aufliegender, 5–20 cm hoher Kleinstrauch. Zweige niederliegend-aufstrebend. **Blätter** wechselständig, nadelförmig, bis etwa 10 mm lang, dunkelgrün. In den Blattachseln oft sehr kurze Blattbüschel. **Blüten** duftlos, zwittrig, einzeln achselständig oder in endständigen Wickeln, 15–20 mm breit. Fruchtknoten oberständig, 3-fächerig. Blütezeit: Juni–August. **Frucht** Kapsel sich 3-klappig öffnend, Samen 2,5 mm groß. Fruchtreife: September–Oktober.

Blühendes Heideröschen.

Name: Der Name *Fumana* leitet sich möglicherweise von „fumus" lat. = Rauch ab. *procumbens* lat. = niederliegend.

Systematik: Die Gattung *Fumana* umfasst 19 Arten im Mittelmeergebiet, SO-Europa und SW-Asien. Die äußere Blütenhülle der sehr kurzlebigen Blüten besteht aus 2 kleinen äußeren und 3 größeren inneren Kelchblättern.

Verbreitung: Mittel- und SO-Europa, Südrussland bis Transkaukasien. In Deutschland sehr selten, z. B. im Nahetal, Rheinhessen, im Kyffhäuser-Gebiet, bei Jena und Augsburg.

Lebensraum: Von der Ebene bis in die montane Stufe, in Südtirol bis 1230 m ü. M. aufsteigend. In Kalktrocken-, Kalkfels- und Sandtrockenrasen, auf steinigen Hängen. Sehr licht- und wärmebedürftig. In der Roten Liste Deutschlands ist das Zwergsonnenröschen als stark gefährdet eingestuft.

Biologie: Die Blüten öffnen sich in den frühen Morgenstunden und verlieren bereits am frühen Nachmittag ihre Blütenblätter. Neben Fremdbestäubung durch Insekten verschiedenster Art gibt es auch Selbstbestäubung. Die Blüten produzieren nur Pollen und keinen Nektar.

Garrya elliptica – Spalier-Becherkätzchen, Silk-Tassel bush, Feverbush

Garryaceae – Becherkätzchengewächse

Immergrüner, 3–5 m hoher, aufrechter, mäßig verzweigter Strauch. Zweige starr, kurz, dicht, grauwollig behaart. **Blätter** gegenständig, ohne Nebenblätter derb lederig, 5–10 mm lang gestielt, Spreite länglich elliptisch, 4–8 cm lang und 2–4 cm breit, oberseits dunkelgrün, unterseits durch die dichte kurze Behaarung grau, später verkahlend, Blattrand gewellt. **Blüten** eingeschlechtig, zweihäusig verteilt, in hängenden Kätzchen, meist zu mehreren an den Zweigspitzen; männliche Blüten graugrün bis bräunlich, die Tragblätter blassviolett, in bis 20 cm langen, schließlich schlaff hängenden Kätzchen, mit einfacher, 4-blättriger Blütenhülle; weibliche Kätzchen bis 10 cm lang ohne Blütenhülle. Blütezeit: Januar–März. **Frucht** eine weißfilzig behaarte, 1–2-samige Trockenbeere. Fruchtreife: Juni–August.

Name: David Douglas benannte die Gattung nach dem Sekretär der Hudson Bay Company Nicholas Garry (ca. 1782–1856), der ihn bei seinen Forschungsreisen im pazifischen Nordwesten unterstützte.
Systematik: Gattung mit 15 Arten vom westlichen Nordamerika und Mexiko bis Panama und Westindien
Verbreitung: W-USA (Kalifornien, Oregon).
Lebensraum: Küstenfelsen, Sanddünen, Sandbänke in Flüssen, Kiefernwälder. 0–900 m ü. M. Charakterstrauch des kalifornischen Chaparral.
Biologie: Die Bestäubung der Blüten erfolgt durch den Wind.
Verwendung: Nur selten angepflanzt. Anspruchloses Gehölz für trockene Standorte, das durch seine langen Blütenkätzchen auffällt. In Kultur meist nur 2–3 m hoch. Gut gedeihend auf gut drainierten Böden. Durch David Douglas 1828 nach England eingeführt.
'James Roof' zeichnet sich durch besonders lange Kätzchen aus.

Blütenkätzchen des Spalier-Becherkätzchens.

Gaultheria procumbens – Niederliegende Schein- oder Rebhuhnbeere

Ericaceae – Heide(kraut)gewächse

Bis 20 cm hoher immergrüner, Teppiche bildender Zwergstrauch mit niederliegenden und aufstrebenden Sprossen, unterirdisch sich ausbreitend. Zweige kahl. **Blätter** wechselständig, verkehrt eiförmig bis elliptisch, 2,5–5 cm lang, kahl, lederartig, glänzend grün. **Blüten** einzeln in Blattachseln oder zu wenigen am Triebende, Krone weiß oder rosa getönt, 4–6 mm lang. Blütezeit: Juni–August. **Frucht** rote, kugelige Scheinbeere, 8–15 mm Durchmesser, aromatisch duftend.

Name: *Gaultheria* nach J.-F. GAULTHIER (eigentlich GAUTIER), französischer Arzt und Botaniker in Kanada (18. Jahrhundert), der die Pflanze in die Heilkunde eingeführt haben soll; *procumbens* lat. = niederliegend, wegen der Wuchsform.
Systematik: Zur Gattung *Gaultheria* gehören etwa 135 Arten in Nord- und Südamerika, O- bis SO-Asien, Australien und Neuseeland. Es sind meist immergrüne, aufrechte oder kriechende Zwergsträucher und Sträucher mit krug- oder glockenförmiger Blütenkrone und einer Kapselfrucht, die durch fleischig werdende Kelchblätter beerenartig erscheint. Bei einigen Arten (z.B. *G. mucronata*) sind die Früchte echte Beeren, diese Arten wurden früher als eigene Gattung geführt: Torfmyrte, *Pernettya*. Nach Vereinigung beider Gattungen ist auch die ehemals dem Gattungsbastard ×*Gaulnettya* (*Gaultheria* × *Pernettya*) zugeordnete Sippe ein *Gaultheria*-Bastard (*G.* × *wisleyensis*, siehe unter *G. shallon*!). Viele *Gaultheria*-Arten enthalten im ätherischen Öl der Blätter Methylsalicylat, die Basis für das medizinische „Wintergrünöl".
Verbreitung: Die im östlichen Nordamerika beheimatete Art *G. procumbens* wurde 1755 nach Europa (Frankreich) eingeführt, in Großbritannien ist sie nach Verwilderung aus Kultur heute eingebürgert.
Lebensraum: Wälder und Waldlichtungen auf nährstoffarmen, oft sandigen Böden.
Biologie: Halbschattenpflanze, kalkmeidend.

Den Boden bedeckende, fruchtende Niederliegende Scheinbeere.

Verwendung: Als Bodendecker für Stein-, Heide- oder Rhododendrongärten hervorragend geeignet, ebenso für Grabbepflanzung. Die Art erlangte zunehmendes Interesse im Winter (vor allem zur Adventszeit) als Schalen- oder Topfpflanze. Zierend wirkt sie durch die lange, oft bis zum späten Frühjahr des folgenden Jahres an der Pflanze verbleibenden Früchte und das immergrüne, im Winter sich besonders an sonnigen Stellen bronzerot verfärbende Laub. In Nordamerika vielseitige Verwendung, Tee aus den Blättern („Kanadischer Tee") dient als Heil- und Genussmittel. Die ätherischen Öle sind die Grundlage für das originale „Wintergreen" (Wintergrünöl; heute extrahiert aus *Betula lenta* oder synthetisch hergestellt), das medizinische Bedeutung (Antirheumatikum, Antiseptikum) hat, aber auch in der Getränkeindustrie oder Parfümerie sowie als Geschmacksstoff für Bonbons und Kaugummi eingesetzt wird. Die Früchte sind wegen ihres eigenartigen Geschmacks ungenießbar, dienen aber zur Verzierung von Torten.

Weitere Arten:
***Gaultheria miqueliana*, Miquels Scheinbeere, Miquels Rebhuhnbeere:** Aufrechter Zwergstrauch mit elliptischen, 1,5–4 cm langen, drüsig gesägten Blättern, wenigblütigen Blütentrauben, Blüten nickend, Krone weiß. Blütezeit: Mai–Juli. Scheinbeeren weiß bis rosa. Die fernöstliche Art (Japan, Sachalin, Kurilen) ist als Bodendecker geeignet (nach Europa 1892 eingeführt).

***Gaultheria mucronata*, Torfmyrte, Stechende Rebhuhnbeere:** Aufrechter Zwerg- bis Kleinstrauch der gemäßigten Zone Südamerikas (südlich bis Feuerland). Die Blätter sind 0,8–1,8 cm lang, stachelspitzig gezähnt und zugespitzt. Die Blüten stehen einzeln, ihre Krone ist weiß bis rosa. Blütezeit: Mai–Juni. Dekorativ ist die Art aber besonders durch die zahlreichen Beeren. Bei der Pflanzung (in Kultur seit 1828) muss beachtet werden, dass die Art zweihäusig ist, wenn auch nicht streng. Die Beeren sind bei der Wildsippe rot, bei den verschiedenen Sorten, die zu den attraktivsten immergrünen Kleinsträuchern mit zierenden Früchten gehören, ist die Farbpalette breit: weiß, rosa, karminrot, violett oder purpurschwarz.

Gaultheria shallon*, Hohe oder Shallon-Scheinbeere:** Bis > 1 m hoher, aufrecht wachsender, durch Ausläufer sich ausbreitender und dichte Bestände bildender Strauch des westlichen Nordamerika (von Alaska über Kanada bis Kalifornien; seit 1826 in Kultur). Die Art unterscheidet sich von den anderen *Gaultheria*-Arten durch größere, 5–10 cm lange, eiförmige bis rundliche Blätter und zur Reife blauschwarze Scheinbeeren, die essbar sind (roh als Naschfrucht oder verarbeitet). Durch Ausläuferbildung und immergrünes Laub ist sie besonders für eine Flächenbegrünung geeignet, die Zweige dienen auch als Schnittgrün. Ähnlich großblättrig und wuchskräftig, aber rotfrüchtig, sind Sorten der Hybride ***Gaultheria × wisleyensis, entstanden durch Kreuzung mit *G. mucronata*, zuerst um 1929 in Wisley Gardens (England).

Fruchtstände der Wisley-Scheinbeere, aus Hoher Scheinbeere und Torfmyrte entstanden.

Fruchtende Sprosse der Miquels Scheinbeere.

Blühende Torfmyrte, früher eigene Gattung, heute den Scheinbeeren zugeordnet.

Blätter und Blütenstand der Hohen Scheinbeere.

Genista – Ginster
Fabaceae – Hülsenfrüchtler

Sommer- oder halbimmergrüne bewehrte oder unbewehrte Sträucher und Zwergsträucher. Zweige grün, oft kantig und gerieft. **Blätter** meist wechselständig, einfach oder mit 3-gliedriger Spreite. Nebenblätter klein oder fehlend. Blättchen ganzrandig, oft nur kurzlebig. **Blüten** als typische Schmetterlingsblüten ausgebildet, meist gelb, in end- oder seitenständigen Trauben, oft gestaucht und köpfchenartig, viel- oder armblütig, selten einzeln. Kelch 2-lippig, Oberlippe tief 2-teilig, Unterlippe 3-zähnig. Staubblätter alle miteinander verwachsen, 1 Fruchtblatt. Bestäubung durch Insekten mittels des Explosionsmechanismus (siehe S. 234). **Frucht** eine 1- bis mehrsamige Hülse, die sich zur Reife explosionsartig öffnet und die Samen ausschleudert. Samen ohne Nabelwulst. Vermehrung durch Samen. Die Keimung erfolgt epigäisch. Alle Pflanzenteile sind giftig! **G!**

Name: Der Gattungsname *Genista* wurde bereits von VERGIL und PLINIUS verwandt, die damit eine Ginsterart bezeichneten.
Systematik: Zur Gattung *Genista* werden rund 100 Arten gerechnet. Das Areal erstreckt sich auf Europa, das Mittelmeergebiet und Westasien.

Genista anglica – Englischer Ginster

Sommer- oder halbimmergrüner, 10–50 cm hoher, dornig bewehrter, kahler Zwergstrauch. Sprossdornen seitlich an den Langtrieben, ca. 1 cm lang. **Blätter** elliptisch bis lanzettlich, blaugrün, hinfällig, 5–10 mm lang und 2–3 mm breit. **Blüten** goldgelb, in kurzen, dichten Trauben, 6–8 mm lang, in der Achsel laubblattartiger Tragblätter, die länger als die Blütenstiele sind. Blütezeit: Mai–Juni.

Englischer Ginster am natürlichen Standort (Jütland).

Früchte 1–2 cm lange Hülsen mit 4–10 schwarzen Samen. Fruchtreife: Juli–September.
Verbreitung: Atlantisches Europa. In Deutschland vor allem im Nordwesten.
Biologie: Bestäubt von Hautflüglern, unter anderen Sandbienen (*Andrena*), mittels Explosionsmechanismus (siehe S. 234). In Heide- und Weidegesellschaften, auf basenreichen, mäßig sauren und nährstoffreichen Heide-, Sand-, Lehm- und Torfböden. Kalkmeidend. Lichtbedürftige Pflanze bevorzugt in wintermilden Bereichen. In der Roten Liste Deutschlands ist die Art als gefährdet aufgeführt.
Verwendung: Kaum angepflanzt. *anglica* lat. = englisch, bezugnehmend auf das Vorkommen auch auf den Britischen Inseln.

Ähnliche Art:
***Genista germanica*, Deutscher Ginster:** Sommergrüner, 20–50 cm hoher Zwergstrauch mit bis 1,5 cm langen Sprossdornen seitlich an den Langtrieben. Junge Zweige abstehend behaart. Blätter ohne Nebenblätter, Spreite elliptisch bis lanzettlich, 1–2 cm lang und 4–5 mm breit, grasgrün,

am Rand rauhaarig. Blüten in den Achseln pfriemlicher Tragblätter, die kürzer als die Blütenstiele sind, in bis 5 cm langen Trauben, lebhaft gelb, 7–10 mm lang. Blütezeit: Mai–Juni. Hülsen 1 cm lang, mit 2–5 braunen Samen, behaart. Fruchtreife: August–September. Verbreitung: W- und Mitteleuropa bis Russland. In trockenen, lichten Eichen- und Kiefern-Wäldern, an Wald- und Wegrändern, in Magerwiesen und Heiden. Auf nährstoffarmen, basenreichen, aber kalkfreien, mäßig sauren steinigen Lehmböden. In Mitteleuropa bis etwa 750 m ü. M. In der Vorwarnliste der Roten Liste Deutschlands ist die Art aufgeführt. Nur selten angepflanzt. Die Giftigkeit beruht auf dem Vorkommen der Alkaloide Cytisin und Spartein. *germanica* lat. = germanisch, deutsch, da auch in Deutschland vorkommend.

Weitere Arten:

***Genista lydia*, Lydischer Ginster:** Sommergrüner, breitbuschiger, bis 50 cm hoher Strauch mit starr bogig gekrümmten, 4-kantigen Zweigen, oft bläulich bereift. Blätter 5–10 mm lang und 1–3 mm breit, ± kahl. Blüten goldgelb, in kurzen, dichtblütigen Trauben seitlich an vorjährigen Zweigen. Fahne und Schiffchen kahl. Blütezeit: Mai–Juni. Hülsen 2,5 cm lang. Fruchtreife: August–September. Verbreitung: Europa, Balkanhalbinsel, Anatolien, Syrien. Sehr lichtbedürftige Pflanze auf durchlässigen, sandig humosen, aber auch lehmigen Böden. Gut Hitze und Trockenheit ertragend. In Kultur seit 1926. Sehr gut geeignet für Steingärten und Tröge. Häufig angepflanzt. „lydios“ griech. = aus Lydien, einer antiken Landschaft Kleinasiens stammend.

Blütenfülle beim Lydischen Ginster.

***Genista pilosa*, Heide-Ginster, Behaarter Ginster:** Sommergrüner, niederliegend-aufsteigender, lockerwüchsiger 15–30 cm hoher Zwergstrauch. Zweige rundlich, rutenförmig, gerieft bis schwach kantig, durch die dicken Blattpolster knotig erscheinend, grün, anliegend behaart. Blätter wechselständig, 3–10 mm lang und 1,5–3,5 mm breit, anliegend seidig behaart, oberseits später fast kahl, matt dunkelgrün. Blüten goldgelb, in gedrungenen, 1–3-blütigen Trauben, die seitlich vorjährigen Trieben ansitzen. Krone 1 cm lang. Fahne und Schiffchen außen dicht seidig behaart. Blütezeit: April–Juni. Hülsen bis 2,5 cm lang, seidig behaart. Fruchtreife: Juli–August. Verbreitung: Europa. Auf Felshängen, Heiden, an Wald- und Wegrändern, in Trockenrasen und lichten Eichen- und Kiefern-Wäldern. Auf nährstoff- und basenarmen Steinböden. Kalkmeidend. Im Schwarzwald bis 1250 m ü. M. In der Vorwarnliste der Roten Liste Deutschlands ist die Art aufgeführt. Bestäubung mittels Explosionsmechanismus (siehe S. 234), meist durch Bienen. *pilosus* lat. = behaart.

Blühender Heide-Ginster.

Genista radiata, Strahlen- oder Kugel-Ginster: Kugelförmiger, dicht strahlig verzweigter, 20–50 cm hoher Zwergstrauch mit längs gefurchten, dunkelgrünen, fein anliegend behaarten dünnen Zweigen. Blätter gleich den achselständigen Kurztrieben gegenständig. Spreite 3-zählig, Blättchen länglich lanzettlich, 5–20 mm lang und 2–4 mm breit, unterseits behaart, meist kurzlebig. Blüten sehr schwach duftend, gelb, 12–15 mm lang, in endständigen, 3–10-blütigen Köpfchen. Blütezeit: Mai–Juli. Hülsen 12–14 mm lang, dicht anliegend behaart. Fruchtreife: August–September. Verbreitung: S-Europa von Frankreich, Italien, den Südalpen bis zur Balkan-Halbinsel, nördlich bis Kärnten und Dalmatien. An Berghängen und auf Felsen. Kalkhold. Bevorzugt auf sommerwarmen, besonnten und trockenen Standorten. In der Vorwarnliste der Roten Liste Deutschlands ist die Art aufgeführt. Häufig angepflanzt, gut geeignet für Steingärten und Tröge. *radiatus* lat. = mit Strahlen versehen, hier bezogen auf die Verzweigung.

Blühender Strahlen-Ginster.

Genista sagittalis, Flügel-Ginster: Nur 10–20 cm hoher Zwergstrauch mit kriechender Grundachse und 2-schneidig geflügelten, unverzweigten, aufgerichteten Zweigen. Flügel an den Sprossknoten unterbrochenen, dunkelgrün, glänzend. Blätter 2-zeilig stehend, hinfällig, rauhaarig, einfach, 5–20 mm lang und bis 7 mm breit, oberseits verkahlend, unterseits behaart. Blüten goldgelb, in endständigen, ei- bis kugelförmigen Trauben, 10–12 mm lang. Blütezeit: Mai–Juli. Hülsen bis 2 cm lang und 5 mm breit, behaart. Fruchtreife: August–September. Verbreitung: Europa. In Magerrasen und trockenen -weiden, lichte Eichen- und Kiefernwälder. Auf neutralen bis mäßig sauren, steinigen und sandigen Lehmböden. Magerkeits- und Säurezeiger. Im Schwarzwald bis 1380 m ü.M. In der Vorwarnliste der Roten Liste Deutschlands ist die Art aufgeführt. Bisweilen angepflanzt. *sagittalis* lat. = pfeilförmig, abgeleitet von „sagitta" lat. = Pfeil, bezogen auf die pfeilförmigen Triebe.

Blühender Flügel-Ginster.

Genista tinctoria, Färber-Ginster: Sommergrüner, 30–60 cm hoher Strauch mit aufsteigenden bis aufrechten, kantigen und gefurchten, glänzend grünen Zweigen. Blätter wechselständig, ungeteilt, 1–5 cm lang und 3–15 mm breit, kahl bis behaart. Blüten in verlängerten, blattachsel- oder endständigen Trauben an diesjährigen Trieben, ohne Duft, leuchtend gelb bis goldgelb, 1–2 cm lang. Fahne und Schiffchen kahl. Blütezeit: Juni–Juli. Hülsen kahl, 1,5–3 cm lang. Fruchtreife: September. Verbreitung: Europa bis Westsibirien. In Magerwiesen, Magerweiden, Moorwiesen, lichten Eichen- und Kiefernwäldern. In den Mittelgebirgen bis 1250 m, in den Alpen bis 1600 m ü.M. Auf mittel- bis tiefgründigen, wechselfeuchten, basenreichen Böden. In der Vorwarnliste der Roten Liste Deutschlands ist die Art aufgeführt. Insektenbestäubung, auch durch solitäre Bienen der Gattungen *Megachile* (Blattschneiderbienen) und *Osmia* (Mauerbienen), nach dem Explosionsmechanismus (siehe S. 234), auch Selbstbestäubung. Giftig vor allem durch die Alkaloide Anagyrin und Cytisin. Der Färber-Ginster wurde früher als Färber- und Heilpflanze genutzt. Zweige mit Blättern und Blüten dienten zum Gelbfärben von Leinen und Wolle. Heute vielfach in Sorten angepflanzt. *tinctorius* lat. = zum Färben verwendet.

Blühender Färber-Ginster. ▶

Gleditsia triacanthos – Amerikanische Gleditschie, Lederhülsenbaum

Fabaceae – Hülsenfrüchtler

In Kultur 10–25 m, im natürlichen Areal bis 43 m hoher Baum mit Dornen an Stamm und Ästen, die bis 20 cm lang, einfach oder verzweigt sein können, gelegentlich auch fehlen (**fo.** ***inermis***). **Blätter** 10–30 cm lang, einfach gefiederte mit 14–36 Blättchen, doppelt gefiederte mit 8–14 Fiedern 1. Ordnung. Blättchen 2–3,5 cm lang, länglich lanzettlich, meist zugespitzt. **Blüten** unscheinbar, in 5–7 cm langen Trauben. Blütezeit: Juni. **Früchte** lederige, 30–45 cm lange, glänzend rotbraune, mehrsamige Hülsen, etwas sichelförmig und längs verdreht. Fruchtreife: Oktober–Dezember.

Name: Gattung nach dem deutschen Botaniker J. G. Gleditsch (1714–1786) benannt; *triacanthos* griech. = dreidornig, wegen der verzweigten Dornen. Der verschiedentlich gebrauchte deutsche Name Christusdorn sollte dem „echten" Christusdorn vorbehalten bleiben (siehe *Paliurus spina-christi*!).

Stamm der Amerikanischen Gleditschie.

Systematik: Die Gattung *Gleditsia* umfasst 13 Arten in Asien, Nordamerika und Argentinien. Es sind sommergrüne, meist dornige Bäume mit wechselständigen, einfach oder doppelt gefiederten Blättern und unscheinbaren grünlichen Blütentrauben. Die sehr auffälligen Hülsenfrüchte sind riemenförmig, oft spiralig gedreht und gekrümmt, sie enthalten hartschalige, abgeflachte Samen. Früher zu den *Caesalpiniaceae*, Johannisbrotbaumgewächse, gezählt.

Verbreitung: Östliche und mittlere USA. Die 1700 nach Europa eingeführte Art ist in mehreren Ländern aus Kultur verwildert und heute eingebürgert.

Lebensraum: Laubmischwälder der Flussniederungen und angrenzender Berglagen (meist nicht über 600 m ü. M.).

Biologie: Lichtbaumart, an Überflutung angepasst, aber auch Trockenheit und Salzgehalt im Boden ertragend, städtische Umweltbedingungen tolerierend.

Früchte der Amerikanischen Gleditschie, wegen dieser auch Lederhülsenbaum genannt.

Verwendung: Holz schwer, hart und dauerhaft, aber wirtschaftlich kaum von Bedeutung. Als Zierbaum wird die Art gern gepflanzt wegen der großen, im Herbst goldgelben Fiederblätter, der auffälligen Dornen und Früchte sowie im Alter schirmförmigen Krone. Sie ist auch für Stadt- und Industriegebiete geeignet, allerdings ist an Geh- und Radwegen die dornenlose Form vorzuziehen. Die Hülsen werden gern vom Vieh gefressen, was auch zur Ausbreitung der Art beitrug.

Früchte der Kaspischen Gleditschie.

Weitere Art:
***Gleditsia caspia*, Kaspische Gleditschie:** Nur 5–15 m hohe Baumart, die von der südkaspischen Niederung bis in die Vorberge des Talysch (Aserbaidschan) und Elburs (Iran) vorkommt. Die Blättchen sind größer (bis 5 cm lang), an den einfach gefiederten Blättern befinden sich nur 10–20 Blättchen, an doppelt gefiederten 6–8 Fiedern 1. Ordnung; die Hülsen bleiben unter 30 (oft nur bis 15) cm lang. Wie bei der Amerikanischen Gleditschie dienen die Hülsen im natürlichen Verbreitungsgebiet als Viehfutter. In Kultur (1822 nach Europa eingeführt) tritt die Art nur gelegentlich auf.

Gymnocladus dioicus – Amerikanischer Geweihbaum, Kentucky Coffee Tree

Fabaceae – Hülsenfrüchtler

Bis 33 m, in Kultur nur 12–20 m hoher, spät austreibender und anfangs trägwüchsiger Baum mit knorrigen Ästen und dicken, blaugrau bereiften Zweigen. **Blätter** 30–100 cm lang, mit 3–9 Paar Fiedern zu je 6–14 Fiederblättchen, Blättchen eiförmig bis elliptisch, 5–9 cm lang. **Blüten** unscheinbar, zweihäusig verteilt, etwa 1,2 cm lang, grünlich weiß, weiblicher Blütenstand bis 25 cm lang. Blütezeit: Juni. **Frucht** 10–15 cm lange, rotbraune und bereifte Hülse, ungeöffnet vom Baum fallend, mehrere Samen in süßlichem Fruchtbrei eingebettet. **Samen** abgeflacht, rotbraun. Fruchtreife: Oktober–Dezember. **G!**

Name: Gattungsname von griech. „gymnos" = nackt und „klados" = Zweig, Astwerk soll im unbelaubten Zustand geweihförmig aussehen; *dioicus* von „di-" = zwei und „oikos" = Haus, wegen der meist zweihäusig verteilten Blüten.
Systematik: Zur Gattung *Gymnocladus* gehören fünf Arten in Nordamerika, O- und SO-Asien. Es sind sommergrüne Bäume mit gegenständigen, sehr großen, doppelt gefiederten Blättern, unscheinbaren Blüten in Trauben oder Rispen und etwas abgeflachten Hülsen. *Gymnocladus* wurde früher zu den *Caesalpiniaceae* (Johannisbrotbaumgewächse) gestellt.
Verbreitung: Östliches Nordamerika (Ontario, Zentral- und O-USA).
Lebensraum: Laubmischwälder von Flussauen und feuchten Niederungen.
Biologie: Feuchte und nährstoffreiche Standorte bieten günstigste Voraussetzungen für das Wachstum, aber eine weite Standortsamplitude aufweisend und anpassungsfähig, auch Trockenheit und städtische Umweltbedingungen ertragend. Samen sind giftig.
Verwendung: Holz schwer und dauerhaft, aber wirtschaftlich ohne Bedeutung. Die Samen sind zwar unbehandelt giftig, aber geröstet dienten sie den europäischen Siedlern in Nordamerika als Kaffeeersatz (deshalb engl. Name Kentucky Coffee Tree). Durch die bizarre Krone und die im Austrieb rosa überlaufenen, im Sommer blaugrünen und im Herbst oft leuchtend goldgelben riesigen Blätter ein prächtiger Parkbaum (vor 1748 nach Europa eingeführt).

Früchte des Amerikanischen Geweihbaums.

Herbstlaub des Amerikanischen Geweihbaums.

Halesia carolina – Carolina-Schneeglöckchenbaum, Silberglocke, Carolina Silverbell

Styracaceae – Storaxbaumgewächse

Sommergrüner, sparrig verzweigter Strauch oder bis 6 m hoher Baum. Am heimatlichen Standort mehr als 10 m hoch und Stämme von 90 cm Durchmesser erreichend. Borke sich in kleinen Schuppen ablösend. Zweige mit gefächertem Mark, rot- bis graubraun, später grau, Rinde sich streifenförmig ablösend. Knospen länglich eiförmig, 5–6 mm lang, mit 4–5 sichtbaren Knospenschuppen. Oft mit absteigender Beiknospe. Endknospe vorhanden. Junge Triebe anfangs mit Sternhaaren besetzt. **Blätter** wechselständig, 5–10 mm lang gestielt. Spreite eiförmig bis elliptisch, zugespitzt, am Grund keilförmig, fein gesägt, 5–12 cm lang, unterseits mehr oder weniger dicht sternhaarig. **Blüten** duftlos, an vorjährigen, unbelaubten Zweigabschnitten unterhalb der Neutriebe, glockenförmig, weiß, zu 2–5 blattachselständig, 1,5–2 cm lang, 1–2 cm lang gestielt, hängend. Staubblätter 10–16, kürzer als die Krone. Blütezeit: April–Mai. **Frucht** birnenförmig, 2,5–3,5 cm lang, vor allem am Ende charakteristisch längs 4-flügelig und 4-fächerig. Steinkern längs gerieft. Fruchtreife: September–Oktober.

Blüten des Carolina-Schneeglöckchenbaums.

Früchte des Carolina-Schneeglöckchenbaums.

Name: Linné benannte die Gattung nach Stephen Hales (1677–1761), einem englischen Geistlichen, Physiologen und Botaniker. Das Artepitheton nimmt auf das Verbreitungsgebiet Bezug. Die Art wird im Handel noch häufig als *Halesia tetraptera* geführt.

Systematik: Die Gattung *Halesia* umfasst 2 Arten im östlichen Nordamerika. Blüten zwittrig, Blütenhülle 4-zählig, Fruchtknoten unterständig. Frucht eine geflügelte Steinfrucht.

Verbreitung: SO-Nordamerika (W-Virginia bis O-Texas).

Lebensraum: Bewaldete Gebirgshänge, an Gewässern und auf Flussbänken.

Hamamelis japonica – Japanische Zaubernuss

Hamamelidaceae – Zaubernussgewächse

Sommergrüner, 2–3 m hoher, breitkroniger Strauch oder kleiner Baum. Junge Triebe grau, anfangs mit Sternhaaren bekleidet. Zweige oft fast trichterförmig angeordnet, verkahlend. Rinde sehr lange glatt bleibend, feinst längsnetzig graubraun. Knospen gestielt, länglich eiförmig, mit Sternhaaren bekleidet, graubraun. **Blätter** 5–15 mm lang gestielt. Spreite rundlich eiförmig oder verkehrt eiförmig, 5–12 cm lang, 3–8 cm breit, oben etwas zugespitzt, am Grund gerundet bis schwach herzförmig, leicht asymmetrisch, oberseits dunkelgrün, unterseits hellgrün, anfangs stark behaart, bis auf die Nerven verkahlend. **Blüten** zu wenigen in kleinen kugelförmigen, achselständigen Köpfchen, darin jedoch einzeln stehend, lange vor dem Laubaustrieb erscheinend, schwach duftend, zitronen- bis goldgelb. Kronblätter riemenförmig, sehr schmal, 10–20 mm lang, gestreckt aber bis zum Verblühen geknittert bleibend. Kelch innen rötlich bis braunrot, die Zipfel oberhalb der Mitte zurückgeschlagen. Blütezeit: Januar–März. **Früchte** stark verholzt, sich 2-klappig öffnend. Fruchtreife: September–Oktober.

Blüten der Japanischen Zaubernuss.

Name: Mit *Hamamelis* bezeichnete HIPPOKRATES die Mispel.
Systematik: Gattung mit 6 Arten in Nordamerika und Ostasien. Alle Arten sind Holzgewächse. Blüten zwittrig, Blütenhülle 4-zählig. Kronblätter bandförmig. Fruchtknoten 2-fächerig. Kapsel 2-samig. Fossil im Tertiär (Eozän) nachgewiesen.
Verbreitung: Japan (Hokkaido bis Kyushu).
Lebensraum: Lichte Gebirgswälder, Waldränder.
Biologie: Trotz der zeitigen Blüte findet in Mitteleuropa in der Regel eine Bestäubung der Blüten durch Insekten statt. Blütenbesucher sind vor allem Fliegen. Bei der explosionsartigen Öffnung der unter starker Gewebespannung stehenden, ausgetrockneten Früchte werden die Samen über Meterdistanz weggeschleudert.
Verwendung: *H. japonica* ist ein beliebter Blüten-Zierstrauch und seit 1862 in Europa in Kultur. Neben den Blüten im Winter und Vorfrühling ist die prächtige Herbstfärbung, die von gelb über bronzerot bis scharlachrot reicht, äußerst reizvoll. Die Vermehrung erfolgt durch Samen. Die Keimung ist epigäisch. Die Sorten müssen veredelt werden. Als Veredlungsunterlage dient *H. virginiana*. Die Pflanzen gedeihen gut an einem sonnigen bis halbschattigen Standort auf feuchten, sauren, gut durchlässigen Böden. Frosthart ist die Japanische Zaubernuss bis −20 °C. In Kultur sind zahlreiche Varietäten und Sorten, die sich vor allem durch die Färbung der Blüten unterscheiden.
'Zuccariniana': In Kultur seit 1891. Blüten schwefelgelb, Blütezeit etwas später (Februar–März).

Hamamelis mollis – Chinesische Zaubernuss

Bis 8 m hoher, sommergrüner, nur mäßig verzweigter, aber breit ausladender Strauch. Junge Triebe dicht mit Sternhaaren bekleidet. Zweige im 2. Jahr kaum verkahlend, oft fast waagerecht ausgebrei-

Herbstfärbung der Blätter der Chinesischen Zaubernuss.

Blüten einer Hybride zwischen Japanischer und Chinesischer Zaubernuss.

tet. Knospen eiförmig, graugelb, filzig behaart. **Blätter** 5–10 mm lang gestielt. Spreite rundlich verkehrt eiförmig, kurz zugespitzt, am Grund schief herzförmig, beiderseits weichhaarig, oberseits glänzend, unterseits dicht graufilzig, 8–16 cm lang, 6–10 cm breit. Blütenstände 5 mm lang gestielt. **Blüten** stark duftend, mit 1,5 cm langen, schmalen goldgelben, am Grund rötlichen Kronblättern. Kelchblätter gerade oder etwas zurückgebogen, innen, wie auch die Griffel und Staubblätter, weinrot. Blütezeit: Januar–März. **Früchte** kugelig eiförmige Kapseln, etwa 1 cm lang und breit. **Samen** länglich ellipsoidisch, 8 mm lang. Fruchtreife: Juni–August.

Name: *mollis* lat. = weich.

Verbreitung: Mittel-China (Anhui, Guangxi, Hubei, Hunan, Jiangxi, Sichuan, Zhejiang).

Lebensraum: In Wäldern und Gebüschen in Höhenlagen von 300 bis 800 m ü. M.

Verwendung: *H. mollis* wurde von Henry bei Patung/Hubei gesammelt und nach England gebracht, dort 1888 beschrieben. Bereits 1879 hatte Maries aus dem Gebiet von Kiu-kiang nahe dem Yangtse Saatgut für die Baumschule Veitch gesammelt. Es wurde dort als *H. japonica* zugehörig kultiviert und erst 1898 erkannte man, dass es sich um *H. mollis* handelte. Häufig kultivierter Strauch, der neben seinen Blüten auch durch die gelbrote bis rote Herbstfärbung besticht. Die Chinesische Zaubernuss gedeiht an besonnten oder halbschattigen Standorten auf humosen, nährstoffreichen Böden, auch auf kalkhaltigem Untergrund. Ein Schnitt ist nicht notwendig, aber nicht schädlich. Die Art ist bis –20 °C winterhart. Die Vermehrung erfolgt durch Veredlung auf *H. virginiana*. Auch Aussaat ist möglich.

Hamamelis × intermedia (*H. mollis × H. japonica*): Von dieser Hybride existieren mehrere, häufig angepflanzte Varietäten und Sorten, die sich aufgrund ihrer Wüchsigkeit, des Blütenreichtums sowie ihrer unterschiedlichen Blütenfarben großer Beliebtheit erfreuen.

Hamamelis virginiana – Virginische Zaubernuss, Witch Hazel

Sommergrüner, bis 6 m hoher Strauch oder kleiner Baum, am natürlichen Standort 10 m Höhe erreichend. Zweige aufrecht oder etwas überneigend. Knospen gestielt, länglich eiförmig, dicht graubraun sternhaarig. **Blätter** 5–15 mm lang gestielt. Spreite verkehrt eiförmig bis breit elliptisch, kurz zugespitzt, am Grund schief gerundet, Blattrand in der oberen Hälfte gekerbt, kahl oder verkahlend, 8–15 cm lang und 3–10 cm breit, unterseits grün. **Blüten** schwach duftend, rein gelb, Kronblätter 1–2 cm lang. Blütezeit: September–Oktober. **Frucht** 10–14 mm groß, 2-samig. **Samen** stiftförmig, 5–10 mm lang. Fruchtreife: September–Oktober des folgenden Jahres.

Name: Der Name „Zaubernuss" bzw. „Witch hazel" soll daher rühren, dass aus Zweigen Wünschelruten gefertigt wurden.

Verbreitung: Östliches Nordamerika, von Ost-Kanada, Nova Scotia südlich bis South Carolina, Florida und Tennessee.
Lebensraum: Wälder, Gebirgs- und Felshänge in Höhenlagen von 0 bis 1500 m ü. M.
Biologie: Die Virginische Zaubernuss ist die einzige im Herbst blühende Art. Die Blütezeit fällt in die Zeit der Laubfärbung, so dass die Blüten erst sehr spät, wenn die gelben Blätter abzufallen beginnen, deutlicher ins Auge fallen.
Verwendung: In Europa seit 1736 in Kultur, jedoch weit seltener als die im Frühjahr blühenden Arten. *H. virginiana* wird als Veredlungsunterlage genutzt. Nicht selten treiben diese Unterlagen aus und können mitunter, aufgrund ihrer Schnellwüchsigkeit, die Veredlungen unterdrücken. Die Art stellt keine besonderen Bodenansprüche und ist auch gut schattenverträglich. Die Vermehrung erfolgt durch Aussaat im Frühjahr nach einer Stratifizierung. Die Blätter dienten den Ureinwohnern Nordamerikas als Heilmittel, die als Tee bei Erkältungen, als Mittel gegen Fieber, bei Hauterkrankungen, Augenleiden und zu gynäkologischen Zwecken Verwendung fanden. Ähnlich nutzten die ersten europäischen Siedler die Pflanze. Aufgrund des Gehalts an Gerbstoffen finden die Blätter auch in der Hautkosmetik, als Zusatz zu Cremen, Seifen oder Rasierwasser, Verwendung.

Seitenspross der Virginischen Zaubernuss mit Blütenständen.

Hebe ochracea – Ockergelber Strauchehrenpreis

Plantaginaceae – Wegerichgewächse

Immergrüner, bis 60 cm hoher, reich verzweigter Strauch mit aufsteigenden und schräg aufgerichteten, einem beblätterten Zypressenzweig ähnlichen Trieben von 1,5–3,5 mm Durchmesser. **Blätter** schuppenförmig, gegenständig, paarweise verbunden, da in unterer Hälfte miteinander verwachsen, 1,5–4(–5) mm lang, dicht stehend, dachziegelartig den Zweig bedeckend, am Rand fein bewimpert, goldbraun bis grüngelb. **Blüten** zwittrig, an den Triebenden in der Achsel der Blätter, zu 4–8, Krone weiß, Bestäubung durch Insekten. Blütezeit: Juli–August. **Frucht** eine Kapsel.

Name: *Hebe* benannt nach Hebe, Tochter des Zeus und der Hera, griechische Gottheit der Jugend, die an der Göttertafel den Nektar kredenzte; „ochros“ griech. = ockergelb, gelbbraun, wegen der Blattfarbe.
Systematik: Die Gattung *Hebe* mit etwa 100 Arten ist auf die Südhemisphäre beschränkt. Die meisten Arten kommen auf Neuseeland vor, wenige in Papuasien und Südamerika. Im Unterschied zur Gattung *Veronica* (Ehrenpreis), mit der Hebe verwandt ist und früher in der Familie Braunwurzgewächse (*Scrophulariaceae*) geführt wurde, sind die Blätter gegenständig und alle Arten besitzen verholzte Sprossachsen, deshalb deutscher Name Strauchehrenpreis oder -veronika. Neben Arten mit kleinen schuppenförmigen Blättern (neben *H. ochracea*

Blütensprosse des Ockergelben Strauchehrenpreises.

Reich blühender Dickblättriger Strauchehrenpreis.

auch ***H. cupressoides***) gibt es solche mit >1 cm langen Blättern mit deutlich entwickelter, >4 mm breiter, lederiger und teils dicker oder etwas fleischiger Spreite, z.B. **Dickblättriger Strauchehrenpreis, *H. pinguifolia***. Die einzelnen Arten sind oft schwer bestimmbar. Außerdem gibt es eine Fülle an Hybriden mit auffälligen Blütentrauben (Krone blau, violett, purpurn rötlich oder weiß). In Westeuropa sind *Hebe*-Arten und -Sorten als Steingarten- und Rabattenpflanzen weit verbreitet, in Mitteleuropa sind nur wenige im wintermilden Klima dafür geeignet, die meisten eher als Topf- oder Kübelpflanzen.

Verbreitung: Neuseeland (Nordteil der Südinsel).

Lebensraum: Grasland, Buschland, subalpine Gebüsche, meist auf Kalk.

Verwendung: Beliebt wegen der eigenartigen Farbe der Pflanze, des ornamentalen Wuchses und der Anspruchslosigkeit (in Europa seit 1899 in Kultur). Gut geeignet an einem voll besonnten Standort als Steingarten- oder Trogpflanze, erträgt Fröste bis –15 °C. Häufig gepflanzt, jedoch oft unter dem Namen *H. armstrongii*, aber die neuseeländische Art diesen Namens hat deutlich längere (bis 1,8 cm), nur am Rand gelbliche Blätter und traubige Blütenstände.

Hedera helix – Gewöhnlicher Efeu

Araliaceae – Araliengewächse

Am Erdboden kriechendes Gehölz oder mit Haftwurzeln kletternde, bis 20 m hohe, immergrüne Liane. Junge Triebe dicht mit 4–14-strahligen Sternhaaren bedeckt. Klettersprosse schattenseitig mit etwa 5–7 mm langen, unverzweigten, bald absterbenden, aber über lange Zeiträume hinweg funktionstüchtigen Haftwurzeln besetzt. Beschattete, ältere Klettertriebe auch ringsum dicht mit längeren Haftwurzeln bekleidet. **Blätter** derb lederig, ohne Nebenblätter, an wurzeltragenden, nicht blühenden Sprossen 2-zeilig gestellt, 2–10 cm lang gestielt. Spreite 4–10(–15) cm lang, deutlich 3–5-eckig gelappt, schön hell fingerförmig genervt, oberseits kahl, am Grund herzförmig. Blühfähige Sprosse abspreizend, später überhängend, grün, stets wurzellos, ihre Blätter wechselständig, ei-rautenförmig, ungelappt, lang zugespitzt, oberseits grün, glänzend, unterseits heller, mit mehrstrahligen Schuppenhaaren. **Blüten** bis 2 cm lang gestielt, in 6–10 cm langen Ständen am Ende junger Triebe, aus Dolden zusammengesetzt, klein, unscheinbar, gelbgrün, zwittrig. Blütenhülle doppelt, 5-zählig. Kelch 0,5 mm groß, mit weißen Sternhaaren besetzt. Kronblätter 4 mm lang, spreizend. 5 Staubblätter, 3 mm lang. Fruchtknoten halbunterständig, 5-fächerig. Unterer Teil des Griffels von einer breit kegelförmigen Nektarscheibe (Diskus) umhüllt. Blütezeit: September–Oktober. **Frucht** eine beerenähnliche, schwarzblaue, 8–10 mm breite Steinfrucht mit 5–2 dünnwandigen, 1-samigen, 6 mm langen Steinkernen. Konsistenz mehlig-fleischig. **Samen** nierenförmig, braun. Fruchtreife: März–April des folgenden Jahres. **G!**

Name: *Hedera* war schon der römische Name für den Efeu, abgeleitet von „prehendere" = ergreifen. Griech. „helissein" = winden und lat. „helix" = Efeu bei Plinius d. Ä. Gleich der Weinrebe war der Efeu im Altertum dem DIONYSOS geweiht. Der Thyrsosstab war mit Efeu und Weinreben umwunden. Im Mittelrheingebiet wird der Efeu auch als Eppich bezeichnet.

Systematik: Zur Gattung *Hedera* werden, je nach Ansicht, 4–15 Arten gerechnet.

Verbreitung: Europa (mit Ausnahme des Nordens und Nordostens) bis Westasien, Krim und Kaukasus. Fossil seit der Oberkreide nachgewiesen.

Lebensraum: In Auenwäldern, schattigen, feuchten Mischwäldern an Bäumen und Felsen hochkletternd. Auf nährstoffreichen, frischen Auen- und Lehmböden. Kalk bevorzugend. In den Mittelgebirgen bis 800 m, in den Alpen bis 1200 m ü. M.

Gewöhnlicher Efeu mit Blütenständen.

Biologie: Die Blüten werden von zahlreichen Insekten aufgesucht. Da der vom Diskus gebildete Nektar frei zugänglich ist, können auch kurzrüsselige Insekten davon profitieren. Blütenbesucher sind Fliegen, Hautflügler wie Honigbienen, Seidenbienen (*Colletes*), Wespen und Hornissen, und Tagfalter. Der Nektar enthält 13–16 % Zucker, davon 80 % Glucose, 14 % Saccharose und 6 % Fructose. Pollen wird nur wenig gesammelt. Die Früchte werden von Vögeln, vor allem Amseln, Drosseln und Staren, gefressen und verbreitet. Die Keimung erfolgt epigäisch. Der Blattdimorphismus wurde bereits von THEOPHRAST beschrieben. Der Gewöhnliche Efeu ist eine sehr formenreiche Art. Er ist in allen Teilen, vor allem in den Blättern und Früchten, sehr giftig. Inhaltsstoffe sind zu 2,5–5,7 % Saponine, vor allem das α-Hederin (Helixin), das zunächst zu Reizungen der Schleimhaut sowie des Magen- und Darmtrakts führt. Symptome sind Übelkeit, Erbrechen, scharlachroter Ausschlag bis hin zu Atemstillstand. Die Blätter können durch das in ihnen enthaltene Falcarinol hautallergische Reaktionen auslösen. Die aus Efeublättern gewonnene Droge Folia Hederae helicis wirkt antibakteriell und findet Anwendung in verschiedenen Arzneimitteln gegen Bronchialkatarrh, Keuchhusten, Asthma, aber auch in Gallenkapseln und Grippetabletten.

Verwendung: Häufig angepflanzt zur Begrünung von Flächen, an Mauern, Zäunen und Grabeinfassungen. Frosthart bis −25 °C. Vermehrung durch Stecklinge im Juli/August. In Kultur sind zahlreiche Züchtungen, die sich durch die Wuchs- und Blattform sowie durch Blattfärbungen unterscheiden. Die Kulturform 'Arborescens' hat einen aufrechten, buschigen Wuchs. Sie wird aus Stecklingen wurzelloser Zweige erzielt. Alle Blätter sind gleichgestaltet.

Weitere Art:

***Hedera colchica*, Kolchischer Efeu:** Immergrünes, am Erdboden kriechendes oder mit Haftwurzeln bis 8 m hoch kletterndes Gehölz. Triebe dicht schuppig behaart. Blätter nichtblühender Triebe breit eiförmig bis elliptisch, kaum gelappt bis 3-lappig, 10–15 cm lang, am Grund herzförmig oder gerundet. Blätter an blühenden Zweigen stets ungelappt, eiförmig oder rundlich, am Grund herzförmig oder gerundet, oberseits stumpfgrün, unterseits mit flachen,

Blütendolden des Kolchischen Efeu.

Fruchtender Kolchischer Efeu.

An einem Baumstamm kletternder Kolchischer Efeu.

rotorange gefärbten, vielstrahligen Schuppenhaaren. Blätter gerieben schwach nach Sellerie duftend. Blüten in rispenartigen Ständen, die aus bis 2 cm breiten Dolden zusammengesetzt sind. Kelch deutlich, mit dreieckigen Zipfeln. Blütezeit: September–Oktober. Frucht schwarz, erst im nächsten Frühjahr ausgereift. Verbreitung: Nordanatolien, Kaukasien, Nordiran. Frosthart bis –15 °C. *colchicus* lat. = kolchisch. Die Kulturform **'Dentata Variegata'** hat 15–20 cm lange, ungelappte Blätter, deren Rand unregelmäßig breit gelblich weiß gefärbt ist. Die Art und Sorteb werden, vor allem im Weinbauklima, häufig angepflanzt. Zur Blütezeit werden die Pflanzen von vielen Insekten aufgesucht.

Helianthemum nummularium – Gewöhnliches Sonnenröschen

Cistaceae – Zistrosengewächse

Immergrüner, 10–30(–50) cm hoher Halb- oder Kleinstrauch. Junge Triebe kahl oder behaart. Zweige niederliegend-aufstrebend, nur am Grund verholzt. **Blätter** gegenständig, 3–5 mm lang gestielt. Spreite linealisch bis lanzettlich, 1–3 cm lang, oberseits dunkelgrün, am Rand etwas nach unten eingerollt, unterseits hellgrün, beidseitig mit verzweigten Haaren besetzt. Nebenblätter pfriemförmig, grün, bis 7 mm lang. **Blüten** in mehrblütigen Wickeln, zwittrig, radiär, goldgelb, 7–8 mm lang, Blütenhülle 5-zählig. Kelch aus 2 kleinen grünen und 3 größeren, transparenten, grün genervten Blättern bestehend, die kürzer als die Kronblätter sind. Krone schalenförmig, 2 cm breit. Staubblätter zahlreich, gelb. Fruchtknoten oberständig. Blütezeit: Mai–September. **Frucht** eine 3-kantige, sich 3-klappig öffnende Kapsel, vom persistierenden, abgestorbenen Kelch umgeben. **Samen** zahlreich, braun, 2 mm groß. Fruchtreife: Juli–Oktober.

Gewöhnliches Sonnenröschen am natürlichen Standort (Slowakei).

Name: Griech. „helios" = Sonne und „anthemon" = Blume. Die Bedeutung vom lat. „nummularius" bzw. „nummus" = Geld, Münze im Zusammenhang mit der Pflanze ist nicht eindeutig zu klären.

Systematik: Zur Gattung *Helianthemum* werden rund 70 Arten gezählt. Das Gattungsareal erstreckt sich auf das gesamte Mittelmeergebiet, Westasien sowie Nord- und Südamerika. In Mitteleuropa sind 4 Arten beheimatet.

Verbreitung: Europa, von der Iberischen Halbinsel, Frankreich, Südengland, Osteuropa, Italien bis zur Balkan-Halbinsel, dem Kaukasus und Nordiran. In Deutschland weit verbreitet, vor allem in Mittel und Süddeutschland. In der Vorwarnliste der Roten Liste Deutschlands ist die Art aufgeführt.

Lebensraum: In Kalkmagerrasen, auf Felshängen, in lichten Kiefernwäldern und an Gebüschrändern. Stets in vollsonniger Lage auf meist kalk- oder basenreichen Lehm-, Sand- oder Steinschuttböden. Vom Flachland bis in Gebirgslagen um 2370 m ü. M. in den Alpen.

Biologie: Täglich ist pro Blütenstand nur eine einzige Blüte geöffnet. Die Knospen öffnen sich am frühen Morgen. Bereits am frühen Nachmittag fallen die Kronblätter ab. Da aber sehr viele Blütenknospen gebildet werden, erstreckt sich die Blühperiode über einen langen Zeitraum. Den Bestäubern wird nur Pollen und kein Nektar geboten. Blütenbesucher sind Insekten aus verschiedenen Verwandtschaftskreisen. Neben Fremdbestäubung gibt es Selbstbestäubung. Die Staubblätter sind reizempfindlich und können bei Berührung Krümmungsbewegungen nach außen ausführen. *H. nummularium* ist eine sehr formenreiche Sippe, die in mehrere Unterarten und Varietäten untergliedert wird. Entsprechend groß ist die morphologische Vielfalt und ökologische Amplitude.

Verwendung: Beliebte Pflanze für Steingärten in vollsonniger Lage. Vermehrung leicht durch Samen bzw. Selbstaussaat.

Ähnliche Arten:

***Helianthemum apenninum*, Apenninen-Sonnenröschen:** Vom Gewöhnlichen Sonnenröschen vor allem durch die weißen, 1,5–3 cm großen Blüten unterschieden. Die Pflanzen bilden 10–30 cm lange Zweige. Die Blätter sind oberseits grün und unterseits weißfilzig. In Deutschland sehr selten in Kalktrocken- und Kalkmagerrasen, so in Rheinhessen, im mittleren Maingebiet, an der Fränkischen Saale, bei Arnstadt und im südwestlichen Jura. Das Apenninen-Sonnenröschen ist in Deutschland streng geschützt und ist in der Roten Liste als gefährdet eingestuft. Es ist eine belieb-

Blühendes Apenninen-Sonnenröschen.

te, anspruchslose Steingartenpflanze in vollsonniger Lage. Blütenbesucher sind auch Sandbienen (*Andrena*). In Kultur sind einige Hybriden mit verschiedenen Blütenfarben.

***Helianthemum canum*, Graues Sonnenröschen:** 10–20 cm hoher, am Grund reich verzweigter Kleinstrauch. Blüten gelb, nur bis 15 mm groß. Verbreitet in Süd- und Mitteleuropa, Südrussland, Kleinasien bis Armenien. In Deutschland sehr selten, so im Maingebiet, Unterfranken, auf der Alb und am Kyffhäuser. Es wächst in Kalktrockenrasen und in lichten Kiefernwäldern. Das Graue Sonnenröschen ist in Deutschland streng geschützt und in der Roten Liste als gefährdet eingestuft. *canus* lat. = grau.

Heptacodium miconioides

Caprifoliaceae – Geißblattgewächse

Bis 7 m, in Kultur 3–4 m hoher, sommergrüner, breitbuschiger Strauch ohne Ausläufer. Junge Triebe rotbraun, spärlich behaart. Zweige kahl, anfangs glänzend, braun, Rinde sich in langen, dünnen grauen Streifen lösend und herabhängend. Knospen länglich, zugespitzt, bis 10 mm lang, mit mehreren Paaren kahler Knospenschuppen. **Blätter** gegenständig, ca. 10 mm lang gestielt, Spreite länglich eiförmig, etwas lederig, ganzrandig, 8–15 cm lang und 5–9 cm breit, am Grund stumpf bis fast herzförmig, am Ende zugespitzt bis lang zugespitzt, unterseits an den Nerven spärlich behaart, oberseits dunkelgrün, unterseits heller. Nahezu ohne Herbstfärbung. **Blüten** intensiv duftend, zygomorph, 5-zählig, endständig an diesjährigen Trieben in pyramidalen, rispenartigen 5–15 cm langen und 5–10 cm breiten Ständen, die aus einzelnen, meist 6-blütigen Köpfchen mit einer vegetativen Endknospe, die später erneut ein gestieltes Köpfchen zu bilden vermag, zusammengesetzt sind. Krone und Staubblätter weiß, Kelch anfangs klein, Kronblattzipfel stark spreizend. Blütezeit: August–Oktober. **Früchte** walzenförmige Nussfrüchte, 1-samig, mit etwa 10 mm langem zylindrischen Fruchtkörper und 5 persistierenden, ebenso langen weinroten, später verblassenden, 7–10 mm langen Kelchblättern, die den Strauch erneut stark auffallen lassen. Samen 5–6 mm groß. Fruchtreife: September–November. Herbstfärbung durch die Früchte.

Blühende Seitensprosse von Heptacodium, auch Sieben-Söhne-des-Himmels-Strauch genannt.

Name: „Hepta" = griech. sieben. Gelegentlich unter dem Synonym *H. jasminoides* bzw. als Sieben-Söhne-des-Himmels-Strauch im Handel.

Systematik: Monotypische Gattung, 1916 von Alfred Rehder aufgestellt.

Verbreitung: Seltene Art in O-China (Anhui, Hubei, Zhejiang). In der IUCN Red List ist die Art als gefährdet eingestuft.

Lebensraum: Felsen, Gebüsche, Wälder in Höhenlagen von 600 bis 1000 m ü. M.

Biologie: Blütenbesucher sind Bienen, Hummeln und Schmetterlinge. Die Früchte enthalten bei uns gut keimfähige Samen.

Verwendung: Viel zu selten angepflanzter, reich blühender Strauch, der durch seine späte Blütezeit bemerkenswert ist. Keine besonderen Bodenansprüche. Winterhart bis –30° C. Die Art wurde 1907 von ERNEST HENRY WILSON bei Hsing-shan Hsien in W-Hubei in 1000 m ü. M. blühend und fruchtend gesammelt. Das Material diente REHDER zur Beschreibung. 1980 wurde Saatgut von der chinesisch-amerikanischen Expedition gesammelt und ins Arnold Arboretum und US National Arboretum gebracht. Dort wurde *Heptacodium* später durch krautige Stecklinge oder Saatgut vermehrt und ab 1986 in den Handel gebracht.

Blütenstand von Heptacodium, auch Sieben-Söhne-des-Himmels-Strauch genannt.

Hibiscus syriacus – Strauch-Eibisch, Echter Rosen-Eibisch

Malvaceae – Malvengewächse

Sommergrüner, aufrechter, bis 3 m hoher Strauch oder kleiner Baum. Junge Triebe kantig, dicht behaart. Zweige grau bis graubraun, verkahlend, durch die erhabenen Blattpolster knotig erscheinend. Knospen kugelförmig, die seitlichen etwa 1 mm breit, teilweise in Fruchtstielresten geborgen. **Blätter** wechselständig, 5–15 mm lang gestielt. Spreite rhombisch eiförmig, mehr oder weniger ausgeprägt 3-lappig, 5–10 cm lang, grob gezähnt, anfangs behaart, oberseits verkahlend, unterseits mit einigen Sternhaaren, am Ende zugespitzt, am Grund keilförmig oder gerundet. **Blüten** duftlos, zwittrig, sehr ansehnlich, einzeln blattachselständig, 1–1,5 cm lang gestielt, 6–10 cm groß. Kelch verwachsenblättrig, 5-zähnig, von einem Außenkelch mit 6–8 schmal linealischen Zipfeln umgeben. Kronblätter 5, Staubblättfäden zu einer Säule verwachsen, die den Griffel umschließt. Fruchtknoten oberständig, 5-fächerig. Blütezeit: August–September. **Frucht** eine 2–3 cm lange, eiförmige, zugespitzte, sich 5-klappig fachspaltig öffnende Kapsel mit persistierendem Kelch und Außenkelch. **Samen** zahlreich, nierenförmig, abgeflacht, braun, auf der Konvexseite mit weißem Haarkranz. Fruchtreife: September–Oktober.

Name: Lat. „hibiscum", „biscum" = Eibisch.
Systematik: Zur Gattung *Hibiscus* werden rund 240 Arten gerechnet. Das Hauptverbreitungsgebiet erstreckt sich auf die Tropen und Subtropen.
Verbreitung: China, Indien, nicht Syrien! Weltweit in den gemäßigten Breiten angepflanzt.
Lebensraum: Küstennahe Felsen, Berghänge, entlang von Flüssen, Straßenböschungen; 0–1200 m ü. M.
Biologie: Die Blüten sind proterandrisch, d. h., der Pollen reift, bevor die Narben empfängnisbereit sind. *Hibiscus* wird von vielen Insekten aufgesucht und bestäubt. Gut sichtbar wird sehr viel Pollen produziert, der auch von Honigbienen gesammelt wird. Aber auch die Nektarbildung ist beachtlich. Die Blüten öffnen sich – wie bei den meisten Arten der Gattung – nur einen Tag.
Verwendung: Seit dem 16. Jahrhundert kultiviert. Sehr beliebter Gartenstrauch für vollsonnige Lagen. In Kultur sind zahlreiche Sorten, die sich durch Größe, unterschiedliche Farben – das Spektrum reicht von rein weiß bis tief purpurrot – und den Grad an Gefülltblütigkeit unterscheiden.

Die Bodenansprüche sind gering. Vermehrung leicht aus Samen. Die Sorten müssen veredelt werden. *H. syriacus* benötigt keinen, verträgt aber einen kräftigen Form- und Rückschnitt. Es lassen sich auch Hochstämme ziehen. Winterhart bis –20 °C.

◀ *Blüten des Strauch- oder Echten Rosen-Eibischs.*

Hippocrepis emerus – Strauch-Kronenwicke, Strauch-Hufeisenklee

Fabaceae – Hülsenfrüchtler

Sommergrüner, aufrechter, reich verzweigter, 1–2 m hoher Strauch. Zweige hin und her gebogen, gerieft, grün, anliegend behaart, bald verkahlend, an den Knoten durch die sehr erhabenen Blattpolster verdickt. Knospen 2 mm lang. **Blätter** wechselständig, 1 cm lang gestielt, 4–6 cm lang. Spreite unpaarig gefiedert mit 2–4 Fiederpaaren. Diese verkehrt eiförmig, 10–15 mm lang und 7 mm breit, schwach anliegend behaart, Nebenblätter nur 1 mm groß. **Blüten** schmetterlingsförmig, duftend, 2–3 mm lang gestielt, in blattachselständigen, 2–5-zähligen, 2–5 cm lang gestielten Dolden. Kelch glockenförmig, 5–6 mm lang. Kronblätter alle lang genagelt, 2 cm lang. Von den 10 Staubblättern 9 zu einer oben offenen Röhre verwachsen. Blütezeit: April–Mai. **Früchte** hängend, als Gliederhülsen ausgebildet, 5 cm lang und 2 mm breit, 6–10-samig. **Samen** dunkelbraun bis schwarz, 3 mm groß. Fruchtreife: September.

Name: Griech. „hippos“ = Pferd, „krepis“ = Schuh, Hufeisen, bezogen auf die hufeisenförmigen Hülsen mancher Arten. Griech. „hemeros“ = gezähmt, veredelt, wohl wegen der duftenden Blüten.

Systematik: Die Gattung *Hippocrepis* enthält etwa 30 Arten, vorwiegend Kräuter, in Europa, im Mittelmeergebiet und Westasien.

Verbreitung: S-Europa bis W-Asien, N-Afrika. In Deutschland nur in Süddeutschland (Oberrheingebiet, Kaiserstuhl, Bodensee, nördliches Alpenvorland, hier bis 1300 m ü. M). In der Vorwarnliste der Roten Liste Deutschlands ist die Art als beinahe gefährdet aufgeführt.

Lebensraum: An Waldsäumen, in lichten Eichen- und Kiefernwäldern, auf Felshängen. Auf flach- bis mittelgründigen, steinig-humosen Böden. Kalkhold. Sehr Licht und Sommerwärme bedürftiges Gehölz.

◀ *Blühende Strauch-Kronenwicke.*

Biologie: Die Schmetterlingsblüten der Strauch-Kronwicke werden mittels des sogenannten Pumpenmechanismus bestäubt: Das schnabelförmige Schiffchen, d. h. die beiden innersten Blütenblätter, sind bis auf eine kleine Öffnung an der Spitze geschlossen. Die Staubblätter geben ihren klebrigen Pollen vor dieser Öffnung ab. Landet ein größerer Hautflügler, eine Biene, auf den seitlichen Flügeln, so bewirkt ihr Gewicht durch einen Hebelmechanismus, dass das Schiffchen nach unten gedrückt wird und der Pollen durch die Öffnung als wurstförmige Masse nach außen gedrückt wird. Die verdickten Staubfäden wirken dabei als Pumpenkolben, die den Pollen vor sich her schieben. Fliegt das nun mit Pollen beladene Insekt, das die Blüten vor allem wegen des Nektars aufsucht, weg, so nimmt das Schiffchen wieder seine Ausgangslage ein, der Kolben fährt zurück. Dieser Bestäubungsvorgang kann sich mehrmals wiederholen. Die Hülsen sind sogenannte Gliederhülsen, die nach der Reife in 1-samige Abschnitte zerfallen
Verwendung: *H. emerus* wird als anspruchsloses Ziergehölz häufig angepflanzt.

Hippophaë rhamnoides – Sanddorn
Elaeagnaceae – Ölweidengewächse

Sommergrüner, reich verzweigter Großstrauch oder bis 4(–10) m hoher, dornig bewehrter Baum. Junge Triebe gerundet, dicht mit silbrigen Schuppenhaaren bekleidet. Zweige verkahlend, graubraun, in festen, spitzen Dornen endend. Borke dünn, längsrissig, grau bis graubraun. Vegetative Knospen kugelförmig, 2 mm groß, die Knospenschuppen fleischig knorpelig, dicht mit rostfarbenen Schuppenhaaren bedeckt. Weibliche Blütenknospen rundlich, 2–2,5 mm groß, männliche Blütenknospen eiförmig, 6 mm lang. **Blätter** wechselständig, 1–2 mm lang gestielt. Spreite lineal lanzettlich, 1–6 cm lang und 3–10 mm breit, beidseitig silbrigweiß, oberseits verkahlend. **Blüten** eingeschlechtig, zweihäusig verteilt, Blütenhülle einfach, ohne Kronblätter, grünlich bräunlich, Knospen bereits im Spätsommer angelegt, lange vor dem Laubaustrieb blühend. Männliche Blüten zu 4–20 in kurzen Trauben, Kelchblätter 2, eiförmig, 3 mm lang, die 4 Staubblätter dachartig umhüllend, Kelchröhre verkümmert. Nektarscheibe 4-eckig. Weibliche Blüten zu 5–12, kurz gestielt. Fruchtknoten von der Kelchröhre umhüllt. Blütezeit: März–April. **Frucht** beerenartig, eiförmig-kugelig, 7–8 mm groß, orangefarben, saftreich. **Samen** dunkelbraun, glänzend, 3 mm lang, eiförmig, mit dicker und harter Samenschale. Fruchtreife: September.

Name: Griech. „hippos" = Pferd, „phaeinein" = glänzen. DIOSKURIDES bezeichnete mit „hippopheos" bzw. „hippophaes" eine dornige Pflanze. Im Lat. war „hippophaes" eine Wolfsmilchart mit Dornen oder eine Distel. Das Epitheton „rhamnoides" nimmt auf die Ähnlichkeit mit dem oft stark dornig bewehrten Kreuzdorn, *Rhamnus*, Bezug.
Systematik: Die Gattung *Hippophaë*, aus 6 Arten bestehend, ist eurasiatisch verbreitet. In Mitteleuropa ist nur eine Art beheimatet.
Verbreitung: Eurasien. Küsten der Nord- und Ostsee, Alpen, Norditalien, SO-Europa, Kleinasien, Kaukasus, Iran bis Mittelasien und Altai. In Deutschland an den Küsten, in der Oberrheinebene, dem Alpenvorland bis zur Donau.
Lebensraum: Auf Flussschottern, in Flussbetten, auf Kies-

Seitenspross des Sanddorns mit Früchten.

bänken, in Kiesgruben, lichten Kiefernwäldern und auf Sanddünen der Küsten. Im Alpenvorland vergesellschaftet mit dem Rispelstrauch, Weiden und Erlen. Durch Wurzelsprosse dichte, undurchdringliche Bestände bildend. Von 0 bis 1900 m in den Alpen, in Mittelasien bis 5000 m ü.M. Die Unterart **subsp. *fluviatilis*** des Sanddorns ist in der Roten Liste Deutschlands als gefährdet aufgeführt.

Biologie: Die Blüten werden sowohl von Insekten als auch durch den Wind bestäubt. Die Blütenstandstriebe, die meist in stechenden Dornen enden, sterben später ab, bleiben aber stark verholzt stehen. Nach der Blüte fallen die Kelchzipfel ab, die Kelchröhre hingegen wird bei der Fruchtreife saftig fleischig, mit derber orangefarbener Haut. Die Fruchtblattwand nimmt eine pergamentartige Beschaffenheit an und umhüllt den Samen. Heimische Vögel verschmähen die sehr sauren Früchte. Wintergäste hingegen verzehren sie.

Verwendung: Der Sanddorn wird leider auch außerhalb seiner natürlichen Verbreitung mitunter zur Böschungsbegrünung verwandt. Durch rasche vegetative Ausbreitung kann er so die ursprüngliche Vegetation unterdrücken. Die Früchte enthalten viel Apfelsäure und je 100 g des gelblichen Fruchtfleischs 82,6 g Wasser, 7,1 g Fett, 3,29 g Kohlenhydrate, 1,95 g organische Säuren und 100–1200 mg Vitamin C. Der Sanddorn wird zur Fruchtgewinnung in Plantagen angebaut. In Kultur sind vor allem reich fruchtende und großfrüchtige Sorten. Aus den Früchten werden Säfte, Marmelade und Gelees gewonnen. Die Samen enthalten 9,1 % linolsäurereiches Fett. Vermehrung durch Wurzelsprosse oder Samen.

Holodiscus discolor – Wald-Schaumspiere

Rosaceae – Rosengewächse

Sommergrüner, aufrechter, bis 4 m hoher Strauch. Zweige später spreizend, graubraun. Knospen länglich eiförmig, 3–5 mm lang, mehrschuppig. **Blätter** wechselständig, 1–2 cm lang gestielt. Spreite breit eiförmig, spitz, 3–10 cm lang, seicht fiederig gelappt. Lappen gesägt, oberseits stumpfgrün und kahl, unterseits ± grau bis weiß, wollig behaart, am Grund breit keilförmig. **Blüten** zwittrig, gelblich weiß bis rosaweiß, sehr klein, in endständigen, 20–30 cm langen und 5–15 cm breiten, überneigenden Rispen. Blütenhülle 5-zählig. Kronblätter nur wenig länger als der 1,5–2 mm lange Kelch. Staubblätter 15–20, der gerundeten Nektarscheibe (Diskus) aufsitzend. Fruchtblätter 5, oberständig, frei. Blütezeit: Juni–August. **Früchte** aus 1-samigen, seitlich abgeflachten, zottig behaarten Nüsschen zusammengesetzt, ausgereift noch lange an den Zweigen haftend. Nüsschen halbeiförmig, 1,5 mm lang, ebenso lang geschnäbelt. Fruchtreife: September–Oktober.

Blütenrispe der Wald-Schaumspiere.

Namen: „holos“ griech. = ganz, „diskos“ = Scheibe, bezugnehmend auf die ungeteilte Nektarscheibe. *discolor* lat. = verschiedenfarbig, bezogen auf die unterschiedlich gefärbte Blattober- und Blattunterseite.

Systematik: Zur Gattung *Holodiscus* werden etwa 12 Arten gezählt. Das Areal reicht vom westlichen Nordamerika bis Kolumbien.

Verbreitung: W-Nordamerika: British Columbia und Manitoba bis Idaho und Kalifornien.

Lebensraum: In Küstenmammutbaum- und immergrünen Mischwäldern unterhalb 1500 m ü.M.

Biologie: Die Blüten werden von Insekten bestäubt.
Verwendung: Die Art wurde 1927 von DOUGLAS nach Europa eingeführt. Häufig angepflanzt und überall frosthart. Ohne besondere Standort- oder Bodenansprüche, jedoch lichtbedürftig. Vermehrung durch Samen.

Hovenia dulcis – Japanischer oder Chinesischer Rosinenbaum

Rhamnaceae – Kreuzdorngewächse

8–10(–25) m hoher sommergrüner Baum, in Kultur meist mehrstämmig oder strauchig. **Blätter** wechselständig, breit eiförmig bis elliptisch, Spreite 10–15 cm lang und 7–9,5 cm breit, grob gesägt, Stiel 3–5 cm lang. **Blüten** in reichblütigen Zymen, Krone grünlich weiß bis gelblich grün, 6–8 mm Durchmesser, streng süßlich duftend. Blütezeit: Juni–August. **Frucht** beerenartig, hell graubraun, 8 mm Durchmesser, ungenießbar, Fruchtstandsachsen verdickt, zur Reife fleischig, rötlich braun, angenehm duftend, essbar.

Name: *Hovenia* nach D. TEN HOVE, einem holländischer Senator, der die Expeditionen von THUNBERG in Japan unterstützte; *dulcis* lat. = süß, wegen der süßlich, teils etwas fade oder nach Gewürzkuchen, schmeckenden Fruchtstandsachsen, diese getrocknet in Aussehen und Geschmack an Rosinen erinnernd, deshalb „Rosinenbaum".

Blütenstand des Rosinenbaums.

Systematik: Die Gattung umfasst etwa 5 asiatische Arten (Himalaja bis Japan) mit kleinen 5-zähligen Blüten in seiten- oder endständigen Zymen, deren Achsen sich zur Reifezeit verdicken, und beerenartigen Früchten mit lederiger Schale.
Verbreitung: O-Asien (China, Korea, Japan); in Indien und Japan als Nutzbaum angebaut.
Biologie: Wärmebedürftig und sonnige Lagen bevorzugend, aber sonst anspruchslos. Besonders in der Jugend frostempfindlich, wenn in strengen Wintern zurückfrierend, dann nach Rückschnitt wieder austreibend.
Verwendung: Wertvolles Holz („Japan-Mahagoni"), im natürlichen Verbreitungsgebiet werden die Fruchtstandsachsen roh oder gekocht verzehrt, auch Bedeutung als Heilpflanze. Nach Europa (England) 1812 eingeführtes, interessantes, aber nur selten gepflanztes Zier- und Wildobstgehölz.

Hydrangea – Hortensie
Hydrangeaceae – Hortensiengewächse

Meist sommergrüne, nur selten immergrüne Halbsträucher, Sträucher oder Lianen. Zweige mit sehr dünn abblätternder Streifen- oder Ringelborke. **Blätter** gegenständig, gestielt, Spreite meist ungeteilt, rundlich bis länglich, ohne Nebenblätter. **Blüten** in endständigen, reichblütigen Rispen oder Schirmrispen, meist duftlos, zwittrig, weiß, rosa oder blau, meist in sterile, stark vergrößerte, randständige und zahlreiche, fertile, zwittrige kleine Blüten differenziert. Blütenhülle doppelt, 4–5-zählig. Kelchblätter frei. Staubblätter einem Diskus aufsitzend, meist doppelt so viel wie Kronblätter, selten 15–20. Sterile Blüten mit stark vergrößerten kronblattartigen Kelchblättern. Fruchtknoten halb- bis ganz unterständig, Griffel 2–5, im oberen Teil meist frei. **Frucht** eine vielsamige Kapsel. **Samen** sehr klein, oft geflügelt.

Name: Griech. „hydor“ = Wasser, „aggeion“ = Gefäß. Die Pflanze wächst am Wasser; die Kapsel hat die Gestalt einer Schale.
Systematik: Gattung mit 23, nach Auffassung mancher Autoren über 70 Arten in der nemoralen Zone Ostasiens und des östlichen Nordamerikas sowie in den Anden Südamerikas bis nach S-Chile. Fossil seit dem Alttertiär bekannt.
Biologie: Die Hortensien sind insektenblütig. Angeboten werden Nektar und Pollen. Die wichtigsten Bestäuber sind Fliegen, Hautflügler, insbesondere Bienen, und Schmetterlinge. Postfloral krümmen sich bei den Hortensien im engeren Sinne die Blütenstiele der Randblüten, so dass diese nach unten weisen. Die Ausbreitung der winzigen Samen erfolgt durch den Wind.
Verwendung: Häufig angepflanzt als Blütenziergehölze, bei denen die Früchte ohne Bedeutung sind. Die meisten Arten sind frosthart und gedeihen gut auf nährstoffreichen, feuchten Böden, bevorzugt an sonnigen bis halbschattigen Standorten. Von vielen Arten gibt es eine Fülle von Sorten. Die Vermehrung erfolgt durch Stecklinge oder Samen. Die im Folgenden aufgeführten Arten sind alle sommergrün.

Hydrangea macrophylla – Japan-Hortensie, Garten-Hortensie

Bis 3 m hoher Strauch mit kahlen, festen, braunen Zweigen. **Blätter** breit eiförmig, länglich oder elliptisch, spitz oder zugespitzt, grob gesägt, 10–20 cm lang und 6–15 cm breit, oberseits glänzend frischgrün. Schirmrispen flach, 5–20 cm Durchmesser. Fertile und sterile **Blüten** weiß, rosa oder blau. Blütenstände mit nur sterilen Blüten ballförmig. Blütezeit: Juni–August.

Blütenstände der Japan-Hortensie.

Name: „makros“ griech. = lang, „phyllon“ = Blatt, d. h. langblättrig.
Verbreitung: Korea, Japan (Honshu). In Wäldern und an Waldrändern, meist im Flachland bzw. in Küstennähe.
Verwendung: In Europa seit 1790 in Kultur. In zahlreichen Sorten und als Hybriden angepflanzt. Blütenfarben bei einem Boden mit pH-Wert von etwa 4,5 und durch Zugabe von Alaunsalzen manipulierbar. Anspruchsloses Gehölz für sonnige oder halbschattige Standorte bei ausreichend feuchtem Boden. Ein regelmä-

ßiger Rückschnitt fördert die Ausbildung kräftiger Blütentriebe. Kultiviert werden eine Vielzahl von Sorten, die sich einmal durch große Blütenstandsbälle mit fast nur sterilen Blüten, zum anderen durch zentrale fertile Blüten, die von einem Kranz schön gefärbter steriler Blüten umgeben sind, auszeichnen. Erstmals gelangte die sogenannte Otaksa-Hortensie durch THUNBERG nach Europa. Später brachten sie aus China auch Sir JOSEPH BANKS (1788) und WILSON (1917) mit.
subsp. *serrata*, Thunbergs Hortensie: 1–2 m hoher Strauch. Blätter elliptisch eiförmig bis lanzettlich, 5–10 cm lang und 2,5–6 cm breit, zugespitzt, 1–2,5, selten bis 5 cm lang gestielt, fein gesägt, beidseitig etwas angedrückt behaart. Schirmrispen flach, 4–8 cm Durchmesser. Blüten blau oder weiß mit einigen sterilen, weißen, rosa oder bläulichen Randblüten. Blütezeit: Juli–August. Verbreitung: Japan (Honshu bis Kyushu), Korea (Insel Quelpaert). Im Bergland bis 1500 m ü. M. vorkommend. In Kultur seit 1843. Sehr häufig angepflanzt. *serratus* lat. = gesägt (von „serra" = Säge).

Weitere Arten:
***Hydrangea anomala* subsp. *petiolaris*, Kletter-Hortensie:** Mit Haftwurzeln über 10 m hoch kletternde Liane. Ältere Zweige mit in dünnen Schichten abblätternder, brauner Borke. Blätter breit eiförmig bis rundlich, 4–10 cm lang und 3–10 cm breit, 3–8 cm lang gestielt. Spreite kurz zugespitzt, scharf gesägt, ± kahl, oberseits glänzend dunkelgrün. Schirmrispen an abspreizenden, sich verzweigenden Seitenästen, etwa 15(–20) cm breit. Sterile Randblüten oft nur wenige, lang gestielt, etwa 3 cm Durchmesser. Fertile Blüten weiß. Kronblätter an der Spitze kapuzenartig verbunden und als Ganzes abfallend. Staubblätter 15–20. Blütezeit: Juni–Juli. Verbreitung: Japan (Hokkaido bis Kyushu), Korea, Sachalin, Taiwan. In Europa seit 1878 in Kultur. Häufig angepflanzt zur Begrünung von Mauern, Zäunen und Wänden, Baumstämmen. Verträgt Sonne und Halbschatten. Ein Schnitt ist nicht erforderlich. Frosthart bis –20 °C. *petiolaris* lat. = mit gestielten Laubblättern.

Junge Fruchtstände der Kletter-Hortensie.

***Hydrangea arborescens*, Wald-Hortensie:** 1–2(–3) m hoher Strauch mit schlanken, anfangs behaarten, später verkahlenden Zweigen. Blätter breit eiförmig bis länglich elliptisch, 5–18 cm lang und 3–12 cm breit. Schirmrispen flach konvex, 5–15 cm breit. Fertile Blüten weiß, etwas streng duftend, sterile Blüten weiß bis grünlich weiß, 2 cm Durchmesser, oft nur wenige oder ganz fehlend. Blütezeit: Juni–September. Samen ungeflügelt. Verbreitung: O-Nordamerika (New York und Iowa bis Florida und Louisiana). In Europa seit 1736 in Kultur. Häufig angepflanzt, besonders in den Kultivaren. Frosthart bis –25 °C. *arborescens* lat. = zum Baum werdend.
'Grandiflora': Blütenbälle fast nur aus sterilen Blüten bestehend, bis 20 cm Durchmesser. 1907 wild in Ohio gefunden. Blütezeit: August–September. Frosthart bis –15 °C
'Annabelle': Aus 'Grandiflora' herausgezüchtet. Blütenstandsbälle bis 25 cm Durchmesser. Blütezeit: Juni–Juli. Frosthart bis –25 °C.

***Hydrangea aspera* s l., Raue Hortensie i. w. S.:** 1–4 m hoher Strauch. Zweige dick, bleibend gelblich bis grauweiß dicht behaart. Blätter 1–4,5 cm lang gestielt. Spreite breit bis schmal eiförmig oder lanzettlich, 5–32 cm lang und 2–8 cm breit, unterseits, oft auch oberseits, dicht weich oder rau behaart. Schirmrispen flach, 10–25 cm breit. Fertile Blüten 1–1,5 mm groß, rosa, violett oder blau, nur selten weiß. Sterile Blüten mit 4 Kelchblättern, weißlich bis rosa, 2–6 cm breit. Blütezeit: Juli–September. Kapsel 3 mm Durchmesser. Samen geflügelt, 0,5 mm groß.
H. aspera wird als Artengruppe aufgefasst oder als weit gefasste Art in Unterarten untergliedert.
subsp. *aspera*, Raue Hortensie: Blätter schmal eiförmig bis lanzettlich, 5–25 cm lang, bis 5 cm lang gestielt. Unterseits dicht weißgrau behaart. Rispe bis 25 cm Durchmesser. Blütezeit: August–Sep-

tember. Verbreitung: SW-China bis Himalaja. In dichten Wäldern, Tälern und Gebirgshängen in Höhen von 700 bis 4000 m ü. M. Häufig angepflanzt. Kalkverträglich. Frosthart bis –15 °C, aber spätfrostgefährdet. *asper* lat. = rau.

subsp. *sargentiana*: 2–3 m hoher Strauch. Blätter breit eiförmig bis länglich eiförmig, 15–30 cm lang, bis 10 cm lang gestielt. Oberseits samtig behaart, unterseits wie die Zweige mit dicklichen, borstigen 2–5 mm langen zottigen Haaren bedeckt. Sterile Blüten meist weiß, 3 cm Durchmesser. Blütenstand bis 20 cm Durchmesser. Verbreitung: SO-China (W-Hubei), in Höhenlagen von 700 bis 1800 m ü. M. Seit 1908 durch Ernest Wilson in Kultur. Häufig angepflanzt. Verträgt Schatten. Frosthart bis –15 °C, jedoch spätfrostgefährdet.

subsp. *strigosa*: 1–3 m hoher Strauch. Zweige dicht borstig behaart. Blätter eiförmig bis lanzettlich, 7–30 cm lang, bis 5 cm lang gestielt, oberseits kahl, unterseits dicht anliegend grauhaarig. Sterile Blüten oft rosa. Verbreitung: S- und M-China (W-Hubei, W-Sichuan). In Wäldern von 500 bis 1800 m ü. M. In Kultur seit 1907 durch Ernest Wilson. Häufig angepflanzt. Frosthart bis –15 °C. *strigosus* lat. = dürr, schmächtig.

***Hydrangea heteromalla*, China-Hortensie:** 2–3(–5) m hoher, aufrechter Strauch. Zweige braun bis rotbraun, meist bleibend deutlich behaart, mitunter verkahlend. Blätter eiförmig bis länglich eiförmig, 6–15(–20) cm lang und 3–8 cm breit, 2–4 cm lang gestielt. Spreite oberseits ± kahl, unterseits meist stark behaart. Schirmrispen flach gewölbt, 10–20 cm breit. Fertile Blüten weiß, 1–1,5 mm groß, sterile mit 4, 1,5 cm großen Kelchblättern, weiß oder im Verblühen rosa getönt. Kapsel 2,5–3,5 mm Durchmesser, Samen 1 mm groß. Blütezeit: Juli. Fruchtreife: September–Oktober. Verbreitung: Himalaja (Bhutan, Nepal, Sikkim) und W-China (Sichuan, Yunnan). In China in Wäldern und Gebüschen in Höhen von 2400 bis 3400 m ü. M. Erstmals in Kultur 1821, jedoch wiederholt eingeführt. Häufig angepflanzt. Verträgt Sonne und Halbschatten. Frosthart bis –20 °C. Ein Rückschnitt ist nicht erforderlich. „heteromallos“ griech. = auf einer Seite zottig, abgeleitet von „mallos“ = Fell, zottiges Haar. Hier bezogen auf die Blattunterseiten.

Blütenstand der China-Hortensie.

***Hydrangea paniculata*, Rispen-Hortensie:** Aufrechter, bis 2 m hoher, wenig verzweigter, später auch ausgebreiteter Strauch oder kleiner Baum mit etwas überhängenden Zweigen. Zweige dunkelbraun bis graubraun, verkahlend. Blätter oft zu 3 in Wirteln, elliptisch bis eiförmig, 5–15 cm lang und bis 6 cm breit, oberseits fast kahl, unterseits angedrückt borstig behaart, am Rand gesägt. Rispen vielblütig, pyramidal, 15–25 cm lang. Sterile Blüten mit 4 Kelchblättern, gleichmäßig verteilt, 3 cm Durchmesser, weiß später rosa. Fertile Blüten weiß. Blütezeit: August–September. Kapsel ellipsoidisch, 3 mm Durchmesser, Samen 2–3 mm groß. Fruchtreife: Oktober. Verbreitung: Japan (Hokkaido bis Kyushu), O- und M- China,

Blühende Rispen-Hortensie.

Blütenstände der Rispen-Hortensie.

Sachalin, Taiwan. In China in lichten Wäldern und auf Gebirgshängen in Höhenlagen von 300 bis 2100 m ü. M. In Europa seit 1861 in Kultur. Frosthart bis −25 °C. Angepflanzt ist vor allem die Sorte **'Grandiflora'**, Blütenstand fast nur mit großen, sterilen Blüten. 1867 aus Japan eingeführt. Zur besseren Blütenbildung ist ein jährlicher Rückschnitt förderlich. *paniculatus* lat. – rispig (von „panicula" = Rispe).

***Hydrangea quercifolia*, Eichenblättrige Hortensie:** 1–2 m hoher, aufrechter bis ausgebreiteter Strauch. Blütezeit: Juli–September. An ihren gelappten Blättern mit spektakulärer Herbstfärbung unverkennbare Art im südöstlichen Nordamerika. Die 8–20 cm langen und bis 17 cm breiten Blätter mit jederseits 2–3 spitzen Lappen sind oberseits durch vertiefte Nerven runzelig, im Herbst auffällig rot gefärbt.

Eichenblättrige Hortensie mit Herbstfärbung und Fruchtstand.

Hypericum – Hartheu, Johanniskraut

Hypericaceae – Hartheu- oder Johanniskrautgewächse

Immergrüne oder halbimmergrüne Kräuter, Halbsträucher, Sträucher oder kleine Bäume. Zweige rotbraun, häufig kantig. Knospen 1–4 mm lang, zugespitzt. **Blätter** gegenständig, bisweilen quirlig stehend, einfach, ganzrandig, kurz gestielt oder sitzend, ohne Nebenblätter. **Blüten** zwittrig, in end- oder seitenständigen Trugdolden, auch einzeln. Blütenhülle doppelt, 5-zählig. Staubblätter einzeln oder in Büscheln zu 3 oder 5. Reichliche Pollenproduktion. Bestäubung durch pollensammelnde Insekten. Fruchtknoten oberständig, 1–5-fächerig, Griffel 3–5. **Frucht** eine Kapsel mit persistierendem Kelch und Griffeln, die sich 3- oder 5-klappig entlang der Scheidewände öffnet, seltener beerenartig. **Samen** zahlreich, walzenförmig, ca. 1 mm lang.

Name: Der griechische Name „hypereikon" wurde von NIKANDER und DIOSKURIDES für ein heideähnliches Kraut verwendet.
Systematik: Ca. 450 Arten, vor allem auf der Nordhemisphäre, einige auch in tropischen Gebirgen. Viele Arten mit ätherischen Ölen. Fossil seit dem Tertiär (Pliozän) bekannt.
Verwendung: Viele Arten, Hybriden und Sorten kultiviert. Vermehrung – je nach Art – durch Ausläufer, Samen oder Stecklinge.

Hypericum androsaemum – Mannsblut-Johanniskraut

Immergrüner, 0,5–1 m hoher Strauch. Triebe mit 2 schmal geflügelten Kanten. Blätter sitzend, derb, gegenständig, breit elliptisch, eiförmig oder eilänglich, 6–10 cm lang und 3–5 cm breit, am Ende stumpf, am Grund herzförmig, unterseits weißlich. Blüten einzeln oder in 3–9-blütigen Rispen (Thyrsen), 2–2,5 cm Durchmesser, hell- bis goldgelb, Staubbeutel gelb. Kelchblätter 5–15 mm lang. Blütezeit: Juni–September. Frucht eine beerenartige, fleischige, 8 mm große, kugelförmige 3-fächerige Kapsel, die sich von rot nach schwarz verfärbt, vom bleibenden Kelch umgeben, geschlossen bleibend. Fruchtreife: August–Oktober.

Fruchtendes Mannsblut-Johanniskraut.

Name: Griech. „androsaimon" und lat. „androsaemon" schon von Diokurides und Plinius d. Ä. benutzt. Abgeleitet von „andros" = Mann und „haima" = Blut. Beim Zerreiben gibt das Laub einen blutroten Farbstoff ab.
Verbreitung: W- bis S- und SO-Europa, Türkei, Kaukasus, N-Iran, W-Syrien; Nordafrika.
Lebensraum: An Waldrändern und Flussufern von 250 bis 1300 m ü. M.
Verwendung: Häufig angepflanzt. Leicht kultivierbar, Standort vollsonnig bis halbschattig. In Kultur schon vor 1600. Mehrere Sorten. Frosthart bis –15 °C, wenn zurückfrierend, basal wieder austreibend.

Weitere Arten und Hybriden:
***Hypericum calycinum*, Großblütiges** oder **Immergrünes Johanniskraut:** Immergrüner, bis 30 cm hoher, aufrechter Halbstrauch mit unterirdischen Ausläufern. Zweige 4-kantig, sich von grün nach braun verfärbend, an der Spitze übergebogen. Blätter schmal eiförmig bis elliptisch oder länglich, 4,5–10 cm lang und 1,5–4,5 cm breit. Blüten meist einzeln, seltener zu 2–3. Kelchblätter 10–20 mm lang, breit elliptisch bis kreisförmig oder verkehrt eiförmig. Kronblätter 2,5–4 cm lang, Staubbeutel rötlich. Griffel 5, 1,5–3-mal so lang wie der Fruchtknoten. Blütezeit: Juni–September. Kelchblätter zur Fruchtzeit meist schräg aufwärts gerichtet. Kapsel eiförmig. Fruchtreife: August–Oktober. Verbreitung: S-Bulgarien, NW- und N-Anatolien. In schattigen Wäldern und an Flussufern von 30 bis 1200 m ü. M. In Kultur seit 1676. Häufig angepflanzte, sehr anspruchslose, vitale Pflanze für schattige, aber auch voll besonnte Standorte. Ausgezeichneter Bodendecker. Verträgt gut sommerliche Trockenheit. Vermehrung leicht durch Samen (Kaltkeimer) oder durch Ausläufer. Frosthart bis –20 °C. *calycinus* abgeleitet von griech. „kalyx" und lat. „calix" = Kelch, Becher.

Blüte des Großblütigen Johanniskrauts.

***Hypericum* 'Hidcote':** Die Eltern dieser Hybride, die vermutlich in Hidcote Manor/England entstand, sind *H. calycinum* und wohl *H.* × *cyathiflorum* 'Goldcup'. Es ist ein halbimmergrüner bis wintergrüner, 0,75–1,5 m hoher buschiger Strauch mit stielrunden Zweigen. Blätter kurz gestielt,

3–6 cm lang, am Ende spitz oder stumpf, am Grund breit keilförmig. Trugdolden mit 1–16 goldgelben, flach schüsselförmigen, bis 7,5 cm großen Blüten. Kelchblätter länglich bis breit elliptisch, 8–10 mm lang, Kronblätter 1,5–3,5 cm lang, verkehrt eiförmig, Staubblätter zu 5 in Bündeln, nur ein Drittel so lang wie die Kronblätter, Staubbeutel orangefarben. Häufig angepflanzt. Für voll besonnte bis halbschattige Standorte. Frosthart bis –10 °C. Nach Frostschäden stets wieder gut austreibend.

***Hypericum* × *inodorum*, Duftloses Johanniskraut** (*H. androsaemum* × *H. hircinum*): Immergrüner, bis 1,5 m hoher Strauch. Blätter sitzend oder fast sitzend, 2,5–10 cm lang, am Ende spitz, am Grund gerundet bis fast herzförmig. Blüten duftlos, in Trugdolden zu 3–23, stern- oder becherförmig, goldgelb, 2,5 cm Durchmesser. Kelchblätter 5–10 mm lang, länglich lanzettlich bis breit eiförmig, etwa halb so lang wie die 8–15 mm langen, lanzettlichen bis schmal verkehrt eiförmigen Kronblätter. Staubblätter etwas länger als die Kronblätter. Blütezeit: Juli–Oktober. In Kultur seit etwa 1850. Häufig angepflanzt. In Kultur möglichst vollsonnig, sonst anspruchslos. *inodorus* lat. = duftlos.

Trugdolde des Duftlosen Johanniskrauts.

***Hypericum kouytchense*, Gouizhou-Johanniskraut:** Halbimmergrüner, bis 1,5 m hoher, reich verzweigter Strauch mit übergebogenen Zweigen. Blätter kurz gestielt, eiförmig bis schmal eiförmig, 4–6 cm lang und 1,5–2,5 cm breit. Blüten schwach duftend, hell goldgelb, bis 6 cm Durchmesser. Kelchblätter aufrecht abstehend, lanzettlich bis eilanzettlich, spitz. Staubblätter in 5 Bündeln, drei Viertel so lang wie die Kronblätter. Blütezeit: Juni–Oktober. Kapseln nach dem Abfallen der Kronblätter leuchtend rot, länglich eiförmig, ca. 8 mm lang, sich 5-klappig öffnend. Verbreitung: W-China (Yunnan, Guizhou). Um die Jahrhundertwende von französischen Missionaren nach Frankreich gebracht. Häufig angepflanzt. Gut gedeihend auf nährstoffreichen, gut durchlässigen Böden in sonniger oder halbschattiger Lage. Frosthart bis –10 °C. *kouytchense* = aus Gouizhou stammend.

Blüte des Guizhou-Johanniskrauts.

***Hypericum* × *moserianum*, Bastard-Johanniskraut** (*H. calycinum* × *H. patulum*): Entstanden um 1887 in der Baumschule Moser in Versailles. Es ist ein meist wintergrüner, bis 50 cm hoher buschiger Strauch mit 4-kantigen Zweigen ohne Ausläufer. Blätter sehr kurz gestielt, eiförmig, 4–5 cm lang, am Ende stumpf verschmälert, am Grund breit keilförmig bis gerundet. Blüten schalenförmig, goldgelb, 5–6 cm Durchmesser, in endständigen Trugdolden zu 1–5. Kronblätter verkehrt eiförmig, 2–3 cm lang, Staubbeutel rötlich. Blütezeit: Juli–September. Frosthart bis –10 °C. Wenn zurückgefroren, stets wieder gut austreibend. Häufig angepflanzt.

Hyssopus officinalis – Gewöhnlicher Ysop

Lamiaceae – Lippenblütengewächse

Immergrüner, 20–60 cm hoher, stark aromatisch duftender Halbstrauch. **Blätter** gegenständig, lineal lanzettlich, 0,8–5 cm lang, derb, ganzrandig, dicht mit Öldrüsen besetzt. **Blüten** in dichten einseitswendigen Scheinähren, Kelch fast regelmäßig 5-zähnig, gelbgrün, teils weinrot getönt, drüsig, Krone 2-lippig, tiefblau bis blauviolett (selten weiß, rosa oder rot). Blütezeit: Juli–August.

Blütentriebe des Gewöhnlichen Ysop.

Name: *Hyssopus* lat. Name der Pflanze; *officinalis* wegen der arzneilichen Bedeutung.
Systematik: Zur Gattung 7 Arten, verbreitet in der meridionalen und submeridionalen Zone Eurasiens vom Mittelmeergebiet bis Zentralasien.
Verbreitung: Mittelmeergebiet bis W-Asien, aus Kultur verwildernd und außerhalb des natürlichen Areals eingebürgert, auch in Mitteleuropa seit 1829.
Lebensraum: Felsfluren, Trockenrasen, kalkhold.
Biologie: Wärme liebend, Trockenheit ertragend.
Verwendung: Heil- und Gewürzpflanze, Zier- und Bienenweidepflanze. Die ätherischen Öle werden auch zur Likör- und Parfümherstellung verwendet. Bereits in der Antike wurden aus der Pflanze Heilmittel (gegen Erkrankungen der Luftwege von Mensch und Vieh) gewonnen, in Mitteleuropa seit dem 16. Jahrhundert als Gewürzpflanze in Kultur. Als Zierpflanze ist die Art durch ihre Blütezeit im Hochsommer wertvoll, besonders geeignet für Steingärten und niedrige Hecken.

Iberis sempervirens – Immergrüne Schleifenblume

Brassicaceae – Kreuzblütler

15–30 cm hoher, immergrüner Halbstrauch. **Blätter** lederig, lanzettlich, 1,5 cm lang und 2,5–5 mm breit, ganzrandig, kahl. **Blüten** schwach unangenehm duftend, in seitenständigen Doldentrauben von 2–3 cm Durchmesser. Kronblätter 4, weiß, im Verblühen rosa getönt, die beiden äußeren größer als die inneren. Fruchtknoten oberständig. Blütezeit: April–Juni. **Frucht** Schote, stark abgeflacht, geflügelt, die bleibenden Griffel die Flügel etwas überragend. Je Fruchtfach 1 Samen. Fruchtstände zur Reife stark verlängert. Fruchtreife: Juli–August.

Name: Der Name *Iberis* wurde von Dioskurides für eine Art Kresse verwendet. Wohl abgeleitet von griech. „iber“, da nach Galen von der Iberischen Halbinsel stammend. *sempervirens* lat. = immer grünend, immergrün.
Systematik: Die Gattung *Iberis* umfasst 29 einjährige und ausdauernde bis halbstrauchige Arten in Europa und Asien sowie Nordafrika. Charakteristisch sind die ungleichgroßen Kronblätter einer Blüte.

Verbreitung: NW-Afrika; in Europa von Spanien bis Südanatolien.
Lebensraum: Berghänge, Felsfluren.
Biologie: Die Schleifenblume ist insektenblütig. Bestäuber sind u.a. Honigbienen. Es wird Nektar und Pollen gebildet. Die Samenschale sondert bei Benetzung mit Wasser Schleime ab, die die Samen am Untergrund fest arretieren.
Verwendung: Seit Beginn des 19. Jahrhunderts häufig angepflanzte und beliebte, sehr leicht zu kultivierende, robuste Gartenplanze vor allem für Steingärten. Kalkhold. Standort möglichst vollsonnig. Vermehrung leicht durch Samen oder Stecklinge.

Blütenfülle der Immergrünen Schleifenblume.

Idesia polycarpa – Orangenkirsche

Salicaceae – Weidengewächse

Sommergrüner, 6–12(–15) m hoher Baum mit waagerechten, fast quirlig-etagiert angeordneten Ästen. Stammrinde glatt, grauweiß. Junge Zweige kahl und glänzend, olivgrün bis braun, mit großen Blattnarben. **Blätter** wechselständig, Blattstiel 5–20 cm lang, rot, mit 2 Drüsen (extraflorale Nektarien) am Stielende und oft weiteren am Stiel, Spreite eiförmig mit herzförmiger Basis, zugespitzt, 8–16(–25) cm lang und fast ebenso breit, vom Stielansatz 5(–7) starke Nerven ausgehend, Rand entfernt gezähnt, oberseits dunkelgrün, kahl, unterseits blaugrün, in Achseln unterer Seitennerven behaart. **Blüten** in 10–30 cm langen, hängenden Rispen, eingeschlechtig, duftend, gelbgrün, ohne Kronblätter, männliche mit vielen Staubblättern, weibliche mit oberständigem Fruchtknoten. Blütezeit: Mai–Juni. **Früchte** 1,5–2,5 cm lang gestielt, kugelige mehrsamige Beeren, 7–10 mm Durchmesser, orange- bis purpurrot.

Name: Die Gattung wurde vom russischen Botaniker MAXIMOWICZ, der den Baum 1860 in Japan entdeckte, nach dem Holländer E. Y. IDES benannt, der im Auftrag von Zar PETER DEM GROSSEN 1691–1695 Nordasien erkundete; *polycarpos* griech. = reich an Früchten.
Systematik: Die monotypische Gattung *Idesia* wurde früher in die heterogene Familie *Flacourtiaceae* mit zahlreichen überwiegend tropisch verbreiteten Gattungen eingeordnet.
Verbreitung: Ostasien (China bis Korea, Japan und Taiwan). Die Art gelangte über St. Petersburg um 1865 nach Mitteleuropa. Später wurde von WILSON und FORREST aus China Saatgut nach Europa gebracht. Von diesem stammen wohl die meisten kultivierten Exemplare ab.
Lebensraum: Gebirgswälder auf feuchten, nährstoffreichen Standorten.

Fruchtstand der Orangenkirsche. ▶

Biologie: Raschwüchsige Art, mit 10–12 Jahren Blühreife erreichend; meist zweihäusig, teils auch polygam. Insektenbestäubung (meist Bienen).
Verwendung: Nur selten in Parks und Gärten angepflanzt. Aufgrund ihrer horizontalen Verzweigung in abgesetzten Quirlen, die schon von weitem die Art erkennen lässt, und des jährlich reichen Fruchtschmucks, vorausgesetzt Bäume beiderlei Geschlechts stehen benachbart, ist die Orangenkirsche aber ein interessantes Ziergehölz. Erträgt Fröste bis etwa –17 °C, ist aber empfindlich gegen Spätfröste. Verletzungen des Stamms begünstigen Pilzinfektionen, die zum Absterben des Baums führen können.

Ilex – Stechpalme, Stechhülse, Hülse, Winterbeere

Aquifoliaceae – Stechpalmengewächse

Immer- oder sommergrüne Sträucher oder Bäume. **Blätter** wechselständig, deutlich gestielt, einfach, Spreitenränder häufig grannenartig bestachelt. **Blüten** blattachselständig, radiär, weiß, meist eingeschlechtig und zweihäusig verteilt, selten polygam. Blütenhülle doppelt, Kronblätter am Grund miteinander verwachsen, 4–8-zählig. Staubblätter 4–8. Fruchtknoten, aus 4–9 Fruchtblättern gebildet, oberständig. **Früchte** beerenartige, leuchtend rote oder schwarze Steinfrüchte mit 4–8 einsamigen Steinkernen. **G!**

Name: Vergil und Plinius gebrauchten den Namen „ilex" für die Kermes-Eiche (*Quercus ilex*), deren Blätter große Ähnlichkeit, auch hinsichtlich des unterschiedlich gestalteten Blattrandes, mit der Stechpalme haben.
Systematik: Etwa 400 Arten, vorwiegend in den Tropen und Subtropen beider Hemisphären. Fossil seit der Oberen Kreide bekannt.

Ilex aquifolium – Gewöhnliche Stechhülse, Stechpalme

Immergrüner, 10–15(–20) m hoher, immergrüner, Wurzelsprosse bildender Strauch oder Baum mit spitz kegelförmiger, dichter Krone und im Alter herabhängenden Zweigen. Zweige lange grün bleibend, jung kurz und dicht behaart, verkahlend. Borke grauschwarz. **Blätter** derb lederig, 1–1,5 cm lang gestielt. Spreite eiförmig bis elliptisch, spitz zulaufend, am Grund breit keilförmig, kahl, dunkelgrün glänzend, unterseits gelbgrün, 3–8 cm lang und 1,5–4 cm breit, am Rand gewellt, stachelgrannig gezähnt bis ganzrandig. **Blüten** weiß, 8 mm Durchmesser, oft außen rötlich überlaufen, 4-zählig, eingeschlechtig, zweihäusig verteilt. Blütezeit: Mai–Juni. **Früchte** 4–8 mm lang gestielte Steinfrüchte, 7–10 mm groß, leuch-

Fruchtender Baum der Gewöhnlichen Stechhülse.

Früchte der Gewöhnlichen Stechhülse.

tend rot mit 4 hellbraunen, 6–7 mm langen Steinkernen. Fruchtreife: September–Oktober.

Name: „aquifolia ilex“ nannte PLINIUS die Stech-Eiche und wohl auch Stechpalme. Der deutsche Name Hülse leitet sich vom althochdeutschen „huls“, „hulis“ ab, das im Englischen zu „holly“ wurde.

Verbreitung: Europa bis Westasien, Mittelmeergebiet; NW-Afrika.

Lebensraum: In Buchen-, Buchen-Tannen-, Eichen-Hainbuchen-Wäldern. Vorwiegend in wintermilder, humider Klimalage. Schwarzwald bis 1000 m, in den Alpen bis 1800 m ü. M. Auf nährstoff- und basenreichen, frischen Böden. Schatten- bis Halbschattengehölz.

Biologie: Für Honigbienen ist die Stechpalme eine wichtige Trachtpflanze. Auch mehrere Sandbienen-Arten (*Andrena*) und einige Mauerbienen (*Osmia*) besuchen die Blüten. Die Früchte werden von Vögeln, vor allem Amseln, Mistel-, Sing- und Wacholderdrosseln, Rotkehlchen und Mönchsgrasmücken, verzehrt und dadurch die Samen verbreitet. Die Blätter haben eine Lebensdauer von 1–3 Jahren. Blätter im Blütenstandsbereich sind häufig ganzrandig, während die Jugendblätter und die weiblicher Bäume, außer im Blütenstandsbereich, stets stark bewehrt sind. Die Bäume können ein Alter von 300 Jahren erreichen. Oft werden die Blätter von der Minierfliege *Phytomyza aquifolii* befallen, deren Larven Gänge durch das chlorophyllhaltige Gewebe fressen. Die Stechpalme ist in allen Teilen giftig. Sie enthält Rutin, Urolsäure und weitere Gifte und Bitterstoffe. 20 Früchte sollen für Erwachsene tödlich sein. Bei Kindern, die mehr als 2 Früchte verzehrt haben, äußert sich die Giftwirkung durch Übelkeit und Erbrechen.

Verwendung: Die Stechpalme ist in Deutschland geschützt! Blätter liefern die Droge Folia aquifolii, die in der Homöopathie Verwendung finden. In der Volksmedizin wurden sie als Antipyretikum und Diuretikum genutzt. Das weiße bis gelblich grüne Holz ist feinfaserig, schwer spaltbar und gut polierfähig. Es wurde als Drechslerholz und für Holzschnitte genutzt. Die Pflanzen sind seit altersher in Kultur und in Gärten und Parks sind häufig Formen und Sorten angepflanzt. Sie sind bis −15 °C frosthart. Die Vermehrung erfolgt durch Wurzelsprosse, Samen, Stecklinge und die der Sorten durch Veredelung. Die Samen keimen oft erst im 2. Jahr nach der Reife.

'Argentea Marginata': Blätter bis 8 cm lang, gelblich weiß gerandet, nur weibliche Pflanzen.

'Aurea Marginata': Blätter deutlich gezähnt, gelbbunt.

'Bacciflava': Früchte gelb, nur weibliche Pflanzen.

'Ferox': Blätter 3–4 cm lang, oberseits dicht mit Stacheln besetzt; nur männliche Pflanzen.

Ähnliche Arten und Hybriden:

***Ilex × altaclarensis*, Großblättrige Stechpalme** (*I. aquifolium* × *I. perado*): Immergrüner, bis 20 m hoher Baum. In der Tracht an *I. aquifolium* erinnernd. Blätter jedoch elliptisch, 6–10 cm lang, dünner, am Rand mit zahlreichen, regelmäßig angeordneten kurzen Stacheln und kaum gewellt. In vielen Sorten häufig angepflanzt. Winterhart bis −15 °C. *altaclerensis* = in Highclere, Hamshire/England entstanden.

◀ *Steif aufrechter Spross mit Seitensprossen bei der Sorte 'Mariesii' der Japanischen Stechhülse.*

***Ilex crenata*, Japanische Stechhülse:** Immergrüner, 2–7 m hoher, aufrechter reich verzweigter Strauch mit abspreizenden Zweigen. Junge Triebe stielrund, fein behaart. Blätter 1–5 mm lang gestielt, Spreite elliptisch bis länglich lanzettlich, 1,5–3 cm lang und 6–20 mm breit, fein kerbig gesägt, am Ende stumpf oder spitz, am Grund keilförmig, kahl, oberseits glänzend dunkelgrün, unterseits mit durchscheinenden, punktförmigen Drüsen. Blüten 4-zählig, eingeschlechtig, zweihäusig verteilt. Männliche Blüten zu 3–7, weibliche einzeln. Blütezeit: Mai–Juni. Früchte kurz gestielt, kugelförmig, schwarz, 6 mm Durchmesser. Fruchtreife: Oktober. Verbreitung: Japan (Hokkaido bis Kyushu), Korea, Sachalin. Vom Flachland bis in Gebirgslagen, in Wäldern und Gebüschen feuchter Standorte. In Europa seit 1864 in vielen Sorten in Kultur, z. B. die unter 2 m Höhe bleibende **'Mariesii'** mit steifen, aufrechten Zweigen und kleinen dicklichen Blättern mit 2 Kerben an der Spitze. Gut kultivierbar auf nährstoffreichen, feuchten, aber durchlässigen Böden in sonniger bis halbschattiger Lage. Frosthart bis –25 °C. *crenatus* lat. = gekerbt, von „crena" = Kerbe.

Blühender Seitenspross der Rautenblättrigen Stechhülse.

***Ilex pernyi*, Rautenblättrige Stechhülse:** Immergrüner, bis 10 m hoher Strauch oder reich verzweigter Baum. Junge Zweige fein behaart. Blätter 2 mm lang gestielt, dicht stehend. Spreite rhombisch bis fast quadratisch, 1,5–3 cm lang, jederseits mit 1–3 starren Stachelzähnen, oberseits glänzend dunkelgrün, unterseits gelbgrün. Blüten gelblich, in dichten Trugdolden, 4-zählig. Blütezeit: Mai. Früchte eirundlich, rot, 6–7 mm lang. Fruchtreife: August. Verbreitung: SW- und M-China. In Europa seit 1900 in Kultur. Häufig angepflanzt, vor allem wegen des schönen Laubs und der Früchte. Frosthart bis –15 °C. 1858 von Abbé PERNY in China entdeckt.

Weitere Art:

***Ilex verticillata*, Rote Winterbeere, Black Alder:** Sommergrüner, bis 3 m hoher Strauch mit spreizenden, olivbraunen, später dunkleren Zweigen. Blätter 5–10 mm lang gestielt, elliptisch bis länglich lanzettlich, am Ende spitz, am Grund keilförmig, einfach oder doppelt gesägt, 4–7 cm lang, oberseits matt dunkelgrün, kahl, unterseits anfangs oder bleibend vor allem

Fruchtende Rote Winterbeere. ▶

auf den Nerven behaart. Blüten kurz gestielt, in den Blattachseln, eingeschlechtig, 4–7-zählig, zweihäusig verteilt. Die männlichen zu mehreren, die weiblichen einzeln oder zu wenigen beisammen. Blütezeit: Juni–Juli. Früchte kugelförmig, rot, 6–8 mm Durchmesser. Fruchtreife: Oktober. Verbreitung: O-Nordamerika (O-Kanada, Neufundland und Minnesota bis Florida). In Europa seit 1736 in Kultur. Beliebtes Gartengehölz wegen seiner lange stehenbleibenden Früchte. Fruchtende Zweige werden im Herbst gehandelt. Kalkmeidend. Am besten gedeihend bei einem pH Wert von 4,5 bis 5,5 an einem vollsonnigen bis halbschattigen Standort. Herbstfärbung gelb. Frosthart bis –35 °C. *verticillatus* lat. = quirlblättrig.

Indigofera heterantha – Himalaja-Indigostrauch

Fabaceae – Hülsenfrüchtler

Sommergrüner, 1–2 m hoher, reich verzweigter Strauch. Zweige rutenförmig, kantig, leicht gerillt, mit Gabelhaaren. Knospen anliegend, eiförmig, spitz ausgezogen, 3 mm lang. **Blätter** wechselständig, 5–10 mm lang gestielt, Spreite bis 10 cm lang, unpaarig gefiedert. Blättchen 13–21, eiförmig bis eilänglich, 10–15 mm lang, beidseitig angedrückt behaart, ganzrandig, Nebenblätter klein, mit dem Blattstiel verwachsen. **Blüten** schmetterlingsförmig, purpurrosa, in 7–17 cm langen, aufrechten, kurz gestielten achselständigen Trauben, 10 mm lang. Staubblätter 10, alle miteinander verwachsen. Blütezeit: Juli–September. **Frucht** eine zylindrische Hülse, 3–5 cm lang, innen „gefächert", mit 6–10 Samen. Die scheinbare Fächerung resultiert durch das Austrocknen einer Masse, in der die Samen zunächst eingebettet sind. Fruchtreife: September–Oktober.

Name: Griech. „indikon", „indikos" = indisch, nach dem Herkunftsland. Der Name „indikon" bzw. lat. „indicum" für Indigo, einen blauen Farbstoff, wurde von Dioskurides und Plinius verwendet; „heteros" = verschieden, anders und „antheros" = blühend bzw. Staubgefäß: die Staubfäden sind verschieden. „-fera" lat. = tragend.
Systematik: Die Gattung *Indigofera* umfasst 700 Arten, die vor allen in den Tropen beheimatet sind.
Verbreitung: NW-Himalaja.
Lebensraum: Trockene, besonnte Berghänge in 1000 bis 3000 m Höhe ü. M.
Biologie: Die Blüten werden durch Insekten, vor allem Hautflügler, bestäubt. Durch explosionsartige Öffnung der Hülsen erfolgt eine Samenausschleuderung.
Verwendung: In Europa seit 1840 in Kultur. Aufgrund der späten Blütezeit und reicher Blütenbildung häufig angepflanzt. Frosthart bis –15 °C, friert oft, auch da nicht ausgereift, bis zum Grund zurück, treibt aber immer wieder aus. Anspruchsloses Gehölz für voll besonnte Standorte, das auch sommerliche Trockenheit gut verträgt. Vermehrung durch Samen und Wurzelschnittlinge. Angepflanzt ist bisweilen auch die aus China stammende ***Indigofera potaninii***.

Seitensprosse des Himalaja-Indigostrauchs mit Blütentrauben.

Indocalamus tesselatus – Schachbrett-Rohrbambus

Poaceae – Süßgräser

Immergrüner Bambus mit kurzen Ausläufern. Halme stielrund, dickwandig, 1–1,5 m hoch, 0,6–1,0 cm Durchmesser, hellgrün, bereift. Verzweigung in der Halmmitte je Knoten mit einem Seitenhalm, der die Dicke des Haupthalms erreicht, im oberen Haupthalmteil mit je 3 Seitenhalmen. Internodien 8–20 cm lang. Halmscheiden so lang wie oder länger als das entsprechende Internodium, anfangs hellgrün, schwach behaart, später braungelb, am Halm verbleibend oder erst spät abfallend. An den Endverzweigungen 1–3 Blätter. **Blätter** lanzettlich, 15–50 cm lang und 3–4(–9) cm breit mit gelber Mittelrippe und 12–18 Paar Seitennerven, Nervatur schachbrettartig. Blätter oberseits glänzend dunkelgrün, unterseits blaugrün, oft mit einem Haarstreifen entlang der Mittelrippe. **Blüten**stand eine Rispe mit mehrblütigen Ährchen, Staubblätter 3, Narben 2.

Zweige des Schachbrett-Rohrbambus.

Name: „calamus“ lat. = Rohr, auch Gattungsname des Kalmus, eines Aronstabgewächses.
Systematik: Die Gattung *Indocalamus* umfasst 25 Arten in China und 1 Art in Japan.
Verbreitung: M-China in den Provinzen des Yangtse-Tals um 1000 m ü. M.
Verwendung: In Europa seit 1845 in Kultur. An feuchten Standorten problemlos wachsende Art, die dichte Bestände bildet. Der Standort sollte schattig bis halbschattig und windgeschützt, der Boden feucht und nährstoffreich sein. Frosthart bis –18 °C. *I. tesselatus* hat die größten Blätter unter den kultivierten, winterharten Arten. In den letzten 50 Jahren gab es keine Blüten. Über einen Blührhythmus liegen keine Erkenntnisse vor. Jedes Jahr kann mit einer Blüte gerechnet werden. *tesselatus* lat. = mit viereckigen Steinchen besetzt, mosaikartig (von „tessela“ = Mosaikstein).

Jasminum nudiflorum – Winter-Jasmin

Oleaceae – Ölbaumgewächse

Sommergrüner, in Sträuchern, an Spalieren oder an Gerüsten bis 3 m hoher Strauch mit bogig überhängenden Zweigen. Zweige rutenförmig, 4-kantig, 3–4 mm dick, dunkelgrün, kahl. Vegetative Knospen eiförmig, sehr klein, nur 3–5 mm lang. Blütenknospen bis 10 mm lang, mit 4–5 Paar Knospenschuppen. **Blätter** gegenständig, 5–10 mm lang gestielt. Spreite 3-zählig, Blättchen eiförmig bis länglich eiförmig oder elliptisch, 1–3 cm lang und 4–6 mm breit, kahl, oberseits dunkelgrün und glänzend, unterseits matt, gewimpert, am Ende mit kleiner Stachelspitze. **Blüten** einzeln achselständig an vorjährigen Zweigen, duftlos, vor den Blättern erscheinend, 2–3(–6) mm lang gestielt, der Stiel mit den bleibenden, grünen Knospenschuppen bekleidet, 2–2,5 cm breit, Kronröhre 8–25 mm lang, die meist 6 Kronzipfel etwa halb so lang wie die Röhre. Kelch persistierend, in 5–6 linealische, zugespitzte Zipfel gegliedert. Staubblätter 2, in der Kronröhre eingefügt, Fruchtknoten 2-fächerig. Blütezeit: Dezember–April. **Früchte** aus 2 Beerchen bestehend, eiförmig oder ellipsoidisch, 6 mm lang.

Blüten des Winter-Jasmins.

Fruchtender Strauch-Jasmin.

Name: Der Name „Jasmin" leitet sich vom arabischen Namen für die Pflanze, „Yasam" oder „Yasmin" ab. *nudiflorus* lat. = nacktblütig. Zur Blütezeit sind keine Blätter vorhanden.
Systematik: Die Gattung *Jasminum* enthält etwa 200 Arten, vorwiegend in den Tropen.
Verbreitung: Westchina (Gansu, Shaanxi, Sichuan, SO-Xizang, NW-Yunnan).
Lebensraum: An Berghängen in Höhenlagen von 800 bis 2000 m ü. M.
Biologie: In Mitteleuropa werden keine Früchte ausgebildet.
Verwendung: In Europa seit 1844 in Kultur. FORTUNE führte *J. nudiflorum* nach England ein. In Gärten und Parks häufig angepflanztes Gehölz. Besonders für Hänge und zur Überwachsung von Mauern und Zäunen geeignet. In Kultur seit 1570. Möglichst voll besonnter Standort. Ohne besondere Bodenansprüche. Vermehrung einfach durch Stecklinge. Dem Boden aufliegende Zweige bilden leicht Wurzeln. Schädlingsfrei. Winterhart bis –15 °C.

Weitere Art:
***Jasminum fruticans*, Strauch-Jasmin:** Immer- oder halbimmergrüner, 1–2 m hoher, aufrechter Strauch mit rutenförmigen, riefig-kantigen, grünen kahlen Zweigen. Knospen eiförmig bis rundlich, 1–1,5 mm groß. Blätter wechselständig, etwa 5 mm lang gestielt, 3-zählig, selten einfach. Blättchen schmal länglich oder länglich verkehrt eiförmig, 8–20 mm lang und 3–6 mm breit, kahl, etwas lederig, fein gewimpert. Blüten duftlos, gelb, in 2–5-blütigen Ständen an kurzen Seitenzweigen, 1,5 cm lang und breit. Blütezeit: Juni–September. Früchte aus 2 nur am Grund verbundenen Fruchtblättern hervorgehend, aus 2, selten nur einer, kugelförmigen, glänzend schwarzen Beere bestehend, Kelch persistierend. Jede Teilfrucht mit 2 halbkugeligen Samen. Fruchtreife: September–Oktober. Verbreitung: Von der Iberischen Halbinsel bis zur Balkan-Halbinsel, Krim, Anatolien, Syrien, Palästina, Kaukasus, Iran bis Mittelasien; Nordwestafrika. Frosthart bis –15 °C. Vermehrung aus Samen oder durch Teilung. Anspruchsloses, auch Trockenheit vertragendes Gehölz für voll besonnte Standorte. *fruticans* lat. = strauchig werdend.

Juglans – Walnuss
Juglandaceae – Walnussgewächse

Sommergrüne Bäume bis 35 m Höhe, selten Sträucher, mit quer gefächertem Mark in den Zweigen (im Gegensatz zur Hickorynuss, siehe *Carya*!). **Blätter** wechselständig, unpaarig gefiedert, manchmal paarig, wenn Endblättchen reduziert oder fehlend, zerrieben aromatisch riechend. **Blüten** eingeschlechtig, männliche in seitenständigen hängenden Kätzchen an vorjährigen Zweigen, weibliche in aufrechten Ähren, endständig an diesjährigen Trieben. Windbestäubung. **Früchte** Steinfrüchte, der kugelige bis länglich-eiförmige Steinkern („Nuss"), meist mit runzeliger bis gerippter Oberfläche, wird umgeben von grüner, irregulär aufreißender oder geschlossen bleibender und erst am Boden verrottender äußerer Fruchtwand. Samen stark ölhaltig, essbar. Ausbreitung durch Abfallen und Wegrollen der Früchte (Plumps- und Rollfrüchte) und durch Tiere (Versteckausbreitung).

Name: „iuglans" lat. für Walnuss oder Nussbaum, beruhend auf „Iovis glans" = Jupiters Frucht; Walnuss geht zurück auf Welsche Nuss, d.h. fremde (welsch bzw. fremdländisch, romanisch) Nuss, da sie über Italien nach Deutschland gelangte.
Systematik: Zur Gattung *Juglans* gehören etwa 20 Arten, deren Verbreitung von SO-Europa über Klein-, Vorder- und Mittelasien bis China und Japan sowie von Nord- bis Südamerika reicht. Bis heute weichen die Auffassungen ab, ob es sich bei den Früchten der Walnüsse um Steinfrüchte oder Nüsse handelt.
Lebensraum: Laubwälder überwiegend warmer Lagen und nährstoffreicher, feuchter Böden.
Verwendung: Als Nutzbäume wegen des wertvollen Holzes und der schmackhaften Samen begehrt. Mehrere Arten haben forstliche Bedeutung, werden als Fruchtbäume oder stattliche Zierbäume kultiviert.

Juglans nigra – Schwarze Walnuss, Schwarznuss

Bis 20–30(–45) m hoher Baum. **Blätter** 30–60 cm lang, mit 11–23 (meist 15) bzw., wenn Endblättchen fehlend, (10–)14(–22) Blättchen, diese bis 15 cm lang und 5 cm breit, oberseits kahl und etwas glänzend, unterseits behaart. **Früchte** einzeln oder paarweise, kugelig, 3–6 cm Durchmesser, Außenschale rau oder warzig, kahl. Steinkern („Nuss") schwarz, sehr dickschalig und hart, grob und unregelmäßig gefurcht.
Name: *nigra* lat. = schwarz, kann sich sowohl auf die Farbe der „Nüsse" als auch die der Borke beziehen, im Gegensatz zur silbergrauen Rinde von *J. regia* ist sie dunkelgrau bis schwarzbraun.

Stammborke der Schwarzen Walnuss, auch Schwarznuss genannt.

Verbreitung: Östliches Nordamerika (Ontario, O- und Zentral-USA).
Lebensraum: Niederungs- und Auenwälder.
Biologie: Lichtbaumart, kurzzeitig Überflutung ertragend, empfindlich gegenüber Früh- und Spätfrost.
Verwendung: Im natürlichen Verbreitungsgebiet äußerst vielseitig, in den USA forstlich angebaut, wegen des hochwertigen Holzes (im Handel als Amerikanischer Nussbaum) auch „König des Waldes", wegen der wohlschmeckenden, wenngleich in dicken Schalen verborgenen, Samen „Königin der Küche" genannt. Bei ausreichendem Raum in Park- und Gartenanlagen

(vor 1656 nach Großbritannien eingeführt durch J. Tradescant) sich zu einem prachtvollen Solitärbaum entwickelnd. Seit dem 19. Jahrhundert in Deutschland forstlich versuchsweise kultiviert, heute existieren einige erfolgreiche Anbauten in den Rhein- und Donauauen. In SW-Deutschland auch Anbau, teils in Plantagen, von **Hybrid-Walnuss** (***Juglans × intermedia***), des sehr wüchsigen Bastards der Schwarznuss mit Echter Walnuss (entstanden erstmals 1820 in Frankreich).

Juglans regia – Echte oder Gewöhnliche Walnuss

Raschwüchsiger, spät austreibender und früh laubwerfender Baum bis 20–35 m Höhe und 1–2 m Stammdurchmesser. **Blätter** 20–40 cm lang, mit 5–9 derb-lederigen, bis 15 cm langen und 6 cm breiten Fiedern, die im Gegensatz zu den anderen *Juglans*-Arten ganzrandig sind; im Austrieb rotbraun, dann dunkel gelbgrün, im Herbst sich braun verfärbend. **Früchte** eiförmig bis kugelig, 4–6 cm lang, Außenschale glatt, Oberfläche der „Nuss" seicht gefurcht.

Männliche Blütenkätzchen der Echten Walnuss.

Name: *regia* lat. = königlich, wohl wegen des stattlichen Wuchses oder der köstlich schmeckenden Samen.

Verbreitung: Vermutlich von Mittel- und Vorderasien bis Kleinasien, aber ursprüngliche Verbreitung kaum mehr zu rekonstruieren, da seit alter Zeit in Kultur und außerhalb des natürlichen Areals eingebürgert, teils in naturnahen Waldbeständen. Der Anbau wurde u.a. von Alexander dem Grossen, der die Walnuss nach Griechenland brachte, und den Römern gefördert. Für Mitteleuropa wurde sie aber bereits aus der Jungsteinsteinzeit nachgewiesen. Natürliche Walnusswälder existieren heute noch in Mittelasien, sind aber stark reduziert und übernutzt.

Früchte der Echten Walnuss.

Lebensraum: Bergwälder, Schlucht- und Auenwälder, in Mischwäldern oder bestandsbildend auf nährstoffreichen, feuchten Böden der Täler und ihrer Hänge, in Mittelasien bis 2000–3000 m ü. M.

Biologie: Ein Alter von 150 bis 200 Jahren erreichend, licht- und wärmebedürftig, Winterfröste ertragend, nur in der Jugend etwas empfindlich, vor allem gegenüber Spätfrösten (auch Blüten darunter leidend). Über Wurzeln und mit dem Laubfall werden Stoffe abgegeben, die das Wachstum anderer Pflanzenarten hemmen (Allelopathie).

Verwendung: Wertschätzung des Holzes und der „Nüsse" außerordentlich hoch und dies seit Jahrtausenden, neben Feige und Wein zu den am längsten kultivierten Fruchtgehölzen gehörend. Im Laufe der Zeit erfolgte eine Auswahl von Sorten mit immer größeren und mehr Früchten sowie dünner Schale. Der Ertrag pro Baum und Jahr erreicht heute bis zu 150 kg. Die größten Plantagen befinden sich in China und Kalifornien. Das Holz ist mittelschwer, hart, zäh und gut bearbeitbar, als dekoratives Vollholz und Furnier (schönste Maserung) begehrt für Möbel- und Innenausbau, Instrumentenbau (Klaviere) und Gewehrschäfte. Die Samen enthalten 50–65 % fette Öle, 18–25 % Rohprotein, Mineralstoffe und Vitamine. Das Öl liefert vorzügliches Speiseöl, die Blätter und Fruchthüllen Heilmittel, die vor allem in Volksmedizin und Homöopathie Anwendung finden (z. B. bei Erkrankungen der Haut und Schleimhäute), aber auch einen Farbstoff, der zum Braunfärben von Holz verwendet werden kann („Nussbeize"). Extrakte dienen außerdem kosmetischen Zwecken (Zusatz zu Sonnenöl). Die beliebte Walnuss ist aber nicht nur ein Nutzbaum, sondern als Park-, Allee- und Hof- oder Hausbaum ebenso von kulturhistorischer Bedeutung und ästhetischer Wirkung.

Männliche Blütenkätzchen der Japanischen Walnuss.

Weitere Arten:

***Juglans ailanthifolia*, Japanische** oder **Siebolds Walnuss:** Wie die ebenfalls ostasiatische *J. mandshurica* mit besonders großen, 45–90 cm langen Fiederblättern (mit 11–17 Blättchen) und mit 5–25 Früchten in langen Trauben. Früchte kugelig bis eiförmig, Außenschale rötlich drüsig behaart, die kugelige, zugespitzte „Nuss" weist oft zwei dickwulstige Kanten auf, ihre Oberfläche ist hügelig, aber glatt, ohne scharfe Rippen und Grate. Im natürlichen Areal (Japan bis fernöstliche russische Inseln) werden wertvolles Holz und schmackhafte Nüsse geschätzt, nach Europa als Zierbaum 1859 (Niederlande) eingeführt.

***Juglans cinerea*, Graue** oder **Weiße Walnuss, Butternuss:** Wie die Schwarznuss im östlichen Nordamerika beheimatet, sich durch drüsig behaarte Blattstiele und Jungtriebe, eiförmige Früchte mit klebrig-drüsiger Außenschale und dickwandiger, scharfspitziger, unregelmäßig tief gefurchter eiförmiger oder ellipsoidischer bis fast zylindrischer „Nuss" mit rauen und scharfkantigen Rippen unterscheidend. Im Unterschied zu den ostasiatischen Arten mit klebrig-drüsigen Früchten, *J. ailanthifolia* und *J. mandshurica*, sind die Blätter kürzer, nur bis 50 cm lang. Das Holz ist relativ leicht und weich, von geringerer Bedeutung als das der Schwarznuss. Die Samen werden nach der Reife bald ranzig, früher

Fruchtstand der Grauen Walnuss, auch Butternuss genannt.

Fruchtstand der Mandschurischen Walnuss.

wurden sie von den Indianern zur Ölgewinnung genutzt. Als Parkbaum in Europa ist die Butternuss seltener anzutreffen als die Schwarznuss, wurde aber bereits 1633 in Kultur eingeführt (England).

***Juglans mandshurica*, Mandschurische Walnuss:** Die von NO-China und Korea bis in das russische Amurgebiet verbreitete Art ist der japanischen *J. ailanthifolia* ähnlich, hat aber nur bis 12 Früchte im Fruchtstand, deren Außenschale ist bräunlich drüsig und die Oberfläche der „Nüsse" ist scharf gerippt und gratig. Ihr Holz wird ebenfalls geschätzt und aus den Samen Speiseöl gewonnen, weshalb die Art auf Sachalin angebaut wurde. Nach Europa wurde sie 1859 eingeführt, blieb aber ein seltener Zierbaum.

Kalmia – Lorbeerrose oder Berglorbeer und Gämsheide

Ericaceae – Heide(kraut)gewächse

Immer-, nur ausnahmsweise sommergrüne Sträucher, Zwerg- oder Spaliersträucher. **Blätter** wechsel-, gegen- oder quirlständig, elliptisch lanzettlich oder länglich lanzettlich, Spreitenrand flach oder nach unten umgerollt, zuweilen so stark, dass Blatt fast nadelförmig erscheint. **Blüten** in Schirmtrauben, meist mehrere genähert. Krone meist verwachsen, breit glockig bis schüsselförmig, Kronblätter meist mit Aussackungen, in denen die Staubbeutel anfangs verborgen sind, bevor sie zur Reife bei Berührungsreiz (z. B. durch nektarsuchende Insekten) von den sich streckenden, vorher gebogenen und unter Spannung stehenden Staubfäden herausgerissen werden, dabei schleudern die Staubbeutel die Pollen heraus. **Frucht** klappig aufspringende Kapsel mit zahlreichen staubfeinen Samen. **G!**

Name: *Kalmia* nach P. Kalm (1715–79), Schüler Linnés, in dessen Auftrag er Nordamerika bereiste. Lorbeerrose und Berglorbeer nehmen Bezug auf die immergrünen, lorbeerartigen Blätter. Gämsheide siehe unter *K. procumbens*!
Systematik: Nachdem neuerdings Gämsheide (*Loiseleuria*) und Sandmyrte (*Leiophyllum*) in die Gattung *Kalmia* einbezogen wurden, gehören ihr 10 Arten an.
Verbreitung: Zirkumpolar: boreale und arktische Zonen sowie Gebirge gemäßigter Zonen Nordamerikas (südlich bis Kuba) und Eurasiens.
Lebensraum: Bergwälder und Gebüsche bodensaurer Standorte, Moore, Zwergstrauchheiden.
Biologie: Licht- oder Halbschattenpflanzen, kalkmeidend, giftig.
Verwendung: Dekorative Ziersträucher.

Kalmia latifolia – Breitblättrige Lorbeerrose, Großer Berglorbeer

1,5–3 m hoher, aufrechter Strauch, im natürlichen Areal auch höher, bis 10 m hoher Baum. **Blätter** wechselständig, elliptisch lanzettlich, zugespitzt, 5–10 cm lang, 2,5–4 cm breit. **Blüten** in mehreren Schirmtrauben am Zweigende. Krone rosa bis rot mit purpurnen Punkten, 1,8–2,5 cm Durchmesser, außen klebrig. Blütezeit: Mai–Juni.

Blütenstand der Breitblättrigen Lorbeerrose.

Name: *latifolia* lat. = breitblättrig.
Verbreitung: Östliches Nordamerika.
Lebensraum: Bergwälder mäßig trockener bis feuchter, bodensaurer Standorte.
Verwendung: Attraktives Blütengehölz (seit 1734 in Europa in Kultur), einzeln stehend oder in Gruppenpflanzung zur Blütezeit von besonderer Wirkung. Diverse, in der Blütenpracht und der Vielfalt der Farbe (von weiß bis purpurn) und Zeichnungen der Kronblätter abweichende Sorten dürften neben den Rhododendren zu den schönsten immergrünen Frühsommerblühern gehören. Die Blüten sind die offizielle Staatsblume von Pennsylvania. Früher in Nordamerika auch als Heilpflanze verwendet, aber wegen der Giftigkeit (Andromedotoxine) nicht mehr in Gebrauch.

Blühende Schmalblättrige Lorbeerrose.

Ähnliche Arten:
***Kalmia angustifolia*, Schmalblättrige Lorbeerrose** oder **Kleiner Berglorbeer:** Bis 1,5 m hoher, straff aufrechter Strauch mit kurzen Ausläufern, Blätter gegenständig oder zu 3 quirlständig, länglich lanzettlich, 2–6 cm lang und 1–2 cm breit, vorn abgerundet, Rand etwas umgerollt. Blüten in zahlreichen achselständigen Schirmtrauben, Krone rosarot bis rot, 0,8–1,2 cm Durchmesser. Die im östlichen Nordamerika beheimatete Moorpflanze ist ein attraktives Blütengehölz, in einigen Ländern (z. B. Großbritannien, Deutschland) ist die Art aus Kultur (seit 1736 in Europa) verwildert und eingebürgert.

***Kalmia polifolia*, Poleiblättrige Lorbeerrose:** Mit 0,5 m Höhe die kleinste der Lorbeerrosen, eine Moorpflanze im nördlichen Nordamerika. Die unterseits blauweißen, länglich lanzettlichen Blätter sind 2–3,5 cm lang, 6 mm breit, der Spreitenrand ist nach unten umgerollt. Die Blüten stehen wie bei *K. latifolia* in mehreren Schirmtrauben am Zweigende, sind aber kleiner (1–1,5 cm Durchmesser), die Krone ist rosapurpurn. Die Art ist nicht weniger attraktiv als die beiden anderen Lorbeerrosen, wird aber seltener gepflanzt, obwohl auch schon im 18. Jahrhundert nach Europa (1767, England) eingeführt.

Blütenstände der Poleiblättrigen Lorbeerrose. ▶

Kalmia procumbens – Gäms- oder Alpenheide

Niederliegender, durch dem Boden anliegende Sprosse dichte Teppiche bildender, immergrüner Spalierstrauch von 15–30 cm Höhe. **Blätter** gegenständig, gedrängt stehend, 4–12 mm lang, lederig, länglich bis eilanzettlich, aber durch stark umgerollten Blattrand fast nadelförmig erscheinend. **Blüten** zu 2–5 in Schirmtrauben, Kelch rot, Krone weitglockig, hellrosa. Insektenbestäubung (Haut- und Zweiflügler). Blütezeit: Juni–Juli. **Frucht** sich klappig öffnende Kapsel mit zahlreichen staubfeinen Samen. Reife erst in dem der Bestäubung folgenden Jahr. Windausbreitung.

Name: *procumbens* lat. = niederliegend, wegen des Wuchses. Gäms- und Alpenheide oder auch Alpenazalee weisen auf das Vorkommen in den Alpen und die hier vorkommenden Gämsen hin.
Systematik: Früher einzige Art der Gattung *Loiseleuria* (benannt nach J.-L.-A. Loiseleur-Deslongchamps, französischer Arzt und Botaniker, 1774–1849), heute in *Kalmia* einbezogen.
Verbreitung: Zirkumpolar, von Hochgebirgen (1500–3000 m ü.M.) der gemäßigten Zonen bis in arktische Tundrenzone Eurasiens und Nordamerikas.

Den Boden bedeckende Gämsheide, früher eine eigene Gattung, heute den Lorbeerrosen zugeordnet.

Lebensraum: Zwergstrauchheiden (alpine Windheiden, Tundra), Fels- und Schotterfluren, lichte Gebüsche (Krummholz, Strauchtundra).
Biologie: Durch morphologische und physiologische Eigenschaften den extremen Bedingungen in alpiner Stufe und arktischer Zone hervorragend angepasst, so auch im Winter bei windexponierten oder durch zeitweises Auftauen schneefreien Lagen; kalkmeidend, Rohhumusbildner und -wurzler; giftig.
Verwendung: Interessantes, aber nicht leicht zu kultivierendes Zwerggehölz für Moorbeete oder Stein- und Heidegärten; kühle, frische bis feuchte Standorte erfordernd.

Kalopanax septemlobus – Baumaralie, Baumkraftwurz

Araliaceae – Araliengewächse

Sommergrüner, nur wenig verzweigter, in seiner Heimat bis 30 m hoher Baum. Borke hell- bis dunkelgrau. Stamm und Zweige olivgrün bis hellbraun, dicht mit breitbasigen, rotbraunen, geraden oder leicht gebogenen Stacheln bekleidet. Knospen ei- bis halbkugelförmig, 3–5 mm breit, 2–3 mm lang, Endknospe 5–6 mm breit. **Blätter** wechselständig, 10–25 cm lang gestielt, an den Zweigenden einander rosettig genähert, Spreite im Umriss rund, 10–30 cm breit, mit 5–7 breit dreieckigen, zugespitzten und gesägten Lappen oder (fo. *maximowiczii*) fast bis zum Grund fingerartig eingeschnitten, Spreitengrund ± herzförmig. Blätter unterseits lockig hellbraun behaart, vor allem an den Nerven, und mit Achselbärten, heller als die dunkelgrüne, glänzende Oberseite. Nebenblätter mit dem Blattgrund verwachsen. **Blüten** zwittrig, gelbgrün bis weiß, 7–10 mm lang gestielt, in endständigen, 20–30(–60) cm breiten Doppeldolden am Ende von Jungtrieben. Fruchtknoten unterständig, 2-fächerig. Die beiden bis 2 mm langen persistierenden Griffel einem Griffelpolster (Diskus) aufsitzend. Blütenhülle und Staubblätter 5-zählig, Kronblätter 2 mm lang. Blütezeit: Juli–August. **Frucht** Steinfrucht, rundlich beerenartig, schwarzblau, 4–5 mm Durchmesser, mit 2–3 Steinkernen. **Samen** mit großem Nährgewebe, in dem der kleine Embryo eingebettet ist. Fruchtreife: September–Oktober.

Name: „kalos" griech. = schön; „Panax" ist der Name einer nah verwandten Gattung. *septemlobus* lat. = siebenlappig.
Systematik: Die Gattung *Kalopanax* ist monotypisch, d.h., sie enthält nur eine Art.
Verbreitung: Ostasien: O-Sibirien, Ussuri-Gebiet, Sachalin, Südkurilen, Japan (Hokkaido bis Kyushu), Korea, China.

▲ Blätter der Form der Baum-Aralie mit tief eingeschnittener Spreite (fo. maximowiczii).

◀ Blütenstand der Baum-Aralie.

Lebensraum: In sommergrünen Laubmischwäldern in Gebirgen der nemoralen Zone. In China (Hubei, Sichuan) in Höhenlagen von 600 bis 2000 m ü. M.
Biologie: Bestäubung der Blüten durch Fliegen, Wespen, Bienen, die den offen dargebotenen, reichlich gebildeten Nektar aufnehmen. Die Verbreitung der Früchte erfolgt durch Vögel.
Verwendung: Das Holz ist als Möbelholz und für den Innenausbau sehr begehrt. Es hat eine hellbraune Färbung. Die getrocknete Borke wird in Ostasien zur Heilung rheumatischer Beschwerden genutzt. Nach Europa gelangte *Kalopanax* durch Maximowizc 1865. Bisweilen aufgrund seiner ornamentalen Gestalt angepflanzt. Kann in Mitteleuropa Wirtsplanze der Efeu-Sommerwurz (*Orobanche hederae*) sein. Vermehrung durch Samen, die mitunter 2 Jahre bis zur Keimung benötigen, oder Wurzelschnittlinge. Frosthart bis –20 °C.

Kerria japonica – Ranunkelstrauch, Goldkerrie

Rosaceae – Rosengewächse

Sommergrüner, bis 2 m hoher, Ausläufer bildender Strauch. Zweige stielrund, kahl, glänzend grün. **Blätter** wechselständig, etwa 1,5 cm lang gestielt. Spreite eiförmig bis eilänglich, geschwänzt zugespitzt, am Grund gerundet , 3–8 cm lang, am Rand doppelt gesägt, oberseits frischgrün, unterseits leicht behaart, Nebenblätter klein. **Blüten** duftlos, einzeln oder zu wenigen am Ende von beblätterten Kurztrieben, die vorjährigen Zweigen oder Zweigabschnitten ansitzen, zwittrig, Blütenhülle doppelt, 5-zählig. Kelch grün, 12 mm Durchmesser, persistierend, Krone 2,5–3 cm Durchmesser, leuchtend gelb. Staubblätter zahlreich, Fruchtblätter frei, 5–8 im offenen Blütenbecher stehend. Blütezeit: April–Mai. **Früchtchen** 4–5 mm lang, 1-samig, schwarzbräunlich, selten ausgebildet. Fruchtreife: Juli–September.

Name: Benannt nach William Kerr. *japonica* lat. = aus Japan stammend (was nicht stimmt!).
Systematik: Die Gattung *Kerria* ist monotypisch und nah verwandt mit *Rhodotypos*. *K. japonica* konnte erst nach 1834 von De Candolle beschrieben werden, da noch keine normalen Blüten vorhanden waren und somit die Familienzugehörigkeit im Unklaren blieb. Linné beschrieb sie zunächst als eine *Rubus*-Art, Thunberg als zur Gattung *Corchorus*, einer Verwandten der Linden, zugehörig.

Verbreitung: Ostchina.
Lebensraum: Gebüsche auf Berghängen zwischen 200 und 3000 m ü. M.
Biologie: Die Blüten werden durch Insekten bestäubt. In China werden die Pflanzen medizinisch genutzt.
Verwendung: Die Wildform wurde erst 1834 von John Reeves nach Europa eingeführt. Sie ist nicht, wie der Artname vermuten lässt, in Japan, sondern China beheimatet, aber in Japan seit Langem in Kultur. Häufig angepflanzt und sehr leicht zu kultivieren. Vermehrung durch Teilung oder krautige Stecklinge. Weitgehend schädlingsfrei. Frosthart bis –20 °C.
'Pleniflora': Goldröschen. Blüten röschenartig dicht gefüllt, bis 4,5 cm Durchmesser. Pflanze in allen Teilen kräftiger als die Wildform. Viel häufiger als diese angepflanzt. In China und Japan schon lange in Kultur. Nach Europa 1804 durch William Kerr. Blütezeit wie die Art, aber häufig im Herbst nachblühend. Frosthart wie die Wildform.

Blühender Ranunkelstrauch.

Koelreuteria paniculata – Blasenesche, Blasenbaum, Koelreuterie

Sapindaceae – Seifenbaumgewächse

Sommergrüner, reich verzweigter und breitkroniger, 10–15 m hoher Baum mit meist nur kurzem, selten geradem, bis 50 cm dickem Stamm. Junge Triebe olivgrün, fein und sehr kurz behaart. Zweige mit dickem hellen Mark, gerade bis etwas hin und her gebogen, fast kahl, olivbraun mit hellen, warzenartigen Lentizellen. Blattnarben mit deutlichen Blattpolstern. Borke dick, längs gefurcht, graubraun bis grau. Knospen eiförmig, 3–5 mm lang und breit, mit 2 äußeren, zugespitzten Schuppen. Knospenschuppen später nicht abfallend. Ohne Endknospe. **Blätter** wechselständig, 3–8 cm lang gestielt. Spreite unpaarig gefiedert, 25–35 cm lang und 10–15 cm breit. Fiedern gegenständig, 11–15, 1–2 mm lang gestielt, schmal bis breit eiförmig, 4–10 cm lang und 3–5 cm breit, zugespitzt, grob und ungleichmäßig gezähnt oder eingeschnitten, die unteren Fiedern grob gekerbt, tief gelappt bis fiederschnittig, oberseits bis auf die Mittelrippe kahl, unterseits auf den Nerven behaart. **Blüten** zygomorph, eingeschlechtig, schwach duftend, in 20–40 cm langen und breiten Thyrsen, die aus 3–6-blütigen Zymen zusammengesetzt sind, endständig an jungen Trieben. Blüten 2,5–5 mm lang gestielt, dottergelb, 10 mm groß. Kelch 5-zählig, 2 mm lang. Krone 4-zählig, Kronblätter 1–2,5 mm lang genagelt, 8 mm lang und 2 mm breit, am Grund mit 2 aufwärts gerichteten, anfangs gelben, später roten Anhängseln. Staubblätter 8, in den männlichen Blüten 7–9 mm, die sterilen in den weiblichen Blüten 4–5 mm lang, Pollensäcke lavendelfarben. Nektarscheibe (Diskus) ringförmig. Blütezeit: Juli–August. Die **Früchte** sind blasenartige, eiförmige, zugespitzte, 3-kantige, kahle, 4,5–5,5 cm lange und bis 3 cm breite, 3-fächerige Kapseln mit pergamentartiger Fruchtwand. Je Fruchtfach 2 Samenanlagen und meist 1 Samen, Öffnung fachspaltig. Frucht zur Reife in 3 einsamige Teile zerfallend. **Samen** kugel- bis birnförmig, 6–8 mm groß, mit schwarzer, sehr harter Samenschale. Fruchtreife: September–Oktober.

Blühende Blasenesche.

Name: Die Gattung wurde nach JOSEPH GOTTLIEB KÖLREUTER (1733–1806), einem Botaniker, der Professor für Naturgeschichte in Karlsruhe war, benannt. *paniculatus* lat. = rispig (abgeleitet von „panicula" = Büschel, Rispe).

Systematik: Die Gattung *Koelreuteria* umfasst 3 Arten, von denen 2 in China beheimatet sind. Eine Art ist endemisch auf Taiwan. Wichtiges Gattungsmerkmal sind die blasenartig vergrößerten Früchte.

Verbreitung: Nord- und Mittelchina. Von Liaoning im Nordosten bis Gansu und Sichuan im Westen und Yunnan im Süden. In Teilen Japans und Koreas eingebürgert. Fossil seit dem Paläozoikum nachgewiesen.

Lebensraum: Lichtbedürftiges Gehölz in lichten Wäldern. Im Norden bis 500 m, in Sichuan bis zu Höhen von 3180 m ü. M. aufsteigend.

Biologie: Die Blüten werden von kleineren Insekten, in Mitteleuropa vor allem von Honigbienen, aufgesucht und bestäubt. Die männlichen Blüten, die in den Ständen anfangs dominieren, haben lange Staubblätter und einen reduzierten Fruchtknoten, die weiblichen Blüten kürzere und sterile Staubblätter. Die Früchte bleiben oft den Winter über bis zum Frühjahr an den Bäumen (Wintersteher). Die Samen keimen epigäisch.

Verwendung: D´INCARVILLE sandte um 1750 Saatgut aus China an den russischen Botaniker ST. KRASCHENINNIKOW nach St. Petersburg und an BERNARD DE JUSSIEU nach Paris. In Großbritannien seit 1763, in Deutschland seit 1796 in Kultur. Häufig angepflanzt als ornamentaler Baum wegen seiner enormen Blütenfülle, des reichen Fruchtbehangs sowie der schönen von gelb, bronzefarben bis scharlachrot reichenden Herbstfärbung. Die Blasenesche benötigt einen vollsonnigen Standort, möglichst im Freistand. Da sie Lufttrockenheit gut verträgt, eignet sie sich auch als Straßenbaum im innerstädtischen Bereich. Sie lässt sich leicht aus Samen vermehren. Die Bäume sind meist frei von tierischen Schädlingen. Frosthart bis ca. –20 °C. Das schwere Holz ist schön gemasert und wird für Möbel und im Innenausbau verwendet. Aus den Blüten wird in China ein gelber Farbstoff gewonnen. Die Samen werden zu Rosenkränzen verarbeitet.

Kolkwitzia amabilis – Kolkwitzie

Caprifoliaceae – Geißblattgewächse

Sommergrüner, breitbuschiger, 2,5–3 m hoher, reich verzweigter Strauch mit überhängenden Zweigen. Knospen eiförmig, zugespitzt, 2–5 mm lang, mit mehreren Schuppenpaaren. Junge Zweige behaart, ältere mit brauner, sich in Fetzen ablösender Borke. **Blätter** gegenständig, 2–3 mm lang gestielt. Spreite breit eiförmig, 3–9 cm lang und bis 3 cm breit, lang bis geschwänzt zugespitzt, am Grund gerundet, entfernt schwach grob gezähnt bis fast ganzrandig, oberseits dunkelgrün, zerstreut behaart, unterseits auf den Nerven rau behaart. **Blüten** duftlos, zygomorph, ansehnlich, in 5–7 cm breiten, rispigen Trugdolden am Ende von Kurztrieben, die vorjährigen Zweigen ansitzen. Kelch mit 5 spreizenden, schmalen Zipfeln, persistierend. Kronblätter miteinander verwachsen, glockenförmig, 5-zipfelig, 1,5 cm lang, rosaweiß, im Schlund gelborange, behaart. Staubblätter 4, so lang wie die Kronröhre. Fruchtknoten 3-fächerig, nur 1 Fach fertil. Blütezeit: Mai–Juni. **Frucht** Schließfrucht (Nuss), ellipsoidisch bis eiförmig, 7–10 mm lang, borstig behaart, in einen 3 mm langen Schnabel verjüngt und vom trockenen, 3 mm langen Kelch gekrönt, 1-samig. Benachbarte Früchte schief seitlich am Grund miteinander verwachsen. Fruchtreife: September.

Name: Benannt nach RICHARD KOLKWITZ (1873–1956), Professor der Botanik in Berlin. *amabilis* lat. = angenehm, lieblich.

Systematik: Die Gattung *Kolkwitzia* ist monotypisch. Nah verwandt sind die Gattungen *Abelia* und *Dipelta*.

Verbreitung: M-China (Shaanxi, W-Hubei).

Lebensraum: Im Gebirge zwischen 2700 und 3000 m ü. M.

Biologie: Die Blüten werden stark von Honigbienen und Hummeln aufgesucht.

Verwendung: Durch WILSON 1901 nach Europa gelangt. Die Kolkwitzie ist eines der am häufigsten angepflanzten Blüten-Ziergehölze. Sie ist weitgehend schädlingsfrei, blüht jedes Jahr reich und ist problemlos auf fast jedem Boden an vollbesonnten bis halbschattigen Standorten zu kultivieren. Von Zeit zu Zeit empfiehlt sich ein Auslichtungsschnitt. Vermehrung durch krautige Stecklinge im Juni/Juli. Frosthart bis –20 °C.

Reich blühende Kolkwitzie.

Laburnum anagyroides – Gewöhnlicher Goldregen

Fabaceae – Hülsenfrüchtler

Sommergrüner, straff aufrechter Strauch oder bis 7 m hoher, vom Grund an meist mehrstämmiger Baum. Sprosssystem mehr oder weniger deutlich in Lang- und Kurztriebe gegliedert. Junge Triebe grün, durch herablaufende, erhöhte Blattbasen kantig, anliegend behaart. Zweige olivgrün bis graubraun, kahl, Rinde lange glatt bleibend. Knospen breit eiförmig bis halbkugelig, die Endknospe 3–4 mm breit, mit mehreren anliegend silbrig behaarten Schuppen. Seitenknospen viel kleiner. **Blätter** wechselständig, an den Kurztrieben rosettig stehend, 3–5 cm lang gestielt, Stiel anliegend behaart. Spreite 3-zählig gegliedert, Blättchen elliptisch bis eiförmig, 4–6 cm lang und 1,5–2 cm breit, oberseits stumpf grün, kahl, unterseits graugrün, fein seidig anliegend behaart. **Blüten** duftend, 10 mm lang gestielt, ansehnlich, goldgelb, ca.

2 cm lang, zu 10–30 in schlaff hängenden, 10–20 cm langen Trauben achselständig an Kurztrieben. Blütenhülle doppelt, 5-zählig. Kelch mit kurzer Ober- und etwas längerer Unterlippe. Fahne nach oben weisend, am Grund mit brauner Markierung. Die 10 Staubblätter alle zu einer Röhre verwachsen, das Fruchtblatt in sich einschließend. Blütezeit: Mai–Juni. **Früchte** als Hülsen ausgebildet, riemenförmig, leicht gebogen, seitlich abgeflacht und zwischen den Samen etwas eingeschnürt, 3–8 cm lang und 6–8 mm breit, anliegend seidig behaart, oben kantig, aber ungeflügelt. Fruchtwand lederig. Fruchthälften nach der Öffnung nur wenig verdreht, den Winter über an den Zweigen bleibend. **Samen** ei-nierenförmig, 4–5 mm lang, schwarzbraun, matt glänzend, an den geöffneten Hülsenhälften lange haften bleibend. Fruchtreife: August–September. **G!**

Blütentrauben des Gewöhnlichen Goldregens.

Name: Der lateinische Name *Laburnum* wurde von Plinius d. Ä. für ein breitblättriges, Hülsen tragendes Gehölz verwendet. Griech. „anagyris" von Dioskurides bzw. lat. „anagyros" von Plinius d. Ä. benannter Stinkstrauch (*Anagyris foetida*), ein im Mittelmeergebiet beheimateter Hülsenfrüchtler mit ähnlichen Blättern.

Systematik: Die Gattung *Laburnum* umfasst nur die beiden hier aufgeführten Arten. Sie ist nahe verwandt mit der Gattung *Cytisus*.

Verbreitung: Europa: Frankreich, Apenninen-Halbinsel, östliches Mittel- und Osteuropa und Balkan-Halbinsel.

Lebensraum: In lichten Eichen-, Kiefern- und Steppenwäldern sowie lockeren Gebüschen und an Berghängen. Auf nährstoffreichen, oft kalkhaltigen Böden. In den Gebirgen bis 2000 m ü. M. ansteigend.

Biologie: Die Bestäubung der Blüten erfolgt nach dem sogenannten Klappmechanismus. Die Insekten landen auf den seitlichen Flügeln. Ein Hebelmechanismus drückt durch sein Gewicht das Schiffchen nach unten, so dass die Staubblätter frei werden und sich der Pollen aus den Pollensäcken in das Bauchhaarkleid der Insekten entleeren kann, gleichzeitig wird mitgeführter Fremdpollen auf der Narbe deponiert. Entfernt sich das Insekt, nimmt das Schiffchen wieder seine Ausgangsposition ein. Dieser Mechanismus kann mehrmals von Blütenbesuchern ausgelöst werden. Neben Honigbienen bestäuben auch solitäre Bienen, wie etwa Vertreter der Gattung *Andrena* (Sandbienen). Alle *Laburnum*-Arten sind sehr stark giftig. Gift führend sind alle Pflanzenteile, besonders jedoch die Samen. Toxische Substanzen sind Alkaloide, vor allem das Cytisin, ferner Laburnin und Laburnamin und N-Methylcytisin. Der Gehalt an Cytisin beträgt in den Samen 1,5–3 %, in den Blättern 0,3 % und in den Blüten 0,2 %. Vergiftungen, die vor allem bei Kindern auftreten, äußern

◀ Blühende Seitensprosse des Chimärengoldregens, einer Pfropfhybride von Goldregen und Purpur-Zwergginster.

sich zunächst durch Brennen im Mund und Rachen, Speichelfluss, Durst, Übelkeit, Erbrechen und Schweißausbrüche. Eine ärztliche Behandlung ist zwingend erforderlich.
Verwendung: Häufig angepflanztes Blüten-Ziergehölz für voll besonnte bis halbschattige Standorte ohne besondere Bodenansprüche. Ein Schnitt ist nicht erforderlich und sollte unterbleiben. Die Vermehrung erfolgt durch Samen, die eine Frosteinwirkung benötigen.
In Kultur ist auch eine Propfhybride mit dem Purpur-Zwergginster, der **Chimärengoldregen, *+Laburnocytisus adamii*.**

Ähnliche Art und Hybride:
***Laburnum alpinum*, Alpen-Goldregen:** Bis 5 m hoher Strauch oder, oft vom Grund an, mehrstämmiger Baum. Junge Triebe grün, kahl. Hauptzweige aufrecht, Seitenzweige etwas überhängend. Blätter 4–10 cm lang gestielt, Stiele zerstreut abstehend behaart. Blätter anfangs oft spärlich behaart, bald verkahlend. Blättchen elliptisch, 4–8 cm lang, sitzend, oberseits glänzend grün, unterseits heller, nur die Mittelrippe zerstreut behaart. Blüten duftend, gelb, etwa 15 mm lang, zu 20–40 in 15–40 cm langen, dichten Trauben. Kelch mit fast gleich langen Lippen. Blütezeit: Mai–Juni. Der Alpen-Goldregen blüht etwas später als *L. anagyroides*. Hülsen linealisch, stark abgeflacht, 4–5 cm lang, 8–10 mm hoch, kahl, an der Oberkante bis 2 mm breit geflügelt, Fruchtwand dünn, hellbraun, glänzend. Samen ei-nierenförmig, 4 mm lang, braun, matt glänzend. Fruchtreife: September–Oktober. Verbreitung: Mittel- und Osteuropa, Apenninen- und Balkan-Halbinsel. Sehr stark giftig! Bisweilen in Parks angepflanzt.

Laburnum* × *watereri (*L. alpinum* × *L. anagyroides*): Im Aussehen zwischen den Eltern stehender, 5–6 m hoher Strauch. Triebe zerstreut behaart. Blätter bis 10 cm lang gestielt. Blättchen 2,5–7 cm lang, elliptisch, oberseits mehr oder weniger glänzend grün, unterseits heller und fast kahl. Mittelrippe zerstreut abstehend behaart. Blütentrauben spärlich behaart, bis 40 cm lang. Bei 'Vossii' Trauben bis 50 cm lang. Sehr stark giftig!

Lagerstroemia indica – Chinesische Lagerströmie, Krepp- oder Kräuselmyrte

Lythraceae – Weiderichgewächse

Sommergrüner Strauch oder 3–7 m hoher, meist mehrstämmiger Baum mit anfangs glatter, grau- bis rosabrauner Stammrinde, die sich später plattig ablöst. Zweige 4-kantig. **Blätter** gegenständig, sitzend oder bis 2 mm lang gestielt, länglich bis elliptisch, verkehrt eiförmig bis fast rundlich, 3–7 cm lang, 1,5–4 cm breit, papierartig dünn bis etwas lederig, an der Spitze spitz oder stumpf bis abgerundet und kurz zugespitzt, ganzrandig, oberseits kahl, unterseits Nerven behaart. **Blüten** in 5–20 cm langen, dichten Rispen, Krone 3–4 cm Durchmesser, Kronblätter purpurrot bis rosa (bei Sorten auch lila oder weiß), lang genagelt. Blütezeit: Juli–September. **Frucht** ellipsoidische, kantige Kapsel. **Samen** schmal geflügelt.

Name: *Lagerstroemia* benannt nach M. v. Lagerstroem (1696–1759), Direktor der schwedischen Ostindien-Kompanie und Freund des berühmten Botanikers C. v. Linné, dem er auch Pflanzen zukommen ließ; *indica* lat. = indisch, nach der Herkunft der Pflanze, die Linné beschrieb. Kräusel- oder Kreppmyrte wegen der auffällig krausen Ränder der Kronblätter.
Systematik: Zur Gattung *Lagerstroemia* etwa 50 Arten, die von S- bis O-Asien, Neuguinea, Philippinen und Australien verbreitet sind.
Verbreitung: Natürliche Verbreitung der Art kaum zu rekonstruieren, da seit langer Zeit kultiviert und nach Verwilderung eingebürgert, wahrscheinlich China (bis Korea und Japan), aber in O-, SO- und S-Asien weit verbreitet, auch darüber hinaus in warmen bis subtropischen Gebieten der Erde häufig kultiviert.

Biologie: Licht- bis Halbschattenpflanze, Trockenheit ertragend, frostempfindlich.
Verwendung: Als Zierpflanze im Mittelmeergebiet beliebt, aber auch nördlich davon in wintermilden Gebieten Mitteleuropas gepflanzt, oft als Kübelpflanze, kann aber in günstigen Lagen auch im Freiland kultiviert werden. Dekorativ sowohl durch reiche Blütenpracht als auch im Herbst wegen gelber bis orangeroter Laubfärbung.

◀ *Blütenrispen der Chinesischen Lagerströmie, wegen der Blütengestalt auch Krepp- oder Kräuselmyrte genannt.*

Laurus nobilis – Echter Lorbeer oder Lorbeerbaum, Gewürz-Lorbeer

Lauraceae – Lorbeergewächse

Immergrüner aromatisch duftender Strauch oder 7–15 m hoher Baum, meist reich verzweigt und dicht belaubt. **Blätter** wechselständig, länglich elliptisch, Spreite 5–12 cm lang, bis 4 cm breit, lederig, zugespitzt, ganzrandig, aber Rand auffällig gewellt, oberseits glänzend dunkelgrün, unterseits matt, beim Zerreiben gewürzig riechend. **Blüten** eingeschlechtig, 2-häusig verteilt, zu 4–6 in kleinen Dolden, Krone weißlich bis gelblich grün. Blütezeit: März. **Frucht** kugelige bis eiförmige beerenartige Steinfrucht, schwarz, 1–1,5 cm Durchmesser.

Name: *Laurus* lat. = Lorbeerbaum, -zweig oder -kranz; *nobilis* lat. = edel, vornehm, so schon in der Antike auf den Lorbeer bezogen, der eine dem Apollon von Delphi geweihte Pflanze war. Lorbeerkränze dienten als Siegeszeichen der als Triumphatoren in die Stadt Rom einziehenden Feldherren, aber auch für Sieger von Spielen oder Dichterfürsten.
Systematik: Der Gattung *Laurus* werden neben der mediterranen Art *L. nobilis* heute noch 2 ähnliche Arten zugeordnet, ein Endemit der Azoren und ein auf Madeira und den Kanarischen Inseln vorkommender Lorbeer.
Verbreitung: Mittelmeergebiet, aber genaue natürliche Verbreitung der Art kaum zu rekonstruieren, da seit alter Zeit kultiviert und nach Verwilderung eingebürgert, so im Osten bis an die kaukasische Schwarzmeerküste.
Biologie: Frostempfindlich.
Verwendung: Seit der Antike von vielfältiger kultureller Bedeutung und Verwendung

Seitensprosse des Echten Lorbeers mit kleinen Blütendolden.

als Zier- und Nutzpflanze. Symbol des Ruhmes, Sieges und Friedens, nicht nur in der Antike (siehe unter Name!), so z. B. heute Silbernes Lorbeerblatt höchste sportliche Auszeichnung, die in Deutschland verliehen wird. Die Blätter und Früchte bzw. deren ätherische Öle werden in der Lebensmittel- und Genussmittelindustrie, in der Kosmetik, als Küchengewürze und Heilmittel genutzt. Als Ziergehölz im Mittelmeergebiet beliebt, aber auch nördlich davon in wintermilden Gebieten Mitteleuropas, wo der Lorbeer jedoch nur in klimatisch günstigen Lagen oder an frostgeschützten Standorten im Freiland gepflanzt werden kann. Auch geschätzt als Kübel- und Dekorationspflanze.

Lavandula angustifolia – Echter Lavendel

Lamiaceae – Lippenblütengewächse

Immergrüner, 20–60 cm hoher, dicht mit Sternhaaren besetzter Halbstrauch. **Blätter** gegenständig, lineal lanzettlich, 2–4 cm lang, am Rand umgerollt, oberseits graugrün, unterseits weißfilzig. **Blüten** in unterbrochenen endständigen Scheinähren mit 3–7-blütigen Scheinwirteln. Krone 1–1,2 cm lang, blau bis violett, Kelch 5-zähnig, oberster Zahn verlängert. Blütezeit: Juni–Juli. **Früchte** 4-teilige Klausenfrüchte.

Echter Lavendel, als Zierpflanze ein auch gern in größerer Zahl gepflanzter Halbstrauch.

Name: Herkunft des Gattungsnamens nicht klar, wird wegen damaliger Nutzungen des Lavendels in Verbindung mit „lavare“ lat. = waschen (Zusatz von Lavendelöl zum Badewasser) oder „levare“ erleichtern, mindern (beruhigende und krampflösende Wirkung des Lavendelöls) bzw. abwenden, abwehren (intensiver Geruch zur Abwehr von Dämonen oder Ungeziefer) gebracht; *angustifolia* lat. = schmalblättrig.

Systematik: Zur Gattung *Lavandula* etwa 30 Arten, aromatische Stauden, Halb-, Zwerg- und Kleinsträucher mit 4-kantigen Sprossachsen. Das Areal der Gattung reicht von den Kapverden, Kanaren und Madeira über das Mittelmeergebiet bis Somalia, Vorderasien und Indien.

Verbreitung: Mittelmeergebiet, außerhalb des natürlichen Areals aus Kultur verschiedentlich verwildert (auch in Mitteleuropa) und gebietsweise eingebürgert (z. B. Krim).

Lebensraum: Mediterrane Felsfluren, Garrigue.

Biologie: Trockenheit ertragend, flachgründige, kalkhaltige wie schwach saure Böden tolerierend, ausreichend frosthart, schnittverträglich.

Verwendung: Beliebte Zierpflanze, als Rosenbegleiter, für Rabatten, Terrassen-, Duft-, Gewürz- und Gemüsegärten geeignet. In Deutschland bereits vor 1500 kultiviert, alte Bauerngartenpflanze, auch Duftpflanze (Lavendelöl für Parfümindustrie; Duftkissen) und Heilpflanze. Zahlreiche dunkel- und hellblau, weiß oder rosa blühende Sorten sind in Kultur, bei denen die Zuordnung zu *L. angustifolia* oder dem etwa zwei Wochen später blühenden **Englischen Lavendel** (***Lavandula × intermedia***), der Hybride mit dem in S- und SW-Europa verbreiteten Großen oder Speick-Lavendel (*Lavandula latifolia*), schwierig ist.

Sprosse des Französischen Lavendels mit auffälligen Hochblättern an der Spitze des Blütenstands, die Anlass für den Namen Schopf-Lavendel waren.

Weitere Art:
***Lavandula stoechas*, Französischer** oder **Schopf-Lavendel:** Ebenfalls im Mittelmeerraum beheimateter, bis 1 m hoher Kleinstrauch. Vergrößerte und keine Blüten in ihren Achseln tragende, einen Schopf bildend, purpurne oder weiße Hochblätter im oberen Teil des Blütenstandes krönen die Scheinähre, die im Gegensatz zu *L. angustifolia* ununterbrochen ist. Seit Mitte des 16. Jahrhunderts befindet sich die Zier-, Heil- und Duftpflanze in Kultur, aber sie ist gegenüber Frost sehr empfindlich.

Lavatera × clementii – Strauchmalve, Strauchpappel

Malvaceae – Malvengewächse

Halbimmergrüner Halbstrauch oder Strauch mit dicht behaarten Zweigen. **Blätter** wechselständig, 3–5 cm lang gestielt, Spreite dicht mit Sternhaaren bekleidet, graugrün, handförmig gelappt. Lappen 3–5, der mittlere am größten. **Blüten** in lockeren, end- oder seitenständigen Trauben, 5–8 cm breit. Außenkelch 3-teilig, etwa 10 mm lang und damit kürzer als der Kelch. Fruchtknoten oberständig, Kronblätter rosa, ca. 4 cm lang, oben ausgerandet. Fruchtknoten 7–25-teilig. Blütezeit: Juni–Oktober. **Spaltfrucht** abgeflacht kugelförmig, Früchtchen (Merikarpien) 1-samig.

Name: Die Gattung wurde von LINNÉ nach JOHANN HEINRICH LAVATER (1611–1691), einem Schweizer Arzt und Naturforscher benannt. GUISEPPE CLEMENTI (1812–1873) war ein italienischer Botaniker.
Systematik: Die Eltern der Hybride sind *Lavatera olbia* und *L. thuringiaca*. Zur Gattung *Lavatera* werden etwa 10 Arten gerechnet.
Verbreitung: Die Eltern der Hybride sind vor allem im Mittelmeergebiet (*L. olbia* im Westen, *L. thuringiaca* im Osten, aber auch in Mittel- und SO-Europa) beheimatet.

◀ *Blüten von Lavatera × clementii 'Barnsley'.*

Biologie: Die Blüten werden von verschiedenen Insekten, vor allem Hautflüglern, aufgesucht.
Verwendung: Hinsichtlich des Bodens recht anspruchslos. Der Standort sollte jedoch gut besonnt sein. Wegen seiner langen Blütezeit und auffälligen Blüten gern, aber immer noch zu wenig angepflanzt. Beliebt sind die Sorten
'Barnsley': Blüten zart hellrosa, am Grund mit dunkler gefärbtem Ring, bis 2 m hoch werdend.
'Kew Rose': Blüten intensiv rosa, über 2 m hoch werdend.

Leptopus chinensis – Chinesisches Myrtenkraut, Kolchische Andrachne

Phyllanthaceae – Blattblütengewächse

Bis 0,8 m hoher, sommergrüner Strauch mit dünnen und kahlen Zweigen. **Blätter** wechselständig, eiförmig bis lanzettlich, 1–3 cm lang, ganzrandig, kahl, am Rand etwas verdickt. **Blüten** eingeschlechtig, einhäusig, unscheinbar gelblich grün, Kronblätter kürzer als Kelchblätter. Blütezeit: Juli–August. **Frucht** kugelige braune Kapsel.

Blühende Seitensprosse des Chinesischen Myrtenkrauts.

Name: „leptop(od)us" griech. = fein- oder dünnstielig, wegen der sehr dünnen Zweige, *chinensis*, da (auch) in China vorkommend. Beim bisherigen Namen *Andrachne colchica* für die bei uns kultivierte Sippe (siehe Systematik!) ist nicht bekannt, warum der Gattungsnamen *Andrachne*, ein antiker Name für Erdbeerbaum und Portulak, Verwendung fand, *colchica* lat. = in der Kolchis vorkommend.
Systematik: Die kaukasischen Vorkommen der früher zur Gattung *Andrachne* (etwa 30 überwiegend halb- und kleinstrauchige Arten der warmgemäßigten bis tropischen Zonen aller Kontinente) gestellten Art wurden bisher als eigene Art (*A. colchica*) abgetrennt. Erst in jüngster Zeit wurde die Übereinstimmung der kolchischen, westasiatischen und chinesischen Populationen festgestellt und diese nach Ausgliederung der Gattung *Leptopus* aus *Andrachne* einer gemeinsamen Art, *L. chinensis*, zugeordnet. Es ist die einzige Art aus der Verwandtschaft von *Andrachne* bzw. *Leptopus*, die Europa randlich erreicht. Früher wurden genannte Gattungen der Familie Wolfsmilchgewächse (*Euphorbiaceae*) zugeordnet.
Verbreitung: Von China und S-Asien bis in die Kaukasus-Region, hier im Elbursgebiet und in der Kolchis, also im Einflussbereich des Kaspischen und Schwarzen Meeres.
Lebensraum: Laubwälder, aber auch offene Kalkhänge.
Biologie: Schattentolerant, aber trotz der Herkunft aus warm-humiden Gebieten auch Trockenheit ertragend.
Verwendung: Wenig auffälliger Zierstrauch, aber interessante und anspruchslose „Liebhaberpflanze", in Kultur seit 1900.

Lespedeza bicolor – Zweifarbiger Buschklee
Fabaceae – Hülsenfrüchtler

Sommergrüner, bis 1,8 m hoher Strauch mit bogig überhängenden Zweigen. Zweige graubraun, kantig, fein längsstreifig, anfangs schütter behaart. **Knospen** anliegend, eiförmig, braun, 1,5–5 mm lang, oft mit seitlichen Beiknospen. **Blätter** 5–8 cm lang gestielt, Spreite 3-zählig, das mittlere Blättchen lang gestielt, 4 cm lang, Nebenblätter fädig, frei. Seitliche Blättchen breit eiförmig bis verkehrt eiförmig, ganzrandig, 2–4 cm lang und 1–2,5 cm breit, am Ende gerundet und ± ausgerandet und stachelspitzig, am Grund gerundet. Blätter oberseits dunkelgrün, unterseits graugrün. Die violetten bis karminroten, 12–17 mm langen **Blüten** stehen in achselständigen, 4–8 cm lang gestielten, 3–6 cm langen Trauben am Ende junger Triebe, die lockere Doppeltrauben bilden. Es sind typische Schmetterlingsblüten. Kronblätter genagelt. Kelchblätter 4 mm lang, zu einer Röhre verwachsen, die fast gleich langen Zähne ± so lang wie die Röhre. 9 der 10 Staubblätter miteinander verwachsen. Blütezeit: Juni–Oktober. **Frucht** eiförmig ellipsoidische, seitlich abgeflacht Hülse, seidig behaart, 5–7 mm lang und breit, geschlossen bleibend, 1-samig. Griffel persistierend, Hülse dadurch geschnäbelt. **Samen** nierenförmig, 3 mm lang, marmoriert. Fruchtreife: Oktober.

Name: Die Gattung wurde nach Vincente Manuel de Cespedez, einem spanischen Gouverneur von O-Florida um 1790 benannt. Der Name wurde von L. C. Richard falsch geschrieben, als er Michaux's Flora Boreali-Americana (1802) bearbeitete. Nach den internationalen Nomenklaturregeln ist der erste veröffentlichte Name jedoch gültig. Cespedez unterstützte die Arbeit des Botanikers Michaux. *bicolor* lat. = zweifarbig.
Systematik: Die Gattung *Lespedeza* umfasst 40 Arten die in Nord und Südamerika, Asien und Australien beheimatet sind.
Verbreitung: O-Asien: N-China, Mandschurei, Korea, Japan (Hokkaido bis Kyushu).

Lebensraum: Grasige Flächen und Gebüsche vom Tiefland bis in Gebirgslagen.
Verwendung: *L. bicolor* gelangte durch Maximowicz 1856 nach Europa. Es ist ein häufig angepflanzter Strauch, der durch seine späte Blütezeit beachtenswert ist. Er verträgt gut Hitze und Trockenheit. Standort: sonnig bis halbschattig. Frosthart bis –25 °C. Trotz der Frosthärte frieren die Triebe regelmäßig bis zum Erdboden zurück und müssen daher völlig abgeschnitten werden. Die Pflanze treibt jedoch stets wieder aus. Jungtriebe blühen reichlich. Keine Herbstfärbung. Vermehrung durch Samen oder Absenker.

Weitere Art:
***Lespedeza thunbergii*, Thunbergs Buschklee:** Sommergrüner, bis 2 m hoher Halbstrauch mit rutenförmigen Zweigen von ähnlichem Aussehen wie der Zweifarbige Buschklee. Blätter 3–4 cm lang gestielt. Blättchen zugespitzt, elliptisch bis lanzettlich, 3–5 cm lang und 1–2,5 cm breit, am Ende spitz, mittleres Blättchen lang

◀ *Blütenstände von Thunbergs Buschklee.*

gestielt, bis 8 cm lang. Blüten purpurn, 15–18 mm lang, in 8–20 cm langen Trauben, 60–80 cm lange, endständige Rispen bildend. Kelchzähne länger als bis doppelt so lang wie die Kelchröhre. Blütezeit: August–Oktober. Frucht verkehrt eiförmig bis länglich, 10–12 mm lang und 4–5 mm breit, seidig behaart. Fruchtreife: Oktober–November. Verbreitung: N-China, Korea, Japan (Honshu bis Kyushu). In der IUCN Red List noch nicht als gefährdet, aber als DD (Data Deficient) eingestuft. Benannt nach CARL PETER THUNBERG. Häufig angepflanzt. Kultur wie vorige Art.

Leucothoë fontanesiana – Gebogene Traubenmyrte oder Traubenheide

Ericaceae – Heide(kraut)gewächse

Immergrüner, 1–2 m hoher Strauch mit aufrechten und dann auffällig bogig übergeneigten Zweigen und kurzen unterirdischen Ausläufern. **Blätter** wechselständig, eiförmig bis lanzettlich, 6–15 cm lang, lang zugespitzt, Rand fein gesägt und rau bewimpert. Spreite lederig, glänzend dunkelgrün. **Blüten** in dichten, 4–7 cm langen, an den Triebenden gehäuften achselständigen Trauben, Krone eiförmig zylindrisch, weiß, in der Knospe gerötet, duftend, bereits im Vorjahr als Blütenknospen sichtbar. Blütezeit: Mai. **Früchte** trockene Kapseln.

Übergeneigter Spross der Gebogenen Traubenmyrte mit den Blütentrauben.

Name: Gattungsname aus griechischer Mythologie, benannt (lat.) nach LEUCOTHOË, die vom Sonnengott begehrt und im äußersten Westen der Erde (wohl Hinweis auf Vorkommen in Nordamerika) vergewaltigt wurde, nach anderer Deutung Geliebte APOLLS; *fontanesiana* nach dem französischen Botaniker DESFONTAINES. Der früher übliche, dem englischen Naturforscher CATESBY gewidmete Artname *L. catesbaei* findet sich oft noch in der gärtnerischen Literatur und deutschen Benennung der Art wieder, ist aber ein Synonym einer anderen, seltener kultivierten nordamerikanischen Art, der **Achselblütigen Traubenmyrte, *Leucothoë axillaris*.**
Systematik: Zur Gattung *Leucothoë* gehören nach Abtrennung der sommergrünen Arten wie der Sommertraubenmyrte (siehe *Eubotrys*!) nur immergrüne Arten, Sträucher mit meist auffällig bogig überhängenden Zweigen und seiten- oder endständigen Blütentrauben. Die in der Gattung verbliebenen 5 Arten kommen in Nordamerika und Asien (Japan, Himalaja) vor.
Verbreitung: Östliches Nordamerika (NO- bis SO-USA).

Lebensraum: Strauchschicht von Wäldern, Waldränder, Gebüsche, oft an Gewässerufern.
Biologie: Schatten ertragend, gegenüber Wind und Hitze empfindlich.
Verwendung: Wertvolles immergrünes Blütengehölz (1793 nach Europa eingeführt) für halbschattige bis schattige Standorte, auch als Bodendecker geeignet. Bei einigen Sorten (teils Hybriden mit *L. axillaris*) ist die im Herbst/Winter unter Sonneneinwirkung eintretende bronze- bis purpur- oder weinrote Verfärbung des Laubs besonders attraktiv.

Leycesteria formosa – Leycesterie

Caprifoliaceae – Geißblattgewächse

Sommergrüner, 1–2 m hoher, aufrechter Strauch. Zweige gerundet, kahl, grün, bereift, hohl. **Blätter** gegenständig, 5–12 mm lang gestielt. Spreite ungeteilt, breit bis länglich eiförmig, 5–18 cm lang, lang bis geschwänzt zugespitzt, am Grund breit keilförmig bis herzförmig, ganzrandig oder gezähnt, nur anfangs fein behaart. **Blüten** zwittrig, 5-zählig, in 3–10 cm langen, überhängenden, end- oder seitenständigen Ähren am Zweigende in der Achsel 1,5–3,5 cm langer, purpurroter Tragblätter. Kronblätter verwachsen, trichterförmig, am Grund bauchig erweitert, 1,5–2 cm lang, mit 5 Kronzipfeln, weiß bis purpurn. Kelchzipfel pfriemlich, drüsig bewimpert, etwa halb so lang wie die Krone. Staubblätter 5, Fruchtknoten unterständig, 5-fächerig. Blütezeit: Juli–Oktober. Früchte sitzende, kugelig eiförmige Beeren, 10 mm Durchmesser, purpur- bis schwarzrot, dicht mit weiß gestielten, rötköpfigen Drüsen besetzt, saftreich. Kelch persistierend, mit kurzer Röhre und ungleich großen, 1–5 mm langen, drüsig bewimperten Zipfeln. **Samen** zahlreich, eiförmig, 1 mm lang, hellbraun. Fruchtreife: September–Oktober.

Name: Die Gattung wurde nach dem im frühen 19. Jahrhundert in Bengalen tätigen Obersten Richter William Leycester benannt.
Systematik: Die Gattung *Leycesteria* enthält 6 Arten vom W-Himalaja bis SW-China. In Mitteleuropa ist nur eine Art in Kultur.

Blühende Leycesterie.

Verbreitung: W-Himalaja bis SW-China, O-Tibet.
Lebensraum: In Gebüschen und Wäldern, an Wasserläufen in 2000–3000 m ü. M.
Biologie: Die Blüten werden in Mitteleuropa vor allem von Bienen besucht. Vögel, u. a. Fasane, fressen die Beeren und verbreiten die Samen.
Verwendung: Seit 1824 in Europa kultiviert und häufig angepflanzt. Die Leycesterie verlangt einen nährstoffreichen, feuchten Boden und einen vollsonnigen bis leicht schattigen Standort. Sie friert oft ± stark zurück, treibt jedoch vom Grund an wieder aus. Die Jungtriebe bilden im gleichen Jahr Blüten. Vermehrung durch Samen.

Ligustrum vulgare – Gewöhnlicher Liguster, Rainweide

Oleaceae – Ölbaumgewächse

Aufrechter, sommer- bis halbwintergrüner, reich verzweigter, bis 5 m hoher Strauch. Junge Zweige fein behart, verkahlend. Rinde später grau. Knospen eiförmig, 3–5 mm lang, mit mehreren Schuppen. **Blätter** gegenständig, 3–10 mm lang gestielt. Spreite etwas lederig, kahl, länglich eiförmig bis lanzettlich, 2,5–6 cm lang und 1–2 cm breit, stumpf oder spitz endend, oberseits dunkelgrün. **Blüten** duftend, zwittrig, weiß, gestielt in dichten, fein behaarten Rispen am Ende junger Triebe, 3–8 cm lang. Blütenhülle doppelt, 4-zählig. Kelch 1 mm lang. Kronblätter verwachsen, 5 mm lang, Kronröhre trichterförmig, kürzer oder wenig länger als die radförmig ausgebreiteten Kronzipfel. Staubblätter 2, der oberen Kronröhre entspringend, die Kronzipfel nicht überragend. Blütezeit: Juni–Juli. Fruchtknoten oberständig, 2-fächerig, zu einer beerenartigen fast kugelförmigen, 6–8 mm Durchmesser großen Steinfrucht auswachsend. **Frucht** glänzend, schwarz, mit 1–4, meist 2 dünnwandigen Steinkernen. Fruchtfleisch mehlig-fleischig. Kelch persistierend, glockenförmig. **Samen** 5–6 mm groß. Fruchtreife: August–Oktober. **G!**

Name: Der Name *ligustrum* für den Liguster wurde bereits von Vergil und Ovid benutzt.
Systematik: Die Gattung *Ligustrum* umfasst 50 Arten, die in Europa, Ost- und SO-Asien, Neuguinea und Australien beheimatet sind.
Verbreitung: Europa bis Kaukasus und Anatolien, Nordafrika. Im nordöstlichen Nordamerika gebietsweise eingebürgert. In Deutschland vor allem im mittleren und südlichen Teil. In den Alpen bis 1100 m ü. M.
Lebensraum: Lichte Mischwälder, Waldränder, Gebüsche. Auf feuchten oder wechselfeuchten, meist kalk- und basenreichen, sommerwarmen tief- bis flachgründigen Böden. Liguster ist eine Licht- bis Halbschattenpflanze.
Biologie: Die Blüten bilden Nektar und Pollen, der von Honigbienen, solitären Bienen der Gattungen *Andrena* (Sandbienen), *Halictus* und *Lasioglossum* (Furchenbienen) sowie Hummeln, Fliegen und Schmetterlingen gesammelt wird. Der Nektar enthält 34–40 % Zucker. Die Verbreitung der Samen erfolgt durch fruchtfressende Vogelarten wie Amsel, Wacholderdrossel und Rotkehlchen. Der Liguster ist giftig! Vor allem die Früchte, Blätter und die Rinde enthalten mehrere Giftstoffe wie

Hecke mit blühendem Gewöhnlichen Liguster.

Seitenspross des Gewöhnlichen Ligusters mit Fruchtstand.

Ligustron, Syringin und Ligstrosid. In den reifen Früchten wurden zu 8,85 % Secoiridoid-Glucoside nachgewiesen.

Verwendung: Der Gewöhnliche Liguster ist ein wichtiges Gartengehölz. Dank der großen Regenerationsfähigkeit kann er über Jahrzehnte als wertvolles Heckengehölz verwendet werden, das einen regelmäßigen Rückschnitt gut verträgt. Vermehrung durch Samen, krautige Stecklinge oder Steckhölzer. Keimung epigäisch. Neben der Wildform ist vor allem die nachfolgen beschriebene Kulturform von Bedeutung:

'Atrovirens': Blätter elliptisch, tiefgrün, etwas metallisch glänzend, größtenteils den Winter an den Zweigen bleibend.

Ähnliche Arten:

***Ligustrum obtusifolium*, Stumpfblättriger Liguster:** Sommergrüner, bis 3 m hoher Strauch mit spreizenden, behaarten Zweigen. Blätter 1–4 mm lang gestielt. Spreite länglich elliptisch bis länglich verkehrt eiförmig, am Ende spitz oder stumpf, am Grund breit keilförmig, 2–6 cm lang und 7–20 mm breit, oberseits kahl, unterseits entlang der Mittelrippe behaart. Blütenrispen zahlreich an kurzen Seitenzweigen, 2–3,5 cm lang, nickend. Blüten 8–10 mm lang. Kelch 1–2 mm lang, kahl oder behaart, Staubbeutel die Kronzipfel nicht überragend, Kronröhre 1,5–2,5-mal so lang wie die Zipfel. Blütezeit: Juni. Früchte fast kugelförmig, 5–6 mm Durchmesser, schwarz, etwas bereift. Fruchtreife: September–Oktober. Verbreitung: China, Korea, Japan (Hokkaido bis Kyushu). In Gebüschen und lichten Wäldern. In China in Höhenlagen von 100 bis 600 m ü. M. In Europa seit 1860 in Kultur. Anspruchsloses, auch Schatten vertragendes Gehölz. Häufig angepflanzt. *obtusifolius* lat. = stumpfblättrig.

Stumpfblättriger Liguster mit unreifen Früchten.

***Ligustrum ovalifolium*, Wintergrüner Liguster:** Halbwintergrüner oder wintergrüner, bis 5 m hoher aufrechter Strauch mit kahlen Zweigen. Blätter 3–5(–10) mm lang gestielt, Spreite elliptisch eiförmig, 3–8 cm lang und 2–5 cm breit, kahl, am Ende spitz, am Grund breit keilförmig, oberseits glänzend dunkelgrün, unterseits gelblich grün, kahl. Blüten stark duftend, rahmweiß, fast sitzend, in dichten, aufrechten, 5–10 cm langen langen, kahlen Rispen. Staubbeutel die Kronzipfel nicht überragend. Blütezeit: Juli. Früchte schwarz, 5–8 mm Durchmesser. Fruchtreife: Oktober. Verbreitung: S-Korea, Japan (Honshu bis Kyushu). Häufig In Gebüschen unweit des Meeres. In Europa seit 1885. Häufig angepflanzt. *ovalifolius* lat. = mit eiförmigen Blättern.

Neben der Wildsippe werden häufig vor allem die beiden nachfolgenden Sorten angepflanzt:

'Argenteum': Blattspreiten am Rand cremefarben.

'Aureum': Spreitenrand breit goldgelb, Spreite oft nur in der Mitte grün.

Liquidambar styraciflua – Amerikanischer Amberbaum, American sweetgum

Altingiaceae – Amberbaumgewächse

Sommergrüner, bis 45 m hoher, im Bestand meist langschäftiger, schmalkroniger Baum. Stammdurchmesser bis 1,5 m. **Borke** graubraun, tief längsrissig. **Zweige** kahl, braun bis rotbraun, meist mit auffälligen, unregelmäßigen Korkleisten. **Knospen** eiförmig, zugespitzt, 6–10 mm lang, kahl und glänzend, Seitenknospen viel kleiner. **Blätter** wechselständig, 6–12 cm lang gestielt. Spreite tief gelappt, mit 5–7 Lappen, 10–18 cm lang. **Blüten** duftlos, unscheinbar, in eingeschlechtigen, rundlichen Ständen, einhäusig. Männliche Stände am Ende junger Triebe, in aufrechten Ähren, weibliche blattachselständig, 2–3 cm Durchmesser, 2,5–5 cm lang, zuletzt hängend. Blütezeit: Mai. Fruchtstände 3–3,5 cm Durchmesser, geprägt durch die bleibenden und verholzenden Griffel. **Frucht** Kapsel mit 1–2 geflügelten, ca. 8–12 mm langen Samen. Fruchtreife September–Oktober.

Name: „liquidus" lat. = flüssig, „ambar" arabisch = Amber; „styraciflua" abgeleitet von Styrax (griech. Pflanzenname, siehe S. 562) und „fluere" lat. = fließen.

Systematik: Die Gattung *Liquidambar* umfasst 2(–15) Arten in Nordamerika, W- und O-Asien. Die Familie *Altingiaceae* enthält nur 2–3 Gattungen mit 15 Arten in O-Asien, im SO-Mittelmeergebiet und O-Nordamerika. Früher gehörte *Liquidambar* zu den *Hamamelidaceae* (Zaubernussgewächse).

Verbreitung: Östliches und südöstliches Nordamerika, Mexiko bis Guatemala.

Lebensraum: In feuchten bis nassen, auch periodisch überfluteten Laubmischwäldern auf nährstoffreichen Böden, vor allem im Tiefland. In den Appalachen bis 1200 m ü. M. Vergesellschaftet mit Spottnuss (*Carya tomentosa*), Rot- (*Quercus rubra*), Sumpf- (*Quercus palustris*) und Weiden-Eiche (*Quercus phellos*), Tulpenbaum (*Liriodendron*) und Sumpfzypresse (*Taxodium*).

Biologie: Die Blüten werden durch den Wind bestäubt. Die Samenausbreitung erfolgt

Fruchtender Amerikanischer Amberbaum.

Herbstfärbung des Amerikanischen Amberbaums.

ebenfalls durch den Wind. Die Fruchtstände verbleiben den Winter meist am Baum und fallen erst im Frühjahr zu Boden. Bäume erlangen im Alter von 20 bis 25 Jahren Blühfähigkeit. Die Samen werden von Eichhörnchen und Vögeln, z. B. Stieglitzen, gefressen.
Verwendung: In Kultur ist der Amberbaum seit 1681. Beliebter Park- und Straßenbaum mit leuchtender, gelber, scharlachfarbener bis weinroter Herbstfärbung. Er ist in Mitteleuropa bis etwa –20 °C winterhart, benötigt zum optimalen Gedeihen ausreichend Bodenfeuchtigkeit. Vermehrt wird der Amberbaum durch Saatgut, Wurzelstecklinge bzw. Wurzelschösslinge. Er ist ein Frostkeimer. Das harte und schwere rotbraune Holz gerader, astfreier Stämme ist wertvoll und als Möbel-, Sperr- und Furnierholz geschätzt. Es weist einen sehr hellen Splint- und einen rotbraunen Kernteil auf. Die Rinde und das Splintholz liefern bei Verletzung oder durch Einschnitte Storax, einen Harzbalsam, der pharmazeutisch bei Halsschmerzen, Hautkrankheiten und bei Durchfall verwendet wird. Genutzt wird er auch als Kaugummi und als Geruchszusatz für Seifen.

Liriodendron tulipifera – Tulpenbaum, Yellow-poplar, Tuliptree

Magnoliaceae – Magnoliengewächse

Sommergrüner, bis 60 m hoher Baum. Stammdurchwesser bis 1,5 m. Zweige kahl, hellbraun. Knospen 5–15 mm lang, kahl, deutlich abgeflacht, mit 2 sichtbaren Knospenschuppen. Endknospe viel größer als die Seitenknospen. **Blätter** wechselständig, 5–10 cm lang gestielt, Spreite symmetrisch, jederseits mit 2 Lappen. Nebenblätter groß, bald abfallend. **Blüten** zwittrig, endständig, einzeln, aufrecht, tulpenförmig, grünlich gelb, 4–5 cm lang und breit, mit einem orangefarbenen Band nahe dem Grund. Blütezeit: Mai–Juni. **Früchte** zapfenartig, 6–8 cm lang. Fruchtreife: Oktober. **G!**

Name: Griech. „lirion“, „leirion“ = Lilie, Leier; „dendron“ = Baum. Ital. „tulipano = Tulpe, „-fer“ = tragend.
Systematik: Die Gattung *Liriodendron* weist je eine Art im atlantischen Nordamerika und in Ostasien auf. Die Familie der *Magnoliaceae* verfügt über 6 Gattungen mit etwa 245 Arten. Fossil seit der Unteren Kreide nachgewiesen.
Verbreitung: Atlantisches Nordamerika (Vermont, Rhode Island und Massachusetts bis Florida). Der Tulpenbaum ist der State tree von Kentucky und Indiana.
Lebensraum: In artenreichen Laubmischwäldern. Keine reinen Bestände bildend. Im Norden des Areals bis etwa 300 m, im Süden bis 1380 m ü. M. Auf tiefgründigen, feuchten und nährstoffreichen Böden.
Biologie: Die Kelch- und Blütenblätter stehen in Wirteln, während die Staub- und Fruchtblätter schraubig an einer verlängerten Blütenachse angeordnet sind. Die Blüten sind meist im Laubwerk verborgen. Sie werden durch Insekten (Fliegen, Käfer und Hautflüg-

Blüte des Tulpenbaums.

ler) bestäubt, die reichlich Pollen und Nektar vorfinden. Der Tulpenbaum stellt eine wichtige Bienenweide dar. Nach dem Blattfall sieht man die meist zahlreichen Fruchtzapfen, die im Laufe des Spätwinters zerfallen. Die einzelnen 1–2-samigen Früchtchen fallen unter Drehbewegung zu Boden. Ein Fruchtzapfen kann bis zu 80 Früchtchen enthalten. Nur selten sind sie in Mitteleuropa keimfähig. Junge Gehölze sind in der Jugend raschwüchsig und können mit 15–20 Jahren Blühreife erlangen. Der Tulpenbaum ist ein Tiefwurzler. Er wächst vergesellschaftet mit dem Amberbaum (*Liquidambar styraciflua*), der Spottnuss (*Carya tomentosa*) und verschiedenen Eichen-(*Quercus*-)Arten.

Über 30 m hoher Tulpenbaum.

Verwendung: Häufig angepflanzter Parkbaum, dessen charakteristische Gestalt vor allem im Freistand zur Geltung kommt. Leuchtend gelbe Herbstfärbung. Vermehrt wird der Tulpenbaum durch Samen, die nach einer Stratifizierung im Frühjahr ausgesät werden. Frost hält er, je nach Provenienz, von −20 bis −30 °C aus. Die Angaben zur Einführung nach Mitteleuropa schwanken von 1663 bis 1688. Ein Exemplar im Schlosspark Harbke soll bereits 1658 angezogen worden sein. Wahrscheinlich gelangte des öfteren Saatgut nach Europa. Das zerstreutporige Holz besitzt einen breiten, weißen bis cremefarbigen Splint und einen gelbbraunen bis rötlich olivfarbenen Kern. Es ist ein sehr wertvolles Möbelholz und eignet sich vorzüglich zur Herstellung von Furnieren und findet als Klangholz für Orgelpfeifen, im Klavierbau und für Radiogeräte Verwendung. Alle Pflanzenteile sind schwach giftig. Im Holz ist das Alkaloid Glaucin, in den Blättern sind saponinartige und cyanogene Stoffe enthalten.

Lonicera – Heckenkirsche, Geißblatt

Caprifoliaceae – Geißblattgewächse

Sommer- oder immergrüne Sträucher, kleine Bäume oder rechtswindende Lianen. Knospen mit 1–8 Paaren von Knospenschuppen, oft mit aufsteigenden Beiknospen. **Blätter** gegenständig, einfach und ganzrandig, selten gelappt, kahl oder mit einfachen Haaren besetzt. **Blüten** zwittrig (sehr selten nur eingeschlechtig), Blütenhülle doppelt, 5-zählig, radiär, aber meist 2-seitig symmetrisch (zygomorph), Kronblätter miteinander zu einer mehr oder weniger langen, am Grund oft sackartig erweiterten Röhre verwachsen, mit 4-lappiger Ober- und 1-lappiger Unterlippe. Die 5 Staubblätter in die Kronröhre eingefügt. Kelch meist klein und unscheinbar. Blüten der strauchigen Arten paarweise an einem gemeinsamen Stiel blattachselständig, die der (meisten) windenden Arten in 3-blütigen, sitzenden achselständigen Trugdolden (Zymen) am Ende der Triebe, 6-blütige Quirle bildend, einander kopfig, ährig oder rispig genähert. Fruchtknoten unterständig, aus 2–3(–5) Fruchtblättern gebildet. Fruchtknoten benachbarter Blüten bisweilen ± miteinander verwachsen. **Frucht** eine wenigsamige, saftreiche, rote, schwarze, orangefarbene oder weiße Beere oder Doppelbeere. Meist giftig! **G!**

Name: Benannt nach JOHANN LONITZER (um 1497/99–1569), Altphilologe, evangelischer Theologe, Dichter, Vater von ADAM LONITZER (1528–1586), Arzt und Botaniker, Verfasser eines Kräuterbuchs.
Systematik: Gattung mit 180 windenden oder strauchig wachsenden Arten, vorwiegend in der nemoralen Zone Eurasiens und Nordamerikas. In SO-Asien auf Java die Tropen der Südhemispäre erreichend. Größte Artenvielfalt in Ostasien.
Verwendung: In Mitteleuropa sind viele Arten und Hybriden angepflanzt. Vermehrung durch Samen, krautige Stecklinge im Juni/Juli oder Steckhölzer sowie Ableger. Windende Arten werden am günstigsten durch Stecklinge im Mai/Juni vermehrt.

Lonicera xylosteum – Rote oder Gewöhnliche Heckenkirsche

Sommergrüner, breitbuschiger, reich verzweigter, 1–3 m hoher Strauch. Junge Triebe weichhaarig, etwas verkahlend, später mit graubrauner, sich in Streifen ablösender Rinde. **Blätter** 6–8 mm lang gestielt. Spreite elliptisch bis breit eiförmig, 3–6 cm lang und 2–4 cm breit, am Ende stumpf oder spitz, am Grund gerundet, schwach behaart. **Blüten**paare 1,5–2 cm lang gestielt, Krone 2-seitig symmetrisch, 2-lippig, 10–15 mm lang, Kronröhre am Grund deutlich bauchig. Oberlippe aufrecht, mit 4 kleinen Zipfeln, Unterlippe nach unten gebogen. Blütezeit: Mai–Juni. **Beeren** eines Blütenpaars nur am Grund etwas miteinander verbunden, kugelförmig, 5–7 mm Durchmesser, rot und glänzend. Fruchtreife: August–September.

Blühende Rote Heckenkirsche.

Seitenspross der Roten Heckenkirsche mit paarweise in den Blattachseln stehenden Früchten.

Name: *xylosteum* lat. = beinhart; bezogen auf das Holz. „xylon“ griech. = Holz, „osteon“ = Knochen.
Verbreitung: Von Spanien bis zum Ural, Westsibirien und dem Altai-Gebirge; Nordanatolien und Kaukasus.
Lebensraum: In lichten Laub- und Mischwäldern, vergesellschaftet mit Eichen (*Quercus*), Hainbuchen (*Carpinus*), Buchen (*Fagus*) und Kiefern (*Pinus*).
Biologie: Die Blüten werden vor allem von Hummeln bestäubt, die mit ihrem langen Rüssel bis zum Nektar am Grund der Kronröhre vordringen können. Die Ausbreitung der Samen geschieht durch Vögel wie Amseln, Drosseln, Grasmücken. Die Blätter werden häufig von den Larven der Minierfliege *Phytozoma xylostei* befallen, deren Gänge im

chlorophyllhaltigen Gewebe von außen gut sichtbar sind. Die Früchte der Roten Heckenkirsche sind giftig! Sie enthalten Xylostein und cyanogene Glykoside sowie Saponine. Vergiftungserscheinungen sind Übelkeit, Herzrhythmusstörung, blutiger Durchfall. Es kann zu einer Atemlähmung und Nierenschädigung kommen.

Verwendung: Die Pflanze ist häufig in Parks und zur Begrünung von Straßenrändern und Böschungen angepflanzt. Sie ist ein Halbschattengehölz und stellt keine besonderen Bodenansprüche. Früher nutzte man das Holz zur Herstellung von Weberkämmen und Weberschiffchen.

Ähnliche Arten:

***Lonicera chrysantha*, Gelbblütige Heckenkirsche:** Sommergrüner, 3–4 m hoher Strauch. Junge Zweige stielrund, dicht mit spreizenden Haaren und Drüsen besetzt, später ± verkahlend, hellgrau bis graubraun, hohl. Blätter 3–8 mm lang gestielt. Spreite verkehrt eiförmig bis eiförmig elliptisch, 6–12 cm lang und 3–6 cm breit, lang bis geschwänzt zugespitzt. Blütenpaare (Teilblütenstände) aufrecht, 1–3 cm lang gestielt. Blüten deutlich 2-lippig, außen behaart, cremefarben bis hellgelb, im Verblühen dunkler, 12–15 mm lang, Röhre 4 mm lang. Blütezeit: Mai–Juni. Beeren paarweise dicht stehend, kugelförmig, 5–9 mm Durchmesser, korallenrot, glänzend. Fruchtreife: Juli–September. Verbreitung: NO-Asien. O-Sibirien, Sachalin, Kurilen, Korea, Japan (Hokkaido). In Europa seit 1854 in Kultur. Häufig angepflanzt. Stellt keine besonderen Standortansprüche. Frosthart bis –30 °C. „chrysanthes" griech. = mit goldgelber Blüte, abgeleitet von „chrysos" = Gold und „anthos" = Blume, Blüte.

Aus Blütenpaaren zusammengesetzter Blütenstand der Gelbblütigen Heckenkirsche.

***Lonicera korolkowii*, Korolkows Heckenkirsche:** Sommergrüner, dicht verzweigter, aufrechter, bis 3 m hoher Strauch. Junge Zweige fein behaart. Blätter 2–8 mm lang gestielt, Spreite eiförmig bis elliptisch, 3–4,5 cm lang, 12–20 mm breit, anfangs weich behaart, bläulich grün, oberseits ± verkahlend. Blütenpaare 8–25 mm lang gestielt, 2-lippig, rosarot, selten weiß, 1,5–2 cm lang. Blütezeit: Mai–Juni. Beeren leuchtend rot bis orangerot, 5–7 mm Durchmesser. Fruchtreife: August. Verbreitung: Mittelasien: Tienschan, Hindukusch, O-Usbekistan, W-Kirgistan, S-Kasachstan, Afghanistan. Meist in Höhen von 650 bis 2500 m ü. M. In Europa seit 1880 in Kultur. Häufig angepflanzt wegen seiner Blütenfülle, Blütenfarbe sowie des schönen blaugrünen Laubs. Stellt keine besonderen Bodenansprüche. Frosthart bis –20 °C. Benannt nach dem Russen KOROLKOW, der Saatgut an A. LAVALLÉE nach Frankreich schickte. Erst 1893 als eigene Art erkannt.

***Lonicera maackii*, Maacks Heckenkirsche:** Sommergrüner, breitwüchsiger Strauch oder kleiner Baum bis 6 m Höhe. Zweige oft 2-zeilig ausgerichtet, stumpfkantig, anfangs dicht flaumig behaart, später weitgehend verkahlend. Rinde und Borke hell- bis dunkelgrau, sich

◀ *Blüten von Maacks Heckenkirsche.*

Fruchtender Seitenspross von Maacks Heckenkirsche.

kaum ablösend. Blätter 2–5 mm lang gestielt. Spreite länglich eiförmig bis verkehrt eiförmig, 5–8 cm lang und 2,5–3,5 cm breit, lang oder geschwänzt zugespitzt, am Grund breit keilförmig bis gerundet. Blütenpaare aufrecht, 2–4 mm lang gestielt. Blüten duftend, 2-lippig, rein weiß, im Verblühen gelb, 2–2,5 cm lang mit kurzer Röhre, Lippen 12–17 mm lang. Blütezeit: Mai–Juni. Beeren kugelförmig, 7–9 mm Durchmesser, lachsrot bis dunkelrot. Fruchtreife: August–September. Verbreitung: Korea, Mandschurei, Amur- und Ussuri-Gebiet, Nord- bis Mittelchina, Japan (Honshu). 1880 aus der Mandschurei zunächst nach St. Petersburg eingeführt. Häufig angepflanzt, sehr reich blühend und fruchtend. Frosthart bis –25 °C. Benannt nach Richard Karlowitsch Maack.

***Lonicera tatarica*, Tatarische** oder **Sibirische Heckenkirsche:** Sommergrüner, reich verzweigter, bis 4 m hoher Strauch. Zweige stielrund, hohl, später graubraun. Borke sich in kurzen Längsstreifen ablösend. Blätter 2–8 mm lang gestielt, eiförmig bis länglich elliptisch, 2,5–4(–8) cm lang und 1,5–2,5(–4,5) cm breit, stumpf oder Durchmesser lang zugespitzt, am Grund gerundet oder keilförmig. Blütenpaare 1–3 cm lang gestielt. Blüten weiß, cremefarben oder rosa, 2-lippig, 1–2 cm lang, Röhre am Grund ± ausgesackt, außen kahl, Oberlippe tief eingeschnitten. Blütezeit: Mai–Juni. Beeren kugelförmig, 6–9 mm Durchmesser, orange bis rot, mitunter nur eine Frucht ausgebildet. Fruchtreife: Juni–August. Verbreitung: Südliches Mittelrussland bis Westsibirien und Mittelasien, Altai und Turkestan. In Mitteleuropa seit 1752 in Kultur. Die am häufigsten angepflanzte strauchige Art. Sehr häufig in Parks und zur Begrünung von Straßenrändern und Böschungen in mehreren Formen angepflanzt. Robustes und genügsames Gehölz. In Deutschland durch Vögel verbreitet und mancherorts verwildet. Frosthart bis –25 °C. Benannt nach den Tataren, einem Mongolenvolk in Osteuropa und Asien.

Blütenpaare der Tatarischen Heckenkirsche.

Weitere Arten und Hybriden:

***Lonicera alpigena*, Alpen-Heckenkirsche:** Sommergrüner, nur mäßig verzweigter, aufrechter, 1–2,5 m hoher Strauch. Zweige starr, gerundet, oft noch mit Fruchtstandsstielen. Blätter 1–2 cm lang gestielt. Spreite läng-

◀ *Doppelbeeren der Alpen-Heckenkirsche.*

lich eiförmig oder elliptisch, am Ende deutlich zugespitzt, am Grund keilförmig, 5–12 cm lang und 4–6 cm breit. Blütenpaare 2–5 cm lang gestielt. Blüten duftlos, 2-lippig, 1–2 cm lang, trichterförmig, kurzröhrig, gelbgrün bis schmutzigrot. Die beiden Fruchtknoten meist völlig miteinander verwachsen. Narben gut getrennt erkennbar. Blütezeit: Mai–Juli. Doppelbeeren kugelförmig, 10 mm Durchmesser, rot. Fruchtreife: August–September. Verbreitung: Gebirge Mittel- und Südeuropas. In Buchen- und montanen Laubmischwäldern, Hochstaudenfluren. Vergesellschaftet mit Seidelbast (*Daphne*) und Trauben-Holunder (*Sambucus racemosa*). In den Alpen bis 2000 m ü. M. Vorwiegend auf karbonathaltigem Gestein. Nur selten angepflanzt. Blüten ohne Zierwert. Bestäubung durch Bienen und Wespen. Frosthart bis –20 °C. Die Pflanzen werden häufig von einem Rostpilz (*Puccinia festucae*) befallen, der gelbe Flecken und Blattkräuselungen hervorruft. *alpigena* lat. = alpenbewohnend.

Blütenpaar der Blauen Heckenkirsche.

***Lonicera caerulea*, Blaue Heckenkirsche:** Sommergrüner, aufrechter, reich verzweigter, 1–1,5 m hoher Strauch. Zweige grün bis rotbraun, später gelbbraun bis rötlich. Borke sich längsstreifig papierartig ablösend. Knospen bis 10 mm lang, schnabelartig verlängert und häufig mit aufsteigenden Beiknospen. Blätter 1–4 mm lang gestielt. Spreite eiförmig bis länglich elliptisch, 2–8 cm lang und 1,5–3 cm breit, am Ende gerundet bis stachelspitzig, basal gerundet, oberseits dunkelgrün, unterseits blaugrün. Basis der Schösslingsblätter oft zu einem 4–6 mm breiten Ring verwachsen. Blütenpaare 3–5(–10) mm lang gestielt, schon während der Laubentfaltung blühend, hellgelb, 10–15 mm lang, röhrig trichterförmig, Kronzipfel gleich gestaltet. Die beiden getrennten Fruchtknoten von einem Hochblattbecher eingeschlossen, der sich zur Fruchtreife fleischig vergrößert und eine 10–12 mm (bei var. *kamtschatica* bis 3 cm) lange, blaue Doppelbeere vortäuscht. Blütezeit: April–Juli. Fruchtreife: Juli–September. Verbreitung: Europäische Hochgebirge (außer Vogesen und Schwarzwald), Nordeuropa bis Ostsibirien. Sehr formenreiche Art, die vor allem in Russland in mehrere Arten aufgegliedert wird. In Deutschland nur südlich der Donau. In den Alpen bis zu einer Höhe von 2450 m ü. M. In Arven-, Lärchen- und Bergmischwäldern, im Legföhren- und Grünerlengebüsch auf feuchten, sauren (!) Rohhumusböden. Nur selten angepflanzt. Wächst auch im Tiefland problemlos. Die Früchte sind essbar! Besondere Bedeutung als Wildobst (für Frischverzehr und Verarbeitung) erlangte die auch Mai- oder Honigbeere genannte **Kamtschatka-Heckenkirsche, *L. caerulea* var. *kamtschatica*.** Frosthart bis –30 °C. *caeruleus* lat. = blau.

Vom Hochblattbecher eingeschlossene Fruchtpaare der als Wildobst („Maibeere") beliebten Kamtschtka-Heckenkirsche, einer Varietät der Blauen Heckenkirsche.

***Lonicera fragrantissima*, Wohlriechende Heckenkirsche:** Wintergrüner oder halbwintergrüner, bis 2,5 m hoher, reich verzweigter, breitbuschiger Strauch. Junge Zweige kahl, später hellbraun, mit weißem Mark. Blätter bis 5 mm lang gestielt. Spreite lederig, elliptisch bis breit elliptisch, 5–8 cm lang und 3–4,5 cm breit, kahl. Blütenpaare 2–10 mm lang gestielt, Blüten stark duftend!, deutlich

2-lippig, weiß bis cremefarben, bisweilen rosa getönt, quer wellig runzelig, 1–1,5 cm lang. Oberlippe zu zwei Drittel eingeschnitten. Blütezeit: Februar–April. Früchte am Grund oder fast bis zur Mitte miteinander verwachsen, ellipsoidisch bis kugelförmig, 8–12 mm lang, orangefarben oder rot. Fruchtreife: Mai–Juni. Verbreitung: O-China. Wälder, 100–2700 m ü.M. Von FORTUNE 1845 nach Europa eingeführt. Frosthart bis –15 °C. Bisweilen angepflanzt. Besticht durch die frühe Blütezeit und den intensiven Duft. *fragrantissimus* lat. = äußerst wohlriechend.

***Lonicera involucrata*, Behüllte Heckenkirsche:** Sommergrüner, aufrechter, nur mäßig verzweigter, 1,5 m hoher Strauch. Zweige ± 4-kantig, mit weißem Mark erfüllt, graubraun. Blätter 5–12 mm lang gestielt. Spreite dünn und weich, eiförmig, verkehrt eiförmig bis elliptisch, 6–12(–15) cm lang und 2,5–7,5 cm breit, kurz zugespitzt, am Grund breit keilförmig. Blütenpaare 1,5–5,5 cm lang gestielt, Blüten duftlos, gelb, 10–15 mm lang, nicht gelippt, einem grünen Hochblattteller aufsitzend, Kronröhre am Grund deutlich ausgesackt, mit gleichlangen Zipfeln. Blütezeit: Mai–Juli. Beeren kugelförmig bis verkehrt eiförmig, fast schwarz, 10–15 mm lang, einem roten, im Zentrum schwarzen, glänzenden, 2–3 cm großem Vorblattteller aufsitzend. Fruchtreife: Juni–September. Verbreitung: W-Nordamerika von Alaska und British Columbia bis New Mexico. Seit 1924 in Europa. Sehr attraktive, im Halbschatten leicht zu kultivierende Art, die bis –25 °C frosthart ist. *involucratus* lat. = eingehüllt, abgeleitet von „involucrum" = Hülle, Decke.

var. *ledebourii*, Ledebours Heckenkirsche: Unterscheidet sich von var. *involucrata* durch etwas höheren Wuchs, deutlich 4-kantige Zweige, nur 3–5 mm lang gestielte, 5–10 cm lange und bis 4 cm breite, unterseits stark behaarte Blätter. Blütenpaare 2–3 cm lang gestielt, 1,5–2 cm lang, gelb oder orangegelb, scharlachrot überlaufen. Hochblattteller mehr rot als schwarz. Blütezeit: Mai–Juli. Fruchtreife: Juni–Oktober. Verbreitung: Kalifornien. In Mitteleuropa seit 1838 in Kultur. Verträgt Sonne und Halbschatten. Ohne besondere Bodenansprüche. Häufig angepflanzt. Frosthart bis –15 °C. Benannt nach dem deutschen Botaniker CARL FRIEDRICH VON LEDEBOUR (1785–1851).

Die Fruchtpaare von Ledebours Heckenkirsche sind von einem roten „Hochblattteller" umgeben.

***Lonicera nigra*, Schwarze Heckenkirsche:** Sommergrüner, bis 2 m hoher, reich verzweigter Strauch. Zweige kahl, mit graubraunem Mark erfüllt. Blätter fast sitzend oder 2–5 mm lang gestielt. Spreite breit elliptisch bis verkehrt eiförmig, am Ende stumpf oder spitz, basal gerundet bis fast herzförmig, 2–7 cm lang und 1–2,5 cm breit. Blütenpaare 1–4 cm lang dünn gestielt. Blüten 2-lippig, weißlich bis trübrosa, 10 mm groß. Blütezeit: Mai–Juni. Früchte kugelförmig, nur am Grund miteinander verwachsen, 8–10 mm groß, schwarz, blau bereift. Fruchtreife: August–September. Verbreitung: Gebirge Süd- und Mitteleuropas. Vor allem in Nadel- und Bergmischwäldern, auf feuchten, frischen, tiefgründigen bis steinigen Böden, zwischen 600 und 1800 m ü.M. In Deutschland vor allem im Fichtelgebirge, Erzgebirge, Schwarzwald und Alpengebiet. Die Früchte sind ungenießbar und gelten als giftverdächtig. Kaum angepflanzt. Frosthart bis –25 °C. *nigra* lat. = schwarz.

Fruchtende Schwarze Heckenkirsche.

Zweige der Immergrünen Heckenkirsche.

Lonicera pileata **var. *pileata*, Immergrüne Kriech-Heckenkirsche:** Immergrüner, breitbuschiger, 0,5–1 m hoher Strauch mit waagerecht spreizenden, fein filzig behaarten Zweigen. Blätter 1–2 mm lang gestielt, häufig 2-zeilig ausgerichtet. Spreite breit eiförmig bis länglich elliptisch, 1–4 cm lang und 5–12 mm breit, oberseits glänzend grün, kahl. Blütenpaare sehr kurz gestielt. Blüten cremefarben bis blassgelb, duftend, trichterförmig, 6–8 mm lang, Kronzipfel gleichlang. Blütezeit: April–Mai. Beeren getrennt, amethystfarben, durchscheinend, kugelförmig, 5 mm groß. Fruchtreife: August–Oktober. Verbreitung: M- u. W-China (W-Hubei, W-Sichuan). In Europa seit 1900 in Kultur. Sehr häufig als Bodendecker in mehreren Sorten angepflanzt, gut schattenverträglich. Frosthart bis –15 °C. *pileatus* lat. = mit einer Filzkappe versehen, abgeleitet von „pileus" = Filzkappe, auf die filzig behaarten Zweige Bezug nehmend.

Lonicera pileata **var. *yunnanensis*, Immergrüne Strauch-Heckenkirsche, Heckenmyrte:** Ähnlich *L. pileata* var. *pileata*, aber 1,5–2 m hoch, reich und sparrig verzweigt. Niederliegende Zweige am Boden wurzelnd. Blätter 1–2 mm lang gestielt, lederig, Blätter an waagerechten Zweigen in einer Ebene stehend, eiförmig bis länglich eiförmig, 6–15 mm lang und bis 10 mm breit. Blütenpaare kurz gestielt. Blüten duftend, 6–19 mm lang. Beeren getrennt, kugelförmig, 5–6 mm groß, purpurviolett, glänzend. Verbreitung: W-China (W-Sichuan, Yunnan). 1908 von Ernest Wilson eingeführt. Häufig angepflanzt, auch als Heckengehölz. Verträgt Sonne und Halbschatten bis Schatten. Frosthart bis –12 °C. Früher unter dem Namen *Lonicera nitida* in Kultur

'Baggesen´s Gold': Wuchs niedrig. Blätter gelb, im Sommer mehr gelbgrün. Bei Baggesen, Pembury/Kent, entstanden. Seit 1967 in Kultur.

'Elegant': 1–1,5 m hoher, raschwüchsiger Strauch mit abstehenden oder überhängenden Zweigen. Blätter mattgrün. Vor 1935 in Deutschland in Kultur. Frosthärter als die Normalform.

Blütenpaare von Purpus Heckenkirsche.

***Lonicera × purpusii*, Purpus Heckenkirsche** (*L. fragrantissima × L. standishii*): Sommergrüner bis halbwintergrüner, 2,5–3 m hoher Strauch, In vielen Merkmalen zwischen den Eltern stehend, im Laub und Habitus etwas mehr *L. fragrantissima* gleichend. Sehr reichblütig und stark duftend! Blütezeit: Februar–April. Vor 1920 spontan im Botanischen Garten Darmstadt entstanden und nach dessen Inspektor Joseph Anton Purpus (1860–1932) benannt. Diese Hybride, die leicht zu kultivieren ist und gut im Halbschatten gedeiht, sollte in keinem Garten und Park fehlen. Frosthart bis –15 °C.

Lonicera periclymenum – Wald-Geißblatt, Deutsches Geißblatt

Sommergrüne, 1–5 m hoch windende Liane. Triebe verkahlend. **Blätter** bis 10 mm lang gestielt, die oberen fast oder ganz sitzend. Spreiten breit eiförmig bis schmal elliptisch, 3–8 cm lang und 1,5–5 cm breit. Am Ende gerundet oder spitz, basal verschmälert, oberseits dunkelgrün, kahl, unterseits bläulich grün, verkahlend. Blütenstände 2,5–4 cm lang, an den Enden seitlicher Kurztriebe,

Blühendes Wald-Geißblatt.

3–6 Scheinwirtel kopfig genähert. **Blüten** vor allem abends intensiv duftend, gelblich weiß, außen rot getuscht, sich im Verblühen gelb färbend, deutlich 2-lippig, 3–5,5 cm lang, meist drüsig behaart. Kronröhre schlank, schwach gebogen, mit 1,5–2,5 cm länger als die Lippen. Oberlippe bogig aufgerichtet, mit vier 5 mm langen Zipfeln, Unterlippe nach unten umgebogen, 3 mm breit. Blütezeit: Mai–August. **Beeren** fast kugelförmig, 7–8 mm groß, dunkelrot. **Samen** 4 mm lang, abgeflacht, hellgelb. Fruchtreife: August–September.

Name: Griech. „periklymenos", „periklymenon" von DIOSKURIDES und auch PLINIUS d. Ä. benutzter Name für eine rankende Pflanze. Griech. „periklymenos" = ringsum berühmt.

Verbreitung: W-, M- u. S-Europa, NW-Afrika. In Europa vorwiegend im atlantisch geprägten Teil. In Deutschland verbreitet.

Lebensraum: In wechselfeuchten, lichten Laubmischwäldern, an Waldrändern und in Aufforstungen. Auf nährstoffreichen, humosen, kalk- und basenarmen Böden. In wintermilder Klimalage. In Deutschland vom Tiefland bis zu 800 m ü. M.

Biologie: Der vor allem abends verströmte, intensive Duft lockt nächtlich aktive Schmetterlinge an, die den reichlich gebildeten Nektar aufnehmen und dabei die Blüten bestäuben. Die Samen werden von fruchtfressenden Vögeln verbreitet.

Verwendung: Da die kletternden *Lonicera*-Arten Bäume und Äste umwinden, kann es beim Dickenwachstum zu ± großen Einschnürungen an den umklammerten Pflanzen kommen. Mitunter sterben die umwundenen Teile ganz ab. Solche merkwürdig geformten, gedrehten Stämmchen waren früher als Gehstöcke sehr beliebt. Häufig angepflanzt als Blütengehölz und zur Begrünung von Mauern, Pergolen und dgl. Beliebt sind vor allem die folgenden Sorten:

'Belgica': Schon seit dem 17 Jahrhundert kultiviert. Etwas buschiger Wuchs, bis 3 m hoch, oft mehr strauchig. Blütezeit: Mai–Juni und Spätsommer.

'Serotina': Starkwüchsig. Blüten zu 15–30 in dichten Ständen, reinweiß, im Verblühen gelb, außen dunkel rötlich purpurn überlaufen, innen gelb. Blütezeit: Juni–Juli, bis Oktober nachblühend.

Blühendes Garten-Geißblatt.

Ähnliche Arten und Hybriden:

***Lonicera caprifolium*, Garten-Geißblatt, Jelängerjelieber:** Sommergrüne, 2–5 m hoch windende Liane mit unterirdischen Ausläufern. Zweige hohl, gelb- bis graubraun. Blätter sitzend, eiförmig elliptisch bis verkehrt eiförmig, verkahlend oder kahl, 2–10 cm lang und 1–6 cm breit, oberseits dunkelgrün, unterseits blaugrün, an den blühenden Kurztrieben nach oben hin miteinander verwachsen, die beiden obersten Blattteller bildend. Blüten in meist 1–3 Quirlen in den Achseln verwachsener Blätter kopfig genähert am Triebende. Blüten intensiv duftend, weiß, außen oft rötlich überlaufen, 3–4 cm lang, deutlich 2-lippig. Kronröhre schmal trichterförmig. Blütezeit: Mai–Juli. Beeren ellipsoidisch, 6–8 mm groß, korallenrot. Fruchtreife: Juli–September. Verbreitet vom östlichen Mitteleuropa und Italien bis

SO-Europa, Kleinasien, Krim, Kaukasus und N-Iran. In Deutschland zerstreut meist nur westlich von Saale und Elbe. Jedoch vielerorts verwildert. In lichten Eichen- und Laubmischwäldern, an Waldrändern. Auf basen- und nährstoffreichen, humosen, feuchten Böden. Im Schatten gedeihend, aber nur in halbschattiger oder vollsonniger Lage blühend. Bestäubung durch nachtaktive Schmetterlinge. Reiche Nektarproduktion. Frosthart bis –20 °C. Häufig angepflanzt in mehreren Sorten. *caprifolius* lat. = kletternd wie eine Ziege, abgeleitet von „capra“ = Ziege und „folium“ = Blatt.

***Lonicera × heckrottii*, Heckrotts Trompeten-Geißblatt** (*L. × americana × L. sempervirens*): Sommergrüner, 2–4 m hoch windender, oft nur reich verzweigter, buschiger Strauch mit Ausläufern und kahlen, purpurroten Trieben. Blätter kahl, 2–4 mm lang gestielt, an den Kurztrieben meist sitzend, elliptisch bis länglich elliptisch, oberseits dunkel-, unterseits blaugrün, bereift, 3–7 cm lang und 1,5–4,5 cm breit. Oberstes Blattpaar tellerförmig verwachsen. Blütenstand 1–3 cm lang gestielt, 1–3 cm lange Ähren am Zweigende bildend, aus 3–4 Blütenquirlen zusammengesetzt. Blüten duftend, 2-lippig, 3,5–5 cm lang, außen rosa, purpurn oder nur gerötet, innen gelblich, im Verblühen goldgelb. Kronröhre länger als die Lippen. Blütezeit: Juni–Oktober. In den USA vor 1895 entstanden. Der Wert dieser Hybride liegt in ihrer Blütenfülle, der langen Blütezeit und ihrer Frosthärte von –20 °C. Sie ist an einem halbschattigen Standort leicht kultivierbar.
'Goldflame': In Willis Nursery/USA vor 1962 entstanden. Blütenkrone außen intensiv purpurn. Robust, starkwüchsig und 3–6 m hoch windend bis gut frosthart.

Weitere Arten und Hybriden:
***Lonicera acuminata*, Spitzblättriges Geißblatt, Immergrüne Geißschlinge:** Immergrüne, 3–4 m hoch windende Liane. Junge Triebe dicht abstehend borstig behaart, später mit grauer Borke. Blätter 5–10 mm lang gestielt. Spreite länglich lanzettlich bis länglich eiförmig, 4–10 cm lang und bis 3,5 cm breit, am Ende zugespitzt bis geschwänzt zugespitzt, basal gerundet, am Rand bewimpert, hellbraun behaart, unterseits oft kahl. 2–3 achselständige Blütenpaare am Zweigende, 5–10 mm lang. Blüten duftlos, 2-lippig, gelblich, rot oder purpurn überlaufen, ca. 2 cm lang, Röhre mit 12–15 mm etwas länger als die Lippen. Blütezeit: August–September. Beeren verlängert kugelförmig, 10 mm lang, blaurot, bereift. Fruchtreife: September–Oktober. Verbreitung: W-China (W-Hubei, W-Sichuan, Yunnan, Xizang). In Wäldern und Gebüschen von 1200 bis 2300 m ü. M. Seit 1908 in Kultur durch Wilson. Sehr häufig angepflanzt und geeignet für voll besonnte und halbschattige Standorte; leicht zu kultivieren. Zur Begrünung von Zäunen, Mauern und Pergolen. Frosthart bis –20 °C. *acuminatus* lat. = zugespitzt. Früher auch unter den Namen *L. henryi*, *L. giraldii* und *L. alseuosmoides* kultiviert.
'Copper Beauty': Blätter im Austrieb kupferrot, später grün; Blüten leuchtend gelb. Seit 2003 im Handel.

Seitenspross des Spitzblättrigen Geißblatts mit Blüten.

Seitenspross des Spitzblättrigen Geißblatts mit Früchten.

***Lonicera × brownii*, Browns Trompeten-Geißblatt** (*L. hirsuta × L. sempervirens*): Sommergrüne, bis 3 m hoch windende Liane mit hellbraunen, hohlen Zweigen. Blätter 3–5 mm lang gestielt, elliptisch bis eiförmig, 3–5 cm lang und 1–3 cm breit, oberseits grün, unterseits blaugrün, kahl bis leicht behaart. Oberste Blattpaare ± zu Scheiben verwachsen. Blütenstände am Zweigende, in 3–4 weit auseinander stehenden, 6-blütigen Quirlen, ährenartige Stände bildend. Blüten duftlos, scharlach oder orangescharlachfarben, bis 4,5 cm lang, schmal trichterförmig, nach oben etwas erweitert, die Zipfel gleich gestaltet oder Blüten schwach 2-lippig. Blütezeit: Mai–Oktober. Die Hybride entstand vor 1850. Angepflanzt ist vor allem die Sorte

Blütenquirle von Browns Trompeten-Geißblatt.

'Dropmore Scarlet', Rote Geißschlinge: Blüten orangerot bis intensiv rot. Von F. L. SKINNER in Dropmore, Manitoba/Kanada, vor 1950 gezüchtet. Blütezeit: Juni–September.

***Lonicera japonica*, Japanisches Geißblatt:** Immergrüne, halbimmergrüne, bisweilen nur sommergrüne, 5–8 m hoch windende Liane. Junge Triebe stielrund, grün. Ältere Zweige grau bis rotbraun, Borke sich papierartig längsstreifig lösend. Blätter 3–10 mm lang gestielt. Spreite länglich eiförmig bis länglich elliptisch, basal und am Ende gerundet, spitz oder zugespitzt, 3–8 cm lang und 1,5–4 cm breit. Blütenpaare achselständig an Lang- und Kurztrieben, 1–10(–20) mm lang gestielt. Blüten weiß, sich nach dunkelgelb verfärbend, auch tagsüber intensiv duftend! Krone 15–35 mm lang, deutlich 2-lippig, die Kronröhre 14–20 mm lang, etwa so lang wie die Lippen. Blütezeit: Mai–Oktober. Beeren getrennt, schwarz, glänzend, fast kugelförmig, 5–8 mm Durchmesser. Fruchtreife: September–Oktober. Verbreitung: China, Taiwan, Japan (Hokkaido bis Kyushu), Korea. An Waldrändern und in Gebüschen, vom Tiefland bis in Gebirgslagen um 1000 m ü. M. In Mitteleuropa sehr häufig angepflanzt. Neigt gelegentlich zum Verwildern, auch im östlichen Nordamerika. Wegen Anspruchslosigkeit und langer Blühdauer häufig angepflanzt. Eine der empfehlenswertesten, schlingenden Arten. Frosthart bis –20 °C.

Blühende Seitensprosse des Japanischen Geißblatts.

'Halliana': Starkwüchsige Form. Blüten rein weiß, im Verblühen gelb.
'Aureoreticulata': Blätter teilweise eichenblattartig gelappt, Aderung goldgelb. Frosthart bis –10 °C.
fo. *chinensis*: Krone außen ± purpurrot.

***Lonicera sempervirens*, Trompeten-Geißblatt, Trompet Honeysuckle:** Immergrüne, bis 5 m hoch windende Liane. Junge Zweige kahl, bereift. Blätter etwas lederig, 0–10 mm lang gestielt, sehr variabel, meist eiförmig bis elliptisch, 3–6(–10) cm lang und 2–5 cm breit, oberseits dunkelgrün, kahl, unterseits blaugrün, oft anliegend behaart. Oberste 1–2 Blattpaare tellerförmig miteinander verwachsen. Blütenstände an der Spitze von seitlichen Trieben, 1–6 cm lang gestielt, mit 3–4 entfernt stehenden Quirlen zu je 6 Blüten, einen ährenartigen Stand bildend. Blüten duftlos, schmal trompetenförmig, mit 5–7 mm langen fast gleichartigen Zipfeln. Blütezeit: Mai–Juni und August–Oktober. Beeren kugelförmig, rotorange, 6–10 mm groß. Fruchtreife: Juli–Oktober. Verbreitung: O- und SO-

Blütenquirle des Trompeten-Geißblatts.

Blütenquirle von Tellmanns Trompeten-Geißblatt.

Nordamerika, von Connecticut, Maine und New York bis Florida und Texas. In Wäldern und Gebüschen. In Nordamerika wichtige Trachtpflanze für Kolibris. In Europa seit 1656 in Kultur. Vielfach angepflanzt. Benötigt einen feuchten, nährstoffreichen Boden in voll sonniger bis halbschattiger Lage. Meist schädlingsfrei. Frosthart bis –20 °C. *sempervirens* lat. = immergrün.

***Lonicera × tellmanniana*, Tellmanns Trompeten-Geißblatt** (*L. tragophylla* × *L. sempervirens* 'Superba'): Sommergrüne, 5–6 m hoch schlingende, robuste Liane mit überhängenden Zweigen. Blätter im Austrieb olivbraun, elliptisch bis eiförmig, 6–10 cm lang, oberseits dunkelgrün, kahl, unterseits heller, weiß bereift. Oberstes Blattpaar schalenförmig verwachsen. Blütenstände am Zweigende als gestielte Köpfchen, aus meist zwei 6-blütigen Quirlen gebildet. Knospen rotbronzefarben, Blüten duftlos, dottergelb, orangegelb bis bronzerot, deutlich 2-lippig, 7–8 cm lang, außen kahl. Röhre 4,5 cm lang. Blütezeit: Mai–Juni. Die Hybride wurde von J. Magyar um 1920 in der Königlich Ungarischen Baumschule in Budapest gezüchtet. Unter den frostharten Arten ist sie diejenige mit den größten Blüten und gedeiht sehr gut im Halbschatten und Schatten, ist jedoch auch an vollbesonnten Standorten gut zu kultivieren. Häufig angepflanzt. Frosthart bis –20 °C.

Loranthus europaeus – Europäische Riemenblume oder Eichenmistel

Loranthaceae – Riemenblumengewächse

Sommergrüner, 0,3–0,5(–1) m hoher, auf Bäumen wachsender Strauch mit braun- bis schwarzgrauen Zweigen. **Blätter** verkehrt bis länglich eiförmig, vorn stumpf, 1–5 cm lang, ganzrandig, dunkelgrün. **Blüten** in endständigen Trauben oder Ähren, Krone klein, hellgelb, durch Ausstülpung der Blütenstandsachse unterhalb der Blüten entsteht ein kelchartiges Gebilde. **Früchte** birn- bis kugelförmige, gelbe Beeren mit klebrigem Fruchtfleisch.

Name: *Loranthus* von „lorum“ lat. = Riemen und „anthos“ = Blüte, nach den lederigen, riemenförmigen Blättern und endständigen Blütenständen. Eichenmistel wegen des Vorkommens auf Eichen und des mistelartigen Aussehens.
Systematik: Zur Gattung bis heute abweichende Auffassungen. Früher wurden etwa 500, überwiegend in den Tropen der Alten Welt verbreitete Arten zur Gattung *Loranthus* gestellt, meist halbparasitische Kleinsträucher. Heute werden entweder etwa 10 Arten (China bis tropisches SO-Asien) unterschieden oder es verbleibt in der Gattung nur noch eine Art, die extratropische Europäische Riemenblume, die den Misteln ähnlich ist. Die Misteln, ebenfalls epiphytisch wachsende Halb-

Europäische Riemenblume als Halbparasit an Eiche, deshalb auch Eichenmistel genannt.

schmarotzer, sind aber immergrüne Pflanzen mit grünen Sprossachsen und gehören einer anderen Familie an (siehe *Viscum*!).

Verbreitung: S- und SO-Europa bis Kleinasien, vom pannonischen Gebiet nördlich bis Böhmen und S-Sachsen (bei Pirna einziges deutsches Vorkommen).

Lebensraum: Überwiegend auf verschiedenen Eichen-Arten (*Quercus*), gelegentlich auf Kastanie (*Castanea*).

Biologie: Halbparasit, der selbst Photosynthese betreibt, aber dem Wirtsbaum Wasser und gelöste Nährsalze entzieht; die dazu dienenden Senkerwurzeln breiten sich im Kambium und äußeren Xylem des Wirtsbaums aus, dabei neue Triebe (Wurzelsprosse) bildend. Ausbreitung durch Vögel (Verdauungs- und Klebausbreitung).

Verwendung: Aufgrund ihrer Lebensweise interessante Pflanze, die zwar in Deutschland äußerst selten ist (Art der Roten Liste), aber in benachbarten Gebieten (z. B. Niederösterreich) bei massenartigem Befall die Wirtsbäume schädigen kann. Früher dienten die Beeren der Herstellung von Leim zum Vogelfang, die Blätter fanden in der Volksheilkunde (ähnlich wie Misteln) Verwendung.

Lycium barbarum – Gewöhnlicher Bocksdorn, Teufelszwirn

Solanaceae – Nachtschattengewächse

Sommergrüner, 2–3,5 m hoher Strauch mit anfangs aufrechten, dann weit bogig überhängenden, kahlen, graubraunen, rutenförmigen Zweigen und mit Wurzelsprossen. Sprosssystem in Lang- und Kurztriebe gegliedert, Kurztriebe oft zu Dornen umgebildet. **Blätter** an den Langtrieben wechselständig, teils scheinbar gegenständig, an den Kurztrieben büschelig; elliptisch bis lanzettlich, 2–8 cm lang, 0,3–1 cm breit, graugrün, ganzrandig. **Blüten** an den Kurztrieben zu 1–3, zwittrig, 5-zählig, mit doppelter, verwachsenblättriger Blütenhülle, Kelch glockenförmig, 2-lippig. Krone trichterförmig, ihre Zipfel radförmig ausgebreitet, hellpurpurn bis violett. Blütezeit: Mai–September. **Frucht** eiförmige bis ellipsoidische, 0,4–2 cm lange, orange- bis scharlachrote, saftreiche, glänzende Beere, Fruchtreife August–Oktober. **(G!)**

Name: Dioskurides bezeichnete mit „lykion" eine in Kleinasien, nämlich Lykien, vorkommende Dornpflanze; „barbarus" lat. = fremd, ausländisch. Bocksdorn nimmt Bezug auf die dornigen Kurztriebe, Teufelszwirn auf die lang und bogig überhängenden, teils schleppenartigen Rutenzweige, die auch als Spreizklimmer in andere Gehölze klettern können. Heute diese Art und der Chinesische Bocksdorn, *Lycium chinense*, auch als **Gojibeeren** bezeichnet und gehandelt.

Systematik: Gattung *Lycium* mit 80–90 Arten, vor allem in gemäßigten (nemoralen oder australen) bis in subtropische Zonen von Nord- und Südamerika, Afrika und Asien, nur wenige Arten in Europa und Australien.

Verbreitung: China. Der ähnliche und manchmal *L. barbarum* als Varietät zugeordnete Chinesische Bocksdorn ist in China weiter verbreitet und reicht bis Korea, Japan und zur Mongolei. Beide Arten, vor allem jedoch *L. barbarum*, in vielen Ländern gemäßigter und warmer Zonen Eurasiens und Ame-

Bogig übergeneigter, blühender Seitenspross des Gewöhnlichen Bocksdorns.

rikas aus Kultur verwildert und eingebürgert.
Lebensraum: Trockene Hänge, Böschungen und Mauern, als Neophyt oft in Siedlungsgebieten auf Ruderalflächen, an Verkehrswegen, teils Dickichte bildend, gefördert durch Wurzelsprosse.
Biologie: Lichtbedürftig, anspruchslos an den Boden, hitze- und trockenheitstolerant. Insektenbestäubung (vor allem Bienen und Hummeln). Früchte reich an gesundheitsfördernden Wirkstoffen, aber auch an Inhaltsstoffen, die bei Genuss größerer Mengen giftig sind. Vogelausbreitung.
Verwendung: In Europa seit 1772 in Kultur, zunächst als robustes Ziergehölz. Obwohl Beeren lange Zeit als ungenießbar oder gar giftig galten, heute vielseitige Verwendung der als „Gesundheitsbeeren" unter dem Namen Goji-Beere bekannten Früchte, sei es als Naschbeeren, getrocknet oder frisch verarbeitet (Tee, Saft, Likör, Brotaufstrich). Von dem „Wildobst" inzwischen zahlreiche ertragsreichere und besser schmeckende Sorten ausgelesen. In China Wurzelrinde, Blätter und Früchte von *L. barbarum* wie *L. chinense* für medizinische Zwecke genutzt (Bestandteil der traditionellen chinesischen Medizin), auch plantagenmäßig kultiviert.

Maackia amurensis – Asiatisches Gelbholz

Fabaceae – Hülsenfrüchtler

Sommergrüner, in seinem Verbreitungsgebiet bis 15 m hoher Baum mit grauer Borke, in Kultur meist nur 5–6 m hoch und mehrstämmig. Junge Triebe anfangs fein wollig behaart. Zweige graubraun, besonders an der Spitze behaart. Knospen breit eiförmig, zugespitzt, 5–7 mm groß, rotbraun mit 2 Schuppen. **Blätter** wechselständig, 20–30 cm lang, ohne Nebenblätter, unpaarig gefiedert mit 3–5 Fiederpaaren. Blättchen 7–11, länglich eiförmig bis elliptisch, 5–8 cm lang, kurz zugespitzt, am Grund gerundet, kahl. **Blüten** schmetterlingsförmig, schwach duftend, weiß, 8–12 mm groß, in endständigen, 10–20 cm langen, dichten, aufrechten, vielblütigen Trauben, am Grund verzweigt, meist zu 3–7 beieinander stehend und zu rispenartigen Ständen formiert. Kelch glockenförmig, 5-zähnig. Blütezeit: Juli–August. **Frucht** Hülse 3,5–7 cm lang, 1 cm hoch, länglich ellipsoidisch bis linealisch, dünnwandig. **Samen** 1–5, nierenförmig bis zylindrisch, 6 mm lang, hellbraun. Fruchtreife: September–Oktober.

Name: Die Gattung wurde nach dem russischen Naturforscher Richard Karlowitsch Maack benannt.
Systematik: Zur Gattung 8 Arten in der nemoralen Zone Ostasiens.
Verbreitung: China, Taiwan, Mandschurei, Amur- und Ussuri-Gebiet, Korea.
Lebensraum: In Mischwäldern vom Flachland bis in hohe Gebirgslagen.

Biologie: *Maackia* ist insektenblütig und lockt eine Fülle verschiedener Hautflügler, Bienen und Hummeln, sowie Schmetterlinge an.
Verwendung: Das Holz von *Maackia* ist im Splint gelbweiß, im Kern dunkel- bis rotbraun. Es wird u.a. für Werkzeuge und im Hausbau genutzt. Aus der Rinde kann ein gelber Farbstoff gewonnen werden. In Europa ist das Gelbholz seit 1864 anzutreffen. Es wurde von MAXIMOWICZ eingeführt. Es besticht durch seine Blütenpracht, wird aber nur selten angepflanzt, obwohl es bei uns völlig frosthart ist und keine besonderen Bodenansprüche stellt.

Blütenstände des Asiatischen Gelbholzes.

◀ *Früchte des Asiatischen Gelbholzes.*

Maclura pomifera – Amerikanische Milchorange, Osageorange oder -dorn

Moraceae – Maulbeergewächse

Bis 15–20 m hoher, oft mehrstämmiger Baum mit bis zu 4 cm langen Dornen und fleischigen gelben Wurzeln. **Blätter** eiförmig bis länglich lanzettlich, 4–13 cm lang, zugespitzt, oberseits dunkel-, unterseits blassgrün, im Herbst gelb. **Blüten** duftlos, unscheinbar, grünlich. Blütezeit: Mai–Juni. **Früchte** etwa 1 cm lange Nüsse in gelbgrünem Fruchtverband (Scheinfrucht) von 5–13 cm Durchmesser. Fruchtreife: Oktober.

Name: *Maclura* nach W. MACLURE, einem amerikanischen Geologen (1763–1840); *pomifera* lat. = Obst tragend, wegen der orangenartigen Fruchtverbände, die Milchsaft führen. „Osage-" nach den Osage-Indianern, denen die Art früher zur Herstellung von Bögen diente.
Systematik: Die Gattung *Maclura* wird unterschiedlich weit gefasst, teils auf diese nordamerikanische Art begrenzt, teils werden bis zu 12 Arten in warmgemäßigten bis tropischen Regionen der Alten und Neuen Welt einbezogen. Im letzteren Fall umfasst sie zweihäusige Bäume, Sträucher und Lianen mit Milchsaft, achselständigen Dornen, wechselständigen ganzrandigen Blättern und weiblichen Blütenköpfchen, die sich zu kugeligen, runzeligen Scheinfrüchten entwickeln, in denen Nüsse, die eigentlichen Früchte, eingebettet sind.

Verbreitung: S-USA (Arkansas bis Texas), aber natürliches Areal schwierig zu rekonstruieren, da seit der europäischen Kolonisation in weiten Teilen Nordamerikas gepflanzt und vielerorts eingebürgert.
Lebensraum: Lichte Wälder in der Prärie, ursprünglich besonders in Flussniederungen.
Biologie: Wärmebedürftig, Hitze, Trockenheit, Wind und städtische Umweltbedingungen ertragend, kalkhold.
Verwendung: Äußerst vielseitig in ihrem natürlichen Areal, nicht nur früher von Indianern genutzt, sondern auch heute von Bogenschützen geschätzt zur Herstellung von Bögen. Pflanzen bieten als „lebende Zäune" undurchdringliche Hecken und Windschutz, die Früchte Futter für das Vieh („Pferdeapfel") und die Blätter für Seidenraupen. Wegen der Fruchtverbände ist die Art ein interessantes Ziergehölz (nach Europa 1818 eingeführt), bevorzugt für warme und wintermilde Lagen, in Kultur befindet sich auch eine dornenlose Sorte (**'Inermis'**).

Blätter der Amerikanischen Milchorange.

Weitere Art:
Maclura tricuspidata*, Chinesische Milchorange, Seidenraupendorn:** Strauch oder bis 8(–18) m hoher, dorniger Baum mit eiförmigen, ungeteilten oder manchmal 3-lappigen Blättern und etwa 2,5 cm dicken, runzeligen, glänzend orangegelben, essbaren Fruchtverbänden. Die Blätter der in China und Korea vorkommenden Art dienen der Seidenraupenzucht, Rindenfasern der Papierherstellung. Sie ist in Europa seltener in Kultur (seit 1872) als die amerikanische Art, aber hier (vor 1905 in Frankreich) entstand zwischen den beiden Arten aus verschiedenen Kontinenten eine Hybride (Maclura × hybrida***) mit großen orangenartigen Fruchtverbänden. Dies belegt die Verwandtschaft beider, obwohl verschiedentlich der Seidenraupendorn mit einigen ostasiatisch bis australisch verbreiteten Arten in eine eigene Gattung (***Cudrania***) gestellt wird. Dann ist die Kulturhybride *Maclura pomifera* × *Cudrania tricuspidata* ein Gattungsbastard (**× *Macludrania hybrida***).

Fruchtender Seitenspross der Chinesischen Milchorange.

Magnolia – Magnolie
Magnoliaceae – Magnoliengewächse

Sommer- oder immergrüne Bäume oder Sträucher. Knospen groß, von nur einer kahlen, anliegend behaarten oder pelzigen Schuppe umhüllt. **Blätter** wechselständig, gestielt, einfach, ungeteilt und ganzrandig. Nebenblätter am Grund mit dem Blattstiel verbunden, tütenförmig miteinander verwachsen und die Sprossachse ringförmig umschließend. **Blüten** ansehnlich, einzeln endständig, zwittrig, vor, mit oder nach den Blättern erscheinend. Blütenhülle doppelt, ihre Glieder wirtelig. Kelchblätter 3, oft kronblattartig, so dass ein Perigon resultiert. Kronblätter 6 in zwei Kreisen, mitunter bis 15. Staub- und Fruchtblätter zahlreich einer verlängerten, spindelförmigen Blütenachse schraubig ansitzend. Fruchtblätter sich meist zu balgähnlichen,

1–2-samigen **Früchtchen** entwickelnd, die sich zur Reife an der Rückseite öffnen. Frucht oft zapfenartig. **Samen** ganz von einem weichen äußeren Teil der Samenschale (Sarcotesta), der einem Samenmantel (Arillus) gleicht, umgeben, oft an einem Nabelfaden (Funiculus) aus den geöffneten Früchtchen heraushängend.

Name: Benannt nach PIERRE MAGNOL (1638–1715), Botaniker und Direktor des Botanischen Gartens in Montpellier/Frankreich.

Blüte einer Hybride aus Siebolds Magnolie und der Sorte' Charles Coates' der Schirm-Magnolie als Beispiel für Kreuzungen von Magnolien unterschiedlicher Verwandtschaftskreise.

Systematik: Rund 245 Arten in O-Nordamerika, Mittelamerika, dem Himalaja und Ostasien. Die Gattung *Magnolia* ist seit dem Mittleren Jura fossil nachgewiesen.

Biologie: Bestäubung durch verschiedene Insekten, auch Käfer.

Verwendung: Viele Arten und Hybriden in Kultur. Unter den Sorten sind auch Hybriden aus Arten verschiedener Verwandschaftskreise (z. B. *Magnolia sieboldii* × *M. tripetala* **'Charles Coates'**) oder Mehrfachkreuzungen. Vermehrung durch Aussaat, Absenker oder Stecklinge. Die frühblühenden Arten sind durch Spätfröste gefährdet.

Magnolia acuminata – Gurken-Magnolie, Cucumber Tree

Sommergrüner, 15–20(–30) m hoher Baum mit pyramidaler Krone, gerippter, graubrauner Borke und kahlen oder fast kahlen jungen Zweigen. **Blätter** 2,5–3,5 cm lang gestielt. Spreite elliptisch bis eilänglich, 10–25 cm lang, abrupt zugespitzt, am Grund keilförmig bis gerundet. **Blüten** etwas duftend, grünlich gelb, nach dem Laubaustrieb erscheinend. Kelchblätter viel kürzer als die Krone, lanzettlich, sich zurückrollend. Kronblätter länglich eiförmig, 6–8 cm lang. Blütezeit: Juni–Juli. **Früchte** eiförmig bis länglich, 5–8 cm lang; rot. Fruchtreife: August–September.

Verbreitung: O-Nordamerika, von Ontario bis Oklahoma, westlich bis Illinois und Arkansas. In Laubmischwäldern.

Blüte der Gurken-Magnolie.

Name: *acuminatus* lat. = (das Blatt ist) zugespitzt. Der englische und deutsche Name nimmt auf die gurkenähnliche Gestalt und Farbe junger Früchte Bezug.
Verwendung: Von BARTRAM 1736 entdeckt und nach Europa gebracht. Häufig in Parks als Solitärgehölz angepflanzt. Bemerkenswert auch durch die attraktiven, roten Früchte. Seit Mitte der 1950er Jahre entstanden viele Hybriden, vor allem mit *M. denudata*, die sich durch gelb gefärbte Blüten auszeichnen. Frosthart bis –25 °C.

Hierzu eine Varietät:
var. *subcordata*, Gelbblütige Gurken-Magnolie: 5–7(–10) m hoher Baum mit dunkelbrauner, schuppiger Borke und dicht behaarten Zweigen. Blätter 1–2 cm lang gestielt, eiförmig bis elliptisch, beidendig gerundet, unterseits blaugrün, 8–15 cm lang und 6–11 cm breit. Blüten kanariengelb. Kronblätter 4–5 cm lang. Blütezeit: Mai–Juni. Früchte länglich eiförmig, rot, 2,5–3,5 cm lang. Fruchtreife: September. Verbreitung: O-Nordamerika (N-Carolina, Georgia und Alabama). Entdeckt von ANDRÉ MICHAUX zwischen 1787 und 1796. Galt seit Anfang der 1890er Jahre als ausgestorben und wurde 1913 wieder gefunden. In Kultur in Mitteleuropa seit 1801. Frosthart bis –18 °C. *subcordatus* lat. = schwach herzförmig.

Weitere Arten und Hybriden:
***Magnolia denudata*, Yulan-Magnolie:** Sommergrüner, 15–20 m hoher Baum. Junge Zweige behaart. Knospen filzig behaart. Blätter verkehrt eiförmig bis länglich, kurz zugespitzt, am Grund verschmälert, 10–15 cm lang und 5,5–8 cm breit, beidseitig schwach behaart. Blüten duftend, glockenförmig, vor dem Laubaustrieb erscheinend, weiß bis rahmweiß, 12–15 cm Durchmesser. Blütenhülle gleich gestaltet, anfangs glockig zusammenneigend, später breit schalenförmig. Blütezeit: April–Mai. Früchte zylindrisch, 8–12 cm lang, bräunlich. Fruchtreife: September. Verbreitung: M-China (Anhui, Hunan, Jiangxi und Zhejiang). In Kultur seit 1789. Häufig angepflanzt. Gut gedeihend auf neutralem bis saurem Boden. Frosthart bis –25 °C. *denudatus* lat. = entblößt, abgeleitet von „nudus" = nackt.

Früchte der Yulan-Magnolie.

***Magnolia grandiflora*, Großblütige Magnolie, Bull Bay:** Immergrüner, 20–25 m hoher Baum. Junge Triebe und Knospen rostbraun filzig, Endknospe kahl bis schwach behaart. Blätter derb lederig, elliptisch, am Ende zugespitzt, am Grund keilförmig, 15–25 cm lang, oberseits dunkelgrün glänzend, unterseits filzig rostbraun. Blüten nach Zitronen duftend, rahmweiß 15–20 cm Durchmesser, Tepalen 9–12, derb, alle kronblattartig. Blütezeit: Mai–August. Früchte ellipsoidisch zapfenartig, 6–10 cm lang, Samen 1–2 cm groß mit rotem oder orangefarbenen Arillus. Fruchtreife: Oktober. Verbreitung:

Blüte der Großblütigen Magnolie.

◀ *Zapfenförmige Frucht der Großblütigen Magnolie.*

O-Nordamerika (North Carolina bis Florida und Texas), 0–120 m ü. M. In feuchten Wäldern und an Waldrändern. State tree von Louisiana und Mississippi. Schon vor 1732 nach Europa eingeführt. Gut gedeihend auf tiefgründigen, humosen, nährstoffreichen, feuchten Böden. In Deutschland frosthart bis – 12° C.

***Magnolia kobus*, Kobushi-Magnolie:** Sommergrüner, 10–20 m hoher reich verzweigter Baum mit kahlen Zweigen. In Kultur bedeutend kleiner und oft nur großstrauchig. Knospen seidig behaart. Blätter 1–1,5 cm lang gestielt. Spreite verkehrt eiförmig, 8–14 cm lang und 3–6 cm breit, über der Mitte am breitesten, abrupt zugespitzt, am Grund keilförmig, oberseits dunkelgrün kahl, unterseits hellgrün, behaart. Blüten weiß, etwa 10 cm Durchmesser, vor den Blättern erscheinend, mit 6–9 länglich eiförmigen, flatterigen, aufrechten bis ungleich zurückgeschlagenen, 2–3,5 cm breiten Kronblättern. Kelchblätter 1–1,5 cm lang, schmal länglich, bis 5 mm breit. Blütezeit: April. Früchte 7–10 cm lang, rosa, Samenmäntel leuchtend rot. Fruchtreife: Oktober. Verbreitung: Japan (Hokkaido bis Kyushu). An Berghängen und am Fuß von Gebirgen in Laubmischwäldern. Samenverbreitung durch Vögel wie Amseln, Wacholderdrosseln und Eichelhäher. Das Holz dieser Magnolie wird in Japan für Holzschnitte und zur Fertigung von Streichhölzern verwendet. In Europa seit 1865 in Kultur. Sehr häufig angepflanzt. Kalkverträglich. Frosthart bis –25 °C. In Japan wird die Art als „kobushi" bezeichnet.
var. *borealis*: Diese Varietät aus Hokkaido und N-Honshu ist größer und robuster als die Normalform und ebenfalls häufig angepflanzt. *borealis* lat. = nördlich.

Blüte der Kobushi-Magnolie.

Frucht der Kobushi-Magnolie.

Blüten der Sorte 'Nigra' der Purpur-Magnolie.

***Magnolia liliiflora*, Purpur-Magnolie:** Sommergrüner, 3–5 m hoher Baum mit fast kahlen Trieben und behaarten Knospen. Blätter 10–15 mm lang gestielt. Spreite elliptisch bis verkehrt eiförmig, 8–18 cm lang und 6–12 cm breit, abrupt kurz zugespitzt, basal breit keilförmig, oberseits dunkelgrün und schwach behaart, unterseits auf den Nerven fein behaart. Blüten vor der Laubentfaltung geöffnet, glockenförmig, außen purpurn gefärbt, innen weiß. Kelchblätter hinfällig, 3–4 cm

lang und bis 8 mm breit, gelblich grün, Kronblätter 6, 8–10 cm lang. Blütezeit: Mai–Juni. Früchte länglich. Fruchtreife: September–Oktober. Verbreitung: M-China. In Japan schon sehr lange kultiviert. *liliiflorus* lat. = lilienblütig. 1790 aus Japan nach Europa gelangt. In vielen Formen häufig angepflanzt. Gut gedeihend auf nährstoffreichen, tiefgründigen, weitgehend kalkfreien Böden. Frosthart bis –18 °C.
'Nigra': Blüten 10–12 cm lang, außen dunkel purpurrot, innen rosaweiß. 1861 durch J. G. Veitch aus Japan nach Europa gelangt. Härter als die Normalform. Oft angepflanzt.

***Magnolia* × *loebneri*, Löbners Magnolie** (*M. kobus* × *M. stellata*): 5–7 m hoher großer Strauch oder kleiner Baum mit bis zu 5 m breiter Krone. Blätter verkehrt eiförmig bis elliptisch, bis 12(–15) cm lang und 5 cm breit. Blüten vor dem Laubaustrieb erscheinend, duftend, weiß bis rosa, tellerförmig, 10–12 cm breit. Tepalen 12, 5–6,5 cm lang und 3 cm breit, die 3 äußeren deutlich kleiner. Blütezeit: April–Mai. Die Hybride wurde von Max Löbner in Pillnitz bei Dresden vor 1920 gezüchtet. Sie blühte erstmals 1917. Ihre ganze Schönheit entwickelt sie nur im Freistand. Sie stellt keine besonderen Ansprüche an den Boden und ist frosthart bis –25 °C. Besonders die beiden folgenden Sorten werden kultiviert:
'Leonard Messel': Blüten sternförmig, mit 12 bis 7 cm langen Tepalen. Tepalen weiß, die äußere mit rosaroten Mittelstreifen. Die Hybride, deren einer Elter *M. stellata* 'Rosea' ist, entstand in Nymans Garten/Sussex. Benannt nach Col Messel, dem Schöpfer dieses Gartens. Frosthart.
'Merril': Blüten rein weiß, mit bis zu 15 Tepalen. Blüten 10–15 cm Durchmesser. Ausgelesen von Karl Sax 1939 im Arnold Arboretum bei Boston/USA. Benannt nach Prof. Elmer D. Merrill, ehemals Diektor dieses berühmten Arboretums.

***Magnolia obovata*, Honoki-Magnolie:** Sommergrüner, 20–25 m, in Kultur meist nur 6–10 m hoher, nur schwach verzweigter Baum mit kahlen Knospen und Zweigen. Blätter an den Zweigenden schirmartig ausgebreitet, 2,5–4 cm lang gestielt. Spreite verkehrt eiförmig, 20–40 cm lang und 13–25 cm breit, am Ende gerundet, Oberseite kahl, am Grund breit keilförmig bis gerundet, unterseits bläulich, behaart. Blüten stark duftend, weiß, becherförmig, ca. 15 cm Durchmesser, nach dem Laubaustrieb erscheinend. Kronblätter etwas lederig, 6–9, weiß. Kelchblätter 3, ähnlich, aber etwas kürzer, außen bisweilen rosa getönt. Staubbeutel etwa ein Drittel der Staubblattlänge einnehmend, karminrot. Blütezeit: Juni–Juli. Früchte schmal länglich, 14–20 cm lang, lachsrot. Fruchtreife: September–Oktober. Verbreitung: Japan (Hokkaido bis Kyushu), Kurilen. *obovatus* lat. = verkehrt eiförmig, bezogen auf die Blattspreite. Das weiche, leichte und gut zu bearbeitende hellgelbe Holz ist in Japan sehr geschätzt und wird für Furniere und zur Möbelherstellung verwendet. In Europa seit 1884 in Kultur. Häufig angepflanzt. Benötigt schwach sauren bis neutralen Boden und einen windgeschützten, sonnigen bis halbschattigen Standort. Frosthart bis –25 °C. Ähnlich *M. tripetala*, aber Wuchs mehr pyramidal und ansehnlichere Blüten.

***Magnolia* × *soulangeana*, Garten-Magnolie, Tulpen-Magnolie** (*M. denudata* × *M. liliiflora*): Sommergrüner, 3–6 m hoher, sehr breitkroniger, oft vom Grund an mehrstämmiger Baum. Blätter verkehrt eiförmig, am Ende verschmälert, 15–20 cm lang, unterseits ± behaart. Blüten glockenförmig, duftlos oder duftend, lange vor den Blättern erscheinend, außen rosa bis purpurn überlaufen, innen weiß. Kelch- und Kronblätter gleich gestaltet, 8–10 cm lang, die äuße-

Blüten der Garten- oder Tulpen-Magnolie.

ren oft etwas kürzer und schmaler. Blütezeit: April–Mai. Fruchtreife: September. Die Garten-Magnolie entstand im frühen 19. Jahrhundert in der Baumschule SOULANGE-BODIN in Fromont bei Ris in der Nähe von Paris. Heute gibt es viele Sorten, die sich vor allem durch die Blütenfarbe unterscheiden. Frosthart bis –25 °C.

'Lennei': Blüten außen dunkel purpurrot, innen weiß. Vor 1850 in Italien entstanden. 1854 nach Deutschland gelangt. Benannt nach PETER JOSEPH LENNÉ (1789–1866), Direktor der Königlichen Gärten in Preußen.

'Lennei Alba': Blüten rein weiß. 1905 von KARL OTTO FROEBEL/Zürich gezüchtet, aber erst 1931 von Holland aus in den Handel gekommen.

***Magnolia stellata*, Stern-Magnolie:** Sommergrüner, reich verzweigter 1,5 m hoher Strauch oder kleiner, mehrstämmiger, bis 4,5 m hoher Baum mit behaarten Zweigen und pelzigen Knospen. Blätter 3–10 mm lang gestielt. Spreite schmal verkehrt eiförmig bis breit lanzettlich, 4–10(–14) cm lang und 1–3 cm breit, oberseits tiefgrün, unterseits hellgrün, kahl oder schwach behaart, am Ende stumpf oder gerundet, am Grund keilförmig. Blüten duftend, sich lange vor dem Laubaustrieb entfaltend. Kelch und Krone gleich gestaltet, Blütenhülle aus 12–18 bis 6 cm langen und 1–1,5 cm breiten Tepalen bestehend, ungleich ausgebreitet und zurückgeschlagen. Blütezeit: März–April. Da nicht alle Früchtchen zur Samenreife gelangen, sind die Früchte sehr ungleich gestaltet, etwa 5 cm lang. Fruchtreife: September–Oktober. Verbreitung: Japan, feuchte bis nasse Bergwälder in NO-Honshu. In Japan seit langem in Kultur. Erst 1956 wurde die Art am natürlichen Standort gesehen. Die Stern-Magnolie gelangte 1861 nach Rhode Island und von hier 1877 nach England. Haufig und in mehreren Sorten angepflanzt. Schon als kleine Pflanze blühend. Frosthart bis –20 °C. *stellatus* lat. = gestirnt bzw. sternförmig.

Blüten der Stern-Magnolie.

***Magnolia tripetala*, Schirm-Magnolie, Umbrella Magnolia:** Sommergrüner, 8–12(–15) m hoher, nur wenig verzweigter, meist schon vom Grund an mehrstämmiger Baum mit kahlen Knospen und Trieben. Blätter am Zweigende schirmförmig ausgebreitet. 1,5–4 cm lang gestielt. Spreite verkehrt eilänglich bis länglich verkehrt eiförmig, 25–60 cm lang, am Ende spitz oder kurz zugespitzt, basal keilförmig verschmälert (!), hellgrün, unterseits anfangs behaart. Blüten nach dem Laubaustrieb erscheinend, intensiv duftend, weiß, 18–25 cm Durchmesser. Kronblätter 6–9, 8–12 cm lang. Kelchblätter viel kürzer als die Kronblätter, grünlich, zurückgebogen. Staubfäden purpurn, die Hälfte der Staubblattlänge einnehmend. Fruchtblätter blass purpurn. Blütezeit: Mai–

Blühender Seitenspross der Schirm-Magnolie.

Juli. Frucht zapfenartig, länglich eiförmig, 7–10 cm lang, rosarot. Samenmantel scharlachrot. Fruchtreife: September–Oktober. Verbreitung: O-Nordamerika (Pennsylvania bis Alabama, westlich bis Arkansas und Missouri). Durch BARTRAM 1752 aus Pennsylvania nach England eingeführt. Gut gedeihend in einem tiefgründigen, feuchten und nährstoffreichen, neutralen bis schwach saurenBoden. Der Standort sollte sonnig bis halbschattig und windgeschützt sein. In Deutschland frosthart bis –25 °C. „tripetalos" griech. = dreiblättrig.

Mahonia aquifolium – Gewöhnliche Mahonie, Oregon Grape

Berberidaceae – Berberitzengewächse

Immergrüner, bis 1 m hoher, wenig verzweigter Strauch mit Ausläufern. **Blätter** wechselständig, 2–5 cm lang gestielt, unpaarig gefiedert, bis 20 cm lang. Blättchen lederig, 5–9, am Rand ± stark gewellt, eiförmig bis eilänglich, 3,5–8 cm lang und 2–4 cm breit, jederseits mit 5–15 abstehenden Stachelzähnen. Oberseits glänzend dunkelgrün, unterseits heller, im Winter ± bronzerot gefärbt. **Blüten** in 5–8 cm langen Trauben aus der Achsel von Knospenschuppen am Zweigende, zu 3–4 aufrecht, dicht stehend, 5–8 cm lang. Blüten duftend, zwittrig, gelb, Blütenhülle doppelt, Kelch 6-zählig in 2 Kreisen, Krone 6-zählig in 2 Kreisen, Staubblätter 6 mit paarigen Nektardrüsen am Grund der Staubfäden sowie einem oberständigen Fruchtblatt. Blütezeit: April–Mai. **Früchte** Beeren, dünn gestielt, ellipsoidisch, 8 mm lang, blauschwarz, hellblau bereift mit 2–5 Samen. **Samen** 5–6 mm lang, glänzend braun. Fruchtreife: September.

Name: Die Gattung wurde nach BERNARD MCMAHON (1775–1816), einem amerikanischen Gärtner und Botaniker, benannt. *aquifolius* lat. = mit spitzen, stechenden Blättern.
Systematik: Die Gattung umfasst etwa 45 Arten vom Himalaja bis Japan und Sumatra, in Nord- und Mittelamerika. Sie ist fossil seit der Unteren Kreide nachgewiesen. Die Mahonien stehen Berberitzen nahe und werden heute von einigen Autoren in die Gattung *Berberis* eingeordnet. Der Gattungsbastard **× *Mahoberberis neubertii*** entstand aus Kreuzungen von Gewöhnlicher Mahonie und Gewöhnlicher Berberitze.
Verbreitung: W-Nordamerika (British Columbia bis N-Kalifornien und Idaho).
Lebensraum: In feuchten Douglasien-, Tannen- und Nadelmischwäldern bis 2000 m ü. M.
Biologie: Die Früchte werden von Vögeln verzehrt, die für die Samenausbreitung sorgen. In Deutschland ist die Mahonie dadurch vielerorts verwildert und breitet sich auch vegetativ in Wäldern aus. Gelegentlich tritt ein Befall durch Echten Mehltaupilz (*Microsphaera berberidis*) auf. Die Blätter haben dann einen weißlichen Überzug.
Verwendung: Wurzeln und Rinde enthalten Berberin, Oxyacanthin und Berbamin. Sie wurden zum Färben von Wolle und Stoffen verwendet. Wurzelpräparate werden medizinisch genutzt gegen Diarrhoe, Gicht, Rheuma, Nierenleiden und Psoriasis (Schuppenflechte). Der Saft der sehr farbkräftigen Beeren (Anthocyan) wurde zu

Variation der Blattform bei der Bastardmahonie, einer Hybride zwischen Gewöhnlicher Berberitze und Gewöhnlicher Mahonie.

◀ *Blühende Gewöhnliche Mahonie.*

▼ *Fruchtende Gewöhnliche Mahonie.*

Obstwein vergoren. Die Gewöhnliche Mahonie gelangte 1823 nach Europa. Sie ist ein sehr beliebter Zierstrauch, der wegen seines schönen Laubs, seiner leuchtenden Blüten und seines Fruchtschmucks häufig angepflanzt wird. Auch in der Kranzbinderei ist sie sehr geschätzt. Sie stellt keine besonderen Bodenansprüche und ist bis –20 °C frosthart. Vermehrung durch Samen, Ausläufer und Stecklinge.

Ähnliche Art:
***Mahonia repens*, Kriechende Mahonie, Holly Grape:** Ausläufer bildender 0,5(–1) m hoher Strauch. Blätter 2–3 cm lang gestielt, unpaarig gefiedert, 10–25 cm lang. Blättchen 3–7, breit eiförmig bis eiförmig, 3–9 cm lang und 1,5–4 cm breit, Rand nicht gewellt, langbuchtig gezähnt, jederseits mit 5–9(–20) nach vorn gerichteten Zähnen, zuweilen fast ganzrandig, oberseits matt blaugrün, unterseits papillös, im Winter grün bleibend. Blüten leuchtend gelb, in dichten, 3–7 cm langen Trauben am Zweigende. Blütezeit: April–Mai. Beeren ellipsoidisch, 6–7(–8) mm lang. Fruchtreife: September. Verbreitung: W-Nordamerika (British Columbia bis Kalifornien, New Mexico und W-Texas). Trockene, lichte Nadelwälder, Gelb-Kiefern-Wälder in Höhenlagen von 1400 bis 3250 m ü. M. Seit 1822 in Kultur. Häufig angepflanzt. Verträgt mehr Trockenheit als die Gewöhnliche Mahonie. Frosthart bis –25 °C. Die Beeren können zu Gelee und Säften verarbeitet werden. *repens* lat. = kriechend.

Weitere Arten und Hybriden:
***Mahonia bealei*, Beals Mahonie:** Bis 2(–4) m hoher, kaum verzweigter, starr aufrechter, immergrüner Strauch. Blätter 1–2 cm lang gestielt, unpaarig gefiedert. Blättchen 9–15, eiförmig bis eilänglich, die seitlichen mit schief herzförmigen Grund, sich oft etwas überdeckend; jederseits mit 2–5 großen, starren, dornartigen Zähnen, oberseits dunkelgrün, unterseits blaugrün bis gelbgrün. Blüten duftend, hell-

◀ *Fruchtende Beals Mahonie.*

gelb, in ± aufgerichteten bis spreizenden 8–20 cm langen, dichten Trauben. Tragblätter der Blüten 6–7 mm lang, kürzer als die Blütenstiele. Blütezeit: Februar–Mai. Beeren schwarz, hellblau bereift. Fruchtreife: April–Juni. Verbreitung: China (Hubei, Hunan, Sichuan), Taiwan. Benannt nach T. C. BEALE (1774–1856), einem englischen Botaniker, der in Macao lebte. 1849 von FORTUNE nach Europa gebracht. Häufig angepflanzt. Gut gedeihend an halbschattigen bis sonnigen Standorten auf humosen, nährstoffreichen, feuchten Böden. Frosthart bis –20 °C.

Mahonia* × *media (*M. japonica* × *M. oiwakensis*): 1,5–2 m hoher, immergrüner Strauch. Blätter bis 60 cm lang mit 15–23 Fiedern. Blättchen 4–10 cm lang, mit jederseits 5–11 Zähnchen. Blütentrauben 10–20(–30) cm lang. Die Hybride entstand mehrfach unabhängig voneinander. Blütezeit: November–März. Frosthart bis –15 °C. Häufig angepflanzt sind die Sorten

'Charity': Blätter 50–60 cm lang. Blüten schwach duftend, zitronengelb in bis zu 20 horizontal spreizenden Trauben am Zweigende. Trauben bis 30 cm lang. Blütezeit: Dezember–Februar. Von Sir ERIC SAVILL und Mr. HOPE FINDLEY in SAVILL Garden aus Sämlingen der Slieve Donard Nursery um 1950 ausgewählt und benannt. Frosthart bis –15 °C.

'Winter Sun': 1,5–2 m hoher Strauch. Trauben ± aufrecht bis spreizend, ca. 25 cm lang. Aus Sämlingen in der Slieve Donard Nursery in Newcastle/Nordirland um 1970 selektiert. Blütezeit: Dezember–Februar. Frosthart bis –15 °C.

Blühende Pflanze der Sorte 'Winter Sun', einer Mahonienhybride (Mahonia × media).

Malus – Apfelbaum

Rosaceae – Rosengewächse

Sommergrüne, meist breitkronige Bäume mit schuppiger Borke. Zweige ± behaart. **Blätter** mit Nebenblättern, wechselständig, deutlich gestielt, meist ungeteilt, mitunter, besonders an Langtrieben, gelappt. **Blüten** endständig an Kurztrieben in Doldentrauben, zwittrig, mit doppelter, 5-zähliger Blütenhülle. Kelchblätter meist persistierend. Staubblätter 20–50, Pollen gelb. Fruchtblätter meist 5, zur Reife derb pergamentartig bis knorpelig, die 1–2 Samen einschließend, eingebettet in einen sich vergrößernden, saftig-fleischigen Blütenbecher. Somit die für die Unterfamilie *Maloideae*, nach neuerer Anschauung Tribus *Pyreae*, der *Rosaceae* typische **Apfelfrucht** bildend. Griffel am Grund miteinander verwachsen. **Samen** braun bis rötlich braun, nur mit geringem Nährgewebe. Embryo mit Speicherkeimblättern. Keimungshemmende Stoffe in der Samenschale. Keimung epigäisch.

Name: *Malus* war der Apfelbaum bei den Römern.
Systematik: Zur Gattung *Malus* werden etwa 25 Arten in der nemoralen Zone der Nordhemisphäre gezählt. In Europa sind 5 Arten beheimatet.
Biologie: Bei den Früchten kann man verbreitungsbiologisch zwei Typen unterscheiden. Die einen sind kleinfrüchtig, meist lebhaft gefärbt, duftlos und bleiben über die Reife hinaus an den Zweigen. Sie werden von Vögeln verzehrt und verbreitet. Sie gehören der Serie *Baccatae* innerhalb der Sektion *Malus* an. Die Früchte der zweiten Gruppe sind groß, bleiben meist einfarbig grün, duften

intensiv (der typische Apfelgeruch) und fallen zur Reife zu Boden. Sie werden vor allem von Säugetieren verzehrt und dadurch die Samen verbreitet. Sie gehören unterschiedlichen Sektionen und der Serie *Malus* an.

Malus sylvestris – Holz-Apfel

Sommergrüner Großstrauch oder bis 10 m hoher, breitkroniger, dornig bewehrter Baum. Borke längsrissig geschuppt, graubraun, Schuppen abblätternd. Junge Triebe olivbraun, hell filzig behaart, verkahlend. Zweige überhängend. Knospen eiförmig, zugespitzt, bis 10 mm lang, mit mehreren Knospenschuppen. **Blätter** 2–5 cm lang gestielt. Nebenblätter hinfällig. Spreite elliptisch, 3–8 cm lang und bis 5 cm breit, einfach oder doppelt gesägt, kahl oder unterseits auf den Nerven behaart. **Blüten** weiß, außen rosa getönt, 3–3,5 cm Durchmesser. Fruchtblätter 5. Blütezeit: April–Mai. **Früchte** 2,5–3 cm Durchmesser, gelbgrün, oft glänzend, mit persistierendem Kelch, duftend, reif zu Boden fallend, im Geschmack herb und sauer. Fruchtreife: September–Oktober.

Mehrstämmiger alter Baum des Holz-Apfels.

Name: Der Name Apfel leitet sich vom mittelhochdeutschen „apful" ab. „affoltra" wurde der Apfelbaum genannt. *sylvestris* lat. = wild, Wald-.

Verbreitung: Europa bis Westasien. In Mitteleuropa zerstreut vom Flachland bis in Gebirgslagen, mancherorts 1100 m ü. M. erreichend. Der Holz-Apfel ist in der Vorwarnliste der Roten Liste Deutschlands aufgeführt.

Lebensraum: In Auenwäldern und feuchten Mischwäldern. Vorzugsweise auf tiefgründigen, feuchten, humosen, nährstoffreichen Böden.

Biologie: Insekten sammeln Nektar und Pollen. Blütenbesucher sind auch viele solitäre Bienen der Gattungen *Andrena* (Sandbienen), *Halictus*, *Lasioglossum* (Furchenbienen) und *Osmia* (Mauerbienen). Apfelbäume, vor allem in Gebirgslagen, werden häufig von der Laubholz-Mistel (*Viscum album*) parasitiert.

Verwendung: Äpfel wurden schon in der Jüngeren Steinzeit und Bronzezeit genutzt. Wildäpfel werden zu Kompott, Gelee und Calvados verarbeitet. Der Holz-Apfel war eine der Ausgangspflanzen für die Züchtung der Kultur-Äpfel. Das Holz wurde als Tischler- und Drechslerholz genutzt.

Früchte des Holzapfels.

Ähnliche Art:
***Malus pumila*, Obst-Apfel:** Bis 15 m hoher, oft dornig bewehrter Baum mit rundlicher Krone. Junge Triebe filzig behaart. Zweige verkahlend, purpurbraun. Blätter 1,5–3 cm lang gestielt. Spreite 4,5–10 cm lang und 3–5,5 cm breit, oberseits verkahlend, unterseits bleibend locker bis dicht weichhaarig. Blüten weiß, außen intensiv rosa überlaufen, zu 3–7 beieinander, 1–2,5 cm lang gestielt, 3–5 cm Durchmesser. Blütezeit: Mai. Früchte 5-fächerig, mit persistierendem Kelch, abgeflacht kugelförmig, 3–5 cm Durchmesser, grünlich oder rötlich, süß schmeckend. Fruchtreife: September–Oktober. Verbreitung: SO-Europa bis W-Asien. *pumilus* lat. = Zwerg-, zwergenhaft.

***Malus pumila* var. *domestica*, Kultur-Apfel:** Bäume von sehr unterschiedlicher Größe, stets unbewehrt. Junge Triebe wollig behaart. Blätter auch oberseits behaart. Blütenstiele dick. Früchte mit persistierendem Kelch, meist über 5 cm Durchmesser, süß schmeckend. Hierzu zählen die meisten unserer etwa 2000 Kultursorten. Am Erbgut des Kultur-Apfelbaums sind der Holz-Apfel, der Paradies-Apfel, vor allem aber *M. sieversii* aus Mittelasien beteiligt. Äpfel enthalten in 100 g essbarem Anteil etwa 85 g Wasser, 11,5 g Kohlenhydrate, 2–25 mg Vitamin C und 0,5 g organische Säuren. Von Sorte zu Sorte gibt es große Schwankungen. Die wichtigsten Erzeugerländer sind China, die USA, Russland und andere Staaten der ehemaligen Sowjetunion, Spanien und Japan. Die Blüten bilden pro Tag zwischen 1 und 6 mg Nektar. Dieser enthält 30–65 % Zucker, vorwiegend Saccharose und zu gleichen Teilen Glucose und Fructose. Die wichtigsten Bestäuber sind Honigbienen, aber auch solitäre Bienen tragen nicht unwesentlich zur Bestäubung bei. Alle Kultursorten werden auf geeignete, je nach erwünschter Wuchsform- und Baumgröße, Unterlagen veredelt. Keimende Samen fallen kaum sortenrein aus. Viele Sorten vertragen einen radikalen Schnitt und lassen sich so klein halten oder als Spaliergehölze ziehen. *domesticus* lat. = Haus-, einheimisch.

***Malus pumila* 'Niedzwetzkyana', Kirgisischer Blut-Apfel:** Kleiner, 3–5 m hoher Baum mit purpurroter Borke. Blätter 7,5–12 cm lang und 5–6 cm breit, unterseits dicht weichhaarig, im Austrieb rot. Blüten purpurrot, 4 cm breit. Früchte konisch, 5 cm lang und 2–4 cm dick, dunkelrot, bereift, am Oberende oft genabelt, wohlschmeckend. Fruchtfleisch rötlich gefärbt. Verbreitung: SW-Sibirien, Turkestan, Tienschan bis N-China. Von DIECK/Zöschen nach 1891 nach Deutschland gebracht. Seit 1894 auch in England. Häufig angepflanzt, bis –26 °C frosthart. In Russland zur Züchtung frostresistenter, rotfleischiger und gut lagerfähiger Sorten verwendet.

***Malus pumila* var. *pumila*, Paradies-Apfel:** Großstrauch mit oft dornigen Zweigen. Blätter meist nur 1,5–3 cm lang, Früchte unter 3 cm Durchmesser, grünlich.

Weitere Arten und Hybriden:
***Malus baccata*, Beeren-Apfel:** Bis 12 m hoher Baum mit 30–60 cm dicken Stämmen, sehr breiter Krone und mit ± kahlen rotbraunen Zweigen. Blätter 2–5 cm lang gestielt, 3–8 cm lang und 1,5–4 cm breit. Spreite eiförmig bis länglich elliptisch, dünn, kerbig bis scharf gesägt, unterseits kahl. Blüten zu 4–6 beieinander, duftend, 1,5–4 cm lang und dünn gestielt, weiß bis rosa, 2–4 cm Durchmesser. Kelchblätter länger als der Blütenbecher, lang zugespitzt. Blütezeit: April. Früchte 3–4 cm lang gestielt, mit 4–5 Fächern, rundlich, 8–10 mm Durchmesser, gelb mit roter Backe, Kelch hinfällig. Fruchtreife: September. Verbreitung: O-Asien

Blüten des Beeren-Apfels.

(NO-China, Mongolei, Ostsibirien bis Korea). In Kultur seit 1784. Häufig angepflanzt. In China vom Flachland bis in 1500 m ü. M. „bacca“ lat. = Beere.

***Malus coronaria*, Kronen-Apfel:** Bis 10 m hoher Baum mit breiter Krone. Blätter 2,5–4 cm lang gestielt, breit eiförmig bis elliptisch, spitz, am Grund rundlich bis schwach herzförmig, 5–10 cm lang und bis 6 cm breit, schnell beidseitig verkahlend, an Langtrieben über 12 cm lang werdend und meist gelappt, sonst doppelt gesägt. Blüten nach Veilchen duftend, weiß, rosa getönt, zu 4–6 beieinander, 2–4 cm lang gestielt, 3–4 cm Durchmesser. Blütezeit: Mai–Juni. Frucht flach rundlich, zur Spitze hin oft gerippt, 2–4(–5) cm breit, gelbgrün, sehr sauer. Fruchtreife: September–Oktober. Verbreitung: O-Nordamerika (New York bis Alabama, westlich bis Ontario und Missouri). In Mitteleuropa seit 1724. Vielfach angepflanzt, auch wegen der intensiven Herbstfärbung. *coronarius* lat. = kronenartig, zum Kranzbinden bestimmt; „corona“ lat. = Krone, Kranz.
'Charlottae': 5–7 m großer Strauch oder kleiner Baum. Blüten halbgefüllt, rosaweiß, 5 cm Durchmesser, mit Veilchenduft. Blütezeit: Mai. Früchte grün, 4 cm Durchmesser, klebrig, sehr stark duftend. Prächtige orangerote Herbstfärbung. In Kultur seit 1902. Als Wildpflanze bei Waukegan von Charlotte de Wolf gefunden. Häufig angepflanzt.

***Malus × floribunda*, Vielblütiger Apfelbaum** (*M. sieboldii* × ? *M. baccata*): 4–6 m hoher Baum. Blätter 1,5–2,5 cm lang gestielt. Spreite elliptisch bis eiförmig, 4–8 cm lang und 3 cm breit, scharf gesägt. Blätter kräftiger Triebe 3–5-lappig. Blüten zu 4–7, in der Knospe karminrot, geöffnet rosa bis fast weiß, 2,5–3 cm breit. Griffel meist 4. Blütezeit: April–Mai. Früchte 5 cm lang gestielt, kugelförmig, 6–8 mm Durchmesser, gelb mit roter Backe. 1862 aus Japan nach Europa gelangt. Dort schon lange in Kultur. Der Standort der Art ist unbekannt. Es handelt sich wohl um einen Bastard. Blüht in jedem Jahr sehr reich und setzt gut Früchte an. Sehr häufig angepflanzt. *floribundus* lat. = reich blühend.

Blüten des Vielblütigen Apfels.

***Malus hupehensis*, Tee-Apfel:** Reich verzweigter, bis 8 m hoher, sehr breitkroniger Baum. Junge Triebe bald verkahlend. Zweige rotbraun. Blätter 1–3 cm lang gestielt, Spreite eiförmig bis länglich, 5–10 cm lang und 2,5–4 cm breit, scharf gesägt. Blütenknospen hängend, rosa. Blüten zu 3–6 beieinander, duftend, rein weiß, 3,5–4 cm breit, Griffel 4–5. Blütezeit: Mai–Juni. Früchte 3–6 cm lang gestielt, meist mit 3, selten 4 Fächern, rundlich bis ellipsoidische, etwa 6–10 mm Durchmesser, gelbgrün, mit roter Backe oder tiefrot. Kelch hinfällig, eine deutliche Ringnarbe hinterlassend. Fruchtreife: Oktober. Verbreitung: In M- und W-China weit verbreitet, vom Flachland bis in Höhen von 2900 m ü. M. In China und Japan kultiviert. Die Blätter wurden als „Roter Tee“ genutzt. Die Art

Früchte des Tee-Apfels.

Fruchtender Baum des Tee-Apfels. ▶

ist triploid und apomiktisch. Aus den Samen entwickeln sich wieder reine Nachkommen. Durch WILSON 1900 nach Europa gelangt. Häufig angepflanzt. Späte, in jedem Jahr sehr reiche Blüte. Die weißen Blüten sind vergleichsweise groß. *hupehensis* = aus der chinesischen Provinz Hubei stammend.

***Malus* × *moerlandsii*, Blut-Apfel** (*M. toringo* × *M. purpurea* 'Lemoinei'): 3–5 m hoher Baum. Blätter eiförmig bis elliptisch, 7–10 cm lang, im Austrieb kupfern gefärbt, später bronzegrün, oberseits meist glänzend, unterseits ± kahl, an Langtrieben einige Blätter etwas gelappt. Blüten rosarot, 4 cm Durchmesser. Blütezeit: Mai. Früchte lang gestielt, purpurn, 0,7–1,5 cm Durchmesser, fast immer ohne Kelch. Fruchtreife: September. Häufig in verschiedenen Sorten angepflanzt.

***Malus prunifolia*, Kirsch-Apfel:** Kleiner, 3–8 m hoher Baum. Junge Zweige behaart, verkahlend und graubraun. Blätter 2–5 cm lang gestielt, elliptisch bis eiförmig, 5–10 cm lang und 4–5 cm breit, scharf gesägt, kahl oder unterseits auf den Nerven behaart. Blüten zu 4–10 beieinander. Blüten in der Knospe rosa, entfaltet weiß, duftend, 3(–4) cm Durchmesser. Blütezeit: April. Kelch zur Fruchtzeit einem kragenartigen Ringwulst aufsitzend. Frucht rundlich bis eiförmig, mit 4–5 Fächern, 1,5–2 cm Durchmesser, gelb oder rot. Fruchtreife: September. Verbreitung: NO- und M-China. Vom Flachland bis in Höhen von 1300 m ü.M. Seit 1758 in Europa in Kultur. Häufig angepflanzt. *prunifolia* lat. = pflaumenblättrig. Die Art ist in der IUCN Red List unter DD (Data Deficient) eingestuft.

Malus* × *purpurea (*M. pumila* 'Niedzwetzkyana' × *M.* × *atrosanguinea*): Aufrechter, locker verzweigter, 6–8 m hoher Baum. Zweige und Blätter purpurrot im Austrieb, unterseits nur schwach behaart. Blüten zu 6–7, in der Knospe rubinrot, erblüht hell purpurrot, 2,5–4 cm breit. Blütezeit: April–Mai. Früchte 2,5 cm lang gestielt, dunkel weinrot, 12–25 mm Durchmesser, meist nicht genabelt, herb schmeckend. Seit vor 1910 in Kultur. Die Hybride entstand um 1900 bei BARBIER in Orleans. Häufig in Sorten angepflanzt. *purpureus* lat. = purpurrot.

Blühende Seitensprosse des Purpur-Apfels, deren im Austrieb purpurrote Blätter bereits überwiegend vergrünt sind.

Blüten von Sargents Apfelbaum.

Blätter von Siebolds Apfelbaum.

Früchte von Siebolds Apfelbaum.

***Malus sargentii*, Sargents Apfelbaum:** Bis 3 m hoher, oft dornig bewehrter Strauch oder kleiner Baum. Blätter 1–2,5 cm lang gestielt, die der Langtriebe meist alle 3-lappig, eiförmig, 5–7,5 cm lang und 2,5–5 cm breit. Rand scharf gesägt. Blüten zu 5–6 beieinander, 2,5 cm Durchmesser, duftend, Kronblätter rein weiß (höchstens in der Knospe rosa getönt), mit goldenen Staubbeuteln. Blütezeit: Mai. Früchte 10 mm Durchmesser, dunkelrot, leicht bereift, Kelch hinfällig. Von SARGENT 1892 in Japan entdeckt. 1908 gelangte die Art 1908 nach Kew/England. Häufig in Kultur.

***Malus toringo*, Siebolds Apfelbaum:** 3–5 m hoher Großstrauch oder kleiner Baum mit sehr breiter Krone und hängenden, purpurbraunen Zweigen. Am Naturstandort bis 10 m hoch werdend. Blätter 1–2,5 cm lang gestielt, Spreite eiförmig bis elliptisch, ungleich gesägt, ungeteilt oder unterschiedlich 3–5-lappig, 3–8 cm lang und 2–4 cm breit, beidseitig behaart. Blüten zu 3–8 beieinander, 2–2,5 cm lang gestielt, im Knospenstadium rosa, voll erblüht weiß, 3 cm Durchmesser. Blütezeit: Mai. Früchte kugelförmig, 5–7 mm Durchmesser, gelborange oder gelblich an dünnen roten Stielen, Kelch hinfällig. Fruchtreife: September. Verbreitung: Japan (Hokkaido bis Kyushu), China. In China in Mischwäldern von 150 bis 2000 m ü. M. 1856 von SIEBOLD aus Japan nach Europa gebracht, früher als *M. sieboldii* häufig angepflanzt. In der IUCN Red List ist *M. toringo* unter DD (Data Deficient) enthalten, Aussagen zu einem konkreten Gefährdungsgrad sind derzeit noch nicht möglich.

Malus × zumi (*M. sieboldii* × ? *M. baccata* var. *mandshurica*): Blätter 2,5 cm lang gestielt, eiförmig oder länglich, ± ungeteilt, 4–8 cm lang und 2–4 cm breit. Blüten zu 4–7 beieinander, 2,5–4 cm lang gestielt. Blüten inder Knospe rosa, erblüht weiß. Blütezeit: Mai. Verbreitung: Japan (Honshu). Aus Japan von SARGENT 1892 nach den USA gebracht und von dort 1905 nach Kew/England gelangt.

Hierzu zählen 2 in den letzten Jahren häufig angepflanzte und durch ihren lange an den Zweigen haftenden Fruchtschmuck sehr beliebte Sorten:
'Golden Hornet': 4–6 m hoher Strauch oder kleiner Baum. Blüten zu 3–4, Knospen rosa, entfaltete Blüten weiß. Früchte gelb, 2,5–3 cm lang und 2–2,5 cm breit, mit persistierendem Kelch. Bei WATERER & Son entstanden.
'Prof. Sprenger': 5–6 m hoher Strauch oder Baum. Blütenknospen rosa, Blüten weiß. Früchte ohne Kelch, 1–1,5 cm Durchmesser, amberfarben, gelborange bis orangerot. Stets reich fruchtend. In Holland entstanden und 1950 von DOORENBOS in den Handel gebracht.

Früchte des Zumi-Apfels.

Melia azedarach – Indischer Zedarachbaum, Paternosterbaum

Meliaceae – Zederachgewächse

Sommergrüner Großstrauch oder 6–15(–20) m hoher Baum mit Stammdurchmesser bis 30–60(–80) cm. Zweige grün, kahl. **Blätter** doppelt unpaarig gefiedert, 20–40 cm lang, 15–30 cm breit, Blättchen 2,5–7 cm lang, 1–3 cm breit, eiförmig, elliptisch oder lanzettlich, grob gezähnt bis unregelmäßig eingeschnitten, selten ganzrandig, kahl, zerrieben mit stechendem Geruch. **Blüten** in 10–25 cm langen, blattachselständigen Thyrsen, duftend, radiär, 5-zählig, Kronblätter 1 cm lang, hellpurpur bis fliederfarben, ihr Rand ± zurückgeschlagen, Staubblätter zu 8 mm langer violetter Röhre verwachsen. Blütezeit: April–Mai. **Frucht** kugelige bis ellipsoidische gelbe Steinfrucht, 1–2 cm lang, 1–1,5 cm Durchmesser, Steinkern stark verholzt. **G!**

Name: *Melia* = griech. Esche, wegen gewisser Ähnlichkeiten durch unpaarig gefiederte Blätter und seitenständig entspringende rispenartige Blütenstände; *azedarach* verschieden gedeutet, entweder „azad dirakht" persisch = prächtiger Baum oder „cedrus" lat. wegen des wie bei der Zedern (*Cedrus*) duftenden Holzes. Paternosterbaum nach der Verwendung der Steinkerne für die Anfertigung von Gebetsketten (Rosenkranz oder Paternosterschnur).

Blütenstand des Indischen Zedarachbaums.

Systematik: Zur Gattung 3 Arten, die von der meridionalen bis tropischen Zone S- und SO-Asiens bis Australien verbreitet sind.
Verbreitung: Indien und Nepal bis SO-China und Laos (bis 2100 m ü. M.), aber außerhalb des natürlichen Areals in warmgemäßigten bis tropischen Zonen Asiens, Afrikas und Amerikas nach Verwilderung aus Kultur (Zier- und Forstbaum) verbreitet etabliert.
Lebensraum: Feucht-warme Laubmischwälder aus immergrünen und laubwerfenden Arten, lichte Wälder und Waldränder.
Biologie: Alle Pflanzenteile giftig, besonders stark die Früchte. Stammbasis alter Bäume oft mit knolligen Auswüchsen, Wurzelsprosse bildend; wärmebedürftig, sehr frostempfindlich, junge Bäume auch empfindlich gegenüber Trockenheit und Beschattung.
Verwendung: Im natürlichen Verbreitungsgebiet und in den Ländern mit forstlichen Anbauten geschätzt wegen des harten, aber leicht zu bearbeitenden, sehr widerstandsfähigen Holzes. Gewinnung von Heilmitteln aus Rinde und Samen, auch industrielle Nutzung des Samenöls (Schmiermittel, Farbe- und Seifenerzeugung). Als attraktiver Zierbaum mit seinen großen, aber eleganten Fiederblättern und relativ kleinen, aber zahlreichen und angenehm duftenden Blüten beliebt, in Europa vor allem im Süden wie im gesamten Mittelmeergebiet als schattenspendender Straßen- und Parkbaum gepflanzt, im arabischen Raum schon im 11. Jahrhundert bekannt, nach England im 16. Jahrhundert eingeführt. Kann in Mitteleuropa nur in wintermildem Klima an warmen, sonnigen, vor Frost geschützten Standorten, z. B. vor einer Wand oder Mauer, gepflanzt werden. Früchte noch lange nach Laubfall am Baum bleibend.

Menispermum canadense – Amerikanischer Mondsame

Menispermaceae – Mondsamengewächse

Ausläufer bildende, sommergrüne, bis 4 m hoch linkswindende Liane. Junge Triebe fein behaart. Zweige glänzend olivgrün bis dunkel braunrot, kahl und glänzend, später dunkel- bis graubraun und längsrissig. Knospen in der Blattnarbe geborgen. Häufig oberhalb der Blattnarbe noch 1–2 Beiknospen. **Blätter** wechselständig, 5–15 cm lang gestielt, Stiel nahe dem Blattrand inseriert. Spreite mehr oder weniger schildförmig bis herzeiförmig, schwach 3–7-lappig, oder einfach, am Ende stumpf oder spitz, am Grund keilförmig oder gestutzt, unterseits anfangs behaart, verkahlend, 10–20 cm lang. **Blüten** unscheinbar, eingeschlechtig, zweihäusig verteilt, gelbgrün, in gestielten achselständigen, lockeren, 2–6 cm langen Rispen. Kelchblätter 6–10, Kronblätter 6–9, Staubblätter 12–18(24). Weibliche Blüten mit 6–12 Staminodien, Fruchtblätter 2–4, frei. Blütezeit: Mai–Juni. **Frucht** aus 2–3 fleischigen, fast kugelförmigen, 8 mm großen, blauschwarzen Steinfrüchtchen bestehend. Steinkerne nieren- oder hufeisenförmig gekrümmt, markant strukturiert. Fruchtreife: Oktober–November.

Name: Griech. „Men“ = Mond, „sperma“ = Same; *canadense* = kanadisch. Der Name Mondsame bezieht sich auf den eigenartig geformten Steinkern.
Systematik: Gattung mit 2 Arten in Ostasien, dem östlichen Nordamerika und Mexiko. Die Familie der *Menispermaceae* enthält 68 Gattungen mit etwa 450 Arten, die meist in den Tropen beheimatet sind. Charakteristisch sind die merkwürdig strukturierten Steinkerne.
Verbreitung: Östliches Nordamerika (Quebec und Manitoba bis Georgia und Arkansas).
Lebensraum: In Auenwäldern, Waldrändern und an Gewässern. Auf feuchten, nährstoffreichen, lockeren Böden.
Biologie: Die Blüten werden von Insekten bestäubt, die Früchte von Vögeln verzehrt.
Verwendung: In Kultur seit 1646. Interessantes windendes Gehölz für Pergolen, Lauben, hohe Zäune oder Wände. Durch die Ausläufer sich sehr schnell ausbreitend. Frosthart bis –20 °C. In Mitteleuropa frei von Schädlingen.

▲ *Blätter des Dahurischen Mondsamens.*

◀ *Fruchtender Amerikanischer Mondsame.*

Ähnliche Art:
***Menispermum dauricum*, Dahurischer Mondsame:** Ausläufer bildende, bis 4 m hoch windende Liane. Sehr ähnlich voriger Art. Junge Zweige kahl. Blätter 3–12 cm lang gestielt, Stiel vom Blattrand entfernt in die Spreite führend, d. h. Blatt deutlich schildförmig. Spreite herzeiförmig, stets kahl, 6–12 cm groß, ausgeschweift gelappt, selten ungelappt, am Ende zugespitzt, unterseits blaugrün. Blüten in doldenähnlichen, meist paarweise angeordneten Rispen. Blütezeit: Juni. Früchtchen dicht beieinander, 10 mm groß, schwarz. Fruchtreife: Oktober–November. Verbreitung: Nordostasien, von Sibirien bis China. In Kultur seit 1883. Das Artepitheton „dauricus“ bzw. „dahuricus“ verweist auf die Dahuren, einen kleinen tungusischen Volksstamm im Nonni- und Amurgebiet und Aigun (Sibirien).

Mespilus germanica – Mispel

Rosaceae – Rosengewächse

Sommergrüner, aufrechter, bis 5 m hoher, dornig bewehrter Strauch oder kleiner Baum mit grauer Rinde und grau- bis rotbrauner Schuppenborke. Dornen 1–2,5 cm lang. Zweige etwas hin und her gebogen, rot- bis dunkelbraun, dicht abstehend wollig behaart. Knospen spitz eiförmig bis kegelförmig, 2–4 mm lang, Schuppen weiß bewimpert. **Blätter** wechselständig, fast sitzend, 6–12 cm lang gestielt, mit kleinen, spitz eiförmigen Nebenblättern. Spreite breit länglich bis länglich lanzettlich, zugespitzt, am Grund gerundet, 6–12 cm lang und 2–4 cm breit, am Rand fein gesägt, oberseits dunkelgrün und leicht behaart, unterseits fein filzig. **Blüten** fast duftlos, kurz gestielt, einzeln, endständig an beblätterten Jungtrieben, weiß bis hellrosa, 4–5 cm Durchmesser. Blütenhülle doppelt, 5-zählig. Kronblätter rundlich dreieckig, oft ausgerandet. Staubblätter 25–40, Staubbeutel rot, Fruchtblätter 5 mit 5 getrennten Griffeln. Je Fruchtblatt 2 Samenanlagen. Blütezeit: Mai–Juni. Wand der Früchtchen dick und verholzt, in die sich vergrößernde, fleischige Blütenachse eingebettet (Nussapfel). **Früchte** 2–3 cm dick, breit kreiselförmig, rau, braun, vom persistierenden Kelch mit 2–3 cm langen, lineal-lanzettlichen, spreizenden Kelchblättern gekrönt, Oberende der Frucht flach oder eingesenkt. Fruchtfleisch hart, fleischig, mit 5 schief eiförmigen, 8–10 mm langen, 3-kantigen Steinkernen. Fruchtreife: Oktober–November.

Blüten der Mispel.

Früchte der Mispel.

Name: „mespilos" wurde der Baum von THEOPHRAST, „mespilus" von PLINIUS genannt. *germanicus* lat. = germanisch, hier deutsch.
Systematik: Die Gattung *Mespilus* ist monotypisch, wird heute aber auch mit *Crataegus* vereint.
Verbreitung: SO-Europa bis Kaukasien und Iran. In Mitteleuropa bisweilen verwildert und eingebürgert. *Mespilus germanica* ist in die Vorwarnliste der Roten Liste Deutschlands aufgenommen.
Lebensraum: Lichte Laubmischwälder, Waldränder und Gebüsche.
Biologie: Die Blüten werden von Insekten, vor allem Honigbienen, aufgesucht und bestäubt. Die Samenausbreitung erfolgt durch Säugetiere, die die dann am Boden liegenden Früchte fressen.
Verwendung: Angepflanzt ist vor allem die Kulturform:
'Macrocarpa': Meist vom Grund an mehrstämmiger, dornenloser Baum mit breiter fast bis zum Boden reichender Krone. Früchte 3–4 cm breit. Früher wichtiges Obstgehölz. Wohl schon von den Assyrern und Babyloniern kultiviert. Von den Römern nach Deutschland gebracht. Meist auf Weißdorn veredelt. Die Früchte sind gerbstoffreich und erst nach Frosteinwirkung, durch die das Fruchtfleisch teigig wird, essbar. Leicht kultivierbar an einem sonnigen bis halbschattigen, sommerwarmen Standort auf tiefgründigen, nährstoffreichen Böden. Früher vor allem in Bauerngärten angepflanzt. Heute kaum noch von Bedeutung, da Birnen und Äpfel weitaus beliebter sind.

Morella pensylvanica – Amerikanischer Gagelstrauch, Northern Bayberry

Myricaceae – Gagelgewächse

Sommer- oder wintergrüner, bis 3 m hoher Strauch. Zweige behaart und drüsig, mit Endknospe. **Blätter** verkehrt länglich eiförmig bis elliptisch, 4–10 cm lang und 1,5–4 cm breit, zur Spitze hin flach kerbig gesägt, unterseits dicht mit gelben Harzdrüsen bekleidet. Blütezeit: März–April. **Früchte** in 1 cm langen Ähren, kugelförmig, 3–5 mm groß, schwarzbraun, aber mit einem grauweißen Wachs überzogen, das sich als Kügelchen ablösten lässt. Den Winter über am Baum bleibend. Fruchtreife: September(–April).

Name: *Morella* abgeleitet von *Morus* = Maulbeere. Fruchtstände ähnlich einer kleinen Maulbeere.
Systematik: Zur Gattung *Morella*, die Arten waren früher in der Gattung *Myrica* enthalten, werden rund 50 Arten gezählt. Sie sind in den Subtropen, in Amerika und SO-Asien beheimatet. Im Unterschied zu *Myrica* erscheinen die Blüten an diesjährigen Sprossabschnitten, die zudem mit einer Endknospe ausgestattet sind.
Verbreitung: Nordöstliches Nordamerika (Neufundland bis New York und Maryland).
Lebensraum: Sandflächen, Dünen, trockene Hügel und Ufer, vor allem küstennah.
Verwendung: In Mitteleuropa nur selten angepflanzt, kalkmeidend.

Fruchtender Amerikanischer Gagelstrauch. ▶

Morus alba – Weiße Maulbeere oder Weißer Maulbeerbaum

Moraceae – Maulbeer(baum)gewächse

3–10(–15) m hoher Strauch oder oft kurzstämmiger Baum. **Blätter** variabel in Größe und Form, 6–20 cm lang, Spreite breit eiförmig, oft gelappt, meist mit 2–3 Lappen, am Rand grob gezähnt, Oberseite glatt, nur selten schwach rau. **Blüten** unscheinbar, eingeschlechtig, grünlich, in getrennten Ständen, 1- oder 2-häusig verteilt, in den Blattachseln. Männliche Blüten mit 4 Staubblättern in 2,5 cm langen Ständen, die weiblichen mit 1 Fruchtknoten in 1–1,5 cm langen Ständen. Blütenhülle 4-teilig, zur Reife fleischig werden. Blütezeit: Mai. **Fruchtverbände** 1,5–2,5 cm lang, weiß oder rosa bis dunkel purpurrot, süßlich, aber etwas fade schmeckend. Fruchtreife: Juni–Juli.

Name: In der Antike bezeichnete „morum" sowohl die Schwarze Maulbeere als auch die Brombeere, bevor lat. „morus" auf die Maulbeeren eingeengt wurde; *alba* lat. = weiß, wegen der im Gegensatz zu anderen Arten auch weißen Farbe der Scheinfrüchte.

Systematik: 10–17 Arten von Maulbeerbäumen kommen in den gemäßigten und subtropischen Zonen vor, ein- oder zweihäusige, sommergrüne, Milchsaft führende Bäume oder Sträucher mit wechselständigen Blättern und gestielten hängenden Blütenständen. Aus den weiblichen Blüten-

Blühender Seitenspross der Weißen Maulbeere.

ständen gehen durch fleischig werdende Blütenhüllen brombeerähnliche Fruchtverbände („Maulbeeren“) hervor, in denen die einzelnen Früchte (Nüsse) eingebettet sind.

Verbreitung: China, ehemals nur N- und Mittel-China, aber natürliches Areal kaum noch rekonstruierbar, da als einer der ältesten Nutzbäume seit 4–5 Jahrtausenden wegen der Nutzung der Blätter für die Seidenraupenzucht gepflanzt, auch außerhalb Ostasiens seit alter Zeit im Anbau, oft verwildert und eingebürgert, so in vielen Ländern des Mittelmeerraums, Klein- und Vorderasiens oder O-USA.

Fruchtende Weiße Maulbeere.

Lebensraum: Wälder warmer Lagen und meist gut nährstoff- und basenversorgter Standorte.

Biologie: Wärmebedüftig, Trockenheit ertragend; stockausschlagfähig, schnittverträglich, früher auch als Kopfbaum kultiviert.

Verwendung: Größte Bedeutung als Nahrungsgrundlage für die Seidenraupen, früher auch in Deutschland mehrfach Anbau befördert (z. B. durch FRIEDRICH DEN GROSSEN), wovon alte Bäume und Hecken heute noch Zeugnis ablegen. Die Art ist als Zier- und Fruchtgehölz interessant, aber auch wegen ihrer Kulturgeschichte. Im Freistand entwickelt sich die Hängeform ('Pendula'), wenn hochstämmig veredelt, zu einer malerischen Baumgestalt. Im Mittelmeergebiet und Westasien auch häufig angepflanzter Straßenbaum.

Ähnliche Art:

***Morus nigra*, Schwarze Maulbeere** oder **Schwarzer Maulbeerbaum:** Im Gegensatz zu *M. alba* sind die derberen Blätter oberseits stets sehr rau und die Fruchtverbände nie weiß, sondern immer dunkelrot bis schwarzpurpurn und wohlschmeckend, was der Hauptgrund für den Anbau dieser Art ist, ebenfalls seit alter Zeit. Die Maulbeeren sind roh schmackhaft, werden aber auch zu Gelee, Marmelade, Sirup oder Wein verarbeitet. Die ursprüngliche Verbreitung ist nicht sicher bekannt, vermutlich Mittel- und Vorderasien, heute in vielen Ländern des Orients und Mittelmeerraums und auch in SO-USA eingebürgert. In Mitteleuropa ist die frostempfindlichere Art eher in Weinbaugebieten zu finden, sie wurde im Mittelalter oft in Klostergärten gepflanzt. Blütezeit: Mai. Fruchtreife: Juni–Juli.

Fruchtender Seitenspross der Schwarzen Maulbeere.

Myrica gale – Gagel, Torfgagel, Gagelstrauch
Myricaceae – Gagelgewächse

Sommergrüner, aufrechter und reich verzweigter, 0,5–1,25 m hoher Strauch. Junge Triebe schwach flaumig behaart und mit zahlreichen golden glänzenden Harzdrüsen bekleidet. Zweige glatt, anfangs gelbbraun, später rot- bis dunkelbraun, fein weißlich behaart. An blühenden Zweigen stehen die vegetativen Knospen unterhalb der Blütenstandsknospen, sie sind länglich eiförmig, 2–3 mm lang, mit mehreren weiß berandeten braunen Knospenschuppen. **Blätter** wechselständig, lederig, 1–5 mm lang gestielt. Spreite verkehrt länglich eiförmig bis lanzettlich, 2,5–6 cm lang und 8–15 mm breit, zur Spitze hin entfernt grob gesägt, am Grund keilförmig in den Blattstiel verschmälert, oberseits dunkelgrün, unterseits graugrün und flaumig behaart. **Blüten** zahlreich in achselständigen, aufrechten, bereits im Spätsommer des Vorjahrs gebildeten zylindrischen Kätzchen am Ende der Sprosse. Blüten ohne Blütenhülle, eingeschlechtig, zweihäusig verteilt, sich vor dem Laubaustrieb öffnend. Männliche Kätzchen 10–15 mm lang, Blüten mit 4 unten miteinander und mit der Basis der Tragblätter zusammengewachsenen, in der Achsel eines Tragblatts sitzenden Staubblättern. Weibliche Kätzchen 5–6 mm lang, Blüten mit 1 Fruchtknoten und 2 roten, das Tragblatt überragenden Narben. Blütezeit: April–Mai. **Frucht** eine 1-samige, trockene, 3-spitzige, nussartige, dicht mit goldenen Harzdrüsen bekleidete Steinfrucht. Fruchtreife: September. (**G!**)

Name: Theophrast und Dioskurides bezeichneten mit „myrike“ die Tamariske, Ovid und Plinius mit „myrica“ das gleiche Gehölz. Im Mittellat. auf den Gagelstrauch (Heidemyrte) übertragen. Der Name „gale“ für den Gagelstrauch wurde erstmals von Caspar Bauhin zu Beginn des 17. Jahrhunderts verwendet. Er geht wohl auf das angelsächsische „gazel“ bzw. „gazol“ zurück.
Systematik: Die Gattung *Myrica* weist 2 Arten auf. Die Familie *Myricaceae* besteht aus 4 Gattungen mit rund 55 Arten. Fossil ist die Gattung seit der Oberen Kreide nachgewiesen.
Verbreitung: Atlantisches West- und Nordeuropa, von Portugal über die Britischen Inseln, Südskandinavien bis zum Baltikum. Außerdem Nordamerika. In Deutschland vorwiegend im nordwestlichen und nördlichen Teil. In der Roten Liste Deutschlands als gefährdet eingestuft.
Lebensraum: Auf nassen und moorigen Sandböden in feuchten Heiden, Heidemooren, Zwischenmooren, Kiefernwäldern und Weidensümpfen. In den typischen Hochmooren fehlend. Vergesellschaftet mit Moor-Birke (*Betula pubescens*), Ohr-Weide (*Salix aurita*) und Schwarz-Erle (*Alnus glutinosa*).
Biologie: Die Pflanzen leben mit Luftstickstoff bindenden Actinomyceten in Symbiose, die kleine Wurzelknöllchen bilden. Der Gagelstrauch ist ein windblütiges Gehölz. Die reifen Früchte schwimmen und können durch Wasser verbreitet werden. Die Pflanzen duften aromatisch. In den Blättern ist zu 0,4–0,7 % ein ätherisches Öl enthalten, das aus mehreren chemischen Komponenten besteht. Auch die Zweige und Blütenkätzchen enthalten ätherische Öle.
Verwendung: Aufgrund der schwachen Giftigkeit wurden

Männliche Blütenstände des Gagels.

Fruchtender Gagel.

früher Zweige gegen Ungeziefer verwendet. Die in den Blättern enthaltenen adstringierenden Stoffe dienten als Mittel gegen Hautausschläge und als Abortivum. Die Rinde wurde zum Gerben verwendet. In Norwegen, Dänemark, aber auch Norddeutschland wurden die Blätter wie auch die des Sumpf-Porsts (*Rhododendron tomentosum*, siehe S. 473) dem Bier anstelle von Hopfen zugesetzt. Das Grut- oder Porstbier hatte eine besonders berauschende Wirkung. Blätter und Früchte waren auch als Zusatz für Kräuterliköre im Gebrauch. Die vegetative Vermehrung erfolgt durch Ausläufer. Die Samen sind Kälte- und Lichtkeimer.

Nandina domestica – Himmelsbambus, Nandine

Berberidaceae – Berberitzengewächse

Immergrüner Kleinstrauch, selten bis 2 m hoch, mit mehreren straff aufrechten, kaum verzweigten, kahlen Sprossen. Junge Zweige rötlich. **Blätter** wechselständig, an den Sprossenden rosettig genähert, 30–50 cm lang und breit, unpaarig (2–)3-fach gefiedert. Blättchen fast sitzend, etwas lederig, 3–7 cm lang, 1–2,5 cm breit, elliptisch bis lanzettlich, lang zugespitzt, ganzrandig, im Austrieb rötlich, später oberseits frischgrün, unterseits heller, im Herbst und Winter purpurrot, im Frühjahr wieder ergrünend. **Blüten** in endständigen, 20–35 cm langen Rispen, eingeschlechtig oder zwittrig, 6 mm Ø, Kelchblätter zahlreich, Kronblätter 3 oder 6, weiß. Blütezeit: Juni–Juli. **Früchte** rote oder purpurne Beeren, kugelig, 6–8 mm Ø, lange haftend.

Namen: *Nandina* lat. Name, der auf der jap. Bezeichnung „nantén" basiert, die wiederum auf die chines. Namen „nán" = Süden und „tiānzhú" = Himmelsbambus zurückgeht. Artepitheton *domestica* (lat.) bedeutet zum Haus gehörig, da die Art in Japan und China gern in Gärten gepflanzt wurde, oft auch in Tempelgärten, was möglicherweise den Namen Himmelsbambus erklärt.
Systematik: Gattung *Nandina* monotypisch (nur eine Art), wurde früher auch einer eigenen Familie zugeordnet.
Verbreitung: Japan, zentrales und südliches China bis Indien. In einigen Ländern (z. B. SO-USA, Italien) aus Kultur verwildernd und eingebürgert.
Lebensraum: Flussbegleitende Bergwälder, Gebüsche, bis 1000 m ü. M.
Biologie: Frostempfindlich.
Verwendung: Zierende Wirkung durch die lange haftenden Früchte und das immergrüne, sich aber im Herbst und Winter purpurrot (bei Sorten auch rosa- oder orangerot) verfärbende Laub. Wird als Topf- oder Kübelpflanze kultiviert, in wintermilden, windgeschützten, sonnigen Lagen auch im Freiland auf bodenfrischen Standorten.

Fruchtstand des Himmelbambus.

Neillia sinensis – Blasse Traubenspiere

Rosaceae – Rosengewächse

Sommergrüner, 2(–4) m hoher Strauch. Zweige dünn, stielrund, hell- bis dunkelbraun, kahl, oft überneigend. Knospen ei- bis kugelförmig, mit mehreren dunkelrotbraunen Knospenschuppen, meist mit absteigenden Beiknospen. **Blätter** wechselständig, oft 2-zeilig orientiert, 5–15 mm lang gestielt. Spreite eiförmig bis länglich eiförmig, 4–8 cm lang, geschwänzt zugespitzt, am Grund gerundet oder breit keilförmig, doppelt eingeschnitten gesägt und 3-lappig, kahl oder verkahlend. Nebenblätter lanzettlich, hinfällig. **Blüten** duftlos, zwittrig, nickend, 10–12 mm lang, blassrosa, 3–7 mm lang gestielt in endständigen, verlängerten, 3–6 cm langen und 10–20-blütigen Trauben. Blütenhülle doppelt, 5-zählig. Blütenbecher kahl, Kelchzipfel dreieckig, geschwänzt, viel kürzer als der Blütenbecher. Kronblätter so lang wie die Kelchzipfel, rundlich eiförmig. Staubblätter 10–30, in 3 Serien. Fruchtblätter 1–2. Blütezeit: Mai–Juni. **Frucht** aus Bälgen bestehend, die von der persistierenden, drüsig behaarten Kelchröhre umhüllt sind, 5-samig. **Samen** 2 mm lang, glänzend braun. Fruchtreife: August–September.

Name: Die Gattung wurde nach dem schottischen Botaniker Patrick O´Neill (1776–1851) benannt. *sinensis* lat. = chinesisch.

Systematik: Die Gattung *Neillia* umfasst 17 Arten vom Osthimalaja bis nach China und Malesien.

Verbreitung: Mittel und Südostchina.

Lebensraum: Mischwälder, Talhänge in Höhenlagen von 1000 bis 2500 m ü. M.

Biologie: Die Blüten werden von verschiedenen Insekten aufgesucht und bestäubt.

Verwendung: *N. sinensis* wurde von Henry entdeckt und gelangte 1901 durch Wilson nach Europa. Die Art ist relativ selten angepflanzt und bis –18 °C frosthart. Der Boden sollte humos, nährstoffreich, feucht, der Standort halbschattig sein. Vermehrung durch Samen oder krautige Stecklinge.

Ähnlich im Aussehen und in der Verwendung ist die **Tibet-Traubenspiere, *Neillia thibetica*.** Ihre Blüten sind kleiner und die Blütenröhre ist außen behaart.

Blütentraube der Blassen Traubenspiere.

Blühende Tibet-Traubenspiere.

Neillia incisa – Kleine Kranzspiere

Bis 2,5 m hoher Strauch mit hin und her gebogenen, Zweigen. **Blätter** 2-zeilig stehend, (2–)4–5 (–8) mm lang gestielt. Nebenblätter bleibend. Spreite breit dreieckig eiförmig, 2–4(–7,5) cm lang und 1,5–2,5 cm breit, am Grund herzförmig oder abgeschnitten, mit 4–7 Seitennervenpaaren, grob und unregelmäßig tief eingeschnitten gesägt, etwas behaart bis kahl, lang zugespitzt. **Blüten** 5–8 mm lang gestielt, zwittrig in endständigen, 2–6 cm langen und breiten, vielblütigen Rispen an jungen Zweigen, cremefarben bis grünlich weiß, 4–5 mm Durchmesser. Blütenhülle doppelt, 5-zählig. Kronblätter verkehrt eiförmig, 2–3 mm lang, so lang wie oder etwas kürzer als der Kelch. Staubblätter 10, kürzer als die Kronblätter. Fruchtblätter in Einzahl. Blütezeit: Juni. Blütenbecher und die 1,5 mm langen Kelchblätter persistierend. **Früchte** kugelige bis eiförmige Bälge, 2 mm lang, kurz behaart. Samen meist 1–2, eiförmig. Fruchtreife: August–September.
Name: *incisa* lat. = eingeschnitten
Verbreitung: Japan (Hokkaido bis Kyushu), Korea, NO-China, Taiwan. In China auf Gebirgshängen und in Flusstälern in Höhenlagen zwischen 500 und 1000 m ü. M. In Japan in Wäldern niedriger Gebirge.
Verwendung: In Europa seit 1872 in Kultur. Häufig angepflanzt. Neben der Blütenfülle besticht die Kleine Kranzspiere noch durch eine schöne Herbstfärbung. Sie bevorzugt einen sonnigen bis halbschattigen Standort und einen mäßig nährstoffreichen, feuchten Boden. Früher unter dem Namen *Stephanandra incisa* kultiviert.

Weitere Art:
***Neillia tanakae*, Große Kranzspiere:** Blätter 1–1,5 cm lang gestielt, Spreite 7–13 cm lang , 3–5-lappig, geschwänzt zugespitzt, mit 6–10 Seitennervenpaaren, oberseits kahl, gleichmäßig doppelt gesägt. Rispen 5–10 cm lang, kahl. Staubblätter 15–20. Blütezeit: Juni–Juli. Verbreitung: Japan. Selten im Gebirge auf Honshu. In Kultur seit 1893, meist unter dem Namen *Stephanandra tanakae*. Benannt nach dem japanischen Botaniker Yoshio Tanaka.

Nothofagus antarctica – Antarktische Süd- oder Scheinbuche

Nothofagaceae – Südbuchengewächse

Sommergrüner Strauch oder 6–10 m (im natürlichen Areal bis 35 m) hoher, ein- oder mehrstämmiger Baum. Stamm oft knieförmig, aufwärts gebogen oder schräg aufsteigend, teils mit gedrehten Ästen. Zweige oft fischgrätenartig, da Knospen und Blätter auffällig 2-zeilig und einander genähert. **Blätter** wechselständig, einfach, 0,6–4 cm lang, (breit) eiförmig bis rundlich, runzelig-wellig, glänzend dunkelgrün, Spreite an Basis gestutzt bis herzförmig, vorn abgerundet, Rand unregelmäßig gezähnt bis gekerbt. Herbstlaub gelb. **Blüten** unscheinbar, eingeschlechtig, grünlich gelb. Blütezeit: Mai. **Früchte** Nüsse, zu 3 in einem 4-teiligen Fruchtbecher.

Name: *Nothofagus* von „nothus" lat. = unecht, also keine „echte" *Fagus* bzw. Buche, sondern „Scheinbuche", auch Ableitung von „notus" lat. = Südwind möglich, da im Gegensatz zur nordhemisphärischen Gattung *Fagus* auf der Südhalbkugel vorkommende „Südbuchen", darauf bezieht sich auch der Artbeiname *antarctica*, denn griech. „anti" = entgegengesetzt und „arktikos" = nördlich.
Systematik: Zur Gattung der Süd- oder Scheinbuchen gehören etwa 40 Arten, immer- und sommergrüne Bäume, teils auch strauchartig oder als Krummholz wachsend. Das disjunkte Verbreitungsgebiet ist auf die Südhalbkugel beschränkt, vom Äquator bis zum 54. Grad südlicher Breite reichend, von Papuasien und Neukaledonien über Australien bis Neuseeland einerseits und im südlichen Südamerika andererseits, dabei von Meeresspiegelhöhe bis zur subalpinen Waldgrenze

vorkommend. Die Früchte sind Nüsse, die jeweils zu 2–7 von einem Fruchtbecher umgeben sind. Dieser erinnert an die Cupula der Buchen. Wegen der Ähnlichkeiten zu *Fagus* wurde *Nothofagus* früher in die Familie der Buchengewächse (*Fagaceae*) eingeordnet, wird aber heute als eine parallele oder konvergente Entwicklung betrachtet, was in einer eigenen südhemisphärischen Familie *Nothofagaceae* zum Ausdruck kommt. Zu den Scheinbuchen gehören wertvolle Nutz- und Zierbäume, in gemäßigten Breiten der Südhalbkugel nach *Eucalyptus* die bedeutendsten Holzlieferanten.

Die Blätter der Antarktischen Südbuche sind recht klein und meist runzlig-wellig.

Verbreitung: Australes Südamerika (S-Chile, S-Argentinien).

Lebensraum: Gebirgswälder der Anden, an der Waldgrenze oft Krummholz bildend.

Biologie: Die frosthärteste Art der Scheinbuchen, bevorzugt auf frischen bis feuchten, gut nährstoffversorgten Böden, toleriert aber auch stark saure und grundwassernahe Standorte ebenso wie zeitweilige Trockenheit.

Verwendung: Durch Herkunft, auffälligen Wuchs und Beblätterung interessantes Garten- und Parkgehölz (nach Europa 1830 eingeführt), solitär besonders zur Geltung kommend.

Weitere Arten (australe Zone von Südamerika, gelegentlich als Ziergehölze gepflanzt):
***Nothofagus dombeyi*, Coihue-Scheinbuche** oder **Coigue:** Immergrüner Baum mit ebenfalls kleinen, 2–4 cm langen, aber länglich eiförmigen bis lanzettlichen oder rautenförmigen und spitzen Blättern, deren Rand unregelmäßig gesägt ist und auf deren Unterseite feine schwarze Drüsenpunkte erkennbar sind. In strengen Wintern mit tiefen Temperaturen kann der Baum sein Laub verlieren.

***Nothofagus obliqua*, Roble-** oder **Pellin-Scheinbuche:** Sommergrüner Baum mit größeren, 3–8 cm langen, länglich eiförmigen, an der Spreitenbasis etwas schiefen und vorn spitzen Blättern mit grob doppelt gesägtem Rand.

Nyssa sylvatica – Wald-Tupelo(baum), Black Gum, Black Tupelo

Nyssaceae – Tupelobaumgewächse

Sommergrüner, bis 30 m hoher Baum mit bis 1,5 m dicken, bis zur Kronenspitze durchgehenden Stämmen, kegelförmiger Krone und horizontal spreizenden Ästen. Borke würfelartig zerfurcht, hell graubraun. Junge Triebe dünn, anfangs dicht behaart rötlich. Zweige spreizend, später überhängend, rotbraun, kahl. **Knospen** eiförmig, zugespitzt, 3–5 mm groß, grünlich bis rotbraun, hell berandet, gelblich behaart. **Blätter** wechselständig, bis 2,5 cm lang gestielt. Spreite verkehrt eiförmig bis elliptisch, spitz zulaufend, am Grund keilförmig, 5–12 cm lang und 3,5–7,5 cm breit, ganzrandig oder weitläufig gezähnt, oberseits glänzend grün, kahl, unterseits bläulich, auf den Nerven mehr oder weniger weichhaarig. **Blüten** unscheinbar, grünlich, polygam, bis 12 mm Durchmesser, weibliche Blüten zu 2–4 in wenigblütigen, männliche Blüten in mehrblütigen Köpfchen. Blütezeit: Mai–Juni. **Früchte** Steinfrüchte, meist in Paaren, 1–3,5 cm lang gestielt, eiförmig, schwarzblau, 8–12 mm lang. Steinkern mit 10–12 hervorstehenden Rippen, 1-samig. Fruchtreife: Oktober.

Herbstlaub des Wald-Tupelobaums.

Name: „Nysa" war in der griechischen Mythologie eine Wassernymphe. Der englische Name „Tupelo" geht auf die Creek-Indianer zurück, die damit einen Sumpfbaum bezeichneten.
Systematik: Die Gattung *Nyssa* umfasst 7 Arten in Nordamerika, Asien und im Malaiischen Archipel. *Nyssa* wurde früher den Corna ceen zugeordnet.
Verbreitung: Nordamerika: von Ontario und den den nordöstlichen Staaten der USA bis Texas und Nord-Florida, den südlichen Präriestaaten sowie Mexiko.
Lebensraum: In Laubmischwäldern auf tiefgründigen, nährstoffreichen, feuchten, nassen, temporär überfluteten Böden. Vergesellschaftet mit Rot-Ahorn (*Acer rubrum*), Amberbaum (*Liquidambar*), Schwarznuss (*Juglans nigra*), Tulpenbaum (*Liriodendron*), Sumpf-Eiche (*Quercus palustris*) und Sumpfzypresse (*Taxodium*).
Biologie: Die Blüten werden durch Hautflügler, vor allem Bienen, bestäubt und stellen ein wichtiges Trachtgehölz dar. Die Früchte werden von Säugetieren, z. B. von Füchsen, gefressen.
Verwendung: *Nyssa* ist ein gelegentlich in Parkanlagen zu sehender Baum, der im Freistand vor allem zur Zeit der Laubfärbung durch sein brillantes, orangerotes bis scharlachrot gefärbtes Laub besticht. Es ist eines der am intensivsten gefärbten Laubgehölze überhaupt. In Europa ist der Wald-Tupelo seit 1750 in Kultur, er wurde um diese Zeit mehrfach eingeführt. Das Holz ist weich und besteht aus einem breiten gelblich weißen Splint und einem grauen bis hellbraunen Kern. Es ist ein Allzweckholz, das für Sperrholz und Furniere verwendet wird. Vermehrung durch Aussaat. Die Keimung erfolgt nach einer Stratifizierung und Aussaat im Frühjahr epigäisch. Auf kalkfreiem Boden wachsen die Sämlinge mäßig schnell. Die Art ist vollkommen frosthart.

Oemleria cerasiformis – Oregonpflaume, Oso Berry

Rosaceae – Rosengewächse

Sommergrüner, 2–5 m hoher, Ausläufer bildender, aufrechter, vielstämmiger Strauch. Zweige mit gekammertem Mark, dünn, kahl, glänzend olivbraun bis rötlich braun. Seitenknospen gestielt, kahl, viel kleiner als die bis 7–9 mm große, eiförmige bis länglich ellipsoidische Endknospe, mit mehreren bewimperten Knospenschuppen. **Blätter** wechselständig, 5–10 mm lang gestielt. Spreite einfach, ganzrandig, länglich lanzettlich, 7–10 cm lang, beidendig verschmälert, oberseits frischgrün, unterseits graugrün, kahl oder behaart. Nebenblätter klein, hinfällig. **Blüten** schwach duftend, grünlich weiß, in kahlen, hängenden, 5–10-blütigen, 3–10 cm langen, endständigen Trauben an seitlichen Kurztrieben, eingeschlechtig, zweihäusig verteilt, 8–10 mm Durchmesser. Blütenstiele mit 2 schuppenartigen Blättern. Blütenhülle doppelt, 5-zählig. Kelch glockenförmig mit kurzen, dreieckigen Zipfeln. Kronblätter länglich spatelförmig, 5–6 mm lang. Staubblätter 15. Fruchtblätter 5 mit 5 freien Griffeln, am Grund eines röhrenförmigen Blütenbechers. Blütezeit: März–Mai. **Früchte** pflaumenähnliche Steinfrüchtchen, 1–1,5 cm lang, blauschwarz, bereift, Griffelnarbe seitlich! Steinkern 7–11 mm groß, braun, glatt. Fruchtstiele zuletzt rot gefärbt. Fruchtreife: Juli–August.

Name: Der Gattungsname wurde zu Ehren des in Deutschland geborenen AUGUSTUS GOTTLIEB OEMLER, Pharmazeut und Naturwissenschaftler in Savannah/Georgia, geprägt. *cerasiformis* lat. = kirschähnlich, abgeleitet von „cerasus" = Kirsche.
Systematik: Die Gattung *Oemleria*, früher auch als *Osmaronia* bezeichnet, ist monotypisch. Sie gehört innerhalb der Rosaceen zu den Kirschartigen (*Prunoideae*), deren größte Gattung *Prunus* ist. Die Besonderheit der Gattung liegt darin, dass die Blüten nicht nur 1 Fruchtblatt, sondern 5 Fruchtblätter haben und die Griffelnarbe nicht endständig, sondern seitlich orientiert ist.
Verbreitung: W-Nordamerika (Britisch Columbia bis Kalifornien).
Lebensraum: In immergrünen Mischwäldern und in felsigen Tälern und Schluchten unterhalb 1700 m ü. M.
Biologie: Die Blüten werden vor allem von Hautflüglern bestäubt. Fruchtverbreitung durch Vögel.
Verwendung: Die Oregonpflaume ist seit 1848 in Europa in Kultur. Sie ist nur selten angepflanzt, aber durch ihre zeitige Blüte und die Früchte, die natürlich nur gebildet werden, wenn beide Geschlechter beieinander wachsen, bemerkenswert. Vermehrung durch Samen oder Teilung. Keine besonderen Bodenansprüche. Der Standort sollte vollsonnig bis halbschattig sein. Frosthart bis –20 °C. Die Früchte sind nicht giftig, schmecken aber bitter und nach Mandeln.

Früchte der Oregonpflaume.

Seitensprosse der Oregonpflaume mit Blütentrauben.

Osmanthus heterophyllus – Stachelblättrige Duftblüte

Oleaceae – Ölbaumgewächse

2–8 m hoher, reich verzweigter, dichter Strauch oder Baum. Zweige anfangs behaart. **Blätter** lederig, gegenständig, 5–10 mm lang gestielt. Spreite länglich elliptisch, 3–6 cm lang und 1,5–2,5 cm breit, Spitze dornig, jederseits mit 1–4 dornigen, 5–9 mm langen Zähnen, an älteren Pflanzen und im Blütenstandsbereich auch ganzrandig, oberseits glänzend dunkelgrün, unterseits gelblich, mit deutlichen Nerven, am Grund breit keilförmig. **Blüten** stark duftend, blattachselständig in Büscheln zu 5–8, zwittrig, 5–6 mm lang gestielt. Blütenhülle doppelt, 4-zählig. Kelch glockenförmig, 4-zipfelig, 1–1,5 mm lang, Kronblätter verwachsen, weiß, Kronröhre 1–2 mm, die Zipfel 2,5–5 mm lang. Staubblätter 2, Fruchtknoten oberständig, aus 2 Fruchtblättern gebildet, 2-fächerig. Blütezeit: September–Oktober. **Frucht** blauschwarze Steinfrucht, 10–15 mm lang, 1-samig. Samen mit fleischigem Nährgewebe. Fruchtreife: April–Mai.

Seitensprosse der Stachelblättrigen Duftblüte mit Blüten.

Name: Griech. „osme" = Duft, „anthos" = Blüte: Duftblüte; *heterophyllus* = verschiedenblättrig, aus griech. „heteros" = verschieden und „phyllon" = Blatt.

Systematik: Die Gattung *Osmanthus* umfasst etwa 30 holzige, immergrüne Arten in W-, S- und O-Asien und Nordamerika

Verbreitung: Japan (Honshu bis Kyushu), Taiwan.

Lebensraum: Waldränder und Gebüsche.

Biologie: Der intensive Duft lockt Insekten an. Die Verbreitung der Früchte erfolgt durch Vögel. Die bewehrten und unbewehrten Blätter an einer Pflanze erinnern sehr stark an die der Stechhülse (*Ilex*). Bei ihr jedoch sind die Blätter wechselständig!

Verwendung: Die Stachelblättrige Duftblüte ist gelegentlich angepflanzt, auch mehrere Formen. Sie gelangte durch Thomas Lobb 1856 nach Europa. Geeignet ist ein halbschattiger, windgeschützter Standort auf feuchtem, nährstoffreichem und humosem Boden. Frosthart bis –20 °C. Bei strengeren Kahlfrösten oder Temperaturstürzen kann es zum Erfrieren der Blätter kommen. Vermehrung durch Samen und Stecklinge im Juli.

Weitere Arten und Hybride:

***Osmanthus × burkwoodii*, Burkwoods Duftblüte** (*O. delavayi* × *O. decorus*): Immergrüner, reich und dicht verzweigter, 2–3 m hoher, breitbuschiger Strauch. Zweige fein behaart. Blätter eiförmig bis elliptisch, 2–4 cm lang, am Ende spitz, am Grund breit keilförmig bis gerundet, ± gesägt. Blüten stark duftend, zu 5–7 blattachselständig, 5–8 mm lang gestielt, weiß. Kelch 2 mm, Krone 4–5 mm lang. Blütezeit: April–Mai. In der Baumschule Burkwood & Skipwith/Kingston-on-Thames um 1928 entstanden. Sehr wertvolle Hybride, die eine häufigere Anpflanzung verdient. Stellt keine besonderen Bodenansprüche und ist auch kalkverträglich. Frosthart bis –18 °C.

Blüten von Burkwoods Duftblüte.

***Osmanthus decorus*, Stattliche Duftblüte:** Immergrüner, aufrechter 2–3 m hoher und ebenso breiter Strauch. Blätter derb lederig, 1–2 cm lang gestielt. Spreite eilanzettlich, ganzrandig, seltener entfernt gesägt, 5–13 cm lang und 2–7 cm breit, oberseits glänzend dunkelgrün, unterseits heller grün. Blüten duftend, 3–15 mm lang gestielt, in dichten blattachselständigen Büscheln, cremefarben bis weiß, 6–8 mm Durchmesser. Blütezeit: April–Mai. Steinfrüchte 10–15 mm lang, purpurschwarz. Fruchtreife: August–September. Verbreitung: SW-Georgien bis Lazistan in der Türkei. Tertiärrelikt. Der Bestand in Georgien ist bedroht. Lebensraum: Im immergrünen Unterwuchs der kolchischen Laubwälder. Von der Küste bis in Höhen von 1800 m ü. M. *decorus* lat. = edel, anmutig. 1866 vom Botaniker Benedict Balansa entdeckt und als Saatgut nach Frankreich gesandt. Gelegentlich angepflanzt. Benötigt einen geschützten, halbschattigen Standort und nährstoffreichen, feuchten Boden. Frosthart bis –18 °C.

Ostrya carpinifolia – Gewöhnliche oder Europäische Hopfenbuche

Betulaceae – Birkengewächse

10–20(–25) m hohe, einhäusige, sommergrüne Laubbäume. **Blätter** wechselständig, eiförmig bis elliptisch, 4–12 cm lang, Rand doppelt und scharf gesägt, Spreitenbasis abgerundet, Oberseite dunkelgrün, zwischen den Seitennerven anliegend behaart, Unterseite blassgrün, auf den Nerven schwach behaart, Laubfärbung im Herbst gelb. **Blüten** eingeschlechtig, männliche Kätzchen bereits im Jahr vor der Blüte angelegt und nackt überwinternd, 4–12 cm lang, weibliche mit Vorblatt, das sich später zu sackförmiger Fruchthülle entwickelt. Windbestäubung. Blütezeit: April–Mai. **Früchte** in 3–5 cm langen Fruchtständen mit eiförmigen Nüssen, die von der dünnen blasigen Fruchthülle umgeben sind, Nuss an der Spitze mit Haarbüschel.

Name: *Ostrya* lat. Name für „Hopfenbuche mit hartem Holz", kann zurückgeführt werden auf griech. „ostrya", ähnlich „oxya" Buche, und „ostreon" Auster, Bezug nehmend auf die Härte der Austernschalen und des Holzes dieser Baumart; *carpinifolia* lat. = hainbuchenblättrig.

Systematik: Früher wurde die Gattung der Hopfenbuchen (*Ostrya*) mit Hainbuchen (*Carpinus*) und Haseln (*Corylus*) einer Familie Haselgewächse (*Corylaceae*) zugeordnet. Die etwa 10 *Ostrya*-Arten sind sommergrüne Strauch- und Baumarten warmgemäßigter Breiten Nord- und Mittelamerikas sowie Eurasiens. Die Blätter erinnern an Hainbuchenblätter, die Fruchtstände an „Hopfenzapfen", die aus den lockeren weiblichen Blütenkätzchen hervorgehen, indem die Vorblätter der Blüten sich zur Fruchtzeit blasig vergrößern und die 1-samigen Nüsse umschließen.

Verbreitung: Mittelmeergebiet, im Osten über Kleinasien bis Kaukasien.

Lebensraum: Submediterrane Laubmischwälder, lichte Trockenwälder und -gebüsche oft kalkhaltiger Böden, von Küstenhängen bis in Berglagen von 1300 m ü. M.

Fruchtstände der Gewöhnlichen Hopfenbuche.

Biologie: Kurzlebig (bis 100 Jahre), als Jungpflanze schattentolerant, aber mit zunehmendem Alter anspruchsvoller an Licht; wärmebedürftig, Hitze und Trockenheit ertragend; hohes Stockausschlagvermögen.
Verwendung: Schweres und hartes Holz von ähnlicher Verwendbarkeit wie das der Hainbuche, wie diese oft im Mittel- und Niederwaldbetrieb genutzt. Als Ziergehölz (seit 1724 in Kultur) ist die Art besonders für trockenwarme Lagen geeignet, außerdem als Straßenbaum. Interessant durch die zahlreichen, im Frühjahr lang herabhängenden männlichen Kätzchen, die hopfenähnlichen Fruchtstände und den eher an manche Hickory-Art als an die verwandte Hainbuche erinnernden Stamm mit der im Alter rissigen und abblätternden grauen Borke.

Ähnliche Art:
***Ostrya virginiana*, Virginische Hopfenbuche:** Durch oberseits auch auf der Mittelrippe und unterseits stärker behaarte Blätter mit leicht herzförmiger Spreitenbasis und spindelförmige Nüsse ohne Haarschopf abweichend. Die im östlichen Nordamerika (isolierte Vorkommen noch in Mexiko und Guatemala) beheimatete Art gehört zu den verschiedenen, als „Eisenholz“ (ironwood) bezeichneten Gehölzarten, da ihr Holz extrem hart ist. Sie wurde bereits 1692 nach Europa in Kultur eingeführt und ist in Mitteleuropa frosthärter als die südeuropäische Gewöhnliche Hopfenbuche.

Oxydendrum arboreum – Sauerbaum

Ericaceae – Heide(kraut)gewächse

Bis 18–25 hoher Baum, in Kultur nur strauchförmig oder Kleinbaum von 2 bis 10 m Höhe, mit grünlich weinroten Zweigen. **Blätter** wechselständig, dünn, elliptisch länglich, 8–20 cm lang, Rand borstig gezähnt, Oberseite glänzend grün, Unterseite heller, Herbstfärbung leuchtend scharlachrot. **Blüten** in einseitswendigen Trauben, die zu 10–25 cm langen Doppeltrauben vereint sind. Krone weiß, urnenförmig, 6–9 mm lang. Blütezeit: Juli–August. **Früchte** grau behaarte, 5-kantige Kapseln.

Name: Nach griech. „oxys“ = herb, sauer und „dendron“ = Baum, wegen der säuerlich schmeckenden Blätter des Baums; *arboreus* lat. = baumartig.
Systematik: Einzige Art der Gattung, eine der wenigen sommergrünen Baumarten der Familie *Ericaceae*.

Blütenstand des Sauerdorns, eine Doppeltraube aus einseitswendigen Blütentrauben.

Verbreitung: Östliches Nordamerika (O-USA).
Lebensraum: Kiefern-Eichenwälder, lichte Eichen-Kastanienwälder auf mäßig nährstoffversorgten, sauren und trockneren Standorten.
Biologie: Halbschattenbaumart, mit Stockausschlagvermögen, kalkmeidend.
Verwendung: Durch bronzefarbenen Laubaustrieb im Frühjahr, große Blütenstände im Sommer und prachtvolle Herbstfärbung ein Ziergehölz (nach Europa 1752 eingeführt) für Park und Garten, das mehr Beachtung verdient, zumal ausreichend frosthart.

Pachysandra terminalis – Japanische Pachysandra, Ysander, Schattengrün

Buxaceae – Buchsbaumgewächse

Immergrüner, 20–30 cm hoher, in allen Teilen fast kahler Halbstrauch, der durch Ausläufer dichte Matten bildet. Triebe niederliegend-aufsteigend, anfangs oft schwach flaumig behaart, bald verkahlend. **Blätter** wechselständig, lederig, am Triebende fast rosettig dicht stehend, 1–2 cm lang gestielt. Spreite verkehrt eiförmig, 6–10 cm lang und 2–4 cm breit, matt glänzend hell- bis dunkelgrün, am Grund schmal keilförmig in den Blattstiel übergehend, in der oberen Hälfte grob kerbig gesägt. **Blüten** am Ende vorjähriger Triebe, weiß, eingeschlechtig, einhäusig, unscheinbar, die männlichen (!) duftend, ohne Krone, in 2–4 cm langen aufrechten Ähren am Triebende. Weibliche Blüten unter den männlichen, meist nur wenige, kurz gestielt, Kelchblätter 4–6, Fruchtknoten 2–3-fächerig, je Fach 1–2 Samenanlagen, Griffel 2–3, spreizend, bis zur Fruchtreife bleibend. Männliche Blüten zahlreich, mit 4 Kelchblättern und 4, 8 mm langen Staubblättern, Staubfäden dick, länger als der Kelch. Blütezeit: April–Mai. **Frucht** eine weiße, eiförmige, kahle, etwa 1 cm große beerenartige Steinfrucht mit eiförmigen, 5 mm langen Steinkernen. Fruchtreife: September. **G!**

Name: Griech. „pachys" = dick; „aner", „andros" = Mann, männliche Organe = nach den breiten Staubfäden; *terminalis* lat. = endständig.
Systematik: Die Gattung *Pachysandra* weist 3 Arten auf. Das Areal erstreckt sich auf Ostasien und das östliche Nordamerika. Fossil ist die Gattung seit der Oberen Kreide nachgewiesen.
Verbreitung: Japan (Hokkaido bis Kyushu).
Lebensraum: In Wäldern des Flachlands und niedrigerer Gebirge.
Biologie: Die Blätter sind 2–3 Jahre lebensfähig. In jedem Jahr wird der Trieb verlängert. Zunächst folgt ein mehrere Zentimeter langer blattloser Abschnitt, der mit einem Kranz neuer Blätter endet. Die recht unscheinbaren Blüten und auch Blütenstände werden wohl wegen ihres Dufts von Insekten aufgesucht. Früchte werden bei manchen Klonen selten oder gar nicht gebildet. Alle Pflanzenteile sind giftig. Toxische Substanzen sind die Alkaloide Cyclobuxin bzw. Pachysandrin. Vergiftungserscheinungen äußern sich durch Übelkeit, Erbrechen, Schwindel, Durchfall und Krämpfe.
Verwendung: *P. terminalis* ist seit 1882 in Kultur. Es ist ein häufig angepflanzter und beliebter Bodendecker, der aufgrund seines geringen Lichtbedürf-

Blütenspross der Japanischen Pachysandra.

Japanische Pachysandra als Bodendecker.

nisses unter Gehölzen auch an sehr schattigen Standorten gut gedeiht. Hinsichtlich des Bodens stellt *Pachysandra* keine besonderen Ansprüche, bevorzugt aber lockere und humose Lehmböden. In den Pflanzen sammelt sich sehr viel Laub von anderen Gehölzen. *Pachysandra* ist stadtklimafest und verträgt auch vorübergehende Trockenheit.

Paeonia lutea – Gelbe Strauch-Pfingstrose

Paeoniaceae – Pfingstrosengewächse

Sommergrüner, nur schwach verzweigter, kahler, straff aufrechter, bis 1,5 m hoher Strauch. **Blätter** wechselständig, lang gestielt, 30–40 cm lang mit mehrfach geteilter Spreite, oberseits dunkelgrün, unterseits blaugrün. Nebenblätter fehlend. **Blüten** schwach duftend, meist einzeln, endständig an jungen Trieben, zwittrig, radiär, Blütenhülle freiblättrig. Kelchblätter 5, sehr ungleich groß, persistierend. Kronblätter 6–7(–10), goldgelb. Staubblätter zahlreich, Nektarscheibe (Diskus) im Zentrum der Blüte. Fruchtblätter oberständig, 2–5, fleischig, kahl, frei, mit sitzender Narbe. Blütezeit: Mai–Juni. **Früchte** aus mehrsamigen, abwärts gekrümmten Bälgen bestehend. **Samen** schwarz, glänzend. Fruchtreife: September.

Name: Die Gattung wurde von LINNÉ nach PAEON, dem Götterarzt der griechischen Mythologie benannt. Griech. „paionos“ = heilsam, heilend, bezogen auf die Heilwirkung der Pflanzen. Der Name „paionia“ für die Pfingstrose wurde schon von THEOPHRAST, „paeonia“ von PLINIUS d. Ä. verwendet. *luteus* lat. = gelb.

Blühende Gelbe Strauch-Pfingstrose.

Blüte der Gelben Strauch-Pfingstrose.

Systematik: Zur Gattung *Paeonia*, die einzige der Familie der *Paeoniaceae*, werden 36 Arten gezählt. Die meisten sind Stauden mit dicken Speicherwurzeln. 11 Arten davon sind in Europa, 2 im westlichen Nordamerika beheimatet.

Verbreitung: SW-China (Yunnan) bis Tibet.

Lebensraum: An Waldrändern und in lichten Wäldern in Höhenlagen oberhalb 2000 bis 3400 m ü. M.

Biologie: Die Blüten der Paeonien werden von verschiedenen Insekten aufgesucht. Honigbienen sammeln vor allem Pollen. Käfer spielen bei der Bestäubung eine wichtige Rolle.

Verwendung: Strauchige Päonien, wie *P. × suffruticosa*, wurden schon seit 900 v. Chr. in China kultiviert. Dort gibt es eine Fülle verschiedener Züchtungen, die in der Kultur und namentlich der Malerei eine große Rolle spielen. Aufgrund der Inhaltsstoffe liefern Pfingstrosen wichtige Drogen, die bei Bluthochdruck, Epilepsie, Krampfzuständen, Migräne, Gicht und Menstruationsbeschwerden Anwendung finden. DELAVAY entdeckte die Art in Yunnan und sandte 1887 Saatgut an das Naturhistorische Museum in Paris. Die Gelbe Pfingstrose hat schöne gelbe Blüten, die oft leider etwas vom Blattwerk verdeckt sind. Sie ist an einem voll besonnten oder halbschattigen Standort auf nährstoffreichem, auch kalkhaltigem Boden leicht kultivierbar und frosthart. Vermehrung durch Samen, die am besten gleich nach der Reife ausgesät werden.

Weitere Arten:

***Paeonia delavayi*, Delavays Strauch-Pfingstrose:** Sommergrüner, kaum verzweigter, kahler, 1–2 m hoher Strauch mit Ausläufern. Blätter oberseits dunkelgrün, unterseits bläulich, doppelt fiederschnittig, Abschnitte flügelartig an der Blattspindel herablaufend, bis 35 cm lang, abgestorben an den Zweigen verbleibend. Blüten nickend, meist einzeln, mitunter zu 2–3, becherförmig, dunkel karminrot, 5–7 cm Durchmesser, mit 5–10 Kronblättern. Kelchblätter von Hochblättern umgeben. Fruchtblätter kahl. Blütezeit: Mai–Juni. Verbreitung: SW-China. Entdeckt 1884 von Abbé DELAVAY. Von ERNEST WILSON 1908 nach Europa gebracht. Gleiche Kulturansprüche wie *P. lutea*.

Blüte von Delavays Strauch-Pfingstrose.

***Paeonia rockii*, Rocks Strauch-Pfingstrose:** Blätter bis 40 cm lang, doppelt bis 3-fach gefiedert, Endabschnitte wenig gegliedert, die Seitenfiedern deutlich gestielt. Blüten einzeln, weiß, 15–20 cm Durchmesser, mit meist 12 tellerförmig ausgebreiteten Kronblättern mit großem schwarzrotem Basalfleck, die am Ende unregelmäßig eingeschnitten sind. Staubfäden weiß, Staubbeutel gelb. Blütezeit: Mai. Fruchtreife: September. Verbreitung: Nördliches Zentralchina (Gansu, Henan, Shaanxi). Dort in Höhen von 1000 bis 3000 m ü. M. Frosthart bis −28 °C. In den letzten Jahren entstanden zahlreiche Hybriden, die zum Teil auch schon nach Europa gelangt sind. Benannt nach JOSEPH ROCK, der Saatgut dieser Art aus Gansu in die USA sandte.

Blüte von Rocks Strauch-Pfingstrose.

***Paeonia × suffruticosa*, Strauch-Pfingstrose** (*P. ostii × P. rockii × P. spontanea*): Kahler, nur wenig verzweigter, bis 2 m hoher, sommergrüner Strauch.

Blüte der Strauch-Pfingstrose.

Blätter meist doppelt 3-zählig fiederschnittig, bis über 35 cm lang, die Abschnitte eiförmig bis länglich, ganzrandig oder 2–3-lappig. Blüten einzeln endständig, schalenförmig, 10–20 cm Durchmesser, weiß bis purpurn, mit dunklem Basalfleck, oben unregelmäßig eingeschnitten. Bälge behaart, Nektarscheibe stark entwickelt. Blütezeit: Mai–Juni. Fruchtreife: September. Es gibt wohl 1000 verschiedene Gartenformen, die in NW-China und Tibet schon lange kultiviert werden und sich vor allem durch die Farben und den Grad der Gefülltblütigkeit unterscheiden. Frosthart bis –25 °C. *suffruticosus* lat. = halbstrauchig.

Paliurus spina-christi – Gewöhnlicher oder Echter Christusdorn

Rhamnaceae – Kreuzdorngewächse

Sparriger, bis 3–6 m hoher, sommergrüner Strauch. **Blätter** eiförmig bis rundlich, 2–6 cm lang, ganzrandig oder fein gesägt. Nebenblätter zu Dornpaar mit einem geraden und einem gekrümmten Dorn umgewandelt. **Blüten** unscheinbar, in kleinen Thyrsen, zwittrig, Krone grüngelb. Blütezeit: Juni–Juli. **Früchte** verholzt, horizontal abgeflachte, ringsum geflügelte Nüsse, 2–2,5 cm Durchmesser, reif braungelb.

Name: *Paliurus* lat. = Christdorn mit spitzen Dornen, beruhend auf griech. „paliouros", dessen Deutung unsicher ist, eventuell zurückzuführen auf „palinourus" = wieder Wasser lassend, da Gebrauch bei Blasenleiden ähnlich wie beim Kreuzdorn (*Rhamnus*) möglich; *spina* lat. = Dorn, Dornstrauch, es wird offensichtlich darauf Bezug genommen, dass von dieser Art die Dornenkrone Christi stammen soll.

Systematik: Zur Gattung *Paliurus* gehören 5 von S-Europa und N-Afrika über den Orient bis Japan verbreitete Arten, dornige Gehölze mit scheibenförmig abgeflachten Früchten.

Verbreitung: Vom Mittelmeergebiet über Klein- und Vorderasien bis Mittelasien.

Lebensraum: Lichte Wälder und Gebüsche trockener Hänge und Flussterrassen, vom Tiefland bis in Berglagen (bis 1600 m ü. M.) semiarider Gebiete; dringt in lichte bzw. nach Weide- und Holznutzung aufgelichtete Wälder ein, nach Entwaldung dichte undurchdringliche Gebüsche bildend.

Biologie: Jungpflanzen Schatten ertragend, mit zunehmendem Alter steigender Lichtbedarf; wärmebedürftig, Hitze und Trockenheit ertragend, frostempfindlich. Windausbreitung (Scheibenflieger).

Verwendung: Im natürlichen Verbreitungsgebiet oft als Hecke gepflanzt, in Mitteleuropa für wintermilde und sommerwarme Lagen als Zierstrauch interessant, vor allem wegen seiner dekorativen Früchte und der ungleichen Dornen.

Gewöhnlicher Christusdorn mit scheibenförmig abgeflachten, ringsum geflügelten Nüssen.

Parrotia persica – Eisenholz

Hamamelidaceae – Zaubernussgewächse

Sommergrüner, 10–12 m hoher, kurz- und meist mehrstämmiger Baum mit glatter, sich in größeren Platten ablösender Schuppenborke. Die Stämme und dickeren Äste sind daher platanenartig gescheckt. Äste können bei Berührungsdruck bisweilen miteinander verwachsen. Zweige olivgrün bis graubraun, anfangs mit Sternhaaren besetzt, später verkahlend. End- und Blütenknospen 6–8 mm lang, Seitenknospen kleiner und mehr oder weniger gestielt, mit meist 2 Knospenblättern, die mit feinen Sternhaaren bekleidet sind. **Blätter** wechselständig, 2–6 mm lang gestielt, Spreite eiförmig bis eilänglich, 6–10 cm lang, asymmetrisch, beidseitig behaart. **Blüten** duftlos, lange vor den Blättern erscheinend, zwittrig, einzeln oder in dichten, mehrblütigen, endständigen Köpfchen an Seitenzweigen oder in den Blattachseln, von den sich streckenden, braun behaarten Knospenschuppen umgeben. Kronblätter fehlend, Staubbeutel rot, zu 10–15 an bis 1,5 cm langen, Staubfäden hängend. Blütezeit: März–April. **Früchte** stark verholzt, 2-samig, Kapseln sich zur Reife explosionsartig 2-klappig öffnend. **Samen** stiftförmig, 8–10 mm lang, glänzend hellbraun. Fruchtreife: Oktober.

Name: Benannt nach dem in Heilbronn geborenen deutschen Arzt, Forschungsreisenden und Botaniker Johann Jacob Friedrich Wilhelm Parrot (1792–1841), der 1829 den Berg Ararat bestieg.
Systematik: *Parrotia* ist eine Gattung mit 2 Arten. Die zweite Art ist in China (Anhui, S-Jiangsu und N-Zhejiang) beheimatet. Charakteristisch sind die Schuppenborke und die Blüten ohne Blütenhülle. Fossil seit dem Tertiär (Eozän) bekannt.
Verbreitung: Nord-Iran bis SO-Aserbaidschan, südlich und südwestlich des Kaspischen Meeres.

Blüten des Eisenholzes.

Herbstfärbung der Blätter des Eisenholzes.

Stamm des Eisenholzes.

Lebensraum: Eines der Charaktergehölze des hyrkanischen Waldes. Vergesellschaftet mit Esskastanie (*Castanea sativa*), Walnuss (*Juglans*), Kaukasischer Flügelnuss (*Pterocarya fraxinifolia*) und Kaukasischer Zelkove (*Zelkova carpinifolia*).
Biologie: Das Eisenholz ist ein windblütiges Gehölz. Besonders markant sind bei älteren Exemplaren die merkwürdigen Ast- und Zweigverwachsungen. Die Bäume blühen oft nur jedes zweite Jahr reich.
Verwendung: Das Eisenholz gelangte 1841 über St. Petersburg nach England (Kew Gardens). Blütenschmuck trotz Fehlens der Kronblätter dank der zahlreichen, schön gefärbten Staubbeutel auffallend. Die prächtige Laubfärbung im Herbst liegt zwischen goldgelb und scharlachrot, unabhängig vom jeweiligen Standort. *Parrotia* stellt kaum besondere Bodenansprüche und eignet sich auch sehr gut als Kübel- oder Troggehölz. Die Vermehrung erfolgt aus Samen oder über Ableger.

Parthenocissus inserta – Wilder Wein, Gemeine Jungfernrebe

Vitaceae – Weinrebengewächse

Sommergrüne, mit Ranken bis 10 m hoch kletternde Liane. Alle Zweige gleich gestaltet, alle Internodien lang, graubraun, an den Knoten verdickt. Knospen rundlich eiförmig, mit 2–4 sichtbaren Schuppen. Ranken 3–7 cm lang gestielt, gegabelt mit 2–5 sehr verlängerten, windenden Verzweigungen, ohne funktionstüchtige Haftscheiben. Junge Zweige und sich öffnende Knospen im Frühjahr grün. **Blätter** bis 10 cm lang gestielt. Spreite fingerförmig gegliedert. Die 5 Blättchen elliptisch bis länglich, 5–14 cm lang, lang zugespitzt, am Grund schmal keilförmig, stielartig verschmälert, grob und scharf gesägt, glänzend, oberseits dunkelgrün, unterseits heller grün, kahl. Rispen meist breiter als lang, locker. **Blüten** unscheinbar, mit doppelter Blütenhülle, zwittrig. Blütezeit: Juni–Juli. Fruchtstiele 2–3 mm lang, dick. **Früchte** fast kugelförmig bis abgeflacht kugelförmig, blauschwarz bis schwarz, etwas bereift, 6–8 mm Durchmesser. **Samen** meist (2–)3–4, verkehrt eiförmig bis breit eiförmig, 5 mm lang. Fruchtreife: August–September.

Name: Griech. „parthenos“ = Jungfrau, „kissos“ = Efeu. Klimmende Pflanze wie die Weinrebe, aber keine essbaren Früchte hervorbringend. *insertus* lat. = eingepflanzt, aufgepfropft.
Systematik: Die Gattung *Parthenocissus* umfasst 13 Arten. Verbreitungsgebiete sind vor allem Nordamerika und Ostasien. Fossil ist die Gattung seit dem Tertiär (Pliozän) bekannt.
Verbreitung: Nordamerika (Neuengland bis Michigan, südlich bis Texas und Colorado).
Lebensraum: In Auenwäldern und an Gewässern, an Bäumen, Felsen und auf Gebüschen.
Biologie: Die Ranken entsprechen Blütenständen. Bisweilen findet man Übergänge zwischen reinen Ranken und solchen, die einige Blüten aufweisen. Junge Ranken führen kreisende Bewegungen, sogenannte Nutationsbewegungen, aus, um mit einem Zweig in Berührung zu kommen. Dann erfolgt ein Umwinden. Eine Verholzung der Ranken ermöglicht einen über Jahre hinweg wirksamen Halt.

◀ *Flächendeckend sich ausbreitender Wilder Wein.*

Verwendung: In Kultur vor 1800. Häufig angepflanzt an Pergolen, Lauben und zur Begrünung von Mauern und Zäunen. Beliebt vor allen wegen ihrer prächtigen Herbstfärbung. Frosthart bis –20 °C.

Ähnliche Art:
***Parthenocissus quinquefolia*, Selbstkletternde Jungfernrebe, Virginia Creeper:** Sommergrüne, bis 15 m hoch mit Ranken kletternde Liane. Junge Zweige und austreibende Knospen im Frühjahr hellrot. Ältere Zweige zuweilen mit Luftwurzeln. Ranken mit 5–8 regelmäßig in 2 Reihen angeordneten Verzweigungen, stets mit Haftscheiben. Blätter aus 5 Blättchen bestehend, diese ungestielt, elliptisch verkehrt eiförmig bis länglich, 4–10 cm lang, zugespitzt, am Grund keilförmig, grob gesägt, oberseits dunkelgrün, unterseits bläulich grün, matt. Blütezeit: Juli–August. Beeren blauschwarz, wenig bereift, 6 mm groß, 2–3-samig. Fruchtreife September–Oktober. *quinquefolius* lat. = fünfblättrig. Verbreitung: Neuengland bis Florida und Mexiko, westlich bis Ohio, Illinois und Missouri. In Kultur seit 1622. Häufig angepflanzt, aber oft mit *P. inserta* verwechselt. Frosthart bis –25 °C.

Weitere Art:
***Parthenocissus tricuspidata*, Dreispitz-Jungfernrebe:** Sommergrüne, mit Ranken 10 m hoch kletternde Liane. Ranken sehr kurz, reich verzweigt, mit gut ausgebildeten Haftscheiben versehen, die selbst an glatten Unterlagen einen festen, dauerhaften Halt ermöglichen. Augenfälliger Sprossdimorphismus: Abspreizende Zweige kurz, dick, mit dicht stehenden Blattnarben, pro Jahr nur sehr wenige Blätter tragend. Knospen im Austrieb rot. Blätter vielgestaltig: teils 3-zipfelig, breit eiförmig, die Zipfel zugespitzt, grob gesägt, teils ungelappt oder teils 3-zählig, mit gestielten Blättchen, 5–12 cm lang und 10–20 cm breit, glänzend, am Rand grob gezähnt, oberseits kahl, unterseits entlang der Nerven behaart. Blütenstände an meist 2-blättrigen Kurztrieben, kurz gestielt, 3–6 cm lang. Blütenhülle 4-zählig, gelbgrün. Nektarien an der Basis des Fruchtknotens. Blütezeit: Juni–Juli. Früchte kugelförmig, 6–8 mm groß, blauschwarz, bereift, 1–3-samig, Samen 4–5 mm lang. Fruchtreife: September–Oktober. Verbreitung: Ostasien: China, Korea, Taiwan, Japan (Hokkaido bis Kyushu). Bestäubung der Blüten vor allem durch Bienen, die Nektar und viel Pollen sammeln. Der Nektar enthält 29–67 % Zucker. Pro Blüte werden 1–2 mg Nektar gebildet. Durch J. G. Veitch 1862 aus Japan nach England eingeführt. Häufig angepflanzt, auch zur Hausbegrünung. Prächtige Herbstfärbung. Vermehrung leicht durch Samen. Keine besonderen Bodenansprüche. Möglichst voll besonnter Standort. Frosthart bis –15 °C. *tricuspidatus* lat. = dreispitzig, „cuspis“ = Spitze, Spieß.

Fruchtende Dreispitz-Jungfernrebe.

Passiflora caerulea – Blaue Passionsblume oder Passionsfrucht

Passifloraceae – Passionsblumengewächse

Mit Sprossranken bis 2–5 m kletternde immergrüne Liane, die Ranken einzeln blattachselständig. Zweige kantig. **Blätter** wechselständig, bis 10 cm lang, Spreite fingerförmig tief geteilt bis eingeschnitten, nicht zusammengesetzt, denn die (3–)5(–9) linealischen Abschnitte sind an der Basis miteinander verbunden. Blattstiel mit 1–4 rötlichen drüsenartigen Höckern (extraflorale Nektarien). Nebenblätter groß, ± stängelumfassend, mit bis 5 mm langer fädiger Spitze. **Blüten** einzeln, blattachselständig, radiär, Blütenhülle 5-zählig. Kelch becherförmig, Kelchblätter innen weiß bis rosa, außen bzw. unterseits grün, den etwa 2,5 cm langen und ebenso gefärbten Kronblättern ähnlich, dadurch wie 10 Blütenhüllblätter erscheinend. Krone mit einer mehrreihigen Nebenkrone („Strahlenkrone“, Corona) aus ringförmig angeordneten fadenförmigen, oft intensiv gefärbten Staminodien, die kranzartig zwischen Kron- und Staubblättern eingefügt sind, Corona etwa 5 cm Durchmesser, an der Basis purpurn, dann weiß und nach außen blau. Im Zentrum der Blüte auf erhobenem Blütenboden 5 Staubblätter und 3 Griffel mit kopfigen Narben, die Krone überragend. Blütezeit: Juni–September. **Früchte** vielsamige, eiförmige, 5–7 cm lange Beeren, reif orange. **Samen** mit fleischiger Hülle, essbar.

Strukturreiche und attraktive Blüten der Blauen Passionsblume.

Name: *Passiflora* zusammengesetzt aus „passio“ lat. = Leiden bzw. spätlat. Passion Christi und „flos“ = Blume, Blüte. In den einzelnen Blütenteilen erkannten christliche Einwanderer in Südamerika im 16. Jahrhundert, wohl zuerst der spanische Arzt und Botaniker N. MONARDES, Symbole der Passion Christi. Dabei ist die Deutung der Blütenteile in Bezug zu den Ereignissen in den letzten Lebenstagen Jesu nicht einheitlich, beispielhaft sei genannt 5 Kron- und 5 Kelchblätter als 10 Apostel (außer Judas und Petrus), Corona als Dornenkrone, 5 Staubblätter als 5 Wunden Christi, 3 Griffel als Kreuznägel. Auf blaue Farbtöne bei den Blüten bezieht sich *caeruleus* lat. = blau.

Systematik: Gattung *Passiflora* mit > 500 Arten, immergrüne oder laubwerfende, meist kletternde oder kriechende Pflanzen, seltener aufrechte Kräuter, Sträucher oder Kleinbäume. Sie sind von der tropischen bis in die subtropischen Zonen verbreitet, der Schwerpunkt liegt in Amerika (Südamerika bis südliches Nordamerika), aber auch von Asien bis Australien und Ozeanien vorkommend. Etwa 60 Arten mit essbaren Früchten, bekannt als Eierfrucht, Maracuja oder Grenadille, einige mit wirtschaftlicher Bedeutung (Obst, Saftgewinnung, für Eis), auch Blätter und Sprosse frisch oder getrocknet als Tee verwendbar.

Verbreitung: Südamerika (Brasilien, Paraguay, Argentinien).

Biologie: Sehr frostempfindlich, aber wenn Pflanze bis zum Boden zurückfriert, kann sie wieder austreiben; Rückschnitt ist auch sonst im Interesse der Blütenförderung günstig, da die Blüten an diesjährigen Trieben gebildet werden.

Verwendung: Fruchtfleisch essbar, aber weniger schmackhaft als bei anderen, als Nutzpflanzen dienenden Passionsblumen. Wegen der eigenwilligen und attraktiven Blüten zu den beliebtesten Lianen gehörend. In Mitteleuropa, obwohl Pflanzen schon bis –15 °C überstanden, meist nicht ausreichend frosthart, jedoch Pflanzung unter klimatisch günstigen Bedingungen oder an südlichen, frostgeschützten Hauswänden oder Mauern im Freiland möglich. Die Sorte 'Constance Eliott' (Blüten cremeweiß) ist etwas frosthärter; durch enorme Blütengröße (12–15 cm Durchmesser) zeichnet sich 'Grandiflora' aus. Zu den mehrere Hundert Passionsblumen-Sorten, die nur als Warmhaus- bzw. Zimmerpflanzen gehalten werden können, gehören auch solche der Hybride von *P. caerulea* mit *Passiflora racemosa* (Brasilien), die Violette Passionsblume, *Passiflora* × *violacea*.

Paulownia tomentosa – Blauglockenbaum, Paulownie

Paulowniaceae – Blauglockenbaumgewächse

Sommergrüner, nur mäßig verzweigter, 12–15(–25) m hoher, breitkroniger Baum mit kräftigen Ästen und oft nur kurzem, 2–3 m langen Stamm. Junge Triebe grün bis olivgrün, kurz filzig behaart und mit weißem, gefächertem, mitunter auch durchgehendem Mark. Zweige olivbraun bis graubraun, mit hellen Korkporen, später längsrissig. Borke graubraun, kleinfeldrig, netzartig längsrissig. Knospen oberhalb der Blattnarben, klein, nur wenig erhaben, ca. 2 mm breit, olivbraun. Eine Endknospe fehlt. **Blätter** gegenständig, 15–20 cm lang gestielt. Spreite herzförmig, 12–30 cm lang und breit, ganzrandig, oft mit 2 stumpfen basalen Seitenlappen. Oberseits dunkelgrün, unterseits mit deutlich erhabener Nervatur und durch verzweigte Haare filzig grau bis graubraun. **Blüten** intensiv duftend, zwittrig, 5-zählig, 4–6 cm lang, in aufrechten, endständigen, bis 35 cm langen, gegenständig verzweigten Rispen (Thyrsen). Blütenstand, Blütenstiele und Kelch braun filzig. Krone purpurblau, mit langer Kronröhre und spreizenden Zipfeln. Staubblätter 4, Fruchtknoten oberständig, mit langem Griffel. Blütezeit: Mai. **Frucht** eine 1–2 cm lang gestielte, eiförmige, zugespitzte, 3,5–4 cm lange, drüsig behaarte, 2-fächerige Kapsel, die sich 2-klappig fachspaltig öffnet. **Samen** sehr leicht, etwa 4 mm lang, dünn geflügelt. Fruchtreife: September–Oktober.

Name: Benannt wurde die Paulownie nach Anna Pawlowna (1795–1865), einer Tochter des russischen Zaren Paul I. und spätere Königin der Niederlande. *tomentosus* lat. = filzig (behaart).

Systematik: Die Familie enthält nur die Gattung *Paulownia*. Diese besteht aus 7 Arten in Ostasien. Fossil ist die Gattung seit dem Tertiär (Miozän) nachgewiesen.

Verbreitung: Mittelchina, vor allem in den Provinzen Gansu, Henan, Hubei, Jiangxi, Liaoning, Shaanxi, Shanxi und Sichuan. Ferner auf Taiwan, Korea, Japan (Kyushu) und Indochina. Verwildert oder eingebürgert in Japan, Pakistan, Indien, Südeuropa sowie im atlantischen Nordamerika von Massachusetts bis Texas und Nord-Florida.

Lebensraum: In Höhenlagen von 500 bis 1800 m ü. M. Vergesellschaftet mit sommergrünen Laubgehölzen.

Biologie: Die Blütenknospen werden bereits im Spätsommer ausgebildet. Die Knospenstände verlieren ihre

Blütenstände des Blauglockenbaums. ▶

laubigen Tragblätter schon im Herbst. Die 10 mm langen und 8 mm breiten Blütenknospen, nur vom Kelch geschützt, öffnen sich lange vor der Laubentfaltung. Die Bestäubung übernehmen Bienen. Die Kapseln öffnen sich bei sonnig-trockenem Wetter erst im Januar und entlassen je etwa 3200 Samen, die durch den Wind verbreitet werden. Bei Windbewegung verursachen die entleerten Kapseln oft ein klapperndes Geräusch, das von den großen, losgelösten Plazenten stammt, die in den geöffneten, verholzten Kapseln verbleiben. Die Paulownie ist ein äußerst schnellwüchsiges, licht- und wärmebedürftiges Pioniergehölz. Bereits nach 6–10 Jahren blühfähig. Sie erreicht oft nur ein Alter von 60 Jahren.

Fruchtender Blauglockenbaum.

Periploca graeca – Orient-Baumschlinge

Apocynaceae – Hundsgiftgewächse

Bis 15 m hoch linkswindende, sommergrüne Liane. Junge Triebe kahl, Milchsaft führend. Zweige braun, mit deutlich erhabenen Blattpolstern. Knospen verborgen, nicht sichtbar. **Blätter** gegenständig, 6–12 mm lang gestielt, Spreite ganzrandig, elliptisch bis lanzettlich, 5–10 cm lang und 2,5–5 cm breit, am Grund breit keilförmig oder gerundet, am Ende zugespitzt, oberseits dunkelgrün und glänzend, unterseits hell blaugrün. **Blüten** in 8–12-blütigen Rispen am Ende junger Kurztriebe, zwittrig, 5-zählig mit doppelter Blütenhülle, 2,5 cm breit. Kronblätter ausgebreitet, linealisch, innen rotbraun, samtartig behaart, außen grüngelb. Nebenkrone (Corona) mit 5 aufrechten, am Ende gekrümmten rotbraunen Hörnchen, Fruchtblätter frei, nur am Grund miteinander verwachsen. Blütezeit: Juli–August. **Frucht** hängend, aus 2 schmal zylindrischen, hornförmigen, 10–15 cm langen, grünen, kahlen, fein gefurchten Bälgen bestehend, die an der Spitze etwas miteinander verbunden sind. **Samen** zahlreich, abgeflacht 12–15 mm lang und 2–4 mm breit, am Ende mit einem 3–4 cm langen, seidig glänzenden, weißen Haarschopf. Fruchtreife: September–Oktober. **G!**

Name: „peroploke" griech. = Umarmung, Umschlingung; *graecum* lat. = griechisch.
Systematik: Die Gattung *Periploca* umfasst 15 Arten in Asien, Südeuropa und Westafrika. Fossil seit dem Tertiär (Eozän) bekannt. *Periploca* wurde früher zu den *Asclepiadaceae* (Schwalbenwurzgewächse) gestellt.
Verbreitung: Italien, Balkan-Halbinsel, Kleinasien, Westasien bis zur Krim und dem Iran.
Lebensraum: In Wäldern, Auenwäldern, an Waldrändern, in Dickichten und an Bachbetten.
Biologie: Die Blüten sind, wie bei allen Hundsgiftgewächsen, sehr kompliziert gebaut. Der Pollen wird durch Insekten verbreitet. Die Staubbeutel enthalten 4 Pollensäcke. Die Pollenkörner werden nicht einzeln, sondern miteinander verklebt, als sogenannte Tetraden, abgegeben. Blütenbesucher sind Fliegen und Hautflügler. Die Orient-Baumschlinge ist in allen Teilen giftig.
Verwendung: Vor allem die Rinde enthält Periplogenin-Glycoside wie das Periplocin. Sie wurden früher als starkes Herzmittel verwendet. Auch die Samen dienten als Droge. In Kultur ist die Orient-Baumschlinge seit 1597. Auf Grund der merkwürdigen Blüten und der Blütenfülle sowie der zahlrei-

chen angelockten Insekten ist sie ein von Kennern geschätztes Gehölz für Pergolen oder an Zäunen. Sie stellt keine besonderen Bodenansprüche und ist frei von Schädlingen bzw. Krankheiten. Die Vermehrung erfolgt durch Ableger oder krautige Stecklinge. Frosthart bis –12 °C.

Blühende Orient-Baumschlinge. ▶

Perovskia abrotanoides – Eberrauten-Perowskie, Fiederschnittiger Silberstrauch, Blauraute

Lamiaceae – Lippenblütengewächse

Sommergrüner, aufrechter bis aufsteigender, bis 1,5 m hoher, locker breitbuschiger Halbstrauch mit silbrigen, dicht mit Sternhaaren besetzten Zweigen. **Blätter** gegenständig, 3–6 cm lang, fiederteilig bis doppelt fiederschnittig mit linealischen Blattabschnitten, beiderseits silbrig- bis graufilzig. **Blüten** scheinquirlig zu 4–6, in 30–50 cm langen, doppelt bis mehrfach verzweigten Blütenständen aus unterbrochenen Scheinähren, Krone blauviolett. Blütezeit: Juli–Oktober. **Früchte** im Kelch verborgene Klausenfrüchte.

Name: Gattung benannt nach L. A. Perowskij (1792–1856), Gouverneur der russischen Provinz Orenburg; *abrotanoides* lat. = der Eberraute (*Artemisia abrotanum*) ähnlich.

Systematik: Zur Gattung *Perovskia* gehören 7 von Vorder- und Mittelasien bis NW-Indien und Tibet verbreitete Arten, aromatisch duftende Halb- und Kleinsträucher mit einfachen, entweder ungeteilten, nur gesägten oder gekerbten oder tief geteilten, (doppelt) fiederschnittigen Blättern und 2-lippigen Blüten in gegenständigen Zymen an bis zu 0,5 m langen verzweigten Blütenständen.

Eberrauten-Perowskie, wegen der Blattform und silbriger Behaarung auch Fiederschnittiger Silberstrauch genannt.

Blütenstände der Silber-Perowskie.

Verbreitung: Vorder- und Mittelasien bis Mongolei und W-Himalaja.
Lebensraum: Lichte Laubwälder an Trockenhängen, Bergsteppe (900–2600 m ü. M.).
Biologie: Wärmebedürftig, Trockenheit und Hitze ertragend, frostempfindlich, aber nach dem Zurückfrieren wieder austreibend, schnittverträglich.
Verwendung: Wertvolle, spät und lange blühende Zierpflanze (Einführung nach Europa 1935) für trockenwarme Standorte in Gärten, für Rabatten, Stein- und Steppenpflanzengärten, nach Rückschnitt wieder reich blühend.

Ähnliche Art und Hybride:
***Perovskia atriplicifolia*, Silber-Perowskie** oder **Meldenblättriger Silberstrauch:** Nicht weniger attraktiver, schon 1904 nach Europa gelangter Halbstrauch. Die rutenförmigen Zweige und die Blätter sind ebenfalls durch Sternhaare silbrig bis graufilzig, aber die Blätter sind ungeteilt, eiförmig lanzettlich mit stumpf gesägtem bis gekerbtem Spreitenrand. Außerdem wird eine bald nach Einführung von *P. abrotanoides* in England (HILLIER) entstandene Gartenhybride beider Arten mit fiederlappigen bis -teiligen Blättern gern gepflanzt, unter Sortennamen wie 'Hybrida' oder 'Superba' laufend.

Phellodendron amurense – Amur-Korkbaum
Rutaceae – Rautengewächse

Sommergrüner bis 15 m hoher, im Freistand meist nur kurzstämmiger, am natürlichen Standort bis 25 m hoher Baum mit breiter, ausladender, lichter Krone. Junge Triebe und Zweige gelblich grün, kahl. Borke genetzt längsrissig tief gefurcht, korkig, grau. Knospen 2–3 mm groß, vom Blattgrund umschlossen, rotbraun behaart. **Blätter** gegenständig, bis 35 cm lang, 5–7 cm lang gestielt. Spreite unpaarig gefiedert. Spindel filzig behaart, Blättchen 5–13, eilanzettlich, 5–10 cm lang, geschwänzt zugespitzt, am Grund gerundet, oberseits glänzend dunkelgrün. **Blüten** unscheinbar, gelbgrün, 6 mm lang, eingeschlechtlig, 2-häusig verteilt, in 6–8 cm breiten, flaumig behaarten, aufrechten endständigen 8 cm langen Rispen. Blütezeit: Juni. **Früchte** etwa 8–10 mm Durchmesser, schwarz. Von den 5 angelegten Steinkernen entwickeln die 2–3 fertilen etwa 5 mm große Samen. Jeder Steinkern ist 1-samig. Fruchtreife: September–Oktober.

◀ *Stammborke des Amur-Korkbaums.*

Name: Griech. „phellos" = Kork, „dendron" = Baum. *amurense* lat. = vom Amur (O-Asien) kommend.
Systematik: Die Gattung weist 5 Arten in Ostasien auf. Fossil ist sie seit dem Tertiär (Paläozän) nachgewiesen.
Verbreitung: Amur- und Ussurigebiet, Nordchina, Mandschurei, Korea, Japan (Hokkaido

bis Kyushu). Im Tertiär in Europa, Asien und Amerika weit verbreitet.

Lebensraum: In Bergwäldern. Keine reinen Bestände bildend.

Biologie: Die Blätter duften gerieben streng terpentinartig. Blütenbesucher sind vor allem Hautflügler. Die Steinfrüchte werden von Vögeln verzehrt und damit die Samen ausgebreitet.

Verwendung: Das Holz des Korkbaums ist in Ostasien ein äußerst geschätztes Möbelholz. Der recht harte Kork ist hingegen kaum nutzbar. Der Korkbaum ist bisweilen in Parkanlagen angepflanzt. Er ist in Europa seit 1885 in Kultur und lässt sich leicht aus Samen vermehren (Frostkeimer). Mit etwa 10–15 Jahren erlangen junge Bäume ihre Blühfähigkeit. Viele Exemplare haben eine goldgelbe Herbstfärbung. Frosthart ist die Art bis –18°C, junge Pflanzen sind jedoch spätfrostgefährdet.

Fruchtrispen des Amur-Korkbaums mit noch grünen Früchten.

Philadelphus coronarius – Europäischer Pfeifenstrauch

Hydrangeaceae – Hortensiengewächse

Sommergrüner, straff aufrechter, 2–3 m hoher Strauch mit kahlen oder verkahlenden Zweigen und brauner bis rotbrauner Rinde und hellem Mark. Rinde sich später in langen Streifen lösend. Knospen klein, von den persistierenden Blattstielresten verdeckt. **Blätter** gegenständig, sehr kurz gestielt, ohne Nebenblätter. Spreite ungeteilt, eiförmig bis elliptisch, zugespitzt, am Grund breit keilförmig, oberseits dunkelgrün, unterseits heller und auf den Nerven behaart, 4–8 cm lang und bis 5 cm breit. Rand schwach gezähnt. **Blüten** zu 5–11 endständig an beblätterten Kurztrieben, die vorjährigen Zweigen oder Schösslingen entspringen; stark duftend, weiß, 5–10 mm gestielt, zwittrig, Blütenhülle doppelt, 4-zählig. Kelch klein, Zähne dreieckig, Kronblätter 10–15 mm lang. Fruchtknoten unterständig, Staubblätter zahlreich, kürzer als die Krone. Blütezeit: Juni. **Frucht** Kapsel mit persistierendem Kelch und Griffeln, 4-fächerig, sich zur Reife bis zum Grund spaltend. **Samen** zahlreich, länglich, 3 mm groß. Fruchtreife: September–Oktober.

Name: Griech. „philadelphos" = bruderliebend bzw. ein Strauch mit wohlriechenden Blüten abgeleitet von griech. „philein" = lieben und „adelphos" = Bruder; *coronarius* lat. = kronenartig, zum Kranzbinden bestimmt, „corona" = Kranz, Krone. LINNÉ benannte die Gattung wohl nach PTOLOMAIOS II. PHILADELPHOS, König von Ägypten, der u. a. auch naturgeschichtlich und botanisch interessiert war.

Systematik: Zur Gattung *Philadelphus* werden 20–60 meist sommergrüne Arten gezählt, die in der nemoralen Zone der Alten und Neuen Welt beheimatet sind. Verbreitungsschwer-

Blüten des Europäischen Pfeifenstrauchs.

punkt ist Ostasien. In Europa ist nur eine Art heimisch. Fossil ist die Gattung seit dem Tertiär (Eozän) nachgewiesen.

Verbreitung: SO-Alpen, Steiermark, Südtirol, Toskana bis nach Umbrien; Siebenbürgen. Wird der Kaukasus-Pfeifenstrauch, *Ph. caucasicus*, einbezogen, dann auch Vorkommen in Kaukasien.

Lebensraum: Waldränder und Gebüsche, lichte Flaumeichen- und Hopfenbuchenwälder. Meist in Gebirgslagen bis 700 m ü. M. Häufig auf karbonatreichen, mittel- bis tiefgründigen Böden.

Biologie: Die Blüten duften tags- und nachtsüber. Bestäuber sind Bienen, Fliegen und Käfer, die Nektar und Pollen sammeln. An Schösslingen kommt es oft zu einem Massenbefall durch die Schwarze Bohnenlaus, *Aphis fabae*. Es können ganze Zweige schwarz sein. Diese Laus benötigt einen Wirtswechsel (Überwinterung im Eistadium auf *Euonymus europaeus* und *Viburnum opulus*) und ist auch auf Saubohnen, Klatsch-Mohn und Rüben anzutreffen.

Verwendung: Der Europäische Pfeifenstrauch ist seit Mitte des 16. Jahrhunderts in Kultur. Er benötigt einen voll besonnten bis halbschattigen Standort, ist jedoch hinsichtlich des Bodens wenig anspruchsvoll. Er ist völlig winterhart und verträgt gut einen kräftigen Rückschnitt. Häufiger als die Wildform sind Hybriden und Sorten angepflanzt. Kreuzungen mit anderen Arten lassen sich leicht herbeiführen. Die schon lange zurückliegenden Züchtungen, vor allem von VICTOR LEMOINE aus Nancy in Frankreich, sind so zahlreich, dass ihre Herkunft und Zugehörigkeit oft nicht leicht zu klären ist. Beliebt sind auch gefülltblütige Sorten.

Blüten von Lemoines Pfeifenstrauch.

Ähnliche Arten und Hybriden:

***Philadelphus inodorus*, Duftloser Pfeifenstrauch:** Sommergrüner, bis 3 m hoher, aufrechter Strauch. Blätter eiförmig, 3–9 cm lang und 2,5 cm breit. Blüten duftlos, mit 4–5 cm Durchmesser. Blütezeit: Juni–Juli. Beheimatet im südöstlichen Nordamerika, North Carolina bis Georgia und Missouri. Er gelangte 1738 nach Europa, hielt sich aber zunächst nur sehr kurze Zeit.

var. *grandiflorus*, Großblütiger Pfeifenstrauch: 3–4 m hoher Strauch, Blätter bis 11 cm lang und 7 cm breit. Blüten 4,5–5,5 cm Durchmesser. Er wächst in North Carolina und Tennessee bis Florida und Alabama. 1811 kam er nach Mitteleuropa und ist heute häufig angepflanzt.

***Philadelphus × lemoinei*, Lemoines Pfeifenstrauch** (*Ph. coronarius × Ph. microphyllus*): Sommergrüner, 1–1,5 m hoher Strauch. Blätter 1,5–2,5 cm lang und 5–12 mm breit. Blüten schwach bis stark duftend, 2–4 cm Durchmesser, meist in 3–7-blütigen Trauben. Blüte-

◀ Blüten einer Sorte der Purpureo-maculatus-Gruppe, erzielt durch Kreuzungen von Lemoines Pfeifenstrauch mit einer Sorte des Mexikanischen Pfeifenstrauchs.

zeit: Juni. Die Hybride wurde 1883 von LEMOINE gezüchtet. Hierzu werden mehrere Sorten gezählt, die auch als Lemoinei-Gruppe geführt werden.
Aus Kreuzungen solcher Sorten mit *Ph. mexicanus* 'Rose Syringa' ging die **Purpureo-maculatus-Gruppe** hervor, deren Sorten (z. B. 'Sybille') unverkennbar sind wegen eines rötlichen Augenflecks in der Mitte der weißen Blütenkrone. Dieser entsteht durch rosa bis purpurne Flecken an der Basis der Kronblätter.

Photinia davidiana – Lorbeer-Glanzmispel

Rosaceae – Rosengewächse

Immergrüner, 2–10 m hoher aufrechter, dicht verzweigter Strauch oder Baum mit graubraunen, anfangs behaarten, bald verkahlenden Zweigen. Knospen schmal eiförmig, zugespitzt, rotbraun. **Blätter** 1–2 cm lang gestielt. Spreite lederig, länglich elliptisch bis länglich lanzettlich, 5–12 cm lang und 2–4,5 cm breit, ganzrandig, dunkelgrün, glänzend, längs der Mittelrippe behaart. **Blüten** 2–4 mm lang gestielt, 5–10 mm Durchmesser, in endständigen, vielblütigen Schirmrispen von 5–8 cm Länge und 5–10 cm Breite. Blütenbecher rundlich. Staubblätter rot. Blütezeit: Juni. **Früchte** orangerot, fast kugelförmig, 7–8 mm Durchmesser, mit bleibendem, aufrechten Kelch. Fruchtreife: September–Oktober.

Name: „photeinos" griech. = hell, leuchtend.
Systematik: Etwa 40 Arten in O- und SO-Asien sowie in Mexico
Verbreitung: W-China. Auf Berghängen, in Gebüschen und Flusstälern von 900 bis 3000 m ü. M. 1869 von DAVID entdeckt und 1917 durch FORREST nach Europa gelangt.
Verwendung: Häufig angepflanzt auch wegen des schönen Laubs. Blätter vor dem Abfallen prächtig leuchtend orange bis rot gefärbt. Frosthart bis −18 °C. Gut gedeihend auf nährstoffreichen, nicht zu trockenen Böden an einem sonnigen bis halbschattigen Standort.

Seitensprosse der Lorbeer-Glanzmispel mit Fruchtständen.

Weitere Art:
***Photinia glabra*, Kahle Glanzmispel:** Immergrüner 1,5–3 m hoher, breitbuschiger Strauch. Blätter immergrün, lederig, glänzend grün, eiförmig elliptisch bis elliptisch, 8–12 cm lang, abrupt zugespitzt, am Grund breit keilförmig, am Rand fein gesägt. Blüten weiß, in 10–12 cm breiten Schirmrispen. Blütezeit: Mai–Juni. Früchte kugelförmig,

Blütenstände der Kahlen Glanzmispel. ▶

Auffällige Blattfärbung bei der Sorte 'Red Robin' der Kahlen Glanzmispel.

5 mm Durchmesser, rot. Fruchtreife: September.
Angepflanzt ist vor allem die Sorte
'Red Robin': Sie ist bemerkenswert durch die schönen kupferroten Blätter beim Laubaustrieb, deren Farbintensität über Monate anhält. Sie benötigt einen geschützten, aber besonnten Standort und einen mäßig feuchten, sauren oder alkalischen Boden. Sie ist vor allem im wintermilden Weinbauklima empfehlenswert, da die Frosthärte bei etwa –12 °C liegt.

Phyllodoce caerulea – Bläuliche Moosheide oder Blauheide

Ericaceae – Heide(kraut)gewächse

Aufrechter oder niederliegender, dicht verzweigter, 0,1–0,4 m hoher Zwergstrauch. **Blätter** wechselständig, linealisch, 4–9 mm lang, Ränder nach unten umgeschlagen, Kanten fein gezähnt, oberseits glänzend grün. **Blüten** zu 1–4 in Schirmtrauben am Ende der Sprosse, Krone krugförmig, 6–12 mm lang, purpurn, beim Vertrocknen blau werdend. Blütezeit: Mai–Juni. **Früchte** vielsamige Kapseln.

Blühende Sprosse der Bläulichen Moosheide.

Name: *Phyllodoce* wird verschieden gedeutet, entweder wie bei diversen Gattungen der *Ericaceae* (z. B. *Andromeda, Leucothoë*) mythologischer Hintergrund (griechische Nymphe) oder auf griech. „phyllon" = Blatt und „doke" = Schein beruhend, da Blätter des Laubgehölzes eher wie Nadelblätter aussehen; *caerulea* lat. = blau, wegen der sich im trockenen Zustand blau verfärbenden Blütenkronen.
Systematik: Zur zirkumpolar verbreiteten Gattung der Moosheiden etwa 8 Arten, immergrüne Zwergsträucher der Tundren und alpiner Zwergstrauchheiden mit nickenden Blüten mit krug- oder glockenförmiger Krone. Zwischen einer *Phyllodoce*-Art und *Kalmiopsis leachiana*, der einzigen Art einer nordamerikanischen Ericaceen-Gattung, kam es zu spontaner Hybridisation. Dieser Gattungsbastard × *Phylliopsis* wurde 1960 in der Baumschule Hillier (England) aufgefunden.
Verbreitung: Boreale und subarktische Zonen sowie Hochgebirge gemäßigter Zonen Europas, Ostasiens und Nordamerikas.

Lebensraum: Zwergstrauchheiden, Felsfluren, Tundra.
Biologie: Kalkmeidend, bei fehlender Schneedecke gegenüber Wintersonne und austrocknendem Wind empfindlich.
Verwendung: Heideähnlicher Zwergstrauch für Stein-, Heide- und Rhododendrongärten, an frischen bis feuchten und sommerkühlen Orten im Garten durch die Blütenfülle im späten Frühling bis Frühsommer wertvoll. Neben dieser zuerst (1800) in Kultur eingeführten Moosheide werden gelegentlich weitere Arten, vor allem die **Krähenbeerblättrige Moosheide, *Phyllodoce empetriformis*** (Westliches Nordamerika), und ausgelesene Formen der in Nordamerika auch wildwachsend vorkommenden Hybride dieser Art mit *P. caerulea*, der **Mittleren Moosheide, *Phyllodoce × intermedia***, kultiviert, oft fälschlich unter dem Namen *P. empetriformis*.

Phyllostachys nigra – Schwarzer Flachrohrbambus

Poaceae – Süßgräser

Immergrüner, 3–6(–10) m hoher Bambus mit einseitig abgeflachten, 2–3(–4) cm dicken, unterhalb der Knoten bereiften, anfangs grünen und behaarten Halmen. Junge Halme im Frühjahr erscheinend, sich bereits im Jahr der Bildung verzweigend. Ausgewachsene Halme im 2. Jahr ganz oder teilweise glänzend schwarz. Halmscheiden anfangs dicht braun behaart, verkahlend, kürzer als die Internodien, hell rötlich braun mit deutlichen Öhrchen und gebogenen Borsten. Scheidenspreite breit dreieckig. **Blätter** dünn, 4–12 cm lang und 8–18 mm breit, beidseitig kahl.

Name: Griech. „phyllon" = Blatt, „stachys" = Ähre; die Hauptzweige der Rispe sind an der Spitze beblättert. *nigra* lat. = schwarz.
Systematik: Zur Gattung *Phyllostachys* werden rund 51 Arten gezählt. Das Areal erstreckt sich vom Himalaja bis nach China.
Verbreitung: Zentrales S-China.
Verwendung: In Europa seit 1827 in Kultur. An einem sonnigen bis halbschattigen Standort gut gedeihend. Frosthart bis –22 °C. Junge Bambussprosse werden in China gegessen. Die Art hat in den letzten 50 Jahren nicht geblüht.
var. *henonis*: Junge Halme flaumig behaart und rau. Ausgewachsene Halme grün, graugrün oder gelbgrün, 3–6 m lang und 2–4 cm dick. Blätter 7,5–10 cm lang und 1–2 cm breit. In Kultur seit etwa 1890. Frosthart bis –23 °C. Junge Bambusprosse auch dieser Varietät sind essbar.

Weitere Arten:
***Phyllostachys flexuosa*, Zickzack-Flachrohrbambus:** Halme 2–6(–10) m lang und 2–3(–7) cm dick, oft etwas hin und her gebogen, blaugrün bis grüngelb, im Alter schwarz gefleckt, kahl, unterhalb der Knoten weiß bereift. Blätter 5–15 cm lang und 1,5–2 cm breit. Verbreitung N-China (Henan, Shaanxi, Shanxi und Hebei). 1864 nach Frankreich eingeführt und von hier nach England und Deutschland gelangt. In Kultur seit 1864. Häufig angepflanzt. In China werden die jungen Sprosse gegessen. Die Art begann ab 1996 zu blühen. Die Pflanzen wurden dadurch sehr geschwächt, bildeten keine neuen Halme mehr und starben meist ab. *flexuosus* lat. = voller Krümmungen, gebogen.

Blütenstand des Zickzack-Flachrohrbambus. ▶

Phyllostachys sulphurea*, Schwefelgelber Flachrohrbambus:** Immergrüner Bambus mit 4–5(–8) m langen, einseitig abgeflachten und 2–3 cm dicken Halmen. Halme goldgelb, bisweilen grün gestreift, kahl, unterhalb der Knoten weiß bereift. Halmscheiden dick, kahl, gelbgrün, später gesprenkelt und braun gefleckt. Untere Knoten etwas grubig vertieft. Narben der abgefallenen Halmscheiden am Grund der Halme nur mit einer vorspringenden Rippe, die der oberen mit 2 Rippen. Blätter 5–15 cm lang und 1,5–2,5 cm breit, dunkelgrün, bisweilen etwas gelblich gestreift. Verbreitung: O-China. In Kultur seit 1865. Frosthart bis –20 °C. Die Art hat in den letzten 50 Jahren nicht geblüht. *sulphureus* lat. = schwefelgelb. Goldgelb sind auch die Halme der Sorte **'Aureocaulis'** des **Gelbgruben-Flachrohrbambus, *Ph. aureosulcata. Dessen Halmscheiden weisen im Gegensatz zu *Ph. sulphurea* Öhrchen oder Borsten auf.

◀ *Spross der Sorte 'Aureocaulis' des Gelbgruben-Flachrohrbambus.*

Physocarpus amurensis – Amur-Blasenspiere

Rosaceae – Rosengewächse

Sommergrüner, bis 3 m hoher Strauch mit auffälliger, sich in Streifen lösender Borke. Zweige kahl oder schütter behaart, rotbraun, durch herablaufende Blattpolster gerieft. Knospen eiförmig bis länglich eiförmig, Endknospe 4–8 mm lang, silbrig behaart. **Blätter** wechselständig mit hinfälligen Nebenblättern. Spreite eiförmig, 3–5-lappig, 5–10 cm lang und 3–6 cm breit, Lappen zugespitzt, basal keilförmig, doppelt gesägt, unterseits etwas behaart. **Blüten** weiß, zwittrig mit doppelter, 5-zähliger Blütenhülle, 1,5 cm Durchmesser, in vielblütigen, lockeren Schirmtrauben am Ende junger, beblätterter Kurztriebe. Kelch und Blütenstiele dicht sternhaarig. Staubblätter 20–40, mit rotpurpurnen Staubgefäßen. Fruchtblätter 4–5, dicht sternhaarig, einem flach schüsselförmigen Blütenbecher aufsitzend, mit fädigem, persistierendem Griffel. Blütezeit: Juni. **Früchtchen** fast frei oder bis zur Hälfte miteinander verwachsen, gekielt, blasig vergrößert, dünnwandig, sich zur Reife bauchspaltig bis zum Grund öffnend und im oberen Teil auch rückseitig aufplatzend. **Samen** 1 bis wenige, eiförmig bis länglich eiförmig, 1,5–2 mm lang, strohfarben. Fruchtreife: September–Oktober.

Name: Griech. „physa" = Blase und „karpos" = Frucht.
Systematik: Die Gattung *Physocarpus* umfasst 10 Arten in der nemoralen Zone Nordamerikas und Ostasiens.
Verbreitung: Mandschurei, Korea.
Lebensraum: In Auenwäldern.
Biologie: Die Blüten werden durch Insekten bestäubt, die Samen durch den Wind aus den Bälgen ausgeschüttelt.
Verwendung: Nach Europa zwischen 1854 und 1860 gelangt. Sehr anspruchsloses, schnellwüchsiges und robustes Gehölz für halbschattige bis sonnige Standorte. Keine besonderen Bodenansprüche. Frosthart bis –25 °C.

▲ *Blütenstände der Sorte 'Diabolo' der Virginia-Blasenspiere.*

◀ *Blühende Amur-Blasenspiere.*

Weitere Art:
***Physocarpus opulifolius*, Virginia-Blasenspiere, Ninebark:** Sommergrüner, 3–5 m hoher, breitbuschiger Strauch mit überhängenden, meist kahlen Zweigen. Blätter rundlich eiförmig, 3-5-lappig, 3–7 cm lang, kerbig gesägt, unterseits ± kahl. Doldentrauben vielblütig, etwa 5 cm breit. Blüten 10 mm Durchmesser, weiß, rosa getönt. Blütenstiele und Kelch kahl oder nur spärlich behaart. Fruchtblätter 4–5, wie auch später die Früchtchen kahl, doppelt so lang wie die Kelchblätter. Blütezeit: Juni–Juli; Fruchtreife: September–Oktober. Verbreitung: O-Nordamerika (Quebec bis Virginia, Michigan und Tennessee). Weit verbreitet an Bach- und Flussufern, in Sümpfen, an feuchten Felsen und felsigen Talhängen. In Europa seit 1687 in Kultur. Robustes und anspruchsloses Gehölz für sonnige bis halbschattige Standorte. Häufig angepflanzt. Frosthart bis −25 °C. *opulifolius* lat. = schneeballblättrig.
'Diabolo': Blätter dunkel weinrot, Kronblätter rosa. Starkwüchsige Form, häufig angepflanzt.

Pieris floribunda – Vielblütige oder Amerikanische Lavendelheide, Vielblütiger Weißglockenstrauch

Ericaceae – Heide(kraut)gewächse

Bis 2 m hoher, aufrechter und dicht verzweigter, immergrüner Strauch mit gleichmäßig an den Trieben verteilten Blättern. Zweige striegelhaarig. **Blätter** wechselständig, elliptisch lanzettlich, 3–9 cm lang, lederig, am Rand bewimpert, unterseits mit anfangs hellen, später bräunlichen Drüsenpunkten. **Blüten** nickend, in aufrechten, 5–10 cm langen, dichten Doppeltrauben. Krone weiß, krugförmig, 5–6 mm lang, mit 5 auffälligen Kanten. Blütezeit: April–Mai. **Früchte** vielsamige Kapseln. **G!**

Name: *Pieris* geht wie so mancher Gattungsname der *Ericaceae* auf die antike Mythologie zurück, lat. eine Muse, aber ursprünglich basierend auf makedonischem König PIEROS, dessen Töchter die Musen zum Wettgesang aufforderten und nach der Niederlage in Dohlen verwandelt wurden; *floribunda* lat. = reich blühend.

Systematik: Zur Gattung *Pieris* gehören 5–10 Arten in Nordamerika und Ostasien, immergrüne Sträucher mit einfachen, am Rand gekerbten bis gesägten Blättern, Blüten in meist endständigen, schon im Herbst des Vorjahres ausgebildeten Doppeltrauben.
Verbreitung: Östliches Nordamerika (SO-USA).

Die Blütenstände der Amerikanischen Lavendelheide lassen erkennen, warum die Gattung auch Weißglockenstrauch genannt wird.

Japanische Lavendelheide mit überhängenden Blütenrispen.

Lebensraum: Strauchschicht schattiger feuchter Wälder auf armen und mäßig nährstoffversorgten Böden.
Biologie: Langsamwüchsig, mit oberflächennahem, gegen Bodenverdichtung empfindlichem Wurzelsystem; Schattenpflanze, aber zur Entfaltung reicher Blütenpracht Licht erforderlich. Giftig.
Verwendung: Durch die Blütenstände, die schon im Winter mit den grünlich weißen Blütenknospen zierend wirken, und die Blütenfülle im Frühjahr ein attraktiver immergrüner Blütenstrauch (nach Europa 1800 eingeführt). Gedeiht auch auf weniger sauren Böden als die meisten Heidegewächse.

Weitere Art:
***Pieris japonica*, Japanische Lavendelheide, Japanischer Weißglockenstrauch:** Die ostasiatische Art unterscheidet sich durch an den Enden kahler Zweige gehäuft stehende Blätter, deren Rand unbewimpert ist und deren Unterseite schwärzliche Drüsenpunkte aufweist, sowie eine kaum kantige, im Durchmesser ± runde und etwas größere Blütenkrone (6–8 mm lang). Durch die im Austrieb oft kupferfarbenen, später glänzend grünen Blätter und die etwas längeren und überhängenden Doppeltrauben mit größeren Blüten noch attraktiver als *P. floribunda*. Die Art wurde später (1860) nach Europa (Niederlande, Siebold) eingeführt, von ihr wurden inzwischen zahlreiche Sorten ausgelesen, darunter farblich auffällige, entweder im Winter durch braun-, purpur- bis orangerote Blütenknospen oder im Frühjahr mit auffällig rotem Laubaustrieb.

Pittosporum tobira – Chinesischer Klebsame

Pittosporaceae – Klebsamengewächse

Immer- bis halbimmergrüner, bis 6 m hoher Strauch oder kleiner Baum. Zweige abgerundet, kahl oder schwach behaart. **Blätter** lederig, wechselständig, an den Zweigenden gehäuft, 2 cm lang gestielt. Spreite verkehrt eiförmig, oberseits dunkelgrün, glänzend, 4–9 cm lang, 1,5–4 cm breit, ganzrandig, Rand zurückgerollt. **Blüten** zwittrig, in Dolden oder Scheindolden, duftend, 1–2 cm lang gestielt, Kelchblätter lanzettlich, 3–4 mm lang, Kronblätter frei, ca. 1 cm lang, weiß sich nach gelb verfärbend; Fruchtknoten dicht behaart. Blütezeit: März–Mai. **Frucht** eine fast kugelförmige, ca. 12 mm dicke Kapsel, Fruchtwand verholzt, sich 3-klappig öffnend, Samen zahlreich, ca. 4 mm groß, rot. Fruchtreife: Juni–Oktober. **G!**

Blühender Chinesischer Klebsame.

Name: Griech. „pissa" = Pech, „spora" = Same, nach den klebrigen Samen.
Systematik: Zur Gattung *Pittosporum* werden etwa 110 Arten gezählt. Das Verbreitungsgebiet umfasst Ost- und SO-Asien, Südafrika, Australien und Inseln des Indischen und Pazifischen Ozeans.
Verbreitung: Taiwan, Süd-Japan und Süd-Korea. In China oft eingebürgert.
Lebensraum: Besonnte Standorte von der Küste bis in Gebirgslagen. Lichte Gebüsche.
Biologie: Die Blüten produzieren reichlich Nektar und Pollen und werden in Mitteleuropa vor allem von Bienen aufgesucht. Die Pflanzen sind giftig!
Verwendung: Im Mittelmeergebiet häufig angepflanzt, auch als Heckengehölz. In Mitteleuropa nur im Weinbauklima bedingt winterhart. Beliebte Kübelpflanze wegen des schönen Laubs und des reichen duftenden Blütenschmucks.

Platanus × hispanica – Ahornblättrige Platane

Platanaceae – Platanengewächse

Sommergrüner, 20–35 m hoher, meist kurzstämmiger und breitkroniger Baum mit kräftigen Ästen. Stämme bis über 1 m Durchmesser, mit blassgelber bis graubrauner Borke, die sich periodisch, aber unregelmäßig in großen, dünnen Platten ablöst. Stämme und dicke Äste daher markant gescheckt. Junge Triebe hin und her gebogen, filzig braun behaart. Zweige verkahlend, olivgrün bis braun, glänzend, später überhängend. Knospen bis zum Laubfall in den Blattstielbasen verborgen, 10 mm lang, mit nur einer Knospenschuppe. **Blätter** wechselständig, lederig, 5–10 cm lang gestielt. Spreite (3–)5-lappig, 5–15 cm lang und ebenso breit, am Grund gestutzt oder seicht herzförmig, Lappen spitz, oberseits verkahlend, unterseits auf den Nerven und Achseln behaart bleibend. Mittellappen so lang wie breit. Nebenblätter zu einem Kragen verwachsen, der den Zweig umschließt. **Blüten** mit den Blättern erscheinend, unscheinbar, eingeschlechtig, in getrennten, kugelförmigen 7–10 mm dicken Ständen zu 2–3, einhäusig. Männliche Blüten mit kleiner Blütenhülle und 3–4 Staubblättern. Weibliche Blüten mit 5–9 oberständigen, freien Fruchtblättern und langen, bleibenden Griffeln. Blütezeit: Mai. **Früchte** in 15–20 cm langen Ständen mit 3–4 cm dicken, kugelförmigen Teilständen. Nüsschen 8–10 mm lang, keulenförmig, 4-kantig, am Grund lang behaart. Fruchtreife: September–Oktober.

Stammrinde der Ahornblättrigen Platane.

Name: LINNÉ übernahm und latinisierte den griech. Namen „platanos". Möglicherweise leitet er sich von „platys" = dick ab, bezogen auf die dicken Stämme und die breite Krone.
Systematik: Die Gattung *Platanus* weist 9 Arten in Nordamerika und je eine Art in Kleinasien und Indochina auf. Fossil ist die Gattung seit der Unteren Kreide bekannt.
Verbreitung: Angepflanzt in weiten Teilen Europas.
Lebensraum: Platanen sind sehr lichtbedürftig und benötigen einen tiefgründigen, feuchten Boden.
Biologie: Die Ahornblättrige Platane wird als Bastard zwischen Nordamerikanischer Platane, ***Platanus occidentalis***, und Morgenländischer Platane, *P. orientalis*, angesehen. Die Platane ist ein windblütiges Gehölz. Mit 15–25 Jahren erlangt sie Blühreife. Die Früchte bleiben bis zum Frühjahr am Baum hängen (Wintersteher), bis die Fruchtstandsachsen zerfasern und die Kugeln zu Boden fallen.
Verwendung: Die Platane ist eines der am meisten verwendeten Gehölze im innerstädtischen Bereich. Sie verträgt Lufttrockenheit, Abgase und einen starken Rückschnitt. Oft bilden die Äste, durch jährlichen Formschnitt, schattenspendende flache Kronen. Bis vor wenigen Jahrzehnten galten Platanen als schädlingsfrei. Der Neuaustrieb wird heute von einem Pilz, *Apiognomonia veneta* (Konidienform: *Gloeosporium platani*), befallen. Dieser bewirkt, dass die Blätter absterben, aber nur zum Teil abfallen. Die später gebildeten Blätter sind gesund. Seit 1975 in Österreich und 1976 in Deutschland ist ein aus Südosteuropa stammender Kleinschmetterling präsent, die Miniermotte *Phyllonorycter platani*. Deren Raupen ernähren sich vom chlorophyllhaltigen Blattgewebe und verursachen charakteristische, von außen gut sichtbare Fraßgänge in den Blättern. Platanenholz weist einen hellen Splint und einen rötlichen bis dunkelbraunen Kern auf. Bearbeitet hat es einen matten Glanz. Es wird als Furnierholz und zum Drechseln, vor allem aber als Brennholz verwendet.

Blatt der Nordamerikanischen Platane.

Ähnliche Art:
***Platanus orientalis*, Morgenländische Platane:** Sommergrüner, 15–25 m hoher, breitkroniger Baum. Die Bäume können ein Alter von über 600 Jahren und einen Stammdurchmesser von 3 m erreichen. Diese Platane ist charakterisiert durch 5–7-lappige, tief eingeschnittene Blätter, deren Lappen buchtig gezähnt sind, und Fruchtstände, die aus 3–7 Teilfruchtständen von 2–2,5 cm Dicke bestehen. Das Verbreitungsgebiet erstreckt sich von der Balkan-Halbinsel, das östliche Mittelmeergebiet, Anatolien, den Irak und Iran bis zum westlichen Himalaja. Die Morgenländische Pla-

tane wächst auf grundwassernahen Standorten, meist an Gewässern. Sie ist als beliebter schattenspendender Baum vielfach angepflanzt. In Mitteleuropa trifft dies jedoch nicht zu, obwohl sie die gleichen Ansprüche wie die Ahornblättrige Platane stellt. *orientalis* lat. = östlich, morgenländisch.

Fruchtstandskugeln der Morgenländischen Platane.

Stamm eines Altbaums der Morgenländischen Platane.

Polygala chamaebuxus – Buchsblättrige Kreuzblume, „Zwergbuchs"

Polygalaceae – Kreuzblumengewächse

Immergrüner, unterirdische Ausläufer bildender, 5–25 cm hoher Zwergstrauch. **Blätter** lederig, 1,5–3 cm lang, eiförmig bis lineal lanzettlich, kahl, im Gegensatz zu den ähnlichen Preiselbeerblättern unterseits ohne schwarze Punkte. **Blüten** im April–Juni (manchmal schon im Winter), 1–1,5 cm lang, 2-farbig, Krone weiß und purpurrot oder gelb. **Frucht** eine abgeflachte, schmal geflügelte Kapsel.

Name: *Polygala* basiert auf griech. „poly" und „gala" = viel Milch, aber die Pflanzen besitzen weder Milchsaft noch regen sie Kühe zur Milchsekretion an, wahrscheinlich geht der Name auf Arten mit grünlich weißer Blütenhülle zurück; *chamaebuxus* (= ein niedriger, am Boden liegender Buchsbaum) war ein alter Name für eine andere Pflanze, der dann auf diese zwergstrauchige Kreuzblume mit Blättern, die an Buchs-

Buchsblättrige Kreuzblume am natürlichen Standort (Ostalpen). ▶

baumblätter erinnern, übertragen wurde. Gelegentlich wird die Art Zwergbuchs genannt, aber dann ist zu beachten, dass eine niedrig bleibende Sorte ('Suffruticosa') des Buchsbaums ebenfalls mit diesem Namen belegt ist.
Systematik: Zur etwa 620 Arten umfassenden, weltweit verbreiteten Gattung *Polygala* gehören Stauden und Gehölze mit wechsel- oder gegenständigen, einfachen Blättern und in Trauben stehenden zwittrigen Blüten, die durch teils kronblatt- und flügelartige Kelchblätter sowie ein schiffchenartiges Kronblatt an die Blüten der Schmetterlingsblütler erinnern.
Verbreitung: Mitteleuropäische Gebirge bis Apenninen- und Balkan-Halbinsel, kolline bis subalpine Stufe.
Lebensraum: Lichte Kiefern- und Eichenwälder, mäßig trockene Rasen, meist über Kalk und Dolomit, nördlichste Vorkommen in Deutschland (Vogtland) auf basenarmen Standorten.
Biologie: Licht- bis Halbschattenpflanze. Die Blüten werden vorwiegend von Hummeln bestäubt.
Verwendung: Durch die für die niedrige Pflanze großen, 2-farbigen, manchmal schon im Winter erscheinenden Blüten interessantes Zwerggehölz, besonders für den Steingarten.

Populus – Pappel

Salicaceae – Weidengewächse

Sommergrüne, in der Regel zweihäusige Laubbäume. Knospen von 3–10 oft harzreichen Schuppen umhüllt. **Blätter** wechselständig, mit langem Stiel und einfacher, dreieckiger bis deltoider oder rautenförmiger, eiförmiger oder elliptischer bis runder, manchmal gelappter Spreite. **Blüten** in hängenden Kätzchen, stets vor den Blättern erscheinend, mit einfachem becherförmigem Perianth. Windbestäubung. **Früchte** 2–4-klappige Kapseln mit 2–40 Samen. **Samen** mit pinselartigem Haarschopf. Ausbreitung durch Wind (Flugweiten bis zu 50 km) und Wasser.

Name: *Populus* lat. Name für die Pappel, Etymologie gilt als ungeklärt, jedoch beim römischen Dichter HORAZ für die Bäume, die um öffentliche Plätze und Treffpunkte des Volks (*populus* lat. = Volk) gepflanzt wurden, verwendet. Deutscher Name Pappel auf *Populus* zurückzuführen.
Systematik: Zu der vor allem in den meridionalen bis borealen Zonen der Holarktis verbreiteten Gattung gehören 35–40 Arten. Auffällige Unterschiede zwischen den Arten lassen eine grobe Gruppierung zu in:
- **Schwarzpappeln** mit seitlich zusammengedrückten Blattstielen und schmalem durchsichtigen Saum am Blattrand, hierzu u. a. zahlreiche, Nutzholz liefernde Arten und Hybridsorten,
- **Weiß-** und **Zitterpappeln** mit vielgestaltigen Blättern, starker Wurzelbrut, aber schlechter Stecklingsbewurzlung,
- **Balsampappeln** mit klebrigem, aromatischem Knospenbalsam und derben, unterseits hellen bis weißlichen, metallisch glänzenden Blättern,
- **Großblattpappeln** mit bis zu 35 cm langen Blattspreiten und
- die eigenständige **Euphrat-Pappel** (***P. euphratica***) in ariden Gebieten, salzhaltige Standorte tolerierend.

Verbreitung: Boreales bis meridionales Nordamerika (südlich bis Mexiko) und Eurasien (südlich bis Himalaja), außerdem N-Afrika und isoliertes Vorkommen im tropischen O-Afrika.
Lebensraum: Auenwälder und -gebüsche, Gewässerufer, Waldränder, lichte Pionierwälder auf feuchten bis trockenen Standorten.
Biologie: Beblätterung oft ausgeprägt heterophyll, denn die in den Knospen angelegten und im Frühjahr austreibenden „Frühblätter" an Kurztrieben und basalen Bereichen der Langtriebe meist von anderer Form und Größe als im Laufe der Vegetationsperiode gebildete „Spätblätter" an Langtrieben. Samen rasch keimend, meist kurzlebig (1–2 Wochen). Überwiegend lichtbedürftige und raschwüchsige Pionierbäume, oft Wurzelsprosse und Klone bildend. Hohe Kreuzungsbereitschaft, deshalb

in der Natur entstandene und in Kultur spontan auftretende oder durch Kreuzung erzeugte Hybriden verbreitet. Einige der Hybridpappeln gehören zu den raschwüchsigsten Baumarten der gemäßigten Breiten der Nordhemisphäre. Gepflanzte Hybriden können sich durch Verwilderung ausbreiten, entweder generativ, wenn Pflanzen beiderlei Geschlecht benachbart vorkommen, oder vegetativ.
Verwendung: Vielseitig, besonders zur Holzerzeugung (z. B. für Zellstoff und Papier, Span- und Faserplatten, Streichhölzer) und Landschaftsgestaltung. Einige Arten und Hybriden durch enormes Wachstumstempo für Schnellwuchs- bzw. Kurzumtriebsplantagen zur Gewinnung von Energieholz hervorragend geeignet. Mehrere europäische und nordamerikanische Arten fanden auch in der Volksheilkunde Verwendung oder haben bis heute medizinische Bedeutung, so die Knospen von Balsam- und Schwarzpappeln oder die Rinde von Zitterpappeln.

Populus alba – Silber-Pappel

Bis 30(–35) m hoher Baum mit grauweißer, lange glatt bleibender Stammrinde, im Alter dicke dunkelgraue Borke ausbildend. Jungtriebe mit dicht weißfilzigen Zweigen und Knospen. **Blätter** an Langtrieben (Spätblätter) mit 3–5-lappiger, oberseits dunkelgrüner und kahler, unterseits dicht weißfilziger Spreite, an Kurztrieben (Frühblätter) elliptisch bis eiförmig rundlich, ungelappt, grob gezähnt, unterseits weiß- bis graufilzig; Blattstiel fast rund.

Blatt der Silber-Pappel.

Name: *alba* lat. = weiß, siehe grauweiße Rinde, weißfilzige Jungtriebe und Blattunterseiten! Darauf auch deutscher Name zurückzuführen.
Systematik: In der Sektion *Populus* (früher *Leuce*) zu den Weißpappeln (Untersektion *Albidae*) gehörend und mit Vertretern der Zitterpappeln oder Aspen (Untersektion *Trepidae* derselben Sektion) hybridisierend, siehe *P.* × *canescens*!
Verbreitung: Mittel- und Südeuropa bis Kaukasien und Mittelasien; von Pflanzungen ausgehende Verwilderungen und Etablierung außerhalb des natürlichen Areals erschweren die Rekonstruktion des ursprünglichen Areals, z. B. eingebürgert in weiten Teilen Mittel- und W-Europas, auch in Nordamerika.
Lebensraum: Auenwälder und -gebüsche der Niederungen und Stromauen, außerhalb der Auen gelegentlich auf sandigen und kiesigen Ablagerungen.
Biologie: Bis 400 Jahre alt werdender Pionierbaum, anspruchsvoll an Licht, Wärme und Nährstoffe, überflutungs- und dürretolerant, windbeständig. Wurzelsprosse und Stockausschlag bildend.
Verwendung: Besonders für Landschaftsgestaltung in Auengebieten, auch zur Befestigung sandiger Böschungen. Als Ziergehölz für städtische Umweltbedingungen geeignet, aber nicht als Straßenbaum. Sorten der Säulen-Silber-Pappel mit säulen- bis schmal kegelförmiger Krone (Pyramidalis-Gruppe) stellen ein Pendant zur bekannteren Säulenform der Schwarz-Pappel (siehe *P. nigra* 'Italica'!) dar, die Sorte 'Bolleana' wurde zuerst in Mittelasien aufgefunden, 1841 nach Europa eingeführt und nach dem Berliner Dendrologen C. A. Bolle benannt.

◀ *Stämme der Grau-Pappel.*

Ähnliche Hybride:
***Populus × canescens*, Grau-Pappel:** Eine in den Merkmalen zwischen den Elternarten Silber- und Zitter-Pappel vermittelnde, im überlappenden Bereich des Areals beider Arten durch Hybridisierung entstandene Pappel mit schwach oder nicht gelappten Blättern, graufilzigen, im Laufe des Jahres verkahlenden Jungtrieben, Knospen und Blattunterseiten. Die raschwüchsige und anspruchslose Grau-Pappel ist häufiger als *P. alba* und auch außerhalb deren Verbreitungsgebiet angepflanzt und etabliert. Durch ein weit streichendes Wurzelsystem und Wurzelbrut sowie Sturmfestigkeit ist sie besonders für Wind- und Küstenschutzpflanzungen, zur Böschungs- und Uferbefestigung geeignet. Sie sollte nicht in Flussauen, in denen noch natürliche Restbestände der Silber-Pappel existieren, gepflanzt werden, da sie diese durch Rückkreuzungen oder Konkurrenz verdrängen kann.

Populus balsamifera – Echte oder Nordamerikanische Balsam-Pappel

20–25(–35) m hoher Baum. Junge Zweige im Querschnitt rundlich, kahl. Knospen klebrig, vor allem zur Zeit des Austriebs, auffällig aromatisch duftend. **Blätter** bei der Entfaltung klebrig-harzig, Spreite eiförmig, am Grund abgerundet oder leicht herzförmig, 5–9(–15) cm lang, Oberseite dunkelgrün und kahl, Unterseite blaugrau, oft mit rötlichen Längsbändern oder Flecken (Spuren des Harzes), schwach behaart, Blattrand nicht bewimpert und Blattstiel meist kahl. **Frucht** eiförmig, 2-klappig, kahl.

Wie bei allen Pappeln erscheinen die Blütenkätzchen der Echten Balsam-Pappel vor dem Laubaustrieb.

Name: *balsamifera* auf lat. „balsamum" und „-fer" basierend, was Balsam bzw. Harz tragend bedeutet, wegen der stark klebrig-harzigen Winterknospen.
Verbreitung: Quer durch den Norden des nordamerikanischen Kontinents, von der subarktischen Waldgrenze bis zu den Rocky Mountains im Süden.
Lebensraum: See- und Flussufer, Auenwälder und Sandbänke in Flussniederungen.
Biologie: Lichtbedürftige, sonst anspruchslose Pionierbaumart; oft reichlich Wurzelsprosse bildend.
Verwendung: Im Gegensatz zu *P. trichocarpa* kaum von forstlicher Bedeutung, aber interessanter Parkbaum (in Europa schon vor 1689 kultiviert), der zur Laubentfaltung durch den balsamisch-aromatischen Geruch, den die Knospen und jungen Blätter ausströmen, auffällt. Nachteilig können die oft zahlreich vorhandenen Wurzelsprosse sein. Diese kommen ebenso bei der Hybride mit der Nordamerikanischen Schwarz-Pappel (*P. deltoides*) vor, die im Verbreitungsgebiet der Eltern natürlich auftritt und nicht selten fälschlich unter dem Namen *P. candicans* gepflanzt wird: **Ontario-Pappel** oder **Balm-**

of-Gilead, *Populus × jackii*. Dagegen fehlen Wurzelsprosse bei der Hybride mit der Westamerikanischen Balsam-Pappel (*P. trichocarpa*), die ebenfalls im gemeinsamen Areal der Eltern entstand, aber auch künstlich erzielt wurde: ***Populus × hastata***. Von dieser wurde **'Balsam Spire'**, eine schmalkronige, fast säulenförmige weibliche Sorte, ausgelesen, die vor allem in Großbritannien häufig gepflanzt wurde, besonders als Windschutzgehölz.

Ähnliche Arten (Balsampappeln):

***Populus maximowiczii*, Japanische Balsam-Pappel** oder **Maximowiczs Pappel:** Sich durch derbe, oberseits durch eingesenkte Nerven runzelige Blattspreiten auszeichnend, junge Zweige und Blattnerven behaart, Blattrand bewimpert. Fruchtkapsel 3–4-klappig. Ost- bis nordostasiatische Art, im natürlichen Areal mit 30 m Höhe einer der höchsten und produktivsten Laubbäume, der vor allem Rohstoff für die Zündholzherstellung liefert. In Europa (um 1890 eingeführt) erlangte die Art weniger als Zierbaum Bedeutung, sondern mehr als Elter für die Erzielung raschwüchsiger Hybridsorten von forstlicher Bedeutung, z. B. mit *P. trichocarpa* als Kreuzungspartner die bekannte, oft gepflanzte Sorte 'Androscoggin' (erreicht in England in 12 Jahren 30 m Höhe).

Blätter der Japanischen Balsam-Pappel.

Populus trichocarpa*, Westliche** oder **Westamerikanische Balsam-Pappel:** Unterscheidet sich von *P. balsamifera* durch leicht kantige und behaarte junge Zweige, unauffällig und kurz, aber oft dicht behaarte Blattstiele sowie kugelige, 3–4-klappige, oft behaarte Fruchtkapseln. Die schnellwüchsigste und größte Balsampappel wird im natürlichen Areal 25–40 m hoch, die bekannte Maximalhöhe von 68 m bedeutet Höhenwuchsrekord unter den amerikanischen Pappeln und den Laubbäumen im Westen Nordamerikas. Die spät (1892) nach Europa eingeführte Art erreicht diese Höhen in Kultur zwar nicht (kaum über 25 m hoch), erlangte aber wegen der Raschwüchsigkeit weite Verbreitung und forstliche Bedeutung. Außer der Art werden ihre Hybriden mit anderen Balsampappeln (siehe unter *P. balsamifera* und *P. maximowiczii*!) oder Schwarzpappeln gepflanzt. Zu letzteren gehört ***Populus × generosa (*P. deltoides* × *P. trichocarpa*), die als schnellwüchsigste Pappel, was den Volumenzuwachs betrifft, gilt,

Blätter der Westlichen Balsam-Pappel.

weshalb sie auch in Europa für Pappelplantagen Verwendung fand. Als solche ist sie besser als die ähnliche Balsam-/Schwarzpappelhybride *P. × jackii* (siehe unter *P. balsamifera*!) geeignet, da sie im Gegensatz zu dieser keine Wurzelsprosse bildet.

Populus × canadensis – Hybrid-Schwarz-Pappel, Euroamerikanische Schwarz-Pappel

Bis 30(–40) m hohe Bäume mit schmal bis breit eiförmiger Krone und durchgehendem Stamm. Junge Zweige im Querschnitt fast rund oder leicht kantig. **Blätter** mit seitlich stark zusammengedrücktem Stiel, Spreite 5–12 cm lang, 3–9 cm breit, dreieckig bis rautenförmig, meist lang zugespitzt, beiderseits grün, unterseits heller, aber nie weißlich. Spreitenrand mit schmalem deutlich abgesetztem, durchscheinendem (gegen das Licht oder mit Lupe erkennbarem) Saum, ohne oder mit einigen Wimpern oder Wimperresten. Im Übergang von der Spreite zum Stiel keine oder 1–2 Drüsen. **Früchte** 2–4-klappige Kapseln.

Name: *canadensis* wie der verschiedentlich noch verwendete deutsche Name Kanadische Pappel irreführend, da nicht in Kanada beheimatet bzw. aus Kanada stammend, sondern durch Kreuzung der Nordamerikanischen oder Kanadischen Schwarz-Pappel (*P. deltoides*) mit der Europäischen Schwarz-Pappel (*P. nigra*) entstandener Bastard, umfasst alle spontanen und künstlich erzielten, in ihren Merkmalen zwischen den beiden Eltern stehenden Schwarzpappelhybriden.

Systematik und Verbreitung: *P. deltoides × P. nigra*, erstmals um 1750 in Frankreich nach Einführung von *P. deltoides* durch Hybridisierung mit der einheimischen Schwarz-Pappel entstanden, ab 1770 setzte der Anbau ein. Seitdem nimmt durch gezielte Kreuzungen die Zahl schnellwüchsiger Hybridsorten ständig zu. Sie werden überall in den gemäßigten Zonen der Erde kultiviert und können sich entlang von Gewässerufern durch Verdriften von Zweigen und deren Bewurzlung auch spontan ausbreiten.

Lebensraum: Meist künstlich begründete Bestände oder reihenweise Pflanzungen auf gut mit Wasser und Nährstoffen versorgten Böden, von zeitweilig überfluteten Flussufern und Weichholzauen bis zu Ackerstandorten.

Plantage der Hybrid-Schwarz-Pappel.

Biologie: Lichtbedürftig, anspruchsvoll hinsichtlich Wärme; Wurzelsprosse und Stockausschläge bildend.

Verwendung: Zahlreiche, sehr raschwüchsige Sorten, die zur Erzeugung von Holz als Rohstoff und Energieträger in Plantagen, in Wind- oder Sichtschutzpflanzungen angepflanzt werden. Wurden oft zur schnellen Begrünung von Flächen genutzt, ohne immer die Standortsansprüche zu beachten oder die geeignete Sorte zu wählen.

Ähnliche Arten (Schwarzpappeln):

***Populus deltoides*, Nordamerikanische** oder **Kanadische Schwarz-Pappel:** Die Blattspreite ist im Gegensatz zur europäischen Art (*P. nigra*) am Rand dicht bewimpert und besitzt am Stielansatz 2–4(–6) Drüsen, die jungen Zweige sind kantig, die Fruchtkapseln 2–4-klappig. Die Art gehört im mittleren und östlichen Nordamerika zu den größten (20–40, maximal 58 m) und raschwüchsigsten Laubbäumen, sie ist die holzwirtschaftlich wichtigste Pappelart Nordamerikas. In Europa erlangte sie als Kreuzungspartner (siehe *P. × canadensis*!) Bedeutung, als Zierbaum spielt sie keine Rolle.

Populus nigra, Europäische Schwarz-Pappel: Vom Mittelmeergebiet und Mitteleuropa nach Osten bis Mittel- und Vorderasien verbreitete Art der Weichholzauen, ein Alter von 200(–300) Jahren und einen Stammdurchmesser bis 2,5 m erreichend. Bis 35 m hoher Baum mit nach oben breiter werdender Krone und auffälligem Stamm mit im Alter starker dunkelgrauer Borke (dunkler als bei anderen Pappeln, deshalb *P. nigra* bzw. Schwarz-Pappel) mit netzartigem Muster, mit Wülsten und knolligen Wucherungen am Stamm. Die nicht kantigen jungen Zweige, das Fehlen von Drüsen am Übergang von der Blattspreite zum -stiel und der Blattrand ohne Wimpern sind kennzeichnende Merkmale, die in dieser Kombination nur selten bei *P. × canadensis* auftreten. Bemerkenswert auch sekundäre Unterscheidungsmerkmale, so kommt ein bestimmtes, Blattstielgallen hervorrufendes Insekt nur an *P. nigra* vor, während die Laubholz-Mistel (*Viscum album*) diese Art meidet und bevorzugt auf *P. × canadensis* wächst. Mit der seit dem 18./19. Jahrhundert einsetzenden Flussregulierung und dem Verlust der Lebensräume, verstärkt durch zunehmenden Anbau schnellwüchsigerer Sorten der Hybrid-Schwarz-Pappel, sind die natürlichen Vorkommen der „echten" Schwarz-Pappel so stark zurückgegangen, dass die Art als gefährdet einzustufen ist (z.B. nach Roter Liste Deutschlands). Sie hat heute für die Holzproduktion keine Bedeutung mehr, ist aber Elternart holzwirtschaftlich wichtiger Hybridsorten (*P. × canadensis*) und damit eine bedeutende Genressource. Die Erhaltung und Förderung natürlicher Populationen sind Anliegen von Forstwirtschaft und Naturschutz. Die Pyramiden-Pappel (**'Italica'**), ein überwiegend männlicher Klon von *P. nigra*, gehört zu den bekanntesten und markantesten Säulenformen unter den Zierbäumen, oft Wege, Gewässerufer oder einzeln stehende Gehöfte markierend. Zu ihrer Verbreitung soll NAPOLEON beigetragen haben, der sie entlang seiner Heerstraßen pflanzen ließ.

Stamm eines Altbaums der Europäischen Schwarz-Pappel.

Seitenzweige der Europäischen Schwarz-Pappel mit unreifen Fruchtkätzchen

Populus tremula – Zitter-Pappel, Aspe oder Espe

10–20(–40) m hoher Baum. **Blätter** mit seitlich zusammengedrücktem Stiel, der etwa so lang wie die Spreite ist, Spreite rundlich bis breit eiförmig, 3–5(–7) cm lang, unregelmäßig grob und ausgeschweift oder buchtig gezähnt, vorn abgerundet, stumpf oder spitz, Spätblätter größer (bis 15 cm

Säulenförmige Kronen der Pyramiden-Pappel, einer Sorte der Europäischen Schwarz-Pappel.

lang) und deltoid-eiförmig bis -herzförmig, an Schösslingen auch behaart.

Name: *tremula* lat. = zitternd, wegen der bei jedem Windhauch „zitternden" Blätter (vgl. Sprichwort „Zittern wie Espenlaub"), da die langen, dünnen, seitlich zusammengedrückten Blattstiele eine auffällige und hörbare Bewegung der Spreiten bewirken.

Verbreitung: Europa bis Ostasien, vom Tiefland bis in die Gebirge, in O-Europa und Sibirien sich auf Waldbrandflächen aussäend bzw. aus Wurzelsprossen regenerierend und Pionierwälder bildend (z. B. im Stadtgebiet von Moskau 1813 nach Zerstörung der Stadt durch Napoleon große Flächen bedeckend).

Lebensraum: Lichte Wälder trockener bis nasser, sandiger bis toniger Standorte, Waldlichtungen, Brachen oder Abgrabungsflächen.

Biologie: Pionierbaum mit weiter Standortamplitude, relativ anspruchsloser Rohbodenbesiedler, aber lichtbedürftig und relativ kurzlebig. Konkurrenzschwäche durch hohe Vermehrungs- und Ausbreitungspotenz ausgleichend. Genetische Vielfalt spiegelt sich in unterschiedlichen Stammformen und Wuchshöhen wider. Reiche Wurzelsprossbildung kann dazu führen, dass ganze Bestände (z. B. ein Klon in Wales mit über 1000 Stämmen auf einem Hektar) von einer Pflanze begründet werden, die dann ein Alter von mehreren hundert oder gar tausend Jahren aufweist.

Verwendung: Wertvoll für Landschaftsgestaltung, u. a. begünstigt die Ausläufer- und Wurzelsprossbildung die Böschungsbefestigung. Bedeutung als Vorwaldart auf Kahlflächen und für die Bewaldung extremer Standorte wie Kippen und Halden oder immissionsbelastete Lagen. Das Holz

Kurztriebblätter der eurasisch verbreiteten Zitter-Pappel oder Aspe.

Säulen-Aspe, eine schmalkronige Sorte der Zitter-Pappel.

ist für Zellstoff-, Platten- und Zündholzproduktion geeignet. Als Ziergehölz im Herbst durch ihre Laubfärbung (leuchtend gelb oder orangerot) attraktiver als andere Pappeln. Als Straßenbaum nicht geeignet, höchstens für enge Straßen oder schmale Randstreifen die 1911 in Schweden aufgefundene Säulen-Aspe mit schmaler, locker aufstrebender Krone (**'Erecta'**), allerdings Wurzelsprossbildung nachteilig.

Ähnliche Art:

Populus tremuloides*, Amerikanische Zitter-Pappel** oder **Espe:** Baumart mit dem am weitesten ausgedehnten Areal auf dem nordamerikanischen Kontinent (Labrador bis zur Beringstraße und nach Mexiko). Im Gegensatz zur eurasischen Zitter-Pappel *P. tremula* ist die Blattspreite gleichmäßig fein gesägt, die jungen Stämme sind heller, ihre Rinde fast silbrig-weiß wie bei Birken. Gelegentlich wird auch der durch Kreuzung erzielte Bastard beider Arten, ***Populus × wettsteinii, gepflanzt, der sich durch höhere Wuchsleistungen auszeichnet.

Zweig mit beblätterten Kurztrieben der Amerikanischen Zitter-Pappel.

Weitere Arten:

***Populus lasiocarpa*, Chinesische Großblatt-Pappel:** Von A. HENRY 1888 in Zentralchina entdeckte und von E. WILSON 1900 in Kultur eingeführte Pappel, die in China ein wichtiger Holzlieferant ist. Im Gegensatz zu den anderen Pappeln einhäusige Art, die durch ihre sehr dicken und starren, anfangs dicht filzig behaarten Zweige sowie sehr große Knospen (Endknospe 2–2,5 cm lang) und Blätter (herzeiförmige Spreite 15–30 cm lang, 10–20 cm breit) mit roten Blattstielen und -nerven ein auffälliger Zierbaum ist.

Blätter der Chinesischen Großblatt-Pappel.

Populus laurifolia*, Lorbeer-Pappel:** Die ein weites Areal von Sibirien bis Mittel- und O-Asien einnehmende, etwa 1830 in Kultur eingeführte Art mit dünnen, scharfkantigen, hell graugelben Zweigen und lanzettlichen bis eiförmigen oder elliptischen, unterseits weißlich- bis graugrünen Blättern wird in Mitteleuropa selten gepflanzt. Weite Verbreitung erlangte aber ein vor 1870 im Botanischen Garten Berlin entstandener Bastard mit der Pyramiden-Pappel, die **Berliner Lorbeer-Pappel, *Populus × berolinensis, von der nur männliche Bäume bekannt sind. Die anspruchslose, städtische Bedingungen gut ertragende, aber kurzlebige (etwa 80 Jahre) und zur Brüchigkeit neigende, schmalkronige Pappel wurde in Mitteleuropa oft als Straßenbaum gepflanzt, in Nordamerika in Windschutzstreifen der Präriegebiete.

Blätter der Birken-Pappel.

***Populus simonii*, Birken-Pappel, Simons Balsam-Pappel:** Chinesische Art mit schmaler Krone und wie bei der Hänge-Birke überhängenden Zweigen. Die jungen Zweige sind kantig, rot- oder ocker- bis olivbraun, die Blätter kahl, die Spreite verkehrt eiförmig mit keilförmiger Basis, unterseits hellgrün bis weißlich, der nur 0,5–2 cm lange Stiel und die Mittelrippe oft rötlich. Ein sehr früher Austrieb macht diese durch ihren Habitus (noch ausgeprägter bei Säulenform 'Fastigiata') auffallende Balsampappel als Ziergehölz (eingeführt nach Frankreich 1862) im Frühjahr besonders interessant, aber auch anfällig für Spätfröste.

Pourthiaea villosa – Warzen-Glanzmispel

Rosaceae – Rosengewächse

Sommergrüner, bis 5 m hoher, breitkroniger Großstrauch oder kleiner Baum. Zweige graubraun mit vielen Korkwarzen. Knospen länglich eiförmig, zugespitzt, braunrot, 3–4 mm lang. **Blätter** wechselständig, 2–8 mm lang gestielt. Spreite breit bis schmal verkehrt eiförmig, 3–8 cm lang und 2–3,5 cm breit, abrupt kurz zugespitzt, am Grund keilförmig, oberseits frischgrün, kahl, unterseits blau- bis graugrün, ± behaart. **Blüten** weiß, streng duftend, zwittrig, mit 5-zähliger, doppelter Blütenhülle, 7–12 mm Durchmesser, zu 5–20 in 3–5 cm breiten, wollig behaarten Schirmrispen. Blütenstiele deutlich mit Korkwarzen besetzt. Staubblätter 20, Griffel 3–5, im unteren Teil miteinander verbunden. Blütezeit: Mai–Juni. **Früchte** 1–4-samige Apfelfrüchte mit persistierendem Kelch, ellipsoidisch bis eiförmig, 8 mm lang, leuchtend rot. Fruchtreife: Oktober.

Name: Gattung von Joseph Decaisne 1874 nach J. A. Pourthié (1830–1866), einem französischen Missionar und Pflanzensammler in Korea, benannt. *villosus* lat. = zottig, rau.

Fruchtende Seitenzweige der Warzen-Glanzmispel.

Systematik: Zur Gattung *Pourthiaea* werden etwa 25 Arten im meridionalen und nemoralen Ostasien gerechnet.

Verbreitung: China, Korea, Japan (Hokkaido bis Honshu).

Lebensraum: In Gebirgen bis 1000 m ü. M.

Biologie: Blütenduft ist Trimethylamin, ein Duftstoff, der in den Blüten bei vielen Rosengewächsen gebildet wird. Die Früchte werden von Vögeln verzehrt, bleiben aber meist noch bis in den Winter hinein an den Zweigen hängen.

Verwendung: *P. villosa* gelangte durch von Siebold 1865 nach Europa. Sie war lange Zeit in die Gattung *Photinia* einbezogen. Die Art ist leider viel zu wenig angepflanzt, obwohl sie keine besonderen Ansprüche stellt. Der Boden sollte tiefgründig, feucht, aber gut durchlässig und nährstoffreich, der Standort sonnig bis halbschattig sein. Die herbstliche Laubfärbung ist sehr intensiv und schwankt zwischen leuchtend goldgelb und orangerot. Die Art ist in Deutschland frosthart. Vermehrung durch Aussaat oder Veredlung auf Weißdorn.

Prinsepia uniflora – Chinesische Dornkirsche

Rosaceae – Rosengewächse

Sommergrüner 1,5–2 m hoher Strauch. Zweige bogig überhängend, mit gekammertem Mark, silbrig hellgrau, später rotbraun. In den Blattachseln mit bis 12 mm langen, geraden Dornen, die so lang wie oder länger als die Blattstiele sind. Knospen unterhalb der Dornen, nackt, graubraun behaart, von den persistierenden Nebenblättern verdeckt. **Blätter** wechselständig, kurz gestielt, Nebenblätter klein. Blattspreiten ungeteilt, lanzettlich bis länglich elliptisch, fein gesägt, an den Kurztrieben gebüschelt stehend, 3–6 cm lang und 1,5–2,5 cm breit, am Ende stumpf bis spitz, oberseits dunkelgrün, kahl, unterseits heller. **Blüten** duftlos, weiß, 3–5 mm lang gestielt, an den seitlichen Kurztrieben, die vorjährigen Zweigen ansitzen, zu 1–3 in sitzenden Dolden, zwittrig, mit doppelter, 5-zähliger Blütenhülle, 1,5 cm Durchmesser. Kronblätter genagelt, Staubblätter 10, 1 mittelständiges Fruchtblatt. Griffel nahe der Basis des Fruchtknotens(!). Blütezeit: März–April. **Früchte** Steinfrüchte, purpur- bis karminrot, schwach bereift, rundlich, 1–1,5 cm Durchmesser. Steinkern eiförmig, seitlich etwas abgeflacht. Fruchtreife: August.

Name: Die Gattung *Prinsepia* wurde nach dem in Indien tätigen britischen Naturforscher James Prinsep (1799–1840) benannt. *uniflorus* lat. = einblütig

Systematik: Zur Gattung zählen 4 mit Dornen bewehrte Arten vom Himalaja bis nach Taiwan und der Mandschurei. Bemerkenswert sind das gekammerte Mark und die am Fruchtknoten seitlich ansitzenden Griffel (Unterschied zur Gattung *Prunus*).

Verbreitung: NW-China (Shaanxi, Gansu, W-Henan, Shanxi, W-Sichuan).

Lebensraum: Talschluchten und Hänge, am Fuße von Gebirgen und auf besonnten Felshängen.

Biologie: Die Chinesische Dornkirsche zeichnet sich durch einen sehr frühen Laubaustrieb aus. Die Blüten werden durch Insekten bestäubt. Früchte werden meist nur wenige ausgebildet.

Verwendung: *P. uniflora* wird leider nur selten angepflanzt, obwohl sie ein anspruchsloses Gehölz und bis –20 °C frosthart ist. Vermehrung durch Samen oder Stecklinge im Juni/Juli. Die Art gelangte durch Purdom 1911 nach Europa. Die Früchte sind essbar.

Seitenspross der Chinesischen Dornkirsche mit Blüten.

Prunus – Kirsche, Pflaume, Aprikose, Mandel

Rosaceae – Rosengewächse

Sommergrüne, seltener immergrüne Sträucher oder Bäume. **Blätter** wechselständig, meist deutlich gestielt mit oft hinfälligen Nebenblättern. Spreite ungeteilt. Viele Arten mit Nektardrüsen am Grenzbereich zwischen Blattstiel und Blattspreite (extraflorale Nektarien). **Blüten** ansehnlich, mit doppelter, 5-zähliger Blütenhülle, zwittrig, in Trauben, Schirmtrauben, Dolden an seitlichen Kurztrieben, die Laubblätter tragen können, seltener einzeln, vor oder mit dem Laubaustrieb erscheinend. Fruchtblätter 1, mit endständiger Narbe, mittelständig, Staubblätter 20–30(–45), am Grund eines schüssel-, glocken- oder röhrenförmigen Blütenbechers, der postfloral meist abfällt. **Frucht** eine Steinfrucht mit festem, meist 1-samigen Steinkern, umgeben von einem äußeren fleischigen oder lederigen Fruchtfleisch. Samen durch den Gehalt an Amygdalin oft giftig.

Name: Griech. „prounos" wurde der wilde Pflaumenbaum schon von THEOPHRAST, lat. „prunus" von PLINIUS und COLUMELLA genannt.

Systematik: Zur Gattung *Prunus*, die innerhalb der *Rosaceae* zur Unterfamilie der *Prunoideae* gehört, werden über 200 Arten gezählt. Sie sind in der nemoralen, borealen und meridionalen Zone der Nordhemisphäre, die Untergattung *Laurocerasus* auch in tropischen Gebirgen bis Südbrasilien und Neuguinea verbreitet. In Europa sind 17 Arten heimisch.

Die Gattung *Prunus* wurde früher in 6 Untergattungen gegliedert. Es waren die Subgenera

- *Cerasus* – Kirschen
- *Prunus* – Pflaumen, Schlehen
- *Armeniaca* – Aprikosen
- *Amygdalus* – Mandeln, Pfirsiche
- *Padus* – Traubenkirschen
- *Laurocerasus* – Lorbeerkirschen

Nach neueren Erkenntnissen wird die Gattung *Prunus* nur noch in 3 Untergattungen gegliedert:

- Subgenus *Padus* – Traubenkirschen
- Subgenus *Cerasus* – Echte Kirschen
- Subgenus *Prunus* – Mandeln, Pfirsiche, Aprikosen u. a.

Biologie: *Prunus*-Arten sind insektenblütig und werden vor allem von Fliegen und Hautflüglern besucht. Bisweilen ist Selbstbefruchtung möglich. Die Verbreitung der Samen erfolgt durch Vögel und Säugetiere. *Prunus*-Arten sind Kältekeimer. Die Keimung erfolgt hypogäisch oder epigäisch. Die Embryonen sind mit großen Speicherkeimblättern ausgestattet.

Verwendung: Viele Arten sind schon lange in zahlreichen Sorten als Nutz- oder Ziergehölze in Kultur. Die Vermehrung erfolgt durch Aussaat. Die Kulturformen müssen veredelt werden.

Prunus avium – Vogel-Kirsche, Süß-Kirsche

Sommergrüner, 15–20 m hoher, im Bestand langschäftiger Baum mit glatter und glänzender Ringelborke, die mit waagerechten, langgestreckten Korkwarzenbändern versehen ist. Junge Zweige stielrund, kahl, braun bis rotbraun. **Knospen** länglich eiförmig, 3–5 mm lang. Endknospe vorhanden. **Blätter** 2–4 cm lang gestielt, am Stielende mit 2–4 Nektarien. Spreite länglich eiförmig bis elliptisch, zugespitzt bis geschwänzt zugespitzt, 7–15 cm lang, am Rand deutlich gesägt. **Blüten** an Kurztrieben mit zungenförmigen, zurückgeschlagenen Hochblättern, in 2–3-blütigen sitzenden Dolden aus der Achsel von Knospenschuppen, bis 5 cm lang gestielt, sich kurz vor der Laubentfaltung öffnend, 2,5–3,5 cm Durchmesser. Kelchblätter zurückgeschlagen, Staubblätter 20–30, ± so lang wie die Kronblätter. Blütezeit: April–Mai. **Früchte** kugelförmig, ca. 10 mm Durchmesser, schwarzrot, aromatisch und süß schmeckend. Fruchtreife: Juli.

Stamm einer Vogel-Kirsche.

Krone einer blühenden Vogel-Kirsche.

Name: *avium* = Genitiv pl. zu lat. „avis" = Vogel.
Verbreitung: Europa bis Anatolien, Krim und Kaukasus; Nordwestafrika.
Lebensraum: An Waldrändern und in Laubmischwäldern, vergesellschaftet mit Hainbuchen, Eichen, Buchen und Ahorn. Licht- bis Halbschattengehölz. Auch als Pioniergehölz auf aufgelassenem Kulturgelände wie Wiesen und Weinbergen. Von der Ebene bis zu 1700 m ü. M. in den Alpen, vor allem in den Mittelgebirgen.
Biologie: Die Blüten sind duftlos. Bestäuber sind verschiedene Insekten. Auch Selbstbefruchtung ist möglich. Früchte der Vogel-Kirsche werden von Amseln, Drosseln, Staren und Krähen verzehrt und so die Samen verbreitet.
Verwendung: Vogel-Kirschen können ein Alter von 90 Jahren und Stammdicken von 80 cm erreichen. Das Holz hat einen schmalen rötlich weißen Splint und einen gelben bis rötlich braunen Kern. Langschäftige Stämme liefern ein wertvolles Furnierholz. Ferner kann Kirschbaumholz in der Drechslerei, für kunstgewerbliche Gegenstände und für Intarsien, im Musikinstrumentenbau und für Bürsten- und Messergriffe verwendet werden.
Die Vogel-Kirsche ist die Wildform der Süß-Kirsche. Sie wurde schon in der Jungsteinzeit und Bronzezeit gegessen. Die Züchtung begann wohl bereits im 4. vorchristlichen Jahrhundert in Griechenland. Nach Mitteleuropa gelangte die Süß-Kirsche durch die Römer. Die Früchte können eine Größe von 2,5 cm erreichen. 100 g Fruchtfleisch enthalten rund 83 g Wasser, 13 g Kohlenhydrate, 1 g organische Säuren und 15 mg Vitamin C. Die wichtigsten Erzeugerländer sind Italien, Deutschland und Frankreich. Ein wichtiger tierischer Schädling ist die Kirschfruchtfliege (*Rhagoletis cerasi*), deren Maden im Fruchtfleisch leben.
'Plena': Blüten hängend, dicht gefüllt. Seit 1700 in Kultur.
subsp. *juliana*, Herz-Kirsche: Frucht meist schwarz, weichfleischig mit dunkelrotem Saft.
subsp. *duracina*, Knorpel-Kirsche: Frucht gelblich bis rot, fest knorpelig mit farblosem Saft.

Blütendolden der Vogel-Kirsche.

Ähnliche Arten:

***Prunus cerasus*, Sauer-Kirsche:** Sommergrüner, großer Strauch oder 5–10 m hoher Baum mit dünnen, überhängenden, kahlen Zweigen und dunkel- bis rotbrauner Ringelborke. Blätter 6–12 cm lang, meist zugespitzt. Blüten

Blütendolden der Sauer-Kirsche. ▶

bis 3,5 cm lang gestielt, zu 2–4 in sitzenden Dolden, 2,5 cm Durchmesser. Blütezeit: April–Mai. Früchte 1,5–2 cm Durchmesser. Fruchtreife: Juli–August. Verbreitung: SW-Asien. Die Römer brachten die Sauer-Kirsche nach Mitteleuropa. Zum Fruchtansatz ist Fremdbestäubung erforderlich.

subsp. *cerasus*, Baum-Sauer-Kirsche

var. *cerasus*, Glaskirsche: Früchte hellrot, sauer, glasig, Saft farblos. Der Steinkern löst sich nicht vom Fruchtstiel.

var. *austera*, Süßweichsel: Früchte dunkelrot, süßsauer, mit stark färbendem Saft. Steinkern sich leicht vom Fruchtstiel lösend.

subsp. *acida*, Strauch-Sauer-Kirsche, Schattenmorelle: Meist strauchig wachsend und Wurzelsprosse bildend. Zweige ± überhängend. Früchte dunkelrot, sauer, mit stark färbendem Saft. Griech. „kerasos" war bei Arkadios der Kirschbaum. Plinius d. Ä. bezeichnete ihn als „cerasus".

***Prunus fruticosa*, Steppen-Kirsche, Zwerg-Kirsche:** Sommergrüner, bis 1 m hoher, Wurzelsprosse bildender, aufrechter Strauch. Zweige kahl. Blätter 5–12 mm lang gestielt, elliptisch bis länglich verkehrt eiförmig, 2–5 cm lang und 6–20 mm breit, stumpf oder kurz zugespitzt, fein kerbig gesägt, oberseits kahl und glänzend. Blüten 1,5–2,5 cm lang gestielt, zu 2–4 in sitzenden Dolden mit laubigen Hochblättern, weiß, 1,5 cm Durchmesser. Blütezeit: April–Mai. Früchte kugelförmig, dunkelrot, 1 cm Durchmesser. Fruchtreife: Juli–August. *fruticosus* lat. = strauchig. Verbreitung: Mittel- und O-Europa bis Sibirien. In Deutschland nur an wenigen Fundorten in Rheinland-Pfalz, Sachsen-Anhalt und Thüringen. In der Roten Liste Deutschlands als stark gefährdet eingestuft. Am Standort hybridisiert die Steppen-Kirsche oft mit *P. cerasus*.

Häufig wird die Hybride ***Prunus × eminens*** (*P. cerasus* subsp. *acida* × *fruticosa*), die **Mittlere Weichsel**, auf Hochstämme veredelt und bildet dann dicht verzweigte, ovale bis kugelförmige Kronen.

Blütendolden der Steppen-Kirsche.

Blühender Zweig der Mittleren Weichsel.

Kugelförmige Krone nach Hochstamm-Veredlung der Mittleren Weichsel (Sorte 'Umbraculifera'). ▶

Prunus glandulosa, Drüsen-Kirsche: Sommergrüner, bis 1,5 m hoher, aufrechter Strauch mit kahlen, selten schwach behaarten Zweigen. Blätter 6 mm lang gestielt, Spreite länglich eiförmig oder länglich bis länglich lanzettlich, 3–9 cm lang und 2–2,5 cm breit, spitz bis zugespitzt, am Grund breit keilförmig, unterseits bis auf die Mittelrippe kahl. Blüten rosa, zu 1–2, 1 cm lang gestielt. Blütezeit: April–Mai. Früchte fast kugelförmig, 10–12 cm Durchmesser, rot. Fruchtreife: August. *glandulosus* lat. = drüsig. Verbreitung M- und N-China, Korea. In Japan seit Langem kultiviert. Seit 1835 in Europa in Kultur. In der IUCN Red List als DD (Data Deficient) eingestuft. Die Drüsen-Kirsche wird nach der Blüte häufig von der Triebspitzendürre (*Monilia laxa*) befallen, so dass der Jungaustrieb abstirbt. Ein gründlicher Rückschnitt unmittelbar nach der Blüte bewirkt, dass nur gesunde Neutriebe gebildet werden, die im folgenden Jahr reich blühen. Vor allen in den nachfolgenden Sorten häufig angepflanzt:
'Alba Plena': Blüten weiß gefüllt. In Kultur seit 1852. Sehr lichtbedürftiges Gehölz.
'Sinensis': Blüten rosa gefüllt. Seit 1774 in Kultur.

Prunus incisa, März-Kirsche: Sommergrüner, bis 10 m hoher Baum mit kahlen Zweigen. Blätter 8–10 mm lang gestielt, im Austrieb purpurn, 3–6 cm lang, dunkelgrün, eingeschnitten doppelt gesägt. Blattstiel bleibend behaart, Spreite am Grund mit 2 oder mehr Nektardrüsen. Blüten meist vor den Blättern erscheinend, zu 1–3, weiß bis blassrosa, 1–2 cm Durchmesser, Kronblätter ausgerandet, Blütenbecher kahl, gleich den Kelchblättern weinrötlich. Kronblätter sehr kurzlebig. Blütezeit: März–April. Früchte eiförmig, 6–8 mm lang, schwarzpurpurn. Fruchtreife: Juli. *incisus* lat. = eingeschnitten. Verbreitung: Japan. In Japan seit Langem kultiviert, auch als beliebter Bonsai-Strauch. In Europa seit 1910. Häufig angepflanzt. In der IUCN Red List als DD (Data Deficient) eingestuft.

Prunus mahaleb, Felsen-Kirsche, Stein-Weichsel: Sommergrüner, sehr breitkroniger, meist schon vom Grund an mehrstämmiger, 3–10 m hoher Baum. Junge Zweige kurzflaumig. Blätter 1–2 cm lang gestielt. Spreite breit eiförmig bis rundlich, 3–6 cm lang und 3–4 cm breit, meist spitz oder kurz zugespitzt, kerbig gesägt, oberseits glänzend grün. Blütentriebe mit einigen bleibenden, kleinen laubblattähnlichen Hochblättern. Blüten duftend, 15 mm Durchmesser. Blütezeit: April–Mai. Frucht rundlich, 6–10 mm Durchmesser, glänzend schwarz, meist etwas bitter schmeckend. Steinkern glatt, 6–8 mm lang Fruchtreife: August. Verbreitung: Europa bis Kleinasien, Kaukasus und Turkestan. In Mitteleuropa vor allem im Main-, Nahe- und Donaugebiet. In Nordamerika gebietsweise eingebürgert. Wärme liebendes Gehölz. In den Südalpen bis 900 m ü. M. ansteigend. Vergesellschaftet mit Burgen-Ahorn (*Acer monspessulanum*), Wolligem Schneeball (*Viburnum lantana*) und Elsbeere (*Sorbus torminalis*). Die Felsen-Kirsche ist eine wichtige Veredlungsunterlage für Sauerkirschen. Das Holz fand früher in der Drechslerei Verwendung, u. a. zur Herstellung von Tabakspfeifen. Der Name geht auf das arabische „mahlab" bzw. „mahaleb" zurück, das soviel wie eine Art Kirsche mit biegsamen Zweigen bedeutet.

Blütenstände der Felsen-Kirsche.

Fruchtstände der Felsen-Kirsche. ▶

Blätter der Sachalin-Kirsche mit Herbstfärbung.

Prunus sargentii, Sachalin-Kirsche: Sommergrüner, bis 25 m hoher Baum mit pyramidaler oder rundlicher Krone und kahlen Zweigen. Borke glatt, kastanienbraun. Blätter im Austrieb bronzefarben. elliptisch bis eiförmig, 7–12 cm lang, zugespitzt, ziemlich grob doppelt gesägt, meist kahl. Blüten zu 2–5 in sitzenden Dolden, mit ± weinroten Hochblättern, 3–4 cm Durchmesser, rosarot. Blütenstiele und Blütenbecher meist kahl. Blütezeit: April–Mai. Früchte schwarzpurpurn, 1 cm Durchmesser. Fruchtreife: Juni–Juli. Verbreitung: N-Japan, Sachalin, Korea. 1890 in die USA zum Arnold Arboretum gelangt. 1893 von Sapporo/Hokkaido nach Kew Gardens/England. Benannt nach dem amerikanischen Dendrologen SARGENT. Sehr schöne leuchtend orangerote bis karminrote, schon zeitig beginnende Herbstfärbung.

Stamm der Mahagoni-Kirsche.

Prunus serrula, Mahagoni-Kirsche: Sommergrüner, breitkroniger, 10–12 m hoher, oft vom Grund an mehrstämmiger Baum mit rotbrauner, glänzender oder spiegelnder Ringelborke. Blätter schmal elliptisch, 4–9 cm lang, abrupt lang zugespitzt, gleichmäßig scharf gesägt. Blüten zu 1–3, 2–3 cm lang gestielt, abwärts gerichtet. Kronblätter länglich, viel kürzer als die bis über 10 mm langen Staubblätter, früh abfallend. Kelchblätter zur Blütezeit zurückgeschlagen. Blütezeit: April–Mai. Frucht eiförmig, 10–12 mm lang, sehr sauer, Steinkern mit markanter Musterung. Fruchtreife: Juli–August. *serrula* lat. = kleine Säge, hier bezogen auf den gesägten Blattrand. Verbreitung: SW-China. Von DELAVAY in Yunnan entdeckt und von WILSON 1908 nach Europa gebracht. Häufiger angepflanzt, vor allem wegen der glänzenden, rotbraunen Borke.

Prunus serrulata, Grannen-Kirsche: Sommergrüner, bis 25 m hoher Baum mit glatter, kastanienbrauner Ringelborke und kahlen Zweigen. Blätter 6–15 cm lang, abrupt lang zugespitzt, meist kahl, Zähne bis 2 mm lang begrannt. Blüten zu 3–7 in fast sitzenden bis verlängerten Schirmtrauben mit auffälligen, grünen bis rötlichen Hochblättern, 3–5 cm Durchmesser, meist halb bis ganz gefüllt, weißlich, rosa, rot oder gelblich. Blütezeit: April–Mai. *serrulatus* lat. = fein gesägt,

◀ *Blühende Grannen-Kirsche.*

bezogen auf den Blattrand. Verbreitet in NO-Asien. In Japan schon seit Jahrhunderten in Kultur und von kulturgeschichtlicher Bedeutung in der Malerei und Dichtung. In Mitteleuropa in zahlreichen Sorten, die fast ausschließlich japanische Namen tragen, in Kultur. Die ersten 1822 aus Kanton nach England eingeführt. Die häufigsten sind:

'Amanogawa': Wuchs schmal säulenförmig steif aufrecht, 4–7 m hoch. Blüten hellrosa, halb gefüllt, 3 cm Durchmesser. Blütezeit: April–Mai. „Amanogawa" japan. = Milchstraße.

'Kanzan': 7–10 m hoher Baum mit ± trichterförmiger, ausladender Krone. Blüten dicht gefüllt, dunkelrosa, fast kugelförmig, bis 5 cm Durchmesser. Blütezeit: Mai.

'Kiku-Shidare-Sakura': Zweige fast senkrecht herunterhängend, daher meist auf hochstämmige Unterlagen veredelt. Blüten hellrosa, dicht gefüllt, 3–5 cm Durchmesser. Blütezeit: April–Mai.

Gefüllte Blüten – typisch für die meisten japanischen Sorten der Grannen-Kirsche.

Vom Spätherbst bis Frühjahr blühende Sorte 'Autumnalis' der Higan-Kirsche.

***Prunus × subhirtella*, Higan-Kirsche** (*P. incisa × P. pendula*): Sommergrüner, stark verzweigter, 4–6 m hoher Baum mit dünnen, anfangs behaarten Zweigen. Blätter eiförmig bis länglich, 3–8 cm lang, einfach bis doppelt gesägt. Blütenstiele meist unter 10 mm lang. Blütenbecher, Blütenstiele und meist auch Griffel behaart. Blütenbecher trichterförmig röhrig, ca. 5 mm lang, meist weinrötlich. Blütezeit: April. *subhirtellus* lat. = etwas kurzborstig.
In Japan seit Langem kultiviert. In Mitteleuropa seit 1894. Es werden vor allem die beiden folgenden Sorten angepflanzt:

'Autumnalis': Bis 5 m hoher Baum. Blüten halbgefüllt, sich oft schon im Herbst öffnend. Blütezeit: November–April. Seit 1900 in Kultur. Meist nicht fruchtend.

'Plena': 4–5 m hoher Baum mit gerundeter Krone. Blüten gefüllt. Als Knospe rosa, geöffnet weißlich. Blütezeit: April.

Prunus spinosa – Schlehe, Schwarzdorn

Stark dornig bewehrter, reich sparrig verzweigter und breitbuschiger, Wurzelsprosse bildender 1–3 m hoher Strauch. Rinde zunächst rötlich grau, dann schwarz. **Blätter** kurz gestielt. Spreite 2–5 cm lang und 1–2 cm breit, kerbig gesägt. **Blüten** weiß, etwa 5 mm lang gestielt, Stiele kahl, vor den Blättern erscheinend, meist einzeln an schuppig beblätterten Kurztrieben, 1–1,5 cm Durchmesser. Blütezeit: März–April. **Früchte**

Blühende Schlehe. ▶

aufrecht, rundlich, 1–1,5 cm Durchmesser, fast schwarz, blau bereift, auch vollreif sehr herb schmeckend. Fruchtreife: September–Oktober.
Name: *spinosus* lat. = dornig. Der deutsche Name Schlehe leitet sich vom althochdeutschen „sleha" ab.
Verbreitung: Europa bis zur Wolga, Kleinasien, Kaukasus; Nordwestafrika.
Lebensraum: An Wald- und Wiesenrändern, Gebüschen, Auenwäldern, aber auch als Feldgehölz und an exponierten, felsigen Hängen. In den Nordalpen bis zu einer Höhe von 1000 m ü. M.
Biologie: Schlehenbestände werden häufig vom Schlehenspinner befallen. Die Raupen der Gespinstmotte (*Yponomeuta*) bilden dichte Gespinste und fressen die Sträucher oft völlig kahl. Ein zweiter Austrieb bleibt hingegen verschont. Die Schlehe ist aber auch die Wirtspflanze von größeren Tagfaltern wie des Segelfalters.
Verwendung: Zweige werden in Gradierwerken als Packmaterial verwendet, da sie sehr lange haltbar sind. Die Steinkerne lassen sich nur schlecht vom Fruchtfleisch lösen. Aus den Früchten wird guter Likör gewonnen.

Ähnliche Arten:

***Prunus cerasifera*, Kirsch-Pflaume:** Sommergrüner, meist schon vom Grund an mehrstämmiger, bis 10 m hoher Baum. Junge Zweige kahl, glänzend grün, später graubraun bis schwarzgrau. Borke flach längsrissig. Blätter 5–10 mm lang gestielt. Spreite 4–8 cm lang und 2–5 cm breit, unterseits auf den Nerven ± behaart. Blüten zu 1–3 an seitlichen Kurztrieben vorjähriger Langtriebe, vor oder mit den Blättern erscheinend. Blütenstiele kahl. Blüten 2–2,5 cm Durchmesser, rein weiß, Kelch zurückgeschlagen. Blütezeit: März–April. Frucht rundlich, 2–3 cm Durchmesser, gelb oder rot, süß und saftig, Steinkern abgeflacht. Fruchtreife: August–September. *cerasifera* lat. = kirschtragend. Verbreitung: Balkan-Halbinsel bis Anatolien, Krim, Kaukasien, Iran und Turkestan. In der IUCN Red List unter DD (Data Deficient) eingestuft. Bei den Römern in Kultur. In Mitteleuropa erst seit dem 16. Jahrhundert. Die Früchte haben bei den einzelnen Individuen ein unterschiedliches Aroma. Wohlschmeckend sind sie vor allem gekocht. Meist als Veredlungsunterlage für Kulturpflaumen verwendet.
'Pissardii': Blüten weiß bis blassrosa, öfter zu 2. Junge Zweige, Blätter, Blü-

Blüten der Kirsch-Pflaume einzeln, zu 2 oder 3 an Kurztrieben.

Rote Früchte der Kirsch-Pflaume.

Gelbe Früchte der Kirsch-Pflaume.

tenstiele, Kelch dunkelrot. Frucht blutrot, etwas größer als bei der Normalform. Um 1880 durch den Obergartenmeister des Schahs, PISSARD, aus Täbris nach Frankreich gebracht. Sehr häufig als Ziergehölz angepflanzt.
'Nigra': Um 1916 in Amerika aus 'Pissardii' entstanden. Blätter bis zum Laubfall intensiv rot bleibend.

***Prunus domestica*, Kultur-Pflaume:** Sommergrüner, 10–12 m hoher, reich verzweigter Baum mit schwarzbrauner Borke. Oft mit Wurzelsprossen. Junge Zweige kahl bis filzig, ohne Glanz, oft rötlich. Blätter 4–10 cm lang und 2–6 cm breit, unterseits dicht behaart bis fast kahl. Blütenstiele behaart. Blüten meist zu 2(–3), mit den Blättern erscheinend. Blütezeit: April–Mai. Früchte in Form und Größe sehr unterschiedlich. *domesticus* lat. = Haus-, abgeleitet von „domus" = Haus. Alte Kulturpflanze mit hybridogenem Ursprung. Alle Kleinarten, Unterarten und Formen sind wichtige Kulturgehölze.

Blüten der Kultur-Pflaume.

subsp. *syriaca*, Mirabelle: Baum mit gelbgrünen, etwas rotbackigen , nur kirschgroßen Früchten. Erst in der 2. Hälfte des 16. Jahrhunderts nach Europa gelangt. Fruchtreife: Juli.
subsp. *insititia*, Krieche, Haferschlehe: Junge Zweige ± filzig. Blüten rein weiß, 2–2,5 cm Durchmesser. Früchte rundlich, 2–5 cm Durchmesser, meist rot, grün oder gelblich. Stein abgeflacht, sich meist nicht vom Fruchtfleisch ablösend. Fruchtreife: Juli–August.
subsp. *domestica*, Hauspflaume, Zwetsche: Junge Zweige ± kahl. Blüten grünlich weiß, 1,5–2 cm Durchmesser. Früchte 4–7,5 cm lang, purpurrot bis blauschwarz, bereift. Steinkern abgeflacht, sich leicht vom Fruchtfleisch lösend. Fruchtreife: August–September.

Prunus armeniaca – Kultur-Aprikose, Marille

Sommergrüner, bis 10 m hoher Baum mit gerundeter Krone und dunkel- bis schwarzbrauner Ringelborke. Langtriebe ohne Endknospe. **Blätter** 2–3 cm lang gestielt. Spreite rundlich eiförmig, 5–6 cm lang, abrupt zugespitzt, am Grund gerundet bis schwach herzförmig, mit 2 Nektarien. Blütentriebe ohne verlängerte Achse und ohne voll ausgebildete Laubblätter. **Blüten** in sitzenden Dolden oder einzeln, rötlich weiß, ca. 2,5 cm Durchmesser. Blütezeit: April. **Früchte** ca. 3 cm Durchmesser, gelb mit roten Flecken, weichfleischig, Steinkern abgeflacht, sich leicht vom Fruchtfleisch lösend. Fruchtreife: August–September.
Name: *armeniacus* lat. = aus Armenien stammend.
Verbreitung: W-und M-Asien bis China.
Verwendung: In China schon seit etwa 2000 v. Chr. als Kulturgehölz angepflanzt. Die Früchte sind reich an Vitamin C und A. Sie lassen sich sehr gut trocknen. Aus ihnen wird ein vorzüglicher Likör gewonnen. Die Samen sind essbar und werden als Mandelersatz verwendet. Aus ihnen wird auch ein Öl für kosmetische Zwecke hergestellt. In Mitteleuropa ist die Aprikose häufig als Obstgehölz angepflanzt. Sie benötigt einen hellen und sommerwarmen Standort. Hauptanbaugebiete sind Türkei, Spanien, Italien. In der IUCN Red List unter DD (Data Deficient) eingestuft.

Prunus dulcis – Mandelbaum

Sommergrüner, bis 10 m hoher Baum mit rundlicher Krone und längsrissiger, graubrauner Borke. Stämme oft drehwüchsig. Zweigsystem augenfällig in Lang- und Kurztriebe gegliedert. Junge Zweige kahl. **Blätter** 1,5–2,5 cm lang gestielt, Spreite unterhalb der Mitte am breitesten, linealisch, 7–11 cm lang und 1,5–3 cm breit, am Rand drüsig-kerbig gesägt. **Blüten** meist zu 2 an unbeblätterten,

Fruchtender Mandelbaum.

stark gestauchten Kurztrieben, sich lange vor der Blattentfaltung öffnend, weiß bis hellrosa, 3,5 cm Durchmesser, Kelchblätter nur am Rand filzig behaart. Blütezeit: (Februar–) März–April. **Frucht** länglich eiförmig, abgeflacht, 3–6 cm lang, filzig. Fruchtfleisch trocken lederig, 3–4 mm dick, zur Reifezeit aufplatzend. Steinkern fast glatt, hellbraun, 3–4,5 cm lang, mit 1, selten 2 Samen von 2 cm Länge. Fruchtreife: August–September.
Verbreitung: Westasien (Irak, Iran, Afghanistan). Durch jahrhundertelange Kultur ist das ursprüngliche Verbreitungsgebiet nicht mehr genau eingrenzbar. Eingebürgert im gesamten Mittelmeergebiet.
Verwendung: Die Samen enthalten 54 % fettes Öl. Seine Glyceride bestehen zu 77 % aus Ölsäure und zu 17–20 % aus Linolsäure. 100 g Samenmasse enthalten ferner rund 19 g Eiweiß. Hauptanbaugebiete sind die USA (Kalifornien), Spanien, Italien, Iran und Australien.
var. *dulcis*, Süße Mandel: Same süß schmeckend. *dulcis* lat. = süß
var. *amara*, Bitter-Mandel: Same bitter schmeckend; giftig! *amarus* lat. = bitter. **G!**
Samen der Bitter-Mandel enthalten zu 8 % das giftige Blausäureglykosid Amygdalin. Im Handel waren Bitter-Mandeln früher nur in Packungen zu 5 Stück erhältlich. Bereits 7 Mandelsamen können tödlich sein.

Weitere Arten:
***Prunus persica*, Kultur-Pfirsich:** Sommergrüner, oft vom Grund an mehrstämmiger, 3–8 m hoher Baum. Blätter 8–15 mm lang gestielt, Stiel kürzer als die halbe Blattspreite, Spreite oberhalb der Mitte am breitesten, am Grund mit Nektarien. Blüten meist einzeln, rosa oder rosarot, 2,5–3,5 cm Durchmesser. Kelchblätter außen wollig behaart. Blütezeit: März–April. Früchte rundlich, 5–7 cm Durchmesser, filzig behaart. Fruchtfleisch weich und sehr saftig, Steinkern tief gefurcht, sich meist leicht vom Fruchtfleisch lösend. Fruchtreife: August–September. Verbreitung: China. *persicus* lat. = persisch. Der Pfirsich gelangte über Iran nach Europa. Kultiviert in mehreren Sorten mit unterschiedlich gefärbtem Fruchtfleisch. Die Samen enthalten das Blausäureglykosid Amygdalin. Viele Formen sind echt aus Samen zu ziehen. Hauptanbaugebiete in den USA, Italien, Frankreich, China. Abgebildet ist die Sorte 'Kurokawa Yaguchi'.

Blüten des Kultur-Pfirsichs.

var. *nectarina*, Nektarine: Frucht kahl, Steinkern sich oft nur schwer vom Fruchtfleisch lösend.

***Prunus tenella*, Zwerg-Mandel:** Bis 1,5 m hoher, Wurzelsprosse bildender Kleinstrauch mit kahlen Zweigen. Seitenknospen, vor allem an Langtrieben, meist zu 3 aus einer Blattachsel. Mittlere Knospe vegetativ, seitliche Knospen Blüten bildend. Blätter 2–6 mm lang gestielt, kahl, verkehrt lanzettlich bis länglich verkehrt eiförmig, 3–7 cm lang, am Grund schmal keilförmig, am Rand scharf gesägt.

Blühende Zwerg-Mandel. ▶

Blüten ± sitzend zu 1–3, rosarot, 2 cm Durchmesser. Blütezeit: April–Mai. Fruchtknoten und Frucht dicht behaart. Frucht eiförmig, 2 cm lang, gelbgrau filzig, fest, Steinkern breit eiförmig. Fruchtreife: August–September. *tenellus* lat. = sehr zart. Verbreitung: SO-Europa, W-Asien bis Ostsibirien. In Kultur seit 1683. Sehr häufig angepflanzt. In der IUCN Red List unter DD (Data Deficient) eingestuft.

***Prunus triloba*, Mandelbäumchen:** Sommergrüner, 4–5 m hoher, rundlicher Busch oder kleiner Baum. Blätter breit verkehrt eiförmig, 3–6 cm lang, grob doppelt bis eingeschnitten gesägt, am Ende oft 3-lappig. Blütenstiele länger als der Blütenbecher, ca. 10 mm lang, deutlich sichtbar. Blüten gefüllt, oft mit bis zu 10 Kelchblättern und mehreren Fruchtblättern. Blüten vor den Blättern erscheinend, röschenartig, rosa, 2,5–3 cm Durchmesser. Blütezeit: März–April(–Mai). Frucht rundlich, 1–1,5 cm Durchmesser, rötlich, dicht behaart. *trilobus* lat. = dreilappig. In China nur aus Kultur bekannt. Meist als Hochstamm auf Zwetschen veredelt. 1855 durch FORTUNE nach Europa gelangt. Nach der Blüte werden die Zweige häufig von einem Pilz (*Monilia laxa*) befallen, der die sogenannte Triebspitzendürre herbeiführt. Ein radikaler Schnitt unmittelbar nach der Blüte führt zur Bildung kräftiger, gesunder und im kommenden Jahr reich blühender Zweige. Die gefülltblütige Kulturform ist häufig angepflanzt, die einfach blühende, sehr grazile Wildsippe hingegen leider fast unbekannt.

var. *simplex*: Wildsippe mit einfachen, 2–2,5 cm großen Blüten. Beheimatet in China und 1884 nach Europa gelangt.

Blühendes Mandelbäumchen.

Prunus padus – Auen-Traubenkirsche

Sommergrüner, aufrechter und schlanker, Wurzelsprosse bildender Strauch oder 8–18 m hoher Baum mit schwarzgrauer, glatter Rinde. Junge Zweige hell- bis graubraun, gleich den Blättern ± kahl. **Blätter** 1,5–2 cm lang gestielt. Spreite länglich elliptisch, 6–10 cm lang und 3–4 cm breit, stumpfgrün, oberseits durch vertiefte Nerven etwas runzelig, Rand fein und scharf gesägt. **Blüten** weiß, mit den Blättern erscheinend, an beblätterten, jungen Kurztrieben in oft überhängenden Trauben, duftend, meist über 10 mm Durchmesser, Kronblätter länglich, etwa doppelt so lang wie die Staubblätter. Blütezeit: April–Mai(–Juni). **Früchte** rundlich eiförmig, glänzend schwarz, 6–8 mm Durchmesser, Steinkern grubig gefurcht. Fruchtreife: August.

Name: „Pados" wurde von THEOPHRAST ein Baum oder Strauch genannt. „Padus" war bei PLINIUS ein Harzbaum.

Verbreitung: Europa bis Sibirien und NO-Asien.

Seitenspross der Auen-Traubenkirsche mit Blütentrauben.

Blühender Baum der Auen-Traubenkirsche.

Lebensraum: In Auen- und Laubmischwäldern auf tiefgründigen Auen- und Lehmböden. In den Nordalpen bis zu 1500 m ü. M.
Biologie: Samenausbreitung durch Amseln, Drosseln und Grasmücken.
Verwendung: Häufig angepflanzt. Die Früchte wurden in der Steinzeit und Bronzezeit gegessen. Das Holz dient dem Innenausbau und wurde für Boote genutzt.
'Colorata': Austrieb kupferfarben bis purpurn überlaufen, Nerven und Blätter unterseits rot, Blüten rosa. Die Form wurde 1953 in Schweden gefunden.

Ähnliche Arten:
***Prunus maackii*, Amur-Traubenkirsche:** Sommergrüner, bis 15 m hoher Baum mit braungelber, glänzender Ringelborke. Junge Zweige behaart. Blätter 1–2 cm lang gestielt, elliptisch bis länglich eiförmig, 3–10 cm lang, zugespitzt, scharf gesägt, unterseits drüsig punktiert. Blütentrauben 4–8 cm lang, am Grund ohne Laubblätter, Blüten weiß, dicht stehend, 10 mm Durchmesser. Blütezeit: Mai. Frucht schwarz, 5 mm Durchmesser, Steinkern runzelig. Fruchtreife: August–September. Verbreitung: Mandschurei, Korea. In Kultur seit 1878. Zunächst nach St. Petersburg gelangt und vor dort aus nach Mitteleuropa gebracht. Trotz der markanten Borke leider nur selten angepflanzt. Benannt nach RICHARD KARLOWITSCH MAACK.

◀ *Stamm der Amur-Traubenkirsche.*

***Prunus serotina*, Späte Traubenkirsche:** Sommergrüner, oft mehrstämmiger, Wurzelsprosse bildender Großstrauch, aber auch bis 25 m hoch werdender Baum mit starrer schwarzgrauer, längsstreifiger Schuppenborke. Junge Zweige kahl, rotbraun bis dunkel rotbraun. Knospen eiförmig, 3–5 mm lang, mit mehreren Schuppen. Ausgewachsene Blätter oberseits glänzend, derb, am Rand knorpelig gezähnt, unterseits längs der Mittelrippe mit einem oft bräunlich wollig behaarten Streifen. Blütenbecher innen kahl, bis zur Fruchtzeit bleibend. Blüten in 10–15 cm langen Trauben. Blüten 7–10 mm Durchmesser. Kronblätter weiß, rundlich, so lang wie oder nur wenig länger als die Staubblätter. Blütezeit: Mai–Juni. Frucht kugelförmig, 8–10 mm Durchmesser, dunkelrot bis schwarz. Steinkern glatt. Fruchtreife: August–September. Verbreitung: O-Nordamerika (von Nova Scotia bis Florida, westlich bis Texas und Arizona). In Europa seit 1629 in Kultur. In Nord- und Mitteldeutschland oft eingebürgert, sich auch stark vegetativ ausbreitend und schon als kleinerer Strauch reich fruchtend. *serotinus* lat. = spät, spät kommend. Die Art blüht einige Wochen später als die Auen-Traubenkirsche.

Blühende Späte Traubenkirsche.

Weitere Art:

***Prunus laurocerasus*, Pontische Lorbeerkirsche:** Immergrüner, breitbuschiger, 2–3 m hoher Strauch oder bis 8 m hoher Baum. Blätter 5–10 mm lang gestielt. Spreite lederig, länglich bis verkehrt eiförmig, 5–15(–25) cm lang, ganzrandig oder nur schwach gesägt, oberseits glänzend dunkelgrün. Blütentrauben 5–12 cm lang, kürzer als die Blätter, viel- und dichtblütig, Blüten weiß, 8 mm Durchmesser. Blütezeit: Mai. Früchte ca. 8 mm lang, schwarz, glänzend. Giftig! Fruchtreife: August–September. Verbreitung: SO-Europa bis SW-Asien, Kaukasus. Der Artname *laurocerasus* nimmt Bezug auf die lorbeerähnlichen Blätter („laurus“) und die kirschartigen Früchte („cerasus“). In Mitteleuropa seit 1576 in Kultur. Sehr formenreiche Art. **G!**

Aufrecht stehende, dichte Blütentrauben der Pontischen Lorbeerkirsche.

'Schipkaensis': Vom Schipka-Pass im Balkan/Bulgarien stammende breitwüchsige und schmalblättrige Sorte, deren Blätter 10–15 cm lang und 3–5 cm breit sind. Seit 1888 in Kultur und wegen ihrer größeren Frosthärte häufig angepflanzt.

'Zabeliana': Von der Baumschule SPÄTH/Berlin 1898 aus Bulgarien eingeführt. Breit und flach wachsend, Blätter 9–12 cm lang und 2–3 cm breit. Im Mai und September/Oktober blühend.

Nicht weniger attraktiv, aber frostempflindlich ist die **Iberische Lorbeerkirsche, *Prunus lusitanica*.** Die in SW-Europa beheimatete Art hat weichere, stets gesägte Blätter, größere Blüten in oft überhängenden Trauben und dunkelpurpurne Früchte.

◀ Überhängende, lockere Blütentrauben der Iberischen Lorbeerkirsche

Pseudosasa japonica – Scheinzwergbambus

Poaceae – Süßgräser

Ausläufer bildender, immergrüner Bambus mit 2–5 m hohen, stielrunden, dünnwandigen, olivgrünen, 5–15 mm dicken, kahlen Halmen. Halme sich im 1. Jahr verzweigend, später oben übergebogen. Knoten nicht verdickt. Halmscheiden bleibend, so lang wie oder länger als die Internodien, lederig, ockerfarben. In Haupthalmmitte je Knoten 1 Seitenhalm, der die Dicke des Haupthalms erreicht. Endverzweigungen mit 4–7 Blättern. **Blätter** schmal lanzettlich, kahl, 20–25 cm lang, zugespitzt, 2,5–3,5(–5) cm breit, oberseits glänzend grün, unterseits zu zwei Dritteln blau- bis graugrün mit grünem Randstreifen. **Blüten**rispen 8–15 cm lang. Ährchen ca. 10, mehrblütig, purpurn, Staubblätter 3(–4).

Name: Griech. „pseudo" = falsch, *Sasa* = eine Bambus-Gattung, der *Pseudosasa* ähnlich ist.
Systematik: Die Gattung umfasst 19 Arten in Japan, Korea und Taiwan.

Blütenähren des Scheinzwergbambus.

Verbreitung: Japan (Honshu bis Kyushu), Südkorea.
Verwendung: In Kultur seit 1850. Sehr anspruchsloses Gehölz für feuchte Böden und halbschattige Lagen. Frosthart bis −18 °C. *Pseudosasa* ist eine der Bambus-Arten, bei denen in der letzten Zeit eine Blüte beobachtet werden konnte. Die Aufnahme stammt aus dem Jahr 1983, als die Art überall in Deutschland zu blühen begann. Durch die reiche Blüte, die übrigens gleichzeitig bei allen Pflanzen der Art an allen Standorten auftrat, wurden die Pflanzen so geschwächt, dass es zum allmählichen Absterben kam.

Ptelea trifoliata – Kleeulme, Lederstrauch, Common Hoptree

Rutaceae – Rautengewächse

Sommergrüner Strauch oder kleiner, reich verzweigter 3–5(–8) m hoher, rund- und breitkroniger Baum, oft breiter als hoch. Junge Triebe spärlich behaart oder kahl. Zweige rotbraun. Knospen eingesenkt, silbrig behaart, 1 mm breit. **Blätter** wechselständig, 5–10 cm lang gestielt. Spreite 3-zählig, Blättchen eielliptisch, das mittlere kurz gestielt, die seitlichen sitzend, 6–12 cm lang, beidendig verschmälert, fein gezähnelt bis ganzrandig, kahl, oberseits glänzend dunkelgrün, unterseits heller und anfangs flaumig behaart. **Blüten** unangenehm duftend, polygam, meist eingeschlechtig, 4–5-zählig, in 5–8 cm breiten, endständigen Rispen an Seitenzweigen. Einzelblüten grünlich weiß bis gelblich grün, 10–15 mm Durchmesser. Blütezeit: Juni. **Früchte** ulmenähnlich, scheibenförmig abgeflacht, ringsum pergamentartig geflügelt, 1–2-samig, 2–2,5 cm Durchmesser. Fruchtreife: September–Oktober.

Name: Die Griechen bezeichneten die Ulme als „Ptelea". Der deutsche Name „Kleeulme" nimmt auf die Ähnlichkeit der Früchte zu denen der Ulme Bezug.
Systematik: Die Gattung *Ptelea* umfasst 5 Arten in Nordamerika und Mexiko. Fossil ist sie seit dem Tertiär (Miozän) nachgewiesen.

Verbreitung: O-Nordamerika (von S-Ontario, Connecticut und New York südlich bis Texas und N-Florida).
Lebensraum: In Laub- und Mischwäldern, vergesellschaftet mit Gehölzen wie Blüten-Hartriegel *(Cornus florida)*, Sassafras *(Sassafras)* und Virginischer Wacholder *(Juniperus virginiana)*.
Biologie: Die Blüten werden unter anderen von Aasfliegen bestäubt. Die Früchte verbleiben noch Monate nach ihrer Reife an den Zweigen und werden erst allmählich durch den Wind abgelöst und verbreitet. Die Kleeulme zählt zu den Winterstehern. Wie bei vielen Rautengewächsen sind die Blätter und noch nicht ausgereiften Früchte reich an ätherischen Ölen und duften zerrieben aromatisch.
Verwendung: In Europa ist die Kleeulme seit 1704 in Kultur und ein in Parkanlagen, seltener in Gärten angepflanzter Zierstrauch, der auch durch die gelbe Herbstfärbung und den Fruchtschmuck während des Winters Beachtung verdient. Vermehrt wird die Kleeulme problemlos durch Samen nach einer Stratifizierung im Frühjahr. Die Keimung erfolgt epigäisch. Auch eine Stecklingsvermehrung ist möglich. Kleeulmen wachsen schnell und gedeihen gut auf einem durchlässigen, nährstoffreichen Boden. Sie sind bis –20 °C winterhart. Alle Pflanzenteile sind schwach giftig. Bei Berührung können Hautreizungen, durch phototoxische Furocumarine verursacht, auftreten. Die Inhaltsstoffe der Kleeulmen wurden in Nordamerika als Hopfenersatz (Hoptree!) dem Bier zugesetzt. Ein aus *Ptelea* hergestelltes Tonikum soll gegen verschiedene Leiden helfen.

Blütenrispen der Kleeulme (Sorte 'Aurea').

Fruchtstand der Kleeulme.

In Kultur ist mitunter die Sorte **'Aurea'** angepflanzt, deren Blätter grüngelb bis gelb gefärbt sind. Sie ist um 1980 in Deutschland entstanden. Von ihr geerntetes Saatgut bringt wieder die gelbe Form hervor, so dass eine Veredlung nicht nötig ist.

Pterocarya fraxinifolia – Kaukasische Flügelnuss

Juglandaceae – Walnussgewächse

Sommergrüner, einhäusiger, breitkroniger, oft mehrstämmiger Baum, bis über 40 (in Kultur nur 15–25) m Höhe und 2 m Stammdurchmesser erreichend. Zweige mit gekammertem Mark. **Blätter** wechselständig, unpaarig gefiedert, 20–50(–65) cm lang mit 7–27 eiförmigen bis länglich lanzettlichen, am Rand gesägten Blättchen. **Früchte** gelbgrüne, halbkreisförmige, geflügelte Nüsse, wie aufgeschnürt in 20–50(–60) cm langen, hängenden Fruchtkätzchen. Ausbreitung durch Wind (bis 30 m) und Verfrachtung auf dem Wasser.

Fruchtkätzchen der Kaukasischen Flügelnuss.

Name: *Pterocarya* von griech. „pteron" = Flügel und „carya" = Nussbaum, ein Walnussgewächs mit geflügelten Nüssen; *fraxinifolia* lat. = eschenblättrig, wegen der wie bei Eschen (*Fraxinus*) gefiederten Blätter.

Systematik: Zur Gattung 6 Arten in W- und Vorderasien sowie O- bis SO-Asien, unverkennbar an den hängenden Fruchtkätzchen mit Flügelnüssen, zudem wie bei den Walnüssen (*Juglans*) das Mark der Zweige quer gefächert.

Verbreitung: Kaukasus-Region, von NO-Anatolien und der Kolchis über S-Kaukasien bis südkaspische Wälder.

Lebensraum: Auen- und Uferwälder der Niederungen und unterer Berglagen, flussbegleitend vereinzelt bis 1200 m ü. M.

Biologie: Raschwüchsig, ein Alter von 250 Jahren erreichend, Wurzelsprosse bildend. Wärme liebend, feuchte bis nasse Böden sowie heiße Sommer ertragend. Winterhart, der frühe Austrieb kann aber durch Spätfrost geschädigt werden.

Verwendung: Durch Habitus, große Fiederblätter und die „Nussketten" sehr dekorativer Baum (seit 1782 in Kultur) für Parks und Grünanlagen, besonders für Gewässerufer geeignet, aber auch als Einzelbaum oder in Gruppen auf Rasenflächen eine stattliche Erscheinung, wobei die reichliche Bildung von Wurzelsprossen zu bedenken ist, weshalb auch als Straßenbaum ungeeignet. Weniger Wurzelsprosse bildet der in Kultur entstandene Bastard mit der **Chinesischen Flügelnuss** (***P. stenoptera***), die **Hybrid-** oder **Rehders Flügelnuss** (***Pterocarya × rehderiana***), sich von *P. fraxinifolia* außerdem durch zumindest im oberen Teil geflügelte oder flügelkantige Blattspindeln, kürzere Blätter (nur bis 25 cm lang) und Fruchtstände (bis 40 cm lang) unterscheidend. Dieser Bastard wird gelegentlich unter dem Namen *P. stenoptera* gepflanzt, aber bei der chinesischen Art ist die Blattspindel deutlich geflügelt, es fehlen Wurzelsprosse und oft auch das Endblättchen des Fiederblatts.

Fruchtkätzchen der Chinesischen Flügelnuss.

Pterostyrax hispidus – Flügelstorax

Styracaceae – Storaxbaumgewächse

Sommergrüner, 5–10 m hoher Strauch oder Baum mit ausladenden Zweigen. Junge Triebe schütter behaart. Zweige rotbraun bis dunkel rotbraun, kahl, Rinde sich in Streifen lösend. Borke flach, graubraun, längsrissig. **Knospen** nackt, länglich, zugespitzt, häufig mit Beiknospen. Endknospe vorhanden. **Blätter** wechselständig, 1–3 cm lang gestielt. Spreite eilänglich, 10–20 cm lang, 5–8 cm breit, zugespitzt, am Grund keilförmig, oberseits kahl, unterseits spärlich sternhaarig. **Blüten** duftend, rahmweiß, 8–10 mm lang, am Ende von jungen Trieben seitlich an vorjährigen Zweigen, in 12–20 cm langen, mit Sternhaaren besetzten hängenden Rispen. Staubblätter länger als Kronblätter. Blütezeit: Juni. **Früchte** spindelförmig, 7,5–10 mm lang, 10-rippig, mit 2 mm langen, steifen, abstehenden gelbsilbrigen Borsten bekleidet. Griffel weitgehend eingetrocknet bleibend. Fruchtreife: Oktober–November.

Name: Griech. „pteron" = Flügel; *Styrax* = Gattung der Storaxbaumgewächse (siehe S. 562), bezugnehmend auf die schwach geflügelten Früchte.
Systematik: Die Gattung *Pterostyrax* umfasst rund 5 Arten in Ostasien.
Verbreitung: Japan (Honshu bis Kyushu).
Lebensraum: In Gebirgslagen.
Biologie: Die Blüten werden von Insekten, in Mitteleuropa vor allem Bienen, bestäubt.
Verwendung: Aus Japan 1875 nach Europa eingeführt. Sehr attraktiver Zierstrauch, der sowohl durch die alljährliche Blütenfülle als auch durch die lange hängen bleibenden Fruchtstände besticht. In der Jugend etwas frostgefährdet. Wenn die Zweige bei älteren Exemplaren gut ausreifen (!), jedoch unproblematisch. Gut gedeihend an besonnten bis halbschattigen Standorten auf schwach sauren, nährstoffreichen, nicht zu nassen Lehmböden. Vermehrung durch Saatgut oder krautige Stecklinge. Winterhart bis –20 °C.

Hängende Blütenrispen des Flügelstorax (links), hängende Fruchtstände (rechts).

Punica granatum – Granatapfel(baum)

Lythraceae – Weiderichgewächse

Sommergrüner, reich verzweigter Strauch oder 4–7 m hoher Baum, teilweise mit verdornenden Trieben. **Blätter** gegen- oder wechselständig, länglich eiförmig bis lanzettlich, 2–8 cm lang, lederig, kahl, ganzrandig, oberseits glänzend, bei Laubentfaltung kupferfarben, im Herbst gelb. **Blüten** zwittrig, Krone 2–5 cm Durchmesser, scharlach- oder orangerot, Kronblätter zerknittert. Blütezeit: Mai–Juni. **Früchte** kugelig, beerenartig mit lederiger Fruchtwand, gekrönt durch den auffälligen festen, an der Frucht verbleibenden roten Kelch, 5–10 cm Durchmesser, rötlich gelb bis rötlich bräunlich, gefächert. **Samen** mit saftreicher Außenschale.

Blüten und junge Frucht des Granatapfels.

Name: Von „punica arbos" lat. = Granatapfelbaum, beruhend auf „punicus" = purpur- oder granatrot, wegen der Farbe der Blüten und Früchte; *granatum* lat. = mit Körnern bzw. Kernen versehen, da die Früchte zahlreiche harte Samen enthalten.

Systematik: Vor Zuordnung der Gattung *Punica* zur Familie *Lythraceae* eigene Familie Granatapfelgewächse (*Punicaceae*). Zur Gattung außer *P. granatum* nur noch eine, die seltene, auf Sokotra endemische, Art *Punica protopunica*.

Verbreitung: Vermutlich von Kleinasien und Kaukasien über Vorder- bis Mittelasien, aber ursprüngliches Verbreitungsgebiet nicht bekannt, da seit alter Zeit im Orient und Mittelmeerraum kultiviert und nach Verwilderung außerhalb des natürlichen Areals etabliert.

Lebensraum: Schotterauen und Flussterrassen, flachgründige und steinige Hänge, lichte Wälder und Gebüsche an Trockenhängen.

Biologie: Wurzelsprosse bildend; obwohl bevorzugt in Grundwassernähe oder bei höherer Luftfeuchte wachsend, auch Trockenheit ertragend, jedoch Frost nur bis –15°C; geringe Ansprüche an den Boden, aber lichtbedürftig.

Verwendung: Vielseitig, eines der ältesten kultivierten Gehölze, genutzt als Obst-, Zier- und Arzneipflanze. Aus Früchten bzw. Samen werden Saft und Sirup, Zitronensäure, Farb- und Gerbstoff gewonnen. Stamm- und Wurzelrinde sind von arzneilicher Bedeutung, daraus gewonnene Mittel gegen Bandwürmer wurden schon im alten Ägypten (1500 v. Chr.) angewandt. In Mitteleuropa als Ziergehölz nur für wintermilde und sommerwarme Gebiete geeignet. Außer Sorten mit gefüllten Blüten oder anders gefärbter (rosa, gelb, gelblich weiß gestreift) Krone eine reich blühende, schmalblättrige, kleinstrauchige Sorte, der als Kübelpflanze beliebte Zwerg-Granatapfel ('Nana'). Wird er im Freiland gepflanzt, wofür sich beispielsweise sonnige Plätze im Steingarten anbieten, wird meist Frostschutz benötigt. Der Granatapfel ist auch als Bonsai beliebt, besonders alte Exemplare weisen oft auffällig drehwüchsige Stämmchen auf.

Pyracantha coccinea – Mittelmeer-Feuerdorn

Rosaceae – Rosengewächse

Immergrüner, stark dornig bewehrter und reich verzweigter, 2–6 m hoher, breitwüchsiger Strauch. Zweige oft in Dornen endend, seitliche Dornen 1–1,5 cm lang. **Blätter** wechselständig, 2–5 mm lang gestielt, mit kleinen, hinfälligen Nebenblättern. Spreite einfach, elliptisch bis verkehrt lanzettlich, 2–4 cm lang und 6–20 mm breit, spitz, am Grund keilförmig, Rand dicht kerbig gesägt, oberseits dunkelgrün, kahl, unterseits verkahlend. **Blüten** in 10- oder mehrblütigen, 2–4 cm breiten, behaarten Schirmrispen an beblätterten Kurztrieben, die vorjährigen Zweigen ansitzen, streng duftend, weiß, 7–10 mm Durchmesser. Blütenhülle doppelt, 5-zählig. Staubblätter 20, Griffel 5, die 5 Fruchtblätter am Rücken mit der Blütenachse verwachsen. Blütezeit: Mai–Juni. **Frucht** ein kugeliger, vom persistierenden Kelch gekrönter Steinapfel mit 5 Steinkernen und mehlig-fleischigem Fruchtfleisch, 5–7 mm Durchmesser, leuchtend scharlachrot, rot oder gelb, lange an den Zweigen haftend. Fruchtreife: August–September.

Reichblütige Schirmrispen des Feuerdorns.

Name: Nikander Theriaka und Diskurides verwendeten bereits den griech. Namen „pyrakantha" für den Feuerdorn. Es leitet sich von „pyr" = Feuer und „akantha" = Stachel, Dorn ab. *coccineus* lat. = scharlachrot.
Systematik: Die Gattung umfasst 6 Arten in der meridionalen Zone vom Mittelmeergebiet über Anatolien zum Himalaja bis nach Taiwan. Es sind immergrüne, dornig bewehrte Sträucher. Fossil ist *Pyracantha* seit dem Tertiär (Eozän) nachgewiesen.
Verbreitung: Südeuropa, SW-Asien (Anatolien und Kaukasus bis Iran).
Biologie: Die Blüten werden durch zahlreiche Insekten bestäubt. Die Früchte bilden, da sie lange gefärbt an den Zweigen verbleiben, eine wichtige Nahrung für Amseln und Stare, zumal im innerstädtischen Bereich. Bisweilen werden die Früche von einem Schorfpilz (*Spilocaea pyracanthae*) befallen, der olivbraune bis schärzliche Flecken hervorruft und ein Eintrocknen bei Farbverlust zur Folge hat.

Fruchtstände des Feuerdorns.

Verwendung: Seit Anfang des 17. Jahrhunderts in Kultur. Sehr häufig und in Sorten angepflanzt. Äußerst anspruchsloses, freilich sehr lichtbedürftiges Gehölz für pflegeleichte Begrünungen. Durch die Blütenfülle und den reichen Fruchtansatz sehr begehrt. Vermehrung durch Stecklinge. Sät sich oft selbst aus. Ein Schnitt ist nicht erforderlich, aber möglich.
'Soleil d´Or': Früchte gelb, guter Bodendecker.

Pyrus pyraster – Wilder Birnbaum, Holz-Birne

Rosaceae – Rosengewächse

Bis 20 m hoher Baum mit bis zu 50 cm dicken Stämmen und grauer, kleingefelderter Schuppenborke. Zweige olivgrün bis graubraun, vor allem an Junggehölzen mit Dornen bewehrt. Knospen eiförmig, zugespitzt, mit mehreren Schuppen, diese hell behaart, verkahlend, bis 5 mm lang. **Blätter** 2–7 cm lang gestielt, Nebenblätter hinfällig. Spreite eiförmig bis rundlich, 2,5–7 cm lang und 2–5 cm breit, fein kerbig gesägt oberseits glänzend grün. **Blüten** in 3–9-blütigen Doldentrauben am Ende beblätterter Kurztriebe, 3 cm lang gestielt, 3 cm Durchmesser, zwittrig. Blütenhülle doppelt, 5-zählig, Kronblätter 10–17 mm lang, weiß. Staubblätter 20–30, mit anfangs roten Staubbeuteln, später verblassend. Griffel 5, bis zum Grund frei(!), die 5 Fruchtblätter mit je 2 Samenanlagen am Rücken mit dem krugförmigen Blütenbecher verwachsen. Blütezeit: April–Mai. **Frucht** kugel- oder birnförmig, 2–3,5 cm lang, gelb bis braun mit persistierendem Kelch. Fruchtfleisch mit zahlreichen Steinzellennestern. **Samen** eiförmig, basal deutlich zugespitzt, fast schwarz, ca. 8 mm lang.

Herbstfärbung der Blätter beim Wilden Birnbaum, auch Holz-Birne genannt.

Name: „Pirus" = Birnbaum. „Pirum" = Birne, die Namen wurden bereits von VERGIL und PLINIUS d. Ä. gebraucht. Der von LINNÉ mit „Pyrus" veröffentlichte Name ist, obwohl nicht korrekt geschrieben, so doch nach den Nomenklaturregeln gültig.

Systematik: Zur Gattung *Pyrus* werden ca. 25 Arten gezählt. Das Verbreitungsgebiet erstreckt sich über Eurasien und Nordafrika. Die meisten Arten kommen in der nemoralen Zone vor. In Europa sind 10 Arten heimisch. Es handelt sich um sommergrüne Bäume oder Großsträucher, die oft, vor allem als Junggehölze, dornig bewehrt sind. Blüten oft unangenehm nach Fisch duftend. Die Duftstoffe enthalten Trimethylamin. Fossil ist die Gattung seit dem Tertiär bekannt. Im Unterschied zur nah verwandten Gattung *Malus* sind die Griffel frei, die Staubbeutel rot und das Fruchtfleisch mit Steinzellennestern durchsetzt.

Verbreitung: Europa bis W-Asien (Anatolien, Kaukasus bis Iran). In Deutschland vor allem in der Mitte und im Süden. In den Alpen bis zu Höhen von 900 m ü. M. vorkommend.

Lebensraum: In Auen-, Laubmisch- und Trockenwäldern, an Waldrändern und in besonnten Felsgebüschen, bevorzugt in sommerwarmer Klimalage. Kalkhold.

Biologie: Die Blüten bilden pro Tag zwischen 0,3 und 3 mg Nektar, der 14–21 % Zucker aufweist. Der Zucker enthält wenig Saccharose und mehr Glucose als Fructose. Die Samen haben ein nur schwach ausgebildetes Nährgewebe, aber einen großen Embryo mit Speicher-Keimblättern. Die epigäische Keimung erfolgt im Frühjahr nach Kälteeinwirkung. Die Gehölze können ein Alter von 100 bis 150 Jahren erreichen. Birnbäume sind anfällig für den Birnengitterrost (*Gymnosporangium sabinae*), der auf der Oberseite der Blätter gelbe bis rötliche Flecken, auf der Unterseite erhabene, gitterartige Pusteln hervorruft.

Verwendung: Birnbaumholz ist hart, schwer, dauerhaft und gut polierbar. Es wurde früher zur Herstellung von Druckstöcken und Messinstrumenten verwendet. Da es sich gut färben lässt, nimmt man es als Ersatz für Ebenholz.

Ähnliche Art:

***Pyrus communis*, Kultur-Birnbaum, Gewöhnlicher Birnbaum:** 15–20 m hoher, reich verzweigter, stets dornenloser Baum mit eiförmiger oder gerundeter Krone. Junge Zweige fast kahl oder verkahlend. Blätter 1,5–5 cm lang gestielt, rundlich eiförmig bis elliptisch, 5–8 cm lang, spitz oder zugespitzt, am Grund breit keilförmig, kerbig gesägt, glänzend grün. Blütenstände behaart oder fast kahl, Blüten weiß, 1,5–3 cm lang gestielt, etwa 3 cm Durchmesser. Blütezeit: April–Mai. Früchte mit dicken, kurzen Stielen, birnförmig, bis über 8 cm lang, grün, gelb oder bräunlich, oft mit roter Backe, süß schmeckend. Fruchtreife: September–Oktober.

Alter, einzeln in der Feldflur stehender Kultur-Birnbaum.

Über 1000 verschiedene Kultursorten sind bekannt. Die Blüten sind selbststeril. Es ist also eine Fremdbestäubung nötig, die von Insekten herbeigeführt wird. Die Früchte enthalten je 100 g Fruchtfleisch rund 84 g Wasser, 12 g Kohlenhydrate, 3 g Mineralstoffe und 5 mg Vitamin C. Die Hauptanbaugebiete liegen in China, Italien, den USA, Spanien und Japan. Die Weltproduktion beträgt etwa ein Viertel der Apfelernte.

Es handelt sich um eine Hybride, an deren Zustandekommen mehrere Wildarten beteiligt sind.

Die ebenfalls als Obstbaum (vor allem in Ostasien und Nordamerika) kultivierte **Nashi-Birne, *Pyrus pyrifolia*,** gehört einem anderen Verwandschaftskreis an. An den kugel- bis birnförmigen, gelben bis grünen Früchten der ost- bis südostasiatischen Art ist der Kelch nicht erhalten (hinfällig wie bei *P. calleryana*).

Blüten des Kultur-Birnbaums.

Blüten der Nashi-Birne.

Weitere Arten:

***Pyrus calleryana*, Chinesischer Birnbaum:** Sommergrüner, 5–8 m hoher Baum. Zweige zum Teil dornig bewehrt, zunächst rotbraun, verkahlend, später graubraun. Blätter wechselständig, 2–4 cm lang gestielt. Nebenblätter hinfällig. Blattspreite breit bis länglich eiförmig, 4–8 cm lang und 3,5–6 cm breit, kahl, kurz zugespitzt, am Grund gerundet, undeutlich gesägt, oberseits glänzend grün, unterseits bald verkahlend. Blüten 1–1,5 cm lang gestielt, 2–2,5 cm Durchmesser, weiß, unangenehm duftend, an Kurztrieben, zu 6–12 beieinander, Stände doldenartig, kahl. Blütenbecher kahl. Kelch 5 mm lang, kahl. Griffel 2–3. Blütezeit: April. Frucht 1,5–3 cm gestielt, kugelig, dunkel- bis schwarzbraun, hell punktiert, 10 mm Durchmesser, Kelch hinfällig. Fruchtreife: September. Verbreitung: M- und S-China, Taiwan, Vietnam, Japan (Honshu), Korea. In China in Mischwäldern in Hang- und Tallagen von 100–1800 m ü. M. Die Art wurde nach J. CALLERY, einem französischen Missionar, benannt, der sie, 1872 beschrieben, entdeckte. Das Holz wird in China für Möbel und insbesondere Stühle und Hocker verwendet. 1908 wurde der Chinesische Birnbaum von WILSON nach Europa gebracht. Die Früchte sind ungenießbar. Angepflanzt wird die Art auch der schönen Herbstfärbung wegen.

'Chanticleer': Eine schmalkronige Sorte, von EDWARD SCANLON/USA erzielt. Besonders geeignet als Straßenbaum und häufig angepflanzt.

***Pyrus salicifolia*, Weidenblättriger Birnbaum:** Kleiner, bis 8 m hoher Baum mit horizontalen, übergebogenen bis hängenden, anfangs dicht wollig behaarten, oft dornigen Zweigen. Blätter 3–15 mm lang gestielt, Spreite schmal lanzettlich, 3–9 cm lang, meist nur bis 1,5 cm breit, ± ganzrandig, oberseits verkahlend, unterseits silbrig behaart bleibend. Doldentrauben vielblütig, behaart. Blüten mit den Blättern erscheinend, 1 cm lang gestielt, rein weiß, 2 cm Durchmesser, Kelch und Blütenstiele weiß wollig. Blütezeit: April–Mai. Früchte dick gestielt, birnförmig, 2–3 cm lang, olivgrün, hart. Fruchtreife: September–Oktober. Verbreitung: SO-Europa, NO-Anatolien, Kaukasus, NW-Iran. Die Art ist in der IUCN Red List als der Gefährdung nahe aufgeführt. Vom deutschen Botaniker P. S. PALLAS entdeckt und von ihm 1780 nach Mitteleuropa gebracht. Aufgrund des ornamentalen Wuchses, der silbrigen Belaubung und des Blütenreichtums häufig angepflanzt. Die Pflanze sollte einen sonnigen Standort und ausreichend freien Raum haben. *salicifolius* lat. = weidenblättrig.

Weniger schmal (bis 3 cm breit) und beiderseits verkahlend sind die Blätter der im gleichen Gebiet verbreiteteten **Mandel-Birne, *Pyrus spinosa*.** Die Früchte der oft stark dornigen Art sind kugelig bis kurz birnförmig.

Blätter und Frucht der Weidenblättrigen Birne.

Fruchtende Mandel-Birne.

Quercus – Eiche

Fagaceae – Buchengewächse

Sommergrüne, halbimmergrüne oder immergrüne einhäusige Bäume von teils mächtiger Gestalt und hohem Alter, selten Sträucher. **Blätter** wechselständig, einfach, meist fiederlappig, aber auch tiefer geteilt oder ungelappt, ganzrandig oder Rand gezähnt. **Blüten** eingeschlechtig, männliche in hängenden Ähren (Kätzchen), weibliche einzeln oder bis zu 5 in ährenartigen oder kopfigen, ± aufrechten Blütenständen; Windbestäubung. **Frucht** eine eiförmige bis halbkugelige Nuss (Eichel), unterer Teil napfförmig umschlossen von einem Fruchtbecher (Cupula), im 1. oder 2. Jahr reifend. Schwerkraftausbreitung (Plumps- und Rollfrüchte) und Versteckausbreitung (Anlage von Vorratskammern durch Vögel wie Eichelhäher oder Nager wie Eichhörnchen).

Name: *Quercus* lat. Name für Eichen wie *Q. robur*, *Q. petraea* und *Q. pubescens*, wogegen mediterrane Eichenarten eigene Bezeichnungen hatten.
Systematik: Zur Gattung der Eichen gehören 530–600 Arten. Die hier vorgestellten Arten können vereinfacht 3 Gruppen zugeordnet werden:

- **Roteichen** (Sektion *Lobatae*): Blattspitze und -lappen (wenn Spreite ungelappt, dann nur Blattspitze) in feine Grannenspitze auslaufend, Schuppen des Fruchtbechers der im 2. Jahr reifenden Eicheln fest angepresst;
- **Weiß-** und **Zerreichen** (Sektion *Quercus*): Entweder Blattspitze und -lappen ohne feine Grannenspitze und Schuppen des Fruchtbechers der im 1. Jahr reifenden Früchte anliegend oder abstehend (**Weißeichen**) oder Blattspitze und -lappen in kurze feine oder knorpelige Spitze auslaufend, dann alle oder obere Schuppen des Fruchtbechers der im 2. Jahr reifenden Eicheln abstehend oder zurückgeschlagen (**Zerreichen**).

Verbreitung: Auf der Nordhalbkugel von der nemoralen bis in die meridionale und subtropische Zone, dabei über das Mittelmeergebiet bis N-Afrika, in SO-Asien bis Malaiischer Archipel und in Amerika südlich bis NW-Südamerika (Kolumbien) reichend.
Lebensraum: Weite Amplitude, von lichten Wäldern, Laubmischwäldern und Gebüschen auf nährstoffarmen, kalkarmen oder -reichen, trockenen und flachgründigen (z. B. Felshänge) bis zu reichlich mit Nährstoffen und Wasser versorgten, tiefgründigen (z. B. Hartholzauen) Standorten.
Verwendung: Sehr vielseitig, viele Arten liefern wertvolles schweres und hartes Holz, sind wichtig für Forstwirtschaft, Landschafts- und Parkgestaltung, bieten Lebensräume und Nahrung für eine enorme Zahl von Tierarten. Bei einigen Arten sind die Eicheln essbar. Gerbstoffe, vor allem aus der Rinde, werden für Gerberlohe und arzneilich verwendet. Die Borke der Kork-Eiche (*Q. suber*) ist der wichtigste Korklieferant. Wohl kaum eine andere Gattung erreichte eine solche Bedeutung in Mythologie und Symbolgehalt, so fanden Eichen bei verschiedenen indogermanischen Völkern Verehrung (z. B. bei Griechen dem Zeus, Römern dem Jupiter, Germanen dem Donar geweihte Bäume) und galten als Symbol der Kraft, Beharrlichkeit und Willensstärke. Oft handelt es sich bei Eichen um gewaltige Baumgestalten, so dass man staunt, dass die Arten zur Bonsai-Kultur herangezogen werden, so europäische Arten wie *Q. cerris*, *Q. frainetto*, *Q. petraea* oder *Q. robur* und mediterrane wie *Q. ilex* oder *Q. suber.*

Quercus castaneifolia – Kastanienblättrige Eiche

Sommergrüner, in Kultur bis 25 m, im natürlichen Areal bis 40–50 m hoher Baum mit anfangs filzigen, später kahlen Trieben und mit Knospen, die dauerhafte fadenförmige Nebenblätter besitzen. **Blätter** 8–18 cm lang, länglich lanzettlich bis schmal verkehrt eiförmig, grob bis lappig gesägt, jederseits der Mittelrippe mit 8–14 in stachelspitzig endenden Zähnen oder kurzen Lappen. **Frucht** 2–3 cm lang, im 2. Jahr reifend, Fruchtbecher mit pfriemlichen, abstehenden oder zurückgebogenen Schuppen.
Name: *castaneifolia* lat. = kastanienblättrig, d. h. Blätter ähnlich denen von *Castanea sativa*.

Blätter der Kastanienblättrigen Eiche.

Männliche Blütenkätzchen der Pontischen Eiche.

Blätter und Frucht der Pontischen Eiche.

Verbreitung: Südlich des Kaspischen Meeres (SO-Aserbaidschan, N-Iran) von der Küstenniederung bis in angrenzende Gebirge (Elburs, Talysch; bis 1800 m ü. M.).
Lebensraum: Hyrkanische Eichenwälder und andere Laubmischwälder.
Biologie: Bis über 300 Jahre alt; in der Jugend langsamwüchsig und Schatten ertragend, sonst Licht und Wärme liebend, anspruchsvoll hinsichtlich Nährstoffen und Luftfeuchte, aber sommerliche Trockenheit ertragend.
Verwendung: Interessanter Parkbaum (eingeführt nach Europa 1846), unverwechselbar durch die eher an Edel-Kastanie als an Eichen erinnernden Blätter sowie die der Zerr-Eiche ähnlichen Früchte und Knospen.

Ähnliche Arten:

***Quercus pontica*, Pontische Eiche:** Die 10–16 cm langen Blätter sind denen der Edel-Kastanie noch ähnlicher, breit elliptisch bis verkehrt eiförmig, ungelappt, mit jederseits 16–17 Seitennerven, scharf gezähnt, Zähne sich zu einer feinen, nach vorn umgebogenen Spitze verdünnend. Der Fruchtbecher ist von anliegenden Schuppen bedeckt, die auffällig großen Knospen weisen keine fädlichen Nebenblätter auf. Art der Krummholzstufe und subalpiner Lichtwälder in den Gebirgen an der SO-Küste des Schwarzen Meeres (Türkei, Georgien). Am natürlichen Standort bildet die Art niederliegend aufsteigende Stämme aus, die bis 12 m Länge, aber nur 6–7 m Höhe erreichen, in Kultur (eingeführt 1885, Deutschland) meist ein aufrechter Großstrauch oder kleiner mehrstämmiger Baum.

***Quercus serrata*, Gesägte** oder **Drüsentragende Eiche:** 15–25 m Höhe erreichender Baum. Die verkehrt eiförmigen, ungelappten Blätter sind am Rand gesägt, die Zähne nach vorn gebogen, kurz und drüsig zugespitzt. Im Gegensatz zu den vorigen Arten ist die Blattunterseite nicht nur schwach behaart, sondern grauweiß filzig, und die Herbstfärbung ist nicht gelb oder braun, sondern rot. In O-Asien (Japan, Korea, China) vom Tiefland bis in die Hochgebirge (bis 2000 m ü. M.) verbreitete, in Kultur (eingeführt 1864, Russland) eine seltene Art.

◄ *Blätter der Gesägten oder Drüsentragenden Eiche.*

Quercus cerris – Zerr-Eiche

Früchte der Zerr-Eiche.

Sommergrüner, bis 25–40 m hoher Baum mit kegel- bis kugelförmiger Krone, dicker dunkelgrauer, tief längsrissiger Borke, anfangs filzig behaarten Jungtrieben und Knospen, deren fadenförmige Nebenblätter erhalten bleiben. **Blätter** von variabler Größe (5–12 cm lang, 3–8 cm breit) und Gestalt, grob gezähnt bis unregelmäßig fiederlappig (bei Sorte 'Laciniata' fiederspaltig bis -teilig), jederseits der Mittelrippe meist 4–9 Blattlappen, die in eine Knorpelspitze münden, anfangs beiderseits graufilzig, später oberseits kahl. **Frucht** 2,5–4 cm lang, im 2. Jahr reifend; Fruchtbecher die Eichel zur Hälfte umschließend, mit auffälligen, bis über 1 cm langen, pfriemlichen, zurückgeschlagenen Schuppen.

Name: „cerrus" lat. Name für Zerr-Eiche, aber Herkunft des Namens unbekannt.

Verbreitung: S-Europa bis Kleinasien, in Mitteleuropa bis Südalpen und Mähren, nördlich davon gelegentlich aus Kultur verwildert, lokal sich einbürgernd.

Lebensraum: Eichenwälder und Laubmischwälder trockenwarmer Lagen, sowohl auf kalk- oder basenreichen als auch auf mäßig sauren und nährstoffarmen Standorten.

Biologie: Bis 200 Jahre alt werdender, Wärme liebender, anpassungsfähiger, Trockenheit und Hitze wie auch städtische Umweltbedingungen ertragender Baum.

Verwendung: Holz ähnlich wie bei Trauben- und Stiel-Eiche, wird als Bau- und vor allem Brennholz verwendet. Früher Bedeutung für die Eichelmast (Hutewald) und Gewinnung von Laubheu. Oft in Park- und Grünanlagen (in Kultur seit 1735) gepflanzt und geeignet als Straßenbaum. Kommen *Q. cerris* und *Q. robur* gemeinsam vor, dann ist mit dem Auftreten deformierter, Knoppern genannter Fruchtbecher zu rechnen, verursacht durch die Gallwespe *Cynips quercus-calicis*, deren Existenz das Vorkommen beider Eichenarten als Wirtsbäume voraussetzt.

Quercus coccinea – Scharlach-Eiche

Sommergrüner, bis 25–30 m hoher Baum mit lockerer, meist unregelmäßiger Krone und dunkelgrauer, feinrissiger Borke. Knospen mit dicht anliegend behaarten Schuppen, untere Knospenschuppen verkahlend. **Blätter** 8–15 cm lang, 5–11 cm breit, fiederlappig bis -teilig, jederseits mit 3–4 abstehenden, sehr schmalen (schmaler als Buchten) Lappen, die wie die vereinzelten Zähne in eine feine haarförmige Granne auslaufen, kahl, nur an glänzend grüner

Blatt der Scharlach-Eiche. ▶

Unterseite rotbraune Bärtchen in Nervenwinkeln. **Früchte** meist einzeln, Eichel 1,3–2,5 cm lang, bis zur Hälfte vom Becher umgeben, im 2. Jahr reifend.
Name: *coccinea* lat. = scharlachrot, wegen der herbstlichen Laubfärbung.
Verbreitung: Östliches Nordamerika (O-USA bis SO-Kanada).
Lebensraum: Laubwälder unterschiedlichster Standorte, auch auf nährstoffarmen und trockenen, flachgründigen Böden.
Biologie: Raschwüchsige, anspruchslose Lichtbaumart, verträgt Trockenheit und Stadtklima, windfest.
Verwendung: Beste Herbstfärbung unter den Roteichen, das leuchtende Scharlachrot übertrumpft die Rottöne der anderen Arten. Wegen der Laubfärbung als Parkbaum (nach Europa eingeführt 1691) dekorativer als die Rot-Eiche, aber forstlich im Gegensatz zu dieser keine Bedeutung, auch Holz weniger wertvoll.

Ähnliche Arten (Roteichen):
***Quercus falcata*, Sichelblättrige Eiche, Südliche Rot-Eiche:** Bis 25(–40) m hoher Baum in Nordamerika (SO-USA) mit 10–18 cm langen und 9–13 cm breiten Blättern von sehr variabler Form. Spreite entweder jederseits nur mit 1–2 sichelförmigen Seitenlappen und langem, manchmal die Hälfte der Spreite einnehmendem Endlappen oder fiederlappig mit bis zu 5 Seitenlappen jederseits, dann an Rot-Eiche (*Q. rubra*) erinnernd. Die kurzen, 1–2 cm langen Eicheln sitzen in einem sehr flachen Fruchtbecher. Im Gegensatz zu den meisten Roteichen ist die Herbstfärbung unscheinbar braun, aber im Sommer das Laub zierend durch oberseits glänzend dunkelgrüne und unterseits graufilzige Blätter.

Blatt der Sichelblättrigen Eiche.

***Quercus palustris*, Sumpf-Eiche:** Bis 28(–45) m hoher Baum, in dessen Innenkrone sich häufig abgestorbene hängende Zweige befinden. Blätter und Früchte kleiner als bei Scharlach- und Rot-Eiche. Das meist nur 8–10 cm lange Blatt mit jederseits 2–4 sehr schmalen (schmaler als Buchten), fast waagerecht abstehenden Seitenlappen erinnert in der Form an das von *Q. coccinea*. Im Gegensatz zu dieser Art Frucht nur 1–1,5 cm lang und der Fruchtbecher flach schüsselförmig, die Eichel nur bis zu einem Drittel umfassend. Außerdem Knospenschuppen kahl oder nur schwach bewimpert. Die in Niederungen und Auen von SO-Kanada bis O-USA vorkommende Art ist im Osten und Mittelwesten Nordamerikas die beliebteste Eiche als Gartenbaum. Die Herbstfärbung der in Mitteleuropa oft als Park- und Straßenbaum gepflanzten Art (nach Europa 1770 eingeführt, Deutschland) kann so brillant wie bei der Scharlach-Eiche sein, ist aber oft weniger auffällig rot oder braun.

Blätter der Sumpf-Eiche.

***Quercus rubra*, Rot-Eiche:** Blätter größer als bei Scharlach- und Sumpf-Eiche, 10–23 cm lang und 10–15 cm breit, und die Seitenlappen (jederseits 4–6) zwar variabel, aber breiter (breiter als Buchten) und kürzer. Herbstfärbung orange- bis scharlachrot. Die Frucht ist 2–3 cm lang, der Becher umfasst die Eichel bis zu einem Drittel. Die anpassungsfähige, schneller als andere amerikanische Eichen wachsende Art kann bis 400 Jahre alt werden, sie weist nach sehr hohem Zuwachs in der Jugend einen deutlichen Zuwachsabfall im Alter (etwa ab 80 Jahre) auf. Mit 30 (–50) m Höhe und bis 2 m Stammdurchmesser ist sie die größte und stärkste der Roteichen mit einer weiten Verbreitung im mittleren und östlichen Nordamerika. Nach Europa, wo die Art als Forst- und Parkbaum häufig gepflanzt wird und verschiedentlich zur Ausbreitung und Einbürgerung neigt, wurde sie 1724 (England) eingeführt. Das Holz ist ähnlich wie das von Stiel- und Trauben-Eiche, aber weniger wertvoll.

Beginnende Herbstfärbung von Blättern der Rot-Eiche.

Quercus frainetto – Ungarische Eiche

Sommergrüner, 15–30(–40) m hoher Baum mit anfangs gleichmäßiger und geschlossener eiförmiger, später lockerer und mehr in die Breite gehender Krone. Zweige nur anfangs behaart. **Blätter** 8–20(–25) cm lang, 5–15 cm breit, fiederlappig bis -teilig, jederseits mit 6–10 schmalen, teils 3-lappigen oder -zähnigen Abschnitten und tiefen, schmalen Buchten, Spreite derb bis lederig, Oberseite dunkelgrün, bald kahl, Unterseite graugrün, sternhaarig. **Früchte** 1,2–2,5 cm lang, Eichel zur Hälfte vom Fruchtbecher umschlossen, Schuppen anliegend, filzig behaart, Samen süßlich schmeckend.

Name: *frainetto* wohl zurückgehend auf altital. „fargna“, was breitblättrige Eiche bedeutet.

Verbreitung: S- und SO-Europa bis Kleinasien.

Lebensraum: Pannonische und submediterrane Eichenwälder, Auenwälder.

Biologie: Raschwüchsig; Wärme liebend, Trockenheit und Hitze ertragend.

Verwendung: Im natürlichen Areal Nutzung des Holzes, das mit dem von Trauben- und Stiel-Eiche vergleichbar ist. Der in Mitteleuropa oft gepflanzte Parkbaum (in Kultur mindestens seit 1800, Niederlande) fällt vor allem durch seine großen lederigen Blätter mit ihrer spezifischen Gestalt auf.

Blätter der Ungarischen Eiche.

Ähnliche Art:
***Quercus macranthera*, Persische** oder **Kaukasus-Eiche:** In Höhe (20–35 m) und Alter (bis 300 Jahre) vergleichbare Eiche mit ähnlich großen (10–18 cm lang, 5–10 cm breit), oberseits dunkelgrünen und kahlen, unterseits graufilzigen Blättern, aber weniger tiefe Buchten zwischen den kurzen abgerundeten Blattlappen. Außerdem sind die Zweige bleibend graufilzig und wie bei der Zerr-Eiche bleiben die fädlichen Nebenblätter an den Knospen erhalten. Die Schuppen der Fruchtbecher sind lanzettlich, aufrecht oder abstehend. Der Hochgebirgsbaum Kaukasiens und N-Irans wurde 1873 nach Europa in Kultur eingeführt.

Blätter der Persischen Eiche.

Quercus imbricaria – Schindel-Eiche

Sommergrüner, 12–18(–28) m hoher, breitkroniger Baum. **Blätter** elliptisch bis lanzettlich, ungelappt und ganzrandig, 10–18 cm lang und 3–8 cm breit, oberseits glänzend dunkelgrün, unterseits blasser und schwach filzig behaart, Spreitenrand oft wellig. **Früchte** einzeln, 1–2 cm lang, mit Fruchtbecher, der bis zur Hälfte die fast kugelige Eichel umschließt.

Name: *imbricaria* auf lat. „imbrex" basierend, was „Hohlziegel zum Ableiten des Regens" bedeutet, da die ersten europäischen Siedler in Nordamerika das Holz für Dachschindeln verwendeten.

Verbreitung: Östliches Nordamerika von Ostküste bis nördliche Präriestaaten der USA.

Lebensraum: Flussufer, Auenwälder, Pionierwälder auf Alluvionen.

Biologie: Überflutungen, aber auch mäßig trockene Böden, ertragend.

Verwendung: Wegen seiner für eine Eiche höchst ungewöhnliche Blattform interessanter Parkbaum, eingeführt nach Europa 1786 (Fraser).

Blätter der Schindel-Eiche.

Ähnliche Art und Hybride:
***Quercus phellos*, Weiden-Eiche:** Größerer, 25–30(–38) m hoher Baum mit ebenfalls ganzrandigen, aber kleineren, 5–12 cm langen und 1–2,5 cm breiten Blättern, die an schmale Weidenblätter erinnern. Die Art kommt in Niederungen und Flussauen im Südosten der USA natürlich vor, wo das wertvolle Holz vielseitige Verwendung findet. Ihr wird die schönste Textur der Krone unter allen amerikanischen Eichen nachgesagt, sie ist in den USA ein beliebter Straßen- und Parkbaum. Nach Europa (England) gelangte die Weiden-Eiche bereits 1723, erlangte aber keine weite Verbreitung als Ziergehölz, wenn auch durch die Form der Blätter originell und im Herbst gelb oder orange gefärbtes Laub.

Beginnende Herbstfärbung von Blättern der Weiden-Eiche.

***Quercus × schochiana*, Wörlitzer** oder **Schochs Eiche:** Ein Bastard der Weiden-Eiche mit der Sumpf-Eiche (*Q. palustris* × *Q. phellos*) mit schmal oder länglich lanzettlichen Blättern von unterschiedlicher Gestalt, ganzrandig oder mit welligem Rand oder mit einzelnen in feinen Grannen endenden Zähnen oder spitzen Blattlappen, im Herbst scharlachrote Laubfärbung. Zuerst als in Kultur entstandene Hybride im Wörlitzer Park 1884 entdeckt und nach dessen Gartendirektor G. Schoch benannt, später in Nordamerika natürlich vorkommend im gemeinsamen Verbreitungsgebiet der Elternarten aufgefunden.

Quercus petraea – Trauben-Eiche

Sommergrüner, 20–30(–40) m hoher Baum mit gewöhnlich bis zum Wipfel durchgehendem Stamm, der Durchmesser bis 2 m erreicht. Junge Zweige und Knospen kahl. **Blätter** mit 6–12 cm langer, meist symmetrischer Spreite und 1–3 cm langem, kahlem, oft gelbem Stiel, fiederlappig, jederseits 4–8 abgerundete Blattlappen, kahl oder unterseits mit winzigen, nur mit Lupe sichtbaren Sternhaaren, Spreitengrund keilförmig in den Stiel verschmälert, selten ± gestutzt. **Frucht** zu 1–5, sitzend oder mit < 1 cm langem Stiel, im 1. Jahr reifend.

Name: *petraea* lat. bedeutet auf Felsen wohnend; „Trauben-" wegen der zu mehreren, in fast ungestielten Fruchtständen sitzenden Eicheln.

Systematik: Mehrere der Trauben-Eiche ähnliche, von SO-Europa bis Kaukasien vorkommende, teils als Arten eingestufte Sippen können als Unterarten von *Q. petraea* aufgefasst werden. Abwegig ist die verschiedentlich wegen der nicht selten auftretenden Hybride ***Quercus × rosacea*** (*Q. petraea* × *Q. robur*) vorgenommene Zuordnung der Trauben-Eiche als Unterart zur Stiel-Eiche.

Früchte der Trauben-Eiche nur sehr kurz gestielt, fast sitzend.

Verbreitung: Europäisches Laubwaldgebiet, im Osten bis Ukraine, Kleinasien und Kaukasien, nicht so weit nach Osten, Norden und Süden reichend wie die Stiel-Eiche.
Lebensraum: Laubwälder und Kiefern-Eichenwälder trockener bis frischer, basenarmer und -reicher Standorte vom Tiefland bis in mittlere Berglagen (700 m, S-Alpen bis 1800 m ü. M.).
Biologie: Langlebig (Alter bis 800 Jahre), lichtbedürftig, Wärme liebend, erträgt Trockenheit; besitzt hohes Stockausschlagvermögen, was die Nutzung im Nieder- und Mittelwaldbetrieb begünstigte. Wirtsbaum mit Lebensraumfunktion für zahlreiche Insektenarten.
Verwendung: Neben der Rot-Buche forst- und holzwirtschaftlich wichtigster Laubbaum Mitteleuropas. Das harte und gerbstoffreiche Holz kann Jahrtausende überdauern; es ist vielseitig nutzbar, z. B. als Furnier-, Säge- und Stellmacherholz, für Hoch-, Erd- und Wasserbauten, zur Herstellung von Möbeln, Parkett oder Fässern. Früher war die Marine Hauptabnehmer, es wurden 1200 Stämme für eine Fregatte gebraucht. Die Rinde besitzt hohen Gerbstoffgehalt, verwendet zur Herstellung von Gerberlohe und Arzneimitteln. Die Eiche ist ein wertvoller Baum für Landschaftsgestaltung, Grünflächen und Parks, ein beliebter Straßen- und Hofbaum. Als Ziergehölze wurden mehrere in Blattform und -farbe abweichende Sorten ausgelesen, z. B. 'Mespilifolia' mit schmal elliptischen, fast ungelappten und ganzrandigen Blättern.

Ähnliche Arten:
***Quercus pubescens*, Flaum-Eiche:** Unterscheidet sich von Trauben- und Stiel-Eiche durch die filzige Behaarung der jungen Zweige, Knospen und Blattstiele. Die fiederlappige, oft etwas unsymmetrische Blattspreite ist variabel, jederseits mit 4–8, meist abgerundeten, teils auch spitzen Blattlappen, oberseits verkahlend, unterseits bleibend weichhaarig. Die vom Mittelmeergebiet bis in das südliche Mittel- und Osteuropa, über Kleinasien bis Kaukasien verbreitete Art kann 25 m Höhe erreichen, wird aber meist nur bis 10 m hoch, ist oft krummwüchsig, teils strauchförmig. Im natürlichen Verbreitungsgebiet geht niedriger und mehrstämmiger Wuchs oft auf Stockausschlagbetrieb (Niederwaldnutzung) zurück. Eine Wärme liebende, Trockenheit ertragende Eiche, die in Anbetracht globaler Erwärmung zukünftig in Mitteleuropa als Zier- und vielleicht auch Forstbaum mehr Bedeutung erlangen dürfte. Das Holz ist ähnlich wie das von Trauben- und Stiel-Eiche.

Sichtbare Behaarung an Blättern der Flaum-Eiche.

***Quercus robur*, Stiel-Eiche:** Wie die Trauben-Eiche eine typische Art des europäischen Laubwaldgebiets, aber weiter verbreitet (im Osten bis zum Ural) und mit größerer ökologischer Amplitude, neben trockenen auch feuchte bis zeitweilig überschwemmte Standorte besiedelnd. Die Blätter sind im Gegensatz zur Trauben-Eiche sehr kurz gestielt, 2–5(–8) mm lang, dagegen ist der Fruchtstand lang gestielt, 2–4(–8) cm lang (deshalb Name Stiel-Eiche). Die auch unterseits meist völlig kahle Spreite ist gewöhnlich durch ungleiche Lappen unsymmetrisch, der Spreitengrund herzförmig oder am Stiel umgebogen (geöhrt), selten gestutzt. Der Stamm teilt sich gewöhnlich am Beginn der unregelmäßigeren Krone in starke Äste auf. Bei entsprechendem Raumangebot wächst die Stiel-Eiche besonders knorrig, breit ausladend, raumbeherrschend. Sie wird höher (bis 50 m), dicker

Lang gestielte Früchte der Stiel-Eiche.

Altbaum der Stiel-Eiche. ▶

(Stammdurchmesser bis 3, selten 7 m) und älter (vereinzelt bis 1200 Jahre) als die Trauben-Eiche, so dass sie gewöhnlich als „König des Waldes" gilt und als heiliger Baum (siehe unter *Quercus*!) verehrt wurde. Manche der heiligen Baumveteranen fielen der Christianisierung als verwünschter Teufels- oder Hexenbaum zum Opfer (z. B. 724 von BONIFATIUS gefällte Donareiche), bevor man sich im 16. Jahrhundert an die antike Eichensymbolik erinnerte und Blatt oder Frucht wieder in Ornamente Aufnahme fanden oder im 18. Jahrhundert die „patriotische Verehrung" der „deutschen Eiche" einsetzte. Verwendung des Holzes und Bedeutung sind ähnlich wie bei der Art *Q. petraea*, mit der die Stiel-Eiche hybridisiert (*Q.* × *rosacea*, siehe unter *Q. petraea*). Die Zahl der ausgelesenen Abweichungen in Wuchs, Blattgestalt und -farbe, die als Sorten in Kultur genommen wurden, ist wesentlich höher als bei *Q. petraea*, unter ihnen sind am eindrucksvollsten die Gold-Eiche ('Concordia') mit goldgelbem Laub und die **Säulen-Eiche** (**'Fastigiata'**) mit schmaler Krone durch straff aufrechte, dicht stehende Äste und Zweige.

Älterer Baum der Säulen-Eiche, einer schmalkronigen Sorte der Stiel-Eiche.

Weitere Arten:

***Quercus acutissima*, Seidenraupen-Eiche** oder **Japanische Kastanien-Eiche:** Sommergrüne Eiche mit Blättern, die denen der Kastanien (*Castanea*) ähnlich sind. Spreite länglich lanzettlich, jederseits der Mittelrippe mit 12–20 ± parallelen Seitennerven, die in die Blattzähne verlaufen, denen eine bis 5 mm lange Granne aufsitzt. Die im 2. Jahr reifenden Eicheln sind zu zwei Drittel vom Fruchtbecher, der von behaarten, langen und abstehenden Schuppen bekleidet ist, umschlossen. Die vom Himalaja bis Ostasien weit verbreitete Eiche wurde in China als Seidenraupenbaum kultiviert. Sie wurde bereits 1833 nach Europa (Niederlande) eingeführt, ist aber ein seltener Baum in Parks oder Gärten geblieben.

Blätter der Seidenraupen-Eiche.

***Quercus alba*, (Echte) Weiß-Eiche:** Klassische und häufigste unter den nordamerikanischen Weißeichen mit grauweißer, längs gefurchter lockerer Borke, die sich in vertikalen länglichen Schuppen ablöst. Die 12–24 cm langen und 6–12 cm breiten Blätter mit jederseits 3–4 Blattlappen sind in der Form sehr variabel, unterseits blaugrün. Die 2–2,5 cm langen Früchte werden im unteren Viertel von dem grauen, seidig behaarten Fruchtbecher umgeben. Die süßlich schmeckenden Eicheln sind beim Wild, bei Nagern und Vögeln sehr beliebt (etwa 200 Tierarten als Nahrung dienend), so dass nur in den Mastjahren (alle 4–10 Jahre) ausreichend Samen für die Verjüngung bleiben. Die 30(–45) m hoch werdende und einen Stammdurchmesser von 2,8 m erreichende Art ist ein wichtiger Forstbaum in SO-Kanada und O-USA mit hochwertigem Holz. Als Parkbaum (nach Europa 1724 eingeführt) interessant durch die Stammborke und die weinrote, rötlich braune oder auch gelbe Herbstfärbung des Laubs. In Kultur häufiger ist die Sorte ('Elongata') mit schmaleren Blättern, deren Lappen löffelförmig gewölbt sind und die im Herbst durch eine purpurviolette Farbe auffallen.

Blatt der Weiß-Eiche.

Blatt der Zweifarbigen Eiche.

***Quercus bicolor*, Zweifarbige Eiche** oder **Sumpf-Weiß-Eiche:** Unter den nordamerikanischen Weißeichen sich durch den Kontrast zwischen der glänzend dunkelgrünen Oberseite und der samtig bis filzig grauweiß behaarten Unterseite der 8–18 cm langen, fiederlappigen Blätter auszeichnende Art. An jeder Seite der Spreite sind 4–8 abgerundete, oft nur kurze Blattlappen, die in der unteren Spreitenhälfte auch ± fehlen können. Auf Feucht- und Nassstandorten wie Niederungen und Auen in SO-Kanada und O-USA verbreitete, Nutzholz liefernde Art. Sie ist als Parkbaum (nach Europa eingeführt 1800) durch die graue Schuppenborke und die Blätter, die auch zur Herbstzeit zweifarbig sind, oberseits rot bis kastanienbraun, unterseits mehr rosa, interessant.

***Quercus dentata*, Japanische Kaiser-Eiche:** Sommergrüner, bis 25 m hoher Baum Ostasiens (von Japan über Korea und NO-China bis russischer Ferner Osten) mit den größten Blättern unter den asiatischen Eichenarten, 10–30 (–40) cm lang und 6–10(–15) cm breit, Spreite am Rand gewellt oder seicht gelappt mit jederseits 5–11 abgerundeten Lappen, unterseits gelbgrün, weichhaarig. Junge Zweige kräftig, graufilzig. An den Fruchtbechern der im 1. Jahr reifenden Früchte sind die oberen Schuppen fransenartig verlängert und zurückgebogen. Ein im natürlichen Areal beliebter, seit alter Zeit gepflanzter Zierbaum, in China auch als Seidenraupenbaum genutzt. Nach Europa wurde die Art 1830 eingeführt, in Mitteleuropa ist sie gebietsweise nicht ausreichend winterhart.

Blätter der Japanischen Kaiser-Eiche.

***Quercus × hispanica*, Spanische Eiche:** Ein variabler Bastard der sommergrünen Zerr-Eiche mit der immergrünen Kork-Eiche (*Q. cerris × Q. suber*), der im gemeinsamen Verbreitungsgebiet natürlich vorkommt, aber ebenso in Kultur entstanden ist. Die schwach und unregelmäßig fiederlappigen oder nur buchtig gezähnten, 4–12 cm langen Blätter sind unterseits grau behaart, die Spitzen der Lappen bzw. Zähne enden in einer kurzen Knorpelspitze. Die Schuppen der außen filzig behaarten Fruchtbecher sind aufrecht bis zurückgeschlagen. Es wurden mehrere halbimmergrüne Sorten ausgelesen, deren Borke nicht korkig (z. B. 'Ambrozyana') oder doch leicht korkig ('Lucombeana') ist. Nicht hierzu gehört die Sorte 'Pseudoturneri' (siehe unter *Q. ilex*!).

Quercus ilex*, Stein-Eiche:** Immergrüner Strauch oder bis 25 m hoher Baum mit lederigen, unterseits grauweiß filzigen Blättern von sehr variabler Form und Größe. Die 1,5–8 cm langen und 1–3 cm breiten Blätter sind ganzrandig oder stumpf bis dornspitzig gezähnt. Der Charakterbaum west- bis zentralmediterraner Hartlaubwälder und Macchien reicht nördlich bis an die Südalpen. Im Mittelmeergebiet findet das sehr harte und schwere Holz vielseitige Verwendung, ist auch geschätzt als Brennholz. In Mitteleuropa ist die Art als Ziergehölz nur für wintermilde Gebiete geeignet, sonst Kalthauspflanze. Häufiger gepflanzt wird der halbimmergrüne Bastard zwischen Stein- und Stiel-Eiche, ***Quercus × turneri (entstanden 1780 in englischer Baumschule TURNER), in der Regel die Wintergrüne Eiche genannte Sorte **'Pseudoturneri'**, ein Kleinbaum mit kugeliger Krone, schmal ellip-

Früchte der Stein-Eiche.

Lederige Blätter und Früchte der Wintergrünen Eiche.

Frucht der Hybride zwischen Libanon- und Zerr-Eiche.

Blätter der Klettenfrüchtigen Eiche.

tischen bis verkehrt eiförmigen, schwach gelappten, oberseits dunkelgrünen, unterseits auf den Nerven behaarten Blättern. Eine Allee mit etwa 100-jährigen Bäumen dieser Sorte befindet sich z. B. in Cottbus (Schwanstraße).

Quercus libani*, Libanon-Eiche:** Sommer- bis halbimmergrüner Kleinbaum mit länglich lanzettlichen, 5–10 cm langen, 1,5–3 cm breiten Blättern, jederseits der Mittelrippe mit 9–15 Paar Seitennerven, die in die Blattzähne mit kurzer Grannenspitze münden. Die im 2. Jahr reifenden, 2–3,5 cm langen und fast ebenso dicken, ei- bis walzenförmigen Eicheln sind zu zwei Drittel vom Fruchtbecher umgeben, dessen Schuppen teils angedrückt, teils (die oberen) abstehend. Die von Kleinasien bis Syrien vorkommende Art hat wegen ihrer geringen Höhe (bis 10 m) nicht nur Bedeutung als Parkbaum, sie kann auch in kleineren Gärten gepflanzt werden (in Kultur in Europa seit 1855). Von kräftigem und höherem Wuchs sind die Bäume des in Holland (vor 1957, Arboretum Trompenburg, Rotterdam) entstandenen Bastards mit der Zerr-Eiche, ***Quercus × libanerris. Die Blätter sind etwas größer (bis 12 cm lang, bis 4 cm breit), aber die Zahl der Seitennerven geringer (6–10), die Zähne enden in ganz kurzer Grannen- oder Knorpelspitze.

***Quercus macrocarpa*, Klettenfrüchtige Eiche:** Bis 27(–50) m hohe sommergrüne nordamerikanische Art (Weißeiche des mittleren Ostens) mit in Größe und Form variablen Blättern. Die Spreite mit jederseits 5–7 Blattlappen ist 10–30 cm lang und 8–15 cm breit, im mittleren Teil zwischen den oberen und unteren, oft ± parallelrandigen Blattlappen befinden sich meist einige tiefere Buchten. Den wissenschaftlichen Namen (*macrocarpa* lat. = großfrüchtig) verdankt sie den 2–4 cm langen, breit eiförmigen bis fast kugeligen Eicheln, den deutschen Namen dem Fruchtbecher, dessen obere Schuppen verlängert, kraus und fransenartig sind. Durch größte Blätter und Früchte unter den amerikanischen Eichen ein Baum der Superlative, eingeführt nach Europa 1811.

***Quercus marilandica*, Wasser- oder Schwarz-Eiche, Black Jack:** Wegen der ungewöhnlichen Blattform bemer-

◀ Blätter der Wasser- oder Schwarz-Eiche.

kenswerte sommergrüne Eiche Nordamerikas. Die dreieckigen bis verkehrt eiförmigen Blätter sind im vorderen Teil, der so breit wie die Spreite lang (5–18 cm) ist, seicht 3-, selten 5-lappig. Die abgerundeten Lappen enden meist in einer kurzen grannigen Spitze. Der langsamwüchsige, nur 7–10(–20) m hohe Baum mit dicker schwärzlicher Borke bleibt oft strauchförmig. Die vom trockenen Hochland und der Wald-Prärie-Übergangszone im Innern der USA bis zur Atlantiküste verbreitete Art wurde 1739 nach Europa (England) eingeführt.

Rhamnus – Kreuzdorn

Rhamnaceae – Kreuzdorngewächse

Sommergrüne, selten immergrüne Bäume, Sträucher oder Spaliersträucher, mit oder ohne verdornte Zweigenden. Winterknospen von Knospenschuppen bedeckt. **Blätter** gegen- oder wechselständig, manchmal an Kurztrieben rosettig, ganzrandig oder gesägt. **Blüten** eingeschlechtig, zuweilen aber mit Rudimenten des anderen Geschlechts, meist 4-zählig, wenig auffällig, Kronblätter grün bis gelblich oder weißlich. **Früchte** saftige kugelige Steinfrüchte mit 1–4 Steinkernen. Ausbreitung durch Tiere (meist Vögel). Keimung epigäisch.

Name: *Rhamnus* lat. Name für Kreuzdorn; Kreuzdorn leitet sich von den Arten mit verdornten Kurztrieben ab, da die Dornenden der an den Sprossspitzen kreuzgegenständig stehenden Kurztriebe mit den nächstfolgenden ein Kreuz bilden.
Systematik: Etwa 55 Arten, die überwiegend in den gemäßigten Zonen der Nordhalbkugel verbreitet sind, aber von Nordamerika südlich bis Brasilien, vom Mittelmeergebiet südlich bis S-Afrika reichend. Zu den von *Rhamnus* s. l. heute abgetrennten Gattungen gehört *Frangula* (zu den Unterschieden siehe unter Faulbaum, *Frangula alnus*!).
Lebensräume: Sowohl Felsfluren und Gebüsche trockener Kalkhänge als auch lichte Wälder und Gebüsche wechselfeuchter und weniger basischer Böden.
Verwendung: Mehrere Arten sind Heilpflanzen oder liefer(te)n Farbstoffe (Saftgrün, Chinesisches Grün), so dienen Früchte chinesischer Arten zum Färben von Seide und Baumwolle. Einige Arten haben als Ziergehölze oder für die Landschaftsgestaltung Bedeutung.

Rhamnus cathartica – Echter oder Purgier-Kreuzdorn

Aufrechter sparriger Strauch oder krummstämmiger kleiner Baum von 1–4(–8) m Höhe, meist mit dornigen Zweigenden. **Blätter** (fast) gegenständig, teils wechselständig, elliptisch bis eiförmig oder fast rundlich, 4–7 cm lang, jederseits der Mittelrippe mit 3–4 bogig zur Blattspitze verlaufenden Seitennerven, Rand fein gesägt. **Blüten** mit unscheinbarer gelblich grüner, aber duftender Krone. Blütezeit: Mai–Juni. **Früchte** 6–8 mm Durchmesser, reif schwarz bis schwarzviolett, glänzend. (**G!**)
Name: *cathartica* lat. = abführend, von griech. „kathartikos“ = reinigend, wegen der medizinischen Verwendung, auch „Purgier-“ bedeutet Abführmittel.
Verbreitung: Europa bis NW-Afrika und über W-Asien bis Mittelasien.
Lebensraum: Gebüsche, Waldmäntel, lichte Laubwälder, sowohl auf trockenen, oft kalkreichen Böden als auch auf wechselfeuchten Standorten, bis in Auenwälder.

Seitenspross des Echten Kreuzdorns mit unreifen Früchten.

Biologie: Wurzelsprosse bildend, Rückschnitt vertragend. Insektenbestäubung (Fliegen, Hautflügler). Verdauungsausbreitung (Vögel). Nahrungspflanze der Raupen des Zitronenfalters und mehrerer Spannerarten. Zwischenwirt des Hafer-Kronenrosts, eines Rostpilzes, der eine Krankheit beim Hafer verursacht. Früchte („Gehlbeeren“) schwach giftig.
Verwendung: Genuss der Früchte ruft Durchfall und Erbrechen hervor, aus ihnen wie auch aus der Rinde werden Abführ- und Blutreinigungsmittel hergestellt, aber wegen der Giftigkeit ist die Anwendung nicht ungefährlich. Alte Färberpflanze, aus den Früchten wurde Saftgrün gewonnen, verwendet in der Malerei und zur Färbung von Stoffen, wobei es sich im alkalischen Medium gelb, im sauren rot färbt. Art gut geeignet für Wildpflanzengärten und Landschaftsgestaltung, so als Straßenbegleitgrün und Heckenpflanze, für Flurgehölze oder zur Rekultivierung trockener, nicht zu nährstoff- und basenarmer Böden.

Weitere Arten:
***Rhamnus alpina*, Alpen-Kreuzdorn:** Aufrechter, bis 3 m hoher, dornenloser, auf Kalkstandorten wachsender Strauch südeuropäischer Gebirge, nördlich bis zu den Alpen, aber nicht bis Deutschland reichend. Blätter wechselständig, elliptisch, Spitze stumpf oder abgerundet, jederseits der Mittelrippe mit 8–12 Seitennerven. Früchte anfangs grün, dann schwarz, sie lieferten Farbstoffe für Aquarellfarben (Saftgrün), die Rinde hatte auch Bedeutung in der Volksmedizin.

Blätter des Kaukasischen Kreuzdorns.

***Rhamnus imeretina*, Kaukasischer** oder **Imeretischer Kreuzdorn:** Aufrechter, bis 3 m hoher, dornenloser Strauch oder Kleinbaum mit 10–25 cm langen und bis 12 cm breiten Blättern, jederseits der Mittelrippe 15–25 Seitennerven. Auffällig große Knospen und Blätter verleihen der Pflanze ein dekoratives Aussehen, so dass diese kaukasische Art einer der wenigen Kreuzdorne ist, die als Ziersträucher (in Kultur seit 1858, Deutschland) Bedeutung erlangten.

Zwerg-Kreuzdorn auf Kalkfels.

***Rhamnus pumila*, Zwerg-Kreuzdorn:** Nur bis 0,2 m hoher, niederliegender bis kriechender, knorriger, dornenloser Spalierstrauch mit wechselständigen, büschelig gehäuften, 1–4 cm langen, bis 1,5 cm breiten, elliptischen bis verkehrt eiförmigen Blättern und blauschwarzen Früchten. In den südeuropäischen Gebirgen (Pyrenäen bis W-Balkan) bis zu den Alpen sowie in NW-Afrika (Atlas) in subalpin-alpinen Kalkfelsfluren vorkommend, gut geeignet für Alpinum bzw. Steingärten (seit 1752 aus Kultur bekannt).

***Rhamnus saxatilis*, Felsen-Kreuzdorn:** 0,2–1,5 m hoher, meist dorniger Strauch mit niederliegenden und aufsteigenden Ästen. Auf Kalkstandorten in S-Europa und im südlichen Mitteleuropa (nördlich bis S-Deutschland). Wie beim Purgier-Kreuzdorn Blätter meist gegenständig, aber nur 1–3 cm lang mit jederseits der Mittelrippe nur 2–4 bogigen Seitennerven.
Ein ebenfalls dorniger, sparrig verzweigter Kleinstrauch, aber mit wechselständigen und sehr schmalen Blättern ist der **Schmalblättrige Kreuzdorn** (***Rhamnus pallasii***), der felsige Trockenhänge in Kleinasien und Kaukasien besiedelt.

Sparrig verzweigter, dorniger Schmalblättriger Kreuzdorn mit Früchten.

Rhododendron – Rhododendron, Alpenrose, Azalee, Porst

Ericaceae – Heide(kraut)gewächse

Immer-, halbimmer- oder sommergrüne Gehölze mit sehr verschiedenen Wuchsformen, von Zwergsträuchern < 0,2 m Höhe über Klein- und Großsträucher bis zu > 20 m hohen Bäumen, zuweilen epiphytisch wachsend. **Blätter** wechselständig, ungeteilt, ganzrandig, sehr verschieden in Größe und Konsistenz, von > 30 cm bis < 1 cm lang, derb lederig oder dünn und krautig; kahl oder ganz unterschiedlich behaart, z. B. filzig, wollig, striegelhaarig (anliegende kurze Borstenhaare) oder mit sitzenden Schuppen (Schülfer- oder Schildhaare). **Blüten** einzeln, in aufrechten Schirmtrauben oder Dolden, mit 5 oder 6–10 miteinander ± verwachsenen, nur selten freien Kronblättern, Krone röhren-, trichter-, glocken- oder radförmig. **Früchte** 5–20-fächerige Kapseln. Wind- und Tierstreuer. **Samen** zahlreich, staubfein (Ballonflieger). **G!**

Name: *Rhododendron* von griech. „rhodon“ = Rose und „dendron“ = Baum, mit „Rosenbaum“ war jedoch der Oleander (*Nerium oleander*) gemeint, erst später wurde der Name auf die Gattung der Alpenrosen und Azaleen übertragen.
Systematik: In die Gattung *Rhododendron*, mit etwa 1000 Arten die artenreichste Gehölzgattung der Erde, wurden in neuerer Zeit bisher eigenen Gattungen zugeordnete Arten eingegliedert, so z. B. die früher unter *Ledum* geführten Porst-Arten wie der Sumpf-Porst (siehe *Rhododendron tomentosum*!), deren Kronblätter nicht miteinander verwachsen sind.
Verbreitung: Holarktis von subarktischer bis meridionaler Zone, in Asien bis in die tropische Zone SO-Asiens und bis NO-Australien.
Lebensraum: Weite Amplitude, von der Tundra bis in tropische Regenwälder, von der Meeresküste bis in die Hochgebirge (bis 5800 m ü. M.). Meist lichte Gebüsche und Nadelwälder, Moor-, Fels- und Schotterstandorte. Die meisten Arten gedeihen auf lockeren, humosen, ausreichend feuchten, aber wasserdurchlässigen Böden, überwiegend auf bodensauren Unterlagen und in halbschattiger Lage, bei ausreichender Boden- und Luftfeuchte auch an offenen Standorten.
Verwendung: Zahlreiche immergrüne, meist als Rhododendron oder Alpenrose bezeichnete, und sommergrüne, meist Azaleen genannte, Arten und Hybriden fanden seit dem 18. Jahrhundert Eingang in die Gartenkultur, heute sind es in Mitteleuropa etwa 600. Bereits vor 1680 kam *Rhododendron simsii*, die Stammform der Indica-Azaleen (nicht winterharte „Topf-Azaleen“), über Java nach Holland. Anfang des 19. Jahrhunderts begann in Europa nach Einführung nordamerikanischer und asiatischer Arten die Züchtungsarbeit durch Kreuzungen verschiedener, im natürlichen Ver-

breitungsgebiet nicht gemeinsam auftretender Arten, in die inzwischen bis 120 Arten einbezogen sind. Es entstand eine kaum noch überschaubare Sortenvielfalt, die die Zahl der Wildarten um ein Vielfaches übersteigt. Viele Arten enthalten giftige Inhaltsstoffe (Andromedotoxin), schon seit dem Altertum sind Vergiftungsfälle bekannt, selbst durch Genuss von Honig (Nektar ebenfalls giftig).

Rhododendron camtschaticum – Kamtschatka-Azalee

Sommergrüner, nur 15–30 cm hoch, aber mehr als doppelt so breit werdender, Ausläufer bildender Zwergstrauch. **Blätter** verkehrt eiförmig bis spatelig, 1,5–5 cm lang, dünn, am Rand bewimpert, im Herbst mit gelber bis roter Laubfärbung. **Blüten** zu 1–3 an langen beblätterten Stielen, Krone tief eingeschnitten (fast bis zur Basis), trichterförmig, 3–4 cm breit, rosa bis purpurrot, selten weiß, mit rotbraunen Punkten. Blütezeit: Mai–August, oft Nachblüte im Spätherbst.

Blühende Kamtschatka-Azalee.

Name: Benannt nach dem Vorkommen auf Kamtschatka.
Verbreitung: Von N-Japan und dem Fernen Osten Russlands über Ostsibirien und Kamtschatka bis Alaska.
Lebensraum: Tundra und alpine Stufe der Gebirge, auf felsigen und steinigen, feuchten Standorten, auch in Mooren.
Biologie: Sehr frosthart, an kühle luftfeuchte Lagen angepasst.
Verwendung: 1799 in Kultur eingeführte, durch Blüte und Herbstlaub attraktive, lange blühende Azalee für Stein- und Heidegarten oder (halb)schattige Rabatten.

Rhododendron catawbiense – Catawba-Rhododendron

Immergrüner, bis 2–4(–7) m hoher, dicht verzweigter Strauch. Junge Zweige anfangs filzig behaart, bald ± kahl. **Blätter** 6–15 cm lang, elliptisch bis verkehrt eiförmig, Spreite etwas nach oben gewölbt, oberseits glänzend dunkelgrün und kahl, unterseits hellgrün, mit Ausnahme des behaart bleibenden basalen Bereichs kahl. **Blüten** zu 15–20 in dichten Blütenständen, Krone trichterförmig-glockig, 5-lappig, 5–6 cm Durchmesser, lilapurpurn, olivgrün gesprenkelt. Blütezeit: Mai–Juni.

Blütenstand des Catawba-Rhododendron.

Name: Benannt nach dem Catawba-Fluss.
Verbreitung: Östliches Nordamerika (besonders Appalachen).
Lebensraum: Bergwälder (bis über 1300 m ü. M.).

Biologie: Starkwüchsig, 100-jährige Exemplare können bis 7 m Höhe erreichen.

Verwendung: Als immergrünes Blütengehölz (1809 nach Europa eingeführt, FRASER) besonders dann bedeutsam, wenn ein großer und widerstandsfähiger Rhododendron gebraucht wird, aber selten wird die Art gepflanzt, meist Sorten (Catawbiense-Hybriden). Die Art ist ein wichtiger Kreuzungspartner der sogenannten Großblumigen Rhododendron-Hybriden. Eine durch gefüllte Blüten interessante Hybridsorte (*R. catawbiense* × *R. ponticum*), **'Fastuosum Flore Pleno'**, entstand schon vor 1846 in Belgien.

Ähnliche Arten (immergrün, großblättrig, Blätter unterseits kahl, verkahlend oder nur schwach behaart):

***Rhododendron maximum*, Riesen-Rhododendron:** Stark wachsender, in Kultur 1–4 m hoher Strauch, im natürlichen Areal (östliches Nordamerika) auch höher (bis 10 m) und sogar baumförmig. Blätter 10–20 cm lang, oberseits ebenfalls dunkelgrün und kahl, unterseits heller, mit einem dünnen weißen bis hellbraunen, vergänglichen, aber im basalen Bereich erhalten bleibenden Filz. Junge Zweige nicht nur filzig behaart, auch mit gestielten Drüsen. Blüten spät erscheinend (Juni–Juli), zu 12–30 in dichten Blütenständen, Krone glockig, 3,5–4 cm Durchmesser, rosa bis purpurrosa oder weiß, mit gelbbrauner Zeichnung. Schon 1736 nach Europa (England, P. COLLINSON) eingeführte Art, die auch für diverse Kreuzungen herangezogen wurde (z. B. *R. maximum* × *R. ponticum*).

***Rhododendron ponticum*, Pontischer Rhododendron:** Bis 2–5(–8) m hoher Strauch mit kahlen Zweigen. Blätter 8–20 cm lang, kahl, oberseits dunkel-, unterseits heller grün. Blüten (Mai) zu 6–20, Krone glockig, 4–5 cm Durchmesser, purpurviolett bis -rosa (selten weiß), grünlich gelb gesprenkelt. Die Art weist mehrere Teilareale auf, das größte erstreckt sich unter warm-

Gefüllte Blüten einer Hybridsorte ('Fastuosum Flore Pleno') aus Catawba- und Pontischem Rhododendron.

Der Riesen-Rhododendron diente als Kreuzungspartner zur Erzielung starkwüchsiger Sorten, hier Hybride aus Riesen- und Pontischem Rhododendron.

Blütenstand des Pontischen Rhododendron.

◀ *Aus der Kreuzung von Pontischem und Kaukasus-Rhododendron ging die häufig gepflanzte Sorte 'Cunninghams White' hervor.*

humiden Bedingungen südlich und östlich des Schwarzen Meeres (SO-Bulgarien bis W-Kaukasien), isolierte Vorkommen liegen im Libanon und auf der Iberischen Halbinsel (hier subsp. *baeticum*). In Kultur (seit 1763) auch mehrere Sorten, darunter eine frosthärtere, starkwüchsige Sorte mit anfangs roten Zweigen ('Roseum'). Häufig gepflanzt wird die seit 1830 bekannte und robuste Hybridsorte **'Cunninghams White'** mit weißer Krone und gelbgrüner Sprenkelung, ein Kreuzungsprodukt *R. caucasicum* × *R. ponticum*. Natürlich entstandene Hybridpflanzen beider Arten wurden inzwischen auch im kaukasischen Verbreitungsgebiet gefunden (*Rhododendron* × *sochadzeae*). Der in Großbritannien sich nach Verwilderung so enorm ausbreitende, als invasive Art große Probleme bereitende Rhododendron ist kein „reiner" *R. ponticum*, sondern soll im frühen 19. Jahrhundert aus Kreuzungen von *R. ponticum* (subsp. *baeticum*) mit Arten wie *R. catawbiense* und *R. maximum* in England entstanden sein und wurde als Hybridkomplex unter dem Namen *Rhododendron* × *superponticum* beschrieben.

Rhododendron dauricum – Dahurische Azalee

Sommer- bis halbimmergrüne, bis 3,5 m hohe, locker verzweigte Sträucher. **Blätter** 1–3,5(–5) cm lang, 0,6–2 cm breit, elliptisch bis länglich eiförmig, an der Spitze stumpf bis abgerundet oder etwas ausgerandet, weich- bis derbledrig, oberseits dunkelgrün, unterseits heller grün, gelblich grün oder rostfarbig, dicht mit Schuppen besetzt, beim Zerreiben aromatisch duftend. **Blüten** sehr zeitig erscheinend, bereits ab Spätwinter (Februar–April), zu 1–2(–3) an den Zweigenden, Krone 2–4(–5) cm Durchmesser, hellrosa bis rosaviolett, rötlich purpurn oder dunkel purpurn.

Name: Nach dem Vorkommen in Dahurien (SO-Sibirien).

Systematik: Neben der weit verbreiteten **subsp. *dauricum*** (sommergrün, zur Blütezeit ohne oder nur 1–2 vorjährige Blätter an den Triebenden) zwei

◀ *Blüten der Dahurischen Azalee.*

Unterarten, die ± halbimmergrün sind (deshalb in Kultur meist als 'Sempervirens'), zur Blütezeit sind an den Triebenden noch 3–8 vorjährige Blätter erhalten, die Blätter sind derber lederig, die Krone dunkler (rosaviolett bis dunkelpurpurn):

- **subsp. *ledebourii***, in Gebirgen S-Sibiriens.
- **subsp. *sichotense***, Sichote-Alin-Gebirge im Fernen Osten Russlands.

Verbreitung: Südliches W-Sibirien (Altai) bis O-Sibirien und Ferner Osten Russlands, N-Mongolei, NO-China, Korea und N-Japan.

Lebensraum: Lichte Birken-, Lärchen- und Zirbenwälder, Felshänge.

Biologie: Am Naturstandort langsam wachsend, flach wurzelnd, ein Alter bis 100–120 Jahre erreichend.

Verwendung: 1780 in Kultur eingeführter, schöner Vorfrühlingsblüher, dessen zeitige Blütenpracht leider oft Frösten zum Opfer fällt. Aus einer Kreuzung *R. dauricum* × *R. ciliatum* ist die **Vorfrühlings-Azalee, *Rhododendron* × *praecox*** (auch als Sorte *R.* 'Praecox' genannt), hervorgegangen (1855, England). Diese halbimmergrünen Pflanzen mit etwas größeren und am Rand lang bewimperten Blättern und Kronen sind wegen ihrer frühen Blütezeit (März–April) beliebt, aber die Blüten spätfrostgefährdet.

Ähnliche Art:
***Rhododendron mucronulatum*, Stachelspitzige Azalee:** Sommergrüner Strauch mit langen dünnen Zweigen, die Blätter größer, 3,2–8 cm lang, 1–2,5(–3,6) cm breit, spitz oder zugespitzt und mit kleiner Stachelspitze, Spreite dünner und weicher, unterseits weniger dicht mit Schuppen besetzt. Die Blüten sind etwas größer, 3–5 cm Durchmesser, die Farbpalette reicht von hellrosa über rosapurpurn bis rötlich purpurn. Die von Japan, NO-China und Korea in den südlichen Fernen Osten Russlands verbreitete Art ist ebenfalls ein auffälliger Vorfrühlingsblüher (seit 1882 in Kultur).

Blühende Stachelspitzige Azalee.

Blütenstand der Stachelspitzigen Azalee.

Rhododendron degronianum agg. – Artengruppe Japanischer oder Metternich-Rhododendron

Mehrere immergrüne und langblättrige japanische Rhododendren, die sich durch zumindest anfangs filzig behaarte Jungtriebe und unterseits filzige Blätter auszeichnen, stehen sich sehr nahe und werden oft zu einer Art zusammengefasst oder dieser oder jener Art als Unterart zugeordnet, weshalb sie hier gemeinsam behandelt werden:

- ***Rhododendron degronianum*, Japanischer** oder **Metternich-Rhododendron,** mit den Unterarten **subsp. *degronianum*** und **subsp. *heptamerum*,**
- ***Rhododendron yakushimanum*, Yakushima-Rhododendron**,
- ***Rhododendron makinoi*, Makinos Rhododendron**.

Immergrüne, gedrungen wachsende, 0,5–3,5 m hohe Sträucher. Junge Zweige zumindest anfangs dicht weiß oder bräunlich filzig oder wollig behaart. **Blätter** 6–18 cm lang und 1,5–3,5 cm breit, läng-

Blütenstände des Yakushima-Rhododendron.

Gelbliche Blütenkrone bei der Sorte 'Flavum' des Yakushima-Rhododendron.

lich bis elliptisch, oder (*R. makinoi*) lanzettlich, nur 0,8–2,2 cm breit und durch aufgewölbte, am Rand umgerollte Spreite noch schmaler erscheinend; oberseits glänzend grün und kahl, unterseits weiß- bis braunfilzig. **Blüten** zu 5–15 in lockeren oder kompakten Blütenständen, Krone glockig bis trichterförmig, 5-lappig oder (subsp. *heptamerum*) 6–7-lappig, 3–4 cm Durchmesser (*R. makinoi*) oder 4–5(–6) cm Durchmesser, hellrosa, teils innen rot gefleckt. Blütezeit: April–Juni.

Name: *degronianum* nach M. Degron (19. Jahrhundert), einem französischen Beamten und Sammler in Japan; *yakushimanum* nach der südjapanischen Insel Yakushima; *makinoi* nach dem japanischen Botaniker und Pflanzenzeichner T. Makino (1862–1957).

Verbreitung: Japan.

Lebensraum: Wälder im Hügel- und Bergland, an Berghängen in 500–2000 m ü. M.

Biologie: *R. degronianum* erträgt im Gegensatz zu den meisten *Rhododendron*-Arten auch trockenere Standorte.

Verwendung: Die Unterarten von *R. degronianum* (1860 bzw. 1870 nach Europa eingeführt) gehören zu den immergrünen Rhododendren, die wegen ihres gedrungenen Wuchses auch für kleinere Gärten und Rabatten geeignet sind. Der Yakushima-Rhododendron (wildwachsend nur auf Insel Yakushima), kompakt wachsend und meist nur bis 1,5 m hoch, ist eine attraktive, erst 1934 nach Europa eingeführte Art. Aus Kreuzungen mit großblumigen Gartenhybriden sind gefragte, reich und in verschieden Farben blühende Sorten (Yakushimanum-Hybriden) hervorgegangen. Unter den Makinoi-Hybriden gibt es Sorten, die durch die silbrig weißen Jungtriebe und schmalen Blätter vor allem bei ihrer Entfaltung ins Auge fallen oder deutlich dunkler, rubin- bis dunkelrosa (z. B. 'Rosa Perle'), oder fast weiß blühen.

Blütenstand von Makinos Rhododendron.

Auch Blätter können zierend wirken, hier bei Makinos Rhododendron.

Ähnliche Art (immergrün, großblättrig, junge Zweige und Blattunterseiten wollig-filzig behaart): ***Rhododendron smirnowii*, Smirnows Rhododendron:** In den Gebirgen an der SO-Küste des Schwarzen Meeres (Türkei, Georgien) vorkommende, 1–4 m hohe Art mit länglich lanzettlichen, anfangs beiderseits wie die jungen Zweige auffällig dicht weißwolligen, später oberseits verkahlenden, unterseits nach hellbraun verfärbenden, 6–17 cm langen Blättern. Durch die glockig trichterförmige, 5-lappige, am Rand gewellte, purpur-karminrosa Krone (bis 5 cm Durchmesser) und den auffälligen weißen Filz im Blattaustrieb ist die Art von hohem Zierwert. Sie gelangte über den Autor der Art (TRAUTVETTER, 1885/86) zuerst in Russland (St. Petersburg) in Kultur, wurde aber mehrfach, vor allem auf der Suche nach frostharten Herkünften, eingeführt, so auch nach Deutschland vor 1900 von DIECK und der Dresdener *Rhododendron*-Firma SEIDEL.

Blütenstand von Smirnows Rhododendron.

Rhododendron ferrugineum – Rostblättrige Alpenrose

Immergrüner, dichtzweigiger, aufrechter bis niederliegender, 0,3–1 m hoher Strauch mit gelblich bis rostbraun beschuppten Zweigen. **Blätter** 1,5–3,5(–4,5) cm lang, meist lanzettlich bis schmal elliptisch, Rand ± umgerollt und kahl, oberseits dunkelgrün, unterseits dicht mit anfangs gelbgrünen, später rostbraunen Schuppen bedeckt, so dass Unterseite schließlich rostbraun. **Blüten** zu 6–12 in Trauben, Krone 1–1,5 cm Durchmesser, mit schmaler Kronröhre, purpurrot (selten weiß), außen mit gelblichen Schuppen. Blütezeit: Mai–Juli.

Name: *ferrugineus* lat. = eisen- bzw. rostfarben, wegen der Farbe der Blattunterseite.

Verbreitung: Pyrenäen, Alpen (bis N-Apennin und Schweizer Jura; 1100–2800 m ü. M.).

Lebensraum: Subalpine lichte Nadelwälder und Krummholzgebüsche, alpine Zwergstrauchheiden und Matten, felsige Hänge, auf Granit und anderem Silikatgestein.

Biologie: Ein Alter von über 100 Jahre erreichend; kalkmeidend; giftig.

Verwendung: Wertvoll für Alpinum und Steingärten, hier auch interessant wegen relativ später Blütezeit.

Durch Drüsenschuppen unterseits gelblichgrüne bis bräunliche Blätter bei der Rostblättrigen Alpenrose.

Ähnliche Art:

Die Bewimperte Alpenrose verdankt ihren Namen den Wimpern am Blattrand.

***Rhododendron hirsutum*, Bewimperte Alpenrose** oder **Almrausch:** Durch beiderseits grüne Blätter mit flachem und lang bewimpertem, zuweilen leicht gekerbtem Spreitenrand und nur zerstreut mit Schuppen besetzter Unterseite abweichend. Die Krone ist heller, purpurrosa. Die Art wächst auf Rohhumusauflagen über kalkhaltigem Untergrund im subalpinen Krummholz, auf Felsbändern und Schotterfluren der Alpen (östlich bis in Gebirge Kroatiens). In den Alpen treten, wenn sich die Vorkommen der Art mit denen der Rostblättrigen Alpenrose überlappen, auch Bastarde beider Arten auf: *Rhododendron × intermedium*.

Rhododendron forrestii – Forrests Rhododendron

Immergrüner, langsam wachsender, gedrungener bis niederliegender, kaum 0,5 m hoch werdender Strauch. **Blätter** 1,5–3 cm lang, verkehrt eiförmig bis rundlich, oberseits dunkelgrün mit deutlich eingesenkten Nerven, unterseits grün bis purpurn. **Blüten** meist einzeln oder zu 2, Krone röhrig glockig, 3–3,5 cm Durchmesser, dunkel karminrot. Blütezeit: April–Mai.

Aufbrechende Blüten bei einer Sorte der Repens-Hybriden, hervorgegangen aus Kreuzungen mit Forrests Rhododendron.

Name: Benannt nach G. Forrest, der die Art entdeckte (1905) und in Kultur einführte (1914).

Verbreitung: W-Himalaja bis Yunnan, Tibet und N-Myanmar.

Lebensraum: Steinige Hänge, Geröllfelder in alpiner Stufe (3000–4500 m ü. M.).

Biologie: Hohe Ansprüche an Luftfeuchtigkeit, nicht ganz frosthart.

Verwendung: Die Art ist selten in Kultur, aber durch Kreuzungen von Pflanzen mit unterseits blass- bis blaugrünen Blättern (früher als var. *repens* ausgewiesen) mit anderen Arten und Sorten (nach 1930, England) entstanden häufig gepflanzte Sorten, die Gruppe der **Repens-Hybriden**. Insbesondere nach Einkreuzung großblumiger Gartenhybriden (1950er Jahre, D. Hobbie) wurden attraktive, frostharte, tief dunkelrot bis scharlachrot blühende Sorten erzielt, die weite Verbreitung fanden und auch für kleine Gärten oder Schalenbepflanzung geeignet sind.

Rhododendron impeditum – Veilchenblauer Rhododendron

Immergrüner, dicht gedrungener bis ausgebreiteter, 20–60 cm hoher, oft kissenförmiger Zwergstrauch. Zweige mit dunkelbraunen bis schwarzen Schuppen bedeckt. **Blätter** 0,4–1,5 cm lang, elliptisch bis länglich eiförmig, dunkelgrün, oberseits anfangs blaugrün, beiderseits mit braunen Schuppen bedeckt. **Blüten** zu je 1–4 erscheinend, fallen durch ihre Farbe auf, die 1,5–2,5 cm breite Krone ist purpur- bis blauviolett, selten lavendelrosa oder weiß. Blütezeit: April–Mai.

Name: *impeditus* lat. = gehemmt, behindert, eventuell auf die geringe Höhe der Pflanze bezogen.

Verbreitung: Hochgebirge von Yunnan und Sichuan (China), oberhalb der Waldgrenze (2500–4600 m ü. M.).

Verwendung: Gut geeignet für Alpinum, Stein- und Heidegärten (in Kultur gelangt 1911, G. FORREST). Durch die Farbe ihrer Blütenkrone und die mit Schuppen besetzten Zweige und Blätter auffallend. Unter den Hybridsorten (Impeditum-Hybriden) sind die aus Kreuzungen mit *Rhododendron augustinii* (bis 3 m hohe Sträucher mit 5–12 cm langen Blättern und bis 5 cm breiten Blüten mit blauer oder lavendelfarbener Krone) hervorgegangenen, > 1 m hoch werdenden 'Blue Tit' oder 'Blue Tit Magor' mit lavendelblauer Blütenfülle erwähnenswert.

Ähnliche Art:

***Rhododendron russatum*, Rötlicher Rhododendron:** Aufrechter, wenig verzweigter, 0,3–1,5 m hoher Strauch mit dicht dunkelbraun beschuppten Zweigen und 2–4 cm langen, elliptischen bis länglichen Blättern, diese oberseits graugrün und locker beschuppt, unterseits dicht mit fahlgelben und rotbraunen Schuppen bedeckt. Die zu je 4–6 stehenden Blüten haben eine dunkelviolette Krone, im Schlund durch Haare an den Staubfäden weiß, außen mit Schuppen besetzt. Blütezeit: Mai. Ebenso von G. FORREST eingeführte (1917) Gebirgspflanzen aus China (Yunnan, Sichuan). Inzwischen diverse, reich blühende Sorten (**Russatum-Hybriden**) mit größeren blauvioletten Blüten im Handel. Gut geeignet für Steingärten und Rabatten.

Blüten einer Sorte der Russatum-Hybriden, hervorgegangen aus Kreuzungen mit dem Rötlichen Rhododendron.

◀ *Blüten von Kaempfers Azalee.*

Rhododendron kaempferi – Kaempfers Azalee

Sommergrüner oder halbimmergrüner (in milden Wintern, sonst meist nur Blätter der Triebspitzen überwinternd), dicht verzweigter, bis 1–2 m hoher Strauch mit rotbraun striegelhaarigen Zweigen. **Blätter** 2–5 cm lang, elliptisch, zugespitzt, oberseits dunkelgrün und zerstreut behaart, unterseits hellgrün, rot-

braun striegelhaarig. **Blüten** meist zu 2–3, gemeinsam mit beblätterten Trieben aus Endknospen entspringend, Krone breit trichterförmig, 3–6 cm Durchmesser, Farbe lachsorange, rosa bis rot oder purpurn, auch weiß. Blütezeit: Mai.
Name: Benannt nach E. KAEMPFER (siehe Liste der Personen, die sich Verdienste um die Entdeckung und Einführung von Gehölzen erwarben!).
Verbreitung: Mittel- bis N-Japan.
Verwendung: Schön und reich blühende Azalee, aber die in Kultur erst 1892 (SARGENT) eingeführte Art wird selten gepflanzt, häufig dagegen Hybriden und Sorten, die aus Kreuzungen mit anderen Arten wie *R. kiusianum* und *R. yedoense* (siehe ähnliche Arten!) hervorgegangen sind. Darunter sind vor allem die schon vor langer Zeit in Japan und China entstandene Hybride ***Rhododendron* × *obtusum*** (*R. kaempferi* × *R. kiusianum*) bzw. **Obtusum-Sortengruppe** (1844/45 erste Sorten nach Europa gelangt, FORTUNE) sowie die Kurume-Azaleen, die u. a. aus Kreuzungen von *R.* × *obtusum* mit den Elternarten (19. Jahrhundert, Japan) hervorgingen, zu nennen. Diese ursprünglich aus chinesischen und japanischen Gärten stammenden Azaleen, die an die „Topfazaleen“ (Indica-Azaleen, *R. simsii*) erinnern, wurden später in den USA und Europa weiter züchterisch bearbeitet. Inzwischen entstand durch Kreuzungen diverser Sippen und Sorten eine Vielzahl durch Blütenreichtum ausgezeichneter Sorten, die als „Japanische Azaleen“ zusammengefasst werden. Besser wäre es, sie **„Japanische Hybrid-Azaleen“** zu nennen, um Verwechslungen mit der Japanischen Azalee, *R. molle* subsp. *japonicum*, zu vermeiden. Es sind meist halbimmergrüne, niedrig bleibende, reich blühende Pflanzen mit dünnen Zweigen, kleinen, bis 2,5 cm langen Blättern, bei denen nur die Mittelrippe striegelhaarig ist, und Blütenkronen mit bis 3,5 cm Durchmesser und einem breiten Spektrum rötlicher Farbtöne (rosa bis rot, karmin-, rubin-, purpurrot oder rotviolett), aber auch weiß- und gefülltblütig.

Weiß blühende Sorte der Obtusum-Gruppe, unter Beteiligung von Kaempfers Azalee hervorgegangene Japanische Hybrid-Azaleen.

Ähnliche Arten:

***Rhododendron kiusianum*, Kyushu-Azalee:** Blätter kleiner, 1–3 cm lang, breit elliptisch bis lanzettlich oder verkehrt eiförmig, an der Spitze ± stumpf, aber mit aufgesetztem Spitzchen, oberseits mattgrün. Blütenkrone 2–3 cm Durchmesser, wie bei *R. kaempferi* von verschiedener Farbe. Die japanische Art selbst ist selten in Kultur, aber diverse Hybridsorten (siehe unter *R. kaempferi*!) oft gepflanzt.

***Rhododendron yedoense*, Yodagawa-Azalee:** Blätter größer, 3–8 cm lang, lanzettlich bis elliptisch, vorn spitz, grau und braun striegelhaarig. Blütenkrone größer, 3,5–5 cm Durchmesser, duftend, blasslila bis purpurrosa. Blü-

◀ *Gefüllte Blüten der Yodagawa-Azalee.*

ten bei der gewöhnlich in Kultur befindlichen Sippe (var. *yedoense*) gefüllt. Die Art wurde nach Pflanzen beschrieben, die bereits seit langer Zeit in Japan und Korea kultiviert wurden, erst später wurde die Wildsippe mit einfachen Blüten, var. *poukhanense*, entdeckt.

Rhododendron luteum – Pontische Azalee

Sommergrüner, 1–2 (im natürlichen Areal bis 4) m hoher Strauch. Junge Zweige zottig und drüsig behaart. **Blätter** schmal elliptisch, 6–12 cm lang, Rand bewimpert, beiderseits zerstreut drüsenhaarig, im Herbst orange bis weinrot. **Blüten** zu 7–12, vor oder mit der Laubentfaltung erscheinend (Mai–Juni), Krone sattgelb, 5–6 cm Durchmesser, trichterförmig mit zylindrischer Röhre, außen klebrigdrüsig, stark duftend.

Blütenstand der Pontischen Azalee.

Name: *luteum* lat. = gelb, wegen der gelben Blütenkrone; „Pontische Azalee" nach dem alten Namen *Azalea pontica*, am Pontus euxinus (Schwarzen Meer) vorkommend.
Verbreitung: Kaukasien und nördliches Kleinasien, isolierte Vorkommen in SO-Mitteleuropa bis zur Ukraine, bei denen es sich teilweise um Verwilderungen aus Kultur handelt.
Lebensraum: Lichte Wälder, Waldränder und -lichtungen, subalpine Gebüsche, auf Weiden einzeln oder in Gruppen, von den Weidetieren als giftige Pflanze verschmäht.
Biologie: Raschwüchsig und anspruchslos. Der Honig aus dem Nektar ist giftig und soll laut einer Sage den Bewohnern der Kolchis hilfreich gewesen sein, die griechischen Eindringlinge, die das Goldene Vlies erobern wollten, abzuwehren.
Verwendung: Früher und heute gern gepflanzter Zierstrauch, attraktiv durch Reichtum und Duft der Blüten sowie Herbstlaub. Noch beliebter sind die aus Kreuzungen hervorgegangenen Azaleen der Hybrid-Sortengruppen mit unterschiedlichsten Farben der Blütenkrone (weiß, gelb, lachsrosa, karmin, zinnoberrot usw.). So ist die Pontische Azalee beteiligt an der Gandavensis-Gruppe (Genter Azaleen, benannt nach der belgischen Stadt Gent) und Knap-Hill-Gruppe, entstanden aus Kreuzungen mit diversen nordamerikanischen und/oder ostasiatischen Arten, sowie der Rustica-Gruppe, Hybriden zwischen Genter Azaleen mit gefüllten Blüten und der Japanischen Azalee.

Ähnliche Arten:

Rhododendron molle*, Chinesische Azalee** (**subsp. *molle) und **Japanische Azalee** (**subsp. *japonicum***): Die Blüten erscheinen vor den Blättern (April–Mai), die Krone besitzt keine Röhre, sondern ist weit trichterförmig, außen nicht drüsig, entweder
- goldgelb mit grünlicher Sprenkelung: **subsp. *molle***, aus China 1823 nach Europa eingeführt, oder
- orange-, lachs- bis ziegelrot: **subsp. *japonicum***, aus Japan 1861 eingeführt.

Hierzu gehören zahlreiche Sorten (Molle-Hybriden) mit großen Blüten und verschiedensten, meist leuchtenden Farben, außerdem an diversen Kreuzungen beteiligt (z. B. Rustica-, Knap-Hill-Gruppe).

***Rhododendron occidentale*, Westamerikanische** oder **Oregon-Azalee:** Die Blüten erscheinen mit den 4–10 cm langen, am Rand bewimperten Blättern (Mai–Juni). Die röhrig trichterförmige Krone

Blüten der Japanischen Azalee.

ist weiß, zuweilen rosa überlaufen, mit auffälligem gelbem Schlundfleck. Die jungen Zweige sind weich behaart, aber nicht drüsig. Relativ späte Blütezeit und starker Duft der aus den USA (Oregon, Kalifornien) stammenden Azalee (1851 nach Europa gelangt, W. Lobb) zeichnen auch die aus Kreuzungen mit *R. molle* und Molle-Hybriden hervorgegangenen Sorten (Occidentale-Hybriden) aus.

Rhododendron orbiculare – Rundblättriger Rhododendron

Blüten des Rundblättrigen Rhododendron.

Blüten von Williams Rhododendron.

Immergrüner, in Kultur bis 1–3 m hoher, meist gedrungen wachsender Strauch, im natürlichen Areal auch bis 15 m hoher Baum. Junge Zweige dick, kahl, hellgrün, mit bläulichem Reif. **Blätter** 6–12 cm lang, kahl, breit eiförmig bis rundlich, an der Spitze ± abgerundet, Basis herzförmig, geöhrt, oberseits matt glänzend hellgrün, unterseits blaugrün; Blattstiel kräftig, 4–5 cm lang. **Blüten** zu 7–10, nickend, Krone breit glockig, 7-lappig, 5–6 cm Durchmesser, karmin- bis purpurrosa, ohne andersfarbige Zeichnung. Blütezeit: April–Mai.

Name: *orbiculare* lat. = kreisrund, wegen der Blattform.

Verbreitung: China (Sichuan, 2400–3800 m ü. M).

Lebensraum: Tannen- und Fichten-Bergwälder.

Biologie: Winterhärte und Blühfreude variabel, abhängig von der Herkunft.

Verwendung: In Kultur nach Europa 1904 (Wilson) eingeführte Art mit ganzjähriger Zierwirkung durch ihre Blätter, aber einige Sorten ebenfalls durch reichen Blütenansatz dekorativ (‘Monika’, Krone größer, rein rosa).

Ähnliche Art:

***Rhododendron williamsianum*, Williams‘ Rhododendron:** Bis 1,5 m hoher, abgeflacht kugeliger Strauch, dessen junge Zweige nicht kahl, sondern mit drüsigen Borsten besetzt sind. Blätter ebenfalls breit eiförmig bis rundlich mit herzförmiger Spreitenbasis, aber kleiner, nur 2–4,5 cm lang und wesentlich kürzer gestielt, Blattstiel < 1,5 cm lang. Die im Austrieb meist bronzefarbenen Blätter sind später oberseits frisch-, unterseits blau- bis weißgrün. Die 5- oder 6-lappige Krone von 3–4 cm Durchmesser ist rosa und dunkel gefleckt. Die südchinesische Gebirgsart (Sichuan, 2500–3000 m ü. M.), 1909 in Kultur eingeführt (Wilson), ist zierend durch Blätter und Blüten. Einige der aus Kreuzungen hervorgegangenen Sorten (Williamsianum-Hybriden) sind nicht nur frosthärter, sondern blühen auch früher und reicher.

Rhododendron tomentosum – Sumpf-Porst

0,5–1,5 m hoher immergrüner, stark aromatischer Zwerg- bis Kleinstrauch mit niederliegenden Sprossen und unterirdischen Ausläufern. **Blätter** lanzettlich bis linealisch, 4–12-mal so lang wie breit, am Rand umgerollt, unterseits rostrot filzig, aber Mittelrippe sichtbar. **Blüten** in endständigen, reichblütigen, doldenähnlichen Blütenständen, Krone weiß, selten rötlich, Kronblätter frei, auch am Grund nicht verwachsen. Bestäubung durch Zweiflügler, auch Selbstbestäubung.

Blütenstände des Sumpf-Porst, früher einer eigenen Gattung (Ledum) zugeordnet, heute in Rhododendron eingegliedert.

Name: *tomentosum* lat. = filzig, wegen der filzig behaarten Blattunterseite.
Systematik: Früher (teils auch noch heute) zur Gattung *Ledum* (*L. palustre*). *Ledum* ist auf „ledon“ lat. für eine Zistrose (*Cistus*) bzw. „ledanon“ griech. für wohlriechende, harzige, aus Zistrosen gewonnene Substanz zurückzuführen und wurde auf den Porst wegen seines stark aromatischen Duftes übertragen.
Verbreitung: Gemäßigte bis arktische Zonen Eurasiens und Nordamerikas.
Lebensraum: Moorgebüsche und -wälder auf nährstoffarmen und sauren Torfböden, bodenfeuchte Kiefernwälder, boreale Lärchenwälder.
Biologie: Kalkmeidend, giftig in allen Teilen durch ätherische Öle, die Rausch, Krämpfe und bei starker Dosis Störungen des Gleichgewichts hervorrufen, auch der Blütenhonig soll schwach giftig sein.
Verwendung: Triebe und Blätter wurden früher als „Ungeziefermittel“ bzw. „Mottenkraut“ in ganzen Wagenladungen aus den Mooren abtransportiert und tragekörbeweise auf dem Markt feilgeboten. Außerdem wurden Heilmittel (alkoholische Auszüge und Tee, z. B. gegen rheumatische Erkrankungen) daraus gewonnen und sie wurden, vor allem in Nordeuropa, als konservierender und aromatisierender sowie die berauschende Wirkung fördernder Bestandteil dem Bier zugesetzt. Solches Bier („Grutbier“) soll Ursache der sprichwörtlichen „Berserkerwut“ der Wikinger gewesen sein. Als Zierpflanze interessant für Moorbeete, Heide- und Rhododendrongärten.

Ähnliche Art (Porst):
***Rhododendron groenlandicum*, Grönland-** oder **Labrador-Porst, Labradortee:** In Nordamerika und auf Grönland vorkommende Art mit breiteren, nur 2–5-mal so langen wie breiten Blättern, an deren Unterseite die rostrote filzige Behaarung die Mittelrippe verdeckt. In Kultur 1763 eingeführte,

nach Verwilderungen inzwischen in Großbritannien und NW-Deutschland eingebürgerte Moorpflanze. Als Zierpflanze wurde eine niedrig bleibende, reichblütige Sorte ('Compactum') ausgelesen.

Weitere Arten:

***Rhododendron albrechtii*, Albrechts Azalee:** Sommergrüner, 1,5–4 m hoher, locker aufgebauter Strauch mit anfangs drüsig und kraus behaarten Zweigen. Die 4–12 cm langen, verkehrt eiförmigen bis elliptischen, im Herbst leuchtend gelben Blätter stehen am diesjährigen Triebende gedrängt, meist zu 5. Die vor oder mit den Blättern (April–Mai) erscheinenden Blüten von 5 cm Durchmesser haben eine rein rosarote bis hellpurpurne Krone. Die japanische Art wurde nach dem russischen Schiffsarzt M. ALBRECHT, der sie 1862 entdeckte, benannt; in Kultur wurde sie erst 1914 von E. WILSON eingeführt. Durch Fülle und Farbe der zarten Blütenkronen ist die Art einer der schönsten sommergrünen Rhododendren.

Blütenstand von Albrechts Azalee.

***Rhododendron adenogynum*, Drüsiggriffliger Rhododendron:** Immergrüner, bis 2(–4) m hoher Strauch mit wollig-filzig behaarten Jungtrieben und lederigen, 6–11 cm langen, schmal elliptischen bis elliptischen Blättern, deren Unterseite von einem dicken gelben, später olivbraunen Filz bedeckt ist. Die glockige, 3–4,5 cm breite Krone ist anfangs dunkelrosa, dann rosa bis weiß. Die südchinesische Hochgebirgspflanze (3000–4250 m ü. M.) wurde 1910 nach Europa eingeführt (G. FORREST). Zierwirkung haben vor allem die Blätter, besonders im Austrieb.

Rhododendron brachycarpum*, Kurzfrucht-Rhododendron:** Immergrüner, 2–4 m hoher Strauch mit anfangs weißfilzigen Zweigen, 7–15 cm langen, breit lanzettlichen, oberseits grünen und kahlen, unterseits grau bis rehbraun dünnfilzigen oder (**subsp. *fauriei) verkahlenden Blättern. Die Blütenkrone ist breit trichterförmig, 5-lappig, weiß oder gelblich, rosa getönt, mit grünlicher bis bräunlicher Zeichnung. Die Art kommt von Japan und Korea bis ins angrenzende fernöstliche Russland vor, meist als Waldstrauch, teils als kleiner Baum (bis 130 Jahre alt) oder als Krummholz. In Kultur (seit etwa 1895) interessant durch weißfilzigen Austrieb und späte Blütezeit (Juni–Juli).

Blätter des Drüsiggriffligen Rhododendron.

Blütenstand des Kurzfrucht-Rhododendron.

Verblühte Sprosse des Schönen Rhododendron.

Blütenstand des Kaukasus-Rhododendron.

***Rhododendron calophytum*, Schöner Rhododendron:** Immergrüner, in Kultur bis 4 m hoher Strauch, im natürlichen Areal 5–10 m hoher Baum mit dicken, anfangs weißfilzigen Zweigen, 15–30 cm langen, länglich lanzettlichen Blättern, die rosettig genähert stehen. Die Blüten stehen bis zu 30 in großen Blütenständen, die glockige Krone von 5–6 cm Durchmesser ist 5–7-lappig, anfangs rosa, dann fast weiß mit einem rubinroten Basalfleck. Blütezeit: April–Mai. Die in S-China beheimatete Gebirgspflanze (1800–4000 m ü. M.) wurde entdeckt von Abbé DAVID und in Kultur eingeführt von WILSON (1904). Zierwirkung haben besonders die riesigen, dicklederigen Blätter.

***Rhododendron caucasicum*, Kaukasus-Rhododendron:** Hochgebirgsart der Krummholzstufe in der Kaukasus-Region (bis angrenzende Türkei) mit verkehrt eiförmigen bis elliptischen, unterseits hellbraun dünnfilzigen Blättern und gelblich weißer, grünlich gesprenkelter Krone. Bekannter als die 1803 in Kultur eingeführte Art wurden einige aus Kreuzungen hervorgegangene Sorten, so die häufig gepflanzte Hybridsorte 'Cunninghams White' (siehe unter *R. ponticum*!).

Rhododendron fortunei*, Fortunes Rhododendron:** Immergrüner, bis 4 m hoher Strauch, im natürlichen Areal (Bergwälder in China, 600–2300 m ü. M.) auch bis 10 m hoher Baum, mit 10–20 cm langen, lanzettlich elliptischen, oberseits matt dunkel-, unterseits hell blaugrünen, fast kahlen Blättern. Die duftenden Blüten (Mai) haben eine 7-lappige, weiße bis rosa Krone von 7–9 cm Durchmesser. Die Art gehört zu den großblütigen frostharten chinesischen Arten, die als erste in Kultur eingeführt (1855, FORTUNE) und für Kreuzungen herangezogen wurden. Ihr wird heute als Unterart auch eine erst später nach Europa (1910 E. WILSON) gelangte Sippe mit schmaleren Blättern zugeordnet, ***R. discolor, wertvoll durch die späte Blütezeit (Juni–Juli).

***Rhododendron mucronatum*, Porstblättrige Azalee:** Sommer- bis halbimmergrüne Art, die neben 4–9 cm langen Frühjahrsblättern, die im Herbst abfallen, im Sommer an Kurztrieben kleinere, nur bis 4 cm lange Blätter bildet, die über den Winter an der Pflanze verbleiben. An Zweigen und Blättern neben angedrückten Borstenhaaren auch abstehende Haare. Reich blühend (Mai) mit duftender weißer, selten purpurrosa Krone. Art mit nicht sicher bekannter Herkunft, wird seit langer Zeit in Japan und China kultiviert, hier und in Korea auch verwildert auftretend. Wird als Hybride zweier japanischer Arten oder in alter Zeit ausgelesene weißblütige Sorte angesehen. Als Ziergehölz (nach Europa 1819 eingeführt) ist *R. mucronatum* wegen der bei halbimmergrünen Azaleen eher seltenen Fülle rein weißer Blüten wertvoll.

Blüten der Porstblättrigen Azalee.

Blüten des Bergruhm-Rhododendron.

Blüten der Fünfblättrigen Azalee.

Blütenstände des Traubigen Rhododendron.

***Rhododendron oreodoxa*, Bergruhm-Rhododendron:** Straff aufrecht wachsender, bis 3 m hoher Strauch, im natürlichen Areal auch bis 5(–12) m hoher Baum mit dicken, anfangs behaarten, nur an der Spitze beblätterten Zweigen. Die elliptischen, 5–10 cm langen Blätter sind oberseits anfangs flockig behaart, unterseits meist kahl und blaugrün. Die bereits Ende März–Anfang April blühende Art ist hinsichtlich der Blütenmerkmale variabel, was auch Anlass zur Unterscheidung von Varietäten war. So kann die Krone 6–7- oder 7–8-lappig sein, rein rosa oder rote Flecken aufweisen. Die von Wilson (etwa 1904) in Kultur eingeführte chinesische Art wurde zu diversen Kreuzungen herangezogen.

***Rhododendron quinquefolium*, Fünfblättrige Azalee:** Sommergrüner, 1–2,5 m hoher Strauch mit je 4–5 an den Zweigenden quirlartig genäherten, breit eiförmigen bis rautenförmigen Blättern, im Austrieb mit rot(braun)em Rand und im Herbst mit auffälliger gelber bis karminroter Laubfärbung. Die Blüten der attraktiven, etwas frostempfindlichen japanische Azalee (in Kultur etwa 1896 eingeführt) erscheinen mit dem Laub (April–Mai), die weiße Krone ist grün gesprenkelt.

***Rhododendron racemosum*, Traubiger Rhododendron:** In Wuchsform, Blütengröße und -farbe variable Art, ein oft ungleichmäßig verzweiger, aufrechter bis aufstrebender, 0,3–1(–2) m hoher Strauch mit 1,5–5 cm langen, meist länglich elliptischen, oberseits stumpf dunkelgrünen, unterseits blaugrünen bis silbergrauen, dicht mit braunen Schuppen besetzten Blättern. Blüten (April–Mai) zu 2–5 in den Achseln der Blätter vorjähriger Zweige, Krone trichterförmig, etwa 2 cm Durchmesser, weiß, hell- oder dunkelrosa. Blütenanordnung und -reichtum machen diese chinesische, 1889 nach Europa (Frankreich) eingeführte Art interessant als Ziergehölz.

***Rhododendron reticulatum*, Netzblättrige Azalee:** Sommergrüner, meist < 2 m hoher, locker aufgebauter Strauch mit 3–7 cm langen Blättern. Leicht erkennbar an den rautenförmigen bis breit eiförmigen Blättern und dem eingesenkten Nervennetz auf der Blattoberseite. Die trichterförmige, schwach 2-lippige, bis 5 cm breite, purpurrosa bis lila Blütenkrone weist meist keine Zeichnungen auf. Eine vor der Laubenfaltung blühende schöne japanische Azalee mit besonderer Form der Blätter, die sich im Herbst purpurn färben, aber in Kultur (eingeführt nach Europa um 1865) nicht weit verbreitet.

Blüte von Schlippenbachs Azalee.

Herbstlaub von Schlippenbachs Azalee.

Rhododendron schlippenbachii, Schlippenbachs Azalee: Sommergrüner, locker verzweigter, 1–2 m hoher Strauch mit meist zu 5 an den Zweigenden scheinquirlig genäherten, 4–11 cm langen, breit eiförmigen bis verkehrt eiförmigen, an der Spitze abgerundeten Blättern. Blüten zu 3–6, Krone 4–8 cm Durchmesser, rosa mit rotbrauner Sprenkelung. Blütezeit: Anfang Mai. Ostasiatische Art (Korea und angrenzender russischer Ferner Osten), benannt nach dem russischen Marineoffizier von Schlippenbach, der sie 1853 an der koreanischen Küste entdeckte. In Kultur aber erst 1892 eingeführt (Veitch). Attraktiver Frühjahrsblüher, zu den schönsten Azaleen gehörend, besonders vor dunklem Hintergrund wirkend.

Rhododendron vaseyi, Vaseys Azalee: Sommergrüner, locker verzweigter, bis 2(–5) m hoher Strauch mit entfernt stehenden, länglich elliptischen, 5–13 cm langen, am Rand etwas gewellten und bewimperten Blättern. Blüten vor dem Laubaustrieb erscheinend (April–Mai), Krone bis 5 cm Durchmesser, breit glockig mit sehr kurzer Röhre, 2-lippig, zartrosa, orange gesprenkelt. Eine schöne Azalee der Bergwälder der Appalachen (SO-USA), die erst 1878 entdeckt (G. S. Vasey) und in Kultur eingeführt wurde.

Blüten von Vaseys Azalee.

Rhododendron viscosum, Sumpf-Azalee: Sommergrüner, bis 2–3 m hoher, dicht verzweigter Strauch mit striegelhaarigen Zweigen und lanzettlichen bis verkehrt eiförmigen, 2–6 cm langen Blättern. Blüten erscheinen nach der Laubentfaltung (Mai–Juni), Krone röhrig trichterförmig, 2,5–3 cm Durchmesser, weiß, seltener rosa, außen drüsig-klebrig, sehr stark und angenehmen (würzigen) Duft ausströmend. Die im östlichen Nordamerika vorkommende, bereits 1734 nach Europa eingeführte Art ist eine wertvolle, spät blühende und duftende Azalee.

Blühende Sumpf-Azalee.

***Rhododendron wardii*, Wards Rhododendron:** Immergrüner, 1–2(–3) m hoher Strauch mit kahlen, oberseits dunkel-, unterseits blaugrünen, 5–11 cm langen Blättern und schalenförmiger, hell- bis zitronengelber, selten weißer, etwas fleischiger Krone. Die nach dem Entdecker F. KINGDON-WARD benannte und von ihm 1913 in Kultur eingeführte Art kommt in Hochgebirgen Chinas (Yunnan, Sichuan) bis Tibet vor. Sie ist eine der schönsten gelbblütigen Arten unter den immergrünen Rhododendren, leider nicht ganz frosthart. Durch Kreuzungen wurden inzwischen Sorten (Wardii-Hybriden) erzielt, die reich und intensiv goldgelb blühen, weniger frostempfindlich sind und geringere Ansprüche an Boden- und Luftfeuchte stellen als die Wildsippe.

Rhodothamnus chamaecistus – Zwergalpenrose, Zwergrösel

Ericaceae – Heide(kraut)gewächse

Gedrungener dichttriebiger, 20–40 cm hoher immergrüner Zwergstrauch. **Blätter** wechselständig, an den Triebenden gehäuft stehend, eiförmig lanzettlich, 0,5–1,3 cm lang, ganzrandig oder schwach gekerbt, am Rand auffällig borstig bewimpert. **Blüten** zu 1–3 an langen Stielen, Krone radförmig, mit kurzer Röhre, 2–3 cm Durchmesser, hellrosa. Blütezeit: Mai–Juni.

Blühende Zwergalpenrose.

Name: *Rhodothamnus* von griech. „rhodon“ = Rose und „thamnos“ = Strauch, Busch, soll den Wuchs als Zwergstrauch im Gegensatz zu *Rhododendron* („dendron“ Baum) betonen; *chamaecistus* bedeutet „am Boden hingestreckte“ (von griech. „chamai“) Zistrose (*Cistus*), womit ein Sonnenröschen (*Helianthemum*), dessen Blätter denen der Zwergalpenrose ähnlich sind, gemeint sein kann, aber die Blüten erinnern ebenfalls an eine Zistrose.

Systematik: Noch ungeklärt, ob zur Gattung *Rhodothamnus* eine zweite Art gehört oder die aus NO-Anatolien beschriebene Art *R. sessilifolius* im Variationsbereich von *R. chamaecistus* liegt.

Verbreitung: O-Alpen (besonders Kalkalpen) bis Gebirge Kroatiens (500–2450 m ü. M.).

Lebensraum: Subalpines Krummholz, alpine Zwergstrauchheiden, Felsen, Schotterhalden.

Biologie: Bis 40 Jahre alt werdend, angepasst an kühle und luftfeuchte Standorte, kalkhold.

Verwendung: Interessante und reizvolle Pflanze für Steingarten und Alpinum, aber nicht leicht zu vermehren und zu kultivieren, besonders im Tiefland; benötigt frische bis feuchte, möglichst kühle Standorte. Obwohl die Art in der Natur meist über Kalk wächst, gedeiht sie auch auf sauren Böden.

Rhodotypos scandens – Schneekerrie

Rosaceae – Rosengewächse

Sommergrüner, reich verzweigter, 1,5–2 m, am Naturstandort bis 5 m hoher Strauch. Zweige stielrund, erst grün, kahl, später braun, etwas überneigend. Knospen eiförmig, 3–4 mm lang, mit mehreren Knospenschuppen. **Blätter** gegenständig, 3–5 mm lang gestielt mit freien, linealischen Nebenblättern. Blattspreite einfach, eiförmig, lang bis geschwänzt zugespitzt, am Grund gerundet, 4–10 cm lang und 2–4 cm breit, oberseits glänzend, frischgrün, unterseits heller und anliegend behaart. **Blüten** einzeln, endständig an jungen, beblätterten Trieben, ohne Duft, weiß, 3–5 cm Durchmesser. Blütenhülle doppelt, 4-zählig. Kelch laubig, 1–1,5 cm lang, Zwischenkelch 4–8 mm lang. Kronblätter eiförmig, Staubblätter zahlreich mit gelben Staubbeuteln, Fruchtblätter 4(–6), frei, einem offenen Blütenbecher aufsitzend. Blütezeit: Mai–Juni. **Früchte** Steinfrüchtchen, glänzend schwarzbraun, eiförmig bis ellipsoidisch, 8 mm lang, vom persistierenden, 2–2,5 cm langen Kelch umgeben, mit dünnem, trockenem Mesokarp und sehr festem, 1-samigen Steinkern. Fruchtreife: Oktober. **G!**

Name: Griech. „rhodon" = Rose, „typos" = Gestalt: Die Pflanzen haben rosenähnliche Blüten. *scandens* lat. = steigend, kletternd.

Systematik: Die Gattung *Rhodotypos* ist monotypisch.

Verbreitung: China, Korea, Japan (Honshu).

Lebensraum: Bergwälder; in China zwischen 100 und 800 m ü. M.

Biologie: Die Blüten werden von Insekten aufgesucht. Bestäuber sind unter anderem Blatthornkäfer (*Scarabaeidae*), Rosenkäferverwandte. Vor allem die Samen sind giftig. Sie enthalten Blausäure und Glykoside. Vergiftungen treten nur sehr selten auf. In China wird die Pflanze medizinisch genutzt.

Blühende Schneekerrie.

Verwendung: *Rhodotypos* gelangte 1866 nach Europa. Die Pflanzen benötigen einen sonnigen bis halbschattigen Standort, stellen jedoch keine besonderen Bodenansprüche. Sie lassen sich leicht durch Samen vermehren. Auch eine Vermehrung durch Stecklinge ist möglich. Die Pflanzen sind weitgehend schädlingsfrei. *Rhodotypos* ist gelegentlich angepflanzt. Durch das frischgrüne Laub, den Blütenschmuck und die über den Winter an den Zweigen verbleibenden Früchte sehr attraktiv.

Rhus typhina – Essigbaum, Hirschkolben-Sumach, Staghorn sumac

Anacardiaceae – Sumachgewächse

Sommergrüner, nur wenig verzweigter, 5–10 m hoher Baum mit breiter, abgeflachter Krone. Junge Triebe und Zweige hell- bis rotbraun, dick, dicht braun samthaarig. Borke dunkelbraun, dünn, glatt, feinschuppig. Knospen nackt, eiförmig bis halbkugelig, in einer schmalen, U-förmigen Blattnarbe gelegen, orangebraun, anliegend behaart, 3–5 mm lang, ohne Endknospe. **Blätter** wechselständig, gefiedert, 40–50 cm lang, 5–7 cm lang gestielt. Stiel bleibend behaart. Blättchen 11–31, hell graugrün, länglich lanzettlich, 5–12 cm lang, 12–25 mm breit, lang zugespitzt, gesägt, unterseits mehr oder weniger bleibend behaart, oberseits verkahlend. **Blüten** duftlos, in Rispen am Ende junger Triebe, unscheinbar, eingeschlechtig, zweihäusig verteilt. Weibliche Blüten in dichten, behaarten, aufrechten 10–20 cm langen Rispen. Männliche Blüten grünlich, in lockeren Rispen. Blütezeit: Juni–Juli. Fruchtstand karminrot, **Früchte** dicht behaarte Steinfrüchte, rundlich, 3–5 mm dick. Fruchtreife: August–September.

Name: Griech. „rhous“ = bei THEOPHRAST ein kleiner Baum, dessen Rinde und Früchte zum Gerben dienten; „rhous" = fließen, Saft; „rhus“ lat. = Sumach, Färberbaum, Gerberbaum. Gemeint ist wohl der im Mittelmeergebiet heimische Färberbaum, *Rhus coriaria*. *typhina* = abgeleitet von *Typha*, dem Rohrkolben, der einen ähnlichen Blütenstand aufweist. Der amerikanische Name „Staghorn sumac“ nimmt auf die Behaarung der Zweige Bezug, die an die Haut sich neu bildender Hirschgeweihe im Frühjahr erinnern.
Systematik: Zur Gattung *Rhus* werden rund 35 Arten gerechnet. Die Gattung ist fossil seit dem Tertiär (Eozän) bekannt.
Verbreitung: Östliches und mittleres Nordamerika: von Quebec und Ontario südlich bis Iowa, Indiana und Georgia.
Lebensraum: An Flussufern, in der Nähe von Sümpfen, an Waldrändern, Straßen- und Bahndämmen. Sehr lichtbedürftiges Gehölz.
Biologie: Die Blüten werden von verschiedenen Insekten aufgesucht. Die Fruchtstände bleiben den Winter über am Baum und verlieren auch kaum ihre Färbung. Die männlichen Blüten fallen später ab, so dass nur die Blütenstandsachsen zu sehen sind. In den getrockneten Blättern sind bis zu 25 % Gerbstoffe enthalten. Die Früchte werden von Vögeln gefressen und verbreitet. Die Samen keimen epigäisch. Essigbäume sind schnell wachsend, aber kurzlebig. Sie bilden Wurzelsprosse, die

Fruchtstand des Essigbaums.

Herbstfärbung des Essigbaums.

Fruchtender Kahler Sumach mit Herbstlaub.

in den Gärten oftmals sehr lästig werden können. Im Zellsaft ist Ellagsäure enthalten, die Hautentzündungen hervorrufen soll.

Verwendung: Aus den Früchten wurde in Amerika ein Getränk, Indian lemonade, bereitet. In Kultur ist der Hirschkolben-Sumach seit 1629. Er ist häufig angepflanzt, vor allem wegen seiner lang anhaltend prächtigen orangefarbenen bis scharlachroten Herbstfärbung. Kultiviert werden, wegen der schönen Fruchtstände, vor allem weibliche Exemplare. Es ist ein sehr lichtbedürftiges, sonst aber recht anspruchsloses Gehölz, das nahezu auf jedem Boden gedeiht. Beliebt sind zwei Gartenformen:

'Dissecta': Blättchen stark fiederschnittig. Sie entstand in Reading/Massachusetts am Ende des 20. Jahrhunderts.

'Laciniata': Blättchen tief eingeschnitten gezähnt. Blütenstand mit mehreren, tief eingeschnittenen Hochblättern durchsetzt. In Kultur seit 1863.

Vermehrung durch trocken gelagerten Samen im Frühjahr. Die Sorten lassen sich gut durch Wurzelschnittlinge im Herbst vermehren. Diese Methode ist auch bei der Art von Vorteil, da man dadurch garantiert wieder die erwünschten weiblichen Pflanzen erhält.

Seltener gepflanzt wird die ebenfalls in Nordamerika beheimate Art ***Rhus glabra.*** Sie unterscheidet sich durch kahle Zweige, deshalb Kahler Sumach. Wegen der im Herbst scharlachroten Blätter wird sie auch Scharlach-Sumach genannt.

Ribes – Johannisbeere, Stachelbeere

Grossulariaceae – Stachelbeergewächse

Sommer-, selten immergrüne Sträucher. Zweige oft mit Stacheln, entweder gleichmäßig verteilt oder an den Knoten gehäuft, teils nur an den Knoten. **Blätter** wechselständig, gestielt, meist 3- oder 5-lappig, zuweilen aromatisch, würzig oder auch unangenehm riechend. **Blüten** in viel- bis wenigblütigen, bisweilen doldig verkürzten Trauben, mitunter auf 1–2 Blüten reduziert, zwittrig oder eingeschlechtig, bisweilen zweihäusig oder polygam verteilt. Blütenhülle doppelt, 5-zählig, Kelchblätter meist deutlich größer als Kronblätter, dem Rand eines über den unterständigen Fruchtknoten hinaus verlängerter Achsenbechers („Blütenbecher") aufsitzend; Blütenfarbe meist durch den Blütenbecher und die Kelchblätter bestimmt, grün bis gelb, weißlich, rosa oder rötlich bis bräunlich. **Frucht** eine kugelige bis ellipsoidische oder eiförmige, oft von bleibenden Resten des Blütenbechers gekrönte, mehrsamige saftige Beere, gelb bis grün oder rot, purpur- bis blauschwarz, oft essbar, teils sauer oder süßsauer, wohlschmeckend oder fade.

Name: „Ribas" = persisch-arabischer Name für eine sauer schmeckende Pflanze, wurde von LINNÉ auf den Syrischen Rhabarber (*Rheum ribes*) und die oft auch sauer schmeckenden Johannisbeeren (*Ribes*) übertragen. Der deutsche Name Johannisbeere bringt zum Ausdruck, dass die ersten Früchte um den Johannistag (24. Juni) reifen. Der österreichische Name Ribisel leitet sich von *Ribes* ab. Der Familienname *Grossulariaceae* basiert auf *Grossularia*, dem Namen für die Stachelbeeren, wenn sie als eigene Gattung von *Ribes* abgetrennt werden.

Systematik: *Ribes* ist nach heutiger Auffassung die einzige Gattung der Familie *Grossulariaceae*. Die Gattung mit 150–200 Arten kann gegliedert werden in:

- **Johannisbeeren** (Untergattung *Ribes*): Blüten in vielblütigen Trauben oder sitzenden Dolden, Blütenstiele durch eine Einschnürung gegliedert, der untere Teil verbleibt nach Abfall der Früchte am Zweig, Zweige ohne Stacheln oder höchstens 2 kleine Stacheln an den Knoten, Blütenbecher glockig, röhrig oder napf- bis tellerförmig.
- **Stachelbeeren** (Untergattung *Grossularia*): Blüten in kurzen wenigblütigen Trauben oder nur zu 1–2, Blütenstiel nicht gegliedert, ganz mit den Früchten abfallend, Zweige fast stets mit Stacheln, an den Knoten oft Stacheln zu 2–3(–7) oder 2–3(–7)-teilig, Blütenbecher glockig oder röhrig, nie napf-, schüssel- oder tellerförmig,
- **Stacheljohannisbeeren** (Untergattung *Grossularioides*): Blüten in vielblütigen Trauben, aber Zweige mit 3–7 Stacheln an den Knoten und die Internodien mit Stachelborsten (solche Arten bleiben hier unberücksichtigt).

Verbreitung: Waldgebiete der Holarktis, verbreitet in der borealen und nemoralen Zone, weiter südlich in den Gebirgen, dabei in Amerika entlang der Anden über Mittelamerika bis in die australe Zone Südamerikas vordringend. Neben weit verbreiteten Arten gibt es Lokalendemiten, darunter in Europa eine weltweit vom Aussterben bedrohte Art, die **Sardische Johannisbeere, *Ribes sardoum*,** von der nur ein einziges Vorkommen mit weniger als 50 Pflanzen auf Sardinien existiert.

Biologie: *Ribes*-Arten sondern leicht zugänglichen Nektar ab, bei Roter Johannisbeere 2,1 mg/Tag mit Zuckerkonzentration von 16–32 %, bei Schwarzer Johannisbeere sind die entsprechenden Werte 3,1–13,7 mg und 9–26 % und bei der Stachelbeere 3–22 mg und 16–32 %. Die Pollenproduktion ist dagegen sehr niedrig. Insektenbestäubung (z. B. Hautflügler wie Bienen und Hummeln; Zweiflügler wie Fliegen und Schwebfliegen; Schmetterlinge), nicht selten auch Selbstbestäubung. Verdauungs- und Klebausbreitung (Vögel, Säuger, Mensch). Viele *Ribes*-Arten sind Zwischenwirte des auch Weymouthkiefern-Blasenrost genannten Rostpilzes *Cronartium ribicola*, der die meisten Stroben (5-nadelige Kiefern, siehe unter *Pinus*!) befällt, weshalb *Ribes*-Arten nicht in deren Nähe gepflanzt werden sollten. Das Krankheitsbild zeigt bei Johannisbeeren auf der Blattoberseite chlorotische Fleckung und unterseits gelbbraune, säulenförmige Sporenlager.

Verwendung: *Ribes*-Arten sind sowohl Nutzpflanzen (vom Wildobst-Strauch im Garten bis zu plantagenmäßigem Anbau) als auch Ziersträucher, die in zahlreichen Sorten angepflanzt werden. Die Vermehrung erfolgt durch Samen, Ableger oder Steckhölzer. Die Sorten werden meist veredelt. Als Unterlage wird vielfach *Ribes aureum* verwendet.

Ribes alpinum – Alpen-Johannisbeere

Fruchtende Alpen-Johannisbeere.

1–2 m hoher, reich verzweigter, kompakter Strauch mit kahlen, nicht bestachelten, dünnen Zweigen, deren hellgraue Rinde sich in Streifen ablöst. **Blätter** 3–5 cm lang und breit, im Umriss rundlich eiförmig, 3(–5)-lappig, oberseits mattgrün, unterseits glänzend grün, beidseitig zerstreut drüsenhaarig. **Blüten** in aufrechten Trauben, meist funktionell eingeschlechtig, unvollständig zweihäusig verteilt. Männliche Blütentrauben 10–30-blütig, Kelchblätter grünlich, außen etwas rötlich überlaufen, 2–3 mm lang, Kronblätter 1 mm lang, grünlich gelb; weibliche Trauben 2–5-blütig, Kelch nur 1,5 mm lang. Blütezeit: April–Mai. **Früchte**

kugelig, etwa 5 mm Durchmesser, dunkelrot, kahl und glänzend, essbar, fade schmeckend, bei einigen Sorten süß; Reife im August.
Verbreitung: Boreale bis nemorale Zone Europas, im Süden in Gebirgen vom Mittelmeergebiet bis W-Kaukasien und NW-Afrika. In Mitteleuropa vom Tiefland bis in die Gebirge, in den Alpen bis in subalpine Stufe.
Lebensraum: Auen-, Buchen- und edellaubbaumreiche Schluchtwälder, Waldränder, Gebüsche und Hochstaudenfluren, auf (wechsel)feuchten bis frischen, tief- bis flachgründigen Lehm- und Gesteinsböden.
Biologie: Im natürlichen Lebensraum Halbschatten- bis Schattenpflanze, in Kultur aber auch sonnige Standorte ertragend wie auch sonst recht anpassungsfähig, verbissfest, schnittverträglich.
Verwendung: Häufig gepflanzt, geeignet für niedrige Hecken, für Unterpflanzungen oder zur Begrünung schattiger Flächen sowie als Wildobstgehölz. Männliche Pflanzen tragen etwas ansehnlichere Blütenstände, weibliche die roten Beeren. Früchte verwendbar für Gelee, Konfitüre, Kompott oder Saft.

Ribes aureum – Gold-Johannisbeere

Sommergrüner, bis 2 m hoher, anfangs straff aufrechter, später mehr ausgebreiteter, mäßig verzweigter, Wurzelsprosse bildender Strauch. **Blätter** 3–5 cm breit, handförmig gelappt, im Umriss deltoid eiförmig bis verkehrt eiförmig, mit 3(–5) unregelmäßig grob gezähnten oder ganzrandigen, spitzen oder stumpfen Lappen, Spreite etwas dicklich, glatt, kahl oder fein behaart. **Blüten** in überhängenden Trauben zu 5–18, duftend, goldgelber Blütenbecher langröhrig, etwa doppelt so lang wie die ebenfalls goldgelben aufrechten bis abstehenden Kelchblätter, kleine Kronblätter anfangs gelb, im Verblühen orange bis rötlich. Blütezeit: Mai–Juni. **Früchte** kugelig, 6–8 (–10) mm Durchmesser, meist braun bis schwarz, bei Sorten auch gelb, orange oder rot, herbsauer, essbar; Reife Juli–August.
Name: *aureus* lat. = goldgelb
Systematik: Ähnlich, oft nur als Varietät (var. *villosum*) oder Synonym von *R. aureum* aufgefasst, ist die Wohlriechende oder Missouri-Johannisbeere, ***Ribes odoratum***, mit kürzeren, meist zurückgerollten Kelchblättern und größeren, bis 8 cm breiten und stärker behaarten Blättern. Wird diese Sippe akzeptiert, dann ist sie aus der Verwandtschaft von *R. aureum* der Elter des Bastards ***Ribes × gordonianum*** (*R. aureum* s.l. × *R. sanguineum*, 1837 in Kultur entstanden) und wohl auch die Stammform für die als Wildobst gezüchteten Sorten (siehe unter Verwendung!).
Verbreitung: Westliches Nordamerika (USA: Washington und Montana bis Kalifornien und New Mexiko).
Biologie: Licht- bis Halbschattenpflanze, anpassungsfähig an den Boden, salztolerant, Trockenheit ertragend.

Blütenstände der Gold-Johannisbeere.

Verwendung: Vielseitig genutzt (nach Europa 1824 eingeführt), als Zier- und Wildobstgehölz, als Veredlungsunterlage für Hochstämme von Johannis- und Stachelbeeren und wegen ihrer Salzverträglichkeit für Pflanzungen auf Mittelstreifen der Autobahnen. Als Zierstrauch dekorativ wegen der leuchtend gelben Blütentrauben, ungewöhnlich auffällig für eine Johannisbeere, und der rötlichen bis violetten, schon im September einsetzenden Herbstfärbung. Bei dem ebenfalls als Zierstrauch gepflanzten, keine Früchte ansetzenden Bastard *R.* × *gordonianum* stehen die Blütentrauben aufrecht und die gelben Blüten sind rot überlaufen, da die Kelchblätter nur innen gelb, aber außen rot sind. Die Früchte der Gold-Johannisbeere sind für Säfte und Marmelade geeignet, von ausgewählten Sorten auch als Naschfrucht für Rohverzehr. Früher in Russland (MITSCHURIN) züchterisch bearbeitet, heute wieder in der Schweiz, hier mehrere Sorten als „Vierbeere" im Handel (z. B. 'Black Pearl').

Ribes nigrum – Schwarze Johannisbeere

Sommergrüner, 0,8–1,5 m hoher, nur mäßig verzweigter Strauch mit gelbbraunen, aufrechten Zweigen. Jungtriebe mit gelben Drüsen. **Blätter** 5–10 cm lang und breit, Spreite im Umriss rundlich bis dreieckig, 3-5-lappig, am Rand unregelmäßig doppelt gesägt, unterseits mit gelben Drüsen, beim Zerreiben wie auch andere Teile der Pflanze stark riechend. **Blüten** zu 4–10 in spreizenden, hängenden Trauben, Kelch 2–3 mm lang, länger als der breit glockenförmige Blütenbecher und wie dieser grünlich oder rosa und purpurn überlaufen, Krone nur halb so lang, weiß bis rötlich. Blütezeit: April–Mai. **Früchte** kugelig, 8–15 mm Durchmesser, schwarz, kahl, mit Drüsenpunkten, essbar, aromatisch und wohlschmeckend; Reife Juli–August, oft nach der Reife abfallend.
Name: *nigrum* lat. = schwarz, wegen der Farbe der Beeren.
Verbreitung: Boreales bis nemorales Eurasien, im Süden (warmgemäßigte Zone) in den Gebirgen (Kaukasien, Mittelasien, S-Sibirien). Natürliche Verbreitung nicht sicher abgrenzbar, da häufig nach Verwilderung aus Kultur außerhalb des Areals etabliert.
Lebensräume: Laubwälder und Gebüsche feuchter bis nasser, meist nährstoffreicher Standorte, z. B. Auenwälder, Ufergebüsche, Erlen-Bruchwälder. In den Alpen bis 1900 m ü. M.
Verwendung: Kulturpflanze (seit 16. Jahrhundert als Beerenobst gepflanzt) und Wildobstgehölz. Früchte für den Rohverzehr und zur Verarbeitung (Konfitüre, Gelee, Saft, Likör), enthalten reichlich Vitamin C, außerdem z. B. Zucker, organische Säuren, Mineralsalze, Anthocyane (von diesen rührt die schwarze Farbe der Früchte her). Früher auch zum Färben des Rotweins genutzt. In der Volksmedizin werden die Blätter gegen Rheuma, Gicht und krampfartigen Husten verwendet. In Kultur befinden sich auch mehrere Kreuzungen der Schwarzen Johannisbeere mit der europäischen und einer nordamerikanischen Stachelbeere, [*R. divaricatum* × *R. nigrum*] × [*R. nigrum* × *R. uva-crispa*], die unter verschiedenen Namen beschrieben wurden (z. B. *Ribes* × *culverwellii*). Die bekannteste Sorte ist die **Josta-** oder **Jochelbeere** mit ähnlichen Blättern wie bei *R. nigrum*, aber ohne gelbe Drüsenpunkte und ± geruchlos, die Pflanze ist stachellos und die Früchte sind etwas größer, bis 1,8 cm Durchmesser.

Ähnliche Art:

***Ribes americanum*, Amerikanische Schwarze Johannisbeere** oder **Kanadische Johannisbeere:** In Habitus, Blättern und Geruch an *R. nigrum* erinnernd, aber Blätter beiderseits mit gelben Drüsen und weniger stark riechend, Blüten bis zu 15 in hängenden Blütenständen, Blütenbecher röhrig glockig, wie Kelch- und Kronblätter grünlich weiß oder cremeweiß bis gelblich, die eiförmig kugeligen schwarzen Beerenfrüchte mit bis 1 cm Durchmesser sind gekocht genießbar.

Ribes rubrum agg. – Artengruppe Rote Johannisbeere

Sommergrüne, 0,8–2(–5) m hohe aufrechte Sträucher, deren Zweige anfangs ± behaart und etwas drüsig, später rotbraun und kahl sind. **Blätter** 3–5-lappig, Spreite im Umriss rundlich bis 5-eckig, bis 8–12 cm breit, am Grund gestutzt bis tief herzförmig, Lappen stumpf, am Rand gesägt, unterseits kahl oder ± behaart. **Blüten** zu 6–24 in anfangs aufrechten, dann abstehenden bis hängenden Trauben, grünlich, oft bräunlich oder purpurn überlaufen, Blütenbecher flach, teller- bis schalenförmig,

Kelch aufrecht oder ausgebreitet, (fast) kahl. Blütezeit: April–Mai. **Früchte** kugelig, 7–8 mm Durchmesser (bei Sorten auch größer), leuchtend rot (bei Sorten auch gelblich weiß), glänzend, kahl, essbar, säuerlich wohlschmeckend; Reife Juni–Juli.
Name: *rubrum* lat. = rot, bezogen auf die Früchte.
Systematik: Zur Artengruppe 2 Arten, aus denen die Mehrzahl der Sorten der Roten und Weißen Garten-Johannisbeere (auch als *R. rubrum* var. *sativum* zusammengefasst), entstand:
- ***Ribes rubrum*, Echte Rote Johannisbeere:** Blütenbecher flach, tellerförmig, innen mit 5-eckigem Ringwulst, Blattspreite bis 8 cm breit, Basis tief herzförmig.
- ***Ribes spicatum*, Ährige Rote Johannisbeere:** Blütenbecher schalenförmig, innen ohne Ringwulst, Blattspreite bis 12 cm breit, Basis gestutzt bis seicht herzförmig.

Bei manchen Sorten sind vermutlich weitere europäische Arten wie *R. petraeum* (siehe ähnliche Art!) und *R. multiflorum* (S- bis SO-Europa) eingekreuzt worden.
Verbreitung: Submeridionales bis boreales Eurasien, *R. spicatum* von Mittel- bis N-Europa und N-Asien, *R. rubrum* vermutlich nur W- bis SW-Europa und westliches Mitteleuropa, aber natürliche Verbreitung nicht sicher abgrenzbar, da häufig nach Verwilderung aus Kultur außerhalb des Areals etabliert.
Lebensräume: Frische bis feuchte Laubwälder (besonders Auenwälder) und Gebüsche auf nährstoffreichen, lockeren, tiefgründigen Böden.
Biologie: Schattenverträglich.
Verwendung: Als Kulturpflanze (ab Beginn 15. Jahrhundert als Beerenobst gepflanzt) und Wildobstgehölz, geeignet für Hausgärten wie auch Anbau in Plantagen. Als Hochstämme meist auf *R. aureum* veredelt. Früchte für den Rohverzehr und zur Verarbeitung (Konfitüre, Gelee, Saft, Likör).

Ähnliche Art:
***Ribes petraeum*, Felsen- oder Berg-Johannisbeere:** Unterscheidet sich durch spitze Blattlappen der meist 3-lappigen, oberseits ± runzeligen Blätter sowie einen glockigen Blütenbecher mit bewimperten Kelchblättern. Die roten bis schwarzroten Früchte schmecken säuerlich. Gebirgspflanze, verbreitet vom Mittelmeergebiet bis ins südliche Mitteleuropa, bis zum Kaukasusgebiet und NW-Afrika, vor allem in Staudenfluren höherer Gebirgslagen, Gebüschen und lichten Wäldern auf feuchten, nährstoffreichen Böden. Sie ist als Kreuzungspartner bei der Züchtung verschiedener Sorten der Roten Johannisbeere beteiligt.

Felsen-Johannisbeere am Naturstandort (Pirin).

Ribes sanguineum – Blut-Johannisbeere

Sommergrüner, 2–4 m hoher, aufrechter, intensiv aromatisch riechender Strauch. Junge Zweige rotbraun, behaart und etwas drüsig. **Blätter** (3–)5-lappig, unregelmäßig gesägt, 3–10 cm breit, oberseits dunkelgrün, runzelig, unterseits graufilzig und drüsenhaarig. **Blüten** zu 5–20(–40) in abstehenden bis hängenden, 5–15 cm langen Trauben, Blütenbecher röhrig bis glockig, 3–7 mm lang, wie

Blütenstände der Blut-Johannisbeere.

die 4–5 mm langen Kelchblätter rosa bis purpurrot, Kronblätter halb so lang wie die Kelchblätter, weiß bis rötlich. Blütezeit: April–Mai. **Früchte** eiförmig bis kugelig, blau bis schwarz, weiß bereift, 3–9 mm Durchmesser, lange am Zweig haftend, genießbar, aber fade schmeckend.

Name: *sanguineus* lat. = blutrot, bezieht sich auf die Blütenfarbe.

Verbreitung: Westliches Nordamerika (British Columbia bis N-Kalifornien).

Verwendung: 1793 von Menzies entdeckt, 1817 nach Europa gelangt, wurde die Art ein beliebtes Ziergehölz für sonnige bis halbschattige Lagen, markant duftend und zahlreiche Insekten anlockend, schnittverträglich. In mehreren Sorten kultiviert, darunter solche mit rotbraunem Austrieb und dunkel purpurrosa Blüten. Zum Bastard mit der Gold-Johannisbeere (*R.* × *gordonianum*) siehe unter *R. aureum*!

Ribes uva-crispa – Europäische und Garten-Stachelbeere

Sommergrüner, meist kräftig mit Stacheln bewehrter, 0,5–1,5 m hoher Strauch mit bogig überhängenden, graubraunen Zweigen. Stacheln einzeln, einfach bis 3-teilig oder zu 2–3 an den Knoten unterhalb der Laubblätter, starr, 5–10 mm lang, zwischen den Knoten zerstreut Borsten stehend. **Blätter** 3–5-lappig, 2–6 cm breit, am Rand unregelmäßig gesägt bis gekerbt. **Blüten** einzeln oder zu 2–3, zwittrig. Blütenbecher wie die 2,5 mm langen Kelchblätter grünlich bis bräunlich oder rötlich, Kronblätter nur halb so lang, weißlich. Blütezeit: April–Mai. **Früchte** kugelig bis ellipsoidisch, 1–1,5(–2) cm Durchmesser, grün, gelb oder rot bis dunkelpurpurn, drüsenlos oder drüsenborstig, weichhaarig oder kahl, zur Reife (Juli–August) wohlschmeckend süß-säuerlich.

Name: *uva* lat. für Traube, Weintraube und *crispus* = kraus, wohl bezogen auf die weinbeerenähnlichen, aber oft borstig behaarten Früchte.

Blühender Zweig der Europäischen Stachelbeere.

Systematik: Nach Fruchtmerkmalen (ohne/mit Behaarung und/oder Drüsenborsten, Farbe) und Bestachelung der Zweige wurden verschiedene Sippen als Arten oder Varietäten unterschieden, teils wildwachsende, teils kultivierte und verwilderte. Sie liegen alle im Variationsbereich von *R. uva-crispa* (Syn. *R. grossularia*, *R. reclinatum*) und der inzwischen entstandenen Sortenvielfalt.

Verbreitung: Laubwaldgebiet Europas, aber über nemorale und submeridionale (hier im Bergland) Zone hinaus in Holarktis nach Verwilderung etabliert.

Lebensraum: Auen- und Schluchtwälder, Gebüsche und Waldränder auf frischen bis (wechsel) feuchten, nährstoffreichen Böden. In den Alpen bis 1100 m ü. M.
Verwendung: Als Kulturpflanze (ab 15. Jahrhunderts als Beerenobst gepflanzt) und Wildobstgehölz, geeignet für Hausgärten wie auch den Anbau in Plantagen. Als Hochstämme meist auf *R. aureum* veredelt. In vielen Sorten (>500) kultiviert, teils auch Einkreuzung amerikanischer Stachelbeeren. Die Früchte werden unreif geerntet und eingekocht oder kommen reif und süß schmeckend in den Handel. Sie können roh verzehrt oder zu Marmelade und Gelee verarbeitet werden.

Weitere Arten:
***Ribes divaricatum*, Oregon-Stachelbeere:** 1–3 m hoher Strauch mit stachellosen Zweigen oder Stacheln zu 1–3 an den Knoten, 5–20 mm lang, oft gebogen, zwischen den Knoten keine oder nur wenige Borsten. Früchte 6–12 mm Durchmesser, im Gegensatz zur Europäischen Stachelbeere stets kahl und nie oder höchstens anfangs gelb oder grün, sondern purpurschwarz bis schwarzrot und bereift. Die Früchte der im westlichen Nordamerika beheimateten Art sind genießbar und schmecken ähnlich wie süße Früchte der Garten-Stachelbeere. Wurde zu Kreuzungen, unter anderem mit der Schwarzen Johannisbeere, herangezogen. Ergebnis einer solchen Kreuzung oder Abkömmling von *R. divaricatum* ist die **'Worcesterberry'**, eine < 1 m hohe, bereits als junge Pflanze und reich fruchtende Sorte, Früchte meist einzeln stehend, klein, dunkelbraun bis schwarz.

***Ribes sachalinensis*, Sachalin-Johannisbeere:** Ausgebreiteter Strauch mit niederliegenden und sich bewurzelnden Zweigen. Die meist 5-lappigen, 4–10 cm langen und breiten Blätter sind recht dünn, oberseits kahl und unterseits an den Nerven drüsenborstig. Die 8–10(–15) Blüten in hängenden Trauben sind gelblich grün bis purpurn. Die Früchte, 8 mm Durchmesser, rot, drüsenborstig, schmecken ähnlich wie die der Roten Johannisbeere, sind aber weniger säuerlich. Die auf Japan und Inseln des russischen Fernen Ostens vorkommende Art gehört zu den ost- und nordasiatischen Arten (*Ribes triste* sogar bis Nordamerika) mit essbaren Früchten, die von der lokalen Bevölkerung genutzt werden, aber bisher als „Wildobst" kaum Bedeutung in Kultur erlangten.

Robinia pseudoacacia – Gewöhnliche Robinie, Black Locust

Fabaceae – Hülsenfrüchtler

Sommergrüner, 20–25 m hoher Baum mit ausladender, oft schirmförmiger Krone. Stamm und dickere Äste mit tief netzartig längsrissiger, graubrauner bis brauner Rippenborke. Junge Zweige etwas hin und her gebogen, gerieft, kahl, olivgrün bis rotbraun. Endknospe fehlend. Seitenknospen bis zum Austrieb in den Blattnarben verborgen. **Blätter** wechselständig, unpaarig gefiedert, 20–30 cm lang, 3–4 cm lang gestielt, Stiel am Grund knotig verdickt. Blättchen 8–23, kurz gestielt, länglich elliptisch, 3–6 cm lang und 1,5–3 cm breit, beidseitig fein anliegend behaart, oberseits verkahlend, dunkelgrün. Nebenblätter an kräftigen Trieben und Schösslingen bis zu 3 cm lang, gerade und sehr feste rotbraune Dornen bildend. Blühende Zweige meist dornenlos und ohne Nebenblätter. **Blüten** als typische Schmetterlingsblüten ausgebildet, duftend, weiß, bis 3 cm lang, in 10–25 cm langen, hängenden Trauben zu 10–25. Kelch glockenförmig, 5-zähnig. Alle 10 Staubblätter zu einer Röhre verwachsen, Fruchtblätter in Einzahl. Blütezeit: Mai–Juni. **Früchte** Hülsen, 5–10 cm lang und 10–15 mm hoch, seitlich stark abgeflacht und zwischen den 4–10 Samen eingeschnürt. **Samen** 6–7 mm lang, braun, glatt. Fruchtreife: September. **G!**

Name: Die Gattung wurde nach JEAN ROBIN (1550–1629), dem Hofgärtner von HEINRICH IV. und LUDWIG XIII., benannt. „pseudo" griech. = falsch, Schein-, hier falsche Akazie.

Blütentrauben der Gewöhnlichen Robinie.

Systematik: Der Gattung *Robinia* werden 4 Arten zugeordnet. Das Verbreitungsgebiet erstreckt sich von Nordamerika bis Mexiko. Es sind ausnahmslos sommergrüne Sträucher oder Bäume. Die Gattung *Robinia* ist fossil seit dem Tertiär belegt.
Verbreitung: O-Nordamerika: Pennsylvania bis Georgia und Indiana bis Oklahoma. In weiten Teilen Nordamerikas eingebürgert.
Lebensraum: In Laubwäldern von Meereshöhe bis 1350 m ü.M. Vergesellschaftet mit Eichen, Ahornen, Tulpenbäumen und Kiefern.
Biologie: Die Blüten werden von Insekten, vor allem Hautflüglern, nach dem Bürstenmechanismus (siehe S. 610) bestäubt. Nektar wird am Blütengrund zwischen der Staubblattröhre und dem Fruchtblatt gebildet. Pro Blüte werden in 24 Stunden 1,7–2,9 mg Nektar gebildet. Er enthält 34–59 % Zucker. Dieser besteht aus bis zu 60 % Saccharose und 30 % Fructose und 9 % Glucose. Die Robinie ist, auch in Europa, eine wichtige Bienen-Trachtpflanze. Die geöffneten Früchte bleiben den Winter über am Baum (Wintersteher). Der Wind verbreitet die Fruchthälften, an denen die Samen ansitzen. Die Keimung erfolgt epigäisch. Robinien können ein Alter von bis zu 200 Jahren erreichen. Häufig werden die Blätter von einer Miniermotte (*Phyllonorycter robiniella*) befallen, deren bis 4,5 mm lange Larven das chlorophyllhaltige Gewebe verzehren und ein charakteristisches Schadbild an den Fiedern hinterlassen. Der Schwefelporling (*Laetiporus sulphureus*) verursacht eine Holzfäule. Am Stamm oder dicken Ästen kann man die konsolenartigen, großen gelben Pilzkörper erkennen.

◀ „Rekordbaum" der Gewöhnlichen Robinie, den stärksten Stamm ihrer Art in Deutschland aufweisend.

Alle Pflanzenteile der Robinie sind giftig, insbesondere die Borke und Samen. Sie enthalten die giftigen Stoffe Robin und Phasin. Vorsicht ist auch bei der Bearbeitung des Holzes geboten, da durch den Holzstaub Vergiftungen auftreten können. Sie äußern sich durch Bauchschmerzen, Übelkeit und Erbrechen.

Verwendung: Das Holz der 50–100 cm dicken Stämme hat einen hellgelben Splint- und gelben bis dunkelbraunen Kernholzanteil. Es findet Verwendung im Schiffsbau (im 19. Jahrhundert wurde viel Robinien-Holz nach England exportiert), als Gruben- und Schwellenholz und aufgrund seiner Festigkeit bei Sportgeräten und als Parkettholz. Die Robinie ist ein Neubürger (Neophyt) in Deutschland und breitet sich, als lichtbedürftiges Gehölz, vor allem im menschlichen Siedlungsbereich, auf Halden und an Waldrändern durch Samen und Wurzelsprosse aus. Robinien sind in vielen Sorten angepflanzt.

'Frisia': Laub goldgelb. 1935 in der Baumschule von W. Jansen in Zwollerkerspel/Holland entstanden.

'Tortuosa', Korkenzieher-Robinie: Sorte mit gedrehten Zweigen. Vor 1810 entstanden.

'Umbraculifera', Kugel-Robinie: Sorte mit kompakter, runder Krone. Selten blühend. Um 1811 entstanden. Wird auf Hochstämme veredelt.

'Unifoliola': Blätter mit einer großen Endfieder und/oder 1–2 normalen Fiedern. Um 1855 in Frankreich entstanden.

Weitere Arten:

***Robinia hispida*, Borstige Robinie, Rose Acacia:** Sommergrüner, Wurzelsprosse bildender, 1–2 m hoher Strauch mit locker verzweigten Ästen. Blätter unpaarig gefiedert, bis etwa 20 cm lang, mit 7–13, rundlichen, 2–3,5 cm langen, ± kahlen Blättchen. Blüten duftlos, zu 3–6 in kurzen Trauben, 2,5 cm lang, purpurrosa. Kelch und die 5–8 cm langen Hülsen dicht drüsig borstig. Blütezeit: Mai–Juni und August. Fruchtreife: September–Oktober. Verbreitung: SO-Nordamerika. In Europa seit 1743 in Kultur. Meist auf Halbstämme von *R. pseudoacacia* veredelt oder auf Gerüsten ausgebreitet. Zweige leicht abbrechend. Häufig angepflanzt. Verlangt einen sehr sonnigen und windgeschützten Standort. Völlig frosthart. *hispidus* lat. = struppig, borstig

Blütentrauben der Borstigen Robinie.

***Robinia neomexicana* var. *luxurians*, Üppige Robinie:** Sommergrüner großer Strauch oder 6–10 m hoher Baum. Zweige braun, anfangs drüsenhaarig aber nicht klebrig, mit Nebenblattdornen, aber nicht borstig. Fiederblätter 20–30 cm lang, mit 15–21, elliptischen, 2–3,5 cm langen, unterseits anfangs seidig behaarten Blättchen. Blüten in dichten, kurzen vielblütigen Trauben, 2 cm lang, blassrosa. Blütezeit: Juni und August. Hülsen bis 10 cm lang, drüsenborstig. Fruchtreife: September–Oktober. Verbreitung: SO-Nordamerika: Colorado, New Mexico, Arizona, S-Utah und N-Mexiko. 1851 entdeckt. 1887 nach Kew Gardens/England gelangt und in Kultur genommen. Häufig angepflanzt. *luxurians* lat. = üppig.

***Robinia viscosa*, Klebrige Robinie:** Sommergrüner, bis 12 m hoher Baum. Junge Zweige dunkel rotbraun, gleich den Blattstielen und Blütenstandsachsen dicht drüsig klebrig. Nebenblattdornen

Blütentrauben der Klebrigen Robinie.

klein, oft fehlend. Fiederblätter 18–30 cm lang, mit 13–25 eiförmigen, bis 4 cm langen, oberseits meist kahlen, unterseits behaarten Blättchen. Blüten in 5–8 cm langen hängenden Trauben zu 6–16, 2 cm lang, rosa, mit gelbem Flecken auf der Fahne. Kelch gerötet. Blütezeit: Juni und August. Hülsen spärlich drüsig borstig, 5–8 cm lang. Fruchtreife: September bis Oktober. Verbreitung SO-Nordamerika. In Laubwäldern vergesellschaftet mit Tulpenbaum (*Liriodendron*), Scharlach-Eiche (*Quercus coccinea*), Wald-Tupelo (*Nyssa sylvatica*) und Weymouths Kiefer (*Pinus strobus*). In Europa seit 1791 in Kultur. Oft angepflanzt. *viscosus* lat. = klebrig.

Rosa – Rose

Rosaceae – Rosengewächse

Sommergrüne, selten immergrüne Sträucher, oft mit Wurzelsprossen oder unterirdischen Ausläufern. Zweige meist mit geraden oder hakenförmigen Stacheln bewehrt. Daneben noch Stachel- und Drüsenborsten. Buschige Sträucher, am Boden kriechend oder mit Hilfe der Stacheln als Spreizklimmer in Gebüschen bis zu mehreren Metern Höhe emporklimmend. Blätter – von *Rosa persica* mit einfachen Blättern abgesehen – unpaarig gefiedert. Blättchen gesägt oder doppelt gesägt, häufig drüsig. Nebenblätter vorhanden, im unteren Teil flügelartig mit dem Blattstiel verwachsen. **Blüten** in Rispen, Schirmrispen, Schirmtrauben oder einzeln. Blütenhülle doppelt, meist 5-zählig. Kelchblätter oft ungleichartig gestaltet. Kronblätter frei. Staubblätter zahlreich, meist viel kürzer als die Krone. Fruchtblätter frei, von einer krugförmigen, oben stark verengten Blütenachse umgeben, aus der nur die Griffel, unterschiedlich lang, herausragen. Die **Frucht** ist eine sogenannte Hagebutte, deren Blütenachse zur Fruchtreife meist fleischig wird und in der die Fruchtblätter zu Nüsschen heranreifen. Die ansehnlichen Blüten werden von zahlreichen Insekten bestäubt, die vor allem Pollen sammeln. Die Samenausbreitung erfolgt durch Vögel, selten durch Säugetiere. Die reifen Früchte bleiben oft bis in den Winter hinein an den Zweigen. Zur Keimung ist Kälteeinwirkung erforderlich. Die Keimung erfolgt epigäisch. Die Vermehrung kann aus Samen erfolgen. Bei den Kultursorten ist eine Veredlung (Okulation), meist auf *Rosa canina*, üblich.

Name: *Rosa* ist der von zahlreichen Autoren verwendete lateinische Name der Rose.
Systematik: Die Gattung zählt etwa 150–200 Arten, verbreitet in der gemäßigten Zone der Nordhemisphäre, südlich bis Abessinien und den Philippinen. Eine genaue Zuordnung von Pflanzen zu den Arten ist oft problematisch. Hinzu kommt eine unübersichtliche Fülle von Hybriden und Kultursorten. Auch das einwandfreie Ansprechen der über 20 heimischen Wildrosen ist nicht leicht, da sie stark variieren, durch Zwischenformen miteinander verbunden sind und dazu noch leicht bastardieren. Fossil ist die Gattung *Rosa* wohl schon aus der Oberen Kreide nachgewiesen.
Verwendung: Rosen waren bereits bei den Ägyptern beliebt und wurden als Grabbeigaben verwendet. Die Griechen weihten die Rosen der Aphrodite und dem Dionysos.
Die Kultursorten lassen sich grob in nachfolgende Grupppen untergliedern:

- Polyantha-Rosen: Niedrige Rosen mit flachen Blütenständen aus einfachen oder gefüllten Blüten. Öfter blühend. Eltern sind u. a. *R. multiflora* und *R. odorata*.
- Floribunda-Rosen: Große edelrosenartige Blüten in Büscheln angeordnet. Aus Kreuzungen von Polyantha-Rosen und Tee-Rosen hervorgegangen. Öfter blühend.

- Edelrosen, Tee-Hybriden: Blüten halbgefüllt bis gefüllt, einzeln oder in Dreiergruppen. Öfter blühend.
- Strauchrosen: Bis 2 m hoch. Blüten einfach oder gefüllt. Man unterscheidet einmal blühende Strauchrosen und öfter blühende Strauchrosen.
- Kletterrosen: Pflanzen üppig kletternd, Blüten meist in großen Rispen. Eltern sind u. a. *R. multiflora* und *R. wichuraiana*.

Rosa canina – Hunds-Rose

Blühende Hunds-Rose.

Im Freistand rundlicher, 1,5–2 m hoher, dicht verzweigter Busch, in Gebüschsäumen über 3 m hoher Spreizklimmer mit einzelnen weit ausladenden, lang bogenförmigen Zweigen und mit Hilfe der kräftigen, gebogenen Stacheln im Astwerk von Gehölzen empor klimmend. Stacheln 7–10 mm lang, zerstreut, und unterhalb der Knoten paarig stehend. **Blätter** 8–12 cm lang mit 5–7, 3–4 cm langen und 1,2–2,5 cm breiten, länglich eiförmigen, am Rand gleichmäßig gesägten Fiedern. Blättchen oberseits graugrün, beidseitig kahl. **Blüten** 1–2 cm lang gestielt, 4–5 cm Durchmesser, einzeln oder doldenrispig zu mehreren in der Achsel von Tragblättern, blassrosa. Narben kurz aus dem Blütenbecher hervorragend, einen kurzen kahlen Kopf bildend. Blütenstiele und Blütenbecher kahl. Blütezeit: Mai–Juni. **Früchte** rundlich bis schlank eiförmig, 1–2 cm lang, kahl, glänzend rot. Kelch nach der Blüte zurückgeschlagen, die äußeren Kelchblätter fiederschnittig, hinfällig. Fruchtreife: September–Oktober.
Name: *caninus* lat. = Hunds-, „canis" = Hund. Die deutsche Bezeichnung Hunds-Rose steht im Gegensatz zur Edelrose und ist abwertend gemeint, ähnlich wie beim Hunds-Veilchen und der Hunds-Petersilie.
Verbreitung: Europa bis Westasien, NW-Afrika. Vom Tiefland bis zu 1500 m ü. M. in den Alpen.
Lebensraum: An Wald- und Wegrändern, Feldrainen, Weide- und Ödland.

Früchte der Hunds-Rose.

Biologie: Häufig sieht man an Hunds-Rosen krause, kugelige Missbildungen, sogenannte Rosenäpfel. Es sind Gallen, die von der Rosengallwespe (*Diplolepis rosae*) hervorgerufen werden. Im Inneren dieser mehrkammerigen Gallen machen die Larven ihre Entwicklung durch. Hunds-Rosen können weit über 100 Jahre alt werden.
Verwendung: Die Früchte der Hunds-Rose werden zu Marmelade oder Hagebuttenwein verwendet. 100 g essbarer Fruchtanteil enthält 250–2900 mg Vitamin C. Nüsschen und Fruchtbecher werden zu Hagebuttentee verarbeitet.

Ähnliche Arten:

Blüte der Acker-Rose.

Rosa agrestis, Acker-Rose, Feld-Rose: Strauch bis 2 m hoch, lockerwüchsig mit überhängenden Zweigen und gleichartigen, verteilten und unterhalb der Knoten paarigen, hakigen Stacheln. Blättchen gerieben nur schwach nach Apfel duftend. Blüten weiß bis blassrosa, bis über 4 cm Durchmesser. Kelchblätter zurückgeschlagen, bald abfallend. Fruchtstiele meist kahl, länger als die kugelige bis eiförmige, glatte orangerote Frucht. Blütezeit: Juni. Fruchtreife: September. Verbreitung: Europa, Mittelmeergebiet, NW-Anatolien. *agrestis* lat. = Acker-. Selten angepflanzte Art aus dem Formenkreis der Wein-Rose, *R. rubiginosa*. Die Acker-Rose ist in der Roten Liste Deutschlands als gefährdet aufgeführt.

Rosa dumalis, Vogesen-Rose, Blaugrüne Rose: Gedrungener, 1–2 m hoher Strauch mit braunen oder rötlichen, oft etwas bereiften Zweigen mit hakenartigen, verteilten Stacheln. Blätter mit 5–7 Blättchen, 2–4 cm lang, grau- bis blaugrün, beidseitig kahl, mehrfach drüsig gesägt. Hochblätter groß, die bis 1 cm langen, kahlen Blütenstiele umhüllend. Blüten einzeln oder zu mehreren, 4–5 cm Durchmesser, rosarot. Blütezeit: Juni–Juli. Früchte kugelig, 1–2 cm Durchmesser, tiefrot, meist drüsenlos. Kelchblätter ± bis zur Fruchtreife bleibend, die äußeren fiederschnittig, nach der Blüte aufgerichtet. Fruchtreife: September. Verbreitung: Europa bis Anatolien. An Waldrändern, Trockenrasen, auf Steinschutt. Nur sehr selten angepflanzt. *dumalis* lat. = gestrüpp- oder heckenliebend. Die Vogesen-Rose ist in der Roten Liste Deutschlands als gefährdet eingestuft.

Rosa elliptica, Keilblättrige Rose: Strauch mit Ausläufern, bis 1,5 m hoch, gedrungen und kurzästig. Stacheln hakig, gleichartig, verteilt, unter den Knoten paarweise. Blättchen am Grund keilförmig, gerieben apfelartig duftend. Blüten hellrosa bis kräftig rosa, kaum über 3 cm Durchmesser. Kelchblätter aufrecht, die reife Frucht krönend. Fruchtstiel meist kahl, höchstens so lang wie die glatte, kugel- bis eiförmige, scharlachrote Frucht. Blütezeit: Juni. Fruchtreife: August. Verbreitung: Mitteleuropa. Selten angepflanzte Art aus dem Formenkreis der Wein-Rose, *R. rubiginosa*. In der Roten Liste Deutschlands als gefährdet eingestuft.

Rosa marginata, Raublatt-Rose: 0,3–1(–2) m hoher Strauch. Blätter mit 5–11 oberseits kahlen, unterseits auffällig netznervigen Blättchen, unterseits kahl oder auf den Nerven leicht bis dicht behaart, 2,5–4 cm lang, ziemlich derb, am Rand einfach bis doppelt drüsig gesägt. Blütenstiele meist drüsenborstig. Blüten meist einzeln, 5–7 cm Durchmesser, hell- bis dunkelrosa, im Verblühen ausbleichend. Blütezeit: Juni–Juli. Kelchblätter nach der Blüte zurückgeschlagen, vor der Fruchtreife abfallend. Fruchtstiele länger als die Frucht, drüsenborstig und stieldrüsig, Früchte kugelig, am Grund drüsig, 12 mm Durchmesser, rot. Fruchtreife: September. Verbreitung: Europa bis W-Asien. In Gebüschen, lichten Eichen- und Kiefern-Wäldern, Waldsäumen, auf Weinbergsbrachen und Lesesteinhaufen. Sehr variable Art. Häufig angepflanzt, oft unter dem Namen *R. jundzillii*. In der Roten Liste Deutschlands als gefährdet aufgeführt.

Rosa micrantha, Kleinblütige Rose: Hoher, Ausläufer bildender, lockerwüchsiger Strauch mit bogigen Zweigen und hakigen, gleichartigen Stacheln. Blätter intensiv duftend, Blättchen am Grund rundlich. Blüten weißlich bis hellrosa, kaum über 3 cm Durchmesser. Kelchblätter nach der Blüte zurückgeschlagen, bald abfallend. Fruchtstiele dicht drüsig, länger als die glatte oder stieldrüsige, ei- bis krugförmige, rote Frucht. Blütezeit: Juni. Fruchtreife: September. Verbreitung: Europa, NW-

Afrika, Anatolien, Kaukasus. Selten angepflanzte Art aus dem Formenkreis der Wein-Rose, *R. rubiginosa*. Die Kleinblütige Rose ist in der Roten Liste Deutschlands als gefährdet aufgeführt. Griech. „mikros" = klein, „anthemon" = Blüte, kleinblütig.

Rosa rubiginosa, Wein-Rose: Dicht verzweigter, kurzästiger, gedrungener Strauch mit kräftigen, hakenartig gekrümmten, 6–10 mm langen Stacheln und Stachelborsten. Blätter 8–10 cm lang mit 5–7 elliptisch bis verkehrt eiförmigen, 2–3(–5) cm langen und 1–2,5 cm breiten, oberseits blassgrünen, behaarten oder kahlen, beidseitig mit zahlreichen Drüsen versehenen Blättchen. Rand doppelt gesägt. Blüten meist zu 1–4, lebhaft rosa, 3–5 cm Durchmesser, Griffel behaart bis wollig. Blütezeit: Juni–Juli. Frucht kugelig bis eiförmig, kahl oder drüsig, 1–1,5 cm Durchmesser, orangerot bis rot. Fruchtstiel dicht stieldrüsig, etwa so lang wie die Frucht. Kelchblätter nach der Blüte ± aufrecht, bis zum Beginn der Fruchtreife bleibend. Fruchtreife: August–Okober. Verbreitung: Europa, Nordafrika. Verbreitet an Waldrändern, in Trockenrasen, Gebüschen, an Wegrändern. Eine Rose, die aufgrund des charakteristischen intensiven, apfelartigen Dufts der Blätter auch im nichtblühenden Zustand leicht zu erkennen ist. Sehr häufig angepflanzt, auch wegen des reichen Fruchtbehangs. Alte Heilpflanze. *rubiginosus* lat. = rostig, rostrot.

Blüte der Wein-Rose.

Rosa tomentosa, Filz-Rose: Gedrungener, 1,5(–3) m hoher, locker verzweigter Strauch mit relativ dicken Zweigen, die mit fast geraden bis schwach gekrümmten, schlanken Stacheln besetzt sind. Stacheln unterhalb der Knoten meist in Paaren, dazwischen noch einige einzeln. Blätter 5–10 cm lang mit 5–7, 2–4 cm langen, eiförmigen bis elliptischen, zugespitzten Blättchen, oberseits graugrün, anliegend behaart, unterseits dicht weichfilzig behaart, mit breiten, einfachen Sägezähnen. Blüten weiß bis hellrosa, 4 cm Durchmesser. Blütezeit: Juni–Juli. Fruchtstiele 3 cm lang, dicht und Früchte ± dicht stieldrüsig, eiförmig, bis 1,5 cm lang, rot. Kelch hinfällig, schon vor der Reife abfallend, bei drüsenreichen Formen aber auch bis in den Winter bleibend. Fruchtreife: September. Verbreitung: Europa ohne den hohen Norden und Süden; von Anatolien bis zum Kaukasus. An sonnigen Waldrändern und in Gebüschen, auf Felshängen. Kaum angepflanzt. *tomentosus* lat. = filzig.

Zur Artengruppe der Filzrose (*R. tomentosa* agg.) gehört auch die **Samt-Rose, *Rosa sherardii*.** Ihre Fruchtstiele sind deutlich kürzer und die bleibenden Kelchblätter stehen aufrecht an der Frucht.

Fruchtende Samt-Rose.

Weitere Arten und Hybriden:
***Rosa* × *alba*, Weiße Rose:** Hybride, deren Eltern nicht eindeutig klar sind. Bis 2 m hoher Strauch mit oft sichelförmig gekrümmten Stacheln. Stachel- und Drüsenborsten nur wenige oder fehlend. Blättchen 5, 2–6 cm lang, einfach gesägt. Blüten doppelt gefüllt, duftend, weiß oder blassrosa getönt, 6–8 cm Durchmesser. Blütenbecher meist kahl. Blütezeit: Juni–Juli. Früchte 2 cm lang. *albus* lat. = weiß. **'Semiplena'**: Blüten halb gefüllt.

***Rosa arvensis*, Kriech-Rose, Feld-Rose:** Nur etwa 1 m hoher Strauch, aber mit kriechenden oder kletternden, lange grün bleibenden Zweigen und mit geraden oder gekrümmten Stacheln. Blätter 7–10 cm lang, mit meist (5–)7 Blättchen, 1–3 cm lang und 7–20 mm breit, oberseits kahl und glänzend grün, unterseits kaum heller, am Rand einfach bis doppelt gesägt. Blüten meist einzeln oder zu 2–3, lang gestielt, duftlos, 3–5 cm Durchmesser, weiß. Griffel zu einer 2–5 mm langen, kahlen Griffelsäule vereinigt, mindestens so lang wie die inneren Staubblätter. Blütezeit: Juni–Juli. Früchte eiförmig, bis 1–1,5 cm lang, hellrot, kahl. Kelch hinfällig, Griffelsäule bleibend. Fruchtreife: September–Oktober. Verbreitung: Europa bis W-Asien. In Deutschland vor allem im westlichen Teil, im Rhein-, Main- und Donaugebiet. In den Alpen bis 1300 m ü. M. In lichten Eichen-Hainbuchen-Wäldern, an Wald- und halbschattigen Wegrändern. In der Roten Liste Deutschlands als gefährdet aufgeführt. *arvensis* lat. = auf Äckern wachsend.

Blüten der Kriech-Rose.

Früchte der Kriech-Rose.

◀ *Blüte einer Moos-Rose.*

***Rosa centifolia*, Hundertblättrige Rose:** Bis 2 m hoher Strauch ohne Ausläufer. Stacheln recht ungleich groß, größere Stacheln sehr kräftig. Blattstiele sehr lang und drüsig. Blättchen 5, beidseitig oder nur unterseits behaart. Blütenstiele sehr lang und drüsig, Blüten oft nickend, meist rosa, dicht gefüllt, duftend. Kelchblätter mit auffallend großen, dicht stieldrüsigen Fiedern. Blütezeit: Juni–Juli. Früch-

te ellipsoidisch bis fast kugelförmig mit bleibendem Kelch. Fruchtreife: September. Verbreitung: O-Kaukasus. *centifolius* lat. = hundertblättrig.
Hierzu auch die meist kaum meterhohe, durch besonders starken Stieldrüsenbesatz ausgezeichnete **'Muscosa', Moos-Rose:** Blüten stark duftend, rosa gefüllt, kugelförmig, später ausgebreitet.

***Rosa chinensis*, Chinesische Rose:** Aufrechter, 1–2 m hoher Strauch mit purpurbraunen, fast kahlen Zweigen mit nur wenigen kräftigen, gebogenen Stacheln. Blätter mit Stiel 5–11 cm lang. Blättchen 3–5(–7), breit eiförmig bis eilänglich, 2,5–6 cm lang und 1–3 cm breit, lang zugespitzt, oberseits dunkelgrün, glänzend, fein gesägt. Blüten 2,5–6 cm lang gestielt, zu 4–5, selten einzeln, duftend oder duftlos, 4–5 cm Durchmesser, weiß, rosa oder rot, oben ausgerandet. Blütenbecher rundlich eiförmig bis birnenförmig, kahl. Blütezeit: Juni–September. Früchte ei- bis birnenförmig, rot, kahl, 1–2 cm Durchmesser. Fruchtreife: August–Oktober. Verbreitung: M-China (Guizhou, Hubei, Sichuan). Elternteil vieler Gartenrosen. Im späten 17. und frühen 18. Jahrhundert in verschiedenen Gartenformen nach Europa gelangt.
var. *spontanea*: Zweige mit breiten Stacheln. Blüten einfach, oft einzeln, rot. Verbreitung: M-China (Guizhou, Hubei, SW-Sichuan). Erst um 1900 von AUGUSTINE HENRY entdeckt.
'Viridiflora', Grüne Rose: Blüten mit grünen oft nur schuppenförmigen Blättern gefüllt. Wohl schon seit 1743 in Kultur.

***Rosa damascena*, Damaszener Rose:** Bis 2 m hoher Strauch. Zweige mit kurzen gebogenen Stacheln und Drüsenborsten. Größere Stacheln sehr kräftig, oft rot. Blätter mit 5(–7), nur einfach und nicht drüsig gesägten Blättchen. Blüten gefüllt, meist duftend. Blütezeit: Juni–Juli. Früchte 2,5 cm lang, Kelch hinfällig. Im 16. Jahrhundert aus Kleinasien nach Europa gelangt. *damascenus* lat. = aus Damaskus stammend.
'Trigintipetala', Öl-Rose, Kazanlik-Rose: Blüten 8 cm Durchmesser, halb gefüllt, stark duftend. In SO-Europa zur Gewinnung von Rosenöl angepflanzt. Die Blüten werden am Morgen geschnitten. Aus den Blütenblättern wird das Öl in mehreren Destillationsprozessen gewonnen.

Blüte der Damaszener Rose.

***Rosa foetida*, Gelbe Rose:** Bis 2 m hoher, aufrechter Strauch mit braunen, übergebogenen Zweigen und kurzen Ausläufern. Stacheln gerade, recht ungleich groß, am Grund abrupt verbreitert. Blätter 5–8 cm groß mit 5–9, eiförmigen bis verkehrt eiförmigen, 1,5–4 cm langen, scharf doppelt drüsig

Blüten der Gelben Rose.

Blüten der Kapuziner Rose, einer Sorte ('Bicolor') der Gelben Rose.

gesägten, unterseits meist drüsigen Blättchen. Blüten meist einzeln oder zu 2, dunkelgelb, 5–7 cm Durchmesser, ± unangenehm duftend. Bei der Sorte **'Bicolor'**, auch Kapuziner-Rose genannt, sind die Kronblätter innen orange- bis ziegelrot. Blütezeit: Juni. Frucht kugelig, 1 cm Durchmesser, rot, mit bleibendem, außen oft fiederschnittigem Kelch. Fruchtreife: August–September. Verbreitung: Iran, Afghanistan bis NW-Himalaja und Tienschan. Bis zu 2850 m ü. M. Sehr häufig angepflanzt. Lichtbedürftiges Gehölz. *foetidus* lat. = stinkend.

***Rosa gallica*, Essig-Rose:** Nur wenig verzweigter, 0,3–1,5 m hoher, aufrechter Strauch. Mit Ausläufern flächige Bestände bildend. Mit meist sehr ungleich langen, gekrümmten oder geraden Stacheln und ± geraden Stachelborsten und Stieldrüsen. Blätter 6–12 cm lang, mit meist (3–)5(–7) elliptischen, 2–8 cm langen, unterseits behaarten Blättchen. Rand meist doppelt drüsig gesägt. Blüten stark duftend, meist einzeln, 4–7 cm Durchmesser, rosa bis karminrot. Blütezeit: Juni–Juli. Früchte kugelförmig bis verkehrt birnförmig, 1–2 cm lang, ziegel- bis braunrot, drüsenborstig, Kelch hinfällig. Fruchtreife: September–Oktober. Verbreitung: Südwestliches Mitteleuropa bis Kaukasien. In lichten Eichen- und Eichen-Kiefernwäldern, an Wald- und Gebüschsäumen, Feldrainen und Weinbergsbrachen. Wildvorkommen in der Roten Liste Deutschlands als gefährdet eingestuft. Häufig angepflanzt. Stammpflanze vieler Gartenrosen.

Blüte der Essig-Rose.

Frucht (Hagebutte) der Essig-Rose.

***Rosa glauca*, Hecht-Rose, Rotblättrige Rose:** Aufrechter, 2–3 m hoher, kahler Strauch. Blätter und Zweige auffallend rot und hechtblau überlaufen. Stacheln leicht gebogen, im blühenden Bereich oft fehlend. Blätter 8–12 cm lang, mit 5–9 kahlen, 2–3,5 cm langen, einfach gesägten Blättchen. Blüten zu wenigen, rosarot, 3–3,5 cm Durchmesser, Kelchblätter länger als die weiß genagelten Kronblätter. Blütezeit: Juni–Juli. Fruchtstiele kahl oder schütter drüsenborstig. Früchte kugelig, ca. 1,5 cm Durchmesser, leuchtend rot, Kelch hinfällig. Fruchtreife: September. Verbreitung: Gebirge M- und S-Europas. In den Alpen bis zur hochmontanen Stufe. In der Roten Liste Deutschlands als gefährdet eingestuft. Häufig angepflanzt. *glaucus* lat. = blaugrün.

◀ Blühende Hecht-Rose.

Früchte der Blut-Rose.

Blüte der Blut-Rose.

***Rosa majalis*, Zimt-Rose, Mai-Rose:** 1–1,5 m hoher, buschiger Strauch mit glänzend rotbraunen Stämmchen. Zweige mit hakigen Stacheln, an den Knoten gepaart. Nebenblätter mit dem Blattstiel verwachsen, breit, nach oben gefaltet. Blättchen 3–7, 1,5–4 cm lang, beidseitig behaart, unterseits bläulich grün, einfach gesägt, drüsenlos. Blüten würzig duftend, einzeln bis zu wenigen, 5 cm Durchmesser, karminrot bis purpurn. Kelchblätter unterseits, Blütenbecher und Blütenstiel kahl. Blütezeit: Mai–Juni. Früchte kugelförmig bis flach rundlich, 1,2–1,5 cm Durchmesser, scharlach- bis dunkelrot. Kelchblätter aufgerichtet, bleibend. Fruchtreife: August–September. Verbreitung: Europa bis N- und W-Asien. Waldränder, Gebüsche, Felshänge. Auf mäßig trockenen, flach- bis mittelgründigen Böden. In Kultur seit vor 1600. In der Roten Liste Deutschlands als gefährdet eingestuft. Häufig angepflanzt. *majalis* lat. = Mai-, „maius" lat. = Mai.

***Rosa moyesii*, Blut-Rose:** 1–4 m hoher, aufrechter Strauch mit kahlen oder spärlich behaarten Zweigen. Stacheln ± gerade, 5 mm lang, unterhalb der Blätter paarig angeordnet. Blätter 7–13 cm lang, Blattspindel stachelig, mit 7–13 rundlich elliptischen, 1–3(–4) cm langen und 8–25 mm breiten Fiedern. Blüten 1–3 cm lang gestielt, Stiele drüsenborstig, meist einzeln, seltener zu 2–3, 4–6 cm Durchmesser, blutrot. Blütezeit: Mai–Juli. Früchte flaschenförmig, 5–7 cm lang, 1–2 cm Durchmesser, tief orangerot, drüsenborstig, Kelchblätter bleibend. Fruchtreife: August–Oktober. Verbreitung: W-China (Shaanxi, Sichuan, Yunnan), in Höhenlagen von 2700–3800 m ü. M. 1894 von A. E. PRATT nach Europa eingeführt, nochmals 1903 durch E. H. WILSON. Häufig angepflanzt. Bemerkenswert durch den prächtigen Fruchtschmuck. Benannt nach J. MOYES, einem Missionar in China.

Blütenstände der Rispen-Rose.

***Rosa multiflora*, Rispen-Rose:** Bis über 3(–5) m hoher Kletterstrauch. Zweige zunächst aufrecht, bald sich überneigend und kletternd, kahl, Stacheln paarweise unter den Blättern, bis 6 mm lang, gekrümmt. Blätter mit Stiel 5–10 cm lang, mit 5–9 Blättchen und auffallend kammförmig fiederschnittigen Nebenblättern. Blättchen 1,5–3 cm lang und 0,8–3 cm breit, verkehrt eiförmig bis länglich oder eiförmig, das unterste Paar meist deutlich kleiner als die anderen. Blüten in vielblütigen Ständen, duftend, weiß,

seltener schwach rosa getönt, 1,5–2,5 cm gestielt, 1,5–2(–4) cm Durchmesser, Blütenbecher kahl, die Griffel zu einer Säule verwachsen. Blütezeit: Juni–Juli. Früchte rundlich, 5–6 mm Durchmesser, orangefarben, rot bis braunrot, kahl und glänzend, lange am Zweig haftend. Griffelsäule bleibend, Kelch hinfällig. Fruchtreife: September–Oktober. Verbreitung: China, Korea, Japan (Hokkaido bis Shikoku). In China in Höhenlagen von 300 bis 2000 m ü.M. In Europa seit 1804 in Kultur. Häufig und in Sorten angepflanzt. *multiflorus* lat. = vielblütig.
'Carnea': Blüten rosa, gefüllt.

***Rosa nitida*, Glanz-Rose:** Bis 1 m hoher, Ausläufer bildender, dicht verzweigter, aufrechter Strauch. Zweige dicht mit Stachelborsten besetzt, dazwischen ± unregelmäßig verteilte, längere, gerade Stacheln. Blätter mit (5–)7–9 elliptischen bis länglichen, oberseits stark glänzenden, dunkelgrünen Fiedern. Blüten zu 1–3, duftend, rosa, 4–6 cm Durchmesser. Kelchblätter abspreizend oder zurückgeschlagen. Blütezeit: Juni. Früchte flach-kugelig, 1 cm Durchmesser, hell- bis dunkelrot, Kelch hinfällig. Fruchtreife: September. Verbreitung: NO-Nordamerika (Neufundland bis Connecticut). Häufig, auch in Sorten, angepflanzt. Durch die Ausläufer dichte Bestände bildend. Ansehnlich auch durch die leuchtend orange- bis karminote Herbstfärbung. *nitidus* lat. = glänzend.

***Rosa pendulina*, Alpen-Rose, Gebirgs-Rose:** Aufrechter, relativ wenig verzweigter, 0,5–2 m hoher Strauch. Stacheln gerade, selten leicht gekrümmt, Zweige im oberen Teil meist völlig unbewehrt. Nebenblätter flach, Blättchen (5–)7–9(–11), scharf doppelt drüsig gesägt. Blüten duftlos, einzeln oder zu 2–3(–5), rosa- bis karminrot, 3–4 cm Durchmesser. Blütezeit: Juni–Juli. Frucht flaschenförmig bis länglich eiförmig, ziegelrot, bis 3 cm lang, hängend. Kelch ganzrandig, an der hängenden Frucht aufgerichtet, bis zur Reife bleibend. Fruchtreife: August–September. Verbreitung: S-und Mitteleuropa. Gebüsche, Waldränder und lichte Mischwälder in der montanen und subalpinen Stufe, Hochstaudenfluren. In den Alpen bis 2500 m ü.M. Häufig angepflanzt. *pendulinus* lat. = herabhängend.

Blüte der Alpen-Rose.

***Rosa roxburghii*, Igel-Rose:** Sparrig verzweigter, 1–2,5(–4) m hoher, breitbuschiger Strauch. Borke sich in dünnen, graubraunen Fetzen ablösend. Stacheln bis 5 mm lang, an den Knoten meist gepaart. Blätter 10–12 cm lang mit 9–17 Blättchen, diese elliptisch bis länglich, scharf gesägt, 1–3 cm lang und 6–12 mm breit. Blüten kurz gestielt, schwach duftend, meist einzeln, mitunter zu 2–3, mit 2–3 Hochblättern, 5–7 cm Durchmesser, hellrosa. Kelchblätter breit eiförmig. Blütenstiele, Fruchtbecher und auch Frucht dicht stechend stachelborstig. Blütezeit: Mai–Juni. Früchte abgeflacht kugelförmig mit aufrechten, persistierenden Kelchblättern, 3–4 cm Durchmesser, grün, zeitig abfallend und stark nach Apfel duftend. Fruchtreife: August–September. Verbreitung: China, Japan (Honshu), in Höhenlagen

Hagebutte der Igel-Rose.

von 500 bis 1400 m ü. M. Die Früchte werden von Säugetieren gefressen und damit die Samen verbreitet. In Europa seit 1828 in Kultur. Von ERNEST WILSON aus W-Sichuan eingeführt. Bisweilen angepflanzt. Sie benötigt einen sonnigen, freien Standort. Es ist die einzige Rosen-Art mit grünen und duftenden Früchten! Benannt nach WILLIAM ROXBURGH.

***Rosa rugosa*, Kartoffel-Rose:** Bis 2 m hoher, Ausläufer bildender Strauch mit kräftigen, dicken, weichhaarigen, meist dicht mit Stacheln und Stachelborsten besetzten Trieben. Blätter 5–13 cm lang. Blattstiele und Blätter dicht weichhaarig. Blättchen 5–9, elliptisch bis verkehrt eiförmig elliptisch, 1,5–5 cm lang und 1–2,5 cm breit, gesägt, dicklich, oberseits runzelig, glänzend dunkelgrün, unterseits blaugrün. Blüten 5–25 mm lang gestielt, einzeln oder zu wenigen, 6–10 cm Durchmesser, purpurn, rosa oder weiß. Blütenbecher glatt. Blütezeit: Juni–August. Früchte flach kugelförmig, 2–2,5 cm Durchmesser, Kelchblätter aufrecht, 2–4 cm lang, persistierend, ziegelrot, vollreif weichfleischig. Fruchtreife: August–Oktober. Verbreitung: O-Sibirien, Korea, NO-China, Sachalin, Japan (Hokkaido bis Honshu). An Küsten, auf Sand, bis 100 m ü. M. In Europa seit 1796. In vielen, auch gefüllt blütigen Sorten angepflanzt. Vielerorts verwildert, namentlich im Küstenbereich, hier auch invasiv. Fruchtfleisch nutzbar. *rugosus* lat. = runzelig.

Blüte der Kartoffel-Rose.

Hagebutten der Kartoffel-Rose.

***Rosa sericea*, Omei-Rose:** Breitwüchsiger, sparrig verzweigter, 1–2(–6) m hoher Strauch mit purpurbraunen Zweigen. Zweige mit größeren, stark abgeflachten, unter den Knoten meist paarig angeordneten, bis 12 mm langen Stacheln mit breiter Basis sowie meist mit Stachelborsten besetzt. Blätter 3,5–8 cm lang. Blättchen 7–17, ± elliptisch bis verkehrt eiförmig, 1–3 cm lang und 5–8 mm breit, einfach gesägt, unterseits kahl bis behaart. Blüten einzeln an sehr kurzen Seitentrieben, 1–2 cm gestielt, meist 4-zählig, weiß bis cremefarben, 2,5–3,5(–5) cm Durchmesser. Blütenstiele und Blütenbecher kahl. Blütezeit: Juni. Fruchtstiele häufig zur Reife fleischig verdickt, Früchte 8–15 mm Durchmesser, kugelig bir-

Seitenspross der Omei-Rose mit Blüte.

◀ *Auffällig rote Stacheln mit flügelartiger Basis bei der Stacheldraht-Rose, einer Form der Omei-Rose.*

nenförmig, kahl, mit aufrechtem, persistierendem Kelch, scharlach- bis dunkelrot. Fruchtreife: August. Verbreitung: Himalaja bis W- und M-China. In China in Höhenlagen von 2000 bis 4000 m ü. M. In Europa seit 1822 in Kultur. Häufig angepflanzt. Die weißen Blüten kontrastieren sehr schön zum hellgrünen Laub. *sericeus* lat. = seidig.

subsp. *omeiensis* fo. *pteracantha*, Stacheldraht-Rose: Stacheln im Austrieb leuchtend blutrot, ihre Basen in Längsrichtung der Zweige flügelartig verbreitert, oft ineinander übergehend. Von DELAVAY 1890 nach Frankreich eingeführt. Vor allem wegen der im durchscheinendem Licht leuchtend blutroten Stacheln häufig angepflanzt. Völlig frosthart. Griech. „pteron" = Flügel, „akantha" = Stachel, Dorn.

***Rosa spinosissima*, Dünen-Rose, Bibernell-Rose:** 0,5–1 m hoher, nur wenig verzweigter, aufrechter Strauch. Sich stark durch unterirdische Ausläufer ausbreitend und dichte Bestände bildend. Zweige rotbraun, dicht mit Stachelborsten und geraden Stacheln besetzt. Blätter 6–8 cm lang, Blättchen 5–9(–11), elliptisch bis rundlich, 1–2 cm lang und 7–12 mm breit, kahl bis drüsig behaart. Blüten einzeln, endständig, weiß bis blassgelb, 3–5 cm Durchmesser, Kelchblätter ungeteilt, 10 mm lang. Blütezeit: Mai–Juni. Früchte schwarz oder schwarzbraun, rundlich, etwas abgeflacht, 1–1,5 cm Durchmesser, mit bleibendem, flach ausgebreitetem Kelch. Fruchtreife: September–Oktober. Verbreitung: Europa bis Anatolien, Krim, Kaukasus und Altai-Gebirge. Auf voll besonnten, flachgründigen Felshängen, in Kalkmagerrasen und in Gebüschen. Wärme liebendes und Trockenheit ertragendes Gehölz. In der Roten Liste Deutschlands als gefährdet aufgeführt. In Gartenkultur üppig wachsend, und über 1,5 m groß werdend. Häufig angepflanzt. *spinosissimus* lat. = sehr stachelig.

Blüten der Dünen- oder Bibernell-Rose.

Dünen-Rose mit noch unreifen Früchten.

Reife Früchte der Dünen-Rose.

***Rosa villosa*, Apfel-Rose:** Reich verzweigter, 0,5–2 m hoher Strauch mit geraden, schlanken Stacheln. Blätter 8–9 cm lang mit 5–7, 3–6 cm langen und bis 3 cm breiten, länglich elliptischen bis länglich eiförmigen, gesägten Blättchen. Oberseits graugrün, behaart, unterseits filzig behaart. Blütenstiel, Blütenbecher und Frucht dicht mit Stachel- und Drüsenborsten besetzt. Blüten 3–5 cm Durchmesser, hell- bis dunkelrosa. Blütezeit: Juni–Juli. Früchte kugelig, oft über 2 cm Durchmesser, scharlachrot, von den aufgerichteten Kelchblättern gekrönt. Fruchtreife: August–September. Verbreitung: Europa bis W-Asien. In lichten Eichen- und Kiefernwäldern, an Waldrändern und Felshängen. Gelegentlich angepflanzt. Die großen Früchte werden zu Marmelade verarbeitet. *villosus* lat. = zottig.

***Rosa virginiana*, Virginische Rose:** Bis über 2 m hoher, aufrechter, unterirdisch sich schwach ausbreitender Strauch. Junge Zweige mit Borsten. Stacheln ± hakig gebogen, oft unterhalb der Knoten paarig angeordnet. Blätter 8–12 cm lang, Nebenblätter flach ausgebreitet, mit (5–)7–9 elliptischen Blättchen, 2–6 cm lang, oberseits glänzend dunkelgrün, grob gesägt. Blüten duftend, einzeln oder zu wenigen, 5–7 cm Durchmesser, rosa, Kelchblätter vor der Fruchtreife abfallend. Blütenbecher, Blütenstiele und Kelchblätter meist deutlich drüsenborstig. Blütezeit: Juni–Juli. Früchte kugelig, 1–1,5 cm Durchmesser, rot. Fruchtreife: September–Oktober. Verbreitung: O-Nordamerika (Neufundland bis Virginia und Alabama). In Europa schon vor 1807 in Kultur. Häufig angepflanzt. Schöne gelbe bis scharlachrote Herbstfärbung. Der Standort sollte nicht zu trocken sein. *virginiana* lat. = aus Virginia stammend.

***Rosa xanthina*, Gold-Rose:** Bis 3 m hoher Strauch mit übergebogenen, braunen bis graubraunen Zweigen. Stacheln gerade oder schwach gebogen, abrupt in eine breite Basis erweitert, unter den Knoten oft paarweise stehend. Blätter 3–10 cm lang, mit 7–13 elliptischen bis rundlichen, 8–20 mm langen, einfach gesägten Blättchen. Blüten einzeln an kurzen Seitenzweigen, bis 2,5 cm lang gestielt, halb gefüllt, 4–5 cm Durchmesser, hellgelb. Kelchblätter ganzrandig, zur Spitze hin blattartig erweitert. Blütezeit: Mai–Juni. Früchte breit kugelförmig, 10–15 mm Durchmesser, dunkelrot bis purpurbraun, mit persistierendem, aufrechtem Kelch. Fruchtreife: September. Verbreitung N- und M-China, Korea, seit Langem kultiviert. 1820 von LINDLEY aufgrund einer chinesischen Abbildung beschrieben. 1907 nach Amerika (Arnold Arboretum) eingeführt. Häufig angepflanzt. „xanthos" griech. = gelb.
fo. *spontanea*: Blüten einfach. Verbreitung: N-China, Korea, Mongolei. 1907 von F. N. MEYER nach den USA gebracht.
fo. *hugonis*: Zweige, vor allem Schösslinge, mit zahlreichen Borsten. Blättchen völlig kahl, sehr fein gesägt. Blüten einfach, leuchtend gelb, 4–6 cm Durchmesser. Blütezeit: Mai. Verbreitung: NW- u. Mittel-China. Sehr reich blühend. Häufig angepflanzt.

Rosmarinus officinalis – Gewöhnlicher Rosmarin

Lamiaceae – Lippenblütengewächse

Immergrüner, aromatisch duftender, 0,5–1(–2) m hoher Strauch, teils auch niederliegend (**var. *prostratus***). **Blätter** gegenständig, lanzettlich bis linealisch, 1,5–5 cm lang, lederig, oberseits tiefgrün, unterseits durch Sternhaare weißfilzig, Blattrand nach unten umgerollt. **Blüten** in wenigblütigen Scheinquirlen, diese in 3–6 cm langen achselständigen Trauben, Krone 2-lippig, hellblau (bei Sorten auch rosa oder weiß), Kelch 2-lippig, bläulich rot. Blütezeit: April–Juni. **Früchte** bei der Reife in 4 einsamige Teilfrüchte (Klausen) zerfallend. (**G!**)

Name: *Rosmarinus* wohl auf lat. „ros" und „marinus", der Meerestau, zurückzuführen, aber keine schlüssige Erklärung des Namens, meist in Zusammenhang mit Rosmarinöl oder Weihrauch gebracht; *officinalis* verweist auf die arzneiliche Nutzung.

Systematik: Zu der dem Salbei (*Salvia*) nahestehenden Gattung *Rosmarinus* 2 oder 3 miteinander bastardierende Arten, immergrüne aromatische Klein- bis Zwergsträucher des Mittelmeerraums.
Verbreitung: Mittelmeergebiet bis SW-Asien, aber ursprüngliche Verbreitung nicht genau bekannt, da seit langer Zeit in Kultur, verwildert und gebietsweise eingebürgert.
Lebensraum: Lichte Laub- und Kiefernwälder, Macchie, Trockenhänge, Felsfluren.
Biologie: Frostempfindlich, schwach giftig.
Verwendung: Alte Kulturpflanze, bereits in der Antike als Duft-, Heil- und Gewürzpflanze genutzt, Lebens- und Fruchtbarkeitssymbol. Rosmarin wird in Mitteleuropa seit dem 9. Jahrhundert kultiviert, denn es ist eine der Arten, deren Anbau von Karl dem Grossen im „Capitulare de villis" verordnet wurde. Als Brautschmuck wurde die Art im 16. Jahrhundert verdrängt vom Myrtenkranz. Die Verwendung der ätherischen Öle für kosmetische (Hauptbestandteil von Kölnisch Wasser) und medizinische (Badezusatz, Einreibungen) Zwecke ist vielfältig. Die Blätter dienen als Küchengewürz. Als Zierpflanze im Freiland nur für wintermilde Gebiete geeignet, sonst Kübelpflanze, aber einige vegetativ vermehrte Sorten sind frosthärter und können am Fuß warmer Wände bzw. an geschützten Stellen ausgepflanzt werden. Beliebt sind auch die Sorten der niederliegenden Sippe (**Prostratus-Gruppe**), die bei Pflanzung auf sonnigen Mauern an diesen herabhängen.

Aufrechte Blütensprosse des Gewöhnlichen Rosmarins.

An Mauer herabhängende Pflanze des Niederliegenden Rosmarins, einer Varietät (var. prostratus) oder Sorte (Prostratus-Gruppe) des Gewöhnlichen Rosmarins.

Rubus – Himbeere, Brombeere

Rosaceae – Rosengewächse

Sommer- bis immergrüne Halbsträucher oder Sträucher, teils Sprosse aufrecht oder bogig überhängend, teils niederliegend oder kriechend und sich bewurzelnd, auch kletternd (Spreizklimmer), Ausläufer oder Wurzelsprosse bildend, seltener Stauden oder Lianen. Sprossachsen bei vielen Arten nur 2-jährig („Scheinsträucher"), im 1. Jahr schließen Langtriebe („Schösslinge") ihr Längenwachstum ab, im 2. Jahr bilden sich an seitlichen Kurztrieben Blüten und die Schösslinge sterben nach der Fruchtreife ab. Zweige meist bestachelt. **Blätter** wechselständig, mit Nebenblättern. Spreite einfach, gelappt, 3-teilig, fingerförmig oder unpaarig gefiedert. **Blüten** zwittrig, selten eingeschlechtig, in Trauben, Rispen, Schirmrispen oder einzeln, end- oder seitenständig. Blütenhülle doppelt, 5-zählig. Krone weiß bis rosa oder rot, zuweilen gelblich getönt oder fehlend. Fruchtblätter zahlreich, seltener nur 3–8, einer konvexen bis kegelförmigen Blütenachse ansitzend. Insektenbestäubung, auch Selbstbestäubung. **Früchte** eine Sammelfrucht bildend, aus zur Reife meist saftigen und sich nicht voneinander lösenden Steinfrüchtchen, gemeinsam mit dem Fruchtboden abfallend oder dieser am Zweig verbleibend, meist essbar. Ausbreitung durch Tiere (Verdauungsausbreitung, vor allem Vögel, auch Schnecken) und Menschen.

Name: *Rubus* lat. Name des Brombeerstrauchs bzw. der Brombeere.
Systematik: 300–400 sich sexuell vermehrende Arten, dazu über 1000 apomiktische, durch Samenbildung ohne vorhergehende Befruchtung entstehende und sich fortpflanzende, merkmalskonstante Sippen, meist als „Kleinarten" aufgefasst (siehe unter *R. fruticosus* agg.!). Die Gattung *Rubus* kann einschließlich der Stauden, wie den hier unberücksichtigt bleibenden Wildfruchtpflanzen Moltebeere (*Rubus chamaemorus*) oder Arktische Himbeere (*Rubus saxatilis*), in 12 Untergattungen gegliedert werden. Die hier behandelten verholzenden Arten gehören folgenden 5 Untergattungen an:
1 und 2: Immer- oder halbimmergrüne Arten mit kletternden oder kriechenden Sprossen, derben bis lederigen, einfachen, 3- oder 5-lappigen, selten 3-zähligen, unterseits filzigen Blättern:
Untergattung *Dalibardastrum*, **Himalajahimbeeren:** Zweige ohne Stacheln, aber dicht mit Borsten besetzt, Nebenblätter bleibend: *R. tricolor.*
Untergattung *Malachobatus*, **Immergrüne Himbeeren:** Zweige nicht borstig, aber mit kleinen gekrümmten Stacheln, Nebenblätter hinfällig: *R. henryi.*
3: Sommergrüne Arten mit aufrechten oder aufsteigenden Sprossen, Zweigen ohne Stacheln und ohne Borsten, mit weichen, gelappten, unterseits behaarten, aber nicht filzigen Blättern: Untergattung Anoplobatus, **Blumenhimbeeren:** *R. deliciosus, R. odoratus, R. parviflorus.*
4 und 5: Sommer- bis halbimmergrüne Arten mit aufrechten bis kriechenden oder klimmenden Sprossen, zusammengesetzten, 3- oder 5-zählig gefingerten oder gefiederten Blättern:
Untergattung *Idaeus (Idaeobatus)*, **Echte Himbeeren:** Blätter mit 3-zähliger oder gefiederter, selten fingerförmiger Spreite, bisweilen ungeteilt. Früchte rot bis schwarz oder gelb, sich unter Zurücklassung des Blütenbodens, der am Zweig verbleibt, lösend: *R. idaeus, R. illecebrosus, R. leucodermis, R. phoenicolasius, R. spectabilis.*
Untergattung *Rubus (Eubatus)*, **Brombeeren:** Blätter mit 3- oder 5-zählig gefingerter Spreite, meist zumindest ein Teil 5-zählig. Früchte bläulich bis schwarz oder schwarzrot, sich mit dem Blütenboden ablösend: *R. caesius, R. corylifolius* agg., *R. fruticosus* agg. (u. a. mit *R. armeniacus, R. laciniatus*).
Verbreitung: Mit Ausnahme der Antarktis und extremer Trockenregionen weltweit, wenn auch mit Schwerpunkt in der Nordhemisphäre. In den subtropischen und tropischen Zonen vor allem in den Gebirgen. Mehrere aus Kultur verwilderte Arten sich expansiv ausbreitend und als invasive Arten Probleme bereitend.
Lebensraum: Wälder, besonders Waldlichtungen und -ränder, Gebüsche, Küstendünen, Böschungen an Verkehrswegen, Brachen im Siedlungsbereich usw., meist auf nährstoff- und basenreichen Standorten vom Tiefland bis in die Gebirge, bevorzugt in luftfeuchten und wintermilden Lagen.
Verwendung: Zahlreiche Arten bedeutsam als Beerenobst mit wohlschmeckenden Früchten, die von wildwachsenden oder kultivierten Pflanzen für den Frischverzehr oder die Verarbeitung gesammelt werden, darunter viele Sorten, die zur Verbesserung von Fruchtertrag, Geschmack u. a. gezüchtet wurden. Mehrere Arten werden als Ziersträucher gepflanzt oder als Heilpflanzen genutzt.

Rubus caesius – Kratzbeere, Acker-Brombeere

Sommergrüner, 30–80 cm hoher Strauch mit bogenförmig überhängenden oder kriechenden, sich bewurzelnden Sprossen, auch kletternd mit klimmenden Sprossen. Zweige ziemlich dünn (meist < 5 mm Durchmesser), stark bläulich weiß bereift, mit nadelförmigen Stacheln bewehrt. **Blätter** meist 3-zählig, Blattstiel oberseits rinnig, Blättchen sich mit den Rändern oft überlappend, beiderseits grün, meist schwach behaart, seitliche Blättchen ± sitzend, endständiges gestielt. **Blüten** in

Fruchtende Kratzbeere.

wenigblütigen Rispen endständig an Seitentrieben vorjähriger Sprosse. Kronblätter rundlich, weiß, oft etwas geknittert. Blütezeit: Mai–Juni. **Früchte:** meist < 20 Früchtchen, nicht alle gleichzeitig reifend, saftreich, schwarz, auffällig hell bläulich bereift.
Name: *caesius* lat. = blaugrau oder -grün, bezieht sich auf bläuliche Bereifung sowohl der Zweige als auch der Früchtchen.
Verbreitung: Europa bis W-Sibirien und über Kleinasien bis Kaukasien. Vorwiegend im Tiefland, in den Alpen jedoch 1000 m ü. M. erreichend.
Lebensräume: Lichte Auenwälder, Gebüsche, Küstendünen, Äcker, Weinberge, Wegränder, auf feuchten bis wechselfeuchten Lehm- und Tonböden.
Biologie: Indem sich die Spitzen der bogenförmigen Sprosse bewurzeln, breiten sich die Pflanzen zusätzlich zu den Wurzelsprossen vegetativ stark aus.
Verwendung: Früchte wohlschmeckend, geeignet für Frischverzehr und Herstellung von Marmelade und Likör („Kroatzbeeren-Likör“), wobei die Art nicht gepflanzt wird. Sie siedelt sich oft selbst an (Vogelausbreitung) und kann sogar wegen der üppigen vegetativen Vermehrung lästig werden.

Rubus fruticosus agg. – Artengruppe Echte Brombeere

Sommer- oder halbimmergrüne Halbsträucher mit aufrechten, bogig übergeneigten, niederliegenden oder kletternden, bis über 2 m langen Sprossen (Schösslingen). Zweige stielrund oder kantig, ohne oder mit bläulich weißem Reif, meist stark bewehrt, Stacheln gerade bis hakig gekrümmt, kräftig bis nadelförmig dünn, auch ungleichartig an einer Pflanze. **Blätter** 3–5(–7)-zählig gefingert, zumindest ein Teil 5-zählig, Blattstiel oberseits meist nur an der Basis rinnig, Blättchen sich mit den Rändern nicht überlappend, oberseits meist dunkelgrün, unterseits hellgrün, kahl bis dicht weißfilzig. Stiele der Blätter und Blättchen meist mit Stacheln. **Blüten** in endständigen Rispen an Seitentrieben der vorjährigen Sprosse, Kronblätter ± elliptisch, glatt, weiß oder rosa. Blütezeit: Juni–August. **Früchte:** 20–50 Früchtchen pro Sammelsteinfrucht, schwarz oder schwarzrot, glänzend, unbereift, wohlschmeckend, süß. Fruchtreife: August–Oktober.
Name: *fruticosus* lat. = buschig, strauchig.
Systematik: Neben einigen sexuell sich fortpflanzenden Arten gehören zur Artengruppe *R. fruticosus* agg. (der Sektion *Rubus* entsprechend) zahlreiche Arten mit apomiktischer Fortpflanzung durch Samenbildung ohne vorhergehende Befruchtung, aber Bestäubung erfordernd. In diesen Fällen entstehen Nachkommen mit konstanten Merkmalen, die als Kleinarten aufgefasst werden können. Da außerdem gelegentlich Bastardierung und nachfolgend Apomixis auftritt, ergibt sich eine kaum noch überschaubare Zahl, teils nur regional oder lokal verbreiteter, Kleinarten, die schwer zu unterscheiden sind. Deren Kenntnis setzt Spezialwissen voraus, über das Batologen (griech. „batos“ = Brombeere) verfügen. Jährlich werden von ihnen auch für Mitteleuropa noch neue Arten beschrieben.
Zu der Artengruppe gehören aber auch einige leicht kenntliche, teils als Zier- oder Obststräucher gepflanzte und heute verwilderte oder sogar weltweit invasive Arten. Beispielhaft seien genannt:
Schlitzblatt-Brombeere, *Rubus laciniatus*: Fiedern fiederteilig oder gefiedert bis fast doppelt gefiedert, Kronblätter an der Spitze eingeschnitten, Zweige mit Ausnahme von unbewehrten Fruchtsorten wie **'Thornless Evergreen'** stark stachelig; Herkunft unbekannt.
Armenische Brombeere, *Rubus armeniacus*: Fiedern unterseits grau- bis weißfilzig, Achsen der Schösslinge mit im Sommer roten Kanten und mit Büschelhärchen, Stacheln auf grünem Zweig auf-

fällig rotfüßig; Herkunft SW-Asien, aber heute etabliert in Europa, Nord- und Südamerika, S-Afrika, Neuseeland.

Verbreitung: Meridionales bis nemorales Europa und Nordamerika.

Lebensraum: Lichte Wälder, Waldlichtungen und -säume, Gebüsche, Hecken, Weg- und Ackerränder, Brachen auf nährstoffreichen, (wechsel) feuchten bis frischen Standorten vom Tiefland bis in Gebirgslagen (Alpen bis zu 1700 m ü. M.).

Biologie: Die einzelnen Kleinarten unterscheiden sich in ihren ökologischen Amplituden, so einige mehr (Halbschattenpflanze), andere weniger (Lichtpflanze) Schatten ertragend, einige eher frostempfindlich, andere sehr frosthart, einige wärmebedürftiger. Blüten sind Pollen- und Nektarspender. Eine Blüte bildet pro Tag 4–6 mg Nektar, dabei schwankt der Zuckergehalt (12–49 %). Der Zuckerwert pro Blüte ist etwa halb so hoch wie bei der Himbeere. Blütenbesucher sind außer Honigbienen solitäre Bienen wie Sand-, Keulhorn-, Furchen- und Mauerbienen.

Verwendung: Früchte für den Frischverzehr und vielfältige Verarbeitung, z. B. Herstellung von Konfitüre, Gelee, Kompott, Saft, Most oder Likör, für Backwaren oder Milchprodukte. Als Obststräucher wurden zahlreiche sich in Aroma und Süße unterscheidende Sorten aus verschiedenen Kleinarten ausgelesen oder durch Kreuzungen gezüchtet. Blätter dienen der Zubereitung von gesundheitsförderndem Tee. Pflanzen geeignet zur Böschungsbegrünung oder für Hecken, sich jedoch oft stark ausbreitend und undurchdringliche Dickichte bildend, die schwierig zu pflegen sind, aber Rückzugsgebiete für viele Tierarten darstellen.

Ähnliche Artengruppe:

***Rubus corylifolius* agg., Artengruppe Haselblatt-Brombeere:** Zu dieser Artengruppe (oder Sektion *Corylifolii*, Haselblattbrombeeren) gehören ebenfalls zahlreiche, z. T. schwierig unterscheidbare apomiktische Kleinarten (zur Problematik siehe unter *R. frutico-*

Eine der zahlreichen Kleinarten der Artengruppe der Echten Brombeeren (hier Rubus grabowskii).

Eine leicht erkennbare Kleinart aus der Artengruppe der Echten Brombeeren, die Schlitzblättrige Brombeere.

Eine der Kleinarten der Artengruppe der Haselblatt-Brombeeren mit Früchten.

sus agg.), die aus Kreuzungen und Rückkreuzungen von *R. caesius* und *R. fruticosus* agg., teils sogar unter Beteiligung der Himbeere (*R. idaeus*), entstanden. Sie unterscheiden sich von den Echten Brombeeren durch oberseits durchgehend rinnige Blattstiele, sich oft mit den Rändern überlappende Blättchen und rundliche, oft etwas knittrige Kronblätter. Lebensräume, Biologie und Verwendung wie *R. fruticosus* agg.

Rubus henryi – Kletter-Himbeere

Immergrüne, bis 6 m hoch windende Liane mit anfangs dichtfilzigen, später verkahlenden Zweigen mit einigen rückwärts gerichteten Stacheln. **Blätter** 10–15 cm lang, 7–14 cm breit, tief 3-lappig bis 3-teilig, seltener 5-lappig oder ungeteilt, Lappen lanzettlich oder länglich bis eilanzettlich, 1,5–2,5 cm breit, zugespitzt, entfernt fein gesägt, oberseits glänzend dunkelgrün, unterseits weißfilzig. **Blüten** zu 9–20 in 7–12 cm langen Trauben, 2 cm Durchmesser, Krone rosa bis rötlich. Blütezeit: Juni. **Früchte** halbkugelige Sammelsteinfrüchte, 1,3–1,5 cm Durchmesser, schwarz glänzend.
Name: Benannt nach AUGUSTINE HENRY (1857–1930), irischer Botaniker, Dendrologe und Sammler chinesischer Pflanzen.
Verbreitung: Westliches und zentrales S-China bis Sichuan (bis 2500 m ü. M.).
Verwendung: Eine der wenigen immergrünen Lianen in Kultur in Mitteleuropa (nach Europa 1900 eingeführt), recht häufig angepflanzt, für Pergolen geeignet. Am besten im Schatten oder Halbschatten auf feuchten, nährstoffreichen Böden gedeihend, erträgt Frost bis –18 °C.

Rubus idaeus – Gewöhnliche oder Wald-Himbeere

Sommergrüner, 1–2 m hoher Halbstrauch mit aufrechten bis bogenförmigen Schösslingen und unterirdischen Ausläufern. Die im 1. Jahr unverzweigten Schösslinge bilden im 2. Jahr seitenständige Blütentriebe, nach dem Fruchten absterbend. Zweige spärlich bis drüsig filzig behaart, mit winzigen, bis 2 mm langen, meist schwarzvioletten, geraden Stacheln, selten (fast) stachellos. **Blätter** 3-zählig oder 5(–7)-zählig gefiedert, Blättchen eiförmig bis lanzettlich, 5–10 cm lang, oberseits grün und kahl, unterseits weißfilzig, Endblättchen deutlich gestielt, die seitlichen sitzend. **Blüten** 7–12 mm Durchmesser, Kronblätter weiß, kürzer als der Kelch. Blütezeit: Mai–Juni. **Frucht** kugelige bis halbkugelige Sammelsteinfrucht, 1–1,8 cm Durchmesser, Früchtchen rot, selten gelb, fein behaart, saftig, wohlschmeckend süß, Fruchtreife Juli–August, über einen längeren Zeitraum reifend.
Name: *idaeus* basierend auf griech. „bátus idaía“ (DIOSKURIDES) Himbeerstrauch.
Systematik: Die Gewöhnliche Himbeere wird unterschiedlich abgegrenzt, entweder im engeren Sinne (*R. idaeus* s. str.) oder weit gefasst (*R. idaeus* s. l.) unter Einschluss anderer Arten, z. B. der nordamerikanischen Verwandten *R. strigosus*, als Unterarten. Aus Kreuzungen dieser nordamerikanischen Himbeere mit einer nordamerikanischen Brombeere (*R. ursinus*) entstand die **Loganbeere, *Rubus × loganobacchus***. Stehen Himbeere (*R. idaeus*) und Kratzbeere (*R. caesius*) benachbart, kommt es gelegentlich zur Hybridisierung. Bei der daraus entstehenden, in den Merkmalen intermediären **Bastard-Himbeere, *Rubus × pseudidaeus*,** werden keine Früchte oder nur 1–2 dunkelrote Steinfrüchtchen gebildet.
Verbreitung: In Abhängigkeit von der taxonomischen Abgrenzung der Art eurasische oder zirkumpolare Verbreitung. *R. idaeus* s. str. von Europa bis Sibirien und SW-Asien, *R. idaeus* s. l. in Asien weiter verbreitet und in Nordamerika vorkommend.
Lebensraum: Lichte Wälder, Waldlichtungen und Schlagfluren, Wald-, Weg- und Wiesenränder vom Tiefland bis in die Gebirge (Alpen bis 1850 m ü. M.).
Biologie: Blüten sind Pollen- und Nektarspender. Die Nektarien einer Blüte produzieren pro Tag 17–22 mg Nektar, dabei schwankt der Zuckergehalt (24–42 %). Der Zuckerwert einer Blüte liegt mit 3–7 mg höher als bei den Echten Brombeeren (*R. fruticosus* agg.). Wie bei diesen sind neben Honigbienen solitäre Bienen wie Sand-, Masken- und Mauerbienen Blütenbesucher.
Verwendung: Früchte werden roh (Frischverzehr, lassen sich auch tieffrieren) oder verarbeitet (z. B. zu Marmelade, Sirup oder Himbeergeist, für Backwaren oder Milchprodukte) genutzt. Als Obststräucher wurden zahlreiche Sorten gezüchtet, wobei die Früchte nicht immer das Aroma der wild-

wachsenden Himbeeren erreichen. Als Obstgehölz kultiviert wird ebenfalls die Loganbeere (siehe unter Systematik!) mit besonders großen, bis 5 cm langen, dunkelroten, länglichen Früchten, eine stark wachsende Pflanze mit bis 4 m langen rankenden Schösslingen ohne Ausläufer. Die Himbeerblätter finden Verwendung für Teemischungen.

Ähnliche Art:

***Rubus phoenicolasius*, Wein-Himbeere, Japanische Weinbeere:** Bis 3 m hoher Strauch mit aufrechten, bogig überhängenden Sprossen. Zweige dicht mit auffälligen, bis 5–6 mm langen roten Drüsenborsten und einigen dünnen Stacheln besetzt. Blätter 3-zählig, selten auch 5-zählig gefingert, Blättchen breit eiförmig oder rautenförmig, zugespitzt, 4–10 cm lang, oberseits dunkelgrün, unterseits weißfilzig, Endblättchen lang gestielt, oft gelappt, seitliche Blättchen sitzend. Blattstiele und Blütenstandsachsen wie die Zweige mit roten Drüsenborsten. Blüten (Juni–August) 6–10 mm Durchmesser mit rosa bis purpurroter Krone. Die halbkugeligen Sammelfrüchte mit etwa 1 cm Durchmesser sind glasig orange bis rot, saftreich und wohlschmeckend (angenehm säuerlich). In Europa in Kultur seit 1876, gern gepflanzt als Zier- und Fruchtstrauch. Gut gedeihend an halbschattigem Standort auf frischen bis feuchten, nährstoffreichen Böden, auch zur Berankung von Spalieren, Zäunen oder Mauern geeignet. Nach Verwilderung mitunter sich einbürgernd (z. B. Mitteleuropa, USA).

Fruchtende Wein-Himbeere.

Rubus odoratus – Zimt-Himbeere

Aufrechter, 1,5–2(–3) m hoher, reichlich Wurzelsprosse bildender Strauch ohne Stacheln. Zweige anfangs zottig behaart, mit dunkelpurpurnen Stieldrüsen, Rinde in Streifen abblätternd. **Blätter** einfach, (3–)5-lappig, 9–20(–30) cm lang, 10–25(–30) cm breit, Lappen breit dreieckig, abrupt zugespitzt und unregelmäßig gesägt, beidseitig grün, Unterseite mit dunkelpurpurnen Stieldrüsen, Blattstiel über 5 cm lang. **Blüten** zu 4–7(–22) in kurzen Schirmtrauben oder -rispen, Blütenstiele mit dunkelpurpurnen Stieldrüsen, Krone 3–5 cm Durchmesser, rosarot, duftend, Kelchblätter breit eiförmig, abrupt geschwänzt zugespitzt, außen drüsig. Blütezeit: Mai–Juli. **Früchte** abgeflacht halbkugelig, 1,5–2 cm Durchmesser und 1 cm hoch, behaart, blassrot, recht trocken, fade, kaum genießbar.

Name: *odoratus* lat. = wohlriechend.

Blüte der Zimt-Himbeere.

Verbreitung: Östliches Nordamerika (Nova Scotia bis Michigan, Tennessee und Georgia).
Verwendung: Häufig gepflanzter Zierstrauch (in Kultur in Europa seit 1635), auch geeignet für schattige Standorte. Nach Verwilderung an verschiedenen Orten eingebürgert.

Ähnliche Art:
***Rubus parviflorus*, Nutka-Himbeere:** Unterscheidet sich vor allem durch weiße, selten blassrosa getönte Blütenkrone und durch gelbliche bis rötliche Stieldrüsen an Zweigen, Blattunterseite und Blütenstielen sowie scharlachrote, aromatische Früchte, die genießbar sind. Die im westlichen Nordamerika von S-Alaska und Kanada bis New Mexico, Kalifornien und N-Mexiko verbreitete Art gelangte später als *R. odoratus* in Kultur (Europa seit 1827) und wird als Zierstrauch seltener gepflanzt als diese. Trotz essbarer Früchte erlangte sie keine Bedeutung als Fruchtstrauch.

Weitere Arten und Hybriden:
***Rubus deliciosus*, Colorado-Himbeere:** Sommergrüner, bis 3 m hoher Strauch mit aufrechten bis aufsteigenden Sprossen, wie *R. odoratus* und *R. parviflorus* eine Blumenhimbeere ohne Stacheln und mit einfachen, gelappten Blättern, im Gegensatz zu diesen Arten aber Zweige ohne Stieldrüsen, Blattstiel nur 2–3,5 cm lang und Blüten meist einzeln stehend. Die im Umriss rundliche bis nierenförmige, 3–8 cm breite Spreite ist seicht 3(–5)-lappig, die Lappen sind abgerundet. Die bis 5 cm breite Blütenkrone ist weiß, die Früchte sind dunkelpurpurn. Ist schon diese Art der Rocky Mountains (Colorado, USA) einer der schönsten Blütensträucher (eingeführt in Kultur 1870) der Gattung *Rubus*, so wird sie an Attraktivität noch von einer Hybridsorte übertroffen, die durch Kreuzung mit der mexikanischen Verwandten *Rubus trilobus* entstand (um 1950 bei C. INGRAM, England): ***Rubus* 'Benenden'** (Synonym 'Tridel'). Die einzeln an den bogenförmigen Zweigen stehenden, 7–8 cm Durchmesser erreichenden Blüten mit weißer Krone und vielen gelben Staubblättern in deren Zentrum erinnern an eine Rose. Prächtig blühend (Mai) an freien, voll besonnten Standorten.

Blüten der Hybridsorte 'Benenden', an Schönheit die Elternart Colorado-Himbeere übertreffend.

***Rubus illecebrosus*, Erdbeer- oder Japanische Himbeere:** Nur an der Basis verholzter Halbstrauch mit unterirdischen Kriechsprossen und aufrechten grünen, kantigen, spärlich bestachelten Zweigen. Blätter (3–)5–7-zählig gefiedert. Blütenkrone weiß. Frucht rot, bis 3 cm Durchmesser, essbar.

Blüten der Erdbeer- oder Japanischen Himbeere.

***Rubus leucodermis*, Oregon-Himbeere:** Sommergrüner, bis 2 m hoher, Ausläufer bildender Strauch mit straff aufrechten, später überhängenden Sprossen. Zweige auffällig blauweiß bereift (*leucodermis* von griech. „leukodermos" = weißhäutig), mit seitlich abgeflachten, 4–6 mm langen, gekrümmten Stacheln, auch Blattstiel und -spindel sowie Blütenstiele bestachelt. Blätter 3- oder 5-zählig, Blättchen unterseits graufilzig, Endblättchen gestielt, eiförmig, 6–10 cm lang, lang zugespitzt, unregelmäßig doppelt gesägt. Blüten 7–10 mm Durchmesser, Kronblätter weiß, deutlich kürzer als Kelchblätter. Früchte 1–2 cm Durchmesser, purpurschwarz. Die im westlichen Nordamerika beheimatete Art wurde 1829 nach Europa eingeführt (D. DOUGLAS). Durch die bereiften Zweige attraktiver, bisweilen gepflanzter, pflegeleichter Zierstrauch mit essbaren Früchten.

Blüte der Lachs-Himbeere.

***Rubus spectabilis*, Lachs- oder Pracht-Himbeere:** Sommergrüner, bis 2 m hoher, Ausläufer bildender Strauch mit aufrechten Sprossen. Zweige mit papierartig dünner, abblätternder Rinde, unbewehrt oder mit zahlreichen kleinen Stacheln, besonders im unteren Teil der Schösslinge. Blätter 3-zählig, Blättchen eiförmig, 4–15 cm lang, oft gelappt, grob oder doppelt gesägt, unterseits ± behaart, aber nicht filzig wie bei den meisten anderen Echten Himbeeren. Endblättchen rautenförmig eiförmig, größer und länger gestielt als die seitlichen Blättchen. Blüten zu 1–3 an kleinen Seitenzweigen. Krone und Früchte recht auffallend (*spectabilis* lat. = sehenswert, ansehnlich), 2,5 cm Durchmesser, rosa bis purpurrot, duftend, Kronblätter etwa doppelt so lang wie Kelchblätter. Blütezeit: April–Juli. Früchte 1–2 cm Durchmesser, gelb bis orange, glasig, essbar. Die im westlichen Nordamerika (Alaska bis Kalifornien) beheimatete Art wurde 1827 nach Europa eingeführt (D. DOUGLAS). Da zierend durch Blüten und Früchte, die zudem von angenehmem Geschmack sind, häufiger gepflanzt und bisweilen aus Kultur verwildert.

***Rubus tricolor*, Dreifarbige Himbeere:** (Halb)immergrüner Strauch mit kriechenden und kletternden Sprossen. Zweige ohne Stacheln, aber dicht besetzt mit rötlichen bis gelbbraunen Borsten. Die derben Blätter sind einfach, meist eiförmig, ungeteilt oder schwach gelappt, oberseits glänzend dunkelgrün, mit eingesenkten Nerven, unterseits weißfilzig, an den Nerven borstig. Die Blüten, 2–3 cm Durchmesser, mit weißer Krone, erscheinen erst im Juli–August. Die halbkugeligen hellroten Früchte von 1,5–1,7 cm Durchmesser sind borstig behaart, aber essbar. Die chinesische Art (Sichuan, Yunnan) wurde vom französischen Missionar DELAVAY entdeckt und 1908 von E. WILSON in Kultur eingeführt (England).

Ruscus aculeatus – Gewöhnlicher oder Stechender Mäusedorn

Asparagaceae – Spargelgewächse

Immergrüner, zweihäusiger Zwerg- bis Kleinstrauch, 0,1–0,8(–1,2) m hoch. Pflanze mit verzweigter grüner Sprossachse und mit blattartigen grünen Flachsprossen (Scheinblätter), auch unterirdische Grundachse reich verzweigt. **Scheinblätter** ei- bis rautenförmig, bis 3,5 cm lang und 2,5 cm breit, derb lederig, mit starrer stechender Spitze, stumpfgrün. **Blüten** zu 1–2 in der Mitte der scheinbaren Blattoberseite der Flachsprosse, 7–8 mm Durchmesser, grünlich weiß. Blütezeit: März–April. **Frucht** kugelige Beere, 0,8–1,5 cm Durchmesser, leuchtend rot. **G!**

Name: *Ruscus* lat. Name für den Mäusedorn, aber Namenserklärung unsicher, möglicherweise indogerm. Wurzel „bhrus", was Gestrüpp bedeutet; *aculeatus* lat. = stachelig, wegen der dornspitzigen Scheinblätter.

Systematik: Die Gattung *Ruscus* wurde in den letzten Jahrzehnten unter verschiedensten Familien geführt, beginnend von weit gefassten Liliengewächsen (*Liliaceae* s. l.), über die nach *Ruscus* benannten Mäusedorngewächse (*Ruscaceae*) zu den Maiglöckchengewächse (*Convallariaceae*), bevor diese heute den Spargelgewächsen zugeordnet werden. Die Verbreitung der 6 *Ruscus*-Arten reicht von Madeira und den Kanaren über das Mittelmeergebiet bis Vorderasien. Die verzweigten oder unverzweigten Sprossachsen der immergrünen, ein- oder zweihäusigen Zwerg- oder Kleinsträucher sind grün, aus der Achsel kleiner schuppenförmiger Blätter entspringen blattartige Flachsprosse (Scheinblätter, Phyllokladien).

Fruchtender Gewöhnlicher Mäusedorn.

Scheinblätter des Hadernblatts mit auffälligen zungenförmigen Tragblättern auf der Oberseite der Scheinblätter.

Verbreitung: SW-Europa, Mittelmeergebiet bis Balkan-Halbinsel, Kleinasien, Kaukasien und N-Iran; die Populationen in der Kaukasus-Region und am Südrand des Kaspischen Meeres werden von einigen Autoren als eigene Arten aufgefasst (***Ruscus ponticus, R. hyrcanus***).

Lebensraum: Gebüsche an trockenen steinigen Hängen, Kiefern- und Eichenwälder, aber auch schattige Laubwälder; von der Küste bis 1200 m ü. M.

Biologie: Anspruchslos, Trockenheit und Schatten ertragend, aber frostempfindlich; giftig.

Verwendung: Durch die blattartigen Flachsprosse, denen die wie kleine Kirschen aussehenden Beeren entspringen, ein interessantes Ziergehölz, aber nur für wintermilde Lagen geeignet.

Zweige werden für Trockensträuße verwendet. Die Art hat auch Bedeutung als Heilpflanze (gegen Venenleiden); in der Antike wurden junge Sprosse als Spargel genutzt.

Weitere Art:
***Ruscus hypoglossum*, Hadernblatt, Zungen-Mäusedorn:** Oberirdische Sprosse unverzweigt, Scheinblätter 8–10 cm lang, 3–4,5 cm breit, elliptisch, lang zugespitzt, aber nicht stechend. Der 2–5-blütige Blütenstand und die roten Beeren (bis 1 cm Durchmesser) auf der Oberseite der Scheinblätter in der Achsel eines krautigen, bis 2,5 cm langen zungenförmigen Tragblatts. Die zweihäusige Art, deren Verbreitung von NW-Kleinasien und SO-Europa bis Mittelitalien reicht, ist schattentolerant, als Bodendecker geeignet, aber nur in wintermilden Lagen. Schon in der Antike genutzt (Lorbeer des CÄSAR), seit 16. Jahrhundert in Kultur, zierend vor allem weibliche Pflanzen mit den kirschroten Beeren auf den Flachsprossen.

Ruta graveolens – Wein-Raute, Duftende Raute

Rutaceae – Rautengewächse

Immergrüner, 30–50 cm hoher, nur mäßig verzweigter Halbstrauch oder Strauch. Junge Triebe glatt, kahl, graugrün. Zweige nur am Grund verholzt. **Blätter** blaugrün, kahl, 6–12 cm lang, 2–6 cm lang gestielt, doppelt fiederteilig bis fiederschnittig, Abschnitte länglich verkehrt eiförmig, am Grund lang verschmälert. **Blüten** gelb, in endständigen Rispen, etwa 2 cm breit, mit doppelter Blütenhülle. Seitenblüten 4-zählig, Endblüte 5-zählig. Kronblätter kapuzenförmig eingekrümmt, mit gefranstem Rand, Fruchtknoten oberständig, Staubblätter 8 oder 10. Blütezeit: Juni–August. **Frucht** eine Kapsel, mehrsamig, im oberen Teil 4- oder 5-gliederig, Kelch persistierend. **Samen** schwarz, 2–2,5 mm lang. Fruchtreife: August–Oktober.

Name: *Ruta* ist ein schon bei CICERO erwähnter Pflanzenname für ein bitter schmeckendes Kraut. *graveolens* lat. = stark duftend.
Systematik: Zur Gattung *Ruta* werden 11 im Mittelmeergebiet beheimatete Arten gezählt.
Verbreitung: Südosteuropa, Krim. Heute in weiten Teilen Südeuropas und des Mittelmeergebiets eingebürgert.
Lebensraum: Macchie und Garrigue, Trockenhänge.
Biologie: Die Weinraute ist sehr reich an ätherischen Ölen. Schon bei leichter Berührung der Blätter ist ein intensiver Duft wahrnehmbar. Die Blüten bilden viel Pollen und der 4- oder 5-lappige Diskus produziert reichlich Nektar, der offen dargeboten wird und auch von kurzrüsseligen Insekten aufgenommen werden kann. Blütenbesucher sind Fliegen und Hautflügler. Am heimatlichen Standort verliert die Raute während der Trockenzeit die Blätter. Die Assimilation kann durch die grünen Sprossachsen erfolgen.
Verwendung: Die Raute ist seit altersher fester Bestandteil der Kräutergärten und bereits im „Capitulare de villis et curtis imperialibus" KARLS DES GROSSEN aufgeführt. Ihr Nutzen wird als appetitanregend, harntreibend, krampflösend beschrieben. Auch HILDEGARD VON BINGEN empfielt die Raute für Umschläge und auch Salben gegen Melancholie, Augenleiden und Nierenbeschwerden. Bei einer Überdosierung können gesundheitliche Schäden auftreten. Die Raute lässt sich leicht aus Samen vermehren und sät sich in der Regel auch selbst aus.

Blühende Wein-Raute.

Salix – Weide

Salicaceae – Weidengewächse

Sommergrüne, in der Regel zweihäusige Bäume, Sträucher, Zwerg- oder Spaliersträucher; in Wuchs und Habitus von einer Vielfalt wie kaum bei einer anderen Gehölzgattung, von 40 m hohen eindrucksvollen Baumgestalten bis zu wenige Zentimeter sich über den Erdboden erhebenden Kriech- oder Teppichsträuchern. Zweige oft biegsam, teils hängend oder gedreht, teils auffällig gefärbte Rinde, von grün, gelb, braun bis orange und scharlachrot, auch durch Wachsüberzug blauweiß bereift. Knospen kapuzenartig von nur einer Knospenschuppe umhüllt. **Blätter** wechselständig, selten teilweise gegenständig, stets einfach, ungeteilt, aber von sehr verschiedener Größe (kaum 1 cm und bis 20 cm lang) und Form, von linealisch und lanzettlich, eiförmig oder elliptisch bis rundlich, bei den an Gewässern wachsenden Arten meist wie die Kontur eines Boots, nach beiden Enden verschmälert. **Nebenblätter** meist vorhanden, groß und auffällig oder klein und unscheinbar, bis zum Laubfall bleibend oder bald abfallend, selten ganz fehlend. **Blüten** in Kätzchen, ohne Blütenhülle in den Achseln von schuppenförmigen Deckblättern. Kätzchen vor, mit oder nach der Laubentfaltung erscheinend, weibliche unscheinbar grün, männliche meist auffällig, bei einigen Arten sehr attraktiv, vor dem Aufblühen seidig weiß durch Behaarung der Deckblätter, dann durch Staubbeutel leuchtend gelb (teils vor dem Stäuben auch rot oder purpurn). Männliche Blüten mit 2 Staubgefäßen, selten 3–5(–12) oder durch Verwachsung der Staubfäden scheinbar 1. Blüten mit Nektarien. Insekten-, selten Windbestäubung. **Früchte** 2-klappige Kapseln mit zahlreichen feinen Samen. **Samen** mit pinselartigem Schopf seidiger Haare („Schirmchenflieger", Flugweiten bis über 10 km), Wind- und Wasserausbreitung.

Name: *Salix* lat. Name für Weide, geht auf indogerman. „sal(i)k" = Weide bzw. „sal" = schmutziggrau zurück, womit Arten mit grauweiß behaarten Blättern oder grauer Rindenfarbe gemeint sein dürften. Der deutsche Name Weide ist ebenfalls indogerman. Ursprungs, „wi-" bezieht sich auf die biegsamen Zweige.

Systematik: Je nach Artauffassung 400–500 Arten, deren hohe Kreuzungsbereitschaft (nach GOETHE „ein lotterhaftes Geschlecht") zahlreiche Hybriden in Natur und Kultur entstehen ließ oder die durch Kreuzung erzielt wurden, selbst zwischen mehreren Arten.

Verbreitung: Mit Ausnahme von Australien alle Kontinente, von der Meeresküste bis in die Hochgebirge reichend. Der Schwerpunkt liegt in der Holarktis von der warmen bis in die subarktische Zone, weiterhin in subtropisch-tropischen Zonen (SO-Asien, Afrika, Mittel- und Südamerika) und australer Zone (S-Afrika, Südamerika). Weiden gehören zu den Gehölzen, die am weitesten nach Norden (Tundra; *Salix arctica* sogar neben einer Mohnart die am weitesten nördlich vorkommende Gefäßpflanze) reichen und in Gebirgen noch in der alpinen Stufe wachsen.

Biologie: In der Jugend meist raschwüchsige Pioniergehölze, anspruchsvoll an Licht, aber weniger an edaphische Bedingungen, viele Arten wegen geringer Schattentoleranz und kurzem Lebensalter konkurrenzschwach, deshalb auf Rohböden und feuchten bis nassen Standorten siedelnd („Ausweichstrategie"). Samen meist sofort keimend, nur wenige Tage lebensfähig. Zweige bewurzeln sich leicht, was zur hohen vegetativen Regenerationsfähigkeit beiträgt und zur Vermehrung (Steckhölzer) genutzt wird.

Verwendung: Sehr vielseitig, sowohl Holz und Zweige als auch Rinde und Kätzchen werden genutzt. Das leichte und weiche Holz ist geeignet für Zellstoff-, Faser-, Spanplatten-, Sperr- und Zündholzproduktion, hat heute steigende Bedeutung als Biomasse für die Energiegewinnung (Anbau in Schnellwuchsplantagen). Die leichte Ausschlagfähigkeit wird seit der Antike zur Gewinnung von Ruten als Flecht- und Bindematerial (Kopfweiden, Korbweidenkultur) genutzt. Früh und reich blühende Arten sind als „Kätzchenweiden" (z. B. „Palmkätzchen" als Schmuckreisig am Palmsonntag) beliebt und als Bienenweide (Nektar- und Pollenspender) für die Imkerei wertvoll. Das in Rinde und Blättern enthaltene Phenolglykosid Salicin ist von arzneilicher Bedeutung (Fieber- und Kopfschmerzmittel), die Verwendung ist seit der Antike bezeugt, hat heute jedoch durch synthetische Herstellung von

Salicylsäure (z. B. für Aspirin) an Bedeutung verloren. Früher wurde die Rinde auch zum Gerben von Juchtenleder und Färben von Wolle genutzt. Weiden werden für ingenieurbiologische Maßnahmen (Boden-, Ufer- und Küstenschutz, Wasserbau) und zur Landschaftsgestaltung genutzt, als Wildäsung und Ziergehölze gepflanzt. Von zahlreichen Weidenarten und -hybriden wurden zu ihrer Erhaltung als forstgenetische Ressourcen Klonarchive angelegt.

Salix acutifolia – Kaspische Reif-Weide, Spitzblättrige Weide

Aufrechter, bis 6 m hoher Strauch mit locker stehenden, geneigten Ästen und dünnen, biegsamen, ± bogenförmig überhängenden Zweigen mit dunkelroter bis purpurner, hellblau bis weißlich bereifter Rinde und gelber Innenrinde. **Blätter** 10–16 cm lang, länglich bis lanzettlich, beiderseits kahl, oberseits glänzend dunkelgrün, unterseits blaugrün, Blattrand fein drüsig gesägt. **Nebenblätter** lanzettlich, abfallend. **Blütenkätzchen** vor Laubausbruch (März–April), schlank und lang (bis 6 cm).

Name: *acutifolia* lat. = spitzblättrig, wegen der lang zugespitzten Blätter; der übliche deutsche Name „Kaspische Weide" kann zu Verwechslungen mit *Salix caspica* führen (ebenfalls im Raum nördlich des Kaspischen Meeres vorkommend), deshalb besser Kaspische Reif-Weide.

Verbreitung: O-Europa bis Kasachstan, durch Kultur und Verwilderung über ihr natürliches Areal hinaus verbreitet.

Lebensraum: Sandböden, Dünen, vor allem Sandbänke der Flussauen.

Biologie: Frosthart, aber in Mitteleuropa spätfrostgefährdet.

Verwendung: Zur Befestigung von Sandböden (z. B. Küstendünen) gepflanzt, als Ziergehölz (in Kultur seit 1808, Deutschland) durch malerischen Habitus, Rindenfarbe (bester Purpurton der Zweige unter den Weiden), Bereifung, Kätzchen und gelbes Herbstlaub wertvoll. Auch ist die Art durch die an den Trieben meist hängenden Blätter, was bei einer ausgelesenen Sorte mit auffällig bogig überhängenden Trieben ('Pendulifolia') besonders ausgeprägt ist, interessant.

Auffällig bereifte Rinde der Äste bei der Kaspischen Reif-Weide.

Ähnliche Arten (Großsträucher mit meist bläulich weiß bereiften jungen Zweigen und schmalen Blättern):

***Salix daphnoides*, (Europäische) Reif-Weide:** Großstrauch oder bis 10(–20) m hoher Baum mit rotbraunen oder grünlichen, meist auffällig graublau bereiften, dicken und steifen, leicht am Grund abbrechenden Zweigen, deren Rinde innen zitronengelb ist. Die anfangs behaarten, lanzettlichen bis elliptischen Blätter sind oberseits glänzend dunkelgrün, unterseits matt graugrün, die halbherzförmigen Nebenblätter mit dem Blattstiel verwachsen. Die am frühesten blühende Weide, deren dicht seidenhaarige Kätzchen im März, teils schon im Winter, erscheinen, ist eine

Europäische Reif-Weide am Naturstandort (Dünen der Kurischen Nehrung).

wertvolle Kätzchenweide und bietet reiche Bienentracht. In Flussauen mittel- und südeuropäischer Hochgebirge auf Sand- und Schotterböden sowie an der Ostsee auf Küstendünen wachsend, gut geeignet für den Küstenschutz und zur Befestigung von Sandböden. In Deutschland sind die natürlichen Vorkommen begrenzt und gelten nach Roter Liste als stark gefährdet.

***Salix irrorata*, Amerikanische Reif-Weide:** Blütenkätzchen kleiner (2–3 cm lang) und Blätter schmaler als bei anderen Arten mit auffällig weiß bereiften Zweigen. Die längliche bis lanzettliche Spreite ist beiderseits kahl, nur entfernt gesägt bis ganzrandig, der Blattstiel gelb. Die Zweige sind dünn und biegsam, ihre Bereifung ist besonders im Winter zierend. In Kultur (nach Europa 1898 eingeführt) befinden sich meist nur männliche Pflanzen.

Salix alba – Silber-Weide

Aufrechte, bis 20(–35) m hohe und Stammdurchmesser bis 1,5 m erreichende Baumweide. Zweige biegsam, mit oliv- bis rotbrauner Rinde, anfangs dicht seidig behaart. Bei der **Bunten Weide, var. *vitellina*,** und ihren Sorten ist die Rinde hellgelb, orange oder leuchtend rot. **Blätter** 5–12 cm lang, lanzettlich, variabel in der Behaarung, anfangs beiderseits auffällig seidig weiß behaart, zumindest Unterseite mit bleibender seidig schimmernder Behaarung. **Blütenkätzchen** gleichzeitig mit oder kurz nach Blattentfaltung (April–Mai).

Baumkrone einer Silber-Weide.

Name: *alba* lat. = weiß, wegen der silbrig weiß behaarten jungen Zweige und Blätter.
Verbreitung: Europa bis N-Afrika, über SW-Asien bis Mittelasien und S-Sibirien, wobei das ursprüngliche Areal nicht genau bekannt ist, da die Art seit langer Zeit gepflanzt wird und auch außerhalb des natürlichen Verbreitungsgebiets eingebürgert ist.
Lebensraum: Überschwemmungsbereich der Fließgewässer, Weichholzauen sommerwarmer Lagen, besonders des Tief- und Hügellandes.

Silbrig seidig behaarte junge Zweige und Blätter der Silber-Weide.

Teilkrone der Dotter-Weide, einer Sorte ('Vitellina') der Silber-Weide, die sich durch die Farbe der Zweigrinde auszeichnet.

Biologie: 80–200(–300) Jahre alt werdend, Tiefwurzler; verträgt mehrere Monate andauernde Überschwemmung, aber empfindlich gegenüber Staunässe und Bodenverdichtung.
Verwendung: Wertvoll für Landschaftsgestaltung, vor allem in Auen und Niederungen, zur Uferbefestigung und Pflanzung in Überschwemmungsgebieten. Beliebter Zierbaum, jedoch als Straßenbaum nicht geeignet. Besonders attraktiv sind im Winter die Sorten von var. *vitellina* mit auffallend gefärbter Zweigrinde, entweder hellgelb (Dotter-Weide **'Vitellina'** und Hänge-Dotter-Weide 'Tristis') oder rot (Mennige-Weide 'Britzensis', mit wohl schönstem Rot der Zweige unter den Weiden). Nutzung für die Korbweidenkultur (var. *vitellina* geschätzte Flechtweide). In England seit langer Zeit (Originalbaum soll 1700 in Norfolk gefunden worden sein) eine „Kricket-Weide", Sorte 'Caerulea', kultiviert für die Herstellung von Kricketschlägern.

Ähnliche Arten und Hybriden (Bäume oder Großsträucher mit meist lanzettlichen Blättern, am Übergang vom Blattstiel zur -spreite oft 1–2 Drüsen):
Salix babylonica*, Chinesische** oder **Babylonische Hänge-Weide** (einschl. **Peking-Weide, var. *pekinensis, Syn. *Salix matsudana*): Baum mit variabler Kronenform, aber meist mit hängenden Zweigen, in warmgemäßigten Zonen heute weltweit als „Trauerweide" gepflanzt. Bevor bekannt wurde, dass diese Weide aus China stammt, wurde angenommen, dass unter einem Baum dieser Art die Juden in ihrer babylonischen Gefangenschaft hockten und weinten (es handelte sich aber um *Populus euphratica*). Die seit alter Zeit im Orient und östlichen Mittelmeerraum kultivierte Weide gelangte im 17. Jahrhundert nach W-Europa. Napoleons Vorliebe für einen auf St. Helena stehenden Baum soll ihr zu ihrer Popularität verholfen haben, denn seinem Wunsch entsprechend wurde er unter ihm begraben und aus seinen Zweigen angezogene Bäume sollen im 19. Jahrhundert an mehreren Orten Europas gestanden haben. Heute gehören Trauerweiden, die auf Bastardierung der in Mitteleuropa nicht ausreichend frostharten *S. babylonica* mit anderen Weiden zurückgehen, zu den bekanntesten und markantesten Zierbäumen. Meist handelt es sich um die bereits vor 1864 und später mehrfach in Kultur entstandene Hybride *S. alba* × *S. babylonica*, heute bekannt als ***Salix* × *sepulcralis*** (Syn. *S. salamonii*). Zu ihr gehören die Goldschopfige oder Dotter-Trauer-Weide, nothovar. *chrysocoma* (Elter *S. alba* var. *vitellina*) bzw. als Sorte **'Chrysocoma'**, die wohl schönste und am häufigsten kultivierte Hängeform mit peitschenartig herabhängenden, leuchtend gelben Zweigen. Noch kurioser ist deren Kreuzungsprodukt mit einer Korkenzieher-Weide, einer Sorte der Peking-Weide (*S. babylonica* var. *pekinensis* 'Tortuosa') mit verdrehten und gewundenen Zweigen. Diese Korkenzieher-Trauer-Weide ('Erythroflexuosa') wurde in Argentinien 1971 aufgefunden und erfreut sich seitdem großer Beliebtheit in Nordamerika und Europa. In Nordamerika werden häufiger als in Europa auch Sorten von ***Salix* × *pendulina***, des zuerst in Deutschland (1830) aufgefundenen Bastards mit der Bruch-Weide (*S. babylonica* × *S.*

Typischer Habitus der Dotter-Trauer-Weide ('Chrysocoma'), der häufigsten Hänge-Weide.

fragilis) gepflanzt, so die Wisconsin-Trauer-Weide ('Blanda') und die Thurlow-Trauer-Weide ('Elegantissima'), die weniger krankheitsanfällig als die Trauer-Dotter-Weide sind.

Salix fragilis, Bruch- oder **Knack-Weide:** Unterscheidet sich von der Silber-Weide durch leicht und mit knackendem Geräusch am Zweiggrund von der Tragachse abbrechende (siehe Namen!) Zweige, die wie die Blätter kahl sind. Jedoch sind beide Arten durch das Auftreten eines natürlich vorkommenden und häufig gepflanzten Bastards *S. alba* × *S. fragilis*, der **Hohen** oder **Fahl-Weide, *Salix × rubens*,** durch Übergänge und Rückkreuzungen verbunden, so dass nicht jeder Baum sicher ansprechbar ist. Holz und Nutzungen wie bei der Silber-Weide. Silber-, Bruch- und Hohe Weide wurden früher als Kopfweiden kultiviert, heute werden sie vielerorts erfreulicherweise wieder als solche gepflegt. Es sind nicht nur die Landschaft prägende Bäume, sondern auch Nistplätze für Vögel und Fledermäuse. Die natürlichen Lebensräume der europäisch-kleinasiatisch verbreiteten Bruch-Weide liegen mehr im Bergland (Bachufer, Gebirgsbachauen) und auf basenärmeren Standorten. Sie wirft ihre Zweige leicht ab (ausgeprägter Zweigabsprung), was die vegetative Ausbreitung fördert. Ihre Zweige sind nie leuchtend gelb oder rot, wie bei diversen Sorten von *S. alba* und *S. × rubens*, sondern stets lehmfarbig gelbgrau.

Starker Stamm einer Hohen Weide, der wohl am häufigsten gepflanzten Baumweide.

Salix triandra, Mandel-Weide: 2–4(–7) m hoher Strauch der Flussauen mit hoher Überflutungstoleranz, auch stehende Nässe und Schatten ertragend. Die 5–10 cm langen, länglichen oder lanzettlichen Blätter sind im mittleren Bereich, in dem die Blattränder ± parallel verlaufen, am breitesten, zur

Männliche Blütenkätzchen der Mandel-Weide.

Typisches Rindenbild stärkerer Äste der Mandel-Weide.

Spitze gleichmäßig zugespitzt, oberseits glänzend grün, unterseits grün oder blaugrau. Männliche Blüten mit 3 Staubblättern (*triandra* griech. bedeutet 3 Männer). An Stämmen und stärkeren Ästen löst sich die alte Rinde in unregelmäßigen großen Schuppen ab, wodurch die junge Rinde in Form zimtbrauner Flecken zum Vorschein kommt. Die eurasisch verbreitete Art ist (nebst ihren Bastarden) eine der wichtigsten Weiden für die Korbweidenkultur, sie liefert vor allem grobe Flechtweide.

Salix aurita – Ohr-Weide

Bis 2(–3) m hoher, dicht und fein verzweigter Strauch mit abgerundeter, meist halbkugeliger Krone. 2–4-jährige Zweige mit feinen Leisten am Holz (Striemen), erst sichtbar bei Entfernung der Rinde. Zweige und Knospen nur anfangs behaart, später meist kahl, rötlich bis rotbraun. **Blätter** 2–6 cm lang, verkehrt eiförmig, oberseits durch stark eingesenktes Nervennetz runzelig, unterseits anfangs ± dicht behaart, später oft bis auf Nerven verkahlend, Rand wellig-buchtig und unregelmäßig grob gesägt, Spitze meist gekrümmt. **Blütenkätzchen** vor dem Blattaustrieb (März–April).

Name: *aurita* lat. = ohrenförmig, wegen der zwei recht großen, auffälligen Nebenblätter.

Verbreitung: Europa, vom Tiefland bis in die Gebirge (bis 1600 m ü. M.).

Lebensraum: Feuchtgebüsche, lichte Wälder auf basen- und nährstoffarmen Mooren, Torfstiche.

Biologie: Als Pionierbesiedler auf Mooren nasse bis wechselfeuchte Standorte ertragend.

Verwendung: Leichte Beschattung tolerierende Weide für Landschaftsgestaltung, als Heckenpflanze und zur Böschungsbefestigung.

Blätter der Ohr-Weide.

Ähnliche Art und Hybride (Holz mit deutlichen Striemen, Blätter < 4-mal so lang wie breit, unterseits behaart):

Salix cinerea*, Grau-** oder **Asch-Weide:** Der 3–6 m hohe, flachkronige (breiter als hohe) Strauch hat ebenfalls > 5 mm lange Striemen am Holz der 2–4-jährigen Zweige. Zweige im 1. Jahr bleibend dicht behaart, samtig schwarzgrau, auch Knospen dicht behaart. Die Blätter sind größer, 5–12 cm lang, länglich oder elliptisch bis verkehrt eiförmig, oberseits kaum runzelig, unterseits graugrün und bleibend behaart, die Blattspitze meist gerade. Eurosibirische Art, die Nieder- und Zwischenmoore sowie Gewässerufer besiedelt. Eigentlich klar von voriger Art zu unterscheiden, aber nicht selten treten intermediäre Hybriden *S. aurita* × *S. cinerea* auf, die **Vielnervige Weide, *Salix* × *multinervis.

Blätter der Grau-Weide.

Salix caprea – Sal-Weide

Starkastiger Großstrauch oder Baum bis 10(–24) m Höhe und 0,5 m Stammdurchmesser. Holz der Zweige, im Gegensatz zu *S. aurita* und *S. cinerea*, ohne Striemen, junge Zweige anfangs dicht behaart, aber bald verkahlend und noch im 1. Jahr kahl und glänzend. **Blätter** 5–10 cm lang, breit elliptisch, oberseits etwas runzelig, nur anfangs behaart, unterseits bleibend behaart, Rand wellig, unregelmäßig kerbig gesägt bis ganzrandig. **Blütenkätzchen** früh erscheinend, lange vor Laubausbruch (März–April).

Blätter der Sal-Weide.

Männliches Blütenkätzchen der Sal-Weide.

Name: *caprea* lat. für Ziegen-, aber unklar, ob auf Nutzung als Ziegenfutter zurückzuführen oder möglicherweise behaarte Blattunterseite an raue Ziegenhaut erinnern soll; „Sal-" geht auf gleiche indogerman. Wurzel wie *Salix* zurück.

Verbreitung: Nördliches bis warmgemäßigtes Eurasien, vom Tiefland bis in die subalpine Stufe (Alpen bis 2100 m ü. M.).

Lebensraum: Lichte Wälder, Waldlichtungen und -ränder, Vorwald-Gebüsche, Brachen, Wegränder. Die häufigste Waldweide Mitteleuropas, aber nur bei ausreichendem Lichtangebot vorkommend.

Biologie: Bis 60 Jahre alt; im Gegensatz zu den meisten Baum- und Strauchweiden vegetativ sich schlecht vermehrend; außerordentlich genügsames Pioniergehölz frischer bis feuchter Standorte, aber Nässe meidend, stets außerhalb von Auen und Mooren; Bodenverbesserer und -festiger.

Verwendung: Wegen ihrer Anspruchslosigkeit und Fähigkeit, Rohböden zu besiedeln, gut geeignet für Rekultivierung, Böschungsbefestigung und Landschaftsgestaltung. Wegen früher Blütezeit wertvoll als Bienenweide und begehrtes Schmuckreisig (beste „Palmkätzchen"). Als Ziergehölz auch eine meist hochstämmig veredelte Hängeform ('Pendula') mit steifen, bogig überhängenden Zweigen in Kultur, wobei der männliche Klon ('Kilmarnock') zur Blütezeit attraktiver ist als der weibliche Klon ('Weeping Sally'). Als Kätzchen- und Bienenweide mindestens so beliebt wie die Sal-Weide ist ihr Bastard mit der Korb-Weide (*S. viminalis*), die **Kübler-Weide** (***Salix × smithiana***), deren Blätter schmaler (länglich lanzettlich bis eiförmig lanzettlich) und etwas länger sind. Diese seit 1808 aus Kultur in Deutschland bekannte Weide wird außerdem zur Bandstockgewinnung und für Schutzpflanzungen im Siedlungs- und Industriebereich genutzt.

Salix eleagnos – Lavendel-Weide

Bis 6 m hoher Strauch oder bis 15 m hoher Baum mit glatter Rinde (einzige Art unter den mitteleuropäischen Baumweiden ohne längsrissige Verborkung) und leicht kantigen Zweigen. **Blätter** 5–15 cm lang, 0,5–2 cm breit, linealisch lanzettlich, anfangs beiderseits weißfilzig, später Oberseite kahl und dunkelgrün, Unterseite matt grau- bis weißfilzig, Spreitenrand umgerollt. **Blütenkätzchen** mit dem Blattaustrieb (März–Mai), dünn und nach unten gebogen, dadurch meist nickend, wie verwelkt aussehend.

Name: *eleagnos* auf griech. Wurzel zurückzuführen, aber mit verschiedener Deutung, „eleo-" = Sumpf- wegen des Vorkommens auf Nassstandorten bzw. „elaia" = Ölbaum wegen der ebenfalls weißfilzigen Blätter, auf diese bezieht sich auch der deutsche Name. Blätter den Lavendelblättern noch ähnlicher, da schmal und mit umgerolltem Rand. Auf den oft verwendeten Namen Grau-Weide

Lavendel-Weide am Naturstandort (Randalpen). ▶

sollte verzichtet werden, da er zu Verwechslungen mit *S. cinerea* führen kann.
Verbreitung: Gebirge Mittel- und S-Europas (500–2000 m ü. M.), N-Afrikas und N-Kleinasiens.
Lebensraum: Ufer und Schotterbänke der Gebirgsflüsse, Bach-Auenwälder.
Biologie: Rohbodenpionier, besonders auf Kalk- und Dolomitgestein, überflutungs- und überschotterungstolerant.
Verwendung: Wichtige Art für ingenieurbiologische Maßnahmen und Bepflanzung basenreicher Schotterfluren in den Gebirgen, auch ein beliebtes Ziergehölz. Dekorativ sind besonders schmalblättrige Formen, z. B. 'Angustifolia', aber die daraus selektierte Sorte 'Schönemann' wird durch die Bundesgehölzsichtung höher bewertet bzw. als ausgezeichnet eingestuft, da deutlich besserer Pflanzenaufbau und widerstandsfähiger.

Die häufig gepflanzte schmalblättrige Sorte 'Angustifolia' der Lavendel-Weide.

Salix helvetica – Schweizer Weide

Kleiner, bis 1 m hoher und meist etwas breiterer Strauch mit dicken, krummen Ästen und anfangs dicht zottig weiß behaarten Zweigen. **Blätter** 3–6 cm lang, 1–3,5 cm breit, elliptisch, fast ganzrandig, oberseits dunkel graugrün, behaart bis kahl, unterseits weißfilzig. **Nebenblätter** schwach entwickelt. **Blütenkätzchen** mit der Laubentfaltung, dick walzenförmig, anfangs durch dichte Behaarung silbrig weiß, dann durch Staubbeutel gelb.
Name: *helvetica* lat., nach dem Vorkommen in den Schweizer Alpen.
Systematik: Wird wegen der großen Ähnlichkeit und schwierigen Unterscheidbarkeit auch mit der nordeuropäisch-sibirisch verbreiteten Lappland-Weide, *Salix lapponum*, zu einer Artengruppe *S. lapponum* agg. zusammengefasst.
Verbreitung: Alpen, Karpaten, Abruzzen, Dinarische Gebirge.

Die Schweizer Weide, ein auffällig weiß behaarter Kleinstrauch. ▶

Lebensraum: Subalpine Gebüsche feuchter, kalkfreier Standorte.
Biologie und Verwendung: Durch die weiße Behaarung ein zierender Kleinstrauch für den Garten, aber nach Bundesgehölzsichtung niedrigwachsender Weiden als eine Art für Liebhaber- bzw. Spezialzwecke eingestuft, da sie aufgrund ihres sehr standortabhängigen Wuchsverhaltens und wegen teilweiser Anfälligkeit gegenüber Pilzkrankheiten besonderen Pflegeaufwand erfordert.

Ähnliche Art (Kleinstrauch mit dichter wollig-filziger Behaarung):
***Salix lanata*, Woll-Weide:** Kleinstrauch von gedrungenem Wuchs mit dicken, weißwollig behaarten Zweigen. Blätter 3–7 cm lang, 2–6 cm breit, breit elliptisch bis eiförmig-rundlich, fast ganzrandig, anfangs beiderseits mit langen weißen, jung oft auch gelblichen, Haaren. Blütenkätzchen dicht goldgelb behaart. Zirkumpolar in den Tundren verbreitete Art, die durch ihre weißwollige Behaarung noch attraktiver als die Schweizer Weide ist, geeignet für Stein- und Heidegärten oder Rabatten, wird aber durch die Bundesgehölzsichtung ähnlich einschränkend wie diese Art bewertet.

Salix pentandra – Lorbeer-Weide

Großstrauch oder bis 12(–25) m hoher, einen Stammdurchmesser von 90 cm erreichender Baum mit oliv- bis rotbraunen, kahlen, stark glänzenden Zweigen. **Blätter** völlig kahl, Spreite 5–12 cm lang, 1,5–4 cm breit, (schmal) eiförmig elliptisch, von anderen Weiden durch derbe, lackartig glänzende (an Lorbeer erinnernde; siehe deutscher Name!), im Austrieb mit Balsamharz bedeckte Blätter mit mehreren höcker- bis stielartigen Drüsen am Übergang vom Blattstiel zum Spreitengrund abweichend, welkend mit Bittermandelgeruch. **Blütenkätzchen** mit oder nach Laubentfaltung (Mai–Juni), damit unter den Großstrauch- und Baumweiden am spätesten blühende Art. Männliche Blüten mit (3–)5(–8) Staubblättern. **Fruchtkätzchen** hängend, erst im Herbst reifend, Kapseln mit den Samen vom Herbst bis in den Winter an der Pflanze verbleibend und besonders nach dem Laubfall durch die Haarbüschel der Samen auffallend („Baumwollstrauch“).

Männliche Blütenkätzchen der Lorbeer-Weide.

Fruchtkätzchen der Lorbeer-Weide im Winter.

Name: *pentandra* griech. = fünfmännig, da meist 5 Staubblätter je Blüte.
Verbreitung: Gemäßigtes bis nördliches Europa bis W-Sibirien, Kaukasien und Kleinasien, vom Tiefland bis in die Hochgebirge.
Lebensraum: Niedermoore, lichte Moorwälder, Gewässerufer.
Biologie: Nässe ertragendes Pioniergehölz, bevorzugt auf basen- und nährstoffreicheren Standorten.
Verwendung: Seit langer Zeit für ingenieurbiologische Arbeiten (besonders im Wasserbau), für Gestaltungszwecke in Sumpf- und Moorgebieten, aber als Solitärgehölz mit seinen Blättern und herbstlichem „Samenschmuck“ auch Ziergehölz für Park und Garten. Nicht zu verwechseln mit dem ähnlichen, nicht selten gepflanzten und auch verwildert auftretenden Bastard mit der Bruch-Weide, der **Zerbrechli-**

chen Lorbeer-Weide, *Salix* × *meyeriana*, bei der die Zweige (zumindest ein Teil) wie bei *S. fragilis* am Grund von ihrer Tragachse leicht abbrechen.

Salix purpurea – Purpur-Weide

Blätter bei der Purpur-Weide teils (fast) gegenständig.

Straff-aufrechter, schlanker, 1–6 m hoher Strauch, selten bis 10 m hoher Baum, mit zähen und biegsamen, gelblich braunen bis rotpurpurnen, kahlen oder höchstens anfangs etwas behaarten Zweigen. **Blätter** zumindest teilweise ± gegenständig, 3–12 cm lang, 0,5–2 cm breit, verkehrt eilanzettlich, über der Mitte am breitesten, meist nur in oberer Hälfte gezähnt, sonst ganzrandig, kahl oder anfangs etwas behaart, Oberseite grün, Unterseite blau- bis graugrün, welkende Blätter sich blauschwarz verfärbend. **Nebenblätter** fehlend. **Blütenkätzchen** oft ± gegenständig, erscheinen vor oder mit Laubausbruch (März–Mai), oft unregelmäßig gekrümmt, wie verwelkt aussehend. Die Staubfäden der beiden Staubblätter verwachsen, so dass männliche Blüten scheinbar nur mit 1 Staubblatt.

Name: *purpurea* lat. = purpurfarben, wegen der anfangs purpurnen männlichen Kätzchen, bedingt durch die Farbe der Staubbeutel, dann aber schwarz, beim Stäuben gelb werdend.

Verbreitung: Vom Mittelmeergebiet bis in die nemorale Zone Europas und W-Asiens.

Lebensraum: Kies- und Sandbänke der Bach- und Flussauen, Gebüsche der Weichholzaue, sekundär in Kiesgruben; vom Tiefland bis in die subalpine Stufe der Gebirge.

Biologie: Rohbodenpionier nasser bis wechseltrockener Standorte, zeitweise Überflutung ertragend. Wegen des bitteren Geschmacks der Blätter und Rinde von Wild und Weidetieren gemieden, auf hohen Gehalt an Salicin zurückzuführen, damit aber zu denjenigen Weiden (siehe unter *Salix*!) gehörend, die als Heilpflanze bedeutsam sind.

Verwendung: Wichtige Weide für ingenieurbiologische Maßnahmen, zur Ufer- und Hangsicherung, Bepflanzung von Rohböden. Als Ziergehölze wurden einige Sorten ausgelesen, so die um 1900 von der Berliner Baumschule Späth als var. *uralensis* in den Handel gebrachte Zierliche Purpur-Weide (heute Sorte 'Nana'), ein feinzweigiger gedrungener Kleinstrauch, und die Hängeform 'Pendula', als Zwergstrauch um 1830 in der Schweiz aufgefunden, aber in Kultur oft hochstämmig veredelt. Beide Sorten wurden bei der Bundesgehölzsichtung niedrig wachsender Weiden als ausgezeichnet eingestuft. Durch große Biegefestigkeit der Zweige ist die Purpur-Weide eine der besten Flecht- und Bindeweiden, hierfür ist auch der Bastard mit der Korb-Weide (*S. viminalis*), die **Blend-Weide, *Salix* × *rubra*,** von Bedeutung, die als Flechtweide (z.B. Sorten Ulbrich- und Kaiser-Weide) besonders wertvoll ist, da sie gleichmäßige lange Ruten liefert.

Sprosse von 'Hakuro Nishiki', einer Sorte der Japanischen Purpur-Weide mit eigenartiger Blattfärbung.

Ähnliche Art (Blätter und Kätzchen oft ± gegenständig, Nebenblätter fehlend, männliche Blüten scheinbar mit nur 1 Staubblatt):

***Salix integra*, Japan-Weide, Japanische Purpur-Weide:** Die Blätter sind kürzer, 2–5 cm lang, aber ebenso breit wie bei *S. purpurea*, beiderseits blassgrün. Ostasiatische Art, die kaum in

Kultur ist, aber eine erst 1979 aus Japan eingeführte (VAN DE LAAR), durch ihre Blattfärbung während des Austriebs spektakuläre Sorte hat inzwischen die Gärten erobert: **'Hakuro Nishiki'**. Ihre graugrünen Blätter sind weiß marmoriert, aber sie treiben rosa aus und sind dann auf rosa-weißem Untergrund grün gefleckt, bevor Grün und Weiß schließlich dominieren. Der Effekt wird durch Rückschnitt der Zweige gefördert, der bei hochstämmiger Veredlung eine kugelige Krone ergibt.

Salix repens agg. – Artengruppe Kriech-Weide

0,2–1,3(–2) m hoher Strauch, sich mit unterirdischen Sprossachsen ausbreitend, von denen zahlreiche niederliegende, bogig aufstrebende bis aufrechte Äste abgehen. Zweige meist straff aufrecht, anfangs dicht seidig behaart. **Blätter** beiderseits oder nur unterseits dicht seidenhaarig, silbrig glänzend, 1–5 cm lang, linealisch bis lanzettlich oder elliptisch bis verkehrt eiförmig, Rand oft ± umgerollt, ganzrandig oder entfernt gesägt, Spitze oft zurückgekrümmt, beim Trocknen zuweilen schwarz werdend. **Blütenkätzchen** kurz vor oder mit dem Laubaustrieb (April–Mai).

Name: *repens* lat. = kriechend, wegen der sich unterirdisch ausbreitenden Hauptsprosse („Kriechstämme").

Systematik: Zur Artengruppe gehören 3 Sippen, meist 2 Arten zugeordnet:

- ***Salix repens*, Kriech-Weide: Echte Kriech-Weide, subsp. *repens*:** Blätter breit lanzettlich bis elliptisch oder verkehrt eiförmig, 2–5-mal so lang wie breit, Seitennerven jederseits der Mittelrippe (4–)7(–10), Rand meist umgerollt, ganzrandig bis entfernt gezähnt, Spitze gekrümmt, nur Unterseite bleibend silbrig seidig. Wenn Spreite bis rundlich, nur bis 2,5-mal so lang wie breit und beiderseits bleibend silbrig seidig: **Sand-Kriech-Weide** oder **Dünen-Weide, subsp. *dunensis***.
- ***Salix rosmarinifolia*, Rosmarinblättrige Weide:** Blätter schmaler und länger, (3–)5,7(–10)-mal so lang wie breit, Seitennerven jederseits (8–)10(–14), Rand flach oder nur wenig umgerollt, meist ganzrandig und mit gerader Spitze, Unterseite bleibend silbrig seidig.

Verbreitung: *S. repens* ozeanisch beeinflusstes W- und Mittel-Europa, an Küsten von Atlantik bis Ostsee subsp. *dunensis*; *S. rosmarinifolia* östliches Mitteleuropa bis Sibirien.

◀ *Blühende männliche Pflanze der Echten Kriech-Weide (subsp. repens).*

◀ *Dünen-Sippe der Kriech-Weide (subsp. dunensis) am Naturstandort (Nordseeinsel).*

Die Rosmarinblättrige Weide mit schmaleren Blättern als bei den anderen Sippen der Artengruppe Kriech-Weide. ▶

Lebensraum: Küstendünen (hier meist subsp. *dunensis*), Magerrasen, Wiesen und Zwergstrauchheiden wechsel- bis staufeuchter Standorte, Nieder- und Zwischenmoore, Wald- und Grabenränder. Da Standortveränderungen zum Verlust der Lebensräume führen, gilt *S. repens* subsp. *repens* in Deutschland als der Gefährung nahe (Vorwarnliste der Roten Liste), *S. rosmarinifolia* wegen ihrer begrenzten Verbreitung sogar als gefährdet.
Biologie: Übersandung gut vertragend, besser als alle anderen Weidenarten.
Verwendung: Wertvolle Weide für Landschafts- und Gartenbau. Kriech-Weide wichtig zur Dünenverbauung, da sie bei Sandüberwehung mitwächst. Bedeutung als Ziergehölz, z. B. für Sandböden, Heide- und Steingärten. Als sehr gut eingestuft wurden bei der Bundesgehölzsichtung niedrigwachsender Weiden subsp. *dunensis* und von der Unterart subsp. *repens* zwei in den Niederlanden aufgefundene, reich mit Kätzchen besetzte Sorten ('Bergen', 'Voorthuizen').

Salix reticulata – Netz-Weide

Spalierstrauch mit dem Boden anliegenden, sich bewurzelnden Ästen, 10(–40) cm hoch. **Blätter** rundlich bis breit verkehrt eiförmig, 1–5 cm lang, lederartig, meist ganzrandig, oberseits durch stark vertiefte Nerven runzelig, dunkelgrün, unterseits graugrün bis weißlich, anfangs lang behaart, meist verkahlend. **Blütenkätzchen** nach der Laubentfaltung (Juni–August).

Netz-Weide, ein Spalierstrauch mit oberseits runzeligen Blättern.

Name: *reticulata* lat. = netzartig, da durch oberseits vertiefte und unterseits vorspringende Blattnerven die netzartige Nervatur besonders auffällt.
Verbreitung: Zirkumpolar in subarktischer Zone und in mittel- und südeuropäischen Hochgebirgen (bis über 2500 m ü. M.).
Lebensraum: Tundra, alpine Fels- und Schotterfluren, Kalkrasen, Schneetälchen.
Biologie: Ein Alter bis 50 Jahre erreichend.
Verwendung: Wertvoll für Stein- und Alpingärten oder Bepflanzung von Trockenmauern kühler, nordseitiger Lagen. Ein in den 1870er Jahren in Schottland von Boyd entdeckter Bastard mit der Woll-Weide (*S. lapponum*) fand Eingang in die Gartenkultur: ***Salix × boydii***. Die etwas höher werdende (50–70 cm), zierliche

Die runzelige Oberseite der Blätter von Boyds Weide lässt erkennen, dass die Netz-Weide ein Elter der Hybride ist.

Weide mit ihren kleinen rundlichen, anfangs beiderseits, später nur noch unterseits weißwolligen Blättern ist nicht nur für Stein- und Heidegärten attraktiv, sondern eignet sich auch zur Bepflanzung von Trögen.

Salix viminalis – Korb-Weide

Aufrechter, 2–7(–10) m hoher Strauch, selten baumförmig. Zweige anfangs dicht grau behaart, verkahlend. **Blätter** 5–20 cm lang, bis 2 cm breit, linealisch bis länglich oder schmal lanzettlich, Oberseite dunkelgrün, Unterseite durch seidige Behaarung silberweiß schimmernd, Blattrand wellig, nach unten umgerollt, ganzrandig. **Blütenkätzchen** kurz vor der Laubentfaltung (März–April).

Fruchtkätzchen der Korb-Weide.

Name: *viminalis* lat., zu Flechtwerk verwendbar, verweist auf die seit alter Zeit bekannte Nutzung der biegsamen Zweige („Ruten").
Verbreitung: Wald- und Steppenzonen von Mittel- und O-Europa bis Sibirien, Mongolei und Mittelasien, über das natürliche Areal hinaus nach Verwilderung aus Kultur etabliert, auch im östlichen Nordamerika.
Lebensraum: Auengebüsche, Fluss- und Bachufer.
Biologie: Rinde von mildem Geschmack, deshalb von Wild und Weidetieren bevorzugte Weide.
Verwendung: Seit langer Zeit für ingenieurbiologische Maßnahmen und Landschaftsgestaltung, aber vor allem für die Gewinnung von Bandstock-, Flecht- und Schälweiden. Die **Filzast-Weide, *Salix × dasyclados*,** ist eine ebenfalls als Bandstockweide (liefert spaltbares Flechtmaterial) genutzte Weide mit dicken, filzig behaarten Zweigen und breiteren (2–4 cm breit), am Rand kerbig gesägten und nur schwach umgerollten Blättern, deren Herkunft nicht ganz sicher ist. Vermutlich ist diese Weide aus Bastardierungen hervorgegangen, bei denen neben der Korb-Weide als Elternarten *S. caprea* und *S. cinerea* beteiligt waren.

Weitere Arten:
***Salix caesia*, Blaugrüne** oder **Blau-Weide:** 0,3–1(–1,5) m hoher Kleinstrauch mit niederliegenden bis aufrechten Sprossen, kahlen braunen Zweigen und 1–3(–6) cm langen, 1,5–2(–4) cm breiten, elliptischen bis verkehrt eiförmigen, ganzrandigen, blaugrünen Blättern. Die nur 1–2 cm langen Blütenkätzchen erscheinen knapp vor oder mit der Blattentfaltung (Mai–Juni). Die Hochgebirgsart Mittelasiens und der Mongolei hat ein davon weit isoliertes Teilareal in den Alpen. Als Ziergehölz wird sie selten gepflanzt (aus Kultur bekannt seit 1812, Deutschland).

Blätter der Blaugrünen Weide.

***Salix eriocephala*, Herzblättrige Weide:** Nordamerikanische Strauchweide mit 6–14 cm langen, eiförmigen bis länglichen oder elliptischen, am Rand gesägten, oberseits dunkel-, unterseits hell- oder graugrünen Blättern mit herzförmiger, gestutzter oder abgerundeter Spreitenbasis und großen nierenförmigen Nebenblättern. Zu dieser Art oder einem Bastard dieser Art gehört die bei Korbmachern

Blätter der Herzblättrigen Weide.

Spross der Farges Weide mit auffälliger Farbe der Zweigrinde und Knospen.

bekannte, teils auch zur Wildäsung gepflanzte „Amerikaner-Weide" ('Americana'), die feine Flecht- und Schälweide liefert. Sie soll um 1900 als geflochtener Korb aus den USA eingeführt worden sein, dessen Ruten der Stecklingsvermehrung dienten.

***Salix fargesii*, Farges Weide:** Chinesische Strauchweide (bis 3 m hoch) mit auffälligen Merkmalen, die ihren Zierwert gut charakterisieren. Große Knospen, junge Zweige und Blattstiele glänzend purpurrot. Blätter 8–18 cm lang und 3–8 cm breit, oberseits glänzend dunkelgrün, mit eingesenkten Nerven, unterseits seidig behaart.

Salix gracilistyla: Ostasiatische Strauchweide, die kaum in Kultur ist, jedoch wird ihr eine durch ihre Blütenkätzchen attraktive, aus Japan eingeführte Weide mit 4–12 cm langen, elliptischen bis lanzettlichen, unterseits grauen, dicht seidig oder samtig behaarten Blättern als Sorte zugeordnet, die **Schwarzkätzchen-Weide 'Melanostachys'**. In Kultur befindet sich ein männlicher Klon, dessen vor der Blattentfaltung erscheinende Kätzchen anfangs schwarz (bedingt durch die Farbe der schuppenförmigen Deckblätter der Blüten), dann durch die Staubbeutel ziegelrot und schließlich beim Stäuben gelb sind.

***Salix hastata*, Spieß-Weide:** 0,5–1,5 m hoher Strauch mit anfangs zottig behaarten, aber bald kahlen, rotbraunen Zweigen, 4–8 cm langen, 2–5 cm breiten, verkehrt eiförmigen bis elliptischen, oberseits dunkel-, unterseits graugrünen, nur anfangs behaarten Blättern mit abgerundetem bis keilförmigen Spreitenrund. Die eurosibirische, in der subarktischen Zone (Waldtundra, Tundra) und der subalpinen Stufe der Gebirge vorkommende Art wächst oft auf basenreichen und kalkhaltigen Standorten. In Kultur ist meist die **Engadin-Weide, 'Wehrhahnii'** (um 1930 in Schweiz aufgefunden), eine Sorte mit attraktiven, vor dem Aufblühen dicht weiß behaarten Blütenkätzchen, so dass sie wie von silbrigem Haarpelz bedeckt erscheinen, später durch die Staubbeutel gelbe Farbe annehmend. Nach der Bundesgehölzsichtung niedrigwachsender Weiden als Sorte für Liebhaber/Spezialzwecke eingestuft, da sie aufgrund ihres sehr standortabhängigen Wuchsverhaltens besonderen Pflegeaufwand erfordert.

Männliche Blütenkätzchen der Engadin-Weide, einer Sorte ('Wehrhahnii') der Spieß-Weide.

***Salix herbacea*, Kraut-Weide:** Nur 2–10 cm hoher Zwergstrauch der Tundren von Europa bis Nordamerika sowie der Schneeböden und -tälchen europäischer Hochgebirge (bis 3000 m ü. M.). Den kriechenden unterirdischen Stämmchen entspringen kurze Zweige mit wenigen, 0,8–2 cm langen, rundlichen, kahlen, beiderseits glänzend grünen Blättern und kleinen kugeligen, wenigblütigen Kätzchen. Da oberirdisch fast nur die krautigen Pflanzenteile sichtbar sind, erhielt die Art von LINNÉ, der sie auch als „kleinsten Baum der Welt" bezeichnete, den Namen „*herbacea*", also Kraut-Weide. In Kultur kann sie sich jedoch zu einem kleinen Sträuchlein entwickeln.

Die unterirdisch kriechende Kraut-Weide, eine der niedrigsten Weidenarten.

***Salix magnifica*, Pracht-Weide:** Chinesischer Großstrauch oder Kleinbaum, der seinen Namen (*magnifica* lat. = großartig, prächtig) zu Recht verdient. Anfangs purpurne, später rote Zweige, die für eine Weide außerordentlich großen, 10–20 cm langen und 5–10 cm breiten, dicken und lederigen, blau- bis graugrünen Blätter mit oft roten Blattstielen sowie die 7–20 cm langen männlichen Blütenkätzchen (Mai) mit anfangs purpurnen, dann gelben Staubbeuteln bieten eine wahrhaft prachtvollen Anblick. Als E. WILSON 1909 die Art in Sichuan auffand, glaubte er zunächst, eine neue *Magnolia*-Art entdeckt zu haben, da die Blätter eher denen der Magnolie als einer Weide ähnlich sind. Die Verbreitung der chinesischen Art ist auf zerstreute Vorkommen in W-Sichuan begrenzt und dort durch Zerstörung ihrer Lebensräume in ihrem natürlichen Bestand gefährdet (IUCN Red List).

Blätter der Pracht-Weide.

***Salix myrsinifolia*, Schwarzwerdende Weide, Schwarz-Weide:** Bis 3–6 m hoher Strauch mit variabler Blattform und -behaarung, Spreite elliptisch bis lanzettlich, verkehrt eiförmig oder rundlich, Oberseite grün, oft glänzend, Unterseite matt, graugrün bis weißlich, aber vorderster Teil um die Spitze grün. Trockene Blätter färben sich ganz oder fleckenweise schwarz (siehe deutscher Name!). Die europäisch-westsibirische Art kommt vor allem in N- und O-Europa sowie im Alpenraum in Auenwäldern, an Gewässerufern und Moorrändern vor, oft auf kalkhaltigen Standorten. Sie erträgt zeitweise Überflutung und Beschattung.

Blätter der Schwarzwerdenden Weide.

***Salix myrsinites* agg., Artengruppe der Myrten-Weide:** Niederliegende bis aufrechte Zwerg- bis Kleinsträucher mit 2,5–5 cm langen, elliptischen bis eiförmigen, gesägten bis ganzrandigen, meist nur anfangs behaarten, später glänzend dunkelgrünen Blättern. Die Kätzchen erscheinen mit dem

Laubaustrieb (Juni–Juli), Staubbeutel und Narben sind violett. Zur Artengruppe 3 ähnliche Arten in mittel- und südeuropäischen Hochgebirgen sowie in der subarktischen Zone Eurasiens:
- die kalkholde **Östliche Myrten-Weide** oder **Alpen-Weide, *Salix alpina,*** mit ganzrandigen Blättern; von den O-Alpen an östlich verbreitet; galt in Deutschland bereits als ausgestorben, wurde wiederentdeckt, in Roter Liste als vom Aussterben bedroht;
- die kalkmeidende **Westliche Myrten-Weide, Kurzzähnige** oder **Matten-Weide, *Salix breviserrata,*** mit gesägten oder gezähnten Blättern; von den Alpen bis S- und SW-Europa; auch diese Sippe in Deutschland wieder aufgefunden, in Roter Liste als vom Aussterben bedroht;
- die **Nördliche** oder **Echte Myrten-Weide, *Salix myrsinites*** s. str., mit Blättern, die im Herbst zwar ihre Farbe verlieren, aber teilweise über den Winter an den Trieben verbleiben; Tundra und Waldtundra von N-Europa bis Sibirien.

Diese Weiden sind interessant für Alpinum und Steingarten, auch zur Bepflanzung von Trögen geeignet.

Blätter der Zweifarben-Weide aus der Artengruppe Grün-Weide.

Salix phylicifolia* agg., Artengruppe Grün-Weide:** Die hier eingeordnete **Zweifarben-Weide, *Salix bicolor, mit 2–8 cm langen, elliptischen oder (verkehrt) eiförmigen, anfangs behaarten, oberseits glänzend grünen und unterseits matt grau- bis blaugrünen Blättern fällt im Winter durch die gelben Knospen und zur Blütezeit durch die roten Staubbeutel mit gelben Pollen auf. Der bis 1,5(–2,5) m hohe, breit ausladende, manchmal auch niederliegende Strauch weist am Holz 2–3-jähriger Zweige kurze Striemen auf. Art der hochmontanen bis subalpinen Stufe west- und mitteleuropäischer Gebirge. In Deutschland ist sie ausgestorben, in Österreich stark gefährdet. Die eigentliche **Grün-Weide** oder **Teeblättrige Weide, *Salix phylicifolia,*** eine Art der Tundra und Waldtundra von N-Europa bis Sibirien, ist kaum in Kultur. Sie weist keine Striemen am Holz der 2–3-jährigen Zweige auf und die Blätter sind schon anfangs weitgehend kahl.

***Salix pyrifolia,* Balsam-Weide:** Nordamerikanische Art, von der die breitwüchsige, bis 2–3 m hohe Sorte 'Mas' mit niederliegenden und aufstrebenden Ästen, rotbraunen, glänzenden Zweigen und kahlen, eiförmigen bis lanzettlichen, oberseits dunkel-, unterseits blaugrünen, im Herbst goldgelben Blättern in Kultur ist. Diese wird nach der Bundesgehölzsichtung niedrigwachsender Weiden als ausgezeichnet bewertet.

Quendelblättrige Weide, ein der Stumpfblättrigen Weide ähnlicher Spalierstrauch.

***Salix retusa,* Stumpfblättrige Weide:** Bis 30 cm hoher Spalierstrauch mittel-, süd- und südosteuropäischer Hochgebirge mit dem Boden anliegenden Ästen, 0,8–3 cm langen, länglichen bis verkehrt eiförmigen, kahlen, fast ganzrandigen Blättern, die sich im Herbst leuchtend gelb verfärben und beim Verwelken nach Baldrian oder Leder riechen. Die Art wird gern verwendet für Alpingärten oder zur Bepflanzung von Mauerkronen in feuchtkühlen Lagen. Dem gleichen Verwendungszweck dient die ähnliche, in allen Teilen kleinere, nur in den Alpen vorkommende **Quendelblättrige Weide, *S. serpyllifolia*.**

Gebänderte, stark abgeflachte Zweige der Drachen-Weide, eine Sorte ('Sekka') der Amur-Weide.

***Salix udensis*, Amur-** oder **Sachalin-Weide:** Die ostasiatische Art, ein 3–5 m hoher Strauch oder kleiner Baum mit glänzenden, kastanienbraunen Zweigen und 5–15 cm langen, oberseits glänzend grünen, unterseits graugrünen lanzettlichen Blättern, ist kaum in Kultur (eingeführt 1905). Aber die **Drachen-Weide** (**'Sekka'**), eine höchst eigenartige, aus Japan eingeführte männliche Sorte mit gebänderten, abgeflachten, bis zu 5 cm breiten, teils gewundenen oder verdrehten Zweigen, die zur Blütezeit im April–Mai dicht mit Kätzchen besetzt sind, erfreut sich einer gewissen Beliebtheit. Die Zweige werden auch als Schmuckreisig verwendet.

Salvia officinalis – Echter oder Garten-Salbei

Lamiaceae – Lippenblütengewächse

0,2–1 m hoher, winter- bis immergrüner Halbstrauch. **Blätter** gegenständig, Spreite 2–8 cm lang, eilanzettlich, schwach gekerbt, oberseits durch vertiefte Nerven runzelig, unterseits graufilzig, an der Basis gelegentlich mit einem Paar schmaler Blattlappen. **Blüten** in langen unterbrochenen Scheinähren, Scheinquirle 4–10-blütig, Kelch und Krone 2-lippig, Krone 1,5–3 cm lang, (hell)violett, Kelch zur Fruchtzeit trockenhäutig, braun. Blütezeit: Mai–Juni.

Name: *Salvia* lat. Name für Salbei, beide Namen basieren auf „salvus" = gesund, verweisen also auf die Verwendung als Heilpflanze, was besonders diese seit dem Altertum genutzte Art betrifft, denn *officinalis* unterstreicht die offizinelle bzw. arzneiliche Bedeutung.
Systematik: *Salvia* ist eine der artenreichsten Gattungen der Lippenblütler, wobei Angaben zu den Artenzahlen schwanken (900–950). Hierzu gehören krautige und verholzte, meist wegen des Gehalts an ätherischen Ölen stark aromatische Arten, überwiegend Stauden und Halbsträucher der gemäßigten bis tropischen Zonen (allein in Mexiko über 250 Arten, Türkei 86 Arten, davon etwa die Hälfte endemisch). Die gegenständigen Blätter sind einfach, entweder ungeteilt oder gelappt bis fiederschnittig, die in Scheinquirlen stehenden Blüten bilden ähren-, trauben- oder rispenförmige Blütenstände.
Verbreitung: *S. officinalis* ist im Mittelmeergebiet beheimatet, aber in weiten Teilen nicht ursprünglich, sondern nach Verwilderung aus Kultur etabliert; eingebürgerte Vorkommen nördlich bis Deutschland (Anbau seit 9. Jahrhundert belegt), auch in Nordamerika.
Lebensraum: Trockenrasen, Felsfluren, steinige Trockenhänge.
Biologie: Unter den wenigen Gehölzen der Gattung einzige in Mitteleuropa winterharte Art, tolerant gegenüber Hitze und Trockenheit.

Verwendung: Vielseitig, als Heilpflanze bei Entzündungen im Mund- und Rachenraum, als Gewürzpflanze ein Fleischgewürz, in Öl gebratene Blätter von köstlichem Geschmack, wobei Duft und Geschmack der Blätter variieren. Früher eine typische Art der Bauerngärten. Als Zierpflanzen neben Sorten mit unterschiedlicher Blütenfarbe (neben violett weiß oder rosa) auch Sorten mit gefleckten oder im Austrieb rot-, später grauvioletten oder mit gekräuselten Blättern.

Blühender Echter Salbei. ▶

Sambucus nigra – Schwarzer Holunder

Viburnaceae – Schneeballgewächse

Sommergrüner, 5–7 m hoher, breit ausladender Strauch oder bis 10 m hoher Baum mit überhängenden Zweigen. Stamm nur kurz, mit längsrissiger, hellgrauer Borke. Junge Triebe graubraun, kahl, mit dickem, weißem Mark. Zweige mit zahlreichen Korkporen. Knospen eiförmig, sich schon im Spätwinter etwas öffnend, kahl, mit mehreren Knospenschuppen. **Blätter** 4–5 cm lang gestielt, 10–30 cm lang, unpaarig gefiedert, mit 5(–7) Fiedern. Blättchen eiförmig elliptisch, 6–10 cm lang und 3–4 cm breit, lang zugespitzt, oberseits dunkelgrün und kahl, unterseits heller, anfangs behaart, verkahlend, am Rand gesägt. Blattgrund mit nebenblattartigen Anhängseln, die ein Nektarium tragen. Blüten in 10–15 cm breiten Schirmrispen, endständig an jungen Trieben. **Blüten** duftend, weiß, zwittrig mit doppelter, 5-zähliger Blütenhülle, flach ausgebreiteter Krone und 3-fächerigem, unterständigem Fruchtknoten, Staubbeutel gelb. Blütezeit: Juni–Juli. **Frucht** eine saftreiche, kugelige, 5–6 mm große Steinfrucht mit meist 3 Steinkernen. Diese 3-kantig, 3–4 mm lang. Fruchtreife: August–September. **G!**

Name: *Sambucus* war der Name des Holunders bei den Römern und wurde auch von PLINIUS d. Ä. verwendet. Die deutsche Bezeichnung Holunder leitet sich vom althochdeutschen „holuntar“ ab. Auch die Bezeichnung Holder, Holler, Hollerbusch ist üblich. Der auch heute im Volksmund gebräuchliche Name „Flieder“ ist erst seit dem 16. Jahrhundert überliefert.
Systematik: Die Gattung *Sambucus* umfasst etwa 10 Arten. Das Areal erstreckt sich über Amerika, Eurasien, Afrika, O-Australien und Tasmanien. Verbreitungsschwerpunkt ist das nemorale Eurasien und Nordamerika. Fossil seit dem Tertiär bekannt.

Blühender Schwarzer Holunder.

Verbreitung: Europa (mit Ausnahme der Britischen Inseln und Skandinaviens) bis Anatolien, Nordirak und Westiran.
Lebensraum: Der Schwarze Holunder ist ein lichtbedürftiges Gehölz, das einen lockeren, tiefgründigen und nährstoffreichen Boden benötigt. Wegen seines hohen Stickstoffbedarfs ist er oft in der Nähe menschlicher Siedlungen und an Schuttplätzen zu finden. Er kommt vor allem im Tiefland an Waldrändern und als Feldgehölz vor. Durch Stickstoffeinträge und Klimawandel hat er sich auch in den Wäldern der montanen Stufe etabliert und führt teilweise zu einer massiven Florenveränderung.
Biologie: Die Blüten werden durch den Wind oder von Insekten, Fliegen, Käfern und Hautflüglern, bestäubt. Angeboten wird zwar kein Nektar, aber viel Pollen. Die reifen schwarzen Früchte kontrastieren zu den roten Fruchtstandsachsen. Die Früchte bzw. Steinkerne werden durch Vögel, namentlich Amseln, Drosseln und Stare, verbreitet. Durch sie gelangen sie auch auf Bäume oder Mauern. Ältere Sträucher bilden lange, unverzweigte Rutentriebe mit dickem weißem Mark, die zum Teil am Ende der Vegetationsperiode absterben.
Verwendung: Aus den Blüten wird ein Sirup für Getränke gewonnen. Auch in Teig eingebacken als Hollerküchle finden sie Verwendung. Die Früchte sind reich an Kalium und Vitamin C. Aus ihnen werden Säfte gewonnen und Marmeladen bereitet. Dank des hohen Gehalts an Sambucin, einem Anthocyanfarbstoff, dienten sie früher auch zur Färbung von Wolle und Leder. Blätter (zerrieben unangenehm duftend), frische Rinde und unreife Früchte sind wegen des Gehalts an Sambunigrin, einem cyanogenen Glykosid, giftig.
Neben Fruchtsorten werden auch in Blattfarbe und -gestalt abweichende Sorten als Ziergehölze kultivert, z. B. schlitzblättriger Blut-Holunder wie 'Eva' (BLACK LACE).

Schlitzblättriger Blut-Holunder, eine Sorte des Schwarzen Holunders ('Eva').

Weitere Art:
***Sambucus racemosa*, Roter** oder **Trauben-Holunder:** Sommergrüner, 2–4 m hoher Strauch. Zweige mit gelb- bis zimtbraunem Mark und kugelförmigen, dicht schließenden Knospen. Fiederblätter mit 3–5 eiförmig lanzettlichen Blättchen, diese 5–8 cm lang und bis 3,5 cm breit, scharf gesägt und lang zugespitzt, oberseits kahl, unterseits flaumig behaart. Blüten in eiförmigen bis länglichen, 5–10 cm langen und 6 cm breiten Rispen, grünlich gelb. Blütezeit: April–Mai. Frucht kugelförmig, scharlachrot, 4–5 mm groß. Fruchtreife: Juli–August. Verbreitung: Mitteleuropa bis Westasien. Als schnellwüchsiges, relativ kurzlebiges Pioniergehölz vor allem in der montanen Stufe auf Waldlich-

Blühender (▲) und fruchtender (▶) Roter Holunder

tungen und an Waldrändern. Die Steinkerne sind giftig. Aus dem Fruchtfleisch kann man Gelee, Saft und Mus gewinnen.

Satureja montana – Winter- oder Berg-Bohnenkraut

Lamiaceae – Lippenblütengewächse

Winter- bis immergrüner, 0,1–0,5 m hoher Zwergstrauch. **Blätter** gegenständig, 0,5–3 cm lang, lanzettlich bis linealisch, scharf zugespitzt, ganzrandig, Rand bewimpert, Spreite mit Drüsenpunkten. **Blüten** in wenigblütigen Scheinquirlen, Kelch 5-zähnig, Krone 2-lippig, 0,6–1,4 cm lang, weiß, rosa oder violett, Ober- und Unterlippe rötlich bis purpurn gefleckt. Blütezeit: Juli–Oktober.

Name: *Satureja* lat. Name für Bohnenkraut; *montana* lat. = Berg- oder Gebirgs-, also auf Bergen bzw. im Bergland vorkommend.

Systematik: Zur Gattung *Satureja* etwa 38 krautige und verholzte, durch den Gehalt an ätherischen Ölen stark aromatische Arten, die von der warmen bis in die warmgemäßigte Zone Europas und W-Asiens vorkommen.

Verbreitung: Mittelmeergebiet bis Anatolien und Syrien.

Lebensraum: Felsige und steinige Trockenhänge.

Blühendes Winter- oder Berg-Bohnenkraut. ▶

Biologie: Hitze und Trockenheit ertragend.
Verwendung: Gewürzpflanze, wertvoller Sommer- und Herbstblüher für Steingärten, Trockenmauern und Gewürzgärten. Der Duft variiert, es treten wie bei Thymian auch Chemotypen mit Zitronengeruch auf.

Schisandra chinensis – Chinesische Beerentraube, Spaltkölbchen

Schisandraceae – Spaltkölbchengewächse

Etwa bis 8 m hoch linkswindende, sommergrüne Liane mit braunen, gerundeten bis schwach kantigen, kahlen Zweigen. Knospen länglich eiförmig bis spindelförmig, bis 5 mm lang. **Blätter** wechselständig, ohne Nebenblätter, 1,5–3 cm lang gestielt, etwas dicklich. Spreite einfach, verkehrt eiförmig bis breit elliptisch eiförmig, ganzrandig oder mit kleinen, entfernt stehenden, fast rechtwinklig abstehenden Zähnchen, 5–10 cm lang und bis 5 cm breit, kurz zugespitzt, am Grund gerundet bis keilförmig, oberseits glänzend dunkelgrün, unterseits heller, fast bläulich, nur auf den Nerven behaart. **Blüten** blattachselständig am Grund junger Triebe, zu 2–3 beieinander, bis 2,5 cm lang gestielt, duftend, 1,5–2 cm Durchmesser, Blütenelemente freiblättrig, nicht in Wirteln, sondern spiralig angeordnet, weiß, bisweilen gelblich oder rötlich getönt. Perigon 7–12-zählig, die inneren Perigonblätter etwas größer als die äußeren. Staubblätter 5, die Staubbeutel miteinander verwachsen, Fruchtblätter zahlreich, sehr dicht stehend. Blütezeit: Mai–Juni. **Früchtchen** an einer zur Reife hängenden, stark verlängerten 3–10 cm langen Fruchtachse ansitzend, scharlachrot, 8–10 mm Durchmesser, saftig-fleischig, mit je 1–2 nierenförmigen, 4 mm langen, hellbraunen, glänzenden Samen. Fruchtreife: August–September.

Name: Griech. „schizein" = spalten, trennen, „andros" = Mann. Die Art, nach der die Gattung benannt wurde, hat gespaltene Staubbeutel; *chinensis* lat. = aus China stammend.

Fruchtende Chinesische Beerentraube.

Systematik: Die Gattung *Schisandra* umfasst 24 Arten in O- und S-Asien sowie eine Art im östlichen Nordamerika. Fossil ist die Gattung seit dem Tertiär (Eozän) bekannt.
Verbreitung: China, Korea, Sachalin, Japan (Hokkaido, Honshu).
Biologie: Die Frucht gleicht dem Fruchtstand einer roten Johannisbeere, doch handelt es sich bei den roten Gebilden nicht um gestielt angeordnete Beeren, sondern um ungestielte Früchtchen. Die Samen enthalten ein Nährgewebe (Endosperm). Die Keimung erfolgt epigäisch.
Verwendung: *S. chinensis* gelangte 1860 nach Europa. Sie wird in letzter Zeit nicht nur als Zier- sondern auch als Fruchtgehölz kultiviert. In den Plantagen befinden sich überwiegend weibliche und nur wenige männliche, zur Bestäubung unbedingt notwendige Individuen. Vermehrung durch Aussaat, Absenker oder krautige Stecklinge im Juni/Juli. Aus den Früchtchen wird Saft gewonnen, der zu Fruchtsäften oder Likör verarbeitet wird. In Japan nutzt man den aus dem Fruchtfleisch gewonnenen klebrigen Extrakt zur Festigung von Frisuren. Frosthart bis ca. –18 °C.

Shepherdia argentea – Silber-Büffelbeere, Silver Buffalo-berry

Elaeagnaceae – Ölweidengewächse

Sommergrüner, sparrig reich verzweigter, meist mit Dornen bewehrter großer Strauch oder kleiner, bis 6 m hoher, kurzstämmiger Baum. Junge Triebe dicht mit silbrig weißen Schuppen bekleidet. Zweige meist gegenständig, nur anfangs dicht mit Schildhaaren bedeckt, dann verkahlend und rotbraun, bis zum Boden übergebogen, die Spitzen meist verdornend. Borke dünn, dunkelgrau, anfangs glatt, sich später längsstreifig ablösend. Vegetative Knospen anliegend, länglich, 4–5 mm lang, Endknospe etwas größer. Blütenknospen zahlreich, kugelförmig, 2 mm groß, mit silbrigbraunen Schuppenhaaren. **Blätter** gegenständig, 4–6 mm lang gestielt. Spreite länglich elliptisch, lederig, am Ende gerundet, am Grund keilförmig, 3–5 cm lang und 7–10 mm breit, beidseitig mit silbrigen Schuppenhaaren bekleidet, oberseits etwas verkahlend und grün. Blütenknospen schon im Herbst deutlich sichtbar und ungeschützt überwinternd. **Blüten** an den Spitzen vorjähriger Zweige, eingeschlechtig, zweihäusig verteilt, in kurzen achselständigen Ähren, fast sitzend, gelblich. Blütenhülle einfach, ohne Krone. Kelch 4-zählig, spreizend. Weibliche Blüten oft auch einzeln, glockenförmig, um den Fruchtknoten ein 8-lappiges Nektarium. Männliche Blüten mit 8 Staubblättern, Kelchröhre 4-zipfelig. Blütezeit: März–April. **Frucht** mit persistierendem, 1 mm langem Kelch, orangerot, eiförmig bis fast kugelförmig, 4–9 mm groß, steinfruchtähnlich, vor allem im oberen Teil mit Schildhaaren, 1-samig. Fruchtfleisch saftig, aus der Kelchröhre hervorgegangen. **Samen** eiförmig, 3–5 mm lang. Fruchtreife: August.

Früchte der Silber-Büffelbeere.

Name: Benannt nach JOHN SHEPHERD (1764–1836), Kurator des Botanischen Gartens Liverpool. *argenteus* lat. = silberweiß, silbern.

Systematik: Die Gattung umfasst 3 Arten in Nordamerika.

Verbreitung: Mittleres Nordamerika: Kanada (Manitoba, Saskatchewan, Alberta) und Präriestaaten der USA (Minnesota bis Kansas und Nevada).

Lebensraum: Entlang von Flüssen, auf Sand- und Kiesbänken dichte Dickichte bildend. Trockenheits- und kälteverträglich.

Biologie: Die Blüten werden von kleinen Insekten bestäubt. Die Samenausbreitung übernehmen Schwarzbären, kleinere Säugetiere und Vögel.

Verwendung: Die Früchte sind essbar, aber sehr sauer. Getrocknete Früchte wurden im Winter von den Indianern mit Büffelfleisch verzehrt. Auch Gelee lässt sich aus ihnen bereiten. In Amerika dienen die Büsche, wohl wegen der Dornen, als Heckengehölz. In Europa ist die Silber-Büffelbeere seit 1818 in Kultur. Die Vermehrung erfolgt durch Samen.

Sibiraea altaiensis – Sibirische Blauspiere

Rosaceae – Rosengewächse

Sommergrüner, nur wenig verzweigter, 1–1,5 m hoher Strauch mit aufsteigenden bis aufrechten, kahlen, rotbraunen Zweigen und abgestorbenen Blättern oder Blattresten. Knospen länglich eiförmig, zugespitzt, kahl, 5–6 mm lang mit wenigen, sichtbaren Knospenschuppen, die äußeren spreizend. **Blätter** wechselständig. ohne Nebenblätter, sitzend, ganzrandig, länglich verkehrt eiförmig, 5–10 cm lang und 1–2 cm breit, am Grund allmählich verschmälert, kahl, blaugrün. **Blüten** in endständigen, kahlen, 6–12 cm langen und 5–8 cm breiten Rispen, zwittrig, meist jedoch eingeschlechtig, mit doppelter, 5-zähliger Blütenhülle, 6–10 mm Durchmesser, grünlich weiß. Kelchröhre glockenförmig, Kelchblätter kurz, aufrecht. Kronblätter länger als der Kelch, Staubblätter 25, in den männlichen Blüten länger, die sterilen in den weiblichen kürzer als die Kronblätter. Fruchtblätter 5, frei, nur am Grund miteinander verwachsen, in den männlichen Blüten vorhanden, aber steril. Blütezeit: April–Mai. **Frucht** eine Balgfrucht. Früchtchen 4 mm lange, 2–3-samige Bälge, zur Hälfte im unteren Teil vom persistierenden, 2 mm langen Blütenbecher geborgen. **Samen** schmal länglich, ± abgeflacht, 2,5–3 mm lang, braun. Fruchtreife: August–September.

Name: *Sibiraea altaiensis* bedeutet aus Sibirien, dem Altai-Gebirge stammend.
Systematik: Der Gattung *Sibiraea* gehören 2–4 Arten an. Nah verwandt mit *Spiraea*, aber unterschieden durch die eingeschlechtigen Blüten und die am Grund miteinander verwachsenen Fruchtblätter.

Blühende Sibirische Blauspiere.

Verbreitung: Kroatien, Bosnien (Eiszeitrelikt); Sibirien, Kasachstan, Altai, nördliches Zentralchina. Die europäischen und asiatischen Populationen sind über 5000 km voneinander getrennt!
Lebensraum: Lichte Wälder, Gebirgshänge, Flussufer. Im Altai-Gebirge in *Larix sibirica*- und *Pinus cembra* subsp. *sibirica*-Wäldern in Höhenlagen von 1000 bis 2500 m ü. M. In der IUCN Red List unter DD (Data Deficient) aufgeführt.
Verwendung: 1774 durch Daniel Carl Solander nach Mitteleuropa gelangt. Ansprechend vor allem durch die schöne Belaubung. Gut gedeihend auf durchlässigen Böden und an hellen, sonnigen Standorten.

Skimmia japonica – Japanische Skimmie

Rutaceae – Rautengewächse

Immergrüner, bis 1,5 m hoher, dicht verzweigter, breitbuschiger, bis auf die Blütenstände kahler Strauch. Junge Triebe rötlich. Zweige aufstrebend, grau. **Blätter** wechselständig, häufig am Zweigende scheinwirtelig genähert, 1 cm lang gestielt. Spreite lederig, mit transparenten Drüsen, länglich verkehrt eiförmig, ganzrandig, plötzlich stumpf zugespitzt, am Grund allmählich verschmälert, 7–12 cm lang, 2,5–3,5 cm breit, oberseits dunkel- bis gelbgrün, glänzend, unterseits gelbgrün. **Blüten** intensiv duftend, weiß, eingeschlechtig, zweihäusig verteilt, in endständigen, 5–10 cm langen Rispen, 4–5-zählig, 5–8 mm Durchmesser, Kronblätter schmal, 4–5 mm lang. Weibliche Stände armblütig. Blütezeit: April–Mai. **Frucht** kugelige bis abgeflacht kugelige Steinfrucht, 7–10 mm groß, leuchtend rot, mit 2–4 einsamigen Steinkernen. Fruchtreife: Oktober.

Blühende Japanische Skimmie.

Name: Der wissenschaftliche Name leitet sich vom japanischen „Miyama-shikimi" ab.
Systematik: Die Gattung *Skimmia* umfasst 6 Arten im Himalaja und Ostasien.
Verbreitung: Japan (Honshu bis Ryukyu-Inseln), Taiwan, Philippinen.
Lebensraum: Verbreitet in Bergwäldern.
Biologie: Die Blüten werden von Hautflüglern, Bienen und Hummeln, bestäubt.
Verwendung: Vor allem wegen des Fruchtschmucks, der den Winter über an den Pflanzen verbleibt, und des schönen Laubs häufig gepflanzt. Gut gedeihend auf nährstoffreichen, leicht sauren Böden. Die Skimmie lässt sich leicht aus Samen aufziehen. Das Saatgut sollte den Winter über in feuchtem Sand stratifiziert und im Frühjahr ausgesät werden. Noch besser ist die Vermehrung durch Stecklinge, die im Juli/August oder September/Oktober gewonnen werden können. Skimmien sind bis –15 °C winterhart. Sie sind in allen Teilen leicht giftig. Furanocumarine und Furanochinoline können eine Photodermatitis auslösen. Die Skimmie gelangte bereits 1838 nach Kew Gardens. 1861 wurde sie durch Robert Fortune aus Japan nach Europa gebracht und von da ab vielfach kultiviert.
In Kultur sind mehrere Sorten:
'Rubella': Blatt- und Blütenstiele, Blütenknospen sowie junge Blätter rot gefärbt. Ältere Blätter sind dunkelgrün. Alle Pflanzen sind männlich. 'Rubella' wurde durch Eugène Simon 1865 aus China nach Frankreich eingeführt.
subsp. *reevesiana*, Reeves Skimmie: Diese Unterart hat zwittrige, 5-zählige Blüten. Beheimatet im östlichen und zentralen S-China.

Smilax aspera – Raue Stechwinde

Smilacaceae – Stechwindengewächse

Immergrüne Liane mit 4-kantigen, hin und her gebogenen Sprossen, die in Bäumen bis 10 m hoch klettern. **Blätter** von unterschiedlicher Form und Größe, 4–12 cm lang, eiförmig lanzettlich bis dreieckig, Spreitengrund keil- bis herz- oder pfeilförmig, lederig, glänzend grün, oberseits oft weiß gefleckt oder marmoriert. **Blüten** zu 1–6 in achselständigen Dolden, grünlich weiß bis gelblich, duftend. Blütezeit: August–Oktober. **Frucht** kugelig, 3–4 mm dick, rot oder schwarzrot. Fruchtreife: Januar–März.

Name: *Smilax* lat. Bezeichnung für die Stechwinde; *aspera* lat. = rau, was sich auf die durch Bestachelung rauen Sprossachsen, Mittelrippen und Ränder der Blätter bezieht.
Systematik: Zur Gattung *Smilax* gehören 200–300 Arten, sommer- oder immergrüne, oft bewehrte Lianen mit wechselständigen, einfachen Blättern, deren Stiel am Grund zwei Ranken aufweist, und mit kleinen Blütendolden. Die Arten kommen meist in tropischen und subtropischen Zonen vor, nur einige Arten in der warmgemäßigten Zone.

▲ *Blatt der Rauen Stechwinde.*

Fruchtende Raue Stechwinde. ▶

Verbreitung: Mittelmeergebiet, Kanarische Inseln.
Lebensraum: Laubwälder, Macchie und andere Gebüsche. Durch die Bestachelung sorgt die Stechwinde mancherorts für die Undurchdringlichkeit der Macchie.
Biologie: Frostempfindlich, Trockenheit ertragend.
Verwendung: Unscheinbar blühender, aber durch immergrünes und glänzendes Laub auffallender Kletterstrauch, nur für wintermilde Lagen geeignet; in Kultur bekannt seit 1648.

Solanum dulcamara – Bittersüßer Nachtschatten, Bittersüß

Solanaceae – Nachtschattengewächse

Sommergrüner, kletternder oder niederliegender bis aufrechter, bis 2,5 m hoher Halbstrauch, als Kletterstrauch (windend oder Spreizklimmer) auch bis zu 7 m lange Sprosse. Zweige schwach kantig, hohl. **Blätter** wechselständig, Spreite eiförmig elliptisch bis breit lanzettlich, an oberen Blättern meist geöhrt, spießförmig oder mit 1–2 fiederigen Abschnitten, auch 3-teilig bis 3-zählig, 4–11 cm lang und 2–8 cm breit, ganzrandig. **Blüten** in lockeren, mehrblütigen Wickeln, zwittrig, 5-zählig, Krone violett, fast radiär; Staubblätter 5, Staubbeutel goldgelb, miteinander verwachsen. Blütezeit: Juni–August. **Frucht** eine Beere, eiförmig, 8–10 mm lang, 5–8 mm Durchmesser, reif scharlachrot, bis in den Winter an der Pflanze. **G!**

Name: *Solanum* schon vor LINNÉ für verschiedene Nachtschattengewächse verwendet, so u. a. von PLINIUS für den Schwarzen Nachtschatten, wohl auf „solamen" lat. = Trost zurückgehend, da als Heilmittel mit schmerzlindernder Wirkung; *dulcamara* zusammengesetzt aus lat. „dulcis" = süß und „amarus" = bitter, bezieht sich auf den Geschmack der Frucht.
Systematik: In Abhängigkeit von der Umgrenzung der Gattung *Solanum* weichen Angaben zur Artenzahl ab. Etwa 1700 Arten, vorwiegend in tropisch-subtropischen Zonen (mit Schwerpunkt in Südamerika) verbreitete Bäume, Sträucher, Halbsträucher, Stauden und annuelle Kräuter.
Verbreitung: Von der meridionalen bis in die boreale Zone Eurasiens und NW-Afrika, vom Tiefland bis in die Gebirge (z. B. Alpen bis 1360 m ü. M.).

Lebensraum: Auen-, Bruch- und Moorwälder, Weidengebüsche, Röhrichte, Gewässerufer; nach Vogelausbreitung auch epiphytisch auf Bäumen (z. B. Kopfweiden).
Biologie: Insektenbestäubung (Fliegen, Hautflügler), auch Selbstbestäubung. Ausbreitung durch Tiere (Vögel, Kleinsäuger, Schnecken), meist Verdauungsausbreitung. Der bittersüße Geschmack der Früchte entsteht durch enzymatische Aufspaltung von Steroidalkaloid-Glykosiden (Solanin), wodurch ein bitter schmeckendes Alkaloid und Zucker freigesetzt werden. Alle Pflanzenteile sind giftig, besonders hoch ist der Anteil am stark giftigen Solanin in den grünen Beeren, deren Verzehr (30–40 Beeren oder weniger bei Kindern) tödlich sein kann.

Blühender Bittersüßer Nachtschatten.

Verwendung: Früher arzneiliche Bedeutung bzw. Volksheilmittel (2–3-jährige Sprossstücke), mit Stoffwechsel fördernder und schmerzlindernder Wirkung, Verwendung bei Asthma, Katarrhen, Hautleiden, Arthritis und Rheumatismus. Wildwachsender Halbstrauch, der durch Blüten und Früchte zierend sein kann, aber keinen Eingang als Zierpflanze in die Gärten fand.

Sorbaria sorbifolia – Sibirische Fiederspiere

Rosaceae – Rosengewächse

Sommergrüner, bis 2 m hoher, sich durch unterirdische Ausläufer weit ausbreitender Strauch. Zweige aufrecht, braun, kahl oder behaart. Knospen eiförmig, mit mehreren sichtbaren Schuppen, purpurbraun. **Blätter** wechselständig, 20–30 cm lang, Nebenblätter eiförmig lanzettlich bis dreieckig lanzettlich, 8–12 mm lang. Spreite unpaarig gefiedert mit 13–23 Blättchen. Diese lanzettlich bis eilanzettlich, 5–10 cm lang und 2–2,5 cm breit, doppelt gesägt, lang zugespitzt, am Grund gerundet oder breit keilförmig. **Blüten** 5–8 mm lang gestielt, 8–10 mm Durchmesser, weiß, in endständigen, vielblütigen, 10–25 cm langen und 5–12 cm breiten Rispen. Blütenhülle doppelt, 5-zählig. Kronblätter schalenförmig, Kelchblätter zurückgeschlagen, persistierend, Staubblätter 40–50, etwa doppelt so lang wie die Kronblätter, Fruchtblätter 5, kahl, am Grund miteinander verwachsen. Blütezeit: Juni–Juli. **Früchte** 4–6 mm lange Bälge, länglich eiförmig bis länglich ellipsoidisch, vielsamig. **Samen** spindelförmig, 2–4 mm lang, braun, mit feinem Wabenmuster, ohne Nährgewebe. Fruchtreife: September–Oktober.

Name: Sowohl der Gattungs- als auch der Artname nehmen auf die Ähnlichkeit der Blätter mit der Eberesche (*Sorbus*) Bezug.
Systematik: Die Gattung *Sorbaria* umfasst ca. 4 Arten in Ostasien. Die Gattung ist fossil seit der Oberen Kreide nachgewiesen.
Verbreitung: Ural bis Kamtschatka, Korea, Mandschurei, NO-China, Mongolei, Japan (Hokkaido, Honshu). Eingebürgert in NO-Nordamerika.
Lebensraum: Lichte Wälder. In China in Höhenlagen von 200 bis 1500 m ü. M.
Biologie: Die Blüten werden von Insekten bestäubt, die Samen vom Wind verbreitet. Die Keimung erfolgt epigäisch.

Verwendung: In Europa (England) seit 1759 in Kultur. Auf feuchten, nährstoffreichen Boden in halbschattiger Lage wachsen Fiederspieren problemlos. Gelegentlich ist ein Schnitt nötig, bei dem alte Zweige entfernt werden. Die Vermehrung erfolgt durch Samen, Ausläufer oder Wurzelschnittlinge. *S. sorbifolia* ist absolut frosthart. Häufig angepflanzt.

◀ *Blütenrispen der Sibirischen Fiederspiere.*

Sorbus – Eberesche, Vogelbeere, Mehlbeere, Zwergmehlbeere, Elsbeere

Rosaceae – Rosengewächse

Sommergrüne Bäume und Sträucher, meist Wurzelsprosse bildend. Knospen groß, mit kahlen bis dicht filzigen Schuppen. **Blätter** unpaarig gefiedert oder einfach, entweder ungeteilt oder gelappt, selten fiederspaltig. **Blüten** in vielblütigen, endständigen Schirmrispen, Krone weiß, selten rosa oder rot, meist unangenehm duftend (Trimethylamin), Geruch vor allem Fliegen und Käfer anlockend, aber verschiedenste Insekten Blütenbesucher, auch Bienenweide, oft selbstfruchtbar. Fruchtblätter 2–5, im unteren Teil mit dem Blütenbecher verwachsen, im oberen frei. Blütezeit: Mai–Juni. **Früchte** Apfelfrüchte (Kernäpfel, da Endokarp pergamentartig), meist ± kugelig, reif im September–Oktober, rot, rosa, weiß, gelb oder bräunlich, teils hell punktiert (Lentizellen), Fruchtfleisch meist mehlig, selten mehr saftig oder hart, bei einigen Arten essbar. Nahrung für Vögel und Säugetiere, zugleich Ausbreitung fördernd (Speicher-, Versteck-, Verdauungs- und Bearbeitungsausbreitung).

Name: *Sorbus* lat. Name, dessen Etymologie nicht ganz geklärt ist, von LINNÉ entsprechend des vorlinnéischen Gebrauchs auf Arten mit gefiederten Blättern wie Eberesche oder Vogelbeere (*S. aucuparia*, heute Typus der Gattung *Sorbus*) und Speierling (*S. domestica*, siehe unter *Cormus*!) bezogen, später erweitert auf Mehlbeeren und Elsbeere (diese vorlinnéisch auch unter *Mespilus*), die gegenwärtig von einigen Autoren wieder ausgegliedert werden (siehe Systematik!). *Sorbus* wird teils auf „sorbum" lat. = birnenförmige Frucht, was sich auf den Speierling bezieht (so vermutlich bei PLINIUS und VERGIL), teils auf „sor-" oder „sorbho-" indogerm. = rot, womit eine Verbindung zu den Früchten der Eberesche gegeben ist, zurückgeführt. Dabei ist interessant, dass auch angenommen wird, dass Eberesche („eberboum" 15. Jahrhundert) wie Eibe auf eine indogerm. Wurzel zurückgeführt werden kann, die „Baum mit roten Früchten" bedeutet. Nach anderen Deutungen soll Eberesche auf „eber" bzw. „aber" = falsch, unecht zurückzuführen und damit eine „falsche Esche" sein oder aber, im Gegensatz zu Behauptungen, dass „Eber-" nichts mit dem Eber zu tun habe, die Nutzung für die Schweinemast zu der Namensgebung geführt haben. Mehlbeeren besitzen Blätter, deren Unterseite „mehlweiß" (da weißfilzig) und deren Fruchtfleisch mehlig ist, getrocknete Früchte wurden in Notzeiten wie Mehl gemahlen und als Brotzusatz verwendet. Zu Vogelbeere siehe unter *S. aucuparia*!

Systematik: Gegenwärtig existieren zwei stark abweichende Auffassungen. Entweder wird die Gattung *Sorbus* unter Einschluss von Speierling, Ebereschen, Mehlbeeren, Zwergmehlbeeren und Elsbeere weit gefasst (*Sorbus* s. l.) oder sie wird auf die Ebereschen eingegrenzt (*Sorbus* s. str.) und die anderen, sonst als Untergattungen klassifizierten Gruppen als eigene Gattungen geführt. Letzterer Auffassung wird hier mit einer Ausnahme nicht gefolgt. Der Speierling, die einzige Art der Untergattung *Cormus*, weist eine solche Eigenständigkeit auf, dass die Anerkennung einer eigenen Gattung gerechtfertigt erscheint (siehe *Cormus domestica*!). Während zahlreiche Bastarde, sowohl spontan auftretende Primärbastade als auch nach Hybridisierung entstandene agamosperme Sippen (Apomikten), zwischen den Arten der verschiedenen Untergattungen bekannt sind, bildet der Speierling trotz überlappender Areale mit keiner *Sorbus*-Art Bastarde. Die Gattung *Sorbus* s. l. umfasst etwa 150 Arten. Dazu kommt eine Vielzahl als Arten bzw. „Kleinarten" beschriebener Apomikten.
Wird die Gattung weit gefasst, aber der Speierling ausgegliedert, dann lassen sich vier **Untergattungen** unterscheiden, wobei die nachfolgend beschriebenen Arten als Beispiele angeführt werden:

- ***Sorbus*** (Syn. *Aucuparia*), Ebereschen (Vogelbeeren): *Sorbus aucuparia, S. commixta, S. koehneana, S. vilmorinii.*
- ***Aria***, Mehlbeeren i. w. S. mit Sektion *Aria*, Echte Mehlbeeren, und Sektion *Micromeles*, Zwergapfel-Mehlbeeren: *Sorbus aria.*
- ***Chamaemespilus***, Zwergmehlbeeren: *Sorbus chamaemespilus.*
- ***Torminaria***, Elsbeere: *Sorbus torminalis.*

Da einige spontan auftretende oder häufiger kultivierte Sippen auf Bastardierung von Arten verschiedener Untergattungen zurückzuführen sind, werden einige Beispiele dafür ebenfalls berücksichtigt, wobei Primärhybriden und „fixierte Zwischenarten" (apomiktische Kleinarten) zu Artengruppen (agg.) zusammengefasst werden:

- *Sorbus aria* agg. (*Aria*) × *S. aucuparia* (*Sorbus*): *Sorbus hybrida* agg.
- *Sorbus aria* agg. (*Aria*) × *S. torminalis* (*Torminaria*): *Sorbus latifolia* agg.
- *Sorbus aria* agg. (*Aria*) × *S. aucuparia* (*Sorbus*) × *S. torminalis* (*Torminaria*): *Sorbus intermedia.*

Verbreitung: Boreale Zone der Nordhemisphäre, in Eurasien von der borealen über die nemorale Laubwaldzone südlich bis in die meridionale Zone, hier meist in Gebirgen.
Lebensraum: Meist frühe Entwicklungsstadien des Waldes oder lichte Wälder und Gebüsche, an Waldrändern, an steinigen und felsigen Hängen, im subalpinen Krummholz.
Biologie: Meist lichtbedürftige Pionierbäume, recht kurzlebig, meist nur ein Alter von 80–100 Jahren erreichend.
Verwendung: Ziergehölze für Parks und Gärten, Straßenbäume, Bäume für landschaftspflegerische Maßnahmen, Wildobstbäume, einige Arten wertvolles Holz liefernde Forstbäume.

Sorbus aria – Echte oder Gewöhnliche Mehlbeere

3–15 m hoher Baum, zuweilen strauchförmig. Stammrinde lange glatt bleibend, später längsrissige, graue Borke. Knospen länglich eiförmig, grün und rot überlaufen oder weinrot, Endknospe etwa 1 cm lang. **Blätter** in Größe und Form variabel, 5–14 cm lang, 3–8 cm breit, Spreite (breit) elliptisch, eiförmig oder verkehrt eiförmig, auch rautenförmig oder rundlich, am Rand (ungleichmäßig) gesägt, zuweilen in vorderer Hälfte angedeutet gelappt, ausgewachsen oberseits dunkelgrün, unterseits bleibend weißfilzig. **Blüten** 1–1,7 cm Durchmesser. Blütezeit: Mai. **Frucht** länglich eiförmig bis kugelig oder abgeflacht kugelig, 1–1,5 cm lang, orange-, blass- oder tiefrot, Fruchtfleisch mehlig.
Name: „Aria" ist der Name eines Gehölzes bei Theophrast, soll möglicherweise Bezug nehmen auf eine Landschaft Aria in NW-Afghanistan.
Systematik: *S. aria* (s. str.) ist nur eine der heute unterschiedenen Arten der Artengruppe der Echten Mehlbeeren, *S. aria* agg. Weitere Arten sind z. B. die aus SO-Europa bis nach Süddeutschland

Spross der Echten Mehlbeere mit Blättern und abgeblühtem Blütenstand.

reichende Griechische Mehlbeere, *Sorbus graeca*, oder die west- bis nordeuropäisch verbreitete Felsen-Mehlbeere, *S. rupicola*. Letztere ist eine der an der Entstehung der Schwedischen Mehlbeere beteiligten Arten (siehe *S. intermedia*!).

Verbreitung: Mittelmeergebiet bis W-Europa, Mitteleuropa und Kleinasien. In den Alpen bis zu 1600 m ü.M.

Lebensraum: Lichte Laubmischwälder wie Eichen-Trockenwälder, Hainbuchen-Eichenwälder, Orchideen-Buchenwälder, in den Alpen und deren Vorland Schneeheide-Kiefernwälder und subalpine Gebüsche, auch Vor- und Pionierwälder an steinigen und felsigen Hängen, vorwiegend in sommerwarmer und -trockener Lage, oft auf kalkhaltigen Böden.

Biologie: Wärme liebend und lichtbedürftig, an trockenwarmen Standorten bildet die weißfilzige Behaarung Transpirations- und Wärmeschutz. Holz mit gelblich weißem Splint und rotbraunem Kern.

Verwendung: Holz findet Verwendung als Möbel- und Drechslerholz. Ziergehölz in Parks und Gärten, als Stadtbaum geeignet, Trockenheit ertragend, immissions- und kalktolerant. Unter den Sorten seien die auffallend großblättrigen (> 10 cm lange Spreiten) wie **'Magnifica'** (Blätter derb lederig, glänzend dunkelgrün, unterseits schneeweiß filzig) und **'Majestica'** (Blätter oberseits mattgrün, unterseits nur anfangs weiß-, später grünlich filzig) genannt, sie sind auch als Straßenbaum geeignet. Früchte nach Frosteinwirkung roh essbar, geeignet für Zubereitung von Mus und Marmelade.

Sorbus aucuparia – Gewöhnliche Eberesche, Vogelbeere

3–15(–20) m hoher Baum oder großer Strauch mit lichter Krone. Stammrinde graubraun, bis ins Alter glatt bleibend, erst spät längsrissige schwärzliche Borke bildend. Knospen dunkelbraun bis grauschwarz, ganz oder teilweise filzig behaart, selten (ver)kahl(end), Endknospe 1–2 cm lang. **Blätter** 12–26 cm lang, mit 11–17 Fiedern, diese länglich lanzettlich, bis 6 cm lang und bis 1,8 cm breit, Rand gesägt, aber unteres Viertel oder auch höher (vor allem bei Sorten) ganzrandig. **Blüten** 8–12 mm Durchmesser, bis zu 200–300 in den dichten, flachen Schirmrispen. Blütezeit: Mai–Juni. **Früchte** meist kugelig, 8–10 (bei Sorten bis 15) mm Durchmesser, orange- bis scharlachrot, süßsauer und mit Ausnahme von var. *moravica* bitter schmeckend. (**G!**)

Fruchtstand der Gewöhnlichen Eberesche oder Vogelbeere.

Name: *aucuparia* leitet sich von „avis capere“ lat. = Vögel fangen bzw. „aucupium“ = Vogelstellerei ab. Bei „Vogelbeere“ (17. Jahrhundert) liegt der Bezug zu den Früchten als Vogelnahrung auf der Hand, diese sollen zum „Vogellocken“, dem Anlocken der Vögel für den Vogelfang, gedient haben.
Systematik: An der Waldgrenze in den Hochlagen der Gebirge und in der boreal-subarktischen Zone eine Sippe mit (ver)kahlen(den) Knospen, Jungtrieben und Blütenstandsachsen: **subsp. *glabrata***. Im natürlichen Areal mehrfach aufgefundene Populationen mit nicht oder kaum bitter schmeckenden Früchten werden als **Süße** oder, wegen ihres zuerst entdeckten Vorkommens im Altvatergebirge (um 1810), **Mährische Eberesche, var. *moravica***, bezeichnet. Es wurden mehrere Sorten ausgelesen, ihre Früchte sind größer (bis 1,5 cm Durchmesser) und die Blättchen von der Basis bis über die Mitte ganzrandig.
Verbreitung: Europa bis Nordasien, Kleinasien und Kaukasien, vom Tiefland bis in die Gebirge, in den Hochgebirgen bis in die subalpine Stufe (z. B. Alpen bis 2400 m ü. M.).
Lebensraum: Pionierwälder, lichte Laub-, Nadel- und Moorwälder, Waldlichtungen, Waldränder, Kahlschläge.
Biologie: Lichtbedürftige Pionierbaumart (nur in der Jugend Schatten tolerierend), aber Konkurrenzschwäche ausgleichend durch hohe ökologische Potenz: bodenvag, auf nährstoff- und basenarmen wie auch ± nährstoff- und kalkreichen Böden, wärme- und kältetolerant, Trockenheit ertragend, aber auch auf Moorstandorten. Früchte enthalten mit Ausnahme von var. *moravica* Parasorbinsäure und sind deshalb roh schwach giftig, aber Giftwirkung nur, wenn in größerer Menge verzehrt (siehe unter Verwendung!).
Verwendung: Das schön gemaserte, im Kern hell rötlich braune Holz findet für Drechsler- und Schnitzarbeiten, aber auch als Möbelholz Verwendung. Früchte vielseitig verwendbar, erlangten vor allem in höheren Gebirgslagen und im Norden, wo die Anzahl kultivierbarer Obstbäume begrenzt ist, Bedeutung. Roh sollte wegen des Gehalts an Parasorbinsäure nur eine geringe Anzahl von bitter schmeckenden Früchten verzehrt werden, aber nach Frosteinwirkung und nach Überbrühen gut zu verwerten. Nach Abspaltung von Wasser kann aus der Parasorbinsäure Sorbinsäure gewonnen werden, die als Konservierungsmittel in der Lebensmittelindustrie genutzt wird. Größere Bedeutung als die Wildvorkommen haben die Sorten der Süßen Eberesche (z. B. **'Rosina', 'Rossica Major'**, zu var. *moravica*), deren vitaminreiche Früchte süßsauer, aber frei von Parasorbinsäure sind und für Sirup, Konfitüre, Gelee, Saft, Wein usw. genutzt werden. Beliebt als Garten- und Parkgehölz oder Hausbaum mit schönem Blüten- und Fruchtschmuck sowie attraktiver oranger bis roter Herbstfärbung des Laubs. Als Straßenbaum in der Stadt nicht geeignet, jedoch in Gebirgslagen gern als Straßenbaum gepflanzt, z. B. typisch für das Erzgebirge, wo dem „Vugelbeerbaam“ auch ein Lied gewidmet und der „Vogelbeertropfen“ (Kräuterlikör) legendär ist, ein Vogelbeerfest gefeiert und eine Vogelbeerkönigin gekrönt wird. In Zeiten besonders hoher Immissionsbelastung war hier die Vogelbeere aber auch eine der wenigen Baumarten, die auf den Blößen nach Absterben der Wälder als weniger geschädigte Art waldbauliche Bedeutung für die Förderung einer Wiederbewaldung hatte.

Spross mit Blättern und unreifen Früchten der Japan-Eberesche.

Ähnliche Art:
***Sorbus commixta*, Japan-Eberesche:** Großer Strauch oder kleiner Baum von 8 m Höhe. Knospen kahl, klebrig. Blätter 21–26 cm lang, mit 11–15 elliptischen bis länglichen, 3–7 cm langen, lang zugespitzten, am Rand gesägten Blättchen. Früchte kugelig bis apfelförmig, 8–11 mm Durchmesser, leuchtend rot. Ostasiatische Art (Japan, Sachalin, Korea), in Europa seit 1880 in Kultur. Häufiger angepflanzt als die Art ist die

früher als eigene Art *S. serotina*, heute als Sorte von *S. commixta* aufgefasste **Späte Eberesche, 'Serotina'**. Die Blättchen sind kürzer (nur bis 5 cm lang), ihre Oberseite glänzend dunkelgrün, die Achsen des Blütenstandes zur Blütezeit noch behaart, die Früchte lange haftend.

Weitere Arten der Untergattung *Sorbus*, aber Blätter mit höherer Zahl (17–27) und kleineren (1,5–3,5 cm langen) Fiedern als bei *S. aucuparia* und *S. commixta*:
***Sorbus koehneana*, Weißfrüchtige Eberesche:** 1,5–3(–4) m hoher Strauch oder kleiner Baum. Blättchen fast vom Grund an scharf gesägt, unterseits wie Blattspindel, Achsen der Blütenrispen und 5–10 mm lange Knospen meist ± kahl, höchstens anfangs leicht behaart. Blüten 8–10 mm Durchmesser. Früchte 6–8 mm Durchmesser, weiß, an rötlichen Stielen hängend. Die chinesische, in Bergmischwäldern (2300–4000 m ü. M.) vorkommende Art wurde von Henry entdeckt, gelangte 1910 durch Wilson nach Europa und wurde nach dem Berliner Dendrologen B. A. E. Koehne (1848–1918), einem Bearbeiter der Gattung *Sorbus*, benannt. Häufig gepflanzt, da attraktiv durch zierlichen Wuchs, feines Laub und weiße, zu den roten Stielen kontrastierende Früchte.

***Sorbus vilmorinii*, Rosafrüchtige Eberesche:** Strauch oder kleiner, 4–6 m hoher Baum. Blättchen erst oberhalb der Mitte gesägt, unterseits entlang der Mittelrippe wie Blattspindel, Achsen der Blütenrispen und 4–7 mm lange Knospen rostbraun behaart. Blüten etwa 6 mm Durchmesser. Früchte 7–8 mm Durchmesser, erst rötlich, später blassrosa bis weißlich. Die chinesische, in Bergmischwäldern, Flusstälern und Bambus-Beständen (2800–4400 m ü. M.) vorkommende Art wurde entdeckt von Delavay, der 1889 Saatgut nach Paris an den Baumschulbesitzer M. de Vilmorin, nach dem die Art dann benannt wurde, sandte. Häufig gepflanzter ornamentaler Strauch mit zierlichen Blättern mit roter bis purpurroter Herbstfärbung.

Sorbus chamaemespilus – Echte Zwergmehlbeere

0,6–2(–3) m hoher, breitbuschiger Strauch. Knospen eiförmig, zugespitzt, grün, rötlich getönt, Endknospe 1–1,8 cm lang. **Blätter** länglich, eiförmig oder elliptisch, 3–7 cm lang, etwas lederig, Rand gleichmäßig gesägt, oberseits glänzend dunkelgrün, unterseits blaugrün, anfangs weißfilzig, bald verkahlend, selten sehr dünner Filz bleibend. **Blüten** in dichten, 3 cm breiten Schirmrispen, Kronblätter hellrosa bis rötlich, aufrecht, dadurch Krone nur 8–10 mm Durchmesser. Blütezeit: Juni–Juli. **Früchte** verkehrt eiförmig bis kugelig, 0,8–1,3 cm Durchmesser, braun- bis scharlachrot, essbar, aber herb im Geschmack.

Rosa und mehr oder weniger aufrecht stehende Kronblätter charakterisieren die Echte Zwergmehlbeere und Hybriden dieser mit Echten oder Bastard-Mehlbeeren, hier Hosts Zwergmehlbeere.

Name: *chamaemespilus*: griech. „chamai" = niedrig, „mespilos" = Mispel, deswegen zuweilen Zwergmispelmehlbeere genannt, obwohl weder Blätter noch Früchte denen der Mispel ähnlich, Zwerg- zutreffend, da eine der niedrigsten *Sorbus*-Arten.
Systematik: Rosa bis rötlich und aufrecht stehend sind auch die Kronblätter der Hybriden und Apomikten, die aus Kreuzungen mit Echten Mehlbeeren (Artengruppe Sudeten-Zwergmehlbeere, *S. sudetica* agg.) und Bastard-Mehlbeeren (Artengruppe Host-Zwergmehlbeeren, ***S. hostii*** agg.) hervorgegangen sind
Verbreitung: Gebirge Mittel- und Südeuropas, in den Alpen in 800–2000 m ü. M.

Lebensraum: Lichte Lärchenwälder, Krummholz, Hochstaudenfluren und Zwergstrauchheiden, vorwiegend in subalpiner Stufe, an voll besonnten bis halbschattigen Standorten, vor allem auf karbonathaltigem Gestein.
Biologie: Früchte Vogelnahrung, dadurch Verdauungsausbreitung (z. B. Alpendohlen) oder Bearbeitungsausbreitung (z. B. Kreuzschnäbel).
Verwendung: Selten gepflanzt, wenn auch durch die glänzenden Blätter, rosa Blüten und roten Früchte interessanter Zierstrauch.

Sorbus hybrida agg. – Artengruppe Bastard-Mehlbeere, Bastard-Eberesche

5–12(–20) m hoher Baum oder Großstrauch. Junge Triebe zunächst filzig behaart, später verkahlend. **Blätter** mit eiförmiger, elliptischer oder länglich elliptischer, 7–12 cm langer Spreite, entweder im untersten Teil gefiedert, im oberen fiederlappig oder ganz ohne Fiedern und gesamte Spreite fiederlappig bis -spaltig, jederseits mit > 5 spitzen, stumpfen oder abgerundeten Lappen, oberseits grün, unterseits bleibend filzig, weißlich, hellgrau oder grünlich. **Blüten** 1–1,5 cm Durchmesser. Blütezeit: Mai–Juni. **Früchte** kugelig, 0,8–1,2 cm Durchmesser, rot.
Name: *hybrida* lat. = Mischling, Bastard, nimmt wie die deutschen Namen Bezug auf die bereits vom Autor vermutete Entstehung durch Bastardierung.
Systematik: In der Artengruppe sind aus *S. aria* agg. × *S. aucuparia* entstandene Primärbastarde und fixierte Zwischenarten (Apomikten) zusammengefasst. Die Nachkommen des Primärbastards, der **Thüringer Bastard-Eberesche, *Sorbus* × *pinnatifida*** (Syn. *S.* × *thuringiaca*), sind im Gegensatz zu den apomiktischen Kleinarten nicht konstant in ihren Merkmalen, sondern spalten auf, was die abweichenden Blattformen erklärt, bedenkt man die völlig unterschiedliche Blattgestalt der Elternarten Mehlbeere und Vogelbeere. Apomiktische Kleinarten entstanden an verschiedenen Orten im gemeinsamen Verbreitungsgebiet der Ursprungsarten, so die namensgebende Art der Artengruppe, ***Sorbus hybrida***, in Skandinavien. Zu ihnen gehört auch die **Vogesen-Mehlbeere, *Sorbus mougeotii*,** eine südmitteleuropäische Gebirgsart, benannt nach dem elsässischen Arzt und Mooskundler J. B. MOUGEOT (1776–1858), der sie um 1850 in den Vogesen entdeckte und Material zum Botanischen Garten Nancy sandte.

Spross mit Blättern und Fruchtstand der Vogesen-Mehlbeere, einer apomiktischen Art aus der Artengruppe der Bastard-Mehlbeeren und -Ebereschen.

Verbreitung: Nur örtlich (oft Lokalendemiten) oder auch weiter verbreitet im gemeinsamen Areal von *S. aria* agg. und *S. aucuparia.*
Verwendung: Oft als Ziergehölz (Park- und Straßenbäume, auf städtischen Plätzen) gepflanzt, sowohl Auslesen des Primärbastards (*S.* × *pinnatifida*) wie die Sorten **'Thuringiaca'** (Blätter fie-

Blätter der Sorte 'Quercifolia' der Primärhybride Thüringer Bastard-Eberesche.

Blätter der Sorte 'Thuringiaca' der Primärhybride Thüringer Bastard-Eberesche.

derlappig bis -spaltig) oder **'Quercifolia'** (Blätter im unteren Teil mit mehreren Fiedern) als auch apomiktische Kleinarten, z. B. *S. mougeotii*. Früchte essbar, nach Frosteinwirkung auch roh, süß-säuerlich im Geschmack, nutzbar ähnlich *S. intermedia*, Mischung mit säurearmen Obstarten günstig.

Sorbus intermedia – Schwedische Mehlbeere

Fruchtende Schwedische Mehlbeere.

3–15 m hoher Baum, teils auch strauchförmig. Stammrinde lange glatt bleibend, erst im Alter längsrissige, dunkelgraue Borke. **Blätter** mit 7–10 cm langer, 4,5–6,5 cm breiter, länglich elliptischer bis eiförmiger oder verkehrt eiförmiger Spreite, fiederlappig, Lappen abgerundet, oberseits glänzend dunkelgrün, unterseits filzig, grau bis gelblich grau. **Blüten** 1–1,5 cm Durchmesser. Blütezeit: Mai–Juni. **Früchte** ellipsoidisch bis eiförmig, 1,2 cm Durchmesser, orangerot, gelbfleischig.

Name: *intermedia* zusammengesetzt aus lat. „inter" = zwischen und „media" = die mittlere, hier im Sinne zwischen verschiedenen Arten stehend. Der deutsche Name weist auf das Vorkommen im südlichen Skandinavien hin.
Systematik: Apomikt mit konstanten Merkmalen, aus 3 Arten (Tripelbastard) verschiedener Untergattungen entstanden: Felsen-Mehlbeere (*S. rupicola*, siehe *S. aria* agg.!), Vogelbeere (*S. aucuparia*) und Elsbeere (*S. torminalis*).

Blütenstand der Schwedischen Mehlbeere.

Verbreitung: Südliches N-Europa bis Baltikum, in lichten Laubwäldern und Gebüschen. In Mitteleuropa aus Kultur verwildernd, lokal etabliert (z. B. Insel Hiddensee).
Verwendung: Häufig gepflanzter Zierbaum, toleriert Hitze und Trockenheit, erträgt städtische Umweltbedingungen, als Stadt- und Straßenbaum geeignet, oft auch als Alleebaum außerhalb von Ortschaften zu finden. Früchte essbar, nach Frosteinwirkung süß-säuerlich schmeckend, aber nicht bitter (ohne Parasorbinsäure, obwohl Vogelbeere an der Entstehung beteiligt), nutzbar für Herstellung von Saft, Marmelade und Gelee.

Sorbus latifolia agg. – Artengruppe Bastard-Elsbeere, Breitblättrige Mehlbeere

(3–)10–20 m hoher Baum mit eiförmiger bis kugeliger, dichter Krone. **Blätter** 6–12 cm lang, breit oder verkehrt eiförmig, breit elliptisch oder ± rundlich, leicht gelappt, jederseits mit mindestens 4 deutlichen, wenn auch seichten, dreieckigen Lappen, diese spitz oder zugespitzt, oberseits matt bis glänzend dunkelgrün, unterseits filzig, grau bis gelblich weiß oder blass gelbgrün, selten verkahlend. **Blüten** 1,5–2 cm Durchmesser. Blütezeit: Mai. **Früchte** 10–15 mm Durchmesser, kugelig bis eiförmig oder verkehrt eiförmig, hell- oder orangerot, grünlich gelb, gelb- oder rotbraun.
Name: *latifolius* lat. = breitblättrig, wie der deutsche Name auf die Blattform bezogen, Spreite nur wenig länger als breit.
Systematik: In der Artengruppe sind aus *S. aria* agg. × *S. torminalis* entstandene Primärbastarde und fixierte Zwischenarten (Apomikten) zusammengefasst. Die Nachkommen des Primärbastards, der **Täuschenden Bastard-Elsbeere, *Sorbus* × *decipiens*,** sind im Gegensatz zu den apomiktischen Kleinarten nicht konstant in ihren Merkmalen, sondern spalten auf, können aber örtlich durch vegetative Vermehrung auch Klonbestände mit übereinstimmenden Merkmalen aufbauen. Apomikten entstanden an verschiedenen Orten im gemeinsamen Verbreitungsgebiet der Ursprungsarten, so die namensgebende Art der Artengruppe, ***S. latifolia***, in Frankreich. Zu ihnen gehören zahlreiche, aus Süddeutschland beschriebene, lokal verbreitete endemische Kleinarten.
Verbreitung: Meist nur örtlich (Lokalendemiten), seltener weiter verbreitet im gemeinsamen Areal von *S. aria* agg. und *S. torminalis*, z. B. die nur in der nördlichen Frankenalb vorkommende **Kordigast-Mehlbeere,** ***S. cordigastensis***.
Verwendung: Als Ziergehölz gepflanzt, als Alleebaum geeignet, robust gegen heftigen Wind. Früchte mild säuerlich schmeckend, zuweilen zur Weinherstellung genutzt.

Spross mit Blättern und Blütenstand der Breitblättrigen Mehlbeere.

Kordigast-Mehlbeere als ein Beispiel für eine endemische apomiktische Kleinart aus der Artengruppe der Breitblättrigen Mehlbeere am natürlichen Standort (Franken).

Sorbus torminalis – Elsbeere

3–20(–25) m hoher Baum, seltener strauchförmig. Stammrinde dunkel graubraun, mit kleinschuppiger Borke. Knospen eiförmig-kugelig, grün, Schuppen mit braunem, bewimpertem Rand, Endknospen 5–6 mm lang. **Blätter** mit 5–12 cm langer und bis 8 cm breiter, im Umriss breit eiförmiger bis dreieckiger Spreite, jederseits mit 3–4 dreieckigen, spitzen, am Rand gesägten Lappen, die unteren waagerecht abstehend, oberseits glänzend dunkelgrün, unterseits auf den Nerven behaart. **Blüten** 1–1,5 cm Durchmesser. Blütezeit: Mai–Juni. **Früchte** kugelig bis (verkehrt) eiförmig, 1–1,5 cm Durchmesser, anfangs olivgrün, später rötlich gelb und reif bräunlich, hell punktiert, nach Frosteinwirkung teigig und essbar.

Frei stehender Baum einer Elsbeere mit starkem Stamm (Franken, größter Stammumfang einer Elsbeere in Bayern).

Name: *torminalis* lat. = gegen Bauchschmerzen, besonders Rote Ruhr, da die Früchte wegen ihres Gehalts an Gerbstoffen als Adstringens verwendet wurden, bereits CELSUS und PLINIUS d. Ä. nannten deshalb die Früchte „sorba torminalia". Auch der Volksname Grimmbeere steht damit im Zusammenhang, da früher als Hausmittel gegen „Bauchgrimmen" verwendet. Elsbeere ist ein germanischer Name.
Verbreitung: Mittelmeergebiet bis W-, Mittel- und SO-Europa, SW-Asien und NW-Afrika.
Lebensraum: Sommerwarme Eichen-Trockenwälder, lichte Hainbuchen-Eichenwälder, Orchideen-Buchenwälder, Trockengebüsche, Felshänge, oft auf kalkhaltigen Böden.
Biologie: Wärme liebend und lichtbedürftig. Kann ein für *Sorbus*-Arten beachtliches Alter von 200–300 Jahren erreichen. Holz mit rötlich braunem Kern.
Verwendung: Holz sehr begehrtes Möbel- und Drechslerholz, auch für Herstellung von Flöten und wissenschaftlichen Instrumenten, in der Bildhauerei und Wagnerei verwendet. Früchte genutzt für Marmelade, Gelee und Säfte, Grundlage für einen geschätzten und teuren Edelbrand. Im Wienerwald Nutzung seit Jahrhunderten, große Bäume werden mit hohen Leitern und per Hand beerntet. Auch schöner Zierbaum, neben der Vogel-Kirsche die intensivste Herbstfärbung unter den heimischen Laubbäumen, prächtig orangegelbes bis rotes Laub.

Herbstlaub der Elsbeere.

Blütenstände der Erlenblättrigen Mehlbeere.

Fruchtender Spross der Schönnervigen Mehlbeere.

Weitere Arten:
***Sorbus alnifolia*, Erlenblättrige Mehlbeere:** Zur Sekt. *Micromeles* (Zwergapfel-Mehlbeeren; Kelch hinfällig, Frucht ohne Kelch) gehörende ostasiatische Art. Blätter in Form und Größe ähnlich *S. aria*, aber unterseits nicht weißfilzig, sondern kahl oder nur leicht behaart. Seitennerven auffällig parallel. Ähnlich ist die chinesische **Schönnervige Mehlbeere, *S. caloneura*,** deren Blätter größer sind und jederseits derMittelrippe 10–18 Seitennerven aufweisen (*S. alnifolia* nur 5–10). Die Früchte sind braun, bei *S. alnifolia* rot und gelblich.

Spartium junceum – Binsenginster, Pfriemenginster

Fabaceae – Hülsenfrüchtler

Sommergrüner, reich verzweigter, 2–3 m hoher Strauch. Junge Triebe und Zweige rund, fein gerieft, dunkelgrün, kahl. Rinde lange glatt und grün bleibend. Knospen sehr klein, unter den Blattbasen der Tragblätter verborgen. **Blätter** wechselständig, ohne Nebenblätter, fast sitzend, länglich lanzettlich, 1,5–3 cm lang und 3–5 mm breit, oberseits dunkelgrün, kahl, unterseits entlang der Mittelrippe anliegend behaart. **Blüten** 5 mm lang gestielt, ansehnlich, stark duftend, in langen, endständigen, aufrechten Trauben an Jungtrieben, goldgelb, 2–2,5 cm groß. Blütenhülle 5-zählig. Kelch verwachsenblättrig, oben aufgespalten, mit 5 kleinen Zähnen. Schiffchen und Flügel der Schmetterlingsblüten außen anliegend silbrig behaart. Die 10 Staubblätter miteinander verwachsen, zu je 5 ungleich lang. Blütezeit: April–Juni. **Frucht** eine schwach gebogene Hülse, 8 cm lang und 7 mm hoch, seitlich stark abgeflacht, zwischen den Samen verengt, anliegend behaart, verkahlend, reif schwarzbraun. **Samen** 10–20, 4 mm lang, rotbraun, glänzend. Fruchtreife: September. **G!**

Name: „spartion“ griech. = kleiner Strick. „sparton“, „spartum“ lat. = Pfriemengras, aus dem man Taue fertigte. „iunceus“ lat. = binsenartig, abgeleitet von *Juncus* = Binse.
Systematik: Die Gattung *Spartium* ist monotypisch.
Verbreitung: Mittelmeergebiet. In vergleichbaren Klimaten verwildert oder eingebürgert, so auf den Kanarischen Inseln, in Südafrika, Kalifornien, Mexiko und in den Anden, vor allem in Bolivien. Es kann dort überall zu massiven Florenveränderungen kommen.
Lebensraum: Lichtbedürftiges Gehölz. In Macchien und Gariguen sowie lichten Wäldern

Biologie: Die Blüten werden nach dem Explosionsmechanismus (siehe S. 234) bestäubt. Allein Großbienen, wie die Holzbiene *Xylocopa,* sind in der Lage, den Bestäubungsmechanismus auszulösen. Die Früchte bleiben oft noch lange nach der Reife geschlossen. Die Samen werden bei der explosionsartigen Öffnung der unter hoher Spannung stehenden Fruchtwandgewebe weggeschleudert. Die Blätter fallen zur Trockenzeit ab. Die Assimilation ist durch die grünen Sprosse gewährleistet. Alle Teile der Pflanze sind stark giftig.
Verwendung: In Kultur seit Mitte des 16. Jahrhunderts. Im Weinbauklima gern und häufig angepflanzter, sehr anspruchsloser Blüten-Zierstrauch. Bevorzugt auf kalkhaltigen Böden. Vermehrung leicht durch Samen. Die Pflanzen vertragen gut einen Form- oder Rückschnitt. Frosthart bis –15 °C. Früher dienten die Rutensprosse als Flechtmaterial. Aus ihren Bastfasern wurden Taue und Schuhe gefertigt.

◀ *Blütentriebe des Besenginsters.*

Spiraea – Spierstrauch oder Spiere
Rosaceae – Rosengewächse

Sommergrüne, 0,2–2,5(–4) m hohe, oft unterirdische Ausläufer bildende Sträucher. **Blätter** wechselständig, einfach, manchmal gelappt, Rand gesägt oder (fast) ganzrandig. **Blüten** 5-zählig, meist klein (2–15 mm Durchmesser), aber zahlreich in Dolden, Rispen, Schirmrispen oder -trauben angeordnet, Krone weiß oder rosa bis rot, Blütenbecher schüssel- bis glockenförmig, am oberen Rand meist mit einem oft gelb oder rötlich gefärbten, durchgehenden oder unterbrochenen ringförmigen Wulst aus Nektardrüsen (Drüsenring). Insekten- und Selbstbestäubung. **Früchte** Balgfrüchte mit 5 freien oder basal verwachsenen Bälgen, jeder 2- oder mehrsamig. Austrocknungsstreuer.

Name: *Spiraea* lat. Name für Spierstrauch.
Systematik: Im natürlichen Areal auftretende Variabilität (Blattmerkmale, Behaarung) und die durch hohe Kreuzungsbereitschaft bedingte Entstehung zahlreicher Hybriden erschweren Artabgrenzungen in der Gattung *Spiraea,* deshalb schwanken Angaben zur Artenzahl von 80 bis 110.
Verbreitung: Holarktis, überwiegend in den warm- bis kaltgemäßigten Zonen (submeridional bis boreal), nach Süden in den Gebirgen bis in den Himalaja und nach Mexiko. Mehrere Arten sind aus Kultur verwildert und haben sich außerhalb des natürlichen Areals etabliert, auch einige in Kultur entstandene Hybriden breiten sich aus.
Lebensraum: Breite Amplitude, von Auen und Mooren bis zu Steppen reichend.
Biologie: Recht anspruchslos an den Standort, in Kultur auf den meisten Gartenböden gedeihend, einige Arten allerdings für Kalkböden nicht geeignet.
Verwendung: Schöne Frühjahrs- und Sommerblüher, geeignet für Solitär-, Gruppen- oder Heckenpflanzung, als Decksträucher zur Flächen- oder Böschungsbegrünung, niedrige Arten und Sorten auch für Beet- und Friedhofsbepflanzungen oder den Steingarten. Spiersträucher vertragen Rückschnitt, zur Förderung der Blütenpracht kann dieser sogar notwendig sein.

Spiraea alba – Weißer Spierstrauch oder Mädesüß-Spiere

Bis 2 m hoher, straff aufrechter Strauch mit unterirdischen Ausläufern. Junge Zweige und Blütenstandsachsen meist fein behaart. **Blätter** 2–9 cm lang, 0,5–3 cm breit, lanzettlich bis elliptisch oder verkehrt eiförmig, kahl oder unterseits an den Nerven behaart, fast vom Grund an gesägt. **Blüten** in end- und seitenständigen Rispen, diese deutlich höher als breit, schmal bis breit kegelförmig, meist locker und sparrig; Blüten mit vollständigem Nektarring, Krone weiß, seltener schwach rosa oder bei Entfaltung rötlich getönt. Blütezeit: Juli–August.
Name: *alba* lat. = weiß, bezieht sich auf die Blütenfarbe.
Systematik: Es können 2 Sippen unterschieden werden:
- **var. *alba*, Echter Weißer Spierstrauch:** Blätter 3–4-mal so lang wie breit, spitz, Rand fein gesägt, Blütenripsen ± kegelförmig, ihre Achsen dicht weichhaarig,
- **var. *latifolia*, Breitblättriger Weißer Spierstrauch**: Blätter breiter, 2–3-mal so lang wie breit, spitz oder stumpf, Rand grob gesägt, Blütenrispen breit kegelförmig, Achsen weniger dicht behaart bis kahl.

Spross des Breitblättrigen Weißen Spierstrauchs mit Blütenrispe.

Verbreitung: Nordöstliches Nordamerika.
Lebensraum: Auen, Waldlichtungen und -ränder, Feuchtgebüsche.
Biologie: Kalkmeidend; Sommerblüher.
Verwendung: Zierstrauch (nach Europa 1759 eingeführt), wobei var. *latifolia* häufiger gepflanzt wird. Zu achten ist auf Hybriden mit *S. douglasii* (siehe *S.* × *billardii*!) und weitere ähnliche, jedoch stets rosa blühende Spiersträucher. Ihre Unterscheidung ist nicht immer leicht, zumal durch Kreuzungen entstandene Hybriden diesem oder jenem Elter sehr nahe kommen können. Sie sind ebenfalls kalkmeidende Sommerblüher, breiten sich durch Ausläufer aus und können dichte Gebüsche bilden, die sich nach ausbleibender Pflege lange halten. Mehrere weisen eine Tendenz zur Einbürgerung auf.

Ähnliche Arten und Hybriden (Blütenstände endständige Rispen, die deutlich höher als breit sind, Kronblätter meist rosa):

***Spiraea* × *billardii* agg.,** Hybridgruppe der **Billard-Spiersträucher** (zuerst entstanden vor 1854 in Frankreich): Aus Kreuzungen von *S. douglasii* (siehe folgende Art!) sind häufig gepflanzte und oft verwildernde, kaum unterscheidbare Hybriden hervorgegangen, so *Spiraea* × *billardii* (*S. alba* × *S. douglasii*) und *Spiraea* × *pseudosalicifolia* (*S. douglasii* × *S. salicifolia*). Ihre Blätter sind lanzettlich bis elliptisch oder eiförmig, von der Spreitenbasis an gesägt oder im unteren Drittel ganzrandig, die Unterseite ist dünnfilzig behaart, die Blüten besitzen keinen oder nur einen lückenhaften Drüsenring. Als besonders genügsam, robust und zugleich attraktiv gilt die purpurrosa blühende Sorte 'Triumphans' mit bis zu 20 cm langen, dicht kegelförmigen Blütenrispen.

Spiraea douglasii*, Oregon-** oder **Douglas-Spierstrauch:** Durch Blüten ohne Drüsenring, meist dunkelrosa Krone sowie nur oberhalb der Blattmitte gesägte bis fast ganzrandige Blätter abweichend. Die Typus-Sippe **subsp. *douglasii

Blütenrispe des Oregon-Spierstrauchs. ▶

ist unverkennbar durch die dicht weiß bis blaugrau filzigen jungen Zweige, Blattunterseiten und Blütenstandsachsen. Weniger eindeutig lässt sich die allerdings selten kultivierte Unterart **subsp. *menziesii*** abgrenzen, denn sie weist nicht diese dicht filzige Behaarung auf, genannte Pflanzenteile sind schwächer behaart und verkahlen meist. Im Westen Nordamerikas an Gewässerufern und Moorrändern vorkommende, von DOUGLAS entdeckte und 1827 nach England eingeführte Art.

***Spiraea salicifolia*, Weiden-Spierstrauch:** Von O-Europa über Sibirien bis O-Asien verbreitete Art mit kahlen, fast von der Spreitenbasis an gesägten Blättern und schmalen Blütenrispen, Blüten mit Drüsenring und hellrosa Krone. Die seit dem 16. Jahrhundert aus Kultur bekannte Art wurde früher häufig als Zierstrauch gepflanzt, wird aber seit Ende des 19. Jahrhunderts zunehmend ersetzt durch die Hybridsippen von *S.* × *billardii* agg., mit denen sie bis heute oft verwechselt wird.

***Spiraea tomentosa*, Gelbfilziger Spierstrauch:** Im Osten Nordamerikas in Moorgebüschen wachsende Art mit braunfilzigen Zweigen und grob gesägten Blättern, deren Unterseite mit einem gelbgrauen bis braunen Filz bedeckt ist. Die bereits 1736 nach Europa (England) als Zierstrauch eingeführte Art breitet sich lokal nach Verwilderung aus, so flächendeckend an Feuchtstandorten im östlichen Sachsen (Oberlausitz).

Blütenrispe des Weiden-Spierstrauchs.

Blütenrispe des Gelbfilzigen Spierstrauchs.

Spiraea × arguta – Braut-Spierstrauch, Schnee-Spiere

Bis 1,5–2 m hoher, breit aufrechter, locker verzweigter Strauch mit bogig überhängenden, dünnen Zweigen. **Blätter** 1–4 cm lang, frischgrün, länglich verkehrt eiförmig bis lanzettlich, spitz, Rand mit Ausnahme der am Grund der Blütentriebe sitzenden kleinen (< 1 cm lang) Blätter scharf gesägt. **Blüten** vor dem Blattaustrieb sich entfaltend (April–Mai), in seitenständigen, mindestens teilweise gestielten, nur am Grund beblätterten 4- bis vielblütigen Dolden. Krone 8 mm Durchmesser, weiß.

Name: *arguta* lat. = spitz, wegen der spitzen Blattzähne; deutsche Namen nehmen Bezug auf die weiße Blütenpracht.
Verbreitung: Kulturhybride, durch Kreuzung (vor 1893 in Deutschland, ZABEL) des Bastards *S. × multiflora* (*S. hypericifolia × S. crenata*) mit *S. thunbergii* erzeugt.
Biologie: Trockenheit ertragend.
Verwendung: Sehr reich blühender Zierstrauch, einer der besten weißen Frühjahrsblüher.

Blütendolden des Braut-Spierstrauchs.

Ähnliche Arten und Hybride (Blütenstände Dolden, endständig an seitlichen Kurztrieben, sitzend oder kurz gestielt; Kronblätter weiß):
***Spiraea × cinerea*, Aschgrauer Spierstrauch:** Aus Kreuzung von *Spiraea hypericifolia* mit dem seltenen Graufilzigen Spierstrauch, *S. cana* (illyrische Gebirge bis O-Alpen), hervorgegangene Hybride (1884, Deutschland). Die 2,5–3,5 cm langen Blätter sind länglich, ± graufilzig, ganzrandig oder weisen nur nahe der Spitze 1–2 Zähne auf. Die weißen Blüten sind in teils sitzenden, teils bis 2 cm lang gestielten Dolden angeordnet. Hervorzuheben ist die Sorte **'Grefsheim'** (1949 in Norwegen aufgefunden), die sich durch weitbogig überhängende Zweige mit nur bis 2,5 cm langen Blättern auszeichnet, im April–Mai überreich mit Blütenständen aus schneeweißen Blüten besetzt.

Spiraea hypericifolia*, Hartheu-Spierstrauch:** Bis 1,5 m hoher Strauch mit 2–3,5 cm langen, schmal elliptischen bis verkehrt eiförmigen, ganzrandigen oder zuweilen an der Spitze fein gekerbten, meist kahlen, unterseits blaugrünen Blättern, bei denen oft 3 oder 5 Längsnerven auffällig sichtbar ausgeprägt sind. Die Blütenstände sind (fast) nicht gestielt, an ihrem Grund befinden sich keine Blätter. Die Art ist vom südlichen Europa bis Sibirien, SW- und Mittelasien verbreitet, wobei Pflanzen der Populationen aus S- und SW-Europa mit breiteren Blättern und kleineren Blüten, **subsp. *obovata, häufiger gepflanzt werden. Als Ziergehölz, obwohl schon 1636 (Deutschland) in Kultur genommen, erlangten weniger die Art oder die genannte Unterart Bedeutung, sondern diverse Hybriden, zu deren Eltern *S. hypericifolia* gehört (z. B. *S. × cinerea*!). In den häufig gepflanzten Zierstrauch S. × *arguta* (siehe oben!) ging *S. hypericifolia* auch ein, denn er entstand aus einer Kreuzung von *S. thunbergii* mit einer Hybride (*S. × multiflora*), an der *S. hypericifolia* beteiligt ist.

***Spiraea prunifolia*, Pflaumenblättriger Spierstrauch:** Bis 3 m hoher Strauch mit 1,5–5 cm langen und 1,6–1,8 cm breiten, eiförmigen oder elliptischen, ganz fein gezähnten Blättern und sitzenden 3–6-blütigen Dolden. Im natürlichen Areal (China, Korea, Japan), wo die Art arzneiliche Bedeutung (Behandlung von Malaria und Fieber) hat, kommen mehrere Varietäten mit einfachen Blüten vor, aber in Kultur (1843/44 nach Europa eingeführt, SIEBOLD, FORTUNE) befindet sich nur die Form mit dicht gefüllten Blüten, ein attraktiver Frühjahrsblüher, auch im Herbst interessant durch orange bis rotbraune Laubfärbung.

Gefüllte Blüten des Pflaumenblättrigen Spierstrauchs.

Spiraea thunbergii, Thunbergs Spierstrauch oder **Frühlings-Spiere:** Die zahlreichen, meist 5-blütigen Dolden entfalten ihre Pracht bereits ab März, damit ist es die am frühesen blühende Art der Spiersträucher, deren Blüte manchmal unter Spätfrost leidet. Die linealisch lanzettlichen, 2,5–4 cm langen Blätter sind nur 4–6 mm breit und damit so schmal, dass sie fast grasartig erscheinen („Gras-Spiere"). Die in O-China natürlich vorkommende Art ist bereits seit langer Zeit in Japan in Kultur, von wo sie auch nach Europa (vor 1858; SIEBOLD, Leiden) gelangte. Durch die schmalen Blätter mit orange bis scharlachroter Herbstfärbung und die frühe Blütezeit ein interessanter Zierstrauch.

Thunbergs Spierstrauch mit beginnender Herbstfärbung der Blätter.

Spiraea cantoniensis – Kanton-Spierstrauch

Bis 2 m hoher Strauch mit locker übergebogenen, kahlen Zweigen. **Blätter** 3–6,5 cm lang, schmal eiförmig bis rautenförmig länglich, Spreitenbasis keilförmig, oberhalb der Mitte grob bis eingeschnitten gesägt, manchmal 3-lappig, kahl, oberseits dunkel-, unterseits graugrün. **Blüten** an Seitenzweigen in endständigen halbkugeligen Schirmtrauben, Krone weiß (manchmal gefüllt), Kronblätter länger als die Staubblätter, Kelchblätter zur Fruchtzeit aufrecht.

Schirmtrauben des Kanton-Spierstrauchs.

Name: Nach der Stadt Kanton (China).

Verbreitung: China, wahrscheinlich im östlichen S-China natürlich vorkommend, aber ursprüngliches Areal kaum mehr zu rekonstruieren, da seit alter Zeit in Kultur.

Lebensraum: Gebüsche im Tief- und Hügelland.

Biologie: Etwas frostempfindlich, was für die Hybriden nicht zutrifft.

Verwendung: Bereits seit langer Zeit in China und Japan als Zierstrauch kultiviert, zu Beginn des 19. Jahrhunderts nach Europa eingeführt, zuerst 1824 nach Holland (SIEBOLD), die gefülltblütige Form ('Flore Pleno') mit schmaleren, lanzettlichen Blättern 1849 nach England. Noch bekannter als diese Art wurde die aus einer Kreuzung mit einer anderen asiatischen Art hervorgegangene Hybride *S.* × *vanhouttei*.

Ähnliche Arten und Hybriden (Blütenstände Schirmtrauben, endständig an seitlichen Kurztrieben, am Grund mit Blättern; Kronblätter weiß):

Spiraea chamaedryfolia, Gamander-Spierstrauch oder **Ulmen-Spiere:** 1–2 m hoher, aufrechter, reich verzweigter, Ausläufer bildender Strauch. Zweige bogig abstehend, oft hin und her gebogen, scharfkantig, kahl. Blätter 1,5–6 cm lang, 1–3 cm breit, eiförmig bis elliptisch oder länglich lanzettlich, spitz, Spreite mindestens im unteren Drittel (an Langtrieben) oder höher ganzrandig, darüber doppelt oder an Blütentrieben einfach gesägt. Blüten mit weißen Kronblättern, die kürzer als die Staubblätter sind. Kelchblätter zur Fruchtzeit zurückgebogen. Blütezeit: Mai–Juni. Art vom südöstlichen Mitteleuropa (SO-Alpen, Karpaten) über SO- und O-Europa bis S-Sibirien, Mittel- und O-Asien verbreitet, Wärme liebend und Trockenheit ertragend, in Kultur seit 1772 (Österreich) bekannt.

***Spiraea media*, Karpaten-Spierstrauch:** Ein ausgedehntes Areal von den O-Alpen und SO- und O-Europa über Sibirien, Mittelasien und N-China bis Japan einnehmende Art mit im Querschnitt runden Zweigen und 3–5,5 cm langen, breit elliptischen bis länglich eiförmigen, an der Spitze stumpfen Blättern, die ganzrandig sind (so an Blütentrieben) oder nur über der Mitte einige große Zähne aufweisen. Der Frühjahrsblüher (Mai) ist auch für Pflanzungen auf Karbonatböden geeignet. Die Art ist seit 1789 aus Kultur bekannt (Deutschland).

***Spiraea nipponica*, Nippon-Spierstrauch:** 1,5–3 m hoher, breitwüchsiger Strauch mit steif aufrechten Ästen und bogig überhängenden, reich mit Schirmtrauben besetzten Zweigen. Blätter 1,5–3 cm lang und 1–1,5 cm breit, elliptisch bis verkehrt eiförmig, ganzrandig oder nur im Spitzenbereich mit einigen Kerbzähnen. Der Zierstrauch (nach Europa etwa 1870, Siebold) ist nicht nur durch seine weiße Blütenpracht (Mai–Juni), sondern auch durch die leuchtend braunen Fruchtstände im Herbst interessant. Mehrere Sorten in Kultur, von denen 'Snowmound' durch die Bundesgehölzsichtung in den 1990er Jahren als sehr gut bis ausgezeichnet eingestuft wurde.

***Spiraea × vanhouttei*, Belgischer Spierstrauch:** Einer der am häufigsten und gern als Hecke gepflanzten weiß blühenden Spiersträucher, benannt nach dem belgischen Gärtner und Züchter van Houtte, entstanden um 1862 in Frankreich aus der Kreuzung *S. cantoniensis* × *S. trilobata*. Die Blätter vermitteln zwischen den Elternarten,

Gamander-Spierstrauch am Naturstandort (Ferner Osten Russlands).

Blütenstände des Karpaten-Spierstrauchs.

Schirmtrauben des Nippon-Spierstrauchs.

die ei- bis rautenförmige oder verkehrt eiförmige, am Grund breit keilförmige Spreite ist oberhalb der Mitte meist schwach 3- oder 5-lappig, am Rand gesägt, oberseits dunkel-, unterseits grau- oder blaugrün. Die an der Spitze überhängenden Zweige sind im Querschnitt rund, kahl.

◀ *Belgischer Spierstrauch, eine Hybride, die zu den am häufigsten gepflanzten weißblühenden Spiersträuchern gehört.*

Spiraea japonica – Japan-Spierstrauch

0,3–1,5 m hoher, meist wenig verzweigter Strauch von gedrungenem, abgeflacht kugeligem bis breitbuschigem Habitus. Zweige gerade, oft straff oder steif aufrecht, meist stielrund, zuweilen kantig. **Blätter** (1–)2–8(–10) cm lang, eiförmig bis elliptisch oder lanzettlich, Oberseite dunkel-, Unterseite blass- oder blaugrün, Rand scharf doppelt, selten einfach, gesägt bis gekerbt oder eingeschnitten. **Blüten** in abgeflachten Schirmrispen endständig an aufrechten Langtrieben, Drüsenring unvollständig. Krone rosa, bei Sorten auch blau-, lila- bis rubinrot, selten weiß ('Albiflora') oder mit allen genannten Farben an einer Pflanze oder sogar in einem Blütenstand ('Shirobana'); Staubblätter viel länger als Kronblätter. Blütezeit: Juni–September.

Name: *japonica* bezieht sich auf das Vorkommen in Japan, Art aber in O-Asien weit verbreitet.

Systematik: Formenreiche Art mit mehreren, auch als eigene Arten oder als Varietäten eingestuften Sippen, die manche Autoren als Sorten ansehen, z. B. Weißblühender Japan-Spierstrauch, *Spiraea albiflora* als Sorte *S. japonica* 'Albiflora' (sich aber nicht nur in der Blütenfarbe unterscheidend), *S. bumalda* (hierzu früher viele der *S. japonica*-Sorten zugeordnet) als Sorte *S. japonica* 'Bumalda'.

Verbreitung: Von Japan und Korea über China bis zum Himalaja; aus Kultur verwildernd und in verschiedenen Gebieten Europas und Asiens eingebürgert, teils invasiv.

Lebensraum: Wälder, Waldlichtungen, Gebüsche, Flusstäler, felsige und steinige Berghänge, alpine Rasen (700–4000 m ü. M.).

Verwendung: Seit dem 19. Jahrhundert mehrfach (z. B. 1843 Siebold in die Niederlande, 1864 Maximowicz nach St. Petersburg), auch unter verschiedenen Namen, nach Europa eingeführte, häufig als Zierstrauch gepflanzte Art. Der Formenreichtum in Natur und Kultur bot die Grundla-

Schirmrispen des Japan-Spierstrauchs.

Sorte 'Shirobana' des Japan-Spierstrauchs mit verschiedener Farbe der Blütenkronen an einer Pflanze.

ge, zahlreiche Sorten auszulesen, die über einen langen Zeitraum blühen (Sommerblüher) und gut für Gruppenpflanzung oder Flächenbegrünung, als Einfassung oder Hecke geeignet sind. Durch die Bundesgehölzsichtung niedrig wachsender Spiersträucher wurden die einzelnen Sorten sehr unterschiedlich eingestuft, als ausgezeichnet die Sorten 'Nana' (kugelig-kompakt bis 40 cm hoch, Blätter 1–2 cm lang, Krone lilarosa) und 'Little Princess' (40–70 cm Wuchshöhe, Blätter 1,5–4 cm lang, Krone rotlila). Unter den Sorten der „hohen Gruppe" (> 70 cm) wurden 'Anthony Waterer' (Blätter 4–8 cm lang, im Austrieb rot, Krone blau- bis rubinrot) oder 'Froebelii' (Blätter im Austrieb bronzefarben, Krone blaurot) als sehr gut, 'Goldflame' (gelborange bis kupfriger Austrieb und grüngelbes Sommerlaub) als gut bewertet. Die dunkelrosa blühende Sorte 'Bullata', ein durch dunkel blaugrüne, ei- bis herzförmige, oberseits auffallend runzelige, etwas aufgetriebene Blätter höchst eigenartiger Zwergstrauch, wurde als Pflanze für den Liebhaberbereich bzw. Spezialzwecke eingestuft.

Weitere Arten:

***Spiraea betulifolia*, Birkenblättriger Spierstrauch:** 0,2–1,5 m hoher, unterirdische Ausläufer bildender, dicht verzweigter, kompakter Strauch mit im Querschnitt runden, selten schwach kantigen Zweigen, die wie die Achsen der Blütenstände und die Blätter kahl sind. Blätter 1,5–7(–10) cm lang, 1–5 cm breit, elliptisch bis breit eiförmig oder fast rund, unregelmäßig kerbig gesägt. Blüten in 2,5–10 cm breiten, flachen Schirmrispen, endständig an diesjährigen, aufrechten Langtrieben, 4–9 mm Durchmesser, Krone weiß, manchmal rosa getönt. Blütezeit: Mai–Juli. In Sibirien und O-Asien sowie Nordamerika durch mehrere, sich in Blattmerkmalen geringfügig unterscheidende Sippen vertretene Art. Als Ziergehölz (gelangte nach Europa etwa 1812) gut geeignet zur Flächenbegrünung, kann sogar im Halbschatten gepflanzt werden. Durch die Bundesgehölzsichtung niedrig wachsender Spiersträucher in den 1990er Jahren wurde die Art als ausgezeichnet eingestuft.

***Spiraea crenata*, Kerb-Spierstrauch:** Bis 1 m hoher Strauch mit graugrünen, verkehrt eiförmigen, oberhalb der Mitte gekerbten Blättern, die durch 3 von der Spreitenbasis bis zur -spitze durchlaufende Hauptnerven gekennzeichnet sind. Blüten in Schirmtrauben, diese endständig an seitlichen Kurztrieben. Blütezeit: Mai–Juni. Die von SO-Europa bis W-Sibirien und Mittelasien verbreitete Art fand in Kultur (seit 1739, zuerst England) bei uns weniger Verbreitung als Hybriden, an denen sie beteiligt ist (siehe unter *S.* × *arguta* und *S. hypericifolia*). In SW-Europa tritt die Art aber auch verwildert auf und ist eingebürgert.

***Spiraea decumbens*, Niederliegender Spierstrauch, Kärntner** oder **Friaul-Spierstrauch:** 0,5 m hoher Zwerg- oder Spalierstrauch mit niederliegenden und aufsteigenden Zweigen, durch Ausläuferbildung den Boden fast polsterförmig bedeckend, deshalb auch Weiße Polster-Spiere genannt. Die 1–4 cm langen, verkehrt eiförmigen bis länglichen Blätter sind am Rand einfach bis doppelt gesägt, die 3–5 cm breiten Schirmrispen stehen endständig an diesjährigen Langtrieben, Blüten 5–7 mm Durchmesser, Krone weiß. Blütezeit: Mai–Juni. Die in den SO-Alpen beheimatete Art ist seit 1830 (Deutschland) in Kultur. Durch die Bundesgehölzsichtung niedrig wachsender Spiersträucher wurde sie als ausgezeichnet eingestuft.

Schirmrispen des Niederliegenden Spierstrauchs.

◀ *Pflanzung des Niederliegenden Spierstrauchs in städtischer Grünanlage.*

***Spiraea henryi*, Henrys Spierstrauch:** Bis 3 m hoher, breit und locker aufgebauter Strauch mit im Querschnitt runden Zweigen, 2,5–7(–9) cm langen, schmal elliptischen bis länglich verkehrt eiförmigen, im oberen Drittel kerbig gesägten Blättern. Die Blütenstände sind abgeflachte Schirmrispen, die an seitenständigen Kurztrieben entlang vorjähriger, meist bogig überhängender Langtriebe stehen, Blüten 5–6 mm Durchmesser, Krone weiß. Blütezeit: April–Juni. Nach dem Entdecker A. Henry benannte, von E. Wilson 1900 in Kultur eingeführte chinesische Art.

***Spiraea trilobata*, Dreilappiger Spierstrauch:** Bis 1,2 m hoher, recht kompakter Strauch mit dünnen, oft hin und her gebogenen, kahlen, im Querschnitt runden Zweigen. Blätter 1,5–3 cm lang, im Umriss fast rundlich, 3–5-lappig, Lappen stumpf bis abgerundet, Rand grob gekerbt-gesägt. Blüten in Schirmtrauben an seitlichen Kurztrieben, Krone weiß. Blütezeit: Mai–Juni. Von Mittelasien und S-Sibirien bis Ostasien verbreitete Art, die seit 1801 in Europa in Kultur ist. War als Kreuzungspartner an der Entstehung des häufig gepflanzten Belgischen Spierstrauchs (siehe *S.* × *vanhouttei*!) beteiligt.

Stachyurus praecox – Japanischer Perlschweif, Japanische Schweifähre

Stachyuraceae – Perlschweifgewächse

Sommergrüner, 1,5–4 m hoher, nur mäßig verzweigter kahler Strauch. Junge Triebe rotbraun glänzend. Zweige schlank, überneigend, rötlich. Knospen eiförmig, anliegend, 2–3 mm lang, kahl mit 2–3 rotbraunen Knospenschuppen. **Blätter** wechselständig, 1–2,5 cm lang gestielt. Spreite elliptisch eiförmig, lang zugespitzt, am Grund gerundet bis herzförmig, 7–14 cm lang, 3–6 cm breit, Blattrand deutlich gesägt, oberseits kahl und glänzend, unterseits entlang der Nerven behaart. **Blüten** duftlos, sitzend, zwittrig, glockenförmig, gelblich, 8 mm lang, in starr abwärts gerichteten 4–10 cm langen, reichblütigen kahlen Ähren, Griffel und Staubblätter kürzer als die Krone. Blütezeit: Februar–April. **Frucht** eine mehrsamige, ellipsoidisch bis kugelförmige, 8–10 mm große lederige Beere, grünlich rötlich oder gelblich gefärbt. Fruchtreife: September–Oktober.

Name: Griech. „stachys“ = Ähre, „oura“ = Schwanz. *praecox* lat. = frühzeitig.
Systematik: Die Familie enthält nur die Gattung *Stachyurus* mit 7 Arten.

Blütenähren des Japanischen Perlschweifs.

Verbreitung: Das Verbreitungsgebiet erstreckt sich vom Himalaja bis nach Japan (Hokkaido bis Kyushu).
Lebensraum: Verbreitet in Gebüschen und lichten Gebirgswäldern.
Biologie: Die Blütenstände des Perlschweifs werden bereits im August in den Blattachseln angelegt. Die Blütenknospen überdauern den Winter ungeschützt und öffnen sich lange vor dem Blattaustrieb. Sie werden vor allem von Hautflüglern, namentlich solitären Bienen und Hummeln, aufgesucht.
Verwendung: Der Perlschweif ist ein leider viel zu selten angepflanztes Blüten-Ziergehölz, das seit 1864 in Europa in Kultur ist. Die kleinen, aber zahlreichen Blüten fallen, zumal sie gegen die rötlich gefärbten Zweige kontrastieren, leicht ins Auge. Sie locken viele Insekten an. Die Sträucher sind recht anspruchslos, soweit die Böden gut feucht aber durchlässig sind. Sie gedeihen an besonnten und halbschattigen Standorten. Sie sind frosthart bis –20 °C. Der Perlschweif wird kaum von Schädlingen oder Krankheiten befallen. Vermehrt wird die Pflanze durch Saatgut oder krautige Stecklinge im Juni.

Staphylea pinnata – Gemeine Pimpernuss

Staphyleaceae – Pimpernussgewächse

Sommergrüner, nur mäßig verzweigter, 2–5 m hoher, aufrechter Strauch. Junge Triebe gerundet, grün und kahl. Zweige oft gabelig verzweigt, glänzend braun mit hellen Korkporen. Knospen eiförmig, beidseitig gekielt, kahl mit 2, oft bis über die Mitte verwachsenen Knospenschuppen. Endknospe fehlend, am Sprossende paarweise stehende 8–12 mm große Seitenknospen. Die unteren Seitenknospen viel kleiner. **Blätter** gegenständig, 6–8 cm lang gestielt. Spreite bis 25 cm lang, unpaarig gefiedert, mit 5–7, bis 10 cm langen, langen, elliptischen, lang zugespitzten Blättchen. Endfieder gestielt, Seitenfiedern sitzend, am Grund keilförmig, beidseitig kahl, oberseits frischgrün, unterseits bläulich grün, Blattrand fein gesägt. **Blüten** in 15–20 cm langen, hängenden schmalen Rispen am Ende von Jungtrieben, duftlos, zwittrig, 5-zählig. Kronblätter frei, glockenförmig zusammenneigend. Kelch kronblattartig, fast ebenso lang wie die Krone, weiß bis cremefarben, rötlich überlaufen, 10–12(–15) mm lang. Fruchtknoten oberständig, 2–3-fächerig. Blütezeit: Mai–Juni. **Frucht** kugelig, blasig aufgetrieben, mit pergamentartiger Wand, 3–4 cm lang, am Ende mit 2 kurzen Zipfeln. **Samen** 1 je Fruchtfach, kugelförmig, hellbraun, glänzend, 10–12 mm groß, mit steinharter Samenschale und großem Nabel. Fruchtreife: September–Oktober.

Name: „staphyle“ griech. = (Wein)traube, nach dem traubenähnlichen Blütenstand. *pinnatus* lat. = gefiedert, „pinna“ lat. = Feder. Pimpernuss: mittelhochdeutsch „pimpern“, „pümpern“ = klappern. Der Kräuterbuchautor ADAM LONITZER nannte die Pimpernuss „*Pistacia germanica*“.
Systematik: Die Gattung *Staphylea* umfasst 11 Arten in der nemoralen Zone von Eurasien und Nordamerika. Sie ist seit dem Tertiär fossil belegt.
Verbreitung: Mitteleuropa, Alpen, Apenninen, SO-Europa, Kleinasien, Kaukasus. In Deutschland nur südlich des Mains, vereinzelt im Bodenseegebiet, im Donaugebiet bei Passau und Regensburg. In der Roten Liste Deutschlands als gefährdet eingestuft.
Lebensraum: In krautreichen Laubmischwäldern, lichten Gebüschen und Waldrändern. Auf lockeren, humosen und nährstoffreichen Lehmböden bis etwa 600 m ü. M.

Seitenspross der Gemeinen Pimpernuss mit Blütenrispen.

Fruchtende Gemeine Pimpernuss.

Früchte der Kolchischen Pimpernuss.

Biologie: Die Blüten der Pimpernuss werden von Insekten, solitären und Honigbienen, Hummeln und Fliegen, aufgesucht. Meist herrscht jedoch Selbstbestäubung vor. Die reifen Samen fallen im Winter in die (fast ganz) geschlossen bleibende, trockene Fruchthülle und bei Windbewegung kann dadurch ein klapperndes Geräusch entstehen. Der Wind löst schließlich die Früchte ab und nach der Zersetzung der Fruchtwand kann die Keimung erfolgen, oft erst nach 2 Jahren.

Verwendung: Die Samen der Pimpernuss geben ein gutes Öl, das jedoch schwach abführend wirkt. Die Pimpernuss wird gelegentlich als Zierstrauch angepflanzt. Die Vermehrung kann durch Absenker oder Samen erfolgen.

Weitere Art:

***Staphylea colchica*, Kolchische Pimpernuss:** Wuchs straff aufrecht, bis 4 m hoch. Blätter der Blütenzweige mit meist 3, die der Laubtriebe mit 5 Blättchen. Blüten in größeren Rispen, weiß, 12–15 mm lang. Blütezeit: Mai. Frucht meist länger als dick, 4–5,5 cm lang, am Grund deutlich verschmälert, Samen nur 8 mm lang. Heimat: Kaukasien. In Kultur seit 1850. Winterhart bis –25 °C.

Stewartia pseudocamellia – Japanische Sommerkamelie, Scheinkamelie

Theaceae – Teestrauchgewächse

Sommergrüner, reich verzweigter, 4–5 m hoher Strauch oder bis 20 m hoher Baum. Junge Triebe braun bis graubraun, anliegend behaart. Zweige graubraun, kahl. Borke rötlich, sich in großen, dünnen Platten ablösend, Stämme und dickere Äste daher gescheckt. Knospen spindelförmig, 1–1,5 cm lang, mit 2 äußeren, rotbraunen Schuppen, Seitenknospen viel kleiner. **Blätter** wechselständig, 3–15 mm lang gestielt. Spreite elliptisch, verkehrt eiförmig elliptisch oder länglich elliptisch, 3–8(–12) cm lang und 3–5 cm breit, am Ende lang zugespitzt, am Grund keilförmig, entfernt kerbig gesägt, oberseits frischgrün, kahl, unterseits hellgrün, kahl oder mit einigen längeren Haaren, vor allem in den Nervenachseln. **Blüten** ansehnlich, schwach duftend, einzeln achselständig, weiß, 1–3 cm lang gestielt, schalen- oder becherförmig, 6–7 cm breit. Kelchblätter 5(–6), seidig behaart, 8–12 mm lang, bleibend; Kronblätter 5(–8), außen seidig behaart, am Grund verwachsen, 3–4 cm lang; Staubfäden zahlreich, weiß, am Grund miteinander verwachsen, Staubbeutel orangefarben, Fruchtknoten oberständig. Unterhalb der Blüten stehen 1–2, 4–6 mm lange Brakteen. Blütezeit: Juli–August. **Frucht** eine eiförmige, 5-kantige, verholzte, etwa 2 cm lange, sich 5-klappig fachspaltig öffnende Kapsel. **Samen** ringsum schmal geflügelt, 5–10 mm groß. Fruchtreife: Oktober–November.

Name: Benannt nach John Stuart (1713–1792), Earl of Bute, einem englischen Staatsmann, Premierminister unter Georg III. Er besaß einen eigenen Botanischen Garten.
Systematik: Zur Gattung *Stewartia* werden 19 Arten in Ostasien und dem östlichen Nordamerika gerechnet.
Verbreitung: Japan (Honshu bis Kyushu).
Lebensraum: In Bergwäldern.
Biologie: Die Blüten werden von Insekten aufgesucht und bestäubt.
Verwendung: In Kultur seit 1874. In der Baumschule von Thibaut und Keteleer in Sceaux bei Paris 1878 zum ersten Male blühend. In Mitteleuropa leider nur wenig angepflanztes, schönes, kalk-

Stamm der Japanischen Sommerkamelie.

Blühender Seitenspross der Japanischen Sommerkamelie.

Blüte der Hohen Sommer- oder Scheinkamelie.

meidendes Blütengehölz. Häufiger in England kultiviert. Standort sonnig bis halbschattig, auf feuchtem, aber gut durchlässigem, nährstoffreichen, humosen Boden. Empfindlich gegen Sommertrockenheit. Herbstfärbung orange- bis dunkelrot. Im Winter auch durch die schöne matt glänzende Borke attraktiv. Winterhart bis –20 °C. Zu den seltener kultivierten, wenn auch nicht weniger attraktiven Scheinkamelien gehört die ebenfalls in Japan beheimatet Art ***Stewartia monadelpha***, die **Hohe Sommer- oder Scheinkamelie**. Ihre Blüten sind kleiner (2,5–3,5 cm breit) und die Zweige sind behaart.

Styphnolobium japonicum – Japanischer Schnurbaum, Perlschnurbaum, Pagodenbaum

Fabaceae – Hülsenfrüchtler

Sommergrüner, 20–25 m hoher, breit- und rundkroniger Baum. Junge Triebe stielrund, dunkel- bis olivgrün, matt glänzend, gekräuselt behaart. Zweige verkahlend, über Jahre hinweg grün bleibend, gerieben intensiv unangenehm duftend. Die Kurztriebe erscheinen durch erhabene Blattbasen mehr oder weniger knotig. Borke längsrissig bis tief längsrippig, graubraun. Knospen bis zum Laubfall verborgen, später inmitten der Blattnarben, rundlich dreieckig, violett- bis schwarzbraun, ca. 2 mm groß, Schuppen nicht unterscheidbar, Endknospe fehlend. **Blätter** wechselständig, 3–4 cm lang gestielt, Stielbasis knotenartig verdickt. Spreite 15–25 cm lang, aus 9–15, 2 mm lang gestielten Fiedern bestehend. Blättchen eiförmig elliptisch, 2,5–5 cm lang und 1–2,5 cm breit, ganzrandig, stumpf bis spitz, mit 1 mm langer weicher Granne, am Grund breit verschmälert, oberseits dunkelgrün und kahl, unterseits kurz dicht anliegend behaart, bläulich grün. Nebenblätter klein und hinfällig. **Blüten** als typische Schmetterlingsblüten ausgebildet, in 25–35 cm langen und breiten, doppelt oder mehrfach verzweigten lockeren Trauben von rispenartigem Aussehen. Einzelblüten zwittrig, 3–5 mm lang gestielt, 12 mm lang. Blütenhülle doppelt. Kronblätter cremeweiß. Kelch becherförmig, grün, behaart, undeutlich gezähnt. Staubblätter frei, Staubfäden nur am Grund kurz miteinander verbunden. Fruchtblatt durch einen 7–15 mm langen Gynophor gestielt. Blütezeit: August–September. **Früchte** stielrund, 5–8 cm lang, auch zur Reife geschlossen bleibend, von fleischig lederiger Textur. Der Name Perlschnurbaum rührt von der Einschnürung der Früchte zwischen den einzelnen Samen her. **Samen** zu 1–5, 8–10 mm lang und 3–4 mm breit, seitlich abgeflacht, schwarzbraun. Fruchtreife: Oktober. **G!**

Name: Der Name leitet sich vom Griech. „styphnos“ = zusammenziehend und „lobos“ = Lappen ab. LINNÉ benannte die Art als *Sophora japonica*. Unter diesem Namen war die Art lange in Kultur.
Systematik: Die Gattung *Styphnolobium* umfasst ca. 8 Arten. Im Unterschied zu *Sophora* ist die Keimung bei *Styphnolobium* epigäisch und die Keimblätter sind laubig. *Styphnolobium*-Arten leben nicht in Symbiose mit Luftstickstoff bindenden Bakterien.
Verbreitung: Beheimatet in Japan und Korea (mit Ausnahme der Süd- und Ostküste), in China nur angepflanzt.

Blütenstand des Japanischen Schnurbaums.

Lebensraum: Sehr lichtbedürftiges, Hitze und Lufttrockenheit ertragendes Gehölz. In sommergrünen Laubwäldern, vergesellschaftet mit Eichen, Buchen, Linden, Ulmen, Ahornen.

Biologie: Die Blüten werden in Mitteleuropa vor allem durch Hautflügler, namentlich Honigbienen, bestäubt. Der Nektar wird von zwischen den Staubblättern und dem Gynophor liegenden Nektarien gebildet. Die Bienen bestäuben die Blüten durch den an der Bauchseite mitgeführten Pollen. Pro Tag wird je Blüte 1,5 mg gelber bis grüngelber Nektar gebildet. Er besteht zu etwa 39 %, mitunter jedoch bis 48 %, aus Saccharose. Die Hauptnektarproduktion liegt in den Morgenstunden zwischen 7 und 9 Uhr und ist zwischen 12 und 13 Uhr am geringsten. Die Früchte bleiben gewöhnlich den Winter über am Baum, reifen aber in Mitteleuropa meist nicht aus. Rinde, Früchte und Samen sind stark giftig. Die Früchte enthalten zu 0,08 % Sophorabiosid, Rutin und andere Stoffe. In unreifen Früchten sind bis zu 2 % Sophoricosid enthalten. In den Samen wurden Cytisin, Toxalbumine und Sophoramin nachgewiesen.

Verwendung: Aus noch ungeöffneten Blütenknospen wird die Droge Sophorae flos gewonnen. Sie enthält 12,8–30 % Rutin, ein Flavonoidglykosid, das in der Medizin bei Blutungsproblemen und zur Stabilisierung der Venenwände angewandt wird. Es wirkt ferner blutdrucksenkend und adstringierend. Getrocknete Blüten werden in China zum Färben von Baumwolle und Seide verwendet. Der Farbstoff „Wai-Fa" diente zum Gelbfärben der Mandaringewänder. Das Holz ist als Drechslerholz sowie für die Herstellung von Möbeln und Musikinstrumenten geschätzt. 1747 sandte D´INCARVILLE Saatgut aus Nordchina nach Frankreich. Der Perlschnurbaum ist ein häufig angepflanzter Park-, Straßen- und Alleebaum, der seine volle Schönheit als sehr lichtbedürftiges Gehölz nur im Freistand entfaltet und vor allem durch seine Blütenfülle beeindruckt. In Norddeutschland kommt es nur alle 2–3 Jahre zur Fruchtbildung. Vermehrt wird der Schnurbaum durch Samen. Die Blühreife beginnt im Weinbauklima Deutschlands mit 12–15 Jahren. *St. japonicum* ist frei von Schädlingen und Krankheiten. Frosthart bis –35 °C, Jungpflanzen vertragen jedoch wesentlich weniger Kälte.

'Pendulum': Gern gepflanzte Hängeform mit lang herabhängenden, hin und her gewundenen Zweigen.

Bäume der Hängeform (Sorte'Pendulum') des Japanischen Schnurbaums.

Styrax japonicus – Japanischer Storaxbaum

Styracaceae – Storaxbaumgewächse

Sommergrüner, 5–7, selten bis 10 m hoher Baum. Junge Triebe mit Sternhaaren besetzt. Zweige braun bis rotbraun, verkahlend, hin und her gebogen, meist horizontal ausgebreitet oder etwas überhängend. Knospen den Zweigen anliegend, länglich elliptisch, etwas gestielt, oft mit 1–2 absteigenden Beiknospen. **Blätter** wechselständig, bis 8 mm lang gestielt. Spreite oberseits glänzend grün, recht unterschiedlich groß, breit- bis länglich elliptisch, sehr lang zugespitzt, 3–9 cm lang und bis 3,5 cm breit, am Rand mit Drüsenzähnen. **Blüten** weiß, glockenförmig zu 3–6 an Seitensprossen, hängend, 2–3,5 cm lang gestielt, 2 cm Durchmesser. Blütezeit: Juni–Juli. **Früchte** rundlich eiförmig, 15–20 mm lang. Unterer Teil des Kelchs schüsselförmig, persistierend. Äußerer Teil der Fruchtwand (Mesokarp) aufreißend und so den braunen Steinkern freilegend. Fruchtreife: Oktober.

Name: Lat. „styrax" bzw. „storax" ist ein Gehölz, das Styrax bzw. Storax, ein wohlriechendes Gummiharz, liefert. Der Name wurde bereits von Dioskurides und Plinius für *Styrax officinalis* verwandt.
Systematik: Zur Gattung *Styrax* werden rund 130 Arten gezählt. Das Verbreitungsgebiet der Gattung erstreckt sich auf das Mittelmeergebiet, SO-Asien, Malesien und das tropische Amerika. Fossil ist *Styrax* seit dem Tertiär nachgewiesen.
Verbreitung: China, Korea, Japan, Taiwan, Philippinen
Lebensraum: Gebirgswälder und an Wasserläufen.

Blüten des Japanischen Storaxbaums.

Verwendung: Sehr reizvolles Blüten-Ziergehölz. 1862 von Richard Oldham aus Japan nach Europa (Kew Gardens) eingeführt. Im gleichen Jahr schickte der US-Konsul in Japan, Thomas Hogg, Samen nach Nordamerika. Das erste Saatgut aus China gelangte zu Beginn des 20. Jahrhunderts durch Wilson für die Baumschule Veitch nach England. *St. japonicus* gedeiht in sonniger bis halbschattiger Lage auf humosen, schwach sauren Böden. Die Neutriebe der Pflanzen sind etwas empfindlich gegen Spätfröste. Frosthart bis etwa –15°C. Vermehrung durch Samen und Ableger.

Symphoricarpos albus var. *laevigatus* – Gewöhnliche Schneebeere

Caprifoliaceae – Geißblattgewächse

Sommergrüner, reich verzweigter, Ausläufer bildender, bis 2 m hoher Strauch mit dünnen, verkahlenden, graubraunen und hohlen Zweigen. Junge Triebe aus einem unterirdischen Sprosssystem hervorgehend, leicht kantig, kahl. Rinde sich später in Streifen ablösend. Knospen eiförmig bis länglich eiförmig, 1–2 mm lang, mit mehreren sichtbaren Schuppen. Sprossspitzen abgestorben. **Blätter** gegenständig, 2–5 mm lang gestielt, Spreite rundlich bis eiförmig elliptisch, 2–6 cm lang und 1–5 cm breit, an Langtrieben oft größer und buchtig gelappt, oberseits dunkelgrün, unterseits kahl oder fast kahl. **Blüten** zwittrig, in end- oder seitenständigen Ähren, die oft köpfchenartig gestaucht sind. Blütenhülle doppelt, verwachsenblättrig. Kelch kurzröhrig mit kurzen Zipfeln, persistierend. Krone glockenförmig, fast radiär, rötlich, 5–6 mm Durchmesser, mit 2–3 mm langen Zipfeln. Staubblätter im Schlund der Kronröhre eingefügt, von der Krone eingeschlossen. Fruchtknoten unterständig, 4-fächerig, 2 Fächer sind steril. Blütezeit: Juni–September. **Früchte** weiße Steinfrüchte, kugelförmig bis breit ellipsoidisch, 1–1,5 cm Durchmesser, mit 2 einsamigen, 5 mm langen Steinkernen. Fruchtreife: September–Oktober. **G!**

Name: Griech. „symphoros“ = vereinigt und „karpos“ = Frucht. Die Früchte stehen dicht gedrängt.
Systematik: Zur Gattung *Symphoricarpos* werden 15 Arten gezählt. Das Verbreitungsgebiet der Gattung reicht von Nordamerika bis nach Mexiko. Eine Art ist in China beheimatet.
Verbreitung: W-Nordamerika (Alaska bis Kalifornien, Montana und Colorado).
Lebensraum: Lichte Mischwälder, Gewässerufer und Waldränder unterhalb 1300 m ü. M.
Biologie: Die Blüten werden von zahlreichen Insekten, wie Bienen, Wespen und Schwebfliegen, bestäubt. Die Früchte bleiben lange an den Zweigen haften. Sie werden von heimischen Vögeln meist nicht verzehrt. Die Früchte sind für den Menschen schwach giftig. Die Samenkeimung erfolgt epigäisch.
Verwendung: Seit 1817 in Europa in Kultur. Die Vermehrung erfolgt durch Samen, Steckhölzer und krautige Stecklinge. Auf feuchten, nährstoffreichen Böden an schattigen bis halbschattigen Standorten, häufig verwildert. Sehr salztolerant.

Seitenspross mit Blüten und jungen Früchten der Gewöhnlichen Schneebeere.

Fruchtender Seitenspross der Korallenbeere.

Weitere Arten und Hybride:
***Symphoricarpos × chenaultii*, Bastard-Korallenbeere** (*S. microphyllus* × *S. orbiculatus*): Sommergrüner, 0,6–1 m hoher, reich verzweigter Strauch. Junge Zweige behaart. Blätter augenfällig 2-zeilig

angeordnet, eiförmig, bis 2 cm lang, oberseits dunkelgrün, unterseits bläulich, fein behaart. Blüten in Ähren, Kronröhre trichter- bis glockenförmig, doppelt so lang wie die Zipfel, rosa. Blütezeit: Juni–August. Früchte rundlich, lichtseitig rot, schattenseitig weißlich mit roten Punkten. Fruchtreife: September–Oktober. 1910 bei CHENAULT in Orleans entstanden. Eine sehr robuste, stadtklimafeste und salzverträgliche Hybride für voll sonnige bis halbschattige Standorte. Sehr häufig angepflanzt, zierend vor allem auch wegen des reichen und lang anhaltenden Fruchtbehangs.

***Symphoricarpos occidentalis*, Wolfsbeere, Westamerikanische Schneebeere:** Sommergrüner, 1–1,5 m hoher Strauch mit etwas überhängenden Zweigen. Blätter fast etwas lederartig, eiförmig bis länglich eiförmig, ganzrandig bis wellig gekerbt, an den Blütenzweigen 3,5–8 cm lang, an den Langtrieben größer, unterseits bleibend zerstreut behaart, stumpf endend, am Grund keilförmig bis gerundet. Blüten in 1–3 cm langen Ähren, weiß bis rötlich, 6–10 mm lang, innen dicht behaart. Blütezeit: Juni–Juli. Früchte weiß, bis 1 cm Durchmesser. Fruchtreife: September. Verbreitung: Nordamerika (Michigan bis British Columbia, südlich bis Illinois, Colorado und Kansas). *occidentalis* lat. = westlich, abendländisch, hier aber im Sinne von amerikanisch.

***Symphoricarpos orbiculatus*, Korallenbeere, Coral Berry:** Sommergrüner, bis 2 m hoher Strauch mit dünnen, anfangs behaarten Zweigen. Blätter rundlich eiförmig bis elliptisch, 1,5–4 cm lang, unterseits graugrün und behaart, am Ende stumpf bis spitz, am Grund gerundet, oberseits dunkelgrün, unterseits blaugrün und behaart. Blüten in dichten achselständigen köpfchenartigen und in endständigen Ähren, gelblich weiß bis grünlich, oft rosa getönt, glockenförmig, 4 mm lang. Blütezeit: Juli–August. Früchte fast kugelförmig, rot bis purpurrot, 4–6 mm Durchmesser. Fruchtreife: September–Oktober. Verbreitung: O-Nordamerika (New York bis Kansas und Texas, westlich bis South Dakota). In Auenwäldern und am Fuße von Berghängen. In Kultur seit 1732. Häufig angepflanzt, auch als Bodendecker. Früchte bis weit in den Winter hängen bleibend. *orbiculatus* lat. = kreisrund, hier bezogen auf die Blattform.

Syringa – Flieder

Oleaceae – Ölbaumgewächse

Sommergrüne Sträucher oder Bäume mit aufrechten, stielrunden oder 4-kantigen, mit Mark erfüllten Zweigen. Knospen mit Knospenschuppen. Endknospe oft fehlend. Das Vorhandensein oder Fehlen einer Endknospe ist innerhalb der Gattung Syringa art- bzw. sektionsabhängig, also von systematischem Wert. **Blätter** gestielt, gegenständig, Spreite ungeteilt, seltener gebuchtet oder fiederschnittig. **Blüten** zwittrig, verwachsenblättrig, mit doppelter, 4-zähliger Blütenhülle. Kelch glockenförmig, 4-zähnig, persistierend. Krone trichter-, teller- oder radförmig, 4-zipfelig, die Zipfel spreizend oder aufrecht. Staubblätter 2, in die Kronröhre eingefügt, in ihr verborgen oder aus ihr herausragend. Fruchtknoten oberständig, aus 2 Fruchtblättern gebildet, je Fach mit 2 Samenanlagen. **Frucht** leicht abgeflachte Kapsel, sich fachspaltig öffnend. Je Fach 2 schmal geflügelte Samen mit Nährgewebe. Keimung epigäisch.
Alle hier aufgeführten Arten und Hybriden sind frosthart.

Name: Lat. „syringa" zu lat. „syrinx" = Rohr, Flöte aus Rohr bzw. den hohlen Stängeln des Holunders. SYRIGX war in der griech. Mythologie eine Nymphe, die in Schilfrohr verwandelt wird. Der Name Flieder für den Holunder (*Sambucus*) – im Deutschen erst seit dem 16. Jahrhundert nachgewiesen – wurde später auf *Syringa* übertragen.
Systematik: Die Gattung *Syringa* umfasst etwa 20 Arten in SO-Europa und Ostasien. Fossil ist die Gattung seit dem Tertiär (Pleistozän) bekannt.

Lila blühender Gewöhnlicher Flieder.

Weiß blühender Gewöhnlicher Flieder.

Syringa vulgaris – Gewöhnlicher Flieder, Garten-Flieder

Aufrechter, 2–6 m hoher, Ausläufer bildender buschiger Strauch oder Baum mit graubrauner, längsstreifiger Borke. Stämme oft drehwüchsig. Zweige grau oder graubraun, ohne Endknospe, am Sprossende zwei große seitenständige, eiförmige, bis 10 mm lange, mehrschuppige Knospen. **Blätter** eiförmig bis breit eiförmig, 8–10 cm lang und 5–7 cm breit, zugespitzt, am Grund schwach herzförmig, mit 1,5–2,5 cm langem Stiel, oberseits glänzend dunkelgrün, beidseitig kahl. Rispen aufrecht, pyramidal, 10–20 cm lang, dicht- und reichblütig. **Blüten** stark duftend, lila, mit 1–1,5 langer Kronröhre und ausgebreiteten, abgerundeten Zipfeln. Blütezeit: April–Mai. **Frucht** etwa 1,5 cm lange Kapsel. **Samen** 1 cm lang, geflügelt. Fruchtreife: September–Oktober.

Verbreitung: Südosteuropa (Albanien, Bulgarien, NO-Griechenland, Mazedonien, Rumänien und Serbien).

Lebensraum: Felshänge, Gebüsche, lichte Wälder in vollsonniger bis halbschattiger Lage.

Biologie: Die Blüten bilden reichlich Nektar, der sich am Grund der Blütenröhre befindet und nur von langrüsseligen Insekten ausgebeutet werden kann. In Mitteleuropa sind dies Schmetterlinge und die Große Holzbiene (*Xylocopa violacea*). Honigbienen und solitären Bienen ist der Nektar nicht zugänglich.

Verwendung: Der Gewöhnliche Flieder gelangte im 16. Jahrhundert nach Mitteleuropa. Die erste Kenntnis verdanken wir AUGERIUS GHISLAIN VON BUSBECK, Botschafter des deutschen Kaisers FERDINAND I. beim Sultan in Konstantinopel, der 1562 eine Abbildung eines blühenden Zweigs nach Wien brachte. Der Arzt und Botaniker PIETRO ANDREA MATTIOLI erhielt später einen Fliederzweig mit Blüten, noch später auch mit Früchten von GIACOMO ANTONIO CORTUSO zugeschickt. CORTUSO kultivierte den Flieder in seinem Garten in Padua. Von hier aus gelangte der Flieder in andere italienische Gärten und wohl auch nach Wien. Bestätigt wird dies aus dem Jahre 1576 von CAROLUS CLUSIUS, einem Botaniker, der in Wien wirkte. Zwischen 1607 und 1630 ist er im herzoglich braunschweigischen Garten zu Hessem, 1621 im HORTUS MEDICUS Regensburg aufgeführt. Im 19. Jahrhundert erlebte die Fliederzüchtung eine Blüte. Vor allem in den Gartenbaubetrieben LODDIGES in England und VICTOR LEMOINE in Nancy/Frankreich entstanden viele Sorten. Heute gibt es mehr als 500 Gartensorten, die sich durch ihre Farbe – von rein weiß bis dunkellila – und den Grad ihrer Gefülltblütigkeit voneinander unterscheiden. Kaum ein anderes Blüten-Ziergehölz ist weltweit so verbreitet wie *Syringa*. In Töpfe gepflanzt lässt sich der Flieder auch im Winter im Gewächshaus treiben. Das Holz ist sehr hart, hellgelb bis braun und wird in der Kunsttischlerei und als Drechselholz verwendet. Die ätherischen Öle der Blüten finden in der Parfümindustrie Verwendung.

Ähnliche Arten:

***Syringa* × *hyacinthiflora*, Hyazinthenblütiger Flieder** (*S. oblata* × *S. vulgaris*): Rispen meist locker, überhängend. Blütezeit: Mai. Bei VICTOR LEMOINE/Nancy 1876 entstanden. Hierzu gehören sehr viele Kultivare, die als 'Praecox-Hybriden' im Handel sind. Sie blühen sehr reich, etwa eine Woche früher als *S. vulgaris*. Häufig angepflanzt.

Syringa oblata, Rundblättriger Flieder: Bis 5 m hoher Strauch oder Baum mit kahlen bis behaarten Zweigen. Blätter 1–3 cm lang gestielt. Spreite rundlich eiförmig, oft breiter als lang, 2,5–10(–14) cm lang und 3–8(–15) cm breit, abrupt zugespitzt, am Grund ± herzförmig. Blüten duftend, in dichten, 6–16(–20) cm langen und 3–7(–10) cm breiten seitlichen Rispen, hell bis dunkellila. Kelch 2–3 mm lang. Kronröhre 6–14 mm lang, mit spreizenden, stumpfen, 4–6 mm langen Zipfeln. Blütezeit: April–Mai. Kapseln 1–2 cm lang, spitz. Fruchtreife: August–Oktober. Verbreitung: N-China. An Berghängen und in Flusstälern von 100 bis 2600 m ü. M. 1856 von FORTUNE aus einem Garten in Shanghai nach England gebracht. Blüht sehr zeitig. Die Blätter färben sich im Herbst purpurrot. Häufig angepflanzt. *oblatus* lat. = breitrund.

Weitere Arten und Hybriden:

***Syringa emodi*, Himalaja-Flieder:** Bis 5 m hoher Strauch mit aufrechten, olivgrünen bis braunen Zweigen. Blätter mit 1–1,5 cm langem Stiel, elliptisch, eiförmig oder verkehrt eiförmig, 8–15 cm lang und 4–7 cm breit, oberseits dunkelgrün, unterseits dicht papillös, blaugrün bis weißlich. Rispen endständig an jungen Trieben, einzeln oder zu dritt, aufrecht, dicht und breit, 8–15 cm lang. Blüten wenig angenehm duftend, lila oder weißlich, mit schmaler Röhre, diese 8 mm lang, und spreizenden Zipfeln. Blütezeit: Juni. Früchte länglich zylindrisch, 1,5 cm lang, spitz, glatt. Fruchtreife: September. Verbreitung: Afghanistan, W-Himalaja. In Kultur seit 1838. Häufig angepflanzt. „emodos" griech. = Himalaja.

Blütenrispe des Ungarischen Flieders.

***Syringa josikaea*, Ungarischer Flieder:** Aufrechter, 3–4 m hoher Strauch mit anfangs behaarten Zweigen. Blätter breit elliptisch, eiförmig oder verkehrt eiförmig, 6–12 cm lang, fein gewimpert, oberseits glänzend grün, unterseits bläulich grün. Rispen aufrecht, schmal pyramidal, 10–18 cm lang. Blüten duftend, lilapurpurn Blütezeit: Mai–Juni. Fruchtreife: Oktober. Verbreitung: SO- und O-Europa (Transsilvanische Alpen, Karpaten, Ukraine). In Kultur seit 1830. Häufig angepflanzt. „Josikaeus" nach dem ungarischen Adelsgeschlecht JOSIKA benannt. Die Art ist in der IUCN Red List unter stark gefährdet aufgeführt.

***Syringa meyeri*, Meyers Flieder:** Dicht verzweigter, bis 1,5 m hoher Strauch mit schwach 4-kantigen, behaarten Zweigen. Blätter 6–15 mm lang gestielt. Spreite eiförmig elliptisch, elliptisch verkehrt eiförmig, breit eiförmig bis fast gerunet, 2–5 cm lang und 1,5–3,5 cm breit, beidseitig grün, oberseits kahl, unterseits nur auf den Nerven behaart, am Rand glatt. Blüten in 4–10 cm langen und 2,5–4(–6) cm breiten, aufrechten, seitenständigen, dichten Rispen, 1,7–2 cm lang. Krone purpurviolett, Kronröhre 15 mm lang, die Kronzipfel spreizend. Kelch purpurn, 2 mm lang. Blütezeit: Mai–Juni. Kapseln 12–20 mm lang, warzig. Fruchtreife: September–Oktober. Verbreitung: Nur aus Kultur bekannt. Vom Holländer Frank N. MEYER 1908 in einem Garten in Fengtai/Henan entdeckt und Stecklinge nach den USA gebracht. Langsam wachsender Strauch.

Blütenrispen von Meyers Flieder.

'Palibin' als var. *spontanea* von M. C. Chang 1990 beschrieben. Blätter fast rund oder breit eiförmig, 1–2 cm lang und 8–18 mm breit. Blütenstände locker, Kronröhre der Blüten ist nur 5–8 mm lang. Verbreitung: NO-China (Liaoning). Auf Berghängen bei etwa 500 m ü. M.

***Syringa microphylla*, Kleinblättriger Flieder:** 1–2(–4) m hoher Strauch mit stielrunden Zweigen. Blätter 0,5–2 cm lang gestielt. Spreite eiförmig bis eiförmig elliptisch oder lanzettlich, 1,5–5(–8) cm lang und 1–6 cm breit, oberseits kahl, unterseits behaart, Blattrand bewimpert. Blüten duftend, in seitlichen, aufrechten, 5–16 cm langen und 3–7 cm breiten Rispen, rosalila. Kronröhre 9 mm lang. Blütezeit: Mai–Juni und August–September. Kapsel 0,7–2 cm lang, warzig, oft gekrümmt. Fruchtreife: August–Oktober. Verbreitung: Nördliches Mittel- und Ostchina. In Wäldern und Flusstälern in Gewässernähe; in höheren Gebirgslagen im Grasland, von 500 bis 3400 m ü. M. Von Purdom 1910 nach Europa gebracht. Häufig angepflanzt. Durch die zweite Blütezeit besonders geschätzt. *microphyllos* griech. = kleinblättrig.

Blütenrispe des Kleinblättrigen Flieders.

***Syringa × persica*, Persischer Flieder** (*S. protolaciniata* × *S. vulgaris*): Locker verzweigter, sehr breitbuschiger, 1,8–2,5 m hoher Strauch. Blätter 3–12 mm lang gestielt. Spreite lanzettlich, 3–6 cm lang, zum Teil 3-lappig. Rispen locker, 5–8 cm lang. Blüten duftend, helllila, mit etwa 10 mm langer Röhre und spitz eiförmigen Zipfeln. Blütezeit: Mai. Um 1604 aus der Türkei als Gartengehölz durch Hieronymus Capelli, Gesandter Venedigs beim türkischen Sultan, nach Venedig gelangt. Um 1609 im Botanischen Garten Padua und im 17. Jahrhundert von dort über Italien nach Mittel- und Westeuropa gekommen. Zwischen 1630 und 1648 in Deutschland zuerst in Hessem bei Halberstadt. Sehr häufig angepflanzt.

'Chinensis', Chinesischer Flieder: Breitbuschiger, 3–5 m hoher Strauch mit bogig überhängenden Zweigen. Blätter eiförmig lanzettlich, 4–8 cm lang, zugespitzt, am Grund keilförmig. Rispen an den Zweigenden oft dicht gehäuft, groß, locker, kahl. Blüten duftend, purpurlila. Kronröhre 7–8 mm lang, mit eiförmigen Zipfeln. Blütezeit: Mai. Um 1777 im Botanischen Garten Rouen/Frankreich entstanden. In mehreren Formen häufig angepflanzt. Zur Blütezeit sind die Blätter fast ganz von den Rispen überdeckt.

Chinesischer Flieder als Hybridsorte ('Chinensis') des Persischen Flieders mit Merkmalen, die eher an die Elternart Gewöhnlicher Flieder (Syringa vulgaris) erinnern.

Schlitzblättriger Flieder als Hybridsorte ('Laciniata') des Persischen Flieders mit gelappten und fiederschnittigen Blättern wie bei der Elternart Syringa protolaciniata.

Blühender Hänge-Flieder.

'Laciniata', Schlitzblättriger Flieder (Syn *S.* × *laciniata*): Sehr ähnlich *S. protolaciniata*. Locker verzweigter, bis 2 m hoher Strauch. Blätter zum Teil oder alle 3–9-lappig oder fiederschnittig. Rispen an den Zweigen achselständig, locker, bis 7 cm lang. Blüten duftend, purpurviolett, in der Knospe viel dunkler als erblüht. Blütezeit: Mai. Im 17. Jahrhundert aus der Türkei nach Europa gelangt.

***Syringa reflexa*, Hänge-Flieder:** 1,5–6 m hoher Strauch mit stielrunden, kahlen oder behaarten Zweigen. Blätter 1–3 cm lang gestielt, länglich eiförmig bis elliptisch oder verkehrt eiförmig, 5–20 cm lang und 2–7(–9) cm breit, rau, spitz oder lang zugespitzt, am Grund keilförmig. Rispen endständig, nickend oder überhängend, fast walzenförmig, dichtblütig, 15–25 cm lang und 3–5(–13) cm breit. Kelch 2–3 mm lang. Blüten stark duftend, außen rosa, innen weißlich, Kronzipfel an der Spitze etwas nach innen umgebogen. Blütezeit: Mai–Juni. Kapseln 1–1,5 cm lang, glatt. Fruchtreife: September–Oktober. Verbreitung: NO-Sichuan, W-Hubei. In Höhenlagen zwischen 1500 und 3000 m ü. M. 1904 von Ernest Wilson entdeckt und nach Europa eingeführt. Häufig angepflanzt. Kultiviert auch in mehreren Formen und Hybriden. *reflexus* lat. = zurückgebogen.

***Syringa reticulata*, Japanischer Baum-Flieder:** Strauch oder 2–10(–15) hoher Baum mit steif aufrechten, kahlen Zweigen. Blätter 1–3 cm lang gestielt, breit eiförmig, eiförmig elliptisch oder fast rund, 3,5–8(–13) cm lang und 3–6(–8) cm breit, anfangs behaart, bald verkahlend, lang bis geschwänzt zugespitzt, am Grund breit keilförmig, abgerundet bis fast herzförmig, ober-

◄ Blühender Japanischer Baum-Flieder am natürlichen Standort (Flusstal im Fernen Osten Russlands).

seits frischgrün, netzartig genervt (Name!). Blüten in 5–25 cm langen und 5–20 cm breiten, relativ lockeren seitlichen Rispen, an den Zweigen einzeln oder zu mehreren beisammen. Krone weiß bis gelblich weiß, nach Liguster duftend, radförmig ausgebreitet, 3–5 mm, Röhre so lang wie oder etwas länger als der 1–2 mm lange Kelch. Blütezeit: Juni. Kapsel 1,5–2,5 cm lang, oben gerundet. Fruchtreife: August–September. Verbreitung: China, Korea, O-Sibirien, Japan (Hokkaido bis Kyushu). In China in Mischwäldern, Tälern und Schluchten in Höhenlagen von 100–2400 m ü. M. *reticulatus* lat. = netzförmig.

subsp. *pekinensis*, Peking-Baum-Flieder: 2–5(–10) m hoher Strauch oder Baum mit etwas schlaffen, zum Teil überhängenden Zweigen. Blätter 1,5–3 cm lang gestielt, schmal eiförmig, eiförmig lanzettlich oder fast rund, 2–3,5 cm breit, kahl, am Grund meist keilförmig, oberseits dunkelgrün, kahl. Blattnerven nur wenig hervortretend. Rispen 8–15 cm lang, relativ dicht. Blüten gelblich weiß, Kelch 1–1,5 mm lang, Krone 3–4 mm lang. Blütezeit: Juni. Kapseln spitz oder zugespitzt. Fruchtreife: August–September. Verbreitung: Nordchina. Auf Waldhängen, in Schluchten und Tälern von 600–2400 m ü. M. Von DAVID entdeckt und Saatgut von BRETSCHNEIDER 1881 nach Kew/England gesandt.

***Syringa sweginzowii*, Sweginzows Flieder:** 2,5–4 m hoher Strauch mit 4-kantigen Zweigen. Blätter 0,5–2 cm lang gestielt. Spreite eiförmig bis länglich eiförmig, 2–7,5(–19) cm lang und 2–3,5 cm breit, oberseits dunkelgrün, unterseits heller, spitz oder zugespitzt, am Grund keilförmig bis fast gerundet. Rispen end- oder seitenständig, aufrecht, locker, 10–25 cm lang und 3–15 cm breit, oft mit seitlichen Nebenrispen, am Grund ohne oder mit einem Paar Blätter. Blüten duftend, hellrosa, im Schlund karminrot, 1–2 cm lang, mit spreizenden Kronzipfeln. Kelch 1,5–2 mm lang. Staubbeutel in der 6–15 mm langen Kronröhre verborgen. Blütezeit: Mai–Juni. Kapseln 1,5–2 cm lang, glatt. Fruchtreife: September. Verbreitung: NW-China (W-Sichuan). In Gebüschen, Wäldern, Flusstälern und Schluchten in Höhen von 2000 bis 4000 m ü. M. 1894 von GRIGORI N. POTANIN entdeckt und wohl nach St. Petersburg in die Baumschule von REGEL und KESSELRING gebracht.

***Syringa tomentella*, Filziger Flieder:** 1,5–7 m hoher Strauch mit schütter bis dicht behaarten Zweigen. Blätter 0,8–1,5 cm lang gestielt. Spreite eilanzettlich bis elliptisch, 4–11 cm lang und 1,5–5 cm breit, spitz bis zugespitzt, am Grund keilförmig bis gerundet, unterseits an den Nerven meist dicht und kurz behaart. Rispen aufrecht, end- und bisweilen seitenständig, locker, behaart, 10–25 cm lang und 4–12 cm breit. Blüten duftend, wirtelig angeordnet, lila, innen weiß. Kelch 2,5–3 mm lang, Krone 1–1,7 cm lang, ihre Röhre 0,8–1,4 cm, Kronzipfel spreizend. Blütezeit: Juni. Kapseln 12–20 mm lang. Fruchtreife: September. Verbreitung: W-China (W-Sichuan). In Wäldern an Hängen und Gebüschen, in Tälern und Schluchten, 2500–3500 m ü. M. In Kultur seit 1904.

***Syringa villosa*, Zottiger Flieder:** Bis 4 m hoher Strauch mit kahlen oder behaarten Zweigen. Blätter 0,8–2,5 cm lang gestielt, Spreite breit elliptisch bis eiförmig, 4–11(–18) cm lang und 1,5–6(–11) cm breit, zugespitzt, am Grund keilförmig bis gerundet, oberseits kahl, unterseits bläulich, kahl oder mit wenigen borstenartigen Haaren. Rispen endständig, aufrecht, kompakt, 5–13 cm lang und 3–10 cm breit, behaart. Blüten rosalila, 1–2 cm lang, ihre Röhre ca. 12 mm lang, mit spreizenden Zipfeln. Kelch 2–4 mm lang. Blütezeit: Mai–Juni. Kapseln länglich, 1–1,5 cm lang, glatt. Fruchtreife: September–Oktober. Verbreitung: N-China (Hebei, Shanxi). In Flusstälern, Schluchten und Gebüschen, 1200–2200 m ü. M. In Kultur seit 1882. Sehr häufig angepflanzt, auch in Formen und Hybriden. *villosus* lat. = zottig, rau.

Tamarix ramosissima – Kaspische Tamariske

Tamaricaceae – Tamariskengewächse

Sommergrüner, sehr locker verzweigter Strauch oder kleiner 1–3(–6) m hoher Baum mit sehr schlanken, rutenförmigen, überhängenden, purpurroten bis dunkelgrauen Zweigen. Junge Triebe rötlich oder orangegelb. Knospen eiförmig, 1 mm groß, in der Achsel perennierender Schuppenblätter stehend. **Blätter** wechselständig, schuppenförmig, lanzettlich, pfriemlich bis eiförmig, bläulich, blass- oder graugrün, halb stängelumfassend. **Blüten** sehr kurz gestielt, fast sitzend in endständigen Doppeltrauben, aus 3–8 cm langen und 3–5 mm breiten, dichtblütigen Trauben zusammengesetzt, an diesjährigen Zweigen, lange endständige Rispen bildend. Tragblätter eilanzettlich, zugespitzt, etwas länger als die Blütenstiele. Blüten zwittrig, Blütenhülle doppelt, 5-zählig, freiblättrig, Kronblätter elliptisch, hell- bis dunkelrosa, ein Drittel länger als der 0,5–1 mm lange Kelch. Diskus 5-lappig, die Basis des Fruchtknotens umgebend. Griffel oft 4, Staubblätter den Kronblättern gegenüberstehend, so lang oder 1,5-mal so lang wie die Kronblätter. Fruchtknoten oberständig, konisch, 1-fächerig. Blütezeit: Juli–September. **Früchte** vielsamige, 1-fächerige, 3–5 mm lange Kapseln, sich 3–5-klappig öffnend. Kelch und Krone eingetrocknet persistierend. **Samen** 1 mm lang, mit ungestieltem Haarschopf. Fruchtreife: September–Oktober.

Name: Der Gattungsname *Tamarix*, wohl arabischer Herkunft, wurde schon von CELSUS und COLUMELLA verwendet. *ramosissimus* lat. = dicht verzweigt.
Systematik: Die Gattung besteht aus 57 sommergrünen Arten, Bäumen oder Sträuchern in Eurasien, vom Mittelmeergebiet bis Ostasien. Zur Gattung gehört auch die Manna-Tamariske (*Tamarix mannifera*), verbreitet vom Iran bis Arabien. Einstiche der Schildlaus (*Eriococcus mannifer*) in die Rinde lassen eine Flüssigkeit austreten, die sich an der Luft verfestigt. Diese Manna schmeckt süß und findet in der Volksmedizin Verwendung. Fossil ist die Gattung *Tamarix* seit dem Tertiär (Miozän) bekannt.
Heimisch ist die *Tamaricaceae* ***Myricaria germanica***, der **Rispelstrauch.** Er ist ein Pioniergehölz auf sandigem oder kiesigem Untergrund entlang der Flüsse und Bäche in den Alpen bis 2000 m ü. M. Dieser Strauch mit bis zu 2 m langen aufrechten rutenförmigen Zweigen hat hellrosa Blüten in endständigen, einfachen oder verzweigten Trauben. Blütezeit: Juni–August. In Kultur ist der Rispelstrauch nur sehr selten anzutreffen. In der Roten Liste Deutschlands ist er als vom Aussterben bedroht aufgeführt.
Verbreitung: O-Europa, SW- und M-Asien bis M-China.

Lebensraum: Salzhaltige, nasse, zeitweise überflutete Standorte, Salzwiesen oder Dünen im Küstenbereich. Auch entlang von Flüssen.
Biologie: Die Spaltöffnungen sind oft tief in die Epidermis eingesenkt. Die Blätter weisen Drüsen auf, die aktiv Salz aus-

◄ *Blühende Kaspische Tamariske.*

scheiden können. Kleine Verzweigungen fallen im Herbst mit den Blättern ab. Die Bestäubung der Blüten erfolgt durch Insekten, Hautflügler und Schwebfliegen. Der Wind verbreitet die Samen.

Verwendung: In Kultur seit 1883. Häufig, auch in Sorten, angepflanzt. Sehr genügsames Gehölz, das einen tiefgründigen Boden benötigt, sonst aber keine besonderen Ansprüche stellt. Vermehrung durch Steckhölzer im Frühwinter.

Ähnliche Art:

***Tamarix tetrandra*, Viermännige Tamariske:** Sommergrüner, großer, locker verzweigter Strauch mit fast schwarz berindeten Zweigen. Blätter eilanzettlich, zur Basis verschmälert, mit durchscheinendem Rand. Blüten 4-zählig, in 4–5 cm langen kleinen Trauben seitenständig an vorjährigen Zweigen. Tragblätter deutlich länger als die Blütenstiele. Kronblätter über 2 mm lang, Griffel 3–4. Blütezeit: April–Mai. Fruchtreife: August–September. Verbreitung: SO-Europa und Südrussland, Krim bis W-Asien. In Kultur seit 1821. Häufig angepflanzt. *tetrandra* lat. = mit 4 Staubblättern.

Blütenstände der Kaspischen Tamariske.

Tetradium daniellii – Samthaarige Stinkesche, Bienenbaum, Evodie

Rutaceae – Rautengewächse

Sommergrüner, meist von Grund auf mehrstämmiger, 6–8(–10) m hoher, breitkroniger Baum. Rinde lange glatt bleibend, grau bis hell graubraun, mit weißen Poren. Junge Triebe samtig behaart. Zweige mehr oder weniger behaart bleibend oder verkahlend, graubraun. Knospen nackt, rötlich braun behaart, meist mit 2 Paar sichtbaren Blattpaaren. Endknospe 10–15 mm lang, die Seitenknospen viel kleiner. **Blätter** gegenständig, 3–6 cm lang gestielt. Spreite unpaarig gefiedert mit (5–)7–11 Fiedern, diese 5–10 cm lang, lang geschwänzt zugespitzt, beidseitig weich behaart, Blattrand glatt oder fein gekerbt. **Blüten** klein, in endständigen, 6–16 cm breiten, schwach bis breit kegelförmigen Schirmrispen. Fruchtblätter mehr oder weniger frei. Blütezeit: Juli–August. **Früchtchen** 2-samig, 4–6 mm lang, geöffnet sternförmig spreizend. **Samen** eiförmig, schwarz glänzend. Fruchtreife: Oktober.

Name: „tetra“ griech. = vier. Die Art wurde nach ihrem Entdecker WILLIAM DANIELL benannt.
Systematik: Die Gattung umfasst 8 einander sehr ähnliche Arten. Das Areal erstreckt sich von S- und O-Asien bis W-Malaysia.
Verbreitung: N-China, Korea.
Lebensraum: Lichte, sommergrüne Laubwälder.
Biologie: Die geöffneten Kapselfrüchte entlassen die Samen nicht. An den sternförmig ausgebreiteten Früchtchen sieht man jeweils einen schwarz glänzenden Samen, der von Vögeln, z. B. Dros-

▲ Fruchtstand der Samthaarigen Stinkesche.

◀ Blühende Samthaarige Stinkesche oder Evodie.

seln, herausgezogen wird. Dabei wird ein zweiter, kleinerer und weicher Samen mit herausgezogen. Allein der kleine Samen wird verdaut, der große, feste mit dem Kot nach einer wenigstündigen Darmpassage wieder ausgeschieden.

Verwendung: Erstes Saatgut wurde 1860–62 von William Daniell, einem Chirurgen der englischen Armee in Tientsin, gesammelt. 1907 gelangte Saatgut, das 1905 in Korea gesammelt wurde, und Saatgut aus China (Provinz Shandong) vom Arnold Arboretum (bei Boston/USA) nach England (Kew Gardens). Die Stinkesche ist ein beliebter, leider zu selten angepflanzter Parkbaum. Die Bäume sind nahezu frei von tierischen und pflanzlichen Schädlingen und gedeihen gut an einem besonnten Standort im Freistand auf einem möglichst durchlässigem Substrat. Sie bevorzugen einen warmen Standort. Unter Bäumen findet man nicht selten Jungpflanzen, d.h., die Anzucht aus Samen ist leicht möglich. Die Evodie blüht jedes Jahr reich und zu einer Jahreszeit, in der blühende Gehölze nicht mehr häufig sind. Blütenbesucher sind vor allem Bienen. Der Besuch ist so reich, dass man die Vollblüte geradezu „hört"!

Teucrium chamaedrys – Edel-Gamander

Lamiaceae – Lippenblütengewächse

Halbimmergrüner, 10–30 cm hoher, bis über 1 m tief wurzelnder, sich mit unterirdischen Ausläufern ausbreitender Zwerghalbstrauch. **Blätter** 0,8–2,5 cm lang, derb, gekerbt oder fiederlappig, unterseits grün bis graugrün, flaumig, aber nicht filzig behaart. **Blüten** in 4-8-blütigen Scheinquirlen, endständige Scheinähren bildend. Kelch fast regelmäßig 5-zähnig, Krone 1–1,5 cm lang, mit großer Unter- und unscheinbarer Oberlippe, rötlich purpurn. Blütezeit: Juni–September. **Früchte** bei der Reife in einsamige Klausen zerfallend, aber vom aufgeblasenen Kelch umgeben.

Name: *Teucrium* lat. Name für einige Gamander-Arten, möglicherweise auf Teukros, König in der Troas (Kleinasien), zurückzuführen; *chamaedrys* zusammengesetzt aus griech. „chamai" = am Boden hingestreckt und „drys" = Eiche, womit auf die Wuchsform und die an die Blätter mancher Eichen erinnernde Blattgestalt Bezug genommen wird.

Systematik: Zur weltweit verbreiteten, aber im Mittelmeergebiet besonders artenreichen Gattung *Teucrium* gehören etwa 250 Arten, darunter Kräuter, Halb-, Zwerg- und Kleinsträucher mit 4-kantigen Trieben, gegenständigen, an ätherischen Ölen reichen Blättern und 2-lippiger Blütenkrone, deren Oberlippe aber kaum in Erscheinung tritt.

Verbreitung: Warmes bis gemäßigtes Europa, östliches Mittelmeergebiet bis SW-Asien.

Lebensraum: Lichte Trockenwälder und ihre Säume, Trockenrasen, Fels- und Schotterfluren, oft auf Kalk.

Biologie: Insektenbestäubung (Bienen, Hummeln, Schwebfliegen). Nach der Reife Ausbreitung der Kelche mit den Klausen durch Wind und Tiere, auch als Regenschwemmlinge. Wärme liebend, Trockenheit ertragend, kalkhold.

Blühender Edel-Gamander.

Verwendung: Ehemals Bedeutung in Volksheilkunde (Tee gegen Wechselfieber und Gicht), bereits aus Antike als Heilpflanze bekannt. Als Zierpflanze ist die Art geeignet für Steingärten und Einfassungen oder als Bodendecker für trockene, steinige und kalkhaltige Standorte. In Kultur befindet sich nicht selten anstelle von *T. chamaedrys* oder sogar unter diesem Namen der **Garten-** oder **Bastard-Gamander, *Teucrium × lucidrys***, ein durch Kreuzung mit dem Glanz-Gamander (*Teucrium lucidus*, SW-Alpen) entstandener Bastard, der stärker verholzt, fast immergrün ist und kaum Ausläufer treibt.

Weitere Arten:

***Teucrium montanum*, Berg-Gamander:** Bis 20–30 cm hoher Zwerghalbstrauch mit niederliegenden und aufsteigenden Sprossen, linealischen bis länglichen, ganzrandigen, am Rand etwas umgerollten Blättern. Blattunterseite und Sprossachsen sind weißfilzig, Die Blüten mit gelblich weißer Krone stehen gedrängt in köpfchenförmigen Blütenständen. Die Verbreitung der Trockenheit ertragenden, Fels- und Schotterfluren, Trockenrasen und lückige Halbtrockenrasen besiedelnden Art reicht vom Mittelmeergebiet bis in die Kalk-Berg- und -Hügelländer des südlichen Mitteleuropa (nördlich bis Mitteldeutschland).

***Teucrium polium*, Polei-Gamander** oder **Marienkraut:** Bis 40 cm hoher immergrüner Halbstrauch mit niederliegenden bis aufrechten Sprossen, am Rand umgerollten filzigen Blättern und kopfigen Blütenständen. Die Art ist

Blühender Polei-Gamander.

äußerst variabel, denn die Farbe der filzigen Behaarung an Sprossachsen und Blättern kann weiß, grau oder gelb, die Farbe der Blütenkrone weiß, gelb oder purpurrot sein. Dieser südeuropäisch bis südkaukasisch verbreitete, Wärme liebende Gamander erträgt Trockenheit, ist aber gegenüber Kahlfrost empfindlich. Auf die Ähnlichkeit mit Blättern dieser Art weist die Benennung anderer Arten hin (z. B. Polei-Gränke, siehe *Andromeda polifolia*!).

Thymus – Thymian, Quendel

Lamiaceae – Lippenblütengewächse

Zwerg-, Spalier- oder Halbsträucher, Sprosse aufrecht, niederliegend und an den Enden aufsteigend oder kriechend und nur Blütentriebe aufrecht. Sprossachsen deutlich 4-kantig bis fast rundlich, nur an den Kanten oder an 2 Seitenflächen oder ringsum behaart. **Blätter** gegenständig, einfach, ganzrandig, oft mit Öldrüsen besetzt und aromatisch duftend. **Blüten** in Scheinquirlen, die einen ährenartigen oder kopfigen Blütenstand bilden. Kelch und Krone 2-lippig, Krone weißlich, hellrosa bis purpurn oder violett, selten (Sorten) rein weiß. **Früchte** bei der Reife in 4 einsamige Klausen mit Ölkörper zerfallend, Ausbreitung durch Ameisen.

Name: *Thymus* lat., ursprünglich nur für einige Thymianarten des Mittelmeergebiets verwendeter Name, geht auf griech. „thymon" bzw. „thyein" = räuchern zurück, da wegen des aromatischen Dufts in der Antike wie Weihrauch verwendet und im Opferfeuer verbrannt; der deutsche Name Thymian ist ein Lehnwort und bezeichnete früher nur *T. vulgaris*, während die einheimischen Arten Quendel genannt wurden.
Systematik und Verbreitung: Etwa 225 Arten, deren Verbreitung sich vom Mittelmeergebiet, das die größte Artenfülle besitzt, nach Süden bis NW- und O-Afrika, nach Osten über den Orient und Himalaja bis Japan, nach Norden bis in die Tundrenzone Eurasiens erstreckt. Eine hohe Kreuzungsbereitschaft äußert sich in zahlreichen Hybridisierungen bei gemeinsamem Vorkommen verschiedener Arten im natürlichen Verbreitungsgebiet wie auch in Kultur.
Lebensraum: Fels-, Stein- und Grasfluren (natürliche und beweidete Trocken- und Halbtrockenrasen, Wiesen), Zwergstrauchheiden, lichte Wälder.
Biologie: Reich an ätherischen Ölen (besonders Thymol und Carvacrol), Gerb- und Bitterstoffen. Pflanzen lichtbedürftig, Wärme liebend, Trockenheit ertragend. Neben Pflanzen mit zwittrigen Blüten weibliche Pflanzen, deren Blütenkrone kleiner als bei zwittrigen Blüten ist.
Verwendung: Wegen der Inhaltsstoffe Verwendung als Heil- und Gewürzpflanzen oder in der Kosmetik. Mehrere Arten und Hybriden beliebte Zierpflanzen.

Thymus pulegioides – Gewöhnlicher oder Arznei-Thymian, Feld-Quendel

5–30 cm hoher Zwerghalbstrauch mit niederliegenden und aufsteigenden, spätestens im 2. Jahr mit einem Blütenstand abschließenden Sprossen, Blütentriebe end- und seitenständig. Sprossachsen 4-kantig mit 2 schmaleren eingesenkten Seitenflächen, nur an den Kanten behaart, dadurch Behaarung 4-zeilig. **Blätter** 0,5–2,5 cm lang, breit eiförmig bis elliptisch oder rautenförmig, kahl, nur an der Basis bewimpert, sonst kahl (siehe aber unter Systematik!), beim Zerreiben aromatisch (nach „Quendel", zuweilen zitronenartig) riechend. **Blüten** in meist verlängerten, oft unterbrochenen, selten kopfigen Blütenständen. Blütezeit: Juli–September.
Name: *pulegioides* lat., *„pulegium"* ähnlich, wohl auf *Mentha pulegium*, die auch intensiv riechende Polei-Minze bezogen, die zur Vertreibung von Flöhen („pulex" lat. = Floh) und anderem Ungeziefer verwendet wurde.
Systematik: Mehrere Unterarten, u. a.
- **subsp. *pulegioides*** mit nur an der Blattbasis bewimperten Blättern und kurz behaarten Kanten der Sprossachsen;

- **subsp. *carniolicus*, Krainer Thymian,** auffällig behaarte Pflanzen mit zottigen Haaren an Blattspreiten und Kanten der Sprossachsen

Nah verwandt mit *T. pulegioides* und ebenfalls nur an den Kanten der Sprossachsen behaart, ist der nur bis 10 cm hohe **Riesengebirgs-Thymian, *Thymus alpestris*,** dessen kriechende Sprosse mit einem liegenden, nicht blühenden Trieb abschließen, die Spreiten der unteren Blätter der Blütentriebe sind deutlich kleiner und länger gestielt als die oberen. Sehr seltene Art, nur oberhalb 1000 m in einigen Gebirgen (Karpaten, Sudeten, Erzgebirge, Schwarzwald, Vogesen).

Verbreitung: Nemorale bis meridionale Zone Europas, im Süden nur im Bergland.

Lebensraum: Grasfluren wie Halb- und Sandtrockenrasen, frische bis trockene Magerrasen und Wiesen, Steinbrüche; subsp. *carniolicus* meist in Trocken- und Halbtrockenrasen kalkreicher Standorte.

Biologie: Neben typisch nach Thymian bzw. Quendel duftenden Pflanzen auch Pflanzen mit Zitronengeruch (Chemotyp mit Inhaltsstoff Citral anstelle Thymol), nicht zu verwechseln mit dem Zitronen-Thymian, dem Bastard Citral führender Pflanzen von *T. pulegioides* mit *T. vulgaris* (siehe *T.* × *citriodorus*!).

Gewöhnlicher oder Arznei-Thymian am natürlichen Standort (Thüringen).

Verwendung: Die Art ist unter den wildwachsenden Thymianen Mitteleuropa diejenige, die als Heilpflanze (Husten- und Magenmittel) wirklich von Bedeutung ist, nicht *T. serpyllum*, obwohl oft angegeben. Kann wegen des aromatischen Geruchs auch als Badezusatz verwendet werden. Als Zierpflanzen (Art oft fälschlich unter *T. serpyllum* im Handel) mehrere in Farbe der Blätter (goldgelb bis gelbgrün, teils mit zeitweise roten Sprossspitzen, weiß gefleckt) und Blüten (Krone weiß oder dunkel purpurrot) abweichende Sorten.

Ähnliche Art:

***Thymus pannonicus*, Pannonischer** oder **Steppen-Thymian:** In Wuchs und Verzweigung wie *T. pulegioides*, aber Sprossachsen nur schwach 4-kantig und ringsum behaart, die fast sitzenden, 1–2 cm langen, linealischen, länglichen bis schmal elliptischen Blätter sind entweder nur an der Basis bewimpert oder die ganze Spreite ist zottig behaart. Von SO-Mitteleuropa über O-Europa bis S-Sibirien verbreitete Steppenpflanze, Wärme liebend, Frost und Trockenheit ertragend.

Pannonischer oder Steppen-Thymian am natürlichen Standort (Ungarn).

Thymus serpyllum – Sand-Thymian oder -Quendel

2–10 cm hoher Spalierzwergstrauch mit kriechenden Sprossen, die am Ende mit einem liegenden vegetativen Trieb abschließen, wenn dieser fehlt, dann mindestens 2-jährige Kriechtriebe vorhanden. Blütentriebe seitenständig, aufrecht. Sprossachsen schwach 4-kantig, ringsum behaart. **Blätter** linealisch bis schmal elliptisch oder schmal verkehrt eiförmig, 1–3 mm breit, kurz gestielt bis sitzend, nur an der Basis oder auch darüber bewimpert, selten oberseits behaart. **Blüten** meist in kopfigen Blütenständen. Obere Kelchzähne breit dreieckig, etwa so lang wie breit. Blütezeit: Juli–September.

Name: *serpyllum* an lat. „serpere" = kriechen angelehnt und nimmt Bezug auf die Wuchsform.

Systematik: Der Name *T. serpyllum* wird teilweise noch heute fälschlich angewandt, früher wurden alle mitteleuropäischen Thymiane zu einer „Sammelart *T. serpyllum*" zusammengefasst.

Sand-Thymian am natürlichen Standort (Lausitz).

Verbreitung: Mittel- bis ost- und nordeuropäische Sandpflanze des Tief- und Hügellands.

Lebensraum: Sand-Pionierfluren und -Trockenrasen, lichte und trockene Kiefernwälder, Silikatfelsfluren; kalkmeidend.

Verwendung: Als Zierpflanze vor allem für Sandböden, Heide- und Silikatsteingärten geeignet. Obwohl oft als Heilpflanze genannt, ist der Sand-Thymian wegen des geringen Gehalts an ätherischen Ölen als solche kaum von Bedeutung.

Ähnliche Arten:

***Thymus praecox* agg., Artengruppe Frühblühender** oder **Kriech-Thymian:** In Wuchs und Verzweigung wie *T. serpyllum*, aber Blätter breiter, (2–)3–6(–8) mm breit, elliptisch bis breit eiförmig oder rundlich, deutlich gestielt, besonders die kleineren unteren an den Blütentrieben, zeitiger blühend (Mai–Juli, siehe Name: *praecox* lat. = frühzeitig) und obere Kelchzähne schmal dreieckig, länger als breit. Gruppe von Klein- und Unterarten, deren Verbreitung von den westeuropäischen Küsten über mitteleuropäische Kalkhügel- und -bergländer bis in die alpine Stufe europäischer Hochgebirge reicht, meist in Fels- und Schotterfluren, Trocken- und Halbtrockenrasen wachsend, kalkhold.

Frühblühender Thymian am natürlichen Standort (Bayern).

Dicht den Boden bedeckender Britischer Thymian.

Zu der Artengruppe gehören

- ***T. praecox* subsp. *praecox*, Echter Frühblühender** oder **Kriech-Thymian,** mit ringsum behaarten Sprossachsen: südliches Mittel- bis S- und SO-Europa;
  und zwei Sippen, bei denen die Sprossachsen nur 2-seitig behaart und an den anderen beiden Seitenflächen (fast) kahl sind:
- ***T. praecox* subsp. *polytrichus*, Alpen-Kriech-Thymian:** ersetzt subsp. *praecox* in der subalpinen bis alpinen Stufe;
- ***T. drucei*, Britischer Thymian** (teils auch *T. praecox* als Unterart zugeordnet: subsp. *britannicus*): W-Europa, eine der häufigsten Zierpflanzen unter den Thymianen, den Boden dicht bedeckende Pflanzen, wobei in Gärten meist mattenförmig wachsende Sorten mit auffällig behaarten Blättern (früher oft als *T. „pseudolanuginosus"* im Handel) gepflanzt werden.

Thymus vulgaris – Echter oder Gewürz-Thymian

10–40 cm hoher Zwergstrauch mit stark verholzten, aufrechten bis aufsteigenden Sprossachsen, in Kultur oft halbstrauchig wachsend. **Blätter** linealisch bis elliptisch, 3,5–12 mm lang, 1–3 mm breit, Spreitenrand nach unten umgerollt, Rand ohne Wimpern, Unterseite dicht weißsamtig, zerrieben würzig duftend. **Blüten** mit weißlicher bis purpurrosa Krone; obere Kelchzähne ohne Wimpern. Blütezeit: Juni–September.

Echter oder Gewürz-Thymian als aufrechter Zwergstrauch.

Name: *vulgaris* lat. = gemein, gewöhnlich; der am häufigsten als Heil- und Nutzpflanze verwendete und gepflanzte Thymian, bereits in der Antike in Kultur genommen, in Deutschland seit dem 12. Jahrhundert.

Verbreitung: Westliches Mittelmeergebiet, außerhalb des natürlichen Areals (SW-Europa) aus Kultur verwildernd und teils eingebürgert, auch in Mitteleuropa.

Lebensraum: Macchie, trockene Zwergstrauchfluren, felsige und schotterige Trockenhänge.

Verwendung: Wichtigste Heilpflanze unter den Thymianen, besonders als Husten- und Magenmittel, wirkt schleim- und krampflösend, desinfizierend. Außerdem beliebte Gewürzpflanze (Fleisch- und Soßengewürz), wirkt appetitanregend und verdauungsfördernd. Findet auch in der Kosmetik Anwendung. Gehörte früher zu den Bauerngartenpflanzen, auch heute häufige Gartenpflanze.

Ähnliche Hybride:

***Thymus × citriodorus*, Zitronen-Thymian:** Im natürlichen Areal auftretende und in Kultur (in Mitteleuropa seit 1596) verbreitete Hybride *T. pulegioides* × *T. vulgaris* mit Merkmalen, die zwischen beiden Eltern vermitteln, und mit Pflanzen, die entweder würzig riechen wie der Echte Thymian oder zitronenartig duften wie der beim Gewöhnlichen Thymian auftretende Citral-Chemotyp. Letztere werden wegen ihres Dufts bevorzugt gepflanzt, wobei schon eine ganze Anzahl Sorten (Culinary Lemon-Gruppe) im Handel ist, darunter solche, deren Blätter gelbe ('Golden King') oder weiße ('Silver Queen') Flecken und Ränder aufweisen.

Tilia – Linde

Malvaceae – Malvengewächse

Sommergrüne Laubbäume von 10–40 m Höhe. **Blätter** wechselständig, 2-zeilig angeordnet, lang gestielt, Spreite meist ± herzförmig mit asymmetrischer Basis, Rand gesägt. **Blüten** in 3–15-blütigen zymösen Trugdolden, deren Stiel etwa zur Hälfte mit einem trockenhäutigen, zungenförmigen Vorblatt verwachsen ist, zwittrig, 5-zählig, Krone gelblich weiß bis gelblich grün, bei einigen Arten mit Nebenkrone (kronblattartige Staubblätter), zur Blütezeit (Juni–August) auffällig duftend. **Früchte** 1–2-samige Nüsse mit zerbrechlicher bis dicker holziger Schale, glatt oder gerippt bis kantig, oft bis in den Winter am Baum.

Name: *Tilia* lat. Name für Linde, aber Etymologie nicht geklärt, eventuell von „telum“ lat. = Pfahl, da zur Römerzeit Rebpfähle aus Linde verwendet wurden. Linde ist ein alter deutscher Baumname und bedeutete ursprünglich biegsamer Baum.
Systematik: Zu der vor Eingliederung in die Familie *Malvaceae* den Lindengewächsen (*Tiliaceae*) zugeordneten Gattung *Tilia* gehören 40–45 Arten. Mehrere Arten zur Bastardierung neigend.
Verbreitung: Nur auf der Nordhalbkugel, vor allem in Laub- und Mischwaldgebieten nemoraler bis meridionaler Zone, einige Arten reichen bis in die tropische Zone.
Lebensraum: Laubmischwälder überwiegend nährstoff- und basenreicher, mäßig trockener bis feuchter Standorte.
Biologie: Insektenbestäubung (Bienen, Hummeln). Windausbreitung, Ausbreitungseinheit ist der gesamte Fruchtstand mit dem als Flügel dienenden Vorblatt (Drehflieger). Einige Arten und Hybriden vertragen Stadtklima recht gut. Bienenweidepflanzen.
Verwendung: Wichtige Wirtschaftsbäume mit weichem, gut zu bearbeitendem Holz; hervorragende Allee- und Parkbäume, Schattenspender. Liefern wertvollen Lindenblütenhonig, nicht zu verwechseln mit dem „Lindenhonig“, den die Bienen aus den Ausscheidungen der Blattläuse („Honigtau“) erzeugen.

Tilia cordata – Winter-Linde

Bis 25–35 m hoher Baum mit bis 7 (selten 8–9) m Stammumfang. Junge Zweige olivgrün, sonnseitig gerötet, nur anfangs fein behaart, bald kahl. **Blätter** mit 3–10 cm langer Spreite, Rand fein und scharf gesägt, Zähne ohne Grannenspitze, Unterseite blaugrün, kahl, nur in Nervenwinkeln rostrote bis bräunliche Achselbärte, Spreite meist nach beiden Seiten zu mit aufwärts gewölbtem Rand (Eselsbrücke: Winter – wegen Kälte „hochgezogene Schultern“). **Früchte** 5–7(–12) je Fruchtstand, kugelig, 6 mm Durchmesser, kaum kantig, dünnwandig, zerbrechlich, lassen sich mit den Fingern zerdrücken.

Blätter der Winter-Linde mit zum Rand hin aufgewölbter Spreite.

Name: *cordata* lat. = herzförmig, wegen der Form der Blattspreite. „Winter-" bezieht sich auf die im Vergleich zur Sommer-Linde spätere (etwa 2 Wochen) Blütezeit.
Verbreitung: Europäisches Laubwaldgebiet (subsp. *cordata*), im Osten über den Ural bis W-Sibirien (subsp. *sibirica*) reichend; auch außerhalb des ursprünglichen Areals und der natürlichen Standorte gepflanzt und nach Verjüngung eingebürgert.
Lebensraum: Laubwälder, besonders Eichenmischwälder, edellaubbaumreiche Schlucht-, Hang- und Blockwälder; in Osteuropa auch Mischwälder mit Fichte. In den Alpen bis 1200 m ü. M.
Biologie: Langlebige (Alter bis > 500, ausnahmsweise bis 1000 Jahre) und schattentolerante Baumart mit hoher ökologischer Potenz, auch angepasst an Stadt- und Straßenbedingungen, jedoch empfindlich gegenüber winterlichen Auftaumitteln. Hohe vegetative Regenerationsfähigkeit, nicht nur Stockausschläge bildend, ältere Bäume bereits am Stammfuß ausschlagend, hier auch oft Maserknollen. Im Stamm dicker Bäume können Innenwurzeln die Stabilität erhöhen, gut sichtbar an hohlen Baumstämmen. Ergiebige Bienenweide (maximale Nektarabscheidung abends und nachts), gilt als beste Honiglinde. Unter Straßenbäumen parkende Autos sind im Sommer oft klebrig schmutzig, da der von Blattläusen abgeschiedene Zuckersaft heruntertropft, aber Winter-Linde nicht so stark wie Holländische und Sommer-Linde betroffen.
Verwendung: Seit alters her geschätzte und gepflanzte Bäume. Das Holz ist wertvoll für die Schnitzerei (mittelalterliche Altäre, Marien- und Heiligenfiguren), der Bast für Flechtwerk (schon in Pfahlbauten der Steinzeit genutzt) und die Blüten liefern wohlschmeckenden und arzneilich wirksamen Lindenblütentee. Die Linde spielte eine große Rolle in der Mythologie (Sagen, „Gerichtslinden"). Sie ist ein bedeutender Baum für die Ortsgestaltung (Dorflinden, Hofbäume) und der wohl häufigste Alleebaum in Schloss- und Gutsparks. Als städtische Straßenbäume besonders geeignet sind klein- und/oder schmalkronige Sorten, z. B. 'Böhlje' mit anfangs breit säulen-, später eiförmiger Krone oder 'Rancho' mit schmal ei- bis kegelförmiger, kompakter Krone. Häufig gepflanzte Zierbäume sind auch Bastarde der Winter-Linde (siehe *T.* × *euchlora* und *T.* × *europaea*!). Wer mit einheimischen Baumarten Bonsai gestalten will, findet in *T. cordata* mit ihren kleinen Blättern und der hohen Regenerationsfähigkeit ein geeignetes Objekt.

Ähnlicher Bastard:
***Tilia × euchlora*, Krim-Linde:** Die 6–10 cm langen Blätter sind oberseits dunkelgrün und glänzend, unterseits heller und bis auf die bräunlichen Achselbärte kahl. Kennzeichnend sind auffällige, den Blattzähnen aufsitzende Grannenspitzen, wie sie für die Kaukasus-Linde (*Tilia dasystyla*, hier Achselbärte weißlich), neben der Winter-Linde eine der vermutlichen Elternarten des Bastards *T.* × *euchlora*, typisch sind. Die Krim-Linde (in Kultur seit 1838) ist beliebt als Stadtbaum, da Trockenheit ertragend, weniger unter städtischen Umweltbedingungen leidend und weniger von Blattläusen besiedelt. Sie war zeitweise wie die Silber-Linde in Verruf wegen Hummel- und Bienensterbens zur Blütezeit (siehe unter *T. tomentosa*!).

Auffällig oberseits glänzende Blätter der Krim-Linde.

Tilia platyphyllos – Sommer-Linde

Bis 30–40 m hoher Baum mit einem Stammumfang bis 10 (selten sogar 14–18) m. Junge Zweige behaart, im 2. Jahr verkahlend. **Blätter** 6–12 cm lang, Spreite nach beiden Seiten zu leicht abwärts gewölbt (Eselsbrücke: Sommer – wegen Hitze „hängende Schultern"), fühlbar weich behaart, entweder beiderseits oder nur unterseits, Unterseite mit weißlichen Achselbärten. **Blüten** zu (2–)3(–5) im Blütenstand. Blütezeit: Juni, die zuerst blühende Linde. **Früchte** 8–10 mm Durchmesser, durch deutliche Rippen stark 5-kantig, holzig dickwandig, lassen sich mit den Fingern nicht zerdrücken.

Blätter der Sommer-Linde mit am Rand nach unten gebogener Spreite.

Name: *platyphyllos* griech. = breitblättrig; Blätter größer und breiter als bei der Winter-Linde, deshalb auch Großblättrige Linde genannt.

Lebensraum: Laubwälder, besonders edellaubbaumreiche Schlucht-, Hang- und Blockschuttwälder (sicker)frischer nährstoffreicher Standorte. In den Alpen höher reichend als Winter-Linde, bis 1700 m ü. M.

Deutscher Rekordbaum (stärkster Stamm) und Nationalerbe-Baum Heeder Linde ist eine Sommer-Linde.

Biologie: Langlebige Baumart wie die Winter-Linde, aber anspruchsvoller an den Standort, ab mittlerem Alter weniger schattentolerant und nicht so gut Trockenheit ertragend. Weiteres ähnlich Winter-Linde (siehe unter *T. cordata*!).

Verwendung: Wie Winter-Linde (siehe unter *T. cordata*!), aber als Straßenbaum nicht geeignet. Unter den Sorten seien 'Rubra', ausgezeichnet durch besonders im Winter auffällige orange- bis korallenrote Zweige, und **'Laciniata'**, die **Schlitzblättrige Linde,** mit unregelmäßig tief gelappten, teils bis zur Mittelrippe eingeschnittenen Blättern, erwähnt.

Spross der Schlitzblättrigen Sommer-Linde mit Blättern und Früchten.

Ähnlicher Bastard:

***Tilia × europaea*, Holländische Linde:** Oft unter den früher genutzten Namen *Tilia × vulgaris* oder *Tilia × hollandica* (hiernach deutscher Name) in Kultur. Häufig gepflanzter Bastard (*T. cordata × T. platyphyllos*), auch spontan auftretend, aber wegen unterschiedlicher Blütezeiten von Sommer- und Winter-Linde eher weniger häufig. Raschwüchsige und vitale, bis 45 m hohe Bäume mit 6–10 cm langen Blättern, deren kahle bis schwach behaarte, graugrüne Unterseite weißliche bis gelblich bräunliche Achselbärte aufweist. Blühbeginn zwischen dem der Sommer-Linde und dem der Winter-Linde. Blütenstand 3–7-blütig, Frucht undeutlich kantig, die Schale zerbrechlich. Gern gepflanzter Stadt- und Straßenbaum, etwas problematisch sind die reichliche Wurzelbrut und die offensichtliche Bevorzugung durch Blattläuse, was zu besonders starker Honigtauabsonderung führt. Gut geeignet für den städtischen Straßenraum ist die sogenannte Kaiser-Linde, Sorte 'Pallida', mit mittelgroßer, kegelförmiger Krone.

Tilia tomentosa – Silber-Linde

Bis 30 m hoher Baum, den man zur Blütezeit schon am Duft erkennt, wenn der Baum noch nicht in Sicht ist. **Blätter** unterseits durch weiße bis silbergraue Sternhaare dicht filzig, Spreite 7–10 cm lang, teilweise mehrspitzig, Rand gezähnt bis gesägt, Zähne nicht oder etwas begrannt, Oberseite dunkelgrün. **Blüten** in 5–10-blütigen Blütenständen, mit Nebenkronblättern, stark duftend.

Name: *tomentosa* lat. = filzig, wegen der filzig behaarten jungen Zweige und Blattunterseiten.

Blütenstände und die silbrig behaarte Blattunterseite der Silber-Linde.

Verbreitung: SO-Europa (Balkanhalbinsel) bis Kleinasien.
Lebensraum: Laubwälder trockener bis frischer, mäßig nährstoffhaltiger Böden, oft mit Eichen und Edel-Kastanie.
Biologie: Trockenheit ertragend. Wird, da als letzte der Lindenarten blühend, in der dann weniger blütenreichen Zeit mit schon geringerem Nektarangebot stark von Insekten aufgesucht, kann aber den Nahrungsbedarf auch nicht decken, weshalb unter den Bäumen oft tote Bienen und Hummeln liegen. Dies war in den 1980er bis 1990er Jahren Anlass, ein Pflanzverbot für Silber-Linde (auch Krim-Linde) zu fordern, da eine Giftigkeit des Nektars unterstellt wurde, was jedoch inzwischen widerlegt ist.

Hängender Spross mit Blättern und Früchten, typisch für die Hänge-Silber-Linde.

Verwendung: Beliebter Zierbaum (seit 1767 in Kultur, England), auch geeignet als Straßenbaum (z.B. an Berliner Straße „Unter den Linden" neben Holländischer Linde Silber-Linde). Noch attraktiver ist die sogenannte **Hänge-Silber-Linde**, eine seit zwei Jahrhunderten (1818, Niederlande) kultivierte, früher als eigene Art (*Tilia petiolaris*), heute als Sorte ***T. tomentosa* 'Petiolaris'** aufgefasste Linde unbekannter Herkunft. Durch ihre länger gestielten, hängenden Blätter und hängende Zweige kommt die silberweiße Blattunterseite noch besser zur Geltung, besonders auffallend bei Windbewegung.

Weitere Arten und Bastarde:
***Tilia americana*, Amerikanische** oder **Schwarz-Linde:** 20–40 m hoher Baum mit olivgrünen kahlen Zweigen. Blätter groß, 10–20(–25) cm lang, oberseits ± glänzend und kahl, unterseits mit bräunlichen Achselbärten in den Nervenwinkeln der sekundären Nerven. Blütenstände 5–15-blütig, die Blüten besitzen eine Nebenkrone aus 5 kronblattartigen Staminodien. Die dickwandigen Früchte sind rippenlos und fein graufilzig. Die im mittleren und östlichen Nordamerika (hier wichtiger Nutzbaum) verbreitete Linde ist in Europa seit 1752 in Kultur. Als Zierbaum häufiger gepflanzt wurde die **Moltke-Linde, *Tilia × moltkei*,** ein um 1875 in der Berliner Baumschule SPÄTH entstandener Bastard mit der Silber-Linde (*T. tomentosa*). Die Blätter erinnern an *T. americana*, sie können noch größer (15–25 cm lang) sein, aber unterseits ist die Spreite meist locker sternhaarig oder schwach sternhaarig filzig. Oft verwechselt mit der spät blühenden Amerikanischen Linde wird ihr häufiger gepflanzter Bastard mit der Sommer-Linde, die **Frühe** oder **Karlsruher Linde, *Tilia × flaccida*.** Die zuerst (um 1830) von einer Karlsruher Baumschule verbreitete Linde blüht kurz nach *T. platyphyllos*, der zuerst ihre Blüten entfaltenden Linde. Sie hat ebenfalls recht große Blätter (10–14 cm lang), nur teilweise in Nebenkronblätter umgewandelte Staubblätter und meist etwas gerippte Früchte.

◀ Häufiger als die Amerikanische Linde wird deren ebenfalls großblättrige Hybride mit der Silber-Linde, Moltkes Linde, gepflanzt.

***Tilia henryana*, Henrys Linde:** Eine chinesische Art, die mit ihren markanten, 4–5 mm langen borstigen Grannen der Blattzähne unverwechselbar ist. Die jungen Zweige und Blattunterseiten sind mit Sternhaaren besetzt. Die Blätter der spät (Juli–September) und cremeweiß blühenden Linde sind eiförmig bis breit eiförmig, 5–12 cm lang, ihre Spreitenbasis ist schief herzförmig oder gestutzt, in den Nervenwinkeln der Unterseite befinden sich Achselbärtchen. Die von A. Henry 1888 entdeckte und von E. Wilson 1901 in Kultur eingeführte Art wächst langsam und wird nur 10–15 m hoch.

Blätter von Henrys Linde mit den auffällig langen Grannen der Blattzähne.

***Tilia mongolica*, Mongolische Linde:** Meist nur bis 10, selten 20 m hoher Baum mit kahlen, rötlich getönten Zweigen. Blätter klein, 4–7 cm lang, im Austrieb rötlich, fast gelappt, da oberhalb der Spreitenmitte entweder 3-5 unregelmäßige Lappen oder auffällige grobe Zähne, Rand unregelmäßig grob gesägt. Spreite fast an ein Ahornblatt erinnernd. In N-China (einschließlich Innerer Mongolei) vorkommende Art, die von Abbé David 1864 entdeckt und erst nach ihrer Einführung in Kultur (Frankreich, 1880) beschrieben wurde. Der Baum bietet sich an, wenn eine kleine Linde gepflanzt werden soll, sie fällt außerdem durch goldgelbes Herbstlaub und rote Zweige, die im Winter besonders zur Geltung kommen, auf.

Blätter und Blütenstände der Mongolischen Linde.

Toxicodendron pubescens – Behaarter Giftsumach, Poison Oak

Anacardiaceae – Sumachgewächse

Kriechender oder aufrechter, 30–200 cm hoher, Ausläufer bildender Strauch. Zweige kantig gefurcht, graubraun, kahl. Knospen nackt, Endknospe vorhanden **Blätter** 3-teilig. Blättchen breit rhombisch eiförmig, zugespitzt und lappig gesägt, bis 10 cm lang und 7 cm breit. **Blüten** klein, unscheinbar, in seitenständigen Rispen, Blütenhülle doppelt, 5-zählig, Staubblätter 5. Blütezeit: Juni–Juli. **Früchte** meist behaart, gelblich weiß bis grünlich weiß, 5 mm Durchmesser, Steinfrucht 1-samig. Fruchtreife: August–September. **G!**

Name: *Toxicodendron* abgeleitet von griech. „toxicon" = Gift und „dendron" = Baum. *pubescens* lat. = behaart, flaumhaarig.
Systematik: Etwa 24 *Toxicodendron*-Arten in O- und SO-Asien, Nordamerika bis nördl. Südamerika, Australien und Neuseeland. Blüten polygam oder eingeschlechtig, meist zweihäusig verteilt. Die Gattung *Toxicodendron* war früher in die Gattung *Rhus* einbezogen (*Rhus toxicodendron* = *Toxicodendron pubescens*; *Rhus verniciflua* = *Toxicodendron vernicifluum*).
Verbreitung: O-Nordamerika (von New Jersey bis Missouri, Oklahoma Florida und Texas).
Lebensraum: In Wäldern.
Biologie: Giftig in allen Teilen. Nah verwandt mit dem **Kletternden Giftsumach, *T. radicans*,** dem in Nordamerika gefürchteten Poison ivy oder „Giftefeu". Wegen des Gehalts an Urushiolen, einem starken Kontaktallergen, nur selten angepflanzt.

Blütenrispen des Kletternden Giftsumach.

Weitere Art:
***Toxicodendron vernicifluum*, Lacksumach, Firnissumach:** Bis 20 m hoher, nur mäßig verzweigter, sommergrüner Baum. Zweige hellgelb bis grau, verkahlend, Blätter 4–10 cm lang gestielt, Spreite unpaarig gefiedert, 10–30 cm lang. Blättchen 7–11, 7–20 cm lang und 3–7 cm breit, eiförmig bis länglich eiförmig, lang zugespitzt, ganzrandig. Blüten gelblich weiß, in achselständigen, lockeren, 15–25 cm langen, überhängenden Rispen an den Zweigenden. Früchte 6–8 mm groß, strohgelb. Blütezeit: Mai–Juli; Fruchtreife: September. Verbreitung: M- und W-China. Der Lacksumach ist in allen Teilen sehr giftig. Beim Einschneiden der Rinde tritt ein weißer Saft aus. Er wird seit altersher zur Herstellung des Japanlacks genutzt. Dünn ausgestrichen bildet das Sekret durch Verharzung einen festen, schwarzen Lack. Die Früchte liefern ein talgartiges Fett, das zur Herstellung von Kerzen oder als Politurmittel genutzt wird. Besonders in Japan wird *T. vernicifluum* als Nutzgehölz viel kultiviert. In Europa ist die Art seit 1862 in Kultur, jedoch nur selten angepflanzt. Artname abgeleitet von „veronix" mittellat. = wohlriechendes Harz, „vernis" franz. = Firnis; „fluere" lat.= fließen. **G!**

Trachycarpus fortunei – Chinesische Hanfpalme

Arecaceae – Palmengewäche

Stamm unverzweigt, bis 12 m hoch, in Kultur weit weniger; mit graubraunen Fasern und Blattbasen umkleidet. **Blätter** ca. 1 m lang gestielt, zu vielen am Stammende schopfförmig angeordnet, immergrün, fächerförmig, radiär eingeschnitten, Endabschnitte faserförmig. **Blüten** eingeschlechtig, zweihäusig verteilt, achselständig; Blütenstände von großen Hochblättern umgeben, bis zu 50 cm lange, dichte Rispen bildend; männliche Blüten mit 6 Staubblättern, leuchtend goldgelb, weibliche Blüten grün, mit 3 getrennten Fruchtblättern, Blütezeit: Mai. **Früchte** kugelförmige bis ellipsoidische Beeren, 10 mm groß, blauschwarz, bereift. Fruchtstand später aufrecht. Fruchtreife: Oktober–November.

Name: Griech. „trachys" = rau und „karpos" = Frucht; *fortunei* nach ROBERT FORTUNE (1812–1880), Forschungsreisender und Botaniker, der auch die Teepflanze von China nach Indien einführte.

Systematik: Die Familie *Arecaceae* (*Palmae*) umfasst 185 Gattungen mit 2520 Arten. Zur Gattung *Trachycarpus* werden 9 Arten gezählt, deren Areal sich vom westlichen Himalaja bis nach China und Japan erstreckt.

Verbreitung: Myanmar, M- und O-China, S-Japan.

Lebensraum: Küstennahe Lebensräume, Flusstäler. Natürliche Lebensbereiche heute nur schwer feststellbar, da seit Langem eingebürgert.

Krone der Chinesischen Hanfpalme mit männlichen Blütenständen.

Biologie: Anders als die 2 in Europa heimischen Palmenarten, *Chamaerops humilis* und *Phoenix theophrastii*, ist *Trachycarpus* in Weinbauklimaten Europas bis –12° C winterhart, blüht, fruchtet und bringt keimfähige Samen hervor.

Verwendung: Erstes Saatgut gelangte durch von SIEBOLD 1830 nach Leiden, 1849 sandte FORTUNE Pflanzen nach Kew/England. Häufig kultivierte Kübelpflanze.

Kleiner Baum der Chinesischen Hanfpalme.

Ulex europaeus – Stechginster, Gewöhnlicher Gaspeldorn

Fabaceae – Hülsenfrüchtler

Reich, dicht und sparrig verzweigter, dornig bewehrter, breitbuschiger, bis 1,5 m hoher Strauch. Junge Triebe gerillt gerieft, dunkelgrün, abstehend behaart. Zweige später mit hellbrauner Rinde. Alle Verzweigungen in starren, stechenden Dornen endend. Knospen kugelförmig, ca. 3 mm groß, dicht behaart. **Blätter** wechselständig. Blattspreiten nur bei Sämlingspflanzen ausgebildet, 3-zählig, später als 4–8 mm lange, bleibende Blattdornen gestaltet. Nebenblätter fehlend. **Blüten** einzeln, mitunter zu dritt, achselständig an Lang- und Kurztrieben, 5–10 mm lang gestielt, dicht behart. An den Sprossenden in Trauben, goldgelb, duftend, 15–18 mm lang. Kelch 2-lippig, bis zum Grund gespalten, gelblich, grau bis rotbraun behaart. Staubblätter alle verwachsen. Blütezeit: April–Juli(–September). **Frucht** eine 15 mm lange, dicht rauhaarige Hülse, 1–6-samig, vom bleibenden Kelch zumindest teilweise umhüllt. **Samen** 3 mm lang, hellbraun, glänzend. Fruchtreife: Juli–September. **G!**

Blühender Stechginster.

Name: Plinius d. Ä. gebrauchte den Namen Ulex für einen rosmarinartigen Strauch.

Systematik: Die Gattung *Ulex* umfasst 20 Arten in Westeuropa.

Verbreitung: Atlantisches Westeuropa. In Mitteleuropa vor allem im Küstenbereich, meist nur eingebürgert.

Lebensraum: Sehr lichtbedürftiges Gehölz. Charakterpflanze der Atlantischen Heide, vergesellschaftet mit verschiedenen *Erica*-Arten. Auf Sand und durchlässigen Heide- und Lehmböden, vor allem auf saurem Gestein.

Biologie: Die Schmetterlingsblüten werden nach dem Explosionsmechanismus bestäubt: Wenn ein blütenbesuchendes Insekt, meistens Hummeln oder Sandbienen (*Andrena*), auf den seitlichen Blütenblättern, den Flügeln, landet, so drücken diese mittels eines komplizierten Hebelmechanismus auf 2 innere Blütenblätter, die das Schiffchen (Carina) bilden. Dort herrscht im Inneren Spannung, da der Griffel und die Staubblätter gegen die Innenwand des Schiffchens drücken. Durch den vom Insekt aktiv ausgelösten Druck spaltet sich das Schiffchen am Oberrand und 5 kürzere Staubblätter schnellen nach oben und bepudern das Insekt auf der Bauchseite mit Pollen. Nach vollkommener Spaltung des Schiffchens schnellt der Griffel hervor und belädt sich mit mitgeführten Fremdpollen auf der Rückseite des Insekts. Unmittelbar darauf schnellen die 5 längeren Staubblätter hervor und bepudern das Insekt auf dem Rücken. Ist der Bestäubungsvorgang beendet, klappen Flügel und Schiffchen nach unten. Im Unterschied zum Bürsten- (siehe S. 610) und Klappmechanismus (siehe S. 336) erfolgt der Bestäubungsvorgang beim Explosionsmechanismus nur einmal. Die Fruchtausbreitung erfolgt durch Ausschleudern der Samen beim Öffnen der unter Spannung stehenden, ausgetrockneten Fruchtwand. Die Samen weisen ein Anhangsgebilde, einen Ölkörper (Elaiosom) auf. In ihm ist unter anderem Ricinolsäure enthalten, die für Ameisen attrak-

tiv wirkt. Diese verschleppen die Samen, fressen den Ölkörper und tragen so zur Verbreitung bei. Früchte und Zweige sind stark giftig. Vor allem die Samen enthalten zu 1 % Cytisin, ein Alkaloid, sowie Anagyrin.
Verwendung: *Ulex* ist ein anspruchsloses Gehölz, das jedoch Kalk meidet. Gelegentlich, vor allem küstennah, angepflanzt. Futterpflanze für Schafe. Der Stechginster ist frosthart bis –15 °C, leidet jedoch im Binnenland vor allem unter Kahlfrösten. Nach Frostschäden stets wieder vom Grund an austreibend. Vermehrung durch Samen.

Ulmus – Ulme oder Rüster

Ulmaceae – Ulmengewächse

Sommergrüne Laubbäume, nur ausnahmsweise immergrün, oder Sträucher. Bäume können eine Höhe von 30–50 m und einen Stammumfang von 6–10 m erreichen. Zweige bei einigen Arten oft mit auffälligen Korkleisten (z. B. bei europäischer *Ulmus minor*, ostasiatischer *U. japonica* oder nordamerikanischer *U. thomasii*). Knospen etwas schief über der Blattnarbe sitzend. **Blätter** wechselständig, 2-zeilig ausgerichtet, ungeteilt, Spreite zuweilen im vorderen Teil gelappt, ihre Basis meist unsymmetrisch, dadurch Spreite mit ungleichen Hälften, Rand meist doppelt gesägt. **Blüten** unscheinbar, in büscheligen, zymösen Trugdolden, meist vor den Blättern erscheinend. Windbestäubung. **Früchte** 1-samige, meist breit geflügelte Nüsse. Ausbreitung durch Wind (Scheibenflieger), teils durch Tiere (Wasserhaftausbreitung). Samen nur wenige Tage keimfähig.

Name: *Ulmus* lat. Bezeichnung für Ulmen, ist wie „elm" (englisch), „elm(boum)" und „ulm(boum)" (alt- und mittelhochdeutsch) auf gleiche Wurzel zurückzuführen, und zwar auf „el-" indogerm. = rot- oder braunglänzend, ein von Germanen, Kelten, Italern u. a. nach der Farbe des Holzes (braunes Kernholz) benannter Baum. Der Name Rüster bedeutet ebenfalls Ulmenbaum („rust" mittelhochdeutsch = Ulme, „-ter" gotisch = Baum).
Systematik: Zur Gattung (25–)30(–40), teils sehr variable und ohne Früchte nicht immer leicht zu unterscheidende Arten, zumal das Auftreten von Bastarden in der Natur und die Pflanzung von Sorten, die aus Kreuzungen hervorgegangen sind, die Bestimmung erschweren.
Verbreitung: Gemäßigte bis warme Zonen der Holarktis, von Nordamerika südlich bis Mexiko, in Asien bis in die Gebirge der tropischen Zone. Mehrere Ulmenarten im Rückgang und international nach der IUCN Red List als gefährdet eingestuft (z. B. chinesische Art *Ulmus gaussenii* vom Aussterben bedroht), für die europäischen Arten *U. glabra*, *U. laevis* und *U. minor* wird die Datenlage für eine Einstufung in die Gefährdungskategorien als unzureichend angesehen (Kategorie DD, Data Deficient). Zu Rückgang und Gefährdung tragen in Europa und Nordamerika neben Lebensraumverlust durch Standortveränderungen (z. B. in Auen) oder Übernutzung vor allem das Absterben der Bäume durch die „Holländische Ulmenkrankheit" (Ulmenwelke oder -sterben) bei.
Lebensraum: Laubwälder meist (mäßig) nährstoffreicher, frischer bis (wechsel)feuchter Böden, z. B. Auen- und Niederungswälder, Schlucht- und Schatthangwälder, Bergwälder.
Biologie: Die Ulmenarten sind in unterschiedlichem Grad anfällig für die Ulmenkrankheit, die durch Pilze (*Ophiostoma ulmi*, *O. novo-ulmi*) verursacht und durch Borkenkäfer (besonders Ulmensplintkäfer), die den Pilz von absterbenden auf gesunde Bäume übertragen, ausgebreitet wird. Inzwischen breitet sich eine neue Ulmenkrankheit, die bisher nur aus Nordamerika bekannt war, in Europa aus, die Ulmenvergilbung. Durch Insekten übertragene Bakterien (Candidatus Phytoplasma ulmi) verursachen Triebstauchungen, Hexenbesenbildung, Vergilbung und Absterben der Blätter. Eine physiologische Besonderheit der Ulmen stellen die anfangs grünen Flügel der bereits vor Erscheinen des Laubs entwickelten Früchte dar, damit ergrünt der Baum nicht nur vor der Blattentfaltung, sondern die Früchte beginnen vor den Blättern mit der Photosynthese. Durch zeitiges Blühen Pollen wichtige Bienennahrung im Vorfrühling. Ulmen können ein Alter von 350 bis 500 Jahren erreichen.

Verwendung: Mehrere Arten besitzen wertvolles Holz („Rüsterholz“, hart, hell- bis dunkelbrauner Kern), das u.a. für Möbel, Holzskulpturen, Radnaben, Wasserleitungen oder Wasserräder genutzt wurde oder noch wird. Blätter dienten als Viehfutter (Laubheu), das durch Schneiteln gewonnen wird, belegt seit der Antike und in einigen Gebieten (Himalaja, Kaukasien) noch heute üblich. Aus Blättern und Innenrinde wurde Tee bereitet, der in der Volksheilkunde (z.B. gegen Rheuma, Gicht oder Durchfall) Anwendung fand. Im Altertum, sei es im antiken Griechenland und Rom, oder bei den Kelten hatten Ulmen eine große Bedeutung in Mythologie und Brauchtum. Ulmen sind beliebte Park- und Straßenbäume, eignen sich auch für die Bonsai-Kultur. Sie büßten wegen der Holländischen Ulmenkrankheit an Bedeutung ein. Dies betrifft sowohl Nordamerika, wo z.B. die Weiß-Ulme (*Ulmus americana*) früher als schattenspendender Straßen- und Gartenbaum in diversen Sorten häufig gepflanzt wurde, als auch Europa, wo Berg- und Feld-Ulme stärker als die Flatter-Ulme betroffen sind. Seit einem halben Jahrhundert wird, vor allem in Holland und den USA, versucht, durch Kreuzungen unter Beteiligung mehrerer Arten, darunter mindestens einer asiatischen Art (siehe unter *U. parviflora*, *U. pumila*), gegen die Ulmenkrankheit resistente Sorten zu züchten. So wurden einige holländische Sorten (mit ± säulenförmigen Kronen, z.B. 'Clusius' oder 'Lobel') sowie in Nordamerika gezüchtete Hybriden (z.B. 'New Horizon' oder 'Regal') als vermutlich resistent oder zumindest geringer anfällig in die GALK-Straßenbaumliste als geeignet mit Einschränkung aufgenommen.

Ulmus glabra – Berg-Ulme

Blätter der Berg-Ulme.

30–40(–48) m Höhe und einen Stammumfang von 4 bis 7 m erreichender Baum, im Freistand mit weit ausladender kugeliger Krone. Zweige nie mit Korkleisten. **Blätter** 7–15 cm lang, Spreite elliptisch bis verkehrt eiförmig, plötzlich zugespitzt, an Schattenblättern oft mehrspitzig (3- und mehrlappig), stark unsymmetrisch, Blattstiel von der öhrchenförmigen Basis der vergrößerten Spreitenhälfte überdeckt, Rand doppelt gesägt; die durch kurze steife Haare sehr raue Oberseite kann leicht mit den Fingern erfühlt werden. **Blüten** wie **Früchte** fast sitzend, in dichten kopfförmigen Büscheln, Samen in der Mitte der breit elliptischen Frucht.

Name: *glabra* lat. = kahl, glatt, was sich nicht auf die Blätter, die oberseits rau und unterseits behaart sind, bezieht, sondern auf die lange Zeit glatt bleibende Stammrinde, die erst im Alter eine längsrissige Borke bildet, auch sind die Fruchtflügel im Gegensatz zur Flatter-Ulme kahl.

Verbreitung: Europa, nach Osten bis zum Ural und Kaukasusgebiet, nach

◀ *Früchte der Berg-Ulme.*

Norden weiter als Feld- und Flatter-Ulme reichend, bis in die boreale Zone.
Lebensraum: Edellaubbaumwälder frischer und nährstoffreicher Standorte kühler und luftfeuchter Lagen, Schlucht- und Schatthangwälder, Bergwälder.
Biologie: In der Jugend raschwüchsig; Alter bis 400 Jahre; mehr Schatten als Feld- und Flatter-Ulme ertragend. Stockausschlag, aber kaum Wasserreiser am Stamm und nie Wurzelsprosse bildend. Bodenpflegliche Mischbaumart in Wäldern.
Verwendung: In der Vergangenheit vielseitige Nutzung von Blättern (Laubheu, Einstreu), Rinde (Gerb- und Färbemittel) und Holz (z.B. für Möbelbau, Innenausstattung, Wagnerei, Wasserbau, Drechslerei), hat aber wegen des Ulmensterbens an Bedeutung verloren. Als Zierbaum in Parkanlagen ein majestätischer Baum. In Kultur erlangten mehrere Sorten Verbreitung, besonders Trauerformen mit senkrecht herabhängenden Zweigen, so die halbkugelige Lauben-Ulme ('Camperdownii', zuerst 1850 in Schottland gefunden) oder mit abgeflachter Krone die Schirm-Ulme (**'Pendula'**, früher in Bauerngärten), die als Schattenspender in Park- und Kuranlagen beliebt sind, außerdem häufig gepflanzt die gelbblättrige Sorte 'Lutescens'.

Schirm-Ulme, eine Sorte ('Pendula') der Berg-Ulme mit lang herabhängenden Zweigen.

Ähnliche Art und Hybride:
***Ulmus × hollandica*, Holländische** oder **Bastard-Ulme:** Natürlich auftretende und kultivierte, oft gepflanzte, sich auch durch Wurzelsprosse ausbreitende Hybride zwischen Berg- und Feld-Ulme. Sie ist nicht immer sicher von den Elternarten unterscheidbar, da die Merkmale intermediär sein können, aber auch dieser oder jener Elternart näher kommen. So werden die oft gepflanzte Gold-Ulme ('Dampieri Aurea'), ein säulen- bis kegelförmiger Kleinbaum mit goldgelber Belaubung, oder die beliebte Sorte **'Jacqueline Hillier'**, ein niedriger, dicht verzweigter Busch bis mehrstämmiger Kleinbaum (bis 4 m hoch) mit kleinen Blättern (<4 cm lang) und leicht brechenden Zweigen, teils diesem Bastard, teils *U. minor* zugeordnet. Einige Sorten galten zunächst als widerstandsfähiger gegenüber der Ulmenkrankheit, was sich aber nicht bestätigte (z.B. bei 'Commelin').

Blätter der Sorte 'Jacqueline Hillier' der Holländischen oder Bastard-Ulme.

***Ulmus minor*, Feld-Ulme:** Europäische Art der Hartholzauenwälder, im Vergleich zu Berg- und Flatter-Ulme Baum und Blätter kleiner (*minor* lat. = kleiner), Stamm schlanker (nur bis 2–3 m Umfang). Blattspreite bis auf Mittelrippe und Nervenwinkel der Unterseite kahl. Samen liegt oberhalb der Mitte der elliptischen bis verkehrt eiförmigen Frucht, dem Flügeleinschnitt nahe.

Blätter der Feld-Ulme.

Zweige besitzen oft Korkleisten (dann auch Kork-Ulme genannt). Wasserreiser und meist reichlich Wurzelsprosse bildend. Die Feld-Ulme ist die am stärksten von der Ulmenkrankheit betroffene Art unter den einheimischen Ulmen, wird aber in der Roten Liste Deutschlands von 2018 im Gegensatz zur Auflage 1998 nicht mehr als in ihrem Bestand gefährdet eingestuft. Eine nahe Verwandte der Feld-Ulme ist die **Englische Ulme**, die als deren Varietät, ***U. minor* var. *vulgaris***, oder als eigene Art, ***Ulmus procera,*** aufgefasst wird. Ihr Anbau ist schon vor 1636 in England belegt. Dorthin gelangte sie vermutlich aus SW-Europa bereits in der Jungsteinzeit und wurde ein vielfältig genutztes (Holz, Laub), landschaftsbestimmendes Element. Sie bildet kaum Samen aus und vermehrt sich vegetativ über Wurzelsprosse. Auch bei weiteren, taxonomisch abweichend eingestuften Sippen aus dem Verwandtschaftskreis von *U. minor* (z. B. Cornwall- und Jersey-Ulme) ist nicht auszuschließen, dass es sich um Kulturformen handelt. Problematisch ist auch die Zuordnung diverser Sorten, ehemals *U. minor* zugeschrieben, aber überwiegend dem Bastard *U.* × *hollandica* zugehörig. Feld-Ulme und Englische Ulme eignen sich wegen ihrer Neigung zu feiner Verzweigung und ihren kleineren Blättern besser als andere europäische Ulmen für die Bonsai-Gestaltung.

Ulmus laevis – Flatter-Ulme

Bis 30(–40) m hoher Baum mit Stammumfang bis 6(–9) m, Stammbasis oft mit starken brettwurzelartigen Wurzelanläufen. **Blätter** mit deutlich ungleichhälftigem Spreitengrund, unterseits kraushaarig, oberseits (fast) kahl, Seitennerven meist unverzweigt, wenn gegabelt, dann im unteren Drittel der Spreite. **Blüten** etwa zwei Wochen nach Feld- und Berg-Ulme (März–April), wie die **Früchte** lang gestielt, hängend, Flügel der Früchte zottig bewimpert.

Name: *laevis* lat. = glatt, wohl wegen der im Gegensatz zu den rauen Blattoberseiten der Berg-Ulme oberseits glatten Blattspreite. „Flatter-" wegen der lang gestielten, schon bei leichter Luftbewegung im Wind flatternden Blüten und Früchte.

Verbreitung: Mittel-, SO- und O-Europa bis Kleinasien. Ist weniger anfällig als Feld- und Berg-Ulme gegenüber der Holländischen Ulmenkrankheit, wurde aber in der Roten Liste Deutschlands im Gegensatz zu diesen als nicht gefährdet eingestuften Arten in die Vorwarnliste aufgenommen. Schädigungen erfolgen durch die Ulmenvergilbung (siehe Biologie unter Gattung *Ulmus*).

Lebensraum: Auen- und Niederungswälder vom Tief- bis in das untere Bergland, meist auf

Die „Hufeisenulme" in Daubitz (Oberlausitz) gehört in Deutschland zu den Exemplaren der Flatter-Ulme mit dem größten Stammumfang.

Brettwurzelartige Anläufe am Stammfuß einer Flatter-Ulme.

nährstoff- und basenreichen Lehm- und Tonböden.

Biologie: In der Jugend raschwüchsig; Alter bis 250(–400) Jahre; Halbschatten ertragend; Wasserreiser, Stockausschläge bildend, aber Wurzelsprosse nur im Wurzelanlauf zum Stamm.

Verwendung: Holz mit geringeren Festigkeitseigenschaften und weniger attraktivem Kern als bei Berg-Ulme, wird aber ähnlich genutzt. Als Parkbaum sowohl für nasse als auch zeitweise überflutete oder trockenfallende Standorte geeignet, weiterhin für Ufer- und Waldrandgestaltung oder Windschutzpflanzungen.

Blätter der Flatter-Ulme.

Weitere Arten:

***Ulmus parviflora*, Chinesische** oder **Kleinblatt-Ulme:** Eine nicht unter der Ulmenkrankheit leidende Art, deshalb für Kreuzungen zur Erzielung gegenüber dem Ulmensterben resistenter Ulmen dienend. Sie hat kleine, 2–6 cm lange, 1–2,5 cm breite Blätter, deren Spreite wie bei *U. pumila*, aber im Gegensatz zu den meisten Ulmenarten, an der Basis nur schwach asymmetrisch und nahezu einfach gesägt ist. Die lederigen, oberseits glatten und glänzend grünen Blätter verbleiben bis in den Winter am Baum. Die Art zeichnet sich durch eine für Ulmen ungewöhnliche Blütezeit aus, denn sie ist wie die nordamerikanische September-Ulme (*Ulmus serotina*) ein Herbstblüher, während sonst die sommergrünen Arten vor Laubaustrieb im zeitigen Frühjahr blühen. Von der in O- bis SO-Asien verbreiteten, nach Europa 1794 (Österreich) eingeführten Chinesischen Ulme wurden einige Sorten ausgelesen, darunter solche, die gern für Bonsaikultur verwendet werden.

Blätter der Chinesischen Ulme.

Blätter der Sibirischen Ulme.

***Ulmus pumila*, Sibirische Ulme:** Bei der mittel- bis ostasiatisch verbreiteten Art ist der Spreitengrund der kleinen, 4–5 cm langen und 1–3 cm breiten Blätter kaum asymmetrisch und der Spreitenrand meist einfach gesägt. Der recht raschwüchsige, aber kleiner (10–20 m hoch) als die anderen *Ulmus*-Arten bleibende Baum oder Strauch erträgt Trockenheit und ist widerstandsfähig gegenüber der Ulmenkrankheit. Damit ist die Art nicht nur als Ziergehölz (in Europa seit 1771 in

Kultur) für Pflanzungen in der Stadt geeignet oder wird in Windschutzstreifen von Trockengebieten (z. B. Russland, USA) gepflanzt, sondern sie ist einer der wichtigsten Kreuzungspartner für die Züchtung gegenüber der Ulmenkrankheit resistenter Sorten. So sind bekannte Hybridsorten wie 'New Horizon', 'Rebona' oder 'Sapporo Gold' aus Kreuzungen *U. japonica* × *U. pumila* hervorgegangen.

Vaccinium – Heidelbeere, Moosbeere, Preiselbeere

Ericaceae – Heide(kraut)gewächse

Sommer- oder immergrüne, aufrechte, niederliegende oder kriechende Zwerg- oder Halbsträucher und Sträucher, selten kleine Bäume oder Lianen. **Blätter** wechselständig, einfach, meist ganzrandig, krautig dünn oder lederig derb. **Blüten** einzeln oder in Trauben, 4- oder 5-teilig, Krone entweder glockig bis krugförmig mit kurzen Zipfeln oder tief geteilt mit langen zurückgeschlagenen Zipfeln, weiß, rosa oder purpurn, nektarreich. **Früchte** meist kugelige, seltener ellipsoidische oder birnförmige, rote oder blaue bis schwarze, saftige oder mehlige Beeren, oft essbar.

Name: *Vaccinium* lat. Name, der auf diese Gattung übertragen wurde, obwohl „vaccinia" ursprünglich einfach eine Sippe blühender Kräuter bedeutete.
Systematik und Verbreitung: Wegen problematischer Abgrenzungen gegenüber verwandten Gattungen ist es schwierig, Artenzahl und Verbreitung für *Vaccinium* genau anzugeben, etwa 450–500 Arten und fast weltweit verbreitet, sowohl in den subarktischen und gemäßigten bis warmen Zonen als auch in den Gebirgen der Tropen vorkommend.
Lebensraum: Wälder, Gebüsche, Zwergstrauchheiden, Moore, meist auf frischen bis feuchten, nährstoff- und basenarmen, sauren Standorten (z. B. Rohhumus-, Torfböden) und in kühlen und luftfeuchten Lagen, kalkmeidend.
Biologie: Insektenbestäubung (Hummeln, Bienen, Fliegen), auch Selbstbestäubung. Verdauungsausbreitung, meist durch Vögel und Säugetiere.
Verwendung: Wegen schmackhafter, roh essbarer und vielseitig verwertbarer Früchte große Bedeutung als Beerenobst, gesammelt am Wildstandort oder von kultivierten Fruchtsträuchern. Anfangs Auslesen vom Naturstandort kommerziell angebaut, später zunehmend gezüchtete Hybridsorten. Einige Arten wegen Fruchtschmuck und herbstlicher Laubfärbung auch als Ziersträucher von Bedeutung, die zwergstrauchigen Arten in der Bonsaikultur als Akzent- oder Beistellpflanzen.

Vaccinium corymbosum – Amerikanische Strauch-Heidelbeere

1–2,5 (im natürlichen Areal bis 4) m hoher sommergrüner Strauch. **Blätter** 3–8 cm lang, eiförmig bis schmal elliptisch, ganzrandig, selten fein gesägt, dunkelgrün, im Herbst sich gelb bis leuchtend orangerot färbend. **Blüten** in hängenden Trauben, 0,6–1 cm lang,

Blüten der Amerikanischen Strauch-Heidelbeere. ▶

Krone weiß bis hellrosa. Blütezeit: Mai–Juni. **Früchte** kugelig, 0,6–1,2 (bei Sorten bis 2) cm Durchmesser, anfangs blassgrün, dann rötlich purpurn, reif (Juli–August) blauschwarz, oft stark bereift und dann hellblau erscheinend, Fruchtfleisch hell, Saft farblos.

Name: *corymbosum* lat. = doldentraubig, bezogen auf die Blütenstände.

Verbreitung: Östliches Nordamerika (Zentral- und O-Kanada, Zentral- bis O-USA, bis 1600 m ü. M.), außerhalb des natürlichen Areals sich nach Verwilderung einbürgernd, so auch in europäischen Anbaugebieten, z. B. in Deutschland etabliert in Kiefernforsten und abgetorften Hochmooren Niedersachsens, wobei es sich auch um Hybriden (*V. × atlanticum*, siehe unter Verwendung!) handeln kann, teils mit invasivem Potenzial.

Lebensraum: Moore, Sümpfe, Birken- und Kiefern-Moorwälder, Zwergstrauchheiden, Sandbänke an Flüssen und Seen.

Biologie: Nasse Standorte ertragend, gegenüber Trockenheit empfindlich; kann Wurzelsprosse bilden.

Verwendung: Nicht nur in Nordamerika, sondern auch in Europa (eingeführt 1765) und in gemäßigter Klimazone der Südhemisphäre, als Beerenobst im Anbau. Seit Beginn der Züchtungsarbeiten Anfang des 20. Jahrhunderts in den USA entstanden für den Erwerbsanbau (Plantagen, Container) sowie für den Hausgarten > 100 Sorten, bekannt als **Garten-** oder **Kultur-Heidelbeeren.** Dabei handelt es sich um Auslesen von *V. corymbosum* oder von der ebenfalls im nordöstlichen Nordamerika vorkommenden, niedrigeren, nur bis 0,3 m hohen Art *Vaccinium angustifolium* mit kleineren, 1,5–4 cm langen, lanzettlichen, am Rand gesägten Blättern, meist aber um durch Kreuzung erzielte Sorten der Hybride beider Arten, *Vaccinium × atlanticum*. Die wohlschmeckenden, wenn auch nicht den aromatischen Geschmack der einheimischen Heidelbeere erreichenden Früchte enthalten die Gesundheit fördernde Inhaltsstoffe und finden vielseitige Verwendung (z. B. für Rohverzehr, Saft, Kompott, Konfitüre, Kuchenbelag). In Gärten durch dekorative Herbstfärbung und Fruchtangebot zugleich Zier- und Obststrauch.

Ähnliche Art:
***Vaccinium arctostaphylos*, Kaukasus-Heidelbeere** oder **Kaukasische Strauch-Heidelbeere:** Sommergrüner Strauch der Buchen- und Tannenwälder und subalpiner Gebüsche der Gebirge südlich und östlich des Schwarzen Meeres (SO-Bulgarien bis Kaukasus-Region). Die 1800 bereits in Kultur genommene Art ist leider kaum bekannt. Im Vergleich zur Amerikanischen Strauch-Heidelbeere wird sie höher (1–3, sogar bis 5 m), die Blätter sind größer (bis 10 cm lang), stets fein gesägt, zur Laubfärbung im Herbst verfärben sie sich karminrosa. Die ebenfalls essbaren, etwas kleineren (6–8 mm Durchmesser) Beeren sind blauschwarz, glänzend und nicht bereift. In der Heimat dient die Art als Wildobst (auch Herstellung von Heidelbeerwein) und Heilpflanze.

Kaukasus-Heidelbeere mit Früchten von unterschiedlichem Reifegrad.

Vaccinium myrtillus – Gewöhnliche Heidelbeere oder Blaubeere

Sommergrüner, 0,15–0,5(–1) m hoher, sich durch unterirdische Ausläufer und Wurzelsprosse ausbreitender Zwergstrauch. Zweige scharfkantig, bleibend grün. **Blätter** eiförmig bis elliptisch, spitz, fein gesägt, bis 3 cm lang, hellgrün. **Blüten** meist einzeln, Krone rötlich grün. Blütezeit: April–Juli. **Früchte** kugelig, bis 6(–10) mm Durchmesser, reif blauschwarz, hellblau bereift, Fruchtfleisch dunkelpurpurn, Saft stark färbend.

Name: *myrtillus* Verkleinerungsform zu „murtus"/„myrtus" lat. = Myrte, auf eine gewisse Ähnlichkeit mit deren Blättern und blauschwarzen Beeren Bezug nehmend.

Gewöhnliche Heidelbeere mit kantigen grünen Zweigen und Blättern.

Systematik: Im gemeinsamen Verbreitungsgebiet von Heidel- und Preiselbeere tritt ab und an der Bastard beider Arten, *Vaccinium × intermedium*, auf, am leichtesten erkennbar im Winter, wenn an Heidelbeere erinnernde Pflanzen voll belaubt sind, denn der Bastard zwischen der winterkahlen Heidelbeere und der immergrünen Preiselbeere ist wintergrün.

Verbreitung: Von der borealen bis in die warmgemäßigte Zone Europas und W-Sibiriens, im Süden auf die Gebirge beschränkt (bis über 2000 m ü. M.).

Lebensräume: Nadelwälder, bodensaure Laubwälder und Zwergstrauchheiden.

Biologie: Schatten ertragend, bevorzugt auf nährstoffarmen Rohhumusböden gedeihend; Blüten spätfrostempfindlich.

Verwendung: Liefert wohlschmeckende, vitamin- und mineralstoffreiche Beeren, die als Wildobst roh oder zubereitet (als Kompott, Marmelade, für Konditoreierzeugnisse, Heidelbeergeist und -wein) verwendet werden, nur kurze Zeit lagerfähig. Beeren und Blätter auch von arzneilicher Bedeutung (Blutzucker senkend, Mittel gegen Durchfall, Magen- und Darmerkrankungen). Blätter und Triebe früher zum Gerben und Färben genutzt. Austreibende Zweige heute in der Floristik beliebt. Im Gegensatz zur Preiselbeere gelang bisher noch keine erfolgreiche erwerbsmäßige Kultivierung als „Beerenstrauch“. Das im Handel als „Heidelbeere“ angebotene Beerenobst stammt von nordamerikanischen Kultur-Heidelbeeren (siehe *V. corymbosum*!).

Ähnliche Art:

***Vaccinium uliginosum*, Moor-Heidelbeere, Rausch(el)beere** oder **Trunkelbeere:** Sich von der Heidelbeere durch stielrunde, im 2. Jahr braune Zweige, ganzrandige, blaugrüne, an der Spitze stumpfe Blätter und weißliche Blütenkronen unterscheidend. Die Beeren sind zwar auch blauschwarz, aber ihr Fruchtfleisch weißlich und nicht färbend. Der zirkumpolar verbreitete Zwerg- oder Kleinstrauch wächst in Mooren, Moorwäldern, subalpinen und subarktischen Zwergstrauchheiden. Die Art befindet sich durch Verlust geeigneter Moorstandorte im Rückgang (aufgenommen in Vorwarnliste der Roten Liste Deutschlands). In Taiga und Tundra, wo sie häufig vorkommt, werden die Beeren als Wildobst gesammelt, der Vitamingehalt ist höher als bei der Preiselbeere. Die Früchte werden allerdings verschiedentlich als giftverdächtig eingestuft, was wohl darauf beruht, dass es (siehe deutsche Namen der Art!) bei Verzehr größerer Mengen zu rauschartigen Zuständen kommen kann, offensichtlich jedoch nur dann, wenn die Beeren von einem schmarotzenden Pilz (*Sclerotinia megalospora*) befallen sind.

Moor-Heidelbeere am natürlichen Standort (Tundra).

Vaccinium oxycoccus – Gewöhnliche Moosbeere

Fruchtende Gewöhnliche Moosbeere.

Immergrüner, nur schwach verholzter, < 10 cm hoher Kriechstrauch mit fadenförmig dünnen, bis fast 1 m lang kriechenden Sprossachsen. **Blätter** 3–8 mm lang, eiförmig bis elliptisch, spitz, Rand deutlich umgerollt, unterseits bläulich weiß. **Blüten** einzeln oder bis zu 4 nickend an bis > 2 cm langen, fadenförmigen Stielen am Ende von Seitenzweigen, 4-zählig, Krone fast bis zum Grund geteilt, mit zurückgeschlagenen Zipfeln, hell purpurrot. Blütezeit: Mai–Juli. **Früchte** kugelig oder ei- bis birnförmig, rot, glänzend, 0,5–1 cm Durchmesser.
Namen: *oxycoccus* zurückgehend auf griech. „oxys" = sauer und „kókkos" = Kern von Baumfrüchten, besonders dem Granatapfel, bezieht sich auf die herb säuerlichen roten Früchte. Moosbeere weist darauf hin, dass die Beeren der in den Mooren kriechenden Pflanze oft dem Moos aufliegen.
Verbreitung: Zirkumpolar, von der boreal-subarktischen bis in die warmgemäßigte Zone, im Süden weitgehend auf die Gebirge beschränkt.
Lebensraum: Hoch- und Zwischenmoore, lichte Moorwälder.
Verwendung: Wildobst, aber die Bestände sind wegen des Verlusts ihrer Lebensräume so im Rückgang, dass die Art in der Roten Liste Deutschlands als gefährdet eingestuft wurde. In N- und O-Europa hat sie als Wildobst immer noch große Bedeutung. Die leicht säuerlichen Beeren werden entweder frisch gesammelt und gehandelt, da sie wegen antibiotischer Inhaltsstoffe von langer Haltbarkeit und Lagerfähigkeit sind, oder aber erst nach Frosteinwirkung gesammelt. Verarbeitung zu Saft, Kompott, Konfitüre, „Polarlikör" oder Edelbränden.

Ähnliche Art:

***Vaccinium macrocarpon*, Großfrüchtige Moosbeere, Krannbeere:** Die nordamerikanische Art wird etwas höher und kräftiger, die Blätter sind größer (0,5–1,8 cm lang), länglich bis elliptisch, derb, an der Spitze stumpf und ihr Rand kaum umgerollt. Beeren ebenfalls größer (1–2 cm Durchmesser), worauf auch der Name hinweist (*macrocarpon* griech. = großfrüchtig). Krannbeere geht auf „cranberry" (engl. = Moosbeere) zurück und leitet sich von „crane" = Kranich ab, denn die Beeren werden vom Kranich als Nahrung genutzt. Da die Früchte ähnlich wie Preiselbeeren verwendet werden und die Art als Beerenobst angebaut wird, wurde sie früher auch Kulturpreiselbeere genannt. Bei den Ureinwohnern Nordamerikas wurden die Beeren vielseitig genutzt als Nahrungs-, Heil- und Färbemittel. Um 1830 begann erwerbsmäßiger Anbau in den USA, heute sind zahlreiche Sorten in Kultur. Nach Europa (England) 1760 eingeführt, heute als Beerenobst zunehmend in nord- und mitteleuropäischen Ländern gepflanzt. Die herb sauren Beeren sind lange haltbar und werden für Fruchtkonserven, Saft, Marmelade, Gelee oder Konditoreiwaren genutzt. Als Bodendecker auf feuchten und sauren Gartenböden (z. B. Moorbeete, Heidegärten) können zierende Wirkung und Fruchtertrag kombiniert

Fruchtende Großfrüchtige Moosbeere.

werden. Die Art hat sich nach Verwilderung in Europa lokal etabliert, z. B. in Deutschland (seit 1830) in Hochmooren oder in den Niederlanden auf Küstendünen von Nordseeinseln.

Vaccinium vitis-idaea – Preiselbeere, Kronsbeere

5–15(–30) cm hoher immergrüner Zwergstrauch. **Blätter** lederig, ganzrandig oder schwach gekerbt, oberseits glänzend dunkelgrün, unterseits matt blassgrün mit bräunlichen Drüsenpunkten. **Blüten** in dichten hängenden Trauben am Ende der Zweige, Krone glockig, weiß oder blassrosa. Blütezeit: Mai–August. **Früchte** rote Beeren.

Preiselbeere am natürlichen Standort (Lausitz).

Name: *vitis-idaea* nicht ganz geklärter Name, möglicherweise auf „vitis" lat. = Weintraube wegen dichter Blüten- bzw. Fruchttrauben der Preiselbeere zurückzuführen, „idaea" könnte in Bezug zu den roten Früchten der Himbeere (*Rubus idaeus*) stehen. Die slawischen Wurzeln („brusiti" = abstreifen) des der sorbischen Sprache entlehnten Namens Preiselbeere verweisen auf die leichte Beerntbarkeit der Beeren. Der Name Kronsbeere leitet sich wie bei Krannbeere (siehe *V. macrocarpon*!) von Kranich ab, der die Früchte als Nahrung nutzt.

Verbreitung: Zirkumpolar, in der Nordhemisphäre von der Tundra- und Taigazone im Norden bis in das Bergland der warmgemäßigte Zone im Süden.
Lebensräume: Nadelwälder, bodensaure Laubwälder, Zwergstrauchheiden.
Verwendung: Als Beerenobst große Bedeutung, wobei nicht mehr nur Wildbestände besammelt werden, nach Auslese reich fruchtender Pflanzen mit größeren Beeren einige Sorten im Anbau, also wirkliche Kultur-Preiselbeeren (im Gegensatz zu der früher als solche bezeichneten Großfrüchtigen Moosbeere, siehe *V. macrocarpon*!). Es sind zwei Ernten möglich, neben der Sommerernte im Juli die Haupternte im Oktober. Die neben organischen Säuren und Gerbstoffen reichlich Vitamin C enthaltenden Beeren werden frisch oder gekocht (Marmelade, Gelee) verwendet und sind beliebt als Beilage zu Wildgerichten. Arzneilich finden Früchte (Wirkung auf Verdauungssystem und Senkung Cholesterinspiegel) und Blätter (Tee bei Blasen- und Nierenleiden) Anwendung. Die Preiselbeere eignet sich auch als Bodendecker im Garten, wobei einige Sorten (z. B. 'Koralle') zusätzlich zu ihrer zierenden Wirkung reichen Ertrag bringen können.

Viburnum opulus – Gewöhnlicher Schneeball

Viburnaceae – Schneeballgewächse

Sommergrüner, breitbuschiger, bis 4 m hoher Strauch mit überhängenden Zweigen. Junge Triebe kahl. Zweige graubraun bis grau mit Korkwarzen. Borke dünn längsstreifig, graubraun. Knospen anliegend, eiförmig rundlich, zugespitzt, bis 10 mm lang, kahl und glänzend, mit 2 am Grund verwachsenen, äußeren Schuppen. **Blätter** gegenständig, 2–3 cm lang gestielt. Stiele am Grund mit einigen fädigen Fortsätzen, oben mit 4–5 Nektardrüsen. Spreite 3–5-lappig,

8–12 cm lang und ebenso breit, zugespitzt und am Rand grob bis buchtig gezähnt, oberseits dunkelgrün und kahl, unterseits heller und flaumig behaart. **Blüten** weiß, in 8–10 cm breiten flachen Schirmrispen am Ende von Jungtrieben. Blütenhülle doppelt, 5-zählig, mit unterständigem Fruchtknoten. Randblüten sehr ansehnlich und mit 1,5–2,5 cm viel größer als die zentralen Blüten, lang gestielt, steril. Innere Blüten fast unscheinbar, 4–5 mm breit. Staubblätter die Krone überragend. Blütezeit: Mai–Juni. **Früchte** kugelförmig, scharlachrot, glänzend, 10 mm groß, mit einem 6–9 mm großem, abgeflachtem Steinkern. Fruchtreife: August–September. **G!**

Name: Der lat. Name *Viburnum* wurde von VERGIL ursprünglich für einen Schlingstrauch verwendet. Mit dem Artepitheton *opulus*, u.a. von PLINIUS d.Ä. gebraucht, wurde der Feldahorn bzw. Maßholder bezeichnet. LINNÉ wollte vielleicht auf die Ähnlichkeit der Blattform mit dem Ahorn hinweisen. Der deutsche Name Schneeball erweist sich insbesondere für den kugelförmigen Blütenstand der Gartenform mit ausschließlich sterilen Blüten (Sorte ‘Roseum’, Syn. ‘Sterile’) als treffend. Sie ist in Kultur häufiger anzutreffen als die Wildsippe.

Systematik: Zur Gattung *Viburnum* werden rund 150 Arten gezählt. Das Areal umfasst vorwiegend Teile der nemoralen Zone Eurasiens, Nordamerikas und O-Asiens. Die Gattung wurde früher in die Familie *Caprifoliaceae* einbezogen. Fossil ist *Viburnum* seit der Oberen Kreide nachgewiesen.

Verbreitung: Europa bis Kaukasus, West- und Nordasien.

Lebensraum: Vom Tiefland bis in mittlere Gebirgslagen, in den Alpen bis 1700 m ü.M. Auenwälder, Waldränder, Gebüsche. Auf feuchten, nährstoffreichen und humosen Böden.

Biologie: Die auffälligen, sterilen Randblüten, die auch bei anderen Arten der Gattung vorkommen, dienen wohl der Anlockung von Insekten. Blütenbesucher sind Fliegen, Käfer und Schmetterlinge. Geboten wird Bestäubern nur Pollen. Auch Selbstbestäubung ist möglich. Die Früchte sind reich an Fruchtsäuren und ausgesprochen

Blühender Gewöhnlicher Schneeball.

Fruchtstand des Gewöhnlichen Schneeballs.

Sorte 'Roseum' des Gewöhnlichen Schneeballs mit kugelförmigen Blütenständen, die nur sterile Blüten besitzen. ▶

sauer. Sie werden von den heimischen Vögeln meist gemieden, wohl aber von Wintergästen wie Seidenschwänzen verzehrt. Oft kann man überreife oder zum Teil fast eingetrocknete Früchte noch im Frühjahr beobachten. Für den Menschen sind die Früchte vor Frosteinwirkung ungenießbar. Der Verzehr kann Durchfall, Erbrechen sowie Entzündungen des Magen- und Darmtrakts hervorrufen.
Verwendung: Häufig angepflanzt. Besonders beliebt ist **'Roseum'**, deren ballförmige Blütenstände nur aus weißen sterilen Blüten bestehen, die im Verblühen rosa gefärbt sind.

Weitere Arten und Hybriden:
***Viburnum betulifolium*, Birkenblättriger Schneeball:** Sommergrüner, breitbuschiger, bis 4 m hoher, locker verzweigter Strauch mit weit überhängenden Zweigen. Zweige kahl, rotbraun. Blätter 1–1,5 cm lang gestielt. Spreite rhombisch eiförmig bis länglich elliptisch, oberseits dunkelgrün, glänzend, unterseits spärlich behaart und achselbärtig. Blüten weiß, alle gleichgestaltet, in lockeren, 7-strahligen, 6–10(–15) cm breiten Schirmrispen. Blütezeit: Juni–Juli. Früchte kugelig ellipsoidisch, 6 mm lang, rot, glänzend. Fruchtreife: September–Oktober. Von den heimischen Vögeln verschmäht, nur von Wintergästen verzehrt. Verbreitung: Mittel- und Westchina. In Kultur seit 1901. Wegen des glänzenden Laubs und des schönen, lang anhaltenden Fruchtbehangs sehr attraktiv. Verlangt feuchten und nährstoffreichen Boden. Schattenverträglich. Winterhart bis –20 °C. *betulifolium* lat. = birkenblättrig.

Fruchtstände des Birkenblättrigen Schneeballs.

***Viburnum × bodnantense*, Bodnant-Schneeball** (*V. farreri × V. grandiflorum*): Sommergrüner, straff aufrechter, kurze Ausläufer bildender, 2–3 m hoher Strauch. Zweige dunkelbraun, Rinde sich nur wenig lösend. Blätter derb, elliptisch lanzettlich, 6–9 cm lang und 3–4 cm breit, zerrieben unangenehm duftend. Ein Teil der Blätter färbt sich im Herbst gelb, orange oder weinrot und fällt ab. Blüten alle gleichgestaltet, sich lange vor der Laubentfaltung öffnend, stark und angenehm duftend, in zahlreichen wenigblütigen Ständen. Knospen tiefrosa, Krone erblüht hellrosa, innen fast weiß. Blütezeit: (November–)Februar–April. Um 1933 im Botanischen Garten Edinburgh und 1935 in Bodnant/Wales entstanden. Prächtiger Winterblüher, der einen vollsonnigen Standort benötigt und keine besonderen Bodenansprüche stellt. Stets reich blühend, aber nicht fruchtend. Verträgt Stadtklima und Rückschnitt. Winterhart bis –20 °C.

Blütenstand des Bodnant-Schneeballs.

***Viburnum × burkwoodii*, Burkwoods Schneeball** (*V. carlesii × V. utile*): Wintergrüner, breitbuschiger, locker sparrig verzweigter, bis 3,5 m hoher Strauch. Blätter eiförmig bis elliptisch, 3–7 cm lang und 1,5–4,5 cm breit, am Grund gerundet bis herzförmig, ganzrandig bis schwach gezähnelt, oberseits dunkelgrün und glänzend, zerstreut sternhaarig, unterseits graugrün, mit Sternhaaren filzig behaart. Blüten intensiv angenehm duftend, in ballförmigen, 6 cm breiten Rispen. Knospen rosa, Krone erblüht weiß, 10 mm breit. Blütezeit: März–Mai. 1924 in der Baumschule Burkwood & Skip-

WITH/England entstanden. Benötigt einen voll besonnten bis halbschattigen Standort. Ohne besondere Bodenansprüche. Winterhart bis –20 °C.

***Viburnum carlesii*, Koreanischer Schneeball:** Sommergrüner, sehr langsam wachsender, locker verzweigter 1–1,5 m hoher Strauch mit spreizenden Zweigen. Junge Triebe dicht mit Sternhaaren besetzt. Blätter 5–10 mm lang gestielt. Spreite breit eiförmig bis elliptisch, 3–10 cm lang und bis 5 cm breit, unregelmäßig gezähnt, oberseits sternhaarig, grün, unterseits auf den Nerven sternhaarig. Blütenstand halbkugelig, 5–7 cm breit, 5-strahlig, dicht. Alle Blüten gleich gestaltet, mit den Blättern erscheinend, intensiv, angenehm duftend, 1–1,5 cm breit. Knospen rot, Kronzipfel rundlich, oft zurückgeschlagen, weiß. Blütezeit: April–Mai. Früchte ellipsoidisch, blauschwarz, 10 mm lang. Fruchtreife: September–Oktober. Verbreitung: Korea. In Kultur (Kew/England) seit 1902. Eine der schönsten und intensivst duftenden der in Kultur befindlichen Schneeballarten. Benötigt einen voll besonnten Standort. Keine besonderen Bodenansprüche. Winterhart bis –20 °C. Benannt zu Ehren WILLIAM RICHARD CARLES (1867–1900), der die Art in Korea sammelte.

***Viburnum davidii*, Davids Schneeball:** Immergrüner, breitbuschiger, bis 1 m hoher Strauch. Zweige warzig. Blätter 6–25 mm lang gestielt. Spreite derb lederig, elliptisch bis elliptisch verkehrt eiförmig, 6–15 cm lang und bis 8 cm cm breit, zugespitzt, am Grund gerundet, oberseits dunkelgrün, mit 3 markanten, eingesenkten, fast parallelen Nerven, unterseits heller, mit Achselbärten, am Rand oberhalb der Mitte unregelmäßig gezähnt. Blüten weißlich rosa, in 5–8 cm breiten, flachen Rispen. Blütezeit: Juni. Früchte stahlblau, 6 mm lang. Fruchtreife: September–Oktober. Verbreitung: Westchina. In Kultur seit 1904. Guter Bodendecker für sonnige bis halbschattige Standorte. *V. davidii* benötigt einen nährstoffreichen, feuchten, gut drainierten Boden. Winterhart bis –15 °C. Benannt nach ARMAND DAVID.

Seitensprosse von Burkwoods Schneeball mit Blütenständen.

Blütenstand des Koreanischen Schneeballs (Sorte 'Aurora').

Blütenstände von Davids Schneeball.

***Viburnum farreri*, Duftender Schneeball:** Sommergrüner, bis 3 m hoher, aufrechter Strauch. Zweige braun, etwas behaart. Blätter 1–2 cm lang, rötlich gestielt. Spreite derb, elliptisch, 4–7 cm lang und bis 4 cm breit, am Ende zugespitzt, am Grund keilförmig, am Rand gesägt, oberseits zerstreut behaart, Nerven tief eingesenkt, unterseits entlang der Nerven behaart. Blüten lange vor dem Laubaustrieb geöffnet, intensiv angenehm duftend, gleich gestaltet, in der Knospe rötlich, erblüht weiß, Kronröhre 8 mm lang, Kronzipfel spreizend, 1 cm breit. Blütezeit: (Januar–) Februar–April. Verbreitung: Nordchina. In Kultur seit 1910. Häufig angepflanzt. Anspruchsloses Gehölz für voll besonnte bis halbschattige Standorte. Winterhart bis –20 °C. Benannt nach REGINALD JOHN FARRER.

Fruchtstand des Duftenden Schneeballs.

Blühender Seitenspross des Wolligen Schneeballs.

***Viburnum lantana*, Wolliger Schneeball:** Sommergrüner, 2–3 m hoher, aufrechter Strauch. Zweige durch Sternhaare graubraun filzig. Knospen nackt, bis 15 mm lang. Blätter 1–2 cm lang gestielt. Spreite lederig, mit deutlichem Nervennetz, breit eiförmig, am Ende spitz, am Grund rund bis seicht herzförmig, oberseits grün, unterseits graubraun filzig. Blüten gleichförmig, intensiv angenehm duftend, in 6–10 cm breiten, flach gewölbten Schirmrispen, weiß, Krone glockig, 6–8 mm breit. Blütezeit: Mai–Juni. Früchte eiförmig, 7–8 mm lang, kahl und glänzend, sich von grün über gelb, rot nach schwarz verfärbend. Fruchtreife: August–September. Verbreitung: Europa bis Kaukasus. In Deutschland vom Tiefland bis in mittlere Gebirgslagen. In lichten Eichen- und Kiefernwäldern, an Waldsäumen und in Gebüschen, auf meist kalkhaltigen, steinigen oder sandigen Böden. Wärme liebend und lichtbedürftig. Blütenbesucher sind auch Sandbienen (*Andrena*). Häufig angepflanzt. „lantana“ abgeleitet von„lentus“ lat. = biegsam.

***Viburnum plicatum* var. *plicatum*, Japanischer Schneeball:** Sommergrüner, breit ausladender, bis 4 m hoher Strauch. Junge Triebe durch Sternhaare filzig. Zweige fast waagerecht abstehend. Blätter 1–2 cm lang gestielt. Spreite eiförmig bis elliptisch 4–10 cm lang und 5–7 cm breit, am Rand kerbig gesägt, oberseits dunkelgrün, mehr oder weniger kahl, unterseits sternhaarig. Blüten duftlos, in aufrechten, 6–8 cm breiten Schirmrispen. Randblüten bis 4 cm breit, steril, weiß, innere Blüten zahlreich, 2–5 mm breit. Blütezeit: Mai–Juni. Früchte breit ellipsoidisch, 5–6 mm lang, schwarz. Fruchtreife: August–September. Verbreitung: China, Taiwan, Japan (Honshu, Shikoku). In Kultur seit

1865. Angepflanzt ist vor allem die **var. *tomentosum*,** ein 2–3 m hoher Strauch. Die zahlreichen Blütenstände mit den leuchtend weißen Randblüten auf den waagerecht ausgebreiteten Zweigen sind an Schönheit wohl nicht zu übertreffen. Herbstfärbung weinrot bis rotviolett. Frosthart bis –20 °C. *plicatus* lat. = zusammengefaltet.

***Viburnum × pragense*, Prager Schneeball** (*V. rhytidophyllum × V. utile*): Immergrüner, 3(–5) m hoher, etwas sparriger Strauch mit überhängenden Zweigen. Knospen nackt. Blätter 1–2 cm gestielt. Spreite elliptisch eiförmig, 5–10 cm lang und 2–3 cm breit, Rand nach unten umgebogen, oberseits stark glänzend dunkelgrün, unterseits dicht filzig graubraun behaart. Blüten schwach duftend, cremefarben, als Knospe hellrosa getönt. Rispen 8–15 cm breit, flach bis halbkugelig. Blütezeit: Mai. Früchte werden meist nicht gebildet. Durch Josef Vik in der Stadtgärtnerei Prag erzielt und 1959 benannt. Winterhart bis –15 °C.

***Viburnum rhytidophyllum*, Runzelblättriger Schneeball:** Immergrüner, aufrechter, 3–5 m hoher Strauch. Zweige sternhaarig filzig, graubraun. Knospen nackt. Blätter 1–3 cm lang gestielt. Spreite länglich eiförmig bis länglich elliptisch, 10–20 cm lang und bis 8 cm breit, beidendig abgerundet, am Rand glatt oder unregelmäßig gezähnt, oberseits stark glänzend, mit markantem, eingesenkten Nervennetz, unterseits graubraun filzig, Nervennetz stark erhaben. Blüten gelblich weiß, 6 mm breit, in 10–20 cm breiten, 7–11 strahligen, filzig behaarten, nackt überwinternden, flachen Schirmrispen. Blütezeit: Mai–Juni. Früchte ellipsoidisch, 8 mm lang, sich von rot nach glänzend schwarz verfärbend. Fruchtreife: September–Oktober. Verbreitung: Mittel- und Westchina. In Kultur seit 1900. Sehr dekoratives, anspruchsloses Gehölz, auch im Stadtklima gedeihend. Blätter bei Frost sich dunkel verfärbend, senkrecht nach unten

Bei Sorten des Japanischen Schneeballs können die sterilen Randblüten am Rand rosa getönt sein (hier Sorte 'Pink Beauty').

Japanischer Schneeball, dessen waagerecht ausgebreitetem Seitenspross blühende Schirmrispen mit weißen Randblüten (Schaublüten) entspringen (var. tomentosum).

Fruchtstand des Runzelblättrigen Schneeballs.

Fruchtende Seitensprosse der Schneeballhybride V. × rhytidophylloides, deren runzelige Blattoberseite auf den Kreuzungspartner Runzelblättriger Schneeball zurückgeht.

Blütenstand des Lorbeer-Schneeballs.

gerichtet und mehr oder weniger stark eingerollt. Vermehrung durch Samen. Winterhart bis −15 °C. Griech. „rhytis" = Falte, Runzel und „phyllon" = Blatt. Eine durch vertieft liegende Nerven runzelige Blattoberseite weist ebenfalls ***Viburnum* × *rhytidophylloides*** auf, eine Mehrfachhybride unter Beteiligung des Runzelblättrigen Schneeballs. Die Blätter der halbimmergrünen Hybride sind etwas breiter und ihr Rand stets fein gezähnt.

***Viburnum tinus*, Lorbeer-Schneeball:** Immergrüner, 1,5–4 m hoher, dicht buschiger Strauch. Junge Triebe und Zweige abstehend behaart, rotbraun. Blätter eiförmig, lederig, 8–10 mm lang gestielt, 3–10 cm lang, 1,5–7 cm breit, oberseits dunkelgrün, glänzend, mit hellerer Nervatur, kahl, unterseits hellgrün, entlang der Nerven behaart, am Ende stumpf oder zugespitzt, am Grund gerundet, ganzrandig. Blüten gleichgestaltet, schwach duftend, in flachen, 5-strahligen, 4–9 cm breiten Schirmrispen. Knospen rosa, Blüten weiß, 4–9 mm breit. Blütezeit: (November–)März–April. Früchte eiförmig, 7–8 mm lang, stahl- bis dunkelblau, glänzend. Fruchtreife: Mai–Juni. Verbreitung: Südeuropa, Mittelmeergebiet. In lichten Eichenwäldern und Gebüschen. In Mitteleuropa schon seit Mitte des 17. Jahrhunderts in Kultur. Im Weinbauklima winterhart. In strengen Wintern bisweilen zurückfrierend. Anspruchsloses, durch seine lange Blühperiode sehr beliebtes und häufig angepflanztes Gehölz für halbschattige bis voll besonnte Standorte. Erträgt starken Rückschnitt. Vermehrung durch Samen oder krautige Stecklinge. Lat. *tinus* bei Ovid und Plinius ein lorbeerartiger Schneeball.

Vinca major – Großes Immergrün

Apocynaceae – Hundsgiftgewächse

Immergrüner Halbstrauch mit flach bogenförmigen bis niederliegenden, bis fast 2 m langen, sich bei Bodenkontakt bewurzelnden Sprossen („Bogenausläufer") und (10–)20–30 cm hohen, aufrechten Blütentrieben. **Blätter** gegenständig, Spreite einfach, ganzrandig, 2,5–7 cm lang, 2–6 cm breit, (breit) eiförmig, Basis abgerundet oder schwach herzförmig, Blattrand kurz bewimpert. Blattstiel 8–15 mm lang, oberseits rinnig. **Blüten** einzeln in Blattachseln, (2,5–) 3–5 cm breit, zwittrig, radiär, 5-zählig, Kronblätter verwachsen, mit sich allmählich erweiternder Kronröhre und 5 Kronlappen, blau bis violett (bei Sorten auch weiß), am Schlund mit weißem Ring. Blütezeit: April–September. **Früchte** Balgfrüchte mit 2 am Grund verbundenen zylindrischen Teilfrüchten. **G!**

Blühendes Großes Immergrün.

Name: *Vinca* lat. Ursprungs, „vincapervinca" (PLINIUS) für Immergrün übernommen vom Gattungsautor LINNÉ und gekürzt. Gattungsname „Immergrün" spiegelt den dauergrünen Charakter der Pflanzen wider, denn die lederigen, glänzend grünen Blätter sind zu allen Jahreszeiten vorhanden. Der Artbeiname *major* lat. = größer ist im Vergleich zu folgender, vom selben Autor (LINNÉ) beschriebener Art *V. minor* zu sehen, die kleinere Blätter und Blüten hat.

Systematik: Zur Gattung *Vinca* gehören 5–7 meist immergrüne Arten mit meist niederliegenden, wenig verholzten Sprossachsen, aufrechten Blütentrieben, selten sommergrün und Staude. Die Verbreitung reicht von NW-Afrika über das Mittelmeergebiet in das südliche Mitteleuropa und SO-Europa bis SW-Asien.

Verbreitung: *V. major* ist vom zentralen und östlichen Mittelmeergebiet bis SO-Europa, Kaukasien und Syrien verbreitet. Verwilderung aus Kultur und lokale Einbürgerungen sind in Mitteleuropa seltener als bei folgender Art und erfolgten im Gegensatz zu dieser erst in den letzten Jahrhunderten (Neophyt). In Australien, Neuseeland und westlicher USA breitete sich die Art dagegen stark aus und gilt als invasiv.

Lebensraum: Laubmischwälder, Gebüsche, Wald- und Wegränder.

Biologie: Insektenbestäubung (Schmetterlinge, Bienen, Hummelschweber), wobei die Blüte spezielle Mechanismen dafür aufweist. Wenn die Insekten den Nektar am Grund der Kronröhre erlangt haben, streifen sie beim Herausziehen des Rüssels an einem Klebrand unterhalb der Narbe vorbei, wodurch der Pollen an ihm haften bleibt. Ein Haarschopf an der Spitze der Narbe dient der Aufnahme von Pollen. Die Pflanze ist Futterpflanze des Oleanderschwärmers (*Daphnis neri*), wobei der ebenfalls im Mittelmeergebiet beheimatete Oleander (siehe *Nerium oleander*!) zur gleichen Pflanzenfamilie wie das Immergrün gehört. Die Ausbreitung der Samen erfolgt durch Ameisen, wobei die Art bei uns nur selten fruchtet, die Vermehrung erfolgt meist vegetativ. Giftig durch Gehalt an Indolalkaloiden, vor allem Vincamin.

Verwendung: Als Zierpflanze beliebter, reich und lange blühender Bodendecker, auch für schattige Standorte gut geeignet. Neben in der Farbe der Blütenkrone abweichenden Sorten auch solche mit weiß gerandeten oder gefleckten Blättern, gelber Spreitenmitte oder Nervatur in Kultur. Früher als Arzneipflanze genutzt (u. a. blutdrucksenkende Wirkung).

Ähnliche Art:

***Vinca minor*, Kleines Immergrün:** Die Art weicht durch kleinere, 1,5–4,5 cm lange, 0,5–2,5 cm breite Blätter mit kahler, lanzettlicher bis elliptischer, seltener eiförmiger Spreite, deren Basis meist keilförmig, selten abgerundet ist, ab. Der Blattstiel ist kürzer, 2–5 mm lang, und im Querschnitt rund. Die Blütentriebe sind kürzer, 10–20 cm hoch, die Blüten kleiner, 2,5–3 cm breit. Das Areal der Art reicht vom Mittelmeergebiet bis in das südliche Mitteleuropa und über Kleinasien bis Kaukasien. Allerdings ist das natürliche Verbreitungsgebiet kaum noch rekonstruierbar, da *V. minor* seit dem Altertum gepflanzt wird und sich nach Verwilderung vielerorts einbürgerte (Archäophyt). Die ersten Vorkommen in Deutschland gehen auf die Römer zurück, die Pflanzen aus dem Mittelmeergebiet einführten und an Quellen, Siedlungs- und Grabstätten auspflanzten, an denen sie sich etablierten. Lebensräume wildwachsender Pflanzen sind Laubmischwälder und Gebüsche überwiegend nährstoff- und basenreicher, mäßig trockener bis feuchter Standorte, wobei die Vorkommen oft Zeiger („Kulturrelikte“) ehemaliger Siedlungen, Gedenk- oder Grabsteine sind. Biologie und Verwendung wie *V. major*.

Viscum album agg. – Artengruppe Weißbeerige Mistel

Santalaceae – Sandelbaumgewächse

Immergrüne, bis 1 m hohe Kleinsträucher, die als Halbschmarotzer auf Bäumen oder Sträuchern wachsen. Äste regelmäßig gabelig verzweigt, Zweige gelblich grün, kahl. **Blätter** 2–8 cm lang, verkehrt eiförmig oder eilänglich, gelb- oder dunkelgrün, derb lederig, mit parallel verlaufenden Nerven, ganzrandig. **Blüten** eingeschlechtig, unscheinbar, zu 3–5 in Scheindolden. Blütezeit: März–April. **Früchte** kugelige bis birnförmige Beeren, 0,6–1 cm Durchmesser, weiß(lich) bis gelblich oder grünlich weiß. **G!**

Name: *Viscum* lat. Wort, das ursprünglich wohl die nicht zu den Misteln gehörende Riemenblume oder Eichenmistel (siehe *Loranthus*!) bezeichnete, dann auf die Gattung der Misteln angewandt wurde, deren Früchte ebenso eine klebrige, für Vogelleim verwendete Schleimschicht besitzen; *albus* lat. = weiß, wegen der Fruchtfarbe. Der Name Mistel ist von Mist abgeleitet, da die Samen durch „Vogelmist“ ausgebreitet werden.

Systematik: Früher wurde die Gattung *Viscum* mit *Loranthus* in die Familie der Riemenblumengewächse (*Loranthaceae*) eingeordnet, dann in eine eigens den Misteln gewidmete Familie *Viscaceae* gestellt, die heute mit den Sandelbaumgewächsen (*Santalaceae*) vereinigt wird. Die altweltliche, von den Tropen Afrikas und Asiens bis in die gemäßigten Zonen Eurasiens verbreitete und in N-Australien vorkommende Gattung *Viscum* umfasst etwa 150 Arten. Es sind immergrüne, halbparasitische und epiphytische Sträucher, selten krautige Pflanzen, mit gegen- oder selten quirlständigen Blättern, kleinen grünlichen, gelblichen oder weißlichen Blüten und roten, orange, gelben oder weißen Beerenfrüchten mit klebriger Schleimschicht.

Nach den Wirtsbäumen können 3, nach äußeren Merkmalen schwierig trennbare, *Viscum*-Sippen in Mitteleuropa unterschieden werden, die teils als 3 Unterarten einer Art *V. album* s. l., teils als 3 Arten, dann Laubholz-Mistel (*Viscum album* s. str.), Tannen-Mistel (*Viscum abietis*) und Kiefern-Mistel (*Viscum laxum*), aufgefasst werden. Nach neueren Erkenntnissen stehen sich Laubholz- und Tannen-Mistel näher und werden zu einer Art zusammengefasst, als 2. Art wird die Kiefern-Mistel unterschieden:

- ***Viscum album* subsp. *album*, Laubholz-Mistel:** Blätter 3–7 cm lang, 2–4-mal so lang wie breit, gelblich grün; Frucht meist kugelig, weiß.
- ***Viscum album* subsp. *abietis*, Tannen-Mistel:** Blätter 4–8 cm lang, 2–3-mal so lang wie breit, dunkelgrün; Frucht kugelig bis birnförmig, weißlich bis grünlich weiß.
- ***Viscum laxum*, Kiefern-Mistel:** Blätter kleiner, 2–4(–6) cm lang, und schmaler, 3–6-mal so lang wie breit; Früchte ellipsoidisch, weiß bis gelblich.

Verbreitung: Warmes bis gemäßigtes Eurasien und Nordafrika. Laubholz- und Kiefern-Mistel sind in Mitteleuropa in Ausbreitung begriffen, die Tannen-Mistel ist mit dem Rückgang der Weiß-Tanne regional gefährdet.

Lebensraum: Laubholz-Mistel in wintermilden Lagen auf einheimischen und eingeführten Laubbäumen (Wald-, Park-, Straßen- und Obstbäume) und Großsträuchern, auf Arten einiger Gattungen wie Erlen, Hainbuchen oder Eichen seltener, auf Buche nie. Tannen-Mistel nur auf Tannen, Kiefern-Mistel meist auf Kiefern, selten Fichte, Lärche oder Zeder wachsend. In Kultur gelang es, die einzelnen Sippen auch auf anderen als den genannten Baumarten anzusiedeln.

Biologie: Insektenbestäubung (meist Fliegen), auch Windbestäubung. Verdauungs- und Klebausbreitung (besonders durch Vögel, z. B. Misteldrossel). Bis 70 Jahre Alter erreichende Halbschmarotzer, die den Wirtspflanzen Wasser und darin gelöste Mineralsalze entziehen, aber selbst mit der grünen Rinde ihrer Sprossachsen und den Blättern photosynthetisch aktiv sind und Kohlenhydrate produzieren. Durch den Wasserentzug schwächen die Misteln die Wirtspflanze, können einzelne Äste zum Absterben bringen, bei Massenbefall jedoch auch den Baum stark schädigen. Alle Pflanzenteile sind giftig, die Giftstärke ist abhängig vom Wirtsbaum.

Verwendung: Mistel spielte bedeutende Rolle in antiker Mythologie, war den Germanen heilig, sollte Dämonen und Krankheiten oder Blitz und Feuer abwehren, weshalb Mistelzweige in Ställen und Häusern aufgehängt wurden. Der in Großbritannien erhaltene Brauch, sie zur Weihnachtszeit als Schmuckzweige zu nutzen, hat in anderen Ländern Europas zunehmend Zuspruch gefunden. Mistelpräparate finden in der Pharmazie vielseitige Anwendung. Die den Blutdruck senkende Wirkung ist jedoch umstritten, auch die großen Erwartungen an krebshemmende Substanzen sind wohl nicht ganz erfüllt. Früher dienten die Beeren zur Herstellung von Leimruten für den Vogelfang, wenngleich die Früchte von *Loranthus* bevorzugt wurden, da sie wirksameren Vogelleim lieferten.

Laubholz-Mistel an Wild-Birne (Kaukasus).

Tannen-Mistel auf Weiß-Tanne (Schwarzwald).

Kiefern-Mistel in Kiefernforsten der Lausitz.

Vitis vinifera – Weinrebe
Vitaceae – Weinrebengewächse

Mit Ranken 20–30 m hoch kletternde, tief wurzelnde Liane. Junge Triebe fein längsstreifig, braun, flockig behaart oder kahl. Zweige braun, mit massiven Knoten, d. h., das braune Mark ist dort unterbrochen. Ranken gegabelt, den Blättern gegenüber stehend, meist an jedem dritten Knoten fehlend. Borke dunkel rotbraun bis dunkel graubraun, sich in langen schmalen Streifen lösend. Knospen rundlich eiförmig, 3–7 mm lang, braun, behaart. **Blätter** wechselständig, 5–10 cm lang gestielt. Spreite rundlich bis fast herzförmig, 7–15 cm groß, 3–5-lappig, die Lappen unterschiedlich tief eingeschnitten, grob gesägt, oberseits dunkelgrün, unterseits kahl oder bleibend flockig behaart. Blütenstände den Blättern gegenüber stehend. **Blüten** duftend, am Grund junger Triebe, unscheinbar. Blütenhülle doppelt, 5-zählig. Kelch klein, Kronblätter 4–5 mm lang, an der Spitze miteinander verbunden, als Mütze (Calyptra) beim Erblühen abgeworfen. Zwischen den Staubblättern 5 gelbe, schuppenförmige Nektarien (Nektarscheibe), Fruchtknoten oberständig, 2-fächerig. Blütezeit: Juni. **Früchte** 3–8 mm lang gestielt, als mehr oder weniger saftreiche, kugelförmige oder ellipsoidische Beeren ausgebildet. **Samen** 2–4, birnenförmig. Fruchtreife: September–Oktober.

Name: *vitis* lat. = Weinrebe, Weinstock; *vinifer* lat. = Wein tragend.
Systematik: Die Gattung *Vitis* umfasst etwa 79 Arten in Eurasien und Nordamerika. Fossil ist sie seit der Oberen Kreide nachgewiesen.
Von *Vitis vinifera* werden zwei Unterarten geführt:

- **subsp. *vinifera*, Kultur-Weinrebe, Echte Weinrebe:** Blüten zwittrig. Früchte größer, je nach Sorte in unterschiedlich geformten und dichten Rispen. Beeren kugelförmig bis ellipsoidisch, gelbgrün bis dunkelrot, saftreich und wohlschmeckend. Rot- und Weißweinreben im Herbst durch die unterschiedliche Laubfärbung deutlich unterschieden. Rebkulturen heute in allen Kontinenten, vor allem auch auf der Südhemisphäre.
- **subsp. *sylvestris*, Wilde Weinrebe:** Blüten eingeschlechtig, zweihäusig verteilt, gelbgrün. Männliche Blüten mit verkümmerten Fruchtknoten, weibliche Blüten mit sterilen Staubblättern. Früchte kugelförmig, 5–7 mm groß, blauviolett bis schwarzblau, saftarm. *silvestris* lat. = wild, Wald-. Diese Subspecies wird neuerdings nach K. P. Buttler (2017) als eigene Art, *Vitis gmelinii*, geführt.

Verbreitung: Südliches Mittel- und Südosteuropa bis Kaukasus, Nordiran und Turkestan.

Lebensraum: Die Wildsippe in Auenwäldern auf tiefgründigen Böden. In Deutschland nur noch selten an Rhein und Donau. In Deutschland besonders und streng geschützt. Auf der Roten Liste als stark gefährdet aufgeführt. Durch die im Gefolge der Rheinregulierung im 19. Jahrhundert erfolgte Grundwasserabsenkung sind viele Lebensräume weitgehend zerstört worden. Auch aus Nordamerika eingeschleppte Krankheiten wie Echter und Falscher Mehltau sowie die Reblaus haben die Bestände dezimiert.

Fruchtende Kultur-Weinrebe.

Biologie: Die Ranken sind sterile, zu Haftorganen umgebildete Blütenstände. An Kulturreben trifft man verschiedene Übergänge zwischen Blütenständen und Ranken an. Bienen besuchen die Blüten und sammeln Nektar und Pollen. Frosthart bis –20 °C.

Weitere Arten:
***Vitis amurensis*, Amur-Weinrebe:** Mit Ranken bis 15 m hoch kletternde Liane. Junge Triebe rötlich flockig-wollig behaart. Zweige schwach kantig. Blätter breit eiförmig, 12–25 cm lang und fast so breit, am Grund herzförmig mit breiter, rundlicher Stielbucht, ungelappt bis meist 3-, selten 5-lappig. Ober- und unterseits grün, kahl oder unterseits an den Adern behaart. Blütenstand etwa 5 cm lang. Blütezeit: Juni. Früchte kugelförmig, 7–8 mm groß, schwarz, 2–3-samig. Fruchtreife: September. Verbreitung: Nordostasien: Nordchina, Mandschurei, Amurgebiet, Korea, Japan (Honshu). In Kultur seit 1854. *amurensis* lat. = vom Amur stammend.

***Vitis coignetiae*, Rostrote Weinrebe:** Starkwüchsige, bis 25 m hoch mit Ranken kletternde Liane. Junge Triebe rostfarben spinnwebartig bis filzig behaart, mehr oder weniger verkahlend. Zweige stielrund, fein längs gefurcht. Ranken gegabelt, den Blättern gegenüber stehend, an jedem dritten Knoten fehlend. Borke graubraun, sich in dünnen Längsstreifen lösend. Blätter rundlich herzeiförmig, 10–30 cm lang und breit, mit 3(–5) Lappen, am Grund herzförmig, um den Blattstielansatz mit schmaler Stielbucht. Blütenstände gestielt, schmal, 6–12 cm lang, rostrot filzig. Blüten unscheinbar, duftlos. Blütezeit: Juni–Juli. Früchte kugelförmig, 10 mm groß, schwarzpurpurn, bereift. Fruchtreife: September–Oktober. Verbreitung: Sachalin, Korea, Japan (Hokkaido bis Shikoku). Früchte nicht genießbar. Attraktiv durch die schönen Blätter und die prächtige, orange-, scharlach- bis karminrote Herbstfärbung. Frosthart bis –25 °C. Benannt nach Madame Coignet, die 1875 in Japan Saatgut sammelte und nach Europa brachte.

Fruchtende Rostrote Weinrebe am natürlichen Standort (Honshu).

Weigela floribunda – Reichblütige Weigelie

Caprifoliaceae – Geißblattgewächse

Sommergrüner, reich verzweigter, 2–3 m hoher Strauch. Junge Triebe behaart. Von Knoten zu Knoten erstrecken sich 2 gerade, schmale Haarbänder in der Ebene der Knoten. Zweige rotbraun. Knospen den Zweigen anliegend, länglich eiförmig, zugespitzt, 6–8 mm lang, mit 3–6 sichtbaren Schuppenpaaren. **Blätter** gegenständig, 2–5 mm lang gestielt, einfach elliptisch bis länglich eiförmig oder eiförmig, 6–12 cm lang und 2,5–6 cm breit, zugespitzt, am Grund breit keilförmig, am Rand gewimpert und gesägt, oberseits spärlich, unterseits besonders an den Nerven mehr oder weniger zottig behaart. **Blüten** sitzend, einzeln oder bis zu 3 in den

Blattachseln an Kurztrieben, die vorjährigen Zweigen ansitzen, duftlos, zwittrig, Blütenhülle doppelt, 5-zählig. Krone verwachsenblättrig, ± zygomorph, dunkel karminrot, sich vom Grund an allmählich erweiternd, 2,5–4 cm lang, außen behaart. Fruchtknoten unterständig, behaart, 2-fächerig. Blütezeit: Mai–Juni. **Frucht** eine bis 2,5 cm lange und 2–3(–6) mm breite, behaarte, zylindrische Kapsel. Samen zahlreich. Fruchtreife: September.

Name: Die Gattung *Weigela* wurde nach CHRISTIAN EHRENFRIED VON WEIGEL (1748–1831), einem deutschen Chemiker, Pharmazeuten und Botaniker, der Professor in Greifswald war, benannt. *floribundus* lat. = reich blühend.

Blütenstand der Gelbblütigen Weigelie, die heute einer anderen Gattung zugeordnet wird (als Macrodiervilla middendorffiana).

Blüten der Koreanischen Weigelie.

Systematik: Die Gattung umfasst 10 Arten in Ostasien. Die in Blüten- und Fruchtmerkmalen abweichende Gelbblütige Weigelie wird heute einer anderen Gattung zugeordnet: ***Macrodiervilla middendorfiana.***

Verbreitung: Japan (Honshu, Shikoku)

Lebensraum: Waldränder und Gebüsche in Gebirgslagen.

Biologie: Die Blüten werden von Hautflüglern, vor allem Hummeln, bestäubt.

Verwendung: In Kultur seit 1860. Häufig angepflanzt. Keine besonderen Bodenansprüche. Vermehrung durch Samen, Steckhölzer oder krautige Stecklinge. Frosthart bis –12 °C. Im Handel werden weit häufiger als Arten verschiedenfarbige Hybriden und Sorten angeboten. Deshalb ist es schwierig, kultivierte Weigelien zu bestimmen. Nur die **Koreanische Weigelie, *W. coraeensis*,** weicht deutlich ab, denn die jungen Zweige und die Außenseite der Krone sind stets kahl, während bei den anderen Arten und den Hybriden die Zweige behaart sind oder zumindest Haarleisten aufweisen, auch wird bei diesen die außen ± behaarte Krone im Gegensatz zu *W. coraeensis* meist vom Griffel überragt.

Ähnliche Arten:

***Weigela florida*, Liebliche Weigelie:** Sommergrüner, 2–3 m hoher, reich verzweigter Strauch. Junge Triebe mit 2 Haarstreifen, sonst kahl. Blätter 1–3 mm lang gestielt, elliptisch bis länglich eiförmig, 4–10 cm lang und 2–4 cm breit, lang oder geschwänzt zugespitzt, gesägt, am Grund breit keilförmig, oberseits kahl bis spärlich, unterseits mehr oder weniger dicht auf den Nerven behaart. Blüten schwach duftend, achselständig, meist zu 3–4 beisammen. Kelchblätter bis zur Mitte verwachsen, fast kahl, mit breit dreieckigen 8–12 mm langen Zipfeln, lang zugespitzt. Krone trichterförmig, unterhalb der Mitte abrupt verengt, 3–3,5 cm lang, rosa bis dunkelrosa, innen fast weiß, Kronzipfel spreizend. Blütezeit: Mai–Juni. Früchte kahl, Samen ungeflügelt. Fruchtreife: September–Oktober. Verbreitung: Nordchina, Mandschurei, Korea. ROBERT FORTUNE erwarb 1844 aus einer Baumschule in Shanghai eine Pflanze und sandte sie zur Royal Horticultural Society nach England. Häufig angepflanzt, ohne besondere Bodenansprüche. Standort vollbesonnt bis halbschattig. Frosthart bis –20 °C. *floridus* lat. = blühend.

***Weigela praecox*, Frühblütige Weigelie:** Sommergrüner, reich verzweigter, bis 2 m hoher, breitwüchsiger Strauch. Junge Triebe kahl bis weich behaart, mit 2 längs verlaufenden Haarstreifen. Blätter fast sitzend oder bis 2 mm lang gestielt, elliptisch bis eiförmig elliptisch, 5–8 cm lang und 2–3 cm breit, gesägt, mehr oder weniger lang zugespitzt, oberseits schwach, unterseits auf den Nerven dichter weich behaart. Blüten duftend in achselständigen Büscheln zu 3–5, nickend, Kelchblätter bis zur Mitte verwachsen, die Zipfel breit dreieckig bis lanzettlich, 7–10 mm lang, lang zugespitzt. Krone trichterförmig glockig, unterhalb der Mitte abrupt verengt, 2,5–3(–4) cm lang, purpurrosa, innen gelb, außen behaart. Blütezeit: Mai. Früchte kahl. Fruchtreife: September. Verbreitung: Korea, Mandschurei. In Kultur seit 1894. Sehr schönes Blüten-Ziergehölz ohne besondere Bodenansprüche. An voll besonnten Standorten stets reich blühend. Frosthart bis –20 °C. *praecox* lat. = frühzeitig.

Blühende Frühblütige Weigelie.

Wisteria sinensis – Chinesischer Blauregen, Wisterie, „Glyzine"

Fabaceae – Hülsenfrüchtler

Linkswindende, bis 10 m Höhe erreichende Liane. Junge Triebe fein anliegend behaart. Zweige gerundet oder etwas kantig und ± deutlich gefurcht, olivgrün bis hellgrau. Knospen den Zweigen anliegend, länglich eiförmig, lang bis geschwänzt zugespitzt, 6–10 mm lang, meist mit nur 2 sichtbaren Schuppen. **Blätter** wechselständig, 25–30 cm lang, unpaarig gefiedert, 3–5 cm lang gestielt. Blättchen 7–13, eilänglich bis eilanzettlich, 5–10 cm lang, abrupt zugespitzt, ganzrandig, anfangs angedrückt seidig behaart, später verkahlend. **Blüten** schwach duftend, lange vor den Blättern erscheinend, in 10–30 cm langen, end- oder seitenständigen Trauben an vorjährigen Kurztrieben, 12–18 mm lang gestielt, blauviolett. Blütenhülle doppelt, 5-zählig. Blüten 2,5 cm lang. Kelchblätter verwachsen, Kelch glockenförmig, 9 Staubblätter miteinander zu einer oben offenen Röhre verwachsen, ein Staubblatt frei. Blütezeit: Mai–Juni und Juli–August. **Frucht** abgeflachte Hülse, 10–15 cm lang und 3 cm hoch, lanzettlich bis linealisch, zum Grund hin keilförmig verschmälert, derbwandig, samtig grau behaart, mehrsamig, zwischen den Samen deutlich verengt. **Samen** fast kreisrund, abgeflacht, rotbraun, 12–15 mm groß. Fruchtreife: März–April. **G!**

Blühender Chinesischer Blauregen.

Blütentrauben des Chinesischen Blauregens.

Name: Die Gattung wurde nach CASPAR WISTAR (1761–1818) benannt. WISTAR war Professor der Anatomie in Pennsylvania und einer der ersten Eigentümer des späteren Vernon Parks in Philadelphia. *sinensis* lat. = chinesisch.
Systematik: Die Gattung *Wisteria* umfasst 4–6 Arten im östlichen Nordamerika und Ostasien. Fossil ist die Gattung seit dem Tertiär (Miozän) nachgewiesen. Der oft verwendete Name „Glycine" sollte nicht gebraucht werden, da er der wiss. Gattungsname der Sojabohne ist.
Verbreitung: Mittelchina.
Biologie: Die Blüten werden von großen Hautflüglern bestäubt. In Mitteleuropa sind es vorwiegend die Holzbienen, *Xylocopa*, die den sogenannten Bürstenmechanismus auszulösen vermögen: Pollen wird schon im späten Knospenstadium abgegeben und an Haaren des Griffels, die die sogenannte Griffelbürste bilden, deponiert. Wenn der Bestäuber die Flügel und das Schiffchen nach unten drücken, tritt der Griffel hervor und kann den Pollen im Haarkleid des Bestäubers abstreifen. Ein Fruchtbehang weist auf die Anwesenheit dieser tiefblau oder schwarz glänzenden Bienen hin. Kleineren Hautflüglern wie Hummeln oder Honigbienen ist es nicht möglich, den Bestäubungsmechanismus auszulösen. Die Blüten einer Traube sind fast alle gleichzeitig entfaltet. Die verholzten, unter Gewebespannung stehenden Früchte öffnen sich explosionsartig erst im Spätwinter oder Frühjahr und schleudern die Samen bis zu 9 Meter weit weg. Zweige, Rinde, Blätter, Früchte und Samen sind giftig. Sie enthalten Wistarin, die Blätter auch Allantoinsäure. Vergiftungserscheinungen, die sehr selten auftreten, äußern sich durch Magenbeschwerden, Erbrechen und Durchfall.
Verwendung: Der Chinesische Blauregen ist seit 1816 in Kultur. Angepflanzt sind mehrere Sorten, die sich durch ihre Farbe – das Spektrum reicht von rein weiß bis tief blauviolett – oder Gefülltblütigkeit unterscheiden. Sämlinge blühen meist nicht reich, so dass es sich sehr empfiehlt, veredelte Pflanzen zu kaufen. Der Chinesische Blauregen eignet sich vorzüglich für Pergolen und Gerüste an Mauern und Hauswänden. Der Standort sollte voll besonnt sein. Meist ist ein sorgfältiger jährlicher Rückschnitt erforderlich, bei dem die blütentragenden Kurztriebe erhalten bleiben. Frosthart bis –15 °C.

Ähnliche Art:
***Wisteria floribunda*, Japanischer Blauregen, Fuji:** Rechtswindende, 8–10 m hoch werdende Liane. Blättchen 11–19, elliptisch bis eilänglich, 4–8 cm lang, zugespitzt, anfangs anliegend behaart, später verkahlend. Blüten angenehm duftend, violett oder violettblau, in lockeren, bis 50 cm langen Trauben. Blüten sich allmählich vom Grund der Traube zur Spitze hin entfaltend, niemals alle gleichzeitig blühend. Blütezeit: Mai–Juni. Fruchtreife: März–April. Verbreitung: Japan (Honshu bis Kyushu). In Wäldern und Dickichten vom Hügelland bis in Gebirgslagen. Der Japanische Blauregen wurde 1856 durch Philipp Franz von Siebold nach Holland gebracht. Frosthart bis –20 °C.
'Multijuga': Blättchen bis 10 cm lang, Trauben 50–100 cm lang hängend. *multijugus* lat. = vielpaarig.

Früchte des Japanischen Blauregens. ▶

Yucca flaccida – Schlaffe Palmlilie, Bear-Grass

Asparagaceae – Spargelgewächse

Pflanze ohne oberirdischen Stamm, immergrün, mit schopfig-rosettig angeordneten Blättern. **Blätter** steif aufrecht, nur an der Spitze überneigend, grün bis graugrün, fest und derb, lang linealisch, biegsam, zur Spitze hin allmählich verschmälert, bis 70 cm lang und 3 cm breit, Blattrand mit feinen, geraden weißen Fasern. Blütenstände behaart, Rispen bis 1,2 m lang. **Blüten** duftend, breit glockig, 1–3 cm lang gestielt, nickend, zwittrig, cremefarben, 5–6 cm lang. Fruchtknoten oberständig. Blütezeit: Juli bis August. **Frucht** eine 6-kantige, 3-fächerige Kapsel mit kurzem dickem Schnabel, sich fachspaltig öffnend. **Samen** je Fach in 2 Längsreihen, schwarz, 6–7 mm lang. Fruchtreife: September–Oktober.

Name: „yucca" franz., „Yuac" span., aus dem Arawak (Haiti) entlehnt. In Westindien ursprünglich für den Maniok, Cassava (*Manihot esculenta*) verwendet. *flaccidus* lat. = welk, schlapp, bezogen auf die an der Spitze überhängenden Blätter.
Verbreitung: SO-Nordamerika (Nord-Carolina bis Alabama). Fossil wohl seit dem Tertiär nachgewiesen.
Lebensraum: Sanddünen, lichte, trockene Kiefernwälder.
Systematik: Zur Gattung *Yucca* werden 49 Arten aus dem südlichen Nordamerika, Mexiko und West-Indien gezählt.
Biologie: *Yucca*-Arten bringen in Europa keine Früchte hervor, da der Bestäuber, die Yucca-Motte *Pronuba*, fehlt. Manche *Yucca*-Arten werden ausschließlich durch diesen Blütenbesucher bestäubt. Zu ihrer Fortpflanzung ist die Motte ebenfalls ausschließlich auf *Yucca* angewiesen. Zur Blütezeit von *Yucca* schlüpfen die Motten aus den Puppen. Mit Hilfe spezieller Tentakeln sammeln die Weibchen Pollen, formen ihn zu einem Ball, legen ihre Eier in den Fruchtknoten einer anderen Blüte und

deponieren den Pollenball in den Griffelkanal des Fruchtknotens. Die schlüpfenden Larven fressen Samenanlagen, lassen aber genügend unangetastet, so dass sich funktionsfähige, reife Samen entwickeln.

Verwendung: In Europa seit 1816 in Kultur. Beliebte und sehr anspruchslose, aber ornamentale Gartenpflanze, die einen voll besonnten Standort auf steinigen oder sandigen, vor allem während des Winters gut drainierten trockenen Boden benötigt. Sie ist frei von Schädlingen und bis –15 °C frosthart. *Yucca*-Arten lassen sich leicht durch Teilung (abgetrennte Stolonen) vermehren.

Im Weinbauklima ist auch die der *Y. flaccida* ähnliche, aber stammbildende *Y. recurvifolia* angepflanzt.

Weitere Art:

***Yucca filamentosa*, Fädige Palmlilie, Adamsnadel:** Pflanze oberirdisch ohne Stamm, Blätter aufrecht, blaugrün, linealisch lanzettlich, bis 75 cm lang und 4–5 cm breit, an den Rändern mit stark gekräuselten, weißen Fasern. Blütenstand 1–1,8 m hoch, breit, kahl. Blüten hängend, gelblich weiß, 5–7 cm groß. Blütezeit: Juli–August. Frucht 3,5–6 cm lang, gerundet. Verbreitung: New Jersey bis South Carolina, Missouri und Florida. In Europa seit 1675 in Kultur. Gleiche Kulturbedingungen wie *Y. flaccida*. Frosthart bis –20 °C. *filamentosus* lat. = fädig, „filamentum“ lat. = Fadenwerk.

Von *Y. filamentosa* wie auch anderen Palmlilien abweichend, besitzt die **Blaugrüne Palmlilie, *Yucca glauca*,** sehr schmale, nur bis 2 cm breite Blätter, die grau- bis blaugrün sind und am Rand nur wenige Fäden aufweisen.

Blühende Fädige Palmlilie.

Nicht nur – dem Namen entsprechend – graue bis blaugrüne, sondern auch schmalere Blätter bei der Blaugrünen Palmlilie.

Zabelia mosanensis – Koreanische Abelie

Caprifoliaceae – Geißblattgewächse

Bis 1,5 m hoher, sommergrüner Strauch mit überhängenden Zweigen. Junge Zweige borstig behaart. **Blätter** gegenständig, sehr kurz gestielt, länglich elliptisch bis elliptisch, glänzend dunkelgrün, 4–10 cm lang, bis 3 cm breit, Blattgrund erweitert, die Seitenknospen bergend, auch nach dem Laubfall. **Blüten** trugdoldig, in Thyrsen am Zweigende, stark duftend, Blütenknospen rosarot, Kron- und Kelchzipfel 4–5, Krone mit enger Röhre, behaart, 10–12 mm lang, außen karminrot, Kronzipfel innen weiß, tellerförmig ausgebreitet. Kelchzipfel linealisch, radförmig ausgebreitet, 8–12 mm lang. Blütezeit: Mai–Juni. Fruchtknoten 3-fächerig , nur 1 Fach fertil. **Früchte** länglich ellipsoidisch, 5 mm lang mit eingetrocknet-bleibendem, 4–5-zähligen Kelch. Fruchtreife: September–Oktober.

Blütenstand der Koreanischen Abelie.

Name: Die Gattung *Zabelia* wurde nach dem deutschen Dendrologen Hermann Zabel (1832–1912) benannt. *Z. mosanensis* wurde lange Zeit unter dem Gattungsnamen *Abelia* geführt.
Systematik: Zur Gattung *Zabelia* werden 6 Arten gezählt. Das Verbreitungsgebiet erstreckt sich von Mittel- bis O-Asien.
Verbreitung: Nord-Korea in der Provinz Pyong-yan am Fuße des Maengsan-Gebirges.
Lebensraum: Lichte Gebüsche, Waldränder.
Biologie: Die Blüten werden von zahlreichen unterschiedlichen Insekten aufgesucht.
Verwendung: Die Art gelangte als Saatgut über den Botanischen Garten Salaspils in Lettland nach Mitteleuropa (sowie Nordamerika) und ist seit Anfang der 1990er Jahre durch H. J. Albrecht und die Firma Kordes-Jungpflanzen im Handel. *Z. mosanensis* ist aufgrund der Blütenfülle, des intensiven Blütendufts und der orangeroten Herbstfärbung sehr geschätzt. Frosthart bis –25 °. Sie lässt sich durch gut ausgereifte Stecklinge vermehren.

Zelkova carpinifolia – Kaukasische Zelkove

Ulmaceae – Ulmengewächse

25–40 m hoher sommergrüner Baum mit Stammdurchmesser bis 2 m, in Kultur von geringeren Dimensionen; oft von der Basis mehrstämmig oder kurzer dicker Stamm, der sich dann mehrstämmig auflöst. Stammrinde anfangs grau und glatt, sich später in Platten ablösend. Junge Zweige ± dicht behaart. **Blätter** wechselständig, einfach, 2–8 cm lang, 2–4 cm breit, länglich bis elliptisch oder eiförmig, Rand gekerbt bis grob gesägt, oberseits zerstreut behaart, etwas rau, unterseits auf den Nerven behaart. **Blüten** unscheinbar, achselständig in kleinen Büscheln. Blütezeit: Mai. **Frucht** schief eiförmige, gekielte Steinfrucht, 5–8 mm Durchmesser, grün.

Stamm der Kaukasischen Zelkove.

Name: *Zelkova* soll auf einen südkaukasischen Namen für die Art zurückzuführen sein, entweder „Steinholz" wegen des harten Holzes bedeuten oder von einer armenischen Bezeichnung für Ulme abgeleitet sein; *carpinifolia* lat. = hainbuchenblättrig.
Systematik: Zur Gattung gehören 6 Arten, disjunkt verbreitet im Mittelmeergebiet (je eine Art auf Sizilien und Kreta, Bestände nach IUCN Red List stark gefährdet bzw. vom Aussterben bedroht), in W-Asien (siehe unter Verbreitung!) und in O-Asien. Als Ulmengewächse im Unterschied zu den Ulmen polygam (neben zwittrigen auch eingeschlechtige Blüten), mit Steinfrüchten und symmetrischen Blättern (nur zuweilen Spreitenbasis etwas schief).
Verbreitung: Von Südkaukasien bis NO-Anatolien und N-Iran, vor allem im Bereich des Schwarzen Meeres (kolchische Wälder) und des Kaspischen Meeres (hyrkanische Wälder). Wegen Übernutzung starker Rückgang der Vorkommen, so dass der natürliche Bestand als gefährdet eingeschätzt wird (IUCN Red List).
Lebensraum: Niederungs-, Schlucht- und Bergwälder (bis 1700 m ü. M.), auch an Trockenhängen.
Biologie: Raschwüchsig, aber trotzdem langlebig (bis über 400 Jahre); bildet Wurzelsprosse.

Blätter der Kaukasischen Zelkove.

Verwendung: Im natürlichen Areal wegen des leichten, elastischen, widerstandsfähigen und fäulnisresistenten Holzes geschätzt, außerdem Nutzung der Blätter als Laubheu (Schneitelei). Als Ziergehölz interessanter Parkbaum (1760 in Kultur eingeführt, England) mit einer an Buche erinnernden, aber im Alter plattig abblätternden Stammrinde und gelb- bis orangebraunem Herbstlaub. Am besten gedeihend auf frischen bis feuchten, gut nährstoffversorgten Böden. Leider wird die Art wie andere Ulmengewächse (siehe unter *Ulmus*!) von der Holländischen Ulmenkrankheit befallen.

Weitere Art:
***Zelkova serrata*, Japanische Zelkove:** Ostasiatische Art mit kahlen oder höchstens spärlich behaarten Zweigen, etwas größeren, bis 10 cm langen und 5 cm breiten, scharf gesägten, unterseits meist kahlen Blättern und kleineren

◀ Sprosse der Japanischen Zelkove mit Blättern und achselständigen Früchten.

Früchten (2,5–4 mm Durchmesser). In Japan und Korea, wo die Art besonders geschätzt wird, findet sie Verwendung für den Tempelbau (gegenüber Nässe beständiges Holz), als Straßenbaum oder für die Bonsaikultur (gut geeignet für Wäldchen und Mehrfachstämme). In Europa (1830 in die Niederlande eingeführt, SIEBOLD) gern gepflanzter Zierbaum, auffällig durch eine variable Herbstfärbung in verschiedenen Farbtönen (gelb bis orange oder kupferfarben, rosa oder leuchtend rot). Resistent gegenüber städtischen Umweltbedingungen, allerdings nicht gegenüber der Ulmenkrankheit. In Japan noch weiter verbreitete Art, aber isolierte Vorkommen in China und Korea gefährdet, so dass nach IUCN Red List die Art insgesamt schon einer Gefährdung nahe ist.

Zenobia pulverulenta – Zenobie

Ericaceae – Heide(kraut)gewächse

Sommer- bis halbimmergrüner, 0,5–1,2 m hoher, aufrechter Strauch. **Blätter** wechselständig, 2–7 cm lang, lederig, eiförmig bis elliptisch, schwach gekerbt bis ganzrandig, unter- oder beiderseits weißlich bereift, selten Reif fehlend (**fo. *nitida***). **Blüten** nickend, in achselständigen Büscheln, insgesamt einen traubenartigen Blütenstand ergebend, Krone weiß, glockig bis schalenförmig, 6–8 mm lang. Blütezeit: Mai–Juni. **Früchte** flachkugelige Kapseln.

Name: Benannt nach ZENOBIA, einer Herrscherin von Palmyra (Syrien) im 3. Jahrhundert n. Chr.; *pulverulenta* lat. = staubig bzw. bestäubt, wegen der weißlich bereiften Jungtriebe und Blätter.

Systematik: Zur Gattung gehört nur diese Art.

Verbreitung: Nordamerika (SO-USA).

Lebensraum: Wälder feuchter, bodensaurer Standorte, lichte sandig-humose Kiefernwälder.

Biologie: Licht- bis Halbschattenpflanze, kalkmeidend.

Verwendung: Schönes Ziergehölz (nach Europa eingeführt 1800) für geschützte, sonnige bis halbschattige, frische, kalkfreie Standorte oder Moorbeete; verdient als Frühsommerblüher mit duftenden, an Maiglöckchen erinnernden Blütenkronen mehr Beachtung.

Blütenstand der Zenobie.

Gefährdete und besonders geschützte Gehölzarten

Rote Listen (teils auch Rotbuch genannt) von Pflanzen sind Verzeichnisse, in denen die Arten (teils auch Unterarten oder Varietäten) ausgewiesen werden, die ausgestorben und verschollen oder in unterschiedlichem Grade gefährdet sind. Rote Listen gibt es weltweit (IUCN 2019), für einzelne Staaten wie Deutschland (BfN 2018), Österreich (NIKLFELD & SCHRATT-EHRENDORFER 1999) oder die Schweiz (BAFU & Info Flora 2016), aber auch für andere Bezugsräume (z. B. Bundesländer). Sie dienen der Information der Öffentlichkeit über den Gefährdungsgrad der Sippen sowie der Planung und Durchführung von Maßnahmen zu ihrer Erhaltung in ihrem natürlichen Lebensraum (in situ) oder in bestimmten Einrichtungen (ex situ) wie botanischen Gärten oder Genbanken. Da Rote Listen auch Auskunft über stark bedrohte und in hohem Maße schutzbedürftige Arten geben, sind sie Entscheidungshilfen bei der Auswahl besonders zu schützender Arten. Die Aufnahme in ein Rotbuch oder eine Rote Liste bedeutet in einigen Ländern (z. B. Russland) zugleich, dass die Art unter Schutz steht. Dies trifft nicht für die Internationale Rote Liste (IUCN Red List) oder die Roten Listen mitteleuropäischer Länder zu, wenngleich ein Teil dieser Arten auch gesetzlichen Schutz genießt.

Weltweit gefährdete Gehölzarten nach der Roten Liste der Internationalen Naturschutzunion (IUCN Red List 2019)

Nachfolgend werden in diesem Buch behandelte Gehölzarten aufgelistet, die weltweit in ihrem natürlichen Bestand gefährdet sind oder in einigen Fällen zumindest als fast gefährdet eingestuft sind. Die Internationale Naturschutzunion (abgekürzt IUCN) begann vor etwa einem halben Jahrhundert mit der Registrierung und Dokumentation ausgestorbener und gefährdeter Arten. Diese werden in der Internationalen Roten Liste (IUCN Red List) hinsichtlich ihres Gefährdungsgrades im natürlichen Areal eingeschätzt und den Kategorien Ausgestorben (**Extinct**), Vom Aussterben bedroht (**CR**/Critically Endangered), Stark gefährdet (**EN**/Endangered), Gefährdet (**VU**/Vulnerable) und der Gefährdung nahe (**NT**/Near Threatened) zugeordnet. Es kann auch sein, dass die Datenlage für eine bewertete Art unzureichend für die Einschätzung des konkreten Gefährdungsgrades ist (**DD**/Data Deficient).

Abeliophyllum distichum **EN**
Abies bracteata, A. cilicia, A. homolepis **NT**
Abies fraseri, A. koreana, A. pinsapo **EN**
Abies nebrodensis **CR**
Araucaria araucana **EN**
Calycanthus chinensis **VU**
Cedrus atlantica **EN**
Cedrus brevifolia, C. libani **VU**
Cephalotaxus nana **NT**
Cercidiphyllum japonicum **NT**
Chamaecyparis lawsoniana, Ch. obtusa **NT**
Corylopsis pauciflora **DD**
Cryptomeria japonica **NT**
Cupressus macrocarpa **VU**
Eucommia ulmoides **VU**
Forsythia ovata **EN**
Franklinia alatamaha **Extinct** in the wild (am Naturstandort ausgestorben)
Fraxinus americana, F. pennsylvanica **CR**
Fraxinus excelsior **NT**
Ginkgo biloba **EN**
Heptacodium miconioides **VU**
Lespedeza thunbergii **DD**
Malus hupehensis, M. prunifolia, M. toringo **DD**
Metasequoia glyptostroboides **EN**
Picea asperata, P. breweriana, P. torano **VU**
Picea engelmannii subsp. *mexicana, P. omorika* **EN**
Picea purpurea **NT**
Pinus monticola, P. peuce **NT**
Pinus radiata **EN**
Platycladus orientalis **NT**
Prunus armeniaca, P. cerasifera, P. incisa, P. tenella **DD**
Prunus glandulosa **DD**
Pseudolarix amabilis **DD**
Pyrus salicifolia **NT**
Salix magnifica **VU**
Sciadopitys verticillata **NT**
Sequoia sempervirens **EN**

Sequoiadendron giganteum **EN**
Sibiraea altaiensis **DD**
Syringa josikaea **EN**
Taiwania cryptomerioides **VU**
Torreya californica **VU**
Tsuga canadensis, T. caroliniana, T. sieboldii **NT**
Wollemia nobilis **CR**
Zelkova carpinifolia **VU**
Zelkova serrata **NT**

Ausgestorbene, in unterschiedlichem Grade gefährdete und extrem seltene Arten in Deutschland

Als Beispiel für ein mitteleuropäisches Land werden nachfolgend die im Buch behandelten Gehölzarten aufgelistet, die in Deutschland nach der vom Bundesamt für Naturschutz (BfN 2018) herausgegebenen „Roten Liste der gefährdeten Tiere, Pflanzen und Pilze Deutschlands, Band 7: Pflanzen)“ ausgestorben bzw. verschollen (**0**), in unterschiedlichem Grade gefährdet (**1** vom Aussterben bedroht, **2** stark gefährdet oder **3** gefährdet) oder extrem selten (**R**) sind. Wird die Art (noch) nicht einer Gefährdungskategorie zugeordnet, ist aber einer Gefährdung nahe oder mit einer Gefährdung zu rechnen, wenn die Ursachen nicht entfallen, wird sie in eine Vorwarnliste (**V**) eingestuft.

Acer opalus **R**
Andromeda polifolia **3**
Arctostaphylos uva-ursi **2**
Aurinia saxatilis **3**
Betula humilis **2**
Betula nana **1**
Buxus sempervirens **3**
Chamaecytisus ratisbonensis, C. supinus **3**
Cormus domestica (*Sorbus domestica*) **3**
Cotoneaster intergerrimus, C. tomentosus **V**
Crataegus lindmanii **3**
Crataegus rhipidophylla **2**
Cytisus nigricans **3**
Daphne cneorum **2**
Daphne laureola **R**
Empetrum nigrum **V**
Erica carnea, E. tetralix **V**
Erica cinerea **2**
Fumana procumbens **2**
Genista anglica **3**
Genista germanica, G. pilosa, G. sagittalis, G. tinctoria **V**
Helianthemum apenninum, H. canum **3**
Helianthemum nummularium **V**
Hippocrepis emerus **3**
Hippophaë rhamnoides subsp. *fluviatilis* **3**
Juniperus communis subsp. *communis* **V**
Juniperus sabina **3**
Loranthus europaeus **R**
Malus sylvestris **V**
Mespilus germanica **V**
Myrica gale **3**
Myricaria germanica **1**
Populus nigra 3
Prunus fruticosa **2**
Quercus pubescens **3**
Rhododendron tomentosum (Ledum palustre) **3**
Ribes petraeum **3**
Rosa agrestis, R. elliptica, R. gallica, R. glauca, R. majalis, R. marginata, R. spinosissima **3**
Rosa arvensis, R. dumalis, R. micrantha **V**
Rubus: zahlreiche Kleinarten von *R. corylifolius* agg. und *R. fruticosus* agg. (siehe BfN 2018) **1, 2, 3 oder R**
Salix bicolor **0**
Salix caesia, S. hastata **R**
Salix alpina, S. breviserrata **1**
Salix daphnoides **2**
Salix rosmarinifolia **3**
Salix eleagnos, S. myrsinifolia S. repens subsp. *repens* **V**
Sorbus: zahlreiche Kleinarten aus den Artengruppen bzw. Hybridkomplexen *S. aria* agg., *S. hostii* agg., *S. hybrida* agg., S. *latifolia* agg., *S. sudetica* agg. (siehe BfN 2018) **1, 2, 3 oder R**
Sorbus aucuparia subsp. *glabrata* **3**
Sorbus intermedia **R**
Staphylea pinnata **3**
Taxus baccata **V**
Teucrium montanum **V**
Thymus alpestris **R**
Thymus pulegioides subsp. *carniolicus, T. serpyllum* **V**
Ulmus laevis **V**
Vaccinium oxycoccus **3**
Vaccinium uliginosum **V**
Vitis vinifera subsp. *sylvestris (V. gmelinii)* **2**

In der Roten Liste Österreichs (Niklfeld & Schratt-Ehrendorfer 1999) **und der Schweiz** (BAFU & Info Flora 2016) sind viele der genannten Gehölzarten ebenfalls verzeichnet, es kommen aber andere hinzu, so z.B. in beiden Ländern *Daphne alpina* und *Genista radiata* oder in Österreich z.B. weitere wie *Spiraea chamaedryfolia, S. media, S. salicifolia, Thymus pannonicus* und *Philadelphus coronarius*.

Besonders und streng geschützte Pflanzenarten in Deutschland nach Bundesartenschutzverordnung 2005

Den Schutz von Arten, darunter auch zahlreicher Baum- und Straucharten, regeln internationale Konventionen und Richtlinien sowie nationale Gesetze und Verordnungen. Besonders oder streng geschützt sind Arten weltweit nach dem Washingtoner Artenschutzabkommen (CITES; regelt den Handel und damit Export und Import von Arten, hier im Anhang I z.B. *Araucaria araucana*). In der Europäischen Union sind „Arten von gemeinschaftlicher Bedeutung" nach der Fauna-Flora-Habitat-Richtlinie (EG-Verordnung) geschützt und in den einzelnen Staaten nach nationalen rechtlichen Regulierungen besonders oder streng geschützt. Als Beispiel für ein mitteleuropäisches Land seien das Bundesnaturschutzgesetz, das grundsätzlich den nationalen Artenschutz für Deutschland regelt, und die Bundesartenschutzverordnung genannt. Die besonders und streng geschützten einheimischen Arten unterliegen in ihrem natürlichen Verbreitungsgebiet nicht nur allgemeinem Schutz vor Beeinträchtigungen, sondern es kommen weitere Schutzinstrumente (z.B. Entnahmeverbot, Besitz- und Vermarktungsverbote, Nachweispflichten) zur Anwendung hinzu.

Besonders und streng geschützte Gehölzarten sind:

Arctostaphylos uva-ursi
Aurinia saxatilis
Betula nana
Buxus sempervirens
Clematis alpina
Cotoneaster integerrimus
Daphne cneorum, D. laureola, D. mezereum
Helianthemum apenninum, H. canum
Ilex aquifolium
Rhododendron tomentosum (Ledum palustre)
Taxus baccata
Vitis vinifera subsp. *sylvestris (V. gmelinii)*

Wildobstgehölze

Bei Gattungen mit mehreren Arten, die von Bedeutung als Wildobstgehölze sind (vgl. z. B. PIRC 2015, ALBRECHT 2018, werden nicht immer alle Arten aufgeführt, sondern durch „u. a." darauf verwiesen, dass es noch weitere Arten gibt. Nähere Angaben befinden sich in den Beschreibungen unter den Gattungen bzw. Arten.

Actinidia: A. arquta, A. deliciosa, A. kolomikta
Akebia quinata
Amelanchier: A. laevis, A. lamarckii, A. ovalis, A. spicata u. a.
Aronia: A. melanocarpa, A. prunifolia
Asimina triloba
Berberis: B. buxifolia, B. koreana, B. vulgaris u. a.
Carya: C. illinoinensis u. a.
Castanea: C. sativa u. a.
Chaenomeles: C. × superba u. a.
Cormus domestica
Cornus: C. kousa, C. mas
Corylus: C. avellana, C. colurna, C. maxima
Crataegus: C. azarolus, C. laevigata, C. monogyna, C. pinnatifida u. a.
Cydonia oblonga
Decaisnea insignis
Diospyros: D. kaki, D. lotus, D. virginiana
Elaeagnus: E. angustifolia, E. multiflora, E. umbellata
Ficus carica
Gaultheria: G. procumbens, G. shallon
Ginkgo biloba
Hippophaë rhamnoides
Hovenia dulcis
Juglans: J. ailanthifolia, J. nigra, J. regia
Juniperus communis
Lonicera caerulea
Lycium: L. barbarum, L. chinense
Mahonia: M. aquifolium u. a.
Malus: M. sylvestris u. a.
Mespilus germanica
Morus: M. alba, M. nigra
Pinus: P. cembra, P. koraiensis, P. pinea u. a.
Prunus: P. avium, P. cerasifera, P. padus, P. spinosa u. a.
Punica granatum
Pyrus: P. pyraster, P. salicifolia u. a.
Ribes: R. alpinum, R. americanum, R. aureum, R. divaricatum, R. multiflorum, R. nigrum, R. petraeum, R. rubrum, R. sachalinensis, R. uva-crispa u. a.
Rosa: R. canina, R. dumalis, R. glauca, R. pendulina, R. rugosa, R. villosa u. a.
Rubus: R. caesius, R. corylifolius agg., *R. fruticosus* agg., *R. idaeus, R. laciniatus, R. leucodermis, R. × loganobacchus, R. phoenicolasius, R. spectabilis* u. a.
Sambucus: S. nigra, S. racemosa
Schisandra chinensis
Shepherdia argentea
Sorbus: S. americana, S. aria, S. aucuparia, S. hybrida agg., *S. intermedia, S. latifolia* agg., *S. torminalis* u. a.
Vaccinium: V. arctostaphylos, V. angustifolium, V. × atlanticum, V. corymbosum, V. macrocarpon, V. myrtillus, V. oxycoccus, V. uliginosum, V. vitis-idaea u. a.
Viburnum opulus
Vitis: V. amurensis, V. vinifera subsp. *sylvestris*

Gehölzarten mit Heilwirkung

Die Nutzung von Pflanzen zur Heilung, Linderung von Erkrankungen oder Gesundheitsförderung geht bis ins Altertum zurück und findet auch heute wieder zunehmendes Interesse. In der Übersicht werden Gattungen und/oder Arten genannt, die als Arzneipflanzen bzw. Pflanzen, die arzneiliche oder homöopathische Drogen als Arzneimittel liefern, bekannt sind, aber auch solche, die in der Volksheilkunde Verwendung finden. Manche Giftpflanze ist auch Heilpflanze, oft hängt die Wirkung von dem verwendeten Pflanzenteil oder von der Dosis ab (siehe Übersicht der Giftpflanzen!). Hier ist besondere Vorsicht geboten, denn die Grenze zwischen Heil- und Giftwirkung kann fließend sein. Die entsprechenden Gattungen oder Arten sind mit einem * markiert.

Abies: A. alba, A. balsamea, A. cephalonica, A. sibirica u. a.
**Aesculus: A. glabra, A. hippocastanum* u. a.
Akebia quinata
Albizia julibrissin
Alnus: A. glutinosa u. a.
**Arctostaphylos uva-ursi*
Aronia melanocarpa, A. prunifolia
Artemisia abrotanum
**Berberis vulgaris*
Betula: B. pendula u. a.
**Buxus sempervirens*
Calluna vulgaris
Castanea sativa
**Catalpa bignonioides*
Ceanothus americanus
Cedrus
Chaenomeles
Chionanthus virginicus
**Clematis: C. montana, C. vitalba* u. a.
*Cornus: C. mas, C. officinalis, *C. sanguinea*
Corylus avellana
Crataegus: C. laevigata, C. monogyna u. a.
Cupressus sempervirens
Cydonia oblonga
**Cytisus scoparius*
*Diospyros: D. kaki, D. lotus, *D. virginiana*
Eleutherococcus
**Empetrum nigrum*
Ephedra
Eucommia ulmoides
**Euonymus: E. europaeus* u. a.
**Fagus sylvatica*
Ficus carica
**Frangula alnus*
Fraxinus: F. excelsior, F. ornus u. a.
**Gaultheria procumbens*
**Genista tinctoria*
Ginkgo biloba
**Gleditsia triacanthos*
**Gymnocladus dioicus*
Hamamelis virginiana
**Hedera helix*
Hippophaë rhamnoides
Hovenia dulcis
Hyssopus officinalis
**Ilex aquifolium*
Juglans regia
Juniperus communis
**Kalmia latifolia*
Kalopanax septemlobus
**Laburnum anagyroides*
Larix decidua
Laurus nobilis
Lavandula
Liquidambar styraciflua
**Liriodendron tulipifera*
**Lycium: L. chinense, L. barbarum*
Magnolia: M. acuminata, M. denudata, M. grandiflora u. a.
**Mahonia aquifolium*
Malus: M. domestica, M. sylvestris
Menispermum
Morus
**Myrica gale*
Ostrya virginiana
Oxydendrum arboreum
**Paeonia × suffruticosa*
Paliurus spina-christi
Perovskia abrotanoides
**Phellodendron*
Phyllostachys nigra
Picea: P. abies, P. mariana u. a.
Pinus: P. mugo, P. nigra, P. sylvestris u. a.
Populus: P. alba, P. balsamifera, P. nigra u. a.
*Prunus: P. armeniaca, P. avium, P. cerasus, *P. dulcis* u. a.
Pseudotsuga menziesii
**Ptelea trifoliata*
Punica granatum

*Quercus: Q. cerris, Q. petraea, Q. pubescens,
Q. robur u. a.
*Rhamnus cathartica
*Rhododendron tomentosum
(früher Ledum palustre)
*Rhus: R. coriaria, R. typhina
Ribes : R. nigrum, R. rubrum
Rosa : R. canina, R. gallica, R. pendulina,
R. rugosa u. a.
*Rosmarinus officinalis
Rubus: R. fruticosus agg., R. idaeus u. a.
*Ruscus aculeatus
*Ruta graveolens
Salix: S. alba, S. daphnoides, S. fragilis,
S. purpurea u. a.
Salvia officinalis
*Sambucus: S. nigra, S. racemosa
Satureja montana
Schisandra chinensis
*Solanum dulcamara
*Sorbus aucuparia
*Styphnolobium japonicum
*Symphoricarpos albus
Syringa vulgaris
*Taxus baccata
Teucrium: T. chamaedrys, T. montanum, T. polium
*Thuja occidentalis
Thymus: T. pannonicus, T. pulegioides, T. vulgaris
Tilia: T. cordata, T. platyphyllos, T. tomentosa u. a.
*Torreya californica, T. nucifera
Tsuga canadensis
Ulmus: U. glabra, U. minor, U. laevis u. a.
Vaccinium: V. macrocarpon, V. myrtillus,
V. oxycoccus, V. vitis-idaea

Giftige Gehölzarten

Neben eindeutig als giftig erkannten und bekannten Gehölzen gibt es Arten, bei denen die Angaben in der Literatur nicht einheitlich sind, auch bezüglich des Grades der Giftigkeit einzelner Pflanzenteile. Manche der in der Übersicht aufgelisteten Arten sind erst bei Aufnahme größerer Mengen der entsprechenden Pflanzenteile (schwach) giftig, einige finden bei entsprechender Dosierung auch als Heilpflanzen oder Nutzpflanzen (Gewürze, Tee, Marmelade) Verwendung.
Wird in der folgenden Übersicht nur der Gattungsname angegeben, sind mehrere oder alle Arten der Gattung giftig (siehe auch Hinweise in den Beschreibungen der Gattungen bzw. Arten und Kennzeichnung **G!** am Ende der Beschreibung). In Klammern sind, soweit bekannt, die giftigen Pflanzenteile angegeben. Erfolgen keine Angaben in Klammern, dann sind alle Pflanzenteile giftig oder eine Spezifizierung ist nicht möglich.
Die nach „Giftpflanzen – Beschauen und nicht kauen" (Deutsche Gesetzliche Unfallversicherung 2006; https://publikationen.dguv.de/regelwerk/regelwerk-nach-fachbereich/bildungseinrichtungen/schulen/1384/giftpflanzen-beschauen-nicht-kauen) und der „Liste giftiger Pflanzenarten" des Bundesumweltministeriums (BMU 2000; zu finden z. B. unter https://www.giz-nord.de/cms/index.php/liste-giftiger-pflanzenarten.html) als **giftig bis stark giftig** eingestuften Arten bzw. Arten, die (mittel)schwere Vergiftungen bei Verzehr geringer Mengen hervorrufen, sind durch **Fettdruck** hervorgehoben.

Aesculus (Früchte, besonders wenn unreif)
Ailanthus altissima (Rinde, Blätter, Samen)
Andromeda polifolia (Blätter und Blüten)
Aralia elata
Arctostaphylos (Blätter, aber nur in größeren Mengen)
Aristolochia (alle Pflanzenteile, besonders Wurzel und Samen)
Aucuba japonica (Blätter, Samen)
Berberis (Rinde, aber Früchte nicht giftig)
Buxus (alle Pflanzenteile, besonders Blätter und Rinde)
Callicarpa
Caragana (besonders Samen)
Catalpa
Celastrus
Chamaecyparis
Chamaecytisus
Chamaedaphne calyculata
Chimonanthus praecox (Samen)
Clematis
Colutea (Blätter, Früchte, besonders Samen)
Cornus sanguinea, C. alba u. a. (Blätter, Rinde)
Cotoneaster (Blätter, Blüten, besonders Früchte)
Cytisus (alle Pflanzenteile, besonders Samen), ***C. scoparius***
Daphne
Decaisnea insignis (Rinde)
Diospyros virginiana (unreife Früchte, Holz)
Empetrum nigrum (Früchte nach Frost oder gekocht nicht giftig)
Euonymus (besonders Früchte und Samen)
Fagus (Samen, aber nur leicht und bei dafür empfindlichen Personen giftig)
Fatsia japonica
Forsythia (nur geringer Gehalt an toxischen Stoffen)
Frangula (vor allem Rinde und unreife Früchte)
Gaultheria mucronata, G. procumbens (Blätter)
Genista (besonders Samen)
Gleditsia triacanthos (Blätter)
Gymnocladus dioicus (Samen)
Hedera (besonders Früchte)
Hydrangea (besonders Blätter und Blütenknospen, aber geringer Gehalt an toxischen Stoffen)
Ilex (Blätter, besonders Früchte), ***I. aquifolium***
Juniperus chinensis, J. sabina und andere Arten der **Untergattung *Sabina*** (besonders Jungtriebe und Zapfen)
Kalmia (Blätter, Samen)
Kerria japonica (Samen)
Laburnum (besonders Samen)
Ligustrum (Früchte, Blätter, Rinde), ***L. vulgare***
Liriodendron tulipifera (Holz)
Lonicera (Blätter und/oder Früchte, aber bei einigen Arten Früchte essbar), ***L. nigra, L. xylosteum***
Lycium (Giftwirkung nur bei Genuss großer Mengen an Früchten)
Mahonia (Wurzel, Rinde, aber Früchte nicht oder höchstens schwach giftig)
Melia azedarach
Myrica gale (Giftigkeit umstritten)

Nandina domestica
Pachysandra terminalis (Blätter)
Paeonia (geringer Gehalt an toxischen Stoffen)
Paulownia (Früchte)
Periploca graeca
Phellodendron
Pieris floribunda, P. japonica
Pittosporum tobira
Platycladus orientalis
Prunus dulcis var. *amara* (Samen), aber auch Samen (nicht Fruchtfleisch!) anderer *Prunus*-Arten ± giftig, bei einigen Arten auch Blätter: ***P. laurocerasus***, *P. padus*, *P. serotina*
Ptelea trifoliata
Pyracantha (Früchte, aber höchstens schwach giftig)
Quercus (Samen einiger Arten, aber nur leicht und bei dafür empfindlichen Personen giftig)
Rhamnus (vor allem Rinde und unreife Früchte)
Rhododendron
Rhodotypos scandens (Rinde, Blüten)
Rhus (im Gegensatz zu den von der Gattung *Rhus* als *Toxicodendron* abgetrennten Arten nur schwach giftig)
Robinia (Rinde, Früchte, vor allem Samen), ***R. pseudoacacia***
Rosmarinus officinalis (nur bei Verzehr großer Mengen)
Ruscus
Ruta graveolens
Sambucus (Rinde, Blätter, unreife Früchte)
Skimmia japonica
Solanum dulcamara (alle grünen Pflanzenteile, unreife Früchte)
Sorbus aucuparia außer var. *moravica* (rohe Früchte, aber nur bei Verzehr riesiger Mengen)
Spartium junceum
Styphnolobium japonicum (Rinde, Samen)
Symphoricarpos (Wurzeln und Blätter mit geringem Gehalt toxischer Stoffe, bei Früchten noch geringer, bisher keine Vergiftungen bekannt)
Taxus alle Pflanzenteile außer fleischigem Samenmantel
Tetradium (Früchte – phototoxische Wirkung)
Thuja occidentalis (Jungtriebe, Zapfen, Holz)
Torreya (Blätter)
Toxicodendron
Ulex europaeus
Viburnum (Rinde, teils auch Blätter und Früchte, vor allem unreife; reife Früchte von *V. opulus* nicht giftig)
Vinca (Blätter)
Viscum (alle Pflanzenteile außer Früchte)
Wisteria (Blätter, Früchte, vor allem Samen)

In diesem Buch häufig erwähnte Pflanzensammler und Dendrologen

ABEL, CLARKE (1780–1826): Englischer Arzt, Naturforscher, Botaniker. Reiste und sammelte 1816/17 in mehreren Provinzen in China. Er entdeckte *Abelia chinensis*. Nach ihm wurde 1818 Gattung ***Abelia*** benannt. ABEL starb in Indien.

AUBERT, GEORGES ELEOSIPPE (geb. 1871): Französischer Missionar in China (Sichuan) 1895–1901. Er machte sich um die Einführung zahlreicher Gehölze nach Europa verdient. Nach ihm wurde *Fallopia* ***aubertii*** benannt und durch ihn gelangte diese Art 1899 nach Europa (Paris).

BARTRAM, JOHN (1699–1777): Nordamerikanischer Farmer und Pflanzensammler. Er ist der erste unter den in Nordamerika wirkenden Botanikern, der in Amerika geboren wurde. Er gründete den ersten Botanischen Garten in Nordamerika. Ihm sind viele Gehölz-Einführungen nach Europa zu verdanken, so schickte er 1736 *Magnolia acuminata* und 1752 *M. tripetala* nach England.

BRETSCHNEIDER, EMIL (1833–1901): Lettischer Botaniker und Forschungsreisender. Er war als Arzt in russischen Diensten von 1866–1883 in Peking (Beijing) tätig, schickte Herbarmaterial und Saatgut nach Amerika (Arnold Arboretum, Jamaica Plain) und Europa (Kew, Paris, St. Petersburg). Autor des 1898 erschienenen zweibändigen Werkes „History of European Botanical Discoveries in China". Sein Name findet sich als Artepitheton „bretschneideri", die Pflanzenfamilie ***Bretschneideraceae*** wurde nach ihm benannt.

BUNGE, ALEXANDER ANDREJEWITSCH VON (1803–1890): Russischer Botaniker deutscher Herkunft. Begleitete von 1829–1831 eine kirchliche Mission nach Peking. Unternahm später Reisen nach Sibirien, in die Mongolei und nach Nordchina. Professor in Kiew und später Direktor des Botanischen Gartens von Dorpat (Tartu). Mehrere Gehölze tragen das Artepitheton „bungei" und „bungeana", u. a. *Pinus* ***bungeana.***

CAMELLUS, GEORG JOSEPH, eigentlich KAMEL (1661–1706): Deutsch-mährischer Jesuit. Reise 1683 zunächst zu den Marianen-Inseln, dann zu den Philippinen, wo er auf der Insel Luzon als Apotheker der mährischen Brüder-Mission tätig war. Durch CAMELLUS gelangten viele chinesische Pflanzen, die auf den Philippinen kultiviert wurden, nach Europa. CAMELLUS war auch als Pflanzenzeichner tätig. Nach ihm wurde von LINNÉ die Gattung ***Camellia*** benannt.

CATESBY, MARK (1682–1749): Englischer Naturforscher und Autor („A Natural History of Carolina"), nach ihm wurde u.a. *Leucothoë* ***catesbaei*** benannt.

COLLINSON, PETER (1694–1768): Englischer Quäker in Nordamerika, ein mit anerkannten Naturforschern seiner Zeit wie C. v. LINNÉ oder J. BARTRAM korrespondierender Handelsmann, der die Einführung nordamerikanischer Arten nach England förderte (z.B. *Betula nigra* 1736).

CUNNINGHAM, JAMES (etwa 1709 gestorben): Englischer Arzt und Pflanzensammler, der für die Ostindische Kompanie in China wirkte. Er entdeckte u. a. *Cryptomeria* und ***Cunninghamia*** und sandte 1698–1702 umfangreiche Sammlungen von Pflanzen und Pflanzenzeichnungen nach England.

DAVID, JEAN PIERRE ARMAND (1826–1900): Französischer Missionar (Lazaristen-Orden) und Naturforscher. Er bereiste und erforschte 1862–73 China, die Mongolei und Tibet. Das von Abbé DAVID gesammelte Herbarmaterial gelangte ins Pariser Naturhistorische Museum. Von ihm wurden zahlreiche Arten neu entdeckt (z. B. *Rhododendron calophytum*, *Tilia mongolica*), nach ihm wurden die Gattung ***Davidia*** und mehrere Arten (z. B. *Acer* ***davidii***, *Buddleja* ***davidii***, *Photinia* ***davidiana*** oder *Pinus* ***armandii***) benannt.

DELAVAY, JEAN MARIE (1834–1895): Französischer Missionar und Botaniker. Abbé DELAVAY wurde 1867 nach China gesandt, sammelte zunächst in Guandong, später in Yunnan, wo er auch verstarb. Er entdeckte etwa 1500 neue Pflanzenarten (darunter mehrere *Abies*- und *Picea*-Arten, z. B. *P. likiangensis*). Das Herbarmaterial (viele Tausend Herbarbögen) gelangte nach Paris. Nach ihm wurde *Paeonia* ***delavayi*** benannt.

DESFONTAINES, RENÉ LOUICHE (1750–1833): Französischer Botaniker, Professor am Botanischen Garten Paris, nach ihm wurden u.a. die Strauchgattung ***Fontanesia*** *(Oleaceae)* und mehrere Arten (z.B. *Leucothoë* ***fontanesiana***) benannt.

DIECK, GEORG (1847–1925): Deutscher Botaniker und Baumschulbesitzer in Zöschen bei Merseburg, entwickelte aus einer kleinen Baumschule (1874) eine der größten Gehölzsammlungen seiner Zeit (1887 als „Nationalarboretum" proklamiert). Durch speziell beauftragte Sammler, teils auch auf eigenen Reisen wurden vor allem Gehölze aus Nordamerika, Kleinasien und Kaukasien eingeführt. In seinen Anlagen entstanden bis dahin unbekannte Hybriden wie *Acer* × ***dieckii*** oder nach dem Ort seines Wirkens wurde von PAX ein Ahorn *Acer* × *zoeschense* benannt. Er entdeckte aber unter den Pflanzen in oder aus anderen Parks und Arboreten ebenfalls neue Sippen, z.B. die von ihm aus Wörlitz in Kultur genommene und beschriebene *Quercus* × *schochiana*.

D´INCARVILLE, PIERRE NICHOLAS LE CHÉROND (1706–1757): Schüler des Botanikers BERNARD DE JUSSIEU (Direktor des Pariser Botanischen Gartens). Französischer Jesuit, wirkte als Missionar in Peking (Beijing), lebte von 1740 bis zu seinem Tode in China. Er sammelte Pflanzen und Samen, die er an das Naturhistorische Museum Paris schickte, und führte mehrere nordchinesische Arten in die europäischen Parks und Gärten ein, z.B. *Styphnolobium japonicum* (1749), *Koelreuteria paniculata* (1750) und *Ailanthus altissima* (1751).

DOUGLAS, DAVID (1798–1834): Schottischer Gärtner (zunächst am Botanischen Garten in Glasgow) und Pflanzensammler, der im Auftrag der Horticultural Society of London Nordamerika bereiste. Seine erste Reise (1823–24) führte ihn in das Atlantische Nordamerika, zwei weitere Reisen (1825–27, 1829–33) in das nördliche Pazifische Nordamerika (Kalifornien, Oregon, British Columbia und Manitoba). Er entdeckte dabei zahlreiche, der Wissenschaft noch unbekannte Baumarten (z.B. *Abies lasiocarpa, A. procera; Larix occidentalis, Tsuga heterophylla*). Über 200 Gehölze, darunter mehrere Tannen- und Kiefern-Arten (z. B. *Abies grandis, A. procera; Pinus contorta, P. ponderosa*), die Sitka-Fichte *(Picea sitchensis)*, die seinen Namen tragende **Douglasie** *(Pseudotsuga menziesii)* oder Laubgehölze wie *Spiraea* ***douglasii*** und *Ribes sanguineum* gelangten durch ihn nach Europa. DOUGLAS fiel auf Hawaii einem Unfall zum Opfer, er stürzte in eine Tierfallgrube, in der sich bereits ein gefangener Bulle befand.

FARGES, PAUL GUILLAUME (1844–1912): Französischer Missionar und Naturforscher. Er wurde 1867 nach China gesandt und sammelte vor allem in NO-Sichuan. Nach dem in China verstorbenen FARGES wurden die Bambusgattung ***Fargesia*** und diverse Arten (z.B. *Rhododendron* ***fargesii***, heute zu *R. oreodoxa*) oder Varietäten (*Juniperus squamata* var. *fargesii*) benannt, von ihm wurde u. a. *Pinus armandii* nach Europa (Frankreich) eingeführt.

FARRER, REGINALD JOHN (1880–1920): Englischer Pflanzensammler, Gärtner und „botanical artist". Bereiste 1914–16 China (Gansu), wo er Samen und Pflanzen sammelte. Autor des Buches „The English Rock Garden". Nach ihm wurde *Viburnum* ***farreri*** benannt.

FORREST, GEORGE (1873–1932): Schottischer Pflanzensammler und Autor, der Tibet und China (Yunnan, Sichuan) bereiste. Er starb in Yunnan, wo er mit Unterbrechungen seit 1904 28 Jahre lebte und sieben Expeditionen unternahm. Durch ihn gelangten viele Pflanzenarten, Kräuter wie Gehölze (darunter zahlreiche *Rhododendron*-Arten wie *R. adenogynum, R. impeditum, R. russatum*), nach England. Zahlreiche Pflanzen tragen ihm zu Ehren als Artepitheton den Namen „forrestii" (z. B. *Rhododendron* ***forrestii****)*, „forrestiana", „georgii" und „georgei".

FOTHERGILL, JOHN (1712–1780): Englischer Arzt. Führte in seinen Garten zu Upton zahlreiche neu entdeckte Pflanzen ein. Nach ihm wurde von LINNÉ die Gattung ***Fothergilla*** benannt.

FORTUNE, ROBERT (1812–1880): Schottischer Gärtner, Botaniker und Pflanzensammler, lebte mit kurzer Unterbrechung fast zwei Jahrzehnte in China (1843–61). Von der Royal Horticultural Society nach China gesandt, führte er viele Pflanzen (z.B. *Spiraea prunifolia* 1844, *Jasminum nudiflorum* 1845, *Mahonia bealei* 1849, *Pseudolarix* 1852, *Taxus cuspidata* 1855) aus China und Japan nach Europa (England) und in die USA ein, aber überwiegend aus Gärten und Baumschulen, dagegen wegen der schwierigen Reisemöglichkeiten nur wenige vom Naturstandort. Nach ihm benannt wurden u.a. *Rhododendron* ***fortunei*** oder *Euonymus* ***fortunei***. Im Auftrag der Ostindischen Kompanie führte er den Teestrauch nach Indien ein.

Fraser, John (1750–1811): Schottischer Pflanzensammler und Besitzer einer Baumschule in Chelsea (England). Er unternahm mehrere Expeditionen in Nordamerika (zwischen Neufundland und Carolina), von wo er diverse Arten nach Europa einführte (z. B. *Quercus imbricaria* 1786, *Rhododendron catawbiense* 1809), nach ihm wurde u. a. *Magnolia* ***fraseri*** benannt.

Giraldi, Giuseppe (1848–1901): Italienischer Missionar und Pflanzensammler, der in China zwischen 1890 und 1895 in Shaanxi sammelte. Giraldi starb in China. Ihm zu Ehren wurden Gehölze wie *Exochorda* ***giraldii*** und *Callicarpa bodinieri* var. ***giraldii*** benannt.

Henry, Augustine (1857–1930): Irischer Arzt, Dendrologe und Pflanzensammler, später Professor für Forstwirtschaft. Er sammelte umfangreiches Material (über 5000 Belegstücke kamen nach Kew/England) auf Expeditionen in China, vor allem Hubei und Sichuan, sowie Taiwan. Von 1882–1889 war er in Yichiang am Yangtse stationiert. Von ihm wurden viele Gehölzarten entdeckt (z. B. *Neillia sinensis*, *Populus lasiocarpa*, *Sorbus koehneana*), von denen mehrere seinen Namen tragen (z. B. *Tilia* ***henryana***, *Lonicera* ***henryi***, *Rubus* ***henryi*** oder *Spiraea* ***henryi***).

Hermann, Paul (1646–1695): Deutscher Professor in Holland, der mehrere Jahre auf Ceylon lebte. In seinem Garten in Leiden wurden Gehölze kultiviert, die Neueinführungen darstellen, so war bereits 1687 der Wacholder *Juniperus chinensis* vorhanden, für den sonst wesentlich spätere Zeiten für die Einführung in Kultur angegeben werden.

Hillier, Harold (1908–1985): Vertreter der englischen Baumschulfirma Hillier & Söhne (Hampshire) und Begründer der Sir Harold Hilliers Gardens and Arboretum mit einer der größten Kollektionen winterharter Gehölze der Erde. Eine Vielzahl neuer Gehölzsorten wurde gezüchtet oder in den Handel gebracht, z. B. Hybridsorten von *Perovksia* oder die *Ulmus*-Sorte 'Jacqueline Hillier'. Einige Arten bzw. Hybriden und zahlreiche Sorten tragen Namen wie „hillieri" (z. B. × *Phylliopsis* ***hillieri***, eine Hybride zwischen den Ericaceen-Gattungen *Kalmiopsis* und *Phyllodoce*) oder 'Hillier'.

Hooker, Joseph Dalton (1817–1911): Bedeutender britischer Botaniker des 19. Jahrhunderts und Direktor der Royal Botanic Gardens Kew (1865–85). Er nahm 1839–43 als Schiffsarzt an der Expedition von James Ross teil, bereiste 1848–51 Indien und den Himalaja, sammelte vor allem in Sikkim. Durch ihn gelangten zahlreiche Pflanzen nach England (z. B. mehrere *Rhododendron*-Arten und *Betula utilis* 1849–51). Unter den ihm zu Ehren benannten Gehölzen sei *Berberis* ***hookeri*** genannt.

Jeffrey, John (1826–1854): Schottischer Gärtner und Pflanzensammler, nahm an Expeditionen des Oregon Committee of Scotland teil. Durch ihn gelangten 1850–53 mehrere Arten aus dem westlichen Nordamerika erstmalig nach Europa, neben der nach ihm benannten **Jeffrey**-Kiefer *(Pinus **jeffreyi**)* weitere Nadelbäume wie *Calocedrus decurrens* oder *Tsuga mertensiana*.

Kämpfer (Kaempfer), Engelbert (1651–1716): Deutscher Arzt und Forschungsreisender, bereiste 1683–87 Persien, dann bis 1693 Arabien, Indien, Java und Japan, wo er 1690–92 lebte (Nagasaki). Er beschrieb in dem in Holland erschienenen Werk „Amoenitates exoticae" viele außerhalb Ostasiens unbekannte Gehölze (z. B. *Cryptomeria*, *Ginkgo* oder *Larix* ***kaempferi***), einige führte er auch nach Europa ein, so den Orientlebensbaum (*Platycladus*, 1690 nach Leiden).

Kamel: siehe Camellus!

Kerr, William (gest. 1814): Schottischer Gärtner und Pflanzensammler, der im Auftrag der Royal Botanic Gardens Kew/England von 1804–1813 in Guangzhou/Südchina lebte und sammelte. Nach ihm wurde von Augustin de Candolle die Gattung ***Kerria*** benannt. Durch Kerr gelangten u. a. 1804 *Kerria japonica* und *Cunninghamia lanceolata* nach Europa.

Kingdon-Ward, Frank (1885–1958): Englischer Botaniker und Geograf, der ausgedehnte Expeditionen in den Gebirgen Ostasiens unternahm. Er entdeckte und sammelte neue Arten, von denen er mehrere nach Europa in Kultur einführte, z. B. *Cotoneaster conspicuus* und *Rhododendron* ***wardii***.

Komarow (Komarov), Wladimir Leontjewitsch (1869–1946): Russischer Botaniker in St. Petersburg, Direktor des später nach ihm benannten Botanischen Instituts der Russischen Akademie der Wissenschaften. Er war der Begründer und bis zu seinem Tode Herausgeber der 30-bändigen „Flora der UdSSR", erforschte vor allem die Flora im Osten Russlands bzw. der ehemaligen Sowjetunion, entdeckte viele neue Arten, erkannte und beschrieb *Microbiota* als neue Koniferengattung.

LAMBERT, AYLMER BOURKE (1761–1842): Englischer Botaniker, Autor des Werkes „The Genus Pinus“ (1804). Er führte u. a. 1823 *Pinus wallichiana* nach Europa ein.

LINDLEY, JOHN (1799–1865): Englischer Gärtner, später Professor der Botanik in London und Autor. Er beschrieb viele in China gesammelte Pflanzen. LINDLEY war ein hervorragender Orchideenspezialist. 1941 gründete er die bedeutende Zeitschrift „Gardeners Chronicle“. Nach ihm wurde die Gattung ***Lindleya*** benannt. Sehr viele Pflanzen tragen das Artepitheton „lindleyi“ oder „lindleyana“.

LOBB, THOMAS (1820–1894) und LOBB, WILLIAM (1809–1863): Zwei Brüder, die im Auftrag der englischen Baumschulfirma J. VEITCH & Söhne (siehe unter VEITCH!) Pflanzen sammelten. T. LOBB bereiste vor allem Ost- und Südostasien, er führte u. a. über den Botanischen Garten Bogor/ Indonesien als erster japanische Gehölze wie *Sciadopitys* oder eine nach ihm benannte Sorte **'Lobbii'** von *Cryptomeria japonica* nach Europa ein. W. LOBB sammelte in Nord- und Südamerika. Ihm verdanken wir u.a. die Entdeckung diverser Nadelbäume und ihre Einführung in Kultur, so 1851 von *Abies concolor* var. *lowiana* und *Torreya californica* oder 1853 von *Sequoiadendron giganteum* und *Thuja plicata* (Syn. *T.* ***lobbii***), unter den Laubgehölzen seien *Berberis darwinii* und *Rhododendron occidentale* genannt.

MAACK, RICHARD KARLOWITSCH (1825–1886): Russischer Naturforscher, der zwischen 1855 und 1860 das Amur- und Ussurigebiet im russischen Fernen Osten bereiste und botanische sowie zoologische Sammlungen anlegte. Nach ihm wurde die Leguminosen-Gattung ***Maackia*** benannt. Mehrere Gehölzarten tragen seinen Namen, so *Lonicera* ***maackii*** und *Prunus* ***maackii***.

MARIES, CHARLES (1851–1902): Englischer Pflanzensammler in Japan und China (1877–1879) für die Baumschulfirma J. VEITCH & Söhne. Er entdeckte u. a. *Abies veitchii* und führte erstmals die Ahorn-Arten *Acer carpinifolium* und *A. davidii* in Kultur ein.

MAXIMOWICZ, CARL JOHANN bzw. KARL IWANOWITSCH (1827–1891): Russischer Botaniker und Pflanzensammler deutscher Abstammung. Er erforschte das Amur- und Ussuri-Gebiet im Fernen Osten Russlands und 1860–64 Japan. Seine umfangreichen Sammlungen getrockneter und lebender Pflanzen gelangten nach St. Petersburg (u. a. Ersteinführungen von *Acer ginnala, Enkianthus campanulatus, Kalopanax septemlobus, Lespedeza bicolor, Spiraea japonica*). Seinen Namen tragen viele Gehölzarten (Artepitheta „maximowiczii“ oder „maximowicziana“).

MENZIES, ARCHIBALD (1754–1842): Nahm als Schiffsarzt und Biologe an den Expeditionen des Weltumseglers Kapitän VANCOUVER teil, bereiste das pazifische Amerika von Alaska bis Kap Hoorn, u.a. von 1791–95 das nordwestliche Nordamerika, wobei er Nadelbäume wie *Cupressus nootkatensis, Pseudotsuga* ***menziesii***, *Picea sitchensis, Sequoia sempervirens* und *Thuja plicata* entdeckte. Er sandte zwar Belegmaterial nach England (Kew), war aber kaum an der Einführung von Arten beteiligt. Allerdings gelangte durch ihn *Araucaria araucana* erstmalig nach Europa, denn von Chile 1795 wurden auf einem Schiff Araukariensamen mitgeführt, eigentlich als Proviant.

MURRAY, ANDREW (1812–1878): Schottischer Botaniker, entdeckte 1854 u. a. *Chamaecyparis lawsoniana* und sandte aus Kalifornien Samen zur Baumschule von CH. LAWSON (Edinburgh), dem Herausgeber des Pinetum Britannicum, nach dem er die neue Art benannte.

PARRY, CHARLES CHRISTOPHER (1823–1890): Ein aus England stammender Erforscher der nordamerikanischen Flora, entdeckte u. a. neue Koniferenarten wie *Picea engelmannii* und *P. pungens* (Syn. *P.* ***parryana***) oder *Pinus aristata*, die durch ihn 1861–63 nach Europa gelangten.

PERNY, PAUL-HUBERT (1818–1907): Französischer Missionar und Naturforscher (Botaniker und Zoologe), tätig in China, von 1850–1860 in Guizhou und von 1862–68 in Sichuan. Er entdeckte zahlreiche neue Arten und legte große Sammlungen an. Nach ihm benannt und von ihm entdeckt wurde *Ilex* ***pernyi***.

POTANIN, GRIGORI NIKOLAJEWITSCH (1835–1920): Russischer Botaniker und Pflanzensammler. Bereiste in Begleitung seiner Frau zwischen 1876 und 1893 vier Mal Mittelasien, Tibet, die Mongolei und China (Gansu). Sein gesammeltes Saatgut gelangte in den Botanischen Garten St. Petersburg. Er entdeckte u. a. 1894 *Syringa sweginzowii*.

PRZEWALSKI, NICOLAI MICHAILOWITSCH (1839–1888): Russischer Naturforscher. Er unternahm von 1867–69 Expeditionen im Ussuri-Gebiet (Ferner Osten Russlands) und von 1870–85 vier große zoologisch-botanische Sammelreisen nach Mittelasien, wobei er zahlreiche neue Arten entdeckte. Das von ihm gesammelte Saatgut sandte er zum Botanischen Garten St. Petersburg.

PURDOM, WILLIAM (1880–1921): Englischer Pflanzensammler und Reisender. Unternahm im Auftrag der englischen VEITCH´s Coombe Nursery und des Arnold Arboretums (USA) Sammelreisen von 1909–11 in China (Gansu, Shanxi, Innere Mongolei und Grenzgebiet zu Tibet), erneut 1914 in Gansu mit REGINALD FARRER. Ab 1915 war er für die Staatliche Chinesische Forstkommission tätig. PURDOM starb in Peking (Beijing). Durch ihn gelangten 1910 *Syringa microphylla* und *Clematis macropetala*, 1911 *Prinsepia uniflora* und 1915 *Buddleja alternifolia* in Kultur nach Europa.

PURPUS, CARL ALBERT (1851–1941): Deutscher Pflanzensammler in Amerika, dem die Einführung vieler Pflanzen aus Nordamerika nach Deutschland zu verdanken ist. *Lonicera* × ***purpusii*** wurde von A. REHDER jedoch nach seinem Bruder JOSEPH ANTON PURPUS (1860-1932), der Inspektor des Botanischen Gartens Darmstadt war, benannt.

PURSH (PURSCH), FREDERICK (FRIEDRICH) TRAUGOTT (1774–1820): Deutscher Forschungsreisender, Gärtner und Pflanzensammler, Autor des bedeutenden Werkes „Florae Americae Septentrionalis" (1814). Er lebte von 1799 bis 1811 in den USA, von wo er diverse Gehölzarten nach Europa einführte, so *Acer macrophyllum* (von ihm entdeckt und benannt, Kultur misslang aber) oder *Carpinus caroliniana*.

REGEL, EDUARD AUGUST VON (1815–1892): Gärtner und Botaniker, er war zunächst als Gärtner in Gotha tätig, anschließend in den Botanischen Gärten von Göttingen, Bonn, Berlin und Zürich. 1855 wurde er Direktor des Botanischen Gartens von St. Petersburg. Hierher gelangten viele Gehölzarten erstmals in Gartenkultur. REGEL war Autor zahlreicher wissenschaftlicher Veröffentlichungen und gründete 1852 die angesehene Zeitschrift „Gartenflora", die er bis 1884 auch herausgab.

REGEL, JOHANN ALBERT VON (1845–1908): Er unternahm von 1877–1885 ausgedehnte Forschungs- und Sammelreisen nach Turkestan und benachbarten Regionen. Erforscher von Mittelasien. Er entdeckte u. a. *Exochorda korolkowii*.

REHDER, ALFRED (1863–1949): Dendrologe, der seine Laufbahn als Gärtner in Parks und Botanischen Gärten in Deutschland begann und zuletzt Kurator des Arnold Arboretums (Jamaica Plain) in den USA war. REHDER ist Autor des 1927 und in 2. Auflage 1940 erschienenen, auch heute noch als Standardwerk geltenden „Manual of Cultivated Trees and Shrubs hardy in North America". Viele Gehölze tragen seinen Namen bzw. wurden von ihm benannt und neu beschrieben.

ROXBURGH, WILLIAM (1759–1815): Schottischer Mediziner und Botaniker in Diensten der East India Company. Von 1793–1814 Superintendent des Botanischen Gartens Calcutta. Autor der zweibändigen »Flora Indica«, die posthum erschien. Viele Gehölze tragen seinen Namen, so u. a. *Rosa* ***roxburghii***.

SARGENT, CHARLES SPRAGUE (1841–1927): Amerikanischer Botaniker, Dendrologe und Pflanzensammler. Er gründete 1873 das berühmte Arnold Arboretum der Harvard-Universität (Jamaica Plain bei Boston/Massachusetts), dessen erster Direktor er bis zu seinem Tode war. Er entdeckte neue Arten in Nordamerika und Japan und führte sie in Kultur ein, sowohl in den USA als auch nach Europa, so z. B. aus Japan 1892–93 *Acer capillipes*, *Quercus serrata* oder *Rhododendron kaempferi*. In seinem Werk „The Silva of North America" beschrieb er alle in Nordamerika beheimateten Bäume. In SARGENTS Auftrag sammelten auch E. H. WILSON, W. PURDOM und J. ROCK in China. Auf SARGENT verweisen viele Artnamen wie *Malus* ***sargentii***, die er 1892 auch entdeckte, und *Prunus* ***sargentii***.

SCHNEIDER, CAMILLO CARL (1876–1951): Deutscher Botaniker, Dendrologe, Gartenarchitekt, Pflanzensammler und Autor. Er unternahm eine Reise in den Kaukasus und begleitete HEINRICH VON HANDEL-MAZZETTI auf einer Sammelreise in China (Yunnan, Sichuan). SCHNEIDER bearbeitete WILSONS chinesische Aufsammlungen von *Berberis* und *Syringa*. Er veröffentlichte 1903–1912 das Standardwerk „Illustriertes Handbuch der Laubholzkunde". Die Deutsche Dendrologische Gesellschaft verleiht jährlich einen Camillo-Schneider-Preis für hervorragende Graduierungsarbeiten an junge Dendrologen.

Siebold, Philipp (Balthasar) Franz von (1796–1866): Deutscher Arzt in Diensten der holländischen East India Company, lebte von 1823–1830 und 1859–63 in Japan, wo er sich der Flora widmete (vgl. das mit J. G. Zuccarini verfasste Werk „Flora Japonica" 1835–70). Er beschrieb zahlreiche neue Arten und führte japanische Pflanzenarten und -sorten in die europäischen Parks und Gärten ein, vor allem über Leiden (Holland; z. B. die Kopfeibe *Cephalotaxus harringtonii* 1829, die Ahorne *Acer rufinerve* und *A. cissifolium* 1860 oder Sorten von *Chamaecyparis obtusa um* 1860), einige auch über St. Petersburg. Gehölzarten wie *Eleutherococcus* ***sieboldianus*** oder *Malus* ***sieboldii*** tragen seinen Namen.

Soulié, Jean André (1858–1905): Französischer Missionar und Pflanzensammler. Abbé Soulié, der ab 1886 in Sichuan und SO-Tibet tätig war, sandte sein umfangreiches Herbarmaterial (über 7000 Bögen) an das Naturhistorische Museum in Paris. Er wurde von tibetanischen Mönchen ermordet. Sein Name ist in einigen Pflanzennamen verewigt.

Späth, Franz Ludwig (1839–1913) und Späth, Hellmuth Ludwig (1885–1945): Vertreter deutscher Gärtnerfamilie und bekannter Baumschulfirma (begründet 1720 durch Ludwig Späth), durch die zahlreiche Gehölzarten in den Handel gelangten und neue Sorten gezüchtet wurden. Manche Originalpflanze steht noch heute im Arboretum Berlin-Baumschulenweg (ehemaliges Arboretum Späth), z. B. von *Alnus* × ***spaethii*** (entstanden vor 1908).

Staunton, George Leonard (1737–1801): Irischer Arzt und Naturforscher, bereiste 1792 China und verfasste ein zweibändiges Werk über seine botanische Reise. Nach ihm wurden eine Gattung und mehrere Arten benannt (z. B. *Elsholtzia* ***stauntonii***).

Thunberg, Carl Peter (1743–1822): Schwedischer Arzt und Naturforscher, Professor der Botanik in Uppsala; Schüler und Nachfolger Linnés. Im Auftrag der holländischen East India Company weilte er in Japan, wo er von 1775–76 die Flora erforschte (publiziert in »Flora Japonica« 1784), Java und Südafrika. Zahlreiche Pflanzenarten wurden von ihm entdeckt (z. B. *Sciadopitys*) oder gelangten durch ihn erstmalig nach Europa. Bei Arten wie *Berberis* ***thunbergii*** und *Lespedeza* ***thunbergii*** ist sein Name verewigt.

Tradescant, John jun. (1606–1662): Englischer Gärtner (u. a. im Dienste von König Charles I.). Er bereiste Virginia 1654 und durch ihn wurden mehrere nordamerikanische Arten in Kultur eingeführt (z. B. 1640 *Taxodium distichum*, vor 1656 *Juglans nigra*).

Trautvetter, Ernst Rudolph von (1809–1889): Russischer Botaniker baltisch-deutscher Abstammung, Professor für Botanik und Gründer des Botanischen Gartens Kiew, später Direktor des Botanischen Gartens St. Petersburg. Er beschrieb zahlreiche Arten, die teils über die Botanischen Gärten auch in Kultur gelangten (z. B. *Rhododendron smirnowii*). Eine Gattung und mehrere Arten (z. B. *Acer* ***trautvetteri***) wurden nach ihm benannt.

Veitch, James (1815–1869), Veitch, John Gould (1839–1870) und Veitch, Harry James (1840–1924): Baumschulinhaber in Exeter und Chelsea. Englisches Familienunternehmen bis 1914, das sich große Verdienste bei der Einführung von Gehölzen nach Europa erwarb, teils durch eigene Sammeltätigkeit (z. B. durch J. G. Veitch nach der Öffnung der japanischen Häfen für das Ausland 1861 *Pinus parviflora, Juniperus rigida, Larix kaempferi*), teils über in ihren Diensten stehende Pflanzensammler wie die Gebrüder Lobb, Ch. Maries oder E. H. Wilson. Viele Gehölze tragen das Artepitheton „veitchii" (z. B. *Abies* ***veitchii***), „veitchiorum" oder „harryanus".

Vilmorin, Auguste Louis Maurice Lévéque de (1849–1918): Französischer Gartenbauer und Gründer des Arboretums Des Barres südlich von Paris. Er verbreitete zahlreiche neu entdeckte Pflanzen aus China, die er vor allem von französischen Missionaren erhielt. Die Gehölze mit dem Artepitheton „vilmorinii" (z. B. *Sorbus* ***vilmorinii***) oder „vilmoriniana" tragen seinen Namen.

Wallich, Nathaniel, eigentlich Nathan Wolff (1786–1854): In Kopenhagen geborener Mediziner und Botaniker. Reiste 1807 als Arzt nach Indien, war später in Diensten der East India Company. Von 1815–1846 war er Superintendent des Botanischen Gartens von Calcutta. Wallich sammelte in verschiedenen Teilen Indiens. Eine Palmengattung trägt seinen Namen. Zahlreiche Pflanzenarten aus Indien und dem Himalaja wurden ihm zu Ehren „wallichii" oder „wallichiana" (z. B. *Pinus* ***wallichiana***) genannt.

Wilson, Ernest Henry (1876–1930): Englischer Reisender, Pflanzensammler und Autor (z. B. „China, Mother of Gardens"). Er reiste zunächst im Auftrage der englischen Firma J. Veitch & Söhne (1899–1902, 1903–1905), später des Arnold Arboretums/USA (1906–1908, 1909–1911). Bekannt als „Chinese Wilson", sammelte er vor allem in den chinesischen Provinzen Hubei, Sichuan und Yunnan, suchte aber 1914 und 1918 auch Japan auf. Von seinen zahlreichen Einführungen nach Europa und den USA seien *Acer griseum* (1901), *Kolkwitzia amabilis* (1901), *Lonicera henryi* (1908) und *Picea asperata* (1910) oder die *Rhododendron*-Arten *R. schlippenbachii* (1892), *R. orbiculare* (1904), *R. williamsianum* (1909) und *R. albrechtii* (1914) genannt. Im Gattungsnamen ***Sinowilsonia*** (Hamamelidaceae) ist Wilson verewigt, ebenso in vielen Artnamen mit den Epitheta „wilsonii" und „wilsoniana". Sargent hat in seinem umfangreichen Werk „Plantae Wilsonianae" (1913/17) die Aufsammlungen Wilsons der Jahre 1907–1910 bearbeitet.

Ausgewählte Literatur

AHRENDT, L. W. A. (1961): Berberis and Mahonia. A taxonomic revision. Journ. Linn. Soc. of London (Botany) 57: 1–410.

ALBRECHT, H.-J. (2018): Wildes Obst. Seltene Arten für den Garten. München: BLV.

ALBRECHT, H.-J., SOMMER, S. (1991): Rhododendron. Arten, Sorten und ihre Verwendung. Berlin: Deutscher Landwirtschaftsverl.

ARMITAGE, J., EDWARDS, D., LANCASTER, N. (eds.) (2014): The Hillier Manual of Trees & Shrubs. 8th ed. London: Royal Horticultural Society.

ASHBURNER, K., MCALLISTER, H. A. (2016): The Genus Betula. A Taxonomic Revision of Birches. Kew: Royal Botanic Gardens.

AUDERS, A. G., SPICER, D .P. (2012): Encyclopedia of Conifers. 2 Vols. Nicosia: Kingsblue Publ. & Royal Horticultural Society.

BÄRTELS, A. (2017): Steinobst. Blüten und Früchte. Bern: Ott der sachbuchverl.

BÄRTELS, A. (2019): Ahorn. Arten/Farben/Formen. Bern: Ott der sachbuchverl.

BÄRTELS, A., SCHMIDT, P. A. (Hrsg.) (2014): Enzyklopädie der Gartengehölze. 2. Aufl. Stuttgart: Ulmer.

BAFU (BUNDESAMT FÜR UMWELT), INFOFLORA (Hrsg.) (2016): Rote Liste Gefäßpflanzen. Gefährdete Arten der Schweiz. Bern: InfoFlora.

BEAN, W. J. (1970–1988): Trees and Shrubs hardy in the British Isles. Eights Edition, 4 vols and supplement. Online edition: http:www.beantreesandshrubs.org/

BEAULIEU, A. LE HARDŸ DE (1998): Guide Illustré des Erables. Paris: Editions du 8ème.

BfN (BUNDESAMT FÜR NATURSCHUTZ, Hrsg.), 2018: Rote Liste gefährdeter Tiere, Pflanzen und Pilze Deutschlands. Bd. 7: Pflanzen. Naturschutz u. Biol. Vielfalt 70 (7). Bonn – Bad Godesberg: Bundesamt für Naturschutz.

BMJ (BUNDESMINISTERIUM DER JUSTIZ, Hrsg.), 2001: Bekanntmachung der besonders und streng geschützten Tier- und Pflanzenarten gemäß §20a Abs. 5 des Bundesnaturschutzgesetzes. Bundesanzeiger 35a.

BOOM, B. K. (2000): Nederlandse Dendrologie. 13. Aufl. Wageningen: Veenman.

BRETSCHNEIDER, E. (1898): History of European Botanical Discoveries in China. Band I–II. Reprint 1981. Leipzig: Zentral-Antiquariat der DDR.

BRIGGS, R. W. (1993): 'Chinese' Wilson. A life of Ernest H. Wilson. London: HMSO.

BRUMMITT, R. K., POWELL, C. E. (Eds.) (1992): Authors of Plant Names. Kew: Royal Botanic Gardens.

BUSCH, W. M., STRECKER, A. R. (2019): Bonsai. Gestalten mit heimischen Gehölzen. 2. Aufl. Wiebelsheim: Quelle & Meyer.

BUTTLER, K. P. (2017): Zur Benennung einiger Sippen der Flora Deutschlands. Ber. Botan. Arbeitsgemeinschaft Südwestdeutschl. 8: 33–34.

DICKORÉ, W. B., KASPEREK, G. (2010): Species of *Cotoneaster* (Rosaceae, Maloideae) indigenous to, naturalizing or commonly cultivated in Central Europe. Willdenowia 40: 13–45.

DIRR, M. A. (2007): Viburnums. Portland, Oregon: Timber Press.

DÜLL, R., KUTZELNIGG, H. (2016): Taschenlexikon der Pflanzen Deutschlands und angrenzender Länder. 8. Aufl. Wiebelsheim: Quelle & Meyer.

EHRHARDT, W., GÖTZ, E., BÖDEKER, N., SEYBOLD, S. (2014): Handwörterbuch der Pflanzennamen. 19. Aufl. Stuttgart: Ulmer.

FARJON, A. (2017): A Handbook of the World's Conifers. Ed. 2. Leiden–Boston: Brill.

FIALA, J. L. (1988): Lilacs. The Genus Syringa. London: Christopher Helm.

FISCHER, M. A., OSWALD, K., ADLER, W. (2008): Exkursionsflora für Österreich, Liechtenstein und Südtirol. 3. Aufl. Linz: Biologiezentrum Oberösterreichisches Landesmuseum.

GALK (DEUTSCHE GARTENAMTSLEITERKONFERENZ) (2019): GALK-Straßenbaumliste 2019. www.galk.de

GALLE, F. C. (1997): Hollies. The Genus Ilex. Portland, Oregon: Timber Press.

GELDEREN, C .J. VAN & D. M. (2004): Encyclopedia of Hydrangeas. Portland, Oregon; Cambridge, UK: Timber Press.

GELDEREN, D. M. VAN, JONG, P. C. DE, OTERDOM, H. J. (1994): Maples of the World. Portland, Oregon: Timber Press.

GENAUST, H. (2005): Etymologisches Wörterbuch der botanischen Pflanzennamen. 3. Aufl. Hamburg: Nikol Verlagsgesellschaft.

GRIMSHAW, J., BAYTON, R. (2009): New Trees. Recent Introductions to Cultivation. Kew: Kew Publishing.

HECKER, U. (2006): Bäume und Sträucher. BLV Handbuch, 4. Aufl. München: BLV.

HILLER, K., MELZIG, M. F. (2010): Lexikon der Arzneipflanzen und Drogen. 2. Aufl. Heidelberg: Spektrum Akad. Verl.

HUNT, D. (ed.) (1998): Magnolias and their allies. Sherborne: IDS and The Magnolia Society.

HYAM, R., PANKHURST, R. (1995): Plants and their Names. A Concise Dictionary. Oxford: Oxford University Press.

IUCN (THE INTERNATIONAL UNION FOR CONSERVATION OF NATURE) (2019): IUCN Red List 2019. www.iucnredlist.org/

JÄGER, E. J. (Hrsg.) (2017): ROTHMALER – Exkursionsflora von Deutschland. Gefäßpflanzen: Grundband. 21. Aufl. Berlin, Heidelberg: Springer-Verl.

JÄGER, E. J., EBEL, F., HANELT, P., MÜLLER, G. K. (Hrsg.) (2007): ROTHMALER – Exkursionsflora von Deutschland. Bd. 5: Krautige Zier- und Nutzpflanzen. Heidelberg–Berlin: Springer, Spektrum Akad. Verl.

KEW SCIENCE: Plants of the World Online. http://www.plantsoftheworldonline.org/

KOROPACHINSKIY, I. Y. (2015): North Asian Woody Plants. 2 Vols. Novosibirsk: Academic Publishing House Geo.

KRÜSSMANN, G. (1983): Handbuch der Nadelgehölze. 2. Aufl. unter Mitwirkung von H.-D. WARDA. Berlin u. Hamburg: Parey.

KRÜSSMANN, G. (1987): Handbuch der Laubgehölze. Bd. 1–3. 2. Aufl. Berlin u. Hamburg: Parey.

KUBÁT, K. (Hrsg.) (2002): Klíčke květeně České republiky. Praha: Academia.

LANCASTER, R. (1989): Travels in China. A Plantman's Paradise. Woodbridge/Suffolk: Antique Collectors´Club.

LAUBER, K., WAGNER, G., GYGAX, A. (2018): Flora Helvetica. 6. Aufl. Bern: Haupt.

LEISTIKOW, U. (1993): Unsere Parkbäume aus Nordamerika. Palmengarten, Sonderh. 20. Frankfurt/M.: Palmengarten.

LITVINSKAYA, S. A. (2006): The Ecological Encyclopedia of Trees and Bushes. Krasnodar: Tradizija.

MABBERLEY, D. J. (2017): Mabberleys Plant-book. A portable dictionary of plants, their classification and uses. 4th ed. Cambridge: University Press

MAURIZIO, A., SCHAPER, F. (1994): Das Trachtpflanzenbuch München: Ehrenwirth.

MCALLISTER, H. (2005): The genus Sorbus. Mountain Ash and other Rowans. Kew: Royal Botanic Gardens.

MCLEAN, B. (2004): George Forrest. Plant Hunter. Woodbridge/Suffolk: Antique Collectors Club/ Royal Botanic Garden Edinburgh.

MORE, D., WHITE, J. (2003): Trees of Britain and Northern Europe. London: Cassell.

MÜLLER, F., RITZ, C. M., WELK, E., WESCHE, K. (Hrsg.) (2016): ROTHMALER – Exkursionsflora von Deutschland. Gefäßpflanzen: Kritischer Ergänzungsband. 11. Aufl. Berlin, Heidelberg: Springer Spektrum.

MUSGRAVE, T., GARDNER, C., MUSGRAVE, W. (1998): The Plant Hunters. London: Ward Lock.

NELSON, G., EARLE, CH. J., SPELLENBERG, R. (2014): Trees of Eastern North America. Princeton and Oxford: Princeton Univ. Press.

NIKLFELD, H., SCHRATT-EHRENDORFER, L. (1999): Rote Liste gefährdeter Farn- und Blütenpflanzen (Pteridophyta und Spermatophyta) Österreichs. 2. Fassung. In: NIKLFELD, H. et al.: Rote Listen gefährdeter Pflanzen Österreichs. 2. Aufl. Graz: Austria medienservice. S. 33–130.

OHWI, J. (1984): Flora of Japan. Washington D.C.: Smithsonian Institution.

OLDFIELD, S., LUSTY, CH., MACKINVEN, A. (eds.) (1998): The World List of Threatened Trees. Cambridge: World Conservation Press.

PAROLLY, G., ROHWER, J. G. (2019): SCHMEIL-FITSCHEN – Die Flora Deutschlands und angrenzender Länder. 97. Aufl. Wiebelsheim: Quelle & Meyer.

PIGOTT, D. (2012): Lime-trees and Basswoods. A Biological Monograph of the Genus Tilia. Cambridge, UK: Cambridge University Press.

PIRC, H. (2015): Enzyklopädie der Wildobst- und seltenen Obstarten. Graz – Stuttgart: Leopold Stocker Verl.

RECHT, CHR., WETTERWALD, M. F., SIMON, W. (1988): Bambus. Stuttgart: Ulmer.

REHDER, A. (1940): Manual of Cultivated Trees and Shrubs Hardy in North America. 2nd ed. New York: Macmillan.

ROLOFF, A. (2013): Bäume in der Stadt. Besonderheiten – Funktion – Nutzen – Arten – Risiken. Stuttgart: Ulmer.

ROLOFF, A. (2017): Der Charakter unserer Bäume. Ihre Eigenschaften und Besonderheiten. Stuttgart: Ulmer.

ROLOFF, A., BÄRTELS, A. (2018): Flora der Gehölze. 5. Aufl. Stuttgart: Ulmer.

ROTH, L., DAUNDERER, M., KORMANN, K. (1994): Giftpflanzen – Pflanzengifte. 4. Aufl. Hamburg: Nikol Verlagsgesellsch.

SARGENT, C. S. (1913–1917): Plantae Wilsonianae. An Enumeration of the Woody Plants collected in Western China for the Arnold Arboretum of Harvard University during the years 1907, 1908, and 1910 by E. H. Wilson. Vol 1–3. Cambridge: University Press.

SCHENCK, C. A. (1939): Fremdländische Wald- und Parkbäume. Bd. I–III. Berlin: Parey.

SCHMIDT, P. A. (1991): Forstbäume und sonstige Gehölze (außer Obstgehölze). In: SCHLOSSER, S., REICHHOFF, L., HANELT, P.: Wildpflanzen Mitteleuropas. Nutzung und Schutz. Berlin: Deutscher Landwirtschaftsverlag.

SCHMIDT, P. A. (2002–2007, 2016): Bäume und Sträucher Kaukasiens. Teile 1–6 u. Nachtrag. Mitt. Deutsch. Dendrol. Ges. 87: 59–81, 88: 77–100, 89: 49–71, 90: 25–43, 91: 21–56, 92: 21–48, 101: 69–106.

SCHMIDT, P. A., SCHULZ, B. (Hrsg.) (2017): FITSCHEN – Gehölzflora. 13. Aufl. Wiebelsheim: Quelle & Meyer.

SCHROEDER, F.-G. (1998): Lehrbuch der Pflanzengeographie. Wiesbaden: Quelle & Meyer.

SCHÜTT, P. et al., seit 1997 ROLOFF, A. et al. (Hrsg.) (1994–...): Enzyklopädie der Holzgewächse. Handbuch und Atlas der Dendrologie. Lfg. 1–...; Landsberg am Lech: ecomed, seit 2000 Weinheim: WILEY-VCH-Verl.

SCHULZ, B. (2014): Gehölzbestimmung im Winter. 2. Aufl. Stuttgart: Ulmer.

SOKOLOV, S. J., SVJAZEVA, O. A., KUBLI, V. A. (1977–1986): Areographia arborum fruticumque URSS. Bd. 1–3. Leningrad: Nauka.

SPELLENBERG, R., EARLE, CH. J., NELSON, G. (2014): Trees of Western North America. Princeton and Oxford: Princeton Univ. Press.

SPONGBERG, ST. A. (1990): A reunion of Trees. Cambridge/Mass., London: Harvard University Press.

STEARN, W. T. (1992): Stearn's Dictionary of Plant Names for Gardeners. London: Cassell.

TRESEDER, N. G. (1978): Magnolias. London & Boston: Faber & Faber.

WARDA, H. D. (2016): Das große Buch der Garten- und Landschaftsgehölze. 3. Aufl. Bad Zwischenahn: Bruns Pflanzen-GmbH.

WU, Z. Y., RAVEN, P. H. (eds.) (1999–2011): Flora of China. Vols. 1–19. Beijing: Science Press/St. Louis: Missouri Botanical Garden Press.

Worterklärungen

agamosperm	siehe Apomikten!
agg.	Aggregat, Artengruppe, informelle Bezeichnung für Sippenkomplexe nah verwandter, schwer unterscheidbarer Arten (diese oft „Kleinarten" genannt)
Alluvionen	(geologisch junge) Anschwemmungsprodukte bzw. Ablagerungen
alpin	Höhenstufe im Hochgebirge oberhalb der Baumgrenze bzw. die dort vorkommende Rasen- und Zwergstrauchvegetation; subalpin der Übergangsbereich zum Wald (Krummholz- oder Kampfwaldstufe)
Apfelfrucht	Frucht mit weitgehend freien Fruchtblättern, die durch das Achsengewebe verbunden werden; Kernapfel, wenn Kerngehäuse pergamentartig (z. B. *Malus*, *Pyrus*), Steinapfel, wenn mit Steinkern (z. B. *Cotoneaster*, *Crataegus*)
Apomikten	Pflanzen bzw. Sippen, die sich nicht geschlechtlich fortpflanzen, sondern Samen ohne Befruchtung (agamosperm) bilden (siehe z. B. unter *Rubus* und *Sorbus*).
Archäophyt	Pflanzenart, die vor 1492 durch den Menschen beabsichtigt oder unbeabsichtigt in ein Gebiet außerhalb ihres natürlichen Areals gelangte
Areal	Verbreitungsgebiet einer Art bzw. Sippe
arktisch	Vorkommen in der Tundra nördlich der polaren Waldgrenze; subarktisch, wenn im Übergangsbereich (Waldtundra) zu borealen Wäldern
Aue	von Überflutungen und wechselnden Wasserständen geprägte Bereiche entlang von Fließgewässern
austral	gemäßigte Zone der Südhalbkugel, zwischen südlicher subtropischer und antarktischer Zone
Bandstockweiden	siehe Flechtweiden!
bodenvag	keine bestimmten Ansprüche an den Boden stellend
boreal	kaltgemäßigte, kühle oder nördliche Zone, bezieht sich auf Zone der Nadelwälder des nördlichen Eurasiens und Nordamerikas (boreale Wälder oder Taiga)
Braktee	1. Deckblatt bzw. Tragblatt einer Blüte 2. (oft gefärbtes) Hochblatt im Blüten(stand)bereich
Bundesgehölzsichtung	Prüfung und Bewertung neuer Sorten von Gehölzen für den Garten und öffentliches Grün durch den Arbeitskreis Gehölzsichtung in Zusammenarbeit mit dem Bund Deutscher Baumschulen und Sichtungsgärten, koordiniert durch das Bundessortenamt
Chaparral	Hartlaubgebüsche der Winterregengebiete an der Westküste Nordamerikas (ähnlich Macchie in Südeuropa)
Cultivar	Sorte
disjunktes Areal	Verbreitungsgebiet einer Art, das aus mehreren räumlich getrennten Teilarealen besteht
edaphisch	auf den Boden bezogen
Elaiosom	Ölkörper. Anhängsel an Samen und anderen Ausbreitungseinheiten (Teilfrüchte, Früchte), Nährstoffe (Fette) enthaltend. Von Ameisen verzehrt, die durch die darin enthaltene Rizinolsäure angelockt werden.
endemisch	natürliches Areal ist auf ein bestimmtes Gebiet beschränkt, entsprechende Sippe ein Endemit, wenn Gebiet räumlich eng begrenzt: Lokalendemit
epigäisch	Keimungsart, bei der die Keimblätter (Kotyledonen) durch die Streckung der Keimachse über die Erdoberfläche gelangen
Fiedern	die Blättchen eines gefiederten Blatts
Filament	Staubfaden; der untere Teil eines Staubblatts, dem der Staubbeutel (Anthere) ansitzt

Flechtweiden	Sammelbezeichnung für Weiden, deren lange und biegsame Zweige („Ruten“) als Flecht- und Bindematerial Verwendung finden. Die Bandstockweiden, deren Ruten nur etwa alle drei Jahre geerntet werden, liefern spaltbares Flechtmaterial.
GALK	Deutsche Gartenamtsleiterkonferenz, erstellt Listen mit Eignung der Arten und Sorten als Straßenbaum (GALK-Straßenbaumliste)
Garrigue, Garige	niedrige und offene Gebüsche im westlichen Mittelmeergebiet, meist lichte Bestände von (teils immergrünen) Klein- und Zwergsträuchern, durchsetzt mit Stauden und Gräsern, Degradationsstadium des mediterranen Hartlaubwalds
gemäßigte Zone	auf der Nordhalbkugel im engeren Sinn die typisch gemäßigte (nemorale, temperate) Zone und im weiteren Sinne (temperierte Zonen) auch die nördliche anschließende kaltgemäßigte (boreale) Zone und die südlich anschließende warmgemäßigte (submeridionale) Zone umfassend
genagelt	Kronblatt weist einen stielartig verschmälerten basalen Teil und einen deutlich abgesetzten, breiteren oberen Abschnitt (Platte) auf
halbimmergrün	Pflanzen, die ihre Blätter im Gegensatz zu sommergrünen Pflanze nicht nach einer Vegetationsperiode im Herbst verlieren, sondern grüne Blätter bis zum Austrieb im Folgejahr behalten (wintergrün), aber nie über 2 Jahre wie immergrüne Pflanzen
Halbstrauch	nur basal verholzter, über 0,5 m hoher Strauch, dessen unverholzte Triebe im Winter absterben oder abfallen; wenn unter 0,5 m hoch: Zwerghalbstrauch
Holarktis	außertropisches Gebiet der Nordhalbkugel, die arktische bis meridionale Zone umfassend
Hybridisierung	natürlich vorkommende oder bewusst herbeigeführte Kreuzungen zwischen zwei Arten oder intraspezifischen Sippen
hypogäisch	Keimungsart, bei der die Keimachse kurz bleibt, so dass die Keimblätter (in der Samenschale) unter der Erdoberfläche verbleiben
hyrkanisch	Flora und Vegetation am Südrand des Kaspischen Meers (mare hyrcanicum), die Niederung und die angrenzenden Gebirge (Elburs, Talysch) umfassend
Immission	Stoffeintrag, meist bezogen auf den Eintrag von Schad- und/oder Nährstoffen über die Luft (Luftverunreinigungen)
Internodien	Stängelteil zwischen zwei (Blatt-)Knoten bzw. Internodien
intraspezifisch	innerartlich, bezogen auf Pflanzensippen: Unterarten, Varietäten, Formen, Cultivare
invasive Art	gebietsfremde, sich ausbreitende und etablierende Art, die unerwünschte ökologische Auswirkungen verursacht
IUCN	International Union for Nature and Natural Resources, eine Weltnaturschutzunion
IUCN Red List	Internationale Rote Liste mit Angaben zur Gefährdung aus weltweiter Sicht, siehe Kap. Weltweit gefährdete Arten ...!
Kernapfel	siehe Apfelfrucht!
kollin	Hügellandstufe
Lentizellen	dem Gasaustausch dienende Öffnungen in der Rinde eines Stängels, äußerlich als erhabene Korkwarzen sichtbar
Liane	Kletterpflanze, die einer Stütze bedarf, um in die Höhe zu wachsen. Man unterscheidet windende, rankende oder mit Hilfe von Haftwurzeln kletternde Lianen
Macchie	mediterranes Hartlaubgebüsch mit überwiegend immergrünen Kleinbäumen und Sträuchern, meist Degradationsstadium des Hartlaubwalds
mediterran	entspricht meridional für das Mittelmeergebiet

meridional	südliche, warme Zone der Nordhalbkugel, bezieht sich auf die Zone der immergrünen Hartlaubwälder und Lorbeerwälder
Mesokarp	mittlere Schicht der Fruchtwand, wenn diese eine Dreigliederung aufweist
monotypisch	eine Pflanzengattung, die nur eine einzige Art aufweist
montan	Berglandstufe, auch weiter untergliedert in submontan, montan (im engeren Sinne) und hochmontan
nemoral	typische gemäßigte oder temperate Zone der Nordhalbkugel, gekennzeichnet durch nemorale Wälder, meist sommergrüne Laubwälder, in Winterregengebieten auch Nadelwälder
Neophyt	Pflanze, die nach 1492 durch den Menschen in ein Gebiet außerhalb ihres natürlichen Areals gelangt ist, entweder bewusst eingeführt oder unbeabsichtigt eingeschleppt; gepflanzte Arten können aus Kultur verwildern und sich einbürgern (etablieren)
Ochrea	häutige Ausbildung des Blattgrunds, die die Sprossachse tütenartig umschließt. Charakteristisch für viele Knöterichgewächse (Polygonaceae)
offizinell	arzneilich, als Arzneimittel anerkannt
persistierend	hier: über den Blühprozess hinaus stehen bleibender Teil der Blüte, z. B. Staubblätter oder Kelchblätter oder über den Laubfall hinaus bleibender Teil eines Blatts, z. B. Blattstiel mit Rankenfunktion bei *Clematis*
Pharmakopöe	amtliches Arzneibuch
pfriemlich	Gestalt der Blattspreite: sehr schmal und starr, am Grund am breitesten, nach vorn allmählich verschmälert und in feine Spitze auslaufend
Pioniergehölz	Gehölz, das sich auf vegetationsfreien bzw. nur von krautigen Pflanzen bedeckten Flächen, z. B. Flussschotter oder Sanddünen, Rodungs- oder Brandflächen, ansiedelt; meist lichtbedürftig, von geringer Schattentoleranz, konkurrenzschwach
polygam	vielehig; Pflanze, die neben zwittrigen auch eingeschlechtige Blüten hervorbringt, z. B. bestimmte Eschen-Arten
polyploid	mit einem Vielfachen von 2 Chromosomensätzen
postfloral	Blütenstadium nach dem Ende des Blühprozesses (Anthese)
Relikt	ehemals weiter verbreitete Art mit isolierten Vorkommen, die Restareale eines unter früheren Klimaperioden ausgedehnten Verbreitungsgebiets darstellen
Rote Liste	Verzeichnis der in einem bestimmten Gebiet (weltweit, national, regional) vorkommenden Arten mit Angabe, ob diese ausgestorben oder verschollen sind bzw. in welchem Grade sie in ihrem natürlichen Bestand gefährdet sind
semiarid	Bezeichnung für ein Klima bzw. entsprechendes Gebiet (Trockengebiet), in dem die mögliche jährliche Verdunstung die Jahresniederschläge im Durchschnitt des Jahres übersteigt, aber in einigen Monaten kann (im Gegensatz zu arid) die Niederschlagsmenge höher als die Verdunstung sein
s. l.	sensu lato, im weiteren Sinne
Spalierstrauch	niedrigwüchsiges Gehölz mit dem Boden aufliegenden oder kriechenden Sprossachsen
s. str.	sensu stricto, im engeren Sinne
Staminodien	sterile Staubblätter, die keine funktionstüchtigen Staubbeutel (Antheren) aufweisen
Steinapfel	siehe Apfelfrucht!
Stomata	Spaltöffnungen
Stomatabänder	bei vielen Nadelgehölzen sind die Stomata als weiße Pünktchen (Wachspfropfen) deutlich erkennbar, oft auf der Blattfläche in Linien angeordnet, bei dichter Lage dieser Stomatareihen ± weiße Bänder auf der Ober- und/oder Unterseite der Nadeln ergebend (siehe z. B. *Abies, Picea, Tsuga*!), teils durch zusätzliche Wachsauflage noch auffälliger

Stratifikation	Einbettung von Gehölzsamen bei bestimmten Temperaturen in feuchtem Sand oder anderem Material bis zur Aussaat bzw. Keimung, um ein Austrocknen zu vermeiden und den Zeitraum bis zur Keimung zu überbrücken
subalpin	siehe unter „alpin“
subarktisch	siehe unter „arktisch“
submeridional	warmgemäßigt, Übergang zwischen typischer gemäßigter (temperater) und warmer (meridionaler) Zone
subsp.	Subspecies, Unterart: intraspezifische Sippe, die nächstniedrige Rangstufe unterhalb der Art
temperat	typisch gemäßigte Zone der Nordhalbkugel, siehe nemoral!
turgeszent	prall mit Wasser gefüllte, lebende Pflanzenzellen, Gewebe oder Organe
Tepalen	gleichgestaltete Glieder der Blütenhülle (Perigon), bei denen keine Differenzierung in Kelch- und Kronblätter vorhanden ist; z. B. *Clematis*
Trophie	Nährstoffausstattung bzw. -gehalt eines Standorts
var.	Varietas, Varietät; intraspezifische Sippe, Rangstufe unterhalb der Unterart
Verbänderung	Wuchsanomalie, bei der der Vegetationskegel an der Sprossspitze sich linear verbreitert, wodurch die Sprossachse nicht zylindrisch, sondern bandförmig ausgebreitet wird, verursacht durch Organismen oder spontane Mutation
wintergrün	siehe halbimmergrün!
Xerophyt	Trockenheit ertragende bzw. an zeitweiligen oder dauernden Wassermangel angepasste Pflanze
zirkumpolar	auf der Nordhalbkugel rings um den ganzen Erdball in einer oder mehreren Zonen verbreitet; zirkumarktisch, wenn nur unmittelbar um die Polarregion, zirkumboreal, wenn boreale Zone Eurasiens und Nordamerikas
Zwerghalbstrauch	siehe unter Halbstrauch!
Zwergstrauch	niedrigwüchsiger, meist unter 0,5 m hoher Strauch
zygomorph	Blüten, die nur durch eine Symmetrieebene in zwei spiegelbildlich gleiche Hälften zerlegbar sind, z. B. Schmetterlingsblütler

Register der Gehölznamen

In kursiver Schrift stehen die wissenschaftlichen Namen der Gehölze: alle im Text beschriebenen und sonstige im Text genannten Gattungen, Arten, Hybriden, Unterarten und Varietäten (ohne Formen, Sortengruppen und Sorten). Synonyme sind durch eckige Klammern gekennzeichnet. Deutsche Namen: alle Namen von Gattungen, Arten und Unterarten. Ausgewählte englische Namen: Gattungs- und Artnamen.

S

Bildquellennachweis

Die Bilder stammen von den im Folgenden angegebenen Autoren. Angegeben sind die Seitenzahlen und die Position auf der Seite.

Andreas Bärtels
118 oben, 186 oben, 298 unten, 408 oben, 413, 534, 571

Siegfried Gand
276

Ulrich Hecker
95, 110 unten, 111 oben, 119, 120, 128, 129 unten, 130, 132, 134 unten, 136 oben, 146 oben links, 159, 160, 163, 164 oben und Mitte, 165, 167, 168, 172, 183 oben, 185, 186 oben, 187, 190, 192 unten, 193, 195 unten, 196 unten, 197 unten, 199 oben und unten, 200, 202 links, 203, 204, 207 rechts, 208 oben, 211, 233 links, 234 oben, 242 unten, 243, 245, 246, 251, 252 oben, 253, 263, 265 oben, 267 oben, 268, oben, 269 oben, 279 oben und unten links, 287, 295 oben, 296 unten, 300 oben, 301 oben, 303 oben, 304 links, 305 unten, 308 unten, 309, 310, 313, 314 oben, 315 oben, 316 unten, 317 unten, 319 oben, 322 Mitte, 324, 325 links, 332 links, 333, 334, 344, 345 rechts, 350 unten, 351, 353 oben, 354 oben, 355 unten, 356 unten, 357, 358, 359, 362 oben, 363, 366 Mitte (2 ×), 368 oben, 370 oben, 375 unten, 379 links, 380, 382 oben, 383, 388, 389 links, 393 oben, 395 unten, 397 links oben und rechts, 401, 403 oben, 405 unten, 406 oben, 409, 411 links, 414 oben, 415 unten, 425, 427 Mitte und unten, 428 oben, 429 unten, 430 Mitte, 431 unten, 432 unten links, 433, 434 unten, 438. 439 oben, 441, 443 oben, 445 unten links, 479, 480 links, 488 oben, 490, 493 oben, 494 oben rechts, 496 oben rechts und unten, 497, 498 unten, 500 oben und Mitte, 511, 531 oben, 532, 533, 535, 536 oben links, 538, 548, 557, 558 oben, 563 oben, 566 oben, 572, 598 oben, 599 unten, 601 unten, 609, 612 links

Gisela Herrmann
20 links, 37, 51 unten, 67 oben, 87, 90 links, 124, 169 unten, 232, 330 unten, 408 unten, 418 unten, 469 unten, 474 oben, 549 oben, 551, 592

Jürgen Mayer
289

Hans-Roland Müller
235 oben, 236 oben, 239 unten, 279 rechts unten, 355 oben, 390 unten, 491 unten, 494 unten, 500 unten

Peter A. Schmidt
Übrige 809 Bilder.

Wikimedia Commons/Agnieszka Kwiecień, CC-BY 4.0
121 unten